普通高等教育"十一五"国家级规划教材

辽宁省"十二五"普通高等教育本科省级规划教材

高分子合成材料学

第三版

陈 平 廖明义 主编

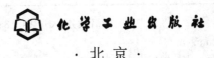

化学工业出版社

·北京·

《高分子合成材料学》分为上、下两篇。主要介绍具有重要应用价值的热固性与热塑性高分子合成材料。

上篇热固性高分子合成材料主要介绍酚醛树脂、不饱和聚酯树脂、环氧树脂、聚氨酯树脂、双马来酰亚胺树脂、聚酰亚胺树脂、氰酸酯树脂、有机硅树脂等热固性高分子合成材料的合成工艺原理、制造工艺、改性原则、结构与性能关系、成型加工及其应用。力求取材新颖，论述深入浅出，理论联系实际，提供很强的实用价值。

下篇热塑性高分子合成材料系统地介绍了五大通用树脂，即聚乙烯、聚丙烯、聚氯乙烯、聚苯乙烯和ABS树脂，以及通用工程塑料聚酰胺、聚碳酸酯、PET和PBT。详细介绍了这些合成树脂的合成原理、生产工艺、结构与性能关系以及加工与应用。所涉及的树脂品种皆为已经工业化生产的品种，内容条理清晰，注重反应原理、结构与性能之间的理论关系，并以成熟、完备的生产技术为依据，适当地介绍了一些有工业化前景的相关内容。

本书可满足高等工科学校高分子材料专业本科生和相关工程技术人员的学习、工作需要。

图书在版编目（CIP）数据

高分子合成材料学/陈平，廖明义主编. —3版. —北京：化学工业出版社，2017.2（2019.6重印）

普通高等教育"十一五"国家级规划教材

ISBN 978-7-122-28837-0

Ⅰ.①高…　Ⅱ.①陈…②廖…　Ⅲ.①高分子材料-高等学校-教材　Ⅳ.①TB324

中国版本图书馆 CIP 数据核字（2017）第 004464 号

责任编辑：王　婧　杨　菁　　　　　　　　　　装帧设计：韩　飞
责任校对：王素芹

出版发行：化学工业出版社（北京市东城区青年湖南街 13 号　邮政编码 100011）
印　　装：北京虎彩文化传播有限公司
787mm×1092mm　1/16　印张 35¼　字数 870 千字　2019 年 6 月北京第 3 版第 2 次印刷

购书咨询：010-64518888　　　　　　售后服务：010-64518899
网　　址：http://www.cip.com.cn
凡购买本书，如有缺损质量问题，本社销售中心负责调换。

定　　价：78.00 元

第三版前言
FOREWORD

　　高分子合成材料学这部教材自2005年出版以来，得到了高等院校高分子材料专业广大师生和社会相关专业人员的厚爱，在此深表诚挚谢意！

　　2007年7月该书申报了普通高等教育"十一五"国家级规划教材，2008年2月获得批准［见高教函2008-3号］进行重新修订。 2010年由化学工业出版社第二版出版发行以来，被国内多所高校作为高分子材料与工程专业教科书和广大从事高分子合成树脂材料的专业入门书。 2014年5月该书又入选了辽宁省"十二五"普通高等教育本科规划教材。 经过两个版本的使用和高分子材料与工程专业课程学时的调整，发现原书的内容偏多，学生在短期内学习与掌握这些内容比较吃力。 根据出版社和读者反馈意见，第三版进行了较大篇幅修订和压缩，主要有以下几个方面的删减和修改。

　　1. 对全书内容进行了重新分类和调整，对增韧机理、增强、增容、接枝等内容分别在不同章节有针对性地集中进行介绍。 相同的共混体系在不同章节有所侧重。

　　2. 删除了与大学基础课程相重复的反应机理的介绍。 删除了部分有关性能的表格，改为语言性描述。

　　3. 大幅缩减了生产工艺的介绍，删除了国内生产厂商列表。

　　4. 对国外公司名称、专业术语进行了全文统一。

　　5. 对一些文字错误进行了修改，插图也进行了适当调整。

　　希望通过这次修订，能够给广大读者提供一本知识全面、内容简洁丰富、信息准确、深入浅出、图文并茂的参考书，并能继续得到广大读者的喜爱，这就是我们最大的愿望。

编者

2016 年 6 月

第一版前言

FOREWORD

材料、信息、能源是当代科学与技术的三大支柱。 高分子材料是当今世界上十分重要的非常活跃的领域。 它是材料领域中的后起之秀。 自从20世纪初德国化学家H. Staudinger创立高分子长链概念以来，通过化学家、物理学家和材料工程学家等许多科技工作者的辛勤劳动，至今已经形成了一个较完整的高分子材料科学理论知识体系。 高分子合成材料的出现与发展给材料领域带来了重大的变革，从而形成了金属材料、无机非金属材料、高分子材料和复合材料多元共存的格局。

高分子合成材料学是以高分子化学、高分子物理学和高分子成型工艺学为基础的，研究的范围是高分子材料的合成与改性、高分子的结构与性能、高分子材料的制备(成型加工)及其应用的一门科学。

高分子合成材料的发现、应用及推广，构成了人类进步与文明。 从20世纪50年代迅速发展起来的合成树脂是目前产量最高、需求量最大、应用面最广的高分子合成材料，已经成为继金属、水泥、木材之后的第四种人类生存与发展的支柱材料，已在机械、化工、交通、航空、航天、船舶等众多国民经济与人民生活、国防建设与尖端技术领域发挥着重要的作用。

高分子合成树脂种类繁多，本书比较系统地介绍了其有重要应用价值的热固性和热塑性合成树脂的国内外发展历史、合成工艺原理、制造工艺、结构与性能关系、改性原则、成型加工工艺及其应用等内容。 合成树脂在我国国民经济中占有十分重要的地位，随着石油化工工业的发展，我国合成树脂工业也取得了飞速发展。 目前我国的合成树脂和塑料制品的产量和消费量均居世界前列，成为合成树脂和塑料制品的生产大国与消费大国。 与之相对应，社会对高分子材料专业人才的需求也十分旺盛。 为了配合高等教育对人才培养的需要，满足学生获取知识的愿望，我们组织编写了《高分子合成材料学》这本书。 本书主要是为了满足高等工科院校高分子材料专业学生和相关工程技术人员需要编写的教材。 为此，本书在内容编写上坚持取材新颖、理论深入浅出、理论联系实际、重视应用等基本原则，尽量做到既可以使读者在较短的时间从一定的深度和广度较为系统地掌握当今高分子合成树脂材料的基本知识概貌，又能基本了解今后可能的发展方向。

全书分为上、下两篇，上篇主要介绍酚醛树脂、环氧树脂、不饱和聚酯树脂、聚氨酯树脂、双马来酰亚胺树脂等热固性高分子合成材料，下篇主要介绍聚乙烯、聚氯乙烯、聚丙烯等热塑性高分子合成材料。 全书由陈平教授统稿。 上篇绪论由陈平、廖明义编写，酚醛树脂由黄发荣和陈平编写，不饱和聚酯树脂由沈开猷和陈平编写，环氧树脂由陈平和唐传林编写，聚氨酯树脂由李绍雄和陈平编写，双马来酰亚胺树脂由梁国正和顾媛娟编写，聚酰亚胺树脂由陈平编写，氰酸酯树脂由包建文和陈平编写，有机硅树脂由罗运军和陈平编写；下篇由廖明义教授编写。

本书在编写过程中，研究生唐忠鹏、张宜鹏、孙明、张伟清、陆春等协助对图表进行了整理，在本书出版的过程中，得到了大连理工大学教材出版基金资助，谨此致以深切的谢意。 最后感谢所有提供文献资料的作者和支持帮助本书编写的同仁。

由于作者水平有限，书中一些不足之处难免，敬请读者批评指正。

编者

2005年1月

第二版前言
FOREWORD

《高分子合成材料学》这部教材自 2005 年出版以来，得到了高等院校高分子材料专业广大师生和社会相关专业人员的厚爱，在此作者深表诚挚谢意！

2007 年 7 月该书申报了普通高等教育"十一五"国家级规划教材，2008 年 2 月获得批准［见高教函 2008-3 号］进行重新修订。 近年来中国经济的高速发展，加之科学技术进步日新月异，知识更新很快，经几年的使用，书中许多信息、数据与当前情况已有不符，有些内容也显陈旧。基于此，本书借助这次普通高等教育"十一五"国家级规划教材修订的机会，本着与时俱进的态度，对书中相关内容进行了一些修订，主要进行了以下几个方面的补充和修改。

1. 更新了一些数据，数据最新截止日期基本到 2007 年，个别到 2008 年。

2. 补充了一些最新技术进步的信息，特别是中国近年来的技术进步和成果。

3. 对全书内容进行了重新分类和调整，对于增韧机理、增强、增容、纳米材料、接枝等内容分别在不同章节有针对性地集中进行介绍。

4. 补充了一些最新成果，删除了一些重复叙述。

5. 对一些文字错误进行了修改，插图也进行了适当调整。

希望通过这些修订，能够给广大读者提供一本知识全面、内容丰富、信息准确、深入浅出、图文并茂的参考书，并能得到广大读者的喜爱，这就是编者最大的愿望。

感谢贾彩霞、王乾、张相一、李彬等研究生对书稿编辑整理所付出的辛勤劳动。

编者
2009 年 12 月

目录

CONTENTS

上篇　热固性高分子合成材料

第 3 章　环氧树脂　　67

<table>
<tr><td>第 6 章</td><td>**聚酰亚胺树脂**</td><td>177</td></tr>
</table>

<table>
<tr><td>第 7 章</td><td>**氰酸酯树脂**</td><td>207</td></tr>
</table>

第 8 章　有机硅树脂　　　　　　　　　　　　　　　　　　　　233

下篇　热塑性高分子合成材料

第9章　聚乙烯　277

第 12 章　聚苯乙烯　　　　　　　　　　　　　396

第 15 章　聚碳酸酯　　　　　　　　　　　　　　496

第 16 章　热塑性聚酯 516

绪　论

0.1 高分子合成材料的发展简史

高分子材料具有许多独特和优异的性能，用途十分广泛，已广泛应用于机械、化工、交通运输、航空航天及民用生活等各工业领域中，已成为各工业领域中不可缺少的基础材料。

高分子合成材料不仅是人们生活和生产必需的物质基础，而且影响到相关领域的发展。

比如有了耐腐蚀性能非常优异的氟化高分子材料，原子能工业用浓缩铀的储存问题才得到解决。再比如有了耐高温、抗烧蚀的酚醛树脂材料，才可能制造宇宙飞船、人造卫星、洲际导弹等国防尖端材料。当前各高新技术领域的发展，都越来越离不开高分子材料了，当然对其性能也提出了越来越苛刻的要求。

高分子材料在自然界中是广泛存在的。在人类出现之前，广袤的大自然就已经存在了各种各样的动植物，从各种动植物到人类本身，都是由高分子如蛋白质、核酸、多糖（淀粉、纤维素）等构成的。自从有了人类以来，人们的衣食住行就一直在利用这些天然高分子。人们住房建筑用的茅草、木材、竹材，制作交通工具用的木材、油漆，还有天然橡胶等都是高分子材料。此外人类历史上早就使用的棉、麻、丝、毛、皮革、角等天然材料均是高分子材料。显然，高分子材料对人类的生存和发展有特别重要的意义和作用。

虽然人类一直在利用这些天然高分子材料，但是，长期以来人们对它的本质可以说是毫无所知的。高分子概念的形成和高分子科学的出现始于 20 世纪 20 年代。虽然在 19 世纪中叶还没有形成长链高分子这种概念，但是高分子就已经得到了应用。与古代人类直接利用天然高分子材料相比，那时主要是通过化学反应对天然高分子进行改性，现在称这类高分子为人造高分子。比如，1839 年美国人 Goodyear 发明了天然橡胶的硫化；1855 年英国人 Parks 由硝化纤维和樟脑制得了赛璐珞（celluloid）塑料；1883 年法国人 de Chardonnet 发明了人造丝（rayon）等。当时由于高分子聚合物结构非常复杂，在早期由于受到生产力和科学技术水平发展的限制和认识上的局限，曾把高分子溶液误认为是胶体溶液，把高分子看成是小分子的简单堆积，形成了所谓的"胶团"，而否认已经发生了质变，否认"大分子的存在"。

随着科学技术的发展，特别是随着高分子合成工业及近代科学技术的进步，1920 年由德国具有创新意识的科学家 H. Staudinger 提出了高分子的长链结构并形成了高分子的概念。从而开始了用化学方法制备合成高分子的时代。由此高分子化学渐渐萌生和发展。这时一些有机化学家开展了缩聚反应及自由基聚合反应的研究，并通过这些反应在 1907 年由比利时出生的美国化学家巴克兰（Backeland）第一次合成了具有工业价值的人类历史上第一个合成树脂——酚醛树脂，申请了关于酚醛树脂"加压、加热"固化的专利技术，并于 1910 年 10 月 10 日成立了 Backlite 公司。从此拉开了人造合成树脂和塑料工业发展的序幕，开辟了人类大规模生产和使用高分子材料的新时代。到 1927 年第一个热塑性塑料——聚氯乙烯的生产实现了商品化。1930 年高分子链结构学说被广泛地公认后，人们相继开发了合成橡胶

（丁苯橡胶、丁腈橡胶、氯丁橡胶等）、合成纤维（尼龙66、聚丙烯腈、聚酯等）、合成塑料（聚乙烯、聚苯乙烯、聚甲基丙烯酸甲酯等）等一大批高分子合成材料。从而形成了包括聚合反应理论、新的聚合方法及改性方法、高分子基团反应、高分子降解、交联与老化等研究在内的高分子化学研究领域。随着大批新合成的高分子的出现，解决这些聚合物的结构与性能表征、了解其结构与性能关系等问题随之变得很必要了。因此20世纪40～50年代，一批化学家、物理学家投入到这方面的研究，这样渐渐形成了"高分子物理"研究领域。随着高分子化学、高分子物理研究工作的深入及高分子材料制品向人类生活各个领域的应用与扩展，高分子材料的成型加工原理及制备技术研究、高分子化合物生产中的工程问题的研究日渐产生，从而形成了涉及高分子材料成型、加工、制备和聚合反应工程研究在内的"高分子材料工程"研究领域。

高分子化学、高分子物理和高分子工程等研究领域组成了高分子科学的基本内涵，从而形成了"高分子材料科学与工程"学科，它实际包括两个学科分支：一个是理科（理学），即高分子化学与物理；另一个是工科（工学），即高分子材料与工程。

高分子合成材料学是以高分子化学、高分子物理、高分子成型工艺学为基础，研究高分子材料合成与改性、结构与性能、制备技术及开发应用的一门科学。掌握这门综合性的科学需要比较渊博的基础理论知识和丰富的实践经验。在高分子科学的形成与发展过程中，除Staudinger外，世界上许多科学家对此也做出了巨大的贡献，比如Ziegler（德国）、Natta（意大利）、Flory（美国）、de Gennes（法国）、A. J. Heeger（美国）、A. G. MacDiarmid（美国）和H. Shirahawa（日本），他们分别在配位聚合反应、高分子物理导电高分子材料等领域对高分子科学的发展做出了开创性或奠基性的工作而荣获诺贝尔奖。

0.2 国内外发展现状

高分子合成树脂材料经过一百多年的发展已成为目前所有材料中产量最大的一类，其发展经历了以下几个阶段。

（1）发展初期　这一时期从20世纪初至30年代。第一个合成树脂——酚醛树脂就是在此阶段诞生的，同时期工业化生产的还有脲醛、硝酸纤维素（即赛璐珞）及醋酸纤维。这一时期生产的树脂品种较少，产量也不高，生产工艺和技术还不十分成熟，有关高分子材料完整的科学理论还未形成，处在探索阶段。

（2）奠定基础时期　这一时期从20世纪30年代至50年代初期。在这一阶段工业化生产了聚氯乙烯、聚苯乙烯、聚酰胺、聚甲基丙烯酸甲酯等树脂。1939年英国ICI公司采用高压法工业化生产LDPE，标志着人类采用石油化工产品为原料生产合成树脂新时代的到来。生产的树脂品种、生产工艺和技术都比上一时期有了明显进步，高分子材料的特点和优势被展现出来，开始与长久以来人类使用的金属、木材、玻璃、皮革等传统材料相竞争。特别是在科学理论上对有关高分子材料的合成方法、高分子材料的结构与性能的关系也有了比较全面系统的阐述，高分子学科两大门类：高分子化学和高分子物理基本体系已经形成。这些为下一时期合成树脂的全面发展奠定了理论和生产实践基础。

（3）全面发展时期　这一时期从20世纪50年代中期到60年代末。这一阶段是合成树脂工业全面发展和重要的转折时期，是数量和品种快速增长的时期。首先，50年代德国化学家Ziegler发明了新的催化剂，使乙烯在低温低压下聚合。采用这一新型催化剂，在1954

年实现高密度聚乙烯（HDPE）的工业化生产；采用同类催化剂在1957年也实现了聚丙烯（PP）的工业化生产。50年代后期美国杜邦（Du Pont）公司和德国拜尔（Bayer）公司分别开发出聚甲醛（POM）和聚碳酸酯（PC）工程塑料，从而实现了塑料代替金属成为结构材料的愿望。1964年美国杜邦公司又开发成功具有优异性能的聚酰亚胺（PI），开辟了特种工程塑料生产的先河，促进了其他一系列特种工程塑料——聚砜（PSF）、聚醚砜（PES）、聚醚酮（PEK）、聚醚醚酮（PEEK）、聚苯硫醚（PPS）、聚四氟乙烯（PTFE）等的开发和生产。特别是Ziegler和Natta所开创的定向聚合理论在生产中得到实践，并由此对合成树脂工业的发展带来了革命性的贡献，使得大量结构可控、性能良好的热塑性树脂问世，其中尤以聚乙烯和聚丙烯最为著名，成为重要的高分子材料，至今这两种合成树脂的产量仍然居当今所有合成树脂产量的前列。其次，石油炼制和石油化工生产技术的高速发展保证了合成树脂的原料来源，并为合成树脂工业提供数量巨大、纯净度高、价格低廉的单体，合成树脂原料开始从煤转向石油。最后，合成树脂无论从品种，还是从数量上都得到迅速增加，加工成型技术也日渐成熟。1930年世界塑料总产量仅为100kt，1939年也仅达到300kt，而1950年则已达到1.5Mt，1960年为6.77Mt，1970年已高达30Mt，数量增长十分惊人。品种上高密度聚乙烯、线性低密度聚乙烯、聚丙烯实现了工业化生产，聚甲醛、聚碳酸酯、聚砜、聚酰亚胺、聚苯硫醚、聚酯等工程塑料也相继问世，这一切带动了合成树脂工业的全面发展，使合成树脂真正进入到社会经济发展的各个领域，全方位地影响着人们的生活，并给人们的生活带来从未有过的高质量的享受，人类社会也从此开始逐渐步入了高分子材料时代。

（4）稳定发展时期　这一时期是从20世纪70年代至今，合成树脂制造工艺和技术得到全面发展，新技术不断涌现，这一阶段合成树脂的数量持续快速增长，1980年达到60Mt，1993年突破1亿吨，2000年超过1.6亿吨，2005年约2.22亿吨。但这一时期已不仅仅是合成树脂产量的增长，而且是合成技术、生产工艺、设备的全面发展，合成树脂应用领域的不断扩大。新的技术革新和应用，使得生产朝向自动化、连续化；生产设备朝向大型化；聚合反应催化剂朝向高活性、清洁化；合成树脂产品朝向系列化发展。合成树脂出现了许多新的品种，如聚醚砜、聚芳酯、热致液晶聚合物等聚合物，而且新的品种还不断出现，这使得合成树脂的应用领域渗透到国民经济各个领域，但大规模工业化的品种的出现已不是主要看点，而是更加重视对现有聚合物的改性研究，通过对共聚、共混、交联、接枝、填充、增强、增韧、发泡等一系列新技术、新方法的采用，不断开发具有新功能的树脂产品，满足实际需要。这成为过去、现在和将来长期合成树脂的发展方向。

高分子合成树脂材料作为一种材料来讲，其发展速度之快、应用领域之广、生产品种之多、功能之全、性能之高，远远超过人类历史上其他任何一种材料。塑料制品的总体积和总产量早已超过钢铁，也超过所有金属材料的总和。在三大合成材料（合成树脂、合成纤维、合成橡胶）中合成树脂和塑料产量名列前茅。

我国合成树脂工业起步较晚，但发展速度很快，经过几十年的发展，特别是改革开放以来短短的三十几年，取得了长足进步，合成树脂和塑料制品的生产已步入世界生产大国行列。我国合成树脂工业的整个发展过程可大致分以下几个阶段。

（1）空白期　这一时期从20世纪30年代末至1949年新中国成立前夕。我国合成树脂工业初期起源于上海。在20世纪30年代末，在上海、广州、天津、汉口、重庆等沿海和沿江城市开始生产酚醛树脂（俗称电木粉）和硝酸纤维素塑料（俗称赛璐珞）。但生产规模很小，品种也少，新中国成立前夕我国合成树脂产量仅 200 余吨，基本上是空白。

（2）快速发展期　这一时期从 20 世纪 50 年代至 1978 年改革开放前。从 20 世纪 50 年代中期我国合成树脂开始真正意义上的起步。1958 年，以乙炔为原料实现了 PVC 的工业化生产，标志着我国塑料工业的兴起，在此后相当长的时期里，PVC 树脂产量在我国一直占居首位。1952 年我国合成树脂产量为 2kt，1965 年 112kt，1975 年 332kt。从数据可见，我国合成树脂产量增长率十分迅速，但由于基数少，总产量在 70 年代以前仍然较少，生产技术和水平也比较落后；70 年代初合成树脂的重要原料——乙烯在我国基本上还是空白，因此，占合成树脂半壁江山的聚烯烃在这一时期基本上也是空白。

（3）跨跃发展期　20 世纪 70 年代后期，特别是改革开放以来，我国合成树脂工业进入到一个新的突飞猛进发展时期。通过大规模引进国外大型乙烯生产石油化工装置及成套的聚合物先进生产技术和设备，使我国合成树脂的生产能力成倍地增加，生产技术和水平一步跨越几十年，达到基本与世界同时代的水平。1978 年合成树脂产量达到 679kt，1982 年突破 1Mt，1989 年突破 2Mt，进入 90 年代合成树脂的产量仍然高速增长，1991 年 2.50Mt，1997 年 5.70Mt，2000 年突破 10Mt，2014 年达到 69.51Mt。2014 年产量是 1978 年产量的 100 倍，1978～2014 年合成树脂产量年均增长率达到 14%。使我国成为世界合成树脂生产大国，产量已位居世界第 2 位。形成了大类品种齐全、技术先进、产量巨大的合成树脂工业。伴随着合成树脂工业的高速发展，对树脂进行各种各样的改性工作也基本与世界合成树脂工业的发展同步。目前我国塑料加工企业众多，加工能力巨大，塑料制品的生产也已步入世界生产大国行列。

总之，虽然我国合成树脂起步很晚，但发展极快，中国已是世界上名副其实的树脂生产大国、进口大国和消费大国。同时也应当看到，我国合成树脂工业尽管在几十年中取得了令人瞩目的进步，但与世界发达国家相比，仍然存在较大差距，主要体现在以下几点。

① 装备、技术和工艺水平相对落后。生产技术和装置引进多，自有技术还比较少。不少新建的特大型合成树脂装置还要依靠引进技术，一些高端产品的生产还需购买国外催化剂。

② 自给率不足。合成树脂产量的增速远远超过世界平均水平，但由于市场巨大、需求旺盛，主要合成树脂仍然不能完全自给，有些品种（如某些工程塑料和特种树脂）还基本上依靠进口。

③ 品种和质量与国际先进水平相比存在较大差距，主要是通用料多，专用料少；中低档产品多，高档产品少；技术含量低、附加值低的产品多，利润高、附加值高的产品少；人均水平很低。

目前，我国塑料产量和消费量在世界上仅次于美国居世界第 2 位，但人均产量和消费量远低于世界发达国家水平，也低于世界平均水平。2004 年世界人均塑料产量为 33kg，发达国家为 100kg 左右，其中美国为 170kg，比利时为 180kg，塑料消费量人均超过 150kg，而我国人均塑料产量为 13.8kg，人均消费量为 21.04kg，表观消费量为 29.3kg，这与世界发达国家相比还存在很大差距，即使距离世界平均水平也尚有一定距离。表 0-1 和表 0-2 是一些数据的汇总，从中可以更加直观地看到我国石油化工以及合成树脂的发展历程、取得的成绩和差距。

相信经过不懈努力，我国的合成树脂在 21 世纪里必将会取得更大的发展，缩短与先进国家的差距。

表 0-1　改革开放 30 年中国石化工业发展情况　　　　　　　单位：万吨

年份/年	乙烯				合成树脂		合成纤维		合成橡胶	
	产能	世界排名	产量	世界排名	产量	世界排名	产量	世界排名	产量	世界排名
1949	0		0		0		0		0	
1959			0		3.8		0.01		0.02	
1960	0.07		4.0				0.36			
1975	4.4									
1978	45.9	10	38.0	10	67.9	15	16.9	12	10.2	15
1983	62.3		65.4		112.1		40.2		16.9	
1997	396	5	358.5		570	6	333.3	2	60.2	4
2000	446.3	7	470.0	7	1096.7	5	639.9	1	83.6	3
2007	996.5	2	1028	2	3073.6	2	2201.8	1	222	2

表 0-2　2001～2007 年中国合成树脂产量和自给率统计　　　　　单位：万吨

年份/年 产品	2001	2002	2003	2004	2005	2006	2007
合成树脂总计	12038.4	1366.5	1593.8	1791.0	2150.25	2528.7	3073.6
年增长率/%	11.5	13.5	16.6	12.4	19.6	17.6	18.5
自给率/%		42.8	46.7	47	50.3	54.6	55.8
其中：PE 产量	312.24	354.7	413.2	441.4	521.1	599.3	692.5
自给率/%		43.9	47.3	48	50.4	55.3	60.8
PP 产量	322.54	374.2	426.8	474.9	518.3	584.2	712.7
自给率/%		60.6	62.1	62.1	63.5	65.7	69.7
PVC 产量	287.68	338.9	400.7	503.2	668.2	823.8	971.7
自给率/%		52.6	57.6	64	69.8	57.8	
PS 产量	153.6	174.97	216.21	242.5	273.4	300.3	
自给率/%		61.1	64.7	71.6	82	89.6	94.6
ABS 产量	410	521	77.9	91.5	119.5	135.0	
自给率/%		28.5	30.6	32	34.3	40.4	

0.3　高分子的定义、分类、特点、命名

0.3.1　定义

　　高分子化合物是一种由许许多多共价键联结而成的相对分子质量很大（$10^4 \sim 10^7$，甚至更大）的一类化合物。如果把一般的分子化合物看作为"点"分子，则高分子恰似"一条链"。这条贯穿于整个分子的链称为高分子的主链。Staudinger 在提出高分子长链概念时，曾强调高分子是用共价键结合起来的大分子。今天，这个定义仍然被人们所沿用，但是其内涵已有所扩展。

0.3.2　分类

　　高分子化合物的种类繁多，随着高分子合成研究的发展，新的聚合方法不断出现，制品的品种仍然在继续增加，因此准确地分类是困难的。但是为了便于研究与讨论，通常的分类方法如下所述。

（1）按应用功能分类　一般可分为通用高分子材料、特种高分子材料、功能高分子材料、仿生高分子材料、医用高分子材料、高分子药物、高分子试剂、磁性高分子材料、高分子液晶材料、高分子催化材料等。

通用高分子材料是量大而广的高分子材料，例如塑料中的"四烯"（聚乙烯、聚丙烯、聚氯乙烯和苯乙烯），纤维中的"四纶"（涤纶、锦纶、腈纶和维纶）和橡胶中的"四胶"（丁苯橡胶、顺丁橡胶、异戊橡胶和乙丙橡胶）都是主要的通用高分子材料。

特种高分子材料主要是一类具有优良机械强度和耐热性能的高分子材料，如聚碳酸酯、聚酰亚胺等材料，已广泛应用于工程材料上。

（2）按高分子性质分类　可分为树脂（塑料）、橡胶和纤维三大类。

树脂（塑料）又可分为热塑性树脂（塑料）和热固性树脂（塑料）。

合成树脂和塑料两个名称，现在均被人们普遍使用，特别是"塑料"名称得到更加广泛的使用，一般人对此并无区分，要给出准确的定义也是比较困难的。虽然合成树脂和塑料是同宗同族，但实际上还是有区别的。"合成树脂"是采用化学方法，人工合成出来的树脂，是一种未加工的原始的有机高分子材料。合成树脂是塑料的最主要成分，在塑料中含量一般在 $40\% \sim 100\%$。由于含量大，树脂性质常常决定了塑料性质，所以人们常把树脂看成是塑料的同义词。如把酚醛树脂与酚醛塑料、PVC 树脂与 PVC 塑料混为一谈。树脂不仅用于制造塑料，而且还是涂料、胶黏剂以及合成纤维的原料。而"塑料"是以树脂为主要成分，再与多种添加剂，如无机填料、颜料、各种助剂进行混合、分散，经过一定成型加工方法，并在加工过程中显示塑性且能流动成型的材料。当然，树脂和塑料之间定义很难有严格的区分界限，树脂合成过程中也要加入一些添加剂，这与塑料加工过程中类似。某些树脂成型加工过程中没有加入任何添加剂，直接加工成型，也称为塑料制品。因此，基本上是约定俗成。

① 热塑性高分子材料。由线性高聚物组成，能够溶解和熔融，可以反复多次成型加工。

② 热固性高分子材料。由反应性低分子量预聚体或带反应性官能团的高分子合成材料通过加热固化而成。在成型过程中通过反应性官能团发生交联反应形成体型网状结构，固化后的热固性高分子材料不溶不熔，可以在恶劣的环境下使用。

0.3.3　特点

高分子化合物之所以区别于小分子化合物并具有种种高分子的特征，如高强度、高弹性、高黏度、力学状态的多重性、结构的多样性等，都是由于高分子具有的长链结构特征所衍生而来的。

由于每个高分子都是一根长链，与小分子化合物相比，其分子间的作用力要大得多，超过了组成高分子的化学键能，所以它不能像一般小分子化合物那样被气化，或用蒸馏法加以纯化。这也正是它能具有各种力学强度而可用作材料的内在因素。不同种类的高分子链可以是柔性、比较柔性或刚性的，由于键可以旋转，因而高分子链可以呈现伸展的、折叠的、螺旋的甚至可以缠结成线团状等众多的构象。线性链上可以有支化的侧链，线性链间可以发生键合形成二维、三维的网状结构。分子链间的聚集可以形成各种晶态、非晶态聚集态结构。这些结构变化给予高分子材料千变万化的性质和广泛的应用，如强韧性的塑料、高强高模的纤维和高弹性的橡胶等。

高分子材料的结构是非常复杂的，与小分子物质相比有以下几个特点。

① 高分子是由很大数目的结构单元组成的，每一个结构单元相当于一个小分子，它可

以是一种均聚物，也可以是几种共聚物。结构单元以共价键联结而成，形成线性分子、支化分子、网状分子等。

② 一般高分子的主链都有一定的内旋转自由度，可以使主链弯曲而具有柔性。并由于分子的热运动，柔性链的形状可以不断改变。如化学键不能作内旋转，或结构单元间有强烈的相互作用，则形成刚性链，而具有一定形状。

③ 高分子结构的不均一性、多分散性是一个显著特点。即使在相同条件下的反应产物，各个分子的分子量、单体单元的键接顺序、空间构型、支化度、交联度以及共聚物组成、序列结构都存在着差异。

④ 高分子是由很多结构单元所组成的，因此结构单元之间的范德瓦耳斯力相互作用显得特别重要。

⑤ 只要高分子链中存在交联，即使交联度很小，高聚物的物理力学性能等也会发生很大变化。由最初的可溶可熔状态变成可熔不溶状态，最后变成不溶解和不熔融状态。

⑥ 高聚物的聚集态有晶态和非晶态之分。高聚物的晶态比小分子晶态的有序程度差很多，存在很多缺陷。但是高聚物的非晶态却比小分子液态的有序程度高。

⑦ 要将高分子合成材料加工制成有使用价值的材料，往往需要在合成树脂中加入填料、各种助剂、色料等。当两种及两种以上高聚物共混改性时，又存在这些添加物与高聚物之间以及不同的高聚物之间是如何堆砌成整个高分子材料的问题，即所谓的织态结构问题。织态结构也是决定高分子材料性能的重要因素。

高分子材料在使用过程中的两个有别于其他材料的特征是蠕变和应力松弛。所以高分子聚合物材料的性能强烈地依赖于温度和时间，其性能是作用时间和温度的函数。具体表现在以下几个方面。

① 高分子合成树脂材料具有比金属材料、无机材料低得多的密度。一般无定形树脂的密度为 $0.56\sim1.05g/cm^3$，结晶树脂要高一些，如聚四氟乙烯为 $2.2g/cm^3$，但大多数通用树脂的密度都在 $1g/cm^3$ 左右，而工业纯铁密度为 $7.87g/cm^3$、纯铜密度为 $8.9g/cm^3$，远高于树脂。质轻是合成树脂的一大特点。

② 力学性能。高分子合成树脂材料的力学强度和模量一般都低于金属材料，其比模量比金属低得多，即使硬质树脂的比模量也比金属低 100 倍（如 PS 的模量为 20MPa，钢为 $20000\sim22000MPa$），仅为普通玻璃的 1/10。这也是树脂材料在某些领域应用受到限制的主要原因之一，但由于密度小，所以比强度（单位质量强度）高，有些树脂，特别是通过增强（如纤维材料、无机填料），可使树脂的强度和模量大幅度增加，比强度甚至超过金属（如玻璃纤维增强环氧树脂的比强度达到 2800，超过高级合金钢 1600）。

合成树脂力学性能的另一特点是数值变化范围宽，是已知材料中可变形范围最宽的材料。对于不同的树脂，或同样树脂处在不同的形态（结晶、非晶态、取向等），力学强度存在很大差别，模量可以相差几个数量级；断裂伸长率可以从百分之几到几百、几千；材料宏观上从柔软到坚韧、硬脆很宽的范围内变化，体现了树脂性能的多样化，这为应用提供了刚柔程度各不相同的树脂品种。

高分子合成树脂材料力学性能的第三个特点是性能除了与结构有关外，还与加工条件密切相关。这也是树脂材料性能区别于其他材料性能最突出的特点。这是由于树脂性能除了与化学结构密切相关外，还与聚集态结构紧密相连。即使化学结构和组成完全相同的树脂，在不同的成型加工条件下，其聚集态结构也完全不同，从而导致了性能的差别。

③ 热学性能。热塑性树脂的耐热性一般较低。通用树脂的长期作用温度在 50～90℃ 之间，工程塑料高于 100℃，但一般也不能高于 200℃，远低于金属材料。这也是由于树脂分子中分子内和分子间的相互作用力比较低之故。树脂中的相互作用，一种是主价力化学键能（共价键的键能一般为 350kJ/mol），一种是次价力氢键（一般为 20kJ/mol）和范德瓦耳斯力（8kJ/mol），这些相互作用力的能量与金属晶格能相比低许多。

合成树脂的导热能力相比金属材料低得多，一般树脂的热导率为 0.14～0.44W/(m·K)，泡沫塑料的热导率更低，只有树脂的 1/10，因此，树脂材料是优良的保温隔热材料。

④ 电性能。绝大多数高分子合成树脂材料是优良的电绝缘材料，具有很高的电阻率、低的介电常数和很小的损耗常数，因此是电子电器、电线电缆上广泛使用的绝缘体。但是新型导电合成树脂的出现，为人们一直以来认为聚合物是绝缘体画上了句号。具有特殊结构的导电树脂可以达到金属良导体铜、铝的水平，成为近年来研究开发的热点。

⑤ 化学性能。一般合成树脂都具有优异的防水、防潮性能（除水溶性树脂）。合成树脂的耐化学性能与其结构有关，不同结构的树脂耐化学品的种类和能力不同，但总体上，树脂的耐酸碱能力远高于金属。通用树脂中 PE、PP 等结晶性聚合物能耐强酸（除强氧化性酸）、强碱，在室温下也不溶于大多数有机溶剂，聚四氟乙烯更是具有突出的耐溶剂和耐腐蚀性，甚至在王水中也不会被溶解，这对于金属材料是无法想象的。

⑥ 光学性能。高分子合成树脂材料的光学性能如力学性能一样，可在宽广的范围内变化。从色彩上来看，大多数合成树脂在可见光区域内没有特别的吸收，所以基本上是无色的。从透明性来看，树脂可以从完全不透明，到半透明，一直到完全透明进行变化。高透明的树脂的透光率与玻璃相当，如聚甲基丙烯酸甲酯的透光率高达 92%～93%，可透过可见光的 99%，而其密度仅为硅玻璃的 1/2。

⑦ 其他性能。高分子合成树脂材料的加工性能优良。由于树脂的熔点比较低，一般在 300℃ 以下即达到熔融状态，因此，可以在比金属和无机材料低得多的温度下进行成型加工，而且加工方法比金属材料多得多。此外，合成树脂通过与其他材料混合或者通过化学反应功能化，可赋予光、电、磁、声、生物活性等许多功能。因此，与其他材料相比，合成树脂的性能是全方位的、极其多样和丰富的，这从合成树脂已经渗透到人类社会各个领域中，就可窥见一斑。

0.3.4 命名

高分子合成材料目前最为广泛使用的主要有 3 种命名方法。第一种是习惯命名法，第二种是商品（或称工业）命名法，第三种是 IUPAC 命名法。IUPAC 命名法是由国际理论化学和应用化学会一个关于聚合物命名的常设委员会制定的，它符合有机化学命名的规则。这一系统使人们既能命名简单的高分子合成材料，又可命名复杂的高分子复合材料。然而有趣的是，多数的大学教材目前仍然采用商品命名法系统，而几乎没有一本高分子教科书完全采用 IUPAC 系统来命名普通的聚合物。这一命名方法在很大程度上尚未被高分子科学界的许多人所接受。

高分子合成材料目前主要是根据其化学组成来命名的，由一种单体聚合而得到的高分子合成材料，其命名为在单体名称前冠以"聚"字，例如：聚乙烯、聚甲醛等。由两种单体如：对苯二甲酸与乙二醇，己二酸与己二胺缩聚而得的高分子合成材料，分别称为聚对苯二甲酸乙二酯（习惯称为涤纶）和聚己二酰己二胺（习惯称为尼龙 66 或锦纶 66）等。

由两种或两种以上单体经加聚反应而得到的共聚物，如丙烯腈-苯乙烯共聚物，可称为腈苯共聚物（通常采用两种单体英文名称的第一个字母，简称为 AS 共聚物）。如丙烯腈-丁二烯-苯乙烯共聚物称为 ABS 共聚物。

由两种原料经缩聚反应得到的缩聚物，其命名常在原料名称之后加上"树脂"二字。此外"树脂"二字习惯上也泛指在化工合成出来的未经成型加工的高分子化合物，如苯酚与甲醛的缩聚产物称为酚醛树脂，不饱和己二酸与甘油（丙三醇）的缩聚物称为醇酸树脂，聚乙烯树脂等。这些被称为数脂的高分子化合物经过与其他添加剂（催化剂、促进剂、增强剂、填料等）共混，在适当的制备条件下，根据不同应用领域的要求可以加工得到"塑料"、"纤维"和"橡胶"。表 0-3 给出了一些普通聚合物的名称对照，用来说明 3 种命名方法之间的差别。

表 0-3　聚合物的名称对照

习惯命名系统	工业命名系统	IUPAC 命名系统
聚丙烯腈	聚丙烯腈	聚(1-腈基亚乙基)
聚(氧化乙烯)	聚氧化乙烯	聚(氧亚乙基)
聚(对苯二甲酸乙二酯)	聚对苯二甲酸乙二酯	聚(氧亚乙基对苯二酰)
聚异丁烯	聚异丁烯	聚(1,1-二甲基亚乙基)
聚(甲基丙烯酸甲酯)	聚甲基丙烯酸甲酯	聚[(1-甲氧基酰基)-1-甲基亚乙基]
聚丙烯	聚丙烯	聚亚丙基
聚苯乙烯	聚苯乙烯	聚(1-苯基亚乙基)
聚(四氟乙烯)	聚四氟乙烯	聚(二氟亚甲基)
聚(醋酸乙烯酯)	聚醋酸乙烯酯	聚(1-乙酰氧基亚乙基)
聚(乙烯醇)	聚乙烯醇	聚(1-羟基亚乙基)
聚(氯乙烯)	聚氯乙烯	聚(1-氯亚乙基)
聚(乙烯醇缩丁醛)	聚乙烯醇缩丁醛	聚[(2-丙基-1,3-二氧杂环,己烷-4,6-二氧基)-亚甲基]

以高分子科学为基础的高分子合成材料学的任务是研究材料的组成、结构特性、结构与性能之间的内在联系，发掘现有高分子合成材料在各应用方面的潜力，为实现分子设计、制取具有预期性能的新型高分子材料提供科学依据，为更好地开发利用以及拓展其应用领域提供试验依据。人类已经进入 21 世纪，随着高分子科学工作者对高分子材料认识的更加深入，对高分子材料科学的掌握必将更加运用自如，高分子科学和材料必将为人类社会的发展做出更加丰富多彩的新贡献。

上·篇
热固性高分子合成材料

第1章 ▶▶ 酚醛树脂

  酚醛树脂是工业上应用最早，至今仍被大量应用的热固性高分子合成树脂。早在1872年德国化学家拜耳（Baeyer）首先发现苯酚和甲醛在酸的作用下可以缩合得到无定形的棕红色的树脂状产物，接着化学家克莱堡（Kleeberg）在1891年和史密斯（Smith）在1899年对苯酚和甲醛的缩合反应进行了研究。他们详细发表了在浓盐酸和五倍子酸作用下甲醛与多元酚的反应，但是易生成不溶不熔物。并且发现它可以溶解在甲醇等溶剂中，蒸出溶剂得到片状或块状硬化物，再经过切削加工成各种形状的制品，但是树脂易收缩变形，难以达到实用要求。

  进入20世纪，由于机电工业和其他设备制造业的发展，天然树脂和其他天然材料在数量上和质量上已经不能满足需要，这就促使人们寻求新的材料。这样苯酚和甲醛的缩合反应越来越引起各国化学家的兴趣。到1902年布卢默（Blumer）由苯酚和甲醛经缩聚反应第一次制得溶于酒精的树脂溶液，称为"清漆树脂"，用来代替虫胶，成为第一个商品化的酚醛树脂，但是因为酚醛树脂性脆易碎，在固化过程中放出水分等，没有形成工业化规模。

  直到1905～1909年间，比利时出生的美国科学家巴克兰（Backeland）对酚醛树脂进行了广泛而系统的研究之后，提出了两个改进的方法：一是加入木粉或其他填料，可以克服树脂的脆性；二是采用热压法，所用的压力需要大于水的蒸气压，以防止树脂的多孔性，缩短生产周期。从而于1907年申请了关于酚醛树脂的"加热、加压"的固化专利，并于1910年10月10日成立了Bakelite公司，1939年附属于美国联碳公司，分布在世界许多国家和地区。该公司先后申请了400多项专利技术，解决了酚醛树脂加工成型的关键问题，预见到酚醛树脂除作烧蚀材料之外的重要应用。因此，有人曾提议将1910年作为酚醛树脂之年，将巴克兰称为酚醛树脂之父。

  通用的巴克兰公司最初生产并进入市场的就是甲阶酚醛树脂系列的纸层压板，以木粉、云母、石棉作为填料的模塑料，主要用于制作电器绝缘制品。1911年艾尔斯沃思（Aylesworth）发现六亚甲基四胺（乌洛托品）加热可以使热塑性酚醛树脂转变为不溶不熔的产物，并且产物具有优良的电气绝缘性能，所以可以将甲阶酚醛树脂粉碎，加入六亚甲基四胺混合后，易加工，并且可以长期储存。以此作为绝缘材料，广泛用于电气工业部门。依靠巴氏专利技术，德国、英国、法国和日本等国都先后实现了酚醛树脂的工业化生产。

1913 年德国化学家阿尔贝特（Albert）发现酚醛树脂的甲阶产物与松香作用后可溶解在植物油及其他碳氢化合物溶剂中，后又发现树脂与桐油结合可以制成油漆，这些发现为酚醛树脂在涂料工业上的应用提供了新的途径。

20 世纪 40 年代以后，合成方法与改性方法进一步成熟，并趋于多元化。出现了许多改性酚醛树脂，综合性能不断提高，其应用也发展到航空工业。美国、苏联在 20 世纪 50 年代就开始将酚醛复合材料用于空间飞行器、火箭、导弹和超音速飞机部件，也作耐瞬时高温和烧蚀材料。

20 世纪 80 年代初世界趋于和平，发达国家经济繁荣、交通发达、建筑趋于高层化。但是火灾事故发生频繁。从而促使各国政府在建筑、交通运输等领域对材料提出了严格的阻燃、低火或低发烟、低毒性等要求，所以酚醛树脂在该领域的应用也日益受到重视。此外，高反应性酚醛树脂与新的成型工艺成为酚醛树脂发展的两大方向。如美国 Dow 化学、OCF 公司和 ICI 公司等先后研制和开发出满足 SMC、拉挤、手糊成型等工艺要求的新型酚醛树脂复合体系。

我国生产酚醛树脂具有 50 多年的历史。1946 年上海塑料厂就有少量生产。新中国成立后，天津树脂厂、长春市化工二厂等相继生产酚醛模塑料粉。目前我国生产酚醛树脂及模塑料的工厂有 70 多个。20 世纪 90 年代末从国外引进酚醛树脂发泡技术，在烟台开发区建立生产基地。

酚醛树脂由于原料来源丰富，合成方便，工艺简单，成本低，具有较好的力学性能、电绝缘性能和热稳定性，因此在工业上得到了广泛的应用。虽然在酚醛树脂之后，许多新颖的合成树脂出现，但是在世界各国热固性树脂的生产中，酚醛树脂的产量仍然占据三大热固性树脂的首位。

1.1 酚醛树脂的原材料

用不同的酚和醛可制得各种不同的酚醛树脂，常用的酚类有苯酚、甲酚、二甲酚、间苯二酚等。常用的醛类主要是甲醛，在某些情况下也用乙醛、糠醛、丙烯醛等。

1.1.1 酚类

1.1.1.1 苯酚

纯苯酚为无色针状晶体，有特殊气味，在空气中受氧和光的作用常呈微红色。苯酚的熔点为 $40.9℃$，密度为 $1.0545kg/L$（$45℃$），沸点为 $181.7℃$，当压力为 $13.33kPa$ 时则为 $120℃$。苯酚能溶于乙醇、苯、脂肪烃油、脂肪酸和甲醛的水溶液中，但在水中只能部分溶解，随着温度增高溶解度增大；当温度达到 $65.3℃$ 以上时，能与水按任何比例混溶。苯酚呈弱酸性，其电离常数为 $1.15×10^{-10}$（$25℃$），故有石炭酸之称。苯酚上的羟基是给电子基，可使苯环上一个对位和两个邻位的碳原子的电子云密度较大，取代反应能力强，故与甲醛反应时可认为有 3 个官能度。苯酚有毒，对皮肤有刺激性和腐蚀性，容易渗入皮肤，操作时应注意劳动保护。空气中苯酚蒸气的最大允许浓度为 $0.5cm^3/m^3$。

苯酚的质量随制法和来源而略有差异，最早的提取方法是由煤焦油减压蒸馏而得，但产量有限，纯度也差，因此一般多采用合成苯酚。工业上可从苯磺酸或氯化苯来制取苯酚，也可用甲苯氧化来制取，但目前大量生产苯酚还是用异丙苯氧化的方法。生产树脂前，需将苯酚熔化，熔化的方法有热水法（如图 1-1 所示）、热空气法、水蒸气法和热酚法等。

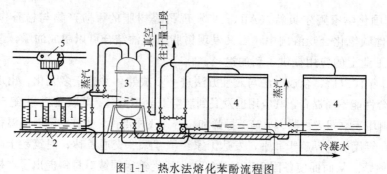

图 1-1 热水法熔化苯酚流程图

1—苯酚桶；2—热水槽；3—中间储罐；4—苯酚储罐；5—吊车

1.1.1.2 甲酚

工业甲酚是 3 种甲酚异构物的混合物，故又称三混甲酚。它通常取自煤焦油的分馏物，常温下为暗褐色油状液体，沸点在 $185\sim205℃$ 之间，其相对密度为 $1.030\sim1.060$，其中含间甲酚 $26\%\sim42\%$、邻甲酚 $35\%\sim40\%$，对甲酚 $25\%\sim28\%$。3 种甲酚的性质见表 1-1。

表 1-1 甲酚的性质

异构物	凝固点 $T/℃$	沸点 $T/℃$	相对密度(20℃)	水中溶解度(40℃)/%	外　观
邻甲酚	30.9	191.0	1.0465	3	无色或白色结晶
对甲酚	34.7	201.9	1.0347	2.3	无色结晶
间甲酚	12.2	202.2	1.0336	2.5	无色油状液体

3 种甲酚中只有间甲酚具有 3 个官能度，另外两种只有两个官能度。在制漆用树脂时，三混甲酚中间甲酚含量可少于 40%，而在制塑料用树脂时，则要求其中间甲酚含量不低于 40%。

1.1.1.3 二甲酚

工业二甲酚得自煤焦油的分馏物，是 6 种异构物的混合物，其中各异构物的组分不定。通常为暗褐色黏稠状液体，相对密度为 $1.035\sim1.040$，沸点为 $210\sim225℃$。二甲酚中只有 1,3,5-二甲酚具有 3 个官能度，其余的异构物只有两个或一个官能度，因此如单独用二甲酚与甲醛反应制成树脂，虽然介电性能较好，但力学性能不高，所以通常是和苯酚或甲酚一起合用，如用 40% 的苯酚和 60% 的二甲酚，或是用 60% 的甲酚和 40% 的二甲酚。

1.1.1.4 间苯二酚

间苯二酚为无色或略微带色的结晶体，稍有气味，在空气中氧和光的作用下逐渐变红。其熔点为 $110\sim111℃$，沸点为 $281℃$。能溶于醇类和甲醛水溶液，在水中也能很好地溶解。间苯二酚与甲醛的反应速率比苯酚快，不加催化剂在低温下也能与甲醛反应生成树脂，且所得树脂在低温下也能固化。

1.1.2 醛类

1.1.2.1 甲醛

甲醛为具有特殊刺激气味的气体，沸点是 $-21℃$，常温下易自行聚合，其聚合物 $(CH_2O)_n$ 为高熔点的白色粉末状固体。甲醛易溶于水，水中最多可吸收 50% 的甲醛。甲醛的水溶液常称为福尔马林，为无色有刺激性气味的液体，工业上福尔马林中甲醛的质量分数一般为 37% 左右，多用于制造酚醛树脂。甲醛溶于水中生成水合物甲二醇：

$$CH_2O + H_2O \rightleftharpoons HO—CH_2—OH$$

在水溶液中未水化的甲醛单体的质量分数很低，通常小于 0.01%，甲二醇有聚合倾向，生成聚合体 $HO\text{—}(CH_2O)_n\text{—}H$。在质量浓度为 0.40kg/L 的甲醛水溶液（35℃）中，甲二醇的质量分数占 26.81%，其余多为 $n=2\sim6$ 的聚合体。

福尔马林中含有适量甲醇，能防止甲醛聚合，从而能防止从水中析出白色沉淀，但这样不仅会降低它和苯酚的反应速率，而且对生成树脂的质量也会有不良影响，为了防止沉淀，通常可采取保温措施。

因甲醛是由甲醇氧化而制得的，故用石油工业所得的甲烷、乙烷、异丁烷等经氧化也可制备甲醇，但会因过分地氧化而出现少量甲酸，同时甲醛在水中产生歧化反应也能生成甲酸。通常工业用的福尔马林中约有 0.02%～0.10% 的甲酸，因此福尔马林常呈酸性（pH=2.6～3.5），这一点对于用碱催化制树脂时是需要考虑到的，它会中和一部分碱性催化剂，而使反应速率减慢。

福尔马林的储存和输送最好采用耐酸衬里的容器。处理福尔马林的方法通常是加入少量的碱使其呈弱碱性（pH=9），加热保持一定时间，冷却后静置可除去铁的沉淀物。福尔马林能刺激眼睛及呼吸道黏膜，生产时应注意密闭，并加强通风。

1.1.2.2 糠醛

醛类中甲醛同三官能度的酚作用时能制得热固性树脂，和甲醛同系的其他醛类随着分子链长度的增长，较难甚至不能形成体形缩聚物，但糠醛、丙烯醛等不饱和醛类则是例外。

糠醛为无色液体，具有特殊气味，在空气中逐渐变成褐色。糠醛主要由农副产品如玉米秆、木材、棉籽壳等制得，其分子式为：

$$\begin{array}{c} HC\text{——}CH \\ HC \quad C\text{—}CHO \\ \diagdown O \diagup \end{array}$$

糠醛易溶于乙醇、丙酮、乙醚中，难溶于水，熔点-36.5℃，沸点162℃，在20℃时其相对密度为1.1594，在水中20℃时仅溶解8.2%，90℃时溶解16.6%。糠醛除含醛基外，还有共轭双键存在，故其反应能力很高，它可单独与苯酚反应制得树脂，也可和甲醛合用制得酚醛树脂。

1.2 酚醛树脂的生成反应和结构

当酚醛树脂反应到最后阶段，即制成制品时，通常是具有高度交联的结构，完全失去可溶可熔性质，但是作为半成品的酚醛树脂则必须是可溶可熔的。根据其分子结构的特点和受热时的表现，又分为热塑性酚醛树脂（novolak）和热固性酚醛树脂（resole）。

1.2.1 热塑性酚醛树脂的生成反应和分子结构

1.2.1.1 酸催化的热塑性酚醛树脂的生成反应

热塑性酚醛树脂通常是在酸性催化剂作用下，苯酚过量时制得的，生成树脂的缩聚反应包括加成反应和缩合反应两种。加成反应是苯酚与甲醛作用生成羟甲基酚，此反应对苯酚来说是亲电取代反应，但对甲醛则可认为是加成反应。当 pH<4.5 时其反应为：

$$HOCH_2OH + H^+ \rightleftharpoons {}^+CH_2OH + H_2O$$

可看出在酸性介质中，由于 H^+ 的作用使甲醛分子首先形成羟甲基正离子，从而增强了对苯酚的进攻能力，故反应速率与 H^+ 的浓度成正比。

Jong 等在苯酚与甲醛的加成反应中，发现甲醛的消耗速率与苯酚和甲醛的浓度成正比，认为是二级反应，其反应速率常数 k 与介质 pH 值的关系如图 1-2 所示，当 pH 值在 4.5 时反应最慢。

在酸性介质中，缩合反应是按以下的方式进行的。

在以上生成物二羟二苯基甲烷的基础上，再继续与甲醛和酚核进行加成和缩合反应，则生成线形或分支结构的热塑性树脂。

缩合反应和加成反应相似，当 pH<4.5 时，反应速率与 H^+ 的浓度成正比，垣内等测得如图 1-2 所示的曲线。

在酸性介质中缩合反应速率较加成反应为快，垣内等研究认为，当用盐酸作催化剂时，在 $30\sim80℃$ 的温度范围内，缩合反应速率常数与加成反应速率常数的比为 $5\sim8$，因此在反应体系中，并不是所有的苯酚与甲醛先进行加成反应生成了羟甲基酚以后再进行缩合反应，而是苯酚分子通过加成反应形成羟甲基后，马上以更快的速

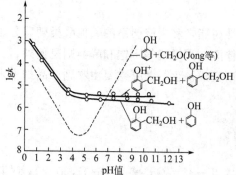

图 1-2　缩合反应速率常数与介质 pH 值的关系
（虚线为 70℃时加成反应的速率常数）

率进行缩合反应，所以在热塑性酚醛树脂的分子结构中，游离的羟甲基实际上是不存在的。

在酸性介质中，缩聚反应是放热反应，且放热较多，约为 628kJ/mol，而缩聚反应又进行得很快，所以在制热塑性酚醛树脂时，特别在反应前期要放出大量的热，从而使反应激烈进行，这在生产中是要严加注意的。

1.2.1.2　热塑性酚醛树脂的分子结构

如前所述，热塑性酚醛树脂的生成反应可用以下的通式表示。

通常用上式的生成物来表示热塑性酚醛树脂的分子结构，但它并不能完全反映树脂实际的分子结构，还需要作以下的说明。

① 它是由亚甲基键结合的多酚核化合物，分子结构中基本无游离的羟甲基，不会因加热反应而形成交联结构，从而表现为热塑性树脂的特性，其中的酚羟基在一般条件下是不参

加反应的。

② 实际的生成物一般为 2～10 核体的混合物，平均分子量为 600～700。

③ 分子结构并不都是线型的，当 $n \geq 3$ 时便可能出现有分支结构，n 越大，分支状异构物越多。因此在制取热塑性酚醛树脂时苯酚过量不得过少，否则就有胶化的危险。

④ 亚甲基键并不都是如一般通式所示的那样和苯酚的邻位相结合的，由于在酸性介质中酚羟基的质子化，对于向邻位进攻的羟甲基正离子产生斥力，故在一般条件下更多的还是和苯酚的对位相结合，故说成亚甲基键与苯酚的对-邻位结合较合适。

1.2.1.3 高邻位的热塑性酚醛树脂

高邻位的热塑性酚醛树脂和乌洛托品作用时具有很快的固化速率。Bender 发现二羟二苯基甲烷的 3 种异构物分别和 15% 的乌洛托品混合，在 160℃ 时的胶化时间：2,2' 为 60s；2,4' 为 240s；4,4' 为 175s。又将三酚核的异构物与乌洛托品混合后的胶化时间作比较，也发现邻位成分越多，胶化时间越短。日本某实验也得到类似的结果，见表 1-2。

因此可以看出，热塑性酚醛树脂中酚核数越多，邻位亚甲基含量越高，固化速率也越快，这种性质对于注射模塑的塑料是很重要的。

表 1-2 各种热塑性酚醛树脂的胶化时间

2,2'结构含量/%	平均分子量	胶化时间/a	2,2'结构含量/%	平均分子量	胶化时间/a
87	285	25	37	500	83
63	285	44	36	800	62
58	285	45	36	1200	59

制造高邻位热塑性酚醛树脂的条件一般是苯酚对甲醛过量，采用二价金属的氧化物，氢氧化物或可溶性盐类作催化剂，反应物的 pH 值为 4～7，一般认为 pH=5 较好，金属离子对邻位取代反应的催化效果的次序为：

$$Zn^{2+} > Mg^{2+} > Ca^{2+} > Ba^{2+} > Na^+ > K^+$$

Fraser 等提出了以下的反应机理：

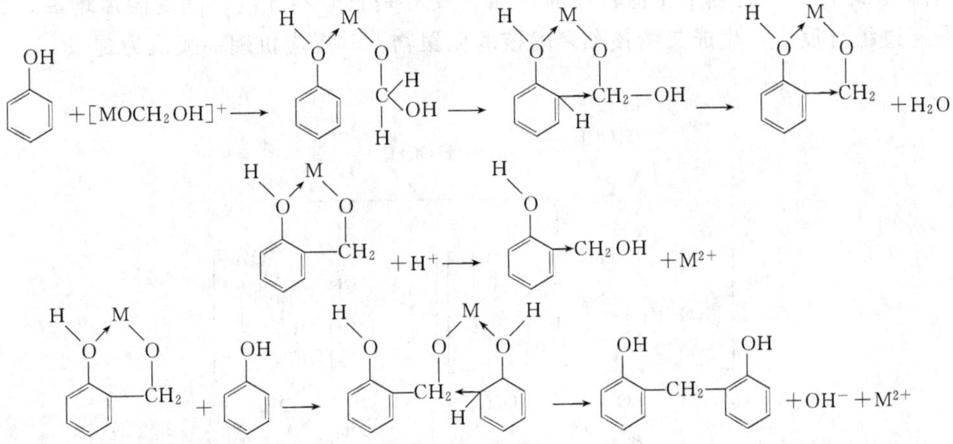

1.2.2 热固性酚醛树脂的生成反应和分子结构

必须是平均官能度大于 2 的酚类才能和甲醛作用生成热固性树脂。热固性酚醛树脂的生成反应和分子结构随催化剂的类型不同而不同，归纳起来有两类。

1.2.2.1　无机碱或叔胺类催化的热固性酚醛树脂的生成反应

首先是酚与甲醛通过加成反应生成各种羟甲基酚，一般认为按以下的机理进行：

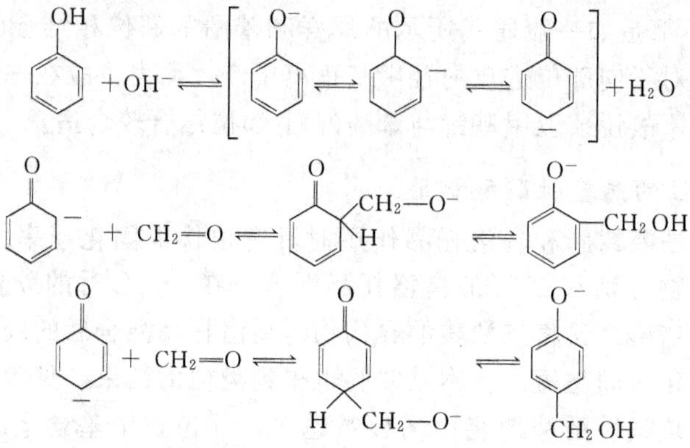

反应动力学研究结果表明，羟甲基化反应为二级反应。可看出生成羟甲基酚的速率与酚氧负离子的浓度和甲醛的浓度成正比，在一定范围内［pH＜（9～10）］OH⁻离子浓度越大，酚氧负离子的浓度也越大，从而反应速率越快。

在碱性介质中所形成的羟甲基比较稳定，因此再继续与甲醛反应，便生成不同的二羟甲基酚和三羟甲基酚。

Hultzsch 曾用氢键理论来解释羟甲基的稳定性，认为不同的羟甲基酚以不同形式的氢键存在，并认为分子内氢键较分子间氢键为强，温度越低，氢键越稳定，碱性越强，氢键越稳定，随着 H⁺浓度增大，氢键趋于分开，如下所示：

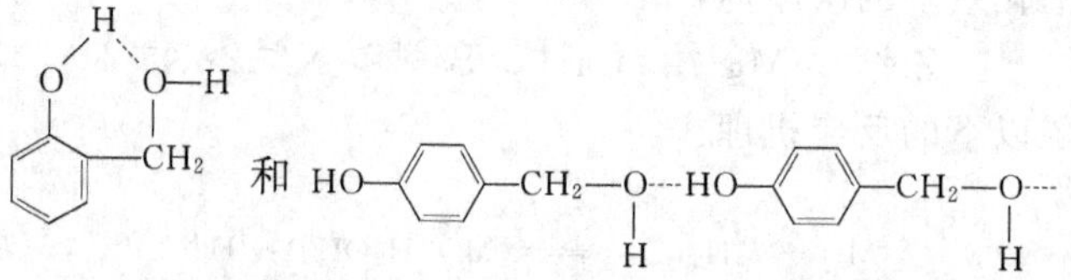

当温度低于 60℃且当 pH 值较高时，缩合反应是忽略不计的。随着温度增高，各种羟甲基酚通过缩合反应，生成二酚核和多酚核的低聚物，其反应机理一般认为是：

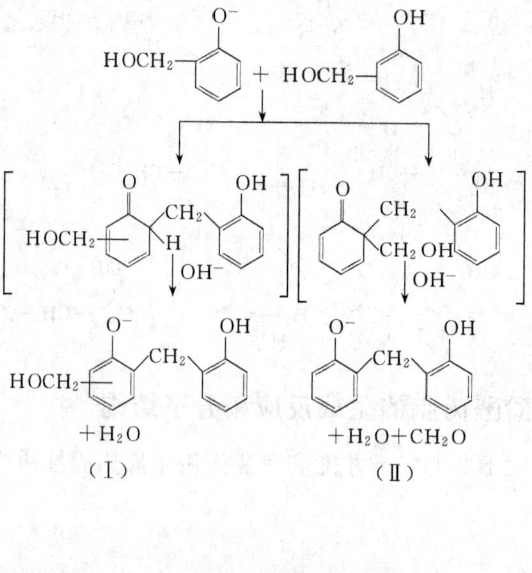

（Ⅰ）　　　　　　（Ⅱ）

对于邻羟甲基酚和2,6-二羟甲基酚通常是按式（Ⅰ）进行反应，而对羟甲基酚、2,4-二羟甲基酚和2,4,6-三羟甲基酚则大都按式（Ⅱ）进行反应。因反应物中还有游离的苯酚，故还有羟甲基酚与苯酚之间的反应，但比羟甲基酚之间的反应速率要慢。

只有在中性或弱酸性介质中反应时，才有可能在羟甲基彼此之间产生醚化反应。

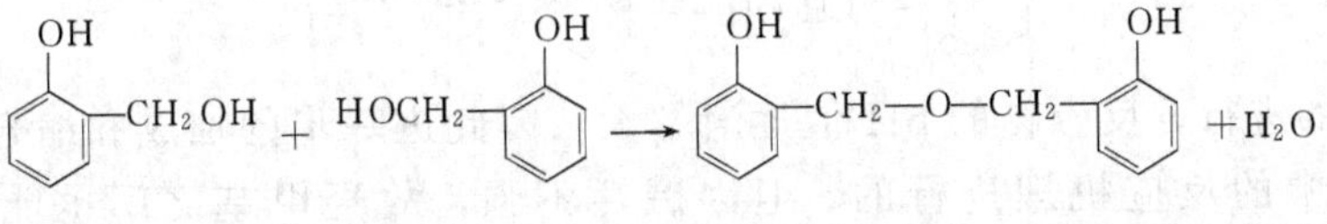

与酸性介质不同，在碱性介质中缩合反应较加成反应慢，而且反应放热也少，约为335kJ/mol，所以在整个反应过程中放热不多，反应进行较缓和。

1.2.2.2 氨水或六亚甲基四胺催化的热固性酚醛树脂的生成反应

制备热固性酚醛树脂时，氨水是最常用的一种催化剂，由于树脂的生成反应和分子结构与前述有所不同，故另成一类。其特点是氨除了起催化作用外，本身还参加树脂的生成反应，形成含氮的生成物。当用伯胺、仲胺作催化剂时，也属于这一类型。

氨催化的酚醛树脂的生成反应较为复杂，有人曾提出可用下面的反应式来表示：

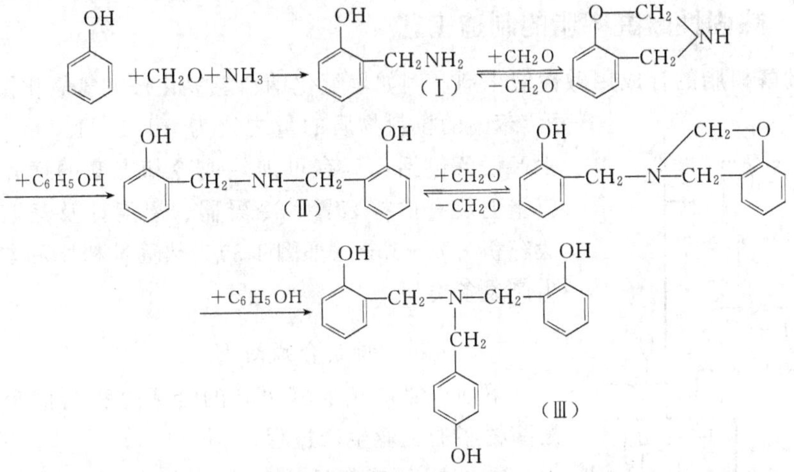

式中（Ⅰ）、（Ⅱ）和（Ⅲ）分别为一羟苄基胺、二羟苄基胺和三羟苄基胺，并发现这些含氮化合物的量随苯酚与氨水用量增加而增多，随甲醛用量的增加而减少。

还有人认为，当氨水加入苯酚和福尔马林的混合物以后，首先是氨水与甲醛以很快的速率生成六亚甲基四胺，然后再与苯酚作用生成各种羟苄基胺。

由实验证实，在苯酚与甲醛的反应中，加入占苯酚量5％的浓氨水，测得其中以三羟苄基胺的形式所结合的苯酚量可达25％～31％。

当浓氨水的用量为苯酚的5％左右时，反应混合物开始并不呈碱性，pH值为5～7，这可能是因为与甲醛作用生成六亚甲基四胺而消耗了部分氨水，福尔马林中含有少量甲酸也会中和掉部分氨水，此外，苯酚也是弱酸性的。这样开始反应时，在生成羟苄基胺的同时，其中苯酚的羟甲基化反应有人认为是按以下的方式进行的：

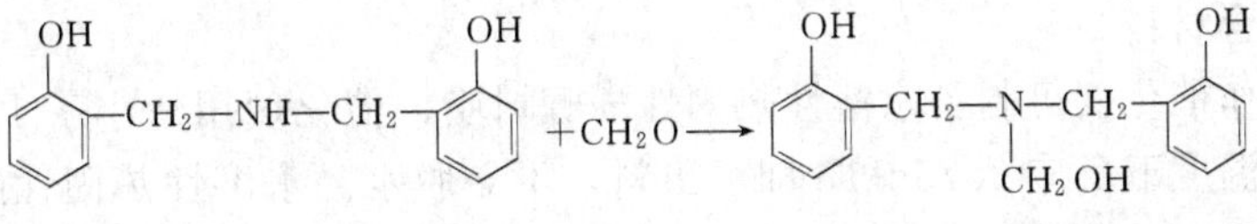

随着反应的进行，反应物的 pH 值逐渐增大，因此进一步的加成和缩合反应则是按在一般碱性介质中的反应机理进行的，但因碱性不强，故羟甲基之间也能经缩合而形成—CH_2—O—CH_2—的醚键结构。由此可见，氨催化可溶性酚醛树脂的生成反应比较复杂。

氨催化的可溶性酚醛树脂与前述的低缩聚的热固性树脂比较，缩聚程度较大，分子量较高，又因含氮的化合物如二羟苄基胺、三羟苄基胺等难溶于水，故树脂的水溶性较差，一般是溶于酒精中。由于其中还含有甲亚氨基—CH=N—的化合物，树脂的颜色也较深。

1.3 酚醛树脂的制造工艺

1.3.1 热固性酚醛树脂的制造工艺

热固性酚醛树脂的合成用碱性催化剂，例如氢氧化钠、氢氧化铵或氢氧化钡等，是在甲醛/苯酚的投料物质的量之比为（1.1～1.5）:1 时进行的。生产设备包括：具有可加热或冷却夹套的搪瓷反应釜，反应釜上装有搅拌装置、冷凝器、温度计及蒸馏接受器，一般容积为 4～6m³（如图 1-3）。热固性树脂和热塑性树脂的生产设备类似。

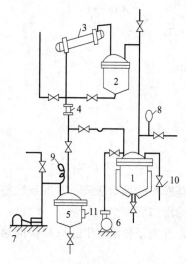

图 1-3 合成树脂的工艺流程
1—反应釜；2—缓冲器；3—冷凝器；
4—视镜；5—接受器；6—齿轮泵；
7—真空泵；8,9—真空表；10—真空
加料阀；11—液面计量玻璃管

1.3.1.1 树脂合成过程

下面以氨催化酚醛树脂的合成过程为例来说明热固性酚醛树脂的工业生产过程。

在 4m³ 的搪瓷反应釜中投入 1152kg 苯酚、1294kg 的 37% 的甲醛水溶液及 61.8kg 的 25% 浓度的氨水，酚与醛的物质的量之比为 1:1.30。开动搅拌，加热升温至 70℃，由于反应放热，温度会自动上升。当温度升至 78℃ 时，即用冷水调节，使反应温度缓慢地上升并保温在 85～95℃（不超过 95℃）。保温约 1h 后，每隔 10min 取样测定凝胶时间，当凝胶时间达 90s/160℃ 左右时终止反应，再进行下一步的脱水操作。树脂的脱水过程在 70℃/0.67MPa 条件下进行，操作必须小心控制，以防树脂凝胶。脱水至树脂呈透明后测定凝胶化时间达 70s/160℃ 左右时，立即加入乙醇 600kg 稀释溶解，然后过滤，即为产品。氨催化的热固性酚醛树脂主要用于浸渍增强填料，如玻璃纤维或布、棉布和纸等，用以制备增强复合材料。

用氢氧化钠作催化剂可制备水溶性热固性酚醛树脂，催化剂用量小于 1%，如上述过程使反应物在回流温度下反应 0.75～1h 即可出料，不必脱水。水溶性热固性酚醛树脂主要用于矿棉保温材料的黏结剂、胶合板和木材的黏结剂、纤维板和复合板的黏结剂等。在上述树脂合成时，增加甲醛用量可提高树脂滴点、黏度、凝胶化速率，可增加树脂产率以及减少游离酚的含量，表1-3显示甲醛与苯酚比例对热塑性树脂性能的影响。

热固性酚醛树脂的储存期较短，因此一般均自产自用。目前工厂生产的牌号品种很多，例如上海生产的以氢氧化铵作催化剂的酚醛树脂牌号为2124，北京生产的牌号为616，外观都是深棕色透明液体。低压钡酚醛树脂是用Ba(OH)$_2$催化的热固性树脂，特点是黏度小，固化速率快，适于低压成型。

表1-3　甲醛与苯酚比例对热塑性树脂性能的影响

100g苯酚所用甲醛的质量计/g	树脂产率(以苯酚用量计)/%	树脂软化点/℃	150℃时凝胶化时间/s[①]	50%乙醇溶液的黏度/mPa·s	游离酚含量/%
24	108.9	97.5	160	83	8.7
26	109.6	103.0	80	130	5.9
28	112	112.0	65	370	4.7
29	C阶树脂	C阶树脂			

① 加入10%六亚甲基四胺固化剂。

1.3.1.2　树脂主要性能指标

热固性酚醛树脂的主要技术指标如下：树脂黏度（4号黏度杯测定）（25℃）5～10s；凝胶时间即聚合时间90～120s/160℃或14～24min/130℃；树脂固体含量（乙醇中）57%～62%；游离酚16%～18%。

1.3.2　热塑性酚醛树脂的制造工艺

热塑性酚醛树脂是用酸性催化剂，例如盐酸、草酸、甲酸等，在苯酚与甲醛的物质的量之比为1：(0.80～0.86)时合成的。合成树脂设备与前述热固性树脂的设备相似。

1.3.2.1　树脂合成过程

下面以盐酸催化酚醛树脂的合成过程为例来说明热塑性酚醛树脂的工业生产过程。

在6m³的搪瓷反应釜中，按苯酚：甲醛＝1：0.85的物质的量之比投料，从原料计量槽加入约4.2m³的原料，反应釜的装料系数为0.7。启动搅拌装置，并加入30%的盐酸调节pH值为2.1～2.5范围内。逐步向夹套通入蒸汽，当反应釜内料温到80℃左右即停止加热，由于是放热反应，料温会自动上升至沸腾（95～100℃），沸腾平稳后保持1h，降温至75℃，再加入盐酸，前后两次所加入的盐酸用量为苯酚原质量的0.065%，再缓慢升温至沸腾，维持约0.5h（以树脂在室温冷水中不粘手为指标），反应结束。

此反应放热剧烈，每1kg苯酚与甲醛的反应热达586～628kJ，应及时采取冷却措施，不然会引起爆炸。通常缩聚反应在3～6h内进行完毕。

合成反应结束后要进一步干燥，以除去树脂中的水分、甲醇、催化剂以及未反应的苯酚和甲醛等杂质。最后树脂在常温下成为松香状的脆性固体。树脂的干燥是在缩聚反应控制至树脂在冷水中不粘手后立即减压脱水，脱水到树脂的软化点达规定指标（控制滴落温度为100～120℃）。趁热放料于铁盘中，或运动的钢带上，使之冷却，粉碎后备用。

树脂为热塑性，易溶于乙醇和丙酮，树脂储存稳定，适当增加甲醛用量可使树脂分子量提高。制备高邻位热塑性树脂的方法与上述方法基本相似，但不同的是脱水后还要在150～160℃之间除去未反应的游离酚，不然会继续反应引起凝胶。使用盐酸作为催化剂的优点是反应速率快，以及它在树脂中可在脱水时随水蒸气逸出；缺点是对设备有腐蚀性。适当增大甲醛用量，会使生成的树脂的软化点升高；同时，树脂的凝胶化速率及游离酚的含量降低（表 1-3）。

热塑性酚醛树脂国内产品牌号很多，例如上海生产的牌号为 2123，它是用盐酸和草酸混合催化剂，外观为松香状固体，游离酚（4%，软化点）100℃，适用于模压制品。

1.3.2.2　热塑性酚醛树脂性能指标

外观：黄色或棕红色透明脆性固体；游离酚含量：不大于 9%；凝胶时间：（加入 14% 六亚甲基四胺）65～90s/150℃；固体含量：未加乙醇时，95%以上。

1.3.3　影响酚醛反应的因素

1.3.3.1　苯酚取代基的影响

苯酚的酚羟基的邻、对位上有 3 个活性点，官能度为 3。取代酚有以下几种情况。

① 当苯酚的邻对位取代基位置上 3 个活性点全部被 R 基取代后，一般就不能再和甲醛发生加成缩合反应。

② 若苯酚的邻对位取代基位置上 2 个活性点被 R 基所取代，则其和甲醛反应只能生成低分子量的缩合物。

③ 若苯酚的邻对位取代基位置上一个活性点被 R 基取代，其和甲醛反应可生成线型酚醛树脂。由于余下的两个活性点已反应掉，所以，即使再加入六亚甲基四胺之类的固化剂，一般也不能生成具有网状结构的树脂。

④ 若苯酚的邻对位取代基位置上的 3 个活性点都未被取代，则它与甲醛反应可以生成交联体形结构的酚醛树脂。

为了得到体形结构的酚醛树脂，酚和醛两种原料单体的平均官能度不应小于 2。醛类表现为二官能度的单体，常用的是甲醛，为了进行体形缩聚反应，所用的酚类必须有 3 个官能度。

有间位取代基的酚类会增加邻对位的取代活性；邻位或对位取代基的酚类则会降低邻对位的取代活性。所以烷基取代位置不同的酚类的反应速率很不一样，见表 1-4。3,5-二甲酚的相对反应速率最大，2,6-二甲酚的相对反应速率最小，两者相差可达 50 余倍。

表 1-4　酚类烷基取代位置与相对反应速率的关系

化　合　物	相对反应性	化　合　物	相对反应性
2,6-二甲酚	0.16	苯酚	1.00
邻甲酚	0.26	2,3,5-三甲酚	1.49
对甲酚	0.35	间甲酚	2.88
2,5-二甲酚	0.71	3,5-二甲酚	7.75
3,4-二甲酚	0.83		

当酚环上部分邻对位的氢被烷基取代加成后，由于活性点减少，故通常只能得到低分子或热塑性树脂；而间位取代加成后，虽可增加树脂固化速率，但树脂的最后固化速率却会因空间位阻效应的影响反而比未取代的树脂还低，这是应该注意的。

1.3.3.2　单体物质的量之比的影响

从碱性催化的热固性酚醛树脂固化后的理想结构来看，只有当一个苯酚环分别和 3 个亚甲基的一端相连接，即甲醛和苯酚的物质的量之比为 1.5∶1 时，固化后才可得到这种体形结构整齐的酚醛树脂。同时，当用碱作催化剂时，会因甲醛量超过苯酚量而使初期的加成反应有利于酚醇的生成，最后可得热固性树脂。工业上常用量为醛与酚的物质的量之比为 $(1.1\sim1.5):1$。

如果使用酚的物质的量比醛多，则因醛量不足而使酚分子上活性点没有被完全利用，反应开始时所生成的羟甲基就与过量的苯酚反应，最后只能得到热塑性的树脂。

例如以 3mol 苯酚和 2mol 甲醛反应，生成如下结构缩合物：

显然，上述反应中即使酚的用量再增加，缩聚的程度也不会增加。

用酸作催化剂时，工业上制造这种热塑性酚醛树脂的醛与酚的物质的量之比为 $(0.80\sim0.85):1$ 之间。表 1-5 列出甲醛与苯酚比例对热固性树脂性能的影响。甲醛量提高，树脂的滴点、黏度、硬化速率均提高，而游离酚含量降低。

表 1-5　甲醛与苯酚比例对热固性树脂性能的影响

苯酚与甲醛的物质的量之比	树脂产率(以苯酚用量计)/%	树脂软化点/℃	150℃时凝胶化时间/s	50%乙醇溶液的黏度/mPa·s	游离酚含量/%
5:4	112	42	160	23.0	24.3
5:5	118	50	98	39.5	16.8
5:6	122	65	100	42.0	15.5
5:7	126	66	96	42.5	14.8

1.3.3.3　催化剂的影响

在制造酚醛树脂的过程中，催化剂性质的影响也是一个重要因素。一般常用的催化剂有下列 3 种。

(1) 碱性催化剂　最常用的是氢氧化钠，它的催化效果好，用量可小于 1%。但反应结束后，树脂需用酸（如草酸、盐酸、磷酸等）中和，反应可得热固性树脂，但由于中和生成的盐的存在，使树脂电性能较差。氢氧化铵〔常用 25%（质量）的氨水〕也是常用的催化剂，其催化性质温和，用量一般为 0.5%～3%，也可制得热固性树脂。由于氨水可在树脂脱水过程中被除去，故树脂的电性能较好，也有用氢氧化钡作催化剂的，用量一般为 1.0%～1.5%，反应结束后通入 CO_2，使催化剂与 CO_2 反应生成 $BaCO_3$ 沉淀，过滤后可除去残留物，因此，也可得电性能较好的树脂。据报道，也有用有机胺，如三乙胺作催化剂的，所得树脂分子量小，且电性能也好。

(2) 碱土金属氧化物催化剂　常用的有 BaO、MgO、CaO，催化效果比碱性催化剂弱，但可形成高邻位的酚醛树脂。

(3) 酸性催化剂　盐酸是常用的酸性催化剂，催化效果也好，用量在 0.05%～0.3%。当醛与酚的物质的量之比小于 1 时（大于 1 时，反应难控制，极易成凝胶），可得热塑性酚醛树脂。也有用碳酸 H_2CO_3、有机酸（如草酸、柠檬酸等）作催化剂，一般用量较大，在 1.5%～2.5%，使用草酸的优点是缩聚过程较易控制，生成的树脂颜色较浅，并有较好的耐光性。

应该指出的是，酸性催化剂的浓度对树脂固化速率非常灵敏，反应速率随氢离子浓度增加而增大。但碱性催化剂则不然，氢氧根离子浓度超过一定值后，则催化剂浓度变化对反应速率基本上无明显影响。

邻对位之间取代比取决于催化剂，中等 pH 值下，碱金属和碱土金属氢氧化物催化的反应，邻位取代按以下次序提高：

$$K<Na<Li<Ba<Sr<Ca<Mg$$

过渡金属氢氧化物也有影响，一般过渡金属离子络合强度越高，越有利于邻位产物的生成，螯合结构如下：

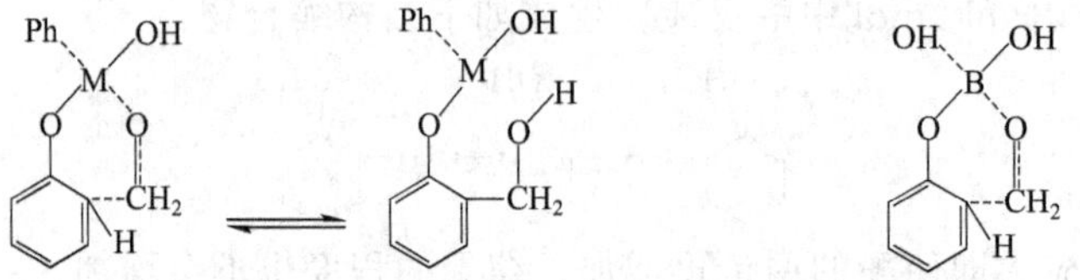

1.3.3.4　反应介质 pH 值的影响

有人认为反应介质的 pH 值对产品性质的影响比催化剂性质的影响还大。研究指出，将 37％甲醛水溶液与等量的苯酚混合反应，当介质 pH＝3.0～3.1 时，加热沸腾数日也无反应，若加入酸使 pH＜3.0 或加入碱使 pH＞3.0 时，则缩聚反应就会立即发生；故称 pH 值的这个范围为酚醛树脂反应的中性点。所以，当甲醛与苯酚的物质的量之比小于 1 时，在弱酸性催化剂存在下（pH＜3.0），则反应产物为热塑性树脂。在弱酸性或中性碱土金属催化剂存在下（pH＝4～7），可得高邻位线型酚醛树脂；当甲醛与苯酚物质的量之比大于 1 时，在碱性催化剂存在下（pH＝7～11），可得热固性树脂。一般认为，苯酚和甲醛缩聚反应初期的最适当的 pH 值应在 6.5～8.5。

1.3.3.5　其他因素的影响

以上讨论酚类分子结构对树脂的影响时，认为苯酚分子中能参加化学反应的活性点只有 3 个，但进一步研究表明并非完全如此，由酚醛树脂的氢化裂解实验表明，产物中尚有间甲酚存在，这说明反应中也存在少量间位取代反应物。因此，当甲醛大大过量时，邻甲基苯酚或对甲基苯酚与甲醛反应也可得热固性树脂，因为只要有极少数的间位取代反应就已足够引起交联而形成体形结构的树脂。同时，甲醛过量时，在强酸性催化剂存在下（pH＝1～2）会发生亚甲基之间的交联反应。

最后应该指出的是，酚醛树脂的缩聚反应与不饱和聚酯树脂的缩聚反应不同，其特点是反应的平衡常数很大（$K=1000$），反应的可逆性小，反应速率和缩聚程度取决于催化剂浓度、反应温度和时间，而受产物水的影响很小，故即使在水介质中反应，合成树脂反应仍能顺利进行。

1.4　酚醛树脂的固化

上述的几种酚醛树脂具有可溶可熔性，在加工成制品的过程中，还需经过固化反应由甲阶经乙阶最后形成不溶不熔的丙阶树脂。乙阶树脂在溶剂中能部分地溶解或溶胀，加热时不熔，但可软化。

1.4.1　热固性酚醛树脂的固化反应

一阶树脂的热固化性能主要取决于制备树脂时酚与醛的比例和体系合适的官能度。前已述及，甲醛是二官能度的单体，为了制得可以固化的树脂，酚的官能度必须大于 2，在三官能度的酚中，苯酚、间甲酚和间苯二酚是最常用的原料。三官能度和二官能度酚的混合物同样可以制得可固化的树脂。加入或存在少量单官能度酚，同样会很大程度地影响固化性能。除酚官能度影响树脂性能外，酚的结构也影响树脂的性能，如酚环上有体积很大的负电性取代基，即使三官能度酚的用量很大，也不能得到很好的固化性能的树脂；反之，某些具有两个甚至一个官能度的酚，也可能得到较好的交联聚合物。制备一阶树脂的醛/酚的最高比例（物质的量之比）可达 1.5∶1，此时固化树脂的物理性能也达最高值。一阶热固性酚醛树脂可以在加热条件下固化，也可以在酸性条件下固化。

1.4.1.1 热固化

（1）热固化原理　在加热条件下，热固性酚醛树脂的固化反应非常复杂，这种复杂性不但取决于温度条件、原料酚的结构以及酚羟基邻对位的活性，同时取决于合成树脂时所用的碱性催化剂的类型。

酚醇的反应与温度有关，在低于 170℃ 时主要是分子链的增长，此时的主要反应有两类。

① 酚核上的羟甲基与其他酚核上的邻位或对位的活泼氢反应，失去一分子水，生成亚甲基键。生成亚甲基键的活化热约为 57.4kJ/mol。

② 两个酚核上的羟甲基相互反应，失去一分子水，生成二苄基醚。生成醚键的活化热约为 114.7kJ/mol。

固化反应中除以上反应外，还可发生其他类型的反应，例如酚羟基与羟甲基的缩合、亚甲基与羟甲基的缩合反应、亚甲基与甲醛的反应。

反应温度从 160～170℃ 开始直至高于 200℃ 时，酚醇的第二阶段的反应变得明显，在这一较高的温度范围内，反应极为复杂，主要是由二苄基醚的进一步反应，以及在较低温度下偶尔保留下来的未反应的酚醇的进一步反应。由于在工业上酚醛树脂的热固化温度常控制在 170℃ 左右的条件下进行，第二阶段的反应虽有可能发生，但重要性较小，因此主要讨论低于 170℃ 时的第一阶段反应。

一阶树脂在低于 170℃ 固化时，在酚核间主要形成亚甲基键及醚键，其中，亚甲基键是酚醛树脂固化时形成的最稳定和最重要的化学键。碱和酸都是有效的亚甲基键形成的催化剂，在酸性条件、中等温度下的固化速率正比于氢离子浓度；强碱条件下，在反应的早期，当 pH 值超过一定的值后，固化速率与碱的浓度无关。在固化过程中形成的醚键既可以是固化结构中的最终产物，也可以是过渡的产物。酚醇在中性条件下加热（低于 160℃）很易形成二苄基醚，然而超过 160℃，二苄基醚易分解成亚甲基键，并逸出甲醛。

同时在酚醇分子中取代基的大小与性质对醚键的形成也有很大影响，见表1-6。

表 1-6　酚醇的对位取代基对醚键形成的影响

对位取代基	出水温度/℃	出甲醛温度/℃	温度差/℃	对位取代基	出水温度/℃	出甲醛温度/℃	温度差/℃
甲基	135	145	10	叔丁基	110	140	30
乙基	130	150	20	苯基	125	170	45
丙基	130	155	25	环己基	130	180	50
正丁基	130	150	20	苄基	125	170	45

通过上面的分析可知，工业一阶酚醛树脂在热固化时，通常认为亚甲基键和醚键同时生成，两者在固化结构中的比例是与树脂中羟甲基的数目、体系的酸碱性、固化温度和酚环上活泼氢的多少有关。若固化温度低于160℃，对于由取代酚形成的一阶树脂，生成二苄基醚是非常重要的反应，对于三官能度酚合成的树脂，这一反应也可发生，但重要性较小。如果树脂呈碱性，主要生成亚甲基键。在酸性条件下，亚甲基与醚键同时生成，但在强酸条件下主要生成亚甲基键。

在较高温度下（超过170℃），二苄基醚键不稳定，可进一步反应。然而，亚甲基键在低于树脂的完全分解温度时非常稳定，并不断裂。在中性条件下，从三官能度酚合成的一阶树脂的固化结构中，亚甲基键是主要的连接形式。固化温度在170~250℃时，第二阶段的缩聚反应极为复杂。此时许多二苄基醚很快减少，而亚甲基键大量增加。此外，还生成亚甲基苯醌及其聚合物以及氧化-还原产物。固化过程中产生的4-亚甲基-2,5-环己二烯-1-酮或6-亚甲基-2,4-环己二烯-1-酮具有如下结构：

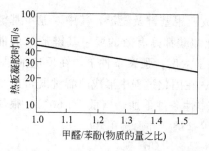

这些化合物可进一步反应，既可与不饱和键进行 Diels-Alder 反应，也可与羟甲基苯酚发生氧化还原反应，生成醛产物。

这些反应导致十分复杂的产物，具体的反应情况还不十分清楚。

（2）影响热固化速率的因素

① 树脂合成时的酚/醛投料比。一阶热固性树脂在固化时的反应速率与合成树脂时的甲醛投料量有关，随甲醛含量增加，树脂的凝胶时间缩短，如图1-4所示。

② 酸碱性。一阶树脂的热固性能受体系酸、碱性的影响很大。当固化体系的 pH＝4 时为中性点，固化反应极慢，增加碱性导致快速凝胶，增加酸性导致极快地凝胶。

③ 温度。随固化温度升高，一阶树脂的凝胶时间明显缩短，每增加 10℃，凝胶时间约缩短一半。

图 1-4　在 150℃时合成一阶固体树脂时甲醛/苯酚物质的量之比对反应性的影响

（3）热固化工艺　用热固性酚醛树脂制备玻璃纤维增强复合材料时常采用加压热固化的工艺过程，最终固化温度一般控制在175℃左右。在固化过程中所施加的压力与成型工艺过程有关，例如层压工艺的压力一般为 10～12MPa，模压工艺的压力较高，可控制在 30～50MPa 的范围内。若采用其他的增强材料，则所要求的成型压力各不相同。例如酚醛布质层压板要求 7～10MPa，而纸质层压板为6.5～8.0MPa 压力。

在层压工艺过程中施加压力的主要作用有以下几点。①克服固化过程中挥发分的压力；②使预浸料层间有较好的接触；③使树脂有合适的流动性，并使增强材料受到一定的压缩；④防止制品在冷却过程中变形。

在模压成型工艺中加压的主要作用是克服物料流动时的内摩擦及物料与模腔内壁之间的外摩擦，使物料能充满模腔；克服物料挥发物的抵抗力并压紧制品。所加压力的大小主要取决于模压料的品种、制品结构和模具结构等。

1.4.1.2　酸固化（常温固化）

一阶酚醛树脂用作胶黏剂和浇铸树脂时，一般希望在较低的温度（甚至室温）固化。为了达到这一目的，可在树脂中加入合适的无机酸或有机酸，工业上称为酸类硬化剂。常用的酸类硬化剂有盐酸或磷酸（可把它们溶解在甘油或乙二醇中使用），也可用对甲苯磺酸、苯酚磺酸或其他的磺酸。酸类硬化剂也可促进焙烘型酚醛表面涂层的固化。

在一阶树脂中添加酸使之固化的反应，在许多方面都与二阶酚醛树脂合成过程中的反应类似；它们的主要区别是在一阶树脂的酸固化过程中醛相对酚有较高的比例，以及当酸添加时醛已化学结合至树脂的分子结构之中。因此，一阶酚醛树脂酸固化时的主要反应是在树脂分子间形成亚甲基键。然而，若酸的用量较少、固化温度较低以及树脂分子中的羟甲基含量较高时，二苄基醚也可形成。一阶酚醛树脂酸固化时的特点是反应剧烈，并放出大量的热。酚与醛在酸催化下缩聚反应的高度放热对制备自发泡的酚醛树脂极为有用。反应热主要由酚醇与苯酚或酚醇本身反应释放，缩合水汽使树脂发泡。放热也使树脂温度升高，又加速了固化反应。当然，在树脂中发泡前加碳酸氢钠，更有助于发泡。

一阶酚醛树脂酸固化的过程最好在较低的 pH 值下进行。已经发现，一阶树脂在 pH＝3～5 的范围内非常稳定。对各种类型的一阶树脂而言，最稳定的 pH 值范围与树脂合成时所用酚的类型和固化温度有关。间苯二酚类型的树脂最稳定的 pH 值为 3，而苯酚类型的树脂最稳定的 pH 值约为 4。显然，在 pH 值低于 3 时固化反应由 H^+ 催化；而在较高的 pH 值时（约从 5 开始），固化过程由 OH^- 催化。

在 pH＝4～7，酚醛反应体系中易形成苯并醌亚甲基（benzo-quminone）中间体，产生黄色或粉红色：

这种中间体是不稳定的，易迅速进一步发生 Diels-Alder 等反应：

这种中间体也能与酚羟基发生 Michael 反应：

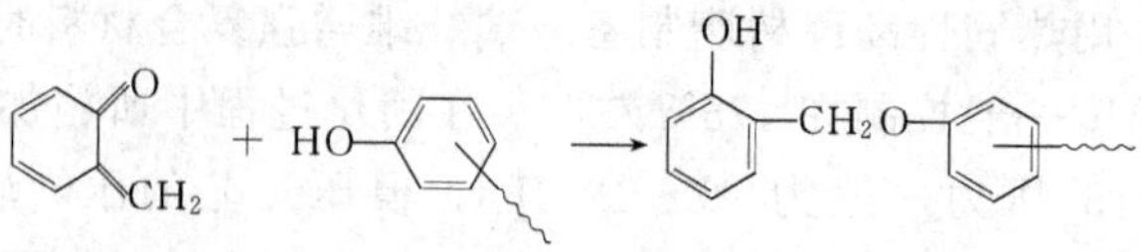

同样，对位羟甲基苯酚等也可发生同样的反应。

1.4.1.3　固化树脂的结构

以上从化学的角度讨论了一阶树脂的固化过程，在固化过程中聚合物分子链间由主价键连接起来，形成二向结构的体形高聚物。然而，固化树脂的结构并不像上述所描述的那样简单，而是非常复杂的。迄今，关于固化树脂结构仍然不够清楚。

有人计算了以苯酚甲醛树脂通过亚甲基键充分交联成体型聚合物后的强度，发现由此算得的理论强度比实验测得值要大将近 3 个数量级。若用次价键代替主价键同样的固化结构，计算得的理论强度仍大大超过实验值。这巨大的差异表明，固化酚醛树脂并不是完全由主价键或次价键交联的结构。一般认为，由于在固化反应时的体形缩聚过程中，反应体系的黏度很大，分子的流动性降低，因此交联反应不可能完全；同时，由于存在游离酚、游离醛及水分这类杂质，也影响了交联的完全程度。又由于聚合物分子链会纠缠在一起，在固化分子结构中包含弱点，易引起应力集中，而易发生破坏。

1.4.2　热塑性酚醛树脂的固化反应

热塑性酚醛树脂是可溶可熔的，需要加入六亚甲基四胺等固化剂才能与树脂分子中酚环上的活性点反应，使树脂固化。热固性酚醛树脂也可用来使二阶树脂固化，因为它们分子间的羟甲基可与热塑性酚醛树脂酚环上的活泼氢作用，交联成三向网状结构的产物。

六亚甲基四胺（HMTA）是热塑性酚醛树脂采用最广泛的固化剂，工业上一般称乌洛托品。HMTA 是氨与甲醛的加成物，外观为白色结晶，在 150℃ 时很快升华，分子式为 $(CH_2)_6N_4$，结构式如下：

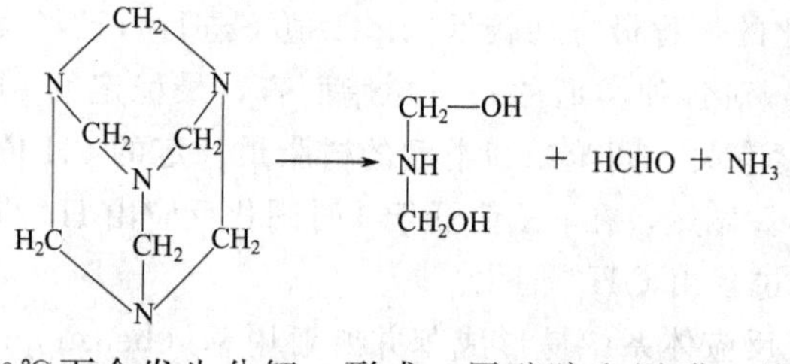

此固化剂在超过 100℃ 下会发生分解，形成二甲醇胺和甲醛，从而与酚醛树脂反应，发生交联。

热塑性酚醛树脂最广泛用于酚醛模压料，大约有 80% 的模压料是用六亚甲基四胺固化的。用六亚甲基四胺固化的二阶树脂还用作胶黏剂和浇铸树脂。采用六亚甲基四胺固化具有一些优点：①固化快速，因此模压件在升高温度后有较好的刚度，模压周期短，以及制件从模具中顶出后翘曲最小；②可以制备稳定的、硬的、可研磨塑料；③固化时不放出水，制件的电性能较好。

用六亚甲基四胺固化二阶热塑性酚醛树脂的反应历程目前仍不十分清楚，一般认为可能有两步反应使二阶树脂形成体形高聚物。

（1）六亚甲基四胺与只有一个邻位活性位置的酚可反应生成二（羟基苄）胺。

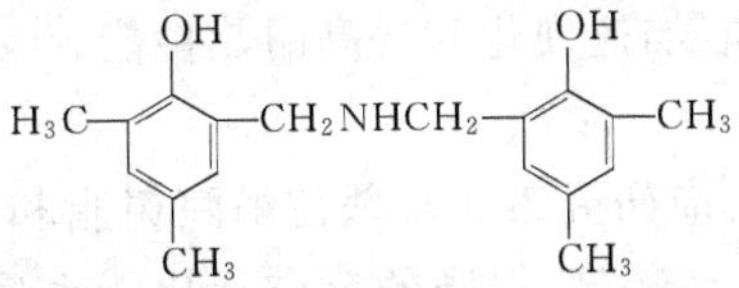

（2）在160℃主要形成二芳基甲烷结构和少量苄胺结构，在190℃产生二苯基甲烷结构，并放出氨气，也产生苯并噁嗪（benzoxazine）结构，已由 NMR 证实，此结构经加热可进一步与2,6-二甲酚反应，生成苄胺或二苯基甲烷结构。若只有一个对位活性位置的酚与六亚甲基四胺反应，可生成三(羟基苄)胺。

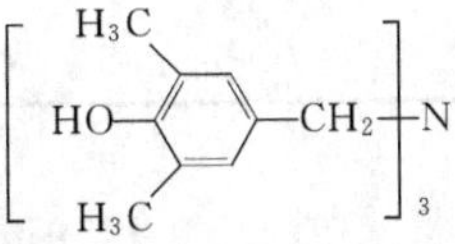

用多官能度的酚可得到与上述相似的产物。酚与六亚甲基四胺反应时，二(羟基苄)胺和三(羟基苄)胺是重要的产物，这些反应产物是在邻近130～140℃或稍低的温度下得到的。上述产物可以考虑为二阶树脂用六亚甲基四胺固化时的中间产物，在较高固化温度下（例如180℃），这类仲胺或叔胺不稳定，进一步与游离酚反应，释出 NH₃，形成亚甲基键。这类同于一阶树脂中的二苄基醚在较高温度下不稳定，分解释放出甲醛形成亚甲基键。若体系中无游离酚存在，则可能形成甲亚胺键。这一产物显黄色，可能就是用六亚甲基四胺固化的二阶树脂常带黄色的原因。

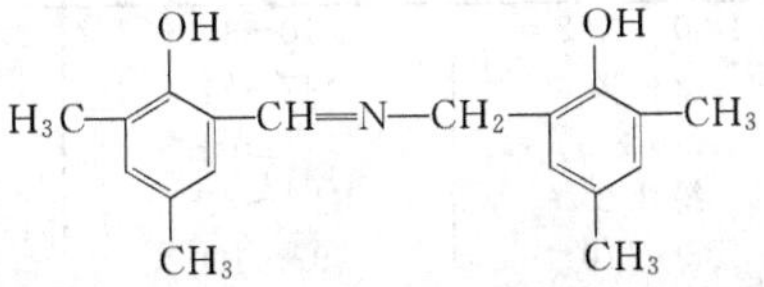

另一类更为普通的反应是六亚甲基四胺和含活性点、游离酚（约5%）和少于1%水分的二阶树脂反应，此时在六亚甲基四胺中任何一个氮原子上连接的3个化学键可依次打开，与3个二阶树脂的分子上活性点反应，例如：

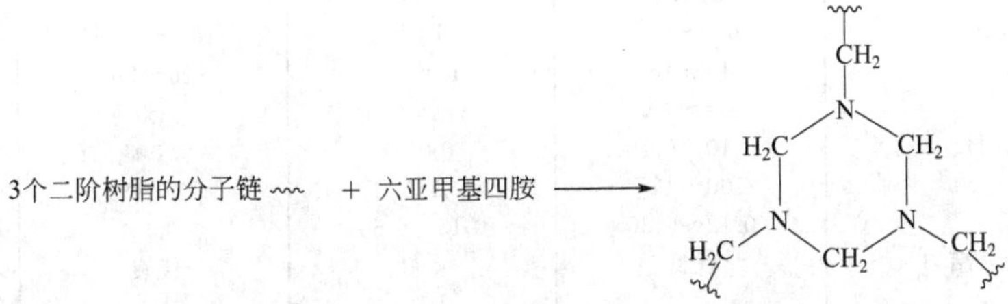

研究二阶树脂用六亚甲基四胺固化的产物表明，原来存在于六亚甲基四胺中的氮有66%～77%已最终化学结合于固化产物中，即意味着每个六亚甲基四胺分子仅失去一个氮原子。固化时仅释出 NH₃，而没有放出水，以及用至少1.2%的六亚甲基四胺就可与二阶树脂反应生成凝胶结构等事实，均支持上述反应历程。但三嗪结构至今未被证实。

线型酚醛树脂的硬化速率与六亚甲基四胺的用量有关，为达到最大的固化速率所需用量取决于树脂中游离酚的含量与线型酚醛树脂的化学组成，而树脂的化学组成又取决于原料中苯酚与甲醛的比例、缩合反应时间的长短与树脂的热处理情况。同时与六亚甲基四胺的混合均匀程度有关，在混合时，如果混合得很完全，则固化剂用量减少，也可达到同样的硬化速率，否则用量虽多，但因一部分不能与树脂密切接触而不能发挥作用。六亚甲基四胺的用量一般为树脂用量的5%～15%，较佳用量为9%～10%。如量不足，会使固化速率及制件的耐热性下降；如过量，不但不能加速硬化和提高耐热性能，反而使耐水性与电性能降低，并可使制件发生肿胀现象。

Novolak 树脂与 HMTA 反应研究表明高邻位酚醛树脂和一般酚醛树脂反应不一样，反应温度要低约 20℃，见表 1-7。高邻位树脂的反应活化能也最低。2,2′结构易与 HMTA 反应生成苯并噁嗪中间体，然后分解再与 Novolak 分子的空位反应，发生交联。

表 1-7　不同类型酚醛树脂的固化温度

分析方法	酸催化酚醛树脂	高邻位酚醛树脂
扭辫分析/℃	130	113
DSC/℃	150	138

1.5 酚醛树脂的基本性能

酚醛树脂与其他热固性树脂比较，其固化温度较高，固化树脂的力学性能、耐化学腐蚀性能与不饱和聚酯相当，不及环氧树脂。树脂固化物性脆、收缩率高、不耐碱、易吸潮、电性能较差。常用热固性树脂的基本性能见表 1-8。

表 1-8　常用热固性树脂的基本性能

性　能	酚　醛	聚　酯	环　氧	有机硅
密度/(g/cm³)	1.30～1.32	1.10～1.46	1.11～1.23	1.70～1.90
拉伸强度/MPa	42～64	42～71	约 85	21～49
延伸率/%	1.5～2.0	5.0	5.0	
拉伸模量/GPa	约 3.2	2.1～4.5	约 3.2	
压缩强度/MPa	88～110	92～190	约 11	
弯曲强度/MPa	78～120	60～120	约 130	64～130
热变形温度/℃	78～82	60～100	120	约 69
线膨胀系数/($\times10^{-6}$/℃)	60～80	80～100	60	308
洛氏硬度	120	115	100	45
收缩率/%	8～10	4～6	1～2	4～8
体积电阻率/(Ω·cm)	10^{12}～12^{13}	10^{14}	10^{16}～10^{17}	10^{11}～10^{13}
介电强度/(kV/mm)	14～16	15～20	16～20	7.3
介电常数(60Hz)	6.5～7.5	3.0～4.4	3.8	4.0～5.0
介电损耗角正切(60Hz)	0.10～0.15	0.003	0.001	0.006
耐电弧性/s	100～125	125	50～180	
吸水率(24h)/%	0.12～0.36	0.15～0.60	0.14	低
对玻璃、金属、陶瓷黏结力	优良	良好	优良	差
耐化学性				
（弱酸）	轻微	轻微	无	轻微
（强酸）	侵蚀	侵蚀	侵蚀	侵蚀
（弱碱）	轻微	轻微	无	侵蚀
（强碱）	降解	降解	无	轻微
（有机溶剂）	某些溶剂侵蚀	侵蚀	耐侵蚀	某些溶剂侵蚀

1.5.1　酚醛树脂的热性能及烧蚀性能

酚醛树脂的耐热性是非常好的，见表 1-9。酚醛树脂及其玻璃纤维增强材料的模量及强度随温度变化情况如图 1-5 和图 1-6 所示。可见酚醛树脂的玻璃化转变温度、马丁耐热等均比不饱和聚酯和环氧树脂高，模量在 300℃ 内变化不大，虽然弯曲强度在室温下不及聚酯和环氧树脂，但在≥150℃ 范围内，强度都比它们高。

表 1-9 热固性材料的耐热性和玻璃化转变温度 T_g　　　　　　　　单位：℃

项　　目	酚醛树脂	不饱和聚酯树脂	环氧树脂
耐热(Martens,DIN 53458)	180	115	170
热热(Iso/R 75,DIN53461)	210	145	180
玻璃化转变温度(DIN 53445)	＞300	170	200

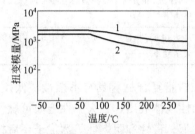

图 1-5　酚醛树脂的扭变模量与温度的关系
1—玻璃纤维增强酚醛树脂；2—非增强酚醛树脂

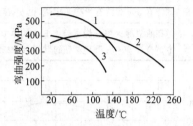

图 1-6　纤维增强热固性树脂的弯曲强度与温度的关系
1—环氧树脂；2—酚醛树脂；3—聚酯树脂

　　酚醛树脂在 300℃ 以上开始分解，逐渐炭化而成为残留物，酚醛树脂的残留率比较高，为 60% 以上，如图 1-7 所示。酚醛树脂在高温 800~2500℃ 下在材料表面形成炭化层，使内部材料得到保护，如图 1-8 所示。因此酚醛树脂广泛用作烧蚀材料，用于火箭、导弹、飞机、宇宙飞船等。

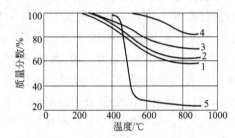

图 1-7　酚醛树脂的热失重曲线
（N_2，15℃/min）
1—Novolak 树脂，10% HMTA；2—Novolak/resol
（＝60:40）树脂；60% HMTA；3—硼改性酚醛
树脂，18%B；4—聚对亚苯；5—聚碳酸酯

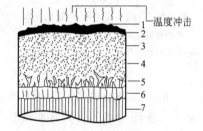

图 1-8　纤维增强复合材料的烧蚀
1—气体界面层；2—熔化层（玻璃）；
3—致密炭化层；4—初生多孔炭化层；
5—分解物挥发层；6—分解层；
7—初始材料状态

1.5.2　酚醛树脂的阻燃性能和发烟性能

　　近年来发现火灾事故中烟和毒性气体的放出是人员损伤和死亡的主要原因。这驱使人们研究聚合物的燃烧产物和开发阻燃聚合物产品。阻燃和燃烧速率成为建筑材料的关键性能指标，前者可用有限氧指数（LOI）来表征，两者的试验方法可分别参考 ASTM D2863—77（法国 AFNOR NFT 51071）和 D635。LOI 是垂直安装的试样（棒）通过外界气体火焰点燃试样的上端后能维持燃烧的氮氧混合物的氧含量，LOI 指数越高，阻燃性越好。表 1-10 列出各种泡沫材料的氧指数，可见酚醛树脂氧指数（ASTM D2863—77）很高。

表 1-10　各种泡沫材料的氧指数

材　　料	氧指数	材　　料	氧指数
聚苯乙烯	19.5	聚异氰酸酯	29.0
聚氨酯	21.7	酚醛树脂	32~36
聚氨酯,阻燃剂	25.0		

　　燃烧速率或阻燃级别按表 1-11 来分级，这些指标的大小与试样尺寸和形状有关。发烟特性可按标准在烟密度室中通过组合的光学系统来测定，发烟的毒性也可测定。酚醛树脂复合材料的发烟特性如图 1-9 所示。

表 1-11　UL 燃烧速率规定

94V-0	在直立棒火焰燃烧试验中 5 个试样 10 个点燃点在平均 5s 内熄灭，并且每个试样点燃在 10s 内熄灭；且每个试样在 30s 后没有发亮的燃烧，也没有可点燃棉花的燃烧火星滴下
94V-1	在直立棒火焰燃烧试验中 5 个试样 10 个点燃点在平均 25s 内熄灭，并且每个试样点燃在 30s 内熄灭；且每个试样在 60s 后没有发亮的燃烧，也没有可点燃棉花的燃烧火星滴下

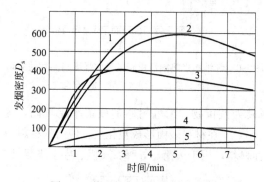

图 1-9　热固性复合材料发烟密度
1—聚酯树脂层压板；2—环氧树脂夹心板；
3—环氧树脂层压板；4—酚醛树脂夹心板；
5—酚醛树脂层压板

　　酚醛树脂复合材料具有不燃性、低发烟率、少或无毒性气体放出，在火中性能如可燃性、热释放、发烟、毒性和阻燃性等远优于环氧树脂和聚酯树脂、乙烯基酯树脂，表 1-12 列出几种树脂的发烟情况，可见酚醛树脂明显较低。不仅如此，酚醛树脂材料还具有优良的耐热性，在 300℃下 1～2h 仍有 70% 的强度保留率。

　　大多数聚合物材料都是可燃烧的，但可以通过添加阻燃剂来改变，可达到 94V-1 和 94V-0 级。酚醛树脂是既有阻燃性，又具有低烟释放和低毒性。酚醛燃烧时易形成高碳泡沫结构，成为优良的热绝缘体，从而制止内部的继续燃烧。交联密度高的树脂，有利于减少燃烧时毒性产物的放出，因为低分子量酚醛分子易分解和挥发。酚醛树脂的发烟特性与氧指数还与成炭率有关，氧指数高，成炭率高，它们之间存在线性关系。成炭率也与酚醛树脂的酚取代有关，非取代酚的酚醛树脂的成炭率往往高于取代酚的酚醛树脂。见表 1-13 所列。酚醛树脂还可使用阻燃添加剂来提高树脂的阻燃性，中等燃烧能力的填料或增强纤维，如纤维素、木粉等可作为阻燃添加剂。较理想的阻燃添加剂有四溴双酚 A（TBBA）和其他的溴化苯酚、对溴代苯甲醛，无机和有机磷化合物，如磷酸三（2-氯乙）酯、磷酸铵、二苯甲酚磷酸酯、红磷、三聚氰胺及其树脂、脲、二氰二胺、硼酸及硼酸盐等及其他无机材料。

表 1-12　几种塑料在火种燃烧时的烟道气密度

塑料	发烟密度		塑料	发烟密度	
	闷烧火	火		闷烧火	火
酚醛树脂	2	16	乙烯基酯树脂	39	530
环氧树脂	132～206	482～515	聚氯乙烯	144	364

表 1-13　各种酚醛树脂的氧指数和成炭率

所用的酚	氧指数/%		成炭率/%	
	Novolak	Resol	Novolak	Resol
苯酚	34～35	36	56～57	54
m-甲酚	33		51	
m-氯代苯酚	75	74	50	50
m-溴代苯酚	75	76	41	46

1.5.3　酚醛树脂的耐辐射性

不同热固性树脂的耐辐射性如图 1-10 所示。由图可知，无填充的酚醛树脂耐辐射性相对较低，而玻璃或石棉增强的酚醛树脂是非常好的耐辐射合成材料，但酚醛树脂的氧含量对耐辐射性具有相当不利的影响。当高能辐射（γ 射线、X 射线、中子、电子、质子和氘核）通过物质时，在原子核内或在轨道电子内出现强烈的相互作用，使大部分入射能损耗。这种作用的最终结果是在聚合物材料内形成离子和自由基，从而破坏化学键，并同时伴随着新键的形成，紧接着以不同的速率发生交联或降解。破坏和形成键的相对应速率常数决定着耐高能辐射性；含有芳环的聚合物具有低得多的降解速率（因为瞬时活性种的共振稳定）；通常刚性高分子结构即热固性材料要比柔性热塑性和弹性体结构要更耐辐射。耐辐射性可通过加矿物填料来改善。相反，加一些添加剂（称电波敏感剂）可加速损坏，如在酚醛树脂中加入纤维素可加速材料的辐射破坏。

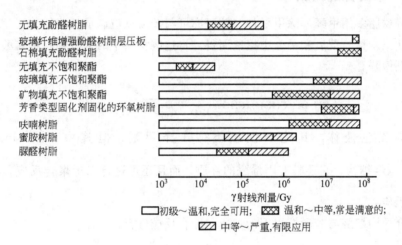

图 1-10　热固性树脂的耐辐射性

由于酚醛树脂尤其是复合材料具有优良的耐辐射性，且具有高的耐热性，故酚醛模压塑料用作核电设备和高压加速器的电学元件、处理辐射材料的装备元件、空间飞行器的电器和结构组件，以及用作核电厂的防护涂料。

1.6　其他酚醛树脂

1.6.1　间苯二酚树脂

二元酚的 3 种异构物中，间位二元酚有 3 个官能度，它和甲醛反应时能生成体形结构生成物。邻位和对位的二元酚中，第二个羟基的存在也能活化间位上的氢，所以有它们的树脂在一定程度上于高温下也能慢慢变成不熔状态。

在间苯二酚中，由于第二个羟基的存在，更能增加其邻位和对位氢原子的活性，同苯环与苯环间很可能生成醚键，因此它和甲醛作用比苯酚激烈，可以在室温下且不需加固化剂就可以进行反应。

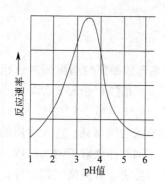

图 1-11 间苯二酚甲醛预聚物
的反应速率与 pH 的关系

制造间苯二酚甲醛树脂也可采用碱性催化剂，通常是在甲醛对于间苯二酚较低物质的量之比的情况下先制成预聚物，这些预聚物是稳定的，但在其中加入聚甲醛或福尔马林便可固化，甲醛和间苯二酚的物质的量之比为 1.1∶1，在中性时一般的温度下就可充分固化。当 pH 值在 3.5 时，其反应速率最低，如图 1-11。

间苯二酚甲醛树脂溶液对其他材料的黏着性很好，可以用来制胶黏剂，也可用来制塑料和层压制品。间苯二酚树脂固化后与苯酚树脂比较具有较高的耐热性和硬度，因此可用以制造一些受热仪器的零件。它的电性能也很好，与一般的酚醛树脂不同，在放电时表面并不生成碳化膜。

1.6.2 苯酚糠醛树脂

制造酚醛树脂多用甲醛，除甲醛外，糠醛亦可与苯酚反应制成树脂。

糠醛可从玉米秸、蔗渣和稻壳中提取而得，将这些材料中的五碳糖在稀硫酸中环化，蒸汽蒸馏便得到糠醛。

$$CH_2OH(CHOH)_3CHO \xrightarrow[H_2O]{H_2SO_4} \ \ \ +3H_2O$$

糠醛为无色液体，其化学性质类似于苯甲醛，但其中尚有 —CH—C—C=O 和 —CH=CH—CH—C— 结构，它还具有丙烯醛的性质，而且还可进行二烯聚合反应，浓酸的作用能加速聚合反应。

在碱性介质中糠醛与苯酚按以下的加成与缩合反应进行。

在酸性介质中，则会因呋喃环的聚合而很快形成交联。

因此在实际生产中一般都用碱性催化剂。用 1mol 的酚对 0.75～0.90mol 的糠醛作用可制得高熔点的热塑性树脂。如糠醛量较多，在碱性催化剂作用下，所得树脂在高温下变成不熔状态，其中有可能是苯酚上的官能基并未参加反应，而是由于呋喃环上共轭双键打开而形成交联结构的。

苯酚糠醛树脂的特点是容易浸渍填料，与苯酚甲醛树脂比较，在 130～150℃ 具有较高的流动性，受热到 180～200℃ 时，由于糠醛的聚合反应，固化速率很快。因此以苯酚糠醛树脂为基础制得的塑料，易流动而分布于模型的各部分，光泽较好且均匀，废品率小，在 180～200℃ 压制时，生产能力可提高，适于制造构造复杂的模塑制品。

1.6.3　纯油溶性酚醛树脂

纯油溶性酚醛树脂是由苯酚的衍生物和甲醛反应而得。酚上取代基越大，所制得树脂的极性越小，油溶性越好。

脂肪烃取代基的酚比芳香烃取代基的油溶性好，如对位叔丁基酚制得的树脂，其油溶性较对位苯基酚为好。间位取代酚的反应能力强，易形成交联结构，影响在油中的溶解性，邻位的树脂易氧化而变色，因此通常多用对位的取代酚，其中对位叔丁酚较常用。对位叔丁基苯酚为结晶状物质，熔点为 $98\sim99℃$，沸点为 $236\sim238℃$，易溶于丁醇，不溶于冷水。

对位叔丁基酚甲醛树脂的制法是用对位叔丁基酚 100 份，福尔马林（37%）$100\sim120$ 份，氢氧化钠 1%（按酚质量计算），在 100℃加热 $6\sim12h$，在 CO_2 气体中进行强烈搅拌，再用盐酸中和氢氧化钠，最适宜的条件是 pH＝$5\sim6$，并在真空中干燥到 $120\sim140℃$，即得柠檬色的固体树脂，软化点约为 $110\sim115℃$。为了保持其可溶性，通常在反应中间停顿下来，与油混溶，在漆膜干燥过程中再继续反应。

对位叔丁基酚甲醛树脂和油合用制成的漆膜具有优良的介电性能、耐油性、化学稳定性和高度的耐水性。

1.7 改性的酚醛树脂

1.7.1　苯胺改性的酚醛树脂

苯胺为无色油状液体，但遇空气阳光会很快变成黄色至红褐色。苯胺难溶于水，易溶于一般有机溶剂。苯胺单独与甲醛反应也能生成树脂，这种树脂极性小，介电性能好，但属于脆性树脂，应用不多。在酸性介质中，当甲醛用量较多时，也能反应形成交联高聚物，但这种树脂结构中交联数也不多，力学性能差，马丁温度只有 90℃，因此在应用上也受到限制。

有实际应用的是苯胺和苯酚与甲醛反应制得的苯胺改性的酚醛树脂。由于配方不同（特别是加料次序不同），所得树脂的性质可能差别很大。一种方法是先加苯酚和苯胺，再在搅拌下加入福尔马林和氨水，此法的缺点是苯胺与甲醛在碱的催化作用下按前述的方式生成了热塑性树脂，这样苯胺难以在酚核间形成交联，而使一部分热塑性的苯胺甲醛树脂混入酚醛树脂中；另一种方法是先加入苯酚与福尔马林，使之在 $60\sim65℃$ 下反应形成较多的二羟甲基酚或三羟甲基酚，然后再加苯胺一起反应，这样制得树脂的固化速率较快，耐热性好，其他性能也较好。其中所进行的反应可能如下：

苯胺改性的酚醛树脂可用来制造塑料和层压制品。由于其主键上除 C—C 键外，还有 C—N 键，从而具有耐电弧性。此外耐水性、耐碱性、抗霉及耐紫外线等性能也有提高。由于极性降低，介电性能也得到改善；缺点是固化时间长，耐热性也稍低，耐酸性也较差。

苯胺是有毒物质，从口腔进入人体和从皮肤渗入人体都会引起中毒，因此在应用上受到限制，在空气中含量不得超过 0.0005g/L。

1.7.2 二甲苯树脂改性的酚醛树脂

这种树脂也可认为是酚醛树脂改性的二甲苯树脂。

在强酸的催化作用下，间二甲苯与甲醛的反应可表示如下：

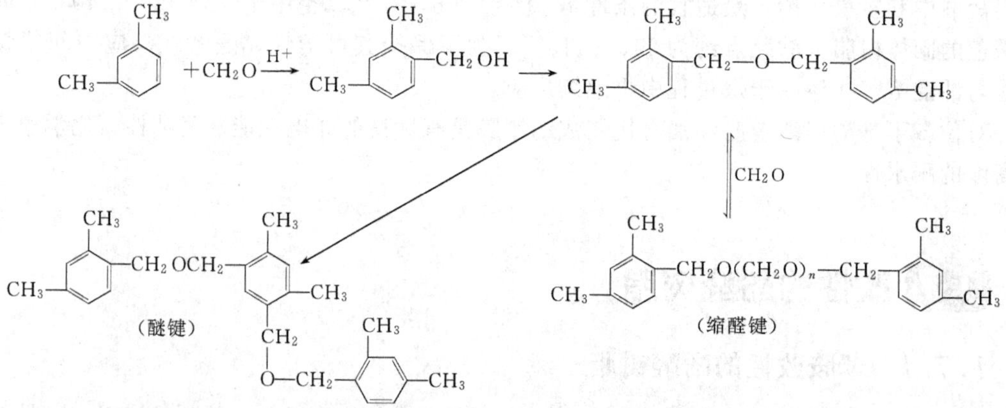

所得生成物的分子量较低，一般为黏稠的油状物。因间二甲苯上官能基的活性较苯酚为弱，初期生成物只靠加热是不能固化的，故需加入苯酚、间苯二酚或热塑性酚醛树脂等与之继续反应才能固化，可表示如下：

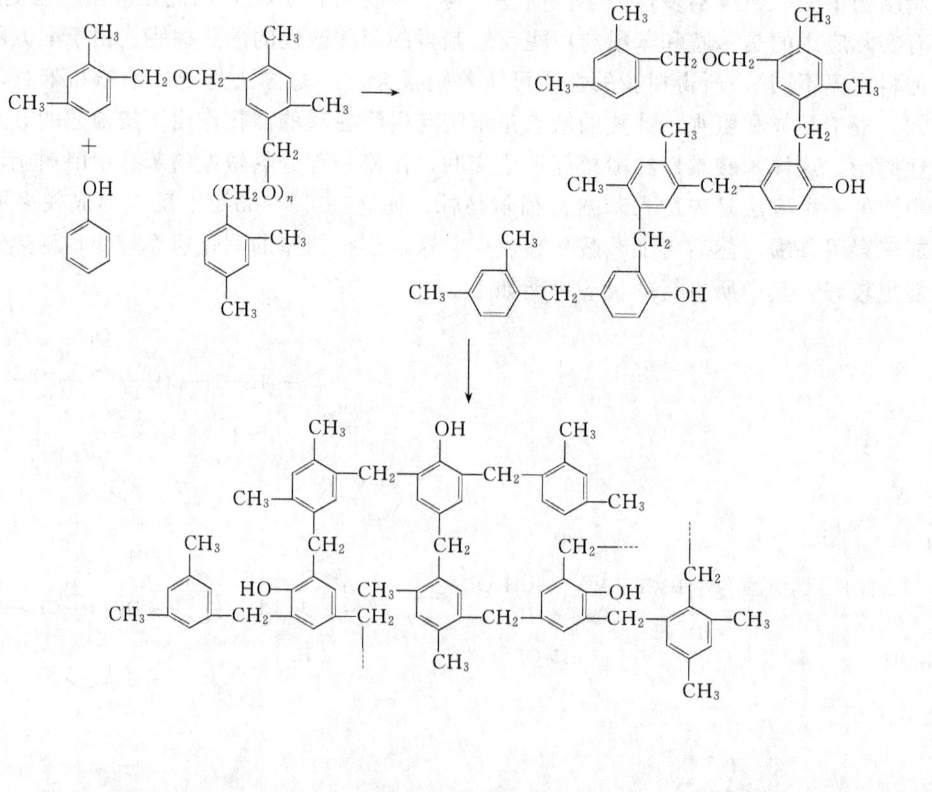

制造二甲苯树脂的方法是首先在反应釜中加入福尔马林，然后在不高于 40~50℃的温度缓慢滴加浓硫酸，并不停搅拌，最后加入二甲苯。二甲苯用量视其中的间二甲苯含量而定，一般对甲醛的物质的量之比为 (1.2~2)：1，在回流温度下反应 5~10h 结束。加入适量苯或甲苯，降温至 50℃以上，除去酸层，然后水洗，蒸汽蒸馏，减压脱水，最后得浅黄色黏稠油状透明树脂。原料二甲苯中含有对位和邻位的二甲苯，它们与甲醛反应很慢，在硫酸催化的条件下邻位、间位和对位二甲苯与甲醛反应速率的比约为 3：11：2。这样当间二甲苯反应完了后，大部分对位和邻位二甲苯仍未反应，在以后的蒸馏中被蒸出。由于聚合度不同，所得树脂在 50℃时黏度为 0.5~20Pa·s。低黏度的溶于酒精，高黏度的溶于苯、甲苯。反应能力随黏度增高而降低。

作为改性用的二甲苯树脂，其分子量一般为 400~500；氧含量为 7%~13%；密度 (30℃) 为 1.07~1.2kg/L，折射率 n_D^{30} 为 1.53~1.57；呈中性，酸价为 0。二甲苯改性酚醛树脂的主要特点是树脂中酚羟基含量少，因此在性能方面有很大改善。①介电性能提高，吸水性小。如经吸水或水煮后，其体积电阻率仍达 10^{11}~$10^{12}\Omega\cdot cm$，制成的绝缘材料不易因长期受湿而使介电性能下降，适于在高频下使用。②耐碱性远超过未改性的酚醛树脂，于 60℃下浸入含 NaOH 2%~3%的水溶液中一昼夜，只稍变色，而性能不下降。③力学性能也有所提高，特别是抗冲剪性能提高显著。其缺点是生产工艺较麻烦，压制时需较高的温度 (170℃)，且固化时间较长。

1.7.3 苯酚改性的二苯醚树脂

苯酚改性的二苯醚树脂与前述的苯酚改性的二甲苯树脂有相似之处。二苯醚树脂与二甲苯树脂都是以硫酸为催化剂与甲醛反应而生成的，为了改进其固化性能，都可用苯酚来改性。

二苯醚树脂是用二苯醚在多聚甲醛存在下与氯化氢气体反应制成氯甲基二苯醚，再进行烷氧基化，经傅氏 (Friedel-Crafts) 催化剂作用而生成的热固性产物。

由于它具有很好的热稳定性和化学稳定性，且有较高的力学电气性能，可用作耐热性为 H 级的绝缘材料。

这种树脂还可用二苯醚和甲醛以乙酸作溶剂在硫酸催化剂作用下制得，其结构式可推测为：

其中含有不稳定的醚键和缩醛键，在催化剂作用下易断链形成具有反应能力的活性基。

此外，也还有直接用二苯醚、甲醛水溶液在甲醇存在下用硫酸作催化剂制成所谓二苯酐的衍生物：

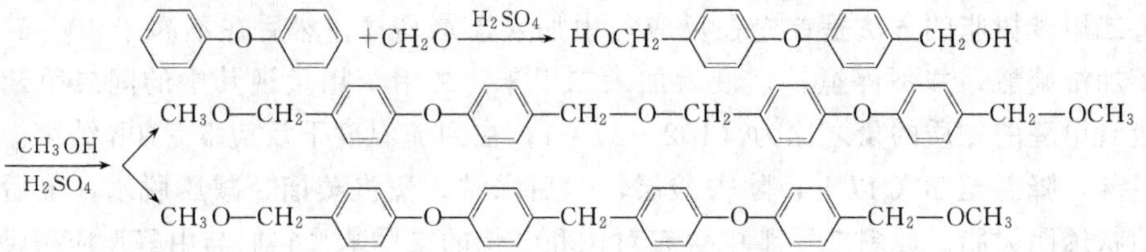

其中除对位取代物外，还有少量邻位取代物。同时在生成物中还有少量的甲氧基亚甲基二苯醚和4,4-二甲氧基亚甲基二苯醚。二苯醚衍生物能在催化剂 $SnCl_4$、$AlCl_3$、$ZnCl_2$ 等作用下，在 $120\sim150℃$ 范围内逐步缩聚成不溶不熔性的聚合物。故可用来制造耐高温的漆布和作为浸渍漆的组分。但是当二苯醚树脂用于制层压制品时，由于树脂的固化性能较差，还需用苯酚改性。二苯醚衍生物在对甲苯磺酸或盐酸作用下与苯酚反应生成如下结构的树脂：

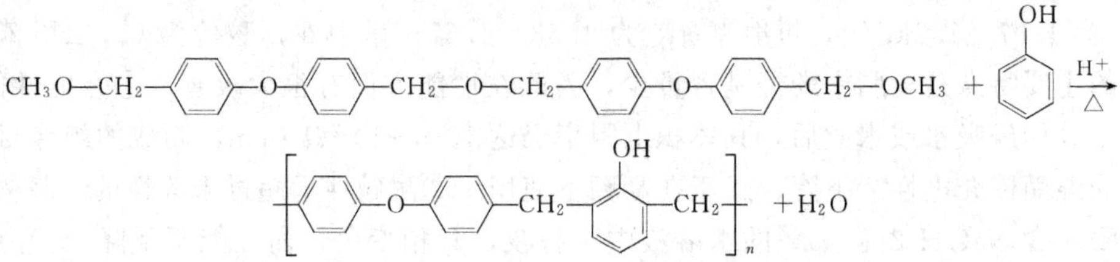

然后再使其在氨水作用下与甲醛反应，为了提高交联密度，还可加入少量的乌洛托品。

通常苯酚用量为二苯醚树脂的 $80\%\sim100\%$，但超过此限度则耐热性降低。在此范围内苯酚量提高，高温下的机械强度随之增大，但超过此限度则耐热性降低。

1.7.4 聚乙烯醇缩丁醛改性的酚醛树脂

聚乙烯醇缩丁醛是由聚乙烯醇在酸催化剂作用下与丁醛反应而得，其分子结构可表示为：

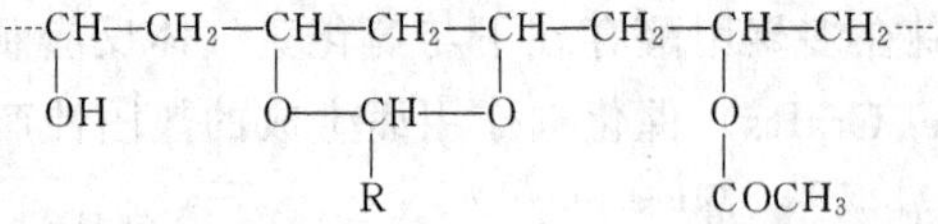

聚乙烯醇缩丁醛的分子量范围很大，在一定限度内聚合度越高，软化点、抗拉强度、伸长率、耐寒性也越高，但和其他物质的反应和熔解能力要降低。醛的种类对于聚乙烯醇缩醛的性质也有很大影响，所用脂肪醛的碳链增长，它的玻璃化转变温度和耐热性就降低，但弹性提高。在聚乙烯醇缩丁醛中还含有相当量的活性羟基，一方面使其对醇类的溶解能力提高，使树脂具有很好的黏着力，同时还能与酚醛树脂反应进行改性。改性的方法是先把聚乙烯醇缩丁醛溶于酒精，通常是在 $45\sim60℃$ 下经长时间搅拌，使其成黏稠透明溶液。然后加入酚醛树脂的酒精溶液，经搅拌混合均匀后即可，根据用途不同，其固体含量可为 $10\%\sim25\%$，缩醛与酚醛树脂的质量比为 $(10:3)\sim(10:20)$。用聚乙烯醇缩丁醛对酚醛树脂改性的目的是提高黏着力，克服脆性获得较高的动态强度，可用于覆铜箔层压板的生产，也可用来制造航空用的玻璃布板。

1.7.5 植物油改性的酚醛树脂

许多电器元件的绝缘结构件大部分是用酚醛胶纸板经冲剪加工而制成的，为了克服酚醛树脂的脆性、改善酚醛胶纸板的冲击韧度和冷冲剪加工性能，常用桐油对酚醛树脂改性。

改性通常需按两步法进行，第一步是在酸性催化剂作用下，一般是用对甲苯磺酸使苯酚与桐油反应；第二步是在碱性催化剂（如氨水）的作用下，使苯酚与甲醛进行树脂化反应。

桐油与苯酚在酸作用下的反应可表示如下：

$$—CH=CH—CH—CH=CH—CH +H^+ \longrightarrow \overset{+}{—CH}—CH—CH=CH—CH=CH_2— \xrightarrow{\text{〇—OH}}$$

实验证明，在这种条件下，苯酚中的羟基来参加反应。通常 1mol 桐油约可与 6mol 苯酚反应，但实际改性时，桐油的用量约为苯酚的 20％～30％，桐油过多，会使树脂固化后交联密度降低，吸水性增大，同时也增大改性时桐油自聚而胶化的可能性。

也有将酚与甲醛先反应，然后再加桐油或其他干性油一起反应的。其中，反应可能按如下方式进行：

当温度较高时，也可能形成亚甲基醌，然后再和双键反应。

通常是在低缩合的甲阶树脂的基础上与干性油反应。为了防止树脂胶化，一般用甲酚甲醛树脂。

由桐油改性的酚醛树脂还可与亚麻仁油改性的醇酸树脂合用，具有较高的耐热性、耐潮性和附着力，适于浸渍热带电机、电器的线圈。

1.7.6 耐热的酚醛树脂

酚醛树脂的热稳定性还是比较高的，在 $250\sim500℃$ 时能耐几小时，$500\sim1000℃$ 时能耐几分钟，这里所说的热稳定性是指在惰性气体中，高温下保持性能不变的能力。但是酚醛树脂中的酚羟基和亚甲基链还是易受氧化的，为了提高酚醛树脂耐热氧化的稳定性，可以用化学方法进行改性。例如将热塑性酚醛树脂用无机多元酸（如磷酸和硼酸）进行酯化，或用磷酰卤化物与之反应。对于提高酚醛树脂的耐热性和耐焰性有明显的效果。

除硼、磷外，还有用带有活性基的硅氧烷与酚化合物反应来制取硅改性酚醛树脂，如下：

$$—\overset{|}{\underset{|}{Si}}—X + \text{〇—R} \longrightarrow —\overset{|}{\underset{|}{Si}}—O—\text{〇—R} + HX$$

（X＝Cl,OR 或 OH）

1.8 酚醛树脂的应用

由苯酚和甲醛在催化剂（盐酸、草酸或 NH_3、NaOH 等）作用下缩聚而成酚醛树脂

（PF）主要用于清漆、胶黏剂、涂料、模塑料、层压塑料、泡沫塑料、防腐蚀用胶泥以及离子交换树脂等。酚醛模压塑料已广泛用作制造机械零件和齿轮等的结构材料，酚醛覆铜箔板已应用在无线电、电视机、计算机等电子工业上。酚醛树脂除用作为砂轮、刹车片、金属铸造模型的胶黏剂外。也用做烧蚀材料等。可以预见，酚醛树脂将随着应用领域的不断开拓而获得更多更快的发展。表 1-14 列出 1993 年世界主要国家酚醛树脂的消费构成情况。

表 1-14　1993 年世界主要国家酚醛树脂的消费构成情况　　　　　　单位：万吨

应用领域	美国	加拿大	墨西哥	西欧	日本
胶合板	25.2	2.1	0.10	10.9	1.2
绝缘材料	8.0	2.4		7.1	
层压制品	5.9	0	0.17	7.9	3.3
铸造品	4.1	0.5	0.40	3.1	1.4
纤维和碎木板	12.7	4.4		0.2	
模塑制品	4.1	0.4	0.40	5.1	2.2
橡胶用胶黏剂	2.1				
摩擦材料	1.3		0.26	1.2	
保护涂层	0.6	0.1		2.5	
其他胶黏剂	0.9			6.6	
其他	1.9	0.5	0.22	45.9	4.9
总计	66.5	10.4	1.55	45.9	13.0

酚醛树脂的初始应用主要在电气工业，用作绝缘材料，替代当时应用的传统材料，如虫胶、古塔胶。由于其质轻、容易加工而获得广泛应用，可替代木头、金属，成为 20 世纪前半世纪的重要合成聚合物材料，用于电吹风、电话机、壶把柄等日用品，也用在建筑、汽车等工业领域。后来，一些应用被更容易制造的热塑性塑料替换，但酚醛树脂也找到了一些新的用途，且在某些场合还没有理想的材料可替代，如烧蚀材料。目前，世界酚醛树脂主要用于木材加工工业、热绝缘材料和模压料，约占总量的 75%。在美国 60% 用于木材工业，15% 用于纤维绝缘、9% 用于模压料。酚醛树脂用量与聚氨酯和聚酯相当。最近几十年，注射酚醛模塑粉进展很快，它比压缩模塑料更经济、生产期更短、机械化程度更高。在欧洲国家 60% 的酚醛模塑粉用注射模压，但在英国仅占 35%（1979 年统计）。

酚醛塑料具有耐高温、耐冲击、低发烟、耐化学性、成本低等特点，使酚醛树脂有较快的发展，现正与热塑性塑料相竞争，如酚醛塑料在汽车燃料系统部件中正取代聚苯硫醚和聚酰胺（尼龙）等热塑性塑料。用于模制嵌件，酚醛塑料部件在受力时具有优异的抗变形能力，性能也可靠。

酚醛纤维增强复合材料具有优异的性能，可替代金属用于汽车和机器制造业，也做井下用机械零件、汽车零件，如 Resinoid 公司 Resinoid 系列，其中，Resinoid 382 含 40% 玻璃纤维，弯曲强度 110.3MPa，拉伸强度 79.3MPa，缺口冲击强度 117.3J/m，可压缩、注射成型。类似产品有 Rogers 公司 RX630，Durez 公司的 Durez 31988、Durez 31735 等。Perstorp Ferguson 公司 A2740 是 55% 玻璃纤维增强的粒状酚醛塑料，弯曲强度 260MPa，模量 22GPa，拉伸强度 100MPa。模量 19GPa，缺口冲击强度 4.5～5.5J/m²，热变形温度 230℃，热导率 0.35W/(m·K)，潜在应用是汽车、飞机、国防和电子工业，德国 Raschig 公司的玻璃纤维填充酚醛模塑料 Resinol PF 4041 具有很高的刚性，在 185℃ 下具有高韧性和断裂伸长率，用于汽车中水泵壳体和叶轮。日本 Kobe Steel Works 开发了 30％碳纤维增强酚醛模塑料，可替代不锈钢板，其相对密度为不锈钢的 1/5（为 1.4），具有优良的耐磨性和自润滑性，可用于轴承等（18～20）。

1.8.1　酚醛模塑料

如前所述，酚醛树脂固化后机械强度高、性能稳定、坚硬耐磨、耐热、阻燃、耐大多数化学试剂、电绝缘性能优良、尺寸稳定，且成本低，是一种理想的电绝缘材料，广泛应用于电气工业，故酚醛塑料又俗称"电木"。酚醛模塑料的典型配方见表 1-15。

表 1-15　酚醛树脂的模塑料主要配方

原　料	质量分数/％	原　料	质量分数/％
树脂	35～45	硬脂酸	1～2
固化剂	6	增塑剂	1～2
填料	45～55	颜料	1～2
MgO	1～2		

1.8.1.1　一般酚醛模塑料

苯酚和甲醛在酸性催化剂（如盐酸、草酸等）作用下缩聚成热塑性酚醛树脂，再配入木粉等填料、六亚甲基四胺、脱模剂、着色剂等，经塑炼、滚压成片，再粉碎成模塑粉。填料是酚醛塑料的重要组分，它决定产品的性能和用途，其特点：①80％模塑料用木粉、松木、白杨、枫树、桦树等经粉碎、干燥，过筛到 80 目即可，其成型加工性、压缩强度、冲击强度都好；②废棉、碎棉布片作填料，冲击强度提高；③石棉可提高耐热、耐冲击性；④云母能提高电性能，但力学性能下降，因而常和石棉外用；⑤毛毡可提高力学性能。

酚醛模塑料根据其特点与用途分为 12 类，见表 1-16。

表 1-16　酚醛模塑料的特点与用途

品　种	特　点	用　途
日用品(R)	综合性能好、外观色泽好	日用品、文教用品，如瓶壁、纽扣等
电气类(D)	具有一定的电绝缘性	低压电器、绝缘构件，如开关、电话机壳、仪表壳
绝缘类(U)	电绝缘性、介电性较高	电信、仪表和交通电气绝缘构件
高频类(P)	有较高的高频绝缘性能	高频无线电绝缘零件、高压电气零件、短波电信、无线电绝缘零件
高电压类(Y)	介电强度超过 16kV/mm	高电压仪器设备部件
耐酸类(S)	较高的耐酸性	接触酸性介质的化工容器、管件、阀门
无氨类(A)	使用过程中无 NH_3 放出	化工容器、纺织零件，蓄电池盖板、瓶盖
湿热类(H)	在湿热条件下保持较好的防霉性、外观和光泽	热带地区用仪表，低压电器部件，如仪表外壳、开关
耐热类(E)	马丁耐热温度超过 140℃	在较高的温度下工作的电器部件
耐冲击类(J)	用纤维状填料，冲击强度高	水表轴承密封阀、煤气表具零件
耐磨类(M)	耐磨特性好、磨耗小	
特种(T)	根据特殊用途而定	

表 1-17 列出了几种主要酚醛模塑料的特点和用途。

表 1-17 几种酚醛模塑料的特点与用途

品 种	制 法	特 点	成 型	用 途
酚醛石棉模塑料	苯酚、甲醛经催化缩聚成可熔性树脂，经真空脱水，加乙醇，绒状石棉拌混、辊压	具有较高的力学性能和突出的耐磨性，耐热性好	用湿法或干法模压，机加工、粘接	作动摩擦片或制动零件、刹车片以及耐高温摩擦制品
酚醛石棉耐酸模塑料	苯酚、甲醛以氨水催化缩聚，脱水成半流体树脂，按一定配比与耐酸填料（如耐酸石棉、纤维石棉、石墨）混合、辊压	具有较高的力学性能、耐热性、化学稳定性突出	可模压、层合辊压、机加工、粘接	可制成软、硬板材、管材，作化工设备衬里、阀件，用石墨填料者可制耐蚀冷却设备
快速成塑酚醛模塑料	苯酚、甲醛以氯化锌为催化剂聚成高邻位的PF，再按比例与以酸性催化缩聚的热塑性PF、填料、固化剂等添加剂混合辊压	成型性能好，耐水和防霉性能好，固化迅速	与PF相同，可模压、层合，机加工、粘接	用于湿热地区的机电、仪表部件
耐震酚醛模塑料	热塑性PF与矿物填料配制成流动性好的PF模塑料做甲料；以碱催化缩聚的PF甲阶树脂与乙醇配成乳化液浸渍按比例混合、研磨即成玻璃纤维，烘干后为乙料	表面光滑，耐震性高	与PF相同，可模压、层合、注塑、机加工	用作船舶、交通运输的耐震电器配件

酚醛模塑料传统的成型工艺是模压和传递模塑，但酚醛经改进配方和设备结构后可注塑、挤出成型。

1.8.1.2 改性酚醛模塑料

改性酚醛模塑料的品种很多，现将主要的几种介绍如下，见表 1-18。

表 1-18 改性酚醛模塑料的特点与用途

品 种	制法	特点	用途
苯胺改性	苯胺、苯酚、甲醛以氨水催化缩聚成改性树脂，与酚醛树脂、填料、固化剂、着色剂等混合、滚压、粉碎，若用氧化镁代替氨水，则得无氨类模塑料	耐热性、耐水性和高频电绝缘性好，使用中无 NH_3 放出	P类、U类产品、A类产品、机电、电信工业绝缘构件
PVC改性	热塑性酚醛树脂与PVC树脂、填料、固化剂、着色剂等共混、滚压、粉碎	机械强度、耐水、耐酸、介电性能较好	S类、M类产品
丁腈橡胶改性	热塑性酚醛树脂与丁腈橡胶、填料、固化剂、着色剂等共混，经滚压、粉碎而成	冲击强度，电绝缘性、耐油性、耐磨性等较高，防霉、防水性好	J类，耐冲击、耐震绝缘构件，有金属嵌件的复杂制件，电磁开关支架
聚酰胺改性	以聚酰胺与热塑性酚醛树脂、填料、固化剂等共混物	电绝缘性、介电强度好，防湿、防霉、耐水、尺寸稳定	用于湿度大、频率高、电压高的机电、仪表、电信、无线电绝缘构件、零件
二甲苯树脂改性	二甲苯与甲醛酸性催化缩聚物与酚反应即得改性树脂	防霉性好，可注塑	H类产品
苯酚糠醛模塑料	苯酚、糠醛以NaOH催化缩聚物粉料与热塑性酚醛树脂等混炼而成	性能同酚醛模塑料，但成本低	R类、D类产品

1.8.2 酚醛树脂层压塑料

苯酚、甲醛以氨水为催化剂，经缩聚、真空脱水后加酒精成甲阶段线型酚醛树脂，再将片状填料（棉布、纸、玻璃布、石棉布、木材片等）浸渍该树脂，干燥后在压机上热压成层压板，也可模卷压成管、棒或其他制品。表 1-19 为酚醛层压塑料品种与性能。

表 1-19　酚醛层压塑料品种与性能

品　　种	基　材	性　　能
电工用布质层压板	棉布	力学性能好
机械用布质层压板	棉布	力学性能较好
电工用纸质层压板	绝缘纸	电性能和耐油性较好或力学性能较好
玻璃布层压板	玻璃布	机械强度较好，或耐热性较好
		电性能好，机械强度及耐热性中等
		冲击强度较高或电性能较好
卷压制品	纸筒	电性能较好
模压制品	纸或布棒	力学性能较好
石棉布基层压板	石棉布	耐热性好，介电性能较低
木材片基层压板	木材片	耐磨性、机械强度好，易加工，但化学稳定性差
酚醛棉纤维模塑料	棉纤维	冲击强度高，用做电工绝缘零件及机械零件

注：浸渍树脂外观为深棕色黏性液体，固含量一般为 $50\%\sim55\%$。

1.9 酚醛树脂的研究新进展

酚醛树脂存在一些问题，如：①树脂储存期与快速固化的矛盾；②固化时生成水，固化的树脂性脆；③酚醛树脂成型工艺方法受限等。针对这些问题，人们在酚醛树脂方面做了不少改进工作，以下作简要阐述。

1.9.1 树脂

1.9.1.1 树脂改性

在激烈的市场竞争中，酚醛树脂面临着各种工程塑料、塑料合金等的挑战，世界酚醛树脂行业致力于酚醛改性的研究，发挥酚醛材料固有耐热、阻燃、低烟的特点，开发新产品，包括开发高速固化产品、开发新的加工技术及新的应用领域。

酚醛树脂性脆，不耐冲击，但可改进。美国在 20 世纪 80 年代末 90 年代初开展了低收缩韧性树脂的研究工作，用于制纤维增强复合塑料（FRP）。例如用硅醇聚合物和硅烷与酚醛形成互穿聚合物网络结构（IPN）体系，从而改善酚醛树脂的脆性；通过封闭酚醛树脂的官能度可减少固化时水的释放。可用酚醛树脂与环氧树脂或异氰酸酯共聚、热固性酚醛和热塑性酚醛共聚、热塑性高分子与热固性酚醛共混等方法来改性酚醛树脂。

1971 年，英国的 Robert Farkas 用二元醇改性，采用酸固化系统，研制出酚醛片状模塑料（SMC）。从此，OCF、UC、Dow 化学等公司开始研制 SMC 酚醛树脂系统。除用酸催化之外，还可用碱催化固化，1981 年，日本石墨株式会社金井校夫等研制出用碱固化的甲阶酚醛树脂 SMC 体系，该系统易热化、增稠，成型性能好，制品强度高，耐热，阻燃性好，之后在日本做了许多类似的工作，20 世纪 90 年代，美国、英国、德国、日本、加拿大、法国掀起开发和应用酚醛 SMC 的热潮。Fiberte，Resinoiod，Occidental Chemical 等致力于酚醛树脂改性工作，耐冲击、耐热酚醛用于制造汽车换向器、汽车部件等，酚醛 SMC 用在车辆、飞机、地铁机车等方面。低烟、难燃的酚醛泡沫耐热性优于 EPS、聚氨酯等泡沫，但密度、强度、耐酸性一直处于不利地位，经改性，强度可大大提高，如 ATF 公司的 Thermo-Cot 产品。

1.9.1.2　高分子量酚醛树脂

酚醛树脂的通常分子量在 1000 以内，而制造高分子量树脂相对较困难，因分子内存在架桥作用，然而通过在有机溶剂中进行扩链反应，在乙酸存在下可合成分子量达 3000 以上的线型酚醛树脂；也可通过酸或酶等催化合成高分子量的酚醛树脂。

1.9.1.3　苯并噁嗪树脂

以酚类化合物、甲醛和胺类化合物为原料，可以合成苯并噁嗪类化合物，该类化合物在热或/和催化剂作用下发生开环聚合，可形成交联网状结构，类似于酚醛树脂交联网络。

$$R_1-C_6H_4-OH+R_2NH_2+CH_2O \longrightarrow R_1C_6H_3O-CH_2-N-R_2 \longrightarrow \overset{OH}{\underset{R_1}{C_6H_3}}-CH_2-NR_2-CH_2-\overset{OH}{\underset{R_1}{C_6H_3}}-$$

此类反应由美国 Bruke 在 20 世纪 40 年代开始研究，并合成含苯并噁嗪（benzoxazine）结构化合物，1973 年，德国 Schreiber 用苯并噁嗪合成聚合物，经 20 世纪 80 年代、90 年代 Higginboyyom、Schreiber、Ishida 等的工作，制造出性能优良的酚醛塑料。20 世纪 90 年代四川大学顾宜等也开展了此类高聚物的合成和应用开发工作。

1.9.1.4　快速固化酚醛树脂

快速固化酚醛树脂使用酸固化体系，可采用芳香羧酸，具有优良的成型加工性能和电气、力学性能，成型周期短，接近热塑性塑料，制品的热态刚性高，翘曲变形小，广泛应用于复合材料成型工艺，尤其触变苯酚醛树脂与聚酯胶衣树脂相似，能大幅度提高制件的表面质量，很好地解决酚醛制件表面的针孔问题。此类树脂在欧洲、美洲、日本等被大量生产和应用。三井东压与美国 INDESPEC 公司共同开发快速拉挤的酚醛树脂，其耐热性优良，用于建筑材料。北美 Borden 公司开发出树脂传递模塑成型（RTM）酚醛树脂，采用二元酸的潜伏性催化剂，可低温（60～71℃）固化，黏度低，也可用于挤出成型和缠绕成型。日本昭和高分子株式会社也开发出 HS 系列酚醛树脂，它们以特殊的胺作潜在的催化剂或固化剂，可用作浸渍层压板、涂料、胶黏剂等。

1.9.1.5　酚醛树脂的生产方法

树脂生产采用连续法可提高生产效率。近几年，先进国家开展了酚醛树脂连续化生产的研究，生产反应釜由微机全自动程序控制。树脂卸料采用钢带传递冷却，并对得到的薄层料进行粉碎处理，使树脂生产的自动化程度进一步提高。

1.9.1.6　酚醛模塑料

至今酚醛模塑料的生产已实现送料、混料自动化，微机控制计量。物料经高效混合均匀后，可进入挤塑机或双螺杆挤塑机或大型双辊塑炼机进行连续化生产，再经造粒，自动计量包装。全流程均采用程序控制脉冲除尘装置，整个车间可用微机控制、生产环境密封、产品质量稳定。

酚醛模塑料发展注射成型，实现自动化成型加工，成为近几年来重点开发的方向，目前已开发出各种类型的酚醛注塑料。同时也开发各种高强度耐热型酚醛模塑料、各种具有特殊功能的酚醛塑料（如高耐磨材料、导电材料、电磁屏蔽用材料、高尺寸稳定性材料、感光性材料等）。

1.9.1.7 酚醛层压板

由于家用电器、电子设备迅速地向小型化发展，所以要求这些应用的层压板强度高、精度高、可靠性高。为了适应大规模集成电路、半导体工业的迅速发展，提高实装密度，先进国家都建成了覆铜板生产流水线，要求能在覆铜板上自动插入各种元器件，这样就要求印模配线基板（PWB）的孔位及孔径尺寸的精度很高，一般在 $\pm(0.05 \sim 0.15)$ mm 变化，对材料的机械强度与冲孔温度也均有严格要求。日本是全世界生产酚醛纸质覆钢板量最大的国家，已开发出适用在常温下可冲孔元件用的酚醛覆铜板。值得注意的是，在日本、德国和美国等竞相开发了各种新型阻燃、耐热、固化性能好、强度高的冷冲型酚醛纸质板、酚醛环氧布毡用组合板、挠性印刷电路板、适合印模用的覆铜板以及含有内层电路的酚醛层压板等。

关于层压板制造的关键设备之一的浸胶机，目前已向高效率、多品种、低能耗、高质量、有溶剂回收装置等方向发展。

1.9.1.8 酚醛泡沫塑料

各种泡沫塑料（如聚氯乙烯、聚苯乙烯、聚氨酯等）作为隔热保温材料正被广泛应用，但耐热性较差，且有易燃烧、发烟等缺点，因而限制了其在建筑上的应用。目前取而代之的是酚醛发泡体，它耐热性好，可用作 $200℃$ 左右的保温绝热材料。又因为它在低温下的收缩性小且不脆化，很早以前就开始用作液化天然气的输送、储藏容器的超低温保温材料。最近，其燃烧时的低发烟性引起了人们的重视，且重新认识到利用它的不燃性在建筑上作绝热保温材料所具有的实用价值，因而用量猛增。据报道，欧洲、美国、加拿大等国和地区，出现了年销售达 5 万吨的市场，日本也公布了"酚醛泡沫塑料作为标准建筑物耐燃材料"的法令，市场规模每年已达到 1 万吨，近年来已开发出连续发泡的成型装置。可以预见，酚醛泡沫塑料将在建筑工业作为理想的隔热结构材料而得到更为广泛的应用。

1.9.2 复合材料及其加工工艺

酚醛树脂与各种增强材料结合可开发出许多新型材料，由于酚醛树脂有较低的成本，故以其"热固性工程塑料"、"耐热性工程塑料"的美名著称于世。如以碳纤维做增强材料的复合材料，据报道，其使用温度可达 $250℃$，现已在飞机和汽车零件及军用头盔上得到应用。此外，与石棉纤维结合，可作为超音速高性能飞行物重返大气层时的热屏蔽物。在民用方面，用石棉及玻璃纤维等作增强材料的耐热品种也在不断出现。

Bakelite 公司长期发展热固性酚醛树脂和热塑性酚醛树脂，但未涉及 FRP 领域。其实，Bakelite AG 热固性酚醛树脂可用于 FRP，其特点是无（少）甲醛和苯酚，可以是溶剂型、也可以是无溶剂型，固体含量较高，黏度低，酚醛树脂的复合材料以往以模压和层压为主，目前许多新开发的酚醛树脂用于复合材料的成型，包括 SMC、BMC，RTM，树脂注射模塑成型（RIM）、拉挤、喷射、缠绕和手糊成型等。未来酚醛树脂在复合材料领域应用将与聚酯和环氧树脂竞争。一些技术的开发情况和特点如下。

（1）缠绕技术　Rice Engineering、Alleroll、Hunling（UK）等公司从事此项工作的，用作工业和气体工业的产品。

（2）拉挤技术　拉挤产品质量是钢产品的 33%，且耐火、耐腐蚀，安全性也高，例如

lndspcc 公司开发出拉挤用酚醛树脂品种，如 Resorciphen 2074A/2026B 具有优良的低烟、难燃等特点。

（3）SMC 技术　酚醛 SMC 可用于飞机内部构件，也用于计算机，如 Fiberite 公司 En-duron 4685 树脂用于 IBM ThinkPad 的基础和盖子温度高达 701℃。

（4）RTM 技术　该技术成本低，可实现自动化，一步即可制造成制品（复杂部件）等特点，但制造模具昂贵、工艺控制较困难。BP 公司致力于发展低黏度和较长时间固化的催化剂的酚醛体系，以适应于该技术；Borden North American Resin 开发用于 RTM 酚醛树脂，树脂黏度低，体系含有双组分潜伏型酸固化剂，可延长树脂的储存期、固化温度 60～87℃，比通常酸固化酚醛树脂的固化温度低。美 Georgia-Pacific 树脂公司生产的酚醛树脂 GP5022、GP5020，用于 RTM，用酸性催化剂固化。

（5）手糊成型　主要用阴模成型，可用于造船工业，但需胶衣树脂。Bakelite AG 公司发展水性酚醛树脂用于手糊成型。酚醛 FRI 将在交通运输如汽车、火车、渡船及现代文明工程和基础设施、离岸油田或油田工业方面获得更多更广的应用，今后酚醛复合材料领域除加强树脂技术研究外，还要提高复合材料表面的纤维量，对纤维表面或界面进行处理，对复合材料加工的污染加以控制，实行绿色化生产。

综上所述，酚醛树脂具有辉煌而悠久的历史，其广泛应用对人类有重要的贡献。从用途上来看，从原来模塑料、层压板为主的电气绝缘材料发展到烧蚀材料、建筑材料等，尽管各种高性能热塑性塑料曾冲击了酚醛塑料的应用，但近几年来，由于重新认识到酚醛树脂的耐烧蚀、阻燃、低发烟、在高温下的刚性保持率高和耐蠕变性等优点，人们正在不断地开拓其新品种，可以预见酚醛树脂前景看好，尤其在我国将获得更快更大的发展。

第2章 ▶▶ 不饱和聚酯树脂

聚酯是在主链上含有酯基结构的一大类聚合物。工业上是由二元羧酸与二元醇经缩聚反应而合成的，又称为醇酸树脂，如聚对苯二甲酸乙二醇酯，俗称为"涤纶"。另一类是不饱和聚酯，它是由不饱和的二元羧酸与饱和二元醇或由饱和二元羧酸与不饱和的二元醇经缩聚反应制得的。它可以在适当的引发剂作用下发生交联固化反应而形成一种热固性高分子合成材料。

不饱和聚酯树脂在第二次世界大战以前尚处于研制开发阶段，大战期间，首先在军用航空上得到了应用。1941年美国用丙烯醇与饱和二元酸反应制得丙烯酸不饱和聚酯树脂，又用顺丁烯二酸和反丁烯二酸与饱和二元醇反应制得不饱和聚酯树脂。次年，用玻璃布增强制得第一批聚酯玻璃钢雷达天线罩，其质量轻、强度高、透微波性能好、制造简便，被迅速用于战争，显示了优异的性能。

战后，不饱和聚酯就推广到民间，并迅速普及到西欧、日本及世界各国。从1950年以后，玻璃纤维及织物增强的不饱和聚酯树脂制品（俗称玻璃钢）一直是不饱和聚酯树脂的主要用途，1955年以后又生产出了无溶剂漆。1957年，不饱和聚酯的浇注应用有了新的突破，开始用于生产"珍珠"纽扣。1959年以后又用于制造人造大理石、人造玛瑙以及以后相继出现的地板与路面铺覆材料，应用日益广泛。

1960年以后，不饱和聚酯树脂的成型加工方法有了重大改进，相继出现了片状模塑料（SMC）和团状模塑料（BMC、DMC），使得不饱和聚酯制品得以实现高速率、高质量、低成本的大批量生产。特别是汽车工业因限制油耗而要求使用轻质高强的复合材料时，对聚酯的SMC的需求量更为增长。

随着不饱和聚酯的应用日益伸展到各部门，各种成型加工方法也日益增多，于是对聚酯的性能提出了不同的要求。为满足聚酯玻璃钢在交通、建筑、化工防腐等工业领域的需要，20世纪70年代以后，相继出现了含卤素的阻燃不饱和聚酯树脂、乙烯基酯不饱和聚酯树脂、双酚A型不饱和聚酯树脂等新品种，性能逐步提高。

在1950年，我国在北京、天津、上海等地已有不饱和聚酯树脂的研究与生产。1960年初，常州建材厂引进了英国Scott-Bader公司的工艺与设备，对推动我国不饱和聚酯工业和玻璃钢产业的发展起到了一定的作用。到1970年，玻璃钢化工管道、耐腐蚀容器、储罐、玻璃钢船艇、汽车部件、冷却塔、玻璃钢建筑板材等制品达数百种之多，其应用日益深入到国民经济的各个领域。

1980年以后，国内不少科研与生产单位从国外引进了不饱和聚酯和大量玻璃钢的生产技术和设备，使我国不饱和聚酯生产与应用水平日益提高，已接近世界先进水平。

目前不饱和聚酯已发展有通用型、耐热型、耐腐蚀型、阻燃型、胶衣型、水溶型、触变型以及特殊用途的不饱和聚酯树脂。

2.1 不饱和聚酯树脂基体、原材料

不饱和聚酯是由二元羧酸和二羟基醇缩聚而得，然后溶解于交联单体中。因此本章重点对各种常用的不饱和二元酸、饱和二元酸、二元醇和交联单体引发剂、阻聚剂、稳定剂、促进剂、触变剂以及其他许多改性添加剂等原材料进行介绍。

2.1.1 不饱和二元酸及酸酐

生产不饱和聚酯经常使用的不饱和二元酸是顺丁烯二酸酐，其次是反丁烯二酸。

2.1.1.1 顺丁烯二酸

结构式 $\begin{array}{c}CH-COOH \\ \| \\ CH-COOH\end{array}$，分子量 116.07，相对密度 1.59，其熔点随制造方法而不同，由水中析出时为白色晶体，由乙醇或苯中析出时，熔点 130～131℃，易溶于水、酒精及丙酮。将其加热到熔点以上，即能转变为熔点较高的反丁烯二酸（287℃）。丁烯二酸是带有 4 个碳原子的不饱和二元羧酸，其分子上两个羧基都很容易发生酯化反应，同时又含有不饱和双键，可以和其他单体进行加成反应。在实际生产中，常用的是顺丁烯二酸酐，因为它熔点低，含水少，反应速率快。工业上主要用苯的氧化工艺制造顺丁烯二酸酐，使苯蒸气和空气混合，在 450℃ 左右通过钒催化剂时，苯和空气中的氧化合，收率可达 65% （质量分数）。反应式如下：

$$C_6H_6 + 4.5O_2 \xrightarrow[V_2O_5]{450℃} C_4H_2O_3 + 2CO_2 + 2H_2O$$

$$C_6H_6 + 7.5O_2 \xrightarrow{450℃} 6CO_2 + 3H_2O$$

反应放热，生成顺丁烯二酸酐气体，用水吸收，达到浓度为 40% （质量分数）左右的水溶液。通过加热蒸发，使浓度上升到 70% （质量分数）左右。经恒沸脱水即得产品。在苯二甲酸酐生产中也可能产生 5% （质量分数）左右的顺丁烯酸酐。可用结晶法从粗苯二甲酸酐中分离出来，或从冷凝系统尾气中分离出来。

2.1.1.2 顺丁烯二酸酐

顺丁烯二酸酐简称为"顺酐"，是顺丁烯二酸（也称马来酸）的脱水产物。

结构式 $\begin{array}{c}HC-C \\ \| \quad\ \ \diagdown \\ \quad\quad O \\ \| \quad\ \ \diagup \\ HC-C \\ \ \ \ \ \|\ \ \ O \end{array}$，分子量 98.06，白色晶体，可溶于水，微溶于醇，相对密度 1.48，熔点 52.8℃，沸点 202.2℃。固态比热容 0.285J/(kg·K)，液态比热容 0.396J/(kg·K)。用含 4 个碳原子的混合气体，在 400℃ 下经钒催化剂进行氧化，可制得顺丁烯二酸。其他生产方法还有用含 4 个碳原子的直链式卤代脂族化合物，在 300～550℃ 下，经钒、钼、钨、铬等氧化物催化氧化；用丁内酯在 220～250℃ 下经氧化钒或氧化钼催化进行气相氧化反应；用糠醛经含有氧化钒和氧化钼的催化剂催化进行气相氧化反应等。

2.1.1.3 反丁烯二酸

结构式 $\begin{array}{c}\quad\quad\ CH-COOH \\ HOOC-CH\end{array}$，分子量 116.07。相对密度 1.625。熔点 287℃。微溶于醇。

反丁烯二酸（又称富马酸）为反式四碳 α,β-不饱和二元酸，其两个羧基易酯化。它比顺式酸更稳定，熔点高，故参加酯化反应比顺式酸难。由反丁烯二酸合成的聚酯比由顺丁烯二酸合成的聚酯更具有线型特征，软化点高，结晶性强，耐腐蚀性强。将顺丁烯二酸加热，用噻唑、二硫代氯基甲酸酯为催化剂，即可转化为反丁烯二酸。用苯二甲酸酐生产中的洗涤液分离出的顺丁烯二酸钠放在盐酸溶液中加热，即可分离出反丁烯二酸。用苯氧化所得的转化气体通过盐酸溶液，可得结晶纯度为 99.6%～99.8% 的反丁烯二酸。除顺丁烯二酸酐和反丁烯二酸外，其他可用的不饱和二元酸还有氯代顺丁烯二酸、亚甲基丁二酸等，但实际使用很少。

2.1.2 饱和二元酸及酸酐

2.1.2.1 邻苯二甲酸

结构式 ，分子量 166.13，熔点 191℃，相对密度 1.593。邻苯二甲酸有两个羧基直接加在苯环的邻位上，且两个羧基都可以酯化。但其结构中不含非芳族的不饱和双键，因此没有不饱和性。由于两个羧基处于邻位，故很容易脱水制成酸酐。实际使用的均为酸酐。一般来说，在聚酯中引入苯二甲酸酐代替部分顺丁烯二酸酐，可以调节聚酯的不饱和性，使之具有良好的综合性能。例如提高树脂的韧性，改善聚合产物与苯乙烯的相容性。因而在树脂配方中使用很普遍。苯二甲酸酐主要由萘的氧化制得，先将粗萘气化，再和过量的压缩空气一起喂入转化器，用载体上的重金属氧化物为催化剂可以使萘迅速转化，也可用磨细的氧化钒为催化剂。转化器产生的蒸气经冷却器冷却，再经冷凝器冷凝，即得粗产品，经过蒸馏净化后，其收率为 70%～80%（质量分数）。

由煤焦油馏分和较高的芳香化合物中也可制得苯二甲酸酐，粗煤焦油在 200～225℃ 下用氧化钒催化剂分离出馏分，可产生高纯度的苯二甲酸酐，收率可达 75%（质量分数）。

2.1.2.2 邻苯二甲酸酐

结构式 ，分子量 148.11，白色，针状或片状结晶体，富光泽。熔点 130.08℃，沸点 295℃，相对密度 1.53。可溶于醇，微溶于醚。在水中溶解极少（162 倍水），会升华，邻苯二甲酸酐为邻苯二甲酸的脱水产物。

2.1.2.3 间苯二甲酸

结构式 ，分子量 166.13，结晶状粉末，易溶于乙醇，熔点 345～348℃，相对密度 1.507。它没有邻苯二甲酸容易酯化，但所得树脂性能好，机械强度和耐水性较高。它溶解度低，熔点高，在加热时挥发损失也少。用间苯二甲酸合成聚酯时，要分两阶段进行。第一阶段先使间苯二甲酸和醇反应，经回流及蒸馏达到一定的酯化程度后才进入第二阶段，加入顺丁烯二酸酐反应到终点，间苯二甲酸由间二甲苯氧化制得。

2.1.2.4 对苯二甲酸

结构式 ，分子量 166.13，白色粉末或晶体，熔点 384～421℃，相对密度 1.55。

聚酯中引入对苯二甲酸可使产品具有较高的热变形温度和较低的固化收缩率，化学稳定性也得到改进，常用于防化学腐蚀树脂中。其缺点是反应速率比邻苯二甲酸酐和间苯二甲酸都低，故需用两阶段合成。同时，由于其结构的对称性，若再和对称性的醇，如新戊二醇反应时，产物对苯乙烯的溶解性差。

2.1.2.5 己二酸

结构式 $HOOC\text{---}(CH_2)_4\text{---}COOH$，分子量 146.15，无色或带黄色的结晶状粉末，极易溶于醇、醚，稍溶于水，熔点 150～153℃，沸点 265℃。它的两个羧基都可酯化，广泛用于制造柔性树脂。己二酸由环己醇氧化而得，或由动物脂、植物脂或油酸经硝酸氧化而得。

2.1.2.6 四氯邻苯二甲酸酐

结构式 ，分子量 285.88，含氯 49.6%（质量分数），熔点 254～255℃，

白色粉状或片状固体，微溶于氯苯。性能与邻苯二甲酸酐类似，酯化反应快，是制造阻燃树脂的主要原料之一。但其阻燃效果不够好，要配以其他阻燃添加剂才能达到要求，而且反应温度不能太高，否则树脂颜色差。酸酐吸水后变酸。

2.1.2.7 四溴邻苯二甲酸酐

结构式 ，分子量 463.72，亮黄色晶体，含溴 68.9%（质量分数），熔点

270～275℃，相对密度 2.91。性能与邻苯二甲酸酐类似，聚酯化反应快，是制造阻燃树脂的主要原料之一。阻燃效果好，其溴含量高，反应温度要控制在较低水平，防止凝胶。

2.1.2.8 桥亚甲基四氢邻苯二甲酸酐

结构式 ，分子量 164.16。由环戊二烯和顺丁烯二酸酐通过狄尔斯-阿德耳（Diels-Alder）加成反应而得，用于制造耐高温树脂，酸酐吸水后变成酸。

2.1.2.9 六氯桥亚甲基邻苯二甲酸酐

结构式 ，分子量 370.81，含氯 57.4%。六氯桥亚甲基邻苯二甲酸酐又名

HET 酸酐或氯茵酸酐，由六氯环戊二烯和顺丁烯二酸酐进行狄尔斯-阿德耳加成反应而制成，常用于制造阻燃树脂，阻燃效果好，树脂颜色清晰，兼有耐化学性，但放久后在空气中吸水很快变酸。

聚酯中其他偶有应用的饱和二元酸有丙二酸、丁二酸、戊二酸、庚二酸、山梨酸等。

2.1.3 二元醇

2.1.3.1 丙二醇

结构式 $H_3C-\overset{\overset{\displaystyle OH}{|}}{CH}-CH_2-OH$，分子量 76.09，相对密度 0.83，沸点 188.2℃，凝固点 -59℃。丙二醇有两种异构体：1,3-丙二醇和 1,2-丙二醇。聚酯生产中所用的是 1,2-丙二醇，为黏性液体，可与水和醇以任何比例混溶。在树脂中可单独使用或与其他二元醇共用。采用丙二醇所制得的树脂结晶性较低，与乙二醇共用时比单独使用乙二醇所得聚酯对苯乙烯有较好的相容性。

丙二醇的原料为环氧丙烷，用加压水合法制得。环氧丙烷和水按 1∶6（体积比），配成环氧丙烷水溶液。先预热至 90℃，再进入水合塔，在 81.6MPa 压力和 160℃ 下即生成 17%～19%（质量分数）的稀丙二醇，经蒸发、浓缩至 80%（质量分数）的粗丙二醇，再减压脱水、精馏即得成品。

2.1.3.2 乙二醇

结构式 $HO-CH_2-CH_2-OH$，分子量 62.07。黏性液体，有吸湿性，可按任何比例与水或醇混溶。沸点 197.6℃，凝固点 -13℃。乙二醇是最早用于制造聚酯的二元醇，但以后逐渐被丙二醇取代。环氧乙烷水合得乙二醇。环氧乙烷是用乙烯为原料，以银为催化剂直接氧化而得。然后直接用环氧乙烷装置出来的环氧乙烷水溶液进行水合反应制得乙二醇。

2.1.3.3 一缩二乙二醇

结构式 $HO-CH_2-CH_2-O-CH_2-CH_2-OH$，分子量 106.12，液体，沸点 245℃，溶于水、醇与醚。其性能同丙二醇、己二醇，两个羟基很容易酯化。其氧桥或醚键较稳定。用其所制得的聚酯比用乙二醇所制的聚酯柔性好，结晶性较低。但由于氧桥的存在，对水较敏感，电性能下降。一缩二乙二醇由乙二醇制取。

2.1.3.4 一缩二丙二醇

结构式 $HO-\overset{\overset{\displaystyle OH}{|}}{CH}-CH_2-O-CH_2-\overset{\overset{\displaystyle OH}{|}}{CH}-OH$，分子量 139.16，液体，沸点 232℃。溶于甲苯与水。一缩二丙二醇的两个羟基容易酯化，其氧桥或醚键较稳定，用其使树脂增加柔性，降低结晶性。所得聚酯对水并不敏感。

一缩二丙二醇可由丙二醇制取。

2.1.3.5　新戊二醇

结构式　$HOCH_2\overset{\displaystyle CH_3}{\underset{\displaystyle CH_3}{-C-}}CH_2OH$，分子量 104.15，白色粉末，溶于水和醇。新戊二醇是一种对称结构的醇，结合进聚酯分子链中后，用两个庞大的甲基基团对酯键提供盾形保护。使树脂具有优良的水解稳定性及耐腐蚀性，适于制造胶衣树脂和耐腐蚀树脂。

2.1.3.6　二溴新戊二醇

结构式　$HOCH_2\overset{\displaystyle CH_2Br}{\underset{\displaystyle CH_2Br}{-C-}}CH_2OH$，分子量 261.95，白色粉末，熔点 85～105℃，相对密度 8.04，含溴 61%（质量分数）。在新戊二醇结构中加上溴而成，是优良的阻燃成分，用以生产浅色阻燃树脂。

2.1.3.7　双酚 A 衍生物

结构式　$CH_3-\overset{\displaystyle OH}{\underset{\displaystyle H}{C}}-CH_2-O-$⬡$-\overset{\displaystyle CH_3}{\underset{\displaystyle CH_3}{C}}-$⬡$-O-CH_2-\overset{\displaystyle H}{\underset{\displaystyle OH}{C}}-CH_3$，分子量 344.33，白色碎片状固体。

用丙氧基化双酚 A 可以显著提高聚酯的耐化学性，同时提高树脂的热变形温度。在使用中常部分取代丙二醇或乙二醇制取颜色很浅的树脂。还可以用来生产固体树脂，其软化点高，可研磨成稳定的粉末。

2.1.3.8　氢化双酚 A

结构式　$HO-$⬡$-\overset{\displaystyle CH_3}{\underset{\displaystyle CH_3}{C}}-$⬡$-OH$，分子量 240.37，相对密度 0.955。氢化双酚 A 与双酚 A 的衍生物不同，其结构已发生实质改变，为脂环族的醇。在使用中也可提高树脂的耐化学性和耐老化性能，与双酚 A 衍生物联用时可改善树脂的柔韧性。

2.1.3.9　烯丙醇

化学式　$H_2C=CH-CH_2-OH$，分子量 58.08，液体，沸点 97℃，可与水、醇和醚按各种比例混溶。烯丙醇为不饱和醇，在聚酯中应用较少，大部分用于和二元酸缩聚反应，例如两个烯丙醇分子和一个邻苯二甲酸分子反应，合成一种三聚体邻苯二甲酸二烯丙酯（DAP）。它本身可聚合成酮，又可和其他聚酯共聚而起交联剂作用。因为烯丙醇是不饱和一羟基醇，故不能酯化成线型长链分子。用丙烯醛电解还原，也得到烯丙醇。

2.1.4　交联单体

起双重作用，一是溶剂，二是反应物，不饱和聚酯树脂的固化物的性能不仅决定于所用的不饱和聚酯的种类，而且与单体的种类有很大的关系，常用的不饱和单体有苯乙烯、苯乙烯的衍生物、邻苯二甲酸二烯丙酯、三聚氰酸三烯丙酯等，分述如下。

2.1.4.1　苯乙烯

结构式 $\begin{array}{c}\text{CH=CH}_2\\ \hexagon \end{array}$，分子量 104.15，无色透明液体，相对密度 0.9，25℃下蒸气压 880Pa。

苯乙烯可按各种比例溶于醇、醚，极微量溶于水。单体苯乙烯在光、热或催化剂作用下容易聚合成聚苯乙烯，它与不饱和聚酯共聚后，其共聚物可反映出聚苯乙烯的某些电绝缘性、耐水、耐化学等优良性能。

苯乙烯上乙烯基中的双键可用于聚酯树脂的交联。由于其反应快、性能好（如颜色浅、刚性好、耐久等）、价格低，故是应用最广的交联单体。在树脂中，苯乙烯含量一般为 25%～35%（质量分数）。可使树脂呈琥珀色或无色，但用苯乙烯交联的树脂其折射率偏高（$n=1.569$），高于玻璃纤维，故不宜作透明材料。苯乙烯的生产方法主要是采用乙苯直接脱氢法。该法有如下 3 个步骤。

① 苯与乙烯以三氯化铝为催化剂，在 88℃ 及 0.67MPa（表压）下进行烃化反应，生成乙基苯，同时生成二乙苯及多乙苯等副产物。如此产生的混合液称烃化液。

② 乙基苯在蒸气中催化脱氢，产生粗苯乙烯。催化剂可用铜-铬或氧化铬-氧化钼的络合物。乙基苯烃化液在进入脱氢工序之前如能洗涤并蒸馏达 99%（质量分数）纯度时，可得较高纯度的苯乙烯。

③ 粗苯乙烯的纯化。纯化工艺要求去除乙基苯，使苯结晶，并除去结晶体，或使苯聚合再从乙基苯中分离出来，然后在 350～500℃ 下解聚回收的乙基苯可再回到脱氢设备中去。苯乙烯液再通过蒸馏去除焦油、甲苯等烃类。蒸馏时常以硫黄为阻聚剂。也可用叔丁基邻苯二酚等加入苯乙烯以防止苯乙烯在储存时发生均聚，变成聚苯乙烯。

2.1.4.2　其他苯的乙烯基衍生物

其他用作聚酯交联单体的苯的乙烯基衍生物主要有乙烯基甲苯、甲基苯乙烯、2,5-二氯苯乙烯等。乙烯基甲苯的结构式为 $\begin{array}{c}\hexagon\text{—CH=CH}_2\\ \quad\text{CH}_3 \end{array}$，分子量 118.18，液体，沸点 172℃，25℃下蒸气压 266.664Pa。固化速率稍慢，不如苯乙烯易交联。用于树脂后胶黏度稍有增高，体积收缩率降低。由于沸点高，故减少 120℃ 以上固化时的起泡性。由于蒸气压低，故挥发减少，但价格稍贵。α-甲基苯乙烯结构式 $\begin{array}{c}\hexagon\text{—C=CH}_2\\ \quad\quad\text{CH}_3 \end{array}$，分子量 118.18，可使树脂减少收缩，增加曲挠性。2,5-二氯苯乙烯可使产品增加阻燃性。

以上实际使用很少。

2.1.4.3　邻苯二甲酸二烯丙酯

结构式 $\begin{array}{c}\text{COOCH}_2\text{CH=CH}_2\\ \hexagon\\ \text{COOCH}_2\text{CH=CH}_2 \end{array}$，分子量 246.25，液体，沸点 150℃。邻苯二甲酸二烯丙酯常简称 DAP 树脂。制法是用 1mol 邻苯二甲酸酐和 2mol 烯丙醇酯化。它自身可聚合成均聚物，并可抑制在各反应阶段产生可溶性低分子聚合物。这种低分子聚合物可和不饱和聚酯进行交联，又可以自身聚合固化。在作聚酯交联剂使用时，不易发生交联反应，固化速率慢，产品柔性大。特别是可以使聚酯的交联固化反应停留在凝胶阶段，因而有其特殊用途。由于蒸气压低，故在湿铺层工艺中不易挥发。

2.1.4.4 甲基丙烯酸甲酯

结构式 $H_2C\!=\!CCOOCH_3$（CH_3），分子量 101.12，无色透明液体，沸点 100.3℃。有时和苯乙烯联用，作透明板材。对多种树脂的溶解性比苯乙烯更好，在同样质量下黏度较低。甲基丙烯酸甲酯作交联剂时，可使未反应的交联剂和聚酯很快反应，而且黏度低。缺点是沸点低，价格高。可将甲基丙烯酸甲酯和膦酸酯联用，使树脂的折射率配上玻璃折射率，以制取半透明层合材料。

2.1.4.5 三聚氰酸三烯丙酯

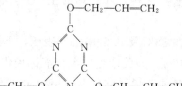

结构式 $CH_2\!=\!CH\!-\!CH_2\!-\!O$（N）$O\!-\!CH_2\!-\!CH\!=\!CH_2$，分子量 249.2，固态，熔点 27℃。在过氧化物引发剂和加热下易和不饱和聚酯共聚，使树脂溶液的黏度增高，要在40～60℃下使用，或加溶剂才能适应使用要求，价格高。

用三聚氰酸三烯丙酯作交联剂可制得耐热树脂。使用温度为260℃时，可保留室温下的许多物理性能，而且可长期使用。这种具有 3 个烯丙基的化合物附加在杂苯环上，形成了极稳定的交联键，使脂耐热、耐化学性都有显著提高。又由于它含有 3 个可聚合基团，故适合于和多种树脂进行交联。

2.1.5 引发剂

引发剂的主要作用是能分解产生游离基以引发交联固化过程，在选择引发剂前先要弄清引发剂活性的表达方法及其实际意义。表达引发剂活性大小的方法有多种。

2.1.5.1 引发剂的分解速率——半衰期

过氧化物和偶氮化合物在一定温度下裂解，其分解速率随温度上升而加速，于是引出半衰期概念以表达引发在特定温度下的分解速率。所谓半衰期（t），就是在特定温度下，引发剂分解消耗一半所需的时间。半衰期的测定可以用苯作溶剂，其溶液 5%（摩尔分数），也可用邻苯二甲酸溶液测定。溶剂不同，测得结果不同。用其他溶剂也可以。

不同温度下测得的半衰期值与温度之间呈反比例关系。温度上升，半衰期下降。于是对于各种引发剂可以反过来推算出在规定的时间内使其分解一半所需的温度。用10h 使引发剂分解 50%（质量分数）所需的温度，即"10h 半衰期温度"（$10ht_{1/2}$），它是当前不饱和聚酯工业中普遍使用的表达引发剂活性的指标。"10h 半衰期温度"越低，说明活性越高。

2.1.5.2 临界温度

临界温度是引发剂开始迅速分解产生游离基的最低温度，亦可称为"启动温度"。西方国家俗称为"开球温度"。不饱和聚酯所用引发剂的临界温度为 60～130℃。如临界温度低于60℃，在环境温度下不够稳定，故不宜选用。引发剂的临界温度不能作为活性高低的尺度，因同一引发剂对于不同树脂有不同的临界温度。在实际使用中，将"10h 半衰期温度"加上 5～8℃就大致接近临界温度。

2.1.5.3　活性氧含量或活性氧百分数

假定过氧化物为 100％纯净物，其分子中活性氧（—O—O—）占整个分子质量的百分比即为活性氧含量。这一指标表示，在假定完全分解情况下可供出的游离基。该指标对于评定过氧化物的质量是有用的，可用其测定过氧化物的浓度或纯度。但对于不同的引发剂不能用活性氧含量高低来比较其活性的大小。因活性氧含量指标受引发剂分子量的影响，过氧化物分子量低时，其活性氧所占百分数就高，但活性却不一定比其他过氧化物更活泼，分解速率也不一定快。故不能将活性氧含量看作活性程度的指标。在选用一种合适的引发剂时，要考虑的因素是多方面的。以下着重讨论树脂的特性、树脂的存放期、成型温度控制、固化速率、模制件的厚度以及填料、颜料和其他添加剂影响 6 个方面的因素。

（1）树脂特性　在选用引发剂时，首先要使引发剂的特性和树脂的反应性相配合。室温成型用的树脂必须配以活性较高并能与促进剂发生氧化还原反应释放出游离基的引发剂。加热成型用的树脂品种多，可用的引发剂品种也多。对于一种树脂，可能用过氧化苯甲酰效果不好，改用同样半衰期的过辛酸叔丁酯效果就好，因而要经过试验，仔细对比，进行评价。一般来说，树脂反应性强，就可以采用活性较高的引发剂使树脂固化周期缩短。树脂反应性弱，就要求选用活性较低的引发剂相配合，以免游离基产生过快，在树脂固化过程中不能充分生效，而到后期又缺少引发剂。

（2）树脂的存放期　存放期指的是树脂的使用者在加工制品时，从加入引发剂开始到树脂开始凝胶失去流动性为止的一段可进行加工的有效时间。这一存放有效时间也可称为适用寿命，是加工工艺所要求的，必须满足，因此，也是选用引发剂的主要因素之一。

由于加工工艺不同，要求树脂的存放时间不同。可将引发剂分为以下 3 类。

① 不需要存放期或只需要很短的存放期的加工工艺，要求引发剂在室温下与促进剂结合，或在稍许升温下即能分解。例如手糊与喷射的接触成型或注射成型即属于此类。在这类工艺中，引发剂加入后，只要求树脂的存放时间能使玻璃纤维等增强材料浸透即可。树脂浸透后也希望尽快凝胶固化。属于这类的主要是室温固化用引发剂，列于表 2-1。

表 2-1　室温固化用引发剂

序号	引发剂	化学结构
1	过氧化甲乙酮	$\underset{C_2H_5}{\overset{CH_3}{HOO-C-OOH}}$ ， $\underset{C_2H_5}{\overset{CH_3}{HOO-C-O-}}\underset{C_2H_5}{\overset{CH_3}{C-OOH}}$ 等混合物
2	过氧化环己酮	等混合物
3	异丙苯过氧化氢	

序号	引发剂	化学结构
4	过氧化苯甲酰	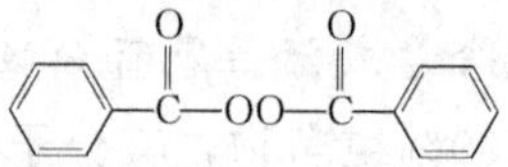
5	过氧化 2,4-戊二酮	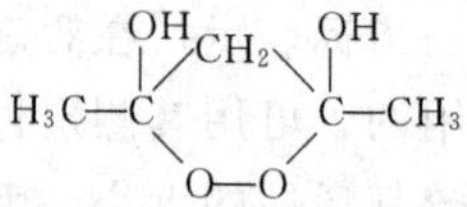

② 需要存放几小时到几天的加工工艺，要求引发剂在较低升温、中等温度下分解，在室温下要有一定稳定性。例如连续拉挤工艺、旋转成型工艺、袋压工艺等。树脂中加引发剂后要保持在限定温度下，否则环境温度波动可能影响树脂局部或全部凝胶。属于这类的引发剂主要是活性中等、10h 半衰期温度在 80℃以下的中温固化用引发剂，见表 2-2。

表 2-2 中温固化用引发剂

序号	引 发 剂	$10h\, t_{1/2}/℃$（在 0.2mol/L 苯中）	成型温度范围/℃
1	过氧化二碳酸二-2-苯氧基酯	41	70～120
2	过氧化二碳酸二(4-叔丁基环己烷)	42	70～120
3	2,5-二(2-乙基己酰过氧)-2,5-二甲基己烷	67	85～125
4	过氧化苯甲酰	73	90～130
5	叔丁基过氧化-2-乙基己酸酯	73	90～130
6	2-叔丁基偶氮-2-氰基丙烷	79(去三氯苯中)	100～140

③ 需要存放期为 1 周以上到几个月的加工工艺，要求引发剂在较高温度下才能分解。引发剂必须有高度的热稳定性和化学稳定性。例如片状模塑料、团状模塑料以及其他一些模塑料变型或热压成型工艺。这类引发剂的 10h 半衰期温度在 80℃以上，室温下相当稳定，见表 2-3。

表 2-3 热固化所用引发剂

序号	引 发 剂	$10h\, t_{1/2}/℃$（在 0.2mol/L 苯中）	成型温度范围/℃
1	2-叔丁基偶氮二氰基丁烷	82	100～145
2	1,1-二(叔丁基过氧)-3,3,5-三甲基环己烷	92	130～160
3	1,1-二(叔丁基过氧)环己烷	93	130～160
4	1-叔丁基偶氮-1-氰基环己烷	96	135～165
5	O,O-叔丁基-O-异丙基单过氧化碳酸酯	99	130～160
6	过苯甲酸叔丁酯	105	135～165
7	乙基-3,3-二(过氧化叔丁基)丁酸酯	111	140～175
8	过氧化二异丙苯	115	140～175

（3）成型温度控制　根据加工工艺对存放期的要求可以选择室温固化、中温固化（$10h\, t_{1/2} < 80℃$）、高温固化（$10h\, t_{1/2} \geqslant 80℃$）3 种类型适用的引发剂。给出了选择引发剂可取的范围，进一步要考虑的因素是所定加工工艺的具体温度对引发剂的要求。

成型温度的变化直接影响树脂的凝胶与固化速率。成型温度上下波动 10℃，对工艺就有敏感的反映：室温固化时，季节性变化与室内外作业的工艺差别就很明显，加热成型时温度波动，可能造成产品的欠固化或氧化。

不同引发剂在树脂中可产生不同的温度变化规律，使用于不同的温度变化。表 2-4 列出了 8 种引发剂及其活性与中等反应性的间苯二甲酸型树脂的放热工艺参数之间的关系。

表 2-4 引发剂活性和树脂温度控制的关系

序号	引 发 剂	$10ht_{1/2}$ /℃	凝胶时间 /s	固化时间 /s	放热峰温度 /℃	平板凝胶时间 /s
1	过氧化月桂酰	62	82	111	179	9
2	2,5-二甲基己烷-2,5-二过氧化乙基己酸酯	67	69	95	179	9
3	过氧化-2-乙基己酸叔丁酯	72	80	103	181	11
4	过氧化苯甲酰	72	99	124	177	12
5	过氧化丁烯酸叔丁酯	98	145	171	202	42
6	过苯甲酸叔丁酯	105	164	194	208	53
7	3,3-二(叔丁基过氧)丁酸乙酯	110	189	225	211	75
8	过氧化二异丙苯	115	193	231	209	76

注：树脂为中等反应性的间苯二甲酸聚酯；过氧化物含量为1%（质量分数）；测定温度121℃。

由表2-4可见，引发剂活性增高时，树脂的凝胶时间、固化时间与放热峰温度均相应降低。但活性高的引发剂并不一定适用，因它分解过快，游离基未及利用又会重新化合，使聚酯树脂变为永久性的欠固化。

在热固化工艺中，对一种引发剂可找到最适合的成型温度范围。先按半衰期温度值（$10ht_{1/2}$）加上40℃作为起点，然后按经验进行调整。引发剂在最适温度下分解产生的游离基可被树脂充分利用。表2-5所列为选择最适成型温度的一例。

表 2-5 温度对过辛酸叔丁酯引发效率的影响

水浴温度 /℃	1.66%（质量分数）过辛酸叔丁酯			水浴温度 /℃	1.66%（质量分数）过辛酸叔丁酯		
	凝胶时间 /min	固化时间 /min	放热峰温度 /℃		凝胶时间 /min	固化时间 /min	放热峰温度 /℃
107	2.2	3.3	195	135	1.0	2.4	191
121	1.2	2.4	198	149	1.0	2.4	180

注：树脂为通用邻苯二甲酸聚酯，按SPI标准测定。

由表2-5可见，用过辛酸叔丁酯引发模压邻苯型树脂时，其最适宜温度为121℃。温度再高，固化时间不能缩短，固化性能反而下降。温度过低，固化周期长，效率降低。

(4) 固化速率 固化速率决定了模压成型的合模时间，如要求较长的合模时间，要放慢固化速率，也就要选用较稳定的引发剂，否则引发剂分解过快，在合模时可能出现过早凝胶。反之，要提高生产效率、缩短合模的时间，就要选用较活泼的引发剂。决定树脂固化速率的因素有引发剂的活性、浓度和成型温度。在引发剂浓度和成型温度已经确定的情况下，引发剂活性就起决定性作用。表2-6所示成型温度为121℃，引发剂浓度为1%（质量分数）的过苯甲酸叔丁酯的等物质的量浓度时，引发剂半衰期与固化时间等参数的关系。树脂采用通用邻苯型模压树脂。

表 2-6 引发剂活性和固化时间的关系

引 发 剂	$10ht_{1/2}$/℃ (0.2mol/L苯中)	固化时间 /min	放热峰温度 /℃
2,5-二(2-乙基己酰过氧)-2,5-二甲基己烷	67	2.1	186
	79	2.7	212
二叔丁基偶氮-2-氰基丙烷	（三氯苯中）	3.0	
1,1-二(叔丁基过氧)环己烷	95	3.4	216
过苯甲酸叔丁酯	105	4.7	230

注：树脂为通用邻苯二甲酸聚酯，按SPI标准测定。

(5) 模制件的壁厚 模制件的壁厚对引发剂的选择也很重要。随着制品厚度增大，热传导延续，固化时间延长。部件中心达到反应温度需时也长，如采用高温引发剂时，模制件传热慢，但放热温度高，就可能因短时间内高度放热不能散开而使部件开裂。采用低温引发剂，又会使固化时间过短而不能满足工艺要求，此时要仔细选择适用的引发剂。例如，对于连续拉挤成型，其可用的成型温度范围虽然较宽，但一般采用尽可能提高引发剂的活性和浓度而降低模具温度的办法，避免模具表面树脂比中心树脂先凝胶而造成废品。成型温度一般采用 100℃ 左右，不再提高。在拉挤部件厚度大时，即选用半衰期温度低于 80℃ 的引发剂。如过氧化苯甲酰、2,5-二乙基己酰过氧、2,5-二甲基己烷以及过氧化二碳酸二（4-叔丁基环己烷）等。采用这些活性较高的引发剂，可降低厚制品的成型温度，降低放热温度，又满足固化速率的要求。

（6）填料、颜料及各种添加剂的影响　在选用引发剂时，必须考虑到填料、颜料以及其他添加剂对固化工艺的影响。有些填料起促进作用，减少存放时间。有些颜料（特别是黑色）起加速剂作用。但也有些起阻滞作用，使固化延缓。有时填料及添加剂还可能吸收少量过氧化物，造成树脂的不规则固化。

2.1.6 阻聚剂

不饱和聚酯和乙烯类单体的混合物极其活泼，要满意地控制不饱和聚酯树脂产品的工艺性

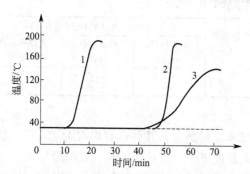

图 2-1　加阻聚剂及调节引发剂、促进剂用量
对固化性能的影响

1—树脂 100，MEKP2，1%（质量分数）环烷酸钴 0.3；
2—树脂 100，MEKP2，1%（质量分数）环烷酸钴 0.3，阻聚剂 1；
3—树脂 100，MEKP1，1%（质量分数）环烷酸钴 0.14
树脂—冷模压用树脂；MEKP—过氧化甲乙酮；
阻聚剂—叔丁基邻苯二酚的 1%（质量分数）溶液；
加入量 1% 等于纯阻聚剂的 100μL/L。

能，单靠调节引发剂，促进剂和加速剂的品种和用量以及灵活地采用联用方法等，虽可达到一定的工艺性能要求，但方法比较复杂，调节也较困难。采用对树脂交联固化具有阻滞作用的阻聚剂、缓聚剂等就极为方便和有效。这两种调节工艺性能的方法，效果不同。采用阻聚剂时，可以在一定时期内阻止树脂聚合，过时以后，树脂就可以和未加阻聚剂时一样的速率聚合，对放热峰温影响也不大，采用降低引发剂或促进剂用量的办法，虽然也可延缓树脂的聚合，但结果使树脂的放热曲线变形。曲线趋向平缓，放热峰温度降低。图 2-1 所示即为采用阻聚剂和调节促进剂用量所得的两种不同的放热曲线。

从图 2-1 可见，加阻聚剂后，放热曲线推迟，但曲线构形大致不变。加入阻聚剂 100μL/L，使固化时间推迟了 30min 以上。减少过氧化甲乙酮用量 1%（质量分数），同时减少环烷酸钴用量 0.16%（质量分数），推迟固化时间相同，但放热曲线变形，放热峰降低。

2.1.6.1　对阻聚剂的使用要求

在不饱和聚酯生产过程中需使用阻聚剂的主要有以下场合。

① 苯乙烯等交联单体中，加入阻聚剂，防止均聚反应，形成聚苯乙烯。

② 在聚酯化反应过程中，为防止高反应性的聚酯和不饱和酸发生交联，有时需加阻聚

剂，防止反应产物颜色变黄，发生预凝胶。

③ 在聚酯化反应产物放入苯乙烯等单体进行稀释混合过程中，必须含有阻聚剂。阻聚剂可以事先混均于稀释单体中，也可事先混均于已合成好的聚酯化产物中。

④ 为保证树脂在储存中能稳定一段较长时间，一般为6个月左右，树脂中需加阻聚剂。

⑤ 对于模压用树脂，必须延长其存放期，也需采用阻聚剂。

对阻聚剂的使用，除以上特点要求外，一般还必须具有以下性能，即在与聚酯相容的溶剂中有足够的溶解度和化学稳定性；对固化后树脂产品的物化性能影响很小；溶液着色少，毒性低等。

2.1.6.2 主要阻聚剂的规格及使用方法

阻聚剂的种类较多，在选用中要根据使用要求加以挑选。按阻聚原理可分两类：对苯醌在不存在氧的情况下，直接和游离基反应，形成一种半醌中间体，然后再与另一个游离基反应而形成稳定的化合物；对苯二酚及其衍生物是在氧的存在下，游离基与氧反应形成过氧游离基，过氧游离基与对苯二酚反应形成游离基复合物，复合物再与另一个过氧游离基反应而形成稳定化合物。

氢醌、苯醌及其衍生物在常温下为固体，在苯乙烯中溶解度很小，但阻聚剂的阻聚效率很高，只需很低的浓度就有效。在使用方法上，一般均需将阻聚剂先溶解入一种和聚酯相容的溶剂中，再加入聚酯或单体。不能使用惰性溶剂。在树脂固化中如有二甲苯的残余会引起制品的开裂。

2.1.6.3 阻聚性能的评价

由于阻聚、缓聚、稳定等作用在不饱和聚酯树脂的生产过程中使用较为广泛，不同的阻聚剂在不同的应用条件下，其适应性能和效果也常不相同，因而必须根据实际使用要求对各种阻聚剂的适用程度进行评价。

(1) 在酯化反应中的稳定性 在合成不饱和程度较高的聚酯时，往往需要加入稳定剂，以防止反应过程中发生不必要的交联反应，使产物颜色变暗。一般效果较好的是叔丁基对苯二酚。在不存在氧分子的情况下，采用苯醌反应过程的稳定更为有效，但它使树脂变色，不能制作清晰产品，故使用受限。采用二叔丁基对苯二酚时，其沸点高（313℃），作用稳定，在正常酯化温度下也可起到有效的稳定作用。

(2) 在聚酯与交联单体稀释中的稳定作用 通用聚酯含苯乙烯10%（质量分数），置于114℃下，加入各种阻聚剂0.05%（质量分数），所得凝胶时间顺序如下：

MTBHQ 11h，THQ 10h，BQ 10h，HQ 5.5h，DTBHQ 3.5h，TBC 2h，无阻聚剂<1h。

由上列树脂的阻聚情况可见，大多数阻聚剂都可用于聚酯的稀释，但有些阻聚剂在高浓度时，对树脂的固化性能有不利影响。苯醌、对苯二酚和叔丁基对苯二酚在低浓度下比其他阻聚剂有效。叔丁基对苯二酚的效果更好，其适用范围比较宽。采用缓聚剂时，可以使树脂的聚合反应速率变慢。

2.2 不饱和聚酯树脂复合物的组成及其固化

2.2.1 不饱和聚酯树脂复合物的组成

不饱和聚酯树脂常常溶于一种不饱和单体中，再加入引发剂、促进剂、阻聚剂等组成复合物。

目前，不饱和聚酯树脂在工业上主要分成两大类：第一类是顺丁烯二酸型，双键为 —CH＝CH—；第二类是丙烯酸型，双键为 —CH＝CH$_2$。

这两类不饱和聚酯可以用少量一元酸、一元醇或植物油进行改性，以制得黏度、分子量适用的产物。

2.2.2 不饱和聚酯树脂复合物的固化反应

由缩聚反应而得的不饱和聚酯长链型大分子中含有不饱和双键，这种双键可以和另一种乙烯类单体发生交联，使树脂固化。这种交联固化过程和形成分子链的缩聚反应不同，它属于加聚反应。加聚反应的类型有多种，如游离基型、离子型、配位离子型等。不饱和聚酯的加聚反应属于游离基加聚反应。

以苯乙烯作为不饱和聚酯的交联剂为例，说明交联特点及固化反应历程。

用苯乙烯作交联剂，在固化过程中可能发生两种加聚反应。

（1）苯乙烯自聚产生均聚物——聚苯乙烯

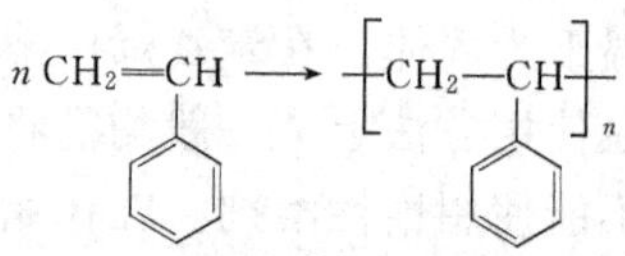

$$n\ CH_2\!=\!CH \longrightarrow \left[\!CH_2\!-\!CH\!\right]_n$$

（2）聚苯乙烯链分子与含有不饱和双键的聚酯链分子交联，成为网状大分子

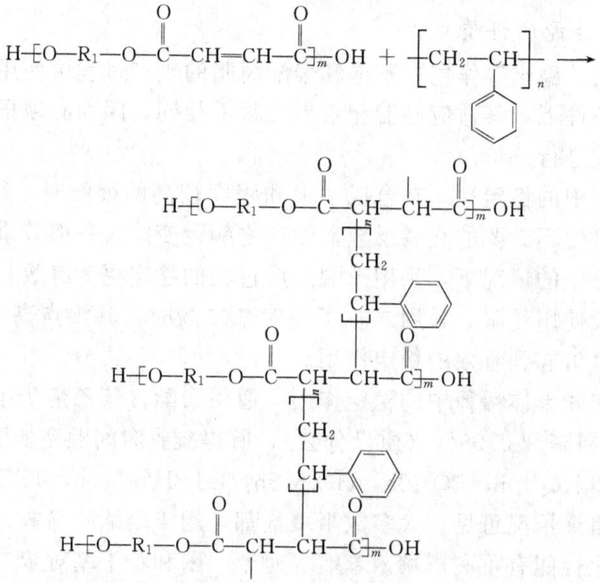

这一交联过程也是加聚反应。

以上两种加聚反应都是游离基加聚反应，但参加反应的化合物不同。前者是苯乙烯单体的自聚，后者是两种长链分子的共聚。

对于以上两种互相以共价键交联的分子链的分析估计是，在两个聚酯链之间"交联"的聚苯乙烯链的链节数不大，平均 $n=1\sim3$。但整个贯穿聚酯链的聚苯乙烯链的长度则往往超过聚酯链，其分子量也大得多。聚酯链的分子量在 $1000\sim3000$，聚苯乙烯链的分子量可达 $8000\sim14000$。典型的不饱和聚酯交联网联结构示意如图 2-2 所示。

从图 2-2 可见，不饱和聚酯分子链和苯乙烯的交联是不规则的。聚苯乙烯在聚酯链之间

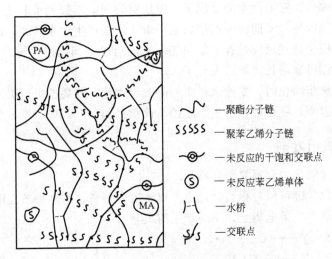

～	—聚酯分子链
ƧƧƧƧƧ	—聚苯乙烯分子链
⊙	—未反应的干饱和交联点
Ⓢ	—未反应苯乙烯单体
H	—水桥
Ƨ/Ƨ	—交联点

图 2-2　典型的不饱和聚酯交联网联结构示意

的聚合度也是不定的。在聚酯链中仍有未交联的双键，在固化后的树脂中也仍有未反应的苯乙烯。树脂中残余的水分以水桥的形式结合于网状结构中。另有少量聚酯分子链未得到交联。聚酯链往往比聚苯乙烯链短，两种分子链在交联点上以共价键相连。对于聚苯乙烯来说，交联点之间聚合度较小，如用甲基丙烯酸甲酯，即可形成很长的交联桥。

和缩聚反应不同，游离基加聚反应有一些特点。

① 游离基加聚反应不是逐步反应，而是在引发剂提供的游离基作用下的连锁反应。在反应过程中，各个单体依次地加成到分子链的活性中心上去，使分子量迅速增加到定值，形成高聚物。这就是不饱和聚酯凝胶速率很快的原因。再延长反应时间也不能使分子量加大。其平均分子量随时间变化曲线如图 2-3 所示。

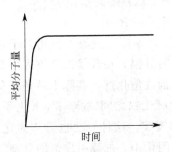

图 2-3　游离基加聚反应中聚酯
平均分子量随时间变化曲线

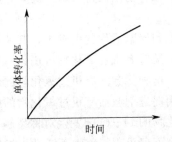

图 2-4　游离基加聚反应中单体
转化率随时间变化曲线

② 游离基加聚反应是不可逆反应，一经引发剂引发启动，反应就自动进行到底。树脂凝胶固化以后，就失去可塑性，成为不溶不熔的固体。

③ 在反应过程中，单体的浓度逐渐减少，单体转化率逐渐上升，最后还可能保留少部分未反应的单体。不饱和聚酯凝胶后，还剩有一部分苯乙烯未进行交联，供下一阶段后固化使用。甚至固化完全后，还可能有微量苯乙烯单体残余，有害于产品性能。图 2-4 所示为其单体转化率随时间变化曲线。

④ 聚酯树脂交联是放热反应，引发剂一旦形成了足够量的游离基，树脂就开始交联，放出热量可使混合物温度很快上升到 150℃ 左右，于是促使引发剂产生游离基的速率更为加

大，温度迅速达到峰值。在最严重的情况下，温度对时间呈指数关系上升，使放热失控。若是大块树脂，则可能因热量不能散开而使树脂降解，甚至产生大量黑烟，以致着火。

游离基加聚反应是链式反应过程。如何能使反应启动是问题的关键。单体一旦被引发，产生游离基，即可以迅速增长而形成大分子。

在不饱和聚酯树脂固化时，要控制树脂的凝胶与固化，就要选择好引发剂。根据引发剂的性能控制其分解速率，就可以控制整个凝胶、固化过程。

2.2.3 有机引发剂

常用的为有机过氧化物和偶氮化合物。

有机化合物的化学键可以对称裂解，也可以不对称裂解。对称裂解就能产生小型的游离基，不对称裂解只能产生带电离子，不能产生游离基。

对称裂解 $X—Y \longrightarrow X·+Y·$

不对称裂解 $X—Y \longrightarrow X^+ + Y^-$

为使一个化学键发生对称裂解而产生游离基，需要对于这个化学键施加足够的能量，如加热或辐射。为使一个化学键裂解所需的能量即称为这种化学键的键能。

各种共价键的键能不同。对于 C—C 键，其键能 $E=350kJ/mol$，需要 $350 \sim 550℃$ 的温度才能将其激发裂解。显然，在树脂固化中要达到这样的高温是很困难的。树脂固化中可能接受的温度条件是 $50 \sim 150℃$。在此温度范围内可以产生对称裂解的化学键，其键能也低。一般要求 $E=105 \sim 150kJ/mol$。在化合物中，化学键键能如此低而又经济可行的主要是有机过氧化物（$R—O—O—R'$）和脂肪族偶氮化合物（$R—N=N—R'$）。

过氧化物的 O—O 键的热裂解可产生两个游离基：

$$R—O—O—R' \longrightarrow RO· + ·OR'$$

偶氮化合物中两个 C—N 键同时热裂解产生 N_2 和两个烷基游离基：

$$R—N=N—R' \longrightarrow R· + N_2 + ·R'$$

不饱和聚酯适用的引发剂，其使用温度为 $50 \sim 150℃$，不能在室温下使用。于是又进一步发现，某些有机过氧化物可用另一种化合物激活，不需升温，在环境温度下即可裂解产生游离基。这种能激活有机过氧化物的化合物被称为促进剂或催化剂，实际上就是活化剂。

采用促进剂激活有机过氧化物的原理是促进剂和过氧化物之间发生一种氧化还原反应，使过氧化物的 O—O 键发生对称裂解，取代了原有的热裂解。这种方法也可称为化学裂解。化学裂解不仅可用于室温下激活引发剂，也可用在升温固化中，加速引发剂的分解，并降低固化温度。

偶氮化合物有高度的化学惰性，不能用氧化还原反应机理裂解。

2.2.4 热分解引发

除室温成型固化所用的引发剂外，一般都采用热分解引发。此时，引发剂的活性与分子结构有关。例如，过氧化二酰类，其活性高低取决于 R 及 R' 的结构。如 R 及 R' 相同，即属对称结构，其活性不如非对称的分子高。如为过氧化苯甲酰，其活性与取代基位置有关，甲基在邻位或对位时活性较高。如 R 基的碳原子数为 4 或少于 4，则受冲击时易爆炸，很不安全。

又如过氧化二碳酸酯，是高效引发剂，其分子中有不同的 R 基时，活性相差不大，但稳定性随酯基（如酯环、芳香环等）的增大而增大。因而多采用活性高而又安全稳定的结构。如过氧化二碳酸-4-叔丁基环己酯以及过氧化二碳酸二苯氧基酯等。

2.2.5 化学分解引发

化学分解引发主要是靠氧化还原反应，使某些具有较高度稳定性的过氧化物在低温下即可分解产生游离基，从而使树脂能在室温下固化，大大简化生产工艺。

氧化还原反应是一个电子转移过程，参加反应的除引发剂外，还有促进剂或加速剂。促进剂可以单独使用，加速剂则不能单独使用，只能与促进剂共用，起辅助促进作用。

可进行氧化还原反应的引发剂主要是过氧化酮、特烷基过氧化氢和过氧化二酰类引发剂。过氧化酮和过氧化氢类引发剂分子中都含有—OOH 基团。其分解常用钴类金属盐促进剂，为增强其活性，可用双重促进系统，即在钴促进剂中再加入胺类加速剂。

化学分解引发虽然可以促使引发剂低温分解，但缺点是使引发剂效率降低。因为氧化还原反应使原来可分解为两个游离基的引发剂，现只能生成一个游离基。而且促进剂离子也可能和游离基反应，使之逆转为离子。因此促进剂的用量必须适当。一般促进剂与过氧化物的物质的量之比必须小于 1，否则促进剂与初级游离基的逆反应速率会大于初级游离基引发单体的速率，结果使转化率下降。过多地使用促进剂并不能达到加速固化的效果，反而会使产品性能下降。

2.2.6 光引发

很多单体可在紫外线照射下发生聚合反应，每一种单体各有其特征的吸收光区域。例如苯乙烯吸收汞灯发出的 250nm 波长的光，甲基丙烯酸甲酯吸收 220nm 波长的光等。在特征光区域内曝光时，能很快聚合。

在紫外线照射下直接进行聚合，一般速率很慢，可加入适当的光敏剂，使光聚合加速。光敏剂实际是光聚合的引发剂。主要的光敏剂有过氧化物，如过氧化氢、过氧化二苯甲酰、过氧化二叔丁酯等；羰基化合物，如二乙酰、二苯酰、二苯甲酮、苯醌、蒽醌、安息香醚等；偶氮化合物，如偶氮二异丁腈、偶氮苯等。

不饱和聚酯采用光敏剂后，可用紫外线以至可见光作能源引发交联反应。这种光引发树脂主要用于涂料及电器嵌入、包胶、预浸渍等方面。使用较普遍的光敏剂是安息香醚。

光固化树脂目前已进入工业化生产，需可见光使树脂固化，避免了高能量紫外线辐射对人体的危害。且使原部件易于固化。在实际生产上所用引发剂有多种，用胺类化合物作还原剂能使光敏剂在激发状态下还原；用安息香醚可实现较快的凝胶，其凝胶时间只需 30～60s；用右旋甲基咪唑安息香醚可得最短的凝胶时间；使用联苯酰的凝胶时间为 3min 左右。

2.2.7 阻聚与缓聚

不饱和聚酯和交联单体的混合物，即使不加引发剂在室温下也会渐渐聚合，失去使用效果。为了克服这一缺点，可以加入阻聚剂或缓聚剂。一般在树脂制造过程中加入 0.01%（质量分数）左右的阻聚剂可使树脂的储存期达到 3～6 个月。在模塑料中加入 0.01%～0.05%（质量分数）的阻聚剂，可使存放期延长 7～66 天。加入缓聚剂的目的是调节树脂的放热性能，以满足加工工艺的要求。

稳定的不饱和聚酯生产中有 3 个概念。

（1）聚合过程的稳定剂　用以防止聚合反应中或稀释过程中产生不必要的预聚物、交联以及其他副反应，防止反应过程中树脂变色、凝胶等现象的发生。

（2）树脂产品中的稳定剂　在低温时起阻聚作用，但在一定的成型温度下可以去除阻聚作用，使树脂能实现快速固化。

（3）树脂固化的稳定剂　在引发剂、促进剂、阻聚剂的配合作用下，虽然可使树脂获得指定的凝胶时间、得到放热峰时间等参数，但难免发生这些参数随放置时间的延长而漂移的现象，为防止这种凝胶性能的变动，需要特定的稳定剂。

实际上阻聚剂、缓聚剂、稳定剂 3 种添加剂都是树脂交联固化反应的抑制剂。其作用原理都是吸收、消灭可以引发树脂交联固化的游离基，或是使游离基的活性减弱。故在使用中往往难以严格区分 3 种不同的助剂。对于同一种抑制剂，在一种树脂中其消灭游离基能力强，即为阻聚作用；在另一种树脂中，只能减低游离基的活性，即为缓聚作用；如能在升温条件下解除阻聚，即表现为常温下的稳定作用。

常用的阻聚剂如上节所述。缓聚剂除不少品种与阻聚剂相同外，最有效的是 α-甲基苯乙烯。稳定剂有季铵盐类取代的联氨盐及苯醌等。

2.3 不饱和聚酯树脂的老化与防老化

不饱和聚酯树脂固化后，在长期使用中会发生老化现象，颜色变黄、发脆以致龟裂，表面失去光泽，强度下降，其他物理、化学性能也随之下降。

影响树脂老化的因素很多，而且是交叉作用，机理较为复杂。与制品的使用条件如温度、受力情况等直接相关。以下着重分析紫外线的作用、空气中氧和臭氧的作用以及水的降解作用 3 个方面的因素，并提出防老化的措施。

2.3.1 紫外线的作用

不饱和聚酯树脂固化后，在长期暴晒下会老化。光老化的原因来自两方面：一方面，光的能量使树脂的共价键发生断裂；另一方面，树脂本身的不纯性，造成了受破坏的突破口。结果使树脂加速降解。

通过大气层以后的太阳光有不同的波长。不同波长的光有不同的能量。树脂中各种共价键有不同的键能，当一定波长的光，其能量超过某种共价键的键能时，就会使之断裂。紫外线波长 300～400nm，如被树脂充分吸收后，能量可达 299～399kJ/mol。有些共价键的断裂需能量 12～419kJ/mol，其相应波长为 710～290nm。可见紫外线足可打断这些共价键。这部分光的能量占整个太阳光能量的 12% 左右。它首先危害树脂中的 O—O 键、C—Br 键、C—Cl 键、C—O 键。因此含卤素的阻燃树脂易变黄。树脂中的酯键成为受攻击的薄弱点。至于 C—C 键，能打断它的光能只占 5%，对于 C—H 键、O—H 键、C=C键、C=O键，其键能大于 410kJ/mol，故不会遭到破坏。

树脂本身的纯洁度是耐光老化的另一个重要因素。纯度高的树脂，一般不吸收大于300nm 的光，因而不容易被破坏。实际上，树脂中都含有少量杂质，杂质吸收紫外线后即行氧化，形成羰基。羰基吸收波长为 280～330nm 的紫外线，并将光能传递到整个分子链中，在薄的点上发生降解。如其他因素同时对树脂进行老化作用时，光降解又会被加速。

为了防止光老化，一般可在树脂中加入紫外线吸收剂，也称光稳定剂。这种紫外线吸收剂能溶于树脂中，对紫外线有强烈的吸收能力，吸收光能后，使之转变为其他无害于树脂结构的能，如次级辐射能、振动能等。

用于树脂中的光稳定剂有多种。要求是必须能强烈吸收 290～410nm 的紫外线；本身性能稳定，在成型温度下不分解；与树脂相容性好，易于均匀分散；无有害颜色或毒性等。常用的有 2-羟基二苯酮、2-羟基苯甲酸甲酯、2,2-二羟基-4,4-二甲氧基二苯酮等。还有苯并三唑类化合物、水杨酸苯酯、乙酰水杨酸等。

2.3.2 空气中氧和臭氧的作用

氧和臭氧使树脂发生氧化降解、变色、表面龟裂以致剥落，电性能下降。在热与光的联合作用下老化加速。在室温及避光时，老化进展缓慢。聚酯中加入的 Cu、Co、Zn 等化合物，可能呈离子型杂质态，加速氧化降解。在加速老化时具有游离基连锁反应性质，破坏性较大。为防止并制止树脂的氧化降解，主要采用两种方法：①使聚酯氧化以后产生的过氧化基团分解，使游离基的链式反应中断。为此可用一些分解剂，主要是含硫含磷化合物。②采用防老剂，使已经开始的氧化连锁反应终止。这种防老剂大多为酚类或胺类化合物。

2.3.3 水解降解作用

树脂交联固化以后，酯键—COOR 及—CH$_2$—O—等键在酸和碱的催化下，或在热水中，会被水解使分子链断裂，性能下降。在聚酯制品中大多加有玻璃纤维增强材料以及各种填料，水分容易渗入到以上材料与树脂的界面，使水解作用加剧。防护措施有：在制品表面采用耐水性优良的胶衣树脂连续被覆；对玻璃纤维及填料进行偶联剂表面处理，使之与树脂产生化学键合，防止界面空隙。

2.4 不饱和聚酯树脂的性能与应用

丁烯二酸不饱和聚酯树脂和丙烯酸不饱和聚酯树脂固化物的基本性能见表 2-7 所列。

表 2-7 不饱和聚酯树脂固化物的基本性能

性　能		丁烯二酸不饱和聚酯	丙烯酸不饱和聚酯
密度/(kg/m^3)		1210～1250	1250～1290
断裂强度/MPa	（抗拉）	40～65	45～60
	（抗压）	90～140	100～180
	（抗弯）	70～100	80～100
弯曲弹性模量/MPa		2200～2800	—
冲击韧度/(kJ/m^2)		6～10	6～8
布氏硬度		14～18	13～14
维卡软化温度/℃		80～110	120～140

2.4.1 层压塑料与模压塑料

以不饱和聚酯复合物为胶黏剂，以玻璃纤维为填料，可以制得层压塑料和大型整体模压塑料。

由于不饱和聚酯复合物是靠双键聚合固化，无低分子物分出，固化可在常压或较低压力、较低温度下进行，故常称为接触成型或低压成型法。得到的制品具有优良的力学性能，常称之为"玻璃钢"。

玻璃纤维可采用长玻璃纤维、玻璃纤维毡与玻璃布。用长纤维得到的层压塑料沿纤维方向机械强度高。玻璃纤维毡成本低、制造方便、容易浸渍。用玻璃布可得到填料含量大、抗拉强度高的塑料。

不饱和聚酯层压塑料在机械制造、汽车工业、造船和航空工业中获得了广泛应用。在电机与电子工业中用途也很广泛，可以制造各种结构件、雷达塔等。

2.4.2 片状模塑料、团状模塑料

不饱和聚酯树脂在片状与团状模塑料中的应用是不饱和聚酯很重要的一类品种。它是随着聚酯的热压成型工艺而发展起来的。

1960 年，德国拜尔公司（Farbenfabriken Bayer Co.）首先采用了聚酯模塑料进行模压生产。以后逐渐推广到欧洲、日本、美国。模塑料的热压成型逐渐成为机械化大规模生产定型产品的方法。

模塑料是不饱和聚酯制品的一种中间性材料，在这种材料中，包含有热压成型所必需的树脂、填料、玻璃纤维、引发剂、增稠剂、内脱模剂等全部组分，并制成片状或团状；有了这种材料，可使模压生产高速进行。片状模塑料（SMC）是短切玻璃纤维毡浸渍液态树脂浆料，经化学稠化而成干片状的预浸料；团状模塑料（BMC 或 DMC），是不饱和聚酯树脂、短切玻璃纤维、填料以及各种添加剂经充分混合而成的料团状预浸料。在欧洲 BMC 或 DMC 原是有区分的。DMC 为普通常用的模塑料，称团状模塑料；BMC 指以间苯二甲酸树脂为基础的改进型模塑料，称块状模塑料。在美国两者无区别，目前欧洲也倾向于统称为团状模塑料。

20 世纪 60～70 年代，BMC 与 SMC 增长很快，促进了西方不饱和聚酯和玻璃钢的发展。20 世纪 70 年代，由于某些关键性技术问题得到解决，使这种材料有了进一步的发展。例如不饱和聚酯一般固化收缩率为 5%～8%，使玻璃纤维暴露于制品的表面，而且制品尺寸偏差大，后加工量大，严重影响了产品的应用推广。到 20 世纪 60 年代末期，产生了低收缩树脂，以致零收缩树脂系统。制品精确度高，纤维不外露，表面外观良好。以后又不断改进，在化学增稠方面取得了进展，产品性能稳定，可以得到更坚硬或更柔软的树脂。随着 SMC 大量推广应用到汽车工业，又发展了低轮廓添加剂，解决了薄型、轮廓较平坦的制品因加助筋而造成的表面凹痕，使 SMC 在汽车工业中有了广泛的应用。至今各种模塑料产品品种仍在不断发展中。

不饱和聚酯还可用以制造引拔成型件与缠绕成型管、筒等。

用玻璃纤维填料或粉状填料可以制造片状模塑复合物（SMC）与团状模塑复合物（DMC）。片状模塑复合物是将不饱和聚酯、引发剂、润滑剂等均匀涂在两张薄膜上，两夹层之间放入切断的玻璃纱，压在一起即成。团状模塑复合物是先将不饱和聚酯、引发剂、粉状无机填料、颜料、润滑剂等加到混合机中，混合在一起，然后加入短切玻璃纤维，再混合均匀。

聚酯模压塑料压制温度在 110～170℃ 范围内，使用方便，性能好，可用来制造各种电器与电机的零部件。

2.4.3 人造大理石和人造玛瑙

人造大理石和人造玛瑙是 1960 年前后在美国首先出现的。用不饱和聚酯树脂混入填料、

颜料和少量引发剂，经一定的加工程序，可以制成具有美丽彩色及光泽的石块，再巧妙地配以不同的色料，可以制成类似天然大理石纹路的制品。这样制造的聚酯树脂产品有足够的强度、刚度、耐水、耐老化、耐腐蚀等性能，完全可以代替天然大理石，用于各种建筑装饰。其制造方法简便，生产周期短，成本低，因而在美国获得了迅速的发展。以后逐渐传播到中美洲、欧洲以及世界各地，成为一种广泛被采用的建筑材料。

随着生产技术的发展，出现了人造玛瑙制品。美国首先用三水合氧化铝（水铝氧）代替碳酸钙作填料，并适当降低填料量，即可制得具有一定透明特性的、色彩柔和的仿玛瑙制品。与此同时，人造大理石和人造玛瑙制品的品种进一步发展，深入到各种卫生器具如洗手池、梳妆台、浴盆、家具、台面以及工艺装饰品。生产技艺进一步严格精细，生产效率逐步提高，由手工、机械化进一步发展成为连续生产。

对人造大理石和人造玛瑙的外观装饰性要求较高。表面要光亮、无缺陷、无气孔、非麻面等。色彩与纹理要美观，可与天然大理石媲美。胶衣与基体树脂混合物间无气泡、无分层。对人造玛瑙，要有一定的透明度。

2.4.4 云母带胶黏剂

从 20 世纪 50 年代开始，不饱和聚酯代替沥青作云母带胶黏剂，在高压汽轮与水轮发电机中得到了应用。沥青云母带连续式绝缘与虫胶云母箔卷烘式绝缘相比有很多优点。但沥青是热塑性材料，应用于大电机主绝缘还有很多缺点。第一，它与铜导线的热膨胀系数相差较大；在长期运行中，反复的热胀冷缩引起绝缘与铜导线的剥离。使线圈绝缘的整体性受到破坏。第二，它的耐热性差，热态机械强度低。以合成材料不饱和聚酯胶代替天然材料沥青，初步解决了这些问题，并使大电机主绝缘由 A 级跨入 B 级。

不饱和聚酯胶作为云母带黏合剂，固化中无低分子物分出，可以得到坚固的整体。固化后不会有流胶现象，而且绝缘有一定的弹性。聚酯树脂的 tanδ 一般较聚烃类要高，但不饱和聚酯固化后由于交联的存在，使 tanδ 并不大，可以用在大电机主绝缘上。

不饱和聚酯胶作为云母带胶黏剂还存在一些缺点，如它的热膨胀系数还比较大，热态力学性能还不够高，这使它逐渐被环氧树脂代替。

2.4.5 油改性不饱和聚酯漆

不饱和聚酯复合物可制成漆使用。这种漆的优点是一次即可涂成较厚的漆膜，这样既可降低成本，又可节省涂漆工时。主要缺点是空气对于其固化起阻聚作用，使漆膜表面固化不够好，降低了表面硬度。这种漆在我国的用量不大，有时把它作为无溶剂漆的一个组分。单独使用的则是油改性的不饱和聚酯。

油改性不饱和聚酯漆是用顺丁烯二酸酐、乙二醇及植物油制成。与醇酸酯漆相似，也是采用两步法。

第一步为醇解反应，在催化剂 PbO 的作用下于 190～200℃下进行。第二步为缩聚反应，加入顺丁烯二酸酐，在 200～210℃下反应。顺丁烯二酸酐还可以与其他不完全酯进行酯化反应。在第二步反应中，除上述酯化缩聚反应之外，顺丁烯二酸酐还可和干性油的共轭双键进行二烯加成。

这种漆干燥较快，性能较好，可单独用作绝缘漆使用，也可作为无溶剂漆的一个组分。国内蓖麻油改性的顺丁烯二酸酐-邻苯二甲酸酐-乙二醇树脂就是这类漆中的一种。

2.4.6 无溶剂漆

在无溶剂漆中，不含有不参加反应、固化过程中挥发掉的惰性溶剂，而以参加反应的活性稀释剂代替。采用无溶剂漆，除可节省大量溶剂外，还减少浸烘次数，缩短工时，提高生产效率。而且在固化过程中，没有溶剂挥发，消除了气隙，保证了绝缘的整体性。这样可提高导热性，可以降低温度5~10℃，可提高耐潮性，电性能大大改善。因此，近年来无溶剂漆发展很快。生产实际中采用不同的浸渍工艺，产生了不同种类的无溶剂漆。

（1）滴浸无溶剂漆 浸渍是在生产自动线上进行。将电动机定子或转子夹持住，倾斜一定角度旋转，漆从端部慢慢滴下，在重力、离心力和毛细效应的作用下，浸入并充满绕组间。借通电或外部加热而使漆胶凝，固化这种漆适用于大批生产的小电动机。一般要求这种漆固化快，还要有一定的适用期以及适当的黏度。有时为了解决储存期，采用双色装。

（2）沉浸无溶剂漆 把电动机定子或转子或电器线圈放入浸渍罐中进行浸渍，与有溶剂漆的浸渍工艺相似。可用于小电动机与电器线圈的浸渍。沉浸漆要求黏度低，储存期长，并且凝胶快、少流胶。

（3）真空压力浸渍（VPI）无溶剂漆 电机线圈包有云母带复合绝缘，先下线，然后将电动机定子整个浸入无溶剂漆，在压力下进行浸渍，然后将定子取出固化成型。这种漆一般用于中型高压电动机，也可用于大型高压发电机，以线棒形式浸渍。

这种无溶剂漆要求黏度低，储存期长，并且固化时流漆少，高温下 tanδ 要小。不饱和聚酯可用于制造无溶剂漆。不饱和聚酯与不饱和单体是借双键聚合而固化，没有低分子物分出。不饱和聚酯树脂溶于活性稀释剂不饱和单体中，制得黏度较低的漆液，不需再加溶剂，储存时双键不反应，有一定的储存期，在加热的情况下，由于引发剂的作用，很快固化。

不饱和聚酯无溶剂漆由不饱和聚酯树脂、活性稀释剂、引发剂、阻聚剂等组成。不饱和聚酯树脂可以由顺丁烯二酸酐、邻苯二甲酸酐与乙二醇、一缩二乙二醇或丙二醇制成，也可以用甲基丙烯酸、邻苯二甲酸酐与二元醇生产。可以是不改性的，也可以是用蓖麻油改性的。活性稀释剂可以用苯乙烯、邻苯二甲酸二烯丙酯（DAP）、间苯二甲酸二烯丙酯（DAIP）、三聚氰酸三烯丙酯等。

不饱和聚酯无溶剂漆的制造分两步：第一步，不饱和聚酯树脂的制造；第二步，树脂与其他组分在活性稀释剂中溶解。不饱和聚酯无溶剂漆的特点是黏度较低、储存期较长、成本较低。它在低压电动机中应用较多，滴浸无溶剂漆以不饱和聚酯无溶剂漆为主。它与环氧无溶剂漆相比，缺点是力学、耐热及介电性能不及环氧漆，收缩率较大。由于空气的阻聚作用，使它表面干燥不好。为了克服上述缺点，常与环氧树脂配合制造无溶剂漆。例如用环氧树脂，固化剂桐油酸酐，蓖麻油改性顺丁烯二酸酐聚酯、苯乙烯、过氧化二苯甲酰等可配制成无溶剂漆。为了提高不饱和聚酯无溶剂漆的耐热性，可以用间苯二甲酸代替部分苯二甲酸酐，用新戊二醇代替部分乙二醇。还可用耐热性更高的活性稀释剂如苯二甲酸二烯丙酯等。

第3章 ▶▶ 环氧树脂

环氧树脂是含有两个或两个以上的环氧基，并在适当的试剂的作用下能够交联成网络结构的一类聚合物。它是一类具有良好粘接、耐腐蚀、电气绝缘、高强度等性能的热固性高分子合成材料。它已被广泛地应用于多种金属与非金属的粘接、耐腐蚀涂料、电气绝缘材料、玻璃钢/复合材料等的制造。它在电子、电气、机械制造、化工防腐、航空航天、船舶运输及其他许多工业领域中起到重要的作用，已成为各工业领域中不可缺少的基础材料。

环氧树脂的研究是从 20 世纪 30 年代开始的。1934 年，德国的 Schlack 首先用胺化合物使含有大于一个环氧基的化合物聚合制得高分子聚合物，并由 I. G 染料公司作为德国的专利发表。因第二次世界大战而未能在美国取得专利权。稍后，瑞士的 Pierre Castan 和美国的 S. O. Greelee 所发表的多项专利都揭示了双酚 A 和环氧氯丙烷经缩聚反应能制得液体聚环氧树脂，用有机多元胺和二元酸均可使其固化，并且具有优良的粘接性，这些研究成果促使了美国 De Voe-Raynolds 公司在 1947 年进行了第一次具有工业生产价值的环氧树脂制造。不久，瑞士的 Ciba 公司、美国的 Shell 公司以及 Dow Chemical 公司都开始了环氧树脂的工业化生产及应用开发工作，当时环氧树脂在金属材料的粘接和防腐涂料等应用方面已有了突破，于是，环氧树脂作为一个行业蓬勃地发展起来了。

环氧树脂大规模生产和应用还是从 1948 年以后开始的，由于它具有一系列优良的性能，所以在工业上发展很快，不仅产量迅速增加，而且新品种不断涌现。1960 年前后，相继出现了热塑性酚醛型环氧树脂、卤代环氧树脂、聚烯烃环氧树脂，以后又相继出现了脂环族环氧树脂以及其他许多新型结构的环氧树脂，如海因环氧树脂、酚酞环氧树脂和含有聚芳杂环结构的环氧树脂。我国环氧树脂开始于 1956 年，在沈阳和上海两地首先获得成功，1958 年，上海开始工业化生产，以后不仅产量迅速增加，而且新品种不断涌现。目前环氧树脂正朝着"高纯化、精细化、专用化、系列化、配套化、功能化"六个方向发展。

3.1 环氧树脂的合成、制造、质量指标

双酚 A 缩水甘油醚型环氧树脂是由双酚 A 和环氧氯丙烷反应而制得，因为这种树脂的原材料来源方便、成本低，所以在环氧树脂中它的应用最广，产量最大，约占环氧树脂总产量的 85% 以上。本书中所说的环氧树脂如不加具体说明就是指这种类型的环氧树脂。这种树脂有时又称为双酚 A 型环氧树脂。

3.1.1 双酚 A 型环氧树脂的合成制造

3.1.1.1 双酚 A 型环氧树脂的生成反应

双酚 A 型环氧树脂是由双酚 A（DPP）与环氧氯丙烷（ECH）在氢氧化钠催化下制得

的。研究结果表明，这种树脂实质上是由低分子量的二环氧甘油醚及双酚 A 与部分高分子量聚合物一起组成的。实验发现，环氧氯丙烷与双酚 A 的物质的量之比为 1：2 时，二环氧甘油醚的产率低于 10％，因此，实际上环氧氯丙烷的用量为化学计量的 2～3 倍。根据环氧氯丙烷与双酚 A 物质的量之比的变化，其生成反应如下：

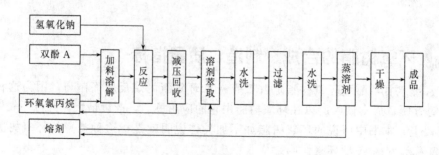

3.1.1.2 制造方法

双酚 A 型环氧树脂的工艺流程如图 3-1 所示。

氢氧化钠

双酚 A

环氧氯丙烷

熔剂

加料溶解 → 反应 → 减压回收 → 溶剂萃取 → 水洗 → 过滤 → 水洗 → 蒸溶剂 → 干燥 → 成品

图 3-1　双酚 A 型环氧树脂的工艺流程

环氧氯丙烷与双酚 A 的配比根据对环氧树脂分子量大小的需要而确定。氢氧化钠起双重作用：第一作为环氧氯丙烷与双酚 A 反应的催化剂；第二使反应产物脱去氯化氢而闭环。催化剂也可用季铵盐（如氯化苄基三甲基铵），溶剂用苯、甲苯、二甲苯等。

　　以上为一步法制造环氧树脂，常用于低、中分子量环氧树脂的合成；高分子量环氧树脂可用一步法合成，也可用二步法合成，即低分子量树脂继续与双酚 A 反应。一般认为，低分子量环氧树脂的数均分子量在 400 以下，显然其主要成分是二环氧甘油醚（二环氧甘油醚的分子量是 340）。高分子量环氧树脂分子量在 1400 以上。两者之间为中分子量环氧树脂，酚醛型环氧树脂的合成与双酚 A 环氧树脂相似。国内外生产的双酚 A 型环氧树脂与酚醛环氧树脂的技术指标见表 3-1～表 3-5。

表 3-1　双酚 A 型环氧树脂（HG 2-741—72）

统一型号	习惯型号	外　观	色泽号	黏度(40℃)/mPa·s	软化点/℃	环氧值/(100g/g)	有机氯/(100g/g)	无机氯/(100g/g)	挥发物含量/%
E-51	618	淡黄至黄色透明黏稠液体	2	2500	—	0.48～0.54	0.02	0.001	1
E-44	6101	淡黄至棕黄色透明黏稠液体	6	—	12～20	0.41～0.47	0.02	0.001	1
E-42	634		8	—	21～27	0.38～0.45	0.02	0.001	1
E-20	601	淡黄至棕黄色透明固体	8	—	64～76	0.18～0.22	0.02	0.001	1
E-12	604		8	—	85～95	0.09～0.14	0.02	0.001	1

表 3-2　双酚 A 型环氧树脂（无锡树脂厂企标）

统一型号	习惯型号	外　观	色泽号	黏度(25℃)/mPa·s	软化点/℃	环氧值/(100g/g)	有机氯/(100g/g)	无机氯/(100g/g)	挥发物(110℃/3h)/%
E-54	616	淡黄至琥珀色透明高黏稠液体	2	6500	—	0.52～0.56	0.02	0.001	1
E-35	637		8	—	28～40	0.26～0.40	0.02	0.001	1
E-31	638		8	—	40～45	0.23～0.38	0.02	0.001	1
E-14	603	淡黄至琥珀色透明固体	8	—	76～85	0.10～0.18	0.02	0.001	1
E-10	605		8	—	95～105	0.08～0.12	0.02	0.001	1
E-06	607		8	—	110～135	0.04～0.07			

表 3-3　Giba-Geiby 公司生产双酚 A 型环氧树脂

型号	环氧当量	黏度(25℃)/mPa·s	软化点/℃	型号	环氧当量	黏度(25℃)/mPa·s	软化点/℃
6004	185	5000～6000		6084	825～1025		95～105
6005	182～189	7000～10000		6097	2000～2500		125～135
6010	185～196	12000～16000		6099	2500～4000		145～155
6020	196～208	16000～20000		7065	455～500		68～78
6030	196～222	25000～32000		7071	450～530		67～75
6040	233～278		20～28	7072	550～700		75～85
6060	385～500		60～75	7097	1650～2000		113～123
6071	425～550		65～75	7098	1650～2000		
6075	565～770		85～95				

表 3-4　Shell 公司生产双酚 A 型环氧树脂（EPON 商标）

型号	环氧当量	黏度(25℃)/mPa·s	软化点/℃	型号	环氧当量	黏度(25℃)/mPa·s	软化点/℃
826	180～188	6500～9500		1001	450～550		65～75
828	185～192	10000～16000		1002	600～700		75～85
830	190～210	15000～22500		1004	875～1025		95～105
834	230～280		35～40	1007	2000～2500		125～135
836	290～335		40～45	1009	2500～4000		145～155
840	330～380		55～68	1010	4000～6000		155～165

表 3-5 酚醛环氧树脂（无锡树脂厂企标）

种类	型号	外 观	软化点/℃	环氧值/(100g/g)	有机氯/(100g/g)	无机氯/(100g/g)	挥发物(110℃/3h)/%
苯酚甲醛环氧树脂	F-44	棕色透明高黏度液体	10	0.40	0.05	0.005	≤2 或≤1
	F-51		28	0.50	0.02	0.005	≤2 或≤1
	F-48	棕色透明固体	70	0.44	0.08	0.005	≤2 或≤1
甲酚甲醛环氧树脂	F_J-47	黄至琥珀色高黏度液体	35	0.45~0.50	0.02	0.005	≤2
	F_J-48	黄至琥珀色透明固体	65~75	0.40~0.45	0.02	0.005	≤2

3.1.2 脂环族环氧树脂的合成

脂环族环氧树脂的合成分两个阶段：首先合成脂环族烯烃、然后脂环族烯烃的环氧化。合成脂环族烯烃常采用双烯加成反应。双烯烃类化合物通常采用丁二烯，双烯醛类化合物通常采用丁烯醛、丙烯醛等。一般采用过乙酸作氧化剂使脂环族烯烃的双键环氧化：

重要的脂环族环氧树脂合成路线如下。

由丁二烯合成：

由异戊二烯合成：

（6）

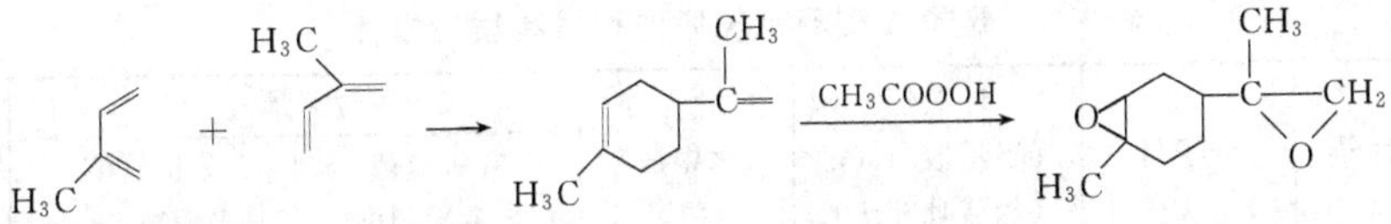

由环戊二烯合成：

（7）

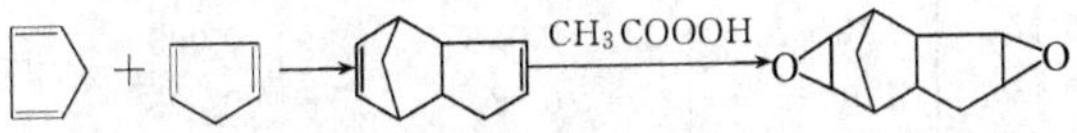

（8）

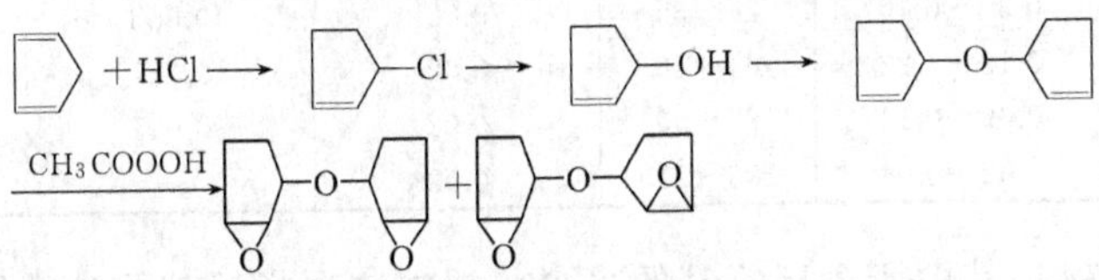

联合碳化物公司生产的环氧树脂见表 3-6。

表 3-6 UCC 的脂环族环氧树脂（商标 BAKELITE）

名　　称	型　号	化学结构式	环氧当量	黏度（25℃）/mPa·s	软化点/℃
双（2,3-环氧基环戊基）醚	ERR-0300	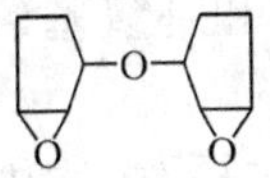	90～95		60
	ERLA-0400	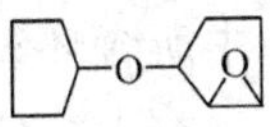	90～95	30～50	
3,4-环氧基-6-甲基环己基甲酸-3′,4′-环氧基-6′-甲基环己基甲酯	ERL-4201	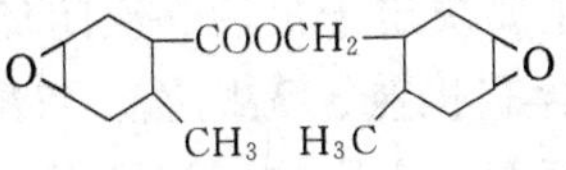	145～156	1600～2000	
乙烯基环己烯二环氧化物	ERL-4206	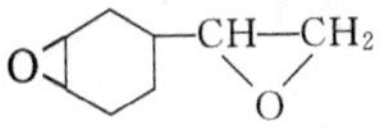	70～74	<15	
3,4-环氧基环己基甲酸-3′,4′-环氧基环己基甲酯	ERL-4221	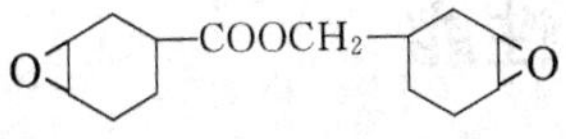	131～143	350～450	
二异戊二烯二环氧化物	ERL-4269	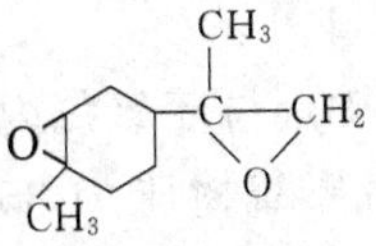	85	8	
己二酸二（3,4-环氧基-6-甲基环己基甲酯）	ERL-4289	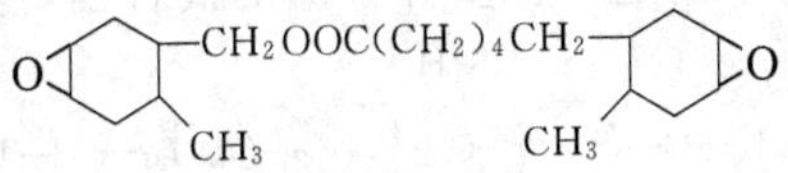	205～216	500～1000	
二环戊二烯二环氧化物	EP-207	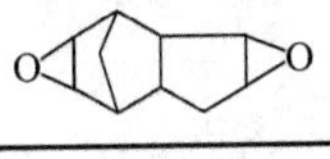	82		184

3.1.3 环氧树脂的质量指标

由于应用范围不同，对所用环氧树脂的分子量大小要求也不同，常用的一些双酚 A 型环氧树脂的型号和质量指标列于表 3-7。

表 3-7 双酚 A 型环氧树脂的型号和质量指标

国家统一型号	产品牌号	分子量	环氧值 /(当量数/100g) (盐酸吡啶法)	软化点 T (水银法) /℃	含氯量≤		挥发物 (110℃/3h) ≤/%
					有机氯值 /(当量数/100g)	无机氯值 /(当量数/100g)	
E-51	618	—	0.48~0.54	—	0.02	0.001	2
E-44	6101	350~400	0.41~0.47	12~20	0.02	0.005	1
E-42	634	450~600	0.38~0.45	21~27	0.02	0.005	1
E-35	637	500~700	0.30~0.40	20~35	0.02	0.005	1
E-20	601	900~1000	0.18~0.22	64~76	0.02	0.001	1
E-12	604		0.09~0.14	85~95	0.02	0.001	1
E-03	609		0.02~0.04	135~155	0.02	—	1

环氧树脂的一项重要指标就是其中所含环氧基的多少，根据这项指标就可计算固化环氧树脂时所需要的固化剂用量。这项指标国产的环氧树脂通常用环氧值来表示。环氧值是指在每 100g 环氧树脂中所含环氧基的克当量数，即：

$$环氧值 = \frac{环氧基数}{平均分子量} \times 100$$

环氧树脂中环氧基的含量用环氧当量和环氧基的百分比含量来表示。环氧当量是指含 1g 当量环氧基的环氧树脂的质量，g。

$$环氧当量 = 平均分子量/环氧基数 = 100/环氧值$$

环氧基百分含量是指每 100g 环氧树脂中所含环氧基的质量，g：

$$环氧基的百分含量 = 环氧基 \times 43/平均分子量 \times 100 = 43 \times 环氧值$$

环氧树脂的有机氯含量的多少主要决定于最后一次闭环反应的完成程度，由于回收不完全也会使有机氯含量增高，树脂中含有机氯、无机氯、双酚 A 的磺化物、机械杂质等对环氧树脂制品的介电性能和防腐性能都有不良影响，为了提高制品的介电性能，最好采用无氯的环氧树脂。

3.2 环氧树脂的基本性能

3.2.1 双酚 A 型环氧树脂

最常用的环氧树脂是由双酚 A（DPP）与环氧氯丙烷（ECH）反应制造的双酚 A 二缩水甘油醚（DGEBA）。目前实际使用的环氧树脂中 85% 以上基于这种环氧树脂。实际上 DGEBA 不是单一纯粹的化合物，而是一种多分子量的混合物，其通式如下：

式中，$n = 0, 1, 2\cdots$

这种缩水甘油醚型的环氧树脂通常具有 6 个特性参数：①树脂黏度（液态树脂）；②环氧当量；③羟基值；④平均分子量和分子量分布；⑤熔点（固态树脂）；⑥固化树脂的热变形温度。

双酚 A 树脂在未加入固化剂固化以前为分子量大小不同的线型结构，是可溶可熔的。它能很好地溶解于酮、酯、醚类等溶剂中。低分子量的环氧树脂可溶于芳烃，高分子量的则不溶于芳烃。在乙醇中，即使低分子量的树脂，溶解性也不好。但在乙醇或芳烃中加入适量的丙酮，则可以提高对环氧树脂的溶解能力。环氧树脂可与酚醛树脂、聚酰胺树脂混溶，但与聚酯树脂混溶性差。

环氧树脂在一般温度下即使长期加热也不致固化，因此它的稳定性好，可长期存放而不变。但对分子量较高的环氧树脂如在 200℃ 的温度时加热还是会固化。

双酚 A 型环氧树脂固化物的性能是随所用固化剂的种类、固化温度不同而不同的，但从环氧树脂本身的结构来分析，其主要有以下特点。

（1）良好的加工性　未固化的环氧树脂本身分子间内聚力小，分子有扩展的倾向，故树脂的流动性好，且易于和固化剂及其他材料如填充剂等混合，因此有良好的加工性（浇铸、层压、涂覆等）。

（2）黏着性强　由于树脂的分子结构中有脂肪族羟基（—OH）、醚键（—C—O—C—）和环氧基存在，这些极性基团能与金属和硅酸盐等材料的极性表面产生较强的分子间作用力（如氢键）；特别是其中的环氧基甚至可以和含有活性氢的材料表面经反应而产生化学键。同时醚键的存在使树脂在固化前分子链的柔顺性好，有利于对材料表面层的扩散。又由于经固化后原来的线型分子间形成了交联，提高了树脂分子本身的内聚力。所有这些结构因素对于增强黏着性都是有利的，因此环氧树脂的黏着性很强，有万能胶之称。

（3）可低压成型且收缩率小　环氧树脂通常在固化时没有低分子副产物产生，所以不会产生气泡，可以低压成型，而且收缩率小，它的热膨胀系数也很小（一般为 6.0×10^{-5}/℃），环氧树脂是热固性树脂中收缩率最小的一种，在 100℃ 固化时收缩率为 0.5%，在 200℃ 固化时为 2.3%。

（4）化学稳定性好　环氧树脂分子结构中无酚性羟基（即使原来有些，在固化中也被醚化），又无酯键（—CO—O—），所以其耐碱性比酚醛树脂和聚酯树脂要好，此外，在固化后的体形结构中有稳定的苯环和醚键，故耐酸性、耐溶剂性以及耐水性也很好，在室温下吸水率在 0.5% 以下。

（5）有较好的力学性能　环氧树脂固化以后，在交联点间有一定的距离，中间链除含苯环外还有两个醚键，具有一定的活动性，因而脆性较小，基本属于硬而强韧性的材料，所以具有较高的机械强度。另外与酚醛树脂、聚酯树脂比较，环氧树脂也具有较好的介电性能。

DGEBA 树脂有很多分子量不同的品级，这些品级根据其性能而有各自的用途。液态双酚 A 型环氧树脂主要用在涂料、土木、建筑、胶黏剂、纤维增强塑料（FRP）和电气绝缘等领域的浇铸和浸渍方面。固态树脂主要用于涂料和电气领域。

3.2.2　双酚 F 型环氧树脂

双酚 F 型环氧树脂（DGEBF）由双酚 F 与 ECH 反应制得，相当于在结构上 $n=0$ 的线型酚醛树脂。化学结构与 DGEBA 树脂十分相似，但其特点是黏度非常低。低分子量的 DGEBA 树脂的黏度约为 13Pa·s，而 DGEBF 树脂的黏度仅为 3Pa·s。DGEBF 树脂的低黏度是归因于它的化学结构，还是归因于容易获取 $n=0$ 成分高的树脂，原因尚不清楚。DGEBA 树脂在冬季常常发生结晶而成为一种操作故障，但是采用 DGEBF 树脂则不会有这样的麻烦。DGEBF 树脂的固化反应活性几乎可以与 DGEBA 树脂相媲美，固化物的性能除热变形温度（HDT）值稍低之外，其他性能都略高于 DGEBA 树脂。由于 DGEBF 树脂具有如此优异的性能，在当今，将这种树脂配合物用在自然条件下的土木和建筑方面，有急速增加的倾向。

3.2.3 双酚 S 型环氧树脂

双酚 S 型环氧树脂（DGEBS）是由双酚 S 与 ECH 反应制得的。其化学结构与 DGEBA 树脂也十分相似，黏度比同分子量的 DGEBA 树脂的黏度略高一些。它的最大特点是比 DGEBA 树脂固化物具有更高的热变形温度和更好的耐热性能。

3.2.4 氢化双酚 A 型环氧树脂

氢化双酚 A 型环氧树脂是由双酚 A 加氢得到的六氢化双酚 A 与 ECH 反应制得的。其特点是树脂黏度非常低，与 DGEBF 相当，但凝胶时间长，需要比 DGEBA 树脂凝胶时间长两倍多的时间才凝胶。氢化双酚 A 型环氧树脂固化物的最大特点是耐候性好。

3.2.5 线型酚醛型环氧树脂

具有实用价值的线型多官能团酚醛环氧树脂现在有苯酚线型酚醛型环氧树脂（EPN）和邻甲酚线型酚醛型环氧树脂（ECN）。它们的化学结构如图 3-2 所示。EPN 通常采用平均聚合度为 2~5 的线性酚醛型环氧树脂，ECN 采用的平均聚合度稍高一些，在 3~7。EPN 和 ECN 多适用于十分重视熔融流动性的领域，因此影响熔融黏度的分子量和分子量分布显得非常重要。在线型酚醛型环氧树脂中，分子量和分子量分布是由原料线型酚醛树脂决定的，所以对线型酚醛型环氧树脂的分子量和分子量分布的控制有必要追溯到原料的制造环节。

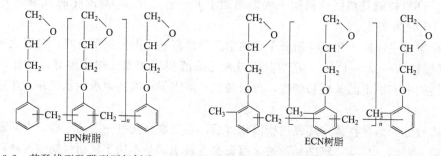

EPN 树脂　　　　　　　　　　　　ECN 树脂

图 3-2 苯酚线型酚醛型环氧树脂（EPN）和邻甲酚线型酚醛型环氧树脂（ECN）的化学结构

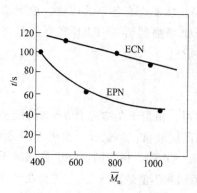

图 3-3 ECN 和 EPN 树脂的凝胶时间与分子量间的关系

在图 3-2 中，EPN 的 $n=1\sim3$，在室温下为半固态或固态。如前所述，$n=0$ 时相当于双酚 F 型环氧树脂，因此 EPN 环氧树脂中环氧基的反应活性颇似双酚 F 型环氧树脂。EPN 环氧树脂单独与双酚 A 环氧树脂共混，可用做要求耐热性的印刷电路配线板，并作为电气绝缘材料、胶黏剂及耐腐蚀涂料的粘接料等。

ECN 树脂如图 3-2 所示，酚醛的邻位以甲基取代，故空间位阻效应使其环氧基的反应活性比 EPN 低（参见图 3-3）。然而聚合度却比 EPN 树脂的高。因此，ECN 树脂比 EPN 树脂的软化点高，固化物的性能更优越。利用这一特性，ECN 树脂作为集成电路（integrated circuit）

和各种电子电路、电子元器件的封装材料以保护它们免受外界环境的浸蚀，这样的用途需要量极大。

分子量大小也给这类树脂固化物的性能带来很大的影响。图 3-4 示出了 ECN 和 EPN 的数均分子量（$\overline{M}_n$）与其固化物的玻璃化转变温度（T_g）之间的关系，从图 3-4 可见，$\overline{M}_n$ 从 400 增加到 1000 时，T_g 上升约 80℃。在低分子量时，EPN 树脂固化物的 T_g 高一些，而在高分子量时，ECN 树脂固化物的 T_g 略高一些。图 3-5 把弯曲强度作为代表性能对软化点作图。很明显，弯曲强度随软化点（分子量）的提高而下降。这种固化树脂的力学性能随分子量增加而下降，虽然 T_g 值提高，但在实际使用中仍需适当折中考虑。

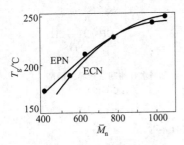 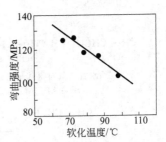

图 3-4 EPN 和 ECN 固化物的 T_g　　　图 3-5 ECN 的软化点
与树脂数均分子量（$\overline{M}_n$）的关系　　　与弯曲强度的关系

3.2.6 多官能基缩水甘油醚树脂

与双官能基缩水甘油醚树脂相比，多官能基缩水甘油醚树脂的种类要少得多。具有实用性的有四缩水甘油醚基四苯基乙烷（*tert*-PGEE）和三缩水甘油醚基三苯基甲烷（*tri*-PGEM）如图 3-6 所示。它主要与通用型 DGEBA 树脂混合使用或单独使用，作为先进复合材料（ACM）的基体材料、印刷电路板、封装材料和粉末涂料等，热变形温度在 200℃以上。

四苯基缩水甘油醚基乙烷
（*tert*-PGEE）

三苯基缩水甘油醚基乙烷
（*tri*-PGEM）

图 3-6 代表性的多官能基缩水甘油醚树脂

3.2.7 多官能基缩水甘油胺树脂

缩水甘油胺树脂在多官能度环氧树脂中占绝大部分，代表性的树脂结构如图 3-7 所示。利用缩水甘油胺树脂优越的粘接性和耐热性（比多官能缩水甘油醚树脂的热变形温度约高

20～40℃），实验发现作为碳纤维增强复合材料有很大用途，特别是 TGDDM/DDS 体系被指定用于波音航空公司飞机的二次结构材料。缩水甘油胺树脂中具有特别优异性能的树脂是 *tri*-GIC，这种树脂的透明性好，而且不易退色，另外与 DGEBA 树脂和其他树脂相容性也十分优良。利用这种性质，把它与具有羧基的聚酯配合，可作为耐候性和耐腐蚀性优越的粉末涂料。

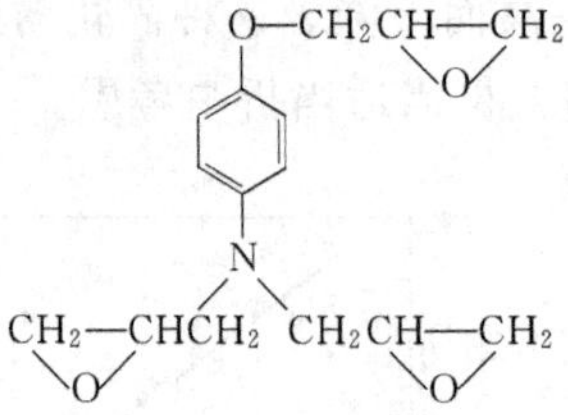

三缩水甘油基对氨基苯酚
（*tri*-PAP）

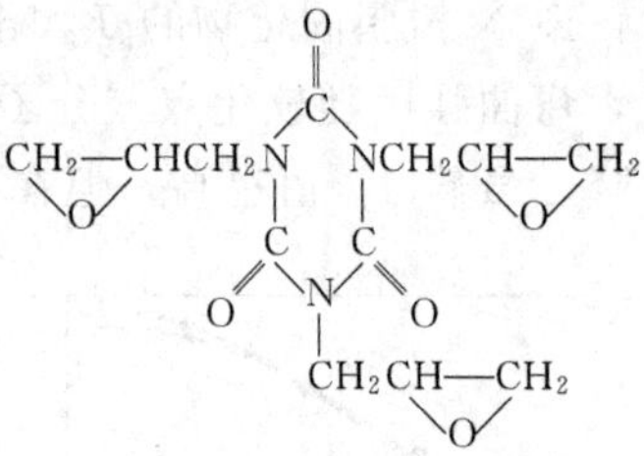

三缩水甘油基三聚异氰酸酯
（*tri*-GIC）

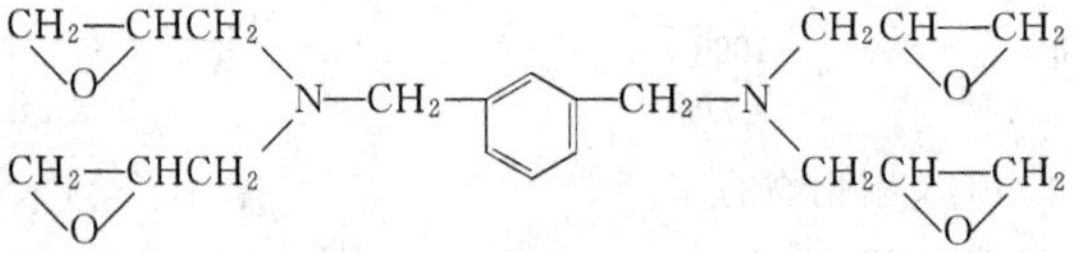

四缩水甘油基二氨基二苯基甲烷
（*tert*-GDDM）

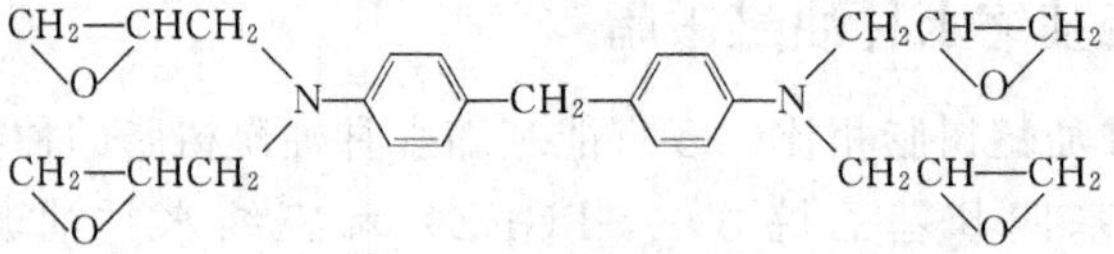

四缩水甘油基二苯基二胺
（*tert*-GXDA）

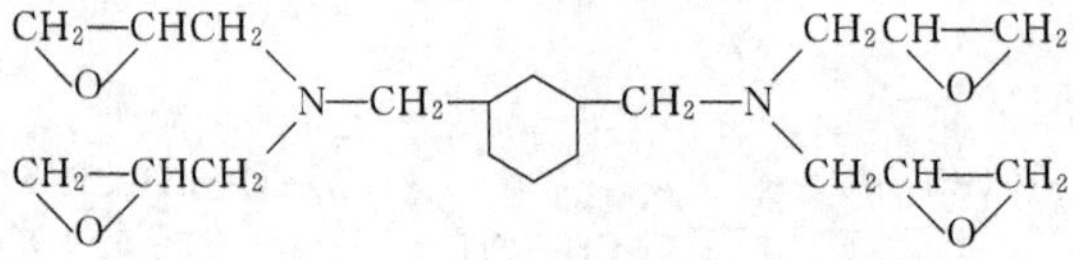

四缩水甘油基-1，3-双氨基甲基环氧乙烷
（*tert*-GBAMCH）

图 3-7 代表性的多官能度缩水甘油胺树脂

3.2.8 具有特殊机能的卤化环氧树脂

由于含有卤素，环氧树脂原来的机能发生了很大的变化。从树脂的机能方面来讲，具有实用价值的是溴化环氧树脂和氟化环氧树脂。溴化环氧树脂热变形温度提高，并具有阻燃性；氟化环氧树脂具有非常低的折射率和表面张力。

3.2.8.1 溴化环氧树脂

溴化环氧树脂重要的品种有溴化线型酚醛型环氧树脂和溴化 DGEBA 树脂。溴化的 DGEBA 树脂有以四溴双酚 A（TBBA）为原料，溴含量为 $48\%\sim50\%$ 的高溴化环氧树脂（HBR），以及由 TBBA 与 BA 共聚合制造的溴含量为 $20\%\sim25\%$ 的低溴化环氧树脂（LBR）。它们的化学结构如图 3-8 所示。

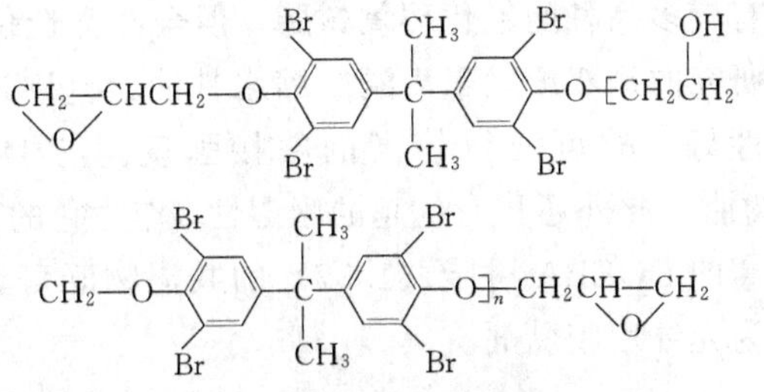

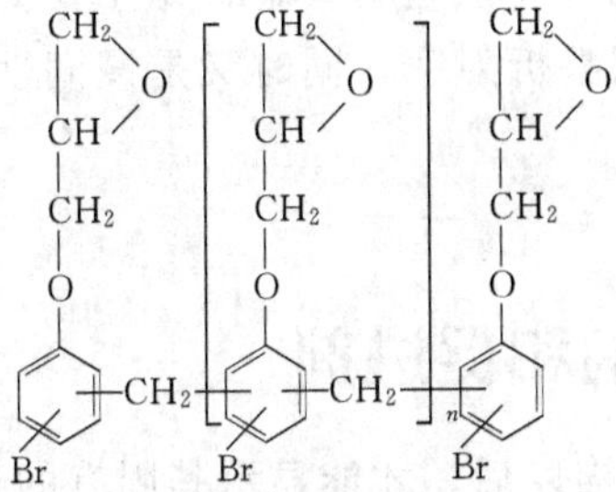

图 3-8　代表性的溴化环氧树脂的化学结构

TBBA 二缩水甘油醚（HBR）

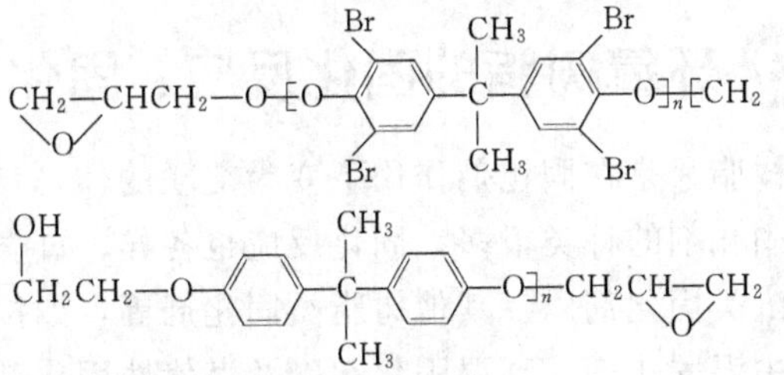

溴化酚醛型环氧树脂

TBBA 二缩水甘油醚-BA 二缩水
甘油醚共聚树脂（LBR）

在环氧树脂的用途中，对阻燃性要求高的情况很多（特别是电气领域）。阻燃化的方法中有混合非反应性阻燃剂〔SbO₃、Al(OH)₃ 等〕的方法以及与反应性阻燃剂共聚或使环氧树脂阻燃化的方法，这些方法单纯地共混往往在成型后发生起霜现象（blooming），影响其介电性能，故最近几年多采取后一种方法。溴化环氧树脂既可作为反应型阻燃剂，也可作为阻燃型环氧树脂来使用，其用途视溴含量多少而异。HBR 直接用于印刷配线板或用于成型环氧树脂的反应性阻燃剂。LBR 主要用于 FR-4 型印刷线路板。此外，溴化的 EPN 与 HBR 一样，都可作为封装材料用环氧树脂的反应性阻燃剂。

3.2.8.2　氟化环氧树脂

氟化环氧树脂的特色是具有低的折射率、表面张力和摩擦系数，它们的物理性能一般随氟含量增加而下降。几种代表性的氟化环氧树脂的化学结构如图 3-9 所示。

双酚六氯丙酮二缩水甘油醚

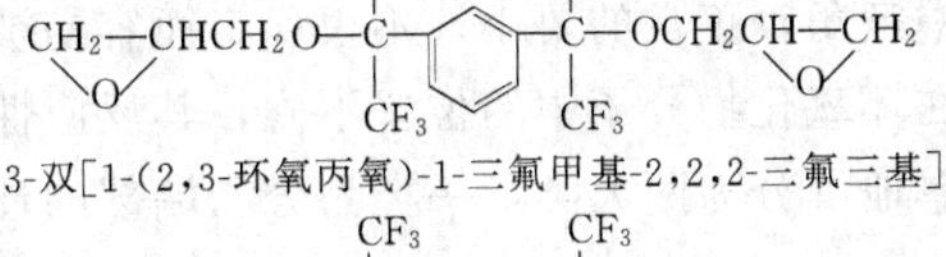

1,3-双[1-(2,3-环氧丙氧)-1-三氟甲基-2,2,2-三氟三基]苯

1,4-双[1-(2,3-环氧丙氧)-1-三氟甲基-2,2,2-三氟乙基]苯

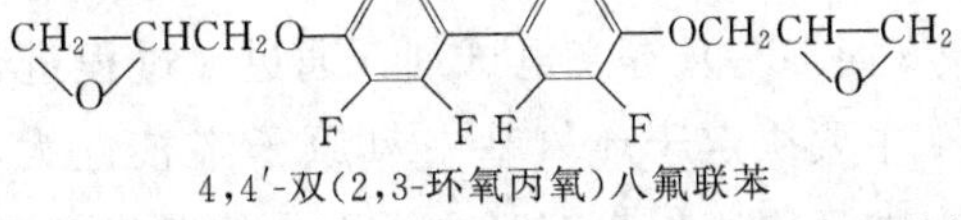

4,4′-双(2,3-环氧丙氧)八氟联苯

图 3-9　几种有代表性的氟化环氧树脂的化学结构

已知有较多品种的氟化环氧树脂，但全部都造价昂贵，故还不能作为一般用途来使用。其中对照研究的是双酚六氟丙酮二缩水甘油醚（DGEBHFA），其特点是低表面张力，对被粘物浸润性好，故可获得较高的粘接强度。与 DGEBA 树脂的互容性好，可用于改性 DGEBA 树脂，此外还具有优越的耐湿性。作为它的另一特点是具有低的折射率（1.53）。它同折射率高的 DGEBA 树脂（1.57）的共混物既可调整折射率，同时又是浸润性高的胶黏剂，可作为光纤用胶黏剂。

3.3 环氧树脂的固化反应、固化剂和促进剂

环氧树脂只是在固化剂作用下变为交联的体形结构以后，才能显示其固有的优良性能。环氧树脂固化剂的种类很多，固化反应也各异，如按固化剂的化学结构不同，可分为胺类固化剂、酸酐类固化剂以及其他树脂类固化剂等，如按固化剂的固化温度不同，又可分为低温固化剂、中温固化剂、高温固化剂以及潜伏性固化剂等，如果按固化反应的类型不同，则大体上可分为催化剂型固化剂和交联剂型固化剂两大类。

催化剂型固化剂主要是借阳离子或阴离子的催化作用，使环氧树脂的环氧基开环聚合而固化的，它与交联剂型固化剂不同的是其需用量不多，一般只是环氧树脂质量的百分之几，另外催化剂本身对固化物性能固然有影响，但调节固化条件能起着更有效的作用，属于这种类型的固化剂有路易斯酸（如 BF$_3$）和路易斯碱（如 R$_3$N）等，金属有机化合物如金属有机羧酸盐等也属此类。

交联剂型固化剂是与环氧树脂彼此通过官能基之间的加成反应，借固化剂分子作用使环氧树脂分子间形成交联的。它与催化剂型固化剂不同的是需用量较多，通常是接近于当量比与环氧树脂配合使用的。正因为固化剂的用量较多，它对环氧树脂固化物的性能影响也较大，往往同一种环氧树脂由于所用固化剂种类的不同，而得到固化物的性能往往差别很大。属于这种类型的固化剂主要有伯胺和仲胺类、多元酸及其酐类，此外多元酚类如酚醛树脂也可认为属于此类。

3.3.1 环氧化物的反应性

环氧树脂的固化反应由于所用固化剂种类和固化条件的不同而各异，但其中主要还是通过环氧基的开环反应而固化的。

环氧基的三元环因其中键角较正常的要小，不很稳定而容易被打开，所以环氧基的反应能力是很强的。但由于它在环氧化物分子中的位置不同，其反应性也有所差别。根据环氧基在环氧化物中的位置，简单地可分为两大类：一类为分子端部的环氧基，另一类是分子中间的环氧基。

双酚 A 缩水甘油醚型环氧树脂的环氧基在分子的端部，它的开环反应如图 3-10 所示。

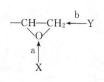

图 3-10　环氧环开环示意

图中 C—O 键的电子云分布是不均匀的，其中氧原子上电子云密度较大，而碳原子上电子云密度较小。X 为质子或路易斯酸（如 BF$_3$）等亲电试剂，通过 a 过程进行开环反应，其难易程度主要决定于环氧基中氧原子亲核性大小和 X 试剂亲电性大小。如环氧基上带有吸电子性强的取代基时，则与亲电试剂 X 进行 a

过程的反应就较困难。

Y 为路易斯碱（如 R_3N）等亲核性试剂，通过 b 过程的开环反应则主要决定于环氧基上碳原子的亲电性大小和 Y 试剂亲核性大小。在邻近环氧基位置如有吸电子基存在，则能增强对亲核性试剂的反应性；反之，如有给电子基团存在，则环氧基与亲核试剂的反应性就要减弱。例如用 β-甲基环氧氯丙烷与双酚 A 制得的环氧树脂，当用胺类固化剂时，其可使用期要比通常的环氧树脂长一倍。据报道，它在 B 级阶段产物的储存期，在 40℃下可达 6 个月以上。这主要是引入—CH_3 后使环氧基上碳原子的亲电性减弱，从而与胺类亲核性试剂的反应性减弱的缘故。

在环氧树脂固化的体系里，亲电试剂 X 和亲核试剂 Y 往往是同时存在的，从而 a 和 b 过程同时发生，这样开环反应更容易进行，但即使在这种情况下也必然有某种过程（a 或 b）在反应中起着主要的作用。中间环氧基上的碳原子与端部环氧基的碳原子比较，有着较大的空间障碍，因此由亲核试剂进行上述 b 过程的反应较困难。而由亲电试剂对环氧基的氧原子进行 a 过程的反应，则由于其中环氧基的氧原子在结构上向外突出而较为容易。脂肪族环氧树脂的环氧基大都在分子的中间，因此它们对于亲核试剂胺类固化剂的反应性就很弱，而对于亲电试剂酸酐类固化剂的反应性就较强。

为了得到体形结构的环氧树脂固化物，反应物的平均官能度必须大于 2 才行。关于环氧基的官能度一般认为是 2，即一个环氧基相当于两个官能基，但在实际上环氧基的官能度和反应条件有关，例如环氧基与胺上氢原子反应后所形成的羟基一般不能再继续反应，所以这种情况下环氧基只能认为是一个官能度，而在酸酐作固化剂时，由环氧基所形成的羟基可以继续参加反应，故认为是两个官能度。因此要根据情况作具体分析。

3.3.2 含羟基化合物的固化反应

用含羟基化合物作为环氧树脂固化剂一般来说应用的并不多，但在生产酚醛环氧玻璃布板时，就可认为酚醛树脂是环氧树脂的固化剂，因酚醛树脂的初期缩合物本身就是含羟基的化合物。另外在用其他固化剂固化环氧树脂时，在体系中是含有羟基的（如环氧树脂分子上固有的羟基、因开环而出现的羟基以及溶剂中的羟基等），因此了解羟基对环氧基的反应情况，对于全面掌握环氧树脂的固化反应也是很必要的。羟基可分为醇性羟基与酚性羟基两种，它们对环氧基的反应情况也是有差别的。

3.3.2.1 醇类与环氧基的反应

这里醇类是作为亲电试剂来与环氧基反应的，因醇类酸性极弱，即亲电性不大，所以羟基与环氧基之间当无催化剂存在时，在低于 200℃ 时通常是不反应的。要使其反应，需在 200℃ 以上，其反应为：

$$\text{ROH} + \text{H}_2\text{C} \overset{\displaystyle\frown}{\underset{\text{O}}{}} \text{CH}\text{\textasciitilde} \longrightarrow \text{RO}-\text{CH}_2-\underset{\underset{\text{OH}}{|}}{\text{CH}}\text{\textasciitilde} + \text{HO}-\text{CH}_2-\underset{\underset{\text{OR}}{|}}{\text{CH}}\text{\textasciitilde}$$

（Ⅰ）   （Ⅱ）

继续反应直至形成高度交联的聚醚结构：

$$\text{RO}-\text{CH}_2-\underset{\underset{\text{OH}}{|}}{\text{CH}}\text{\textasciitilde} + \text{H}_2\text{C} \overset{\displaystyle\frown}{\underset{\text{O}}{}} \text{CH}\text{\textasciitilde} \longrightarrow \text{RO}-\text{CH}_2-\underset{\underset{\text{O}-\text{CH}_2-\underset{\underset{\text{OH}}{|}}{\text{CH}}\text{\textasciitilde}}{|}}{\text{CH}}\text{\textasciitilde}$$

醇类反应性的顺序为：伯醇＞仲醇＞叔醇。

分子链中含有羟基的高分子量环氧树脂当温度在 200℃ 时，不加固化剂也能胶化或固化，就是醇类反应。醇类与环氧基的反应能由于酸或碱的催化作用而加速。在酸催化时反应生成物为（Ⅰ）、（Ⅱ）两种异构物的混合物，两者的比例以及继续反应所得聚醚的多少和催化剂种类与用量、环氧化物与醇的配比、溶剂以及反应温度等因素都有关系。

而在碱性催化剂作用下，反应在 100℃ 左右就可以进行，在生成的羟氧阴离子的基础上，又能与醇作用，通过离子的转移使醇变为分子量较低的羟氧阴离子（R′O⁻），在此基础上又使反应能较快地继续进行下去，因此反应速率与醇量有关，反应随醇量增加而加速。

虽然反应速率与醇量有关，但所加入的醇并不是都参加反应的。例如苯基缩水甘油醚与异丙醇在加入苄基二甲胺作催化剂进行反应时，环氧化物几乎完全反应，而异丙醇却可以回收 80%，这也说明了反应主要还是环氧化物本身的阴离子聚合反应。

应注意，并不是所有的叔胺皆能作为有效的催化剂来使用，因为对叔胺来说，强烈地表现出空间障碍的影响，空间障碍越大者催化作用越小。另外和叔胺中氮原子上的电子云密度也有关系。

3.3.2.2　酚类与环氧基的反应

酚与环氧基的反应与醇相似，但因其酸性较醇为大，故反应进行较快。酚与环氧化物当无催化剂存在时，在 100℃ 时未发现有反应产生，在近于 200℃ 时才开始反应，其中实际上包括两种反应，即酚性羟基与环氧化物的反应以及由此而产生的醇性羟基与环氧化物的反应，即：

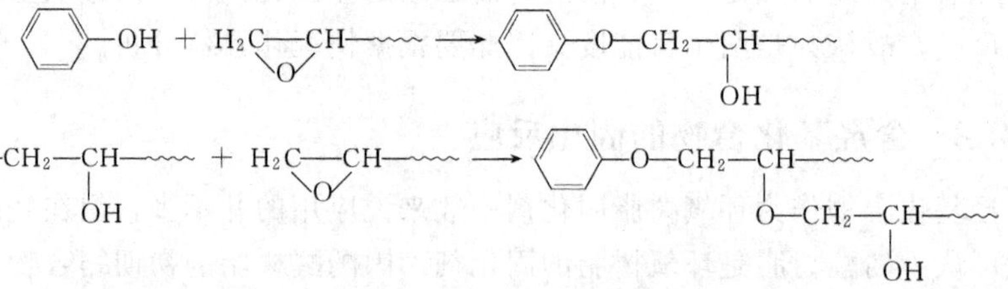

实验得出反应中环氧化物的消耗速率较苯酚为快，其中环氧化物与苯酚的反应约占 60%，而环氧化物与醇的反应约占 40%，因为在反应开始时没有醇，只有苯酚与环氧化物反应时才有醇出现。而当酚、醇与环氧化物同时存在时，醇与环氧化物的反应反而占优势，这可以认为，由于酚的存在催化了醇与环氧化物的反应。

但是在碱性催化剂 KOH 作用下，在 100℃ 时则几乎全按苯酚-环氧化物的反应进行，实际上排除了醇-环氧化物的反应，其反应情况一般认为是按离子型机理进行的。有机碱叔胺和氢氧化钾、氢氧化钠比较，是一种更有效的催化剂，同时也发现酚和环氧化物的反应基本上是其中唯一的反应。应该指出在碱性催化剂作用下，酚与环氧化物反应时，与醇的情况不同，如前述醇经反应后大部分还可以回收，而酚则基本上与环氧基按当量比参加反应了。

3.3.3　胺类的固化反应和固化剂

3.3.3.1　叔胺类的固化反应和固化剂

叔胺是一种亲核性试剂，它对环氧树脂的固化反应是属于阴离子催化聚合反应，所以它是属于催化型的固化剂。其催化机理可表示如下：

$$R_3N + CH_2-CH-R' \longrightarrow R_3N^+-CH_2-CH-R'$$

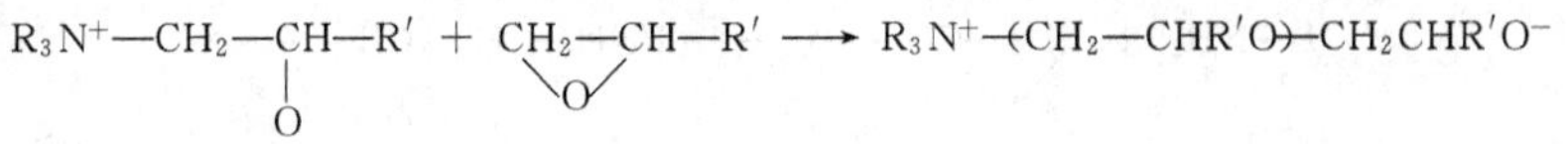

$$R_3N^+ \!-\! CH_2 \!-\! \underset{\underset{O}{\diagdown}}{CH} \!-\! R' + CH_2 \!-\! \underset{\underset{O}{\diagup}}{CH} \!-\! R' \longrightarrow R_3N^+ \!\!\left(CH_2 \!-\! CHR'O\right) \!\! CH_2CHR'O^-$$

至于链的终止反应，有认为是：

$$R_3N^+ \!\!\left(CH_2 \!-\! CHR'O\right)_{\!\!n} \!\! CH_2CHR'O^- \longrightarrow$$

$$R_3N + H_2C \!\!=\!\! CHR'O(CH_2 \!-\! CHR'O)_{n-1}CH_2CHR'OH$$

虽然在无羟基的情况下，叔胺本身对环氧树脂也能进行催化聚合，但效果不大，这可能是由于反应的中间物正负电荷中心较接近的缘故，另外叔胺的空间因素对其活性也有较大的影响。所以单独用叔胺作为环氧树脂的固化剂时，其用量还是较多的，占 5～15 质量份（Phr）。但在系统中如有羟基化合物存在，则反应显著加速，且用量也可减少，其反应如前述醇类与环氧基在叔胺作催化剂时的反应情况，常用的叔胺有三乙胺、三乙醇胺，苄基二甲胺等。

值得提出的是咪唑类的固化剂，其特点是除具有叔胺的催化作用外，还有仲胺的作用，其中较典型的是 2-乙基-4-甲基咪唑，它与环氧树脂的固化反应过程是分两步依次进行的。第一步，咪唑中 N 原子与环氧基加成反应；第二步，加成反应形成的烷氧负离子与环氧基之间的催化聚合反应。其固化反应机理：

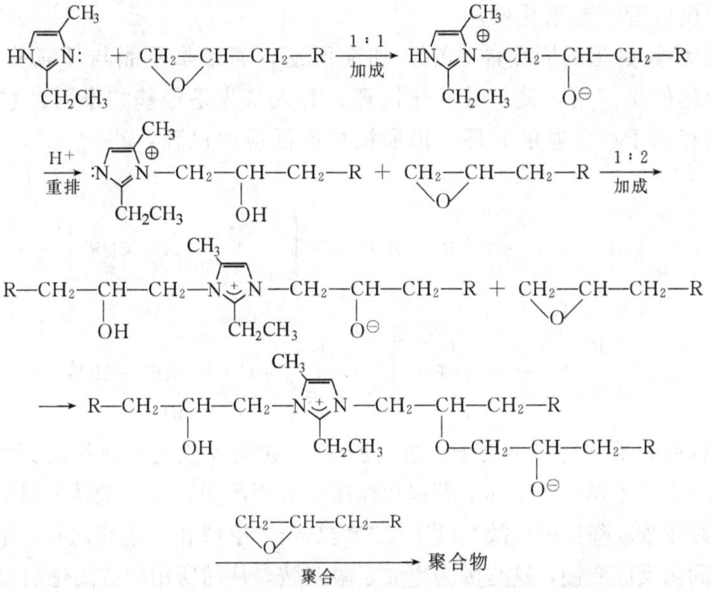

2-乙基-4-甲基咪唑在 25℃时是黏度为 4～8Pa·s 的液体，沸点为 292℃，无臭味，热稳性好，易与树脂混合得低黏度的混合物。在适中的固化条件下（如 60℃下 6～8h）就能得到热变形温度高的固化物（80～130℃），如经后固化处理则热变形温度可达 160℃，固化物的介电性能和力学性能也很好。

咪唑类的乙酸、乳酸或磷酸盐类以及咪唑的金属盐等，可作为潜伏性固化剂作用，在适当温度下加热，可得到与咪唑类固化物同样性能的固化物。

在环氧树脂固化中，虽然叔胺类可单独使用，但在许多情况下是和伯胺、仲胺类或酸酐类等其他固化剂一起使用的，这种情况下其用量不多，一般为 0.1～3 质量份，起着固化催化剂的作用。

3.3.3.2 伯胺和仲胺类的固化反应和固化剂

伯胺与仲胺主要是通过其中的活性氢来与环氧基反应的，在伯胺的基础上首先与环氧基反应形成仲胺，然后在仲胺基础上与环氧基反应形成叔胺。其反应式如下：

$$R-NH_2 + CH_2-CH\sim \longrightarrow RNH-CH_2-CH\sim$$

$$RNH-CH_2-CH\sim + CH_2-CH\sim \longrightarrow RN$$

$$R'NH + CH_2-CH\sim \longrightarrow R'N-CH_2-CH\sim$$

实验结果表明，在 50℃ 时固化反应主要是胺-环氧基反应。所生成的仲醇与环氧基几乎是不能反应的，只有在环氧基过量且在 100℃ 时才有所反应。固化反应中所形成的叔胺，按前述应能对醇-环氧基反应起催化作用，但应注意，叔胺的催化作用受分子的空间因素影响很大，在这种情况下形成的叔胺不仅空间障碍很大，而且在反应体系中已经难以活动，所以当温度不高时就不能再起催化作用了。

不同的溶剂对于胺-环氧树脂固化反应速率的影响是不同的。凡是含能供出质子的基团的物质，对固化反应皆能起催化作用。

如醇类在胺-环氧树脂的固化体系中，如前所述，通常虽不能与环氧基反应，但却能在胺环氧基反应中起催化作用，关于其催化机理，有人认为是羟基的作用，它与环氧基上的氧形成氢键，从而有利于环氧基的开环，即所谓协同反应的机理：

$$R'NH + CH_2-CHR'' + HOX \longrightarrow \left[R'N\cdots CH_2-CHR'' \right] \longrightarrow$$

$$\left[R'N^+-CH_2-CHR'' \right] \longrightarrow R'N-CH_2-CHR'' + HOX$$

酚比醇类酸性强，更容易供出质子，故对胺-环氧化物反应的催化作用更大。按此推理，酸类的催化作用似乎应该更强，但实际上其催化作用却近于酚类，这一般认为是酸与胺作用形成了铵盐，从而使其有效浓度降低的缘故。顺丁烯二酸与苯二甲酸和其他酸比较，催化作用更小，甚至反而有可能使固化反应变慢，这是因为生成了酰亚胺，从而所用的胺固化剂浓度降低了。

$$\begin{array}{c} C-COOH \\ \parallel \\ C-COOH \end{array} + RNH_2 \longrightarrow \begin{array}{c} C-CO \\ \parallel \\ C-CO \end{array} NR + 2H_2O$$

水分对于胺-环氧树脂的固化反应也是一种有效的催化剂，当水分含量达 5%～10% 时影响最大。应该注意在胺-环氧树脂的固化体系中，如含有水分，不仅会使可使用期缩短，而且会对固化物的性能带来不良的影响。与上述相反，凡是含能接受质子的基团的物质（如丙酮），则对胺-环氧树脂反应起阻缓剂的作用，见表 3-8。

表 3-8 在胺-环氧树脂反应中各种基团的影响

具有促进作用的	—OH,—COOH,—SO₃H,—CONH₂,—CONHR,—SO₂NH₂,—SO₃NHR
具有抑制作用的	—OR,—COOR,—SO₃R,—CONR₂,—SO₂NR₂, CO ,—CN,—NO₂

二异丙基胺与二乙基胺比较，结构因素造成的空间障碍较大，故与环氧基的反应速率较

慢。另外，芳香胺的碱性较脂肪胺的为小，故与缩水甘油醚型的环氧树脂反应也较慢。由此可见，不同的胺类对环氧树脂固化速率差别是很大的。对脂肪胺来说，其固化反应速率的顺序为甲基胺＞乙基胺＞正丙基胺＞正丁基胺＞二乙基胺＞二正丙基胺＞二正丁基胺。

脂肪族胺类对于缩水甘油醚型和缩水甘油酯型的环氧树脂的固化速率快，可在常温下固化，另外它们与环氧树脂混合后黏度低，使用也方便。所得的固化物具有较好的黏着力和韧性，对碱和一些无机酸的抵抗力强，耐水和耐溶剂性也较好。

脂肪族胺类对于环氧化聚烯烃树脂的固化速率缓慢，使用时需加热固化或加入适当的固化催化剂。脂肪族胺类固化剂的主要缺点是有毒性，分子量大、蒸气压低的毒性稍小，固化反应中放热多，可使用期短，另外，其固化过程以及固化物的性质易受水分的影响。

环氧树脂的固化反应是放热的，有人测出液体环氧树脂与叔胺的反应热为 0.92MJ/mol，用伯胺为固化剂时，反应热为 1.05MJ/mol，由于放热使固化体系温度提高，甚至高达 200℃以上，因此通常把脂肪胺的固化称为冷固化，但不如称为自放热固化更为确切。

为了改进脂肪胺的某些性质，如降低挥发性、使毒性变小、增加与树脂的相容性、降低对水分和空气中 CO_2 的敏感性（伯胺类遇空气中的 CO_2 易形成碳酸铵）、增长使用期以及易于和树脂进行混合操作等，常将脂肪胺与环氧乙烷、丙烯腈或缩水甘油醚等制成脂肪胺的类似物。如胺类与环氧乙烷加成后形成羟乙基胺、胺类与丙烯氰加成后形成氰乙基胺等。因氰基为电负性基团，会使胺的碱性减弱，因此使固化速率减慢，从而能增长可使用期。

值得提出的是潜伏性固化剂双氰胺由于分子中氰基存在，在常温不溶于树脂，即使在 100℃或较高的温度时能与树脂反应，但在反应过程中溶解也较慢，故在常温下非常稳定，使用期很长。在制层压塑料时，半成品的储存期可达一年，但加热到 145～165℃时则能较快使树脂固化，经 1.5h 后，便可得到性能满意的固化物。特别适用于含羟基的环氧树脂的固化。由双氰胺所得的固化物，耐热性和机械强度都较高，常用于层压制品及环氧粉末涂覆的配方中。双氰胺与树脂混合超过 24h 后会有固体析出。难溶于一般溶剂中，只溶于二甲基甲酰胺、二甲基乙酰胺、乙二醇甲醚、乙二醇乙醚、二甲基砜等强极性溶剂中，在丙酮-水（3：2）的沸腾液中也能溶解。其用量为 4～8 质量份，有时为了加快固化速率，可加入叔胺、季铵盐、酰基胍等作促进剂。

双氰胺对环氧树脂的固化反应情况比较复杂，且随反应条件不同而有差别。一方面双氰胺中含有胺基，在 100℃其中的活性氢可与环氧基进行反应，当有叔胺催化剂时，还有利于进行如前述的阴离子聚合反应而形成醚键结构；另一方面，双氰胺中还有氰基，在 140～160℃时可与环氧基反应而转化成亚胺，继而经重排而得酰胺键，此外，氰基还可和羟基反应形成含酰胺键的生成物。

在固化缩水甘油醚或酯型的环氧树脂中，芳香族胺类与脂肪胺比较，因碱性较弱，又由于芳香环的空间障碍，所以固化速率较慢。在固化中往往当形成部分交链后分子已难于活动，故有加热固化的必要，以间苯二胺为例，开始反应如下所示：

在这样结构的基础上，如在室温下固化，就比较困难，只能得到部分反应的可溶可熔性物质，这时环氧基的反应完成程度只有 30%。而脂肪胺在室温下固化时，环氧基的反应完成程度一般可达 60%，因此采用芳香胺作固化剂时，使用期较长，另外它的毒性也较小些，所得固化物的耐热性、介电性能、力学性能以及化学稳定性均较好。应用芳香二胺时，因固化物的交联结构中引入了苯环，其热变形温度可达 150℃ 左右，要比脂肪二胺的高 40～60℃。为了得到热变形温度较高的固化物，最好采用两步法进行固化，第一步考虑到反应放热可在较低温度下进行，第二步固化温度较高，以便获得最好的性能，见表 3-9。

表 3-9　二氨基二苯基甲烷的固化温度与热变形温度的关系

固化条件	100℃/2h	100℃/17h	100℃/2h 和 130℃/2h	100℃/2h 和 150℃/2h	150℃/6h	80℃/2h 和 160℃/2h
热变形温度/℃	111	115	135	150	144	155

注：环氧树脂为双酚 A 缩水甘油醚型，环氧当量约 185。

对于脂环族环氧树脂的固化，用芳香胺比脂肪胺要快些，这是因为脂环族环氧树脂中环氧基上的氧原子较易接受亲电试剂的进攻，而芳香胺的碱性较脂肪胺为弱，故它的亲电性较强。芳香胺对于环氧化聚烯烃树脂，即使在 150℃ 时反应也很慢，所以对于这种树脂一般不采用芳香胺类固化剂。芳香胺类多数是固体，在和树脂混合时必须加热，这样会使操作麻烦并使可使用期缩短，改进的方法是将芳香胺作成共熔物或加成物，或是溶于溶剂如二甲基甲酰胺、二甲基乙酰胺中使用。常用的共熔物有 60%～75% 的间苯二胺和 25%～40% 的二氨基二苯基甲烷的共熔物，为暗褐色液体。

芳香胺的加成物通常是由芳香胺与单环氧化物如苯基缩水甘油醚、正丁基缩水甘油醚等配合而成，如间苯二胺与苯基缩水甘油醚制得的加成物，软化点在 20℃ 以上，外观是黄至棕黑色黏稠状液体。通常固化物的性能与单独用芳香胺的比较要稍低些。为了加快芳香胺对环氧树脂的固化速率，还可再加入一些促进剂如醇类、酚类、BF3 络合物等。

对于环氧当量为 180～200 的树脂所用各种胺类固化剂的用量、固化条件和固化物特性列于表 3-10。

表 3-10　胺类固化剂的用量、固化条件与固化物特性

类别	名称	化学结构式与性状	用量/质量份	固化条件（温度/时间）/(℃/h)	特性与用途
脂肪族胺类	乙二胺（EDA）	$H_2N—CH_2CH_2—NH_2$ $M_r=60.1$　沸点 116℃	6～8	25/24 80/3	毒性大，使用期短，放热量大，性能差，小型浇注用
	二亚乙基三胺（DTA）	$H_2N—CH_2CH_2—NH—CH_2CH_2—NH_2$ $M_r=103.7$　液体	8～11	25/(2～7)天 25/2+100/1	毒性大，使用期短，放热量大，性能差，小型浇注用，热变形温度 95～125℃
	三亚乙基四胺（TTA）	$H_2N—(CH_2CH_2NH)_2—CH_2CH_2—NH_2$ $M_r=146.2$　沸点 267℃	9～13		毒性较小，使用期较长，可用于黏合浇注层压，热变形温度 98～125℃
	己二胺（HDA）	$H_2N—(CH_2)_6—NH_2$ $M_r=116$　沸点 39℃	6～10	120/4 160/2	有毒，固化较慢，适用于浇注、层压，柔韧性好，耐水性好
	双氰胺	$H_2N—C—NH—CN$ 　　　$\overset{\|}{N}H$ $M_r=84$　白色晶体　熔点 209～212℃	4～8	150/4	室温下使用期达 1 年，加热反应快，用于层压

类别	名称	化学结构式与性状	用量/质量份	固化条件（温度/时间）/(℃/h)	特性与用途
脂环胺类	N-氨乙基哌嗪（AEP）	HN（CH₂—CH₂）₂N—C₂H₄NH₂ $M_r=129$ 液体	20~22	25/4 天 25/3＋200/1	类似于DTA、TTA,固化物耐冲击性好,热变形温度100~120℃
	蓋烷二胺	CH₃ CH₂—CH₂ NH₂ NH₂—C—CH—C—NH₂（含CH₃、CH₂、CH₃基团）$M_r=170$ 液体	6~22	80/2 130/30min	黏度低,使用期长,毒性小,加热固化快,热变形温度148~158℃
芳香族胺类	间苯二胺（MPDA）	H₂N—C₆H₄—NH₂ $M_r=108$ 熔点63℃	14~16	80/2＋150/2	使用期长,可常温固化,毒性小,用于浇注层压及黏合等,介电性与耐化学性好,热变形温度150℃
	4,4'-二氨基二苯甲烷（DDM）	NH₂—C₆H₄—CH₂—C₆H₄—NH₂ $M_r=198$ 熔点101℃	27~30	80/2＋150/2 或100℃混溶 60℃使用 165/6	
	4,4'-二氨基二苯砜（DDS）	NH₂—C₆H₄—SO₂—C₆H₄—NH₂ $M_r=174$ 熔点178℃	30~40	130/2＋200/2 或165/(4~6)	使用期长,用于浇注,层压与黏合,介电性能好,耐热性好,热变形温度175~190℃
叔胺及其盐类	三乙胺	CH₃CH₂—N（C₂H₃）₂ $M_r=101$ 液体	10~15	25/6 天,80/2, 100/30min	10%时使用期约7h,黏结性高
	苄基二甲胺（BDMA）	C₆H₅—CH₂—N（CH₃）₂ $M_r=135$ 液体	15	25/6 天,80/6, 100/30	储存期短,适用于浇注,可作促进剂
	三乙醇胺	N（CH₂CH₂OH）₃ $M_r=149$ 液体	3~10	25/16, (120~140)/(4~6)	固化快,介电性差,适于作促进剂
	2,4,6-三（二甲氨基甲基）苯酚（DMP-30）	（二甲氨基甲基取代苯酚结构）$M_r=265$ 沸点250℃	5~10	80/1	使用期短,通常作促进剂用(0.1%~3%)
	2,4,6-三（二甲氨基甲基）苯酚三(2-乙基己酸)盐	DMP—30·3C(O)OH—(CH₂)₂—CH₃，侧链CH₂、CH—C₂H₅	10.5~13.5	80/2,65/4, 50/16,	使用期长,毒性小,放热少,用于浇注,介电性能较好

除固化剂的种类外，固化剂的用量也是很重要的，它不仅影响固化速率和生产的工艺性，而且对产品的性能也有直接的影响。固化剂的用量过多或过少都会影响固化物的交联密度，使力学性能受到损失，特别是用量过多时游离的胺残留于固化物中，致使固化物的耐水性和其他性能降低。从理论上看，应该是一个环氧基需要胺中的一个活泼氢与之反应，即按等当量比进行计算。各种伯胺、仲胺固化剂的理论用量可按下计算：

$$胺固化剂的百分用量 = \frac{胺当量}{环氧当量} \times 100$$

$$= \frac{胺的分子量 \times 100}{胺分子中活泼氢原子数 \times 环氧当量}$$

$$= \frac{胺的分子量}{胺分子中活泼氢原子数} \times 环氧值$$

理论计算用量，在实际生产中只能作参考，具体用量还需根据胺的种类、应用范围、固化温度和时间以及对产品性能的具体要求等通过试验来确定。一般认为采用脂肪族胺时，在固化反应中可能由于反应生成的叔胺具有一定的催化作用而产生部分环氧基的均聚反应，故实际用量应较理论用量为少。如芳香胺由于空间障碍较大，生成叔胺的催化作用很小，故实际用量与理论用量比较出入不大。固化温度越高，分子链的活动能力越大，反应越充分，固化剂用量可相应地减少，但温度超过一定范围后，影响就不显著了。为了提高固化物的性能，往往采用后固化处理的方法。特别是当用芳香胺作固化剂时，固化体系的玻璃化转变温度较高，分子链活动较困难，因此要使固化充分，就需要在高于玻璃化转变温度的温度下进行后固化处理。

3.3.3.3　硼胺及其他胺类的固化反应和固化剂

BF_3 在少量含羟基物质（又称助催化剂，是外加的醇或环氧树脂分子中的羟基）存在下能使环氧树脂固化。BF_3 是一种路易斯酸，其中硼原子外面有着一个未完全满足的价电子层，能与另一个具有一对未共享电子的原子结合而形成配价键，故具有强的亲电子性，在对环氧树脂的固化中起着阳离子催化剂的作用。除 BF_3 外，其他的路易斯酸如 $AlCl_3$、$ZnCl_2$、$SnCl_4$、$TiCl_4$ 等也可作为阳离子催化剂用于环氧树脂的固化中。BF_3 的固化机理可表示如下：

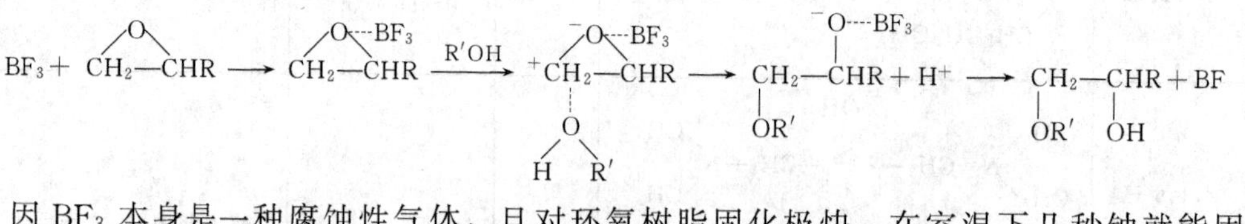

因 BF_3 本身是一种腐蚀性气体，且对环氧树脂固化极快，在室温下几秒钟就能固化，直接应用很不方便，所以通常是以络合物的形式来应用的，如胺-三氟化硼络合物（或四氟化硼铵盐）。这种络合物只有当其达某温度以上时才对环氧树脂具有活性，使用期很长，但经加热达固化所需的温度，通过连锁聚合反应而迅速固化，所以它们是属于一种潜伏性固化剂。这种络合物或盐在树脂中与环氧基以如下所示的"溶剂化"形式存在的，在胺的氮原子上结合的氢原子与环氧基中的氧原子之间形成了弱的键：

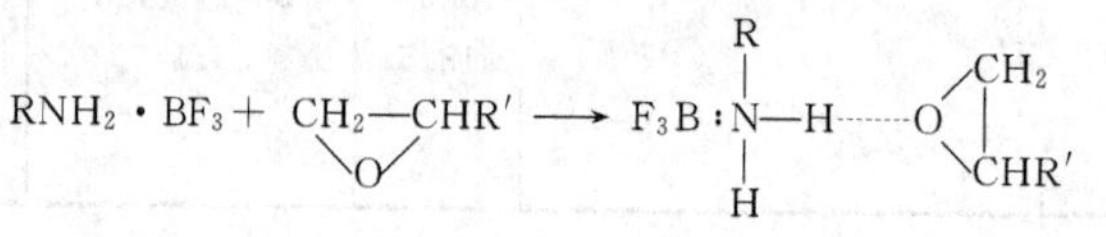

$$RNH_3^+ BF_4^- + CH_2\text{—}CH \longrightarrow BF_4^- R\text{—}N\text{—}H \cdots O$$

因在环氧基与胺之间对于氢原子所成的键是竞争的，如胺的碱性较强，则氢原子引向氮原子，但这时氧原子毕竟要对胺上的氢原子给出电子的一部分，从而使与氧相邻的碳原子上的电子云产生移动，这种电子云移动的多少便决定着它们再与另外的环氧基反应能力的大小。

随着温度提高则转为下式，从而使固化迅速进行：

$$F_3BN\text{—}H\text{—}O \overset{CH_2}{\underset{CHR}{}} + O \overset{CH_2}{\underset{CHR}{}} \longrightarrow \left(F_3B\text{—}N\text{—}H \right)^- HOCHRCH_2O \overset{CH_2}{\underset{CHR}{}}$$

反应由于其他的环氧基向锌离子的攻击而继续进行。在硼胺盐催化的情况下也产生类似的反应。

也有认为是环氧基胺-三氟化硼络合物与仲锌离子形成如下的平衡较为合适：

$$F_3B:N\text{—}H\cdots O\overset{CH_2}{\underset{CHR}{}} \rightleftharpoons \left(F_3B\text{—}N\text{—}H \right)^- + HO\overset{+}{}\overset{CH_2}{\underset{CHR}{}}$$

固化反应开始于环氧基对仲锌离子的攻击：

$$H\overset{+}{O}\overset{CH_2}{\underset{CHR}{}} + O\overset{CH_2}{\underset{CHR}{}} \longrightarrow HO\text{—}CHRCH_2^+O\overset{CH_2}{\underset{CHR}{}}$$

当温度升高时，平衡移向右侧，使仲锌离子增加，从而迅速进行固化。此外还有人认为，在高温下由胺-三氟化硼络合物解离出的质子，与环氧基结合形成正碳离子，然后在正碳离子基础上再与其他环氧基进行反应。

关于胺-三氟化硼络合物对环氧树脂的固化机理，上面介绍的几种看法虽稍有差别，但在本质上是一致的，其固化反应并不是由于络合物（或盐）的简单分解而开始的。

在环氧树脂体系中，如羟基的浓度较高，则醇作为亲核试剂参加反应：

$$F_3BN\text{—}H\cdots O\overset{CH_2}{\underset{CHR'}{}} + R''OH \longrightarrow RNH_2 \cdot BF_3 + HOCHR'CH_2OR''$$

反应中再生的催化剂又使其他的环氧基活化，作为链的增长阶段反应不断进行。至于固化温度的高低，按上述机理可知，主要决定于胺的碱性大小，胺的碱性越大，则氮氢键越强，所需的固化温度就越高；反之，胺的碱性越弱，则固化温度就越低，例如芳香族伯胺的碱性比脂肪族伯胺的为弱，故其络合物的固化温度就较低，而脂肪族仲胺比脂肪族伯胺的碱性较强，故其络合物的固化温度就较高。而叔胺络合物与仲胺络合物比较，所需的固化温度更高，另外也有必要考虑空间障碍的因素。

关于叔胺络合物的作用，因叔胺本身不含氢原子，当然不能简单地用以上伯胺仲胺络合物的机理来解释，但工业用的环氧树脂中含有少量的羟基，可把它看作助催化剂，按下述方式反应：

$$R'OH + R_3N \cdot BF_3 \longrightarrow (R_3NH)^+ (BF_3OR')^-$$

在胺-三氟化硼络合物中，常用的有三氟化硼乙基胺 $C_2H_5NH_2 \cdot BF_3$（BF$_3$-MEA）。当用来使缩水甘油醚型环氧树脂固化时，用量为 1～5 质量份，使用期为 3～9 个月。通常用 3 质量份左右在 105℃时固化 2h，再在 150～200℃经 4h 后固化。用这类固化剂使环氧树脂固化的产物热变形温度高，可达 160℃以上，介电性能好。但耐化学性不很好，且固化剂本身对金属有腐蚀作用，并易吸潮，在潮湿空气中放置易水解液化而失去其固化剂的作用，故应用时需迅速称料，并尽快混溶于预先加热的少量树脂中。BF₃-MEA 在羟基化合物如乙二醇、糠醇中有很好的溶解性，将其溶解在这些溶剂中作固化剂使用也是常用的方法，这样可降低树脂的黏度，羟基存在有利于反应进行，而且由于糠醇参加反应还能使固化物的强度有所提高。

BF₃-MEA 对脂环族环氧树脂及环氧化聚烯烃树脂在常温下具有高度的反应性。除了胺-三氟化硼络合物以外，还有一些与之相类似的或其他的胺类潜伏性固化剂，如三乙醇胺硼酸酯、2-(2-二甲氨基乙氧基)1,3,2-二硼杂六环、偏硼酸己丁酯、超配位硅酸盐类等。

3.3.4 有机羧酸的固化反应

在无催化剂的情况下，有机酸与环氧树脂只有在较高的温度下才能反应，反应可能有以下 4 种：

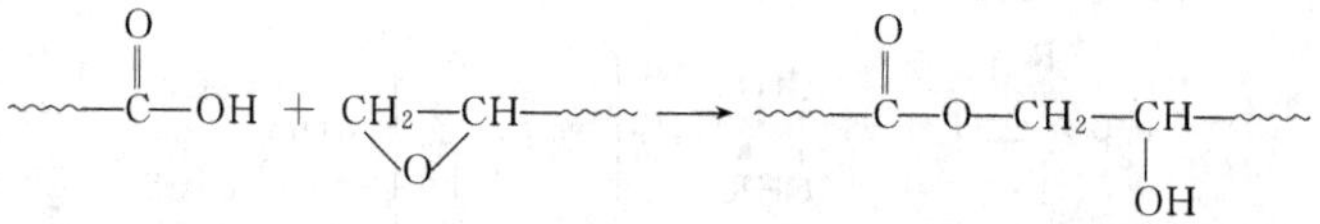

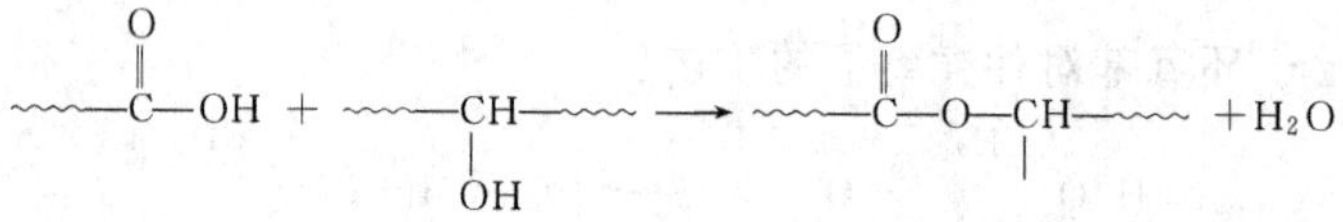

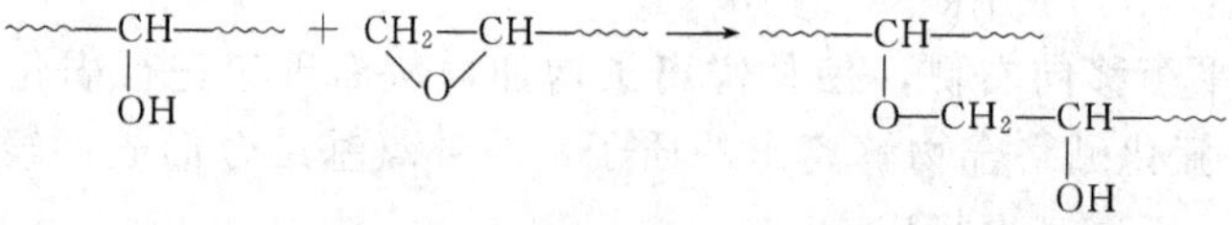

反应（2）中的羟基可能是环氧树脂中固有的，也可能是由反应（1）而生成的。在无催化剂的情况下，当用低分子量环氧树脂时，反应（1）较反应（2）、（3）为快，其反应速率比近于 2∶1∶1；而当同时又有醇例如乙二醇存在时，则正相反，反应（1）比反应（2）、（3）为慢，反应速率比近于 1∶2∶2。这方面的情况和前述的与酚类的反应情况是相似的。

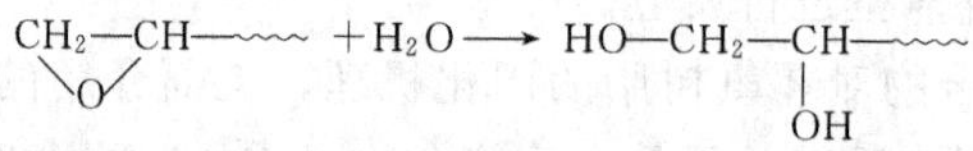

当用碱性催化剂时，则反应表现出高度的选择性，且可在较低的温度下（100～125℃）反应。首先是碱很快与酸反应形成羧酸根负离子：

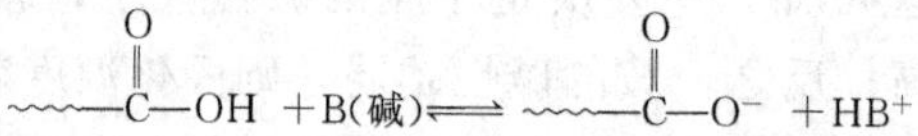

在此基础上再与环氧基反应：

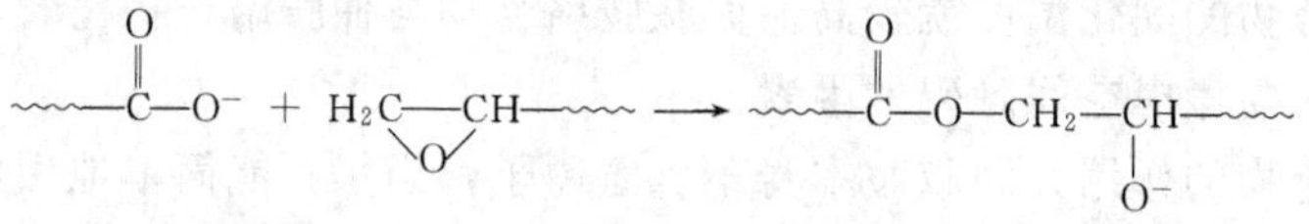

因烃氧负离子的碱性较羧酸根负离子的碱性强，所以又产生如下反应：

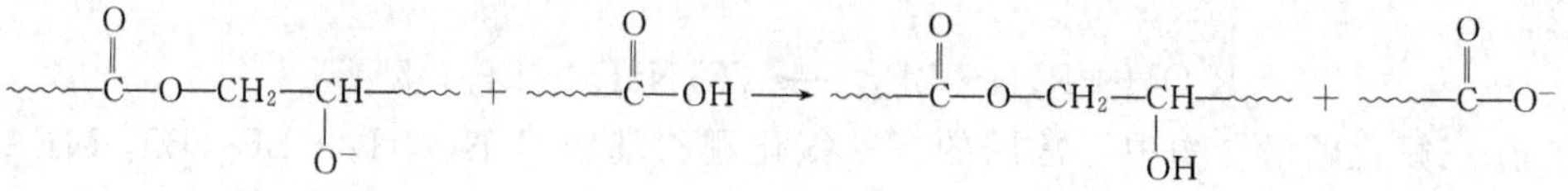

因此开始只是羧基对环氧基开环的酯化反应，当有过量的环氧基存在下，则只有当酸全部反应掉以后，这时碱性催化剂才能对羟基和环氧基间的醚化反应起作用，而且使反应更快地进行，如图 3-11 所示。

用叔胺或季铵的氢氧化物代替 KOH 时，反应表现出同样的选择性。因有机酸与环氧树脂的相容性差，应用时必须在较高的温度下使它溶解于树脂中，这样使用期就要缩短。另外在反应中会有水分分出，而反应所形成的酯又对水很敏感，易于水解。所以有机酸在环氧树脂固化中应用不多，在浇注、黏合、层压与

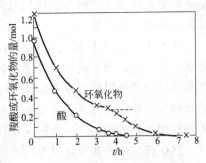

图 3-11 KOH 催化时过量缩水甘油醚与羧酸的反应（125℃）

注射材料等方面应用都很有限。但是在涂料中应用还是较多的。环氧树脂固化中所用的有机酸主要有：多元酸类、酸性聚酯类以及多聚酸类。多元酸类有草酸、柠檬酸、多元磺酸、部分酰胺化的多元酸等；酸性聚酯类有顺丁烯二酸酐、邻苯二甲酸酐可与乙二醇形成的酸性聚酯、含有三元醇的酸性聚酯、偏苯三酸酐与二缩三乙二醇形成的酸性聚酯等；多聚酸是指由带有双键的不饱和酸与其他乙烯基单体经游离基聚合而得的酸性聚合物，其中乙烯基单体常用的有苯乙烯、丁二烯、甲基丙烯酸等。

3.3.5　酸酐的固化反应

有机酸酐的固化反应与有机酸相似，但由于较酸少一个水分子，因此需将酸酐基团活化，故反应较为复杂。

3.3.5.1　无催化剂时酸酐的固化反应

主要有以下几种。

① 首先在环氧树脂分子中固有的或反应所生成的羟基作用下使酸酐开环，生成单酯（树脂中残留的微量水分或酸酐中含有羧酸，也能引起反应开始进行），例如：

② 新生成的羧基与环氧树脂的环氧基反应形成二酯。

③ 新生的或固有的羟基在酸的催化作用下使环氧基开环的醚化反应。

除以上 3 种反应外，还可能有其他的反应，如羟基与羧基的酯化反应，产生的水分对酯

基的水解反应以及酸酐与水作用形成羧酸的反应。但一般在反应体系中羟基较少的情况下，其他反应的可能性很小。

从图 3-12 看出环氧基与酸酐消耗的速率是不同的，反应初期主要是形成单酯，中期主要是形成二酯，分子间形成交联而胶化的现象是在中期阶段出现的（胶化时间为 9h，这时环氧基反应完成程度为 0.28，酸酐的反应完成程度为 0.60，二酯的生成率为 0.31），反应后期则主要是残余的环氧基与羟基的醚化反应。应该指出，由于固化温度不同，各种反应所占的比例也是不同的。一般酯化反应（形成单酯和二酯）主要是在 130～180℃ 的范围内进行，醚化反应即羟基对环氧基的开环则需更高的温度（100～200℃ 或更高），但由于反应体系中酸可起催化作用，故温度低些也能进行。

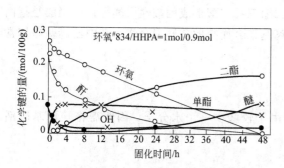

图 3-12　固化过程中化学键的变化
（固化温度 130℃）

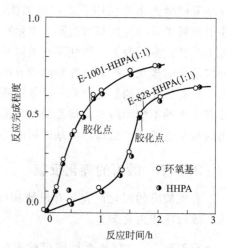

图 3-13　环氧树脂与六氢化邻苯甲酸酐
（HHPA）的反应（0.5％三乙醇胺，100℃）

3.3.5.2　有促进剂时酸酐的固化反应

（1）叔胺类促进剂　用酸酐作为环氧树脂的固化剂，当温度在 200℃ 以下固化反应进行得比较缓慢，但加入少量叔胺等碱性催化剂后，则固化能加速进行。叔胺用量增加，固化反应加快，有人提出胶化时间与叔胺浓度的乘积基本为一常数。

叔胺种类不同，对酸酐固化反应的催化效果也是不同的，叔胺分子中氮的电子云密度越大，其催化效果越大，另外也应考虑取代基空间障碍的影响，见表 3-11。

从图 3-13 看出，在叔胺催化剂存在时，环氧基与 HHPA 的消耗速率是一致的，这就说明在这样条件下（70～140℃），羟基与环氧基之间是不反应的。

表 3-11　在环氧树脂（E-828）与 HHPA（1∶1）的反应体系中胺的种类的影响

（胺浓度为 3.49×10^{-5} mol/g）（150℃）

胺的种类	化学式	胶化时间/min	胺的种类	化学式	胶化时间/min
三甲基胺	$(CH_3)_3N$	6	三乙羟基胺	$(C_2H_4OH)_3N$	10
三乙基胺	$(C_2H_5)_3N$	8	N-二甲基苯胺	$C_6H_5N(CH_3)_2$	22
N-二甲基苄基胺	$C_6H_5CH_2N(CH_3)_2$	2	吡啶	C_6H_5N	3

关于在叔胺催化剂作用下环氧树脂与酸酐的反应情况，存在着不同的看法。有人提出如下的反应机理：

$$R_3N + O=C \cdots C=O \rightleftharpoons R_3N^+ \rightarrow C \cdots C-O^-$$

$$R_3N^+ \rightarrow C \cdots C-O^- + CH_2-CH \sim \longrightarrow R_3N^+ \rightarrow C \cdots C-O-CH_2-CH \sim O^-$$

$$R_3N^+ \rightarrow C \cdots C-O-CH_2-CH \sim + O=C \cdots C=O$$

$$\longrightarrow R_3N^+ \rightarrow C \cdots C-O-CH_2-CH \sim O-C \cdots C-O^-$$

$$\sim C-O-CH_2-CH-O^- + R_3N^+ \rightarrow C \cdots C-O-CH_2 \sim CH-O-C \sim$$

$$\longrightarrow C \cdots C-O-CH_2 \sim CH-O-C \sim + R_3N$$

但近期也有认为叔胺先和环氧基结合，然后再依次与酸酐和环氧基反应而使链增长的，在反应过程中，叔胺并不分离出来，而是转变成季氮原子。

在叔胺作催化剂用酸酐作固化剂的固化体系中，常有羟基、羧基等存在，它们还可起共催化剂的作用，加速固化反应的进行。这些含活泼氢的物质（HA）的催化作用顺序为：酚＞酸＞醇，此顺序可能和 HA 与叔胺形成氢键能力的大小有关。

HA 的浓度越大，反应速率越快，这方面从图 3-13 可看出，E-1001 和 E-828 比较，共固化速率较快，这便是因 E-1001 环氧树脂中的羟基对固化反应有催化作用的缘故。还应指出，如不用叔胺作催化剂，在酸酐对环氧树脂的固化体系中，存在着有机酸、酚或醇，它们对固化反应也有催化作用。

（2）硼胺络合物促进剂　在羟基化合物的存在下，硼胺络合物对环氧树脂与酸酐固化反应的催化作用可表示如下：

$$R_2NH \cdot BF_3 \longrightarrow H^+ + R_2N^- : BF_3$$

$$\begin{array}{c} \text{酸酐} + H^+ + R_2N^- : BF_3 \longrightarrow \underset{\text{羧酸}}{C-OH} \xleftarrow{} BF_3 : N^- R_2 \xrightarrow{+R'OH} \underset{\text{酯}}{C-OR'} + R_2N^- : BF_3 + H^+ \end{array}$$

氢离子可以促进环氧基与羟基的醚化反应。可以看出，当用叔胺等碱性催化剂时，能抑制醚化反应而促进酯化反应，而当用硼胺络合物等酸性催化剂时则相反，它能促进醚化反应。

（3）金属有机化合物促进剂　金属羧酸盐类如环烷酸铅、辛酸锌等可对环氧树脂与酸酐的固化反应起催化作用，如下所示：

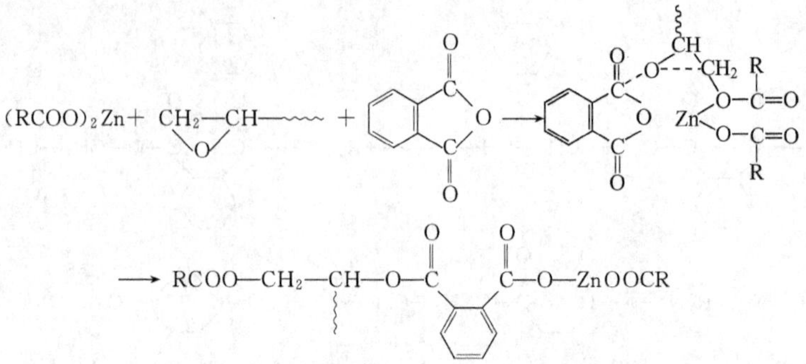

实验表明，在固化反应前期，环氧基与酸酐的反应完成程度是一致的，固化物结构中只有酯键。而在固化反应后期，环氧基的反应完成程度较酸酐高，固化物结构中还生成了醚键。其固化机理可表示如下：

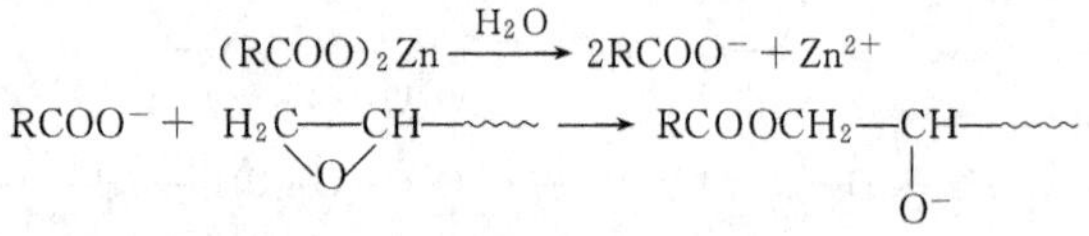

此外，锌原子有空出的配位键，还能促进环氧基开环：

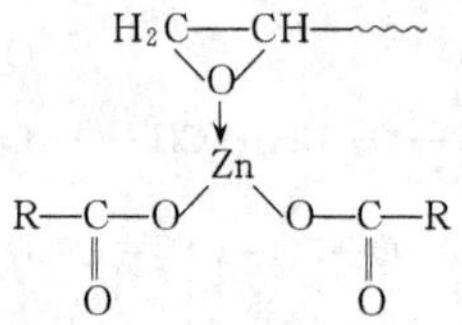

（4）过渡金属乙酰丙酮盐作促进剂　近来还发现，以过渡金属元素与乙酰丙酮为基础的某些金属有机化合物，是酸酐固化环氧树脂非常有效的潜伏性促进剂，其结构通式可写为：

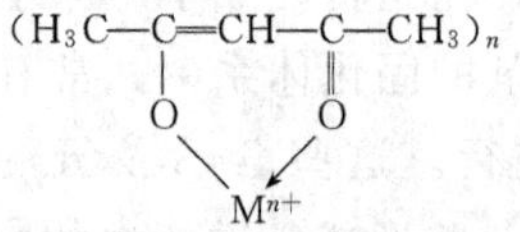

M^{n+} 为金属离子，把它们加入酸酐和环氧树脂的固化体系中，在室温下有很好的储存稳定性，在 $150 \sim 175$℃时能很快凝胶。具备这种特性而且使固化物具有良好介电性和力学性能的有钛（Ⅳ）、铬（Ⅲ）、钴（Ⅲ）、铬（Ⅳ）、铝（Ⅲ）、锰（Ⅲ）和钴（Ⅱ）的乙酰丙酮络合物。

这种金属乙酰丙酮络合物在室温或较低的温度下，以络合物的形式稳定存在。在固化反应过程中，随着固化反应温度的升高，这种金属乙酰丙酮络合物可能与酸酐形成如下过渡状态，然后缓慢催化促进环氧树脂发生交替固化反应，形成以酯键为交联网的环氧树脂固化产物。因此，在室温或低温下，该树脂体系具有很长的储存适用期。

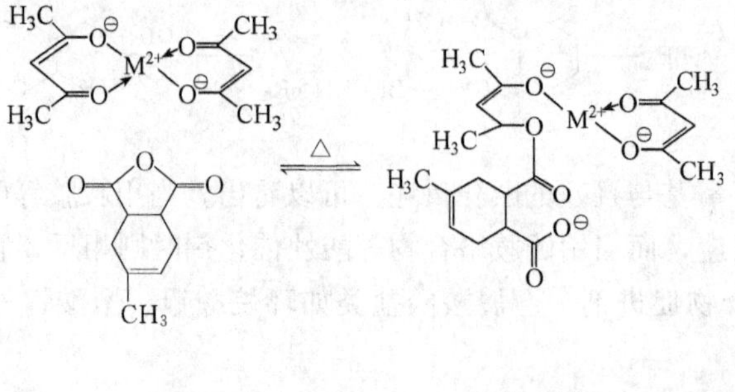

在高温下（150～175℃）下，乙酰丙酮过渡金属络合物热分解，生成金属阳离子，然后这种过渡金属阳离子依靠电子转移与酸酐形成复合物，最终导致酸酐引发环氧基按阳离子催化反应机理进行聚合反应，生成酯键交联网络固化物，同时 M^{n+} 还原生成 $M^{(n-1)+}$。由于该乙酰丙酮过渡金属络合物中过渡金属有 d 或 f 空轨道，它可以与环氧树脂或酸酐等活性官能团络合，从而限制了体系的随机反应，因而较好地改善了体系固化物的高低温介电性能和耐热性能。

3.3.6 酸酐类固化剂

酸酐与缩水甘油醚型、缩水甘油酯型、环氧化烯烃型各种环氧树脂都能很好反应，而与环氧化烯烃树脂更容易反应。与伯胺和仲胺类固化剂比较，酸酐类固化剂的可使用期长，需要较高的固化温度，且对皮肤的刺激性小，固化时放热少，收缩率小。固化物的颜色浅，具有较好的电性能、力学性能，热稳定性也较高。

大多数酸酐都是熔点较高的固体，与环氧树脂难以混合，因此需加热才能混溶，这样就会有刺激性蒸气产生，且缩短了使用期，给工艺上带来了不便。近年来已研制出许多液体酸酐，而且有些还有潜伏固化的效能。

酸酐的种类很多，按其结构分，有芳香族酸酐、脂环族酸酐、脂肪族酸酐、卤化酸酐、酸酐的共融物及加成物多种，现分述如下。

3.3.6.1 芳香族酸酐

（1）邻苯二甲酸酐（PA） 结构式为 ，分子量为 148，熔点 128℃。固化时放热小，使用期长。使用时先将树脂加热至 120℃，再加入邻苯二甲酸酐，搅拌混溶后为了延长使用期，可将混合物保温在 60～70℃，低于 60℃ 酸酐会析出。注意在高温下操作酸酐会升华，故应迅速操作。一般用量为 30～45 质量份，当量比为 0.6～0.9（每一环氧当量所需的酸酐当量），固化条件一般为 120～130℃/（16～24）h，或 150℃/10h 加 196℃/3h，固化物的介电性能优良，热变形最高温度可达 150℃。除耐强碱性差外，化学稳定性也很好。主要用于浇注和层压制品，又因其价廉，故一般用于大型浇注件。

（2）偏苯三甲酸酐（TMA） 结构式为 ，分子量 192，是白色结晶状粉末，熔点 168℃。对双酚 A 型树脂（环氧当量 185～195）的用量为 33 质量份，在室温下有 3～4 天的使用期。因具有游离羧基，又能对环氧树脂固化起促进作用，所以是反应性很强的一种固化剂，固化条件为 150℃/1h 加 180℃/4h，固化物的热变形温度很高，可达 200℃，介电性能和化学稳定性都很好。

（3）均苯四甲酸二酐（PDMA）　结构式为 ，分子量为 218.1，熔点 286℃。因在常温下不溶于液体环氧树脂，而和环氧树脂混溶后固化反应又很快，所以配制时，一般采用以下一些方法。

第一种是溶剂法。例如将均苯四甲酸二酐和环氧树脂在回流温度下溶解于丙酮中，所配成的溶液在常温下可保持 7 天，用于层压制品。

第二种方法是常用的，就是与其他酸酐混合使用的方法。例如将均苯四甲酸二酐与顺丁烯二酸酐先混合熔融，并加到预热 70℃ 的环氧树脂中，继续加热到 120℃ 使固化剂全溶于树脂，然后迅速降温到 90℃ 或维持浇注必需黏度的温度，固化条件一般为 100℃/4h 加 160℃/24h。如再进行后固化处理，热变形温度等性能还可以提高。混合酸酐中均苯四甲酸二酐的用量越多，固化物的热变形温度越高。但树脂混合物的使用期越短。

第三种方法是将均苯四甲酸二酐与二元醇制成酸性酯酐的方法。例如将 2mol 的均苯四甲酸二酐与 1mol 二元酐加到丙酮或甲乙酮中，在干燥的气流中进行回流反应，制成如下结构的酸酐，它能溶于树脂中，固化物的耐冲击性好，用于涂料和胶黏剂。

第四种方法就是将均苯四甲酸二酐在室温下悬浮于液体环氧树脂中，然后在足够高的温度下混溶并进行固化，此法混溶不易均匀，故均苯四甲酸二酐的用量应少些，其当量比一般为（0.4～0.5）:1。

由均苯四甲酸二酐固化所得的环氧树脂制品因交联密度大，故热变形温度很高，最高可达 300℃，抗压强度大，但拉伸强度与抗弯强度不高。化学稳定性好，介电性能也好，而且在高温下也能保持其良好的性能。

（4）3,3′,4,4′-苯酮四羧基二酐　结构式为 ，分子量为 322，白色固体，熔点 226～229℃，无臭味，该固化剂在熔点温度下与树脂混溶时会很快胶化，故通常与其他酸酐如邻苯二甲酸酐、顺丁烯二酸酐等混成共融物使用。混酐与环氧基的当量比一般为 0.85:1，固化温度一般以 200～220℃ 为宜，这样固化物的热变形温度可达 280℃。增加混酐中顺丁烯二酸酐的用量，会使热变形温度降低，但使用期可得延长。苯酮四羧基二酐用于耐热层压塑料、胶黏剂、各种浇注和密封胶等方面。由于苯酮四羧基二酐与固体环氧树脂容易混合，故在压粉塑料和粉末涂料方面的应用也是值得注意的。

3.3.6.2 脂环族酸酐

（1）顺丁烯二酸酐（MA） 结构式为 ，分子量为 98.06，为白色结晶，熔点 52℃，沸点 302℃，相对密度 1.509。顺丁烯二酸酐的用量一般为 35～45 质量份，配制时将其逐渐加到已预热到 60℃ 的树脂中，搅拌混溶。混合物的使用期较长，室温下为 2～3 天。固化条件为 160～200℃/（2～4）h 或 100℃/2h 加 150℃/24h。适合于层压和大型浇注件，由于单独使用顺丁烯二酸酐的固化物性脆，故通常和增韧剂及其他酸酐一起使用。

（2）十二烯基代丁二酸酐 结构式为 ，分子量为 266，浅黄色油状物，黏度（25℃）为 0.29Pa·s，相对密度为 1.002，沸点 180～182℃（666Pa）。因为是液体酸酐，易于和树脂混溶，混合物黏度低，使用期长，室温下可达 8 天，一般需加叔胺类催化剂，固化条件为 100℃/2h 加 150℃/4h。由于结构中有碳链，故固化物有韧性，耐热冲击性好，介电性能高，但化学稳定性差，热变形温度也低，故常与其他酸酐合用。

（3）四氢化邻苯二甲酸酐（THPA） 由丁二烯和顺丁烯二酸酐加成而得，其结构为 ，是白色片状结晶，相对密度 1.20，熔点 100℃。能溶于乙醇、丙酮和芳香烃，而对汽油的溶解性不好，在通常的操作温度下蒸气压很低，故对人体刺激性小。与顺丁烯二酸酐和邻苯二甲酸酐的树脂混合物比较，使用期短（100℃约 2h）。固化条件为 80℃/2h 加 150℃/4h，未经改性的树脂固化物的性能与顺丁烯二酸酐固化物的性能大体相同。四氢化邻苯二甲酸酐的熔点高，但在强酸催化剂（如硫酸、五氧化二磷等）存在下，在 200℃下加热 5～7h，能使其中的双键转位而得四种异构体的混合物，这种混合物在我国又被称为 70 酸酐，在室温下为液体（熔点＜40℃），与环氧树脂混合后，黏度低，适用于浇注、浸渍。

（4）内亚甲基四氢化邻苯二甲酸酐 又称纳迪克酸酐（NA），结构式为 ，分子量为 164，熔点 165℃。所得固化物的耐热性和耐老化性能较好，经高温长时间固化后，如 100℃/1h 加 200℃/1h 加 260℃/4h，其热变形温度可达 200℃ 以上，适用于浇铸和层压制品。但由于熔点高，需在较高的温度下（＞100℃）才能与树脂混溶，混溶后也易析出，在 90℃ 时使用期为 2h，又因其需要高温固化，故操作较困难。

如果用过量的顺丁烯二酸酐与环戊二烯进行加成反应，可得到一种熔点小于 40℃ 的酸酐混合物。这种混合酸酐的挥发性小、对人体刺激作用小，在室温下与树脂混溶，降低树脂黏度，便于操作。多用于缠绕成型，层压和浇铸等方面。

（5）甲基四氢化邻苯二甲酸酐　由异戊二烯与顺丁烯二酸酐反应而得，其结构式为

$$\text{（结构式）}$$

，为淡黄色低黏度液体，凝固点在－15℃以下，相对密度 1.21。能与

各种环氧树脂混合，使用期较长，固化条件为 100℃/4h 加 150℃/4h，固化物的电性能和力学性能较好，热变形温度为 130℃，适用于浇注、浸渍和层压等制品。

（6）甲基内亚甲基四氢化邻苯二甲酸酐　又称甲基纳迪克酸酐（MNA），结构式为

$$\text{（结构式）}$$

，分子量为 178，浅黄色液体，黏度（25℃）为 0.138Pa·s。相对密度

（20℃）1.236，沸点＞250℃。它是由甲基环戊二烯与顺丁烯二酸酐加成而得，由于它是液体酸酐，和液体环氧树脂在室温下容易混合，使用期长，在室温下可达 2 个月以上。一般在用咪唑作催化剂时，其固化条件是 80～100℃/2h 加 140～150℃/4h。固化物色浅，收缩率低，热变形温度高，介电性能好，耐电弧性好，耐热老化性优良。但耐碱和耐强溶剂性差。适用于浇注和浸渍，是酸酐中较常用的一种。

（7）六氢化邻苯二甲酸酐　结构式为

$$\text{（结构式）}$$

，分子量为 154.1，为无色粉状

物，熔点 35～36℃，溶于苯、甲苯、丙酮、四氯化碳、氯仿和乙酸乙酯等溶剂。易吸潮，故储存时应注意密封。六氢化邻苯二甲酸酐是脂环族酸酐中重要的一种，由于熔点低，在50～60℃的低温下就能容易地与环氧树脂混合，混合物的黏度很低，使用期长，固化时放热少，通常加入叔胺类催化剂，固化条件为 80℃/2h 加 150℃/(2～4)h（或 200℃/1h）。固化物的颜色浅，耐热性，介电性能和化学稳定性都较好，一般是和其他酸酐混熔作成液体混酐来使用。

（8）桐油酸酐（TOA）　桐油酸酐是桐油与顺丁烯二酸酐的加成物，其制备方法是在50℃左右将顺丁烯二酸酐加入桐油中（顺丁烯二酸酐与桐油的质量比为 0.8∶3），温度自升至130～140℃，反应直到使二甲基苯胺不显红色为止。有机相酸价为 115mg KOH/g 以上，游离酸小于 1%。

桐油酸酐是一种棕黄色透明黏稠状液体，在 40℃时黏度为 0.15Pa·s，挥发性很低，很容易混溶于环氧树脂中。所得固化物具有良好的韧性，在较大的温度范围内具有较好的介电性能，缺点是固化物的刚性较差，热变形温度较低，故通常与其他酸酐混合使用。

3.3.6.3　长链脂肪族酸酐

属于此类的有聚癸二酸酐和聚壬二酸酐。

聚壬二酸酐（PAPA）的结构式为 $HO \cdot [C-(CH_2)_7-C-O]_n H$，分子量约 2300，熔点

57℃，用量一般为 70 质量份。这种酸酐熔点低，溶解性好，易与树脂混溶，混合物的使用期长。固化时一般加入少量的叔胺作催化剂，固化条件为 100℃/1h 加 130℃/4h 加 150℃/1h.

固化物的介电性能和力学性能良好，有韧性，耐热冲击性也好。常与其他酸酐合用可以得液体混合酸酐。

3.3.6.4 含卤素的酸酐

因在这种酸酐分子结构中含有氯、溴等原子，故所得固化物的特点是具有难燃性。

(1) 1,4,5,6-四溴代苯二甲酸酐　结构式为 ，分子量 463.7。为黄白色粉末，熔点 273～280℃，溴含量 68.93%。不溶于水及一般有机溶剂，可溶于二甲基甲酰胺、硝基苯等。对环氧当量为 190 的环氧树脂其用量为 140～150 质量份。

（2）六氯内亚甲基四氢化苯二甲酸酐　又名氯桥酸酐（CA 又名 HET 酸酐），结构式为

，六氯环戊二烯与顺丁烯二酸酐的反应加成物，分子量为 370，为黄白色结晶，熔点 239℃。易吸潮而变成酸，故储存时必须保持干燥。应用时将其混溶于预热到 100～120℃ 的环氧树脂中，对环氧当量为 190 的树脂其用量为 100%～107%。固化条件为 160℃/6h，增长固化时间并不能显著提高固化物的热变形温度，但固化温度低于 160℃，则会使热变形温度降低。固化物具有优良的介电性能和力学性能，适用于要求具有耐燃性的或工作温度在 180℃ 以下的浇铸和层压制品。因它的熔点高，在高温下与树脂混溶后使用期短，操作较困难，因此常与其他低熔点的酸酐，如 HHPA、DDSA、MNA、MA 等一起合用。

3.3.6.5 树脂体系中酸酐的用量

在酸酐对环氧树脂的体系中，酸酐的用量根据前述的固化反应可知，如不加催化剂，其反应除了酯化反应外，还有部分羟基对环氧基开环的醚化反应，故酸酐与环氧基的当量比以 0.85:1 较合适，当用叔胺作催化剂时主要是酯化反应，一般不产生醚化反应，故当量比以 1:1 为合适，而当用路易斯酸作催化剂时，会使醚化反应增加，这时酸酐与环氧基的当量比采用 0.55:1，另外当用含氯的酸酐作固化剂时，它们与环氧基的当量比一般采用 0.6:1。

计算时可用下式：

$$酸酐百分用量（质量份）= C \times \frac{酸酐用量}{环氧当量} \times 100$$

$$= C \times \frac{酸酐分子量 \times 100}{酸酐基数 \times 环氧当量}$$

$$= C \times \frac{酸酐分子量}{酸酐基数} \times 环氧值$$

式中，C 为常数，对于一般酸酐为 0.85，当有叔胺存在时为 1.0，对于含氯酸酐则为 0.60。在实际应用中最理想的配方还是应结合固化条件，根据对固化物性能的具体要求，通过试验来确定。

3.3.7 合成树脂类固化剂

许多合成树脂的低聚物，在其分子上含有能与环氧基反应的基团如 NH 、—CH_2OH、

—COOH、—OH、—SH 等，故也可作为环氧树脂的固化剂。由于所用合成树脂种类的不同，对环氧树脂固化物性能的影响也是不同的。因此它们也是环氧树脂的改性剂。常用的合成树脂低聚物有酚醛树脂、苯胺甲醛树脂、聚酰胺树脂、聚酯树脂、聚氨酯树脂、聚硫橡胶、呋喃树脂等。

3.3.7.1　苯酚甲醛树脂

苯酚甲醛树脂作为环氧树脂的固化剂，在层压、浇注、涂料和粘接等方面都有应用。

(1) 热塑性酚醛树脂　其化学结构通式为

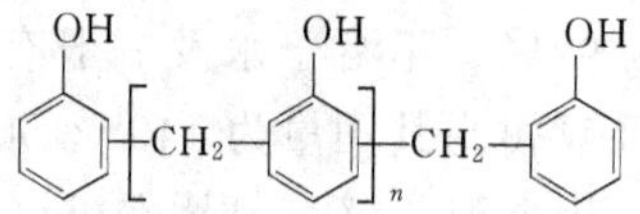

它与环氧树脂间的反应有：

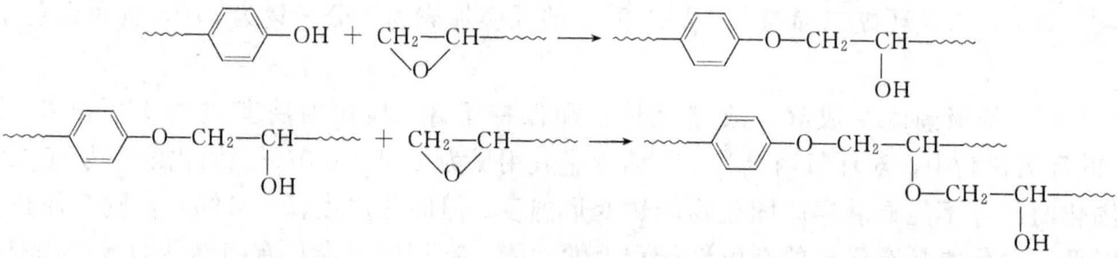

当不加催化剂时，在高温下以上两种反应都能进行，混合物在常温下的使用期可达数月，在 150℃时经数小时才固化。若加入叔胺类催化剂，则固化时主要是酚羟基与环氧基进行反应，只有当酚羟基反应完了后，醇性羟基才能和环氧基反应。常用的催化剂有苄基二甲胺（BDMA）、邻羟基苄基二甲胺（DMP-10）、2,4,6-三（二甲氨基甲基）苯酚（DMP-30）。如加入 1%～2%的苄基二甲胺，在 150℃时经 40min 就可固化，这样混合物的使用期也将相应缩短，采用这些叔胺的羧酸盐类使用期能有所增长。

(2) 热固性甲阶酚醛树脂　它的分子量一般较热塑性酚醛树脂为小，但在其分子上除有酚羟基外，还有一定量的羟甲基。因制热固性甲阶酚醛树脂时常需加入碱性催化剂。特别是当用氨水作催化剂时，它本身还能参加反应，与苯酚、甲醛结合而形成羟苄基胺，如一、二和三羟苄基胺，其中三羟苄基胺是一种叔胺，它对于酚醛树脂与环氧树脂之间的反应有效地起着催化剂的作用。因此在这种情况下固化反应主要为酚羟基与环氧基的反应。至于醇性羟基，一般只有待酚羟基反应完了以后，才能和剩余的环氧基进行反应。与热塑性酚醛树脂不同的是，固化过程中，热固性酚醛树脂分子彼此间也能进行反应。

3.3.7.2　苯胺甲醛树脂

苯胺与甲醛在强酸性催化剂作用下缩聚而得如下结构的树脂：

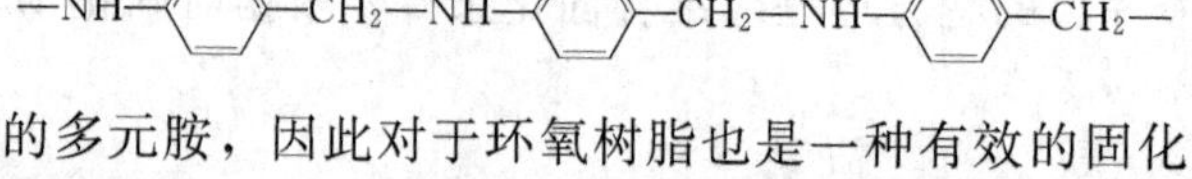

它是一种芳香族的多元胺，因此对于环氧树脂也是一种有效的固化剂。制造苯胺甲醛树脂时，甲醛对苯胺的物质的量之比在 0.5～1.0，甲醛量越多，树脂的分子量也越大，熔点也越高。

低熔点的苯胺甲醛树脂（甲醛对苯胺的物质的量之比为 0.75，熔点 60℃）与环氧树脂的混合物在 100℃时的使用期为 30min，如随即则使用能延长至 6～7h。固化条件为 120℃下 16h 甲醛与苯胺的物质的量之比为 0.7 的树脂在环氧树脂中使用 35%，所得固化物的热变形温度为 155℃。固化物的耐溶剂性、耐药品性类似于芳香二胺的体系，高温下电性能良好，在 200℃下经 1000h 也几乎无变化，与 HHPA 相似。

3.3.7.3 低分子量聚酰胺树脂

作为环氧树脂固化剂的聚酰胺树脂是由二聚或三聚的植物油不饱和脂肪酸与芳香族或脂肪族的多元胺缩聚而成。目前使用较多的是由亚油酸二聚体与多元胺如二乙基三胺或三乙基四胺反应制得的。聚酰胺树脂通过分子结构中的氨基与环氧基反应，故其对环氧树脂的固化反应与多元胺情况相同。

聚酰胺与环氧树脂具有很好的相容性，且基本无挥发性与毒性。固化时收缩小，固化物的尺寸稳定性好，冲击强度、抗弯强度、抗压强度及拉伸强度较高，耐热冲击，电性能也好，对各种材料的粘接性良好，此外机械加工性能也好。与脂肪族胺比较，耐水性好，但耐热性及耐溶剂性能差。

使用低分子量聚酰胺树脂时应根据用途和固化条件进行选择，一般低黏度的聚酰胺树脂多用于浇注和层压制品，而高黏度的多用于粘接剂。常温固化时则需用胺值较高的聚酰胺树脂。为了加速固化反应，可添加 1%～3% 的苯酚或 1%～3% 的 DMP-30，以及其他叔胺类，如二甲氨基乙醇。

3.3.7.4 苯乙烯-马来酸酐共聚树脂（SMA）固化剂

SMA 树脂是由苯乙烯与马来酸酐（MA）共聚而得的无规共聚物。1974 年由美国阿科（Acro）化学公司首先开发成功，商品名 Dylark。SMA 生产工艺主要有溶液法、本体法和本体-悬浮法，在溶液聚合时，以丙酮或二甲苯为溶剂，加入 0.05% 的过氧化苯甲酰为引发剂，在 50℃下聚合，产物用石油醚沉淀，经分离、干燥、造粒为成品。其反应式如下：

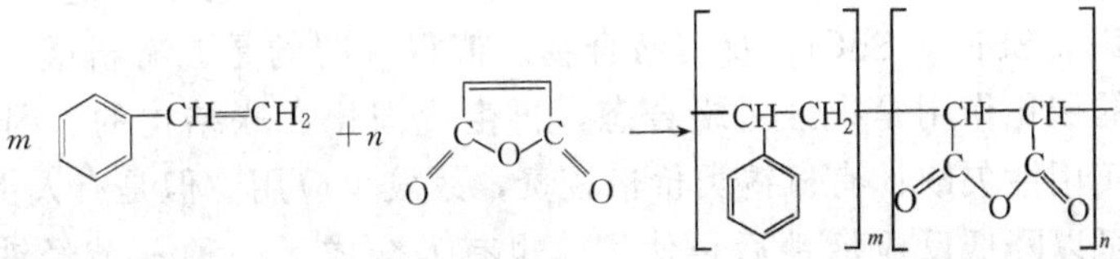

这类共聚物的商品型号目前有 SMA1000、SMA2000、SMA3000 和 SMA4000。在这些共聚物中，苯乙烯/马来酸酐含量物质的量之比值分别为 1:1、1:2、1:3 和 1:4，它们的分子量范围大约从 1400～4000。这几种共聚树脂的混合物也可作为环氧树脂的固化剂。SMA 树脂最大的特征是可使 SMA/环氧树脂固化物的耐热性能得到提高，MA 含量每增加 1%，T_g 约提高 3℃。此外，该共聚树脂可大幅度降低环氧树脂固化物的介电系数和介电损耗值，适合做高频及超高频印刷电路板。

3.3.8 环氧树脂固化反应用促进剂

环氧树脂与固化剂反应，除了一般的脂肪胺和部分脂环胺类固化剂可以在常温下固化外，其他大部分脂环胺和芳香胺以及几乎全部的酸酐固化剂都需要在较高温度下才能发生固化交联反应。为了降低固化反应温度、缩短固化反应时间，采用固化促进剂是必要的。前面已经介绍了固化促进剂，然而为了更全面地掌握促进剂的用法，本节将系统地介绍一下使用胺类和酸酐类固化剂固化环氧树脂的促进剂。

3.3.8.1 亲核型促进剂

亲核型促进剂对胺类固化的环氧树脂起到单独的催化作用，而对酸酐类则起双重催化作用，即不但对酸酐而且对环氧树脂也起催化作用。

① 亲核型促进剂在胺与环氧树脂体系中对环氧基的催化机理是通过体系中的羟基进行阴离子醚化反应。

② 亲核型促进剂对酸酐的催化，在环氧树脂/酸酐固化体系中，认为环氧树脂与酸酐的反应为二级反应。先生成烷氧阴离子，与酸酐反应，产生新的羧基阴离子，它与环氧基再反应，又产生新的烷氧阴离子，这种反应交替进行，形成聚酯型交联结构。

③ 亲核型促进剂对环氧树脂/酸酐中环氧基的催化机理，当加入酚、羧酸、醇或水，可对固化反应起加速作用。这些含有活泼氢给予体（HA）的加速顺序为酚＞酸＞醇≥水，这种顺序与亲核型促进剂形成氢键能力的大小是一致的。

亲核型促进剂大多属于路易斯碱，它们对环氧树脂具有较强的催化活性，路易斯碱性越强，取代基的空间位阻越小，那么催化活性越大。促进剂的结构及性能对交联固化反应速率和固化物性能影响甚大。值得指出的是，有一些叔胺的盐类络合物，如 DMP-30 的三（2-乙基己酸）盐和羧酸酯、甲脒以及由环氧化合物合成的氨基亚胺盐等，咪唑及咪唑啉的铵盐化环氧树脂溶液中进行。铵盐等在室温下处于稳定的状态，使胶液的适用期大大延长；在加热 100℃左右下则迅速分解产生叔胺，发生催化效应，像这类催化促进剂被称为潜伏性促进剂。

3.3.8.2 亲电型促进剂

① 在环氧树脂/胺类固化体系中，亲电型促进剂是常用的促进剂，主要是采用路易斯酸或 HA。以三氟化硼络合物为代表物。

② 在环氧树脂与酸酐类进行固化交联反应时，采用亲电型促进剂主要有路易斯酸（BF_3，PF_5，AsF_5，SbF_6，$SnCl$）及其络合物。值得说明的是，有机酸、醇或酚对环氧树脂酸酐固化反应的催化作用是先经过络合态，再生成固化交联结构的。因 BF_3 及其络合物的适用期过短，实用性欠缺；有机锡类价格较贵，故较少应用。但是有人提出与路易斯碱形成络合物，这样可以降低反应活性后再使用。也有人合成了一种 π-芳烃铁盐络合物。此类络合物即使在室温下与环氧树脂的配合物也是稳定的，在所定温度下加热便能迅速反应，具有潜伏性促进剂的特点。

3.3.8.3 金属羧酸盐促进剂

在环氧树脂/酸酐固化体系中，除了上述由于加热产生的羧酸阴离子引发的环氧基的聚醚反应以外，还可以与酸酐协同作用形成聚酯结构网络。在环氧树脂与酸酐类进行交联固化反应时，采用金属羧酸盐作促进剂，金属羧酸盐中的金属离子在反应前期有空轨道，能与环氧基形成配位络合物进行催化聚合反应，后期由于固化反应体系放热量的增加，金属羧酸盐解离，这样由羧酸根阴离子进行催化聚合反应。它具有两种不同的催化机制，使交联体系固化物中既具有酯键又有醚键结构。常用锰、钴、锌、钙和铅等的金属羧酸盐作为促进剂，并在实际生产中得到应用。有人又在金属乙酰丙酮盐类做了一些工作，此类促进剂在常温下适用期长，可以作为环氧树脂固化反应中的潜伏性促进剂，其促进催化机理与金属羧酸盐一样。作者也曾对乙酰丙酮镧系过渡金属络合物作为酸酐固化双酚 A 环氧树脂的潜伏性促进剂做了许多研究工作。

3.4 环氧树脂用辅助材料及其改性

3.4.1 稀释剂

稀释剂主要用来降低环氧树脂的黏度,当浇铸时使树脂有较好的渗透力,用于粘接和层压时使树脂有较好的浸渍能力。除此之外,选择适当的稀释剂有利于控制环氧树脂固化时的反应热,延长树脂混合物的可使用期,还可以增加树脂混合物中的填料的用量。稀释剂分两类:非活性稀释剂与活性稀释剂。

3.4.1.1 非活性稀释剂

非活性稀释剂不能与环氧树脂及固化剂进行反应,纯系物理混合,非活性稀释剂多半为高沸点溶剂,如苯二甲酸二丁酯、苯乙烯、二甲苯及酚类等。当用量少时,对固化物的物理性能无影响,但耐化学性,特别是耐溶剂性要降低。当用量多时则会使固化物的性能恶化,另外在固化时会有部分逸出,使收缩率增大,粘接力降低,严重时甚至会产生气泡。为了使固化物性能不致明显下降,其用量一般为树脂的 $5\% \sim 20\%$。

3.4.1.2 活性稀释剂

活性稀释剂在环氧树脂固化过程中能参加反应,在其分子中通常含有一个或两个以上的环氧基。此外含有其他反应基的化合物也可作为活性稀释剂。

(1) 单环氧化物活性稀释剂 常用的见表 3-12。

表 3-12 单环氧化物活性稀释剂

名 称	结构式	分子量	沸点/℃	黏度(20℃)/×10³Pa·s
苯乙烯氧化物		120	191	1.99
苯基缩水甘油醚		150	245	7.05
丙烯基缩水甘油醚	$CH_2=CH-CH_2-O-CH_2-CH-CH_2$	114	154	1.2
正丁基缩水甘油醚	$C_4H_9-O-CH_2-CH-CH_2$	130	165 80(4kPa)	低
对甲酚缩水甘油醚		164	—	
乙烯基环己烯单环氧化物		124	169	

名　称	结构式	分子量	沸点/℃	黏度(20℃)/×10³Pa·s
二戊烯单环氧化物		152	75 (1.33kPa)	—
甲基丙烯酸缩水甘油酯		142	75 (1.33kPa)	—

由于单环氧化物活性稀释剂含有能与固化剂相反应的环氧基，因此在计算固化剂用量时必须将它考虑进去。因其中环氧基所在位置不同，它与固化剂的反应性也不同，含端部环氧基的和胺类固化剂容易反应，而含中间环氧基的则与酸酐类固化剂较易反应。随着单环氧物的引入，会使环氧树脂固化物的交联密度减小，故用量多时会使固化物的性能降低，如导致热变形温度下降，热膨胀系数增加。长链的稀释剂可使抗弯强度和冲击韧度有所提高。当用量不多时，对固化物的硬度几乎无影响，电性能在热变形温度以下有所改善。脂肪族稀释剂比芳香族稀释剂有较大的稀释作用。但固化物的耐化学性、耐溶剂性显著下降。使用芳香族稀释剂时对固化物的耐酸、耐碱性影响不大，但耐溶剂性也要下降。

（2）二或三环氧化物活性稀释剂　实际上就是低黏度的环氧树脂，常用的见表3-13。

表3-13　多环氧化物活性稀释剂

名　称	结构式	分子量	性　状
二缩水甘油醚		130	沸点(2.9kPa)103℃，黏度(20℃)6×10⁻³Pa·s
乙二醇二缩水甘油醚		174	沸点175℃，25℃下黏度不大于0.1Pa·s
乙烯基环己烯二环氧化物		140	沸点227℃，黏度(20℃)7.77×10⁻³Pa·s
二甲基代乙烯基环己烯二环氧化物		168	沸点242℃，黏度(20℃)8.4×10⁻³Pa·s
3,4-环氧基-6-甲基环烷甲基-3,4-环氧基-6-甲基环己烷甲酸酯		280	沸点(0.66kPa)215℃，黏度(25℃)1.81Pa·s
3,4-环氧基环己烷甲基-3,4-环氧基环己烷甲酸酯		252	黏度(25℃)0.45～0.60Pa·s，相对密度1.173kg/L，环氧当量130～140

续表

名 称	结构式	分子量	性 状
2 缩水甘油苯基缩水甘油醚		206	
邻苯二酚二缩水甘油醚		218	
2,6-二缩水甘油苯基缩水甘油醚		262	
异三聚氰酸三缩水甘油醚		297	

使用二或三环氧化物作稀释剂时，如反应适当就不会降低交联密度，因而高温下的物理力学性能及耐化学性较好。短链及环状结构的二或三环氧化物对固化物的热变形温度几乎无影响，而长链的则会使其降低。将缩水甘油醚型稀释剂用于缩水甘油醚型环氧树脂时，不像单环氧化物那样能延长使用期。在使用非缩水甘油醚型稀释剂时，若用的是胺类固化剂，则使用期能增长，而用的是酸酐固化剂时，则使用期要缩短。

（3）含其他反应基的活性稀释剂　属于此类的有叔胺类、苯乙烯、邻苯二甲酸二丙烯酯、多元酐或多元酚类、亚磷酸三苯酯、ε-己内酰胺、丁内酯等。例如在用聚酰胺树脂作固化剂时，混入低黏度的叔胺类固化剂，便可起到活性稀释剂的作用。

3.4.2 增韧剂

单纯的环氧树脂固化物性能较脆，冲击韧度及耐热冲击性能较差，为了改进这方面的不足，可加入适当的增韧剂。增韧剂能提高固化物的冲击韧度和耐热冲击性，提高粘接时的撕裂强度，改善漆膜的韧性，减少固化时的放热作用和收缩性。但是随着增韧剂的加入，对其力学性能、电性能、耐化学性、特别是耐溶剂和耐热性会产生不良影响。

增韧剂有两种，一种是与环氧树脂相容性良好，但不参加反应的非反应性增韧剂，如苯二甲酸二丁酯、苯二甲酸二辛酯等酯类，其用量通常为 $10\%\sim20\%$；另一种是能与环氧树脂或固化剂反应的反应性增韧剂，其中含单官能基的有长链的单环氧化物、长链烷基酚等，含多官能基的有长链的二元胺、二聚酸或三聚酸、十三烯基代丁二酸酐（DDSA）、桐油酸酐（TOA）、多羟基化合物，由多羟基化合物或脂肪酸制得的增韧性环氧树脂，末端为羟基或羧基的聚酯树脂、聚酰胺树脂、聚硫橡胶以及聚氨酯等。

3.4.2.1 增韧性环氧树脂

这类环氧树脂的分子结构中具有较长的脂肪烃链，故使所得的固化物具有韧性。

（1）聚丙二醇二缩水甘油醚　其化学结构通式如下：

$$H_2C\text{—}CH\text{—}CH_2\text{—}O\text{—}[CH\text{—}CH_2\text{—}O]_n\text{—}CH_2\text{—}CH\text{—}CH_2$$

式中，n 可为不同的值，如 $n=4$、9，在环氧树脂中，聚丙二醇二缩水甘油醚的用量越多，固化物的韧性越好，但耐热性、耐化学性及耐溶剂性等则随着降低。

（2）亚油酸二聚体二缩水甘油酯　它是由不饱和脂肪酸的二聚体为原料而制得的，加入环氧树脂中能使固化物的韧性增加，但耐碱性和耐汽油性要降低。

3.4.2.2　末端为羟基或羧基的聚酯树脂

聚酯树脂对于环氧树脂可起增韧剂的作用，同时环氧树脂对于聚酯树脂来说，也是一种末端改性剂，以提高聚酯树脂的黏着性、耐水性和耐化学性。不同型号的聚酯树脂由于其端部可能是羟基，也可能是羧基，故它与环氧树脂的反应也不同。例如由己二酸与缩二乙二醇制得的低分子量酸性聚酯，与环氧树脂混合，可得到富有韧性、绝缘性高的固化物。另外在不饱和聚酯与邻苯二甲酸二丙烯酯（DAP）的混合物中加入环氧树脂，由此所制得的覆铜薄板具有良好的耐湿性、电性能和黏着性。

3.4.2.3　液体聚氨酯

作为环氧树脂增韧剂，一般用分子量较高的二异氰酸酯，即液体的聚氨酯预聚体。聚氨酯预聚体通常是由二异氰酸酯与二羟基化合物制得，如下所示：

$$2OCN\text{—}R\text{—}NCO + HO\text{～～}\text{～～}OH \longrightarrow OCN\text{—}R\text{—}NH\text{—}\overset{O}{\overset{\|}{C}}\text{—}O\text{～～}O\text{—}\overset{O}{\overset{\|}{C}}\text{—}NH\text{—}R\text{—}NCO$$

聚醚（或聚酯）

为了使所配的树脂混合物有较长使用期，其中所用的环氧树脂以含羟基少的低分子量的为宜，否则环氧树脂本身的羟基和预聚体中异氰酸基反应，从而混合物的黏度增大，使用期缩短。

聚氨酯预聚体中的异氰酸基可与环氧树脂中的羟基反应，也可以与环氧基直接反应，如下所示：

$$\text{～～}RNCO + H_2C\text{——}CH\text{—}CH_2 \longrightarrow \text{～～}RN\underset{H_2C\text{——}CH\text{—}CH_2\text{～～}}{\overset{\overset{O}{\overset{\|}{C}}}{\diagdown O}}$$

环氧树脂中加入液体聚氨酯作增韧剂，不仅可提高固化物的弹性、耐冲击性和耐热冲击性，而且还可改善其黏着性。

3.4.2.4　聚硫橡胶

两端具有硫醇基的低分子量聚硫橡胶也可作为环氧树脂的增韧剂，聚硫橡胶是通过硫醇基与环氧基反应的，但反应很慢，为了加速固化，通常需加入催化剂，如许多伯胺、仲胺和叔胺，三乙基四胺，2,4,6-三(二甲氨基甲基)-苯酚，二甲氨基丙胺、吡啶等，加入催化剂后其固化速率显著加快，即使在室温下也能固化，其反应机理与醇的情况相似。注意这里所指的是缩水甘油醚型的环氧树脂，如对环氧化聚烯烃树脂则反应很困难。聚硫橡胶的用量增加，能延长树脂混合物的使用期，能使固化物的弹性增加，透湿性减小，但会使电性能下降，故一般用量为环氧树脂的 50%～100%。

3.4.3 填料

根据制品性能要求，在环氧树脂复合物中加入适当的填料，可使固化物的一些性能得到改善。填料的种类很多，有无机物、有机物、非金属与金属等。应注意填料与增强材料在概念上是有区别的，增强材料主要是使固化物的机械强度增大，而使用填料的目的如下。

(1) 降低成本 大量使用的可以相应地减少树脂的用量，有利于降低成本。例如碳酸钙、黏土、滑石粉及石英粉等。

(2) 增加导热性 某些固化剂反应热较高，加入传热性较好的填料，有利于反应热的散出，延长了使用期。另外也增加了固化物的导热性，如氧化铝、二氧化硅等及铝、铜、铁等金属粉。

(3) 降低固化物的收缩性和热膨胀系数 由于填料在固化物中占有容量，又因加入填料后防止过度发热，故增加填料的用量可使固化时的收缩性减少。

无机填料的热膨胀系数比树脂低，加入填料可使环氧树脂固化物的热膨胀系数降低。

(4) 改善固化物的耐热性 因为填料大多为无机物，故能使耐热性提高。耐燃性也能提高，但应注意在多数情况下，粉状填料加入会使固化物的热变形温度有所降低。当用酸酐作固化剂，石英粉、氢氧化铝作填料时，固化物的热变形温度会有些提高。

(5) 提高固化物的耐水性、耐溶剂性，改善耐化学性和耐老化性 通常使用石英粉，硅酸锆造填料时，固化物的吸水性最小，而用氢氧化铝作填料时，固化物的吸水性较高。

(6) 改善固化物的耐磨性 为了增加固化物的耐磨性，可用石墨、二氧化钛、二硫化钼作填料。

(7) 提高电性能，改善耐电弧性 加入云母、石棉、石英粉等绝缘性能好的填料，可提高固化物的绝缘性能，特别是使耐电弧性提高。而用金属粉和石墨粉做填料，则使固化物的导电性提高。

选用填料时，必须根据对环氧树脂固化剂的具体性能要求来考虑。此外，从化学上看，填料必须是中性或弱碱性的，不含结晶水，对环氧树脂及固化剂为惰性的，对液体和气体无吸附性或吸附性很小。从操作上看，填料的颗粒在 $0.1\mu m$ 以上，与树脂的亲和性好，在树脂中沉降性要小，同时希望填料的加入对树脂黏度的增长无急剧的影响。

填料的用量一般按 3 个方面来确定。

① 控制树脂到一定的黏度。用量太多会使树脂黏度增加，不利于工艺操作。

② 保证填料的每个颗粒都能被树脂润湿，因此填料用量不宜过多。

③ 保证制品能符合各种性能的要求。通常如石棉粉等轻质填料固体积大，用量一般在 25%以下，随着填料比重的增加，用量也可相应地增加，如氧化铝、滑石粉其用量一般为 50%～60%或更多些，用石英粉作填料时其用量可达 200%。

3.4.4 阻燃剂

除了在主链上含有卤族元素、磷系元素、硼系元素的环氧树脂之外，大部分环氧树脂均是由 H、C、O 组成的。因此都具有不同温度的可燃性。这些环氧树脂燃烧时不仅着火，而且有可能还散出烟尘和毒气。衡量环氧树脂固化物是否易燃的一项重要指标是氧指数（OI）。它是评价环氧树脂及其他聚合物相对燃烧性的一种表示方法。氧指数在 21 以下的属于易燃材料，在 22 以上的称为难燃材料。环氧树脂的氧指数约为 20，属于易燃材料。

阻燃剂按照类别分为反应型阻燃剂和添加型阻燃剂。反应型阻燃剂一般指环氧树脂或固化剂主链结构中自身就具有阻燃元素或官能团的，比如溴化环氧树脂、双氰胺类固化剂等（这些前面有关章节已作了讨论），这里仅对添加型阻燃剂进行主要讨论。

按化学成分添加型阻燃剂分为两大类，即无机阻燃剂和有机阻燃剂，添加型阻燃剂的分类如下。

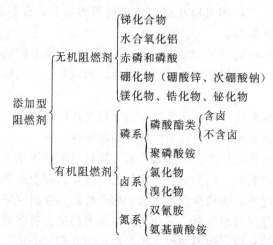

为了达到优良的阻燃效果往往是多种阻燃剂互相配合使用，以期达到协同阻燃效应。

3.4.4.1　无机阻燃剂

由于无机阻燃剂具有热稳定性好、不析出、不挥发、无毒和不产生腐蚀性气体等特点以及价格低廉、安全性较高，因此近年来国内外发展很快。在美国无机阻燃剂消费量占总消费量的 54％以上，日本占 64％。目前国内外广泛被采用的有赤磷、氢氧化铝、三氧化二锑、硼化物和镁化物等。无机阻燃剂的缺点是：大量添加会使材料加工性和物理性能下降，因此使用对必须注意控制加入量。

（1）氢氧化铝　是无机阻燃剂的代表品种、它不仅可以阻燃，而且可以降低发烟量、价格低廉、原料易得，因此受到世界各国普遍重视。美国和日本每年氢氧化铝的消费量占整个无机阻燃剂的 80％，主要用于环氧树脂、不饱和聚酯树脂、聚氯乙烯、聚乙烯、聚丙烯和聚苯乙烯等。

（2）三氧化二锑　其本身不能作为阻燃剂，但当它与含卤阻燃剂并用时，就会产生很大的阻燃协同效应，从而大大减少含卤阻燃剂用量。它是一种有效的助阻燃剂。

（3）硼系阻燃剂　硼酸锌（$ZnO \cdot B_2O_3 \cdot 2H_2O$）是一种无毒、无味、无臭的白色粉末，$ZnO$ 含量为 37％～40％，B_2O_3 含量 45％～49％，H_2O 含量小于 1％，粒度（320 目筛余物小于 1％）。

（4）磷系阻燃剂　赤磷是一种用途很广的新型阻燃剂。其原理为在高温下先变成磷酸，进而变成偏磷酸、多聚磷酸。而磷酸是强力脱水剂，它能使聚合物脱水变成焦炭，从而隔离了氧气与聚合物接触，起到阻燃作用。由于赤磷添加量少、溶解性差和熔点高（＞500℃），因此用赤磷阻燃聚合物比用其他阻燃剂阻燃有更好的物理性能。

3.4.4.2 有机阻燃剂

(1) 有机磷系阻燃剂

① 三（2,3-二氯丙基）磷酸酯。它是一种浅黄色黏稠液体，相对密度（25℃）1.5129，闪点 51.7℃，折射率（n_D^{25}）1.5019，皂化值为 790.6，可溶于氯化溶剂，具有中等毒性，本阻燃剂不易挥发和水解，对紫外线稳定性良好。它是由环氧氯丙烷和三氯氧磷在二氯乙烷溶剂中，在 85～88℃温度和无水三氯化铝催化下制得的。国外主要商品牌号有美国斯托福公司 Fyrol FR-2，Celanese 公司的 Celluflex FR-2，日本大八化学公司的 CRP 和日本油脂公司的二おこ3PC。

$$3CH_2Cl-CH\!\!-\!\!CH_2 + POCl_3 \xrightarrow{AlCl_3}$$

$$
\begin{array}{c}
CH_2Cl-CHCl-CH_2O \\
CH_2Cl-CHCl-CH_2O-P=O \\
CH_2Cl-CHCl-CH_2O
\end{array}
$$

$$
\begin{array}{c}
R_1 \\
P-O-CH_2-CH\!\!-\!\!CH_2 \\
R_2
\end{array}
$$

式中，R_1 为 —O—CH$_2$C(CH$_2$Cl)$_3$—O—CH(CH$_2$Cl)$_2$ ；R_2 为 —O—CH$_2$C(CH$_3$Cl)$_3$

② 氯烷基磷酸缩水甘油酯。因含有缩水甘油基能和环氧树脂一起和固化剂反应，故是一种结构型阻燃剂。

③ 氨基磷酸酯。该化合物中含有苯氨基，故能作为环氧树脂固化剂使用。氨基磷酸酯自熄性环氧树脂配方见表 3-14。

表 3-14 氨基磷酸酯自熄性环氧树脂配方

原　料	Phr
E-44 环氧树脂	100
593# 固化剂	19
氨基磷酸酯	50

室温下固化 3 天后，试样在本生灯上作水平燃烧试验，离开火焰 12s 内自熄。

(2) 有机卤化物阻燃剂

① 双（2,3-二溴丙基）反丁烯二酸酯（FR-2）。本品是一种白色粉末状的反应型阻燃剂，溴含量 62%以上，热分解温度为 220℃，熔点 63～68℃。它是由过量二溴丙醇和顺丁烯二酸酐在硫酸催化下进行减压酯化制得的。主要用作 ABS、AS 树脂反应型阻燃剂，另外可作为聚丙烯、聚苯乙烯、环氧树脂和不饱和聚酯树脂等的添加型阻燃剂。FR-2 阻燃剂应用于丙烯酸环氧酯类乙烯树脂中，有良好的阻燃效果。配方见表 3-15。

上述混合物浇铸成试条，室温下固化 24h、再在 60℃下固化 4h。试样经水平燃烧法试

表 3-15 FR-2 阻燃剂应用于丙烯酸环氧酯类乙烯树脂中配方

原料名称	质量份	原料名称	质量份
丙烯酸环氧酯	40	环烷酸钴液	2
苯乙烯	10	FR-2	20
氢氧化铝	30	过氧化环己酮液	4

验，在本生灯火源撤离后 2s 内熄灭。

② 四溴苯二甲酸酐。该化合物为白色粉末。含溴量 68.9%，熔点 279~280℃，不溶于水和脂肪族碳水化合物溶剂，可溶于硝基苯、甲基甲酰胺，微溶于丙酮、二甲苯和氯代溶剂。制备有两种方法。一种是将苯二甲酸酐溶于含 20%~65%SO₃ 的发烟硫酸中。以少量碘和铁粉为催化剂，把它加热到 75℃，然后慢慢加入溴，加完溴后，将温度升至 200℃，保温 17h。在此温度下通入氯气，这时四溴苯酐析出。过滤后先用浓硫酸洗涤，再用稀硫酸和水洗涤，经干燥后即得成品。国外商品牌号有日本日宝化学公司的 FR-TB 和美国 Michigan 公司的 Firemaster BHT4。

③ 氯桥酸酐。是一种白色结晶出体，熔点为 240~241℃，含氯量 57.4%，可溶于苯、己烷、丙酮和四氯化碳。氯桥酸酐是由 1mol 六氯环戊二烯和 1.1mol 的顺丁烯二酸酐在 138~145℃温度下，经过 7~8h 反应后制得的。将产品用热水和稀醋酸进行结晶后，即得到一种白色结晶状的氯桥酸酐（又称氯茵酸酐）。氯桥酸酐是一种反应型阻燃剂，主要用于不饱和聚酯和聚氨酯树脂，另外也作环氧树脂固化剂。商品名称有美国 Hooker 公司的 HET Acid。

④ 二溴苯某缩水甘油醚及二溴甲苯基缩水甘油醚。它们都是含溴带有活性环氧基的低黏度液体，加入到环氧树脂中既能起到活性稀释剂的作用又能起到阻燃作用。二溴苯基缩水甘油醚和三氧化二锑一起使用可以获得阻燃协同效果。把上述物料搅拌 30min，然后加入 40g 粒径为 15μm 的双氰胺粉末，5g 三（3-氯苯基)-1,1-二甲基脲，用三辊机混炼后，即制成清漆，浸渍玻璃布后在 140℃下加热 8min，就制成预浸胶布。数层胶布经 180℃热压 30min 所制成的层压板阻燃性能达到 UL-94 V-0 级。

（3）有机磷阻燃剂

①有机磷阻燃剂（DMMP）。本阻燃剂遇到火焰时，磷化物分解生成磷酸→偏磷酸→聚偏磷酸。在分解过程中产生磷酸层，形成不挥发性保护层覆盖于燃烧面、隔绝了氧气的供给，促使燃烧停止。磷化物热分解生成五氧化二磷，没有毒气产生，这是本阻燃剂的一大优点。DMMP 和低分子环氧树脂（如 R-51 环氧树脂、E-44 环氧树脂）有一定的溶解性。为了使 DMMP 添加量达 7% 以上，在环氧树脂组分中添加活性稀释剂是必要的。它的优点是可以制成透明的阻燃材料。DMMP 与含卤阻燃剂一起使用，由于协同效应可达到更高的阻燃水平。

② 三（2，3-二氯丙基）磷酸酯（TCPP）。分子式 $C_9H_{15}O_4Cl_6P$，结构式

$$O{=}P{\left(\!-OCH_2{-}\underset{\underset{Cl}{|}}{CH}{-}CH_2Cl\right)}_3。$$

③ 三（2，3-二溴丙基）磷酸酯（TBrPP）。分子式 $C_9H_{15}O_4Br_6P$，结构式

$$O{=}P{\left(\!-O{-}CH_2{-}\underset{\underset{Br}{|}}{CH}{-}CH_2Br\right)}_3。$$

3.4.5 纤维增强材料

21 世纪，先进复合材料（ACM）的开发与应用将进入飞速发展的时期，因此复合材料用增强体的开发十分重要。凡是在聚合物基复合材料中起到提高强度、改善性能作用的组分均可以称为增强材料。以环氧树脂为基体的复合材料用新型纤维状增强材料的品种有：玻璃纤维、碳纤维、超高分子量聚乙烯纤维、聚芳酰胺（芳纶）纤维、PBO 纤维、硼纤维等。由于篇幅所限，仅对上述几种纤维作简要介绍。

3.4.5.1 玻璃纤维

玻璃纤维是由熔化的玻璃溶液以极快的速度抽成的细丝状的材料，通过合股、加捻成玻

璃纤维纱。它可以再纺织成玻璃纤维带、玻璃布等纤维制品。玻璃是由若干种金属或非金属氧化物构成的，不同的氧化物将赋予玻璃或玻璃纤维不同的工艺及最终制品的性能。

(1) 玻璃纤维的种类、组成及特性　玻璃纤维的种类很多。按照碱含量分类，可以把玻璃纤维分成有碱纤维、中碱纤维和无碱纤维（碱金属氧化物含量分别为大于10%、2%～6%和小于1%）。按化学组成分类，在归类玻璃纤维性能及特性方面是便利的。因此在此将作详细的介绍。

玻璃纤维主要是由 SiO_2、镁、钙、铝、铁、硼的氧化物构成的。它们对玻璃纤维的性能以及工艺特点起到非常重要的作用。SiO_2 的存在导致玻璃具有低的热膨胀系数；Na_2O、Li_2O、K_2O 等碱金属氧化物具有低的黏度，可以改善玻璃的流动性；CaO、MgO 等碱土金属氧化物在玻璃中能改进制品的耐化学性、耐水性及耐酸、碱性能；Al_2O_3、Fe_2O_3、ZnO、PbO 等金属氧化物可以有助于玻璃及制品耐化学腐蚀性。上述玻璃中氧化物的不同组合可以产生出不同性能的纤维玻璃成分。目前已经商品化的纤维用玻璃成分如下。

① A-玻璃纤维。亦称高碱玻璃，是一种典型的钠硅酸盐玻璃，它的 Na_2O 含量高达14%，因而耐水性很差，较少用于玻璃纤维生产。在国外主要用在生产玻璃棉、屋面沥青增强材料中。

② E-玻璃纤维。亦称无碱玻璃纤维，是一种硼硅酸盐玻璃，是目前应用最为广泛的一种玻璃纤维。具有良好的电绝缘性及一般的力学性能。缺点是易被无机酸侵蚀，故不适于用在酸性环境中。

③ C-玻璃纤维。亦称中碱玻璃纤维，其特点是含有一定量的 B_2O_3，耐化学性特别是耐酸性优于无碱玻璃，但是电气性能差、力学性能不高。主要用于生产耐腐蚀的玻璃纤维产品。

④ S-玻璃纤维。它是一种高强度玻璃纤维，玻璃成分中 SiO_2 含量高，熔点高，拉丝作业困难，因此价格较贵。其玻璃纤维制品主要用在军工和国防工业领域中。

⑤ AR-玻璃纤维。也称为耐碱玻璃纤维，主要是为了增强水泥制品而研制开发的。玻璃成分中含有16%的 ZrO，故耐碱性大大增强。

⑥ ECR玻璃纤维。是一种改进的无硼无碱玻璃纤维，用于生产耐酸性、耐水性要求很高的玻璃钢制品。其耐水性比无碱玻璃纤维提高7～8倍，耐酸性比中碱玻璃纤维还要好一些。

⑦ D-玻璃纤维。亦称低介电玻璃，属于电子级产品，主更生产介电常数（3.8～4.2）和介电强度要求高的玻璃钢制品。

⑧ Q-玻璃纤维。属于电子级玻璃纤维，其特点是 SiO_2 含量高（达到99%），介电常数极低（3.5～3.7），主要用于制造高频传输用高性能印刷电路板。

⑨ H-玻璃纤维。属于特种玻璃纤维制品，它的主要特点是具有高的介电常数（11～12），有利于制成小型化的印刷电路板。

(2) 玻璃纤维织物的种类及特点　根据不同的用途，玻璃纤维可以织成布（方格布、斜纹布、缎纹布、罗纹布和席纹布）、玻璃带（分为有织边带和无织边带）主要织纹是平纹，玻璃纤维毡片（短切原丝毡、连续原丝毡）。

3.4.5.2　碳（石墨）纤维

碳纤维是由有机纤维或低分子烃气体原料经过加热至1500℃，所形成的由不完全石墨结晶沿纤维轴向排列的一种纤维状多晶碳材料。其碳元素的含量达95%以上。碳纤维制造工艺分为有机先驱体纤维法和气相生长法。应用的有机先驱体纤维主要有聚丙烯脂（PAN）纤维、人造丝和沥青纤维等。目前世界各国发展的主要是 PAN 碳纤维和沥青碳纤维。工业上生产石墨纤维是与生产碳纤维同步进行的，它需要再经高温（2000～3000℃）加热处理，使乱层类石墨结构的碳纤维变成高均匀、高取向度结晶的石墨纤维。气相生长法制得的碳纤维称为气相生长碳纤维（VGCF）。

碳纤维按力学性能又分为通用级（GP）和高性能级（HP级，包括中强型 MT、高强型 HT、超高强型 UHT、中模型 IM、高模型 HM 和超高模型 UHM）。前者拉伸强度小于 1000MPa，拉伸模量低于 100GPa；后者拉伸强度可高于 2500MPa，拉伸模量大于 220GPa。

碳纤维具有低密度、高强度、高模量、耐高温、抗化学腐蚀、低电阻、高导热、低热膨胀、耐化学辐射等特性。还具有纤维的柔曲性和可编性，比强度和比模量优于其他无机纤维。碳/环氧基复合材料的拉伸强度超过铝合金。但是碳纤维性脆、抗冲击性和高温抗氧化性较差。

碳纤维增强环氧树脂基复合材料制品已广泛应用于制作火箭喷管、导弹头部鼻锥、飞机、人造卫星的结构部件等国防工业领域中。此外，还广泛用于制造运动器件（各种球拍和杆、自行车、赛艇等），也用作医用材料（如制作人工韧带、骨筋、齿根等）、密封材料、制动材料、电磁屏蔽材料和防热材料等。还可能大量用于建筑材料。

3.4.5.3 超高分子量聚乙烯纤维

超高分子量聚乙烯（UHMWPE）纤维是由荷兰 DSM 公司在 1979 年申请了第一项发明专利的基础上，于 1990 年开发研制成功的，商品名"Dyncema"。随后日本东洋纺、日本三井石化和美国联合信号公司先后取得了 DSM 的专利许可权，开始进行开发和生产，使其纤维强度由最初的 6.4CN/dtex，达到 37CN/dtex。

UHMWPE 纤维的制造技术，首先采用了一般的 Ziegler-Natta 催化剂体系将乙烯聚合成 100 万以上分子量，约为普通聚乙烯纤维的 30～60 倍。UHMWPE 纤维的表面自由能低，不易与环氧树脂基体黏合，对其进行表面处理以便提高它与基体的界面黏合性能。主要的处理方法有：①表面等离子反应方法；②表面等离子聚合方法。

该纤维是目前比强度最高的有机纤维。在高强度纤维中它的耐动态疲劳性能和耐磨性能最高，耐冲击性能和耐化学药品性也很好，但是最大的缺点是其极限使用温度只有 100～300℃，蠕变较大，因此，限制了它在许多领域中的应用。目前主要应用在制备耐超低温、负膨胀系数、低摩擦系数和高绝缘等性能较高的制品领域中。

3.4.5.4 芳纶纤维

凡聚合物大分子主链是由芳香环和酰胺键构成的聚合物称为芳香族聚酰胺聚合物（树脂）。由它纺织而成的纤维总称为芳香族聚酰胺纤维，中国简称芳纶纤维，美国称为 Kevlar 纤维。芳纶纤维主要有两大类：一类是全芳族聚酰胺纤维，另一类是杂环聚芳酰胺纤维。虽然可合成应用的品种很多，但目前可供复合材料使用的主要品种有聚对苯二甲酰对苯二胺（PPTA）、聚间苯二甲酰间苯二胺（MPIA）、聚对苯甲酰胺（PBA）和共聚芳酰胺纤维。芳纶纤维具有耐高温、高强度和高模量和低相对密度（1.39～1.44）的特性。但是芳纶纤维耐酸、耐碱性和耐化学介质的能力较差。不同种类的芳纶纤维具有不同的特性。

（1）PPTA 纤维 是芳纶纤维应用最为普遍的一个品种。美国杜邦公司于 1972 年研制开发成功，其后荷兰的 Akzo 公司的 Twaron 纤维系列、俄罗斯的 Terlon 等纤维也相继投入市场。中国 20 世纪 80 年代中期试生产的芳纶 1414 也为该类纤维。PPTA 纤维具有微纤结构、皮芯结构、空洞结构等不同形态结构的超分子结构，这些结构特点是形成各类 PPTA 纤维不同强度、不同模量性能的基础。

（2）PBA 纤维　它是 20 世纪 80 年代初由中国开发研制成功的，定名为芳纶 14。PBA 纤维具有与 PPTA 纤维相似的主链结构。但是红外光谱和 X 射线衍射光谱研究表明：仲酰胺的吸收谱带相对比强度有差异，波数与位置也不完全一样，取向度高达 97%，因此模量比 PPTA 纤维略高，拉伸强度比 PPTA 约低 20%，此外，热老化性能和高温下的强度保持率也比 PPTA 高。这些性能使其更有利于用作复合材料的增强材料。

（3）对位芳酰胺共聚纤维　采用新的二胺或第三单体合成新的芳纶是提高芳纶纤维性能的重要途径。目前主要的品种有日本帝人公司的 Technora 纤维和俄罗斯的 CBM 及 APMCO 纤维。

① Technora 纤维。它是由对苯二甲酰氯与对苯二胺及第三单体 $3,4'$-二氨基二苯醚在 N,N'-二甲基乙酰胺等溶剂中低温缩聚而成的。纤维的相对密度仅为 1.39，拉伸强度达到 3.40GPa，模量达到 64GPa，断裂延伸率达到 4.6%，热分解温度在 500℃ 以上。

② 聚对芳酰胺苯并咪唑（Armos）纤维。俄罗斯商品牌号为 CBM 的芳纶纤维属于此类芳杂环共聚芳纶纤维，一般认为它是在原 PPTA 的基础上引入对亚苯基苯并咪唑类杂环二胺，经低温缩聚而成的三元共聚芳酰胺体系，纺丝后再经高温热拉伸而成。据介绍，CBM 纤维结构中含有叔胺基，它提供了多个空轨道，能吸引苯二甲酰胺芳香环上的 π 电子，并可进一步杂化，形成更为稳定的化学键，因此使其纤维强度优于 PPTA，这是一种非晶形的高分子结构。

Armos 纤维则是 PPTA 溶液和 CBM 溶液以一定比例混合抽丝而得到的一种"过渡结构"。通过纤维结构的改变和后处理工艺的调整，可得到一系列性能不同的 Armos 纤维，兼有结晶形刚性分子和非晶形分子特征。因此 Armos 纤维的性能明显高于 Kevlar 纤维，并且由于其分子链中的叔胺和亚胺原子易与基体中的环氧官能团作用，故导致纤维基体界面可能形成比较牢固的网状结构，由此其剪切强度远高于 Kevlar 纤维。

芳纶纤维干纱的单丝和复丝测得的纤维强度，并不能真实地反映芳纶纤维复合材料的性能，因为芳纶纤维是皮-芯结构。基体树脂对其复合材料的性能影响是不能忽视的。芳纶纤维复合材料在密度和强度方面，比起玻璃纤维复合材料具有更显著的优异性能，除压缩强度、剪切强度略低外，其他性能均高于玻璃纤维复合材料。

芳纶纤维复合材料最突出的性能是它具有高应力-断裂寿命、良好的循环耐疲劳性能和显著的振动阻尼特性。芳纶纤维与碳、硼等高模量纤维的混合，可得到应用上需要的高的压缩强度、剪切强度，是使用任何单一纤维增强材料所不能比拟的。

芳纶纤维增强环氧树脂基复合材料主要用于航空航天领域中。如 Kevlar-49 浸渍环氧树脂浇注美国核潜艇"三叉戟"C4 潜-地导弹的固体火箭发动机壳体；前苏联的 SS-24、SS-25 铁路和公路机动洲际导弹各级固体发射架机壳体；德国的 M_4 导弹 402K 发动机壳体。芳纶纤维/环氧基复合材料还大量应用于制造先进军用飞机。此外，芳纶纤维/环氧树脂制备的含有金属内衬的压气瓶在航天航空领域中也得到了广泛的应用。芳纶纤维/环氧基复合材料还用于战舰和航空母舰的防护装甲和声呐导流罩等。芳纶纤维复合材料板、芳纶与金属复合装甲板已广泛用于防弹装甲车、直升机防弹板和防弹头盔等。芳纶纤维增强环氧树脂基复合材料可以用于制造弓箭、弓弦、羽毛球拍等体育运动器件。还广泛应用在制成高性能集成电路和低线膨胀系数印刷电路板等电子绝缘设备中。

3.4.5.5 聚对亚苯基苯并二唑（PBO）纤维

聚对亚苯基苯并二噁唑（PBO）纤维因其具有比碳纤维更低的密度、更高的比强度和比模量而被认为是 21 世纪的超级纤维。PBO 纤维是由美国 Dow 化学公司在 1982 年开发出的高效率的单体合成技术之后，于 1991～1994 年期间与日本东洋纺公司合作开发成功其纺织技术。在 1995 年东洋纺公司购买了 Dow 化学公司的专利权，开始进行中试生产，商品名为 Zylon。具有优异的力学性能和耐高温性能，其拉伸强度为 5.80GPa，拉伸模量高达 280～380GPa，同时其密度仅为 1.56g/cm³。PBO 纤维没有熔点，其分解温度高达 670℃，可在 300℃下长期使用，是迄今为止耐热性最好的有机纤维；其阻燃性能优异，同时具有优异的耐化学介质性，除了能溶解于 100％的浓硫酸、甲基磺酸、氯磺酸、多聚磷酸外，在绝大部分的有机溶剂及碱中都是稳定的；PBO 纤维在受冲击时纤维可原纤化而吸收大量的冲击能，是十分优异的耐冲击材料，其复合材料的最大冲击载荷和能量吸收均高于芳纶纤维和碳纤维；除此之外，PBO 纤维还表现出比芳纶纤维更为优异的抗蠕变性能和耐剪耐磨性。

PBO 纤维的高性能来自于苯环及芳杂环组成的刚棒状分子结构，以及分子链在液晶态纺丝时形成的高度取向的有序结构。因此研究这种溶致性液晶高分子结构具有重要意义。对 PBO 分子链构象的分子轨道理论计算结果表明：PBO 分子链中苯环和苯并二噁唑环是共平面的。从空间位阻效应和共轭效应角度分析，PBO 纤维分子链间可以实现非常紧密的堆积，而且由于共平面的原因，PBO 分子链各结构成分间存在更高程度的共轭，因而导致了其分子链更高的刚性。

3.4.5.6 硼纤维

硼纤维是用化学气相沉积法使硼（B）沉积在钨（W）丝或其他纤维芯材上制得的连续单丝。芯材直径一般为 3.5～50μm，制得的硼纤维直径有 100μm、140μm、200μm 三种。大直径的 B 纤维的综合性能较好，并有利于降低成本，但是直径过大，缺陷增多。目前以直径 140μm 的纤维应用最多。

硼纤维的拉伸强度约为 3.5GPa，模量约为 400GPa，密度约为 2.5g/m³。因此硼纤维最突出的优点是密度低，力学性能好。

硼纤维作为复合材料增强纤维，主要用途是制造对重量和刚度要求高的航空、航天飞行器的部件，如美国的军用飞机 F-14、F-15 中已有使用。此外在超导发电机、超离心设备、高速、高受力旋转的机械设备中也有应用。

3.5 环氧树脂的应用

环氧树脂具有粘接、防腐蚀、成型性和热稳定性等性能，在机械、热、电气和耐化学药品性方面的性能非常优越。由于有这些机能和性能，它可以作为涂料、胶黏剂和成型材料，并在电气电子、光学机械、工程技术、土木建筑及文体用品制造等领域中得到了广泛的应用。现将几种应用形式列于表 3-16 中。

从表 3-16 可见，环氧树脂的应用领域十分广泛，以直接或间接使用形式几乎遍及所有工业领域。为了使读者充分了解环氧树脂及应用和掌握如何使用环氧树脂，本节将分别对环氧树脂涂料、环氧树脂胶黏剂、环氧树脂成型材料、纤维增强塑料及复合材料进行详细介绍。

表 3-16 环氧树脂的各种用途

应用形式	应用领域	使用内容
涂料	汽车	车身底漆,部件涂装
	容器	食品罐内外涂装,圆桶罐内衬里
	工厂设备	车间防腐涂装,钢管内外防腐涂装,储罐内涂装,石油槽内涂装
	土木建筑	桥梁防腐涂装,铁架涂装,铁筋防腐涂装,金属房根涂装,水泥储水槽内衬,地基衬涂
	船舶	货仓内涂料,海上容器,钢铁部位防腐涂料
	其他	家用电器涂装,钢制家具涂装,电线被覆瓷漆涂装
胶黏剂	飞机	机体粘接,蜂窝夹层板(制造前翼、后翼、机身及门)的芯材与面板粘接,喷气机燃料罐的FRP板的粘接,直升机的螺旋桨裂纹修补
	汽车	FRP车身/金属框架,密封橡胶填充物,挡风橡胶条车身,室灯透镜/框架,室灯/菲涅尔透镜,塑料部件的粘接组装(汽车器浮标、槽阀、浮标盖等)
	光学机械	树脂黏合取景器的棱镜/五金类,反射镜或光框组装,多层滤色镜的组装,金属部件组装
	电子、电气	印刷线路基板;绝缘体片;扬声器等的固定;电视安全玻璃的固定;传递模塑部分;铁芯线圈的粘接;对于电流表或电压表的检流计线圈与磁链的组装
	铁道车辆	夹层板制造,不能熔接的金属间黏合,玻璃的固定,金属内衬装饰板/增强材料粘接,钢壁/铝壁粘接,金属备件/车体(船体)粘接
	土木建筑	护岸护堤等的水泥块固定;新旧水泥连接;道路边石、混凝土管,隧道内照明设备,计时器,插入物等粘接;瓷砖粘接;玻璃粘接
FRT	飞机	主翼、尾门、地板蜂窝夹层板的面材,直升机旋转翼片,飞行架材,发动机盖
	重电器	印刷电路板,重电机用嵌衬,滑环、整流子夹具棒,高压开关或避雷器部件
	体育用品	球拍、液球手柄、钓竿、竹刀
成型材料	电器	电子设备元件封装,配电器,跨接插座,切换接点盘,接线柱,油中绝缘子,水冷轴衬,变压器汇流排的绝缘包封,绝缘子,绝缘管,切换器,开闭器
	工具	钣金成型工具,塑料成型工具,铸造用工具,模型原型及其辅助工具

3.5.1 环氧树脂涂料

环氧树脂在涂料工业中的应用,是利用其万能粘接性和优良的耐化学药品性。涂料的状态包括溶液状(包括高固含量分散型和无溶剂型)、水分散状及粉末状。各种形式的环氧树脂涂料组成及用途列于表 3-17 中。

表 3-17 环氧树脂的涂装及用途

状态	分类名称	粘料		包装形式	烘干条件	用途
		环氧树脂	固化剂			
溶液	常温固化型	环氧树脂($n=1\sim2$)	脂肪族多元胺 胺内在加合物 胺分离加合物 聚酰胺	双组分	$12\sim20℃$ /(4$\sim$7)d	化工厂装置、管道内外壁 工厂、港口设备、船舶内外面 储槽内壁、圆罐内面 水泥表面
		焦油改性环氧树脂($n=1\sim2$)	脂肪族多元胺 胺内在加合物 胺分离加合物 聚酰胺		$60℃/30s$	储槽、船舶外板及各种设备、工厂设备、铁钢结构物、海上结构物、船坞、用水设备、水泥

续表

状态	分类名称	粘料		包装形式	烘干条件	用途
		环氧树脂	固化剂			
	自然干燥环氧酯型	环氧树脂与不饱和脂肪酸、松香酸或妥尔油酸加成制得聚酯树脂($n=2\sim9$)长油型,中油型,短油型		单组分	自然干燥(空气固化)	汽车、金属家具、家电器具、木材家具、水泥、机械类、桥面
溶液	烘干型	环氧树脂($n=2\sim9$)	脲醛树脂	单组分	$185\sim205℃/20\sim30min$	金属罐、化学车间、导线
			脲醛树脂		$180\sim200℃/20\sim30min$	家电器具(冷藏库、洗涤机、炊具等)
			三聚氰胺甲醛		$180\sim200℃/20\sim30min$	家电器具(冷藏库、洗涤机、炊具等)
			醇酸树脂		$80\sim100℃/40\sim60min$	汽车、家电器具、炊具
			热固性丙烯酯树脂		$150/30min$	厨房用具、汽车、家用器具、炊具、金属线圈、塑料
			聚氨酯树脂		$80\sim100℃/5\sim30min$	橡胶、电线
水分散液	阳离子电泳型	季铵盐化环氧树脂($n=12$以上)	嵌段聚氨酸	单组分	$180℃/30min$	汽车、铁架、铝制品
粉末	粉末型	环氧树脂($n=2\sim9$)	芳香胺 多元羧酸或酸酐 多元酸酰肼 二氰二胺 BF_3、胺络合物	单组分	$180℃/30min$	电气部件、弹簧 圆罐内外壁 管内外壁

3.5.1.1　常温固化型

由环氧树脂和固化剂构成,以双组分包装形式使用,分为普通环氧树脂涂料和焦油改性环氧树脂涂料。普通环氧树脂涂料可以着色,焦油改性环氧树脂涂料是黑色的或灰色的,固化剂都采用常温固化型的脂肪族多元胺及其加成物或聚酰胺,根据实际使用的目的灵活掌握。

常温固化型环氧树脂涂料的主要应用对象,是不能进行烘烤的大型钢铁构件和混凝土结构件,焦油改性涂料比普通涂料色彩差,但耐化学药品性优良,且价格低廉,适合于不要求色彩的场合。

常温固化性环氧树脂涂料的优点是在10℃以上的温度,即能形成3H铅笔硬度的耐化学药品性涂膜,缺点是易泛黄、易粉化,而且初期的柔软性易随时间的延长逐渐丧失。虽然它在使用中出现泛黄和粉化,但其耐腐蚀性能不降低。

3.5.1.2　自然干燥型

不饱和脂肪酸和松香酸等可以与环氧树脂进行酯化反应,这些酯化产物可用来制造涂料。它与普通的醇酸漆一样,也有规定的酸的种类和用量。油长指采用干性油改性合成树脂时,油漆中所含干性油比例。按油长分类,可以做成长油型(干性)、中油型(半干性)和短油型(不干性),油长不同,环氧酯涂料的性能也不一样。

长油型油漆:干性油>200份。

中油型油漆:100份<干性油<200份。

短油型油漆：干性油＜100份。

环氧树脂作为黏料的涂料中加入一定量的环烷酸钴之类的金属盐干燥剂（空气氧化催化剂），调制成单组分涂料供应市场。使用时，经涂装的涂料靠溶剂的蒸发形成涂膜，在空气中氧的作用下，黏料分子间形成交联结构，其耐久性大幅度提高。这种涂料与醇酸漆的用途差不多，在某种程度上保存了环氧树脂的特性，比醇酸漆的黏附性和耐化学药品性优越，但也易泛黄，且有粉化的趋向。

3.5.1.3　烘干型

环氧树脂以酚醛树脂、脲醛树脂、三聚氰胺甲醛树脂、醇酸树脂和多异氰酸酯作为固化剂，或者以热固性丙烯酸树脂作为这些树脂的固化剂来制造的烘干型涂料，其烘烤温度视组分的低聚物树脂的官能团种类不同而异。采用含羟甲基的酚醛树脂、脲醛树脂、三聚氰胺甲醛树脂时，烘烤温度非常低，含羧基或羟基的热固性丙烯酸树脂和醇酸树脂，烘烤温度居于前两者之间。

涂料分为以保护功能为主要目的的底涂涂料、可以装饰功能为主的面涂涂料，而烘干型环氧涂料都可以适应，不过大多数情况是利用烘干型环氧树脂涂料的优良的耐腐蚀性来作为底涂涂料来使用的。

3.5.1.4　阳离子电沉积涂料

环氧树脂可以用作阳离子电沉积涂料的粘料，又称为阳离子电泳涂料。其涂装原理不同于迄今叙述的溶液型涂料，环氧树脂类阳离子电泳涂料比通常用的阳离子电泳涂料具有更为优越的防腐性能，专门用于大量生产的钢铁制品的底涂涂料。这种称之为聚合物电镀的涂装技术，在环氧树脂应用的近十年来非常重要。

环氧树脂阳离子电沉积涂料由作为黏料的阳离子化的聚酰胺树脂、作为交联剂的嵌段多异氰酸酯以及作为颜料分散剂的锍盐化环氧树脂所组成。所使用的环氧树脂多是固态树脂，反应在溶液中进行。将有机酸加入聚酰胺树脂和嵌段多异氰酸酯的溶液（采用水溶性溶剂）中，聚酰胺树脂经锍盐化分散水中形成乳液，将颜料分散于锍盐化的环氧树脂水溶液中（分散液），把乳液和分散液混合均匀即调制成阳离子电泳涂料。电沉淀涂装的原理实质上就是电泳原理，被涂物作为阴极，对应极为阳极，电极反应如图3-14所示。

阳极（对应极）

$$2H_2O \longrightarrow 4H^+ + O_2\uparrow + 4e^-$$

阴极（被涂物）

$$2H_2O + 2e^- \longrightarrow 2OH^- + H_2\uparrow$$

$$\sim NH^+ + OH^- \longrightarrow \sim N + H_2O$$

（析出）

图3-14　电沉积涂装原理

带正电的涂料粒子在阴极上析出，沉积在被涂料表面，形成60％以上的高浓度漆膜，然后用通常的烘烤方法进行烘干，使嵌段多异氰酸酯与羟基发生交联固化反应，最终得到所需要的漆膜。这种涂装方法效率较高，主要用于大量涂装的场合，其典型的用途是汽车底涂和铁架的涂装。

3.5.1.5　粉末涂料

粉末涂料（powder coating），顾名思义，是一种粉末状的涂料。采用静电涂装法或流动浸渍法涂覆于被涂物的表面，使之附着，再加热（一种烧结原理）熔融成一体形成涂膜。这种无溶剂涂装是粉末涂料的最大特点，近年来其重要性日趋显著。粉末涂料有两种：一是在烘烤中仅熔融成膜的非反应型的粉末涂料（如聚氯乙烯、聚乙烯和尼龙）；二是在熔融的同时发生交联反应的反应型粉末涂料（如环氧树脂、丙烯酸树脂、聚酯树脂等）。

环氧树脂粉末涂料的制造方法一般分为 3 种，即干混法、局部反应法（半固化法）和熔融混合法。目前以熔融混合法为主，差不多所有制品都采用此种方法制造。熔融混合法的工艺是将固化剂、颜料、流平剂加到固态环氧树脂中（软化点 90～110℃），采用热辊或捏合法混炼，然后将混合物粉碎分级制成环氧树脂粉末涂料。环氧树脂粉末涂料的储存寿命取决于所使用的固化剂。为了延长储存寿命，往往需要使用较高温度下起反应的固化剂，例如芳香族多元胺、羧酸酐、羧酸酰肼、双氰胺、三氟化硼胺络合物等。有时根据使用需要，也采用酚醛树脂和三聚氰胺甲醛树脂。选择固化剂的要点是综合考虑熔融混炼时的稳定性、制成涂料粉末后的储存寿命和熔融时的固化性。环氧树脂粉末涂料一般要在 180～200℃下焙烧 10～20min，以有部分新近开发成功的 140～160℃/15～30min 的。环氧树脂粉末涂料像其他涂料一样，具有优良的防腐蚀性，适用于电气部件、铁管接头、汽车部件的涂装等方面。

3.5.2 环氧树脂胶黏剂

环氧树脂具有优良的黏结性和各种均衡的物理性质，作为胶黏剂从尖端技术到家庭方面都有广泛的应用。环氧树脂胶黏剂的性能主要取决于环氧树脂、固化剂、填料以及其他各种填加剂的种类和用量。另外，也常常与其组成的配合技术有关，因为环氧树脂的用途众多，所以对环氧树脂性能的要求也是多方面的，见表 3-18。

表 3-18 环氧树脂胶黏剂的用途

领域	被粘物	要求特性	主要用途
土木、建筑	混凝土、木、金属、玻璃、塑料	低黏度、润湿（水中）固化性、低温固化性	混凝土修补（浇铸、密封）、外壁瓷瓦粘接、嵌板粘接、底材粘接、钢筋混凝土管粘接、胶合板粘接
电气、电子	金属、陶瓷、玻璃、塑料、层压板	电气特性、耐湿性、耐热冲击性、耐腐蚀性、耐热性	电子元器件、IC 元件、管芯粘接、液晶显示器、扬声器磁头、电池外壳、小型变压器抛物面天线
宇航、飞机	金属、塑料、增强材料（FRP）	耐湿性、防锈性、油面粘接性、耐久性、耐宇宙环境性	金属间粘接（如铝合金等）、蜂窝结构骨架与金属粘接嵌板接（外嵌、内装、隔板等）
汽车、车辆	金属、塑料、增强材料（FRP）	耐湿性、防锈性、油面粘接性、耐久性（即耐疲劳性）	车身的粘接（卷边的密封与粘接）、钢板增强粘接、FRP 接合粘接
运动器材	金属、木、玻璃、塑料与 FRP	耐疲劳性、耐冲击性	滑雪板、弓箭、高尔夫球棒、网球球拍
其他	金属、玻璃	低毒性	文化艺术品修补、家用、工作用

环氧树脂胶黏剂同其他类型胶黏剂比较，具有以下优点：①适应性强，应用范围广泛；②不含挥发性溶剂；③低压粘接（接触压即可）；④固化收缩小；⑤固化物蠕变小，抗疲劳性好；⑥耐腐蚀、耐湿性、耐化学药品以及电气绝缘性优良。环氧树脂胶黏剂也存在一些不足之处：①对结晶性或极性小的聚合物（如聚烯烃、有机硅、氟化物、丙烯酸塑料、聚氯乙烯等）粘接力差；②抗剥离、抗开裂性、抗冲击性和韧性不良。但是这些缺点是可以克服的。对缺点①可以通过打底（对被粘物进行表面处理）解决，对缺点②可以采用改性环氧树脂使性能得到改良等，通常采用双组分包装以提供使用（主剂和固化剂），对于使用自动粘接机生产的应用多采用单组分胶黏剂。胶黏剂用的环氧树脂广泛采用双酚 A 型树脂；有耐热要求或其他特殊用途的，也可采用耐热性优良的环氧树脂品种和特种环氧树脂。

胶黏剂的供应形态基本上是液态胶种，单组分胶黏剂根据用途和使用方式的不同，也可供应固态（主要是粉末状）、带状或膜状（主要是预聚物）。

3.5.2.1 双组分型胶黏剂

（1）通用双组分型　通用双组分胶黏剂多采用 DGEBA 树脂，同多种固化剂配合，因此，胶黏剂的名称取自参与配合的固化剂的名称。表 3-19 概括了各种胶黏剂的固化条件、特点及用途。

表 3-19　按固化剂分类的环氧树脂胶黏剂

分类名称	固化条件	固化剂	特征		用途
			优点	缺点	
脂肪族多元胺（常温固化型）	常温 40℃/16h 100℃/2h	脂肪族多元胺（DETA、TETA、TEPA）、胺的加成物、螺环二胺改性物（B-001,C-002 等）	常温固化、速固化、万能粘接性、硬质	吸湿性大、毒性大、适用期短、低温下性脆	金属、塑料、玻璃、陶瓷、木材等同种或异种相互粘接
脂肪族多元胺（中温固化型）	40℃/16h 100℃/2h 150℃/30min	脂肪族多元胺（DBAPA、DEAPA、K16B）、脂环族多元胺（B-AEP）	中温固化（40～100℃）、慢固化性、万能粘接性、硬质	吸湿性大、毒性大、固化时间长、性脆	金属、塑料、玻璃、陶瓷、木材等同种或异种相互粘接
聚酰胺类	20℃/3～5h 60℃/1h 100℃/30min 150℃/10min	Versamid115（胺值 220）、125（胺值 300）、140（胺值 375）等	常温固化性、潮湿面固化性、吸湿性低、低毒性、适用期长、万能粘接性、柔软性可自由调节（用量增加、柔软性提高）、称量误差对粘接力影响小	聚酰胺用量增加，耐水性、耐热性、耐化学药品性降低，长时间（数周以上）高温（85℃以上）暴露下有发脆倾向	一般工业用，电缆接头用，家庭用
酸酐类	100℃/3h+ 150℃/3h	液体（DDSA、MNA）固体（PA、HHPA、MA、PMDA、TMA、HET）	高的耐热性（特别是 PMDA 体系，HDT 为 253℃）	高温下固化时间长	适于耐热性粘接
酚醛树脂类	163℃/1h 107℃/2h	甲酚型酚醛树脂	广泛的温度范围（−253～260℃）内保持稳定的粘接力、价廉	固化中有挥发物产生（需加压）、弯曲强度低、剥离强度低	表面材料与蜂窝芯材粘接
芳香胺类	80℃/3h+ 180℃/3h	液体（ユピキエアZ.HY-947）、固体（MPDA、DDM、DDS）	优良的耐性（200℃）、优良的耐水性、耐化学药品性、耐溶剂性、电气特性	固化温度高（200℃以上）、收缩率大、弯曲强度差、抗冲击性不良、粘接力低、对冷热循环敏感	适于耐热粘接
硅醇类	177℃/1h		优越的耐热性、优越的耐热老化性	适用期短、价格昂贵	耐热粘接
多元硫醇类	10～30℃/8～24h 0℃/20h 65℃/20min	PS…チオコールLP-3、LP-33,LP-8 叔胺（速）DMP-30、DMP-10、TEPA、TETA、K·61B、MPDA（慢）	可根据胺的种类调节固化速度、优良的柔软性、耐冲击性、剥离强度高、优良的耐水、耐候性、耐化学药品性	固化前有恶臭味、聚硫用量增加、耐水、耐热、耐化学药品性下降	热膨胀系数差异大的异质材料（玻璃、金属与塑料）间的粘接，土木建筑结构件用
尼龙类	177℃/6min 204℃/20min 24℃/8h （常温固化型）	醇溶性尼龙 66 等	优越的低温物性、剥离强度高	耐热性低（−253～82℃）、价格贵	某些结构粘接、FRP 表面与蜂窝芯材粘接

环氧胶黏剂按固化剂种类可分为常温、中温、高温和超高温固化剂。显然，固化温度提高，其胶黏剂的耐热温度也随之提高。

使用双组分胶黏剂应注意以下两点：①按规定的比例将两组分均匀混合。混合比例不同，其胶黏剂的粘接强度也不同，一般固化剂过量时，粘接强度下降的程度比固化剂不足时大；②注意配好的胶黏剂的适用期（混合后黏度上升到不能使用的时间）。双组分胶黏剂混合的同时反应即开始，随着时间的延长，胶黏剂的黏度增大，然后达到不能使用的程度。因此要充分注意使用期，必须在使用期内用完。DGEBA 树脂类胶黏剂的耐热性与配合的固化剂种类关系极大。表 3-20 列出了不同固化剂的双组分胶黏剂的耐热性，并与其他胶黏剂相比较。

表 3-20　不同固化剂的双组分胶黏剂的耐热性

耐热性	胶黏体系
538℃	PBI（聚苯并咪唑、短时间）
482℃	PI（聚酰亚胺、短时间）
427℃	
371℃	PBI（长时间） PI（长时间）
316℃	硅酮，改性硅酮
260℃	环氧树脂/酚醛树脂 环氧树脂/线型酚醛
204℃	环氧树脂/酸酐 丁腈橡胶/酚醛树脂
149℃	环氧树脂/芳香二胺 乙烯基/酚醛树脂
82℃	环氧树脂/聚酰胺，酚醛树脂/氯丁橡胶 环氧树脂/尼龙，环氧树脂/脂肪胺

（2）耐热性双组分型　DGEBA 树脂体系的双组分胶黏剂根据所采用的固化剂种类可以在 200～300℃高温下使用（固化剂用酚醛树脂、硅酮等）。如果环氧树脂从双官能度更换成相应的多官能度类型也可以得到耐高温的胶黏剂。例如四缩水甘油基四苯基乙烷（TGTPE）、四缩水甘油基二氨基二苯基甲烷（TGDDM）及甲酚线型酚醛树脂的多缩水甘油醚（ECN）等。然而多官能度环氧树脂的耐热性能也与所使用的固化剂的种类有关，这一点与通用型双组分胶黏剂中用 DGEBA 树脂的情况是一样的。

3.5.2.2　单组分环氧树脂胶黏剂

双组分环氧树脂胶黏剂在使用前，一直将环氧树脂和固化剂分别包装和储存。从生产和使用角度看，双组分胶黏剂有不少缺点。其一，增加了包装的麻烦；其二，双组分胶黏剂使用时，混合比例的准确性和混合的均一性将影响黏接强度；其三，在树脂和固化剂混合后便只有很短的使用寿命。胶黏剂中固化剂种类不同，其使用期不同，如脂肪胺类为数十分钟，叔胺或芳香胺类为几小时，酸酐类为一天至数天，不能长期存放。因此配制单组分胶黏剂可以使粘接工艺简化，并适用于自动化操作工序中。

将固化剂和环氧树脂混合起来配制单组分胶黏剂，主要是依靠固化剂的化学结构或者是采用某种技术手段把固化剂环氧树脂的外环活化暂时冻结起来，然后在热、光、机械力或化学作用（如遇水分解）下固化剂活性被激发，便迅速固化环氧树脂，单组分化的方法有以下几种。

①　低温储存法。对于一些反应性较慢的体系在低温下储存。

②　分子筛法。把固化剂吸附于分子筛内，用加热或吸湿置换释放出来。

③　微胶囊法。将固化剂封入微胶囊内，再与环氧树脂混合后便不会发生固化反应。成膜物质有明胶、乙烯基纤维素、聚乙烯醇缩醛等。胶囊靠加热或加压而破裂，固化剂和环氧树脂便发生反应。

④　湿气固化法。使用酮亚胺或醛亚胺类固化剂，这类固化剂遇水后游离出胺化合物而发生固化反应。

⑤　潜伏性固化剂法。使用在规定温度以上才能被活化发生反应的热反应性固化剂。

⑥ 自固化环氧树脂。分子中含有 2 个或 2 个以上环氧基和亚胺基的化合物是适用的，例如缩水甘油基脲烷。

目前国内外市场出售的单组分环氧树脂胶黏剂几乎都是采用潜伏性固化剂或自固化性环氧树脂，产品的形态有液态、糊状、粉末状和膜状等品种。

3.5.3 环氧树脂成型材料

3.5.3.1 环氧树脂成型材料及应用

环氧树脂以各种形式（液态的或固态的）供环氧树脂成型材料使用。适用的成型方法有浇铸、压缩成型、传递成型和注射成型等。一般液态环氧树脂体系适用于浇铸，固态环氧树脂体系适用于其他成型方法。成型材料用作电子、电气部件的封装、灌封、浸渍或制造电气绝缘结构件，也可以利用其优良的力学性能制作一部分工装夹具。液态成型材料由环氧树脂、固化剂、填料、脱模剂、颜料和其他添加剂组成。环氧树脂一般采用 DGEBA 树脂，有些特殊场合也用到脂环族环氧树脂，如要求耐漏电阻性和耐候性场合。这类液态成型材料主要应用于线圈整体浸渍和浇铸等。

环氧树脂浇铸品的优越之处在于它能使电气元件完全密闭防灾、防潮、防霉、耐腐蚀、耐热、抗寒、耐冲击震动和收缩率小等。在电器制造中主要用于电容器、电阻、电视机和变压器等方面。由于环氧树脂浇铸件的结构柔韧、耐久，减轻了质量，被浇铸的电器设备在潮湿的海岸地带或各种特殊环境中均能使用，同时还大大延长了设备的使用寿命。电子系统的零件可以整台装配在一个简单的浇铸件内，省去了单个装配附件，又防止了系统操作的不灵敏性。但是，环氧树脂应用于浇铸方面仍存在一些缺点，如冲击强度较差，使用应用受到一定的限制。可用一种增韧剂来补救，增韧剂可使铸件的冲击强度、弯曲强度显著提高，另外还可解决高温固化的难题。

固态成型材料基本上是采用混合法或混炼机均一混合制造的成型材料。混合物先成型为板状或药片状，再粉碎造粒以提供使用。固态成型材料主要由固态环氧树脂、固化剂、填料和其他添加剂等组成。环氧树脂采用通用型固态树脂，根据用途的要求也有采用液态环氧树脂的。干混合法制造的材料储存稳定性好，但固化速率慢。混炼法是将环氧树脂配合物于捏合机或滚筒中加热混炼，然后冷却粉碎。采用这种方法制造的材料混合均一，成型品外观好，但是储存稳定性欠佳。目前固态成型材料主要提供电子制品的封装和压粉塑料等方面。

环氧树脂作包封和封装材料的优点是黏度低（达到无气泡浇注）、粘接强度高、电性能好、耐化学腐蚀性好、耐温宽（80～155℃）、收缩率低。环氧树脂的全固化收缩率为 1.59%～2%（相比之下，不饱和聚酯为 4%～7%，酚醛树脂为 8%～10%）。在固化过程中不产生挥发性物质，因此，环氧树脂不易产生气孔、裂纹和剥离等现象。

在电气、电子工业中，对环氧树脂正式提出高纯化是比较近期的事情。众所周知，在电气和电子领域内，轻、薄、短、小的发展趋势很快，对于在各种元件中使用的高分子材料，元件虽小型化和高集成化，但要求必须达到与以前制品同样的可靠性。同时，还要选择兼有大量生产性的材料。这对于在电气和电子领域中大量应用的环氧树脂来说，对性能的要求比以前提高了很多，尤其是用于半导体的包封材料，对性能的要求更为严格。对用于包封的环氧树脂材料，除要求速固性、低应力和耐热性外，还要求高纯度化。

在环氧树脂中，其主要杂质是以有机氯为端基的不纯物，如图 3-15 所示。

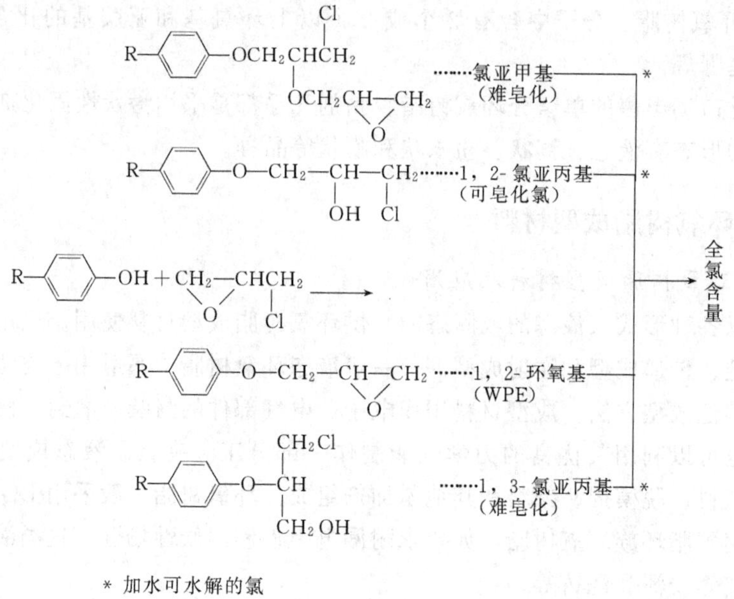

* 加水可水解的氯

图 3-15　环氧树脂反应过程与含氯端基

从制造工艺上讲，做到完全消除杂质不纯物是困难的。提出环氧树脂高纯度化的理由是：环氧树脂中杂质（如 Na^+、Cl^- 等），特别是因为可水解氯离子的析出，在水分的作用下，加速了管芯中铝引线的腐蚀，使电子元器件制品的寿命受到恶劣影响。用于半导体包封的环氧树脂，主要是邻甲酚酚醛环氧树脂。各生产厂家争先恐后地推出此种类型的高纯度化的树脂。表 3-21 给出等级不同的产品，是日本已经商品化的商品，目前日本各公司开发的高纯度树脂的水平大体相同，在质量指标方面已达到无甚差别的程度。

表 3-21　高纯度环氧树脂的生产厂家与等级

公司名称	高纯度品[①]	超高纯度品[②]	超超高纯度品[③]（最尖端等级）
日本化药	EOCN-1020	EOCN-1025	EOCN-1027
住友化学工业	ESCN-195X	—	ESCN-200X
大日本油墨化学工业	EXP	EXP-1	UP 型
东部化成	701S	—	701SS
日本道化学公司	3430	3450	—

① 高纯度品，可水解氯含量大致在 200~300mg/kg 的产品。

② 超高纯度品，可水解氯含量大致在 100~200mg/kg 的产品。

③ 最尖端产品，可水解氯含量大致在 100mg/kg 以下的产品。

另外，环氧树脂在电气、电子领域，除用于元器件包封料之外，还广泛用于胶黏剂方面。对于管芯的粘接，由于随着高集成化提高了可靠性，与半导体包封料一样，也要求高纯度、高质量的树脂。但是，用于胶黏剂方面的环氧树脂不同于半导体包封料所用的固态环氧树脂，而是使用液态环氧树脂。对于双酚 A 型环氧树脂的高纯度化，有的公司采用再结晶的方法进行提纯。但再结晶法成本高（收率低）以及熔点接近室温，再结晶操作困难。因此，目前多对改进环氧树脂制造工艺条件进行探讨，如控制反应条件和后处理洗净等。目前已有几种液态高纯度环氧树脂上市。

表 3-22 列出液态高纯度环氧树脂的典型例子，表中所举的品种为油化壳环氧公司所生

产的液态高纯度环氧树脂，它们分别为双酚 A 型和双酚 F 型，目前已市售，从分类上，它们可分为高纯度品和超高纯度品。

表 3-22 液态高纯度环氧树脂

类 别 项 目	双酚 A 型		双酚 F 型	
	高纯度品（YL-979）	超高纯度品（YL-980）	高纯度品（YL-983）	超高纯度品（YL-983U）
环氧当量	185～195	180～195	165～180	165～180
全氯含量/(mg/kg)	500～700	100～300	500～700	150～350
可水解氯/(mg/kg)	200～300	100（最大）	200～300	150（最大）
可皂化氯/(mg/kg)	50（最大）	50（最大）	50（最大）	50（最大）
黏度(25℃)/Pa·s	10～25	10～25	3～6	3～6

不管是哪种高纯度品，与通用的液态树脂相比，固化物在耐水性和耐高压蒸煮性（PCT）方面，均有大幅度的改善，在要求可靠性的应用方面，使用寿命确实提高了。

目前市售的环氧树脂已经除去了游离的 Na^+、Cl^-，实用上是不成问题的。问题是由于合成时的副反应，在水存在下可水解游离出 Cl^- 的有机氯杂质（可水解氯），因此对 IC 的可靠性影响很大。

因此，问题在于如何合成可水解性氯含量低的高纯度树脂。制造低氯含量的高纯度环氧树脂的方法有：①使精制工艺最佳化（溶剂、温度）；②使反应条件最佳化（除盐法，如 NaOH 法）；③用有机银处理（$Ag^+ + Cl^- \Longrightarrow AgCl$）；④利用电泳处理；⑤不使用环氧氯丙烷。

目前世界上含可水解氯 600mg/kg 左右的通用型环氧树脂只能适应 64K 存储单元的存储程度，对 256K 存储单元的存储程度，必须使用高纯度环氧树脂。在未来的 1M 存储单元时代，将要使用超高纯度环氧树脂。可以预料，今后还将继续进行高纯度品种化的研究。

另外一个技术动态是低应力化的动向，随着 IC 的集成度的提高、芯片尺寸的大型化和布线的微细化，固化环氧树脂与硅元件热膨胀系数不同而产生的应力将造成破坏。增加无机填料可使包封材料的热膨胀系数接近于元件的热膨胀系数。由于这将影响成型性，所以也有用降低包封材料弹性模量的方法。除了掺和弹性体的方法外，这里介绍下列可使树脂本身低应力化的方法：①各种烷基苯酚共缩合的线型酚醛树脂的环氧化；②含有比—CH_2—更长链烷基的酚类缩合物的环氧化；③邻甲酚线型酚醛型环氧树脂与含有活性端基弹性体的加成物。

3.5.3.2 环氧树脂泡沫塑料

环氧树脂可以制成泡沫塑料。与其他泡沫塑料相比有很多优点：比一般的聚氨酯泡沫塑料更耐热，不需要像酚醛泡沫塑料那样在低温储藏、高温固化的条件；比有机硅泡沫塑料价廉而不需要长时间固化，就地发泡而熟化时无须外热，粘接力强，化学上惰性而能自熄等。因此，环氧泡沫塑料发展很快，应用日趋广泛。环氧泡沫塑料不仅结构坚韧，而且绝缘性好，可作绝热、电绝缘材料；它相对密度小，适宜填塞机械零件的空隙和作夹心制品、防震包装材料、漂浮材料以及飞机的吸音材料等；也可作特殊浇铸制品。

3.5.4 纤维增强塑料和复合材料

将黏结力、力学和电性能优良的环氧树脂与高强度纤维复合制成的板、管、棒、型材及各种成型品称之为纤维增强塑料（FRP）或复合材料。纤维可以采用钢类等金属纤维，玻璃和石墨等无机纤维，以及芳纶、PBO 等有机纤维。各种 FRP 的比强度和比模量都超过传统的金属材料，特别是石墨 CFRP，其比模量和比强度远远超过金属材料，这种优良的性能为飞机制造业用材料所重视。FRP 问世初期是作为非结构材料，随着应用经验的累积，逐步也作为结构材料使用。特别是在一些特殊领域中得到迅速的应用，如航天航空材料、结构电绝缘材料等。

表 3-23 所示的几种 FRP 成型方法中，层压制品的使用价值最高，其次是纤维缠绕成型制品。

表 3-23　几种 FRP 成型方法

FRP 的制造	纤维缠绕成型法	将纤维束连续浸环氧树脂，在心轴以一定的模式缠卷，然后固化成型。缠卷模式有多种，最普遍的是螺旋缠绕模式，尤其适用于对与轴向和周向要求强度高的情况，采用轴故箍缠绕模式，这种方法适用于空间成型体、管、储槽、箱等的制造
	连续挤出成型法	将纤维浸渍树脂，引出所定形状加热的成型模中，连续加热固化成型。纤维按轴方向排列，轴向强度非常高，使用于成型体、管、储槽、角材等的制造
	层压成型法	将预浸材在热压机上固化成型的方法。一般使用交织预浸布。一般采用 B 阶段环氧树脂的干式层压法，用液态环氧树脂的湿式层压法也被实际采用。使用于印刷电路板、蜂窝板的面材等
	滚筒成型法	在挟持在三辊中加热心轴上卷缠预浸材，并固化成型，不适于长尺寸制品的成型，使用于多品种量少制品的制造

层压的方法有接触层压法、减压层压法、加压层压法和离心层压法等。干式层压法又称预浸法，是一种将环氧树脂配合物调成溶液或者不加溶剂直接浸渍基材，然后将环氧树脂转化成为 B 阶段，或者干燥作成预浸材料，再加层层叠起来的方法。

无论以上何种成型方法，都必须力求避免层压制品残留气泡，制品中的气泡（孔隙）会降低制品的机械强度和电气性能（特别是耐电晕性），因此，无孔隙成型被视为十分重要的课题。湿式层压使用室温下黏度低的环氧树脂，若对黏度要求很低时，则可加入活性稀释剂。干式层压时液态和固态环氧树脂都可以使用，使用时一般调成溶液。在采用固化剂的情况下，液态和固态环氧树脂都可使用，但对没有 B 阶段化的固化剂（通常在这种情况下有较长适用期）的情况下则选择固态环氧树脂，干式层压法制造的典型制品有玻璃纤维增强的印刷电路配线基板、碳纤维增强的飞机用蜂窝板面材。

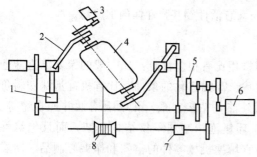

图 3-16　典型的纤维连续缠绕机
1—平衡铁；2—摇臂；3—电机；4—芯模；
5—制动器；6—电机；7—离合器；8—纱团

纤维缠绕制品与层压制品一样也分为湿式和干式缠绕，实际上湿式缠绕成型法用得较多较广。图 3-16 示出了典型的纤维连续缠绕机。在缠绕成型中，通常使用室温下黏底较低的液体环氧树脂，对于黏度要求更低的场合需要加入活性稀释剂。湿式缠绕法制造的典型制品有玻璃钢储罐、玻璃钢管等。

拉挤成型法是纤维增强复合材料加工工艺中发展较快的一种方法。拉挤是把原材料连续地一步变成增强塑料的转化系统，与铝和热塑性塑料挤出很相似。图 3-17 为拉挤工艺示意。

拉挤工艺是牵引着浸过液体树脂的增强材料，通过加热的金属模具，在模具内预先成型的复合材料不但被固定成想要的形状，而且能使树脂基体固化。拉挤制品可以是实心的、空

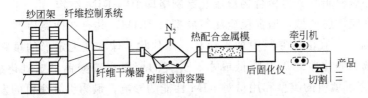

图 3-17 拉挤成型机组示意

心的及各种型材。这方面典型的制品有环氧绝缘杆、吊杆和槽契等。因为拉挤是连续生产工艺，相对于复合材料的其他成型方法，拉挤成型成本低，产值高。

拉挤机组尽管有简单与复杂的不同，但是每台设备必须包括以下 6 个部分：增强材料架、预成型导向装置、树脂浸渍装置、带加热控制的金属模具、牵引设备、切割设备。

FRP 作一般用途可以选用通用的 DGEBA 树脂，而对要求耐热性的用途可选用邻甲酚醛环氧树脂或缩水甘油醚或胺之类的多官能度（3 官能度以上）的环氧树脂，单独使用或以一定比例与 DGEBA 树脂混合使用。对有阻燃要求用途的可采用卤化（特别是溴化）DGEBA 树脂。

3.5.5 环氧树脂的反应注射成型

环氧树脂反应注射成型（RIM）最早实现商品化的产品是美国 GE 公司在 1979 年推出的名为 "Arnox" 的产品。它在一定范围内的固化速率为 30～60s，由于固化放热量过大不能用于 2kg 以上制品的生产。到了 20 世纪 80 年代初，H. G. Waddill 对多种脂肪族多元胺/环氧树脂体系进行了研究，研究出了二液型 RIM 的成型技术，这种体系可以在 100～120℃下 1～3min 内完全固化。直到这时，环氧树脂 RIM 成型技术才趋于成熟。

3.5.5.1 环氧树脂的 RIM 工艺

环氧树脂 RIM 成型加工工艺与热塑性塑料的注射模塑工艺十分相似。环氧树脂 RIM 成型加工的周期一般在 10min 内完成，时间虽短，但整个过程对计量、混合、注射压力、模具温度和开锁模时间的控制要求是十分精确的。图 3-18 示出了 RIM 和增强反应注射成型（RRIM）的整个工艺过程。

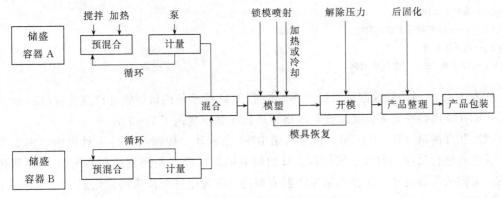

图 3-18 RIM 和 RRIM 成型工艺过程

环氧树脂 RIM 制品的性能往往不能满足要求，为了提高环氧树脂 RIM 制品的性能，人们进行了许多研究工作，具体研究方向主要有两个方面：一是采用纤维增强法形成 RRIM

系列；二是使环氧树脂和其他聚合物形成互穿网络即 IPN-RIM 结构。

（1）增强反应注射成型　增强反应注射成型（RRIM）共有 3 种类型。

① 填料添加法。在液体原料中加入粉状、鳞片状、球状或无定形的填料，以提高环氧树脂的硬度，减少固化收缩率并降低成本。适宜的填料有碳酸钙、二氧化硅和云母粉等。N. S. Strand 研究了填料的类型和用量对 RIM 性能的影响，最为引人注目的发现是球状玻璃珠填料，其表面积最小，吸油量最低，对改善制品的耐化学品性、耐热性和热膨胀系数的效果最好。

② 编织物铺垫法。由长纤维编织成板状或棒状的增强材料预先铺垫在模具内，随后再注射入环氧树脂，使之成型。

③ 混合法。由①法和②法共同使用，连续地在金属模具内配置好玻璃纤维织物（或其他纤维织物），然后用含有填料的环氧树脂混合物注射入模具内，使之成型，一般来说，随着纤维含量的增加，其注射成型材料的弯曲强度和冲击强度均提高。

用玻璃纤维、碳纤维、Aramid 纤维以及复合纤维织物作铺垫材料所得到的 RRIM 成型件的性能见表 3-24。

表 3-24　环氧树脂 RIM 和 RRIM 的机械强度

类型	增强材料含量（体积分数）/%	密度/(g/cm³)	拉伸强度/MPa	弯曲强度/MPa	冲击强度/MPa
环氧树脂浇铸件	0	1.10		97	2.50
环氧树脂 RIM	0	1.13	78	116	2.84
GF(RRIM)	11.9	1.41	—	162	
GF(RRIM)	29.3	1.47	181	281	
AFC-GF(RRIM)	43.0	1.38		490	9.24
GFC-GF(RRIM)	46.3	1.50	350	582	5.72
CFC-GF(RRIM)	40.1	1.72	257	451	18.83
ACC-GF(RRIM)	42.3	1.41		373	6.51
CGC-GF(RRIM)	40.3	1.56	673	675	8.26

注：增强材料名称

	材料厚度/mm	材料质量/(g/mm)
GF—玻璃纤维	—	450
AFC—Aramid 纤维织物	0.25	170
GFC—玻璃纤维织物	0.60	450
ACC—Aramid 和碳纤维复合织物	0.25	180
CFC—碳纤维织物	0.45	480
CGC—碳纤维和玻璃纤维复合织物	0.27	235

从表 3-23 所列出的数据可以看出环氧树脂 RIM 成型件的机械强度比浇铸件高出 10%～20%，RRIM 成型件，尤其是复合纤维增强后机械强度提高了 2～5 倍。

（2）互穿网络（IPN）RIM　互穿网络 RIM 是将环氧树脂与另外一种树脂（例如聚氨酯）混合后进行反应注射成型的材料。日前研究的最广泛的是聚氨酯和双酚 A 型环氧树脂体系，关键的问题是选择能使网络在注射成型的同时发生完全反应的催化剂，这将是一个重要的研究课题。

3.5.5.2　环氧树脂的 RIM 拉挤工艺

尽管有许多制造方法可用于复合材料的制造，拉挤工艺近年却引起人们极大注意。在这一领域的发展不仅包括多种多样的基体材料，而且也包括新型的增强材料和制造形式。RIM 拉挤工艺被认为是在这种领域中一种特殊类型的拉挤工艺，它具有拉挤工艺的所有特点，而且消除了某些不利之处。

RIM 拉挤工艺即反应注射成型拉挤工艺，与其他拉挤工艺的机理基本相同。RIM 拉挤工艺的独特之处是：将树脂直接导入增强材料中，这一点不像通常的拉挤工艺，增强材料在入模之前首先需要经过树脂槽浸渍。它是将增强材料拉过一个预成型模，该模是直接装在反应注射模塑（RIM）混合头的下面。在预成型模内，增强材料被浸渍，然后进入加热的成型模内固化成型。

作为一种典型的 RIM 系统，聚合物母料分成两部分，每个部分自身是不会反应的，这些组分通过压力混合成为可以发生化学反应的树脂体系，这种 RIM 拉挤工艺在拉挤速度下生产环氧基复合材料是可行的。

第 4 章 ▶▶ 聚氨酯树脂

聚氨酯是聚氨基甲酸酯的简称，是主链上含有—NH—CO—O—基团的一类聚合物的通称。工业上，它是由多元异氰酸酯与多羟基化合物通过聚合反应生成的。聚氨酯具有可发泡、弹性、耐磨性、黏结性、耐低温性、耐溶剂性以及耐生物老化性等性能。用其制成的产品主要有泡沫塑料、弹性体、涂料、胶黏剂、纤维、合成皮革以及铺面材料等。它广泛应用于机电、船舶、航空、车辆、土木建筑、轻工以及纺织等部门，在材料工业中占有相当重要的地位，因此各国都竞相发展聚氨酯树脂工业。

聚氨酯树脂的研究是从 20 世纪 30 年代开始的。1933 年美国 Dupont 公司的 Carothers 发明了尼龙 66，刺激了德国的 I. G. Farben 公司（Bayer 公司的前身），随即后者在 1937 年组织了以 Bayer 教授为中心的研究小组，他们利用 1,6-己二异氰酸酯和 1,4-丁二酸的加聚反应制得了各种成型聚氨酯树脂，该树脂具有热塑性、可纺性、能制成塑料和纤维。这种聚氨酯树脂命名为 Igamid U，由这种树脂制成的纤维称为 Perlon U。

在第二次世界大战期间，德国 Bayer 公司进一步研究了二异氰酸酯与羟基化合物的反应，制得了硬质泡沫塑料、涂料以及胶黏剂等产品。

第二次世界大战后，1945～1947 年，美国有关企业看了有关聚氨酯树脂的报道，引起了重视，特别是与空军有关的工业更有开发兴趣。1947 年，Dupont 公司建造了 2,4-甲苯二异氰酸酯试验车间，在 Good Year Aircraft 公司开始进行硬质聚氨酯泡沫塑料的生产。

日本的星野、岩仓等在第二次世界大战期间也研究了二异氰酸酯的反应，成功地合成了聚六亚甲基氨酯，并命名为 Poluran，但是没有工业化。日本是于 1955 年从德国的 Bayer 公司和美国的 Dupont 公司引进技术后才开始聚氨酯树脂的生产的。

1952～1954 年，Bayer 公司报道了聚酯型软质聚氨酯泡沫塑料的研究成果，并成立了用异氰酸酯与聚酯多元醇为原料，采用连续法生产出聚酯型软质聚氨酯泡沫塑料专利技术，并将该泡沫塑料命名为 Moltoprene 商标。制成的泡沫塑料具有优良的力学性能以及耐油和溶剂性能，但是耐热老化性能较差，成本也较高。

1957～1958 年，美国 UC 公司和英国 ICI 公司采用了多活性的有机锡复合催化剂，使聚氨酯发泡工艺由二步法变成一步法，从而促进了聚氨酯泡沫塑料的发展及应用。

1961 年，用聚合多异氰酸酯，即多苯基多亚甲基多异氰酸酯（PAPI）制备硬质聚氨酯泡沫塑料工艺，提高了制品性能，减少了施工毒性。该泡沫塑料具有优良的耐热性能，于 1967 年投入市场。

1969 年，Bayer 公司首次报道采用高压混合法（反应注射成型 RIM）生产聚氨酯泡沫塑料。

20 世纪 70 年代，美国大量生产采用 RIM 生产工艺，制成了汽车挡泥板和车体板。

同时，1959 年美国 Dupont 公司成功开发了聚醚型聚氨酯弹性体纤维，牌号为 Lycra。1963 年又研制成功聚氨酯合成革，其外观与手感与天然皮革相似，牌号为 Corfam。随后各国相继研制成功聚氨酯铺面材料以及防水材料，从而使聚氨酯树脂在土木建筑工程中获得了应用。

　　我国聚氨酯工业生产始于 20 世纪 50 年代末，至今已有 60 多年的发展史。1958 年，大连染料厂开始研究甲苯二异氰酸酯，于 1962 年建成了年产 500t 的生产装置，为我国聚氨酯工业奠定了基础。1959 年，上海市轻工业研究所开始聚氨酯泡沫塑料的研究。1964～1966 年，江苏省化工研究所等单位进行聚氨酯联合技术攻关，相继开发成功聚氨酯泡沫塑料和聚氨酯弹性体、聚氨酯涂料，并投入中试生产。1976～1978 年开发成功聚氨酯跑道用铺面材料。我国聚氨酯工业在 1978 年以前有一定规模的小工业装置生产，但是发展缓慢，品种仅有 30 余种。改革开放后，山东氨纶厂引进日本技术，于 1989 年 10 月建成了我国第一家氨纶生产厂。山东合成革厂从日本引进 1 万吨/年 MDI/PAPI 生产装置，1984 年投产，以后相继又从意大利、德国引进了 TDI 和聚醚多元酸生产线。特别是 1990 年以来，随着改革开放政策的进一步实施，加快了我国聚氨酯工业的迅猛发展。

4.1 聚氨酯的基本原材料

　　制造聚氨酯的主要原料是多元异氰酸酯和含活泼氢的聚醚与聚酯多元醇。除上述两种原材料外，聚氨酯树脂产品广泛地采用催化剂、交联剂、扩链剂、表面活性剂、发泡剂等助剂。这些助剂可以改进聚氨酯树脂生产工艺、降低成本、延长使用寿命、增加品种等。

4.1.1 多元异氰酸酯

　　低分子二异氰酸酯、三异氰酸酯是由脂肪族、芳香族二元胺、三元胺与光气在 20～150℃下反应制得：

$$H_2NRNH_2 + 2COCl_2 \longrightarrow OCNRNCO + 4HCl$$

常用的二异氰酸酯主要有六亚甲基二异氰酸酯（HDI）、2,4-甲苯二异氰酸酯、2,6-甲苯二异氰酸酯（TDI）和二苯基甲烷二异氰酸酯（MDI）。

　　甲苯二异氰酸酯中，2,4-异构体的活性较大。工业产品中，有单纯的 2,4-异构体（称为 TDI-100），还有两种异构体的混合物，包括 2,4-异构体与 2,6-异构体之比为 80/20 的 TDI-80 及异构体之比为 65/35 的 TDI-65。其中以 TDI-80 应用最普遍。几种二异氰酸酯的物理性质见表 4-1。

表 4-1　几种二异氰酸酯的物理性质

性　　质	2,4-甲苯二异氰酸酯	六亚甲基二异氰酸酯	二苯甲烷二异氰酸酯
密度/(kg/m³)	1217.8	1046	1185
温度/℃			
（熔点）	21.8	−67	40
（沸点）	121(1.3kPa)	127(1.3kPa)	180～182(400Pa)
（闪点）	—	140	—
（自燃温度）	—	402	—
生产场所空气中的极限允许浓度/(kg/m³)	0.5	0.05	0.5

　　三异氰酸酯有三苯基甲烷三异氰酸酯（TTI）：

还有多苯亚甲基多异氰酸酯聚合物（PAPI）：

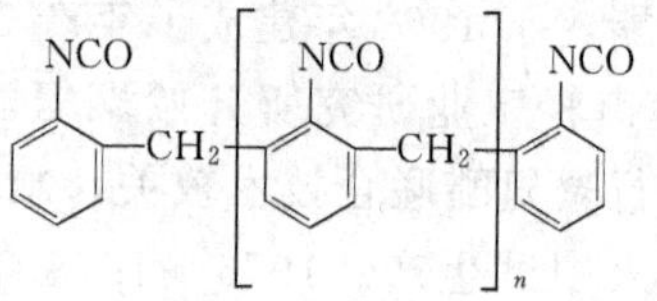

$$n=0,1,2,3,\cdots$$

为了降低挥发性和毒性，可以制造异氰酸酯的加成物，如甲苯二异氰酸酯与一缩二乙二醇的加成物：

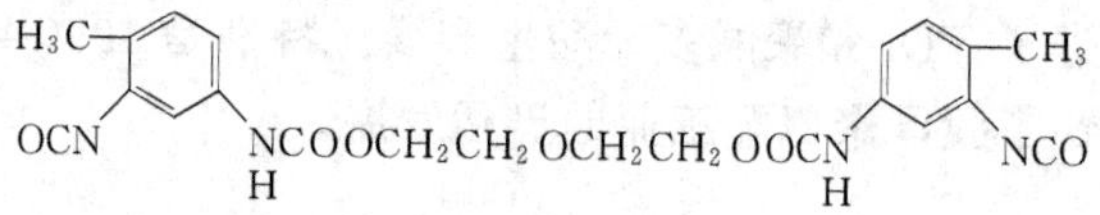

甲苯二异氰酸酯与三羟甲基丙烷的加成物：

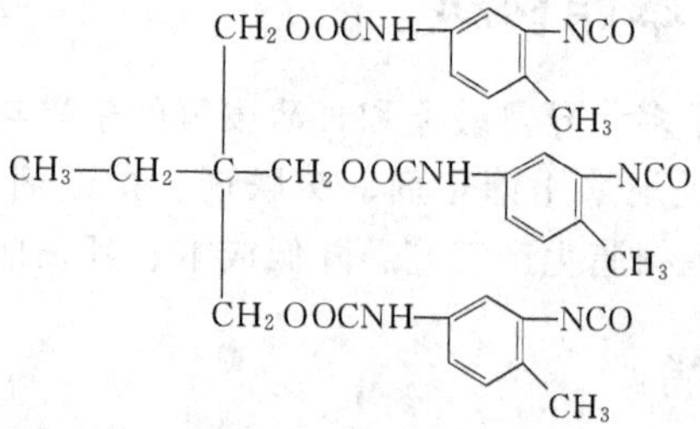

还可以制成具有异氰酸酯基的三聚氰酸酯聚合物（它们常以甲苯二异氰酸酯 10%～50%溶液的形式应用）：

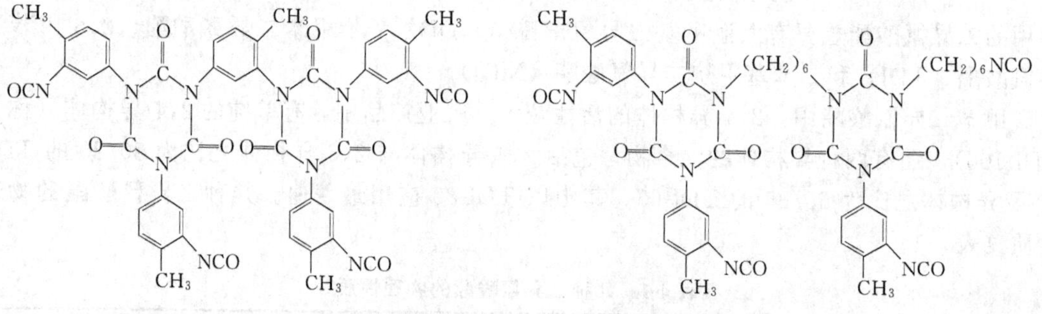

4.1.2 多羟基化合物和聚合物

用于异氰酸酯制造的多羟基化合物主要是多元醇，如 1,4-丁二醇，还有蓖麻油。

多羟基聚合物包括聚醚和聚酯两大类。

4.1.2.1 聚醚

聚醚的端基为羟基。它是由环氧化烯烃经开环聚合而得。环氧化烯烃主要有环氧乙烷、环氧丙烷及四氢呋喃等。另一类重要原材料是具有活性基团能引起开环聚合的起始剂，它有多元醇与多元胺两种，起始剂中的活性氢数决定了聚醚的官能度，其用量又决定了聚醚的分子量。

多元醇起始剂有乙二醇、丙二醇、甘油、三羟甲基丙烷、季戊四醇、木糖醇等。如用环氧丙烷与乙二醇反应所得的聚醚产物为：

$$\begin{array}{c} CH_2OH \\ | \\ CH_2OH \end{array} + (n_1+n_2)\ \begin{array}{c} CH_3 \\ | \\ CH_2\text{—}CH \\ \diagdown O \diagup \end{array} \longrightarrow \begin{array}{c} CH_3 \\ | \\ CH_2O(CH_2CHO)_{n_1}H \\ | \\ CH_2O(CH_2CHO)_{n_2}H \\ | \\ CH_3 \end{array}$$

用环氧乙烷代替部分环氧丙烷，在聚醚中引入伯羟基，可提高反应活性。

多元胺起始剂有乙二胺、二亚乙基三胺等。如环氧乙烷与乙二胺反应可得到：

$$\begin{array}{cc} CH_3 & CH_3 \\ | & | \\ H(OCHCH_2)_{n_1} & (CH_2CHO)_{n_3}H \\ \diagdown & \diagup \\ NCH_2CH_2N \\ \diagup & \diagdown \\ H(OCHCH_2)_{n_2} & (CH_2CHO)_{n_4}H \\ | & | \\ CH_3 & CH_3 \end{array}$$

4.1.2.2 聚酯

聚酯是由二元酸与多元醇在醇过量的条件下缩聚而得。二元酸有乙二酸、丁二酸、己二酸、癸二酸及丁烯二酸、苯二甲酸等。多元醇则用乙二醇、丙二醇、丁二醇、甘油、三羟甲基丙烷等。用于制造聚氨酯的聚酯分子量为 400～6000，常用的是 1000～3000。

4.1.3 助剂

聚氨酯胶黏剂制造中除异氰酸酯和多元醇基本原料外，添加各种助剂也是很重要的。助剂可改进生产工艺，改善胶黏剂施胶工艺，提高产品质量以及扩大应用范围。

4.1.3.1 溶剂

为了调节聚氨酯胶黏剂的黏度，便于工艺操作，聚氨酯胶黏剂和涂料用的有机溶剂必须是"氨酯级溶剂"，基本上不含水、醇等活泼氢的化合物。"氨酯级溶剂"是以异氰酸酯当量为主要指标，也即消耗 1mol 的—NCO 所需溶剂的质量（g），该值必须大于 2500，低于 2500 以下者为不合格。因此，聚氨酯胶黏剂用的溶剂纯度比一般工业品等级高。

聚氨酯胶黏剂采用的溶剂通常包括酮类（如甲乙酮、丙酮）、芳香烃（如甲苯）、二甲基甲酰胺、四氢呋喃等。聚氨酯胶黏剂常用溶剂的物理性质见表 4-2。

表 4-2　聚氨酯胶黏剂常用溶剂的物理性质

溶　　剂	溶度参数(SP)	沸点/℃	相对密度 d_4^{20}	折射率 n_D^{20}
甲苯	8.85	110.6	0.866	1.4967
二甲苯	8.79	133～145	0.860	—
乙酸乙酯	9.08	77.0	0.902	1.3719
乙酸丁酯	8.74	126.3	0.8826	1.3591
丙酮	9.41	56.5	0.7899	1.3591
甲乙酮（丁酮）	9.19	79.6	0.8061	1.3790
环己酮	10.05	155.6	0.9478	1.4507
四氢呋喃	9.15	66.0	0.8892	1.4070
二氧六环	10.24	101.1	1.0329	1.4175
二甲基甲酰胺	12.09	153.0	0.9445	1.4269

注：聚氨酯溶度参数 SP 值为 10。

4.1.3.2 催化剂

制备聚氨酯树脂中主要有 3 种反应需用催化剂：催化 NCO/NCO（异氰酸酯二聚或三

聚）、NCO/OH（异氰酸酯与多元醇反应）、NCO/H_2O（异氰酸酯与水反应）。制造聚氨酯树脂主要需用 NCO/OH 反应催化剂和 NCO/H_2O 反应催化剂。

（1）有机锡类催化剂　有机锡类催化剂催化 NCO/OH 反应比催化 NCO/H_2O 反应要强，在聚氨酯树脂制备时大多采用此类催化剂。有机锡类和胺类催化剂对异氰酸酯反应的相对活性见表 4-3。

表 4-3　有机锡类和胺类催化剂对异氰酸酯反应的相对活性

催 化 剂	含量/%	NCO/OH 反应的相对活性	NCO/H_2O 反应的相对活性
无	—	1.0	0
四甲基丁二胺	0.1	56	1.6
三亚乙基二胺	0.1	130	27
二月桂酸二丁基锡	0.1	210	1.3
辛酸亚锡	0.1	540	1.0

① 二月桂酸二丁基锡（简称 DBTDL）。DBTDL 的生产由丁醇、碘、磷反应生成碘丁烷。碘丁烷与金属锡在微量镁催化下，以丁醇为溶剂直接反应生成碘丁基锡，精制后以烧碱处理得氧化二丁基锡。氧化二丁基锡和月桂酸缩合制成二月桂酸二丁基锡，其物理性质见表 4-4。

表 4-4　二月桂酸二丁基锡物理性质

项　目	指　标	项　目	指　标
结构式	$(C_4H_9)_2Sn(OCOC_{11}H_{23})_2$	相对密度 d_4^{20}	1.07±0.01
分子量	631.56	凝固点（最大）/℃	−10
外观	黄色液体	折射率（n_D^{20}）	1.479±0.009
锡含量/%	18.5±0.5	黏度（25℃，最大）/mPa·s	80
色度（Gardner 法，最大）	≤8	闪点/℃	约 200

注：德国 TH. Goldschmidt 公司产品（牌号 Kosmos19）。

二月桂酸二丁基锡催化剂的毒性较大，操作时应注意劳动防护。空气中最高容许浓度为 0.1mg/m^3，溶于多元醇和有机溶剂。

② 辛酸亚锡。辛酸亚锡是 2-乙基己酸亚锡的简称。2-乙基己酸与氢氧化钠反应生成 2-乙基己酸钠，然后与氯化亚锡在惰性溶剂中加热进行复分解反应制得 2-乙基己酸亚锡。原料 2-乙基己酸、氢氧化钠与二水和氯化亚锡物质的量之比为 1∶0.516∶0.5。反应过程中加入少量防老剂-264，可提高 2-乙基己酸亚锡的锡含量和稳定性。辛酸亚锡物理性质见表 4-5。

表 4-5　辛酸亚锡的物理性质

项　目	指　标	项　目	指　标
结构式	$\left[C_4H_9{-}\underset{\underset{C_4H_9}{\overset{C_2H_5}{\vert}}}{CH}{-}COO\right]_2 Sn$	折射率（n_D^{20}）	1.4955±0.0055
		黏度/mPa·s(20℃)	≤450
分子量	405.1	凝固点/℃	−20
外观	淡黄色液体	锡含量/%	28.55±0.65
色度（Gardner 法）	≤6	亚锡含量占锡含量/%	≥96
相对密度 d_4^{20}	1.25±0.02		

注：德国 TH. Goldschmidt 公司产品（牌号 Kosmos29）。

辛酸亚锡溶于多元醇和大多数有机溶剂，不溶于醇和水。辛酸亚锡至少可存放 12 个月，但容器必须密封，须储存于干燥处，防止高温以及过大的湿度。辛酸亚锡无毒性与腐蚀性，可用于制造医疗用品。

（2）叔胺类催化剂　叔胺类催化剂对促进 NCO/H_2O 反应特别有效，一般用于制备聚氨酯泡沫塑料。发泡型聚氨酯胶黏剂以及低温固化型、潮气固化型聚氨酯胶黏剂也采用。主要品种介绍于下。

① 三亚乙基二胺。三亚乙基二胺的国外商品牌号为 Dabco，化学名为 1,4-重氮双环 [2,2,2] 辛烷，其结构式如下：

$$N \begin{matrix} CH_2-CH_2 \\ CH_2-CH_2 \\ CH_2-CH_2 \end{matrix} N$$

三亚乙基二胺是一种笼状化合物，两个氮原子上连接三个亚乙基。这个双环分子的结构非常密集和对称。分子结构中的 N 原子无空间位置影响，一对空电子易于接近。因此三亚乙基二胺对异氰酸酯基和活性氢化合物有极高的催化活性。

三亚乙基二胺在常温上为晶体，使用不方便，因此将三亚乙基二胺用一缩丙二醇配制成含量为 33% 的溶液（牌号为 Dabco-33-LV），其特点是黏度低，易于操作，同时保持了三亚乙基二胺的催化能力。Dabco 和 Dabco-33-LV 物理性质见表 4-6。

表 4-6　Dabco 和 Dabco-33-LV 催化剂的物理性质

项　目	Dabco[①]	Dabco-33-LV[①]	项　目	Dabco[①]	Dabco-33-LV[①]
外观	白色六角形晶体	浅黄色液体	密度(25℃)/(g/cm³)	1.14(28℃)	1.023
熔点/℃	154	−20	蒸气压(38℃)/kPa	0.71	2.72
沸点/℃	173	—	碱度(pK$_a$ 值)[②]	5.4	
闪点(闭式)/℃	52	110	羟值/(mgKOH/g)	—	582
黏度(38℃)/mPa·s	—	54			

① 美国 Air Products 公司产品。

② pK 为离解常数的负对数，a 表示碱。pK$_a$=14−pH。

② 三乙醇胺。醇胺类催化剂活性较三亚乙基二胺小，其优点在于能使反应物料的操作时间延长，常和其他催化剂并用。另一特点是分子中具有羟基，与异氰酸酯反应后成为结构的一部分。

三乙醇胺分子式为 $C_6H_{15}O_3N$，分子量为 149.19。外观为无色黏稠液体，在空气中会逐渐变黄。有吸湿性，溶于水、乙醇和氯仿，微溶于乙醚和苯。对皮肤和黏膜有刺激性，但不强。无强烈的氨味，使用方便。物性指标：相对密度（d_4^{20}）1.1242，熔点 20~21℃，沸点 360℃，黏度 613.6mPa·s，闪点（开杯）90.55℃。折射率（n_D^{20}）1.4852。

③三乙胺。三乙胺也是第三胺催化剂，中等催化活性，一般都和其他催化剂并用。分子式为 $C_6H_{15}N$，分子量为 101.19。它是易挥发的无色液体，有强烈的氨味。熔点 −115℃，沸点 89.90℃，相对密度（d_4^{25}）0.7255，折射率（n_D^{20}）1.4003。能溶于乙醇和水。

4.1.3.3　扩链剂与交联剂

含羟基或含氨基的低分子量多官能团化合物与异氰酸酯共同使用时起扩链剂和交联剂的作用。它们影响聚氨酯硬段和软段的关系，并直接影响聚氨酯产品的性能，所以配方中要用扩链与交联剂。扩链剂能与过量异氰酸酯进行二次反应，生成脲基甲酸酯或缩二脲结构而成为交联剂。扩链剂与交联剂有醇类和胺类，醇类有 1,4-丁二醇，2,3-丁二醇、二甘醇、1,6-

己二醇、甘油、三羟甲基丙烷、山梨醇等。胺类有 3,3′-二氯-4,4′-二氨基-二苯基甲烷（MOCA）以及 MOCA 用甲醛改性制成的液体 MOCA 等。

（1）1,4-丁二醇（简称 BDO） 1,4-丁二醇在聚氨酯橡胶与胶黏剂中作为扩链剂用得较多，它可以调节聚氨酯结构中的软硬度。BDO 的合成方法有乙炔法和二氯丁烯法两种，目前主要是以乙炔法为主。1,4-丁二醇的物理性质和产品规格见表 4-7。

表 4-7 1,4-丁二醇的物理性质和产品规格

项　目	指　标	项　目	指　标
外观	无色油状液体	表面张力/(N/m)	0.04527
分子量	90.12	临界温度 T_k/℃	446
熔点/℃	20.1	临界压力 P_k/MPa	4.26
沸点/℃	229.1	燃烧热/(kJ/mol)	2518.8
闪点(开口,最小)/℃	121	含量(最小)/%	99
相对密度(d_4^{20})	1.020	羟基含量(最大)/%	0.2
黏度(25℃)/mPa·s	0.0715	沸点/℃	
碘值(最大)/%	0.1	(200×133.3Pa)	187
水分(最大)/%	0.1	(100×133.3Pa)	170
色度(APHA. 最大)	25	(20×133.3Pa)	133
折射率(n_D^{25})	1.4446	(10×133.3Pa)	118
蒸发热/(kJ/mol)	137.6	(2×133.3Pa)	102
比热容/[kJ/(kg·℃)]	2.412		

1,4-丁二醇极易吸水，溶于乙醇、丙酮以及聚醚与聚酯多元醇中。水分含量过高时可用氧化钙或分子筛等干燥剂进行脱水，经减压蒸馏后水分含量可低于 0.1%。1,4-丁二醇也可以同聚醚或聚酯多元醇混合一起脱水。

（2）3,3′-二氯-4,4′-二氨基-二苯基甲烷 该产品的商品名称为 MOCA，

MOCA 的生产工艺为将邻氯苯胺与盐酸反应生成邻氯苯胺盐酸盐，然后滴加甲醛缩合成 MOCA 粗品，中和，蒸馏出过量的邻氯苯胺，水洗，乙醇重结晶，然后加工成粒状球体出售。MOCA 的物理性质见表 4-8。

表 4-8 MOCA 的物理性质

项　目	指　标	项　目	指　标
分子量	267.16	水分(最大)/%	0.3
外观	浅黄色针状结晶	氯含量/%	26
熔点/℃	100~109	胺值/(mmol/g)	7.4~7.6
固态密度(24℃)/(g/cm³)	1.44	丙酮不溶物(最大)/%	0.04
液态密度(107℃)/(g/cm³)	1.26		

MOCA 可溶解在丙酮、二甲基亚砜、二甲基甲酰胺、四氢呋喃等有机溶剂中。MOCA 还可溶于加热的聚醚多元醇中，有利于聚氨酯树脂配方的调节。MOCA 强烈刺激呼吸道，50% 死亡率的照射剂量（LD_{50}）为 5000mg/kg。近年来有报道指出，MOCA 是化学致癌物质，因此使用时要加强通风，尤其要避免吸入蒸气。MOCA 主要是在聚氨酯弹性体和聚氨酯胶黏剂中作为扩链剂。

（3）三羟甲基丙烷 三羟甲基丙烷简称 TMP，是制备聚氨酯弹性体、聚氨酯胶黏剂以

及涂料时用的交联剂。从结构上看，TMP 中的羟基为伯羟基，因此反应活性比甘油大。其化学结构式如下：

$$CH_3-CH_2-\underset{\underset{CH_2-OH}{|}}{\overset{\overset{CH_2-OH}{|}}{C}}-CH_2-OH$$

三羟甲基丙烷生产工艺如下：由丁醛与甲醛于氢氧化钠溶液中进行缩合反应，经浓缩除盐，用离子交换树脂脱皂，最后进行薄膜蒸发制得。TMP 基本无毒，采用一般防护方法即可。三羟甲基丙烷的物理性质见表 4-9。

表 4-9 三羟甲基丙烷的物理性质

项　目	指　标	项　目	指　标
分子量	134.17	丙酮中溶解度/(g/100mL)	40
外观	白色片状结晶	醋酸乙酯中溶解度/(g/100mL)	3
熔点/℃	59	吸潮率(25℃,湿度 20%~44%)/%	0.06
闪点/℃	160	吸潮率(27℃,湿度 70%~80%)/%	0.23
相对密度 d_4^{20}	1.1758	沸点(760×133.322Pa)/℃	295
黏度(100℃)/mPa·s	70	沸点(50×133.322Pa)/℃	210
熔解热/(kJ/kg)	183.4	沸点(5×133.322Pa)/℃	160

三羟甲基丙烷极易吸收水分，在市场上出售的 TMP 采用聚烯烃薄膜复合铝箔材料进行包装，以防止吸水。TMP 易溶于水、乙醇、丙酮、环己酮、甘油以及二甲基甲酰胺，微溶于四氯化碳、乙醚、氯仿，不溶于脂肪烃、芳香烃。三羟甲基丙烷产品规格见表 4-10。

表 4-10 三羟甲基丙烷产品规格

项　目	指　标	项　目	指　标
羟值/(mgKOH/g)	1230~1250	pH 值(1%水溶液)	6.5±0.5
酸度(按甲酸计)(最大)/%	0.03	羟基含量/%	37.5~37.9
灰分(硫酸盐含量)(最大)/%	0.01	皂化值(最大)	0.5
水分(包装时)(最大)/%	0.05	10%水溶液色泽(铂钴法,最大)	5
熔点/℃	57~59	邻苯二甲酸酯色泽(铁钴比色法,最大)	1

（4）氢醌-二（β-羟乙基）醚［hydroquinone di(β-hydroxyethyl) ether，HQEE］结构式如下：

$$HOCH_2CH_2-O-\underset{}{\bigcirc}-O-CH_2CH_2OH$$

它由对苯二酚和环氧乙烷合成，用作聚氨酯弹性体和聚氨酯胶黏剂的扩链剂，其制品的耐热性能、硬度以及弹性高于一般使用的扩链剂。HQEE 的物理性质见表 4-11。

表 4-11 HQEE 的物理性质

项　目	指　标	项　目	指　标
分子量	198.2	比热容/[kJ/(kg·K)]	6.95
外观	白褐色片状	熔融黏度(100℃)/mPa·s	20
羟值/(mgKOH/g)	566	熔融密度(120℃)/(g/cm³)	1.14
熔点/℃	96~100	丙酮中溶解度(25℃)/%	4
沸点/℃	185~200	乙醇中溶解度(25℃)/%	4

(5) 1,6-己二醇（1,6-hexanediol，HD） 可作为聚氨酯树脂制备中的扩链剂，也可以同己二酸经缩合反应制成聚己二酸-己二醇酯，或与其他酸进行二元醇共聚，这种聚酯多元醇制得的聚氨酯制品其耐水、耐热、耐氧化以及机械强度等均能提高。1,6-己二醇的物理性质与产品规格见表 4-12。

表 4-12 1,6-己二醇的物理性质与产品规格

物 理 性 质		产 品 规 格	
项 目	指 标	项 目	指 标
外观	白色固体	纯度（最小）/%	98.0
分子量	118	凝固点（最低）/℃	40
熔点/℃	41～42	水分（最大）/%	0.2
沸点/℃	约 250	酸值（最大）/（mg KOH/g）	0.1
闪点（封闭式）/℃	137	酸值（最大）/（mg KOH/g）	0.5
溶解性（25℃）①	易溶于水、醇、酯	色度（Hazen 值,60℃,最大）	20

① 易溶于水、甲醇、正丁醇以及乙酸丁酯、微溶于乙醚。
注：日本宇部兴产公司产品。

4.1.3.4 稳定剂

聚氨酯树脂也存在着老化问题，主要是热氧化、光老化以及水解，针对此问题须添加抗氧剂、光稳定剂、水解稳定剂等予以改进。

抗氧剂的作用是阻滞聚氨酯热氧化作用，阻止由氧诱发的聚合物的断链反应，并分解生成的过氧化氢。加入空间位阻酚及芳族仲胺作抗氧防老剂，与亚磷酸酯、膦、硫醚等化合物组成复合物，可使防老抗氧效果更佳。

光稳定剂包括两个组分，一种是紫外线吸收剂，另一种是位阻胺。两者复合在一起加入聚氨酯树脂组成中其光稳定性效果更好。适合聚氨酯树脂应用的紫外线吸收剂是苯并三唑系和三嗪系。

聚酯型聚氨酯弹性体耐水解稳定性较差，一般添加碳化二亚胺（—N═C═N—）之类水解稳定剂（Bayer 公司生产的牌号为 Stabaxol P 和 Stabaxol I）。

4.1.3.5 填料与触变剂

（1）填料 聚氨酯树脂组成中添加合适填料主要是为了改进物理性能，加入填料能起补强作用，提高聚氨酯的力学性能，降低收缩应力和热应力，增强对热破坏的稳定性，降低热膨胀系数，另外还可改进树脂的黏度和降低成本。

一般聚氨酯胶黏剂使用的填料有碳酸钙、滑石粉、分子筛（粉末）、陶土等。添加前的填料需经过脱水处理，以避免消耗掉部分异氰酸酯。须注意生成二氧化碳会导致树脂出现发泡现象，影响聚氨酯树脂的物性。

（2）触变剂 为了使聚氨酯胶黏剂在施胶过程中能控制胶液的流动性，在胶黏剂组成内添加触变剂，尤其是粘接皮革、纺织物或混凝土这类吸附较强的材料时，加入粒子极细的二氧化硅（气相白炭黑）填料作为触变剂，可防止胶黏剂对这些材料的渗透。聚氨酯胶黏剂和密封胶中加入适当的触变剂可调节胶黏剂的黏度，粘接垂直面基材时可防止胶料的下垂，提高滞留特性。

聚氨酯树脂中应用的触变剂主要是气相二氧化硅，其平均粒径为 4～7μm，相应的比表

面积为 $50\sim380m^2/g$。一般采用比面积为 $200m^2/g$ 的产品。当需要更高的触变性时，则使用比表面积更大的气相二氧化硅。德国 Degussa 公司的气相二氧化硅产品的技术规格见表4-13。

表 4-13 气相二氧化硅产品的技术规格

牌 号	Aerosil-200	Aerosil-300	Aerosil-380	Aerosil-CoK8
BET 表面积/(m^2/g)	200 ± 25	300 ± 30	380 ± 30	170 ± 30
平均原始颗粒度/nm	12	7	7	—
压实表观密度/(g/L)				
（常规）	50	50	50	50
（常压）	120	120	120	—
含水量(105℃/2h)/%	<1.5	<1.5	<1.5	<1.5
灼烧损失(1000℃/2h)/%	<2	<2	<2.5	<1
pH 值(4%水悬浮体)	3.6~4.3	3.6~4.3	3.6~4.3	3.6~4.3
SiO_2 含量/%	>99.8	>99.8	>99.8	82~86
Al_2O_3 含量/%	<0.05	<0.05	<0.05	14~18
Fe_2O_3 含量/%	<0.003	<0.003	<0.003	<0.1
Ti_2O 含量/%	<0.03	<0.03	<0.03	<0.03
HCl 含量/%	<0.025	<0.025	<0.025	<0.1
筛渣(45μm)/%	<0.05	<0.05	<0.05	<0.1

4.1.3.6 其他助剂

（1）偶联剂 为了改善聚氨酯胶黏剂对基材的粘接性，提高粘接强度和耐湿热性，可在胶液中或底涂胶中加入 0.5%～2% 的有机硅或钛酸酯类偶联剂。常用的有机硅偶联剂有 7-氨丙基三乙氧基硅烷（KH-550）、环氧丙氧基丙基三甲氧基硅烷（KH-560）、苯胺甲基三乙氧基硅烷（南大-42）等。

（2）增黏剂 与聚氨酯胶黏剂组成中加入增黏剂可提高胶黏剂的初黏性和黏度，常用的增黏树脂有萜烯树脂、酚醛树脂、萜烯酚醛树脂、松香树脂、丙烯酸酯低聚物、苯乙烯低聚物等。

（3）增塑剂 为了改进聚氨酯胶层的硬度，可加入少量增塑剂。但应在不损失黏合强度的条件下增加柔韧性和伸长率。增塑剂有邻苯二甲酸二辛酯、二苯甲酸二乙二醇酯等。

（4）杀虫剂 聚酯型聚氨酯树脂易于受微生物侵袭，特别是在湿热、高湿环境下使用时更易受微生物侵袭。因此，在聚氨酯树脂组分中常加入抗细菌、酵母或真菌的杀虫剂。常用的杀虫剂有-8-羟基喹啉铜、三丁基氧化锡及其衍生物。

（5）着色剂 与聚氨酯树脂组成中添加着色剂可使之成为有色树脂。添加方法是将无机或有机颜料与多元醇混在一起制成糊状物，加到多元醇配方中。无机着色剂有二氧化钛、氧化镁、氧化铬、硫化镉、铝酸镁、炭黑等。有机颜料有偶氮/重氮系染料、酞菁及二噁嗪等。也有的厂家如德国 TH. Goldschmid T 公司生产专供聚氨酯树脂着色用的色浆（牌号 Tegocolor，有红、黄、绿、蓝、黑五种颜色），颜料含量为 10%～20%，分散在多元醇中，羟值为 56mg KOH/g，储存期为 12 个月。

4.2 聚氨酯的合成原理

4.2.1　异氰酸酯的化学反应

异氰酸酯具有较高的反应活性，容易与含有活性氢的物质（醇、酚、酸、胺，水等）反应。这个反应是由含氢化合物对异氰酸酯中的碳原子的亲核进攻引起的亲核加成：

$$R-N=C=O +BH \Longrightarrow \left[\begin{array}{c} R-N-C^{\ominus}-O \\ {}_{\oplus}BH \end{array} \right] \longleftrightarrow \left[\begin{array}{c} R-N^{\ominus}-C=O \\ {}_{\oplus}BH \end{array} \right]$$

异氰酸酯中 R 的电子接受体效应以及含氢化合物中 B 的电子给予体效应都可加速此反应，这是此反应为亲核加成的间接证据。这样，芳族异氰酸酯比脂肪族异氰酸酯反应活性大。而含活性氢化合物与异氰酸酯的反应速率取决于化合物的亲核性，按下列次序递减：

$$R_2NH>RNH_2>NH_3>C_6H_5NH_2>ROH>H_2O>C_6H_5OH>RSH>RCOOH$$

重要的反应如下。

4.2.1.1　与醇、酚的反应

异氰酸酯与羟基化合物的反应是由羟基化合物对异氰酸酯上的碳原子上的亲核进攻引起。接着羟基上的氢向氮原子上转移，生成氨基甲酸酯：

$$R-N=C-O-R'OH \longrightarrow \left[\begin{array}{c} R-N-C^{\ominus}-C \\ {}_{\oplus}HOR' \end{array} \longleftrightarrow \begin{array}{c} R-N^{\ominus}-C=O \\ {}_{\oplus}HOR' \end{array} \right] \longrightarrow \begin{array}{c} H \quad O \\ | \quad \| \\ R-N-C \\ OR' \end{array}$$

由于亲核性不同，酚与异氰酸酯的反应活性不及醇，一般在 $50\sim75℃$ 下反应也很缓慢，需要加入催化剂。

不同醇与异氰酸酯的反应活性不同。伯醇与异氰酸酯的反应无催化剂在室温下即可进行。在同样条件下，仲醇的反应速率为伯醇的 3/10，而叔醇仅为 0.5%，三苯基甲醇甚至不起反应。

异氰酸酯上的亲电基增加碳原子上的正电荷，使反应活性增大。这样，便有以下的活性次序：

$$O_2N-\bigcirc-NCO > \bigcirc-NCO > H_3C-\bigcirc-NCO >C_nH_{2n+1}NCO$$

实际上，4,4-二苯甲烷二异氰酸酯、甲苯二异氰酸酯比六亚甲基二异氰酸酯活性大。至于甲苯二异氰酸酯的两种异构体，由于邻位—NCO 受到的空间位阻较大，所以 2,4-甲苯二异氰酸酯较 2,6 位的活泼。

在二异氰酸酯中，当第一个—NCO 与羟基化合物反应生成氨基甲酸酯后，未反应的—NCO活性较小。利用这一点，工业上常使较活泼的第一个—NCO 与羟基化合物反应生成加成物，即封闭体。留下的—NCO 待需扩展分子链或固化时起作用。

4.2.1.2　与羧酸的反应

羧酸中也会有羟基，因此也能与异氰酸酯反应。其反应活性较伯醇与水低。羧酸与异氰酸酯反应先生成中间产物，中间产物的稳定性因羧酸和异氰酸酯的结构不同而异。脂肪族羧

酸和脂肪族异氰酸酯反应先生成混合羧酸酐，然后分解产生酰胺，放出二氧化碳：

$$RNCO+R'COOH \longrightarrow [RNHC-O-CR'] \longrightarrow RNHCOR'+CO_2\uparrow$$

脂肪族羧酸或弱的芳香族羧酸与芳香族异氰酸酯反应：

$$ArNCO+R'COOH \longrightarrow [ArNHC-O-C-R']$$

$$2[ArNHC-O-C-R'] \longrightarrow [ArNHC-O-CNHAr] + R'COCR'$$

$$\downarrow$$

$$ArNHCONHAr+CO_2$$

当温度升到160℃时，脲和酸酐又可进一步反应生成酰胺，同时放出二氧化碳：

$$ArNHCONHAr+ R'COCR' \longrightarrow 2ArNHCOR'+CO_2\uparrow$$

4.2.1.3　与水的反应

异氰酸酯与水反应经过不稳定的中间产物氨基甲酸生成胺和二氧化碳，胺又迅速与异氰酸酯反应生成取代脲：

$$RNCO+H_2O \xrightarrow{慢} [RNHCOOH] \longrightarrow RNH_2+CO_2$$

$$RNH_2+RNCO \xrightarrow{快} RNHCONHR$$

总的反应可写成：

$$2RNCO+H_2O \longrightarrow RNHCONHR+CO_2\uparrow$$

生成的二氧化碳可作为气泡来源，故此反应是制造泡沫塑料的基本反应。水与异氰酸酯的反应活性相当于仲醇。

4.2.1.4　与胺的反应

异氰酸酯与胺的反应活性比其他活性氢化合物高，反应生成取代脲：

$$RNCO+R'NH_2 \longrightarrow RNHCONHR'$$

胺的碱性越强，则活性越大。脂肪胺的活性比芳香胺大。

4.2.1.5　次级反应

以上介绍的是初级反应。当异氰酸酯与反应物为等当量比时，主要进行初级反应。而当异氰酸酯过量时，初级反应产物可继续与异氰酸酯反应，即次级反应：

$$RNCO+-NHCOO- \longrightarrow RNHCONCOO- \quad（脲基甲酸酯）$$

$$RNCO+-NHCO- \longrightarrow RNHCONCO- \quad（酰脲）$$

$$RNCO+-NHCONH- \longrightarrow RNHCONCONH- \quad（缩二脲）$$

以上反应归纳见表4-14。

除加成反应外，异氰酸酯的—C＝N双键还可自聚而成二聚体、三聚体，得到的二聚体不稳定，三聚体较稳定。欲得到高分子聚合物，则要在特殊引发剂存在并在低温下反应。

表 4-14　异氰酸酯的重要加成反应

与—NCO 加成的基团	反 应 产 物	
	初级反应	次级反应
—OH	—NH—COO— （氨基甲酸酯）	$\begin{array}{c}\text{—N—CO—O—}\\ \mid \\ \text{CO—NH—}\end{array}$ （脲基甲酸酯）
—COOH	—NH—CO—+CO_2 （酰脲）	$\begin{array}{c}\text{—N—CO—}\\ \mid \\ \text{CO—NH—}\end{array}$ （酰脲）
—NH₂	—NH—CO—NH— （取代脲）	$\begin{array}{c}\text{—N—CO—NH—}\\ \mid \\ \text{CO—NH—}\end{array}$ （缩二脲）

4.2.2　聚氨酯的生成反应

多元异氰酸酯与羟基聚合物之间的反应为逐步加成聚合反应，没有副产物生成。

线型聚氨酯是由二元异氰酸酯与二羟基化合物或聚合物制得，以六亚甲基二异氰酸酯与丁二醇的反应为例：

$$OCN—(CH_2)_6—NCO+HO(CH_2)_4OH \longrightarrow OCN—(CH_2)_6—NHCOO(CH_2)_4OH$$
$$OCN—(CH_2)_6—NHCOO(CH_2)_4OH+OCN—(CH_2)_6—NCO \longrightarrow$$
$$OCN—(CH_2)_6—NHCOO(CH_2)_4OOCNH(CH_2)_6—NCO$$

最后生成：

$$—[OCNH(CH_2)_6NHCOO(CH_2)_4O]_n—$$

用多官能团化合物（多元异氰酸酯或多元醇）可形成体形聚氨酯。

除上述反应之外，还可能发生诸如微量水与异氰酸酯的反应、次级反应以及异氰酸酯的自聚反应等副反应。

由于次级反应的存在，即使所用的两种原材料皆为二官能度的，当二异氰酸酯过量时，仍可能产生支化甚至交联反应。次级反应的进行与反应条件有关，通常在酸性条件下不利于次级反应，故易形成线型产物，而在碱性条件下则有利于此反应，易形成分支或交联结构。

欲制造高分子量线型聚氨酯，必须严格控制反应条件，抑制副反应；另外，可通过副反应达到特定目的，如泡沫塑料的发泡、弹性体的硫化、漆膜的交联干燥等。

4.3　聚氨酯的制造工艺

早期制造聚氨酯采用熔融聚合。但这种方法的应用受到限制，生成的聚合物在熔融温度下必须是热稳定性的。当聚氨酯熔融温度在225℃以上时，由于会发生热分解，不宜用熔融聚合，而应采用溶液聚合。

线型热塑性聚氨酯是由接近等物质的量之比的二异氰酸酯与二元醇反应而得（NCO/OH 约为1）。分子量较大，可达30000～60000。采用低分子量二元醇，可以制得刚性的硬聚合物，而用高分子量二元醇（分子量400～6000的聚酯或聚醚），则得到软的弹性聚合物。

以六亚甲基二异氰酸酯和丁二醇为基础的线型硬聚氨酯应用较多。它既可用溶液法，也可用熔融法制造。

4.3.1 熔融法

在反应釜中加入丁二醇，在氮气保护下加热到 85～95℃，剧烈搅拌下，分小份慢慢加入六亚甲基二异氰酸酯。放热反应结束后，温度升到 190～210℃。保持此温度至反应完成。然后，反应釜抽空（残余压力 1.3～4kPa）以除去溶解的气体。用氮气将聚合物压出成带状，冷却，打碎。

4.3.2 溶液法

在反应釜中加入氯代苯、二氯代苯和丁二醇混合溶剂。向加热到 60～65℃ 的溶液中加入六亚甲基二异氰酸酯。保持沸腾 4～5h，形成的聚合物以粉末状或絮状沉淀出。过滤，在65℃下抽空干燥，便得到线型热塑性聚氨酯。用高分子量二元醇制备聚氨酯与上述方法相似。

用高分子量聚酯或聚醚制得的软的热塑性聚氨酯用于制造弹性体。而低分子二元醇制得的硬的热塑性聚氨酯用于制造塑料，可通过模压、注射、挤出、压延而成型。此外，还可制成纤维。

另一类聚氨酯树脂是聚氨酯预聚体。这是分子量较小的聚氨酯，多数情况下，端基为—NCO，有时端基为—OH。由于 NCO/OH 不同，预聚体有以下几种：

NCO/OH＜1	端基为—OH；
NCO/OH＝1	端基为—NCO 与—OH；
1＜NCO/OH≤2	端基为—NCO，无游离异氰酸酯；
NCO/OH＞2	端基为—NCO，有游离异氰酸酯。

预聚体可用于二步法制造泡沫塑料、弹性体、漆与胶黏剂等。

催化剂可加速聚合反应。可以采用叔胺催化剂或有机金属化合物，如前所述。

溶液聚合中的溶剂对聚合反应速率有显著影响。一般说来，溶剂的介电系数越大，反应越快。强极性溶剂，如二甲基乙酰胺、二甲基亚砜是有效的溶剂。此外，还可以采用混合溶剂，如二甲基亚砜与 4-甲基-2-戊酮或二氯甲烷、氯代苯与二氯代苯等。

4.4 聚氨酯的应用

4.4.1 聚氨酯泡沫塑料

聚氨酯泡沫塑料具有优良的力学性能、电学性能、声学性能和化学稳定性，而且其密度、强度、硬度等均可以随着原料配方的不同而改变，再加上其成型加工十分方便，因此在国民经济各部门获得了越来越广泛的应用，如在冷藏运输、建筑绝热、家具制造等方面已被大量使用。

4.4.1.1 聚氨酯软泡的应用

软质聚氨酯泡沫塑料有块状泡沫和模塑泡沫两种主要生产方式。制品主要用于家具垫材、床垫、车辆坐垫、织物复合制品、包装材料及隔音材料等。

（1）垫材　聚氨酯软泡是制作家具软垫及车船座椅的理想材料。目前家具座椅、沙发、汽车坐垫和靠背等的垫材基本上都是聚氨酯软泡，是聚氨酯软泡用量最大的市场。坐垫用泡沫塑料的密度一般在 35kg/m³ 以上。聚氨酯软泡透气透湿性好，还适合制作床垫。例如，在我国称为"席梦思"的床垫，大多数由聚氨酯软块泡片材、弹簧及面料等制成。

（2）吸音材料　开孔的聚氨酯软泡具有良好的吸声消震性能，可用于具有宽频音响装置的室内隔音材料，也可直接用于遮盖噪音源（如鼓风机和空调器等）。

（3）织物复合材料　软泡片材与各种纺织面料采用火焰复合法或黏结剂黏合法制成的层压复合材料，是软泡的经典应用领域之一。多采用聚酯型聚氨酯软泡，复合薄片质轻，具有良好的隔热性和透气性，特别适合用作服装内衬。

还可大量用于室内装饰材料和家具的包覆材料，以及车辆座椅的罩布等。

（4）其他应用　聚氨酯可用模塑工艺制造多种玩具，安全时尚，也可用块泡的边角料切割成一定形状，用聚氨酯软泡胶黏剂粘接成多种造型的玩具和工业品。

4.4.1.2　聚氨酯硬泡的应用

（1）食品等行业冷冻冷藏设备　聚氨酯硬泡作绝热层的冰箱、冷柜，绝热层薄，在相等外部尺寸条件下，有效容积比其他材料作绝热层时大得多。并减轻冰箱等的自重。聚氨酯硬泡强度较高，浇注在冰箱的壳体与内衬之间，形成整体无需其他支撑材料，因而不存在"热桥"，确保了冰箱、冷柜整体优异的绝热效果。聚氨酯硬泡还用于冷藏车、冷藏集装箱等的绝热材料，能保证长距离运输过程中冷冻食品温度在所要求的范围内。

（2）工业设备保温　许多酿酒、化工、储运等企业，存在不同的保热、保冷等要求，聚氨酯硬泡施工方便、卫生，保温效果优良，是良好的保温材料。储罐、管道是工业生产中常用的设备，在石油、天然气、炼油、化工、轻工等行业均被广泛使用。为防止热量或冷量在储槽储存的过程中或运行输送过程中损失，对冷/热储罐和管道必须采取保温措施。城镇集中供热的管道采用聚氨酯硬泡为隔热层材料。

（3）建筑材料　房屋建筑是聚氨酯硬泡的最重要应用领域之一。世界上很多国家对房屋建筑能量消耗都有明确的规定。这促进了硬泡在房屋建筑中的应用。美国建筑用聚氨酯泡沫塑料年消耗量在 30 万吨左右，占建筑泡沫市场的 65%，其余为聚苯乙烯和酚醛泡沫，占聚氨酯硬泡总量的 50% 左右。据报道，聚氨酯硬泡填充于空心砖中，可制成硬泡填空空心砖，具有较好的保温效果。还可制成聚氨酯硬泡混凝土，这种混凝土块密度 200kg/m³ 左右，压缩强度 0.59～0.78MPa，热导率 64mW/(m·K)，可制成大尺寸建筑构件。单组分聚氨酯泡沫塑料（由聚氨酯预聚体与低沸点发泡剂储存在气雾剂罐中而成）填缝胶用于窗与墙体、门与墙体等空隙的密封，目前国内外应用已较普遍。

（4）交通运输业　聚氨酯硬泡目前广泛用于汽车顶篷和车内侧内饰件，以前是织物或聚氯乙烯薄膜与聚氨酯软泡复合而成，目前基本上采用聚氨酯硬泡材料，如浇注硬泡、喷涂硬泡、玻璃纤维增强硬泡以及热成型硬泡片材与装饰面料的热压复合物等。特别是采用开孔性泡沫制成的热成型复合硬泡，提高了车辆的装配效率，且强度、尺寸稳定性、隔热性、吸声性等都能满足使用要求。

（5）仿木材　高密度（密度为 300～700kg/m³）聚氨酯硬泡或玻璃纤维增强硬泡是结构泡沫塑料，又称仿木材料。模塑成型的聚氨酯结构硬泡通常是整皮硬泡，具有强度高、韧性好、结皮致密坚韧、成型工艺简单、生产效率高等特点，强度可比天然木材高，密度可比木材低，可替代木材用作各类高档型材、板材、体育用品、装饰材料、家具、仿木管道管托和工艺品等，并可根据需要调整制品的外观颜色，具有广阔的市场前景。

（6）灌封材料等　聚氨酯硬泡材料能方便地对电线等进行灌注密封保护，如用于煤矿井下电缆接线盒的发泡型填充胶料具有较高的机械强度、阻燃自熄、耐腐蚀、无环境污染、固化体无毒等特点，电性能指标能满足要求，适宜井下现场浇注。

聚氨酯硬泡用途很广，日常生活到处可见。如家用热水器、太阳能热水器、鲜啤酒桶夹层中都可采用硬质聚氨酯泡沫塑料作保温材料。这些器具壳体外形与工业用储罐很相似，只是体积小得多，绝热原理与效果完全相同。

4.4.1.3　聚氨酯泡沫塑料的其他应用

聚氨酯泡沫塑料还用于不受电磁波干扰的无回波暗室的吸波材料的载体，用于国防及有关研究领域。国内外吸波材料大多是以聚氨酯泡沫塑料为基体，混入吸波剂而制成。美国的Rantic公司早在20世纪60年代就研制出了适用于60MHz～40GHz的超宽频带的EMC系列吸波体，该吸波体采用软质聚氨酯泡沫塑料渗碳结构，其形状多为尖劈状，高度为0.6～2.5m不等。适用于建造不同用途的无回波暗室。我国有几个单位生产，软泡和硬泡都可采用。聚氨酯硬泡吸波材料是将吸波剂加入聚氨酯硬泡组合料中模塑而成。聚氨酯软泡基吸波材料是将块泡切割成预定形状、浸渍吸波剂后烘干而成。聚氨酯泡沫塑料基吸波材料还可用在隐身飞机的机身和机翼上；可用来建造无回波箱，用以覆盖测试环境中的反射物体，如雷达天线罩、天线支架、转台、试验架等；聚氨酯泡沫塑料基吸波材料还可用来建造微波吸收墙、消除微波污染等。

把聚氨酯泡沫塑料与活性载体结合，可用于微量金属离子的富集和测定。例如把8-羟基喹啉负载到聚氨酯泡沫上，可与许多金属离子反应形成易溶于有机溶剂的螯合物而使金属被萃取。

4.4.2　聚氨酯弹性体

4.4.2.1　在选煤、矿山、冶金等行业的应用

煤矿、金属及非金属矿山对高耐磨、高强度、富有弹性的非金属材料需求非常大。聚氨酯弹性体是最符合矿山要求的非金属材料，可取代部分金属材料。用于矿山的聚氨酯弹性体制品有筛板、弹性体衬里、运输带等。

（1）聚氨酯橡胶筛板　矿山在选矿和分级筛机上采用各种各样的聚氨酯橡胶筛板，筛板可采用浇注型和热塑性聚氨酯成型工艺制造。有的浇注成型筛板中用钢丝作为增强骨架。通常这些筛板在运行时既要自身机械振动，又要承受矿石、煤块、石头等物料对筛板产生冲击、摩擦和磨蚀。传统的金属筛板（网）磨损快，使用寿命短，频繁更换影响正常生产。聚氨酯筛板耐磨性能好，使用寿命约为钢筛的3～5倍，可使用几个月甚至几年；并且具有吸振性好、消声能力强、可降低噪声15～20dB等特性，从而改善了工作环境；筛孔经过设计不易堵塞、自清理效果好，是金属筛板及其他橡胶筛板的理想替代品。筛板在设计时须考虑到安装结构合理，使得更换时拆装方便、快捷。

（2）在矿山等行业的其他应用　许多矿山设备如摇床、浮选机、各种选矿机、旋流器、螺旋流槽、粉碎机、磁选机、臂道和弯头、接触碎石等物料需要耐磨的衬里；矿山还需要很

多的耐磨制件与配件，如矿用输送带、托轮、各种矿用车辆的轮胎、浮选机盖和搅拌叶轮、内衬聚氨酯橡胶的管道，水力旋流器、锥型除渣器、轻杂质除渣器、球磨机与砾磨机的衬里、矿井灌车上天轮衬垫、煤矿喷浆机用的结合板、矿用单轨吊车的钢芯聚氨酯驱动轮，阻燃抗静电的聚氨酯输送带、各种地矿及设备电缆 TPU 护套、矿上电缆冷补用聚氨酯胶料、矿用自卸车的密封圈、防尘圈、减震块，矿山上浮选机的水轮推动筛板、筛滤器等。聚氨酯弹性体是首选的材料。

4.4.2.2　聚氨酯胶辊

聚氨酯胶辊是一类性能优异的聚氨酯橡胶制品，一般采用浇注工艺在钢或铁辊外覆一层聚氨酯弹性体而成。胶辊规格和用途各异，各种用途的胶辊的硬度及其他性能各有不同。印刷及塑料涂层胶辊一般采用低模量的聚氨酯弹性体。邵氏 A 硬度多在 15～55，很容易达到印刷胶辊所需的低硬度。邵氏 A 硬度在 55～95 的胶辊主要用于钢铁、造纸、粮食加工、纺织等行业。

聚氨酯胶辊具有较高的弹性、优异的耐磨性能和耐撕裂性能，使用寿命比钢辊和普通橡胶长。国内在各行各业中不少厂家已使用聚氨酯胶辊代替普通胶辊。胶辊大多数采用浇注工艺制造，一般采用把钢芯放在圆筒型模具中央浇注弹性体成型。

4.4.2.3　聚氨酯胶轮及轮胎

聚氨酯弹性体承载能力大、耐磨、耐油，与金属骨架粘接牢固，可用于制造在各种传动机构中广泛使用的胶轮，如生产线传送带用托轮、导轮，缆车的滑轮等。在矿用单轨吊车、齿轨车及清洗车等车辆上使用效果十分明显，还用于很小的电子和精密仪器传动轮、各种方向轮等。

利用聚氨酯的高强度、高硬度下的高弹性模量，国内外已开发出各种轮胎。聚氨酯弹性体适合于制造低速、载重车辆用轮胎，如用于各种矿山车的轮胎耐碎性能是天然橡胶轮胎不能比拟的。

4.4.2.4　交通运输业及机械配件

随着汽车工业的发展和汽车轻量化的要求，聚氨酯弹性体可用于汽车内外部件，如仪表板皮、吸能衬垫、保险杠、挡泥板、车身板、包封组合车窗等。轿车上采用微孔聚氨酯弹性体密封的空气滤芯，与传统的"金属端盖＋胶黏剂、橡胶垫圈"制成的空气滤芯密封盖相比，具有质量轻、加工工艺简单、效率高、密封性好等特点，降低了发动机的磨损。小红旗等高挡轿车已开始使用 RIM 聚氨酯侧防撞条。汽车上的连接件如聚氨酯方向连接器和转向轴球碗具有耐磨、耐油及韧性。汽车变速杆护套等可用聚氨酯制成。汽车、火车、飞机的安全玻璃也是脂肪族 TPU 有发展前途的领域。

4.4.2.5　鞋材

聚氨酯弹性体具有缓冲性能好、质轻、耐磨、防滑等特点，加工性能好，已成为制鞋工业中一种重要的鞋用合成材料，制造棒球、高尔夫球、足球等运动鞋的鞋底、鞋跟、鞋头以及滑雪鞋、安全鞋、休闲鞋等。用于鞋材的聚氨酯材料有浇注型微孔弹性体及热塑性聚氨酯弹性体等，以微孔弹性体鞋底为主。聚氨酯微孔弹性体质轻，耐磨性又好，受到制鞋厂商的青睐。制品密度在 $0.6g/cm^3$ 以下，比传统的橡胶底和 PVC 鞋材要轻得多。在国内微孔聚氨酯弹性体主要用于旅游鞋、皮鞋、运动鞋、凉鞋等的鞋底及鞋垫。国外有公司用 RIM 聚氨酯体系包封滑雪鞴鞋底金属部件。

4.4.2.6 模具衬里以及钣金零件成型用冲裁模板等

聚氨酯橡胶代替传统钢模的冲压技术是金属薄板冲压技术的一次飞跃，能大幅度缩短模具制造周期，延长模具使用寿命，降低成型零件的生产成本，并提高零件表面质量和尺寸精度，特别适用于中小批量和单件产品的试制生产，对薄而复杂的冲压零件更加适合。同一副模具可冲制不同厚度的薄片零件。制件平整光洁、无毛刺，模具结构简单、制造容易。

4.4.2.7 医用弹性制品

医用聚氨酯弹性体在国外以热塑性聚氨酯为主，也有少量浇注型聚氨酯弹性体及微孔弹性体。由于聚氨酯弹性体的高强度、耐磨、具生物相容性、无增塑剂和其他小分子惰性添加剂，在医用高分子材料中占有重要的地位。

医用聚氨酯制品有聚氨酯胃镜软管、医用胶管、人工心脏隔膜及包囊材料、聚氨酯弹性绷带、气管套管、男性输精管聚氨酯可复性栓堵剂、颅骨缺损修补用聚氨酯弹性体等，高湿气透过率的TPU薄膜可用于灼伤皮肤覆盖层，伤口包扎材料和取代缝线的外科手术用拉伸薄膜、治疗用的服装及被单等。TPU薄膜还用于病人退烧的冷敷冰袋、填充液体的义乳、安全套等。

4.4.2.8 管材

利用聚氨酯弹性体的柔韧性、高拉伸强度、冲击强度、耐低温、耐高温、有较高的耐压强度等特点，可制成各种软管和硬管，如高压软管、医用导管、油管、压缩空气输送臂、燃料输送管、油漆用软管、消防用软管、固体物料输料管、用于水冲压管及机械臂保护的波纹管等。聚氨酯管大多采用热塑性聚氨酯挤塑成型。

采用钢丝增强，可制得新型耐用型输送管，用于输送侵蚀性物质，如碎石、谷类、木碎片及泥浆。这种新型软管直径在3.8~40cm。用TPU聚氨酯弹性体挤出成型制成的管材及其由PET丝编织的增强复合软管，具有良好的耐磨性、拉伸强度和伸长率，经纤维增强后其爆破压力提高到27MPa，特别适合于潜水作业用的耐高压输气管和军用装备上的耐高压输油管。TPU也可挤出涂覆在尼龙管/编织层外制耐高压塑胶管。

4.4.2.9 薄膜、薄片及层压制品

热塑性聚氨酯可被挤塑、吹塑或压延或浇注成薄膜，用途广泛，例如可制成透明囊状物、可充气设备的软外壳、多种医疗用品，TPU薄膜及薄片可与织物及塑料等制成层压制品，用途有：飞机救生衣、救生筏和充气船、飞机紧急滑梯、水中呼吸补偿器、自携式潜水呼吸器背心、军用充气膨胀床垫、用于隔音的薄膜/泡沫层压物。有透气性的TPU产品用于制造防水透湿织物，如雨衣、野营用帐篷面料、背包、无尘室工作服、滑雪服、登山服、水上运动服、探险服、羽绒服及军用服装等。具有光学透明性及较强的粘接力的脂肪族TPU制品可以用作聚碳酸酯与玻璃之间的胶黏剂，制造安全玻璃。TPU层压物能采用介电热封，因而简化了气囊或液体囊的无缝防水体系设计。

4.4.2.10 聚氨酯灌封材料及修补材料

聚氨酯灌封胶在国内用于洗衣机、洗碗机、程控电路板等集成电路板灌封，电器插头及接线头的灌封，软波导管和电压、电流互感器包覆等，起到了防水、抗震、电气绝缘作用。灌封胶多以聚醚多元醇、TDI或MDI以及多种助剂制成，一般为双组分，常温固化，双组

分弹性聚氨酯胶料可用于多种用途的常温固化修补材料。

由于聚氨酯原料及配方的多样性以及聚氨酯弹性体突出的耐磨性、高弹性和耐低温性能，聚氨酯制品应用面广，并且许多新的应用领域正在被开发。

4.4.3　聚氨酯涂料

聚氨酯涂料是反应性涂料，涂层的质量与施工的好坏有着密切的关系。因此，使用者必须了解聚氨酯涂料的性能及其施工方法。聚氨酯涂料已用于轻重工业，只因成本较高，而多用于涂装高级的产品，好在新的品种正不断出现，只要在施工方法上有所改进，聚氨酯涂料还是很有发展前途的。

4.4.3.1　施工方法

聚氨酯涂料在施工之前需将被涂材料的表面进行处理：钢材表面可用喷砂、酸洗钝化等方法处理。聚氨酯涂料的施工方法有刷涂、空气喷涂、静电喷涂，高压无空气喷涂以及双口喷枪喷涂等。采用何种施工方法要视具体环境条件、产品、性能、质量要求以及配套用漆等情况决定。

（1）刷涂　聚氨酯涂料采用刷涂法施工，操作最简便，它可以适用于任何形状的物体的涂装施工，不受场地限制，通用性强。但刷涂法施工生产效率低，漆膜外观等施工质量受施工人员的施工技术水平和操作经验的影响很大，即使很有经验的施工人员也难以保证不产生刷痕。

（2）空气喷涂　空气喷涂是聚氨酯涂料施工中采用最广泛的一种施工方法。它是利用压缩空气的气流，通过喷枪造成负压，将漆料从吸料管吸入，经喷嘴喷出，成漆雾状，分散沉积到施工件的表面而形成漆膜的。空气喷涂聚氨酯涂料时，对喷涂系统的洁净程度要求很严格，特别要求系统内必须无水、无油污等。

（3）静电喷涂　静电喷涂是借助高压电场的作用，使漆料通过喷枪喷出而雾化成更小的带电荷的漆雾，再通过静电引力作用，使这些带电漆雾粒子沉积到带异电荷的工件上成膜的施工方法，静电喷涂适合于聚氨酯粉末涂料与水性聚氨酯涂料的施工。静电喷涂可以实现机械化、自动化流水作业，效率高，漆膜质量稳定。

（4）高压无空气喷涂　高压无空气喷涂是一种喷涂施工的新工艺，它利用压缩空气驱动高压泵，使涂料增压到 1.5×10^6 Pa 左右，然后通过喷枪喷出，喷出的高压漆料突然减压，产生膨胀而雾化，成为极微细的漆雾粒子喷射到施工工件上。高压无空气喷涂的漆料不与压缩空气中的水分、杂质等接触，这样不会因这些杂质存在而影响漆膜质量，漆膜外观质量好，光洁度和附着力也好。减少稀释用的溶剂，既可降低施工成本，又可减少环境污染。

4.4.3.2　用途

（1）飞机涂装　近代高性能的超音速飞机，在飞行中所经受的环境条件及其变化都是极为严格的，要求涂层具有各种优异的性能。因此，航空漆的质量一直总是航空上的关键问题之一。20 世纪 70 年代开始广泛应用聚氨酯涂料涂装飞机外壁，大部分采用脂肪族异氰酸酯制备的缩二脲飞机漆，其物理性能和防腐性都可达到热固型漆的水平，而且涂膜具有光亮、保色、保光、抗污染、抗粉化、耐磨、耐溶剂等优良性能，这些性能都是其他合成树脂漆不能相比的。采用聚氨酯漆作为飞机面漆，其涂层寿命可延长 50%，5 年后才需重涂。由于涂膜光亮平滑，可减少飞行阻力，因而降低燃料消耗。又因其耐磨性特别好，用于涂装高速通过冰雹层的飞机。

（2）船舶涂装

① 金属船壳水下部分涂装。用聚氨酯/焦油涂料作船舶水下部分金属底漆，除耐海水、防腐蚀、与底层和面层防污冻结合良好外，还可一次涂刷得到较厚的涂层，最后可达 $250\mu m$，因而节省了工时，在聚氨酯/焦油涂料中加入防污剂，也可作船底防污漆。

② 船舶水上部分涂装。用缩二脲制作的聚氨酯涂料用于船舶水上部分涂装。例如甲板漆，具有保色、保光、抗粉化、耐磨等优点。如用金红石钛白为颜料做成的涂料，则涂装后经 4～5 年不发生粉化，而含有耐光铬黄的涂料更可达 6 年不失光、不粉化。

③ 油舱漆。用 TDI 与羟基化合物为原料制成的聚氨酯油舱漆，漆膜具有耐高级汽油、燃料油、耐海水等优点，而且漆膜坚韧、附着力强、干性好，适宜于装轻油（航空汽油等）的油舱涂装用。

（3）建筑物涂装　建筑物涂装分 3 个方面。

① 木制地板涂装。采用多官能度的芳香族异氰酸酯自聚体与脂肪酸改性交联聚酯制成的双组分涂料，这种涂料具有快干、耐磨、耐化学药品的特点。

② 建筑物外表面涂装。是用缩二脲作交联剂的双组分涂料，这种涂料耐光、耐候性较好，只是一次性投资较高，但是耐久。

③ 弹性地面涂装。采用无溶剂聚氨酯涂料，一次涂刷可得到较厚的涂层，既适用于水泥表面，也适用于金属表面。

体育馆、大礼堂的地板，一般采用双组分或单组分潮气固化型、催化固化型漆。改漆膜耐磨性好、光亮、丰满，而且使用多年仍完整良好。聚氨酯类的地板漆一般涂三道，每平方米总共耗漆约 $0.22kg$。

（4）木材表面涂装　家具、地板、运动器材（如球拍、球棒、滑雪板等高级木器）、乐器的涂装，棉纺织厂纱管也大量采用聚氨酯清漆。聚氨酯木器漆光丰满，可打磨抛光成极美观的表面，又耐水、耐酒类饮料、耐香料的浸蚀，不易燃烧蔓延，又耐寒不裂，远比硝基漆优越。

生产木材制品的工厂，对所用的表面涂料要求能快干。提高聚氨酯木材漆的干性方法有两种。

① 快干底漆涂装法。木材表面先涂上催化剂含量较多的底漆，然后再涂聚氨酯面漆，靠底漆中的催化剂的作用可使聚酯面漆加速固化，这种方法适用于透明涂层，不适用于色漆。这种底漆不能涂得太厚，底漆的胶黏剂可用氯醋共聚树脂、聚乙烯醇缩丁醛、醋丁纤维等。

② 与其他快干漆拼用。在聚氨酯涂料中拼用 25％的硝化棉，可使干燥加快而黏度增加不多。硝化棉的溶剂中不能含乙醇，最好用硝基色片与聚氨酯涂料相混配制。聚氨酯木材漆中，清漆是用多官能度的芳香异氰酸酯自聚体的脂肪酸改性交联聚酯配套的双组分漆。色漆是用多官能度芳香族——脂肪族异氰酸酯共聚体与交联聚酯或脂肪酸改性交联聚酯配套的双组分漆。底漆是用多官能度芳香族异氰酸酯自聚体与轻度交联聚酯配套双组分漆。

（5）车辆涂装　大型车辆，例如火车车厢、内燃机火车头、公共汽车等都采用脂肪族聚氨酯漆，一般采用缩二脲与具有交联的聚对苯二甲酸乙二醇聚酯配套。涂膜经 8 年的暴晒后不失光、不泛黄。涂膜还耐洗刷、不沾尘。因此，除大型车辆应用外，少数高级轿车也有的采用聚氨酯漆。

（6）防腐涂装　聚氨酯防腐蚀漆的优点是适应性和综合性均好，可通过调整组分而得到由线型结构的弹性漆膜至高度交联的坚韧漆膜，因此能制成适用于弹性或刚性的各种涂料，在耐化学药品与附着强度、耐磨损与抗渗透、硬度与弹性等方面能同时兼顾，从而能适应复杂多变的工作条件。聚氨酯防腐蚀漆现已用作化工设备油箱、油罐以及水电站高压水管内壁等的防腐涂漆。

（7）塑料、橡胶、皮革表面的涂装　聚氨酯漆作为塑料、橡胶，皮革的涂层，可提高这些制品表面的耐磨、耐溶剂等性能，并可使制品色泽丰富多彩。塑料与橡胶制品在成型时使用脱模剂，涂漆前需要清洗，如硅油可用水洗去，硬脂酸盐则用乙酸乙酯、二甲苯溶剂清洗，然后用砂纸打磨，也可用挥发性涂料喷在模具内作为脱膜剂，这可省去预处理。聚氨酯涂料在皮革工业中主要用来生产漆革，它的漆膜具有良好的耐磨、防腐、弹性、耐寒、不易脆裂等性能。特别是漆膜柔软平滑、光泽好、易于清洁。用聚氨酯制造漆革不仅可用于羊皮、黄牛皮，而且还可用于水牛皮剖层革等。

（8）电线、仪表及机床涂装　聚氨酯漆涂覆的电磁线能在焊锡浴中自动上锡，可制成不同色彩以利区别，广泛应用于电信、仪表工业中，聚氨酯绝缘漆应用于潜水电动机中效果良好。

4.4.4　聚氨酯胶黏剂

4.4.4.1　聚氨酯胶黏剂一般介绍

聚氨酯胶黏剂适用于很多材料的黏合，特别适合不同材料的黏合及对柔软材料的黏合，且使用工艺简便。聚氨酯胶黏剂分多异氰酸酯和聚氨酯两大类，其特性综合如下。

① 聚氨酯胶黏剂中含有很强极性和化学活泼性的异氰酸酯基（—NCO）和氨酯基（—NHCOO—），与含有活泼氢的材料，如泡沫塑料、木材、皮革、织物、纸张、陶瓷等多孔材料和金属、玻璃、橡胶、塑料等表面光洁的材料都有着优良的化学黏合力。而聚氨酯与被黏合材料之间产生的氢键作用使分子内力增强，会使黏合更加牢固。

② 调节聚氨酯树脂的配方可控制分子链中软段与硬段比例以及结构，制成不同硬度和伸长率的胶黏剂。其黏合层从柔性到刚性可任意调节，从而满足不同材料的粘接。

③ 聚氨酯胶黏剂可加热固化，也可以室温固化。黏合工艺简便，操作性能良好。

④ 聚氨酯胶黏剂固化时没有副反应产生，因此不易使黏合层产生缺陷。

⑤ 多异氰酸酯胶黏剂能溶于几乎所有的有机原料中，而且异氰酸酯的分子体积小，易扩散，因此多异氰酸酯胶黏剂能渗入被粘材料小，从而提高黏附力。

⑥ 多异氰酸酯胶黏剂粘接橡胶和金属时，不但黏合牢固，而且能使橡胶与金属之间形成软-硬过渡层，因此这种黏合内应力小，能产生更优良的耐疲劳性能。

⑦ 聚氨酯胶黏剂的低温和超低温性能超过所有其他类型的胶黏剂。其黏合层可在 $-196℃$（液氮温度），甚至在 $-253℃$（液氢温度）下使用。

⑧ 聚氨酯胶黏剂具有良好的耐磨、耐水、耐油、耐溶剂、耐化学药品、耐臭氧以及耐细菌等性能。

聚氨酯胶黏剂的缺点是在高温、高湿下易水解而降低黏合强度。

聚氨酯胶黏剂有以下几类。

① 多元异氰酸酯胶黏剂。多元异氰酸酯本身即可作为胶黏剂，可以采用"4.1.1"中介绍的多元异氰酸酯。例如，三苯甲烷三异氰酸酯（TTI）的二氯乙烷（或氯苯）溶液（20%），国内称 JQ-1 胶，是较常用的胶黏剂。这种胶在 $0～20℃$ 下密封保存可达一年半之久。它可用于未硫化的橡胶与金属钢、铝之间的黏合。

橡胶改性的多元异氰酸酯亦可用作胶黏剂。如用MDI与橡胶配制而成的胶黏剂对金属与橡胶的黏合效果很好。

② 封闭异氰酸酯胶黏剂。采用封闭异氰酸酯，可以延长黏合剂的储存期，也可以配制成水乳液胶黏剂，加热可固化。如苯酚封闭的MDI配成40%的水分散液，它与氯丁乳胶配合而成胶黏剂，适用于橡胶与合成纤维的黏合。

③ 预聚体潮气固化型胶黏剂。这种胶黏剂是用聚酯或聚醚多元醇与异氰酸酯制得端基为异氰酸基的预聚体而成。预聚体可在潮气存在下常温固化。由于是潮气固化型形成的胶层中有气泡存在，影响黏合强度，所以预聚体中异氰酸基含量不应过大。

④ 双包装胶黏剂。这种胶黏剂的一个包装是端基为羟基的聚酯或聚醚，另一个包装是多元异氰酸酯及其加成物或预聚体。使用时按一定比例将两者混合均匀。以上几种胶黏剂均为固化型的，另外还有一种热熔型的。

⑤ 热熔性胶黏剂。它是由二元异氰酸酯，端基为羟基的聚酯或聚醚以及作为扩链剂的低分子二元醇反应而成的嵌段共聚物。加热时可以熔化，其熔体浸润被粘表面，冷却后即黏合在一起。其黏合工艺简便，速度快。

4.4.4.2 聚氨酯双包装胶黏剂

A包装多采用羟端基聚酯，常用的聚酯见表4-15。

表4-15 常用的羟端基聚酯（A包装）

序 号	聚酯配方(摩尔比)				
	己二酸	邻苯二甲酸酐	三羟甲基丙烷	1,4-丁二醇	1,3-丁二醇
A-1	1.5	1.5	4.0		
A-2	2.5	0.5	4.1		
A-3	3.0		4.2		
A-4	3.0		2.0	3.0	
A-5	3.0		1.0		3.0

这些聚酯常配成乙酸乙酯的溶液。

B包装可以用TDI-65、TDI-80、TDI-100、MDI、TTI、HDI以及TDI、HDI与三羟甲基丙烷的加成物、预聚体等，其中的加成物与预聚体也用乙酸乙酯作溶剂配成溶液。

A包装与B包装的比例可按异氰酸酯基当量计算，有时异氰酸酯基可比当量稍高些。

在制造聚酯薄膜（绝缘纸复合制品）DMD复合制品时，所用的胶黏剂101胶就是双包装聚氨酯胶黏剂。A包装是羟端基线型聚酯与异氰酸酯的共聚物，B包装是异氰酸酯加成物。两个组分之比为A∶B＝100∶(10～50)。固化条件为：室温5～6天，100℃下2h；130℃下0.5h。

4.4.5 聚氨酯密封胶

4.4.5.1 土木建筑

发达国家的土木建筑业，密封胶是相当重要的建筑材料，广泛用于混凝土预制件、管道接头、幕墙、屋顶和地板防漏及道路等方面的嵌缝、防漏、抗震动等。三大弹性密封材料中，日本和美国的聚氨酯密封胶和有机硅密封胶、聚硫密封胶平分秋色，其产量均在万吨以上。在日本，就聚氨酯的价格与性能的平衡性来说，已接近于建筑用理想的密封材料，聚氨酯密封胶产量的75％～80％用于建筑业。适合用于建筑用的密封胶应有以下特征：可以根据应用目的不同选择模量；回弹性好；耐磨性优；对尖锐物质的抗刺穿能力（耐针刺性）强；撕裂强度大且裂痕的传播能力小；长时间变形永久变形小；复原性优良，位移补偿能力强；固化前后体积变化小；使用范围宽；并且耐霉菌性好，无污染性，若使用底涂剂，则具有较强的粘接性。

4.4.5.2　汽车

用于汽车工业的密封胶一般应具有较高且长期耐久的黏结力，因而有时也称为胶黏剂及（或）结构胶黏剂。有人认为这种具有粘接和密封双重功能的胶可称作"密封胶/胶黏剂"。

聚氨酯密封胶具有较好的物性和耐久性能，对基材适应性强，可具有适合汽车快速装配生产线的作业性和固化速率，在汽车工业发达的国家已被广泛用于风挡玻璃的装配和密封，防撞杆、前灯、后门等的密封兼粘接，使这些部件接头具有防锈、防水、防尘、抗震和增强作用。所使用的胶的类型有单组分和双组分。有些部位如发动机盖、行李箱等处，所用的双组分胶其粘接功能远甚于密封，属于结构性胶黏剂。下面介绍在汽车制造占主导地位的PU密封胶——风挡玻璃装配用单组分湿固化聚氨酯密封胶。

单组分聚氨酯密封胶用于车窗玻璃装配的使用方法是：首先在车身窗框凸缘部位（涂装金属件）及玻璃四周待粘接处分别涂上不同的底涂剂（一般为有遮光性的炭黑着色的黑色底涂剂），在玻璃侧装上橡胶屏障，挤上密封胶，于窗框凸出处黏合，再在玻璃与车体的缝隙中嵌入饰钉或塑料模塑物。表4-16为几种典型的风挡玻璃用聚氨酯密封胶的性能。

表 4-16　几种典型的风挡玻璃用聚氨酯密封胶的性能

性　能	1	2	性　能	1	2
外观	黑色糊状		外观	黑色糊状	
黏度 MCM(20℃)	65	60～100	剪切强度/MPa		
密度(20℃)/(g/mL)	1.26	1.30	（20℃、65％RH）	0.16	0.32
固体含量/%	97	≥95	（3h 至 1 天）	2.0	2.9
不粘时间/min			（7 天）	4.9	4.2
（5℃、40％RH）	—	148	（加热 90℃14 天）	5.4	4.8
（10℃、50％RH）	110	—	（水浸 40℃14 天）	5.1	4.3
（20℃、65％RH）	55	40	（光照 1000h）	—	4.7
（35℃、90％H）	12	6	伸长率/%	500	500
拉伸粘接强度/MPa	5.1	4.3	硬度（邵氏 A）	50	49

第5章 ▶▶ 双马来酰亚胺树脂

双马来酰亚胺（BMI）是由聚酰亚胺树脂体系派生的。它是以马来酰亚胺为活性端基的双官能团化合物，其通式为：

$$R_1 \quad R_1$$
（图：双马来酰亚胺通式结构，R_1、R_2 取代基，N—R—N 连接）

20 世纪 60 年代末期，法国罗纳-普朗克公司首先研制出牌号 M-33 的 BMI 树脂及其复合材料，并且很快实现了商品化。从此，由 BMI 单体制备的 BMI 树脂开始引起了越来越多人的重视。BMI 树脂具有与典型的热固性树脂相似的流动性和可模塑性，可用与环氧树脂类同的一般方法进行加工成型，同时，BMI 树脂具有良好的耐高温、耐辐射、耐湿热、吸湿率低和热膨胀系数小等一系列优良特性，克服了环氧树脂耐热性相对较低和耐高温聚酰亚胺树脂成型温度高压力大的缺点，因此，近二十年来，BMI 树脂得到了迅速发展和广泛应用。5.5.3 列出了目前国内外已商品化的 BMI 树脂主要品种。

在 20 世纪 70 年代初，我国开始 BMI 的研究工作，当时主要是针对电气绝缘材料，如砂轮胶黏剂、橡胶交联剂及塑料添加剂等。20 世纪 80 年代后，随着尖端技术的发展，我国开始了对先进 BMI 复合材料树脂基体的研究，获得了一些的科研成果。已商品化的 BMI 树脂主要有牌号 QY8911、4501A 和 5405 等，这些树脂主要应用于航空航天等高新技术领域中。

5.1 双马来酰亚胺的合成原理

早在 1948 年，美国人 Searle 就获得了 BMI 的合成专利。此后，Searle 又改进合成了各种不同结构和性能的 BMI 单体。一般来说，BMI 单体的合成路线为：

（图：2 mol 马来酸酐 + $H_2N-R-NH_2$ —成酸→ 双马来酰胺酸 —脱水环化→ BMI）

即 2mol 马来酸酐与 1mol 二元胺反应生成双马来酰胺酸，然后双马来酰胺酸环化脱水生成 BMI。选用不同结构的二胺和马来酸酐，并采用合适的反应条件、工艺配方、提纯及分离方法等，可获得不同结构与性能的 BMI 单体。

目前，根据合成工艺可将 BMI 合成方法分为以下 5 种。

① 将 1mol 二元胺和 1.1mol 乙酸钠放入 DMF 溶剂中进行反应，缓慢加入 2mol 的顺丁烯二酸酐，在加入顺丁烯二酸酐时反应体系的温度控制在 50～60℃。随后加入 2mol 乙酸酐，在 50～60℃下反应 1h，将上述反应混合物在 20L 蒸馏水中析出并过滤得 BMI。用此法

合成 BMI 工艺简单，产率较高，一般可达 90%～92%，但 BMI 的质量差，若用做先进复合材料树脂基体必须对其进行提纯或重结晶。

② 将顺丁烯二酸酐溶解在 $CHCl_3$ 溶剂中，在室温下将二元胺的丙酮溶液缓慢加入到搅拌着的溶液中使其成酸反应，反应完毕后过滤干燥得到双马来酰胺酸，然后再以丙酮为溶剂、乙酸酐为脱水剂、乙酸镍（或乙酸镁）和三乙胺为催化剂，在 60℃ 回流脱水得 BMI 单体。此法虽成本高，但产率较高，且 BMI 单体的质量好。

③ 丙酮法，也是目前国内通用的方法，其主要配方见表 5-1。合成工艺为将组分 A 加入到装有搅拌器、温度计和回流冷凝器的 500mL 三口瓶内，在搅拌下待顺丁烯二酸酐完全溶解后于室温将已溶好的组分 B 在 0.5～1h 内滴加到组分 A 中，即时生成双马来酰胺酸的黄色沉淀，物料呈膏状。继续搅拌反应 0.5h 后，将组分 C 逐个加到反应瓶内，升温至 60～65℃。待物料完全透明后（约需 5～10min），再保温回流 2h 结束反应。将料液用冰水浴冷至 5℃ 以下，于 20min 内将 125mL 水滴加到瓶内，此时双马来酰亚胺成黄色颗粒析出，继续搅拌 0.5h、过滤、水洗两次后加入 5% $NaHCO_3$ 溶液 200～300mL，放置过夜，过滤，水洗至中性，于 80℃ 烘干即得亮黄色 BMI 粉末，此法的优点是合成工艺简单，环境污染小，产率较高，一般为 75%～85%。

表 5-1 合成 BMI 的工艺配方

组　分	原　料　名　称	摩　尔　比	投　料　量
A	顺丁烯二酸酐	2.2	20.5g
	丙酮		100mL
	水		1mL
B	二氨基二苯甲烷	1	19.8g
	丙酮		50mL
C	乙酸酐	3	30g
	三乙胺	0.35	3.5g
	乙酸镍	0.008	0.2g
D	水	丙酮总量的 0.83 倍	125mL

④ 以 DMF 为溶剂使其成酸反应，然后以乙酸酐为脱水剂、乙酸钠为催化剂在 60～65℃ 下进行脱水反应。此法合成的双马来酰胺酸溶于强极性溶剂，因此反应始终保持均相，有利于脱水反应的进行。其缺点是所用溶剂价格较贵、毒性大、生产成本高。

⑤ 热闭环法，此方法是 20 世纪 90 年代初开发出的一种 BMI 新的合成法，它的特点是产率高（>95%）、三废少、成本低，但合成时间较长，它以甲苯、二氯乙烷，DMF 为混合溶剂，以对甲苯磺酸钠为脱水剂在 100～110℃ 反应 5～8h 即可。此法将成为 BMI 合成的发展趋势。

上述几种合成方法全适用于芳香族 BMI 的合成，而脂肪族 BMI 的合成一般仅用②和③法。合成脂肪族 BMI 所用的催化剂量、脱水剂量以及反应时间均高于芳香族 BMI，而且合成产率较低，一般仅有 20% 左右，脱水剂量、催化剂量和反应时间随脂肪族二元胺中亚甲基数目的增多而增加，产率随着亚甲基数目的增多而减少。由于芳香族 BMI 较脂肪族 BMI 的合成工艺简单、合成产率高、具有优良的耐热性且应用较多。目前国内大量应用且唯一商品化的 BMI 是 4,4'-双马来酰亚氨基二苯甲烷（EDM），且 BMI 的改性研究大多也是针对它而进行的，其结构式为：

它的主要技术指标如下：外观为浅黄色粉末；分子量 358；熔程 153～157℃；酸值≤10mgKOH/g；挥发分≤1%。

5.2 双马来酰亚胺的性能

5.2.1 熔点

BMI 单体多为结晶固体，脂肪族 BMI 一般具有较低的熔点，而芳香族 BMI 的熔点相对较高，不对称因素（如取代基）的引入将使 BMI 晶体的完善程度下降，熔点降低。一般来说，为了改善 BMI 树脂的工艺性能，在保证 BMI 固化物性能满足要求的条件下，希望 BMI 单体有较低的熔点。表 5-2 列出了几种常见 —◯—R—◯— 型 BMI 单体的熔点。

表 5-2　几种常见 —◯—R—◯— 型 BMI 单体的熔点

R	熔点/℃	R	熔点/℃
CH₂	156～158	[间位取代结构]	198～201
(CH₂)₂	190～192	[对位取代结构]	>340
(CH₂)₄	171		
(CH₂)₆		[结构]	307～309
(CH₂)₈	137～138		
(CH₂)₁₀	113～118	[CH₃ 取代结构]	172～174
(CH₂)₁₂	111～113		
—CH₂—C(CH₃)—CH₂—	110～112	[联苯结构]	307～309
—CH(CH₃)—(CH₂)₂			
[苯基—CH₂—苯基结构]	70～130		
	154～156	[芴螺结构]	>300
[苯基—O—苯基结构]	180～181		
[苯基—SO₂—苯基结构]	251～253		

5.2.2 溶解性能

常用的 BMI 单体，一般不溶于普通有机溶剂，如丙酮、乙醇等，只能溶于二甲基甲酰胺（DMF）、N-甲基吡咯烷酮（NMP）等强极性溶剂。所以，如何改善其溶解性能是 BMI 改性的一个主要研究内容之一。

5.2.3 反应性能

由于 BMI 单体受 C=C 双键邻位两个羰基的吸电子作用而成为贫电子键，因而 BMI 单体可通过双键与二元胺、酰肼、酰胺、硫氢基、氰尿酸和羟基等含活泼氢的化合物进行加成反应；同时，也可以与环氧树脂、含不饱和键化合物及其他 BMI 单体发生共聚反应；在催化剂或热作用下也可发生自聚反应。BMI 的固化及后固化温度等条件与其结构密切相关。这为 BMI 的改性提供了良好的条件。

5.2.4 耐热性能

BMI 固化物由于含有苯环、酰亚胺五元杂环及交联密度高等而具有优良的耐热性，使用温度一般在 $177\sim230℃$，T_g 一般大于 $250℃$。表 5-3 列出了一些 BMI 固化物的耐热性能。对脂肪族 BMI 固化物，随着亚甲基数目的增多，固化物的起始热分解温度（T_d）下降，芳香族 BMI 的 T_d 高于脂肪族 BMI，同时 T_d 与交联密度等也有较密切的关系，在一定范围内，T_d 随交联密度的增大而升高。

表 5-3　常见 BMI 固化物的耐热性能

R	$T_d/℃$	失重率/%	聚合条件/(h/℃)
$(CH_2)_2$	435	—	1/195＋3/240
$(CH_2)_6$	420	3.20	1/170＋3/240
$(CH_2)_8$	408	3.30	1/170＋3/240
$(CH_2)_{10}$	400	3.10	1/170＋3/240
$(CH_2)_{12}$	380	3.20	1/170＋3/240
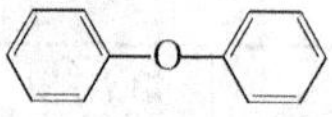 （苯环—O—苯环）	438	1.10	1/170＋3/240
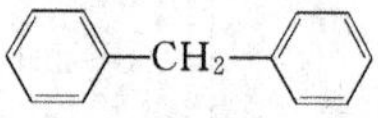 （苯环—CH_2—苯环）	452	1.40	1/185＋3/(240～260)
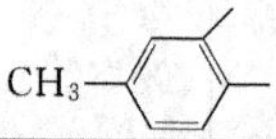 （CH_3—二甲苯环）	462	0.10	1/(175～181)＋3/240

5.2.5 力学性能

BMI 树脂的固化反应属于加成型聚合反应，成型过程中无低分子副产物放出，且容易控制。因此，BMI 固化物结构致密、缺陷少，因而具有较高的强度和模量。但同时由于固化物的交联密度高、分子链刚性大而使其呈现出较大的脆性，表现为抗冲击性差、断裂伸长率小和断裂韧性低。

5.2.6 BMI 固化物的热稳定性

BMI 固化物的热分解过程复杂，不同结构的 BMI 其热降解过程不同，主要有以下几种形式。

① 脂肪族 BMI 的固化物热降解一般发生在酰亚胺环间—R—链中的 C—C 键，其中主要是酰亚胺环附近的 C—C 键：

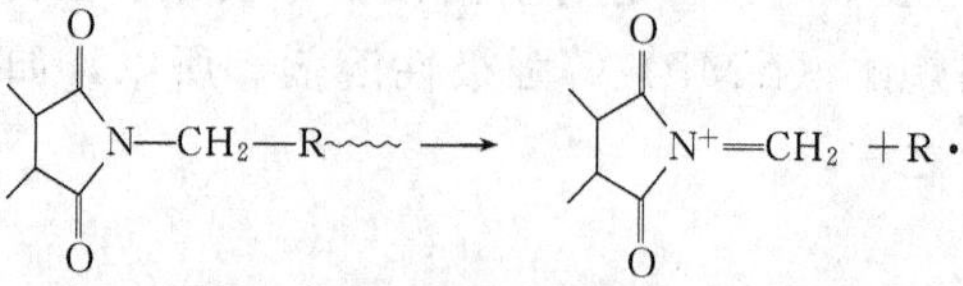

② 芳香族 BMI 固化物的分解机理不同于脂肪族 BMI 固化物，其起始分解是马来酰亚胺环的裂解，其反应式：

BMI 的热降解过程是非常复杂的，影响 BMI 固化物分解过程的因素较多，要提高其热分解温度。应从单体质量、交联程度及分子结构等多方面予以考虑。

5.3 双马来酰亚胺树脂的改性

虽然 BMI 树脂具有良好的力学性能和耐热性能等，但未改性的 BMI 树脂存在熔点高、溶解性差、成型温度高、固化物脆性大等缺点，其中韧性差是阻碍 BMI 树脂应用和发展的关键。目前 BMI 树脂的改性主要有如下几个研究方向：提高韧性、改善工艺性、降低成本。其中绝大多数改性围绕树脂韧性展开，下面将对几种主要改性方法加以简要叙述。

5.3.1 与链烯基化合物的共聚改性

烯丙基化合物与 BMI 单体的固化反应机理比较复杂，一般认为是马来酰亚胺环的双键（C═C）与烯丙基首先进行双烯加成反应生成 1：1 的中间体，而后在较高温度下酰亚胺环中的双键与中间体进行 Diels-Alder 反应和阴离子酰亚胺低聚反应生成高交联密度的韧性树脂。

5.3.1.1 烯丙基双酚 A 改性 BMI

烯丙基化合物种类较多。在 BMI 改性体系中应用最多最广泛的是 O,O'-二烯丙基双酚 A（DABPA），二烯丙基双酚 A 改性 BMI 最具代表性的是 Ciba-Ceigy 公司牌号 XU292 体系。

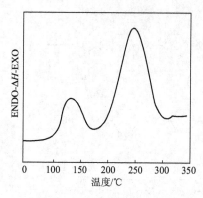

图 5-1　MBMI/DABPA 树
脂的凝胶固化曲线

XU292 体系于 1984 年研制而成，其主要由二苯甲烷型双马来酰亚胺（MBMI）与 DABPA 共聚而成。若配比和条件适当，预聚体可溶于丙酮，且在常温下放置 1 周以上无分层现象，预聚体的软化点也比较低，一般为20～30℃，制得的预浸料具有良好的黏附性。表5-4～表 5-7 分别为 XU292 体系（注：体系Ⅰ、Ⅱ和Ⅲ分别代表 MBMI 与 DABPA 的物质的量之比分别为 1∶1、1∶0.87 和 1∶1.12 三个配方体系）的黏度、固化物基本性能、湿热性能及 XU292/石墨纤维复合材料性能。从 MBMI/DABPA 树脂的凝胶固化曲线（如图 5-1）上可以看到有两个反应转变峰，分别对应加成反应（低温峰）和成环反应（高温峰）等。

表 5-4　XU292 体系的黏度

100℃时预聚时间/h	体系Ⅰ	体系Ⅱ	体系Ⅲ	100℃时预聚时间/h	体系Ⅰ	体系Ⅱ	体系Ⅲ
初始	0.75	0.85	0.64	6	1.04	1.13	0.87
2	0.89	0.99	0.71	8	1.10	1.24	0.98
4	0.95	1.01	0.78	16	2.00	—	—

表 5-5　XU292 体系的固化物基本性能

性　能	体系Ⅰ	体系Ⅱ	体系Ⅲ	性能	体系Ⅰ	体系Ⅱ	体系Ⅲ
拉伸强度/MPa				弯曲强度/MPa	166	184	154
(25℃)	81.6	93.3	76.8	弯曲模量/GPa	4.0	3.98	3.95
(149℃)	50.7	69.3	—	压缩强度/MPa	205	209	—
(204℃)	39.8	71.3	—	压缩模量/GPa	2.38	2.47	—
拉伸模量/GPa				压缩屈服率/%	16.8	13.6	—
(25℃)	4.3	3.9	4.1	HDT/℃	273	285	295
(149℃)	2.4	2.8	—	T_g(TMA)/℃	273	282	287
(204℃)	2	2.7	—	T_g(DMA)/℃			
断裂伸长率/%				(干态)	295	310	—
(25℃)	2.3	3.0	2.3	(湿态)	305	297	—
(149℃)	2.6	3.05	—				
(204℃)	2.3	4.6	—				

注：湿态为30℃、100%湿度下 2 周；固化工艺为 180℃/2h+200℃/2h+250℃/6h。

表 5-6　XU292 体系的湿热性能

性　能	体系Ⅰ	体系Ⅱ	性　能	体系Ⅰ	体系Ⅱ
拉伸强度/MPa			断裂伸长率/%		
(25℃)	66	88.2	(25℃)	2.1	3.4
(149℃)	29.6	47.5	(149℃)	1.95	3.2
拉伸模量/GPa			吸水率/%	1.4	1.47
(25℃)	3.77	3.78			
(149℃)	1.86	2.15			

注：30℃、100%湿度下 2 周。

表 5-7 XU297/石墨纤维复合材料性能

性 能	体系 I	体系 II	性 能	体系 I	体系 II
层间剪切强度/MPa			弯曲强度/MPa		
(25℃)	113	123	(25℃)	—	1860
(177℃)	75.8	82	(177℃)	—	1509
(232℃)	59	78	[177℃(湿)①]	—	1120
[177℃(湿)①]	52	53	弯曲模量/GPa		
[25℃(老化)②]	—	105	(25℃)	—	144
[177℃(老化)②]	—	56	(177℃)	—	144
			[177℃(湿)①]	—	142

① 71℃、95%湿度下放置2周。

② 232℃老化1000h。

注：纤维规格 AS-4-12K；固化工艺为 177℃/1h＋200℃/2h＋250℃/6h。

基于国内原料的 BMI/DABPA＝0.87（物质的量之比）树脂体系性能列于表 5-8，该体系同样具有良好的力学性能和耐热性能，但由于原材料质量较差，其性能略低于 XU292 体系。

表 5-8 BMI/DABPA 共聚树脂体系性能

性 能	测试结果	性 能	测试结果
拉伸强度/MPa	69	T_g/℃	310
拉伸模量/GPa	4	HDT/℃	280
延伸率/%	1.73	T_d^i/℃	370
弯曲强度/MPa	170	吸水率/%	3.5
弯曲模量/GPa	3.9	改性 BMI/T300 复合材料的 CAI 值/MPa	156
简支梁冲击强度/MPa	8.4		

注：树脂固化工艺为 150℃/1h＋180℃/3h＋250/4h。

最近，Ciba-Geigy 公司开发的另外一种 BMI 单体——牌号 RD85-101。此单体与 DABPA 共聚后，预聚体的黏度小，适于热熔法制备预浸料。该单体在保持优良的力学性能和耐热性能的同时，并具有良好的工艺性。

用 DABPA 改性 BMI 虽能较显著地提高树脂的韧性，但仍不能达到高韧性树脂水平，以 T300 碳纤维增强的 MBMI/DABPA 复合材料的冲击后压缩强度（CAI）值一般仅在 140～170MPa。此外，这种树脂体系的后处理温度太高。尽管如此，进一步的研究表明，MBMI/DABMI 体系可作为进一步增韧改性的树脂基体。

5.3.1.2 烯丙基酚氧（AE）改性 BMI

为改善 BMI 树脂对纤维的浸润性和黏结能力，可采用含有较多—OH 的烯丙基酚氧（AE）树脂对 BMI 进行改性。AE 的合成反应如下：

$$R-\underset{\underset{OH}{|}}{\overset{\overset{CH_2-CH=CH_2}{|}}{\bigcirc}} + \underset{CH_2-O-R'}{\overset{O}{\triangle}} \xrightarrow[\text{催化剂}]{\triangle} R-\bigcirc-O-CH_2-\underset{\underset{OH}{|}}{CH}-OR'$$

采用不同结构的环氧树脂和烯丙基化合物，可得到不同结构和性质的烯丙基酚氧树脂。张宝艳等采用烯丙基双酚 A、双酚 A 和环氧 E51 等，在催化剂的作用下合成出 AE 树脂，并对 BMI/PEK-C 树脂进行进一步的增韧改性。表 5-9 和表 5-10 分别列出了该树脂体系及复合材料的主要性能。

表 5-9　AE 改性 BMI/PEK-C 纯树脂性能

体　系	冲击强度/(kJ/m²)	T_g/℃	T_d^4/℃
无 AE	17.0	245	376
AE	19.0	246	374

注：固化工艺为 150℃/2h+180℃/2h+230℃/4h。

表 5-10　AE 改性 BMI/PEK-C/T300 复合材料性能

性　能	PEK-C 改性 BMI/T300	AE 和 PEK-C 改性 BMI/T300	性　能	PEK-C 改性 BMI/T300	AE 和 PEK-C 改性 BMI/T300
CAI/MPa	185	202	150℃弯曲强度(湿)/MPa	1100	1050
损伤分层面积/mm²	700	550	150℃弯曲模量(湿)/GPa	112	110
短梁剪切强度/MPa	93	116	T_g/℃	280	273
室温弯曲强度/MPa	1720	1750	吸水率/%	0.6~0.8	0.6~0.8
室温弯曲模量/GPa	114	112			

注：纤维体积含量为 60%~63%；固化工艺为 150℃/1h+180℃/1h+200℃/4~6h。

AE 改性前后 BMI/PEK-C 树脂体系的 T_g 分别为 245℃和 246℃，热分解初始温度 T_d 分别为 376℃和 374℃，这表明改性剂 AE 对 BMI/PEK-C 体系的耐热性能影响很小。

由表 5-10 可知，单纯 PEK-C 改性的 BMI/T300 复合材料的短梁剪切强度为 93MPa，AE 进一步改性后复合材料的层间剪切强度提高到 116MPa。另外，从冲击后 CAI 试样累积损伤分层的面积看，AE 改性前后的损伤分层面积分别为 700mm² 和 550mm²。以上结果说明，AE 的加入可明显改善 BMI 树脂基体与纤维之间的界面黏结，提高复合材料体系的抗冲击分层能力，进而较大幅度地提高复合材料的 CAI 值。

5.3.1.3　丙烯基醚 （PPO） 共聚增韧改性 BMI

BMI 与 PPO 的反应与 BMI 与 DABPA 的反应不同，BMI 与 PPO 首先进行 Diels-Alder 反应，随后才发生 "烯" 加成反应，形成高交联密度类 "梯型" 共聚物，典型的 BMI/PPO 体系是德国牌号 Compimide 796/TM-123 树脂体系。TM-123 为 4,4′-双（O-丙烯基苯氧基）二苯甲酮，其在室温下为无定形固体，在 80℃黏度较低，易与 Compimide 796 混溶和预聚。Compimide 796/TM-123 树脂体系的韧性和耐热性与 TM-123 的用量有关。当 Compimide 796/TM-123 的重量比为 60/40 时，韧性达到最大值（G_{1c} 为 439J/m²），此时 T_g 为 249℃，仍有较高的耐热性。用于 BMI 改性的丙烯基醚化合物主要有：

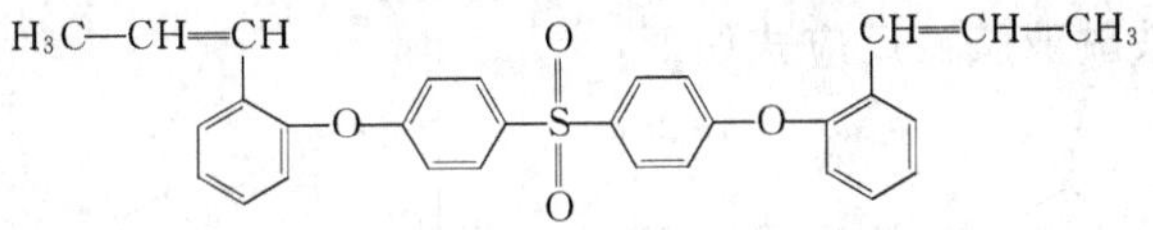

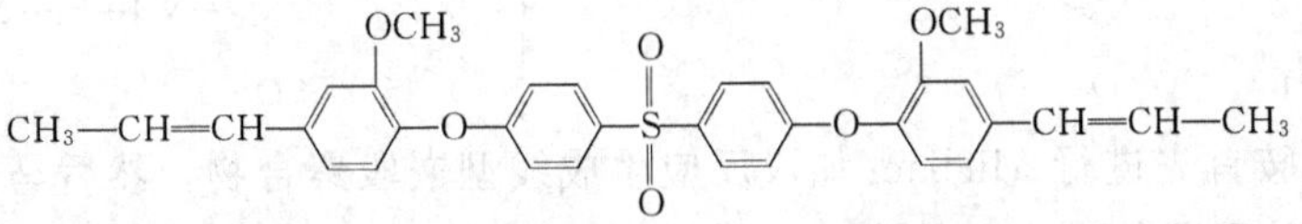

与 BMI/DABPA 体系一样，BMI/PPO 树脂体系也可作为进一步增韧的树脂基体。

5.3.1.4　烯丙基双酚 S 改性 BMI

为达到不同的使用目的，可采用不同结构的烯丙基化合物对 BMI 树脂进行改性，如为提高改性 BMI 的热氧稳定性可采用二烯丙基双酚 S（见下式），与二苯甲烷 BMI 双马来酰亚胺共聚，所得树脂体系的软化点为 60℃ 左右，110℃ 的黏度为 1.2Pa·s。该树脂体系有较好的储存稳定性。烯丙基双酚 S 与 BMI 的反应活性基本上和 DABPA 与 BMI 的反应活性相同。

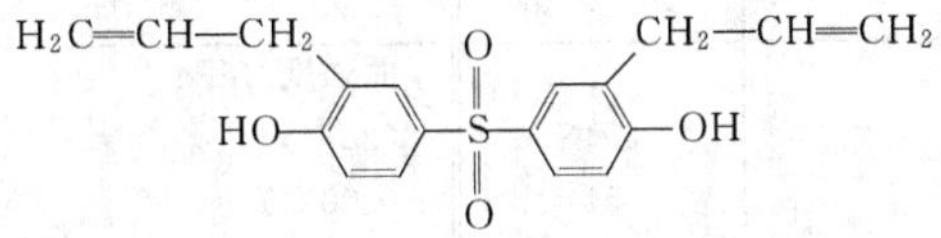

5.3.1.5　烯丙基芳烷基酚改性 BMI

在芳烷基树脂中引入烯丙基基团，就可形成烯丙基烷基酚（见下式）。

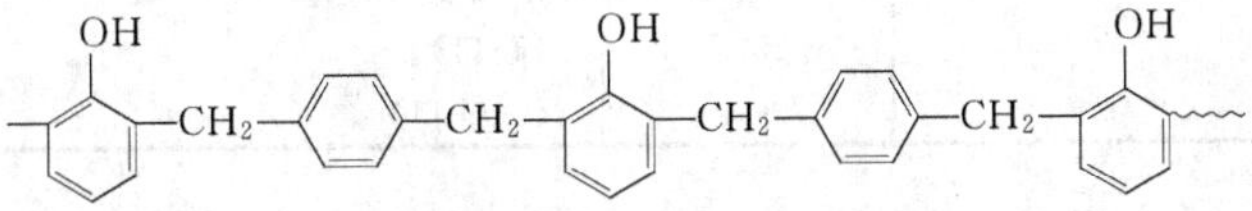

烯丙基芳烷基酚树脂在室温下为深褐色固体，其软化点为 30~40℃，可溶于乙醇、丙酮和甲苯等有机溶剂中，与 BMI 共聚反应后，形成软化点低（60℃）、可溶于丙酮的预聚物。烯丙基芳烷基酚与 BMI 的固化物具有优异的力学性能和耐热性能，HDT 为 309℃，T_g 为 325℃，T_d 为 490℃，耐湿热性能良好，水煮 100h 后 HDT 和吸水率分别为 282℃ 和 2.3%。由烯丙基芳烷基酚改性 BMI 树脂制备的玻璃纤维模压料具有优异的介电性能和湿热力学性能。

5.3.1.6　其他烯丙基化合物改性 BMI

除上述烯丙基化合物外，还有许多其他烯丙基化合物，如 N-烯丙基芳胺等也可用于 BMI 的改性。可根据不同的使用要求选用不同的烯丙基化合物改性 BMI 树脂。

常见的 N-烯丙基芳胺有如下两种：

AN1

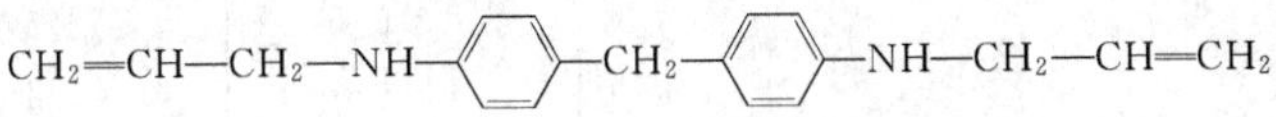

AN2

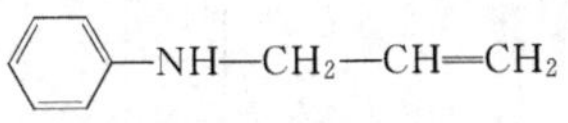

5.3.2　二元胺改性 BMI

二元胺改性 BMI 是改善 BMI 脆性较早使用的一种改性方法。二元胺可与 BMI 单体发生共聚反应，生成聚胺酰亚胺。反应式如下：

BMI 与二元胺首先进行 Michael 加成反应生成线型嵌段聚合物，然后马来酰亚胺环的双键打开进行自由基型固化反应，并形成交联网络，同时 Michael 加成反应后形成的线型聚合物中的仲胺还可以与链延长聚合物上其余的双键进行进一步的加成反应。

法国 Rhone-Pulence 公司研制的 Kerimid 601 树脂是由 MBMI 和 4,4′-二氨基二苯甲烷按物质的量之比 2∶1 制备而成，其熔点为 40～110℃，固化温度范围为 150～250℃，成型工艺性良好。由 Kerimid 601 制备的预浸料在 25℃ 的储存期为 3 个月，0℃ 时为 6 个月，Kerimid 601 复合材料性能见表 5-11～表 5-13。

表 5-11　Kerimid 601/181E 玻璃布复合材料性能

性　能	数　据	性　能	数　据
短梁剪切强度/MPa		弯曲强度/MPa	
（25℃）	59.6	（25℃）	482
（200℃）	51	（200℃）	413
（250℃）	44.8	（250℃）	345
弯曲模量/GPa		压缩强度/MPa	344
（25℃）	27.6	脱层强度/MPa	14.8
（200℃）	22.7	冲击强度/(kJ/m²)	
（250℃）	20.7	（缺口）	232
拉伸强度/MPa	344	（无缺口）	267

表 5-12　Kerimid 601 树脂及复合材料的电性能

性　能	固化树脂	K601/181E-GF	K601/112E-GF
介电强度/(kV/mm)			
（常态）	—	25	—
（浸水 24h）	—	20	—
（180℃老化 1000h）	—	＞16.5	—
（200℃老化 1000h）	—	＞16.5	—
（220℃老化 1000h）	—	12	
体积电阻/(Ω·cm)			
（常态）	1.6×10^{16}	1.6×10^{14}	4×10^{14}
（浸水 24h）	6×10^{13}	1.5×10^{13}	5×10^{13}
（250℃老化 2000h）		3.2×10^{15}	
介电常数(1kHz)			
（常态）	3.5	4.5	—
（浸水 24h）		5.4	
（180℃老化 1000h）		5.5	
（200℃老化 1000h）		5.5	
（200℃老化 1000h）		4.7	
损耗因子/1kHz			
（常态）	2×10^{-2}	1.2×10^{-2}	0.6×10^{-2}
（浸水 24h）	1×10^{-2}	1.6×10^{-2}	7.2×10^{-2}

表 5-13 Kerimid 601 玻璃布复合材料耐湿热性能

性　能	过滤蒸汽中放置时间/h			
	0	170	340	500
弯曲强度/MPa				
（25℃）	496	475	482	503
（250℃）	392	268	255	227
弯曲模量/GPa				
（25℃）	24.9	24.7	24.7	24.5
（250℃）	22.3	18.4	18.4	17.4
吸水率/%	0	0.8	0.8	0.9

Kerimid 601 树脂体系具有良好的耐热性、力学性能和电性能等，但制成的预浸料几乎没有黏性，复合材料的韧性较低。并且二元胺与 BMI 扩链反应后形成的仲氨基（—NH—）往往会引起热氧稳定性的降低。为此，在二元胺扩链改性的基础上，引入环氧树脂，改善 BMI 体系的黏性。由于环氧基团可和—NH—键发生反应，形成交联固化网络，因而同时也改善了体系的热氧稳定性。

$$R_1-NH-R_2 + \underset{CH_2-R}{O} \xrightarrow{\triangle} R_1-\underset{R_2}{N}-CH_2-\overset{OH}{CH}-CH_2-R$$

在 BMI 体系中引入环氧树脂虽能明显改善体系的工艺性，但环氧树脂的加入往往降低了 BMI 树脂的耐热性，因此环氧改性 BMI 树脂的使用温度通常不高于 150℃，韧性的改进也比较有限。

5.3.3 热塑性树脂改性 BMI

采用耐热性较高的热塑性树脂（TP）来改性 BMI 树脂体系，可以在基本上不降低基体树脂耐热性和力学性能的前提下实现增韧。目前常用的 TP 树脂主要有聚苯并咪唑（PBI）、聚醚砜（PES）、聚醚酰亚胺（PEI）和聚海因（PH）、改性聚醚酮（PEK-C）和改性聚醚砜（PES-C）等。

影响增韧效果的主要因素有热塑性树脂的主链结构、分子量、颗粒大小、端基结构、含量及所用溶剂的种类和成型工艺等。从目前的研究结果看，TP 增韧 BMI 树脂已经获得了极大的成功，是 BMI 树脂增韧改性的最主要方法。下面对几种主要的 TP 增韧改性 BMI 树脂的效果作一简要的论述。

5.3.3.1 聚苯并咪唑（PBI）

PBI 的结构如下：

$$\left[\begin{array}{c} \overset{NH}{C} \quad \overset{NH}{R} \quad C-R' \\ \parallel \qquad\qquad \parallel \\ N \qquad\quad N \end{array} \right]_n$$

式中，

R= ，；R′= ，，

PBI 是一种已经工业化生产的热塑性芳杂环材料，其耐低温和耐热性很好，T_g 为

480℃，空气中550℃开始分解。易溶于浓硫酸、二甲基甲酰胺、二甲亚砜、*N*-甲基吡咯烷酮和六甲磷酰胺等强极性溶剂中。PBI增韧BMI树脂及其复合材料性能见表5-14和表5-15。

表 5-14　PBI 改性 BMI 树脂的配方和性能

材 料 及 性 能		CM-1	CM-2	CM-3	CM-4
配方	Matrimid 5292B/%	33.35	30	30	30
	Compimide 795/%	60.65	60	60	60
	PBI<10[①]/μm	—	10	—	—
	PBI15～44[①]/μm	—	—	10	—
	PBI32～63[①]/μm	—	—	—	10
性能	T_g/℃(DMTA,干态)	251	250	254	252
	室温模量/GPa	4.53	3.97	3.85	3.87
	模量下降一半时的温度/℃	211	211	213	211
	T_g/℃(DMTA,湿态[②])	182	175	181	178
	室温模量/GPa	3.86	3.6	4.27	3.5
	模量下降一半时的温度/℃	151	150	152	151
	室温剪切模量/GPa	1.97	1.98	1.98	1.92
	G_{1C}[③]/(J/m²)	128	272	247	242
	吸水率/%	3.24	3.93	4.03	3.98

① 粒径单位为 μm。

② 71℃，14 天，100%湿度；固化工艺为 177℃/4h＋218℃/6h。

③ G_{1C}-1 型断裂韧性。

表 5-15　PBI 改性 BMI/Appllo43-600 复合材料力学性能

性 能	树脂	25℃/干	25℃/湿	177℃/干	177℃/湿	204℃/湿	219℃/湿	232℃/干
层间剪切强度/MPa	CM-1	99.3	88.2	53.4	39.4	29.9	26.2	37.2
	CM-2	115	103	58.3	39.3	26.8	24.8	37.2
0°弯曲强度/MPa	CM-1	1372	1294	997	529	369	359	655
	CM-2	1386	1290	980	427	336	341	341
0°弯曲模量/GPa	CM-1	140	150	136	105	81.8	88.7	118
	CM-2	142	150	139	87.5	76.3	77.9	95.9
0°压缩强度/MPa	CM-1	1462	1485	1186	650	450	420	398
	CM-2	1407	1358	1193	571	410	253	391
0°拉伸强度/MPa	CM-1	2676	—	—	—	—	—	—
	CM-2	2538	—	—	—	—	—	—
0°拉伸模量/GPa	CM-1	188	—	—	—	—	—	—
	CM-2	177	—	—	—	—	—	—
边缘剥离强度/MPa	CM-1	142	—	—	—	—	—	—
	CM-2	165	—	—	—	—	—	—
G_{1C}/(J/m²)	CM-1	182	—	—	—	—	—	—
	CM-2	212	—	—	—	—	—	—

注：纤维体积含量为 57%±1%；固化工艺为 177℃/4h＋218℃/8h。

表中数据说明，3 种不同粒径 PBI 的加入量为 10% 时，对 T_g 模量等几乎没有影响，而 G_{1C} 值却大幅度地提高。

5.3.3.2　PES、PEI 和 PH

国外较详细报道的典型 TP 增韧 BMI 树脂还有 PES（Udel P1700）、PEI（Ultern）和 PH（PH10）增韧的 Compimide796/TM-123/TP 体系。这 3 种 TP 的结构与性能见表 5-16。

表 5-16　3 种 TP 的结构与性能

树脂性能	结　构　式	比浓黏度/MPa	T_g/℃
Udel PES 1700 聚醚砜		0.38	190
Ultem 1000 聚醚酰亚胺		0.50	220
PH10 聚海因		0.76	>250

上述热塑性树脂改性 BMI 树脂及复合材料的性能见表 5-17～表 5-19。

表 5-17　**Compimide796/TM-123/TP**（65/35/TP）**性能**

性　　能	温度/℃	TP/%						
		0[①]	0[②]	13.04U	25.9U	20PH	33PH	20PS
0°弯曲强度/MPa	23	132	115	117	139	115	126	95
	177	103	84	97	64	95	110	37
	250	74	77	45	22	91	83	—
0°弯曲模量/GPa	23	3.92	3.86	3.72	3.77	3.65	3.40	3.49
	177	2.90	3.27	3.02	3.08	2.88	2.81	1.97
	250	2.24	2.39	1.71	0.41	2.77	2.40	—
弯曲应变/%	23	3.75	3.04	3.35	3.96	3.09	3.92	2.67
	177	3.72	2.73	3.38	2.12	3.44	4.20	—
	250	4.69	4.77	2.99	4.07	4.52	5.20	—
G_{1C}/(J/m²)	23	182	225	462	841	454	1091	440

① 固化工艺为 190℃/2h+230℃/10h。
② 固化工艺为 170℃/2h+190℃/2h+210℃/3h+230℃/10h。

表 5-18　**Ultem 改性 BMI 树脂/碳纤维**（T800）**复合材料性能**

性　　能	温度/℃	Ultem/%				
		0[①]	0[②]	4.76	9.0	13.04
0°弯曲强度/MPa	23℃	1474	1833	1630	1670	1682
	250℃	1268	1243	1317	1177	780
0°弯曲模量/GPa	23℃	155	153	144	156	162
	250℃	182	146	163	158	128
90°弯曲强度/MPa	23℃	99	92	84	95	95
	250℃	75	69	55	42	29
90°弯曲模量/GPa	23℃	8.7	8.6	8.5	9.8	9.7
	250℃	7.3	9.2	7.9	7.0	4.9
0°短梁剪切强度/MPa	23℃	103	103	97	94	93
	120℃	78	81	84	78	79
	175℃	68	70	76	70	63
	200℃	65	60	75	63	50
	250℃	48	51	56	43	22

续表

性　能	温度/℃	Ultem/%				
		0[①]	0[②]	4.76	9.0	13.04
0°±45°短梁剪切强度/MPa	23℃	81	62	62	76	72
	250℃	43	51	44	30	14
G_{1C}/(J/m²)	23℃	319	319	369	352	585

① 固化工艺为 190℃/2h+230℃/10h。
② 固化工艺为 170℃/2h+190℃/2h+210℃/3h+230℃/10h。
注：树脂体系为 Compimide 796/TM 123=65/35；纤维体积含量为 60%。

表 5-19　聚海因（PH）改性 BMI 树脂/碳纤维（T800）复合材料性能

性　能	温度/℃	PH/%				
		0[①]	0[②]	13.04	20	30
弯曲强度/MPa	23℃	1747	1833	1661	1571	1590
	250℃	1268	1243	1401	1258	—
弯曲模量/GPa	23℃	155	153	155	156	147
	250℃	182	146	208	165	—
90°弯曲强度/MPa	23℃	99	92	91	97	91
	250℃	75	69	52	57	—
90°弯曲模量/GPa	23℃	8.7	8.6	9.3	9.3	7.5
	250℃	7.3	9.2	7.2	6.3	—
短梁剪切强度/MPa	23℃	103	103	101	96	93
	120℃	78	81	75	77	—
	175℃	68	70	69	70	—
短梁剪切强度/MPa	200℃	65	60	66	62	—
	250℃	48	51	59	45	40
±45°短梁剪切强度/MPa	23℃	81	62	66	57	79
	250℃	43	51	39	44	39
G_{1C}/(J/m²)	23℃	319	319	335	640	1011

① 固化工艺为 190℃/3h+230℃/10h。
② 固化工艺为 170℃/2h+190℃/2h+210℃/3h+230℃/10h。
注：树脂体系为 Compimide 796/TM-123=65/35。

　　结果表明，TP 的 T_g 低时对改性树脂的高温性能不利，韧性随 TP 含量的增加而提高，但模量却随 TP 含量的增加和 T_g 的降低而下降。由于 PES 的 T_g 仅为 190℃，因而 T_g 为 220℃和 $T_g>250℃$ 的 Ultem 和 H 热塑性树脂成为 BMI 优选增韧剂。例如 Ultem 含量少的 Compimide 796/TM-123/Ultem（65/35/13.04）的树脂体系具有高的韧性（G_{1C} 为 1281J/m²）、强度和模量。由这种体系和 T-800 碳纤维复合而成的单向复合材料，具有高的耐热性（200℃下的层间剪切强度保持率大于 50%）和韧性（G_{1C} 为 585J/m²）。另外，TP 增韧改性使预浸料的黏性变差，有的根本无黏性，影响其成型工艺性。

5.3.3.3　聚芳醚酮（PEK-C）

　　张宝艳等选用含酚酞侧基 PEK-C（见下式）对典型的 BMI/DABPA 二组分体系进行改性，改性后 BMI 纯树脂和 BMI/T300 复合材料体系的性能见表 5-20 和表 5-21。

表 5-20 PEK-C 改性 BMI 树脂性能

体　系	Ⅰ	Ⅱ	Ⅲ	Ⅳ	Ⅴ	Ⅵ
PEK-C%（质量分数）	0	5	10	20	30	40
冲击强度/（kJ/m²）	7.1	8.2	8.9	18.9	13.0	13.0
T_g/℃	310	231	238	225	225	228
初始热分解温度/℃	375	—	374	—	—	378

注：固化工艺为 150℃/2h+180℃/2h+230℃/4h。

表 5-21 PEK-C 改性 BMI/T300 性能

性　能	测试结果	性　能	测试结果
CAI/MPa	185	150℃弯曲强度/MPa	1100
损伤分层面积/mm²	700	150℃弯曲模量/GPa	112
短梁剪切强度/MPa	93	T_g/℃	280
室温弯曲强度/MPa	1720	吸水率/%	0.6~0.8
室温弯曲模量/GPa	114		

注：固化工艺为 150℃/2h+180℃/2h+200℃/4~6h；成型压力 0.5~0.7MPa。

　　研究结果表明，PEK-C 的加入明显提高了树脂的冲击强度。随着 PEK-C 含量的增加，树脂浇铸体的冲击强度开始呈增加趋势，但出现一个峰值后，则呈下降趋势。在 20% PEK-C 含量时，树脂的冲击强度出现一个极大值，高达 18.9kJ/m²，与未加 PEK-C 改性的 BMI 冲击强度 7.1kJ/m² 相比，提高到 2.5 倍左右。随着 PEK-C 的含量增大，体系中热塑性树脂颗粒增多，粒径分布变大，粒子间的距离变短，裂纹与粒子间的距离变短，裂纹与粒子相遇的机会增多，裂纹容易被终止，而终止裂纹的能力增强，有利于韧性提高，因此随着 PEK-C 的含量增加，增韧效果越来越明显，冲击强度随之提高。带羟基 PEK-C 的增韧效果大于封端 PEK-C，这可能是因为端羟基可与 BMI 反应，提高了两相界面强度的缘故。

　　当 PEK-C 的含量达到一定值以后，一方面热塑性树脂增多，易造成分布不均匀，并形成一些较大的颗粒，造成应力集中；另一方面，热塑性树脂含量太高时，其颗粒过多，相同粒子靠得太近，当热塑性树脂颗粒太多而靠得过近时产生的裂纹将超过临界值，树脂的韧性反而随着热塑性树脂含量的增加而降低。

　　PEK-C 改性 BMI 树脂体系的 T_g 见表 5-21。经 PEK-C 改性的 BMI 体系的 T_g 降低了 70~80℃。分析其原因，主要是由于 PEK-C 的 T_g 不高（约 230℃）。根据聚合物共混原则，两种聚合物共混物的 T_g 一般应处于两种聚合物 T_g 之间。进一步采用热失重分析（TGA）对改性体系的热分解性能进行了研究。其起始分解温度、分解终止温度和分解最大速率时的温度分别为 371℃、500℃和 415℃（如图 5-2）。

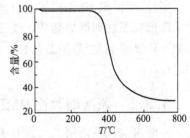

图 5-2 改性 BMI 树脂热失重（TGA）曲线

　　另一方面，PEK-C 含量增大，体系黏度增大，共混工艺变得困难。选择适当 PEK-C 用量，可得到共混工艺好、韧性和耐热性高的树脂体系。例如，MBMI/DABPA/PEK-C 为 100/75/15 时，其 G_{1c} 为 403.8J/m²，HDT 为 271℃，其 T300 增强复合材料的 G_{1c} 为 512J/m²，远高于 T300/XU292（G_{1c}=210J/m²）体系。

5.3.3.4　聚砜改性 BMI

　　聚砜改性 BMI 树脂/T300 复合材料性能，见表 5-22。

表 5-22 聚砜改性 BMI/T300 复合材料性能

性　　能	PS 改性	未改性	性　　能	PS 改性	未改性
弯曲强度/MPa			层间剪切强度/MPa		
（25℃）	1935		（25℃）	112	103
（230℃）	1250		（230℃）	52	69
弯曲模量/GPa			冲击强度/MPa	159	85
（25℃）	150				
（230℃）	151				

注：固化工艺为 180℃/2h；后处理工艺为 200℃/6h＋250℃/4.5h。

5.3.4　环氧改性 BMI

环氧改性 BMI 是一种开发较早且比较成熟的一种方法，环氧主要改性 BMI 体系的工艺性和增强材料之间的界面黏结，也可改善 BMI 树脂体系的韧性。环氧树脂本身很难与 BMI 单体反应，其改善 BMI 体系韧性的途径主要如下。

① 在二元胺（如 DDS 或 DDM 等）改性的基础上，添加环氧改性。在这类体系中，BMI 和环氧树脂通过与二元胺的加成反应而发生共聚反应，共聚反应的最终结果除形成交联网络外，BMI 也被部分二元胺和环氧链节"扩链"，因而 BMI 体系的韧性得到提高。用环氧/二元胺改性 BMI 树脂具有良好的工艺性，如预聚物可溶于丙酮、预浸料具有良好的黏性和铺覆性。

② 含环氧基 BMI。含环氧基 BMI 是通过用过量的环氧树脂与 BMI 及二元胺预聚，得到端基为环氧基团的树脂。此树脂用胺固化时可得到较佳性能。含环氧基 BMI 和普通的 BMI 一样，经适当工艺固化后，具有良好的耐热性，此类改性 BMI 树脂体系的固化温度一般较低。

③ 合成改性剂。如环氧与烯丙基类化合物反应形成烯丙基酚氧树脂改性剂，有助于改善树脂基体与碳纤维增强体之间的界面效果，如前面所叙述的烯丙基酚氧树脂 AE 等，具有良好的改性效果。

但是环氧树脂的加入往往会引起 BMI 树脂体系耐热性降低，因此这种改性方法的关键是如何调整组分的配比和聚合工艺，以求得韧性、耐热性和工艺性的平衡。

国外 20 世纪 80 年代初开发的牌号 5245C 是一个成功的环氧树脂改性 BMI 树脂体系，为了降低吸湿性和增加韧性，改性树脂体系中还加入了二氰酸酯。该树脂突出的优点是具有类似于环氧树脂的优良工艺性，在 93～132℃ 之间有良好的湿热性能保持率，其 G_{1C} 为 158J/m^2。

5.3.5　氰酸酯改性 BMI

一般来说，不论用二元胺等扩链改性还是用烯丙基类化合物改性，基本上是通过降低树脂交联密度来提高韧性，往往都是以不同程度地损失材料的刚性和耐热性为代价；利用环氧改善 BMI 的工艺性，也以牺牲 BMI 树脂的耐热性为代价；采用热塑性树脂增韧 BMI，虽能较大幅度地提高体系的韧性，但改性树脂体系的黏度大幅度地增加，所制备的碳纤维预浸料黏性下降，树脂体系的工艺性变差。而采用氰酸酯（CE）改性 BMI 树脂体系可克服上述缺点。

20 世纪 80 年代中期开始，氰酸酯树脂以其优异的综合性能受到人们的青睐，其性能介于环氧树脂和 BMI 树脂体系之间，兼有环氧树脂优异的工艺性能和 BMI 树脂的耐热性能，同时阻燃性能和介电性能优良，吸水率很低。氰酸酯改性 BMI 可在保持 BMI 体系具有良好耐热性的基础上，提高复合体系的韧性，同时改善体系介电性能及降低吸水率等，氰酸酯对 BMI 的改性机理一般认为有两种，一种机理认为是 BMI 和氰酸酯共聚，另一种机理认为 BMI 与氰酸酯形成互穿网络而达到增韧改性效果。如 Mitsubishi 的 BT 树脂被认为是一种互穿网络体系。

CE 改性 BMI 树脂体系具有较高的韧性、耐热性、介电性能、耐潮湿性、耐磨性、良好的尺寸稳定性和很好的综合力学性能。但是由于合成氰酸酯单体时往往需要使用过量的卤化氰，使形成的有毒废液难以处理等，阻碍了氰酸酯树脂在改性 BMI 树脂体系中的广泛发展和应用。

5.3.6 降低后处理温度工艺改性

目前，经改性的 BMI 树脂体系已达几十个，它们集耐高温、高强度、高韧性于一身，并且具有良好的溶解性和黏性等。但是这些树脂体系一般需在 220～250℃高温处理。高温后处理要求成型设备、模具等具有更高的耐热性，使制品成本升高、生产效益降低。另外，高温固化易引起制品内应力集中、开裂及固化物综合性能的降低。降低固化及后处理温度的主要方法有：①提高 BMI 单体反应活性，主要是选择具有较高活性的亲核单体与 BMI 单体共聚；②加入催化剂或促进剂，对于不同的改性 BMI 树脂体系，其合适的催化剂或引发剂的类型也不同。

5.4 新型双马来酰亚胺的合成

随着 BMI 改性研究的不断深入及其应用领域的不断扩大，新型 BMI 单体的合成备受重视。实际上，所谓的新型 BMI 单体并没有一个明确的概念，概括起来，主要有链延长型 BMI、取代型 BMI、稠环型 BMI、噻吩型 BMI 等，也有含特殊元素的 BMI 等。

5.4.1 链延长型 BMI

链延长方法是指从分子设计的原理出发，通过延长链的长度并增加链的柔顺性和自旋性，降低固化物交联密度等手段以达到改善韧性的目的。根据延长链所含官能团及元素的不同，可将其分为酰胺型 BMI、亚脲型 BMI、环氧骨架型 BMI、醚键型 BMI、硫醚键型 BMI、酰亚胺型 BMI、胺酯键型 BMI、芳酯键型 BMI 及含硅 BMI 等，这里主要介绍几种主要 BMI 的合成方法及性质。

5.4.1.1 酰胺型 BMI

含酰胺键 BMI 的合成方法较多，但目前通用的有 3 种。

$$O_2N-\text{〈}\text{〉}-NH-CO-\text{〈}\text{〉}-CO-NH-\text{〈}\text{〉}-NO_2 \xrightarrow{\begin{array}{c}H_2\\\hline Pd/C\end{array}}$$

$$H_2N-\text{〈}\text{〉}-NH-CO-\text{〈}\text{〉}-CO-NH-\text{〈}\text{〉}-NH_2$$

Ⅱ

Ⅰ和Ⅱ可和顺丁烯二酸酐反应，脱水环化生成含酰胺键的 BMI。

② 顺丁烯二酸酐 + $H_2N-\text{〈}\text{〉}-COOH \longrightarrow$ N-取代马来酰亚胺-COOH

$$\xrightarrow{H_2N-R-NH_2}$$ 双马来酰亚胺酰胺型结构

③ $H_2N-Ar-NH_2 +$ 顺丁烯二酸酐 $\longrightarrow H_2N-Ar-NH-$ 马来酰胺酸

$$\xrightarrow{ClOC-\text{〈}\text{〉}-COCl}$$ 双马来酰胺酸中间体

$$\xrightarrow{H_2O}$$ N-Ar-NH-CO-〈〉-CO-NH-Ar-N 型双马来酰亚胺

酰胺型 BMI 一般随着链间距离的增加，固化温度有所升高，起始热分解温度有所降低，具有耐燃、耐热、机械强度高、耐磨和电绝缘性能好等特点（见表 5-23）。

表 5-23 几种含酰胺键 [双马来酰亚胺] 型 BMI 的结构和性能

序号	结构式(R)	T_1 /℃	T_2 /℃	T_3 /℃	T_{di} /℃	T_{dp} /℃	Y_c /%	熔点 /℃
1	—CO—NH—	197	225	249	363	487	56	—
2	—NH—CO—〈〉—CO—NH—	215	236	261	344	462	56	—
3	—CH₂—〈〉—NH—CO—〈〉—CO—NH—〈〉—CH₂—	224	286	308	337	480	67	—
4	—SO₂—〈〉—NH—CO—〈〉—CO—NH—〈〉—SO₂—	235	303	331	334	465	50	—

续表

序号	结构式(R)	T_1 /℃	T_2 /℃	T_3 /℃	T_{di} /℃	T_{dp} /℃	Y_c /%	熔点 /℃
5	—O—⟨⟩—NH—CO—⟨⟩—CO—NH—⟨⟩—O—	221	290	324	345	465	57	—
6	—CO—NH—⟨⟩—NH—CO—	289	—	315	380	—	56	260
7	—CONH—⟨⟩—CH₂—⟨⟩—NHCO—	—	320	—		553		312

注：1～5 的 Y_c 为800℃、N_2 下的残炭率，固化工艺为160℃/0.5h＋220℃/2h＋260℃/0.5h；6～7 的 Y_c 为700℃时 N_2 下的残炭率，固化工艺为220℃/1h＋250℃/10h；T_1、T_2、T_3 分别为DSC固化曲线上的峰始、峰顶和峰终温度；T_{di} 为起始分解温度＝T_{id}；T_{dp} 为最大分解速率时的温度。

5.4.1.2 亚脲型 BMI

含亚脲键BMI的合成反应式如下：

①和②中的胺和顺酐反应脱水环化得含亚脲键BMI。

亚脲型BMI的固化温度较高，一般在203～297℃，起始分解温度和酰胺型BMI基本相同，最大分解速率时的温度和800℃的残炭率低于酰胺键BMI，但其热稳定性与普通的芳香族BMI树脂类似（见表5-24）。

表 5-24 含亚脲键 BMI 的结构与性能

序号	结构式	T_1 /℃	T_2 /℃	T_3 /℃	T_{di} /℃	T_{dp} /℃	Y_c /%
1	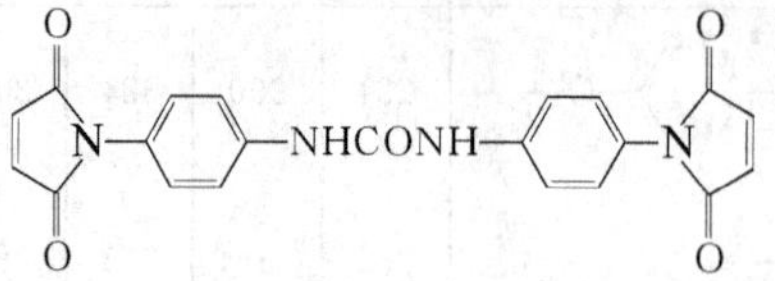	228	255	281	332	426	49
2	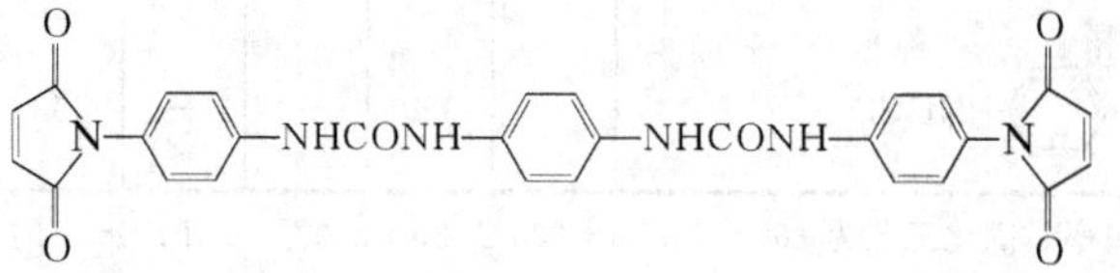	242	270	294	334	401	41
3	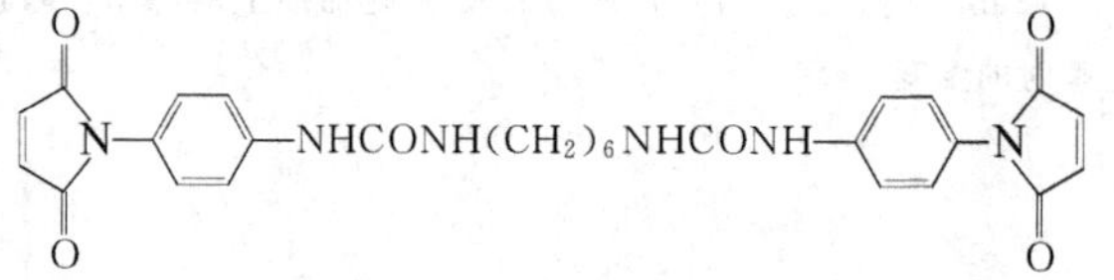	244	276	297	331	402	54
4	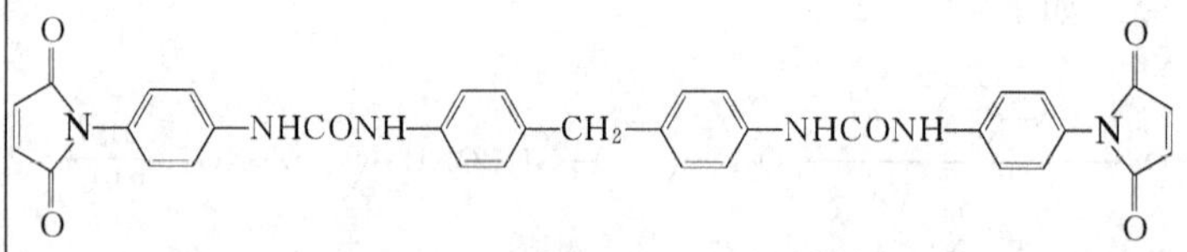	249	272	288	324	416	52
5	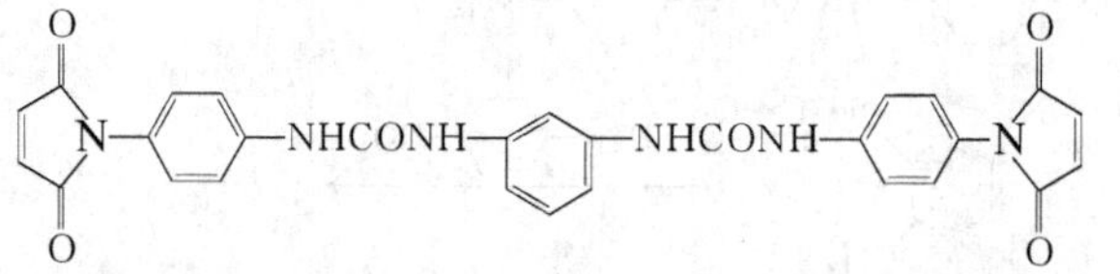	229	266	289	334	432	61
6	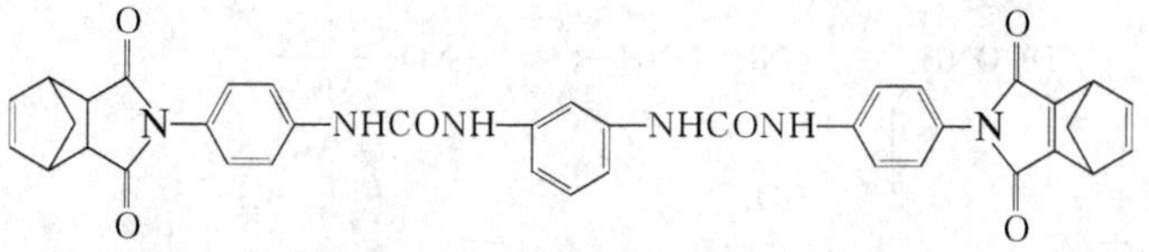	203	223	256	331	431	49

注：Y_c 为 800℃、N_2 下的残炭率；固化工艺为 160℃/30min＋230℃/120min＋250℃/40min。

5.4.1.3 醚键型 BMI

醚键的引入可增加链的柔性，使树脂体系的力学性能和柔性有较明显的提高，熔点降低。但同时反应活性降低，凝胶时间延长，固化温度升高。另外，醚键的引入会使体系的玻璃化转变温度降低。表 5-25 列出了已报道的含醚键 BMI 的结构和性能。

表 5-25 含醚键 BMI 的结构和性能

序号	结构式（R）	T_m /℃	T_1 /℃	T_2 /℃	T_3/℃	GT /min	T_{di1} /℃	T_{di2} /℃	T_g /℃
1	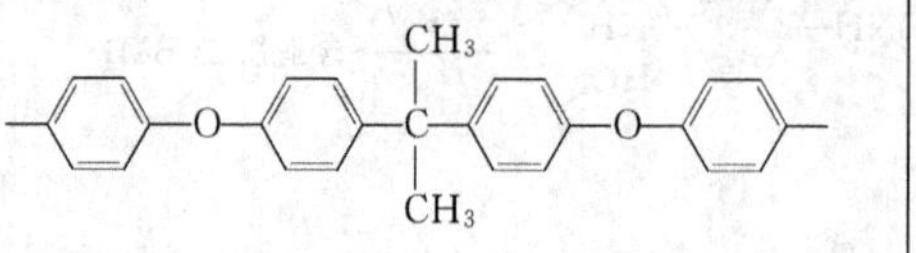	121	203	302	344	8.5	412	464	312
2	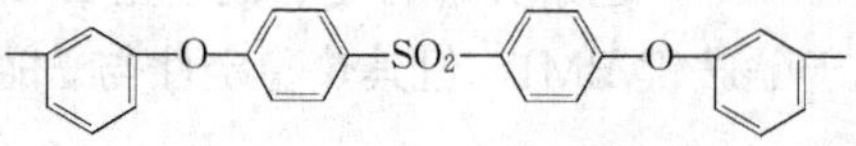	104	198	272	330	17.6	414	436	288

续表

序号	结构式（R）	T_m /℃	T_1 /℃	T_2 /℃	T_3/℃	GT /min	T_{di1} /℃	T_{di2} /℃	T_g /℃
3		212	217	318	365	—	431	483	313
4		230	240	245	280	—	385	436	317
5		176	236	274	334	28.5	334	394	285
6	$-(CH_2)_6-$	143	177	234	322	0.33	392	468	—
7		158	174	233	316	2.17	416	500	342

注：GT 为 200℃下凝胶时间，T_{di1} 和 T_{di2} 分别为在空气和 N_2 气氛下的起始分解温度，固化工艺为 280℃/10h。

5.4.1.4　酰亚胺型 BMI

柔性链段引入 BMI 结构中有助于提高韧性，但同时也降低了体系的耐热性和热氧稳定性。而酰亚胺键的引入既可提高 BMI 的韧性，同时又使耐热性等几乎不受影响。酰亚胺型 BMI 的合成路线如下：

$$R_1 = \text{—⟨⟩—} ,\ R_2 = R_3 = H;\qquad R_1 = \text{—⟨⟩—CH}_2\text{—⟨⟩—} ,\ R_2 = R_3 = H;$$

$$R_1 = \text{—⟨⟩—} ,\ R_2 = CH_3,\ R_3 = H;\qquad R_1 = \text{—⟨⟩—SO}_2\text{—⟨⟩—} ,\ R_2 = R_3 = H;$$

$$R_1 = \text{—⟨⟩—} ,\ R_2 = R_3 = Cl;\qquad R_1 = \text{—⟨⟩—O—⟨⟩—} ,\ R_2 = R_3 = H;$$

$$R_1 = \text{—}(CH_2)_6\text{—} ,\ R_2 = R_3 = H。$$

此类 BMI 的反应活性和普通 BMI 基本相同，固化温度范围在 209～318℃，固化树脂在 370℃以下比较稳定，绝氧条件下 800℃的残炭率为 53%～63%。含酰亚胺键 BMI 的热氧稳定性远优于含酰胺键、亚脲键及含醚键 BMI 的热氧稳定性。

5.4.1.5　氨酯键型 BMI

此类 BMI 的合成反应式如下：

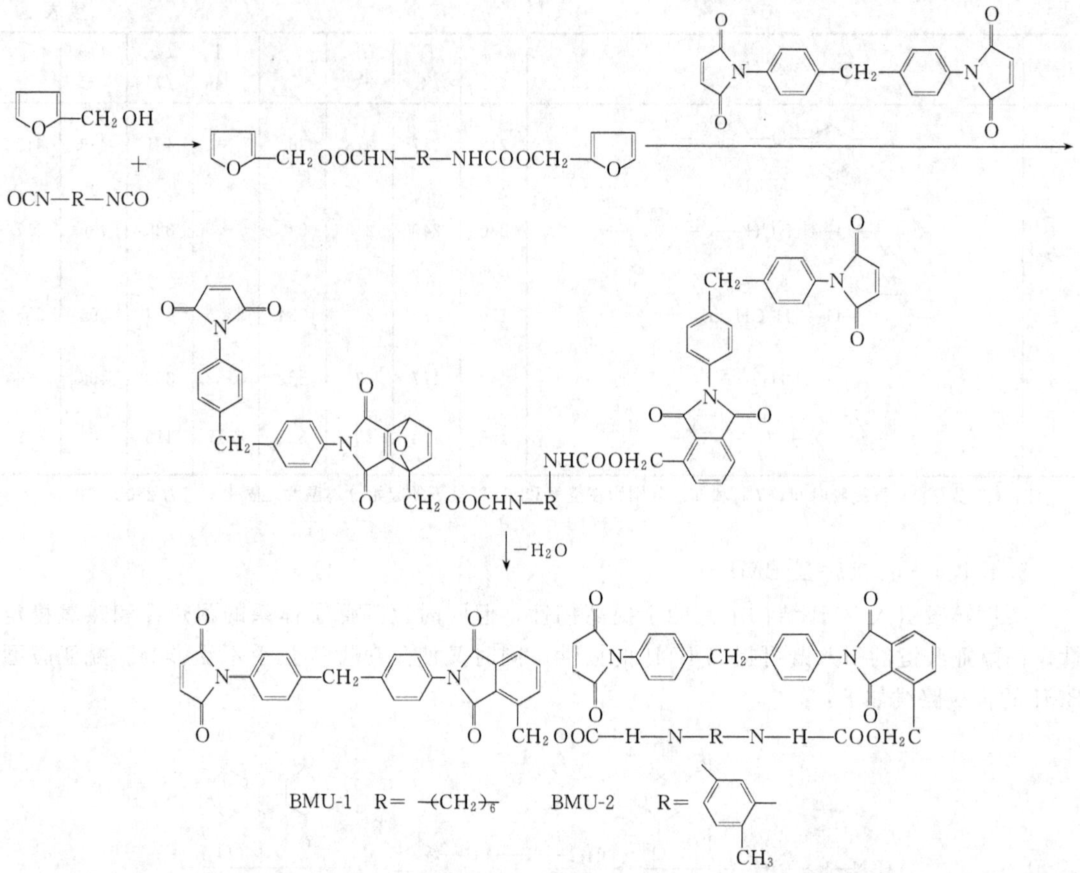

BMU-1 R= —(CH₂)₆—   BMU-2 R=

氨酯键的引入使 BMI 的反应活性较高，固化温度较低，一般在 187～248℃之间，固化物的韧性较佳，但耐热性较一般改性 BMI 体系差，起始热分解温度相对较低。

5.4.1.6 芳酯键型 BMI

含刚性棒状芳酯基的 BMI 可作为热固性热致液晶聚合物，它们的合成反应式如下：

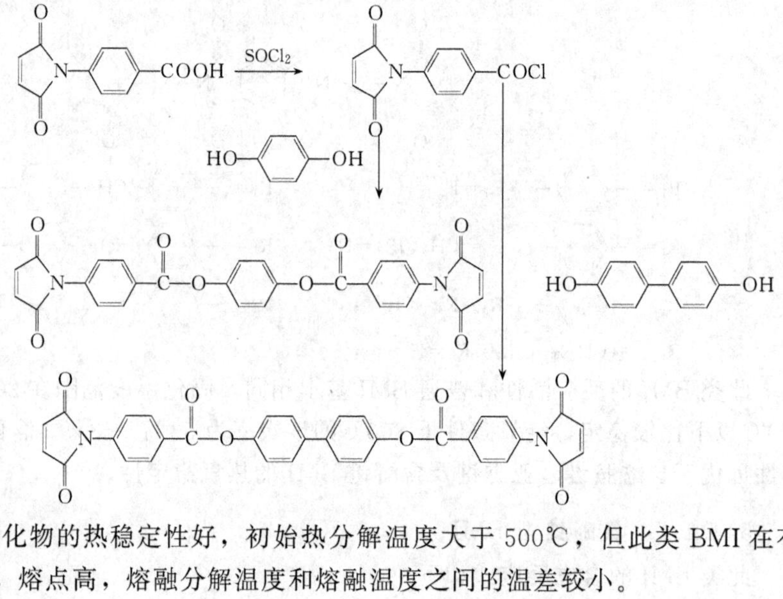

含芳酯键型 BMI 固化物的热稳定性好，初始热分解温度大于 500℃，但此类 BMI 在有机溶剂中的溶解性很差，熔点高，熔融分解温度和熔融温度之间的温差较小。

5.4.1.7 含硅 BMI

在 BMI 主链中引入有机硅结构单元后，由于 Si—O 键的键能较高，键的旋转自由性较大，可获得工艺性较好和柔韧性、热稳定性高的聚合物固化物。含硅 BMI 一般是通过含硅双呋喃单体和 BMI 单体反应时缩聚而成。

5.4.2 取代型 BMI

取代型 BMI 是指 BMI 马来酰亚胺基团上的氢被其他基团取代而形成的 BMI。取代型 BMI 往往是通过先合成相应的二酸，然后通过与二元胺反应获得，取代 BMI 主要有脂肪基取代和芳香基取代。取代基的结构和性质对 BMI 的反应活性、热分解稳定、耐热性和溶解性等有很大的影响。某些特殊功能基团的引入可使 BMI 具有某种特殊功能，如溴代 BMI 具有良好的阻燃特性。

5.4.3 稠环型 BMI

为获取具有优异热稳定性能的 BMI，可将稠环二元胺和顺丁烯二酸酐按传统的工艺方法合成制备稠环型 BMI，它们的结构式如下：

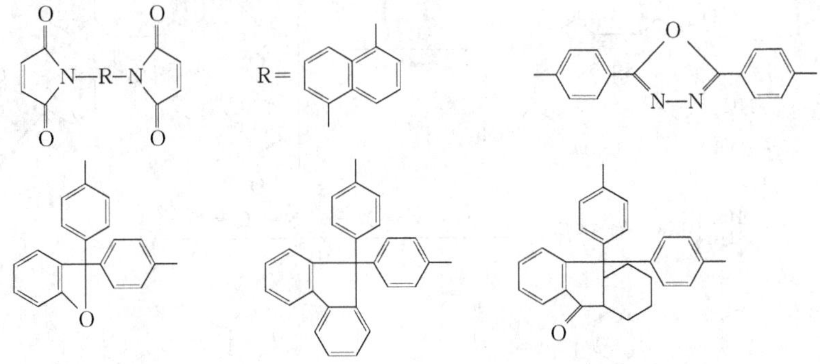

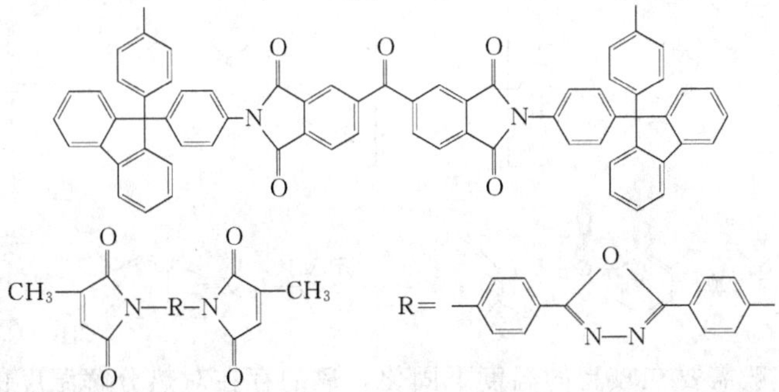

稠环型 BMI 具有优异的热稳定性能，分解速率最大时的温度为 450~520℃，800℃时的残炭率较高。玻璃布增强稠环型 BMI 复合材料具有良好的力学性能和阻燃性能。

5.4.4 噻吩型 BMI

噻吩型 BMI 具有优异热氧稳定性和热稳定性，其合成反应式如下：

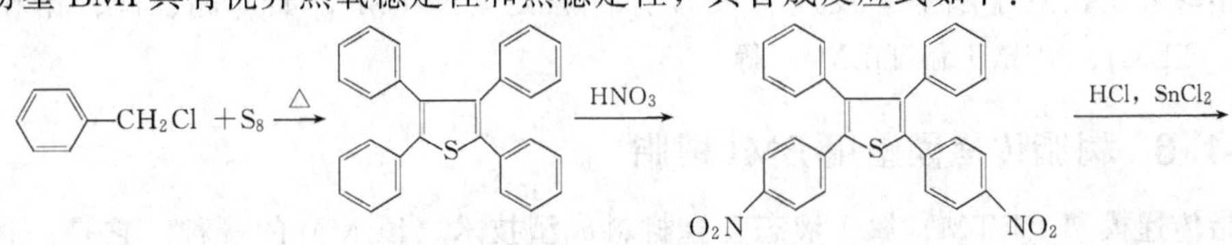

式中 X= 或 ；Y= ；Z=

噻吩型 BMI 一般需要在较高的温度下固化，氧的存在对热分解温度的影响较小，800℃的残炭率为 64%～66%。

5.4.5 含特殊元素 BMI

有时为达到某种使用目的，采用 BMI、羟基胺类和元素有机化合物（如硼酸、正硅酸己酯、钼酸和正钛酸丁酯等）反应合成含有特殊元素的 BMI，如含硼、硅、钼和钛 BMI（BBMI、SiBMI、MBMI 和 TiBMI）等。

5.4.6 树脂传递模塑用 BMI 树脂

树脂传递模塑（RTM）属于液态复合材料成型技术（LCM）的一种。它是一种高性能复合材料低成本成型技术。RTM 技术要求树脂体系具有低黏度、长的适用期及短的固化周期等。目前，RTM 用 BMI 树脂，主要通过在 BMI 树脂体系中加入烯丙基或乙烯基单体，通过或不通过预聚达到适应 RTM 的黏度要求，主要树脂有 Shell 公司牌号 Compimide 65FWR；BP 公司用于轮毂的 RTM-BMI 树脂；DSM 公司用于 FOKKER 50 型发动机舱盖后梁制造的 DESBIMID 树脂，这种树脂是将 BMI 溶于甲基丙烯酸酯和苯乙烯，在室温下用促进剂注入成型，分别在 70℃，130℃，200℃，250℃后处理后得到较高的性能。这些树脂的典型性能见表 5-26。

表 5-26　几种 BMI 树脂的典型性能

性　　能	BP RTM-BMI	DESBIMID	COMPIMID
室温弯曲强度/MPa	118	100	102
室温弯曲模量/GPa	3.6	3.4	4.5
室温断裂应变/%	—	3.0	—
200℃弯曲强度/MPa	63	—	—
200℃弯曲模量/GPa	2.0	—	—
$G_{1c}/(J/m^2)$	—	500	—
$T_g/℃$	—	250	260

5.4.7　线型酚醛型多马来酰亚胺树脂

近年来，为了提高 BMI 的热稳定性能发展了一系列酚醛型多马来酰亚胺树脂，主要有如下几种：

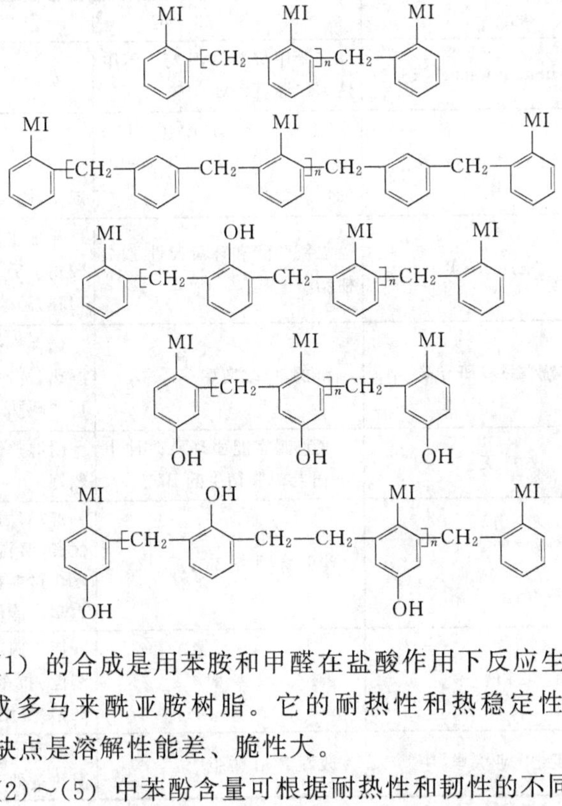

马来酰亚胺树脂（1）的合成是用苯胺和甲醛在盐酸作用下反应生成线型多胺，多胺与顺丁烯二酸酐反应生成多马来酰亚胺树脂。它的耐热性和热稳定性能很好，其 T_g 可达 400℃以上。它的主要缺点是溶解性能差、脆性大。

马来酰亚胺树脂（2）～（5）中苯酚含量可根据耐热性和韧性的不同要求任意调节。

5.5 双马来酰亚胺树脂的应用

目前，BMI 树脂及其先进复合材料已广泛地应用于众多高新技术领域。主要包括如下种类。

5.5.1　电气绝缘材料

主要用作高温浸渍漆、层压板、覆铜薄板及模压塑料等。

例如，BMI、环氧树脂和活性稀释剂等混合后可作为 H 级无溶剂浸渍漆，具有优异的耐老化性能、耐热性能、黏结力及化学腐蚀性能。

5.5.2　高温胶黏剂

主要用作金刚石砂轮、重负荷砂轮、刹车片和耐轴承等耐磨材料用高温胶黏剂。

5.5.3　航空航天结构-功能复合材料

主要与高强玻璃纤维、碳纤维、芳纶纤维复合，制备连续纤维增强先进复合材料，用做军机、民机或宇航器件的承力（或非承力）结构与功能部件，如用作高性能机载或舰载雷达罩、机翼蒙皮、尾翼、垂尾、飞机机身和骨架等。

主要 BMI 树脂牌号、组成、性能及应用见表 5-27。

表 5-27　BMI 树脂牌号、组成、性能及应用

树脂牌号或体系	公　司	基　本　组　成	主要性能或应用
Kerimid 601	Rhone-Poulenc[法]	二苯甲烷型 BMI 与二苯甲烷型二胺（DDM）	$T_m = 40 \sim 110℃$，成型工艺性好
Kerimid 353	Rhone-Poulenc[法]	二苯甲烷型 BMI，甲苯 BMI 和三甲基六亚甲基 BMI 的低共熔物	$T_m = 70 \sim 125℃$，120℃熔体黏度为 0.15Pa·s，适于熔融浸渍纤维和热缠绕成型，固化树脂热氧稳定性较差
X5245C	Narmco[美]	二氰酸酯和环氧改性 BMI 树脂	易加工，固化温度 180℃，固化物韧性较好，$T_g = 228℃$，适合与高应变（1.8%）碳纤维复合，用作飞机主承力件
X5250	北京航空材料研究院[中]	X5245C 改良型	储存寿命长，与不同纤维匹配性好，耐湿热、抗冲击性和高温力学性能均优异，可作耐热 205℃结构件
Araldite MY720 改性 BMI	[美]	氨基四官能团环氧改性由 6F 酐与二胺衍生的 BMI	耐湿热性能好，吸湿率比环氧低，韧性较好
HG9107		半互穿网络 BMI	177℃固化，227℃后处理，固化物韧性优良，吸湿少，预浸料黏性和铺覆性好，复合材料在干态（260℃）和湿态（177℃）力学性能优异
QY8911-1	625 所[中]		适于湿法制备预浸料，固化物耐热性、韧性、抗氧化性优良，复合材料能在 230℃使用
5405	西北工业大学[中]	改性 BMI 树脂	成型工艺性好，复合材料可在 130℃湿热条件下长期使用

树脂牌号或体系	公　司	基 本 组 成	主要性能或应用
4501A	西北工业大学[中]	改性 BMI 树脂	树脂软化点低,溶于丙酮,固化物介电性能优异,适于人工介质材料及高性能复合材料树脂基体
5428	北京航空材料研究院[中]	改性 BMI 树脂	具有优异的韧性和耐湿热性能,5428/T700 复合材料的 CAI 值为 260MPa,可在 170℃湿热条件下长期使用,成型工艺性良好,可用作飞机的承力、非承力构件
5429	北京航空材料研究院[中]	改性 BMI 树脂	5429/T700 复合材料具有突出的高韧性(CAI 高达 296MPa),长期使用温度为 150℃,可应用于飞机的承力、非承力构件
4501B	西北工业大学[中]	改性 BMI 树脂	预浸料具有优异的黏性和铺覆性,复合材料介电性能优良,可低温成型,用途之一是制作先进战斗机机载雷达罩
6421	北京航空材料研究院[中]	改性 BMI 树脂	RTM 用改性 BMI 树脂,固化物耐热性和韧性均优良,可在 180℃湿热条件下长期使用
FE7003 和 FE7006 (Kerimid 改良型)	Rhone-Poulenc[法]	二苯基硅烷二醇改性 BMI 树脂	无胺无溶剂体系,耐热 250℃,湿热性能好,电性能优异,复合材料可用于飞机构件上
Compimide-183,-353, -795,-796,-800, -65FWR	Boots Technochemic[德]	低共熔 BMI 或添加间氨基苯甲酰肼和各种改性剂	无溶剂低共熔树脂,固化物 250℃,下强度高,耐湿热性和尺寸稳定性好,热膨胀系数小
Compimide-453	北京航空材料研究院[中]	Compimide-353 中加端羧基丁腈橡胶(CTBN)	无溶剂热熔性树脂
F-178	Hexcel[美]	BMI,DDM 及少量三烯丙基氰尿酸酯的共聚物	$T_m=24℃$,可热熔或丁酮溶液中浸渍纤维,130~232℃ 固化,固化物 $T_g=260~275℃$,吸湿率 3.7%,较脆
V378-A	Polymeric[美]	二乙烯基化合物改性 BMI 树脂	工艺性与环氧相近,固化物分为 230℃、315℃和 371℃三个耐热等级,复合材料湿热强度高,适于做飞机壳体材料
V391	625 所[中]	改性 BMI 树脂	韧性、耐热性和力学性能好
R6451	Ciba-Geigy[美]	改性 BMI 预浸料	该预浸料黏着性、覆盖性和耐湿性均优异,适用于自动缠绕大型复杂结构,300℃保持率为 35%
XU292	西北工业大学[中]	二苯甲烷 BMI 与二烯丙基双酚 A 的共聚物	预聚树脂在 100℃黏度低且很稳定,180~250℃固化后 $T_g=273~287℃$,最高使用温度 256℃,湿热性能优异
RD85-101	西北工业大学[中]	由二氨基苯茚满与马来酸酐合成的新型 BMI 与烯丙基苯基化合物的共聚物	90~100℃时黏度低,溶于丙酮,加工性好,204℃拉伸强度保持率为 97%
RX130-9	西北工业大学[中]	新型 BMI 树脂	冲击韧性优异

　　BMI 树脂的耐热性优于环氧树脂,工艺性与环氧相近,且耐湿热性能优异,因此 BMI

树脂基复合材料在航空航天领域内得到了广泛的应用。如美国 F-22 的机翼、机身、尾翼、各种肋、梁及水平安定面等。几种主要 BMI 树脂在航空领域内的应用见表 5-28。

表 5-28 几种主要 BMI 树脂在航空领域内的应用

碳纤维/树脂基体	应用领域	碳纤维/树脂基体	应用领域
IM7/5250-2	YF-22 中机身、骨架、操纵面	T300/QY8911-1	机翼、前机身、尾翼
IM7/5250-2	F-22 中机身、管道、骨架、弱框	T300/QY8911-2	航天构件
IM7/5250-4	F22 机翼蒙皮、安定面	T300/5405	机翼

第6章 ▶▶ 聚酰亚胺树脂

聚酰亚胺是指主链上含有酰亚胺环的一类热固性高分子化合物。早在1908年Bogert等首先合成了聚酰亚胺，但是那时聚合物的本质还未被认识，所以没有受到重视。直到20世纪40年代中期才有了一些专利出现，但真正作为一种高分子材料来发展则开始于20世纪50年代。当时美国的Dupont公司申请了一系列专利，并于20世纪60年代初首先将聚酰亚胺薄膜（Kapton）及清漆（PyreML）工业化，从此获得了迅速发展，目前除均苯型聚酰亚胺以外，还出现了多种聚酰亚胺及改性的聚酰亚胺。

聚酰亚胺的主链结构含有芳环和杂环，这些都是耐热的组分，聚酰亚胺是半梯型结构的聚合物，高温老化时环的一部分断裂开环，避免了主链断裂，因此聚酰亚胺具有一系列非常优异的综合性能，特别是在$-200 \sim 260℃$高低温下具有突出的力学性能、电绝缘性能、耐磨性能、耐辐射性及在高真空下难挥发性以及良好的化学稳定性和粘接性能。它是性能优异的耐高温黏结剂、绝缘漆和复合材料用树脂基体。

6.1 均苯型聚酰亚胺

均苯型聚酰亚胺是均苯四甲酸二酐或其羧酸衍生物与各种二胺经缩聚反应而得，其制法有熔融缩聚和两步合成法两种。

6.1.1 用熔融缩聚法制备聚酰亚胺

Edwards等曾首先叙述了将二元胺与四羧酸二酯用熔融方法制备脂肪族聚酰亚胺，在温度为$110 \sim 138℃$下加热后，形成低分子量的中间物（盐），再在$250 \sim 300℃$加热几小时后转化为聚酰亚胺。其形成反应可用下式表示：

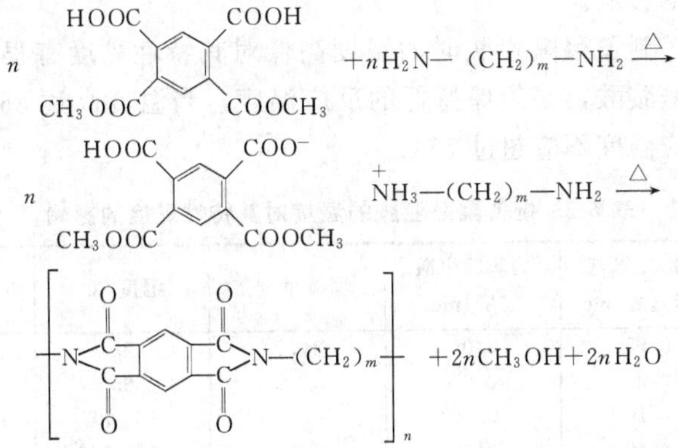

用熔融缩聚法制备聚酰亚胺应用较少，制成的聚酰亚胺熔点必须低于反应温度。用亚甲基基团较多的二元胺，如2,11-二氨基十二烷，制得聚均苯酰亚胺的熔点在300℃以下，由4,4-二甲基亚庚基二胺制得的聚酰亚胺的熔点为325℃，这种聚合物可制成纤维，脂肪族聚均苯酰亚胺的性能见表6-1。

表 6-1 脂肪族聚均苯酰亚胺的性能

二 元 胺	在 175℃下氧化稳定性/h	玻璃化温度/℃
壬基二胺	20～25	110
4,4-二甲基亚庚基二胺	20～30	135
3-甲基亚庚基二胺	8～10	135

6.1.2 用两步法制备聚酰亚胺

制备聚酰亚胺目前应用较广的主要是两步法，即将均苯四甲酸二酐与芳香族二胺在适当的有机溶剂中制成可溶性聚酰胺酸，而后将其加工成薄膜或漆层，再经加热（即用热法亚胺化），即形成聚酰亚胺薄膜或漆膜，或用化学法处理聚酰胺酸薄膜而得聚酰亚胺，其反应为：

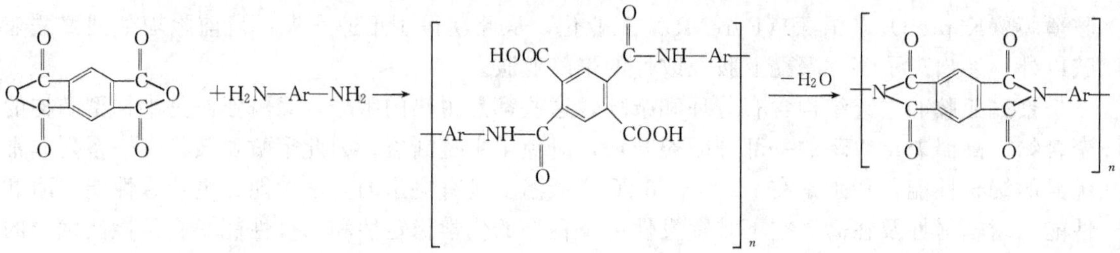

6.1.2.1 聚酰胺酸的制备

合成聚酰亚胺的第一步是制备聚酰胺酸，通常按如下方式来制备。

将芳香族二元胺溶于溶剂中，在搅拌下以等物质的量（或微过量）干燥的均苯四甲酸二酐以小量方式加到二胺溶液中。二酐加入时，溶液的黏度逐渐增大，当反应混合物中的两种组分达到等物质的量之比时，溶液的黏度急剧增大。反应温度为 −30～70℃，温度达 70℃以上时，会使聚酰胺酸的分子量降低，在大多数情况下，制备高分子量的聚酰胺酸的合适温度为 15～20℃。反应是在极性溶剂中进行，溶剂与反应物会强烈地缔合，与四甲酸二酐形成活性络合物。溶剂可用二甲基乙酰胺、二甲基甲酰胺、二甲基亚砜和 N-甲基吡咯烷酮，这些溶剂既可单独应用，也可与溶剂如苯、二氧杂环己烷、二甲苯、甲苯、环己烷等混合应用。制备聚酰胺酸时的反应条件，如温度、所用试剂、加料次序及试剂的比例等因素，对聚酰胺酸的性能有很大的影响。

（1）温度的影响 制备聚酰亚胺时的温度高低对其特性黏度有很大的影响，见表 6-2。要制得分子量高的聚酰胺酸，必须保持低的反应温度，当温度高达 85℃以上时，则黏度降低过快，一般最高反应温度不应超过 75℃。

表 6-2 制备聚酰亚胺的温度对其特性黏度的影响

溶 剂	4,4′-二氨基二苯基醚/mol	均苯四甲酸二酐/mol	固体量/%	温度/℃	时间/min	特性黏度
二甲基乙酰胺	0.05	0.05	10.0	25	120	4.05
	0.05	0.05	10.0	65	30	3.47
	0.10	0.10	10.6	85～88	30	2.44
	0.10	0.10	10.7	115～119	15	1.16
	0.10	0.10	10.3	125～128	15	1.00
	0.10	0.10	15.7	135～137	15	0.59
N-甲基己内酰胺	0.05	0.05	14.2	150～160	2	0.51
	0.05	0.05	12.9	175～182	1～2	部分溶
	0.10	0.10	15	200	1	不溶

（2）溶剂的影响　合成聚酰胺酸是在极性溶剂中进行的，极性溶剂既能与酸酐结合成络合物，也能与酰胺酸络合。除二甲基乙酰胺外，还可用其他溶剂，在这些极性溶剂中，所制成聚酰胺酸的黏度是不相同的。从图 6-1 中可以看出，以二甲基亚砜为溶剂的聚酰胺酸溶液的黏度为最大，二甲基乙酰胺次之，黏度最小的是二甲基甲酰胺。溶剂不仅在合成聚酰胺酸时有影响，而且对第二步亚胺化反应也有影响。

（3）反应物的加料次序　一般要制得黏度大的聚酰胺酸，必须将粉状的二酐或其稀溶液加入于搅拌下的二胺溶液中，而且保持较低的温度进行反应，如果将二胺加入二酐的溶液中，结果得到的是低分子量的聚酰胺酸，其原因显然是均苯四甲酸二酐与溶剂形成络合作用而引起的。

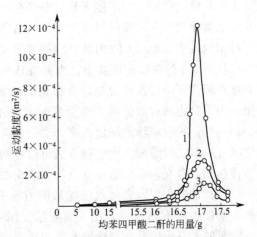

图 6-1　均苯四甲酸二酐在反应时的用量与聚酰胺酸溶液的黏度之间的关系

（4,4'-二氨基二苯基甲烷用量固定）

1—在二甲基亚砜中；2—在 N,N-二甲基乙酰胺中；

3—在 N,N-二甲基甲酰胺中

（4）反应物的物质的量之比　初始反应物的比例对形成聚酰胺酸溶液和长期保存时黏度的变化有很大的影响。以均苯四甲酸二酐和 4,4'-二氨基二苯基甲烷的反应物为例，如图 6-2 所示。理论上，二酐和二胺为等物质的量之比时，所得到聚合物的平均分子量为最高，表现为其溶液黏度最大。但实际上是酸酐稍过量的情况下可以获得最大的黏度。从图 6-2 中可看出，酸酐与二胺之比在 1.020～1.030 比较合适，也有认为最合适之比为 1.015～1.020，如果试剂非常干燥无水，其比值可以减少，二酐用量之所以要多些，主要是反应体系有微量水

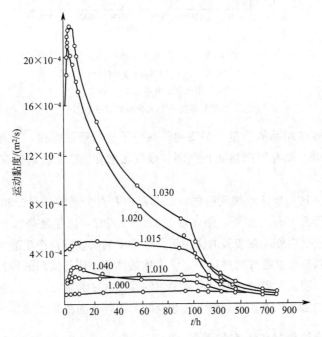

图 6-2　均苯四甲酸二酐与 4,4'-二氨基二苯基甲烷的摩尔比对 12%聚酰胺酸溶液在 35℃下的黏度随时间变化的影响

存在，使过量的二酐转化成酸而变得不活泼了。在这种情况下，两者为等物质的量之比时，如 1.000 曲线所示，则不能得到高分子量的聚合物，而且经过 60h 溶液的黏度仍稍有增长，实际上就相当于在二胺过量条件下反应所得到的生成物，其末端带有氨基的低聚物；反之，二酐用量过多，如 1.040 曲线，溶液的黏度也不高，主要产物是端基带有酐基的低聚物。

从图 6-2 的曲线还可看出，当黏度达到最大值后，又急剧下降，随着存放时间的增长，黏度在缓慢下降，这种现象称为降解。初始黏度的急剧下降是由于酐解、胺解和水解的结果，为了防止胺解或酐解，在合成时可采用封端剂，即用单官能度单体的方法，其用量为 1%～8%，视反应物的配比而定，如果制备聚酰胺酸时，二酐过量可加入苯胺作封端剂，反之也可用苯二甲酸酐。用这种方法可以控制聚酰亚胺的分子量，使之能保持稳定，由于有非活性的端基存在，可以防止聚合物形成交联，这样可使聚酰亚胺产品性能保持稳定。

（5）水的作用　合成聚酰胺酸时有水分存在会影响其黏度，因为有水，必然会产生水解，所以黏度下降了。如图 6-3 所示，图中曲线 1 基本上是在无水条件下（实际上含有 0.02% 的水分）的黏度变化情况，曲线 2 和曲线 3 分别为采用未干燥的溶剂（含 0.12% 水）和在溶剂中加入 4.4% 的水的变化情况，由此可以看出，在无水的情况下，黏度下降是比较缓慢的。

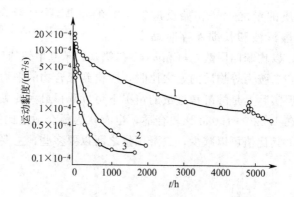

图 6-3　在 35℃ 下，水对黏度随时间变化的影响
1—无水；2—0.12% 水；3—4.4% 水
（均苯四甲酸二酐与 4,4'-二氨基
二苯基醚制备 10% 聚酰胺酸溶液）

为了提高聚酰亚胺制品的质量，需要制得高分子量的聚酰胺酸，为此对原料的要求应尽可能除去其中的水分，储存要严格防止吸潮。聚酰胺酸在 0℃ 下长期储存不致使黏度有显著的变化。

（6）酸的作用　这与单体的纯度有关，在二酐中存在少量的酸（0.33%～0.5%）也会使聚酰胺酸的比黏度降低 15%～20%，而含量为 1%～2% 时，比黏度降低 40%～50%，在合成聚酰胺酸时，除了主反应外，在羧酸的作用下，分子中的酰胺键会产生酸解反应，导致聚合物分子量的降低。在制备聚酰胺酸的过程中，除上述条件外，还与试剂的特性有关，均苯四甲酸二酐与各种不同的二胺化合物进行缩聚反应，胺的活性次序为：亚己基二胺＞亚癸基二胺＞二氨基二苯基甲烷＞二氨基二苯基醚＞对苯二胺＞间苯二胺＞间甲苯二胺＞二氨基二苯基砜。

6.1.2.2　聚酰胺酸转化为聚酰亚胺

聚酰胺酸转化为聚酰亚胺（合成的第二步）称为亚胺化反应（脱水环化作用），由聚酰胺酸析出水形成环状聚酰亚胺，亚胺化反应的进行方式有两种：加热法和化学法。

（1）加热亚胺化　一般用连续或逐步升温将聚酰胺酸薄膜进行加热干燥，而后在较高温度进行处理。聚酰胺酸通过热处理后完全变成聚酰亚胺。

（2）化学亚胺化法　用脱水剂处理聚酰胺酸薄膜或粉末。脱水剂为醋酐或其他低分子的脂肪族酸酐，如丙酸酐、戊酸酐，也可以用各种酸酐混合物。烯酮、二甲基烯酮也可以作脱水剂。叔胺用做化学亚胺化法的催化剂，也可用吡啶、4-甲基吡啶、3,4-二甲基吡啶、异喹啉等，而2-乙基吡啶、2-甲基吡啶、2,4-二甲基吡啶以及三乙胺活性比较弱。亚胺化是将聚酰胺酸薄膜用苯、醋酐和吡啶（等物质的量之比）在室温下处理数小时后，再进行干燥，然后进行热处理。

用各种脱水剂对聚酰胺酸进行环化处理后，再用红外光谱进行分析，其结果是可观察到亚胺吸收峰，这就证明它被高度环化了。对于用各种脱水剂所得到的亚胺和异酰亚胺的含量见表6-3。

表6-3　聚酰胺酸的化学环化

脱水剂	亚胺含量/%	异酰亚胺含量/%
醋酐＋吡啶	70	30
乙酰氯	75	25
醋酐	41	59
三氯乙酐	3	97

从表6-3中可以看出，亚胺、异酰亚胺的差异是非常显著的，只要用满意的化学环化机理来说明，就可有效地解释这些结果。

6.2 可熔性聚酰亚胺

均苯型聚酰亚胺是不溶不熔的，必须用其聚酰胺酸进行加工，而在亚胺化时又要析出水和其他低分子物，在制造厚的制品时不易除去，且会引起水解，致使制品造成气隙而影响其性能。为了解决这些问题，必须发展一些能熔融、并有一定热塑性的聚酰亚胺，这类聚酰亚胺能熔融后与聚合物的分子结构形成密切关系。

通常聚酰亚胺的结构有如下几种类型，了解这些结构，就可以适当地选择各种不同的单体，制得可熔性聚酰亚胺。第一类聚酰亚胺只含芳核，芳核之间彼此直接连接或通过亚胺环连接，这类聚合物是刚性的，而且是脆的，因而这种结构是不可能熔融的。第二类聚酰亚胺的结构中只是在二酐组分中含有杂原子，杂原子的存在显然不足以使邻近环状刚性大的基团围绕这个杂原子旋转，这种结构的聚酰亚胺在性能上是不溶、不软化、低弹性和高密度的，而且也是不能熔融的。第三类聚酰亚胺只是在二胺组分中含有"铰链"杂原子，因此这种结构有利于链的弯曲，这就给予均苯型聚酰亚胺在技术上有一系列极有价值的特征，这种结构的聚酰亚胺只会软化，并很快交联，不能熔融。第四类聚酰亚胺的结构中，二酐和二胺均含有"铰链"，这种聚合物有弹性，并有较低的密度，其最主要特征是具有较窄的软化范围，并可转化为黏流态，这类聚合物有很多是能形成结晶的，并具有明显的软化点和结晶相的熔点，高温时（软化点以上）它的弹性模量为0.90～9.8MPa，它有一种高弹态特征，高温时交联效果是弱的，因此温度再升高就会熔化，它的软化温度为250℃，而熔点达450℃。因此，根据上述情况，可以认为只有二酐和二胺组分中含有"铰链"杂原子，才有可能制得可熔性聚酰亚胺。

目前有用二苯酮四羧酸二酐（BTDA）与相应的二胺制得的聚酰亚胺，这种方法完全可以制成可熔性聚酰亚胺，在加工性能上得到了很大的改善，这类聚合物是性能优良的耐高温胶黏剂。但在一般的预处理中，由于残余溶剂的挥发与亚胺化反应小、水等小分子物的析出，树脂质量损失可达20%之多，且在固化初期，一般在150~200℃，发生明显的副反应，将导致分子链的分支和交联，这可能是在BTDA的中间羰基与氨基产生了反应，从而在很大程度上降低了聚酰亚胺的可熔性。因此，为了改善制品的性能，降低气隙含量，近来又发展了些能熔融并有一定热塑性的聚酰亚胺。

6.2.1 六氟二酐型聚酰亚胺

六氟二酐 [2,2-双(3,4-二羧基苯基)六氟丙烷二酐]，其结构为：

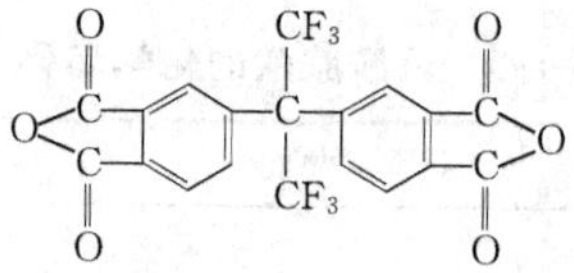

由于二酐中不含脂肪族氢原子，故有很高的热和热氧稳定性，引入"铰链"基团使分子增加了一定的柔顺性。因此六氟二酐和各种芳香族二胺反应可形成线型的无定形聚酰亚胺，且不会交联，这有助于保持聚合物的可熔性和分子链的柔韧性，显然这类聚合物是能熔融的。在 T_g 之上的温度及加压条件下，易于除去挥发物，空隙含量极低，性能优异，高温时能很好地保持初始性能。

这类聚合物一般是先制成聚酰胺酸，可用化学法进行亚胺化，反应是在有机溶剂如 N-甲基吡咯烷酮（NMP）或双 β-甲氧基乙醚（diglyme）中进行。可加入邻苯二甲酸酐作封端剂以控制分子量，聚合物的通式为：

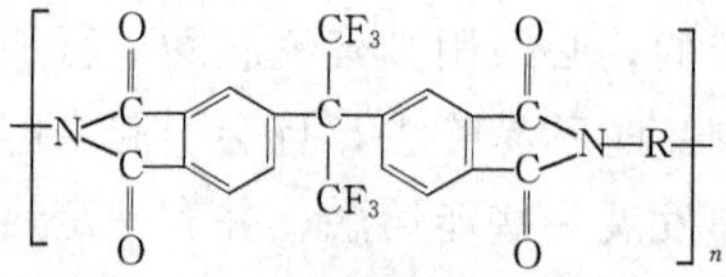

六氟二酐型聚酰亚胺有很多品种，根据所用二胺的结构不同，可以制成有不同 T_g 的聚酰亚胺，见表 6-4。

表 6-4 各种六氟二酐型聚酰亚胺

二　　胺	简称	特性黏度	$T_g/℃$
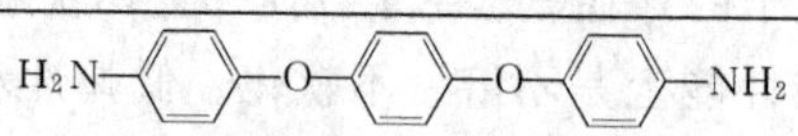 H_2N—〇—O—〇—O—〇—NH_2	RBA	0.35	229
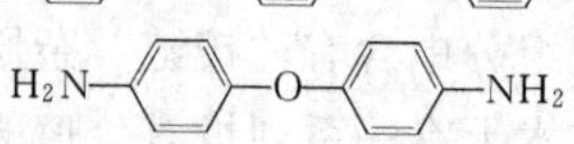 H_2N—〇—O—〇—NH_2	ODA	0.46	285
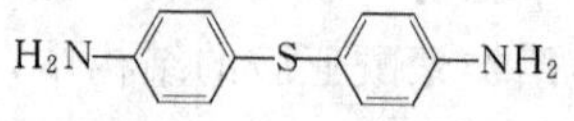 H_2N—〇—S—〇—NH_2	TDA	0.35	283
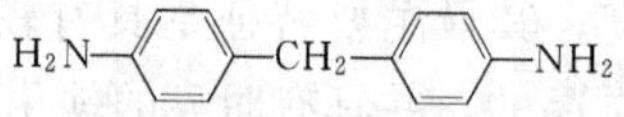 H_2N—〇—CH_2—〇—NH_2	MDA	0.38	291
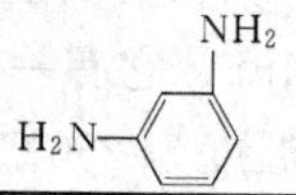 H_2N—〇（NH_2）	MPD	0.41	297

续表

二　　胺	简称	特性黏度	T_g/℃
H₂N—⬡—NH₂	PPD	0.35	326
H₂N—⬡—SO₂—⬡—NH₂	SPD	0.31	336
H₂N—⬡—⬡—NH₂	BDA	0.40	337
萘环结构 (1,5-二氨基萘)	1.5ND	0.64	365

研究聚酰亚胺的 T_g 对于实际应用具有重要的意义，T_g 较低则加工温度较低，但达到 T_g 附近的温度，一般性能要迅速下降。另外，若 T_g 较高，虽然温度很高时性能仍保持不变，但加工温度也相应提高。为了获得材料的最佳使用温度，并兼顾加工工艺与性能，在六氟型聚酰亚胺中选择适当的二胺，就能制成具有一定 T_g 的产物。图 6-4 表示 6F/ODA 在空气和氮气中的热稳定性，并与 PMDA/ODA 的 TGA 曲线比较，可以看出，二者在氮气中的热稳定性相近，但在空气中，6F/ODA 产生初始质量损失的温度较低。

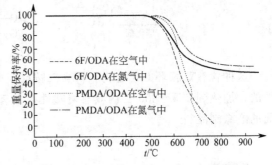

图 6-4　聚酰亚胺的热重分析

六氟型聚酰亚胺的另一特性为在高温下长期在空气中老化后仍保持良好的力学性能。如 6F/ODA 在 260℃ 老化 10000h 后，仍有原拉伸强度的 77%，6F/PPD 在 316℃ 老化 1000h 后仍为 69%，6F/1.5ND 在 371℃ 老化 100h 后仍能保持原强度的 38%。六氟型聚酰亚胺在室温下的介电常数和介电损失角正切都很小，并可保持到 200℃ 以上，其介电性能见表 6-5。

表 6-5　6F/ODA 聚酰亚胺的介电性能（于 9×10⁹ Hz 下测量）

温度 T/℃	介电常数 e	介电损失角正切 tanδ	温度 T/℃	介电常数 e	介电损失角正切 tanδ
22	2.914	0.0016	190	2.909	0.0042
107	2.921	0.0025	218	2.878	0.0066

六氟型聚酰亚胺的水解稳定性也相当好。鉴于这类聚合物的优异性能，并易于加工，因此不仅是一类优良的绝缘材料，而且也用作层压制品，以碳、石英和玻璃布作为增强材料都有很好的性能，六氟型聚酰亚胺可用作涂料、胶黏剂等，在许多方面起着重要的作用。

6.2.2　二苯醚四羧酸二酐型聚酰亚胺

可熔性聚酰亚胺也可用二苯醚四羧酸二酐与二氨基二苯基醚反应而得，这种结构的聚酰亚胺能增加柔顺性和弹性，而且有明显的软化点，其温度为 270℃，如果二胺采用

H₂N—⬡—O—⬡—O—⬡—NH₂ 时，则软化点为 250℃。制备这类聚酰亚胺时，可在溶剂二甲基乙酰胺中反应而成聚酰胺酸，而后用化学法闭环而得沉淀物，滤去溶剂后洗涤，再加

热进一步亚胺化，最后即可得到可熔性的聚酰亚胺，这类聚酰亚胺可用做胶黏剂、模压制品等。

6.2.3 用含亚胺环的二酐制备聚酰亚胺

用含亚胺环的二酐可制成热塑性聚酰亚胺，这是很有意义的。含亚胺环的二酐很容易制得，例如用均苯四甲酸二酐与 4-氨基苯二甲酸通过加成与脱水反应，即可制成 N,N'-双（苯二甲酸酐二酰亚胺），其反应式为：

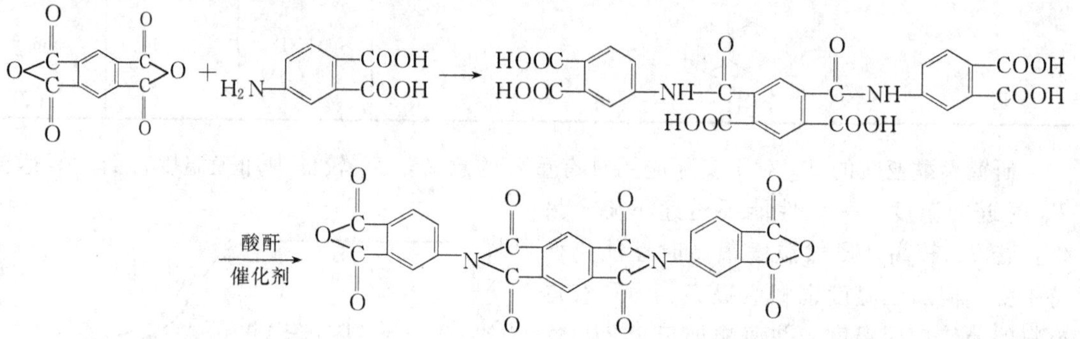

这种含有亚胺环的化合物，再与二胺反应可制成柔软的聚酰亚胺薄膜，这种薄膜是热塑性的。加热到 275～300℃ 时具有可塑性。并有很好的粘接性，可用做电线电缆绝缘及多方面的绝缘制品。

6.3 加成型聚酰亚胺

可熔性聚酰亚胺的最大使用温度取决于它的软化温度，这就限制了这种材料的使用范围，因此合成短链低聚物，并具有潜在交联基团封端形式的酰亚胺是有相当意义的。这种低聚物可称为加成型聚酰亚胺（addition polyimides），其特点是比一般线型聚酰亚胺有良好的加工性。固化时发生加聚反应，不会产生低分子物，以此法所得的聚合物有优异的耐热性和力学性能。这类聚酰亚胺主要有 3 种类型：PMR 型聚酰亚胺（主要指用纳迪克酸酐封端的一类聚酰亚胺）、乙炔封端的聚酰亚胺和双马来酰亚胺。双马来酰亚胺第 5 章已专门介绍，本节主要介绍 PMR 型聚酰亚胺和乙炔端基型聚酰亚胺。这类聚酰亚胺有的已获得广泛应用。

6.3.1 PMR 型聚酰亚胺

用纳迪克酸酐或其甲基衍生物可合成端基为双键的聚酰亚胺，目前这种树脂商品名为 P13N，它是由二氨基二苯基甲烷与二苯酮四羧酸二酐及纳迪克酸酐缩聚而成，如：

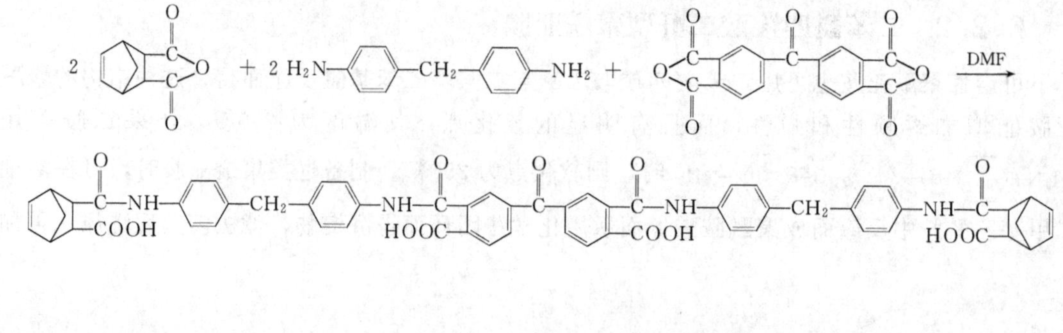

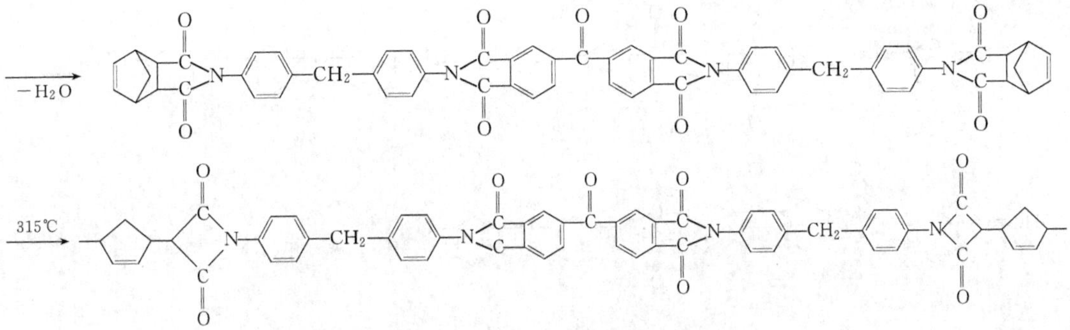

除上述反应外，还有双键的聚合反应。用单烷基酯或双烷基酯代替酸酐也可合成聚酰亚胺（PMR 型），其反应为：

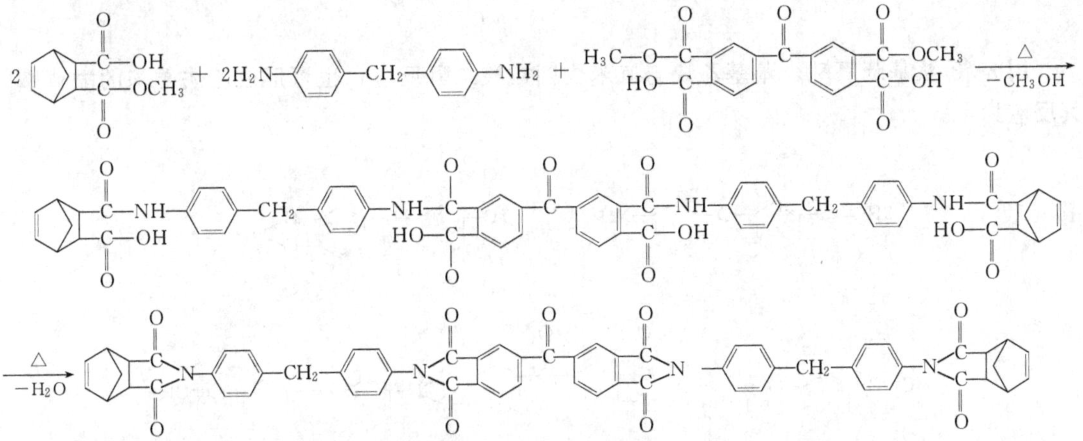

用这种方法制成的聚酰亚胺可改善树脂的工艺性能（主要是降低浸渍溶液的黏度），所得材料的特点是有较低的熔融黏度和熔化温度、较长的适用期（20℃为 6 个月）。

这种聚合物的特点是在固化时不产生挥发性物质，空隙率低（一般为 1‰~2‰）。用它制备预浸料操作容易，预浸物非常稳定，溶液的固体含量可达 40%以上，黏度小，便于浸渍补强材料，储存时无降解现象，成型时流动性好，可用一般的成型加工技术。

由纳迪克酸酐制成聚酰亚胺的热稳定性和机械强度都比较高，在 300℃的恒温热老化实验表明，用玻璃布增强的复合材料可在 250~300℃下长期使用。搭接剪切强度在室温下为 10.43MPa，200℃时为 9.58MPa。用 P13N 制成的制品在 315℃仍保持一定的粘接力。用玻璃布或其他纤维、石墨和硼制成制品的强度（质量比）超过一般金属。PMR 型聚酰亚胺具有良好的工艺性和综合性能；可用于电缆绝缘、各种塑料制品以及层压制品的胶黏剂，此外还可用于超音速飞机、喷气发动机结构件等。

6.3.2　乙炔端基型聚酰亚胺

在过去的几十年中，聚酰亚胺已被用做热稳定性达 400℃的涂层、胶黏剂以及制造热固性层压制品。采用乙炔端基型酰亚胺树脂，在高温压力下产生加聚反应，不会形成具有挥发性的副产物，以这种方式所形成的聚酰亚胺是无空隙的，并显示有优异的耐热和物理性能。乙炔端基型聚酰亚胺在 20 世纪 60 年代就进行了研究，直至 20 世纪 70 年代中才由美国公开发表。我国也研究了这类聚酰亚胺。美国的商品名为 Thermid600。这种酰亚胺的制备反应为：

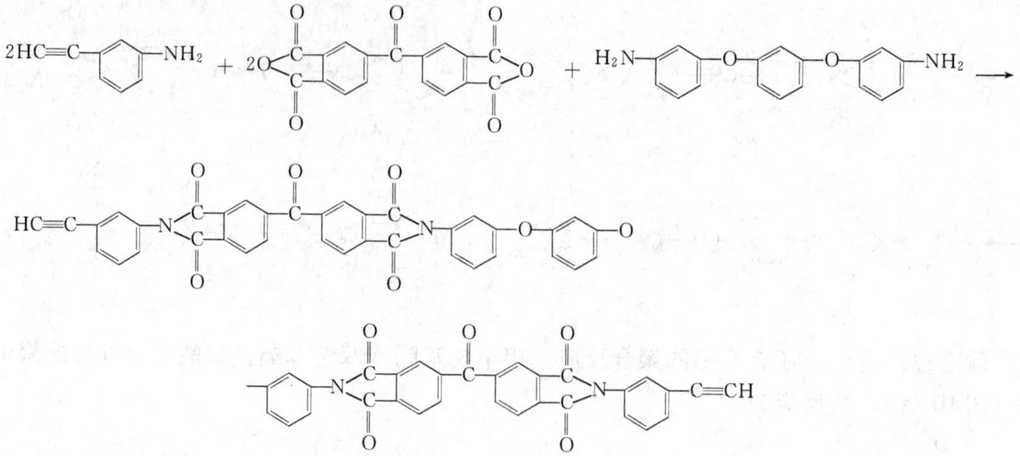

用 3-(3-氨基苯氧基) 苯基乙炔与二苯酮四羧酸二酐反应，也可形成乙炔端基的酰亚胺，其反应为：

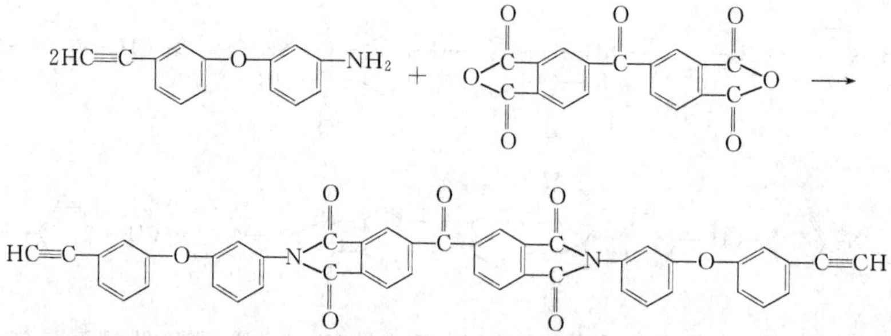

这种乙炔端基酰亚胺的熔点为 175～185℃，熔融黏度低，由它可制成无气隙的层压制品、胶黏剂等，并有很高的强度，适于在 300～350℃ 下长期使用。乙炔端基酰亚胺经加热后会固化，故可形成热固性树脂，其固化反应可以认为是乙炔基的芳环化反应，在 200～300℃ 就可产生这种反应。

实际上，这种酰亚胺在固化时，乙炔端基不一定都会参与芳环化，这是由于亚胺化可能不完全，必然存在着残余的羧酸以及酰胺基，这两种基团在固化时都会与乙炔基发生反应。根据分析结果，端基乙炔交联三聚成苯环不大于 30%。乙炔端基酰亚胺的固化反应是比较复杂的，由于交联后树脂的难处理性，其反应机理难以得到充分的证实。

乙炔端基酰亚胺 HR-600 的熔融温度为 195～198℃，在 250℃ 固化。固化物具有高的机械强度，用做胶黏剂时，粘接处无空隙。这是一种粘接钛合金的优良高温胶黏剂，在室温下，其搭接剪切强度为 26MPa，在高温下（316℃），这种胶黏剂的强度为 11.4MPa，但聚合物经长期热氧作用在强度上会有些降低。HR-600 在空气中于 370℃ 下能长期工作，短时间达 430℃，其热稳定性高达 400℃。

制备具有高热稳定性及高强度的乙炔端基芳杂环是很有发展前途的。这已引起人们的极大兴趣，目前除乙炔端基酰亚胺外，还有乙炔端基亚苯基，乙炔端基苯基喹啉，乙炔端基砜，乙炔端基三嗪等多种类型的低聚物，它们的共同特点是易加工、固化后耐高温、强度高、无空隙，是高度交联的热固性材料。其潜在的应用包括：耐腐蚀涂料、层压制品用树脂、烧蚀材料及电器元件以及特殊用途的耐高温胶黏剂等。

6.4 聚酰亚胺的性能

聚酰亚胺具有优异的热稳定性。在－200～260℃的温度范围内有优良的力学性能和电绝缘性。其耐化学介质腐蚀，耐辐照性能也很突出。

6.4.1 聚酰亚胺的热稳定性

聚酰亚胺的最大优点是比其他聚合物具有更高的热稳定性，了解这种稳定性较为重要，因为有可能正确地合成新的聚酰亚胺，确定其使用范围，并解决一系列的实际问题。

6.4.1.1 聚酰亚胺在惰性介质中的热降解

工业上生产的聚酰亚胺薄膜（H-薄膜）的结构为：

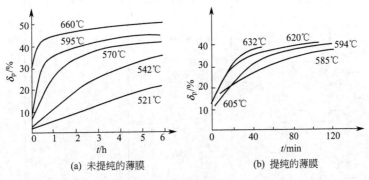

采用 $25\mu m$ 厚的薄膜，试样再经过提纯，提纯的方法是将薄膜在室温下置于二甲基甲酰胺中72h。再在水中放置24h和乙醇中24h，而后在120℃下真空干燥12h。提纯的目的是除去薄膜中的杂质，以及大分子中含有未环化的聚酰胺酸单元。

图 6-5 表示提纯和未提纯薄膜于真空中在各种温度下随时间变化的质量损失，它可按下式表示：

$$\delta_p = \frac{\Delta P}{P_0} \times 100\%$$

式中，P_0 为试样的初始质量，ΔP 为质量损失，达到一定温度时为开始测定时间，一般要求在25～30min达到所需温度，在此期间，必然会产生微小的质量损失，但不超过8%。

图6-5 薄膜在各种不同温度下的热重分析曲线（在真空中降解）

从图 6-5 中可以看出，大量的质量损失是发生在降解的初期，而后试样的残余质量趋向于一定的极限值。其极限值在不同的温度下是不相同的，在高温（660℃）下不纯的薄膜经过 6h 后的质量损失约为50%，提纯的薄膜，最大的质量损失约为40%。

6.4.1.2 聚酰亚胺的热氧降解

聚酰亚胺在空气中降解与在真空中降解有显著的不同，而且前者要复杂得多，在含氧的大气中质量损失可高达95%，如图 6-6 所示。在比较低的温度下，降解过程就会强烈地进行，直至试样完全分解。图 6-6 为 400℃以上的质量损失曲线，聚酰亚胺薄膜在此温度以下时质量损失是比较小的，例如在 400℃时，经过 100h，其质量损失小于 10%。

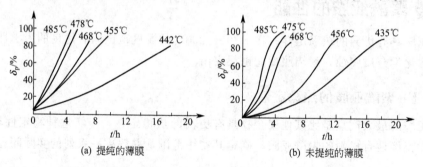

图 6-6　薄膜在空气中在各种不同温度下的热重分析曲线

6.4.1.3　聚酰亚胺的化学结构对热稳定性的影响

大多数聚酰亚胺都是由均苯四甲酸二酐制成的，它与各种不同的二胺化合物制成的聚均苯酰亚胺，由于二胺的不同结构，在热稳定性方面有很大的差异。表 6-6 所示的是用 DTA 方法研究聚均苯酰亚胺的热稳定性。

表 6-6　聚均苯酰亚胺的热稳定性

聚合物	R′	在 氮 气 中		在 容 气 中
		初始分解温度 $T/℃$	最高分解温度 $T/℃$	初始氧化温度 $T/℃$
Ⅰ	⬡	500	610	450
Ⅱ	⬡	460(540)	590	300
Ⅲ	⬡⬡	510	615	410
Ⅳ	H₃C ⬡⬡ CH₃	490	540	330
Ⅴ	⬡—O—⬡	490	595	400
Ⅵ	⬡—SO₂—⬡	420	485	300
Ⅶ	⬡—CH₂—⬡	480	550	230
Ⅷ	⬡—(CH₂)₂—⬡	470	580	200
Ⅸ	⬡—(CH₂)₃—⬡	100(450)	430(435)	320
Ⅹ	—(CH₂)₆—	370	430	290

均苯酰亚胺核是热稳定的结构，其分解温度最高为500℃，如果由纯芳香族二胺制成聚合物，显然热稳定性是最高的。例如R′为：——⟨ ⟩—— 和 ——⟨ ⟩—⟨ ⟩—— 时，由这两种二胺制成的聚均苯酰亚胺的热分解温度分别为500℃和510℃。

另外从表6-6中可以看出，在二胺中，苯环上引入侧基或二胺的苯环之间引入各种不同的基团，特别是—SO₂—、—(CH₂)₂—，都会使聚均苯酰亚胺的分解温度降低。氧化稳定性最高的为苯环以对位连接的芳香族二胺制得的聚均苯酰亚胺（聚合物Ⅰ和Ⅲ）。由此可以看出，许多基团的热稳定性和热氧稳定性是有很大差异的。

由聚均苯型酰亚胺的热稳定性及其化学结构之间的关系可似得出这样一些结论：均苯酰亚胺核是高热稳定性的结构，很明显，均苯酰亚胺核与最稳定的二胺核一样同属一类，在比较不同的聚均苯型酰亚胺的热稳定性时（表6-6），可以看出分解温度可增高到某一极限值，约为500℃，而且，只有在二氨基分解温度更高的情况下，才会产生如此高的分解温度，聚均苯型酰亚胺的热稳定性仅仅是受二胺的影响。如果二胺是在较高的温度下分解（如联苯胺或二氨基二苯基醚），由这些二胺制成的聚酰亚胺，不会再增高分解温度。在具有最高热稳定性的聚均苯型酰亚胺中，限制它的热稳定因素不是二胺，而是均苯酰亚胺核，它的分解温度约为500℃，这个温度可看作是均苯型酰亚胺核的稳定温度。用热稳定的二胺，如二氨基二苯基醚与各种四羧酸二酐制成的聚酰亚胺，二酐的热稳定性排列次序为：

$$ \text{（结构式排列）} $$

用其他芳香族二胺与各种二酐制成的聚酰亚胺的热稳定性仍然是这种排列次序。

6.4.2 聚酰亚胺的化学稳定性

大多数聚酰亚胺，特别是高热稳定的聚酰亚胺，对于有机溶剂和油类的作用都是稳定的。对于稀酸的作用影响很小，聚酰亚胺溶于强酸中，如发烟硝酸和浓硫酸，特别是在加热下易于溶解，形成的溶液是不稳定的，其黏度随时间的增长而降低，如图6-7和图6-8所示。

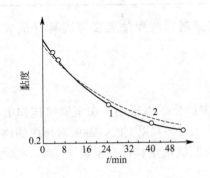

图6-7 聚均酰亚胺在浓 H_2SO_4 中于
30℃下的溶液黏度随时间的变化

1— R′ =—⟨ ⟩—⟨ ⟩— ；2— R′ =—⟨ ⟩—

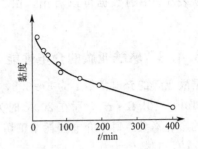

图6-8 R′ =—⟨ ⟩—O—⟨ ⟩— 的聚均

苯酰亚胺在发烟硝酸中（于15℃
下）的溶液黏度随时间的变化

由这些溶液铸成的薄膜是极脆的，从这些数据可以推论，溶解伴随着降解作用。

聚酰亚胺对于碱和过热蒸汽的稳定性是相当低的，在这两种情况作用下，都会产生水解，这当然主要是由于环中存在 C=O 基团而引起的。

聚酰亚胺薄膜在 20℃ 时浸入浓度 4mol/L 的 KOH 中，结果产生膨胀，几小时后变为无色，而保持适当的强度和柔软性，形成的薄膜能溶于水、稀碱及氨水中，可以认为，薄膜用碱处理的反应为：

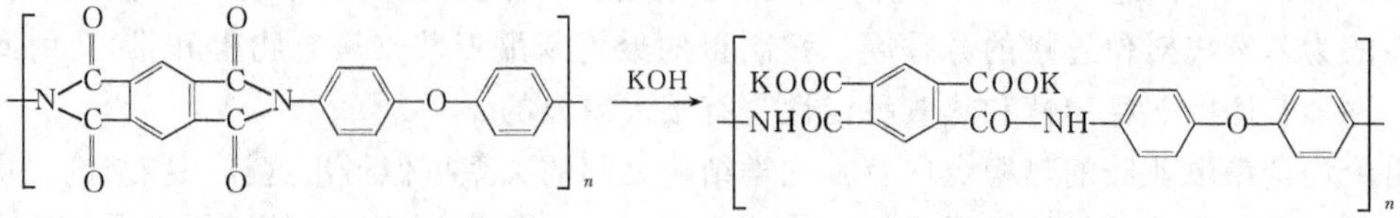

如果将这些羧酸盐薄膜再用 HCl 处理，薄膜会产生收缩并变得不溶于水。实际上用 HCl 处理后，形成聚酰胺酸，再经加热处理又再生成聚酰亚胺薄膜，但比原来的薄膜脆，强度差。可以认为用碱处理时，亚胺环断裂的同时使主链发生断裂，也即产生如下反应：

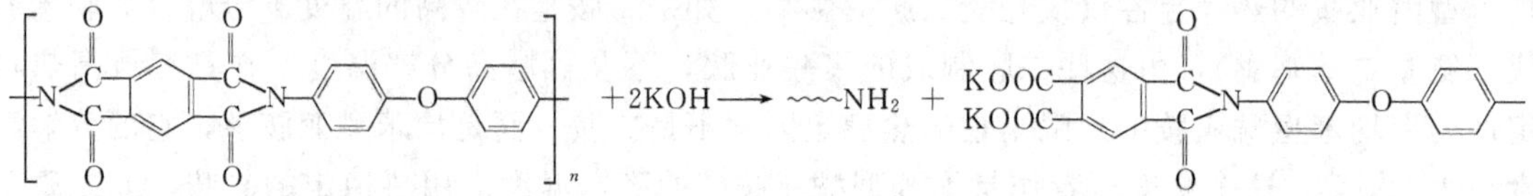

碱的水解活性次序为：KOH＞NaOH＞LiOH，在浓度为 2.5mol/L 的氨水中，聚酰亚胺也会退色，但与相同浓度的 NaOH 溶液比较，则比较慢。

饱和的 Ba(OH)$_2$ 溶液，在室温下几乎不能使聚酰亚胺发生作用，但在 80℃ 下处理 3h，薄膜完全退色变脆。

在通常的情况下，纯水不能与聚酰亚胺薄膜发生作用，但是将薄膜在沸水中煮沸时，薄膜逐渐失去高的力学性能，表 6-7 表示几种聚均苯酰亚胺薄膜耐沸水的比较数据。

表 6-7　聚均苯酰亚胺薄膜在水中煮沸的稳定性

二　胺　R'	保持柔韧性的煮沸时间	二　胺　R'	保持柔韧性的煮沸时间
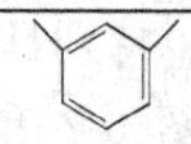	1 周	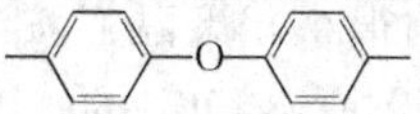	1 年
	2 周	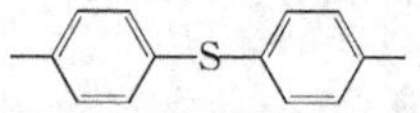	＞3 个月

从表 6-7 中的数据可以看出，由二氨基二苯基醚制得的聚酰亚胺薄膜具有最大的耐水性。

6.4.3　聚酰亚胺的介电性能

聚酰亚胺的介电常数 ε 为 3～3.5，对温度或频率的依赖性很小。在室温时体积电阻率 ρ_v 为 $10^{13}\sim10^{17}\Omega\cdot m$，而在 200℃ 时为 $10^{12}\Omega\cdot m$，在 200℃ 以上时，温度对薄膜的体积电阻率的影响不大。对于介电损耗角正切，改变聚酰亚胺链的结构，在室温下 $\tan\delta$ 实际上是不变化的，其数值为 $(1\sim1.5)\times10^{-3}$。

聚酰亚胺的介电损耗主要是由于亚胺环的极性基团 C=O 而引起的，这种极性基团的位置是对称的，而且都位于环上，其极性的活动受到了限制，而叔胺的氮原子的 3 个键都是 C—N 键。所以是趋向于极性抵消。因此聚酰亚胺的介电损耗角正切较低。

由均苯四甲酸二酐与二氨基二苯基醚制成的聚酰亚胺薄膜的 ε、$\tan\delta$ 与温度的关系如图 6-9 所示。

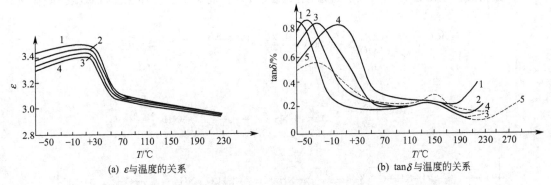

图 6-9 聚酰亚胺薄膜的介电常数 ε 和介电损耗角正切 $\tan\delta$ 与温度的关系

1—100Hz；2—1000Hz；3—10000Hz；4—100000Hz 虚线；5—纯聚酰亚胺的数据（在 1000Hz 时）

聚酰亚胺有很好的耐电晕性，它比聚酰胺酰亚胺和聚有机硅氧烷要好，一般电晕老化取决于两个化学反应：①由于活性氧的氧化分解；②臭氧、氮氧化物的氧化反应。聚酰亚胺的耐电弧性不好，这是芳香族聚合物的共同缺点，这方面是和聚酰亚胺分子真空分解而导致成为半导体性的聚合物的倾向是一致的。

6.4.4　聚酰亚胺的力学性能

聚酰亚胺的力学性能的特点是在广泛温度范围内可以保持高的指标。其薄膜的抗拉强度在 25℃ 为 17.6MPa，而在 200℃ 仍保持 11.8MPa。各种不同结构的聚酰亚胺，在力学性能方面的差异是很小的。聚酰亚胺含有苯环和有极性羰基的亚胺环，分子间作用力大，虽然其中有醚键和N—C的单键，而且 N—C 的键能一般较弱，但是分子间的作用力较大而受到保护，所以这种聚合物的力学性能是比较高的，而且玻璃化转变温度很高，在高温下仍能保持相当高的强度。

6.5 改性聚酰亚胺

聚酰亚胺具有优异的耐热和热稳定性，广泛用于耐高温方面，但为了提高黏结性、耐磨性以及使之易于加工，扩大应用范围，在主链中引入其他基团，可以得到多种改性聚酰亚胺。如果引入刚性基团，还可进一步提高其耐热性。

6.5.1　聚酰胺酰亚胺

聚酰胺酰亚胺的主链结构是含有酰胺键和亚胺环，故兼有聚酰胺和聚酰亚胺的优点，一般结构为：

式中，R、R′为芳环。

用偏苯三酸和氯化亚砜在浓硫酸和吡啶催化剂作用下，制成偏苯三酸酐酰氯，而后与

4,4'-二氨基二苯基醚进行缩聚反应，形成聚酰胺酸，在高温下进行环化便得聚酰胺酰亚胺。

$$HOOC-\phi(COOH)_2 + 2SOCl_2 \xrightarrow[80\sim90℃]{H_2SO_4} ClOC-\phi \cdots O + 3HCl + 2SO_2$$

在缩聚过程中，为了使聚合物的分子量增大，需要加入氯化氢中和剂，中和剂可用环氧丙烷，此外还可用吡啶、三乙胺等。制备聚酰胺酸时是将二胺溶于二甲基乙酰胺和二甲苯（质量比为 70∶30，漆的固体含量约为 25%）的混合液中，然后缓慢加入酰氯，反应温度不超过 50℃，在室温下搅拌约 20h，即可制得最大特性黏度为 1.0 的聚酰胺酸溶液。当缩聚反应进行 4h 时，加入氯化氢中和剂，其特性黏度可达 2.0。制得的聚酰胺酸可用来制备薄膜和漆包线，环化温度为 300～350℃，但这种溶液储存不够稳定，如将溶液放入水中，则可析出深黄色的树脂，经洗涤、干燥（干燥温度不高于 50℃），而后在 30℃ 以下长期存放，使用时再溶于溶剂中便可配制成漆。

合成聚酰胺酰亚胺的一种极好的方法是用偏苯三酸酐与芳香族二异氰酸酯进行反应，后者比二胺活泼，二异氰酸酯可与羧酸及酐反应，随后脱去 CO_2，而得酰胺和酰亚胺。

制备方法是在装有搅拌、回流和气体保护的反应装置中称入等物质的量的单体。加入足够量的 N-甲基吡咯烷酮（NMP）和二甲苯（80∶20），制成 25% 的固体量。将混合物缓慢加热（10h 以上）到 NMP 的回流温度（177℃）直至达到最大黏度，将溶液冷却到室温并可用来浇铸成薄膜。

制备聚酰胺酰亚胺除上述方法外，还有其他多种方法。如用各种二酸的二酰肼化合物与均苯四甲酸二酐反应可制成链中含有酰胺键和亚胺环的聚合物，还可以用均苯四甲酸二酐与含有酰胺基的芳香族二元胺反应，也可制得聚酰胺酰亚胺，也可用端基为氨基的聚酰胺低聚物与均苯四甲酸二酐进行反应，这样可以调节聚合物结构中的亚胺环与酰胺键之间的比例，从而得到不同性质的聚酰胺酰亚胺。

从表 6-8 中可以看出聚酰胺酰亚胺结构对一般性能的影响，其中含有"铰链"基团的结构如Ⅲ、Ⅳ等，在溶剂中的可溶性和黏度等增加。聚酰胺酰亚胺有耐高温、耐冲击、耐溶剂、耐燃、耐辐照等一系列优良特性及良好的蠕变性。主链中由于有酰胺基而会降低聚合物的软化温度，虽然热稳定性有所下降，但容易加工，聚酰胺酰亚胺与多数常用的热塑性材料不同，它具有较高的熔融黏度，但在高速推动下，黏度急剧降低。故应在一定的温度和压力下进行加工，例如 Torlon 400T 的加工条件是 250～350℃ 和压力为 21～28MPa。聚酰胺酰亚胺的黏结性、耐磨性和力学性能都较好，室温机械强度是工程用热塑性塑料如 PC（聚碳酸酯）和尼龙的 2 倍左右。聚酰胺酰亚胺耐磨性优良，尤其适用于制备漆包线，其耐磨性为聚酰亚胺的 10 倍，为聚酯的 4 倍。聚酰胺酰亚胺还可制造各种层压制品、胶黏剂、密封材料以及其他各种绝缘材料。

表 6-8 聚酰胺酰亚胺的一般性能

大分子结构：

序号	R	溶解性 在 DMAc 中	特性黏度 η	热分解温度 /℃	恒温质量损失 (在 325℃空气中)	
					120h 后	240h 后
Ⅰ	(对苯结构)	不溶	0.7	455	9.8	11.5
Ⅱ	(联苯结构)	不溶	0.9	520	10.1	10.1
Ⅲ	(二苯醚结构)	可溶	2.0	460	14.8	19.5
Ⅳ	(二苯砜结构)	可溶	1.6	475	7.4	7.4

6.5.2 聚酯酰亚胺

聚酯酰亚胺在主链中含有酯基，又含有亚胺环，因此兼有聚酯和聚酰亚胺的性能。其热稳定性较聚酰亚胺为低，但有优异的加工性能，例如流动性和溶解性要比酰胺酰亚胺优异，可加工成具有优良力学性能的电磁线等多种电绝缘材料。聚酯酰亚胺可用甲酚等作溶剂，且固体含量可达 40%，因而成本低廉，聚酯酰亚胺的制法大致有如下几种。

（1）用对苯二酚二乙酸酯与偏苯三酸酐的加成物与二元胺反应可制成聚酯酰亚胺：

所用二胺有对苯二胺、间苯二胺及其他各种二胺等，将制成的聚酯酰胺酸进行热处理，便可得到聚酯酰亚胺。

(2) 用偏苯三酸酐或均苯四甲酸二酐与氨基醇或芳香族二胺先反应，形成酰亚胺环，然后再酯化得聚酯酰亚胺，带有亚胺环的化合物有：

$$HO(CH_2)_3-N \diagdown \diagup N-(CH_2)_3OH$$

$$HOOC- \diagdown \diagup N-(CH_2)_2OH$$

$$HOOC- \diagdown \diagup N-C_6H_4-O-C_6H_4-N \diagdown \diagup -COOH$$

这些化合物的端基为羧基或羟基，如果与端基为羟基或羧基的聚酯树脂进行反应，便可得到聚酯酰亚胺。

(3) 用聚酯树脂与偏苯三酸酐和芳香族二元胺直接反应，即用二步法便可制成聚酯酰亚胺，这是最简便的方法，可采用一般制备聚酯漆的设备进行生产，而且所用材料和溶剂都比较便宜，目前国内已生产并获得应用。

制备方法是将对苯二甲酸二甲酯、乙二醇、甘油、乙酸锌加入反应釜中，升温至140℃，将二甲酯全部溶解后开始搅拌，然后逐渐升温至200℃，在此温度下进行酯交换反应，待甲醇流出量接近理论值时，酯交换结束，生成对苯二酸多元醇酯。将温度降至140℃开始分批加入二胺和偏苯三酸酐，目的是为了彼此更好地缩聚，二胺和偏苯三酸酐分别分数批加入，先加第一批二胺，搅拌溶解后加第一批偏苯三酸酐，搅拌溶解后保温1h，有橘黄色稠状中间体生成，然后逐渐升温有水分馏出，升至200℃，待反应物透明为止。降温至140℃再加入二胺和偏苯三酸酐，方法和步骤同前，直至最后一批加完后，在200℃反应至聚酯酰亚胺生成，反应物呈棕褐色液体，水的量接近理论值。

开始抽空，使之在210℃、$1.31×10^3$Pa下进一步进行缩聚反应，2~3h后达一定黏度停止抽空，保温搅拌1h，并加少量甲酚搅拌15min，继续在210℃、$1.31×10^3$Pa下反应，达一定要求后（胶化时间60~90s）停止抽空。然后加入预热的甲酚，在200℃搅拌1~2h，最后加入二甲苯和正钛酸丁酯，在160℃搅拌1~2h，在100℃以上过滤，便得聚酯酰亚胺漆。

在配方中，亚胺环的成分越多则性能越好，但这样会使成本提高，亚胺与二甲酯的物质的量之比约为0.4∶1，便能达到漆包线性能的要求。用此法所制得的聚酯酰亚胺漆，耐热等级达F级，在热冲击和热老化等性能上比聚酯漆包线好，漆的稳定性好，储存达1年以上未见分层。

6.5.3　聚酯-酰胺-酰亚胺

用亚苯基双（偏苯三甲酸酯）二酐和间苯二甲酸二酰肼进行缩聚反应，得到主链中含有酰胺基和酯基的聚酰亚胺，如：

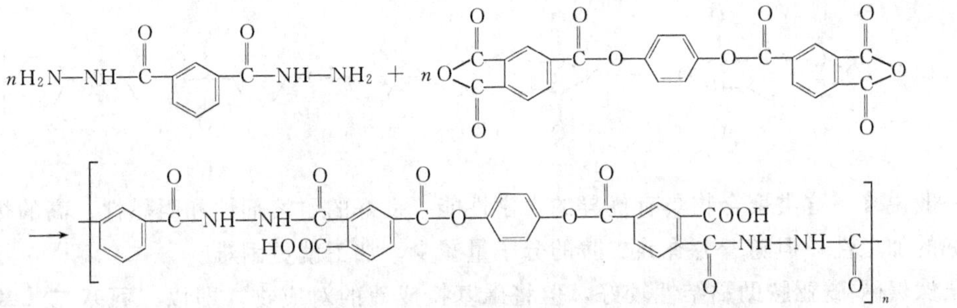

当反应在二甲基甲酰胺中进行时，形成一种黏稠的聚酯-酰肼酸溶液，由此所得的薄膜是透明的，聚酯-酰肼酸是用加热方法转化为聚酯-酰胺-酰亚胺，它具有聚酯、聚酰胺和聚酰亚胺三者的特点，耐热性、黏结性和加工性良好，可用于制耐高温的漆包线和涂料等。

6.5.4　聚苯并咪唑-酰亚胺

聚苯并咪唑-酰亚胺可由 BTDA 与 5,4′-二氨基-2-苯基苯并咪唑制备，也可用其他方法合成，其结构为：

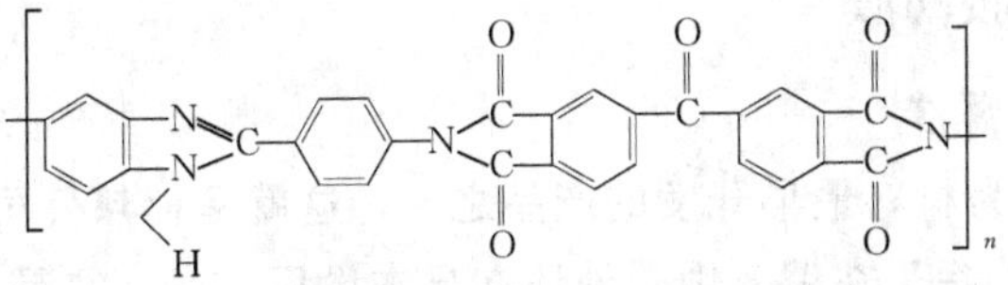

聚苯并咪唑有很好的黏结性，因此，聚苯并咪唑-酰亚胺也是一种良好的胶黏剂。

类似的共聚物还有聚苯并咪唑-酰亚胺、聚苯并噻唑-酰亚胺等多种聚合物，这类聚合物的共同特点是具有很高的耐热性，如聚苯并咪唑-酰亚胺的软化点高于 550℃，分解温度为 550～565℃，耐氧化性可达 500～525℃。这类聚合物已引起研究和重视，虽然尚未得到广泛应用，但有希望应用于耐高温的特殊需要场合。

6.5.5　聚砜-酰亚胺

用 4,4′-[硫酰双(对-亚苯基氧)]二苯胺（Ⅰ）和酰氯或酸酐反应，可生成聚砜-酰亚胺和聚砜-酰胺-酰亚胺，其主要反应式如下：

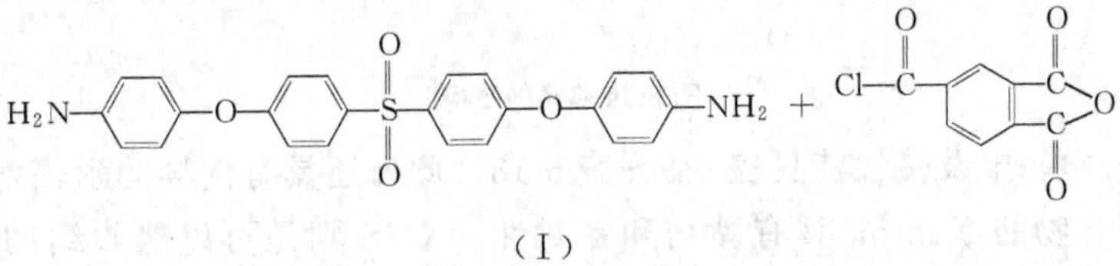

（Ⅰ）

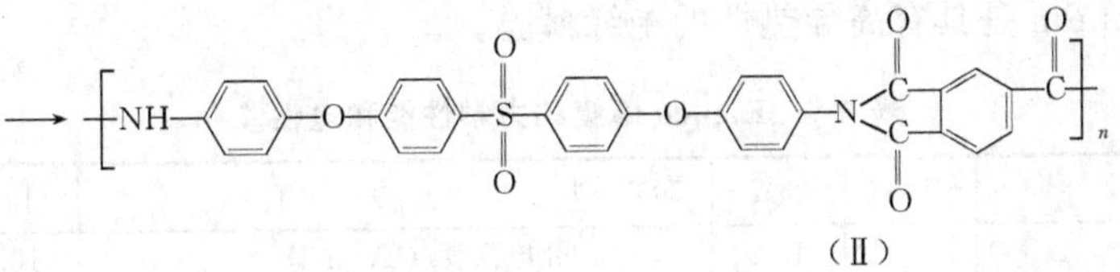

（Ⅱ）

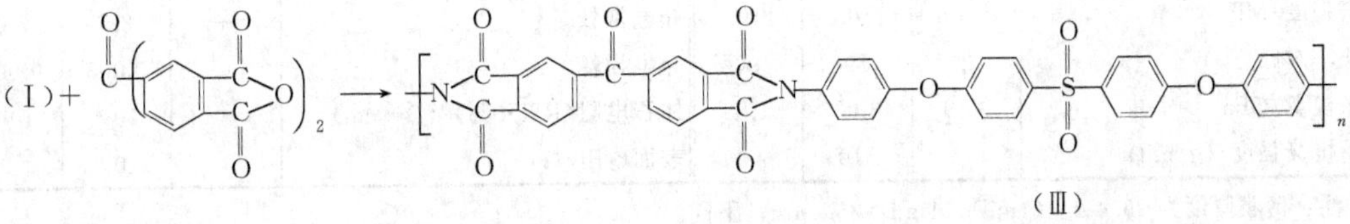

（Ⅲ）

$$（ I ）+ \quad \text{(化学结构式)} \longrightarrow \text{(化学结构式)}_n$$

（Ⅳ）

一般说来，这类聚合物具有优异的力学性能、良好的耐溶剂性和阻燃性、高的热稳定性和较好的加工性，但随着芳香族二胺的分子量减少，加工就更困难。

虽然聚砜-酰亚胺助黏结性较好，但将砜基换成硫的对应物，即以二氨基二苯基砜与二氨基二苯基硫相比，由后者制成的聚合物比前者黏结性更好，因为 S—C 键增加了分子链的柔顺性，其原因是硫处于较低的氧化状态，而在砜体系中，氧化限制了 S—C 键的柔顺性，故黏结性较差。这说明了用硫的二胺化物制备聚酰亚胺胶黏剂也是很有意义的。

6.6 聚酰亚胺的应用

6.6.1 聚酰亚胺薄膜

6.6.1.1 Kapton 薄膜

薄膜是聚酰亚胺作为材料最早开发的产品之一，这就是杜邦公司在 20 世纪 60 年代初发展起来的 Kapton 薄膜。除了在俄亥俄州外还在日本设厂生产。它是由均苯四酸二酐和 4,4′-二氨基二苯基醚在极性溶剂如 DMF、DMAc、NMP 等中缩聚，然后将得到的聚酰胺酸溶液在基板上涂膜，干燥后再在 300℃以上处理完成酰亚胺化。根据化学酰亚胺化方法，1968 年杜邦发展了凝胶成膜法，将其用于单向和双向拉伸的薄膜上。这是在冷却的聚酰胺酸 DMAc 溶液中加入乙酐和甲基吡啶，然后在加热板上形成含有大量溶剂、大部分已酰亚胺化了的凝胶的膜。在室温拉伸 1 倍，然后在张力下加热（最高温度为 300℃）去除溶剂得到薄膜。这种方法也同样适用于其他类型的聚酰亚胺薄膜。

Kapton 薄膜的结构

Kapton 的力学、电及热性能见表 6-9～表 6-13，此外还具有优异的耐辐射、耐溶剂等性能。涂有含氟聚合物的 Kapton 具有黏结和密封性。XHS 则是可以热收缩的 Kapton 品种。填充氧化铝的 Kapton 是具有高导热性的绝缘薄膜。

表 6-9　Kapton 薄膜的力学性能和电性能

性 能	−195℃	25℃	200℃	性 能	−195℃	25℃	200℃
相对密度		1.42		介电强度/(kV/mil)	10.8	7	5.6
抗张强度/MPa	246.5	176.0	119.7	介电常数	—	3.5	3.0
伸长率/%	2	70	90	介电损耗		0.003	0.002
抗张模量/GPa	3.59	3.03	1.83	体积电阻(RH50%)/(Ω·cm)		10^{18}	10^{14}
初始抗撕强度/(g/mil)		510		表面电阻/Ω		10^{18}	

注：薄膜厚度为 25.4μm（1mil）；1mil=25.4μm，下同。

表 6-10 Kapton 薄膜的热性能

项 目	指 标	项 目	指 标
熔点/℃	无	使用寿命	250℃/8a,275℃/1a,300℃/100d,400℃/12h
零强温度(1.4kg/15s)/℃	815		
T_g/℃	385	收缩率(250℃,30min)/%	0.3%
热膨胀系数	2.0×10^{-5}	氧指数/%	37

表 6-11 各种 Kapton 薄膜的性能

性 能(23℃)	Kapton 薄膜的型号				
	200H	XT(氧化铝) MD/TD	XC-10 (导电碳)	200X-M25 (滑石粉)	100CD9 (活性炭)
抗张强度/MPa	239.4	140.8/119.7	112.6	140.8	140.8
伸长率/%	90	30/30	40	35	59
介电强度/(kV/mil)	6.0	4.0		3.4	0.8
介电常数	3.4	3.4	11	3.9	—
介电损耗	0.0025	0.0024	0.081	0.012	—
表面电阻/Ω	10^{12}		10^{10}		10^{15}
体积电阻/Ω·cm	10^{14}	10^{14}	10^{12}	10^{14}	10^{16}
热导率/[W/(m·K)]	0.155	0.24			
吸湿率(RH100%)/%	3	5		3.7	
高温收缩率(400℃)/%	1	1.2/0.6		0.5	

表 6-12 单向拉伸的 Kapton 薄膜的性能

项 目		指 标				
拉伸比		0	1.33	1.33	1.33	1.5
拉伸温度/℃			室温	100	200	300
抗张强度/MPa	MD	207.7	244.4	264.1	301.4	364.8
	TD	136.6	152.1	121.1	130.3	105.6
伸长率/%	MD	68.9	37	36.4	34.4	27.5
	TD	123.4	146	137.8	165.5	155.4
抗张模量/GPa	MD	3.45	4.49	5.10	5.28	5.77
	TD	2.88	2.54	2.44	2.60	2.47
吸水率(室温浸泡24h)/%		3.54	1.53	1.60	1.41	0.73

表 6-13 双向拉伸薄膜的性能

性 能	双向拉伸	未拉伸	性 能	双向拉伸	未拉伸
拉伸比(MD/TD)	2.0/2.0	1.0/1.0	量高干燥温度/℃	300℃	300℃
拉伸温度/℃	25	—	抗张强度(MD/TD)/MPa	338.0/287.3	194.3/176.1
伸长率(MD/TD)/%	58.4/53.6	35.8/24.6	结晶指数	21.6	20.6

最近日本 Unitika 公司的 Echigo 用四氢呋喃/甲醇为溶剂合成 PMDA/ODA 聚酰胺酸溶液，并由此获得厚度为 300~500μm 的透明薄膜。由非质子极性溶剂难以得到厚度为 200μm 以上的透明薄膜，因为高沸点的溶剂难以除去，会使薄膜变为不透明。

Kapton 薄膜主要用于电机槽绝缘、电缆、牵引电动机、印刷线路板、电磁线、变压器、电容器的匝间绝缘等。

还有一种结构与 Kapton 类似的薄膜是日本钟渊化学工业公司的 Apical，其性能列于表 6-14。

表 6-14　Apical 的性能

性　能	Apical	Apical NPI	性　能	Apical	Apical NPI
抗张强度/MPa	250	320	介电强度/(V/μm)	300	430
伸长率/%	100	90	介电常数	2.5	2.1
抗张模量/GPa	3.2	4.3	热膨胀系数(100~200℃)/($\times10^{-5}$/℃)	3.2	1.6
抗撕性能/g	520	780			

6.6.1.2　Upilex 薄膜

Upilex 薄膜是日本宇部公司在 20 世纪 80 年代初发展起来的聚酰亚胺薄膜,其结构有 2 种:Upilex-R 及 Upilex-S。

Upilex-R

Upilex-S

这 2 种聚酰亚胺是以对氯苯酚或与其他酚类的混合物为溶剂在高温下一步合成的。该溶液在基板上成膜后在 300℃ 以上加热去除溶剂,同时也保证酰亚胺化的完全。Upilex 薄膜的性能见表 6-15~表 6-17。

表 6-15　Upilex 薄膜的电性能

性　能	Upilex-R		Upilex-S	
	25℃	200℃	25℃	200℃
介电常数	3.5	3.2	3.5	3.3
介电损耗	0.0014	0.0040	0.0013	0.0078
体积电阻/$\Omega \cdot$ cm	10^{17}	10^{15}	10^{17}	10^{15}
表面电阻/Ω	$>10^{16}$	—	$>10^{16}$	—
介电强度/(kV/mil)	7	7.1	7	6.8

表 6-16　Upilex 薄膜的力学性能

性　能	Upilex-R				Upilex-S			
	−269℃	−196℃	25℃	300℃	−269℃	−196℃	25℃	300℃
密度/(g/cm³)	—	—	1.39	—	—	—	1.47	—
抗张强度/MPa	300	270	250	200	570	500	400	220
伸长率/%	15	40	130	190	7	11	30	48
抗张模量/GPa	—	—	3.8	2.1	—	—	9.0	3.5

表 6-17　Upilex 薄膜的热性能

性　能		Upilex-R	Upilex-S
T_g/℃		285	>500
收缩率(250℃,2h)/%		0.18	0.07
线膨胀系数/K^{-1}	(20~250℃)	2.8(MD),3.2(TD)	1.2(MD),1.2(TD)
	(20~400℃)	—	1.5(MD),1.5(TD)
氧指数/%		55	66
烟指数		0.07	0.04

与 Kapton 比较,Upilex-R 有较低的 T_g,但吸水率也低。在 250℃ 收缩率也低。并有十分优越的耐水解性能,尤其是耐碱性水解性能。其他性能则相差不大。Upilex-S 则和

Kapton 完全不同，它具有更高的刚性、机械强度、低收缩率、低热胀系数、低得多的水分和其他气体的透过性。更有意义的是其水解稳定性大大高于 Kapton，因此在微电子领域显示了巨大的价值。

6.6.2 聚酰亚胺漆

聚酰亚胺可用做漆包线漆、电机绕组浸渍漆等，对于电器工业有很重要的意义。漆包线是中小型电机和电器设备的重要材料。目前对漆包线绝缘的耐热性和热稳定性的 要求特别高。因为电器设备需要在高温下运转。提高过负荷的可靠性以及提高电器设备的单位功率，聚酰亚胺在这方面的应用，就可显著地提高电机的绝缘能力。

聚酰亚胺漆包线在使用性能上比所有其他种类的漆包线都优异、聚酰亚胺漆膜只有耐磨性比聚酯和聚乙烯醇缩醛漆包线略差些，为改进这方面性能，目前大多使用聚酯酰亚胺和聚酰胺酰亚胺制备漆包线，这样可以提高漆的固体含量，但耐热性有些下降。

聚酰亚胺绝缘性提高了在高温下的使用寿命（图6-10），在 250℃ 时，聚酰亚胺漆包线使用寿命 10000h，而有机硅漆包线只有 200～600h，聚酰亚胺具有突出的耐软化击穿性能，其漆包线在 310℃ 下甚至金属线破坏漆膜也不会被击穿，而聚酯漆包线的软化击穿温度只有 200～220℃。聚酰亚胺纯膜有非常好的耐热冲击性，将漆包线连续缠绕于等直径的棒上，立即置于 400℃，其绝缘并不破裂，如果在温度低至－195℃ 时，将其突然进行弯曲，漆膜并不开裂，因此聚酰亚胺漆包线有很好的弹性，在250℃ 和 300℃ 长期老化后，也不会失去其苛刻的耐弯曲能力。

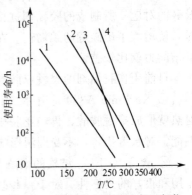

图 6-10　漆包线在不同温度下负载
弯曲试验的使用寿命
1—聚乙烯醇缩醛；2—聚酯；
3—有机硅；4—聚酰亚胺

聚酰亚胺具有这些优异的性能，还适用于制漆包扁线，由于扁线用于制备大型电机绕组，漆包线棱边必须弯曲，而且在运行时，由于离心力的缘故，绝缘匝间会产生巨大的压应力，绝缘必须不被刺破或损坏。

聚酰亚胺漆用做电机绕组浸渍漆，漆层在高温下不软化，并有很高的黏结强度，其黏结强度在 200℃ 只损失 5%，这种漆膜如加热至 300℃ 后仍保持其柔韧性，质量损失也很低，明显地比一般 H 级的漆膜好。这种漆可用于牵引电动机、氟利昂冷冻电机线圈的浸渍，以及避雷器元件、雷达仪器等的绝缘处理。用于直流电动机特别重要，因为炭尘黏附于绕组而常常会引起破坏。

聚酰亚胺浸渍漆因其黏度大，固体含量小，且需要多次浸渍，要挥发大量有毒溶剂，浸烘工艺较复杂，这给工业上带来了很大的困难。特别是当漆膜较厚时，亚胺化析出的水不易被排出，易使聚酰胺酸水解，因此在电机、电器整体结构上用这种漆还有一定的困难。

为了克服聚酰亚胺的缺点，改进的办法是用四羧酸双酯酰氯与芳香族二胺在二甲基乙酰胺中进行低温缩聚得到聚酰胺酯，然后脱醇得聚酰亚胺。亚胺化时脱去甲醇，不致使酰胺键断裂，制得的酰胺酯比通常的聚酰胺酸有较高的耐水性，且溶解性大，可提高漆的固体量，用此法可制分子量较高的聚酰亚胺，产品的强度也较高。

6.6.3 聚酰亚胺胶黏剂

聚酰亚胺都是由二酐和二胺化合物制成的，如果先不考虑二胺，而从二酐的结构来分析，由均苯四甲酸二酐制成的聚酰亚胺，一般是不溶不熔的，必须从聚酰胺酸加工成型，但亚胺化时溶剂挥发和小分子缩合物的生成会产生气泡，而造成结构缺陷。这种聚酰亚胺的黏结力比较差，若由二苯酮四羧酸二酐或二苯醚四羧酸二酐制成聚酰亚胺，可以得到良好黏结力的胶黏剂，由此可知在二酐中苯环之间有—COO—、—O—等基团都有助于提高黏结性能。

如果用能赋予主链有柔顺性的二胺，就可制成性能较好的胶黏剂。如用 3,3′-二胺

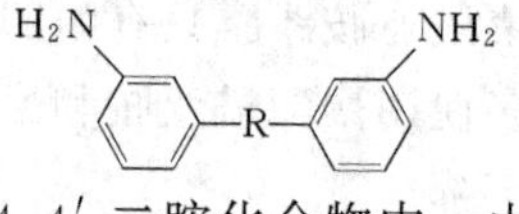

H_2N 〇—R—〇 NH_2，它可使体系增大柔顺性，因而制成的胶黏剂有较好的黏结力。在 4,4′-二胺化合物中，由于结构的不同，其黏结性能也会有差异。例如将 4,4′-氨基二苯硫醚及砜的对应物所制成的胶黏剂进行比较发现，前者有较好的黏结强度，当硫处于低氧化状态时，就增大了硫碳键的柔韧性。在砜的体系中，氧化的硫可能限制了硫碳键的柔韧性，因而黏结能力就比较差。

目前用作胶黏剂的聚酰亚胺有多种类型，如下所述。

① Norlimid A380 是由邻二甲苯与间硝基苯甲酰氯反应，制成氨基酯单体，它在溶液中遇热就形成聚酰胺酸，再经亚胺化而得聚酰亚胺。这种胶黏剂兼有聚苯并咪唑和聚酰亚胺的性能，对水解稳定，不受潮湿影响，可黏结不锈钢和钛等，有优异的耐高温的黏结强度。

② 含有 $(CF_2)_3$ 结构的聚酰亚胺，在大分子中结构中含有 $(CF_2)_3$ 能使胶黏剂有耐水作用和很好的柔韧性。对于一些改性聚酰亚胺，可制成既耐热又有优异黏结强度的胶黏剂，因此有相当重要的意义。

③ 聚酰胺酰亚胺是改性聚酰亚胺获得良好结果的一个品种，在其结构中含有酰胺键和亚胺环，虽然其热稳定性较聚酰亚胺低，但价格较廉，在 240℃能耐 20000h。

④ 聚酰肼酰亚胺是一种良好的胶黏剂，它是由氨基苯酰肼与 3,3′-二苯酮四羧酸二酐、4,4′-二苯酮四羧酸二酐在 200℃加热下制得的。

⑤ 聚苯并咪唑酰亚胺胶黏剂是用 3,3′-二苯酮四羧酸二酐、4,4′-二苯酮四羧酸二酐与 5,4′-二氨基-2-苯基苯并咪唑反应而得，它的结构式为：

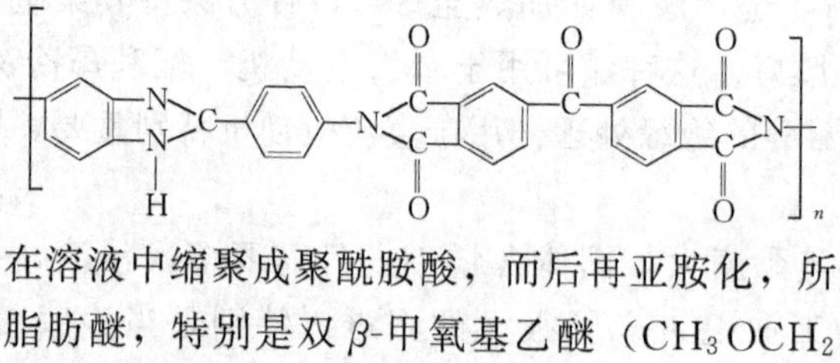

制备聚酰亚胺时，在溶液中缩聚成聚酰胺酸，而后再亚胺化，所用溶剂对黏结强度起着主要的作用，通常采用脂肪醚，特别是双 β-甲氧基乙醚（$CH_3OCH_2CH_2OCH_2CH_2OCH_3$）润湿能力，因此可使胶黏剂得到最高的搭接剪切强度，用这种胶黏剂可以黏结钛合金。杂环与亚胺的共聚物要比单纯的聚酰亚胺好。

6.6.4 高性能工程塑料

高性能工程塑料是指可以在 150℃以上长期使用的工程塑料。随着机器制造工业的发展，对于高强度、高模量、尺寸稳定、轻质、耐磨、自润滑、密封材料的要求越来越迫切，

而高分子材料是可以满足这些要求的，特别是同时又具有耐高温性能的塑料。

聚酰亚胺是高性能工程塑料中一个比较特殊的品种，因为主要的聚酰亚胺品种都不能用熔融法加工，能够用熔融法甚至注射成型法加工的聚酰亚胺在性能/价格比上必须能够与PES、PEEK等芳环聚合物竞争。一般说来，在使用温度和力学性能上聚酰亚胺都具有优势，但是成本上要明显高于多数芳环聚合物，只有 GE 公司的 Ultem 具有较低的成本，但这种聚酰亚胺的性能并不能代表聚酰亚胺的一般水平，与芳环聚合物比较并不显示出优势。然而成本是与合成工艺和生产规模有关的，随着对于工程塑料的性能提出的要求越来越高和聚酰亚胺合成技术的不断进步，其竞争力也会随之增大。以下为已经商品化的工程塑料的性能。

6.6.4.1　Vespel 聚酰亚胺塑料

Vespel 聚酰亚胺是 1980 年美国 DuPont 公司开发成功的。其基本结构是 PMDA/ODA，这种聚酰亚胺的 T_g 为 385℃，由理论计算得到的熔点为 592℃，因此在它熔融之前已经发生分解。显然不能用通常的熔融加工法成型。杜邦公司以特殊的烧结法得到了一定形状的成型品。其过程大致如下：将一种特别制备的聚酰亚胺粉末加入模具中，不加压力在 300℃ 加热 10min，然后加压并维持在 20000kg/2min，得到片状制品，最后在真空炉中 450℃ 处理 5min。这种制品可以进行磨、车、切、钻，以得到各种制品。Vespel 的连续使用温度可达 315℃。使用柱塞式挤塑机（ram extruder）可以在 T_g 以下获得聚酰亚胺棒材，然后再在氮气下进行复杂的热处理，其最高处理温度达 400℃。Vespel 塑料的性能见表 6-18。大量的研究工作旨在改善聚酰亚胺的加工性，目前只能以牺牲一些使用温度来获得加工性能的改善。

表 6-18　Vespel 聚酰亚胺塑料的性能

性　能	SP-1 (未填充)		SP-21 (15%石墨)		SP-211 (15%石墨＋10%聚四氟乙烯)	
	S	DF	S	DF	S	DF
密度/(g/cm³)	1.43	1.36	1.51	1.43	1.55	1.46
硬度(罗氏 E)	45～58	—	32～44	—	5～25	—
（罗氏 M）	92～102	—	82～94	—	69～79	—
抗张强度/MPa						
（23℃）	88.0	73.9	66.9	63.4	45.8	52.8
（260℃）	42.3	37.3	38.7	31.0	24.6	24.6
伸长率/%						
（23℃）	7.5	8.0	4.5	6.0	3.5	5.5
（260℃）	7.0	7.0	2.5	5.2	3.0	5.3
抗弯强度/MPa						
（23℃）	133.8	98.6	112.7	91.5	70.4	—
（260℃）	77.5	58.5	63.4	49.3	35.2	—
抗弯模量/GPa						
（23℃）	3.17	2.53	3.87	3.24	3.17	2.82
（260℃）	0.76	1.48	2.61	1.83	1.41	1.41
抗冲强度(悬臂梁，缺口)/(kg·cm/cm)	8.2	—	4.4	—	—	—
抗冲强度(悬壁梁，无缺口)/(kg·cm/cm)	163	—	43.6	—	—	—
泊松比	0.41	—	0.41	—	—	—

注：S 无方向性；DF 与成型的方向成横向。

6.6.4.2 Ultem 聚醚酰亚胺

Ultem 是 GE 公司于 1982 年开发出来的热塑性聚合物，其结构为：

Ultem 的性能见表 6-19。

表 6-19　Ultem 的性能

性　　能	条　件	型　　号			
		1000	2100	2200	2300
密度/(g/cm³)		1.27	1.34	1.42	1.51
吸水率/%	23℃,24h	0.25	0.28	0.26	0.18
	23℃,浸渍饱和	1.25	1.0	1.0	0.9
热形变温度/℃	18.6kg/cm²	200	207	209	210
线胀系数/℃⁻¹	23℃	6.2×10^{-5}	3.2×10^{-5}	2.5×10^{-5}	2.0×10^{-5}
抗张强度/MPa	23℃	107	122	143	163
伸长率/%	23℃	60	6	3	3
抗张模量/MPa	23℃	3060	4590	7040	9180
抗弯强度/MPa	23℃	148	205	214	235
抗弯模量/MPa	23℃	3370	4590	6330	8470
抗压强度/MPa	23℃	143	163	163	163
抗压模量/MPa	23℃	2960	3160	570	3880
悬臂梁抗冲强度/(kg·cm/cm)	23℃,无缺口	370	49	49	14
	23℃,有缺口	130	6	9	10
洛氏硬度		109	114	118	125
摩擦系数	自磨	0.19	—	—	—
	对钢	0.20	—	—	—
磨耗率/mg	CS17.1kg,1000℃	10	—	—	—

注：Ultem 1000—未填充；Ultem 2100—10%玻璃纤维；Ultem 2200—20%玻璃纤维；Ultem 2300—30%玻璃纤维。

由于 Ultem 中含有双酚 A 残基，其耐溶剂性较差，T_g 仅为 217℃。因此虽然具有很好的加工性能，由于使用温度仅为 150～180℃，在用作工程塑料的聚酰亚胺中是最低的一个品种。但低廉的价格（＄6/磅）使其具有较大的市场竞争力。Ultem 的低成本可能来自先进的聚合工艺，例如将二酐和二胺在排气挤出机中进行无溶剂聚合，或由双（4-硝基酞酰）二亚胺和双酚 A 直接缩聚而得。GE 公司仍在致力于发展新型品种，如 Ultem5000，其热变形温度为 227℃等。Ultem 的成型条件见表 6-20。

表 6-20　Ultem 的成型条件

项　　目	条　件	项　　目	条　件	项　　目	条　件
干燥	150℃,4h 以上	后部/℃	310～325	压缩比	1.5～3.0
树脂温度/℃	340～425	模型温度/℃	65～175	长径比	16/1～24/1
锥部/℃	325～410	注射压力/MPa	70～126	锁模力/MPa	50～80
前部/℃	320～405	保持压力/MPa	56～105	成型收缩率/%	0.5～0.7
中部/℃	315～395	背压/MPa	0.4～3		

6.6.4.3 Torlon 聚酰胺酰亚胺

Torlon 为 Amoco 公司的产品，是一种由偏苯三酸酐与 MDA 缩聚而得到的聚酰胺酰亚胺，其结构为：

Torlon 可以注射成型，其性能见表 6-21。

表 6-21　Torlon 的性能

性　能	4203L①	4347②	5030③	7130④	性　能	4203L①	4347②	5030③	7130④
密度/(g/cm³)	1.42	1.50	1.61	1.50	(175℃)	3.94	4.51	10.92	19.15
抗张强度/MPa					(238℃)	3.66	4.37	10.07	16.06
(-160℃)	221.8	—	207.7	160.6	悬臂梁式抗冲强度(1/8in)/(ft·lb/in)				
(23℃)	195.8	125.3	209.2	207.0	(缺口)	2.7	1.3	1.5	0.9
(175℃)	119.0	106.3	162.1	160.5	(无缺口)	20.0		9.5	6.4
(238℃)	66.9	54.9	114.8	110.6	泊松比				0.39
伸长率/%					热变形温度(1.86MPa)/℃	278	278	392	392
(-160℃)	6	—	4	3	热膨胀系数/(×10⁻⁶/F)	17	15	9	5
(23℃)	15	9	7	6	热导率/(Btu·in/h/ft²·F⁻¹)	1.8		2.5	3.6
(175℃)	21	21	15	14	氧指数/%	45	46	51	52
(238℃)	22	15	12	11	介电常数				
抗弯强度/MPa					(10³Hz)	44.2	6.8	4.4	
(-160℃)	288.7	—	383.0	316.9	(10⁶Hz)	3.9	6.0	4.2	
(23℃)	245.7	190.1	340.1	357.0	介电损耗				
(175℃)	174.6	144.4	252.8	264.8	(10³Hz)	0.026	0.037	0.022	
(238℃)	120.4	100.7	184.5	177.5	(10⁶Hz)	0.031	0.071	0.050	
抗弯模量/GPa					介电强度/(kV/mm)	22.8		33.1	
(-160℃)	8.03		14.37	25.14	吸水率/%	0.33	0.17	0.24	0.26
(23℃)	5.14	6.41	11.97	20.28					

① 3%TiO₂，0.5%氟聚合物。
② 12%石墨，8%氟聚合物。
③ 30%玻璃纤维，1%氟聚合物。
④ 30%石墨纤维，1%氟聚合物。

注：1ft=0.3048m；1lb=0.45kg；1in=0.0254m；1Btu=1055.06J。

6.6.4.4　UPIMOL 聚酰亚胺

UPIMOL 是日本宇部开发的以联苯二酐为原料的聚酰亚胺塑料，详细的组成尚未公布，其性能见表 6-22。

表 6-22　UPIMOL 聚酰亚胺塑料的性能

项　目	性能	项　目	性能
抗张强度/mPa		悬臂梁抗冲强度/(kg·cm/cm)	
(23℃)	118	(缺口)	7.6
(260℃)	42	(无缺口)	61.0
伸长率/%		罗氏硬度	114
(23℃)	5.0	介电强度/(kV/mm)	18.0
(260℃)	5.9	介电常数	3.48
抗弯强度/MPa		介电损耗	9×10⁻⁴
(23℃)	164	体积电阻/Ω·cm	1.8×10¹⁶
(260℃)	60	表面电阻/Ω	9.4×10¹⁶
抗弯模量/GPa		48h 吸水率/%	0.46
(23℃)	4.25	平衡吸水率/%	1.3
(260℃)	2.13	热膨胀系数(23~250℃)	5.73×10⁻⁶
抗压模量(23℃)/GPa	2.65	热畸变温度(1.86MPa)/℃	350

6.6.5 聚酰亚胺纤维

聚酰亚胺纤维的研究开始于 20 世纪 60 年代的美国和苏联。我国从事聚酰亚胺纤维的研究也在 20 世纪 60 年代中，由华东理工大学和上海合成纤维研究所合作，由均苯二酐和二苯醚二胺的聚酰胺酸干纺而得。在 20 世纪 70 年代苏联科学家继续进行聚酰亚胺纤维的研究，但是美国的工作却停了下来，直到 20 世纪 80 年代中才继续有所报道。在此同时，日本也开展了活跃的研究。第 1 个聚酰亚胺纤维的专利是由杜邦的 Irwin 在 1968 年发表的，这是由均苯二酐和 ODA 及 4,4′-二氨基二苯硫醚在 DMAc 中得到聚酰胺酸干纺成聚酰胺酸纤维，再在一定的张力下转化为聚酰亚胺，最后在 550℃ 拉伸得到聚酰亚胺纤维。PMDA-ODA 也可以在吡啶溶液中湿纺成纤，然后热处理转化为聚酰亚胺。取向的纤维在 400℃ 空气中经 2～3h，其强度仍保持 30%～40%。PMDA-ODA 纤维的性能见表 6-23。

表 6-23 由均苯二酐和二苯醚二胺得到的纤维

组　成	转化方法	牵伸比	牵伸温度/℃	强度/(g/d)	伸度/%	模量/(g/d)
PMDA/ODA	热	1.5×/1.5×	550	3.5	11.7	50
PMDA/ODA	热/吡啶	1.5×	600	5.3	24.0	49
PMDA/ODA	热	1.5×2.25×	575	6.6	9.0	77
PMDA/ODA	热	1.5×/2.05×	525	5.1	9.0	68.5
PMDA/SDA	热	1.6×	420	2.8	25.7	31

注：SDA 为 4,4′-二氨基二苯硫醚。

Irwin 还报道了由均苯二酐和对苯二胺及 3,4-ODA 的共聚物在 DMAc-吡啶中湿纺，部分热酰亚胺化后，最后在高温下拉伸得到聚酰亚胺纤维（见表 6-24）。

表 6-24 由均苯二酐和对苯二胺及 3,4-二苯醚二胺所得到的纤维

组　成	牵伸比	牵伸温度/℃	强度/(g/d)	伸度/%	模量/(g/d)
PPD/3,4′-ODA(25/75)	未牵伸		1.8	125	20
	4.0	550	12.6	7.1	354
	4.75	575	14.7	4.7	427
	4.7	600	14.5	3.7	492
	6.0	650	12.8	2.8	519
	6.1	675	15.6	3.3	570
	6.8	700	13.1	3.0	592
	10.0	700	15.5	3.4	534
	5.0	750	3.6	3.7	168
3,4′-ODA	3.6	500	9.5	8.6	248
	4.5	550	8.9	2.7	404
	4.0	550	10.7	5.5	302
	4.0	575	8.3	4.2	321

Kaneda 将各种二胺和 BPDA 的聚酰胺酸溶于对氯苯酚，以乙醇为凝固浴，然后在 80～120℃ 处理，最后以最小的张力使纤维通过热石英管，时间为几秒钟。其中一些纤维在 300℃ 空气中和 200℃ 饱和蒸汽的空气中及在 85℃ 的浓硫酸中的强度保持率高于 Kevlar49，但在 85℃ 下的 10% 碱液中不如聚酰胺。干纤维在 20℃、80% 相对湿度下，Kevlar 吸湿

4.56％，而由 3,4-ODA：PPD(70：30)/BPDA 的纤维仅吸湿 0.65％。由 BPDA 和 PMDA 纺得的纤维的性能见表 6-25。

表 6-25 由 BPDA 和 PMDA 纺得的纤维的性能

组 成	牵伸比	牵伸温度/℃	强度/(g/d)	伸度/%	模量/(g/d)
BPDA/PMDA OTOL					
100/0	1.7	450	14.4	2.7	617
	1.6	500	14.6	3.0	587
	1.5	550	12.7	2.7	584
80/20	3.3	450	23.7	2.4	1060
	3.2	500	23.8	24.	1026
	3.5	550	23.4	2.3	1067
70/30	3.8	500	26.1	2.6	1086
60/40	3.8	450	19.0	2.2	916
	4.9	500	20.5	2.3	938
50/50	3.9	456	14.6	1.5	997
BPDA/PMDA DADE					
90/10	1.7	390	11.6	8.3	303
	1.4	400	6.4	23.9	127
80/20	5.0	350	14.5	5.1	401
	3.8	360	13.3	7.4	297
70/30	3.6	300	13.7	7.2	363
	9.2	330	18.9	4.4	502
BPDA 3,4-ODA/PPD					
100 100/0	3.0	390	11.4	6.7	289
	1.7	400	7.6	16.7	169
80/20	8.4	360	18.9	4.4	569
60/40	7.3	340	16.6	3.1	606
	8.3	350	17.1	3.6	576
50/50	7.9	360	18.7	4.0	568
	10.4	370	17.8	4.0	511

聚酰亚胺纤维与 Kevlar 纤维比较有更高的热稳定性、更高的弹性模量、低的吸水性，可望在更严酷的环境中得到应用。如原子能工业、空间环境、救险需要等。聚酰亚胺纤维可编成绳缆、织成织物或做成无纺布，用在高温、放射性或有机气体或液体的过滤、隔火毡、防火阻燃服装等。

聚酰亚胺纤维至今仍未有较大规模的生产，其原因有以下几点。①在目前的技术水平，芳香聚酰胺纤维（杜邦公司的 Kevlar 和 Nomex）已基本能够满足要求，对于性能更高的纤维，并非许多工业部门所急需；②聚酰亚胺纤维的成本太高是阻碍发展的主要原因。因此，随着聚酰亚胺本身技术的发展，尤其是合成技术的发展和在其他领域应用的扩大，聚酰亚胺的成本会有大幅度的降低。同时各个技术部门本身的发展也将会对于更高性能的纤维的需要迫切起来。

6.6.6 聚酰亚胺复合材料

聚酰亚胺复合材料具有高比强度、比模量以及优异的热氧化稳定性，使其成为可在 230℃以上，替代传统金属材料使用的树脂基复合材料。

聚酰亚胺复合材料在航空发动机上应用可明显减轻发动机质量，提高发动机推重比。如聚酰亚胺复合材料在航空涡轮发动机上可能获得各种应用。

聚酰亚胺复合材料可制备典型的发动机零件，主要包括 F404 外涵道（F404 外涵道是第一个使用 PMR-15/T300 织物增强聚酰亚胺复合材料制造的发动机零件，它是一个直径约为76cm、长度 102cm 稍带锥度的圆柱形筒体，复合材料部分重约 13kg，F404 复合材料外涵道和钛合金外涵道相比，质量减轻 15％～20％，制造成本下降 30％～50％）、CF6 芯帽、F100 外鱼鳞片、YF-120 风扇静止叶片、PLT-210 压气机机匣、F110AFT 整流片等。有的已经通过各种试验并装机应用。

虽然聚酰亚胺复合材料的应用可给航空发动机带来明显的减重效果，提高发动机性能。但由于种种原因，到目前为止，聚酰亚胺复合材料在航空发动机上的应用仍处于小规模的试用阶段。首先，航空发动机是飞机飞行的动力装置，极高的可靠性要求使其必须考虑采用非常成熟的材料。复合材料作为一种新型材料，特别是耐高温聚酰亚胺复合材料，使用经验和性能数据积累尚不充分。此外，对于结构复杂尺寸较小的复合材料发动机零件，可靠的无损检测方法目前仍然缺乏。其次，航空发动机部件的使用温度一般远高于飞机部件，即使是耐高温聚酰亚胺复合材料，其使用范围也局限于发动机部分冷端和外围部件。最后，市场对航空发动机的需求有限以及发动机零件结构形状复杂和体积较小。导致发动机复合材料零件的制造成本较高。聚酰亚胺复合材料除在航空发动机上得到应用外，在飞机上也得到了一定的应用，如 B747 热防冰气压管道系统（B747 飞机原用钛合金管道，全机防冰气压管道系统重约 200kg。这些管道直径多变，要求可在下述条件下使用：耐压 0.5MPa；最高使用温度 232℃；最大气流量 12.4m/s；使用期 50000h）和 F-15 襟翼等。

采用碳纤维增强聚酰亚胺树脂基复合材料管道替代钛合金管道后，全机防冰气压管道系统质量下降到约 125kg，减重效率达 35％以上，因此其发展前景广阔。

第7章 ▶▶ 氰酸酯树脂

氰酸酯树脂通常定义为含有两个或者两个以上的氰酸酯官能团的酚衍生物，它在热和催化剂作用下发生三元环化反应，生成含有三嗪环的高交联密度网络结构的大分子。这种结构的氰酸酯树脂固化物具有低介电系数（2.8～3.2）和极小的介电损耗正切值（0.002～0.008）、高玻璃化转变温度（240～290℃）、低收缩率、少吸湿率（<1.5%）、优良的力学性能和黏结性能等，而且它具有与环氧树脂相似的加工工艺性，可在177℃下固化，并在固化过程中无挥发性小分子产生。

早在19世纪下半叶，有人就试图通过次氯酸的酯与氰化物反应或者通过酚盐化合物与卤化物反应获得氰酸酯，但都未能获得成功，得到的只是异氰酸酯或其他化合物。直到20世纪50年代初，R. Stroh和H. Gerber才首次合成出了真正的氰酸酯。1963年，德国化学家E.Grigat首次发现了采用酚类化合物与卤化氰合成氰酸酯的简单方法，从此E. Grigat所在的Bayer公司对此进行了大量的研究工作。但是，由于在早期人们对氰酸酯的合成反应影响因素及其聚合反应机理不甚了解，从而影响了氰酸酯树脂的加工性能和使用性能，氰酸酯树脂的进一步推广应用自然也受到了极大的限制。1976年，Miles公司以70%氰酸酯丁酮溶液的形式推向市场，并应用于电子工业。但是，由于其在蒸汽焊接浸泡测试中的性能不稳定，在1978年将该产品从市场撤出。随着研究工作的深入和科学技术的进步，到了20世纪80年代，各公司才开发出了具有商品实用价值的产品。目前，已经开发利用的氰酸酯树脂主要应用于3个方面：高速数字及高频用印刷电路板、高性能透波结构材料和航空航天用高性能结构复合材料树脂基体。

7.1 氰酸酯树脂单体的合成

关于氰酸酯树脂单体的合成制备，已有许多文献进行了深入探讨，可通过多种途径实施。但是，真正实现商业化并能制备出耐高温热固性树脂的方法只有一种。即在碱存在的条件下，卤化氰与酚类化合物反应制备氰酸酯单体：

$$ArOH + HalCN \longrightarrow ArOCN \tag{7-1}$$

式(7-1)中的Hal可以是Cl、Br、I等卤素，但是通常采用在常温下是固体、稳定性好、反应活性适中和毒性相对较小的溴化氰；ArOH可以是单酚、多元酚，也可以是脂肪族羟基化合物。反应介质中的碱通常采用能接受质子酸的有机碱，如三乙胺等。在该法合成氰酸酯树脂单体的过程中，主要有两类副反应发生，一种是由于合成反应是在碱性环境下进行的，因此有少量的氰酸酯单体在碱的催化下发生三聚反应生成非晶态的半固体状的氰酸酯齐聚物，见式（7-2）；同时，在碱性条件下，体系中含有的少量水分或合成原料酚本身与反应生成的氰酸酯继续反应生成氨基甲酸酯或亚氨基碳酸酯等［如式(7-3)和式(7-4)所示］，这些少量杂质的存在将影响合成产物的储存稳定性和终产品使用性能（如耐热性和耐水解性等）。

$$3R\!-\!O\!-\!C\!\equiv\!N \longrightarrow \text{(三嗪环结构)} \qquad (7\text{-}2)$$

$$ArOCN + H_2O \longrightarrow ArO\!-\!\overset{NH}{\underset{}{C}}\!-\!OH \longrightarrow ArO\!-\!\overset{O}{\underset{}{C}}\!-\!NH_2 \qquad (7\text{-}3)$$

$$ArOCN + ArOH \longrightarrow ArO\!-\!\overset{NH}{\underset{}{C}}\!-\!OAr \qquad (7\text{-}4)$$

同时需要指出的是，脂肪族氰酸酯在加热条件下很容易发生异构化反应生成异氰酸酯：

$$Ar\!-\!OC\!\equiv\!N \overset{\triangle}{\longrightarrow} Ar\!-\!N\!=\!C\!=\!O \qquad (7\text{-}5)$$

这种方法合成氰酸酯非常适合于工业化生产，工艺路线简单，合成产率和产品纯度高，而且生产的芳香族氰酸酯的稳定性极好，由它们所制造的最终产品使用性能优异。

第二种合成氰酸酯的方法，也是最早合成氰酸酯的方法，即用碱性酚盐（如酚钠）类化合物与卤化氰反应。但是，在这种合成方法中，反应生成的氰酸酯很容易在强碱性催化条件下发生三聚反应以及与酚反应生成亚氨基碳酸酯。

$$RONa + HalCN \longrightarrow \begin{cases} R\!-\!OC\!-\!Hal \overset{ROH}{\longrightarrow} R\!-\!OC\!-\!OR \\ R\!-\!OCN \overset{RONa}{\longrightarrow} \text{(三嗪环结构)} \end{cases} \qquad (7\text{-}6)$$

在发现这种合成方法的初期，产率很低，产物纯度不高，因此很难将此法应用于氰酸酯树脂的规模化、商业化的生产。在 E. Grigat 发现按式(7-1) 反应制备氰酸酯方法的 1 年之后，D. Msrtin 和 Berlin 等也发现了一类新的氰酸酯制备方法，即热分解苯氧基-1,2,3,4-噻三唑和乙氧基-1,2,3,4-噻三唑制备氰酸酯：

$$R\!-\!O\!-\!C\!\equiv\!S\!-\!Cl \overset{NaN_3}{\longrightarrow} \text{(噻三唑结构)} \overset{\triangle}{\underset{-S,\ -N_2}{\longrightarrow}} R\!-\!OCN \qquad (7\text{-}7)$$

$$R\!-\!O\!-\!C\!\equiv\!S\!-\!NH\!-\!NH_2 \overset{HNO_3}{\longrightarrow} \text{(噻三唑结构)} \overset{\triangle}{\underset{-S,\ -N_2}{\longrightarrow}} R\!-\!OCN \qquad (7\text{-}8)$$

式(7-7) 和式(7-8) 中的 R 基可以是芳香基，也可以是脂肪基，因此采用这种方法不仅可以制备芳香族氰酸酯，也可以得到产率和纯度都较高的脂肪族氰酸酯。但是，采用这种方法制备氰酸酯的产率往往低于式(7-1)。

另外一条制备氰酸酯的合成途径是，将单质溴加入氰化钠或氰化钾的水溶液中，然后在叔胺（TA）存在下，将它分散入酚类化合物的四氯化碳溶液中反应：

$$Br_2 + NaCN + ArOH + TA \longrightarrow ArOCN + NaBr + TA\cdot HBr \qquad (7\text{-}9)$$

采用这种合成方法的好处在于，可以省去制备易于挥发或升华、有剧毒的卤化氰，使总体工艺一步化、简单化，但是这又大大增加了最终产物氰酸酯的提纯难度。

Jesen 和 Holm 曾通过硫代氨基甲酸酯与重金属氧化物反应，消去硫化氢制备氰酸酯，但这种方法的产率只有 $40\%\sim57\%$。这种方法已被证明是很不成功的途径：

$$\underset{NH_2-C-O-R}{\overset{S}{\parallel}} \xrightarrow{HgO} R-OCN+H_2S \tag{7-10}$$

7.2 氰酸酯树脂的固化反应

7.2.1 氰酸酯固化反应机理

研究表明，绝对纯的芳香氰酸酯即使在加热条件下也不会发生聚合反应。但是，在氰酸酯官能团中，由于氧原子和氮原子的电负性，使其相邻碳原子表现出较强的亲电性：

$$Ph-\overset{\frown}{O}-^{+\delta}C\overset{\frown}{\equiv}N^{-\delta}$$

因此，在亲核试剂的作用下，氰酸酯官能团的反应既能被酸催化，也能被碱催化。

单官能氰酸酯模型化合物在添加含活泼氢的水（或者酸）的条件下也很难发生固化。在无催化剂条件下，模型化合物在叔丁基苯氰酸酯（PTBPCN）的丁酮和丙酮溶液中 $100℃/5h$ 反应后，将蒸去溶剂的反应混合物作 ^{15}N-NMR 分析，实验表明，体系并未发生任何反应，而相同的体系在加入 200×10^{-6} 辛酸锌催化剂后在 $100℃$ 下加热 1h 即发生了明显的三聚反应，以及有少量的氰酸酯发生水解反应［如式(7-3) 所示］，图 7-1 所示是这一实验的结果。

要使高纯度的氰酸酯单体聚合反应，必须加入两种催化剂：一是带有活泼氢的化合物，如单酚、水等（$2\%\sim6\%$）；二是金属催化剂，如路易斯酸、有机金属盐等。

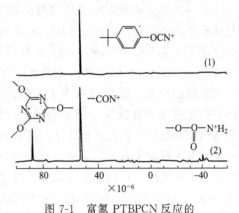

图 7-1 富氮 PTBPCN 反应的
^{15}N-NMR 谱（$100℃$）
(1) 无催化剂（$100℃/5h$）；
(2) 200×10^{-6} 辛酸锌催化剂（$100℃/1h$）

图 7-2 是氰酸酯在金属盐和酚催化下的聚合反应机理。反应过程中，在氰酸酯分子流动性较大的情况下，金属离子首先将氰酸酯分子聚集在其周围，然后酚羟基与金属离子周围的氰酸酯亲核加成反应生成亚胺碳酸酯，继续与两个氰酸酯加成并最后闭环脱去一个分子酚形成三嗪环。反应过程中，金属盐是主催化剂，酚是协同催化剂，酚的作用是通过质子的转移促进闭环反应。

在氰酸酯固化过程中，可以通过 IR 光谱来及时跟踪反应的进行情况。随着反应的进行，$2270cm^{-1}$ —C≡N 的振动吸收谱带逐渐消失，氰酸酯经三元环化得三嗪环的振动吸收谱带 $1565cm^{-1}$ 和 $1370cm^{-1}$ 逐渐增强。

7.2.2 催化剂对固化反应的影响

在氰酸酯固化过程中，不仅催化剂的金属离子的种类和浓度对固化反应有很大的影

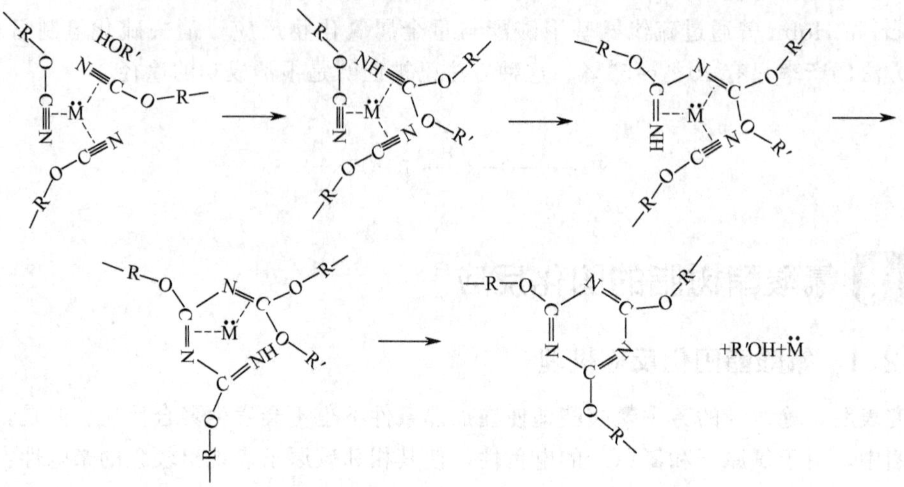

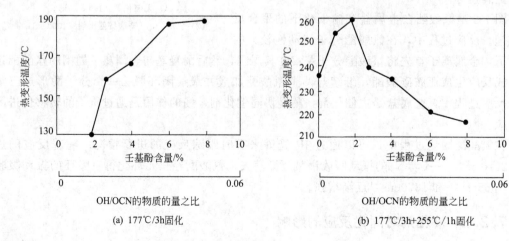

图 7-2　氰酸酯聚合反应机理

响，而且催化剂的有机负离子和协同催化剂活性氢化合物的浓度及类型对反应也有重要的影响。

图 7-3 是壬基酚含量对环烷酸铜催化的 BPACy 固化浇铸体的热变形温度影响。对于壬基酚含量＜2％（0.013—OH/OCN 的物质的量之比）的体系在 177℃/3h 条件下不能充分固化，FTIR 和 DSC 分析表明其固化度只有 70％～75％；而将酚浓度增至 6％（0.038—OH/OCN 的物质的量之比）时，其固化度可达 91％，HDT 为 186℃。这是由于在树脂凝胶化后，反应速率为壬基酚的含量控制，因此高浓度的壬基酚更有利于氰酸酯在凝胶化后的固化反应。而树脂经 250℃/lh 后固化后，2％壬基酚的浇铸体具有 260℃的最高热变形温度（转化率 97％），而 6％壬基酚浇铸体的 HDT 仅为 220℃（转化率＞98％）。这是因为适量的壬基酚既能充分地使—OCN 三元环化成三嗪环，又不致使酚与—OCN 反应生成亚胺碳酸酯（使树脂的交联密度降低），因而其 HDT 很高；而高浓度（6％）的酚虽能使—OCN 充分转化，但酚与—OCN 的反应使固化树脂的交联密度降低，因而 HDT 反而较低。

图 7-3　壬基酚含量对环烷酸铜催化的 BPACy 固化浇铸体的热变形温度影响

图 7-4 是在不同后固化条件下的 BPACy 树脂固化物的 T_g 随壬基酚的含量的变化关系结果表明，经250℃后固化的样品其玻璃化转变温度随着壬基酚含量的增加而下降；同时表明，将后固化温度提高到285℃后，树脂的 T_g（2％壬基酚）相对 250℃后固化没有增加。但是，对于没有加壬基酚的树脂的 T_g 从 270℃提高到 295℃。因此，可以认为，对于壬基酚含量少于 2％的树脂配方，为了达到高的转化率，进行高温后处理是必要的。壬基酚的浓度还严重影响到固化树脂的力学、耐热和耐化学性能，表 7-1 是它们的力学、耐热和耐化学性能。

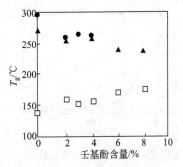

图 7-4 BPACy 氰酸酯树脂的
T_g 与壬基酚含量的关系
最高固化温度：□ 175℃；
▲ 250℃；● 285℃

表 7-1 双酚 A 氰酸酯树脂基体在不同催化剂浓度和固化工艺下的性能

壬基酚含量/％	1.7		6.0	
固化温度/℃	177	250	177	250
氰酸酯官能团转化率/％	72	97	91	＞98
热变形温度（干态）/℃	108	260	186	222
热变形温度[①]（湿态）/℃	（失败）	172	161	174
吸湿率[①]/％	（失败）	1.9	1.1	1.4
拉伸强度/MPa	（脆）	82.7	70.3	78.5
拉伸模量/GPa	（脆）	3.24	3.24	2.96
拉伸应变/％	（脆）	3.6	2.5	2.8
$MeCl_2$ 吸收率[②]/％	（失败）	5.8	15.5	7.6

① 湿态条件：92℃、95％状态下处理 64h。

② 室温 3h。

活性氢化合物的种类对固化反应以及固化物的性能也有重要影响。表 7-2 是几种不同类型的酚对氰酸酯固化反应及其固化物性能的影响。酚的类型除影响其反应速率外，也影响其力学性能，含邻苯二酚的配方的耐湿热性能较好，但它的机械强度比其他配方低得多，而且其韧性也较差。

表 7-2 不同类型的酚对氰酸酯固化反应及其固化物性能的影响

固化工艺	性　能	壬基酚	邻甲酚	邻苯二酚
177℃×3h	凝胶时间(104.4℃)/min	40	35	40
	热变形温度（干态）/℃	162	169	188
	热变形温度（湿态）/℃	133	134	156
	吸湿率/％	1.5	1.6	1.7
	拉伸强度/MPa	83.4	79.9	57.9
	拉伸断裂延伸率/％	2.6	2.4	1.7
177℃×3h+232℃×1h	热变形温度（干态）/℃	209	205	211
	热变形温度（湿态）/℃	156	151	168
	吸湿率/％	1.5	1.7	1.6
	弯曲强度/MPa	135.7	131.6	94.4
	弯曲延伸率/％	4.5	4.0	3.0

注：树脂均用 0.025％环烷酸铜为催化剂，活泼氢的摩尔百分比为 3.2％（相对于氰酸酯官能团）。

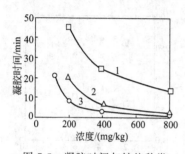

图 7-5 凝胶时间与钴盐种类
及浓度的关系
1—乙酰丙酮钴；2—环烷酸钴；
3—辛酸钴

图 7-5 是乙酰丙酮钴、环烷酸钴和辛酸钴在不同浓度下催化 BPACy 反应的凝胶时间曲线。由图可见，对于相同浓度、不同阴离子的钴盐，其凝胶时间有较大的差异，其中羧酸盐的催化效率远远高于乙酰丙酮盐。实际上可以认为乙酰丙酮盐是一种潜伏性催化剂，而且它们催化所得固化树脂的耐水解性能优于其他类催化剂。表 7-3 是几种铜离子络合物催化剂对固化反应的影响，催化剂含量为 0.02mol/L—OCN，表 7-3 所列为它们在 25℃凝胶固化所需的时间，再次说明了阴离子对树脂反应活性的影响。

表 7-3 不同铜离子络合物对 BPACy 的反应性的影响

催化剂	$CuCl_2$	$Cu(Sal)_2$	$Cu(AcAc)_2$	$Cu(BAc)_2$	$Cu(F_6Ac)_2$
凝胶时间/h	116	31	34	100	54

不同类型的金属离子对氰酸酯固化反应的影响更为重要。表 7-4 列出了乙酰丙酮金属盐催化剂对 BPACy 氰酸酯固化反应的影响，由表可以看出各种金属离子对氰酸酯固化反应影响的巨大差异，同是在 104℃的反应温度，Mn^{2+}、M^{3+} 和 Zn^{2+} 盐催化的 BPACy 的凝胶时间只有 20min，而 Co^{3+} 需要 240min。而且这些盐催化固化所得树脂的力学性能也有较大的差异，它们的弯曲强度从 178MPa 至 119MPa 不等，其弯曲应变高的达 7.7%，而低的只有 4.8%。在这些催化剂中 Zn^{2+}、Cu^{2+}、Mg^{2+}、Co^{2+}、Co^{3+} 是比较好的催化剂，虽然 Fe^{3+}、Ti^{3+}、Pb^{2+}、Sb^{2+} 和 Sn^{2+} 等也有较高的催化效率，但它们对交联氰酸酯的水解反应的催化也较大。

表 7-4 乙酰丙酮盐对 BPACy 的固化反应的影响

催化剂 浓度/$\times 10^{-6}$	金 属								
	Cu(Ⅱ)	Co(Ⅱ)	Co(Ⅲ)	Al(Ⅲ)	Fe(Ⅲ)	Mn(Ⅱ)	Mn(Ⅲ)	Ni(Ⅱ)	Zn(Ⅱ)
	360	160	116	249	64	434	312	570	174
104℃凝胶时间/min	60	190	240	210	35	20	20	80	20
177℃凝胶时间/min	2.0	4.0	4.0	4.0	1.5	0.83	1.17	3.5	0.83
固化度/%	96.6	95.7	95.8	96.8	96.5	93.8	95.0	96.0	95.8
热变形温度(干态)/℃	244	243	248	238	239	242	241	241	243
弯曲强度/MPa	173.63	178.45	126.78	124.71	142.62	156.40	158.47	119.2	119.2
弯曲模量/MPa	2.96	3.1	3.1	2.9	2.96	2.96	2.9	3.1	3.03
弯曲应变/%	7.7	6.7	5.5	4.6	5.3	6.0	6.3	4.8	6.0

金属离子种类和浓度对固化氰酸酯交联网络的热稳定性的影响也各不相同。在 4%壬基酚和金属催化剂的催化下，在 177℃/1h＋250℃/1h 工艺条件下，BPACy 固化物的玻璃化转变温度与催化剂的种类和浓度有关（如图 7-6 所示）。配方中含金属催化剂为 100×10^{-6} 时树脂的最高玻璃化转变温度为 250～260℃。但是，以锌盐为催化剂的树脂的 T_g 随催化剂浓度增加而降低，当锌催化剂浓度为 750×10^{-6} 时，树脂的 T_g 已降到 190℃；而以锰和钴为催化剂的 T_g 则基本不随催化剂的浓度变化而变化。在图 7-7 中，用热失重分析以 4%壬基酚和分别是 750×10^{-6} Zn（曲线 1）、100×10^{-6} Zn（曲线 2）和 750×10^{-6} Mn（曲线 3）为催化剂催化固化的 BPACy 固化物，750×10^{-6} Mn 催化的样品的起始热分解温度在 450℃以上，而 750×10^{-6} Zn 催化的样品 600℃左右出现第二个失重台阶，而 750×10^{-6} Zn 固化的样品分别在 500℃和 600℃左右呈现第二、三两个失重台阶。通过 GPC 对单官能模型化合物

的催化研究表明，在高浓度锌盐催化反应下会产生一定量的氰酸酯二聚体，二聚体的产生可能就是锌盐催化固化物的玻璃化转变温度和热分解温度较低的原因。

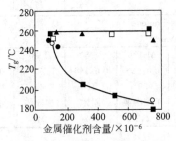

图 7-6 玻璃化温度随催化剂
种类和浓度的变化
■ 辛酸锌；○ 环烷酸锌；▲ 辛酸锰；
□ 环烷酸锰；● 乙酰丙酮钴

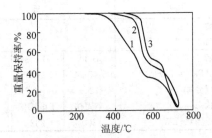

图 7-7 4%壬基酚和 M^{n+} 催化固化的
BPACy 聚合物的热失重分析
1—750×10^{-6} Zn；2—100×10^{-6} Zn；
3—750×10^{-6} Mn

7.3 氰酸酯树脂的基本性能

7.3.1 氰酸酯树脂的结构与性能

氰酸酯树脂固化网络分子结构中同时含有大量的三嗪环及芳香环或刚性脂环（如 Xu-71787 树脂体系），并且三嗪环与芳香环之间是通过醚键连接起来的，因此固化氰酸酯树脂既有较好的耐热耐化学试剂性，而且具有较好的抗冲击性和介电性能。

由于各种氰酸酯树脂单体的结构不同，使这些单体的物理状态及工艺特性也有很大的差异。表 7-5 是一些商品化的氰酸酯树脂单体的物理性能。由表可见，有些单体是晶体状，而且不同结构氰酸酯晶体的熔点也有差异，而 Arocy L-10 和 RTX-366 则以低黏度液体的形式存在，Arocy L-10 可以作树脂传递模塑工艺用树脂，RTX-366 在存放过程中则由浅黄色液体结晶成 68℃熔点的晶体；而 Xu-71787 是含有少量低聚物的半固体状物质。为了改善结晶性氰酸酯单体的工艺性，将氰酸酯单体部分均聚成无定形态的预聚物（30%～50%转化率），其物理状态从黏性半固体状到脆性固体，表 7-6 是一些以预聚体形式供应的氰酸酯树脂的物理性能。

表 7-5 商品化氰酸酯树脂单体的物理性能

X= R=	$C(CH_3)_2$ H	CH_2 CH_3	S H	$C(CF_3)_2$ H	$CH(CH_3)$ H	a H	b H
供应商	Rhone-Poulene					Dow	
商品名	Arocy						
产品名	B-10	M-10	T-10	F-10	L-10 液体	RTX-366 浅黄液体	Xu-71787 非晶体
状态	晶体	晶体	晶体	晶体	低黏度液体	68①	半固体
熔点/℃	79	106	94	87			
黏度/(Pa·s/℃)	0.015/90	0.02/110	—	0.02/90	0.14/25	8/25	0.7/85
氰酸酯当量/EW②	139	153	134	193	132	198	—
反应热/(J/g)	732	594		418	761	508	

① RTX-366 在储存过程中会发生结晶。
② 指含 1mol 氰酸酯官能团的树脂的质量，下同。

注：a. $X = -CH \left(\begin{array}{c} CH_3 \\ \end{array} \right)$ —⟨苯环⟩—$CH \left(\begin{array}{c} CH_3 \\ \end{array} \right)$ ；b. X = ⟨结构式⟩ 。

表 7-6　商品化氰酸酯预聚体的物理性能

X= R=	C(CH₃)₂ H			CH₂ CH₃			S H	C(CF₃)₂ H
供应商 商品名	Rhone-Poulene Arocy							
产品名	B-30	B-40s	B-50	M-30	M-40s	M-50	T-30	F-40S
黏度/(Pa·s/℃)	0.45/82	0.19/25	3.6/149	3.1/82	0.09/25	0.6/149	16.7/82	0.21/25
三聚百分率/%	30	40	50	30	39	42	44	32
物理状态	半固体	丁酮溶液	固体	半固体	丁酮溶液	固体	半固体	丁酮溶液
氰酸酯当量/EW	200	232	278	218	243	262	240	284

7.3.1.1　氰酸酯的耐热性

氰酸酯树脂固化物的耐热性是由氰酸酯单体骨架的化学结构、使用的催化剂和固化条件所决定的。本节主要讨论化学结构对耐热性的影响。

表 7-7 是一些已被成功合成的氰酸酯的结构与热性能。这些氰酸酯除双酚 E 氰酸酯是低黏度液体外，其他单体均为结晶固体，但是这些晶体的熔点都低于制备它们的酚类化合物的熔点，使氰酸酯树脂有较好的工艺性。

表 7-7　氰酸酯树脂及其热性能

氰酸酯结构	熔点/℃	表观分解温度 (T_{od})/℃	热失重温度 (T_{wt})/℃
NCO—⟨苯环⟩—OCN（对位）	78～79.5	360	390
NCO—⟨苯环⟩—OCN（间位）	115	395	390
CH₃、OCN、NCO 取代苯环	72～74	—	—
NCO、NCO、OCN 取代苯环	102	—	—
NCO—⟨联苯⟩—OCN	133	380	390
(CH₃)₃C、C(CH₃)₃、(CH₃)₃C、C(CH₃)₃ 取代 NCO—⟨联苯⟩—OCN	263	—	—
NCO—⟨苯环⟩—CH₂—⟨苯环⟩—OCN	108	370	400
NCO—⟨苯环⟩—O—⟨苯环⟩—OCN	89	400	380
NCO—⟨苯环⟩—S—⟨苯环⟩—OCN	94	—	400

氰酸酯结构	熔点/℃	表观分解温度 (T_{od})/℃	热失重温度 (T_{wt})/℃
NCO—(四甲基,CH_3×4)—CH_2—苯基—OCN	106	—	403
NCO—(四叔丁基,$(CH_3)_3C$×4)—CH_2—苯基—OCN	206	—	—
NCO—苯基—SO_2—苯基—OCN	182	360	360
NCO—苯基—$C(CH_3)_2$—苯基—OCN	79	385	411
NCO—(甲基)苯基—$C(CH_3)_2$—(甲基)苯基—OCN	77~78	280	280
NCO—苯基—$CH(CH_3)$—苯基—OCN	低黏度液体,0.1Pa·s(室温)	—	408
NCO—苯基—$C(CF_3)_2$—苯基—OCN	88	360	431
NCO—苯基—CHC_6H_5—苯基—OCN	73	410	410
NCO—苯基—$C(CH_3)(C_6H_5)$—苯基—OCN	88	370	395
NCO—苯基—$C(C_6H_5)_2$—苯基—OCN	191	360	400
NCO—苯基—(螺环 酞内酯结构 O, $=O$)—苯基—OCN	135	385	405
NCO—苯基—(蒽醌螺环结构 $=O$)—苯基—OCN	170	395	400
NCO—苯基—(芴螺环结构)—苯基—OCN	163	375	400
NCO—苯基—$N=N$—苯基—OCN	163	—	—

续表

氰酸酯结构	熔点/℃	表观分解温度 (T_{od})/℃	热失重温度 (T_{wt})/℃
NCO—⬡—OCN (萘环)	不熔融	—	—
(联萘结构 OCN/NCO)	149	—	—
三臂苯基结构 NCO/OCN/OCN	晶体	—	—
NCO—⬡—脂环—⬡—OCN	半固体状,0.7Pa·s(85℃)	—	405

表 7-8 是不同化学结构的氰酸酯玻璃化转变温度（DMA 法测定）及其在干湿态下的热变形温度。从玻璃化转变温度看，Arocy 系列的氰酸酯的 T_g 在 250～290℃，具有 4 个侧甲基的 Arocy M 的 T_g 也最低，非对称结构的 Arocy L 的 T_g 也较低。但从热变形温度（HDT）看，Arocy 系列氰酸酯的 HDT 差异不像 T_g 那么大，而且 Arocy M 的湿态热变形温度最高，它与干态 HDT 差仅为 8℃，说明 Arocy M 的耐湿热性能最好；而含氟 Arocy F 的湿态 HDT 仅为 160℃，与干态之差为 78℃，其耐湿热性能最差。在表 7-8 所列氰酸酯中，RTX-366 分子结构中交联点间的距离最长，其耐热性最差。Xu-71787 的交联点间的距离也很长，但它的中间是刚性很强的脂环，因此它的耐热性比 Arocy 系列低不了多少。酚醛氰酸酯 REX-371 的 T_g 在 270～400℃，控制酚醛树脂的氰酸酯化程度和半固化树脂的分子量可以调节其耐热性。不同结构氰酸酯固化树脂的热稳定性也有一定的差异。

表 7-8 氰酸酯树脂的玻璃化转变温度及热变形温度

性 能	Arocy					RTX-366	Xu-71787	REX-371[①]	AG80/DDS
	B	M	T	F	L				
T_a(DMA)/℃	289	252	273	270	258	192	244	270～400	246
HDT/℃									
（干态）	254	242	243	238	249				232
（湿态[②]）	197	234	195	160	183				167

① REX-371 为酚醛氰酸酯。

② 在 95℃、大于 95％RH 的环境中处理 64h。

表 7-9 是几种氰酸酯在空气中的 TGA 热失重起始分解温度。除 Arocy F 的起始分解温度为 431℃外，其他几种氰酸酯树脂的热失重起始分解温度基本在 400～410℃，它们的热分

解温度远高于环氧树脂，也高于双马来酰亚胺树脂。

表 7-9　氰酸酯树脂热失重起始分解温度　　　　　　　　　单位：℃

Arocy					Xu-71787	AG80/DDS	BMI-MDA
B	M	T	F	L			
411	403	400	431	408	405	306	369

图 7-8 是几种商品化氰酸酯固化树脂的吸湿曲线。系列氰酸酯树脂中，Arocy M 由于邻位甲基化，使其耐湿热、耐水解性能远好于 Arocy B、Arocy T 等，其吸湿曲线基本与 Xu-71787 一致，平衡吸湿率远低于 Arocy B、Arocy T。Arocy M 在 150℃ 蒸汽中处理 100h 也无水解反应出现，而 Arocy B 在 150℃ 蒸汽中很快就发生了水解反应，如图 7-9 所示。表 7-10 列出了各种氰酸酯的燃烧性能和耐试剂性能。

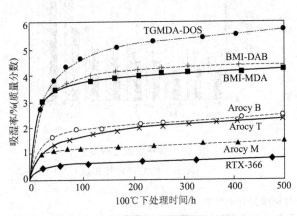

图 7-8　几种热固性树脂的吸湿曲线

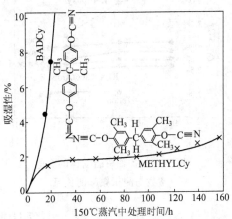

图 7-9　邻位甲基化对耐蒸汽性的影响

表 7-10　几种氰酸酯均聚物的燃烧及耐试剂性能

性　能	Arocy B	Arocy M	Arocy T	Arocy F	Arocy L	Xu-71787	REX-371
燃烧性能[1]							
第一次点燃	33	20	1	0	1	>50	LOI:45%
第二次点燃	23	14	3	0	>50		
焦炭化率(N_2)/%	41	48	46	52	43	32	58[2]
耐试剂性能($MeCl_2$,3h,室温)	5.8	4.9	0.8	—	—	—	—

① UL 94 测试标准。

② 800℃ 有氧环境。

苯环间由硫醚连接的 Arocy T 和含氟原子的 Arocy F 的阻燃性很好，特别是 Arocy F 基本不燃烧，REX-371 极限氧指数（LOI）也高达 45%，说明它也是一种不燃树脂。其他几种氰酸酯燃烧性能也各不相同，尤其是 Xu-71787 的阻燃性很差。Arocy T 的耐化学试剂性也明显优于其他几种氰酸酯。而且 REX-371 保持了酚醛树脂优异的耐烧蚀性能，其在 800℃ 有氧环境下的焦炭化率高达 58%。

7.3.1.2　氰酸酯的电性能

氰酸酯树脂在固化反应中环化反应生成的三嗪环网络结构使整个大分子形成一个共振体系，这种结构使氰酸酯在电磁场作用下，表现出极低的 D_f（tanδ）和低而稳定的介电常数。

而且当频率发生变化时，这种分子结构对极化松弛等不敏感，因而氰酸酯又具有使用频率带宽（8～100GHz）的特点，图 7-10 是各种热固性树脂的介电常数与测试频率的关系。同时，其在很宽的温度范围内（−160℃至其 T_g＝250℃）。其介电性能变化很小，例如 Arocy B 树脂浇铸体在常温下的 D_f＝0.005，介电常数 D_k＝2.74，而在 232℃高温下介电常数基本保持不变，而 D_f 也只有 0.009。

不同结构的氰酸酯固化物的介电性能也有较大的差异，RTX-366 和 Arocy F 的介电常数最低，而 Arocy M 和 Xu-71787 又具有最小的 D_f，见表 7-11。同时，树脂浇铸体的吸湿和吸湿程度也会影响其介电性能，如图 7-11 所示。

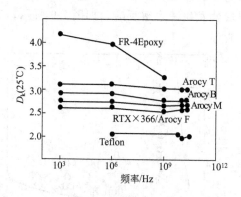

图 7-10　各种树脂基体的介电
常数与测试频率的关系

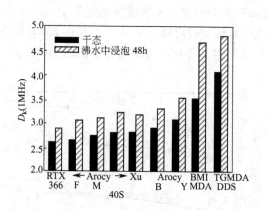

图 7-11　各种热固性树脂的干、
湿态下的介电常数比较

表 7-11　各种树脂的介电性能

介电性能	Arocy					Xu-71787	RTX-366	AG80/DDS	BMI-MDA
	B	M	T	F	L				
D_k	2.9	2.75	3.11	2.66	2.98	2.8	2.64	4.1	3.5
$D_f/\times 10^3$	5	2	3	3		2			

7.3.1.3 氰酸酯的力学性能

氰酸酯树脂也有较好的力学性能，特别是大量的连接苯环和三嗪环之间的醚键的存在，使氰酸酯树脂具有很好的抗冲击性能（与其他热固性树脂相比），因为从理论上讲，—C—O—C—醚键是一个可以自由旋转的 σ 键，而且—C—O 键的键长较长，使—C—O—C—更易于自由旋转。表 7-12 是各种热固性树脂的力学性能。

表 7-12　各种热固性树脂的力学性能

性能	Arocy					Xu-71787	RTX-366	AG80/DDS	BMI-MDA
	B	M	T	F	L				
弯曲强度/MPa	173.6	160.5	133.7	122.6	161.9	125.4	121	96.5	75.1
模量/GPa	3.1	2.89	2.96	3.31	2.89	3.38	2.82	3.79	3.45
应变/%	7.7	6.6	5.4	4.6	8.0	4.1	5.1	2.5	2.2
Izod 冲击强度/(J/m)	37.3	43.7	43.7	37.3	48	—	—	21.3	16
$G_{1c}/(J/m^2)$	138.9	173.6	156.3	138.9	191.0	60.8	—	69.4	69.4

续表

性　　能	Arocy					Xu-71787	RTX-366	AG80/DDS	BMI-MDA
	B	M	T	F	L				
拉伸强度/MPa	88.2	73	78.5	74.4	86.8	68.2	—	—	—
模量/GPa	3.17	2.96	2.76	3.1	2.89	2.78	—	—	—
断裂延伸率/%	3.2	2.5	3.6	2.8	3.8	—	—	—	—

从表 7-12 的实验数据可以看出，不论从氰酸酯树脂的弯曲应变、冲击强度、拉伸应变和 G_{1C} 等方面看，它们都表现出极为优异的韧性，Arocy 系列氰酸酯树脂的弯曲应变是 AG80/DDS 和 BMI-MDA 树脂的 2～3 倍，冲击强度和 G_{1C} 也是 2～3 倍关系。Xu-71787 树脂的抗冲击能力比 Arocy 低得多，这可能是 Xu-71787 含半梯形刚性脂环结构的原因。Arocy 系列树脂因为结构的不同，它们的力学性能也有一定的差

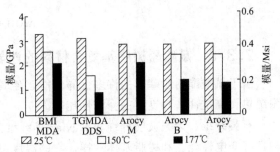

图 7-12　Arocy 树脂与 BMI、5208 树脂湿模量比较
（样品在沸水中浸泡 48h，1Msi＝6895MPa）

异，尤其突出的是 Arocy L 的弯曲应变、拉伸断裂伸长率、冲击强度和 G_{1C} 都高于其他 Arocy 树脂。图 7-12 是 Arocy B、Arocy T、Arocy M 及 AG80/DDS 和 BMI-MDA 树脂在湿热条件下弯曲模量，Arocy M 树脂表现为比 BMI-MDA 更好的耐湿热性能。

7.3.1.4　固化氰酸酯树脂的热稳定性

固化氰酸酯虽然有许多优异的物理性能和耐热性能。但是每一种材料在其使用环境下都有着不同的使用寿命，材料在使用中通常暴露在空气、水、热以及各种化学环境中，因此了解材料与这些环境所发生的作用对提高材料的性能和扩大材料的使用范围是非常重要的。通常，固化氰酸酯树脂的起始热分解温度在 400℃ 以上，玻璃化转变温度也在 250℃ 以上，但是它们在湿热条件和固化氰酸酯的催化剂作用下会慢慢地发生水解反应。

在氰酸酯模型化合物中加入一定量的酚，则不论是在 400℃ 的热或者湿热条件下的 CO_2 生成速率都加快，这说明水解产生的酚参与氰酸酯的进一步分解反应，在湿热分解研究中，酚的形成速率随分解温度上升，但这一速率在 450℃ 左右达到最大值，这也进一步说明酚在氰酸酯热降解过程中的作用。前面讲到，在高的固化温度下（250℃），固化树脂的热变形温度随催化剂中酚的含量到 2% 时达到最大值，然后热变形温度又随酚的含量增加而降低，这可能也有酚参与氰酸酯的降解反应的原因。另外，在氰酸酯湿热降解中，未固化的—OCN 官能团可能是固化氰酸酯早期降解的根源。

7.3.2　氰酸酯固化物的热分解机理

综合众多研究结果，氰酸酯的湿热分解机理可归纳如下。

（1）残余氰酸酯基团湿热分解

$$\text{ArOCN} + \text{H}_2\text{O} \xrightarrow{\triangle} \text{ArO—}\overset{\text{O}}{\overset{\|}{\text{C}}}\text{—OH} \xrightarrow{\text{重排}} \text{ArO—}\overset{\text{O}}{\overset{\|}{\text{C}}}\text{—NH}_2 \longrightarrow \text{ArNH}_2 + \text{CO}_2\uparrow$$

（2）固化氰酸酯湿热分解

$$-Ar-O-C \underset{N}{\overset{N}{\big|}} C-O-Ar \xrightarrow[\triangle]{H_2O} -Ar-O-C \underset{N}{\overset{HN}{\big|}} C=O + + + ArOH$$

$$ArOH + CO_2\uparrow + CO\uparrow + ArCN + H_2O + H_2 + ArNH_2 + HCN$$

7.3.3 氰酸酯树脂基复合材料的性能

由于氰酸酯树脂基体的许多优异性能，使其复合材料也保持了相应的特性，如耐热性、耐湿热、高抗冲击和良好的介电性能等。

石英纤维、无碱玻璃纤维和 Kevlar 等纤维的氰酸酯树脂基复合材料仍保持氰酸酯树脂的良好介电性能。和树脂基体一样，它的温度范围和频率带都很宽，图 7-13 和图 7-14 分别是双酚 A 型氰酸酯/石英纤维复合材料的介电常数和介电损耗因子随频率（波段）的变化情况，在图中的 3 种复合材料中环氧和 BMI 复合材料的介电性能均发生了明显的变化，而氰酸酯基复合材料的介电性能基本保持不变，而且它的 ε 和 D_f 都是最小。图 7-15 是在 RH100% 及 30℃ 条件下，经 8h 处理后的氰酸酯基石英纤维复合材料与 BMI 复合材料的 D_f 比较。显然，氰酸酯复合材料的 D_f 只有微小的变化，而 BMI 复合材料的 D_f 增加了 60%。

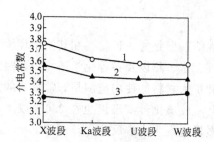

图 7-13 氰酸酯/石英纤维复合材料的
介电常数随频率的变化

1—环氧树脂；2—双马来酰亚胺树脂；
3—氰酸酯树脂

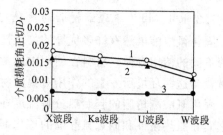

图 7-14 氰酸酯/石英纤维复合材料的
介电损耗正切 D_f 随频率的变化

1—环氧树脂；2—双马来酰亚胺树脂；
3—氰酸酯树脂

复合材料中的树脂含量也将影响到复合材料的介电性能，如图 7-16 是几种氰酸酯、BMI-MDA、FR-4 环氧的 E 玻璃纤维复合材料的介电常数随树脂体积含量的变化规律，由图可见，各种复合材料的 D_k 均随树脂体积含量的增加呈直线下降规律。表 7-13 是图 7-16 中的几种复合材料的介电性能，由表可知，复合材料介质损耗角正切 D_f 与树脂含量基本无关。

表 7-13 氰酸酯/E 玻璃纤维复合材料介电性能

树　脂		ArocyF-40S	ArocyM-40S	ArocyB-40S	Xu-71787	BMI-MDA	FR-4
D_f/(1MHz)	70%①	3.5	3.6	3.7	3.6	4.1	4.9
	55%	3.9	4.0	4.1	4.0	4.5	4.9
D_f/×10³		2	2	3	3	9	20

① 树脂体积含量。

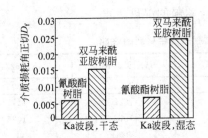

图 7-15 吸湿对氰酸酯，BMI 复合材料
介质损耗正切 D_f 的影响

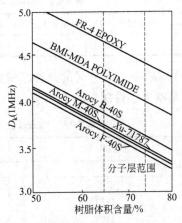

图 7-16 氰酸酯/E 玻璃纤维复合材料
介电常数与树脂体积含量的关系

树脂基复合材料的力学性能是由树脂基体和增强纤维以及它们的含量共同控制的。但有的性能主要由树脂基体控制，如单向层板的横向拉伸性能和层间剪切性能，有的性能主要被增强材料控制，如纵向拉伸性能和压缩性能。总的说来，氰酸酯树脂基复合材料表现出了优良的抗冲击损伤能力和耐湿热性能。表 7-14 是 BMI、氰酸酯和环氧树脂树脂基复合材料性能比较。从表中可见，氰酸酯复合材料的 CAI 值高达 236～276MPa，其耐湿热性能也是突出的优点之一，它不仅优于环氧树脂，而且优于 BMI 树脂。图 7-17 是几种氰酸酯复合材料的短梁剪切强度

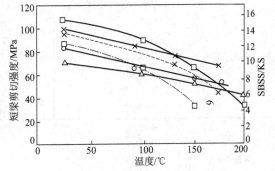

图 7-17 氰酸酯复合材料的短梁剪
切强度（SBSS）随温度的变化

（SBSS）随温度的变化情况。表 7-15 所列是 Arocy B/石英纤维复合材料的力学性能。

表 7-14 双马来酰亚胺、氰酸酯和环氧树脂及其复合材料性能比较

项　　目	BMI	氰酸酯	环氧树脂
固化温度/℃	180～200	177	177
后处理温度/℃	240	204	—
固化时间/h	16～24	3～4	3～4
纯树脂饱和吸湿率/%	2.93	1.56	4.13
玻璃化温度(干态)/℃	300	250～290	>250
玻璃化温度(湿态)/℃	200	214	
降低率/%	33	9	
剪切强度干湿态差别			
(20℃)	吸湿<0.6%	吸湿<0.6%	无影响
(100℃)	严重下降	有影响	线性下降
冲击后压缩强度/MPa	214①	236～276	
工作温度/℃	<250	<177	<177

① BMI 冲击能量 4.45kJ/m，氰酸酯冲击能量 6.67kJ/m。

表 7-15 Arocy B/石英纤维复合材料的力学性能

拉伸强度/MPa	拉伸模量/GPa	压缩强度/MPa	压缩模量/GPa	弯曲强度/MPa	弯曲模量/GPa	剪切强度/MPa
696	26.2	524	23.4	793	26.9	81

表 7-16 是 Hexcel 公司的几种氰酸酯树脂基复合材料的性能。表 7-17 是 X54-2/IM7 复合材料的基本力学性能，表 7-18 是 X54-2/IM7 复合材料的湿热性能。

表 7-16 Hexcel 公司的氰酸酯树脂基复合材料的性能

复合材料		561-66/IM7	HX1553/IM7	HX1562/IM7
拉伸强度/MPa		2618	2753	2605
弯曲强度/MPa	室温	1529	1622	1571
	135℃	—	1076	1035
	149℃	1118	866	923
	204℃	961		
	室温(湿态)①	1369②	1544	1521
	135℃(湿态)		631	779
	177℃(湿态)	847②		—
剪切强度/MPa	室温	98.7	106.4	106.4
	135℃		63.4	66.8
	149℃	72.8	61.4	67.9
	204℃	55	—	—
	室温(湿态)①	88.9②	99.5	94.3
	135℃(湿态)		54.6	54.9
	177(湿态)	45.6②		
压缩强度/MPa	室温	1806	1660	1800
	135℃		1268	1241
	149℃		1021	1003
	室温(湿态)①	—	1674	1639
	135℃(湿态)	—	935	866

① 湿态条件：71℃、RH95%两星期。

② 湿态条件：水煮 96h。

注：复合材料纤维体积含量：60%。

表 7-17 X54-2/IM7 氰酸酯复合材料的基本力学性能

项 目	室 温	121℃	149℃	177℃
纵向拉伸强度/MPa	2811			
纵向拉伸模量/GPa	161			
纵向压缩强度/MPa	1571	1288	1337	
短梁剪切强度/MPa	98.5	73	66	49.6
层间剪切强度/MPa	116.4			
层间剪切模量/GPa	4.68			
纵向弯曲强度/MPa	1694	1282	1123	1061
纵向弯曲模量/GPa	140	137	124	128
开孔拉伸强度①/MPa	428			
开孔压缩强度②/MPa	291			
开孔压缩强度③/MPa	397			
冲击后压缩强度/MPa	258.5			

① 铺层方式 [+45/0/−45/90]s。

② 铺层方式 [+45/0/−45/90]2s。

③ 铺层方式 [±45/0/0/90/0/0/±45/0]s。

表 7-18　X54-2/IM7 复合材料的湿热性能

温度/℃	121	149	163	177
纵向压缩强度[①]/MPa	1330	1288		
短梁剪切强度[①]/MPa	60.6	51		42
层间剪切强度[②]/MPa	77	66	55.8	
层间剪切模量/GPa	3.51	2.55	2.41	
纵向弯曲强度[①]/MPa	1116	930		686
纵向弯曲模量[①]/GPa	128.8	126		122.6
开孔压缩强度[②]/MPa[④]	241.8	230		
开孔压缩强度[③]/MPa[④]	323.8	321		

① 71℃浸泡 7 天。
② 65.5℃、85%RH 下达到平衡。
③ 71℃浸泡 14 天。
④ 铺层方式同表 7-17 中的注释②和③。

7.4 氰酸酯的改性

氰酸酯树脂具有其他热固性树脂所不具备的优异使用性能和工艺特点，因此应用氰酸酯改性环氧及双马来酰亚胺树脂等热固性树脂，不仅可以改善这些树脂的某些使用性能（如耐湿热性能、抗冲击性能等），而且可以改善它们的成型工艺性。

7.4.1 氰酸酯改性环氧树脂

环氧树脂是一类综合性能优良的树脂，它在复合材料中得到了极广泛的应用。但是通常的环氧树脂基体中含有大量固化反应生成的羟基等极性基团，树脂基体吸湿率高，使其复合材料在湿热环境下的力学性能显著下降。利用氰酸酯树脂改性（固化）环氧树脂，固化树脂分子结构中不含羟基、氨基等极性基团，因此吸湿率低，树脂基体耐湿热性能好；固化树脂中含有五元噁唑烷酮杂环和六元三嗪环结构，因此具有较好的耐热性；固化树脂分子结构中有大量的"—C—O—"醚键结构，故又具有较好的韧性。

7.4.1.1 氰酸酯改性环氧树脂的固化反应

为了便于深入研究氰酸酯/环氧共聚反应机理，人们采用单官能团模型化合物氰酸酯 CPCy 和环氧 PGE 进行共聚反应机理研究。

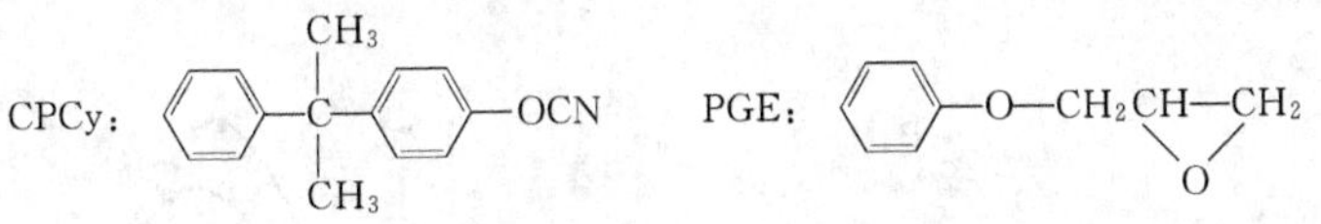

在钛酸酯催化下，等摩尔的 CPCy 和 PGE 在 177℃下的反应表明，氰酸酯官能团的 60%转化成三聚体。GPC 实验表明，等摩尔的 CPCy 和 PGE 的反应产物由 57%的氰酸酯三聚体、13%的噁唑烷酮、4%的氰酸酯化合物和 26%的 PGE 组成。图 7-18 只是 CPCy 与 PGE 反应瞬时的组成分布，实际上应用高效液相色谱（HPLC）监控 CPCy/PGE 反应体系剩余混合物及新反应生成化合物在不同反应时间下的分布情况时（如图 7-19），发现 PGE 的消耗速率比 CPCy 慢，更为重要的是，随反应的进行，三聚体含量在较短的反应时间内即达到一个最大含量值，然后三聚体的含量开始下降，并在反应最后达到一个较低的平衡值（这个平衡值和 CPCy 与 PGE 的配比有关），并且在三聚体的含量开始下降的时候，噁唑烷酮才开始明显生成。

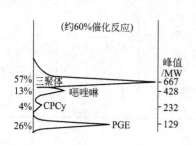

图 7-18 等物质的量的 CPCy 与 PGE
反应混合物的 GPC 分峰谱

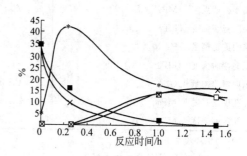

图 7-19 CPCy/PGE 反应体系中化合物含量分布
×—CPCy；⊠—PGE；■—三聚体；＊—噁唑啉

CPCy/PGE 体系反应混合物的 FTIR 谱图表明，反应混合物中含有未反应的 CPCy、PGE 及反应生成的 CPCy 三聚体、噁唑烷酮及聚醚结构。

笔者曾利用 DSC 和 FT-IR 对乙酰丙酮镧系过渡金属络合物 Mt（acac）$_n$ 催化剂作用下，二官能团氰酸酯［氰酸酯在欠量（C）、适量（B）、过量（A）的条件下］与环氧树脂的固化反应历程进行了定量表征，对其固化反应机理进行了研究探讨。

傅里叶红外光谱分析（FT-IR）是研究树脂固化反应过程中各官能团消长变化的一种主要的表征手段，氰酸酯与环氧树脂共固化反应中各基团所对应的红外吸收特征谱带见表 7-19。

表 7-19 氰酸酯与环氧树脂共固化反应中各基团所对应的红外吸收特征谱带

γ/cm^{-1}	2270	1760	1670	1560	1120	915	830
基团	—OCN	N—C=O	C=N	三嗪环	—O—	—CH—CH$_2$ (O)	

谱带的吸光度用峰高 H 表示，以苯环 830cm^{-1} 吸收峰做内标，这样可以分别计算 H_{2270}/H_{830}、H_{1670}/H_{830}、H_{1560}/H_{830}、H_{1760}/H_{830} 和 H_{1120}/H_{830} 与环氧基表观转化率 $X=1-X_t/X_0$ 等温固化关系曲线，如图 7-20～图 7-24 所示。图中反映了各氰酸酯与环氧树脂共固化体系中各主要特征官能团随环氧基表观转化率的定量变化关系。

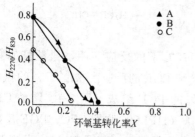

图 7-20 氰酸酯基与环氧基
转化率变化关系

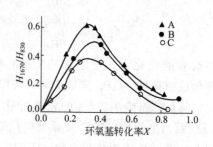

图 7-21 亚氨基与环氧基
转化率的变化关系

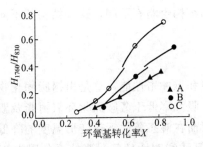

图 7-22 噁唑烷酮与环氧基转化率
的变化关系

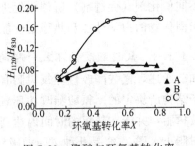

图 7-23 聚醚与环氧基转化率
的变化关系

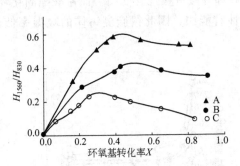

图 7-24 三嗪环与环氧基转化率的变化关系

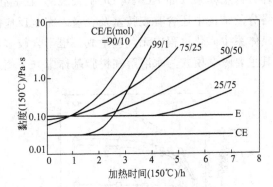

图 7-25 氰酸酯与环氧树脂不同
配比混合物的黏度变化

研究结果表明，氰酸酯与环氧树脂的共固化反应主要包括以下 3 种反应。

第一步是氰酸酯基形成二聚体和三聚体（三嗪环）的自聚反应；第二步是环氧基在羟基的作用下形成聚醚的交联反应和二聚体转变为三嗪环的反应；第三步是三嗪环与环氧基聚合形成噁唑烷酮（而不是噁唑啉）的反应。

众所周知，在无催化剂和固化剂的条件下，无论是氰酸酯还是环氧树脂都很难单独进行固化反应。但是，当氰酸酯与环氧树脂的混合物进行固化时，少量的氰酸酯树脂即能促进环氧树脂的固化，而更为少量的环氧树脂也能促进氰酸酯树脂的固化反应，也就是说，固化反应中氰酸酯与环氧树脂相互催化（如图7-25）。

氰酸酯固化环氧树脂可以在无催化剂的条件下完全固化，也可以在催化剂的催化下进行固化反应。在外加催化剂催化下，树脂的固化机理及固化物的分子结构都有一定的差异。表7-20 是不同催化剂浓度对该类树脂体系反应活性的影响，可见催化剂对树脂体系的反应活性有很大的影响。

表 7-20 不同催化剂含量的氰酸酯/环氧的反应活性

配 方	凝胶时间(177℃)/min	金属催化剂	催化剂浓度/×10⁻⁶
1	24.2	CuAcAc	37
2	10.0	CuAcAc	152
3	5.7	CuAcAc	267
4	1.2	CuNaph	500
5	92	无	—

不同催化剂（促进剂）所催化促进的共固化物的结构也略有不同，这些结构的不同将影响树脂固化物的力学性能和热稳定性能。

7.4.1.2　氰酸酯改性环氧树脂的物理性能

如前所述，氰酸酯改性环氧树脂有较好的耐湿热和抗冲击性能，这是由树脂固化物本身的分子结构所决定的。氰酸酯改性环氧树脂固化物的吸湿率低于芳胺固化环氧树脂及双马来酰亚胺树脂，并能在较短的时间内达到吸湿平衡，因而在湿态条件下热变形温度的降低也较其他树脂小。图 7-26 是几种树脂的吸湿曲线比较。氰酸酯改性环氧树脂体系的吸湿率大大低于 AG-80/DDS 环氧体系、耐湿热的 5228 环氧树脂体系和 BMI-MDA 体系。这是因为，环氧树脂体系（如 AG-80/DDS、5228）在固化过程中生成大量亲水的羟基，并且在交联网络分子结构中还含有叔胺基及少量未完全反应的伯胺和仲胺等极性官能团，而氰酸酯固化环氧体系中固化过程中无羟基生成，也不含较多的极性官能团，因此树脂浇铸体的吸湿率低，其主要吸湿模式为水溶解在树脂基体中（平衡水）。

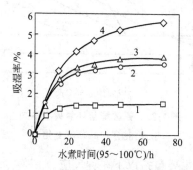

图 7-26　几种树脂的吸湿曲线比较

1—氰酸酯/环氧；2—5228 环氧；

3—BMI-MDA；4—AG-80/DDS

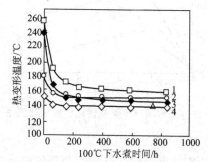

图 7-27　几种树脂固化物热

变形温度随水煮时间的变化

1—BADCy 均聚物；2—My720/DDS 环氧树脂；

3—BADCy/DGEBA 43%/57%；

4—BADCy/DGEBA 35%/65%

图 7-27 是水煮时间对树脂热变形温度的影响。氰酸酯均聚物及 MY720/DDS 树脂体系的热变形温度。在水煮 500h 后仍有轻微的下降。而氰酸酯改性环氧在水煮 60h 后就达到了平衡，而且其干湿态的热变形温度之差仅为 10～20℃。

表 7-21 是氰酸酯改性环氧树脂的物理力学性能。不同结构环氧树脂的力学性能各不相同，氰酸酯固化 DGEBA 具有较高的弯曲强度和断裂伸长率。

表 7-21　环氧树脂的种类对氰酸酯改性环氧树脂性能的影响

环氧类型	环氧比例/%（质量）	最高固化温度/℃	HDT/℃		弯曲力学性能		
			干态	湿态	强度/MPa	模量/GPa	伸长率/%
DGEBA	56.8	200	196	167	147.6	3.45	6.2
DGETBBA	71.6	200	192	172	124.9	3.59	3.6
MY720	47.4	235	237	188	73.1	3.04	2.1

氰酸酯不仅能改善环氧树脂的力学性能，而且氰酸酯固化环氧的电性能也得到了改善，其电性能优于胺固化环氧树脂和 BMI-MDA 树脂，见表 7-22 所列。

表 7-22　改性环氧树脂及其他树脂的电性能

性　　能	DGEBA/BADCy	MY720/BADCy	BADCy 均聚物	BMI-MDA	TGMDA/DDS
D_k(1MHz)	3.1	3.3	2.9	3.5	4.1
D_f(1MHz)	0.013	0.017	0.005	0.015	0.033

　　环氧树脂与氰酸酯共固化物具有优异的综合性能，随着氰酸酯含量的增加，其共固化物的电气性能和耐热性能均随之提高，但是在氰酸酯与环氧树脂等物质的量之比（适量）以后，这种提高的幅度减少，其原因是在氰酸酯适量以前，随着氰酸酯含量的增加，其固化物中三嗪环结构含量也随之增加，从而较大幅度地提高了氰酸酯与环氧树脂共固化物的电气性能和耐热性能。在适量以后，随着氰酸酯含量的增加，其体系中三嗪环也随之增加，但是三嗪环与环氧基共聚形成的噁唑烷酮结构减少，由于三嗪六元环与噁唑烷酮五元环均是耐热性基团，所以在等物质的量之比以后耐热性提高幅度较小。但是介电性能变化较大。这可能与三嗪环是一对称共振结构，在外场作用下，对极化松弛不敏感，因此表现出极低的介电常数和介电损耗值有关（见表 7-23）。所以要根据实际需求来选择和调节氰酸酯与环氧树脂共固化产物中氰酸酯与环氧的用量，以便提高其性能/价格比。

表 7-23　环氧与氰酸酯共固化产物的性能

性　　能	A	B	C
电学			
介电损耗正切/$\times 10^{-2}$	0.21	0.38	0.57
介电常数	3.1	3.3	3.8
体积电阻率/$\Omega \cdot m$	1.28×10^{14}	8.6×10^{13}	4.2×10^{13}
热			
温度指数/℃	178	173	158
热变形温度/℃	205	196	155
力学			
弯曲强度/MPa	98	101	110
弯曲模量/GPa	4.0	3.9	3.8
断裂伸长率/%	2.08	2.26	2.89

　　氰酸酯改性环氧树脂基体具有良好的耐湿热性能和断裂韧性，因此其复合材料也具有良好的力学性能，表 7-24 是 5284（氰酸酯）/T300 的热力学性能。数据表明，5284/T300 具有良好的耐湿热性能，其湿热状态下的长期使用温度可达 150℃。

表 7-24　5284/T300 复合材料的热力学性能

测试条件②		室温(干态)	130℃(干态)	130℃(湿态)	150℃(干态)	150℃(湿态)
弯曲	强度/MPa	1680	1390	1200	1310	1082
	保持率/%	100	82.74	71.4	77.8	64.4
层剪	强度/MPa	104	69.6	61.4	61.4	51.5
	保持率/%	100	66.92	59.04	59.04	49.5
压缩①	强度/MPa	659.5	556.4	497.6	—	—
	保持率/%	100	84.4	75.4	—	—

① 铺层方式：$[45/0/-45/90]_{4s}$。

② 湿热条件均为水煮 48h。

7.4.2 氰酸酯改性双马来酰亚胺树脂

氰酸酯官能团和缺电子不饱和烯烃之间的反应是氰酸酯改性的一种重要方法。日本三菱公司的商品化的 BT 树脂系列，即是一大类氰酸酯与 BMI 树脂的反应产物或混合物。BT 树脂最基本的成分就是双酚 A 型二氰酸酯和二苯甲烷双马来酰亚胺。如图 7-28 是氰酸酯与 BMI 树脂的共聚反应机理。在氰酸酯改性 BMI 的基础上，加入环氧、不饱和聚酯、丙烯酸酯和热固性阻燃剂等，以获得满足各种特殊用途的材料。BT 树脂的固化物既提高了 BMI 树脂抗冲击性、电性能和工艺操作性，也改善了氰酸酯树脂的耐水解性，BT 树脂系列的固化物的耐热性介于 BMI 和氰酸酯树脂之间，图 7-29 是不同配比的 BMI/CE（氰酸酯）固化物的玻璃化转变温度。将氰酸酯、BMI 及环氧混合物共固化，所生成树脂的工艺性和韧性更佳，但其使用温度略有下降。图 7-30 是 BMI/CE、环氧树脂共固化树脂玻璃化转变温度随树脂组成变化的情况。

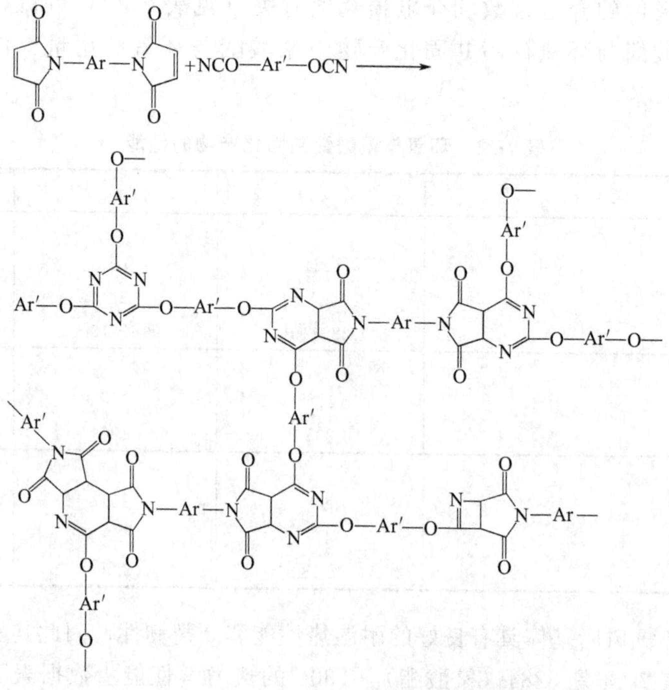

图 7-28 BMI/CE 共聚反应机理

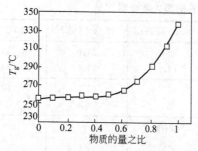

图 7-29 不同 BMI 物质的量之比的
BMI/CE 固化物的玻璃化转变温度

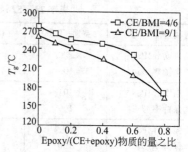

图 7-30 不同 BMI/CE/环氧树脂比例
树脂的玻璃化转变温度

Surrey 大学化学系对烯丙基氰酸酯与双马来酰亚胺树脂的共聚反应进行了系统的研究。1-氰氧基-2-烯丙基苯与 N-苯基马来酰亚胺（N-PNMI）的模型混合物在经 140℃/4h＋150℃/5h 的反应后，^{13}C-NMR 分析表明，谱图中有很强的三嗪环碳原子的化学吸收位移 174.50×10^{-6}，以及不相同的两个较弱的非对称羰基碳原子的化学位移 178.85×10^{-6} 和 175.75×10^{-6}（烯丙基苯与 N-苯基马来酰亚胺反应物的 ^{13}C-NMR 也有相同的这两个化学位移），当然在这组 ^{13}C-NMR 谱中还有未反应的很强的羰基碳原子的化学位移 170.21×10^{-6}（如图 7-31）。这说明，在这一过程中的主要反应是氰酸酯官能团的三环化反应，然后烯丙基再和马来酰亚胺进一步反应，其反应机理如图 7-32 所示。动态热机械分析（DMA）表明，烯丙基氰酸酯与 BMI 的混合树脂经某一工艺固化后 T_g 为 350℃，而经同一工艺固化后二苯甲烷双马来酰亚胺树脂的 T_g 仅为 210℃，这表明在此工艺条件下该双马来酰亚胺树脂未完全固化，如图 7-33 所示。

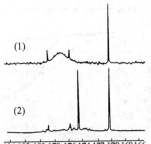

图 7-31　烯丙基氰酸酯与
N-PNMI 反应物的 ^{13}C-NMR
(1) 烯丙基苯与 N-PNNI 反应；
(2) 烯丙基氰酸酯与 N-PNMI 反应

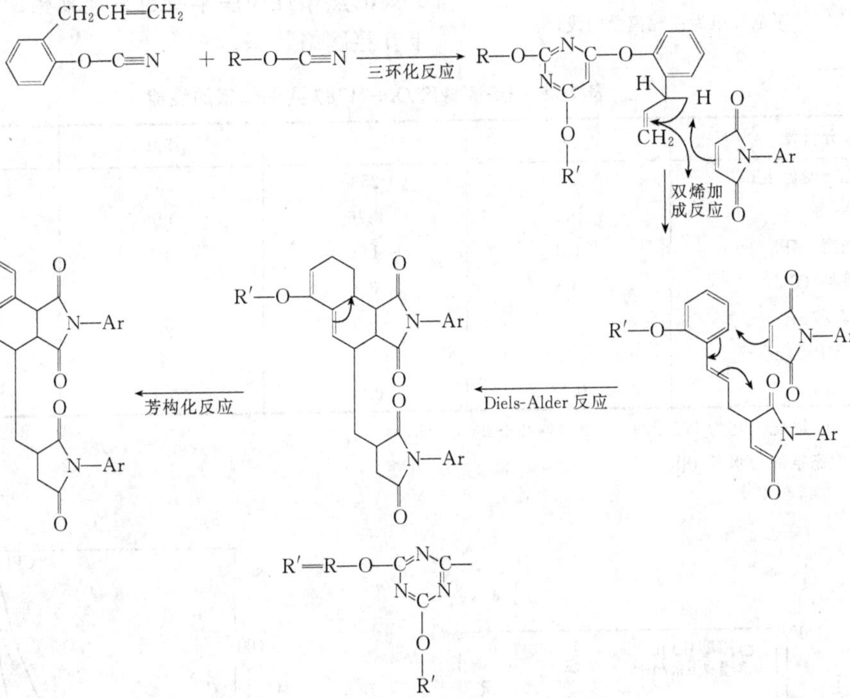

图 7-32　烯丙基氰酸酯与 BMI 共聚反应机理

7.4.3　氰酸酯的增韧改性

虽然氰酸酯树脂有较好的抗冲击性能，但其韧性仍不能满足高性能航空结构材料的要求。针对氰酸酯的增韧改性的方法主要有：①与单官能度氰酸酯共聚，以降低网络的交联密度；②与橡胶弹性体共混改性；③与热塑性塑料共混共固化形成半互穿网络（SIPN）。常规的橡胶增韧方法与橡胶增韧其他热固性树脂相似，在此就不再阐述。

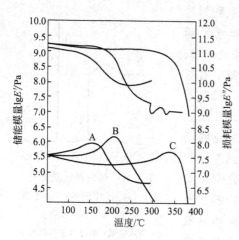

图 7-33　氰酸酯、BMI 及烯丙
基氰酸酯的 DMA 曲线

A—氰酸酯均聚物；B—双马均聚物；C—烯丙基氰酸
酯/BMI 共聚物；E'—储能模量；E''—损耗模量；

（上面 3 根曲线是储能模量曲线，

下面 3 根为损耗模量曲线）

一种新型橡胶增韧的氰酸酯树脂体系是核-壳橡胶粒子增韧的 Xu-71787 树脂体系，核-壳橡胶粒子增韧不会影响氰酸酯树脂的耐热性，而且它对树脂体系的流变性能影响也很小。少量的核-壳橡胶即可产生显著的增韧效果。表 7-25 列出了核-壳橡胶增韧的 Xu-71787 树脂的性能。图 7-34 是核-壳橡胶增韧的 Xu-71787/AS4 复合材料的韧性，核-壳橡胶粒子能显著提高复合材料的韧性，并且不降低其耐热性，橡胶粒子的浓度在 5％为佳。

像改性其他热固性树脂的抗冲击性能一样，也可用玻璃化转变温度范围在 170～300℃的无定形态或半结晶热塑性树脂改性氰酸酯，如 PEI、PS、PES、PEK-C 和 PI 等。这些热塑性树脂能溶于氰酸酯单体中，但在固化过程中可能又发生相分离，研究表明，当热塑性树脂的浓度大于 15％后，相分离的热塑性树脂本身也是连续相，使固化树脂呈半互穿网络状态。

表 7-25　核-壳橡胶/Xu-71787 共混体系的性能

橡胶百分含量/％	0	2.5	5.0	10.0
玻璃化转变温度/℃	250	253	254	254
吸湿率/％	0.7	0.76	0.95	0.93
弯曲强度/MPa	121	117	112	101
弯曲模量/GPa	3.3	3.1	2.7	2.4
弯曲应变/％	4.0	5.0	6.2	7.5
$K_{1C}/(MPa \times m^{1/2})$	0.522	0.837	1.107	1.118
$G_{1C}/(kJ/m^2)$	0.07	0.20	0.32	0.63

注：1. 固化工艺为 175℃/1h＋225℃/2h＋250℃/1h。

2. 湿态条件为水煮 48h。

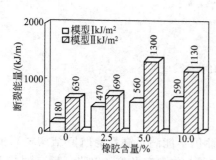

图 7-34　Xu-71787/AS4 复合
材料的韧性

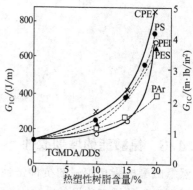

图 7-35　热塑性树脂及其浓度对
Arocy B 树脂浇铸体破坏韧性的影响

（1lb＝0.454kg，1in＝25.4mm）

图 7-35 是各种不同浓度热塑性树脂改性氰酸酯的 G_{1c}，表 7-26 是 Arocy B/热塑性树脂（1：1）体系的性能。由此可见，高玻璃化转变温度热塑性树脂的加入能大大地提高氰酸酯树脂的韧性。若用活性端基（如羟基、氨基）封端的热塑性树脂改性氰酸酯，能进一步改善热塑性塑料和固化氰酸酯的界面，提高树脂的耐溶剂性等，如带活性羟基端基的 PES 改性的 Arocy L-10 树脂的耐二氯甲烷的能力远远优于氰基封端的 PES，而且其弯曲应变也从6.9％提高到了 10.1％。

表 7-26　Arocy B/热塑性树脂（1：1）体系的力学性能

材　料	应变/%	拉伸强度/MPa	拉伸模量/GPa	玻璃化转变温度/℃
Arocy B/PC	17.3	84.8	2.06	195
Arocy B/PSF	12.7	72.4	2.05	185
Arocy B/PES	9.6	71.7	2.34	

7.5 氰酸酯的应用

尽管氰酸酯树脂具有一系列优异的性能，但是很少单独使用，它主要以复合材料的形式应用在众多高新技术领域中。其复合材料主要应用于高速数字和高频印刷电路板、高性能透波材料和航空结构材料。氰酸酯复合材料同时具有良好的电性能和力学性能，它用于高性能飞机雷达天线罩和机敏结构蒙皮。同时，由于其宽频带特征，并具有低而稳定的介电常数和介电损耗角正切值，因而也是制造隐身飞行器的材料之一。氰酸酯在现代电子通信领域内也有极广的用途。表 7-27 是部分已商品化的氰酸酯树脂体系的基本性能及应用情况。

表 7-27　氰酸酯树脂体系的基本性能及其应用

供应商及树脂体系	未增韧(U)增韧剂	固化温度/工作温度(干)/℃	T_g/℃	吸湿率/%	D_f	介电常数	应用情况
Rhone-Poulenc(树脂)							
B-10		177/177	290	2.5	0.003	2.9	高速电路
M-10	U	177/177	270	1.3	0.003	2.75	
F-10		177/177	290	1.8	0.003	2.66	一次/二次航空结构
L-10(液体)	(TP 或者环氧树脂)	177/177	260	2.4		2.98	雷达罩/天线
RTX-366(液体)		121/121	192	0.6		2.6~2.8	
Dow-Plastics(树脂)							
XU 71787.02	U	177/177	252	1.2	0.002	2.8	雷达罩,天线,结构
XU 71787.07	橡胶	177/177	265	1.2	0.002	2.9	
XU 71787.09L	TP	177/177	220~250	0.6	0.002	3.1	航天,雷达罩,低温177湿热应用
ICI Fiberite(预浸料)							
954-1	TP	177/177	266	0.4			雷达罩,天线
954-2	TP	177/177	240	0.5			一次结构,高抗冲击
954-3	TP	177/177	258	0.4			航天应用
BASF(预浸料)							
5245C		177/177	216				主承力结构,雷达罩,航天应用
5575-2	TP	177/177	232	1.0	0.005	3.25	雷达罩,天线,一次结构(F22)
X6555 Syntactic core		177/177	250		0.005	1.8	
X6555-1 Syntactic core		177/177	250		0.005	1.6	

续表

供应商及树脂体系	未增韧(U)增韧剂	固化温度/工作温度(干)/℃	T_g/℃	吸湿率/%	D_f	介电常数	应 用 情 况
Amoco(预浸料)							
ERL-1939-3	TP	177/177	210	1.6	0.004	3.04	雷达罩,天线
ERL-1999	U	177/177	201	0.99			航天应用
Hexcel(预浸料)							
HX 1566	U	177/177	240	0.5	0.005	2.74	军机,天线
HX1553	TP	177/177	180	0.8			航天结构,低温
HX 1584-3	U	177/177	210	0.3	0.004	2.74	
YLA Lnc.(预浸料)							
RS-3	U	177/177	254	1.45	0.005	2.6	卫星结构,飞机骨架,导弹结构,
(RS-12 121℃固化)							雷达罩
Bryte Techn.(预浸料)							
BTCY-1	U	177/177	270	1.0	0.003	2.7~2.8	高温雷达罩/天线
BTCY-2	U	177/177	190	0.6	0.004	2.6	超低损耗雷达罩,天线,喇叭及棱镜的低损耗浇铸体
BTCY-3	U	121/163	166	0.6	0.004	2.7	空间应用
EX1515(增韧)		121/135					空间应用
EX 1505	U	177/260	330		0.007	2.8	高温应用

第8章 ▶▶ 有机硅树脂

有机硅树脂是以—Si—O—为主链，侧基为有机基团与 Si 原子相连的交联型半无机高聚物。

几千年来，人类一直在利用取之不尽、用之不竭的天然硅酸盐和二氧化硅为生产和生活服务。人们对有机硅化合物的研究已有百余年的历史，最初是在 1863 年由法国化学家 Friedel 和 Crafts 从 SiCl$_4$ 与 ZnEt$_4$ 出发，在 160℃ 下制得了第一个含 Si—C 键的有机硅化合物 SiEt$_4$。在有机硅化学的发展中，英国化学家 Kipping 在 1898～1944 年对有机硅化学进行了广泛而深入的研究工作，为有机硅化学及工业的发展奠定了良好的基础。但是，他对硅烷水解缩合反应以及生成的高分子产物缺乏兴趣，因而未能抓住时机进一步推动有机硅向实用工业方面发展。直至 20 世纪 30 年代末，为了研究耐热材料，尤其是电绝缘材料，有机硅聚合物才因工业上对其发生兴趣而获得发展。美国 Corning 公司的 Hyde、通用电气公司的 Patnode 和 Rochow、前苏联的多尔高夫和安德里罗夫等围绕各种硅烷单体的水解缩合反应及制取耐热硅树脂做了大量的基础工作，并取得了长足的进展。Hyde 成功地合成了第一个有机硅产品，一种用于电气绝缘的硅树脂绝缘漆。1944 年，Rochow 发明了直接法合成有机氯硅烷。1942 年，美国 Dow 化学公司建成了甲基苯基硅树脂的中试试验装置，1943 年，Dow 与 Corning 公司合资成立了道-康宁（DC）公司，专门从事有机硅的生产与研究。1947 年，美国通用电气 GE 公司成立了有机硅部，建成了用直接法技术生产有机硅的生产厂。在 20 世纪 40 年代期间，DC 和 GE 两大公司相继推出了有机硅树脂涂料、玻璃漆布、飞机点火密封剂、层压树脂制品、纸张及织物整理剂等有机硅树脂产品。

第二次世界大战结束后，有机硅产品在军工生产中的成功应用引起了人们对有机硅的极大兴趣。20 世纪 50 年代，德国、法国、英国、日本等公司纷纷建成了有机硅生产装置，各种有机硅产品如雨后春笋般涌现。

中国的有机硅技术开始起步于 1952 年，当时的北京化工实验所（沈阳化工研究院前身）和上海有机化学所开展了这方面的研究工作。1958 年在上海建成了直接法合成有机氯硅烷的生产装置，并生产出了有机硅树脂。20 世纪 60 年代以来，北京化工研究院、沈阳化工研究院（从 1967 年起两院有机硅部分并入晨光化工研究院）及吉林化工研究院等开展有机硅工业化技术开发。40 多年来，中国在有机硅基础研究及新产品开发方面取得了长足的进展，已从早期主要为军工、电子、航空航天服务，转向全面为国民经济各部门服务。

8.1 硅及硅键的化学特性

在门捷列夫元素周期表中，硅和碳同属一族，而且硅紧接于碳之下，因此含硅的聚合物便首先得到发展，可以预测硅的化学特点必与碳有相似之处。硅和碳最外层的电子层都具有

4 个电子，因此都易接受电子，又易给出电子。硅的电负性小，为 1.8；碳的电负性大，为 2.5。由于硅比碳多一层电子，接受外来电子的能力必定小于碳，而给出电子的能力以及金属性质比碳强。硅的化合价为 4，但配位数可达 6，因此硅的反应能力比碳强，这些区别不仅影响到这两种元素的化学反应，而且影响到生成化合物的性质。在硅和其他元素的键中，两个元素的电负性越是接近，则键的生成越困难，生成化合物的化学稳定性越低。

硅与电负性较大的元素形成的键能较大，Si—X 要比 C—X 的键能大，因此热稳定性较高，$SiCl_4$ 在温度超过 600℃ 仍不分解，但这种硅卤键对于水解作用极不稳定：

$$—Si—X + H_2O \longrightarrow \left[\begin{array}{c} H \\ | \\ O^+ \cdots Si—X^- \\ | \\ H \end{array} \right] \longrightarrow HO—Si + HX$$

Si—Si 键比 C—C 键易于分解。而且 Si—Si 键的热稳定性随分子的长度增加而降低。因此 Si—Si 键的链长比较短，而且对于碱的水溶液比较敏感，反应时释放出氢：

$$—Si—Si— + 2H_2O \longrightarrow 2—Si—OH + H_2\uparrow$$

硅-氢键有较高的键能，但此键极不稳定，与氧、水、卤素易发生作用，硅烷类与空气作用极快，以致能发生燃烧，生成氢和二氧化硅。

硅-碳键是比较稳定的，其热稳定性取决于与硅原子键合的有机基的种类和大小，R_4Si 的热稳定性很高，而芳基取代硅化合物的热稳定性比烷基取代的高。硅-碳键的化学稳定性比较好，碱对其作用仅在高温（200℃ 以上）热压釜中才能脱去有机基，并生成烃类及硅酸钠。硅-碳键受氧的作用是在较高温度下，有机基以氧化物（醛、酸）形式析出，而硅则以 $(SiO)_n$ 形成聚合物。

大多数有机硅聚合物是由硅氧链构成的 $\left(—Si—O—Si—O—Si—O— \right)$，其硅原子上还连接有机基，硅-氧键的热稳定性很高，硅原子上引入有机基能使硅氧链的热稳定性降低，有机基的数目越多，则热稳定性越低。硅-氧键的化学稳定性是极高的，硫酸、硝酸和其他酸类均不能毁坏石英中的硅-氧键，只有氢氟酸和强碱的作用，才能使其断裂。

根据这些情况表明，由硅-氧键形成的硅化合物具有高热稳定性和化学稳定性，所以它是目前有机硅聚合物的主要化学结构形式。

8.2 有机硅单体的合成

有机硅树脂的制备主要由有机氯硅烷水解缩合及稠化重排而得，表 8-1 列出了有机氯硅烷在生产各类聚合物产品中的应用。

表 8-1　有机氯硅烷的应用

氯硅烷	应　用	
	中　间　体	聚　合　产　品
Me_2SiCl_2	$(Me_2SiO)_m$，$HO(Me_2SiO)_nH$	硅油、硅橡胶、硅树脂等
Me_3SiCl	$Me_3SiOSiMe_3$	硅油、硅橡胶、MQ 硅树脂
$MeSiHCl_2$	$(MeHSiO)_m$，$Me_3Si(MeHSiO)_nSiMe_3$	硅油、硅橡胶、硅树脂
Me_2SiHCl	$HMe_2SiOSiMe_2H$	硅油、硅橡胶、MQ 硅树脂
$MeSiCl_3$	含 $MeSiO_{1.5}$ 硅氧烷	硅树脂、支链型硅油

续表

氯硅烷	应 用	
	中 间 体	聚 合 产 品
$PhSiCl_3$	含 $PhSiO_{1.5}$硅氧烷	硅树脂,支链型硅油
Ph_2SiCl_2	$(Ph_2SiO)_m$	硅油、硅橡胶、硅树脂
$MePhSiCl_2$	$(MePhSiO)_m$	硅油、硅橡胶、硅树脂
$MePh_2SiCl$	$Me_2Ph_2SiOSiPh_2Me$	硅油、硅橡胶
$Me_2PhSiCl$	$Me_2PhSiOSiPhMe_2$	硅油、硅橡胶
Et_2SiCl_2	$(Et_2SiO)_m$	硅油、润滑脂
Et_2SiCl	$Et_2SiOSiEt_3$	硅油
$EtSiHCl_2$	$(EtHSiO)_m$,$Et_3SiO(EtHSiO)_nSiEt_3$	硅油
$EtSiCl_3$	含 $EtSiO_{1.5}$硅氧烷	硅树脂
$ViSiCl_3$	含 $ViSiO_{1.5}$硅氧烷	硅树脂
$MeViSiCl_2$	$(MeViSiO)_m$	硅油、硅橡胶、硅树脂
$Me_2ViSiCl$	$ViMe_2SiOSiMe_2Vi$	硅油、硅橡胶、MQ硅树脂
$SiCl_4$		硅树脂、MQ硅树脂
$HSiCl_3$		硅树脂等

由表 8-1 可知,其基本单体有甲基三氯(烷氧基)硅烷、二甲基二氯(烷氧基)硅烷、甲基苯基二氯(烷氧基)硅烷、苯基三氯(烷氧基)硅烷、二苯基二氯(烷氧基)硅烷、四氯(烷氧基)硅烷、三氯硅烷、甲基乙烯基氯硅烷、乙烯基氯硅烷、乙基二氯硅烷等。其中甲基氯硅烷最重要,它的用量占整个单体的 90%以上,其次是苯基氯硅烷。

8.2.1 有机卤硅烷的合成方法

合成有机卤硅烷的方法很多,有的方法适用于工业规模的生产,有的方法适用于实验室规模的生产,可以将这些合成方法分为两大类:一类是硅烷的直接合成法;另一类是间接合成法,下面分别加以介绍。

8.2.1.1 直接合成法

1941 年,E. G. Rochow 首先提出了直接法合成有机氯硅烷。次年,R. Muller 也获得了专利。直接法是在加热及铜催化剂条件下,由卤代烃(氯甲烷)和元素硅直接反应制取有机卤硅烷的方法。在工业生产中,所有的甲基氯硅烷都是通过直接法反应生成的,反应温度一般在 $250 \sim 300℃$。

$$Si + RX \xrightarrow[\triangle]{Cu} R_nSiX_{4-n} \quad n = 1 \sim 3$$

直接法具有原料易得、工序简单、不用溶剂、操作安全、成本低廉等优点。因而一经问世便很快取代了格林尼雅法,成为工业上生产甲基氯硅烷的唯一方法。其缺点是不能制得硅原子上带有庞大基团的化合物,也较难制得较高产率的混合烷基卤硅烷。

8.2.1.2 间接合成法

(1) 有机金属合成法 它是以有机金属化合物为催化剂,使有机基与硅化合物中的硅原子连接而生成有机硅化合物的方法。

如果用有机镁化合物(格氏试剂)与卤硅烷或烷氧基硅烷反应则可发生下列反应:

$$RX + Mg \longrightarrow RMgX$$

R 表示烷基或苯基等,X 表示 Cl 或 Br。

$$SiCl_4 + RMgX \longrightarrow RSiCl_3 + R_2SiCl_2 + R_3SiCl + R_4Si$$

$$Si(OR')_4 + RMgX \longrightarrow RSi(OR')_3 + R_2Si(OR')_2 + R_3SiOR'$$

R' 表示 CH_3、C_2H_5。

　　格氏试剂法工艺步骤相对比较复杂，反应时需大量使用易燃溶剂，所以主要的有机氯硅烷如甲基氯硅烷、苯基氯硅烷等均已不用格氏法合成。但格氏法作为合成特种有机硅单体，仍具其重要性。

　　Wurtz-Fittig 反应是通过金属钠与卤代烃或烷氧基硅烷的缩合而使有机基与硅化合物中的硅原子连接，生成有机硅化合物，此方法又称钠缩合法。

$$\equiv Si-X + RX + Na \longrightarrow \equiv Si-R + NaX$$

$$\equiv Si-OR' + RX + 2Na \longrightarrow \equiv Si-R + NaX + NaOR$$

　　有机锂法也很有用，其反应式如下：

$$\equiv Si-X + RLi \longrightarrow \equiv Si-R + LiX$$

$$\equiv Si-H + RLi \longrightarrow \equiv Si-R + LiH$$

$$\equiv Si-OR' + RLi \longrightarrow \equiv Si-R + LiOR'$$

　　另外还有有机铝法，但是由于铝的反应活性较低，需在高温、高压下反应，而且有机铝化合物只能和卤硅烷作用，很难和烷氧基硅烷起反应。

　　有机金属化合物法，一般说产物组分比较单纯，易于分离，且能引入多种类型的有机基，但需使用大量的溶剂，不太安全，现在主要用于实验室制备有机硅单体。

　　(2) 硅氧加成和热缩合法　合成有机卤硅烷的另一方法是硅烷（含氢硅烷）与烃类反应法，即利用含 Si—H 键的化合物与不饱和烃加成；或者与烃、卤代烃在一定条件下进行缩合反应，生成有机硅化合物。例如，硅氢加成反应如下：

$$RCH=CH_2 + H-Si\equiv \longrightarrow RCH_2-CH_2-Si\equiv$$

反应可以通过自由基反应，也可用贵金属化合物作催化剂。一般常用的贵金属催化剂为铂化合物。铂催化剂被广泛用于合成官能性有机硅化合物，例如硅氢键的热缩合反应也是一种亲核取代反应，典型的例子是甲基苯基二氯硅烷的合成，亲核取代反应广泛用于合成碳官能团硅烷，例如：

$$HSiCl_3 + HC\equiv CH \longrightarrow CH_2=CHSiCl_3$$
（乙烯基单体）

$$HSiCl_3 + CH_2=CHCH_2Cl \longrightarrow ClCH_2CH_2CH_2SiCl_3$$
（偶联剂中间体）

$$CH_3SiHCl_2 + CH_2=CHCN \longrightarrow CH_3SiCl_2CH_2CH_2CN$$
（耐油硅橡胶中间体）

硅氢键的热缩合反应也是一种亲核取代反应，典型的例子是甲基苯基二氯硅烷的合成：

$$CH_3SiHCl_2 + C_6H_5Cl \xrightarrow{550\sim650℃} CH_3(C_6H_5)SiCl_2 + HCl$$

亲核取代反应广泛用于合成碳官能团硅烷，例如：

$$HSiCl_3 + CH_2=CHCl \xrightarrow{\triangle} CH_2=CHSiCl_3 + HCl$$

$$CH_3SiHCl_2 + CH_2=CHCl \xrightarrow{\triangle} CH_3(CH_2=CH)SiCl_2 + HCl$$

　　硅烷与烃类反应法可以制得多种有用的有机硅化合物，特别是对制取碳官能团硅化合物（在有机硅化合物中的有机基团上含有不饱和键或杂原子）极为方便有效，但它不能制取用量最大的甲基氯硅烷单体。

（3）平衡法　还有一种方法是平衡法，即利用硅原子上连接的新的有机硅化合物的目的。反应所用的催化剂一般为 Friedel-Crafts 催化剂，如有机胺和三氯化铝。

$$2R_2SiCl_2 \underset{\triangle}{\overset{催化剂}{\rightleftharpoons}} R_3SiCl + RSiCl_3$$

$$2R_3SiCl \underset{\triangle}{\overset{催化剂}{\rightleftharpoons}} R_2SiCl_2 + R_4Si$$

$$RSiCl_3 + R'SiCl_3 \underset{\triangle}{\overset{催化剂}{\rightleftharpoons}} R_2SiCl_2 + RR'SiCl_2$$

平衡再分配法，主要用于处理某些生产中过剩的单体，实现综合利用，降低成本；同时，利用这个方法可以比较容易制得在同一硅原子上带有不同烃基的实用性的特种硅烷单体，反应中硅原子上各基团可以交换，总的 Si—C 键不变，但可形成新的 Si—C 键。这种方法在实际生产中是必不可少的，平衡再分配法作为一个合成方法的辅助方法，已为多数有机硅厂所采用。

总而言之，以上两类合成方法，从其生产能力的高低、操作控制的难易、经济的合理、安全和可靠乃至调节控制单体官能度的能力等方面来评价，可以认为，没有哪一类是绝对优越的，而是各有优缺点和适用性。因此，当今大规模的有机硅生产厂，以直接法为主，同时采用其他合成方法，借以互相补充，充分发挥各自长处，最大限度地降低生产成本。

8.2.2　甲基氯硅烷的合成

单体的生产方法很多，其中发展速度较快、应用范围较广的是直接法。而格氏试剂法在合成有机硅单体的历史上曾起过举足轻重的作用。下面分别介绍这两种合成方法在甲基氯硅烷单体合成中的应用。

8.2.2.1　格氏试剂法

甲基硅单体的生产开始时是采用格氏试剂法。1904 年，Kip-ping 首先用 RMgX（R 为烷基，X 为卤素）的试剂与四氯化硅作用，制得烷基和芳基氯硅烷单体。

$$\equiv SiCl + RMgX \longrightarrow \equiv SiR + MgXCl$$

$$RX + Mg \overset{溶剂}{\longrightarrow} RMgX$$

制备格氏试剂，乙醚是最早被使用的溶剂。但因其沸点低、易燃，所以比较危险。若要减少使用乙醚的危险性，可先用乙醚引发，再加入甲苯和把乙醚蒸出。在乙醚溶液中，一般认为格氏试剂与二烷基镁和卤化镁处在平衡状态：

$$RMgX \rightleftharpoons R_2Mg + MgX \rightleftharpoons R_2Mg \cdot MgX$$

制备苯基硅单体时，用 $Si(OC_2H_5)_4$ 可以代替乙醚，使 RX 与 Mg 顺利地反应制得 RMgX。$Si(OC_2H_5)_4$ 既可用作反应原料，又可当溶剂使用，因而它在制取有机硅单体方面获得了广泛的应用。四氢呋喃及其同系物是格氏反应的优良溶剂，某些格氏试剂（$CH_2=CHMgX$）离开了四氢呋喃就很难合成。用乙醚作溶剂，因溶解性能差，容易发生歧化反应，因而很难在硅原子上引入乙烯基及炔基等。

格氏试剂法最早是分两步进行反应的，第一步使卤代烃与悬浮在溶剂中的金属镁屑反应形成格氏试剂；第二步将格氏试剂与卤硅烷或烷氧基硅烷反应，形成有机卤硅烷或有机烷氧基硅烷。

格氏反应也可一步完成，即将镁屑与硅烷加入溶剂中，然后慢慢加入卤代烃；也可把硅烷、卤代烃加到悬浮在溶剂的镁屑中。

烷氧基硅烷也可和格氏试剂反应制备有机氯硅烷，虽然此种反应不如卤硅烷那样重要，但却有其特点和优点。首先，烷氧基硅烷的水解稳定性高，没有腐蚀性；其次，产物容易分离而获得纯产品。但是烷氧基硅烷的反应活性比卤硅烷差，产物的收率也比较低。

由于格氏试剂对水分非常敏感，因此要求所有原料、溶剂、设备及管道等都必须十分干燥。格氏法生产有机氯硅烷的示意流程如图 8-1 所示。

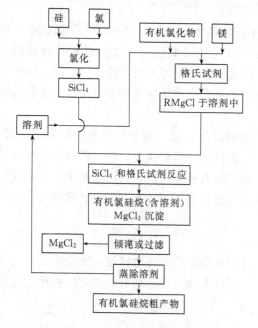

图 8-1 格氏法合成有机氯硅烷流程

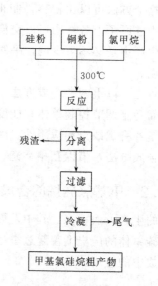

图 8-2 直接法合成甲基硅单体工艺流程

总之，格氏反应的最大优点是可以把大部分烷基、芳基、不饱和基团（烯类、炔类）等引入到硅原子上去以制备特殊的有机硅单体；也可制得在一个硅原子上连有不同有机基团的有机硅单体。格氏试剂法对有机硅化学的重要意义不仅在于它是第一个作为有机硅单体工业化生产的方法，而且迄今仍在使用。但是，由于格氏法工艺步骤相对比较复杂，反应时有大量镁盐生成，特别是反应时要使用大量易燃溶剂，且有时反应不平稳，可能有爆炸的危险。因此，现在主要单体的生产已为更加经济有效的直接法所取代，但对一些特种单体，特别是实验室规模的制备，格氏法仍不失其重要性。

8.2.2.2 直接合成法

目前，工业生产甲基硅单体是采用直接合成法，世界上各主要有机硅生产厂家都是采用流化床直接生产甲基氯硅烷单体。流化床的优点是生产能力大、产量高，易实现生产的连续自动化。所谓直接合成法就是指在较高的反应温度和催化剂存在下，使有机卤化物与硅或硅铜合金直接反应而生成各种有机卤硅烷的混合物，其产物组成取决于原料及反应条件。简单的工艺流程如图 8-2 所示（以连续法为例）。

加工过的硅粉和铜催化剂混合后，从进料口加入反应器。反应器直径约 3m，高数十米，反应器装有夹套，用热交换流体或烟道气通过夹套，以控制温度。从反应器底部通入氯甲烷气体，使硅粉和催化剂均匀悬浮在反应器中。氯甲烷在常温下由于其本身蒸气压的关系，通常是以液态储存的，它于计量通入反应器之前应先经过一个蒸汽加热蒸发器、一个干燥器，然后再经过氯甲烷分布器进入反应器。为了保持氯甲烷反应器不被粉末堵塞，开始加料前在反应器中需通入少量清洗用的惰性气体，当加料完毕后，将反应器加热到反应温度，即以氯甲烷代替惰性气体。反应在300℃引发后，再降至250℃左右运行。整个反应是连续的，时间可长达数千小时，一般连续运行时间为2周；若能使体系中不进入氧气，且不断吹入氯甲烷，保持硅粉悬浮，则运行时间可达3周。

甲基硅单体的原料是二氧化硅、氯甲烷、氯化氢可回收利用，所以原材料比较便宜，不过要进行连续大规模生产并非易事。日本开始是靠引进美国技术进行生产的，德国自己开发该项生产技术前后花了近30年的时间。最早甲基硅单体的生产是用搅拌床，但由于搅拌床传热效率低，反应器尺寸难以扩大，无法满足扩大生产的需要，现已基本上被流化床所代替。理想情况下，直接合成法反应可表示为：

$$2CH_3Cl + Si \xrightarrow[250\sim300℃]{Cu、Zn} (CH_3)_2SiCl_2$$

然而，直接合成法的实际化学过程却非常复杂，除了主要反应外，同时进行一系列副反应。

$$4CH_3Cl + 2Si \longrightarrow (CH_3)_3SiCl + CH_3SiCl_3$$
$$3CH_3Cl + Si \longrightarrow CH_3SiCl_3 + 2CH_3·$$
$$2CH_3· \longrightarrow CH_3CH_3$$
$$3CH_3Cl + Si \longrightarrow (CH_3)_3SiCl + Cl_2$$
$$2Cl_2 + Si \longrightarrow SiCl_4$$
$$4CH_3Cl + 2Si \longrightarrow (CH_3)_4Si + SiCl_4$$
$$2CH_3Cl \longrightarrow CH_2{=}CH_2 + 2HCl$$
$$3HCl + Si \longrightarrow HSiCl_3 + H_2$$
$$CH_3Cl + HCl + Si \longrightarrow CH_3SiHCl_2$$

在直接合成法反应过程中，除伴随热分解、歧化等反应外，由于原料中带入少量的水分而使氯硅烷发生水解反应，还有金属氯化物存在下的烷基化及脱烷基反应等，致使本来已经复杂的反应变得更为复杂。研究表明，在合成甲基氯硅烷中，与主产物二甲基二氯硅烷一起共有41种化合物，目前，国内外在甲基氯硅烷工业产品中的主要成分及其相应含量见表8-2。

表 8-2 直接法合成甲基氯硅烷的主要产物

化 合 物	分子式	含量/%（质量分数）	沸点/℃
二甲基二氯硅烷	$(CH_3)_2SiCl_2$	70~90	70.2±0.1
一甲基三氯硅烷	CH_3SiCl_3	10~18	66.1±0.1
三甲基氯硅烷	$(CH_3)_3SiCl$	5~8	57.3±0.1
四氯化硅	$SiCl_4$	1~3	57.6
四甲基硅烷	$(CH_3)_4Si$	0.1	26.2
一甲基二氯硅烷	CH_3SiHCl_2	1~3	40.4±0.1
二甲基氯硅烷	$(CH_3)_2SiHCl$	0.5	35.4
三氯硅烷（硅氯仿）	$HSiCl_3$	0.05	31.8
乙烷、乙烯、甲烷等烃类		微量	
高沸点化合物（聚硅烷及异构体）		1~6	>70.2

其中，二甲基二氧硅烷、一甲基三氯硅烷、一甲基二氯硅烷、二甲基氯硅烷、三甲基氯硅烷、四氯化硅、三氯硅烷等可用来制备硅树脂。

产物中的高沸物，主要是由含 $\equiv\!Si\!-\!O\!-\!Si\!\equiv$ 、 $\equiv\!Si\!-\!Si\!\equiv$ 及 $\equiv\!Si\!-\!CH_2\!-\!Si\!\equiv$ 等结构化合物组成。表 8-3 中列出了含硅高沸物，它们主要是多氯代二硅烷、多氯代二硅氧烷以及多氯代二硅碳烷等。

表 8-3 含硅高沸物组成及其沸点

高 沸 组 分	沸点/(℃/kPa)	高 沸 组 分	沸点/(℃/kPa)
$CH_3(C_2H_5)SiCl_2$	101/99.9	$Cl_2CH_3SiOSiCH_3Cl_2$	138/101.3
$C_2H_5SiCl_3$	97.9/101.3	$Cl(CH_3)_2SiOSiCH_3Cl_2$	142/98.5
$(C_2H_5)_2SiHCl$	100.5/101.3	$(CH_3)_2ClSiOSi(CH_3)_2Cl$	139/98.5
$CH_3(C_3H_7)SiCl_2$	119/98.3	$(C_2H_5)_2ClSiSiC_2H_5Cl_2$	187/97.5
$C_3H_7SiCl_3$	122/98.7	$Cl(CH_3)_2SiCH_2SiCl_2CH_3$	189~192/101.3
$Cl(CH_3)_2SiSiC_2H_5$	181/99.2	$Cl_2CH_2SiCH_2CH_2SiCH_3Cl_2$	209/99.5

工业上不管采用哪种方法生产有机氯硅烷，其产物均为多组分混合物，要得到上述的各种单体，必须将有机氯硅烷混合物进行分离和提纯。甲基氯硅烷其组分极为复杂，而且关键组分间的沸点非常接近，这给甲基氯硅烷分离和提纯带来了很大的困难。但是，制备硅树脂时却需要用较高纯度（>98%）的不同官能度的单体为原料。

分馏法是分离和提纯甲基氯硅烷各组分的最基本方法。甲基氯硅烷的分馏，按其操作方式有连续式和间歇式两种，塔型一般选用筛板塔、泡罩塔、丝网波纹填料塔或乳化塔等，对于量大而纯度要求高的单体普遍采用连续分馏塔；对于量小而组分复杂的单体则多用间歇分馏塔，两种方法的操作程序及步骤在原则上基本相同，但在细节上有所差别。

在某些特定条件下，也可使用化学方法对甲基氯硅烷进行分离，即通过化学反应使待分离的一个或几个组分转变为新的化合物，从而增大被分离组分之间沸点的距离，然后再用简单的分馏即可达到分离提纯的目的。例如，将甲基三氯硅烷、二甲基二氯硅烷混合物与无水乙醇反应生成乙氧基硅烷衍生物。已知甲基三乙氧基硅烷和二甲基二乙氧基硅烷的沸点分别为 143.5℃ 和 113.5℃，相差达 30℃，因此通过一般的分馏手段即可将它们分离而提纯。化学法不仅增加了工序、工时和物料的消耗，而且降低了产物的总收率，因此与分馏法相比，经济上是不合算的，但作为一种辅助的方法，仍是必要的。

8.2.3 苯基氯硅烷的合成

苯基氯硅烷是制备有机硅树脂的重要单体之一，它对改善硅树脂的性能，特别是在提高有机硅产品的耐热性、化学稳定性、耐辐射性等方面具有明显作用，其用量及重要性仅次于甲基氯硅烷，居第二位。目前，合成苯基氯硅烷单体已实现的工业化的方法是直接法和热缩合法。

8.2.3.1 直接法合成苯基硅单体

苯基氯硅烷的直接合成法与甲基氯硅烷的直接合成法相似，也采用铜粉作催化剂，由氯化苯与硅铜催化剂反应，反应温度一般在 400~600℃，铜催化剂用量为硅粉的 20%~50%。比起铜来，银是直接法合成苯基氯硅烷更好的催化剂，用硅-银作催化剂（硅粉：银粉＝9：1），反应在 400℃ 就可很好地进行，苯基氯硅烷直接合成法的反应方程式如下：

$$C_6H_6 + Cl_2 \xrightarrow{\text{光}} C_6H_5Cl + HCl$$

$$C_6H_5Cl + Si \xrightarrow[500℃]{\text{Ag 或 Cu}} C_6H_5SiCl_3 + (C_6H_5)_2SiCl_2$$

直接合成法生产苯基硅单体的优点是可以同时产生一苯基氯硅烷及二苯基氯硅烷（粗单体中苯基硅单体含量为 60% 以上，其中一苯基三氯硅烷含量为 50%，二苯基二氯硅烷的含量为 10% 以上），其缺点是副反应生成有毒的氯代联苯、联苯等，这类不含硅的高沸物约为 10%，这些物质在常温下是固体，易堵塞管道，对工业生产影响颇大。二氯联苯的沸点与苯基氯硅烷接近，要用吸收法除去，会使成本提高。添加锌、锡、氯化锌、氧化锌、氯化镉、氧化镉能抑制副反应，并促进 $(C_6H_5)_2SiCl_2$ 的生成。氯化苯中添加四氯化硅、三氯氢硅、四氯化锡和氯化氢也能抑制副反应，并促进 $C_6H_5SiCl_3$ 的生成。同时它们都能抑制联苯的生成。

$$C_6H_5Cl + Si + SiCl_4 \xrightarrow[\triangle]{Cu} 2C_6H_5SiCl_3$$

考虑到银的来源和成本，现均已用铜代替银作合成苯基氯硅烷的催化剂，一般以 $Si:Cu = 1:1$ 为宜，其反应温度比制备甲基或乙基氯硅烷的反应温度高。另外，氯苯与 Si-Cu 合金，在 ZnO 和 $CdCl_2$ 存在下，温度为 440~480℃ 时，生成 $(C_6H_5)_2SiCl_2$ 产率可达 72%。

$$C_6H_5Cl + Si\text{-}Cu \xrightarrow[\triangle]{ZnO、CdCl_2} (C_6H_5)_2SiCl_2$$

直接法合成苯基氯硅烷的反应器有沸腾床（流化床）、搅拌床和转炉。流化床的生产效率很高，约为同直径搅拌床的 10 倍，是今后发展的方向。采用直接合成法生产一苯基二氯硅烷必须用大量的铜作为催化剂，设备结构较复杂，而且直接法所得产品比例中，一苯基二氯硅烷不足，而二苯基二氯硅烷则有过剩。

8.2.3.2　热缩合法合成苯基硅单体

利用含硅氢键（Si—H）的化合物在高温下或在路易斯酸催化剂存在下，与烃或卤代烃发生热缩合反应，脱去 H_2 或 HX，形成 Si—C 键。高温热缩合法生产苯基硅单体具有操作简便、设备简单、无二苯基二氯硅烷生成等优点，与直接法生产配合起来可以补救直接法生产存在的不足。

高温热缩合法生产苯基硅单体的主要反应如下：

$$C_6H_5Cl + HSiCl_3 \xrightarrow{600℃} C_6H_5SiCl_3 + HCl$$

或

$$C_6H_6 + HSiCl_3 \xrightarrow[200~400℃]{BCl_3} C_6H_5SiCl_3 + HCl$$

副反应生成苯和四氯化硅；

$$HSiCl_3 + C_6H_5Cl \longrightarrow SiCl_4 + C_6H_6$$

$$4HSiCl_3 \longrightarrow 3SiCl_4 + Si + 2H_2$$

采用热缩合法仅生产唯一的一苯基三氯硅烷，反应过程中只生成少量 C_6H_6、$SiCl_4$，由于产物的沸点差大于 100℃，因而容易除去。

反应是在有衬钢的钢管中进行，其较佳的反应条件是：反应管后段温度为 (5±5)℃，预热阶段温度为 (370±10)℃，接触时间为 20~30s，氯苯与三氯硅烷的物质的量之比为 2:1。

高温热缩合反应可用 CH_3SiHCl_2、C_6H_5Cl 为原料生产 $(CH_3C_6H_5SiCl_2)$，收率约为 30%，这是一种合成甲基苯基二氯硅烷较为普遍的方法。该单体是制备多种有机硅高聚物，特别是制备硅橡胶及耐热硅油的重要原料之一。国外是采用石英管反应器生产，反应收率可达 35%；国内采用了适用于工业生产的铜和衬钢反应器，收率已超过 35%。此法特点是流程和设备较简单、易操作、可连续化生产、不需要催化剂，但因反应温度高（650℃），致使产物碳化分解、收率较低、分离也较困难。

$$CH_3SiHCl_2 + C_6H_5Cl \longrightarrow CH_3C_6H_5SiCl_2 + HCl$$

副反应为：

$$2CH_3SiHCl_2 + C_6H_5Cl \longrightarrow C_6H_6 + CH_3SiCl_3 + CH_3SiH_2Cl$$

$$2CH_3SiH_2Cl \longrightarrow (CH_3)_2SiCl_2 + H_2SiCl_2$$

反应较佳条件是：温度 620℃（顶部为 500℃），预热温度为 250℃；接触时间为 40～50s，物质的量之比（C_6H_5Cl/CH_3SiHCl_2）为 2：（2～2.5）：1；甲基苯基二氯硅烷单程收率（以甲基氢二氯硅烷计）为 35%～37%。

不论采用何种合成方法，苯基氯硅烷的产物都是多组分混合物。由于其主要组分以及主要杂质的沸点相差较大，可用分馏法分离，分离时既可使用间歇塔，也可使用连续塔。但要注意由于主要组分的沸点较高，在 $AlCl_3$ 及 $FeCl_3$ 等的存在下易发生高温裂解的问题。

8.2.4 其他有机硅单体的合成

除了甲基氯硅烷、苯基氯硅烷这两类用量最大和最重要的单体之外。还有含其他各种有机基团如乙烯基、乙基、甲基乙烯基、三氯硅烷等的氯硅烷单体以及烷氧基硅烷也可用于制备有机硅树脂。其方法基本相同，这里就不再阐述了。

8.3 聚有机硅氧烷的生成反应

现在工业上主要的有机硅聚合物，其主链由 Si—O 键组成：

$$—Si—O—Si—O—Si—O—$$

硅-氧键是很牢固的化学键，聚有机硅氧烷的制备方法主要是硅-氧键的生成；另外，因有机硅化合物具有容易环化的特征，而形成硅-氧键的环状低分子化合物，因此如何使这种低分子化合物转变为高分子硅氧烷，在制造制品时是一个重要的问题，下面将就这两方面加以讨论。

8.3.1 水解缩合

合成聚有机硅氧烷，以水解缩合反应最为重要，有机硅单体主要是有机氯硅烷或取代硅酸酯在水的作用下产生水解，然后脱水缩合生成聚有机硅氧烷：

$$—Si—X + H_2O \longrightarrow —Si—OH + HX$$

$$—Si—OH + HO—Si— \longrightarrow —Si—O—Si— + H_2O$$

式中，X 为 Cl 或 OR。

有机硅单体的水解与缩合反应是直接联系的，在水解缩合反应的过程中，脱水缩合反应紧随着水解反应开始，但其完成时间则常落后于水解反应的完成时间。例如四乙氧基硅烷及乙基三乙氧基硅烷的水解经过 2h，便可达到终点，而反应产物的黏度在冷状态下于 10h 内仍继续增长，这说明缩合反应仍在继续进行。

8.3.1.1　影响水解缩合反应的因素

（1）单体结构的影响　水解的速率与直接连在硅原子上的有机基数目和大小有关，有机基越大，对水解的阻碍越明显，有机基数目越多，水解速率降低。各种不同官能基的有机硅单体的水解反应能力的次序如下：

$$
\text{—Si—Cl} > \text{—Si—OCOR} > \text{—Si—OR}
$$

前两种官能基在室温下很容易产生水解，而后一种在水解时则需要用催化剂及在加热下进行。

（2）水的用量　有机硅单体的水解程度取决于水量的多少，水量不足时水解不完全，所得产物基本上是线型高聚物，如水量过多，则水解完全，所得产物与单体结构及反应条件有关，或为环状体，或线型，或体型高聚物。

（3）介质的 pH 值　在酸性介质中，水解反应迅速产生，其速率与酸的浓度有关，单官能单体水解后立即缩合成二硅氧烷，双官能单体则成线型和环状物，三官能单体成体型物，酸在水解中的作用如下：

$$
\text{—Si—OR} + H_2O + HCl \longrightarrow \underset{\underset{HOH}{\cdot\cdot}}{\overset{}{\text{Si}}}\underset{\underset{HCl}{\cdot\cdot}}{\overset{}{OR}} \longrightarrow \text{—Si—OH} + ROH + HCl
$$

在中性介质中，水解速率减小，取代原硅酸酯经长时间加热也不易完全水解，氯硅烷水解时，因析出 HCl，故实际上是在酸性介质中水解。

在碱性介质中，也能加速水解反应，但比在酸性中要慢些，双官能单体水解时，产生的低分子环状物比在酸性介质中少。在碱性介质中水解反应如下：

$$
OH^- + \text{—Si—O} \longrightarrow \text{HO—Si—} + OR^-
$$

（4）温度的影响　提高温度能加速有机硅单体的水解速率，但对水解的产物结构影响不大，而使水解产物进一步缩合，对增大相对分子质量有较大的关系。

8.3.1.2　官能基数不同单体的水解缩合反应

硅原子上有机基的存在会降低硅单体的水解缩合的速率，数目越多，则影响越大，即体系的官能度决定水解产物的特征。在研究有机硅聚合物的形成机理时，必须考虑到不同官能度化合物的水解过程。

（1）平均官能度小于 2 单体混合物的水解　只含一个官能基的单体，当进行水解缩合反应后只能形成二聚体：

$$
R_3Si\text{—}X + H_2O \longrightarrow R_3Si\text{—}OH + HX
$$
$$
2R_3\text{—}OH \longrightarrow R_3Si\text{—}O\text{—}SiR_3 + H_2O
$$

单官能化合物的实际用途是以少量加入于二官能化合物或三官能化合物中，以便制得一定结构和一定组成的缩聚物，其作用是闭锁有机硅氧烷链的增长。水解不同官能度的两种单体混合物，不能精确地表示出其反应，在很多情况下，水解反应的结果是形成复杂的混合物，在其组成中含有不同长度的硅氧烷链。但作为反应的主要产物，其硅原子数是取决于单、二官能化合物的用量比。

（2）官能度等于 2 的单体的水解（$F=2$）　水与二官能度的作用比较复杂，反应条件不同，生成物的结构也随之而改变。将少量水使烷基二乙氧基硅烷水解（部分水解）时，反应按下式进行：

$$R_2Si(OC_2H_5)_2 + H_2O \longrightarrow R_2Si(OC_2H_5)OH + C_2H_5OH$$

$$2R_2Si(OC_2H_5)OH \longrightarrow R_2Si(OC_2H_5)OSiR_2(OC_2H_5) + H_2O$$

$$R_2Si(OC_2H_5)OSiR_2(OC_2H_5) + H_2O \longrightarrow R_2Si(OC_2H_5)OSiR_2(OH) + C_2H_5OH$$

$$R_2Si(OC_2H_5)OSiR_2(OH) + HOSiR_2(OC_2H_5) \longrightarrow$$

$$R_2Si(OC_2H_5)OSiR_2OSiR_2(OC_2H_5) + H_2O \text{ 等。}$$

最终产物为线型聚二烷基硅氧烷，两端具有乙氧基，其通式为：

$$C_2H_5O\left[\begin{array}{c} R \\ | \\ Si \\ | \\ R \end{array} - O\right]_n C_2H_5$$

二官能单体用过量水进行水解时，其水解缩合生成物有线型和环状两种，其过程为：

$$(CH_3)_2SiCl_2 \xrightarrow{H_2O} (CH_3)_2Si(OH)_2 \xrightarrow{-H_2O} HO[(CH_3)_2SiO]_2H$$

$$\xrightarrow{-H_2O} HO[(CH_3)_2Si-O]_4H$$

$$\begin{array}{ccc} & \swarrow{-H_2O} & \searrow{-H_2O} \\ HO[(CH_3)_2SiO]_nH & & [(CH_3)_2SiO]_{4\sim8} \\ \text{长链聚合物} & & \text{环化物} \end{array}$$

生成线型或环化物，以何者占优势取决于各种反应条件，如 pH 值、溶剂的种类等。

从二甲基二氯硅烷的水解和缩合的实验得出的结论为：在酸性介质中进行水解和缩合比在水中所得的环化物为多，在碱性介质中则相反；水中加入极性溶剂可使环化物增加，非极性溶剂则无影响。

（3）官能度大于 2 的单体的水解（$F>2$） 这里包括纯三官能单体的水解与二，三官能单体混合体系的水解。官能度大于 2 的单体的水解缩合反应是极其复杂的，其产物会形成交联的聚合物，产物的特性取决于体系的官能度，以及连在硅原子上的有机基的大小和特性。

以不足量水水解三官能单体时，所得产物是线型结构的：

$$RSiX_3 + H_2O \longrightarrow RSiX_2OH + HX(X=Cl \text{ 或 } OR)$$

$$2RSiX_2OH \longrightarrow RSiX_2OSiRX_2 + H_2O$$

$$RSiX_2OSiRX_2 + H_2O \longrightarrow RX_2Si-O-SiRXOH + HX$$

$$RX_2Si-O-SiRXOH + HOSiRX_2 \longrightarrow RX_2Si-O-SiRX-O-SiRX_2 + H_2O$$

最后得通式为：

$$X\left[\begin{array}{c} R \\ | \\ Si \\ | \\ R \end{array} - O\right]_n SiX_2R$$

用过量水对烷基三氯硅烷的水解反应常常生成不溶不熔的沉淀物：

$$xRSiCl_3 + 1.5xH_2O \longrightarrow [RSiO_{1.5}]_x + 3xHCl$$

用过量水使苯基三氯硅烷进行水解时，所得到的产物很明显地违反了关于由三官能单体水解而得的聚合物具有一般线型或体型结构的概念。如果苯基三氯硅烷在溶剂和酸性介质中水解生成的聚合物具有线型结构，那么，其结构式应为：

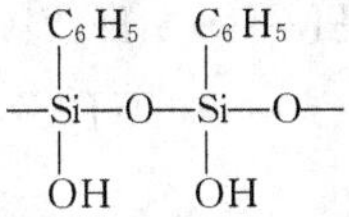

$$\underset{\underset{OH}{|}}{\overset{\overset{C_6H_5}{|}}{-Si}}-O-\underset{\underset{OH}{|}}{\overset{\overset{C_6H_5}{|}}{Si}}-O-$$

这种结构的聚合物,硅含量应为 20.29%,羟基为 12.31%,但实际分析结果是 Si 为 22%,OH 为 2%,其羟基含量比计算值少得多,所以这种产物不可能是上述的线型结构,一种可能是线型分子间形成了交联,但它又能溶于大多数有机溶剂中,如苯、丙酮、乙醚、丙醇及丁醇、甲苯、乙酸乙酯等,而不溶于甲醇及乙醇中,因此这种可能性也不存在。这种聚合物可能是形成内环结构,即带有环状结构的线型分子,如:

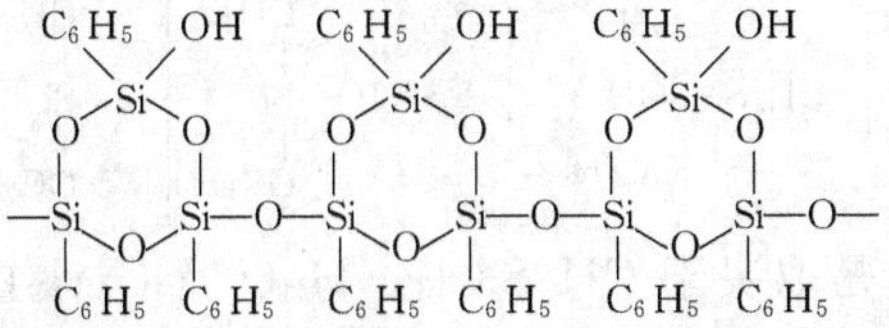

按照计算,这种结构的聚合物每一链节中应含有 Si 为 21.23%及 OH 为 4.29%,这个数值比较符合实验数据,但还不完全一致,羟基仍略高,有可能其中的羟基进一步进行缩合,但由于苯基的位阻较大,不可能形成分子间的缩合,而是形成分子内的缩合,所以这种产物即使在 200℃长时间加热仍然是热塑性的聚合物而不致胶化。

因此,三官能单体在强酸性和溶剂下进行水解,所得产物为含有内环结构的聚合物,其水解缩合反应如下:

$$RSiCl_3 \xrightarrow{H_2O} RSi(OH)_3 \xrightarrow{-H_2O} RSiO(OH)$$

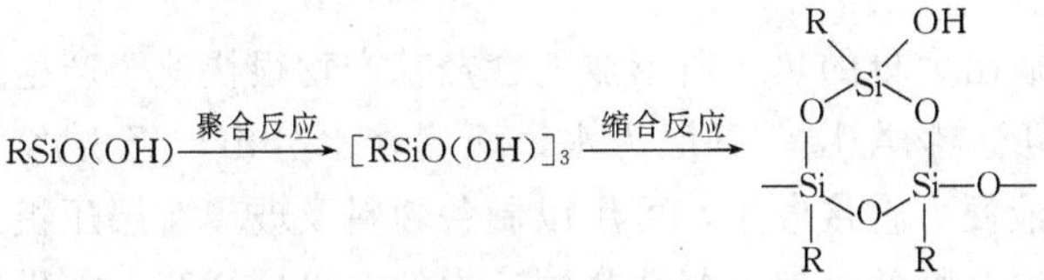

$$RSiO(OH) \xrightarrow{聚合反应} [RSiO(OH)]_3 \xrightarrow{缩合反应}$$

三官能单体在酸性介质中水解时,也会形成环状聚合物,如乙基三乙氧基硅烷和五氯苯基三氯硅烷在水解时,曾得到下列结构的结晶环状物,但这种产物得量不多。

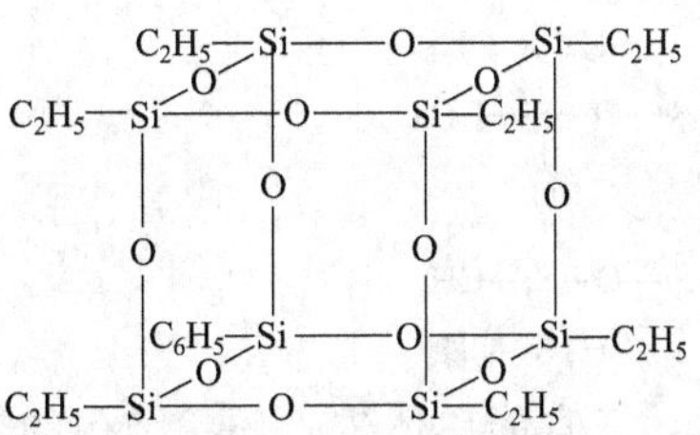

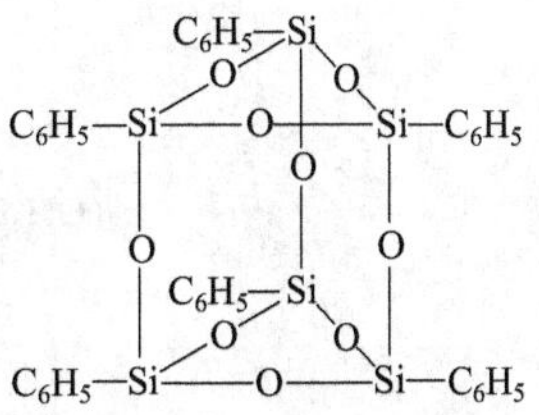

在实际应用中,烷基三氯硅烷的水解,通常是在搅拌下注入水和丁醇的混合液中进行的,显然,水解产物被乳化了的有机溶剂所提取,氯化氢的影响被减弱到最小程度,这也可能是醇分子使羟基发生溶剂化作用,能使羟基稳定。

如将 CH_3SiCl_3 注入搅拌下的丁醇及水混合的乳液中,便可形成可溶于有机溶剂的黏稠性树脂状物。这种产物在 150℃下短时间加热,则会失去可溶可熔性。CH_3SiCl_3 在水-醇乳液中有下列 3 种反应同时在进行,其速率是各不相同的。

$$CH_3SiCl_3 + 3H_2O \longrightarrow CH_3Si(OH)_3 + 3HCl \tag{1}$$
$$\hookrightarrow (CH_3SiO_{1.5})_x$$

$$CH_3SiCl_3 + 3C_4H_9OH \longrightarrow CH_3Si(OC_4H_9)_3 + 3HCl \qquad (2)$$

$$CH_3Si(OC_4H_9)_3 + 3H_2O \longrightarrow CH_3Si(OH)_3 + 3C_4H_9OH \qquad (3)$$
$$\quad\quad\quad\quad\quad\quad\quad\quad\quad\quad\quad\quad\quad\quad\quad\quad \longmapsto (CH_3SiO_{1.5})_x$$

式(1)、式(2) 的反应速率彼此接近，而式(3) 的速率就比较慢，因此反应主要是按下式进行的：

$$CH_3SiCl_3 + 2H_2O + C_4H_9OH \longrightarrow \left[CH_3-\underset{OC_4H_9}{\overset{OH}{Si}}-OH \right] + 3HCl$$

$$\left[CH_3\underset{OC_4H_9}{\overset{OH}{Si}}-OH \right] \longrightarrow HO-\underset{OC_4H_9}{\overset{CH_3}{Si}}-O-\underset{OC_4H_9}{\overset{CH_3}{Si}}\Bigg]_n-O-\underset{OC_4H_9}{\overset{CH_3}{Si}}-OH$$

聚合物中丁氧基的含量是取决于 CH_3SiCl_3、H_2O 及 C_4H_9OH 的比例，实际上并不是每个硅原子都有，而是每个硅原子上平均有 $0.1\sim0.3$ 个丁氧基。

用这种方法也可以制得线型结构的聚合物，即在 CH_3SiCl_3 中滴入 C_4H_9OH，而后进行水解：

$$CH_3SiCl_3 + C_4H_9OH \longrightarrow CH_3\underset{OC_4H_9}{\overset{Cl}{Si}}-Cl + HCl$$

$$CH_3\underset{OC_4H_9}{\overset{Cl}{Si}}-Cl + 2H_2O \longrightarrow CH_3-\underset{OC_4H_9}{Si}(OH)_2 + 2HCl$$

在水解反应中，放出大量的热，所形成的含羟基产物很快就会产生缩合反应，水解温度不超过 $50\,^{\circ}\mathrm{C}$，水解后反应物分层，下层为水，而后将水分出，经洗涤、中和，并蒸出部分溶剂，所得聚合物溶液便可直接应用，可用以制备塑料及玻璃布层压板。

二、三官能单体混合物的水解可制造软硬适中的有机硅树脂（如供漆用），通常是将二、三官能单体进行共水解缩合而成。

用 $(CH_3)_2SiCl_2$ 及 CH_3SiCl_3 共水解，其产物中曾分离出八甲基五硅氧烷：

$$(CH_3)_2Si \begin{array}{c} O-Si-O-Si-CH_3 \\ \end{array}$$

另外还有其他复杂的环化物，在这些化合物里，三官能单体进入环状结构的聚合物中，但鉴于有机硅单体在水解时极易环化，二、三官能单体共水解时无疑地要生成线环型结构。

在三官能或二、三官能单体的水解产物里，羟基含量仅为 $1\%\sim2\%$，而产物仍然是可溶可熔的，这只有用生成环化物来解释，否则为不溶不熔的体型结构聚合物。

以 $(CH_3)_2SiCl_2$ 与 CH_3SiCl_3 为例，研究共水解产物的结构，两者以不同物质的量之比配合进行水解，将水解产物与 $4\%KOH$（50%水溶液）混合并在 $21\,^{\circ}\mathrm{C}$ 进行搅拌，测定其至胶化为止的时间，结果列于表 8-4 中。为了制得一定的环线型结构，同时进行 $(CH_3)_2SiCl_2$ 与六甲基-1,5-二氯环四硅氧烷共水解，并将水解产物也在上述条件下聚合，结果列于同一表中。

表 8-4 官能度为二、三的单体共水解液的聚合

单体/mol			$R{-}Si{-}$: R_2Si	n_D^{20}	胶化时间/min
二甲基二氯硅烷	甲基三氯硅烷	六甲基-1,5-二氯环四硅氧烷			
1.5	1	0	0.667	1.4150	4.3
2.5	1	0	0.400	1.4109	24
3.5	1	0	0.286	1.4088	54
5.5	1	0	0.182	1.4075	95
7.5	1	0	0.133	1.4070	210
8	1	0	0.125	1.4068	298
1	0	0	0.0	1.4022	>48h
0	0	1	1.0	1.4160	8
1	0	1	0.667	1.4158	4
2	0	1	0.400	1.4177	5.5
5	0	1	0.286	1.4100	14
10	0	1	0.167	1.4079	18
20	0	1	0.091	1.4050	56
30	0	1	0.062	1.4041	72
50	0	1	0.038	1.4039	245

当 CH_3SiCl_3 : $(CH_3)_2SiCl_2$ > 1 : 0.667 时未能得到水解液，因为其至在水解产物中也有部分产生胶化。

在计算 $R{-}Si{-}$ 对 $R_2Si{-}$ 的比例时曾注意到，六甲基-1,5-二氯环四硅氧烷可以认为是 2mol $RSiCl_3$ 和 2mol $(CH_3)_2SiCl_2$ 的共水解缩合产物：

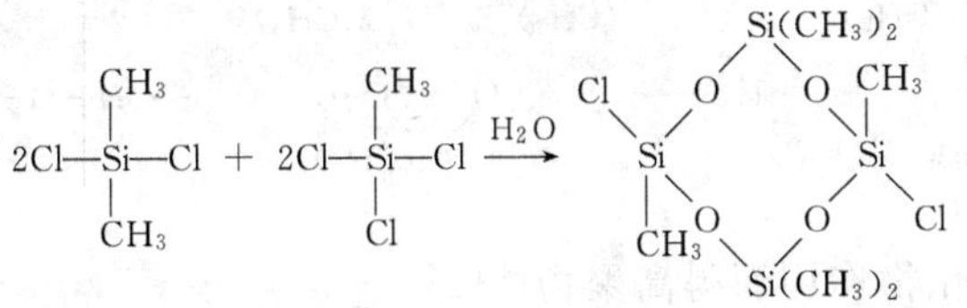

合成聚六甲基环四硅氧烷可用六甲基-1,5-二氯环四硅氧烷进行水解缩合而得：

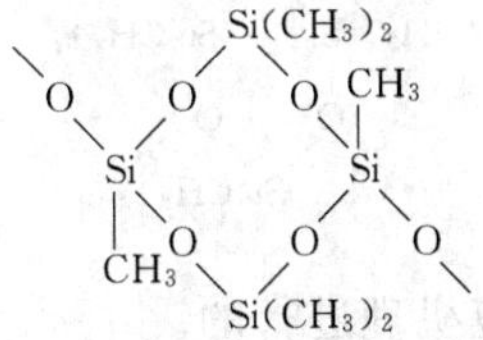

当 1mol 二甲基二氯硅烷及 1mol 六甲基-1,5-氯环四硅氧烷共水解缩合时，可得 $R{-}Si{-}$: R_2Si = 0.667 : 1 线型结构产物：

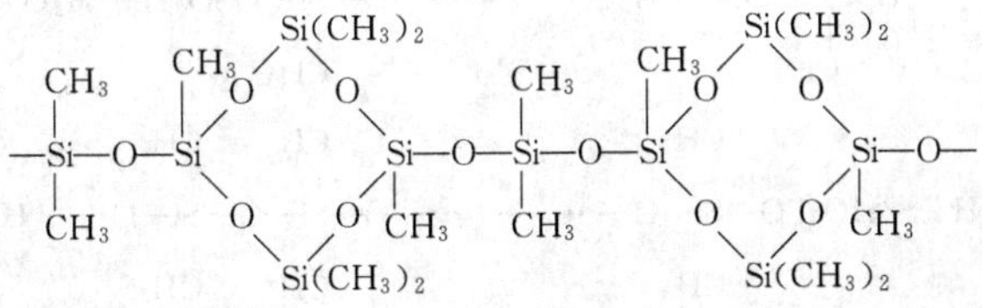

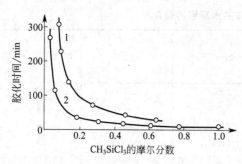

图 8-3　CH₃SiCl₃ 的摩尔分数与
胶化时间（min）的关系
1—(CH₃)₂SiCl₂ 与 CH₃SiCl₃ 的水解产物；
2—(CH₃)₂SiCl₂ 与 1,5-二氯环
四硅氧烷的水解产物

当 1.5mol 二甲基二氯硅烷与 1mol 甲基三氯硅烷共水解缩合时，也得 $\mathrm{R-\underset{|}{\overset{|}{Si}}-:R_2Si}=0.077:1$ 同样的聚合物。

观察 $(CH_3)_2SiCl_2$ 和 CH_3SiCl_2 共水解产物缩合时（见表 8-4），发现 CH_3SiCl_3 越多，胶化时间越短。从图 8-3 中可以清楚地看出，在这种情况下，胶化时间按同一规律进行，但较之二甲基二氯硅烷与六甲基-1,5-二氯环四硅氧烷的水解产物的胶化为慢。

因此，可以得出二、三官能的烷基氯硅烷在共水解时生成环线型结构的结论，这一结论也适用于其他官能基的单体。

8.3.2　催化重排

各种单体水解缩合后，分子量都比较低，二官能单体的线型聚合物的聚合度都在 10 左右，环状物更低。聚二甲基硅氧烷的分子量在 250～1000 范围内，三官能单体水解缩合后分子量也不高，因此可以在催化剂的作用下起重排作用，以提高其聚合度。

聚有机硅氧烷低分子环化物在硫酸作用下，会产生重排作用，形成线型高聚物。开始阶段质子与环化物中的氧成配位结合，随后开环：

而后是开环产物再与环化物作用而得高聚物。

在酸催化剂存在下是按逐步聚合反应机理进行的。

若在重排前加入 R₃Si—O—SiR₃ 作链终止剂，则可控制线型聚合物分子链的长度。

对于含羟基的线型聚合物，硫酸也有提高分子量的作用：

含芳基的聚有机硅氧烷在硫酸作用下，芳基会产生部分脱落，而使聚有机硅氧烷形成三向结构，因此硫酸是不适用的。

聚有机硅氧烷环化物在少量固体碱或浓的苛性钠和苛性钾溶液中加热到 $100\sim150℃$ 时也可重排成高分子聚有机硅氧烷，但在高温时苛性碱会起降解作用。

反应开始时，亲核试剂与环化物中的硅原子配位结合，随后产生开环：

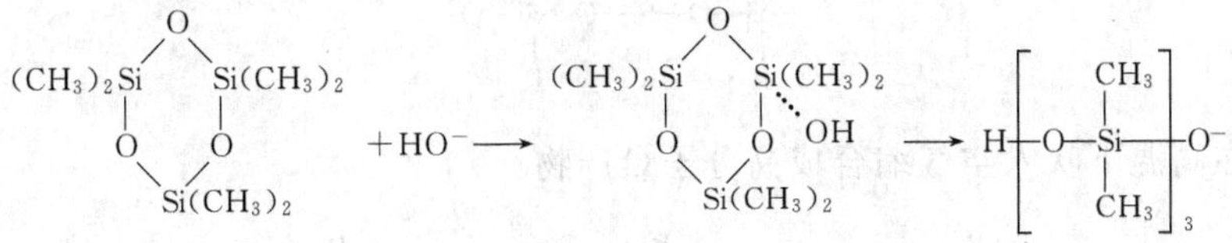

而后开环产物与环化物作用得高聚物：

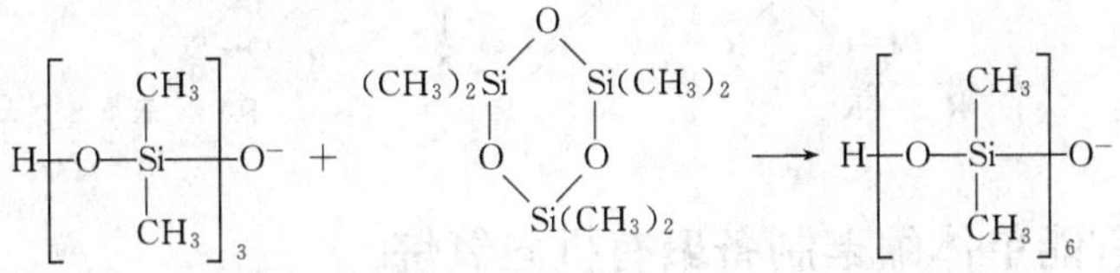

苛性碱对含芳基的聚有机硅氧烷是稳定的，这对于含芳基的环化物的开环聚合是有意义的。

作为催化重排的催化剂种类很多，除 H_2SO_4 和苛性碱外，还有 $FeCl_3$、$Fe_2(SO_4)_3$、$Al_2(SO_4)_3$、$(n\text{-}C_4H_9)_4POH$，对于制备硅橡胶最重要的还是 H_2SO_4、苛性碱及 $Al_2(SO_4)_3$ 等，近来又普遍采用 $(CH_3)_4NOH$。

8.3.3 在高温下利用空气中氧的作用提高分子量

有机硅单体水解后得到的低聚物，受 $180\sim250℃$ 空气中氧的作用可提高分子量，在这种情况下，除羟基间的缩合反应外，还有有机基的"氧化脱落"而成醛或酮逸去，因此树脂的基本组成发生了变化：

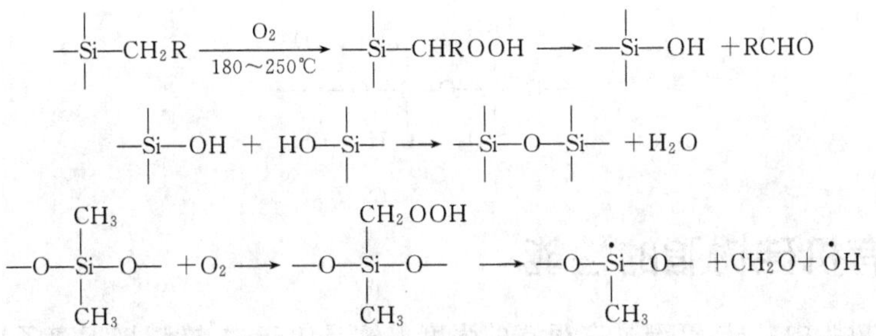

游离基 OH 与聚合物硅原子反应：

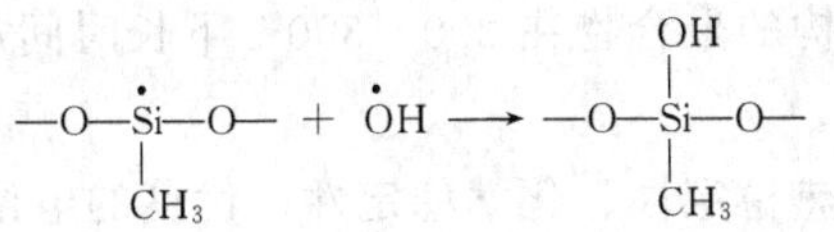

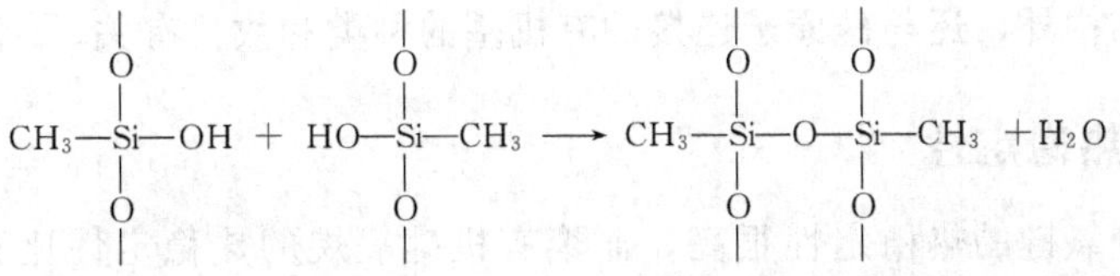

因此，线型聚合物经过相应的热处理后，即形成交联键：

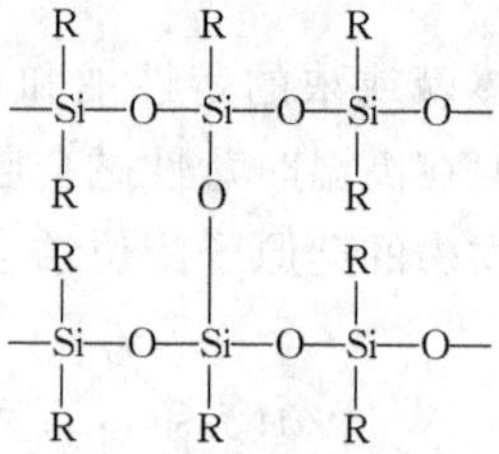

环化物在高温下吹入空气缩合成高分子量产物：

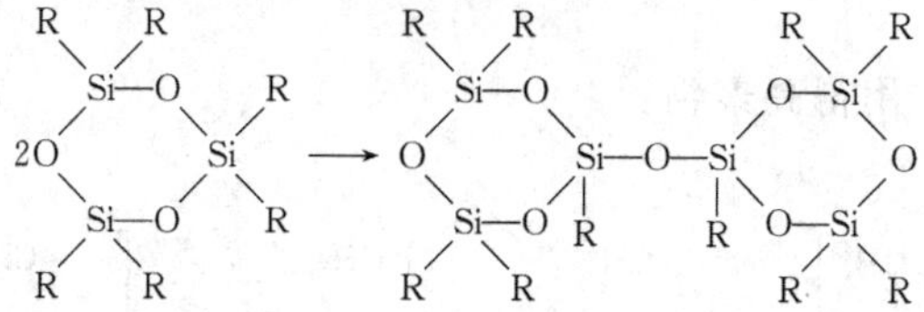

8.3.4 杂官能单体缩聚制备聚有机硅氧烷

近几年来，制备聚有机硅氧烷除上述几种方法外，还发展了杂官能缩聚法，通过含杂官能基的有机硅单体在催化剂（$FeCl_3$ 或 $AlCl_3$）存在下加热进行缩聚成为聚有机硅氧烷，如：

$$n R_2 SiCl_2 + n R_2 Si(OR')_2 \xrightarrow{\text{催化剂}} ClR_2 Si(OSiR_2)_{2n-1} OR' + (2n-1)R'Cl$$

$$n R_2 Si(OR')_2 + n R_2 Si(OCOCH_3)_2 \xrightarrow{\text{催化剂}} R'O—SiR_2(OSiR_2)_{2n-1} OCOCH_3 + (2n-1)CH_3COOR'$$

当这两种不同官能基的分子相互作用时，析出低沸点的低分子物并得到聚合物，因此这种反应是很有意义的。

杂官能缩聚反应优于水解缩合反应，因为杂官能缩聚反应可以制得交替结构的聚合物。例如可制得具有二甲基硅氧烷和二苯基硅氧烷链节均匀交替的聚合物：

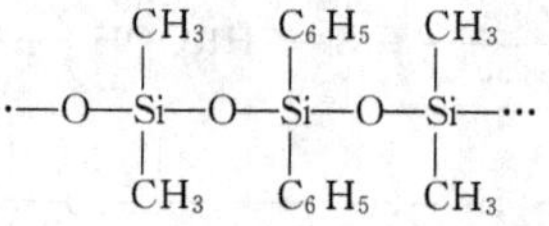

8.4 有机硅树脂的性能

在有机硅树脂中，硅-氧键具有很高的强度，这是由于硅-氧键接近离子键而且有极性的缘故，硅-氧键的偶极结构使其与硅原子键合的硅-碳键发生极化作用并产生偶极矩，所以硅-碳键的强度很高，将这种结构的聚合物在 200～300℃下长时间加热时，发现硅-碳键和硅-氧键没有显著的破坏。

聚有机硅氧烷有很高的热稳定性、化学稳定性、优良的电绝缘性和憎水性。这些性能除取决于硅氧烷结构外，还与硅原子连接的有机基的种类和数目有关。

8.4.1 热稳定性

石英中的硅氧键的热稳定性很高，而聚有机硅氧烷的热稳定性比石英和硅酸盐要低得多，这与硅原子连接的有机基有较大的关系，有机基数目越多，则热稳定性越低。

8.4.1.1 无氧存在时的热稳定性

聚二甲基硅氧烷在无氧存在时，在350～400℃下加热，就开始发生聚合物链的重排。因而生成低分子环状化合物：

$$HO \underset{}{\overset{}{-}} [(CH_3)_2SiO]_x Si(CH_3)_2 OH \longrightarrow [(CH_3)_2SiO]_3 + [(CH_3)_2SiO]_4 + [(CH_3)_2SiO]_5 + \cdots$$

其中三聚体44%、四聚体24%、五聚体9%、六聚体10%、六聚体以上18%。

由于聚二甲基硅氧烷链很柔软，硅原子占有更大的体积，因此甲基更能自由地进行旋转，在分子中氧的存在也能使链节进行旋转。这种聚合物的分子链具有螺旋形的结构，每一圈中有3～6个硅原子。这种结构在高温作用下创造了适于断链成环的良好条件，因此，从所得的结果可以看出，环状低聚物较多。在体型或环体型结构的聚有机硅氧烷中，在温度升高至550℃时，其分子链不会在Si—O链处遭到破坏。

8.4.1.2 加热氧化降解

聚二甲基硅氧烷在250℃时才发生轻微的降解，在300℃时产生部分降解，甲基从聚合物链中脱去，聚二甲基硅氧烷分子链在Si—O链处断裂要在400℃才变得非常明显，这时丧失的质量超过了理论上仅为聚合物分子中甲基降解时可能损失的质量（图8-4中的虚线）。聚二甲基硅氧烷与过氧二苯甲酰作用，能使线型分子产生交联，因而增强了聚二甲基硅氧烷的热稳定性（如图8-5）。

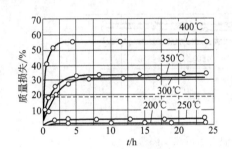

图 8-4 聚二甲基硅氧烷在各种
温度下的热氧降解

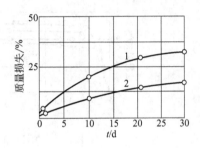

图 8-5 聚二甲基硅氧烷在250℃下的热氧降解
1—无过氧化二苯甲酰；
2—加3%过氧化二苯甲酰

对聚合物经不同温度作用后所作的化学分析指出，在300℃经5h后，聚二甲基硅氧烷中的甲基数量显著减少（C/Si由2降至1.74），此时H/C=3.07。在350℃时C/Si值急剧下降（加热5h后即由2降至0.32），但H/C值不仅不降低，反有某些增加，在400℃也产生H/C值增大的现象。因而可以说明，线型聚有机硅氧烷在加热氧化降解过程中，无论是Si—C键还是Si—O键均遭破坏。

体型聚合物 $(RSiO_{1.5})_n$ 在加热作用下能发生不同的化学变化，但分子主链上的Si—O键并不断裂。图8-6表示聚甲基硅氧烷在250℃、350℃、450℃和550℃下的热氧化降解过程。

聚甲基硅氧烷在250℃加热24h后，质量损失约为2.76%，但其元素组成几乎不变。在350℃时，其质量损失才开始急剧增大（2h后达6.02%），其C/Si比值也随之由原来的1.0降至0.4，降解作用是由于甲基脱落，聚合物在加热后的H/C比值为2.93。在450℃时，聚甲基硅氧烷分解得更完全，但在此温度经24h后，聚合物中还保持有某些数量的碳，C/Si

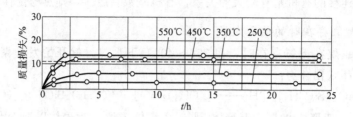

图 8-6　聚甲基硅氧烷在各种温度下的热氧降解

等于 0.1。这就说明完全分出聚甲基硅氧烷中的碳，也即完全破坏 Si—C 是相当困难的。因为在加热氧化降解时，随着甲基的脱落，在硅原子间形成氧桥，它具有立体效应，因而阻碍了氧对甲基的攻击。

聚甲基硅氧烷的降解只是由于甲基的脱落，10 个硅原子上只连有一个甲基，而 Si—O 键并不断裂，在 350℃ 和 450℃ 下加热过的聚甲基硅氧烷中的羟基数量比原来所有的减少了一半，但它还是比在 250℃ 下加热的聚甲硅氧烷中的羟基含量高。温度升高能使甲基很快地从硅原子上脱落下来，但聚甲基硅氧烷中的羟基含量也随之增大。这表明在甲基脱落的过程中有羟基生成。

聚乙基硅氧烷在相同温度下加热氧化降解很剧烈，在 250℃ 时有相当数量的乙基脱落（如图 8-7），聚合物在 450℃ 加热 6h 后，已不含碳，而 SiO$_2$ 为 99.0%。

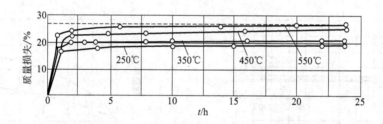

图 8-7　聚乙基硅氧烷在各种温度下的热氧降解

聚乙烯基硅氧烷在 250℃、350℃ 和 450℃ 下都表现了很高的热稳定性（如图 8-8），聚合物即使在 550℃ 加热 6h，仍含有 0.9%C，0.27%H 和 45.77%Si。

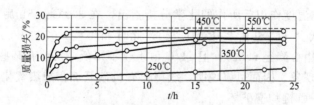

图 8-8　聚乙烯基硅氧烷在各种温度下的热氧降解

聚苯基硅氧烷对加热氧化降解的热稳定性比烷基硅氧烷更高。这种聚合物在 550℃ 加热后，质量损失并不显著（如图 8-9），聚苯基硅氧烷的试样在 450℃ 下加热 24h 后，仍有 3.7%C、0.67%H，甚至在 550℃ 加热 6h 后，还含有 0.33%C 和 0.27%H。

在苯基中引入卤素（氯和氟）对聚合物的氧化降解并未产生重大的影响，这可以由图 8-10 看出，聚氯苯基硅氧烷在 350℃ 的降解过程进行得十分缓慢，而且可以说明它与聚苯基硅氧烷的热降解情况相似。

聚有机硅氧烷加热氧化降解，可认为是空气中氧与硅所相连的碳作用，形成过氧化物，随后降解生成的主要产物为 CO、H_2O 及少量甲醛等。

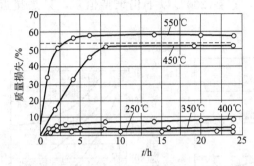

图 8-9　聚苯基硅氧烷在各种温度下的热氧降解　　图 8-10　聚氯苯基硅氧烷在各种温度下的热氧降解

8.4.2　聚有机硅氧烷液体及弹性体的特征

硅油的黏度很少由于温度的变化而改变，聚甲基硅氧烷液体如果在 100℃时与石油系油的黏度相等，但当冷至−30℃时，聚甲基硅氧烷的黏度增大 7 倍，而石油系油增大 1800 倍。

线型聚有机硅氧烷分子中的 Si—O 键很容易自由旋转，这就使聚有机硅氧烷分子非常柔软，由于键角的关系，O—C—O 键角为 109°，而 Si—O—Si 键角为 160°，这种柔性分子很容易卷曲，形成螺旋形结构，对温度很敏感，当温度升高时，螺旋体就张开，链与链之间硅氧键的偶极作用，使分子间的相互作用力增加，因而相应地增大了黏度，这就与温度上升黏度下降的正常现象相反。但因温度升高，分子间的运动加剧，因此，聚有机硅氧烷的黏度在温度升高时仍将降低，但比之一般有机聚合物降低得要小。当温度降低时，在一般情况下，黏度应增大，但聚有机硅氧烷又恢复原来的螺旋形状态，分子间作用力减弱，在低温下还能运动，所以黏度即使是增加也是较小的，因此聚有机硅氧烷与一般有机聚合物相比，在低温时黏度增加不大。

聚有机硅氧烷液体，其有机基增大，黏度系数会稍有增加，这是由于形成螺旋形结构的能力降低，但变化不大。

聚有机硅氧烷橡胶的弹性很少随温度发生变化，例如在 0～80℃的温度范围内，其弹性系数只变化 1.8 倍，而天然橡胶在 25～64℃范围内就变化 100 倍，硅橡胶的这种特性，也说明了聚有机硅氧烷的螺旋形结构。

当温度升高时，使分子间的作用力减小，因而降低了弹性模量，但也使螺旋形分子伸长，Si—O 键的极性暴露出来，增加了分子间的力，而又增加了弹性模量，这两种现象彼此补偿，所以弹性模量随温度的变化是很小的。

8.4.3　电绝缘性

硅树脂另一突出的性能是其优异的电绝缘性能。在常态下硅树脂漆膜的电气性能与电气性能优良的有机树脂相近，但在高温及潮湿状态下，前者的电气性能则远优于后者。为研究有机硅树脂的介质损耗角正切、介电常数和电阻率等，W. Noll 等曾将甲基苯基硅树脂涂在直径 2mm 的钢片上加热固化后，用银覆盖作为第二个电极，然后从室温到近 300℃下，测量了它的电气性能。

由于硅树脂不含极性基团，故其介电常数及介质损耗角正切值在宽广的温度范围及频率范围内变化很小。从图 8-11 中可以看出，硅树脂在室温下的介质损耗角正切值约为 2×10^{-3}，比作对比的有机漆要小得多。不仅如此，它在 200℃ 以下仍维持恒定，只是接近 300℃ 时才缓慢地升高到约 3×10^{-3}。

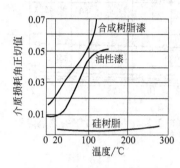

图 8-11　甲基苯基硅树脂及
其他有机漆的介质损耗角
正切与温度的关系

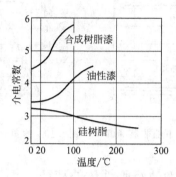

图 8-12　在（800r/s）/50V 下甲基
苯基硅树脂及某些有机基其他
有机漆的介电常数与温度的关系

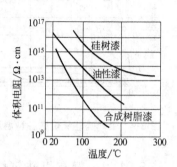

图 8-13　在 1000V 下甲基苯基
硅树脂及某些有机漆的
电阻率与温度的关系

从介电常数与温度的函数关系图 8-12 中也可看出，纯有机硅绝缘漆与有机漆相比，有机漆的介电常数随温度的增高而迅速上升，而有机硅漆的介电常数不仅比有机漆的小，而且随温度上升而下降，特别是当温度高于 100℃ 时更明显。由于电介质中的损耗是与介电常数成比例的，硅树脂的这一特性无疑将其用作高压绝缘时就具有特别重要的意义。

图 8-13 是硅树脂的体积电阻率与测定温度的关系，虽然硅树脂的电阻率也因温度升高而降低，但比有机漆降得慢得多。即使在 200～300℃ 的范围内，硅树脂的电阻率还是相当令人满意的。

在室温下，测得了硅树脂和硅树脂-聚酯共缩合物的不同涂层厚度的介电强度值（如图 8-14）。在同等漆膜厚度条件下，聚酯改性硅树脂的介电强度低于硅树脂。

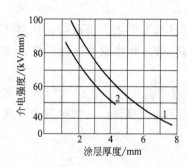

图 8-14　硅树脂涂层厚度与
介电常数的关系
1—纯硅树脂；2—硅树脂-聚酯共聚物

从以上的对比结果可知，硅树脂的电气绝缘性能在 20～300℃ 范围内的变化比有机树脂的小，而各项指标都要好得多，是一种较好的耐高温电绝缘材料。但是也需指出，在近 300℃ 测得的电气特性并不能断定硅树脂一定能在这样的温度下长期使用，不能忽视长期应力的作用，实际上一般硅树脂的应用极限度为 200℃。

此外，由于硅树脂的可碳化成分也较少，故其耐电弧及耐电晕性能也十分突出。表 8-5 列出各种涂料的耐电弧性能。改性硅树脂的电气性能取决于有机组分的比例及类型。一般来说，其主要电气性能，如介电强度、体积电阻率及介电损耗角正切等劣于硅树脂，而优于有机树脂。以醇酸改性硅树脂为例，其体积电阻率低于硅树脂而高于醇酸树脂，其体积电阻率与温度的关系如同硅树脂及醇酸树脂一样，均随温度上升而下降。

表 8-5 涂料的耐电弧性能

涂 料 名 称	耐电弧/s	涂 料 名 称	耐电弧/s
乙烯基树脂	45	对苯二甲酸树脂	120
油溶性酚醛树脂	70	聚酯树脂	120
苯乙烯改性醇酸树脂	90	三聚氰胺树脂	150
环氧树脂	90	硅树脂	180
聚氨酯树脂	100	聚酰亚胺树脂	180
邻苯二甲酸二烯丙基树脂	120		

8.4.4 力学性能

由于有机硅分子间作用力小，有效交联密度低，因此有机硅树脂一般的机械强度（弯曲、拉伸、冲击、耐擦伤性等）较弱。但作为涂料使用的硅树脂，对其力学性能的要求，着重在硬度、柔韧性和塑性等方面。硅树脂薄膜的硬度和柔韧性可以通过改变树脂结构而在很大范围内调整以适应使用的要求。提高硅树脂的交联度（增加三或四官能链节含量），可以得到高硬度和低弹性的漆膜，即交联密度越大时，可以得到高硬度和低弹性的漆膜；反之，则能获得富于柔韧性的薄膜。在硅原子上引入占有较大空间位阻的取代基，可以提高漆膜的柔韧性及热弹性，这正是甲基苯基硅树脂的柔性及热塑性优于甲基硅树脂的原因。因而硅树脂无需使用特殊增塑剂，只需靠软、硬硅树脂的适当搭配即可满足对塑性的要求。

用做某些涂料时，纯硅树脂涂膜的硬度不足，而热塑性有余；若使用有机改性硅树脂、则很容易解决这个矛盾，表 8-6 为聚酯改性硅树脂与硅树脂漆膜在 20℃ 及 180℃ 下的表面硬度及粘接力的比较。

表 8-6 聚酯改性硅树脂的表面硬度及粘接力

涂 料	表面硬度（铅笔）		粘接强度/MPa	
	20℃	180℃	20℃	180℃
甲基苯基硅树脂	B	6B	4.0	0.1
含 75%硅氧烷改性聚酯	2H	B	10.0	0.25
含 50%硅氧烷改性聚酯	3H	H~2H	25.0	1.5

表 8-7 列出醇酸改性硅树脂（包括邻苯二甲酸及对苯二甲酸）、丙烯酸改性硅树脂、环氧改性硅树脂及聚酯改性硅树脂等漆膜的力学性能的对比。

表 8-7 改性硅树脂涂料的力学性能

内 容	醇酸改性一	醇酸改性二	丙烯酸改性	环氧改性	聚酯改性
硬度（铅笔）	—	—	H~2H	H~2H	H
洛氏硬度（Sward rocker）	23	64	65	70	40
弹性（薄板变形）/mm	7	5	—	4.5	>8
粘接性	100/100	100/100	100/100	100/100	100/100
冲击性（DuPont $\frac{500g}{1.27cm}$）	30	<30	10~20	30	>30

颜料和催化剂也可影响硅树脂的硬度及弹性。颜料有加速硅树脂漆膜氧化的作用，并使其转化成更硬的硅玻璃。使用低活性催化剂，由于缩合反应不完全，只能得到软涂层；反之，使用高活性催化剂（如 Pb、Al 等的化合物），则可获得硬脆的涂层，但是有的催化剂

（如钛酸酯）却能在不严重降低弹性的前提下，有效地提高涂层的硬度。表 8-8 为 Ti(OBu)$_4$ 对硅树脂热塑性（硬度）的影响。

表 8-8　Ti(OBu)$_4$ 对硅树脂热塑性（硬度）的影响

硅树脂类型	Ti(OBu)$_4$ 用量 /%	表面硬度（铅笔）	
		20℃下	180℃下
纯甲基苯基硅树脂	0	B	6B
	5	B	3B
	10	HB	2B
硅氧烷 75% 聚酯共聚树脂	0	H~2H	2B
	5	2H	B
	10	2H	HB
硅氧烷 50% 聚酯共聚树脂	0	2B	HB
	5	3H	H
	10	3H~4H	H~2H

粘接性是衡量有机硅树脂力学性能的另一重要指标。硅树脂对铁、铝、银和铜之类的金属的粘接性较好，对玻璃和陶瓷也容易粘接。一般说来，不需对这些材料进行预处理，但是基材表面若用机械清洗方法如喷砂处理，则能改进硅树脂对金属，特别是对铁的黏附力。硅树脂对钢的黏附力是不能令人满意的，特别是在高温老化时，铜表面存在的氧化膜对硅树脂有明显的催化降解作用。

硅树脂对有机材料如塑料、橡胶等的粘接性，主要取决于后者的表面能及与硅树脂的相容性。表面能越低及相容性越差的材料越难粘接。通过对基材表面的处理，特别是在硅树脂中引入增黏成分，可在一定程度上提高硅树脂对难粘基材的粘接性。

8.4.5　耐候性

硅树脂具有突出的耐候性，是任何一种有机树脂所望尘莫及的。即使在紫外线强烈照射下，硅树脂也耐泛黄。工业上评价树脂的耐候性，主要通过漆膜光泽变化及色变度（色差、

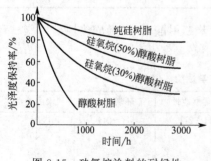

图 8-15　硅氧烷涂料的耐候性
（加速试验法）

ΔE）来说明。图 8-15 为纯硅氧烷涂料与不同硅氧烷含量的醇酸树脂作基料的漆膜在加速试验机中得到耐候性试验结果。在加速试验条件下，纯硅氧烷涂料经过 3000h 后，光泽度保持率仍高于 80%。在众多可引起涂层老化的因素中，太阳光特别是紫外线的照射是引起涂层光泽度降低及表面粉化的主要原因。已知甲基硅氧烷对紫外线几乎不吸收，含 PhSiO$_{1.5}$ 或 Ph$_2$SiO 链节的硅氧烷也仅吸收 280nm 以下的光线（包括少量紫外线），故太阳光照射对硅树脂的影响较小，这正是硅树脂涂料耐候性优良的主要原因。

改性硅树脂的耐候性随硅氧烷含量增加而提高，同时与所用硅氧烷和有机树脂的种类以及改性的方法等有关。例如，将 Si—C 键连接的丙烯酸改性硅树脂、Si—OC 键连接的醇酸改性硅树脂、聚酯改性硅树脂、醇酸树脂、环氧树脂进行老化试验（使用 ATLASUVCON 照射）对比，涂膜光泽及色差的变化分别示于图 8-16 及图 8-17。

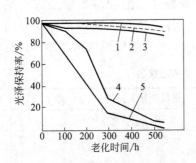

图 8-16　涂膜光泽与老化时间的关系

1—Si—C 键连接的丙烯酸改性硅树脂；

2—Si—OC 键连接的醇酸改性硅树脂；

3—聚酯改性硅树脂；4—醇酸树脂；5—环氧树脂

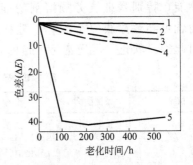

图 8-17　涂膜色差（ΔE）与老化时间的关系

1—Si—C 键连接的丙烯酸改性硅树脂；

2—Si—OC 键连接的醇酸改性硅树脂；

3—聚酯改性硅树脂；4—醇酸树脂；5—环氧树脂

通过对比可见，改性后树脂的光泽保持率及色差明显优于改性前或其他有机树脂，而 Si—C 键连接的丙烯酸改性硅树脂的耐候性又优于 Si—OC 键连接的醇酸改性硅树脂、聚酯改性硅树脂。改性树脂中，硅氧烷含量对耐候性的影响，以常温固化醇酸改性硅树脂为例，见表 8-9。

表 8-9　常温固化型醇酸改性硅树脂的耐候性

硅氧烷含量 /%	触干时间 /h	固化时间 /h	硬度（洛氏） 7d 后	耐候性	
				起始光泽	光泽降至 30 的时间/min
0	1.5	6	23	90	6
5	1.5	6	26	90	7
10	1.5	7	28	89	8
30	1.5	7	30	90	24
50	1.5	24	18	90	24

不同硅氧烷含量的改性聚酯树脂，在加速老化试验条件下的光泽保持率变化示于图 8-18。

另外，硅树脂涂层的抗霉菌侵蚀性能也是不错的。硅树脂如同硅油、硅橡胶一样具有优良的耐寒性，当然也与其组成及结构有关。一般说，在 −50℃ 下使用问题不大，硅树脂兼具耐高、低温特性，并可经受 −50～150℃ 的冷热反复冲击，这是其他有机树脂所难于比拟的。

图 8-18　聚酯改性硅树脂的光泽保持率

8.4.6　耐化学药品性

完全固化的硅树脂漆膜，对化学药品具有一定的抵抗能力。由于硅树脂漆膜不含极性取代基，且成为立体网状结构，比之硅油及硅橡胶，具有更少的 Si—C 键（即更多的 Si—O 键），因而硅树脂的耐化学药品性能优于硅油及硅橡胶，但并不比其他有机树脂好。硅树脂漆膜在 25℃ 下，可耐 50% 的硫酸、硝酸乃至浓盐酸达 100h 以上，对氯及稀碱液等有良好抵抗力，但强碱能断裂 Si—O—Si 键，使硅树脂漆膜遭到破坏，对一些氧化剂（如 O₂、O₃）及某些盐类等也比较稳定。但是，如前所述，由于硅树脂分子间作用力较弱，而且有效交联密度不如有机树脂，固化不十分完全，因而漆膜的耐溶剂性能，特别是抵抗芳烃溶剂的能力较差。芳香烃、酯和酮类以及卤代烃等溶剂，几分钟内就可导致漆膜完全破坏。硅树脂漆膜对于石油烃和低级醇具有良好的抵抗力，汽油可引起漆膜软化，但通常是可逆的软化。表 8-10 列出硅漆膜的耐化学药品性能。

表 8-10 硅漆膜的耐化学药品性能

化学试剂	抵抗能力	化学试剂	抵抗能力	化学试剂	抵抗能力
醋酸(5%)	良	氨水	差	双氧水(3%)	良
醋酸(浓)	差	氢氧化钠(10%)	良	丙酮	差
盐酸(36%)	尚可	氢氧化钠(50%)	良	氟利昂	尚可
硝酸(10%)	良	碳酸钠(2%)	良	汽油	差
硝酸(浓)	差	食盐水(26%)	良	氯甲烷	差
硫酸(30%)	良	硫酸铜水溶液(50%)	良	四氯化碳	差
硫酸(浓)	差	三氯化铁	良	乙醇	良
磷酸(浓)	良	氯化氢	良	甲苯	差
柠檬酸(浓)	良	二氧化硫	良	矿油	良
硬脂酸	良	硫黄	良	水	良

改性硅树脂对化学试剂的抵抗力优于硅树脂，而且取决于有机聚合物的比例及类型。其中以环氧或丙烯酸改性硅树脂的耐化学试剂性能最佳。表 8-11 列出以二氧化钛为颜料的醇酸改性硅树脂、丙烯酸改性硅树脂、环氧改性硅树脂及聚氨酯改性硅树脂涂层的耐化学药品性能。

表 8-11 改性硅树脂的耐化学药品性能

化学试剂	耐久性	醇酸改性(邻苯二甲酸型)	醇酸改性(对苯二甲酸型)	丙烯酸改性	环氧改性	聚氨酯改性
10%H_2SO_4 浸渍	h	20	100	>500	>500	>500
10%NaOH 浸渍	h	1	5	170	150	<15
石油醚 浸渍	h	65	>500	>500	>500	>500
5%食盐水 浸渍	h	48	48	>500	>500	>500
5%食盐水 喷雾	h	—	—	340	>800	—

8.4.7 憎水性

聚硅氧烷的结构（有机基朝外排列及不含极性基团）决定了硅树脂具有优良的憎水性。聚有机硅氧烷对水的溶解度极小，对水珠的接触角大。玻璃表面未用有机硅处理前的接触角为 $0°\sim40°$，但处理后为 $70°\sim120°$（它对水的接触角与石蜡相近）。对于织物、纸、陶瓷等绝缘材料，用有机硅氧烷处理后，均可提高其防水性能，并有良好的介电性能。因而被广泛用作防水材料。但是，硅氧烷分子间作用力较弱，间隔也较大，因而对湿气的透过率大于有机树脂膜，这虽有不利的一面，但反过来赶出吸入水分也比较容易，从而使电性能等容易恢复。而一般的有机树脂，浸水后电气特性大大降低，吸收的水分也难以除掉，电气特性恢复较慢。几种电绝缘漆的透湿率示于表 8-12。

表 8-12 几种电绝缘漆膜的透湿率

漆的种类	硅漆(布管用)	硅漆(线圈用)	硅氧烷-醇酸漆	油改性酚醛漆	黑色油性漆
透湿率/[g/(cm·h·Pa)]	$0.06×10^{-8}$	$0.07×10^{-8}$	$0.04×10^{-8}$	$0.02×10^{-8}$	$0.008×10^{-8}$

基于上述理由，硅树脂漆膜的憎水性应视具体条件而定。一般它对冷水的抵抗力较强。

例如，固化后的硅树脂漆膜浸入蒸馏水中，可以几年不变；对沸水的抵抗力较弱，并与其组成及结构有关，如硬的、低热塑性和填加颜料的硅树脂漆膜，对沸水的抵抗力较强；反之，软的、热塑性及未加颜料的漆膜在沸水中浸泡10～20h后，即有气泡形成；对水蒸气特别是高压蒸汽的抵抗力很差，高压蒸汽不仅可以大大降低漆膜对基材的粘接力，而且可以导致硅树脂主链裂解。

改性硅树脂的憎水性及透湿性介于硅树脂与有机树脂之间，即改性硅树脂的憎水性及透湿性小于硅树脂而大于有机树脂。表 8-13 为硅树脂浸渍漆、醇酸改性硅树脂及油改性酚醛漆在 21℃下的透湿性比较。

表 8-13　几种树脂漆的透湿率比较

漆的种类	硅树脂浸渍漆	醇酸改性硅树脂	油改性酚醛漆
透湿率/[g/(cm·h·Pa)]	70.5×10^{-5}	37.5×10^{-5}	21.0×10^{-5}

8.5 有机硅树脂的改性

有机硅树脂是一类热固性高分子材料，尽管有机硅树脂具有许多优异性能，如优良的耐热性、耐候性、憎水性及电绝缘性等，但也存在一些问题，如一般均需高温（150～200℃）固化、固化时间长、大面积施工不方便、对底层的附着力差、耐有机溶剂性差、温度较高时漆膜的机械强度不好、价格较贵等。对比价廉易得的通用有机树脂。特别是涂料用有机树脂的某些优缺点正好与硅树脂相反。因此，常用有机硅树脂与其他有机树脂共同制备有机硅改性树脂，以弥补两种树脂在性能上的某些不足，形成一种兼具两者优良性能的改性树脂，从而提高性能，拓展应用，这对有机硅及有机聚合物工业的发展都有重要意义。

8.5.1　有机硅改性醇酸树脂

醇酸树脂原料易得、价格低廉、性能好、用途广泛，特别在涂料工业中它是产量大的合成树脂之一。但醇酸树脂耐水性差，耐候性也欠佳，户外使用一般不超过 3 年。应用硅树脂改性是克服上述缺点最有效的方法。硅树脂改性醇酸树脂，可采用物理法和化学法两种。物理法改性效果不佳，故现已被淘汰。早期的化学改性法多采用分步合成工艺，即从含 SiX（X 为 Cl、OMe、OEt、OAc 等）键的有机硅烷出发，先与甘油酯反应，进而再与二元羧酸或其酸酐反应，得到改性醇酸树脂，也可由多元醇或脂肪酸与多元醇生成的单酯出发，先与多元酸反应，进而再与烷氧基硅烷共缩合，得到改性醇酸树脂。上述两法都存在操作步骤繁琐、产物易凝胶化及反应终点难控制等缺点。现已改为由含 SiOH 或 SiOR 键的硅氧烷中间体出发，并与预先制成的醇酸树脂中间体进行缩合反应得到改性硅树脂。

有机硅改性醇酸树脂主要用做室温固化型耐候涂料的基料，由于它们的耐候寿命是改性前的醇酸树脂涂料的 4 倍以上，因而被大量用做永久性建筑及设备装置的保护涂料，如高压输电线路铁塔、铁路公路桥梁、运货车、动力站、开采石油设备、室外化工装置、农业机械等的涂装。有机硅改性醇酸树脂还常用做金属及塑料等的防腐保护涂料、不迁移性（可重涂性）的涂料；耐候、耐化学试剂及粘接性好的涂料；印刷油墨添加剂；高光泽性涂料等。此外，有机硅改性醇酸树脂还可作为船舶和工厂用耐候涂料。

8.5.2 有机硅改性聚酯树脂

由二元醇（或多元醇）和二元酸（或多元酸、酸酐）缩合得到的聚酯，依据原料中酸饱和与否，产物可分为饱和聚酯（热塑性）与不饱和聚酯（热固性）两类。它们均可用于改性硅树脂，但主要使用饱和聚酯。根据桥联结合方式，有机硅-聚酯树脂可分为 Si—C 型和 Si—O—C 型两种，前者可由含羧基的有机硅烷（或硅氧烷）与多元醇反应而制得。但因原料昂贵、工艺繁杂，至今尚未工业化生产。Si—O—C 型的有机硅-聚酯共聚物具有原料易得、生产工艺简便的特点，它可通过含羟基的聚酯与含烷氧基的硅烷（或硅氧烷）或与含硅羟基的硅烷（或硅氧烷）进行缩合反应来制备：

$$\equiv\!SiOH \ + \ HOC\!\equiv \ \longrightarrow \ \equiv\!SiOC\!\equiv \ +H_2O$$
$$\equiv\!SiOR \ + \ HOC\!\equiv \ \longrightarrow \ \equiv\!SiOC\!\equiv \ +ROH$$

缩合反应在乙酸铅催化剂存在下于 170～180℃下进行，当缩合产物的凝胶化时间为 1～2min/250℃时，即可停止反应。有机硅与聚酯的共缩聚要有合适的配料比，即有机硅∶聚酯＝75∶25，若有机硅成分过大，显示硅树脂的性能较多；若聚酯成分过多，产品的耐热性差，在固化时易流失，电气性能不均匀。此外，将含官能基的硅烷或硅氧烷与过量的多元醇缩合，然后再与多元羧酸反应，同样可制得 Si—O—C 型有机硅-聚酯共聚物。

热固性有机硅改性聚酯树脂，除具有较高的耐热性（180～200℃）、良好的电绝缘性（体积电阻常态下为 $1\times10^{14}\,\Omega\cdot m$）及防潮性外，还具有固化温度较低、干燥性好、浸渍时气泡少及涂膜存放过程中不返粘等优点，而被广泛用作 H 级电动机、电器的线圈浸渍漆，还可用做电线绝缘涂料等。

8.5.3 有机硅改性丙烯酸树脂

聚丙烯酸酯的结构特征是主链由饱和的 C—C 键构成，侧链为带有极性的羧酸酯基。故赋予其良好的耐热氧化、耐候性、耐油耐溶剂及黏结性。但其硫化性、耐寒性、耐水、耐碱性及电气性能较差。有机硅改性丙烯酸树脂具有较好的固化性，既可加热固化，也可室温催化固化，此外还具有良好的粘接性、耐油耐溶剂性、耐候性及耐水性等。

丙烯酸改性硅树脂主要采用化学改性法，而且主要是由含 C—OH（主要为 CH_2—OH）键的耐热丙烯酸树脂与含 SiOH 或 SiOR 的多官能硅烷或硅树脂中间体，通过缩合反应（脱水或脱醇）而得。由于丙烯酸树脂对硅树脂的相容性优于其他有机树脂，特别是在增容剂存在下，两者能良好混合，因而丙烯酸改性硅树脂也可通过物理混合法配制。

涂料是丙烯酸树脂的主要应用领域之一。经硅氧烷改性后的丙烯酸树脂，其耐候性远优于纯丙烯酸或聚氨酯系涂料。根据需要，可制高硬度（铅笔硬度为 5H）涂层，也可制高韧性（伸长率达 100%）涂层，还可制成单组分室温固化涂料，使用特别方便。丙烯酸改性硅树脂对砂浆板、混凝土板、玻璃、聚四氟乙烯塑料及铝材等具有良好的粘接性，固化后涂膜光泽、耐磨、耐候、耐水、耐溶剂，已广泛用作建筑、车辆、家用电器、家具及塑料制品的耐候涂料。此外，有机硅改性丙烯酸树脂，还可制成耐脏和耐候及高光泽的涂料、船底用长效防污涂料、无光泽电泳涂料及紫外线固化涂料等。

8.5.4 有机硅改性环氧树脂

分子两端带有环氧基，主链含有仲醇侧基及醚键的环氧树脂，具有优异的粘接性，固化后机械强度高，化学稳定性好，热胀系数小及耐热性优良，被广泛用做胶黏剂、涂料、增强塑料、电绝缘材料、浇铸料、电子包封料及泡沫塑料等。但其断裂强度较低，特别是用做电子元器件包封材料及涂料时，常因内应力过大而导致树脂开裂，使耐湿性及电性能变差乃至失效。此外，环氧树脂的耐磨性也欠佳。使用聚硅氧烷改性既可有效降低环氧树脂内应力，改善环氧树脂的断裂强度及表面性质（耐磨性），又能增加韧性、提高其耐热性。其室温剪切强度达 22.5MPa，并能在 400℃ 条件下长期使用。硅树脂引入环氧结构，可通过以下途径。

① 环氧丙醇与环氧基硅氧烷脱醇而得：

$$CH_2\text{—}CHCH_2OH + ROSi\!\equiv\ \longrightarrow\ CH_2\text{—}CH\text{—}CH_2OSi\!\equiv\ + ROH$$

② 缩水甘油醚烯丙酯与含氢硅烷加成而得：

$$2\ CH_2\text{—}CHCH_2OCH_2CH\text{=}CH_2 + HMe_2Si\text{—}\bigcirc\!\!\!\!\!\text{—}SiMe_2H\ \xrightarrow{Pt}$$

$$CH_2\text{—}CHCH_2OC_3H_6Me_2Si\text{—}\bigcirc\!\!\!\!\!\text{—}SiMeC_3H_6OCH_2CH\text{—}CH_2$$

③ 由过氧乙酸氧化硅氧烷中的不饱和基而得：

$$CH_3C\text{—}OOH + CH_2\text{=}CH\text{—}R\text{—}Si\!\equiv\ \longrightarrow\ CH_2\text{—}CHRSi\!\equiv\ + CH_3COOH$$

④ 由双酚 A 型环氧树脂与含烷氧基或羟基的硅氧烷缩合而得。

$$\text{—}C\text{—}OH + ROSi\!\equiv\ \longrightarrow\ \text{—}C\text{—}O\text{—}Si\!\equiv\ + ROH$$

$$\text{—}C\text{—}OH + HOSi\!\equiv\ \longrightarrow\ \text{—}C\text{—}O\text{—}Si\!\equiv\ + H_2O$$

近年来，国内外对有机硅改性环氧树脂进行了大量研究。美国 Ameron 国际公司研制的一种牌号为"PSX700"的高性能环氧-有机硅涂料已获美国专利，该有机硅涂料是将非芳香环氧树脂、聚硅氧烷和有机含硅氧烷作基料，以氨基硅烷部分或全部取代的胺作固化剂，有机锡作催化剂，在足够量水的存在下将树脂、固化剂、颜料和催化剂混合，使聚硅氧烷和有机氧硅烷进行水解，该水解反应形成硅烷醇，再进行缩聚形成直链改性的有机硅树脂。Rhodia 公司推出了阳离子型环氧-有机硅剥离涂层。该产品可用紫外线和电子束固化，应用于压敏胶标签上。

中科院化学所用聚二甲基硅氧烷改性邻甲酚醛环氧树脂，结果表明预反应制得的固化物的弯曲模量和玻璃态线性热膨胀系数均有明显下降，使其内应力大幅度降低、抗开裂指数大为提高。有机硅改性剂加入到环氧塑封料中，塑封大规模、超大规模集成电路时，内应力明显下降，达到了日本电工的 MPl50SG-164、住友电木的 EME6210S 料的水平。中科院兰州化学物理研究所用环氧值 0.41～0.47、羟基值 0.06、平均摩尔质量为 370g/mol 的环氧树脂（E-44）与平均摩尔质量为 50000g/mol 的端羟基聚二甲基硅氧烷进行缩合反应制得改性树脂。改性树脂具有两相结构、分散相微细化的特点，两相间通过 Si—O—C 键结合，相互作用力强，树脂的耐热性明显提高。用二苯基硅二醇对双酚 A 型环氧树脂进行化学改性，得到一种具有良好的耐热、耐水和力学性能的新型环氧树脂，可在 250℃条件下长期使用。武汉材料保护研究所采用环氧树脂与混溶性好的反应性有机硅低聚物缩聚，所制得的有机硅改性环氧树脂兼具环氧树脂和有机硅树脂的优点，不仅提高了耐热性，而且具有良好的防腐性。

8.5.5　有机硅改性酚醛树脂

酚醛树脂是第一个人工合成的聚合物，它可制成热固性及热塑性两大类产品，并具有良好的耐热性、刚性、尺寸稳定性及介电性等，而且成本便宜，但脆性较大，特别是高温下容易开裂，应用受到较大限制。使用聚有机硅氧烷改性，不仅可改善其脆裂性及使用可靠性，而且还可制成耐热涂料、复合材料基体、半导体光刻胶及包封料等。有机硅氧烷改性酚醛树脂的制法，由下列 3 步组成。

（1）有机氯硅烷与乙酸钠作用生成有机乙酰氧基硅烷，例如：

$$RSiCl_3 + 3AcONa \longrightarrow RSi(OAc)_3 + 3NaCl \quad (R 为 Me、Ph)$$

（2）苯酚与甲醛缩聚成低摩尔质量的线型酚醛树脂：

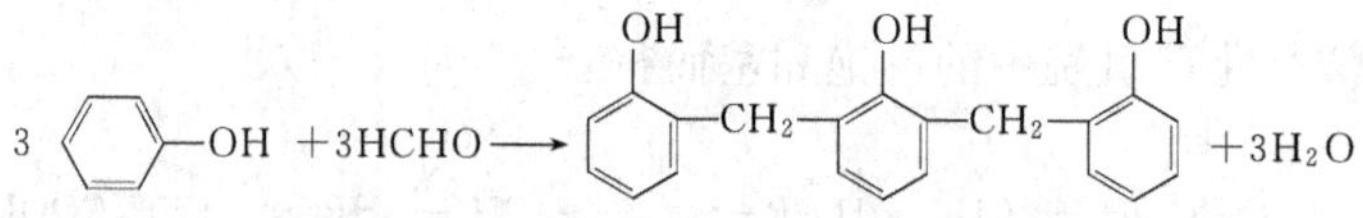

（3）有机乙酰氧基硅烷与酚醛树脂低聚物共缩聚得到硅氧烷改性酚醛树脂：

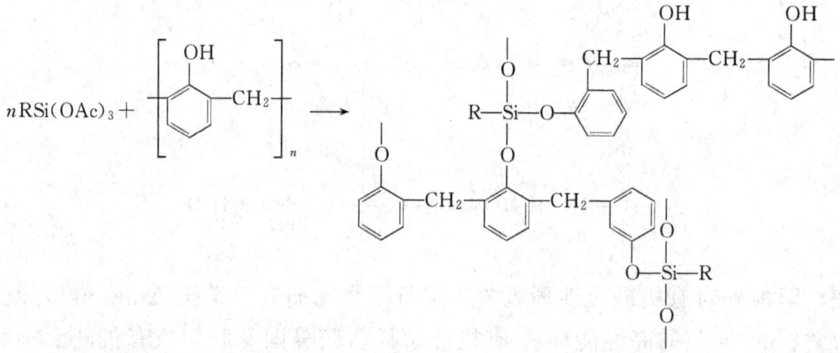

有机硅改性酚醛树脂可制成电子工业用模塑料、光刻胶、耐热涂料及复合材料基体等。例如，由陶瓷纤维、聚酰亚胺纤维、无机填料与酚醛改性有机硅树脂成型得到的汽车等使用的刹车片，允许在过负荷条件下长时间使用，可靠性也大为提高。由改性酚醛树脂/纸绝缘片与铜箔压制而成的层压晶，具有良好剥离强度，并可耐焊接 28s。使用有机硅改性酚醛树脂配制的模塑料，可大大提高憎水性及柔韧性。由其传递模塑制得的试片，除具良好的力学性能外，浸入 100℃水中 500h 后增重仅 1.1%。使用酚醛改性硅树脂配制的电子元器件包封料生产得到的电子元器件，在 −65～150℃下，热冲击 500 次，20 个样品中无一开裂。通过原料选择及控制工艺条件，制成软化点为 80～90℃的酚醛改性硅树脂，适用作半导体封装料及光刻胶。

8.5.6　硅氧烷改性聚酰亚胺树脂

聚酰亚胺树脂系一类高性能的高分子合成材料，具有优良的机械强度和耐高温、电绝缘、阻燃、抗辐射、耐化学试剂及耐摩擦等性能。但是聚酰亚胺为热固性树脂，加工性能差，在多数有机溶剂中不溶解，加之成本较高、弯曲性及缺口抗撕裂性也较差，故影响其应用及推广。

聚硅氧烷具有优良的柔韧性、高弹性及恶劣环境下的耐久性。人们一直致力于聚硅氧烷与聚酰亚胺结合，期望获得兼具两者优良性能的改性材料。但聚有机硅氧烷与聚酰亚胺在物理及化学性能上差别很大。物理混合改性法很难奏效。1966 年发表了第一篇合成硅氧烷改性聚酰亚胺的报告，从而大大推动了共聚物合成及应用工作的开展。这方面的进展，有许多专文评述。在使用硅氧烷改性聚酰亚胺的众多方法中，比较典型的是由摩尔质量为 $900\sim10000\mathrm{g/mol}$ 的 $\mathrm{H_2NC_3H_6(Me_2SiO)_nSiMeC_3H_6NH_2}$ 出发，与二苯甲酮四甲酸二酐或苯四甲酸二酐与 $3,3'$-二氨基二苯砜，在强极性溶剂中反应，制得硅氧烷改性聚酰亚胺，反应式示意如下：

$$\mathrm{H_2NC_3H_6(Me_2SiO)_nSiMe_2C_3H_6NH_2} +$$

聚（酰胺酸-硅氧烷）中间体 $\xrightarrow[\text{加热}]{-\mathrm{H_2O}}$

扫描示差量热法（DSC）测定结果表明，产物呈现两相结构；热重分析（TGA）表明，耐热性高于 $400\,℃$；水接触角测定表明，有机硅氧烷富集于共聚物表面。因而其吸水性比聚酰亚胺低得多，抗氧原子的能力高出 60 倍。

聚酰亚胺改性有机硅树脂，兼具有机硅氧烷的柔韧性、耐久性和聚酰亚胺的刚性，具有独特的断裂韧性、粘接性、介电性、相容性及抗氧等离子体特性等，可满足许多应用要求。它的前驱体聚酰胺酸硅氧烷，可溶于强极性有机溶剂中而用作半导体器件钝化及保护涂料，

加热后即转化成聚酰亚胺改性有机硅氧烷。例如，使用 $\mathrm{CH_2{=}CH{-}CH_2{-}}$ 封端的

聚酰胺酸改性有机硅树脂作电子器件的钝化涂料时，可将其涂在玻璃片上，在 $100\sim300\,℃$

下烘 30min，即可得到聚酰亚胺改性有机硅树脂薄膜。它加热至 530℃，失重仅为 5%，其体积电阻率为 $2 \times 10^{14} \Omega \cdot m$，该涂料对硅芯片有良好的粘接性。若由单端氨基有机硅氧烷与芳烃四羧酸二酐反应，制得的有机硅氧烷接枝聚酰亚胺，再经加热脱水，即可得到聚酰亚胺改性有机硅树脂，后者可用做高强度、耐高温、耐溶剂的分离膜。但限于成本较高，当前主要用于电子工业。

8.6 有机硅树脂的应用

如前所述，硅树脂具有优异的热氧化稳定性、耐寒性、耐候性、电绝缘性、憎水性及防粘脱模性等。因此，硅树脂被广泛用做耐高低温绝缘漆（包括清漆、色漆、磁漆等），如用于浸渍 H 级电机电器线圈，用以填充与绝缘，浸渍玻璃布、玻璃丝及石棉布，制成电机绝缘套管及电器绝缘绕丝等；粘接云母粉或碎片，制成高压电机主绝缘用云母板以及云母管及云母异型材料等；粘接玻璃布制成层压板以及电子电器，零部件及整机的防潮、防腐、防盐雾等所用的保护材料；作为特种涂料的基料，用于制取耐热涂料、耐候涂料、耐磨增硬涂料、脱模防粘涂料、耐烧蚀涂料及建筑防水涂料等；作为基料或主要原料用于制耐湿胶黏剂及压敏胶黏剂等；作为基础聚合物用于制备耐高温、低温、电绝缘的浸渍漆、模塑料、电子元器件外壳包封料及海绵状制品等。下面分类介绍硅树脂的主要用途。

8.6.1 有机硅绝缘漆

有机硅绝缘漆在电机和其他电器装置制造业中获得广泛应用。电机及电器设备的体积、质量及使用寿命，在很大程度上取决于所用电绝缘材料的性能。因为电机在工作时不仅要耐机械应力和热应力，而且要能满足因电场和磁场的存在所引起的严格要求，定子和转子的电流传导部分必须绝缘到能耐约 30kV 的电压。更为困难的是，由于电机一般只能有很小的空间容纳绝缘材料，因此对电机的绝缘材料提出了极高的要求，要使电机具有较长的使用效率，必须极大地提高绝缘材料的长期使用最高允许温度。

电绝缘材料按其允许使用的最高温度，可分为表 8-14 所列的 7 个等级。根据国际规定，制造 H 级电机的绝缘材料，必须能承受 180℃的长期高温工作，而通用的有机绝缘漆只能在 130℃下长期工作；一些耐热性能好的有机树脂也只能在 150℃下使用，因此很难适用 H 级的电机的绝缘要求。

表 8-14 电绝缘材料的级别及其使用的最高温度

绝缘材料级别	Y	A	E	B	F	H	G
最高使用温度	90	105	120	130	155	180	>180

有机硅绝缘漆具有卓越的热氧化稳定性和绝缘性能，它的使用温度为 180～200℃（经过改性后的硅漆还可在 250～300℃下使用），介电强度为 50kV/mm，体积电阻率为 $10^{11} \sim 10^{15} \Omega \cdot m$，介电常数为 3，介质损耗角正切值在 10^{-3} 左右，并具有优异的耐水防潮等性能，完全达到了 H 级电机所需绝缘材料的要求。不同级别的绝缘材料，在不同温度下的使用寿命，如图 8-19 所示。

一般来说，绝缘材料的耐热性越高、电绝缘性越强，在同等功率条件下，电机电器的体积可以做得越小、质量越轻并且使用寿命越长。用有机硅绝缘漆制成的 H 级电机与同样功率的 B 级电机相比较，可节约硅钢片 10％、钢材 15.8％、铜材 28.8％、质量减轻 35％～40％、体积减小 40％以上。若采用同样数量的材料，则可使 B 级上升到 H 级，提高功率 20％。绝缘材料通常由绝缘漆和有机材料（如纸、布、芳族聚酰胺非纺织布、聚酰亚胺薄膜及聚酯薄膜等）或无机材料（如玻璃布、石棉布、云母等）配合而成。

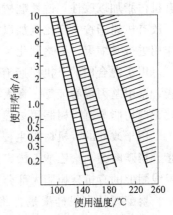

图 8-19 A、B、H 级绝缘材料的使用寿命

在直流电机转子上常用的绝缘材料有：有机硅漆玻璃布或带硅漆玻璃云母带、硅漆玻璃布云母片、柔性硅漆云母、软质硅漆云母板、玻璃布层压板、硅漆粘接的云母环等。在高温电动机上使用的绝缘材料有：硅漆玻璃卷线、硅漆玻璃软线、槽绝缘用硅漆玻璃云母板、相间绝缘用硅漆玻璃布套管、导线用硅漆玻璃布管等。在干式变压器上使用的绝缘材料有：柔性卷线用硅漆云母、硅漆玻璃云母、铁心绝缘筒用硅漆玻璃布层压板及隔离用层压板、低压层间绝缘用硅漆玻璃布套管、高压线圈用硅漆柔性云母、硅漆玻璃云母及高压-低压卷线间绝缘筒用硅漆玻璃层压板等。

据此，电机电器工业要求使用多个品种的电绝缘漆，包括线圈浸渍漆、玻璃布（丝）浸渍漆、玻璃布层压板用硅漆、云母粘接绝缘漆及电子电器保护用硅漆等。

8.6.1.1 线圈绝缘浸渍漆

有机硅绝缘漆的主要应用形式之一是 H 级电机及变压器的线圈浸渍。使用硅漆玻璃布、硅漆云母玻璃带及耐热有机薄膜等作绝缘材料的电机电器线圈、组合件或整机，最后还须经硅漆浸渍，并加热固化成坚固密封的 H 级耐热、绝缘、防潮漆膜，方能满足应用要求。线圈浸渍漆的化学名称为聚甲基苯基硅氧烷，其分子式示意如下：

$$(R_1SiO_{1.5})_x(R_2SiO)_y$$

式中，R_1、R_2 为—CH_3、—C_6H_5。

线圈浸渍漆是用甲基氯硅烷和苯基氯硅烷为原料，经水解、浓缩和缩合等工序合成，最后用二甲苯或甲苯稀释而成的。其反应步骤及反应示意式如下。

水解：

$$CH_3SiCl_3+(C_6H_5)_2SiCl_2+C_6H_5SiCl_3+(CH_3)_2SiCl_2+H_2O \xrightarrow{\text{水解}}$$
$$[CH_3Si(OH)_3]\cdot[(C_6H_5)_2Si(OH)_2]\cdot[C_6H_5Si(OH)_3]\cdot[(CH_3)_2Si(OH)_2]$$

浓缩：减压蒸馏，提高浓度。

缩合：

$$[CH_3Si(OH)_3]\cdot[(C_6H_5)_2Si(OH)_2]\cdot[C_6H_5Si(OH)_3]\cdot[(CH_3)_2Si(OH)_2]\xrightarrow{\text{缩合}}$$
$$[CH_3SiO_{1.5}][(C_6H_5)_2SiO]\cdot[C_6H_5SiO_{1.5}][(CH_3)_2SiO]$$

最后加入二甲苯或甲苯稀释配成 50％～60％溶液即为成品。

为了克服有机硅浸渍漆的黏附力差、机械强度低、耐溶剂性能差和成本高等缺点，可用有机树脂加以改性。改性硅树脂的制造有两种方法，一种是直接混合法，即将有机硅树脂与一般有机树脂按一定比例加以混合；另一种是用初缩聚的聚有机硅树脂与其他有机树脂互相作用进行共缩聚，以达到化学结合，成为新型硅树脂。

用于混合用的有机树脂有三聚氰胺、环氧树脂、尿素、醇酸树脂、酚醛树脂、聚酯树脂、聚甲基丙烯酸酯等。在大多数情况下，由于有机硅树脂与其他有机树脂的不相容性，因此把硅树脂与有机树脂用物理的方法掺和在一起不能达到良好的效果。

用于改性的有机树脂主要有：聚酯树脂、环氧树脂、酚醛树脂、醇酸树脂和聚氨酯树脂、聚碳酸酯、聚乙酸乙烯、丙烯酸等，而采用最多的是聚酯和环氧树脂。现在国外用于高温线圈上的有机硅树脂大部分是聚酯改性的共聚物。

聚酯改性有机硅漆是先将二甲基二氯硅烷、苯基三氯硅烷在二甲苯、正丁醇溶剂存在下水解制得硅醇，再用对苯二甲酸二甲酯、羟基甲基丙烷、L-醇在乙酸锌催化剂作用下进行酯交换和缩聚反应制得多羟基聚酯，然后将硅醇与聚酯进行共缩聚制得。硅树脂中，$R/Si = 1.44 \sim 1.5$，苯基含量在 $33\% \sim 40\%$。

聚酯改性有机硅漆除了具有较高的耐热性（$180 \sim 190℃$）和良好的绝缘防潮性能外，还具有固化温度低、干燥性好、浸渍时气泡少等特点。它适用于浸渍 H 级电机、电器及变压器线圈。国产的三种牌号的聚酯改性有机硅漆的性能见表 8-15。

表 8-15　聚酯改性有机硅漆的性能

厂商及牌号　项目	西安绝缘材料厂 931(SP)	上海树脂厂 1054	杭州永明树脂厂 W30-P
固体含量/%	＞50	≥60	40～50
黏度(涂 4# 杯,25℃)/s	16.5	25～80	25～30
干燥时间	180℃,30min	200℃,≤2h	180,＜1h
耐热性(200℃,φ3mm)/h	＞500	≥200	400(250℃,铜片)
热失重(250℃,3h)/%	11.5(200℃,7d)	≤6	＜4.5
介电强度/(kV/mm)(常态)	109.8	≥95	103
(200℃)	61.2	≥25	34(180℃)
(潮湿)	107	≥40	77(浸水 48h)
体积电阻/Ω·cm(常态)	10^{16}	≥10^{14}	10^{16}
(200℃)	10^{12}	≥10^{11}	10^{12}
(潮湿)	10^{15}	≥10^{12}	10^{16}(浸水 48h)

环氧树脂改性有机硅漆是以 CH_3SiCl_3、$(CH_3)_2SiCl_2$ 和 $C_6H_5SiCl_3$ 在乙醇存在下进行共水解，水解产物保留一部分乙氧基；然后用低分子量的二酚基丙烷型环氧树脂与含有羟基、乙氧基的聚硅氧烷进行缩合制得。以上海树脂厂生产的 665 有机硅环氧树脂为例，其性能如下：外观为淡黄至黄色均匀液体，允许有乳白光，无可见的微粒；固体含量＞50%；黏度（涂 4# 杯，25℃）≤30s；环氧值/（当量/100g）为 $0.01 \sim 0.03$；干燥时间≤4h/140℃；耐热性（200℃，φ3mm）168h 不开裂；热失重（250℃/10h）4.15%；介电强度（常态）103kV/mm；体积电阻（常态）$2.95 \times 10^{16} \Omega \cdot cm$；粘接强度 2.13MPa（注：上面性能指标均系用 KH-550 作固化剂）。

环氧树脂改性有机硅漆固化时必须加入固化剂。固化剂主要是胺类化合物，常用的固化剂见表 8-16。

表 8-16 环氧树脂改性有机硅漆常用固化剂及其特征

固 化 剂 种 类	用量/份	特 性
二乙烯三胺	1～2	气干性好,使用寿命室温下2天,耐热性不如KH-550和594硼胺
甲乙烯五胺	1.1～2	
KH-550(γ-氨丙基三乙氧基硅烷)	2～3	耐热和电气性达H级,使用寿命大于20天
594硼胺	0.7～1	耐热和电气性尚好,使用寿命大于3个月
H-2固化剂	3～4	能提高粘接强度,耐热性较好

665环氧改性有机硅漆主要是通过3种反应来达到固化的。

① 胺类化合物中氮原子上的活泼氢和树脂中的环氧基发生加成聚合反应,生成三相网状结构的高聚物。

② 胺类化合物具有碱性,它在100℃以上可以引起树脂内聚有机硅氧烷上残留羟基之间的脱水反应而形成交联。

③ 树脂内含有萘酸锌,它在高温下起着活化聚有机硅氧烷上残留羟基的作用,引起羟基之间的脱水反应,起着提高交联密度的作用。

环氧树脂改性有机硅漆可用于H级电机、电器及变压器线圈的浸渍漆,耐高温、耐海水的防潮涂料,还可用于层压材料。

8.6.1.2 玻璃布及套管浸渍漆

玻璃布及套管浸渍漆的分子式为:$[(C_6H_5)SiO_{1.5}]_m[(CH_3)_2SiO]_n[(C_6H_5)_2SiO]_p$

它是以甲苯为溶剂,由二甲基二氯硅烷、苯基三氯硅烷、二苯基二氯硅烷进行共水解、共缩聚制得。

玻璃布及套管浸渍漆是硅漆中漆膜最柔软的一个品种。由其制成的玻璃漆布及玻璃布套管,广泛用作电动机、干式变压器和家用电器中线圈的包扎材料及高温部位,特别是电气配线的绝缘防潮保护罩,它们在高温长时间受热后,会慢慢失去弹性。这类硅漆要求兼有橡胶的柔软性和树脂的难燃性,因此使用的玻璃布应先经脱胶及除碱处理,因为碱可促进高温下漆膜老化,使玻璃漆布变硬,而残留的浆料则会引起漆布电性能下降及变色。浸渍时一般使用20%～25%(质量分数)浓度的树脂溶液,最好采用多次浸渍法。表8-17列出国内外常用玻璃布套管漆的技术性能。

表 8-17 玻璃布套管漆的主要技术性能

产 品 性 能	中国上海树脂厂	
	$W_{30.2}(1152)$	$W_{35.5}(1153)$
特征		
外观	黄棕色液体	黄棕色液体
溶剂	二甲苯,甲苯	二甲苯,甲苯
固含量/%	≥50	≥50
黏度(25℃)/mPa·s	27～75(涂4#杯)	20～55(涂4#标)
相对密度(25℃)	1.00～1.02	1.00～1.02
干燥条件/(h/℃)	≤1.5/200	≤1/200
热失重/[%/(℃×h)]	≤3/(250×3)	≤5/(250×3)
耐热性/(h/℃)	≥200/200	≥300/200
体积电阻率/Ω·cm (常态)	≥10^13	≥10^13
(180℃)	≥10^11	≥10^11
(潮态)	≥10^12	≥10^12

续表

产 品 性 能	中国上海树脂厂	
	$W_{30.2}(1152)$	$W_{35.5}1153$
介电强度/(kV/0.1mm)(常态)	≥7.0	≥5.5
（180℃）	≥3.5	≥3.0
（潮态）	≥4.5	≥3.5

产 品 性 能	日本信越公司	
	KR166	KR2706
特征	自熄	高度柔软
外观	半透明液体	无色透明液体
溶剂	二甲苯	甲苯
固含量/%	30	20～30
黏度(25℃)/mPa·s	7000	9000
相对密度(25℃)	0.95	0.90
干燥条件/(h/℃)	<3/200	—
热失重/[%/(℃×h)]	≤10/(250×72)	—
耐热性/(h/℃)		—
体积电阻率/Ω·cm(常态)	10^{15}	10^{15}
（180℃）		
（潮态）		
介电强度/(kV/0.1mm)(常态)	4.0	4
（180℃）		
（潮态）		

产 品 性 能	美国 Dow-Corning 公司	
	DC936	DC994
特征		柔软性好
外观	淡黄色液体	浅黄色液体
溶剂	二甲苯，丁醇	二甲苯
固含量/%	50	49
黏度(25℃)/mPa·s	70～150	80～150
相对密度(25℃)	0.99～1.01	1.00～1.02
干燥条件/(h/℃)	<1/(150～180)	≤0.5/(210～300)
热失重/[%/(℃×h)]	—	—
耐热性/(h/℃)	3450/250	9000/250
体积电阻率/Ω·cm(常态)		
（180℃）		
（潮态）		
介电强度/(kV/0.1mm)(常态)		
（180℃）		
（潮态）		

8.6.1.3　玻璃布层压板用有机硅漆

有机硅玻璃布层压板广泛用做 H 级电机的槽楔绝缘，接线板、仪表板、绝缘板、雷达天线罩、变压器套管、高频及波导工程以及微波炊具的微波挡板，还可作为其他耐热绝缘材料使用。制取玻璃布层压板主要使用低 R/Si 值（约为 1.0～1.2）的甲基苯基硅漆作胶黏剂。首先，将经过脱浆除碱的玻璃布浸上一层内含固化剂的硅漆溶液，在循环空气流中自行干燥 30min，在 110℃下预固化 5min，冷却得预浸布。再按厚度要求将若干张预浸布叠合，置入压机中在 180℃及 0.5～10MPa 压力下（取决于硅漆种类），加热加压成型 1～2h，得到玻璃布层压板。

由于硅漆浓度、固化剂用量、硅漆涂布量、预干燥程度、预浸布中硅漆的流动性及黏性等对层压板成品的性能及外观有很大的影响，故生产中需精心调节控制。制取玻璃布层压板使用的硅漆主要有缩合型及加成型两类。使用加成型硅漆，可在较低压力下固化成型，使用缩合型硅漆时，因有水等副产物生成，固化不易完全，故更适于高压成型，而且得到的制品还需进一步热处理，以提高其力学性能及耐溶剂性能。为了防止后固化过程中发生层间剥离，需先在 $90\sim120℃$ 下保持一段时间，而后慢慢升温至 250℃ 处理 $12\sim24h$ 或更长时间。表 8-18 列出国内外常用的玻璃布层压板用硅漆的主要技术性能。

表 8-18 玻璃布层压板用硅漆的技术性能

条件及性能		中 国	日本信越公司		美国 Dow Corning 公司	
		$W_{33.2}$(941)	KR266	KR2621-1	DC2105	DC2106
固化前	外观	黄棕色液体	浅黄色液体	浅黄色液体	浅黄色液体	Garder<1
	固含量/%	≥56	60±2	60±2	60	
	溶剂和稀释剂	甲苯,二甲苯	甲苯,二甲苯	甲苯	甲苯	甲苯酮乙醇氯烃
	黏度(25℃)/mPa·s	—	3~7	75	100mm²/s	23
	相对密度(25℃)		1.06	1.06	1.06	1.00
固化	温度/℃		180		175	175
	压力/MPa		9.8		6.9	0.2
	时间/min		60		30	30
层压板	吸水率(浸水 24h)/%	—			0.06	0.09
	弯曲强度/MPa		140~310		162.8	248.3
	压缩强度/MPa		140		64.1	79.9
	粘接强度/MPa	—			5.1	6.9
	耐电弧/s		220~350		188	244
	介电强度/(kV/0.1mm)		0.10~0.16		1.55	0.4
	介电常数	—			3.67	4.0
	介电损耗角正切(10^6Hz)	0.001			0.001	0.002
	体积电阻率/Ω·cm				1×10^{16}	4.4×10^{16}

8.6.1.4 云母黏合绝缘漆

粘接云母用的有机硅绝缘漆也是一种聚甲基苯基硅氧烷，其分子式为：$(R_1SiO_{1.5})_x(R_2SiO)_y$，一般以 $R_1SiO_{1.5}$ 为主，允许有少量的 R_2SiO，R 为甲基及苯基，以一定配比按一般制有机硅漆的方法水解缩聚制得。

粘接用的有机硅绝缘漆要求固化快、粘接力强、机械强度高、不易剥离及耐油、耐潮湿。云母是一种非常好的电绝缘介质，它在 $500\sim600℃$ 高温下仍能保持其绝缘性能不变，但是天然云母往往受到尺寸的限制而不能直接作为电机及其他电气设备的绝缘材料。为制取大面积的云母片绝缘材料，可用各种耐热有机硅树脂来粘接云母片。使用硅树脂粘接的云母制品可分为软、硬两类。硬云母制品有造型用云母板、整流片用云母板、电热器支撑用云母板及柔性云母板等；软制品主要有可缠绕的玻璃云母带及耐火带、带状或软片状制品等，因而必须提供不同组成及 R/Si 的云母胶黏剂以满足实用需要。其中用量最大的是低 R/Si 值硅漆，专用制电热云母板。由于它们优异的耐热（可在 $500\sim700℃$ 下长期使用）性，而广泛用作头发吹干机、加热锅、熨斗、烤面包机中的镍铬电热丝支撑板、高温机器的绝缘防热板及电子灶隔板等。

云母板的制法与玻璃布层压板制法相近。先将催化剂加入云母胶黏剂溶液中，并将其喷涂或辊涂到云母纸上，晾干得预浸料，而后依需将几张预浸料叠合至一定厚度，加热加压固化成云母板。催化剂加入量以凝胶化时间符合要求为准，板材中有机硅树脂用量一般约为云母质量的 7%～10%。表 8-19 列出市售云母黏合绝缘漆的主要技术性能。

表 8-19 云母黏合绝缘漆的技术性能

条件及性能	中 国		日本(信越)	
	MR-3(晨光)	SER-8(上树)	KR220	KR230B
外观	无色透明液体	黄褐色液体	结晶状固体	无色透明液体
溶剂	乙醇	甲苯	—	甲苯,丙醇
固含量/%	50	50	98	50
相对密度(25℃)	—	—	—	1.04
黏度(25℃)/mPa·s	15～30	10～50s(涂 4#杯)	300(150℃)	12
固化剂	使用	使用	使用	使用

8.6.2 有机硅胶黏剂

有机硅胶黏剂根据其不同用途可分为 3 类。

第一类是粘接金属和耐热的非金属材料的有机硅胶黏剂。这是一类含有填料和固化剂的热固性有机硅树脂溶液，粘接件可在－60～1200℃温度范围内使用，并耐燃料油和油脂，具有良好的疲劳强度。在这类胶黏剂中，除了使用纯有机硅树脂外，还经常使用有机树脂（如环氧、聚酯、酚醛等）和橡胶（如丁腈橡胶）来改性，以获得更好的室温粘接强度。

第二类是用于粘接耐热橡胶或粘接橡胶与金属的有机硅胶黏剂。这类胶黏剂通常是有机硅生胶的溶液，具有良好的柔韧性。

第三类是用于粘接绝热隔音材料与钢或钛合金的有机硅胶黏剂。这类胶黏剂能在常温常压下固化，固化后的粘接件可在 300～400℃下工作。

有机硅胶黏剂根据结构和组成又分为有机硅树脂型胶黏剂和由硅树脂与硅橡胶生胶相配合而成的有机硅压敏胶黏剂。

8.6.2.1 有机硅树脂型胶黏剂

硅树脂的一个最突出的性能是具有优良的耐热性，可以长期用于 250℃高温和用于 250℃左右较短的时间，并且随着侧链中苯基含量的提高，其耐热性更为突出。因此是用作高温胶黏的主要成分。但是作为胶黏剂，由于聚有机硅氧烷分子的螺旋状结构抵消了 Si—O 键的极性，又因侧基 R 对 Si—O 键的屏蔽作用使整个分子成为非极性，因此决定了有机硅树脂对金属、塑料、橡胶的粘接性较差。若要提高其粘接性可通过下列途径：①将金属氧化物（如氧化钛、氧化锌等）、玻璃纤维等加入到硅树脂中；②引入极性取代基，如—OH、—COOH、—CN、—NHCO、—Cl 等或用有机聚合物改性聚有机硅氧烷；③将各种处理剂涂于被粘接物表面以增加其与聚有机硅氧烷的粘接力。因此，根据其结构及组成不同，有机硅树脂型胶黏剂可分为以纯有机硅树脂为基料的胶黏剂和以改性有机硅树脂为基料的胶黏剂。

（1）以硅树脂为基料的有机硅胶黏剂　这一类胶黏剂是以有机硅树脂为基料，加入某些无机填料和有机溶剂混合而成，具有很高的耐热性，可用于粘接金属、合金、陶瓷及复合材料等。前述用于制取云母板、管材、玻璃布层压板等使用的绝缘硅漆，实际上也是耐高温硅树脂胶黏剂的一种，以纯硅树脂为主体的胶黏剂固化时，因进一步缩合而放出小分子，一般需要加压、高温（＞200℃）固化，方能获得较佳性能。

如中国科学院化学所研制的 KH-505 高温胶黏剂是以聚甲基苯基硅树脂为基料（甲基/苯基值为 1.0），加入氧化钛、氧化锌、石棉及云母粉等无机填料配制而成的。其中石棉可以防止胶层因收缩而产生的龟裂；云母可增加胶层对被粘物的浸润性；氧化钛可增加强度和改善抗氧化性；氧化锌可中和微量的酸性，以防止对被粘物的腐蚀作用。固化条件：270℃/

3h、压强 0.49MPa；去除压力后再固化 425℃/3h，粘接强度有较大的提高。KH-505 胶黏剂对不锈钢的粘接强度及电性能见表 8-20、表 8-21。

表 8-20　KH-505 胶黏剂对不锈钢（30ХГСА）的粘接强度

测 试 项 目	剪切强度/MPa	
	经后固化	未后固化
20℃	9.71～10.79	7.75～8.53
425℃	3.63～4.12	2.75～3.33
400℃/20h 后,425℃	2.84～3.24	3.04～3.63
−60～425℃ 循环交变		
5 次后,425℃	3.33～3.63	2.84～3.24
10 次后,425℃	3.33～3.43	—
加载 1.47MPa 时 425℃ 持久强度	>30h	>30h

表 8-21　KH-505 胶黏剂的电性能

项 目	室温～286℃	309℃	310℃	368℃	392℃	446℃
绝缘电阻/MΩ	>2000	2000	1700	300	150	50
电阻率/Ω·cm	$>2\times10^5$	2×10^5	1.7×10^5	3×10^4	1.5×10^4	3×10^3

KH-505 硅树脂胶黏剂的最突出性能是耐高温，它能长期在 400℃ 工作而不被破坏，短期使用温度最高可达 425℃，可用于高温下非结构部件如金属、陶瓷的粘接及密封，螺钉的固定以及云母层压片的粘接，缺点是强度较低，韧性小，不能做结构胶黏剂。

以硅树脂为主体的胶黏剂，由于固化温度太高，而且由于韧性较小，还不宜用作结构胶黏剂。有人曾在胶黏剂的组分中加入少量的正硅酸乙酯、乙酸钾以及硅酸盐玻璃等，可使固化温度降低到 220℃ 或 200℃，而高温强度仍达 3.92～4.90MPa。

（2）以改性有机硅树脂为基料的有机硅胶黏剂　这类胶黏剂通常是以环氧、聚酯、酚醛等有机树脂来改性硅树脂的。所用的硅树脂为含有羟基的缩合型硅树脂，其基本结构为：

$$\mathrm{HO-\left[\begin{matrix}CH_3\\|\\Si-O\\|\\O\end{matrix}\right]_x\left[\begin{matrix}C_6H_5\\|\\Si-O\\|\\O\end{matrix}\right]_y\left[\begin{matrix}CH_3\\|\\Si-OH\\|\\CH_3\end{matrix}\right]_z}$$

由于其分子中含有未缩合的羟基，它可与带有—OH、—OC₂H₅、—SH、—NCO 基团的有机树脂共缩聚制得粘接性较佳的缩聚产物。当硅树脂与这些树脂反应后，由于共缩聚后所得的共聚体上保留了相当数量的活性基团，不仅可以利用这些活性基团使共聚体继续交联从而提高了分子量，具有较好的耐热性能，又能利用这些树脂的固化剂进行固化，从而降低了固化温度，保持较高的粘接强度。

① 环氧树脂改性有机硅树脂胶黏剂。以环氧树脂改性的有机硅树脂为主要成分制得的高温胶黏剂，粘接性能的测定数据最高，经 200℃ 耐热 10h 后，测得常温搭接剪切强度为 9.12MPa，其典型配方如下：74″环氧改性硅树脂（含固量50%）20 质量份；顺丁烯二酸酐（固体）4.9 质量份；207 环氧树脂（固体）5 质量份。

环氧改性的有机硅树脂是将有机硅中间体与含有羟基的环氧树脂进行共缩聚而制得的。环氧树脂与有机硅中间体将发生如下反应：

$$\mathrm{CH_2-CH-CH_2-CH-OH + HO-Si- \xrightarrow{180\sim200℃} CH_2-CH-CH_2-CH-O-Si- + H_2O}$$

两者之间的共缩聚反应，主要是羟基之间的脱水缩聚。由于共缩聚后所得的共聚体上保留了相当数量的环氧基团，不仅可以利用这些活性基团，使共聚体继续交联，从而提高分子量，使之充分固化，具有较好的耐热性能，而且也是提高共聚体粘接强度不可缺少的组成因素。

②　聚酯改性的有机硅树脂胶黏剂。聚酯和硅树脂之间的共缩聚与环氧和硅树脂的反应相似。国产 JG-2 胶黏剂是一种含有固化剂的 315 聚酯（由甘油、乙二醇、对苯二甲酸制备的）来改性 947 聚甲基苯基硅树脂。固化剂为正硅酸乙酯、硼酸正丁酯、二丁基二月桂酸锡等，固化条件为（室温至 120℃）/1.5h，（120～200℃）/1h，压强为 98～196kPa。聚酯改性硅树脂胶黏剂在常温时强度不高，但能在 200℃ 长期使用，有良好的热稳定性。

③　酚醛改性的硅树脂胶黏剂。国产 J-08 有机硅树脂胶黏剂由甲阶酚醛树脂、聚乙烯醇缩丁糠醛以及聚有机硅氧烷三者组成。固化条件：（100℃/1h）＋（200℃/3h），压强 0.49MPa。能在 300～350℃ 使用，其粘接性能见表 8-22。

表 8-22　J-08 胶黏剂的粘接强度

粘接材料	剪切强度/MPa						不均匀剥离强度(20℃)/(kN/m)
	20℃	200℃	350℃	350℃热老化 5h			
				20℃	250℃	350℃	
钛合金钢	17.65	7.85～9.81	4.90～5.88	18.44	5.88～6.37	4.90～5.88	9.81～147.10
硬铝(LY-12CZ)	11.77	7.85～8.83	3.92～4.90	—	—	—	—

④　含硼的有机硅树脂胶黏剂。含硼的有机硅树脂是将 $B(OH)_3$ 与 $CH_3C_6H_5Si(OC_2H_5)_2$ 预先反应，再与含羟基的硅树脂共缩聚制得。

国产 J-09 胶黏剂是以聚硼有机硅氧烷为主体，再用锌酚醛树脂、丁腈橡胶、酸洗石棉、氧化锌配制而成的耐高温胶黏剂。由于聚硼有机硅氧烷主键上有硅氧硼键（—Si—O—B），耐热性更高，可用于高温环境下工作的机电零部件的粘接，以及用于高温玻璃钢和石棉制品的制造和粘接。固化条件为 200℃/3h，压力为 0.49MPa。其粘接表面经喷砂处理的不锈钢，剪切强度见表 8-23。

表 8-23　J-09 胶黏剂在不同温度下粘接不锈钢的剪切强度

测试温度/℃	剪切强度/MPa	测试温度/℃	剪切强度/MPa
−60	19.22	450	4.91～6.83
20	12.75～14.71	500	4.91～5.88

8.6.2.2　有机硅压敏胶黏剂

有机硅压敏胶黏剂是由硅橡胶生胶与彼此不完全互溶的有机硅树脂，再加上硫化剂和其他添加剂相混合制成的。硅橡胶是有机硅压敏胶黏剂的基本组分，硅树脂作为增黏剂并起调节压敏胶黏剂的物理性质的作用，硅树脂与硅橡胶生胶的比例为 45～75 质量份硅树脂与 25～55 质量份的硅橡胶生胶。有机硅压敏胶黏剂的性能随两者的比例变化而改变，硅树脂含量高的压敏胶黏剂，在室温下是干涸的（没有黏性），使用时通过升温、加压即变黏，而硅生胶含量高的压敏胶黏剂，在室温下黏性特别好。

用来固化有机硅压敏胶黏剂的催化剂有两种。最常用的催化剂是过氧化苯甲酰（BPO），为了使催化剂完全分解，固化温度应高于 150℃，固化的有机硅压敏胶黏剂改进了高温剪切性能，但剥离黏附力稍有损失。有机硅压敏胶黏剂还可用第二种类型的催化剂——氨基硅烷。这类催化剂可在室温下起作用，因此在制造胶黏带或其他需要储藏的产品时，不推荐使用这类催化剂。氨基硅烷主要用于除去溶剂后能迅速黏结或层压成材料的场合。当有机硅压敏胶黏剂用氨基硅烷交联时，其剥离强度高至 0.49MPa。

有机硅压敏胶黏剂可以配合多种耐高温的基材，制成特殊性能的胶黏带。其耐高温带基材可以是聚四氟乙烯薄膜、聚四氟乙烯玻璃布、聚酰亚胺薄膜、玻璃布、耐高温聚酯薄膜（Myla）、铝箔、铜箔等。表 8-24 列出几种有机硅压敏胶黏带的部分性能。

表 8-24　几种有机硅压敏胶黏带的部分性能

胶　黏　带	基　材	厚度/mm	剥离强度/(N/m)	介电强度/(V/层)	耐热性能
美国 3M 公司 80# 胶黏带	聚四氟乙烯薄膜	0.088	327	9000	180℃，长期250℃，数周
3M 公司 64# 胶带	聚四氟乙烯玻璃布	0.150	492	4500	250℃，数周
3M 公司 90# 胶带	聚酰亚胺薄膜	0.070	273	7000	250℃，数周
晨光化工研究院 F-4G 胶带	聚四氟乙烯薄膜	0.09	147～245	75000	200℃，1000h

以有机硅压敏胶黏剂配以耐高温带基的胶黏带，大量用于耐高低温的绝缘包扎、遮盖、粘贴、防黏、高温密封等场合。由于有机硅防黏纸涂层的化学性能与甲基有机硅压敏胶黏剂相似，所以它能作该胶黏剂的底漆。当在聚酯薄膜上涂覆、固化时，这些底漆可以减少胶黏剂往带基上转移，同时减少"拉丝"（Legging）量（"拉丝"即在裁切过程中从底基材料和胶带边缘拉出胶黏剂的毛丝）。以玻璃布为基材的有机硅压敏胶带，可用于电工器材的绝缘包扎，也可用于等离子喷镀中，对不需喷镀的地方进行遮盖。铝箔基材的有机硅压敏胶带，可用做辐射热和光的反射面及电磁波的屏蔽等。

8.6.3　有机硅塑料

热固性的有机硅塑料是以硅树脂为基本成分，与云母粉、石棉、玻璃丝纤维或玻璃布等填料，精压塑或层压而制成。它们有较高的耐热性，较优良的电绝缘性和耐电弧性以及防水、防潮等性能。有机硅塑料按其成型方法不同，主要可分为层压塑料、模压塑料和泡沫塑料 3 种类型。

8.6.3.1　有机硅层压塑料

有机硅层压塑料可采用高压和低压两种成型方法来制取，也可采用真空袋模法（vacuum-bag laminating）。高压成型法的使用压力约为 6.86MPa；低压成型法的使用压力约为 0.20MPa。两者的主要区别在于使用的催化剂和聚合度不同：高压法层压塑料通常是用三乙醇胺作催化剂；低压法层压塑料是使用具有高活性的专用催化剂，如二丁基双乙酸锡和 2-乙基己酸铅的混合物。高压法层压塑料一般具有卓越的电气性能，吸水率最低。

层压塑料的成型过程如下：将玻璃布以一定速率通过已加入催化剂的硅树脂液池，使玻璃布上面浸上一层约含 45%固体树脂的胶液，然后在过滤的循环空气流中自行干燥 30min，再在 110℃的循环气流中进行 5min 的预固化，冷却后可得到具有柔性、不粘连、可进行成型加工和展平的布料。对高压成型来说，可在 6.86MPa 的压力，175℃的温度下加压成型 75min；对于低压成型来说，可在 0.20MPa 的压力，175℃的温度下加压成型 15～60min

（视尺寸厚度而定）。为了提高材料的性能，压制后的制件需在 250℃下热固化 12～24h 或更长时间。

适用于玻璃布层压塑料的有机硅树脂有：美国 Dow-Corning 公司的 DC-2103、DC-2104、DC-2105、DC-2106；日本信越化学公司的 KR-266、KR-267、KR-268；英国的 R-270；俄罗斯的 CTK-41；法国的 SI-2105；国产的 941（W33-2）等。这些硅树脂一般都是聚甲基苯基硅氧烷在甲苯中的溶液，但树脂中甲基与苯基的含量各不相同，表 8-25 列举了它们的性能。

表 8-25 有机硅玻璃布层压塑料的性能

性　　能	KR-266 日本	KR-267 日本	DC-2106 美国	SI-2105 法国	CTK-41 前苏联
预处理温度/℃	110	100	110	110	
预处理时间/min	10	10	5	10	
成型压力/MPa	9.81	0.49	0.20	6.86	
成型温度/℃	180	180	175	175	
成型时间/min	60	60	30	5	
弯曲强度/MPa(室温)	186.33	657.05	343.23	294.20	107.87
（260℃）	107.87	88.26	125.53	4.22	
	(150℃)	(150℃)			
压缩强度/MPa			146.12	54.92	
拉伸强度/MPa			278.51		98.07
体积电阻/Ω·cm	1.3×10^9	1.4×10^9	2.43×10^{13}		1×10^{12}
表面电阻/Ω			1.57×10^{15}		1×10^{12}
介电强度/(kV/mm)			3.93	11.8	10～12
介质损耗角正切值(10^6Hz)	29×10^{-4}	15×10^{-4}	0.002		0.05
			(10^5Hz)		
耐电弧/s			244	200	

聚乙烯基硅氧烷树脂对玻璃布具有良好的粘接性能，使用聚乙烯基硅氧烷树脂可以制得低压成型的有机硅层压塑料。有机硅玻璃布层压塑料可用作 H 级电机的槽楔绝缘、高温继电器外壳、高速飞机的雷达天线罩、接线板、印刷电路板、线圈架、各种开关装置、变压器套管等，还可用作飞机的耐火墙以及各种耐热输送管等。

8.6.3.2 有机硅模压塑料

有机硅模压塑料是由有机硅树脂、填料、催化剂、染色剂、脱模剂以及固化剂经过混炼而成的一种热固化塑料。通常所用的填料有玻璃纤维、石棉、石英粉、滑石粉、云母等；催化剂为氧化铅、三乙醇胺以及三乙醇胺与过氧化苯甲酰的混合物；常用的脱模剂是油酸钙。有机硅模压塑料的基本组成如下（质量分数）：硅树脂 25%；填料 73%；颜料＞1%；脱模剂＞1%；催化剂为微量。

有机硅模压塑料的成型工艺可分为混炼、成型和后固化等 3 个阶段，根据用途不同，有机硅模塑料可分为结构材料用的有机硅模压塑料和半导体封装用的有机硅模压塑料两种类型。

（1）作结构材料用的有机硅模压塑料　这类塑料习惯称之为有机硅压塑料，它的特点是耐热性好、机械强度和电绝缘性能随温度变化小，通常采用模压和传递模塑法进行加工。目前，国外有机硅模压塑料的发展方向是研制注射成型用品种。

（2）半导体封装用有机硅模压塑料　用于封装的塑料有有机硅、环氧、酚醛、聚对苯二甲酸二烯丙酯以及醇酸树脂，其中有机硅和环氧是用得最多的两大类。用于封装电子元件、半导体晶体管、集成电路等的有机硅模压塑料，具有耐热、不燃、吸水率低、防潮性好和无腐蚀等特性，在宽阔的温度、湿度和频率范围内仍能保持稳定的电绝缘及力学性能，从而使封装的半导体元件免受潮气、尘埃、冲击、振动及温度等因素的影响。

8.6.3.3　有机硅泡沫塑料

有机硅泡沫塑料是一种低密度的海绵状材料，它可经受360℃的高温并且耐燃，是用作隔热、隔音、阻燃和电绝缘的优良材料。有机硅泡沫塑料可分为两类：一类是粉状的，加热到160℃左右即行发泡；另一类是液态双组分的，室温下即可发泡。粉状泡沫塑料是由含有硅醇基的低熔点（熔点60～70℃）、低分子量的无溶剂硅树脂，加入填料（硅藻土、石英粉等）、发泡剂、催化剂混合熔融粉碎而成。使用时，将粉末塑料加热到160℃开始发泡，直至发泡完毕，然后把泡沫放在250℃的烘炉内热固化约70h。所用的发泡剂为偶氮二异丁腈、N,N'-二亚硝基亚甲基四胺或$4,4'$-氧化双苯磺酰肼等；催化剂用辛酸盐、环烷酸盐或胺类。

双组分室温有机硅泡沫塑料是由含硅醇基和硅氢键的两种有机硅液体相混组成，以季铵碱（或铂的化合物）作催化剂，利用反应时放出氢气而发泡交联。

有机硅泡沫塑料广泛用于建筑和机械工业中的绝热及电绝缘材料，以及用做航空器、火箭等的质轻、耐高温、抗湿材料，也可为推进器、机翼、机舱的填充料和火壁的绝缘材料等。

8.6.4　微粉及梯形聚合物

有机硅树脂微粉及梯形聚合物，可看作是硅树脂产品的特殊用途之一。前者系硅树脂分散固化成微粉的产物，根据其不同制法可得到球形微粉及无定形微粉两种。硅树脂微粉与无机填料相比，具有相对密度低、耐热性、耐候性、润滑性及憎水性好等特点，因而可广泛用作塑料、橡胶、涂料及化妆品等的填料及改性添加剂。如用于改善环氧树脂等的抗开裂性、提高塑料薄膜的润滑性、防粘连性，改进塑料制品及化妆品的性能等，其应用效果已引起人们注目，提高硅树脂微粉与有机树脂的相容性及反应性，从而扩展其应用范围。表8-26列出市售硅树脂微粉的特性。

表 8-26　硅树脂微粉的特性

外　观	含水量/% (105℃×1h)	pH	相对密度 (25℃)	比表面积 /(m²/g)	亚麻油吸附量 /(mL/100g)	平均粒径 /μm	热失量/%	
							300℃	700℃
白色粉末	<2	7～9	1.3	20～30	84	4	2～3	10～12
球形白色粉末	<2	7～9	1.3	15～30	75	2	2～3	10～12

梯形硅树脂区别于网状立体结构的硅树脂，前者具有突出的耐热性（525℃开始失量）、电气绝缘性及耐火焰性，既可溶解在苯系、四氢呋喃及二氯甲烷等溶剂中，流延成无色透明、坚韧的薄膜；而且用做涂料时，对基材的粘接性及成膜性好，特别是可以制成高纯度的

苯梯硅树脂（Na、K、Fe、Cu、Pb、Cl 含量相应低于 $1×10^{-6}$，而 U、Th 含量相应小于 $1×10^{-9}$），现在已广泛用作半导体元器件的缓冲涂层、钝化材料及内绝缘涂料，今后随着成本的下降，用作耐高温材料也大有希望。

20 世纪 80 年代以来，含 Si—Si 键的有机硅化合物引起了科学家们极大的关注，从基础研究到应用研究都取得了重大的进展。如 Si—Si 键的光致抗蚀剂，将大规模集成电路从微米级推到亚微米级的发展阶段。随着科学技术的发展，20 世纪 80 年代后开拓的若干新研究领域将会逐渐转化为生产力，从而使有机硅化学和工业发展到一个新的阶段。这些新领域包括：与生命科学有关的有机硅材料；可以作为药物和农药等使用的有生理作用的有机硅化合物的研究和应用；通过聚硅烷和聚硅氧烷的母体材料，制取 SiC、Si_3N_4 高性能陶瓷和纤维；SiC 纤维可耐 1000℃ 以上的高温，已进入了工业化阶段。含聚硅烷的导电材料、非线型光学材料以及含聚有机硅氧烷的液晶材料的研究，十分引人注目，所有这些新材料将对 21 世纪的技术革命带来重大影响。

现在有机硅已进入了开发的发展阶段。今后有机硅产品的发展方向是高性能、多功能化和复合化。今后有机硅产品的研究方向主要是利用其他有机树脂改性硅氧烷主链，导入新型有机硅取代基、研究新的固化机理、提高装置技术等方面。在应用方面，今后旨在满足能源、电子、生命科学、新材料等方面的需要，有机硅在未来的信息社会中将呈现出更加旺盛的生命力。

参 考 文 献

[1] 何天白，胡汉杰. 功能高分子与新技术. 北京：化学工业出版社，2001.

[2] 黄发荣，焦扬声. 酚醛树脂及其应用. 北京：化学工业出版社，2003.

[3] 沈开猷. 不饱和聚酯树脂及其应用. 北京：化学工业出版社，2001.

[4] 陈平，刘胜平，王德中. 环氧树脂及其应用. 北京：化学工业出版社，2013.

[5] 李绍雄，刘益军. 聚氨酯树脂及其应用. 北京：化学工业出版社，2002.

[6] 梁国正，顾媛娟. 双马来酰亚胺树脂. 北京：化学工业出版社，1997.

[7] 丁孟贤，何天白. 聚酰亚胺新型材料. 北京：科学出版社，1998.

[8] 陈平，程子霞，雷清泉. 环氧树脂与氰酸酯固化反应的研究. 高分子学报，2000，(4)：472.

[9] 陈平，程子霞，朱兴松. 环氧树脂与氰酸酯共固化产物性能的研究. 复合材料学报，2001，18(3)：10.

[10] 陈祥宝等. 高性能树脂基体. 北京：化学工业出版社，1999.

[11] 罗运军，桂红星. 有机硅树脂及其应用. 北京：化学工业出版社，2002.

[12] 周宁琳. 有机硅聚合物导论. 北京：科学出版社，2000.

[13] 段荣忠，山永年，毛乾聪. 酚醛树脂及其应用. 北京：化学工业出版社，1990.

[14] 唐传林，季承均，单书发. 绝缘材料工艺原理. 北京：机械工业出版社，1993.

下·篇
热塑性高分子合成材料

第 9 章 ▶▶ 聚乙烯

9.1 发展简史

聚乙烯（polyethylene，PE）是以乙烯为单体，经多种工艺方法生产的一类具有多种结构和性能的通用热塑性树脂，是目前世界合成树脂工业中产量最大的品种。其品类较多，分类方法各异，根据密度不同，工业生产的聚乙烯可分为 5 个品种，分别为：高密度聚乙烯（high density polyethylene，HDPE）、低密度聚乙烯（low density polyethylene，LDPE）、线型低密度聚乙烯（line low density polyethylene，LLDPE）、超高分子量聚乙烯（ultra-high molecular weight polyethylene，UHMWPE）和茂金属催化聚乙烯（metallocene polyethylene，mPE）。

PE 的工业化生产是从 LDPE 开始的。1933 年英国帝国化学工业（ICI）公司首先发现在 $100\sim300MPa$ 高压下，乙烯能够聚合生成聚乙烯，并于 1936 年申请了专利。1939 年建成了世界首套釜式法 LDPE 生产装置，开始了工业化生产。1938 年法国法本（Farben）公司发明了管式法生产 LDPE 专利。无论采用何种方法，LDPE 的生产均是在高温 $80\sim300℃$ 和高压 300MPa 下，以氧气或有机过氧化物为引发剂，自由基聚合机理聚合得到的，其密度为 $0.910\sim0.925g/cm^3$，分子中存在许多支链结构。

我国于 1962 年分别在上海化工研究院和吉林化工研究所建成中试装置。1970 年兰州化学工业公司引进英国 ICI 公司技术建成生产装置并投产，1976 年，北京石化总厂（即现燕山石化公司）引进 190kt/a LDPE 装置，由此开始了聚烯烃（PO）大规模引进时代。中海油-壳牌、上海石化、杨子巴斯夫、茂名、齐鲁、燕山、大庆和兰州等石化公司分别引进生产装置、技术或合资生产 LDPE。

1953 年德国化学家齐格勒（Ziegler）采用 $TiCl_4$-$AlEt_3$ 为催化剂，实现了在低温低压下使乙烯聚合制备 HDPE，采用这种方法合成的 PE 密度比高压法合成的 PE 密度高，在 $0.940g/cm^3$ 以上。1954 年意大利蒙特卡蒂尼（Montecatini）公司采用 Ziegler 催化剂实现了工业化生产。1954 年美国菲利浦石油（Philipps Petroleum Co）公司采用载于 SiO_2-Al_2O_3 上的氧化铬为催化剂，使乙烯聚合生成 HDPE，于 1957 年实现工业化生产。美国标准石油公司（Standard Oil Co）采用载于 Al_2O_3 上的氧化钼为催化剂，合成了 HDPE，于

1960 年实现工业化，后两种生产 HDPE 的方法一般称为菲利浦法和标准石油法。上述 3 种 HDPE 生产方法为早期生产方法，属于第一代工艺。20 世纪 70 年代以后，高效催化剂和不脱灰工艺成为第二代生产工艺，使得 HDPE 的生产突飞猛进，成为通用树脂中最重要的品种之一。HDPE 使用的催化剂与 LDPE 完全不同，聚合机理为配位聚合，PE 分子链为线型结构，密度为 0.940~0.965g/cm³。

在 1979 年以前，我国在北京助剂二厂、高桥石化公司、大连石化公司采用淤浆法生产技术各建成千吨级 HDPE 生产装置。1974 年辽阳石油化纤总厂引进德国赫斯特（Hoechest）公司技术，于 1979 年建成投产。此后大庆、茂名、中海油-壳牌、上海石化、上海赛科、上海金菲、燕山、齐鲁、杨子、兰州、抚顺和独山子等石化公司分别引进生产装置、技术或合资生产 HDPE。

LLDPE 是 20 世纪 70 年代末和 80 年代初迅速发展的采用低压法生产的 PE，是乙烯与 α-烯烃的共聚物。但早在 1958 年杜邦公司（DuPont Canada）就建设世界第一套 LLDPE 装置，于 1960 年投产。60 年代美国菲利浦公司和日本三井石油化学工业株式会社采用同样方法也进行生产。1977 年美国联碳化学公司（Union Carbide，UCC）公司采用气相低压法生产。1979 年美国陶氏（Dow 或称道）化学公司采用溶液低压法生产 LLDPE 获得成功，使得 LLDPE 研究和开发获得突破性发展。80 年代 LLDPE 获得快速发展，经过几十年的发展，LLDPE 生产工艺日臻完善，目前与 LDPE、HDPE 一同成为 PE 家族中的三大成员。LLDPE 聚合机理也为配位型，PE 分子呈线型结构，存在少量短支链，密度为 0.910~0.940g/cm³，低于 HDPE，而类似于 LDPE。

我国目前有众多厂家生产 LLDPE，1992 年大庆石化总厂建设了我国第一套溶液法聚合工艺生产装置，采用加拿大杜邦公司的 Sclairtech 工艺技术。此后茂名、广州、杨子、上海赛科、齐鲁、天津联化、中原、吉林、盘锦乙烯和独山子等石化公司分别引进生产装置、技术或合资生产 LLDPE。使得 LLDPE 也成为我国 PE 家族中产量巨大的品种。

UHMWPE 最早由德国赫斯特公司于 1958 年实现工业化生产，随后美国赫尔克勒斯（Hercules）公司、日本三井石化公司、荷兰 DSM 公司相继开发出 UHMWPE 生产工艺，并进行工业化生产，主要生产厂家有德国 Ticona（泰科纳）、美国蒙特尔、荷兰 DSM 和日本的三井化学等。其中德国 Ticona 公司是世界领先的制造商。

我国 UHMWPE 最早由上海高桥化工厂于 1964 年研制成功并投入生产，其后，广州塑料厂、北京助剂二厂也先后研制开发并进行工业化生产，目前主要由北京东方石油化工有限公司、上海化工研究院、齐鲁化工研究院、无锡富坤化工有限公司生产。

9.2 低密度聚乙烯

9.2.1 反应机理

低密度聚乙烯（LDPE）合成反应是在高温高压条件下，单体乙烯按照自由基聚合机理聚合生成 LDPE，有时加入少量 α-烯烃，如丙烯、丁烯、己烯等作为共聚单体。聚合由链引发、链增长、链终止、链转移等基元反应组成，具体反应从略。

9.2.2 生产工艺

LDPE 聚合是在高温高压液相条件下进行，主要有釜式法和管式法两种生产工艺。带搅拌器的高压釜式反应器工艺最早于20世纪30年代由ICI公司开发；管式反应器工艺，由德国巴斯夫（BASF）公司开发的。后来，Du Pont、Dow化学、住友等公司对工艺作了若干改进，目前仍在进行不断地改进。两种工艺生产流程基本相同，区别是在反应段，生产的聚合物略有差别。釜式法生产的LDPE分子量分布较窄，支链多，适宜专用牌号生产；而管式法生产的LDPE分子量分布较宽，支链较少，适宜大规模生产，是目前主要生产工艺。高压法生产LDPE是PE树脂生产中技术最成熟的，两种生产工艺技术并存。

9.2.3　结构与性能

9.2.3.1　结构

LDPE的化学结构通式为 $-\!\!\!\left[CH_2\!-\!CH_2\right]_n$，聚乙烯结构中可能含有少量氧元素，也可能存在一定数量的双键结构。由于采用自由基聚合机理，反应温度高，自由基活性高，容易发生向大分子的链转移而形成长支链和短支链产物。LDPE不但支链数目多，不规则，而且还存在长支链，其长度很长，也比较多。当乙烯与其他单体如丙烯、丁烯、己烯等共聚时，共聚物中甲基或乙基等支链数量增多。LDPE形态上通常被描述成树枝状，是高度支化的聚合物，如图9-1所示。

图9-1　LDPE分子形态

9.2.3.2　性能

基本特点：LDPE为无味、无嗅、无毒的白色粉末或颗粒，外观呈乳白色，有似蜡的手感。密度为 $0.910\sim0.925g/cm^3$，是PE中密度最低的品种。由于分子量分布较宽，支链多，因此，具有良好的柔软性、延伸性、透明性、耐低温、抗化学品性、低透水性、加工性和优异的电性能，耐热性能不如HDPE。PE易燃、氧指数约为17.4。燃烧时低烟，有少量熔融落滴，火焰上黄下蓝，有石蜡气味。PE表面无极性，难以粘合和印刷。基本性能见表9-1。

表9-1　LDPE基本性能

性　能	数值	性　能	数值
密度/(g/cm³)	0.910～0.925	热变形温度(0.46MPa)/℃	40～50
熔体指数/(g/10min)	0.2～50	脆化温度/℃	−100～−50
拉伸屈服强度/MPa	6.2～11.5	体积电阻率/Ω·cm	≥10¹⁶
拉伸强度/MPa	7～16	介电常数(10³Hz)	2.28～2.32
拉伸模量/MPa	102～240	(10⁶Hz)	2.28～2.32
断裂伸长率/%	100～800	介电损耗角正切(10³Hz)	0.0002～0.0005
缺口冲击强度/(kJ/m²)	80～90	(10⁶Hz)	0.0002～0.0005
弯曲强度/MPa	12～17	介电强度/(kV/mm)	45～60
弯曲模量/MPa	150～250	折射率 n_D^{25}	1.51～1.52
压缩强度/MPa	12.5	雾度/%	40～50
邵氏硬度	D40～50	吸水性(24h)/%	<0.02
熔点/℃	105～115	成型收缩率/%	1.5～5.0

（1）结晶性能　PE化学结构非常简单、规整和对称，分子链上只有氢原子，分子间作用力也小，因而分子链非常柔软，极易结晶，其结晶速度之快，即使在液态空气中，也得不到完全非晶态的PE。

　　PE 稳定的晶型为正交晶系。大分子采取平面锯齿形构象，紧密地堆砌在晶胞中，分子链沿 c 轴平行排列，如图 9-2 所示。当 PE 受力作用发生变形时，会转变成为单斜或三斜晶型。

　　PE 在常温下呈乳白色半透明状，原因是形成的球晶尺寸较大之故。

　　对于 LDPE，由于支链结构的存在，降低了分子链的规整性，使结晶度降为 40%～60%，熔点 105～115℃。当乙烯与其他单体共聚时，分子链结构规整性进一步被降低，结晶能力和结晶度也随之降低，因此，其透明性好于 HDPE。极低密度 PE，密度为 0.880～0.900g/cm³，是乙烯与其他 α-烯烃共聚而得，使 PE 分子链存在更多的支链，进一步降低了结晶度，产品具有更大的柔软性。

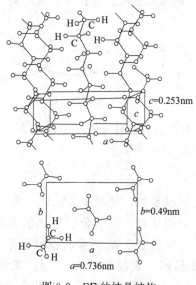

图 9-2　PE 的结晶结构

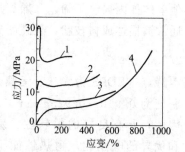

图 9-3　23℃时 PE 典型的应力-应变曲线
1—HDPE, 0.965g/cm³；2—LDPE, 0.918g/cm³；
3—LDPE, 0.932g/cm³；4—共聚物，17% 乙酸乙烯

　　(2) 力学性能　聚乙烯为结晶性聚合物，因此，其力学性能与其密度和结晶度密切相关，结晶度高，密度也高。与其他热塑性塑料相比，PE 的拉伸强度均比较低，抗蠕变能力也比较差。

　　LDPE 在很宽的温度范围内均具有很高的延伸性。从图 9-3 应力应变曲线上可以看出。

　　在较低伸长率（10%～40%）情况下，产生屈服，然后随着伸长率的增加，应力逐渐增加，最后发生断裂，伸长率可达 300%～800%。

　　LDPE 具有很好的耐冲击性，无缺口冲击试验样品不会断裂，因此一般不用 Izod 冲击试验测试。

　　共聚型 PE 由于结晶度降低，相应的拉伸强度也会降低。

　　(3) 抗应力开裂性能　PE 表现出的脆性破坏称之为应力开裂，一般在较长时间才能发生，由于破坏方式不同，PE 可形成环境、溶剂、氧化、疲劳破坏。当 PE 长时间与醇、醛、酸酯、表面活性剂等极性溶剂接触时，即使在较低的应力下，PE 宏观上并未发生明显的变形，仍可能发生断裂，这就是"环境应力开裂"。应力开裂可以被能够溶胀 PE 的溶剂，如甲苯加速，也可被氧化作用加速。疲劳断裂是在低于短期应力强度的条件下发生的断裂，有

时可能是几种因素共同作用。

PE 耐环境应力开裂性（ESCR）与接触的介质有关，也与密度、分子量、分子量分布有关。分子量增加，分子量分布变窄，耐环境应力开裂性能增加。

（4）化学性能 PE 化学结构为碳氢组成，具有良好的化学稳定性。PE 一般情况下可耐酸、碱和盐类水溶液，如盐酸、硫酸、氢氟酸等在比较高的浓度下对 PE 也无明显破坏作用，但 PE 不耐具有氧化作用的酸，如硝酸。化学稳定性也与其密度和结晶度有关，结晶度增加耐溶剂能力增加。

PE 在室温或在 60℃ 温度以下，不溶解于一般溶剂中。室温下可在脂肪烃、芳香烃和氯代烃溶剂中溶胀，在 70℃ 时熔融开始发生，溶胀增加，继续提高温度可发生溶解。但在较高温度下可溶解于脂肪烃、芳香烃和氯代烃溶剂中。LDPE 耐水和许多水溶液，在醇、酯、酮等许多极性溶液中的溶解度很小。

（5）耐老化性能 PE 耐老化性能主要有耐热氧老化和大气老化，分别是在热和光的作用下与空气中的氧反应。PE 热稳定性比较好，但在高温下分子链断裂可发生热降解，均聚物在 375℃ 以上可迅速地降解。支化、不饱和基团和含氧基团的存在，均使降解温度降低。

在氧存在下 PE 受热易发生氧化反应，氧化过程有自动催化效应，加热、紫外线照射、高能射线辐射均能加速这一过程。氧化过程是自由基反应，首先—C—C—或—C—H 键断裂生成自由基，自由基与氧分子反应生成过氧化物自由基，夺取一个氢原子后生成烷基过氧化氢 R—OOH，开始自动氧化过程，生成新的自由基，如下所示：

$$RH + \cdot O{-}O\cdot \longrightarrow R\cdot + \cdot O{-}OH$$

$$R\cdot + \cdot O{-}O\cdot \longrightarrow R{-}O{-}O\cdot \xrightarrow{RH} R{-}O{-}OH + R\cdot$$

反应过程中，分子中生成的过氧化氢分解，经过一系列反应后，生成羰基聚合物，此聚合物进一步经过 Norrish Ⅰ 和 Ⅱ 反应在分子链上引入羰基和不饱和基团，或分解生成醇、醛、酮，也可能生成脂肪酸，最终使 PE 分子链断裂或交联，PE 发生褪色、裂纹，导致材料破坏。因此，氧化使 PE 的力学性能、电性能发生明显的劣化，在应力不高的情况下即可破坏，电气绝缘能力显著降低。

PE 在使用过程中，由于日光中紫外线的照射和空气中氧的作用，可发生氧化反应，使其性能逐渐变坏，这一过程称为老化。PE 使用过程中的氧化主要是由紫外线照射引起的，紫外线的能量（250～580kJ/mol）足以破坏聚合物的化学键，特别是有氧存在时，被紫外线激发的 C—H 键与 O_2 反应，夺取 C—H 中的 H，生成氢过氧化物，很容易发生上述的氧化反应。生成的羰基化合物能加速降解过程，是由于羰基强烈地吸收紫外线。具有支链结构的 PE 更易被氧化，但线型结构 PE 同样也可被氧化，在高温或紫外线作用下的氧化速度甚至比支链结构的 PE 更快。

（6）热性能 PE 的耐热性不好，随分子量和结晶度的提高有所改善。但 PE 的耐低温性能好。PE 的热导率属热塑性塑料中较高的。LDPE 熔融温度较低，在 105～115℃ 范围内均可熔融。LDPE 的脆化温度很低，一般低于 −70℃，最低可达 −140℃。PE 的脆化温度与分子量、受热过程关系密切，分子增加，脆化温度降低；受热过程不同，脆化温度也不同。PE 的其他热性能，如比热容、导热性、热膨胀系数等与分子量无关，与密度有一定关系。

（7）电性能 PE 分子中无极性基团，因此具有十分优异的电性能。LDPE 的介电常数非常低，介电损耗常数在非常宽的频率范围内（至 100MHz）都非常低。PE 的介电强度在

10℃时可达 7MV/cm，随着温度的升高，介电强度降低，在 100℃时降低到 2MV/cm。由于 PE 耐水蒸气，因而它的绝缘性不受湿度影响，可直接暴露在水中。

非极性材料的介电常数基本上与频率无关。PE 的介电常数与其密度和温度有关。密度增加，介电常数增加，如密度由 $0.918g/cm^3$ 增加到 $0.951g/cm^3$ 时，介电常数由 2.273 增加到 2.338。温度升高，介电常数也升高。

(8) 阻隔性能 PE 广泛用于包装行业，特别是 LDPE 薄膜，因此，对于透气性有较高要求。塑料薄膜的透气性一般用 1mm 厚的薄膜，面积为 $1cm^2$，在 1s 内透过压力为 1.3kPa 的气体的体积（mL）来表示。PE 的透气性随着密度的增加而减少，LDPE 的透气性平均比 HDPE 约大 5 倍，LDPE 对水汽的透过性小于常用的塑料薄膜。PE 膜透水率低，但对氮、氧、二氧化碳等气体的透过性较大，因此，PE 薄膜更适用于防潮、防水包装，而不适用于保鲜包装，一般与其他塑料复合使用。

(9) 加工性能 PE 熔融温度较低，熔体黏度比较高，其加工性能优于一般聚合物。聚合物的黏度主要与结构因素以及加工条件有关，结构因素有分子量、分子量分布（特别是长链支化结构），加工条件有熔融温度、剪切应力等。

PE 熔体为假塑性流体，表观黏度随剪切应力的增加而降低，即剪力变稀。由于 LDPE 结构中存在许多支链，在熔体流动速率相近，温度相同的条件下，LDPE 的黏度低于 HDPE 和 LLDPE。假塑性流动行为比 HDPE 小一些。

由于 PE 分子链柔软，熔融加工时表现出很高的熔体弹性效应，并且在很宽的温度范围内都表现出，挤出时出现模头熔胀和应力回复现象。在低温或高速剪切时会出现鲨鱼皮或熔体破裂现象。

9.2.4 加工和应用

9.2.4.1 加工

LDPE 可采用多种方法加工，但主要还是采用熔融加工方法。LDPE 加工特点如下。

① LDPE 为非极性聚合物，吸水性极低，加工时不需要预先进行干燥处理。

② LDPE 热稳定性较好，在无氧条件下一般不会发生降解，但保证熔体不与氧接触是很困难的，特别是 LDPE 支链多，很易被降解，因此，为防止氧化降解，加工时要加入抗氧剂。

③ LDPE 结晶度较高，成型收缩率大，一般为 1.5%～2.0%。

④ LDPE 为化学惰性材料，为提高可印刷性，一般对其表面进行处理，如火焰处理和高压放电处理，以提高表面浸润性。

LDPE 加工方法有多种，常用的加工方法为挤出、注塑和吹塑，其他方法还有压塑、层合、粉末喷涂、滚塑、真空成型及发泡成型等。

9.2.4.2 应用

LDPE 由于存在支化结构，分子链排列不紧密，导致密度和结晶度降低，柔软性增加，因此，薄膜和片材是 LDPE 均聚和共聚物的最大用途，其次是挤出涂层、注塑、电线电缆。

LDPE 最大的应用领域是薄膜制品，分为包装和非包装，在各种包装薄膜中 PE 膜占有绝对优势。包装分为食品包装和非食品包装。食品包装如面包、奶制品、冷冻食品、肉禽类食品、糖果和熟食等。非食品包装如工业用衬里、重包装袋、服装袋、购物袋、垃圾袋等。

非包装用，主要为农用薄膜、工业片材、以及一次性尿布等。用 LDPE 制作的一些较大体积膜已被 LLDPE 替代。

挤出涂层是 LDPE 的第二大市场，主要应用于包装领域。LDPE 是聚乙烯家族中唯一能够满足挤出涂层加工工艺要求的树脂。LDPE 挤出涂层可覆盖在很多基质上面，如：纸、板、布料和其他高分子材料。LDPE 挤出涂层是保证基质热密封性和防湿性的一个经济而有效的手段。典型应用为包装牛奶、果汁等液体的纸盒涂层、铝箔涂层、多层膜结构的热封层、防潮作用的纸式无纺布涂层等。

注塑是 LDPE 的第三大应用领域。大量生活用品、玩具、文具及容器盖等由 LDPE 制造。LDPE 广泛应用于中、高压电线电缆的绝缘层和护套等。

9.3 高密度聚乙烯

9.3.1 反应机理

高密度聚乙烯（HDPE）是采用齐格勒-纳塔（Ziegler-Natta，简称 Z-N）催化剂在低压或中压及一定的温度条件下合成的聚合物。聚合单体为乙烯，有时加入少量 α-烯烃作为共聚单体。其聚合机理是按配位聚合机理进行，虽然各国科学家对配位聚合机理进行了长期的研究，但由于聚合过程的复杂性，研究方法的限制，到目前为止对配位聚合机理仍然没有统一的认识，从不同的实验出发提出多种机理，目前 Natta 的双金属中心模型和 Cosse-Arlman 的单金属模型最具代表性。

乙烯结构对称，无取代基，活性中心配位插入时，无定向问题，对催化剂只希望高活性，而无立构规整度要求。聚合反应经历链引发、链增长、链转移和链终止等阶段，具体反应从略。

9.3.2 生产工艺

HDPE 的生产工艺主要有淤浆法、溶液法和气相法三种，长期以来多种工艺并存，但以淤浆法和气相法为主。气相法以其工艺流程简单、单线生产能力大、投资省而备受青睐，是未来聚烯烃工艺的发展趋势。新技术的出现使气相法单线生产能力提高明显。

（1）溶液法 乙烯单体和聚合物都溶解在溶剂中呈均相体系，在闪蒸后得到 HDPE。该法与浆液法均属液相法，但在较高的温度和压力下进行。主要有 Nova 公司的 Sclairtech 工艺、Dow 化学公司的 Dowlex 工艺和 DSM 公司的 Compact 工艺。

（2）浆液法 也称淤浆法、溶剂法，是生产 HDPE 的主要方法，该法工业化时间早，工艺技术成熟，产品质量好。基本工艺是乙烯气体和催化剂溶解在脂肪烃类稀释剂中，如己烷、戊烷等，在催化剂作用下乙烯聚合生成 HDPE，由于聚合物不溶解而悬浮在稀释剂中，经闪蒸将固体颗粒与稀释剂分离。聚合反应器有釜式，如 Basell（巴塞尔）公司的 Hostalen 工艺、三井油化公司的 CX 工艺；环管式，如 Chevron Phillips 公司的 CPC 工艺、Ineos 的 Innovene PEs 工艺、Borealis（北欧化工）的 Borstar 工艺。

（3）气相法 由于浆液法和溶液法使用溶剂，流程长、成本高、生产能力低，而气相法不使用溶剂，工艺简单，流程短路，省去了闪蒸分离、回收溶剂等工艺，降低了生产成本，因而具有较强的竞争力。美国 UCC 公司 1968 年建成气相法生产 HDPE 的 Unipol 工艺，20

世纪 80 年代后经不断改进，已发展成为可生产全密度（0.88～0.965g/cm³）PE，是世界主要生产 HDPE 的工艺技术。也是国内主要引进技术之一。气相法基本工艺是高纯乙烯和少量共单体，在催化剂的作用下，直接在流化床反应器内反应聚合生成 HDPE，聚合物颗粒悬浮于气相中，生成的 HDPE 经过分离而得到。主要有 Basell 公司的 Spherilene 工艺、Ineos 公司的 Innovene PEg 工艺、Univation 公司的 Unipol 工艺。

9.3.3 结构与性能

9.3.3.1 结构

由于采用配位聚合，使得 HDPE 的结构与 LDPE 存在较大差别，HDPE 被认为是线型结构，结构示意图如图 9-4。

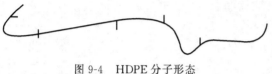

图 9-4 HDPE 分子形态

HDPE 分子中存在少量短支链，一般是与 α-烯烃共聚产生的，支链的结构由共聚单体的类型决定，如果只有一种共聚单体，生成的支链结构相同，如果有两种以上共聚单体，则生成不同支链结构。如与 1-丁烯共聚时生成的支链是—C_2H_5，与 1-己烯共聚生成的支链是 n-C_4H_9。端基一个是甲基，另一个可以是甲基，也可以是双键，通常为乙烯基。α-烯烃的含量一般 1%～2%。

9.3.3.2 性能

基本特点：HDPE 无味、无嗅、无毒的白色粉末或颗粒，外观呈乳白色，有似蜡的手感。密度为 0.940～0.965g/cm³。由于分子结构为线型，结晶度高，因而，具有良好的耐热、耐寒、介电、加工性，化学性质稳定、低透水性，力学性能、耐热等性能优于 LDPE，基本性能见表 9-2。

表 9-2 HDPE 基本性能

性　能	数值	性　能	数值
密度/(g/cm³)	0.940～0.965	热变形温度/℃(0.45MPa)	60～82
熔体指数/(g/10min)	0.2～8	(1.82MPa)	40～50
拉伸强度/MPa	22～45	热导率/[W/(m·K)]	0.39～0.44
拉伸模量/MPa	420～1060	比热容/[kJ/(kg·K)]	2.3～2.29
断裂伸长率/%	200～900	线膨胀系数(0～40℃)/(10⁻⁵/K)	11～13
缺口冲击强度/(kJ/m²)	10～40	体积电阻率/Ω·cm	10^{17}～10^{18}
弯曲强度/MPa	25～40	介电常数(10⁶ Hz)	2.3～2.4
弯曲模量/GPa	1.1～1.4	介电损耗角正切(1kHz～1MHz)	0.0002～0.0004
压缩强度/MPa	22.5	介电强度/(kV/mm)	45～60
邵氏硬度	D60～70	折射率 n_D^{25}	1.54
熔点/℃	126～138	透明性	半透明～不透明
维卡软化点/℃	121～127	成型收缩率/%	0.2～8
脆化温度/℃	−100～−70	吸水性/%	<0.01
长期使用最高温度/℃	60	结晶度/%	70～90

（1）结晶性能 HDPE 由于分子链为线型结构，分子链对称性和规整性均很高，堆砌紧密，是 PE 家族中结晶度最高的，结晶度在 70%～90%。HDPE 熔融结晶形态是密集的球晶，只有在高倍放大镜下才能看到微小的球晶颗粒。结晶度和密度提高一般提高机械强度，如拉伸强度、刚度和硬度；热性能，如软化点温度和热变形温度；防渗透性，如透气性或水蒸气透过性，而结晶度和密度降低则改善冲击强度和 ESCR。

（2）物理和力学性能　PE 的密度、结晶度与结构有关。结晶度增加，密度也增加。共聚单体的引入使 PE 的结晶度下降，密度也下降，共聚单体含量越高，密度越低。

由于 HDPE 的结晶度和密度高，因此，比 LDPE 具有更优良的力学性能。其拉伸、压缩、弯曲、剪切等强度、拉伸和弯曲模量、硬度均比 LDPE 高，耐磨性能优良，特别是冲击强度优于许多塑料，包括许多工程塑料。

（3）化学性能　HDPE 分子链绝大部分由 $\leftarrow CH_2 — CH_2 \xrightarrow{}_n$ 组成，结构类似于石蜡烃饱和碳氢化合物，加之结晶度高，因此，化学稳定性很好，耐溶剂性能优于 LDPE。

HDPE 在有机溶剂中稳定性随分子量的升高而增大，但随温度的升高而减小。在室温下几乎不溶于任何溶剂，但在脂肪烃、芳香烃、卤代烃、丙酮、醋酸乙酯、乙醚等溶剂与 HDPE 长期接触时，能使其溶胀。当温度超过 70℃时，能少量地溶于甲苯、二甲苯、氯代烃、石油醚、矿物油和石蜡中，温度升高，溶解度增大，在温度高于 100℃时，甚至可以以任何比例溶解在上述溶剂中。二甲苯、四氢和十氢化萘、邻二氯苯是 HDPE 常用溶剂。在水、脂肪醇、乙酸、丙酮、乙醚、甘油等溶剂中，温度超过 100℃也不溶解，吸水性和水蒸气渗透性突出，在水中 20℃时 2 年吸水率也仅为 0.046%。

HDPE 可耐多种酸、碱及各种盐类溶液等腐蚀性介质，与 LDPE 一样不耐具有氧化作用的酸。随着温度升高，耐腐蚀能力下降。

（4）耐老化性能　HDPE 的老化主要来自于热氧老化和光老化，产生原因与 LDPE 相同。由于老化作用使 HDPE 的各种性能变坏，引起表面龟裂、脆化、变色等现象。为了延缓热塑性氧化和光氧化作用，在 HDPE 使用中加入抗氧剂和光稳定剂。

（5）热性能　HDPE 具有优良的热性能，可在较宽的温度范围内使用，最高使用温度可达 100℃，在极低温度下也不脆。脆化温度 $-100 \sim -70℃$，最低可达 $-140℃$。由于 HDPE 高度结晶，其 T_g 不能直接测量。HDPE 分解温度为 290℃，在 360℃时开始放出挥发性物质。在惰性气体中 500℃以上裂解才较明显。

（6）阻隔性能　HDPE 的阻隔性能与 LDPE 相似。突出特点是对水蒸气的透过率很低，薄膜对氮、氧、二氧化碳等气体的透过性较大。HDPE 薄膜的透蒸汽性和透气性随薄膜密度的增加而减小。

（7）电和光学性能　HDPE 由于合成中难免有微量金属杂质，因此比 LDPE 的介电性能略差。HDPE 是高度结晶的，因此，其透明性不如 LDPE 和 LLDPE。

9.3.4　加工和应用

9.3.4.1　加工

HDPE 的结构与 LDPE 相比存在较大差别，是线型结构，因此，其加工特性与 LDPE 相比有一定差别，如下所述。

① HDPE 吸水性极低，加工时不需要预先进行干燥处理。

② HDPE 的熔点比 LDPE 高 $20 \sim 30℃$。

③ 在同样温度下，HDPE 的熔体黏度比 LDPE 高。

④ 虽然 PE 熔体均是假塑性液体，但 HDPE 的假塑性流动行为比 LDPE 更明显，非牛顿性指数 n 较小。

⑤ HDPE 结晶度高，成型收缩率均比 LDPE 高，线收缩率一般为 2%～5%。

⑥ HDPE 挤出时出现明显的胀大现象和应力回复现象，其挤出胀大比 B 可达 3.0～4.5。

吹塑和注塑是 HDPE 的两大加工工艺，占世界 HDPE 消费量的 50% 以上，也可采用挤出、压塑、层合、粉末喷涂、滚塑、真空成型等加工方法。

9.3.4.2　应用

注塑制品是 HDPE 第一应用领域。HDPE 注塑制品有数不清的应用。主要有工业用容器、周转箱、桶、盆、食品容器、饮料杯、家用器皿、玩具等。这类应用领域与 PP 和 HIPS 相竞争。

中空吹塑制品是 HDPE 第二应用领域，主要制作液体食品、化妆品、药品及化学品的包装瓶。食品瓶，如包装沙拉油、蛋黄酱、调味品等；化妆品瓶，如包装护发素、爽身粉、浴液等；家用化学品瓶，如包装漂白剂、洗涤剂、杀虫剂等；以及用于包装润滑油、燃料油、机油的桶等。

挤出产品是 HDPE 第三应用领域，如电线、电缆、软管、管材。PE 管材类制品以 HDPE 为主。主要用于生活给水、农业灌溉、煤气输送、液体吸管、圆珠笔芯等。

HDPE 薄膜强度高，开口性好，一般用于要求拉伸性能和防渗性能很高的场合。HDPE 膜主要用于食品袋、杂物袋、垃圾袋、重包装袋、零售袋等食品和非食品包装。

HDPE 丝类制品，通常作为圆丝用，用于编织渔网、缆绳、工业滤网以及民用纱窗网等。此外，HDPE 还可以生产复合薄膜、合成纸、片材（土工膜、衬板）等。

9.4　线型低密度聚乙烯

9.4.1　反应机理

线型低密度聚乙烯（LLDPE）也是采用齐格勒-纳塔催化剂在低压条件下，乙烯单体与少量 α-烯烃共聚合得到，是一种乙烯共聚产品。工业上使用的共聚单体主要有 1-丁烯、1-己烯、4-甲基-1-戊烯和 1-辛烯，常用的是 1-丁烯，加入量一般为 6%～8%，但目前用高碳 α-烯烃生产 LLDPE 成为发展趋势。共聚物中 α-烯烃含量范围很宽，从 1%～2% 到 20% 左右（摩尔分数）。

乙烯和 α-烯烃配位共聚合与乙烯配位均聚合机理相似，在此不再重述。但在乙烯单体与其他 α-烯烃共聚合时，两种单体在大多数情况下相对活性不同。α-烯烃的类型明显影响共聚合过程、共聚物的组成和性能。随着 α-烯烃长度的增加，与乙烯单体的共聚合活性明显降低。

9.4.2　生产工艺

LLDPE 的生产工艺与 HDPE 相似，有低压气相法、溶液法、浆液法和高压法 4 种，前 3 种是主要生产工艺。高压法建设投资和能耗高，采用不多。溶液法和浆液法都使用溶剂，工艺流程长、生产成本高，生产能力也受到限制。气相法不用溶剂，工艺简单，生产成本低，并可在较宽的范围内调节产品品种，发展迅速。世界上生产 LLDPE 树脂通常采用气相法和溶液法工艺。

（1）气相法　气相法生产 LLDPE 主要有美国 UCC 公司的 Unipol 工艺、英国 BP 的 Innovene 工艺和 Montell（现 Basell）公司的 Spherilene 工艺、Phillips-Chevren 公司双回路反

应器 LPE 工艺、三井化学公司的 Evolue 工艺。UCC 公司（Univation 公司）的 Unipol 工艺是最早生产 LLDPE 的技术，经多年发展技术已取得了极大进步，成为目前世界上使用最普遍的生产工艺技术。Unipol PE 工艺生产 LLDPE～HDPE。

（2）溶液法 溶液法生产 LLDPE 的工艺技术较多。有 Dow 化学公司的 Dowlex 工艺，Nova 公司的 Sclairtech 工艺和 DSM 公司的 Compact 工艺。由于存在溶剂，因而工艺流程长，投资和维修费用大。溶液法是极适合生产与高级 α-烯烃共聚 PE 的工艺，尤其是与辛烯的共聚。

（3）浆液法 浆液法生产工艺流程与溶液法有许多相似之处，但聚合温度较低。按反应器可分为环管式和釜式两种。其代表分别为美国 Phillips 公司和日本三井油化公司。

（4）高压法 采用配位型聚合催化剂代替传统高压法的过氧化物引发剂的自由基聚合，利用高压法本体聚合不需要溶剂、不需要后处理的优点。其代表是法国煤化学公司（CdF Chimie）的 CdF 工艺和美国 Dow 化学公司工艺，基本工艺与 LDPE 相似。催化剂用改性的齐格勒型催化剂。

聚烯烃的技术进展主要在于催化剂和生产工艺，特别是催化剂的技术发展十分迅速。

9.4.3 结构与性能

9.4.3.1 结构

LLDPE 是乙烯与 α-烯烃单体共聚而得。由于加入 α-烯烃共聚单体，LLDPE 的结构发生了较大变化，形成了大分子主链上带有支链的线型结构，但支链是规则的短支链，是由共聚单体形成的，这与带有长支链、不规则支链的 LDPE 结构不同。LLDPE 的支链长度一般大于 HDPE 的支链长度，而小于 LDPE 的支链长度，结构上更接近于 HDPE，被认为是线型的。LLDPE 形态如图 9-5 所示。

在聚合催化剂、工艺方法确定的条件下，共聚单体的类型和含量直接影响 LLDPE 的结构和性能。共聚单体不同，支链长度不同，如用 1-丁烯时，支链为—C_2H_5；用 1-己烯时，

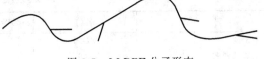

图 9-5 LLDPE 分子形态

支链为 n-C_4H_9；用 1-辛烯时，支链为 n-C_6H_{13}；用 4-甲基-1-戊烯时，为—CH_2—$CH(CH_3)_2$。端基一个是甲基，另一个可以是甲基，也可以是双键，三种 PE 结构特征比较见表 9-3。

表 9-3 LDPE、LLDPE、HDPE 分子结构对比

项 目	LDPE	HDPE	LLDPE
分子量分布	宽	宽	宽
长支链(1000 个碳中)	约 30	0	0
短支链(1000 个碳中)	10～30	3～5	5～18
短支链长度	长短不一	C_2～C_4	C_2、C_4、C_6
甲基数(1000 个碳中)			
端基	4.5	约 2	约 2
甲基	8～40	5	—
乙基	14	0.5	14(与丁烯共聚)

9.4.3.2 性能

基本特点：由于 LLDPE 的结构特点，因此，LLDPE 的密度、结晶度、熔点均比 HDPE 低，其密度为 $0.910～0.940g/cm^3$；LLDPE 具有优异的耐环境应力开裂和电性能，

耐穿刺性是 PE 中最好的；具有较高的耐热性，优良的抗冲击、拉伸强度和弯曲强度。聚合物特性随使用不同类型的 α-烯烃而各异，基本性能见表 9-4。

表 9-4　LLDPE 基本性能

性　能	数　值	性　能	数　值
密度/(g/cm³)	0.910~0.940	维卡软化点/℃	105~110
熔体指数/(g/10min)	0.3~8	脆化温度/℃	−140~−100
拉伸屈服强度/MPa	11.0~17.5	体积电阻率/Ω·cm	2.74~8.60×0¹⁶
拉伸强度/MPa	16.5~29	介电常数	2.16~2.21
拉伸模量/MPa	102~240	介电损耗角正切	0.00016~0.0004
断裂伸长率/%	>800	介电强度/(kV/mm)	47~69
缺口冲击强度/(kJ/m²)	>70	雾度/%	3~15
邵氏硬度(D)	40~50	吸水性/%	<0.01
熔点/℃	122~128	成型收缩率/%	1.5~5.0

(1) 结晶性能　LLDPE 的结晶度为 65%~75%，比 LDPE 高，但比 HDPE 低。熔点比 LDPE 高 10~15℃，且熔点范围窄，但比 HDPE 低，支链分布不均匀的 LLDPE 的熔点对组成的变化不敏感，而组成均匀的 LLDPE 的熔点几乎随共聚物组成的变化呈直线下降。当共聚物中 α-烯烃的含量增加，支链数量增加，其熔点、结晶度、密度也随之降低。LLDPE 熔融结晶可形成 1~5μm 的微小球晶。

(2) 物理和力学性能　近年来，采用乙烯与 α-烯烃共聚技术得到长足发展。低压 PE 工艺的明显进展之一就是 HDPE 和 LLDPE 的共聚单体从 1-丁烯向高级 α-烯烃 (1-己烯、1-辛烯和 4-甲基-1-戊烯) 转变，使得 LLDPE 的物理力学性能产生明显变化，LLDPE 按密度分类见表 9-5。

表 9-5　LLDPE 的分类

树　脂	名称	α-烯烃含量/%(摩尔)	结晶度/%	密度/(g/cm³)
中密度	MDPE	1~2	45~55	0.926~0.940
线型低密度	LLDPE	2.5~3.5	30~45	0.915~0.925
极低或超低密度	VLDPE(ULDPE)	>4	<25	<0.915

LLDPE 的物理和力学性能与 α-烯烃的种类、含量、支链分布情况 (均匀程度) 密切相关。α-烯烃类型和含量不同，生成的 LLDPE 结构和组成均不相同，其密度和结晶度也不同；支链分布均匀导致结晶能力降低，生成很薄的片晶，更有利于降低 PE 的密度。α-烯烃含量对密度的影响见表 9-6。

表 9-6　LLDPE 共聚单体含量和相对密度的关系

PE 类型	共聚单体含量/%	相对密度范围	PE 类型	共聚单体含量/%	相对密度范围
HDPE	0~7	0.940~0.965	VLDPE	10~27	0.885~0.910
LLDPE	8~12	0.915~0.940	ULDPE	28~35	0.880~0.900

α-烯烃存在，使 LLDPE 其密度和结晶度下降，因而，强度也下降，并且随着 α-烯烃含量的增加，拉伸强度、模量随之下降。在相同密度和结晶度的条件下，与 1-丁烯共聚的 LLDPE 的力学性能明显不如与高级 α-烯烃的共聚物。一般长链单体共聚的 LLDPE 比短链单体共聚的树脂具有更高的韧性和强度，并发现 α-烯烃单体对 LLDPE 树脂性能改善的峰值处在 1-己烯与 1-辛烯之间，而 1-辛烯共聚的 LLDPE 韧性最好。

超低密度聚乙烯（VLDPE）是近年来发展很快的一类乙烯共聚物，共聚单体含量约20%，可得到密度小于0.915g/cm³，甚至0.86g/cm³的VLDPE。它在韧性、强度、柔性、热封性、光学性能等方面具有良好的综合性能。由于VLDPE结晶度低，因此具有优良的低温抗冲性。

支链分布均匀也导致刚性下降，模量降低，LLDPE具有更高的弹性。

与LDPE相比，由于两者结构存在较大差异，使得LLDPE具有更高的强度、韧性、抗撕裂性和抗穿刺性能，而LDPE更容易加工（新型LLDPE具有与LDPE相似的加工性能），薄膜具有更好的光学性质。LLDPE抗冲击性能优良，尤其是低温下的抗冲击性能远高于LDPE。LLDPE的刚性高，可制造薄壁制品，减少原料。此外LLDPE还具有优良的拉伸和弯曲强度，拉伸强度比LDPE高50%～70%，甚至更高。

（3）抗应力开裂性能 LLDPE耐环境开裂性能优异，远远高于LDPE，甚至为橡胶改性LDPE的上百倍或更高。

不同的α-烯烃对LLDPE的薄膜性能影响明显不同。对于密度相同的LLDPE，采用1-丁烯共聚物，强度比高压LDPE高，但在冲击强度、撕裂强度、低温脆性、耐环境应力开裂等方面采用高α-烯烃性能更优。

（4）化学性能和耐老化性能 与其他PE一样，LLDPE化学性质稳定。在室温下一般不溶于常用的溶剂，在温度为80～100℃时，可溶解在二甲苯、四氢和十氢化萘、氯苯等芳烃、脂肪烃和卤代烃中。

LLDPE在氧的存在下可发生热氧化和光氧化降解。由于存在支链结构，其热稳定性不如HDPE。

（5）其他性能 LLDPE的脆化温度很低，一般为-140～-100℃。LLDPE的电性能优异，适宜制作电线电缆。LLDPE对水和无机气体的渗透性很低，但对有机气体和液体的渗透性较高。LLDPE的光学性能也与支化度有关。分布均匀的LLDPE可制成高透明的薄膜，雾度可低至3%～4%，分布不均匀的则为10%～15%。这是由无支链的PE链生成的大片晶造成的。

9.4.4 加工和应用

9.4.4.1 加工

LLDPE与LDPE一样可以采用吹塑、注塑、滚塑、挤出等成型方法加工，与LDPE相比，LLDPE存在以下加工特性。

① LLDPE吸水性极低，加工时不需要预先进行干燥处理。

② LLDPE的熔点比同密度的LDPE高10～20℃。

③ LLDPE的溶体强度较低，一般只有LDPE的1/3～1/2，成型收缩率也较大。

④ LLDPE也是假塑性流体。由于分子量分布比LDPE、HDPE窄，其溶体黏度对剪切速率的敏感性比LDPE小。LLDPE随着剪切速率的增加而缓慢降低，因而在低剪切速率下，LLDPE与LDPE的黏度相近，或者略低，但在高剪切速率下LLDPE的黏度比LDPE高得多，如MI（熔融指数，melt index）分别为1和2的LLDPE的黏度比LDPE的黏度高100%～150%和50%。LLDPE的流变特性使其最适合于旋转模塑，注塑也比较容易，而挤出成型，特别是挤出吹塑成型则比较困难。

⑤ LLDPE的溶体黏度对温度的依赖性比LDPE低，但也随熔体温度的升高而降低成。

由于 LLDPE 的熔体黏度较高，所以螺杆转矩比 LDPE 高得多。

LLDPE 与 LDPE、HDPE 的加工性能比较见表 9-7。

表 9-7 LLDPE 与 LDPE、HDPE 的加工性能比较

项 目	LDPE	LLDPE	HDPE
薄膜	加工容易	加工较难,性能改善	加工最难
注塑制品	加工容易,柔软	较刚性,翘曲小	刚性高
管材	柔软	弯曲强度和 ESCR 好	韧性和挠曲强度高
电线电缆	挤出快	ESCR 和耐热性好	耐热好,可交联
吹塑成型	型坯强度高	型坯强度较差	刚性好
滚塑	流动性好	流动性最好	不易流动
粉末涂层	低温柔软	较高温度	不易流动
挤出涂层	收缩率低	收缩率高	收缩率高
交联发泡	容易控制	难控制	容易控制

由于 LLDPE 的结构和加工特点，挤塑管材、注塑及滚塑时，均可采用 LDPE 的加工设备。但在吹塑薄膜时，成型较难，膜泡的稳定性较差，一般要用专用设备。

9.4.4.2 应用

LLDPE 应用的最大的领域是薄膜，占 70％以上，其次是片材、注塑和电线电缆。

LLDPE 自 20 世纪 70 年代末进入市场，迅速占领许多 LDPE 薄膜占领的市场。主要薄膜制品也分为包装和非包装；包装分为食品包装和非食品包装。食品包装如水果、新鲜蔬菜、冷冻食品袋、奶制品等。非食品包装如工业用衬里、重包装袋、服装袋、运货袋、购物袋、垃圾袋、各种包装膜（收缩膜、拉伸缠绕膜、复合膜）等。拉伸缠绕包装薄膜是包装领域增长最快的市场，广泛应用于货物、行李的拉伸缠绕法包装。非包装用，有农膜（地膜、棚膜）、土工膜等。

由于 LLDPE 的结构特点，在厚度相同的情况下，LLDPE 比 LDPE 的强度高、抗穿刺性好，尤其是撕裂强度高，特别适合于制造超薄薄膜，厚度可降低到 0.005mm。与 LDPE 相比在强度相同的情况下，薄膜厚度可减少 20％～25％，因而成本明显降低。这类超薄薄膜广泛应用于食品和日用品包装，俗称超薄"方便袋"即是用 LLDPE 制造的。在地膜、棚膜等也被大量使用。

注塑是 LLDPE 的第二大应用市场。与 LDPE 相比，LLDPE 制品具有更好的刚性、韧性、耐环境开裂性、优异的拉伸强度和冲击强度、高的软化点和熔点、成型收缩率低。由于强度高，可使用高流动性树脂，提高了生产效率，实现制品薄壁化，因而广泛应用于制造容器盖、罩、日用品、家用器皿、工业容器、玩具、汽车零件等。

LLDPE 挤塑制造各种管材、电线电缆、片材等。片材可层压到纸、织物、薄膜和其他基质上，也用于生产土工膜。LLDPE 用作水管可以克服 LDPE 管长期使用时内管剥离问题，广泛应用在农业灌溉，也可制造各种软管。LDDPE 适合于制造通信电线电缆绝缘和护套。用于制造动力电缆，适合于高中压防水、苛刻环境条件的电缆护套。交联的 LLDPE 用于电力电缆绝缘比 LDPE 具有更优异的耐水性能。

与 LDPE 相比，LLDPE 挤出和吹塑制品具有更好的刚性、韧性、耐热、拉伸、冲击强度和耐环境应力开裂，尤其是优异的耐应力开裂性和低的气体渗透性，更适合于油类、洗涤剂类物品的包装容器。因而常用于生产小型瓶、容器、桶罐内衬等制品。

9.5 超高分子量聚乙烯

超高分子量聚乙烯（UHMWPE）一般是指分子量在 150 万以上的 PE，最高的可达 1000 万。UHMWPE 是一种性能优异的工程塑料，UHMWPE 是在发明了低压法生产 HDPE 之后出现的。UHMWPE 聚合机理也为配位型，分子链为线型结构，分子结构与 HDPE 相似。

9.5.1 生产工艺

UHMWPE 生产工艺与普通的 HDPE 相似，可采用 HDPE 的生产方法和装置生产，不同之处为，UHMWPE 生产无造粒工序，产品为粉末状。生产工艺主要有溶液法、浆液法（Ziegler 低压浆液法、Phillips 浆液法和索尔维法）和气相法（UCC 的 Unipol 流化床气相法）。国内外多采用齐格勒催化剂低压浆液法聚合工艺生产。

9.5.2 结构与性能

UHMWPE 的分子结构与 HDPE 结构完全相同，为线型结构，区别只是分子量不同。由于 UHMWPE 分子量在 150 万以上，甚至高达 300 万～600 万，比普通 PE 高得多（普通 PE 分子量为 5 万～30 万），因此，UHMWPE 具有普通 PE 无法比拟的一些独特性能，是一种性能优异的热塑性工程塑料。它几乎综合了各种塑料的性能，尤其在耐冲击、耐磨损、耐低温、耐化学腐蚀、自身润滑这五个方面出众，还具有卫生无毒、不易黏附、不易吸水、密度较小等特性，目前还没有一种单一高分子材料兼有如此众多的优异性能，因此，UHMWPE 被称为"惊异的塑料"。

UHMWPE 无味、无毒、无嗅、无污染、无腐蚀性，为白色粉末，其耐冲击、耐磨、自润滑、耐低温、耐环境应力开裂等性能远高于一般 PE。基本性能见表 9-8。

表 9-8 UHMWPE 基本性能

性 能	数 值	性 能	数 值
密度/(g/cm^3)	0.935	熔点/℃	125～137
粉料密度/(g/cm^3)	0.38～0.46	热变形温度(0.45MPa)/℃	79～85
平均粒度/μm	100～200	维卡软化点/℃	134
熔体指数/(g/10min)	0	脆化温度/℃	−137～−70
拉伸屈服强度/MPa	22～27.6	膨胀系数/(×10^{-4}/K)	1.5～2.5
拉伸强度/MPa	32.5～50	热导率/[W/(m·K)]	0.36
拉伸模量/MPa	140～800	体积电阻率/Ω·cm	10^{17}～10^{18}
断裂伸长率/%	300～500	介电常数 60Hz 和 2MHz	2.3
无缺口冲击强度/(kJ/m^2)	不断	介电损耗角正切	0.0002～0.0003
缺口冲击强度/(kJ/m^2)		介电强度(短时间)/(kV/mm)	50
（23℃）	81.6～160	成型收缩率/%	2～3
（−40℃）	100	吸水性/%	<0.01
弯曲模量/MPa	580～600	结晶度/%	40～45
磨损量/(mg/10^3 次)	70	耐环境应力开裂时间/h	>4000
邵氏硬度	D64～67	透明性	半透明
洛氏硬度	40～60	动摩擦系数	0.05～0.11

UHMWPE 的许多性能与分子量存在一定的依赖关系。一方面，随着分子量的增加，UHMWPE 的结晶度随之降低，其结晶度低于 HDPE，因此，与结晶度有关的性能，如密度、屈服强度、刚度、硬度、抗蠕变性能等均不如 HDPE；另一方面，随着分子量的增加，UHMWPE 的拉伸强度、热变形温度、磨耗性能却随之增加。分子量存在一最佳范围，但 UHMWPE 有一特性，当分子量达到 150 万时，大多数物理性能达到最大值或最小值，分子量继续增加，性能不再产生明显的变化，但只有冲击性能是一个例外，分子量在 100 万～200 万时为最大，此后冲击强度随分子量的增加而下降。

（1）密度　UHMWPE 比所有其他工程塑料的密度都低，例如比聚四氟乙烯（PTFE）（2.14～2.20g/cm³）低一半多，比聚对苯二甲酸乙二酯（PET）（1.4g/cm³）低 33％。随着分子量的增加，UHMWPE 的密度降低。

（2）力学性能　UHMWPE 具有极为突出的冲击性能，是现有塑料中最高的。比耐冲击 PC 高约 2 倍，比 ABS 高 5 倍，比尼龙、PP、POM 高 10 倍。由于冲击强度高，通常的试验方法难以将其破坏断裂，而且工作温度范围可自－265～100℃，即使在－70℃仍具有相当高的冲击强度，在极低温度下（液氮，－196℃）也能保持一定的冲击性能和强度，这对其他塑料是无法想象的。

UHMWPE 的拉伸强度强度、拉伸屈服强度与分子量有关，随着分子量的增加，拉伸强度增加，而拉伸屈服强度却降低。特别应当指出的是 UHMWPE 拉伸取向具有极高的拉伸强度，通过凝胶纺丝法制造的高弹性模量和强度的纤维，拉伸强度高达 3～3.5GPa，拉伸弹性模量高达 100～125GPa。纤维比强度比钢丝大 10 倍，甚至比碳纤维高 4 倍。

（3）耐磨损性能　UHMWPE 耐磨损性能卓越，耐磨性居塑料之首。比尼龙、聚四氟乙烯耐磨 4～5 倍，优于 HDPE 几倍到几十倍，比碳钢、黄铜还耐磨数倍到数十倍。如此高的耐磨性，用一般的塑料磨耗实验已无法测试其耐磨程度，需用专门的砂浆磨耗测试装置。分子量越高，耐磨性越好。

（4）自湿润性　UHMWPE 具有极低的摩擦系数（0.05～0.11），自湿润性能极佳，即使在无润滑剂存在下，在钢和黄铜表面滑动也不会引起发热粘着现象，其自润滑性仅次于自润滑性最好的 PTFE，是非常理想的自润滑材料，见表 9-9。

表 9-9　UHMWPE 和其他工程塑料的摩擦系数

树　　脂	摩　擦　系　数		
	无润滑	水润滑	油润滑
UHMWPE	0.10～0.22	0.05～0.10	0.05～0.08
PTFE	0.04～0.25	0.04～0.08	0.04～0.05
PA66	0.15～0.40	0.14～0.19	0.06～0.11
POM	0.15～0.35	0.10～0.20	0.05～0.10

（5）吸收冲击能　UHMWPE 具有优异的冲击能吸收性，冲击能吸收值在所有塑料中最高，因而能吸收震动冲击和防噪声。

（6）耐化学品性　UHMWPE 是非极性聚合物，结晶度较高，结构均一，基本无支链和双键，因此，具有优良的耐化学品性，在一定温度和浓度范围内在许多腐蚀性介质（酸、碱和盐）及有机溶剂（萘除外）中是稳定的，但在浓硫酸、浓盐酸、浓硝酸、卤化烃和芳香烃等介质中不稳定，并且温度升高氧化速度加剧，这与其他 PE 相似。

（7）热性能　UHMWPE 耐热性能一般，使用温度一般在 100℃以下。它的热变形温度和维卡软化点都高于普通 PE。

(8) 耐低温性能　UHMWPE 具有优异的耐低温性能，在所有塑料中是最好的，即使在液氮（-269℃）中仍具有一定的冲击强度和耐磨性，脆化温度很低在-70℃以下，因此，可在低温和极低温度下使用。

(9) 不粘性　UHMWPE 表面吸附力非常弱，其抗黏附能力仅次于塑料中最好的 PTFE。

(10) 吸水性　UHMWPE 的吸水率在工程塑料中也是最小的，一般小于 0.01%，仅为 PA66 的 1%。在湿润的环境中也不会因吸水而影响制品尺寸稳定、耐磨等性能。

(11) 其他性能　UHMWPE 还具有优异的电绝缘性能。UHMWPE 耐候性优良，比 HDPE 具有更好的耐环境应力开裂性。UHMWPE 无毒，可直接接触食品和药品。

尽管 UHMWPE 具有许多优异的物理力学性能，但与其他工程塑料相比，它具有硬度和热变形温度低，抗弯强度和抗蠕变性能较差等缺点，而且由于它们的分子量极高，熔融时黏度很高，流动性能极差，且对剪切敏感，易产生熔体破裂，给成型加工带来了极大困难。从而在很大程度上限制了 UHMWPE 的推广和应用。

9.5.3　加工和应用

9.5.3.1　加工

UHMWPE 虽然也是热塑性塑料，但由于分子量极高，熔体特性与一般热塑性塑料不同，这也是 UHMWPE 加工困难所在，差别为以下几点。

① UHMWPE 即在熔点温度以上，也不呈黏流状态，为橡胶态的高黏弹体，其 MI 无法测出，黏度高达 10^8 Pa·s，表明流动性极差，流动速率几乎为零。

② UHMWPE 具有很低的临界剪切速率，在剪切速率为 10^{-2}/s（而普通 PE 为 10^2/s）时，就会发生熔体破裂。导致无法进行加工。

③ UHMWPE 的摩擦系数极低，在熔融状态下也是如此，因此，在进料时在螺杆加料段打滑，无法进料。物料即使在螺杆中，在压缩段也会抱着螺杆一起转动，向前推进。

④ 成型温度范围窄，易氧化降解。

正是由于这些原因，长期以来 UHMWPE 一直采用与 PTFE 类似的压制烧结和柱塞挤出的方法进行加工。

随着技术的进步，在成型加工方面已取得较大进展，已制造出适合于 UHMWPE 加工的挤出和注塑设备，用以挤出生产板材、棒材、管材，注塑生产 UHMWPE 制品。

(1) 压制-烧结-压制成型　是 UHMWPE 加工采用最早、也是最普遍的方法。UHMWPE 的压制烧结成型属于粉末成型技术。首先将粉末置于模具中，加压制成毛坯，然后加热到一定温度进行烧结成型，然后再放入另一模具中加压冷却。特点主要有成本低、设备简单、投资少、不受分子量高低影响。缺点是生产效率低、劳动强度大、产品质量不稳定等。但对于 UHMWPE 的成型加工来说，由于其分子量太高，流动性极差，模压成型加工超高分子量聚乙烯制品仍然具有实际意义。

(2) 柱塞挤出成型　将粉料加入料室和模具中，经加热熔融塑化后，在柱塞推压下使熔融物料通过挤出机口模挤出、冷却，从而获得不同断面形状制品的过程。该方法成型过程中无剪切作用，制品质量较好，主要生产板、棒、管及各种型材等。

(3) 螺杆挤出成型　20 世纪 70 年代后，欧洲、美国、日本等国开始采用螺杆挤出机生产 UHMWPE。1971 年日本三井油化公司在世界上最早研究单螺杆挤出机加工 UHMWPE，并于 1974 年实现工业化生产，使 UHMWPE 加工跃上新的台阶。我国北京化工大学于 1994 年成功研制出 UHMWPE 专用单螺杆挤出机。

（4）注塑　注塑成型技术出现在 20 世纪 80 年代前后。1976 年日本三井石化公司实现 UHMWPE 注塑成型。1981 年德国鲁尔（Ruhr）化学公司和 1985 年美国 Hoechst 公司都成功实现了 UHMWPE 注塑成型加工。我国北京塑料研究所从 1982 年开始研究 UHMWPE 的注塑工艺，也成功地实现了注塑加工托轮、轴套等 UHMWPE 制品。

9.5.3.2　应用

UHMWPE 由最初主要应用于纺织机上耐冲击的皮结，已发展到至今广泛应用于矿业、农业、食品、造纸、石油、化工、机械、建筑、电气、医疗、体育、军工、航空、航天、核能等众多领域。

UHMWPE 的主要制品有板材类、管材类、棒材类和其他制品。UHMWPE 在工作环境十分苛刻的采矿业得到广泛应用，也特别适用于制造输送设备零件，制造纺织机械的皮结、打梭板、齿轮、偏心块、杆轴套、扫花杆、摆动后梁等冲击磨损零件；制造输送设备中的自润滑、不黏附的料斗、料仓、滑槽的衬里、接料挡板、刮板、托轮、耐磨导轨条、机壳的耐磨衬板等；制造耐化学品的容器、管道和设备的护面层和衬里；制造耐磨和耐冲击化学设备的泵、阀门、法兰、过滤器、搅拌叶片、轴承、轴套、垫片、滑板等；制造通用机械的齿轮、凸轮、叶轮、滚轮、滑轮、轴承、轴套、轴瓦、导轨、垫片等零部件；利用 UHMWPE 优异的自润滑性、耐磨性和耐寒性，制造溜冰、滑雪板底板等体育产品；利用 UHMWPE 优异的耐低温性能，应用于各种冷冻机械中，制造核工业的耐低温部件；在医学领域制造人造器官，如人工髋关节的髋臼、人工膝关节的衬垫以及组织支架、输血泵、矫形外科零件等；UHMWPE 管材用作饮用水、牛奶输送管，在工业上用于固体颗粒、矿粉、矿渣、煤浆，化工各种酸碱盐等液体的输送管。

9.6　茂金属聚乙烯

9.6.1　发展简介

1980 年德国汉堡大学 W. Kaminsky 等用甲基铝氧烷（MAO）/Cp_2ZrMe_2（Cp 代表环戊二烯、Me 代表甲基）催化体系用于乙烯聚合，结果表明该体系有很高的催化活性 $[9\times10^6\,g\,PE/(mol\,Zr\cdot h)]$，比当时活性最高的 $MgCl_2$ 负载的催化剂高出几十倍，而且这种均相 Zr 催化剂的活性中心的浓度高达 100%，而乙烯高效载体催化剂的活性中心的浓度只有 50%～70%，这就是举世闻名的茂金属催化体系，这一体系在催化乙烯和丙烯配位聚合方面表现出极高的活性和令人惊喜的单一活性中心性能，开创了高分子材料科学的新纪元。

茂金属催化剂是继 Ziegler-Natta 和高效负载催化剂之后新一代烯烃聚合催化剂，其特点如下所述。

（1）超高活性　催化活性极高，如含 1g 锆的均相茂金属催化剂能够催化 100t 乙烯聚合。

（2）单一活性　茂金属催化剂是具有单一活性中心的催化剂，即催化剂的每一个聚合反应中心的活性是相同的。采用茂金属催化剂可以实现精密控制分子量、分子量分布、立体规整结构、共聚单体含量和分布，合成高性能的聚烯烃材料。

（3）高分子链的组成和结构高度可控 可以合成高分子链的组成和结构高度可控，微观结构独特、高度立体规整聚合物，如间规 PP、等规 PP、半等规 PP、立体嵌段 PP 弹性体及间规 PS 等。

（4）具有优异的共聚合能力 能使任何 α-烯烃单体聚合，并使大多数共聚单体与乙烯聚合，获得许多新型聚烯烃材料。

（5）其他方面 分子末端基可控。采用茂金属催化剂所得的产品常含有末端乙烯基，其数量可控，也可用双烯烃共聚来制取。利用这种末端乙烯基可进行后聚合和接枝共聚等，使产品官能团化。

茂金属聚乙烯（Metallocene Polyethylene，mPE）是乙烯均聚或与 α-烯烃（例如 1-丁烯、1-己烯、1-辛烯）的共聚物，是茂金属烯烃聚合物最早开发和发展最快的品种。1991 年 6 月，美国 Exxon 化学公司在世界上率先工业化生产，制得的 mLLDPE 具有分子量分布窄、链长均一、共聚单体分布均匀等特点。

9.6.2 生产工艺

因茂金属催化剂适应性强，mPE 的生产工艺与现有 PE 的生产工艺基本相同，采用溶液法、气相法、高压法和环管淤浆法等工艺，均已工业化生产出 mPE。

由于茂金属催化剂生产的 PE 分子量分布很窄，难于加工，因此为了改善产品的加工性，许多公司都把茂金属催化剂生产的树脂“双峰化”。

茂金属聚乙烯是最早实现工业化的茂金属聚烯烃，也是目前产量最大、开发热点的茂金属聚合物，其生产和应用持续扩大。世界各大 PE 生产企业大都已涉足 mPE 生产领域，处于领先地位的有埃克森美孚（Exxon-Mobil）、Dow 化学、UCC、Borealis 公司、雪弗龙菲利普（Chevron Phillips）以及三井油化公司等。

我国茂金属催化剂研制开发工作起步较晚，20 世纪 80 年代末才开始。北京化工研究院于 1985 年率先在国内开展茂金属催化剂及茂金属聚烯烃的研究，开发出具有自主知识产权的茂金属聚合技术。随后在 90 年代，国家科技部、基金委以及中科院、大学、企业研究机构相继开展了茂金属技术的开发，取得了较大进展，但我国茂金属催化剂及其 PE 产品的工业化生产技术和产品与国际先进水平还存在较大差距。

综上所述，茂金属催化剂在聚合物品种的开发上显示巨大的优势，大大拓宽了聚烯烃树脂的应用范围。因此，21 世纪，聚烯烃将进入一个茂金属催化剂与 Ziegler-Natta 催化剂相互补充、共同发展的新时期。

9.6.3 结构与性能

mPE 的结构和性能与传统的 PE 存在着许多不同。PE 分子量和组成分布窄，$M_w/M_n \leqslant 2$，而一般 PE 在 3~5，分子中共聚单体组成几乎相同（共聚单体分布均匀），支链分布均匀，共聚单体的含量基本与分子量无关。按照不同的共聚单体含量和密度，mPE 可分为不同的品种，见表 9-10。按 Dow 公司分类，乙烯与其他 α-烯烃，如辛烯、己烯共聚物中，当己烯或辛烯含量不足 20% 时，它似橡胶但比弹性体硬，称之为塑性体（plastiomers），共聚单体含量超过 20% 的材料为弹性体。

表 9-10　mPE 密度与种类的划分

密度/(g/cm³)	分　类	密度/(g/cm³)	分　类
<0.90	弹性体	0.930～0.940	mMDPE
0.900～0.915	塑性体或 mVLDPE	0.940～0.970	mHDPE
0.915～0.930	mLLDPE		

目前已工业化的 mPE 可分为两类：一类是 mLLDPE，一般密度为 0.915～0.935g/cm³；另一类是超低密度 mLLDPE，如 Exxon 公司的 Exact，密度为 0.870～0.915g/cm³，而 mHDPE 还比较少。表 9-11 为 Dow 化学公司生产的 mLLDPE 基本性能。

表 9-11　Dow 化学 ElitemLLDPE 薄膜的性能

性　　能	5100		5110		5400	5200
密度/(g/cm³)	0.920	0.920	0.925	0.925	0.916	0.917
熔体指数/(g/10min)	0.85	0.85	0.85	0.85	1.0	1.0
厚度/mm	0.02	0.05	0.02	0.05	0.05	0.02
拉伸强度/GPa						
[MD(横向)]	4.30	5.75	3.02	5.24	5.54	3.93
[TD(纵向)]	3.66	4.51	3.16	4.53	5.31	3.02
拉伸屈服强度/GPa						
(MD)	1.13	1.13	1.23	1.42	1.17	1.06
(TD)	1.17	1.18	1.34	1.53	1.15	0.90
断裂伸长率/%						
(MD)	630	645	560	615	635	460
(TD)	720	655	710	640	662	620
落锤冲击强度/N	>8.50	>8.50	2.10	4.00	>8.50	3.0
抗穿刺强度/J	5.20	8.36	2.40	6.10	10.20	3.5
光泽度(20°)	60	65	65	62	77	95
雾度/%	13	11	14	13	9.5	0.8
热合温度/℃	100	100	125	125	95	95

mPE 与其他 PE 一样，无臭、无味、无毒。mLLDPE 韧性高、耐穿刺强度高、热密封起始温度低，在包装市场和农膜市场应用广泛。

(1) 结晶性能　mLLDPE 支链分布均匀，结晶核均匀生成，生成速度几乎相同，晶体结构均一，晶层较薄，连结晶层的分子数量多，因而 mLLDPE 树脂的强度（冲击强度和耐环境应力开裂）高。

(2) 物理力学性能　mLLDPE 的密度在共聚单体相同的情况下低于 LLDPE。mLLDPE 的力学性能明显优于 LLDPE，密度越低，这种优势越明显。如密度为 0.920g/cm³ 时，mLLDPE 的冲击强度是 LLDPE 的 3 倍。由于结构均匀，mLLDPE 比一般 LLDPE 具有更高的强度、韧性、刚性。

(3) 透明性　mLLDPE 的透明性高于一般 LLDPE。

(4) 加工性能　mLDPE 的加工性能不如 LDPE，这是因为 mLLDPE 分子量分布窄，流动性不好，因此，不易加工。mPE 熔体黏度受温度的影响较大，可通过提高温度的方法来降低黏度，提高流动性。mPE 强度和韧性高，因此，在高剪切下，熔体不易破裂，在高速生产下也可得到光滑的制品。

(5) 其他性能　mPE 同样具有良好的耐热性、低热合起始温度、高低温热封强度，极好的耐环境应力开裂性。

9.6.4　加工和应用

mPE 可以在 PE 和 LLDPE 加工设备上加工，采用较高的温度有利于熔体黏度的下降。可采用挤出吹膜、挤出流涎、共挤出复合、注塑等成型方法。

薄膜是 mPE 的主要应用领域，与其他 PE 相比，mPE 韧性高，耐穿刺强度高，耐撕裂，使用寿命长，热密封起始温度低，因而在包装市场应用广泛，如热袋盛装连续包装生产线、重包装生产线、普通食品包装、捆扎包装、金属容积包装；此外还可制成特种用途的包装膜，如黏着膜、收缩膜、弹性膜、极薄膜及复合膜，mPE 膜用于蔬菜和新鲜水果包装等；亦可注塑成型制造包装容器。

9.7　双峰聚乙烯

尽管 PE 品种众多，但社会的发展对材料性能的要求永无止境。一方面，要求 PE 具有优良的强度、韧性、耐环境应力开裂等性能，提高分子量可以提高这些性能，如平均分子量超过 25 万的高分子量聚乙烯（HMWPE）；另一方面，要求 PE 还具有优良的加工性能，而PE 分子量增大将导致加工性能下降，为了平衡这一矛盾，改善分子量分布较窄的 HMWPE加工性能，最初将 HMWPE 与低分子量 PE 共混，但共混物性能不均一。后来开发出通过聚合反应直接生产双峰分布 PE，很好地解决了这一难题。

所谓双峰 PE 即在 PE 中含有高和低两种分子量组分，其中高分子量成分赋予强度性能，而低分子量成分改善树脂的加工性能，从而使强度和加工性能得到很好地平衡，达到兼具有高性能和易加工的特点，已工业生产的有双峰 HDPE、LLDPE 和 HDPE/LLDPE。

双峰 PE 早在 1963 年，杜邦公司就已开发出用 Ziegler 催化剂在分段式反应釜中生产双峰 PE 树脂的工艺。1970 年 Hoeschst 公司也开发出分段聚合工艺，从 1976 年开始，已可用2 段聚合工艺生产出双峰分子量分布 PE 的薄膜和中空制品。采用茂金属催化剂生产 mPE的最重要的进展之一是双峰高分子量 HDPE/LLDPE 树脂生产技术。从 1984 年起，国外一些公司就已经开始研究和生产双峰 HMWHDPE/LLDPE 树脂，如 UCC、Mobil、Basell、Borealis、Phillips、Fina、Dow、Himont 等公司。目前国外几乎所有生产聚乙烯的公司都有双峰聚合物的牌号。

我国双峰 PE 自有技术的开发起步很晚，1996 年燕山石化公司研究院进行双载体催化剂制备宽分子量分布 PE 的研究。中国双峰 PE 的生产主要以引进技术为主。

9.7.1　生产工艺

双峰 PE 有三种制备方法，即熔体混合法（物理混合法）、串联反应器法和单一反应器法等。熔体混合法实质上是简单的物理共混，难以混合均匀，已经较少采用。串联反应器法技术较为经济和成熟，是工业上生产双峰 PE 的主要方法，通过调节不同反应器中的氢气浓度和聚合条件，使在不同反应器中生成的 PE 具有不同的分子量，从而得到双峰 PE，克服了共混型双峰 PE 性能不均匀的问题，可以达到聚合物分子级共混的目的，产品性能优异。单反应器法是双峰 PE 研究的热点，包括复合催化剂法、链穿梭聚合法和氢气振荡操作法等。在现有的串联反应器聚合工艺中，基本上可以生产高密度和线型低密度的双峰 PE 产品。用于生产双峰 HDPE 的聚合工艺包括气相法、溶液法和淤浆法工艺，其中淤浆法的工业化时间最早，工艺技术最为成熟，是生产双峰 HDPE 的主要方法。

9.7.2　结构与性能

普通 PE 的分子量分布呈单峰分布，而双峰 PE 的分子量分布呈现两个峰。具有两种分子量使得 PE 强度和加工性能得到均衡，性能明显优于单峰 PE。分子量分布对 PE 性能影响如图 9-6。

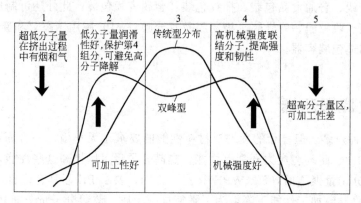

图 9-6　分子量分布对 PE 性能影响

双峰 LLDPE 树脂在薄膜、建材、管道、电线电缆等、吹塑和注射成型等制品均有广泛的用途。

9.8　共聚聚乙烯树脂

PE 原料来源丰富、产量巨大、价格低廉、综合性能优良，在通用树脂中独占鳌头。但也存在一些缺点，如软化点低、强度低、耐候性差、印刷性和黏结性不好。为了改善和提高这些性能，采用共聚、共混、化学和填充改性是普遍的方法，这些改性品种组成了 PE 庞大的家族，下面各节对此将分别进行介绍。

9.8.1　乙烯-乙酸乙烯酯共聚物

乙烯-乙酸乙烯酯共聚物（ethylene-vinyl acetane copolymer，EVA）是由乙烯和乙酸乙烯酯（VAc）两种单体共聚而得的一种热塑性树脂，是乙烯共聚物中产量最大的产品。虽然在 1938 年 ICI 公司就已申请了专利，但直到 1960 年才由美国杜邦公司采用高压本体法实现工业化生产。随后日本住友化学工业公司和东洋曹达公司分别于 1967 年和 1975 年建立工业化生产装置。

我国于 1973 年上海化工研究院进行 EVA 高压本体共聚研究，1984 年在上海石化股份有限公司成功进行生产。1973 年北京有机化工厂进行中压溶液聚合法中试生产，1995 年引进意大利埃尼（ENI）化学公司技术，建成 44kt/a 生产装置，成为我国第一套工业化生产装置。

9.8.1.1　生产工艺

EVA 工业生产方法有高压本体法聚合法、中压悬浮聚合法、中压溶液聚合法和低压乳液聚合法 4 种，其中高压本体法是主要方法。

EVA 是采用自由基聚合机理，在高温高压下制备的共聚物。乙烯与乙酸乙烯酯具有相近的反应活性，非常容易共聚，竞聚率接近为 1，因此，VAc 含量容易控制，可在 5％～50％范围内调节。共聚物的生产工艺类似于 LDPE 的生产，同样有釜式和管式反应器两种，也可以在增加相应设备的 LDPE 连续本体装置上进行生产（管式法工艺），实际上世界上各大 LDPE 生产装置上都兼产 EVA。

EVA 引发剂为氧气、有机过氧化物、过氧化氢和过酸酯。

9.8.1.2 结构与性能

(1) EVA 结构

EVA 化学结构通式为：

$$+CH_2-CH_2\frac{}{}_n+CH-CH_2\frac{}{}_m$$
$$\underset{O}{\overset{|}{O-C-CH_3}}$$

乙烯与 VAc 单体竞聚率极相似，所生成的共聚物完全是无规的。由于在乙烯分子链上引入了极性的乙酸基团（CH_3COO-），并且作为短支链分布在主链上，使得 PE 分子链对称性和规整性降低，分子链间的距离增加，这些结构的变化导致 EVA 的性能与 LDPE 明显不同。

根据共聚物中 VAc 的含量，可将 EVA 分成几类：VAc 低于 5％（质量）为改性 PE；在 5％～40％（质量）的共聚物为 EVA 树脂；40％～70％（质量）为 EVA 弹性体。还有乳液聚合法生产的 EVA 乳液。

(2) EVA 性能　基本特点：EVA 综合性能优良。EVA 无色、无味、无毒，具有良好的柔软性、弹性、透明性、低温挠曲性、化学品稳定性、黏结和着色性、耐老化、耐臭氧、耐环境应力开裂、热密封性以及与填料、色母料的相容性等性能。与 LDPE 相比，其冲击强度、柔韧性、耐候性、耐用环境开裂性和透明性均占优。

EVA 的性能与 VAc 的含量密切相关。VAc 含量增加 EVA 逐渐由塑料变成弹性体。在一定 MI 情况下，随着 VAc 含量的增加，EVA 性能变化见表 9-12 所列。

表 9-12　VAc 含量增加对 EVA 性能的影响

性能提高	密度、断裂伸长率、冲击性、低温韧性、柔软性、耐应力开裂性、耐气候性、透明性、光泽度、黏结性、热密封性、填料的相容性、可焊接性
性能下降	结晶度、拉伸强度、弹性模量、硬度、熔点、耐化学品性、屈服应力、热变形温度

① 结晶性。EVA 中由于含有 VAc，PE 分子链的对称性和规整性均下降，因此，EVA 的结晶能力和结晶度均随 VAc 含量的增加而下降，当 VAc 含量达到 40％时，完全失去了结晶性。结晶度与 VAc 含量之间存在以下线性关系：结晶度(％)$=63.0-1.47\times VAc$％。因此，EVA 相比 LDPE 结晶度低，透明性非常好。

② 物理和力学性能。EVA 的密度随着 VAc 含量的增加而增加，一般 VAc 含量增加 10％，密度增加 0.012，但结晶度却下降，这与 LDPE 密度与结晶度成正比不同。

EVA 的力学性能与 VAc 含量密切相关，随着 VAc 含量的增加，拉伸强度和刚性变小，伸长率和冲击强度变大，EVA 由塑料变为类似橡胶的材料，柔软性增加。EVA 的性能还与分子量也密切相关。随着分子量的增加，熔体黏度、热封温度、韧性、耐应力开裂性等都提高。

③ 玻璃化转变温度。由于 EVA 中含有极性的 VAc 基团，使得 T_g 比 PE 高得多，但随着 VAc 含量变化不大，一般为 $-30\sim-25℃$。

④ 柔韧性。EVA 在常温下具有较好的柔韧性，特别是低温柔韧性，在 $-70℃$ 时仍然具有很好的柔软性、韧性和低温疲劳性，脆性试验时也不会断裂。与 LDPE 相比，柔韧性大大增强。

⑤ 耐化学品性。EVA 耐酸和碱，在各种无机和有机溶剂中相对稳定。由于 EVA 的结晶度降低和极性增加，与 LDPE 相比，耐溶剂性和耐油性降低，不耐卤素、芳烃和烃类溶剂中，可溶解于甲苯、二甲苯、氯苯等芳烃中。随着 VAc 含量的增加，溶解能力也会增加。

⑥ 热性能。EVA 的维卡软化点随着 VAc 含量的增加而下降，一般为 $30\sim50℃$，耐热性较差。热变形温度因 VAc 含量的不同而不同。使用温度上限为 $80℃$，加工温度在 $180\sim220℃$，分解温度约为 $230℃$。

⑦ 耐环境开裂性和耐候性。EVA 耐应力开裂性优于 LDPE，随着 VAc 含量的增加，耐环境开裂性也增加。由于 EVA 中不含增塑剂和双键，耐候性要优于 LDPE 和软质 PVC。耐氧化降解性也优于 PE。在 EVA 中加入炭黑后，耐候性和光稳定性均可提高。

⑧ 电性能。EVA 由于含有极性基团，使得其介电性能比 LDPE 差，介电常数、介电损耗与 VAc 含量呈线性关系，VAc 含量高，介电常数大。

⑨ 其他性能。EVA 热黏合性优良，耐应力开裂性好，是复合薄膜的良好内封层材料。EVA 是极性材料，随 VAc 含量增加，黏性增加，当 VAc 含量大于 18% 时，在普通溶剂中可溶解，但黏结力增大，是胶黏剂的常用材料。与 PE 一样 EVA 阻湿性好，但透气性大，特别是 CO_2 的透过性大。

9.8.1.3 加工与应用

(1) 加工。EVA 是热塑性树脂，具有优良的加工性能，可采用与 LDPE 相同的加工方法进行加工，如挤出、注塑、吹塑、挤塑、层压、热熔、泡沫模塑等。由于耐热性较差，一般加工温度比 LDPE 低 $20\sim30℃$。

(2) 应用。EVA 应用领域十分广泛，可以采用上述加工方法生产各种产品。EVA 还是常用的聚合物及燃料油的改性剂，对于聚合物用于改善聚合物的挠曲性和刚性。

① 胶黏剂。胶黏剂是 EVA 的主要用途之一，为热熔胶基材，用于图书装订、纸箱、纸盒、标签、家具、包装膜、鞋类、道路标识等。

② 薄膜、片材。薄膜也是 EVA 的主要用途之一，可以制造各种用途的薄膜，其中包装薄膜是最大的市场，用于食品包装用单层膜、干式复合内封层膜、多层共挤出膜、热收缩膜、挤出涂布膜、软包装膜、生产包装袋及地膜、棚膜等；绝缘薄膜、布、无纺布、纸等挤出涂布用品等；建筑用片材等。

③ 泡沫塑料。EVA 可制造高倍率、独立气泡型的泡沫塑料。可用于制造救生用具、绝热材料、拖鞋、凉鞋、头盔、鞋底、玩具、建筑保温材料等。

④ 挤出和注塑制品。种类繁多，如各种软管、电线电缆护套、挡水板、医用导管、自行车座、玩具、罩盖、体育用品等。

⑤ 聚合物改性剂。EVA 与许多橡胶和塑料有良好的相容性，作为改性剂与塑料或橡胶共混改性。如与 PE、PP、PVC 等。

9.8.2　乙烯-丙烯酸乙酯共聚物

乙烯-丙烯酸乙酯共聚物（ethylene-ethyl acrylate copolymer，EEA）是由乙烯与丙烯酸乙酯（EA）在高压下通过自由基机理共聚制得。1961 年美国 UCC 和 Dow 化学公司投入工业化生产，生产工艺与高压聚乙烯的工艺流程相似。乙烯与丙烯酸乙酯竞聚率相差较大，因此，EEA 中丙烯酸乙酯的含量要高于单体中的含量。同样有釜式和管式反应器两种，所生产的 EEA 结构有所差别。

EEA 引发剂为氧气或有机过氧化物。

（1）EEA 结构

EEA 化学结构通式为：

$$-(CH_2-CH_2)_n-(CH-CH_2)_m-$$
$$\underset{\underset{O}{\overset{|}{\|}}}{\overset{|}{C}}-O-CH_2-CH_3$$

由于在乙烯分子链上引入了极性的丙烯酸乙酯基团（$-COOCH_2CH_3$），并且作为短支链分布在主链上，使得 PE 分子链对称性和规整性降低，分子链间的距离增加，这些结构的变化导致 EEA 的性能与 LDPE 明显不同。一般 EA 含量为 5%～20%。

（2）性能　EEA 无臭、无味、无毒。

① 结晶性。EEA 中由于含有 EA，PE 分子链的对称性和规整性均下降，因此，结晶度低于 PE，EEA 的结晶能力和结晶度均随 EA 含量的增加而下降。

② 柔韧性。EEA 具有非常高的韧性和柔软性。随着 EA 含量的变化，EEA 可以从具有突出韧性和柔软性的树脂，变化到类弹性体。由于结晶度降低，EEA 的柔软性增加，随着 EA 含量的增加，柔软性和密度增加。

③ 力学性能。EEA 具有良好的拉伸和抗冲击性能，特别是具有突出的耐低温冲击。50% 破坏时的脆化温度为 -105℃，LDPE 为 -95℃，而软质 PVC 为 -20℃，可见，EEA 的耐低温性大大优于 LDPE 和软质 PVC，因此，可作为其他塑料的耐低温抗冲改性剂。EEA 的耐环境开裂性也比 PE 优良。耐弯曲开裂性优良，经过 50 万次的弯折以后也仅出现很小的裂缝。

④ 热性能。EEA 突出的性能是高温稳定，低温柔软。其热稳定性比 EVA 好得多，EVA 加工温度低，易分解，而 EEA 热失重情况与 PE 相似，加工条件范围宽。随着 EA 含量的增加，熔融温度下降。与 PE 相似可在低于 315℃ 下进行各种熔融成型加工。

⑤ 耐化学品性。EEA 的耐化学药品性比 EVA 好，但不耐氯代烷烃和油品。

⑥ 电性能。EEA 的极性比 EVA 低一些，它的电绝缘性与 EVA 相似，不如 PE。

⑦ 其他性能。EEA 具有良好的热黏合性；与许多树脂有良好的相容性，是常用的改性剂和相容剂；EEA 有较大的填料收容性；EEA 随 EA 含量增加，阻湿性变差，不如 LDPE；但阻气性提高，这是由于 EA 亲水所致。

（3）加工与应用　EEA 是热塑性树脂，具有优良的加工性能，可采用与 LDPE 相同的加工方法进行加工，如挤出、注塑、吹塑、挤塑等。

EEA 目前应用领域与 EVA 相似，主要用途是胶黏剂和密封剂、聚合物改性剂、薄膜、电线电缆、挤出与注塑制品。利用 EEA 的柔软性、耐曲折性和皮革状手感，可用于制造日用品，如玩具、低温用密封圈、家具的脚垫、自行车垫、鞋等；制造各种软管，如农用、医用、灌溉用软管及机械的软连接件等；制造缠绕膜、复合薄膜内封层；可挤出生产电线电缆、耐低温绝缘套管；用作胶黏剂，用于粘接聚烯烃类聚合物，衬领、地毯背衬等；与其他聚合物共混，改善冲击、耐环境开裂和柔软等性能。

9.8.3　乙烯-丙烯酸甲酯、乙烯-马来酸酐共聚物

9.8.3.1　乙烯-丙烯酸甲酯共聚物

乙烯-丙烯酸甲酯共聚物（ethylene-methyl acrylate copolymer，EMA）是由乙烯与丙烯酸甲酯（MA）在高压下通过自由基机理共聚制得。

（1）EMA 结构

EMA 化学结构通式为：

$$\begin{array}{c} \mathrm{-\!\!\!+\!CH_2\!-\!CH_2\!\overset{}{)_n}\!\!\overset{}{(}\!CH\!-\!CH_2\!\overset{}{)_m}\!\!+} \\ \underset{\text{O}}{\overset{}{\underset{}{C}}\!-\!O\!-\!CH_3} \end{array}$$

由于分子链中极性的丙烯酸甲酯基团（—COOCH$_3$）的存在，使得 PE 分子链对称性和规整性降低，EMA 的结晶度降低，极性增加，同时赋予了 EMA 一些独特性能。一般丙烯甲酯的含量为 6%～27%。

（2）性能　EMA 的结晶度低于 EVA，故比 EVA 柔软性更好，随着 MA 含量的增加，其柔软性和弹性也增加，但熔点、强度和模量下降。

EMA 具有良好的低温韧性和优异的耐环境应力开裂性。

EMA 的热稳定性优于 EVA，加工温度可达 300℃。

EMA 维卡软化点和熔点低于 LDPE，因此，易热封合，起封温度也低于 EVA。EMA 具有良好的耐化学品性。

（3）加工与应用　EMA 可以采用共挤出、吹塑和共混等加工改性方法，主要应用薄膜，EMA 薄膜非常柔软，耐冲击性好。用于制造医用手套、医疗包装、食品包装等。也可用于其他聚合物的改性剂。

9.8.3.2　乙烯-马来酸酐共聚物

乙烯-马来酸酐共聚物（ethylene-maleic acid copolymer，EMA）是乙烯与马来酸酐（MAH）通过自由基机理共聚而得，英文缩写与乙烯-丙烯酸甲酯共聚物相同。1970 年美国 Monsanto 首先工业化生产，之后美国 Dow 化学、杜邦，荷兰 DSM，日本三井油化等公司都相继生产。

（1）结构　EMA 化学结构通式如下所述。

酸酐型：

$$\begin{array}{c} \mathrm{-\!\!\!+\!CH_2\!-\!CH_2\!-\!CH\!-\!CH\overset{}{)_n}\!\!+} \\ \mathrm{O\!=\!C\qquad C\!=\!O} \\ \mathrm{\diagdown\quad O\quad \diagup} \end{array}$$

酸型：

$$\begin{array}{c} \mathrm{-\!\!\!+\!CH_2\!-\!CH_2\!-\!CH\!-\!CH\overset{}{)_n}\!\!+} \\ \mathrm{O\!=\!C\qquad C\!=\!O} \\ \mathrm{HO\qquad\qquad OH} \end{array}$$

盐型：

$$\{CH_2—CH_2—CH—CH\}_{\overline{n}}$$
$$O=C \qquad C=O$$
$$NaO \qquad ONa$$

（2）性能　EMA 是无臭、无味、无毒的热塑性树脂。EMA 具有良好的物理力学、耐候、耐化学品等性能，这些性能与 PE 相当。由于 EMA 是极性和非极单体共聚，因此 EMA 对极性和非极性材料均具有良好的相容性和黏结性。

（3）加工和应用　EMA 加工方法与 PE 相同，可以采用挤出、注塑、吹塑、挤出涂覆等方法。

EMA 主要用于制造薄膜应用于包装。由于与 EVOH 有良好的相容性是 EVOH 共挤出制造复合膜时的中间黏结层。也用于其他共挤出复合膜的中间黏结层材料。EMA 可用于制造电线电缆护套。

9.8.4　乙烯-乙烯醇共聚物

乙烯-乙烯醇共聚物（Ethylene-Vinyl alcohol Copolymer，EVAL 或 EVOH）形式上是乙烯与乙烯醇（VAL）的共聚物，实际生产上是由乙烯与醋酸乙烯共聚物（EVA）进行皂化水解而得到的。一般乙烯醇含量为 65%。1972 年由日本 Kuraray（可乐丽）公司开发并工业化生产的一种高阻隔性材料，商品名 EVAL。

（1）结构　EVOH 化学结构通式为：

$$\{CH_2—CH_2\}_{\overline{n}}\{CH_2—CH\}_{\overline{m}}$$
$$\qquad\qquad\qquad OH$$

（2）性能　EVOH 是无色、无嗅、无味、无毒的结晶性热塑性树脂。EVOH 性能与 VAL 含量有关，含量低性能类似 PE，随着 VAL 含量的增加，性能接近聚乙烯醇。

① 阻隔性能。EVOH 具有优异的气体阻隔性能，是目前为止常用树脂中透气性最小的树脂。阻隔性能见表 9-13。

表 9-13　**EVOH 与其他树脂氧气透过系数比较**　　单位：mL·20μm/（m²·24h·0.1MPa）

树　脂	20℃,65%RH	20℃,85%RH	树　脂	20℃,65%RH	20℃,85%RH
EVOH[含乙烯 32%（摩尔）]	0.5	1.2	PVC	240	2400
PVDC	4	4	HDPE	2500	2500
PAN	8	10	PP	3000	3000
PET	50	50	LDPE	10000	10000
PA	35	50	EVA	18000	18000

对氧气的阻隔随乙烯含量的增加而下降，对水蒸气则相反。EVOH 阻隔性能受湿度影响，吸水后阻隔性下降。阻隔性能优异的原因是分子中含有存在氢键，分子运动受限制。EVOH 还具有优良的保香性和异味阻隔性。

② 耐化学品性。EVOH 具有良好的耐油和耐化学品性。在环己烷、乙醇、乙醚、丙酮、苯、甲苯、四氯化碳等常用溶剂及汽油、煤油、机油、油脂中很少有变化。适宜包装油脂类液体，有毒和挥发性产品。

③ 其他性能。EVOH 透明性和光泽性良好，可作高质量透明包装。良好的抗静电性，表面不易被油腻灰尘所污染。良好的耐候性、耐紫外线和耐辐射性，能在严酷的条件长

期使用，也能用于 α 和 β 射线辐射消毒的多层中的材料。容易加工，耐热性优良，可在 300℃下熔融加工。随着乙烯含量增加熔点直线下降。随着 VAL 的增加，共聚物的密度增加。

EVOH 缺点是易吸水，随湿度增加，阻隔性能下降。无热封性。与大多数聚合物相容性很差。

（3）加工与应用　EVOH 容易加工，可用聚烯烃加工设备进行加工，如挤出、注塑、吹塑、流涎和涂覆等。由于 EVOH 加工温度高，可与 PA、PC、PET 等工程塑料共挤出。

EVOH 是力学性能和透明性优良的高阻隔树脂，但价格较贵，一般多与其他树脂共混或共挤出使用。EVOH 由于具有优异的气体阻隔性能，使其主要应用在包装领域，特别是食品包装领域，用于包装酱、咸菜、茶叶、点心、调料、火腿、面包等。与 PA、PET 等塑料共混物可制造燃料油箱、包装容器等。

9.9 聚乙烯改性

9.9.1 化学改性

9.9.1.1 氯化聚乙烯

（1）生产工艺

氯化聚乙烯（Chlorinated PVC，CPE）早在 20 世纪 40 年代就已工业化，是采用 LDPE 溶液方法制备，由于性能差，未能获得推广应用。60 年代，德国 Hoechst 公司率先实现 CPE 工业化生产，随后 Allied、Dow、Du Pont、ICI 等公司也相继生产 CPE。

我国从 20 世纪 60 年代开始 CPE 生产。1966 年上海高桥化工厂开展了水相悬浮法试验。1968 年北京化工三厂建成中试验装置。1990 山东潍坊亚星化学股份有限公司引进德国赫司特（Hoechst）公司的 CPE 技术和装置。

CPE 生产方法有多种，主要有：溶液法、悬浮法、气相法、悬浮和溶液联合法（嵌段法）。目前，工业生产一般采用水相悬浮法。

反应机理是在自由基引发剂或光作用下，大分子自由基反应，使 Cl_2 分解成 $Cl \cdot$，生成的 $Cl \cdot$ 攻击 PE 分子链的 C—H 键，生成大分子自由基，引发自由基连锁反应，在不断补充 Cl_2 的情况下，生成 CPE。

① 溶液法。溶液法是 CPE 最早的方法，但是由于该工艺所用溶剂为破坏臭氧层的物质，根据国际公约《蒙特利尔协议书》的规定溶剂法已停止在工业上的应用。

② 悬浮法。由于悬浮法不采用溶剂，缩短工艺，生产经济而有效，是目前国内外生产的主要方法。使用的引发剂与溶液法相同，如 BPO、ABIN。悬浮法不足之处是氯化均匀度不如溶液法。

③ 气相法。气相法也称固相法、气相法可连续生产，无设备腐蚀，基本上无三废，产品纯度高，生产能力大，生产成本低，是很有前途的工艺，但反应热的导出和氯化产物中氯分布的均匀性问题还没有得到很好地解决，对工艺和安全技术要求也比较严格，有待于进一步完善。

（2）结构和性能　CPE 化学结构通式为：

$$-(CH-CH_2)_m-(CH_2-CH_2)_n-$$
$$|$$
$$Cl$$

CPE 与 PE 具有相同的主链结构，由于氯化后 PE 分子极性增加，因此，CPE 的结构决定了具有一系列优异的性能。

（3）性能 分子链的饱和结构使之具有优良的耐候、耐臭氧、耐化学品腐蚀及耐老化性能；分子中具有的极性和非极性链段使之与各类高分子具有良好的相容性；分子链的柔顺性决定了在常温下具有极好的韧性，可广泛用于塑料抗冲改性领域，此外，分子中的极性氯原子还赋予良好的耐油性、阻燃性及着色性。基本性能见表 9-14。

表 9-14 CPE 基本性能

塑改型 CPE			橡胶型 CPE		
指 标	CPE135A	CPE5236	指 标	CM135B	CM140B
氯含量/%	35±1	36±1	氯含量/%	35±1	40±1
邵氏硬度（A）	≤65	≤60	邵氏硬度（A）	≤60	≤60
拉伸强度/MPa	≥6.0	≥8.0	拉伸强度/MPa	≥6.0	≥6.0
断裂伸长率/%	≥600	≥800	断裂伸长率/%	≥600	≥500
主要用途	硬塑料异型材及其他硬制品	PVC 软制品改性	门尼黏度 ML125℃(1+4)	45～85	90～115

注：表中数据为潍坊亚星化学股份有限公司产品。

CPE 性能因氯化程度、分子链结构不同而不同。一般在氯含量在 30% 以下时，CPE 仍为热塑性树脂；当氯含量达到 38% 左右时，断裂伸长率增加，呈橡胶状；氯含量在 59%～63% 时，是硬质聚合物；氯含量在 64% 以上时，是一种耐燃脆性树脂。CPE 的性能除了与氯含量有关外，还与大分子链上氯的分布状态有关。归纳起来有两种典型结构：一种为氯原子在大分子链上呈无规均匀分布；另一种为不均匀嵌段式分布。前者为非晶态弹性体，后者为硬质塑料。氯含量对 CPE 物理性质的影响见表 9-15。

表 9-15 氯含量对 CPE 物理性质的影响

性 能	数 值							
PE 分子量	<5×10^4			(5～10)×10^4			>10^5	
氯含量/%	35	35	35	40	30	30	35	40
结晶度/%	2～10	2～10	2～10	>10	>10	>10	非晶	非晶
相对密度	1.20	1.20	1.20	1.24	1.14	1.15	1.13	1.24
特点	拉伸、冲击强度高	流动性好	流动性很好		透明性优	透明性良	高抗冲	超高分子量
主要用途	硬 PVC 管、挤出	硬、半硬 PVC	软 PVC 人造革、薄膜	提高 PE、PP 阻燃性	透明 PVC 板、膜	透明 PVC 板、膜	硬 PVC 板、管	橡胶制品

① 结晶性。氯化后 PE 分子链的对称性和规整性降低，使得 CPE 的结晶度和软化点降低，呈现出橡胶的柔软性和黏弹性（氯含量 25%～40%）。当氯含量较高时，PE 失去结晶能力而变为无定形聚合物，其刚性、T_g、软化点和脆性温度增加。当氯含量≥45% 时，CPE 成为硬质材料，T_g 超过室温。

② 力学性能。当氯含量为 25%～40% 时，拉伸强度、耐应力开裂性较低。抗撕裂强度高。

③ 耐化学品性。氯含量<30%，在有机溶剂中溶解性差，随氯含量增加溶解度增加。CPE 对脂肪族碳氢化合物、乙醇和酮类有很好的耐溶剂性，而在芳香烃类及氯化烃类中可

溶胀和溶解。

④ 耐老化性。CPE 分子中无不饱和键，氯的分布也是无规的，其热稳定性优于 PVC，但氯含量＞45％时热稳定性类似于 PVC。CPE 还具有十分优良的耐候性、耐臭氧和耐应力开裂性。

⑤ 阻燃性。CPE 由于含有氯原子，因此，阻燃性能提高，氯含量＞25％时不易燃烧。

⑥ 其他性能。CPE 的耐热和电气性能与 PVC 相似，低温性能和耐磨耗优良。

（4）加工和应用 CPE 如 PVC 一样，加工过程中需要加入热稳定剂。因氯含量的不同，既可作塑料，又可作为特种橡胶使用。

作塑料时可采用塑料的加工方法，如挤出、注塑等。加工时加入的增塑剂量小于 PVC 或不加。CPE 与填加剂配伍性较好。作橡胶时，门尼度比一般通用橡胶大，可采用橡胶的加工方法进行加工。如混炼、压出、压延等。

CPE 与许多高分子材料具有良好的相容性，可作为众多聚合物的改性剂以及共混体系的相容剂，这是其主要的应用领域。CPE 是硬质 PVC 最重要的改性剂，可改善硬质 PVC 的抗冲击性能、耐候性和加工性，用于制造片材、薄膜、管材、异型材和电器零部件。作为软质或半硬质 PVC 改性剂，可改善其耐湿性、加工性和手感，用于制作电线、电缆护套、软管、垫圈、防水卷材和胶带等。CPE 同 PVC、PE、PP、ABS、EVA、CPVC、PC 等树脂混合，用以改善这些树脂的抗低温冲击性、提高韧性、阻燃性、耐油性、耐老化性、耐化学药品腐蚀性、绝缘性。可用于制造电线、电缆护套、电缆夹层材料、绝缘带、电视机等电气制品、制造地板、人造革、板材、管材、胶管、胶辊、密封条、人造木材等。由于 CPE 可溶解于多种溶剂，因此可以制造防腐、防污和阻燃的涂料。

9.9.1.2 交联聚乙烯

PE 耐热性不高，耐环境开裂性差，通过交联的方式使 PE 生成三维网状结构，性能发生了明显改善，大幅度地提高耐热性、耐蠕变性、耐化学腐蚀性、耐环境应力开裂性以及拉伸和冲击性能，减少其热收缩性，从而扩大了应用领域。

对 PE 交联的研究始于 20 世纪 50 年代。交联方法主要有：辐射交联法和化学交联法两种。辐射交联法于 1954 年美国 GE 公司进行了工业化生产。1960 年 GE 公司开发生产了化学交联 PE 产品，从此交联 PE（Cross-linked PE）制品得到广泛应用。

（1）辐射交联方法 辐射交联方法是采用高能射线辐照已经成型的 PE 制品，使制品生成交联结构。高能辐射源有电子射线、γ 射线、α 射线和 β 射线。反应机理：为自由基链式反应，分为 3 步：① PE 高分子链在辐照下生成初级自由基和活泼氢原子；② 活泼氢原子可继续攻击 PE，再生成自由基；③ 大分子链自由基之间反应形成交联键。如下所示：

$$R-CH_2-CH_2-CH_2-CH_2-R \xrightarrow{h\gamma} R-CH_2-\overset{\cdot}{C}H-CH_2-CH_2-R \ +H\cdot$$

$$2R-CH_2-\overset{\cdot}{C}H-CH_2-CH_2-R \longrightarrow \begin{array}{c} R-CH_2-\overset{|}{C}H-CH_2-CH_2-R \\ | \\ R-CH_2-\overset{|}{C}H-CH_2-CH_2-R \end{array}$$

交联度取决于吸收的剂量和辐照时的温度，通过控制辐照时间来控制辐照剂量。交联度增加，PE 制品的硬度、刚性、强度、耐热、耐溶剂、尺寸稳定等性能都增加。辐射交联 PE 主要有美国的 Raychem 公司、日本的日东电木等公司生产。我国吉林长春应用化学研究所生产 PE 辐照产品。

（2）化学交联 化学交联包括有机过氧化物和硅烷交联。过氧化物交联的机理与辐射交联机理相似，首先在加热情况下过氧化物分解生成自由基，这些自由基进攻 PE 分子，夺取分子链上的氢原子，生成大分子链自由基，大分子链彼此互相反应形成交联网络。常用的有机过氧化物有过氧化二异丙苯（DCP）、二叔丁基过氧化物等。

硅烷交联 PE 是 20 世纪 70 年代出现的一种交联技术。英国道康宁（Dow Corning）公司 1973 年首先发表了名为自交联 PE（sioplase）的专利，并于 1976 年由英国贝尔格雷夫公司在奥林顿进行生产。从此便开始了硅烷交联聚乙烯的历史。

硅烷交联 PE 制备工艺包括接枝和交联两个过程。首先在过氧化物的引发下，含有不饱和乙烯基和易于水解的烷氧基多官能团的硅烷接枝到 PE 主链上，生成侧链含有—Si—OR 活泼基团的 PE 接枝物，将此接枝物与硅醇缩合催化剂混合制备可交联的 PE；其次，可交联的 PE 采用通常的热塑性树脂加工方法成型，制品在 100℃ 以下的热水中或低压蒸汽中处理，在催化剂的作用下，烷氧基水解发生硅氧交联的缩聚反应形成—Si—O—Si—交联键，得到交联 PE，反应式如下：

$$R-O-O-R \longrightarrow 2RO\cdot \tag{1}$$

$$-CH_2-CH_2-CH_2- + RO\cdot \longrightarrow -CH_2-\overset{\cdot}{C}H-CH_2- + ROH \tag{2}$$

$$-CH_2-\overset{\cdot}{C}H-CH_2- + H_2C=CH-Si(OR)_3 \longrightarrow \begin{array}{c} -CH_2-CH-CH_2- \\ | \\ H_2\overset{\cdot}{C}-CH-Si(OR)_3 \end{array} \tag{}$$

$$\xrightarrow{P-H} \begin{array}{c} -CH_2-CH-CH_2- \\ | \\ H_2C-CH_2-Si(OR)_3 \end{array} + P\cdot \tag{3}$$

$$\begin{array}{c} -CH_2-CH-CH_2- \\ | \\ H_2C-CH_2-Si(OR)_3 \end{array} \xrightarrow[-RH]{催化剂+H_2O} \begin{array}{c} -CH_2-CH-CH_2- \\ | \\ H_2C-CH_2-\overset{OR}{\underset{OR}{Si}}-OH \end{array} \tag{4}$$

$$2\ \begin{array}{c} -CH_2-CH-CH_2- \\ | \\ H_2C-CH_2-\overset{OR}{\underset{OR}{Si}}-OH \end{array} \xrightarrow[-H_2O]{催化剂} \begin{array}{c} -CH_2-CH-CH_2- & CH_2-CH- \\ | & | \\ H_2C-CH_2-\overset{OR}{\underset{OR}{Si}}-O-\overset{OR}{\underset{OR}{Si}}-CH_2-CH_2-CH \end{array} \tag{5}$$

硅烷交联所用助剂较多，有硅烷、过氧化物引发剂、催化剂及抗氧剂等。常用硅烷有乙烯基三甲氧基硅烷（VTMS）、乙烯基三乙氧基硅烷（VTES）、乙烯基三(2-甲氧基乙氧基)硅烷（VTMES）以及 3-甲基丙烯酰氧基丙基三甲氧基硅烷（VMMS）。常用引发剂 DCP、过氧化二特丁烷（DTBP）、1,3-二特丁基过氧化二异丙苯、叔丁基过氧化苯甲酰（BPO）等。抗氧剂四［β-(3,5-叔丁基-4-羟基苯基)丙酸］季戊四醇（1010）、2,6-二叔丁基-4-甲基苯酚（BHT）等。水解交联催化剂，一般使用有机锡衍生物，如二丁基锡二月桂酸酯等。

硅烷交联 PE 的生产工艺有一步和二步工艺。一步法于 1974 年由诺基亚麦拉菲尔（Nokia-Maillefer）公司发明，是将 PE、交联剂硅烷、引发剂和催化剂等组分一次混合造粒制成可交联 PE，成型后进行水解得到交联 PE 制品。二步法是由道康宁（Dow Corning）公司发明的 Sioplase 技术。第一步制备硅烷接枝料和含催化剂母料，第二步将两种料按比例混合成型，制品在热水或低压蒸汽下进行交联。

上述三种交联 PE 的制备方法各有优缺点。辐射交联法设备昂贵，防护条件苛刻，对厚壁制品交联效果不理想；过氧化物交联生产工艺简单，成本较低，但成型温度控制要求严格，不易控制；硅烷交联生产工艺和设备都比较简单，但硅烷交联耗时长、速度慢、母粒不能长时间存放。

（3）性能　PE交联后力学、热学、耐化学品性、电学等性能发生了明显的改变。交联PE的性能见表9-16。

表 9-16　硅烷交联 PE 的性能

性　　能	LDPE	交联 LDPE	HDPE	交联 HDPE	LLDPE	交联 LLDPE
密度/(g/cm³)	0.917	0.925	0.951	0.966	0.918	0.926
MFI/(g/10min)	5.75	0.66	6.47	3.76	2.00	0.13
拉伸强度/MPa	11.8	11.0	23.0	27.8	11.3	12.5
断裂伸长率/%	495	145	100	8	500	143
维卡软化点/℃	81	90	110	124	84	98
交联度/%	—	37.68	—	17.23	—	34.86

① 力学性能。交联PE与PE相比，拉伸强度、冲击强度、模量、硬度、刚度均提高，耐磨性优异，耐应力开裂性、耐蠕变性和尺寸稳定都得到明显提高，而伸长率下降。

② 热性能。经交联后生成三维网状结构，成为热固性塑料，受热后不再熔化。交联PE耐热性能优良，比线型PE高很多，使用温度140℃，用作电器绝缘材料可达200℃。

③ 耐化学品性能。交联PE耐溶剂、耐酸碱、耐水均突出，由于产生交联网络，在有机溶剂中不能溶解。

④ 其他性能。交联PE具有卓越的电绝缘性能，耐低温、耐环境开裂性、耐老化、耐辐射等性能也高于线型PE。

（4）加工和应用　交联PE是在交联反应前采用塑料常用的成型方法进行成型，然后辐射或化学交联。

交联PE因其优越的性能而被广泛应用于电线电缆、化工、建筑、汽车、包装、农业等行业。大量用于制作电线电缆的护套和绝缘包覆层。制造热收缩套管，应用于通信、电力电缆的绝缘接头包封。特别是硅烷交联PE可用于制造市政热水管道、煤气管道。交联PE热收缩薄膜用于包装材料，适合于重包装。交联PE板材用于化工容器和管道衬里，也可用于化工管道的焊接头的防腐护套。

9.9.1.3　接枝聚乙烯

通过接枝反应，在非极性聚合物分子链上接枝极性官能团，可赋予聚合物一些新的和特殊的性能。接枝聚合在工程塑料、聚合物合金、复合材料等方面有广泛的应用。

PE为非极性聚合物，使得PE的黏结性、染色性、浸润性较差，与极性聚合物、无机填料的相容性也不好。通过极性单体与PE进行接枝改性，在PE分子链上引入极性基团，可以克服上述缺点，已经成为PE化学改性的重要方法之一。对PE接枝研究由来已久，1967年埃克森（Exxon）化学公司就采用反应挤出技术研究将马来酸酐（MAH）、丙烯酸接枝到聚烯烃上，以改善相容性和其他性能。

（1）制备方法　接枝方法有多种，主要有溶液法、熔融法、固相法以及辐射接枝法等。接枝单体较多，有MAH及其酯、丙烯酸及其酯、甲基丙烯酸及其酯、丙烯腈（AN）、丙烯酰胺、苯乙烯（St）等，其中MAH是使用最多的单体。不论何种方法均是在自由基引发剂或辐射下通过自由基机理进行接枝聚合反应。

① 溶液法。始于20世纪60年代，PE、单体、引发剂全部溶解在溶剂中，体系为均相，采用自由基、氧化或辐射等手段引发接枝反应。由于溶剂问题，工业上较少采用。

② 熔融法。熔融接枝法始于20世纪70年代，是较成熟和普遍采用的方法。在熔融状态下，通过引发剂热分解产生自由基，引发大分子链产生自由基，然后与接枝单体反应，在聚合物大分子链上接枝极性侧链。熔融接枝直接在塑料加工设备上进行，不需溶剂，反应时间短，设备简单，可以工业化连续生产。

③ 固相法。固相法接枝法是20世纪90年代出现的一种聚烯烃接枝方法。它是将聚烯烃粉末直接与单体、引发剂、界面活性剂等接触反应，反应温度一般控制在聚烯烃软化点以下（100～130℃），常压反应。与传统实施方法相比，固相法具有反应温度适宜、常压、基本保持聚合物固有物性，无需回收溶剂，后处理简单，高效节能等优点。固相接枝法通加入一定量［<20%（质量）］的界面活性剂，这类助剂多为芳香烃化合物（如苯、甲苯、二甲苯等）。一来对聚烯烃进行溶胀利于接枝反应的进行，二来溶剂的存在有利于反应散热，使体系温度稳定。

上述3种方法所用引发剂一般为有机过氧化物，如BPO、DCP、2,5-二甲基-2,5-双（叔丁过氧基)己炔（YD）、过氧化苯甲酸叔丁酯（TPB）、过氧化(2-乙基己酸)叔丁酯（BPE）等，最常用的为DCP。

④ 辐射接枝法。采用γ射线、β射线、电子束等辐射源，其原理是利用聚合物被辐照后产生自由基，自由基再与其他单体生成接枝聚合反应，而达到接枝改性的目的。

（2）反应机理　首先引发剂在加热时分解生成活性自由基，活性自由基与PE反应生成PE自由基，然后PE大分子自由基与接枝单体反应生成PE接枝产物。以接枝MAH为例，反应过程如下。

① 引发剂分解。

$$\text{R—O—O—R} \xrightarrow{\triangle} 2\text{RO·}$$

② 生成大分子自由基。

③ 链增长反应与接枝单体反应。

④ 链终止反应。与初级自由基偶合终止：

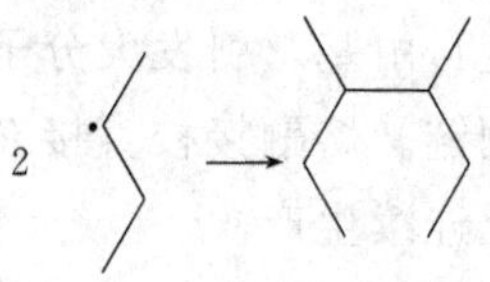

大分子自由间歧化：

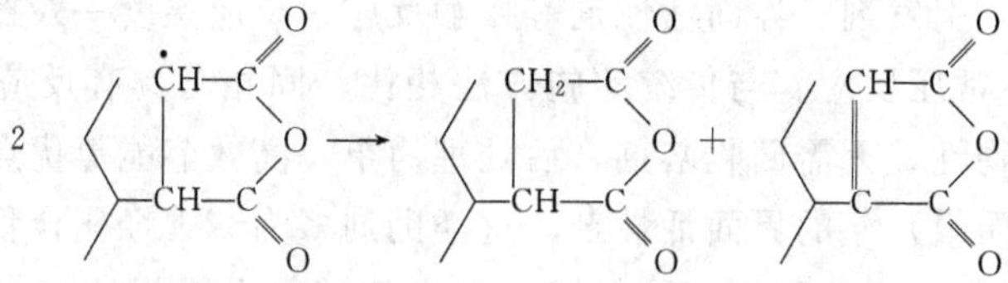

自由基转移：

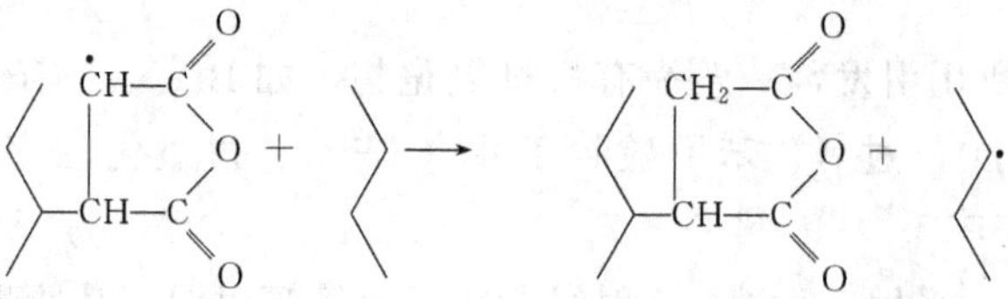

（3）性能　接枝 PE 的性能与 PE 种类、接枝链段的种类及长度、接枝率等因素有关。由于结晶的不完善，接枝物的熔点一般低于 PE。但引入极性基团后，分子间作用力大于非极性的 PE，也可能使接枝物的熔点提高，且随接枝率的增加而提高。在结晶过程中，接枝的极性单体对结晶起到成核作用，致使结晶温度提高，结晶速率加快，而且结晶速率随接枝率的增大而提高。

（4）应用　接枝 PE 很少单独作为原料加工使用，最主要用途之一是作为聚合物共混体系的相容剂。在无机粒子填充 PE 复合材料中，PE 与无机粒子的界面黏结差，加入具有极性基团接枝 PE 可明显改善复合材料的力学性能，如 PE/CaCO$_3$ 填充体系。接枝 PE 提高了对金属铁、铝的黏结强度，可作为金属管道的内衬层。接枝 PE 也改善了染色性、吸湿性、黏结性和抗静电性。

9.9.2　共混改性

共混改性是实现聚合物高性能化、多功能化、精细化和开发新品种的主要途径之一，具有简单易行、灵活方便、手段多样、性能易调节、生产简便等特点。现在使用单一聚合物的情况越来越少，单一聚合物总是存在这样那样难以克服的缺点和不足，而采用两种或两种以上聚合物共混、或聚合物与其他材料复合等方式可以综合不同聚合物或不同材料的性能，克服单一聚合物的缺点和不足，是提高聚合物综合性能的有效方式，也是目前聚合物应用的主要方向，在以后的章节中会经常看到。

PE 共混改性是 PE 与其他聚合物通过机械方法混合制得的一类材料，类似于金属合金，故也称聚合物共混物为聚合物合金。共混改性理论详见 10.6.2 节。

PE 共混改性得到广泛应用，PE 可与通用树脂、工程塑料共混，也可与橡胶共混，这些聚合物可以是极性的，也可以是非极性的，品种很多。以下简单介绍常见的 PE 共混物。

9.9.2.1　不同密度 PE 共混

不同密度 PE 之间共混互相弥补各自不足是非常有效和常用的方法。如 LDPE 柔软，但机械强度和气密较差，不适于制作要求强度较高的制品，而 HDPE 强度和硬度高，又缺乏柔软性，不适合制作薄膜等软制品。因此，将两者共混可制得软硬适中的 PE 材料，扩大应用领域。

不同密度的 PE 共混后，一些性能随着比例呈现规律性的变化，如密度、结晶度、硬度、软化点等基本上按共混物中组分比例所计算的算术平均值，拉伸强度和断裂伸长率有一定的特殊性。

LDPE 与 LLDPE 共混，加入 LDPE 可以改善 LLDPE 的成膜性、透明性和冲击强度，因此，目前大多数 LLDPE 与 LDPE 共混使用，是重要的聚烯烃共混物；HDPE 与 LLDPE 共混可改善 LLDPE 的成膜性和制品的刚性。PE 三元共混也广为使用，如 LDPE/HDPE/LLDPE 三元共混体系。

9.9.2.2 PE 与 EVA 共混

EVA 性能优良，常用作其他聚合物的改性剂。PE/EVA 共混物相容性好，具有优良的柔韧性、加工性，较好透气性和印刷性。随着 EVA 组分的分子量、VAc 含量和加入量的变化，PE/EVA 共混物的性能可在宽广的范围内改变，VAc 含量增加对性能的影响与 EVA 在共混物中比例的增加效果一致。

PE 中加入极性 EVA，可提高薄膜的拉伸强度，特别是断裂伸长率和直角撕裂强度提高 50% 以上。由于 VAc 的存在，增加了与各种助剂的相容性，特别是增加与极性填料的相容性，此外，防雾滴的持效期也有所加长，也可以提高力学性能，如韧性。

LDPE 中加入少量 EVA 后成为柔性材料，适合于泡沫塑料的生产，与 HDPE 泡沫塑料相比，具有柔软、模量低等特点。

9.9.2.3 PE 与 CPE 共混

CPE 与 PE 共混可以改善 PE 的韧性、阻燃性和印刷性。PE/CPE 共混物的性能与 CPE 的含量、氯含量和分布及 CPE 结晶度有关。

PE/CPE 共混体系的相容性与 CPE 中氯含量有关。在氯含量为 36% 左右时，两者部分相容，共混物力学性能比较好，基本与 HDPE 相同。

CPE 与 PE 共混另一特点是赋予了共混物阻燃性，若同时加入其他阻燃剂，效果会更好。

9.9.2.4 PE 与聚酰胺（PA）共混

将 PA 与 HDPE 共混可以明显改善 PE 的阻隔性能，而又保持 HDPE 的性能不变坏。采用的是共混层化技术，其基本阻隔原理是将阻隔材料（PA、EVOH 等）以二维连续层状结构分散于 HDPE 基体中，通过延长溶剂分子在基体中的扩散路径而达到提高阻隔性能的目的。层状分散形态的形成是通过选择适当的组分材料和恰当的加工成型条件共同实现的。

PA/HDPE 体系是不相容的，加入 PE-MAH 后，可与 PA 反应生成 PE-PA 接枝共聚物，起到相容剂作用。PA/HDPE 共混物的阻隔性与 PA 在 HDPE 中的分散状态和含量有关。随着共混物中 PA 含量的增加，PA/HDPE 共混物的阻隔性明显提高。

PA/HDPE 用作包装材料，广泛应用于食品、农药、燃料、各种化学品的包装容器。

此外，PE 还可与其他工程塑料共混，如 PC（聚碳酸酯）、PET（聚对苯二甲酸乙二酯）、PBT（聚对苯二甲酸丁二酯）等。

9.9.2.5 PE 与橡胶共混

PE 与橡胶及热塑性弹性体共混主要是为了改善韧性。橡胶品种较多，主要有 NR、BR、SBR、丁基橡胶、二元和三元乙丙橡胶非极性橡胶等，热塑性弹性体有 SBS、SEBS 等。

HDPE 与 EP 相容性良好，可明显改善 HDPE 的冲击性能。同样 LDPE 与 EP 共混可以明显增加 LDPE 的拉伸强度和断裂伸长率，但屈服强度、模量和低温刚性有所下降。

PE 与丁基橡胶部分相容，IIR 可以改善 LDPE 的拉伸模量、屈服强度和低温刚性。

PE 与 NR 不相容，可加入增容剂，如环氧化的 NR/MAH 接枝共聚物可以改善 LDPE/NR 的相容性，提高共混物的拉伸强度、断裂伸长率。乙烯/异戊二烯嵌段共聚物可以改善 LLDPE/NR 的相容性，提高拉伸强度和断裂伸长率。

9.9.3 填充改性

9.9.3.1 概述

填充改性也是树脂改性的常用方法，在塑料加工行业获得广泛应用。所谓填充改性是在塑料成型加工过程中加入无机填料或有机填料，使塑料制品的成本降低，达到增量的目的，或是使塑料制品的某些性能有明显改善。

作为填充改性的填料种类繁多，分类方法各异，按化学成分可分为无机和有机类。无机类有碳酸盐（碳酸钙、碳酸镁）、硫酸盐（硫酸钙）、硅酸盐（硅酸钙、硅酸铝、硅酸镁）、氧化物（氧化铝、氢氧化铝、氢氧化镁）、单质（金属、石墨）；有机类有木粉、煤粉等。无机类填料大都是由天然矿物加工而成，因此也称为非金属矿物填料，所用的矿物种类很多，有：石灰石、白云石、方解石、滑石、硅石、沸石、海泡石、长石、蛭石、重晶石、云母、珍珠岩、硅藻土、高岭土、蒙脱土、膨润土、红泥、石膏、石墨、石棉等。最常用的有轻质和重质碳酸钙、滑石粉、高岭土、云母等。有机类为天然植物，如木粉、淀粉、稻壳粉、花生壳粉、果壳粉、植物纤维及棉、麻、稻等农林产业的副产品等。

碳酸钙（$CaCO_3$）作为树脂的填料在世界范围内是使用最多的一种，使用量超过千万吨。碳酸钙按密度和尺寸有轻质、重质之分。纳米级碳酸钙是近年来新出现的纳米尺寸的填料。碳酸填充树脂可明显增量、降低成本，同时提高制品刚性、耐热性和尺寸稳定性，改善印刷性能，起到遮光和消光作用。填充量较高时，韧性明显下降，制品变得硬而脆。

硅酸盐也是树脂重要的填料。品种繁多，主要有滑石粉、云母粉、高岭土、膨润土、硅灰石等。

滑石粉具有层状结构，分子式为 $Mg_3(Si_4O_{10})(OH)_2$。由于滑石粉的层状结构，与碳酸钙不同，填充滑石粉可起到一定增强作用，提高材料的刚度、高温抗蠕变和耐热等性能，在薄膜中作用具有一定的散光和阻隔红外线的功能。

云母主要成分是硅酸铝，分为硬云母（白云母）和软云母（镁云母），硬云母化学结构式为 $KAl_2(AlSi_3O_{10})(OH)_2$，软云母化学结构式为 $KMg_3(AlSi_3O_{10})(OH)_2$，还有黑云母和红云母。云母形状是片状的，径厚比较大，因此，认为是一种增强材料。填充树脂可提高强度、刚性、耐热性能，同时云母也具有红外阻隔性能。

高岭土是黏土的一种，分子式为 $Al_2O_3 2SiO_2 \cdot 2H_2O$。高岭土填充树脂主要用于提高树脂的绝缘强度，还可提高玻璃化转变温度较低的树脂的拉伸强度和模量。新的研究表明高岭土具有阻隔红外线的功能，因此，在农膜中获得应用。

蒙脱土也是黏土的一种，分子式为 $Na_xAl_{2-x}Mg_x(Si_4O_{10})(OH)_2 \cdot nH_2O$。具有层状结构，层间距只有 1nm，通过单体原位插层聚合和聚合物插层复合，制得的纳米复合材料（NC）具有一系列优异的性能，如可提高拉伸、冲击强度、耐热性、阻隔、阻燃性能，加工容易，制品外观好；填加量小于 10%（质量分数），材料的刚性可达到一般无机矿物 30%（质量分数）的水平，成为第一种工业化生产的聚合物基纳米复合材料。

另一类树脂增强改性，采用具有较大长径比的填料，如玻璃纤维（GF）、碳纤维（CF）、金属纤维、晶须、各种有机纤维等，这些填料对树脂的力学和耐热性能有明显改善。其中玻璃纤维是使用最多的增强材料，最初主要用于热固性塑料，现已越来越多地进入到热塑性树脂领域。纤维增强在通用树脂领域中应用与无机矿物填充相比，还比较少，因此，本书只简单介绍。

填料无论如何进行加工，如何与树脂复合，最终都是以颗粒形式分散，填充树脂体系仍是两相体系，因此，对于这样的体系，影响材料性能的因素很多，仅从填料方面来看，填料的几何形状、表面形态、粒径大小和分布、长径比、物理和化学性质都直接影响到填充树脂的性能。无机刚性粒子一般分为常规填料（直径大于 5μm）、超细填料（0.1nm～5.0μm）和纳米填料（小于 0.1μm）。

目前由于改性方法、加工技术和设备的进步，填料趋向超细化。通过物理或化学方法改善填料与树脂界面的性能，采用高效混合和混炼设备，这些方法和技术的运用使得填充改性由单纯的无机矿物填充起增量作用，已经向提高塑料性能，赋予树脂功能方向发展，特别是纳米尺寸的填料赋予了填充改性的全新概念，使得聚合物为基体的纳米复合材料成为新一代复合材料。

9.9.3.2 *表面改性*

填料与聚合物都是不相容的，填充剂的表面处理是填充改性的关键。通常采用偶联剂处理改善界面状态，提高树脂与填充剂间的黏合性，以增加材料强度。常用的偶联剂有钛酸酯类和硅烷类偶联剂，此外还有硼酸类、铝酸酯类、锆酸酯类偶联剂等。

钛酸酯偶联剂是 20 世纪 70 年代后期由美国肯利奇（Kenrich）石油化学公司开发的一种偶联剂。能为各种无机填充剂和聚合物体系提供良好的偶联，还显示其他各种功能。钛酸酯偶联剂也是一个大家族，其分子通式和分子功能区如图 9-7 所示。

无机相 ←→ 有机相

① ②③ ④ ⑤⑥

$(\mathrm{RO})_m\mathrm{Ti}(\mathrm{OX—R—Y})_n$

式中，$1 \leqslant m \leqslant 4$，$m+n \leqslant 6$

图 9-7 钛酸酯偶联剂分子通式和功能区划分示意

钛酸酯偶联剂的分子可以划分为六个功能区，它们在偶联过程中分别发挥各自的作用。

功能区①：$(RO)_m$—是可水解的短链烷氧基，能与填料表面起化学反应，而达到表面化学改性和偶联的目的。由于$(RO)_m$—基团的不同而有不同类型的钛酸酯偶联剂，主要针对填料表面的含水量不同，有单烷氧基型、单烷氧基焦磷酸酯型、配位型、螯合型等。

功能区②：（—O…）具有酯基转移和交联功能。可与带羧基的聚合物发生酯交换反应，或与环氧树脂中的羧基进行酯化反应，形成交联网络。

功能区③：OX—连接钛中心的基团。可以是羧基、烷氧基、磺酸基、磷酸酯、亚磷酸酯基、焦磷酸酯基等，这些基团决定钛酸酯所具有的特殊功能，如磺酸基赋予一定的触变性；磷酸酯基可提高阻燃性；焦磷酸酯基可吸收水分，防锈和增强粘接的性能；亚磷酸酯基可提高抗氧、耐燃性能等，因此通过 OX—的选择，可以使钛酸酯兼具偶联和其他特殊性能。

功能区④：R—热塑性聚合物的长链纠缠基团，钛酸酯分子中的有机骨架。是长碳链烷基，比较柔软，能和聚合物分子链进行缠结。

功能区⑤：Y—热固性聚合物的反应基团。是羟基、氨基、环氧基或含双键的基团等，这些基团连接在钛酸酯分子的末端，可以与有机材料进行化学反应。应用在塑料行业能与不饱和材料进行交联固化、氨基能和环氧树脂交联等；可使填料得到活化处理，从而提高填充量，减少树脂用量，降低制品成本，改善加工性能。

功能区⑥：n 代表钛酸酯的官能度，n 可以为 $1\sim3$，因而能根据需要进行调节以产生不同的效果。

这样在无机填充聚合物体系中，钛酸酯偶联剂一端与无机填料相连，另一端与聚合物分子链相连，同时，缠结的分子在外力作用下能自由伸缩，除去外力则回复至原状，从而具有弹性和抗冲性能，因此，偶联剂就像桥梁一样，将两个不相容的组分连接在一起，大改善了填充体系的相容性，继而改善材料的拉伸、抗冲击强度等力学性能。

9.9.3.3　性能影响

（1）力学性能　无机矿物作为填料不但可以增量，降低成本，而且还会对树脂力学性能产生许多有利的影响。由于无机矿物本身硬度高、刚性强，不易变形，填充一般总会提高树脂的弹性模量、刚性。

填充树脂的拉伸强度一般都会降低，并随着填充量的增加而降低，但如果填料表面经过有效处理，改善了填料与树脂之间的界面黏结性能，或采用高长径比片状和纤维状的填料，或采用微细粒径的填料，填充树脂的拉伸强度可能不降低或较少降低。

填充树脂的冲击强度一般会降低。这是由于填料大多为刚性粒子，受外力作用时不易变形，难以吸收冲击能，相反成为应力集中物促使聚合物变脆，冲击强度下降。同样道理填充树脂的断裂伸长率一般也会降低，降低填料的粒径有利于冲击强度和断裂伸长率较少下降。

对大多数填料来讲，填充树脂后，使其弯曲强度下降。填料可使树脂的尺寸稳定性得以提高。

理想的填充体系是拉伸强度和冲击强度同时提高，但填加无机矿物填料往往使树脂的冲击强度下降，这也是填充体系性能劣化的最主要方面，也是填充体系的难题。这一缺点采用纳米粒子或层黏土（如蒙脱土）有望得到解决。如图 9-8 为二种纳米无机粒子填充 HDPE 可产生明显的协同作用，可同时增强和增韧。

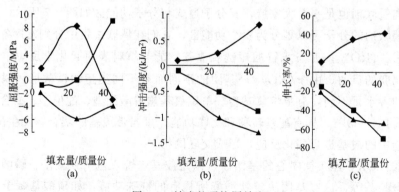

图 9-8　纳米粒子协同效应

◆—协同结果；■—超微滑石粉；▲—超微 CaCO₃

由图 9-8 可见，随填充量的增加，$CaCO_3$ 的贡献一直为负；滑石粉则只改善屈服强度；而二种纳米粒子显示出协同效应，随着填充量增大，屈服强度出现一最大值，而冲击强度、伸长率不断增大。

（2）耐热性能　由于无机矿物的耐热性均比树脂的耐热性强，因此，填充树脂的耐热性一般均得到提高。

（3）其他性能　填料的硬度都比树脂高，在增加弹性模量的同时，填充树脂的硬度也会增加。如果使用高硬度的填料，可明显提高填充树脂的耐磨性。

有些无机填料具有阻隔红外线的功能，如云母、高岭土、滑石粉。这一独特的光学性能已被应用到制造具有保温功能的农用聚乙烯棚膜，取得良好的效果。

参 考 文 献

[1] 龚云表，王安富. 合成树脂及塑料手册. 上海：上海科学技术出版社，1993.

[2] 洪定一. 塑料工业手册. 聚烯烃. 北京：化学工业出版社，1999.

[3] 吴培熙，张留成. 聚合物共混改性. 北京：中国轻工业出版社，1996.

[4] 邓本诚. 橡胶并用与橡塑共混技术. 北京：化学工业出版社，1998.

[5] 周祥兴. 合成树脂新资料手册. 北京：中国物资出版社，2002.

[6] 刘英俊，刘伯元. 塑料填充改性. 北京：中国轻工业出版社，1998.

[7] 黄棋尤. 塑料包装薄膜. 北京：机械工业出版社，2003.

[8] 耿孝正. 塑料机械的作用与维护. 北京：中国轻工业出版社，1998.

[9] 如里诺·赞索斯. 反应挤出——原理与实践. 李光吉，周南桥译. 北京：化学工业出版社，1999.

[10] 潘祖仁. 高分子化学. 北京：化学工业出版社，1997.

[11] 许健南. 塑料材料. 北京：中国轻工业出版社，1999.

[12] 陈乐怡，张从容，雷燕湘等. 常用合成树脂的性能和应用手册. 北京：化学工业出版社，2002.

[13] 刘广建. 超高分子量聚乙烯. 北京：化学工业出版社，2001.

[14] 石安富等. 超高分子量聚乙烯的性能、成型及其应用. 塑料科技，1987，（1）：12-19.

[15] 钱伯章. 聚烯烃高效催化剂的进展. 工业催化. 2002，10（5）：42-44.

[16] 艾娇艳，刘朋生. 茂金属催化剂的发展及工业化. 弹性体，2003 06 25，13（3）：48-52.

[17] 戴文利，姜忠明，刘朋生. 茂金属聚烯烃. 现代塑料加工应用，2000，12（4）：61-63.

[18] 刘妍，李旭慧，刘照辉. 双峰聚乙烯的生产. 化工科技，2003，11（3）：53-57.

[19] 高峰. 双峰聚乙烯的技术特点. 金山油化纤，2001，（2）：33-36.

[20] 陈乐怡. 国外聚烯烃工艺发展的趋势. 塑料加工应用，1997，（1）：42-60.

[21] 刘述魁. HDPE 装置 PE 分子量分布的研究. 合成树脂与塑料，1996，03：27-30.

[22] 左瑞霖，张广成，何宏伟，梁国正. 聚乙烯的硅烷交联技术进展. 塑料，2000，29（6）：41-46.

[23] 余坚，何嘉松. 聚烯烃的化学接枝改性. 高分子通报，2000，（1）：66-72.

[24] 颜世峰，李朝旭，刘本国，陈占勋. 聚乙烯改性及其进展. 青岛化工学院学报，2002，23（2）：31-35.

[25] 廖明义，吴春阳. 不同细度滑石粉填充 HDPE 的研究. 塑料科技，1999，（2）：26-28.

[26] 钟明强，应建波. 聚乙烯纳米塑料进展. 科技通报，2004，20（1）：28-32.

[27] 陈铭，孙旭辉，陆秋欢，陈国康. 双峰 PE 树脂的结构与性能. 合成树脂及塑料，2008，25（3）：58-60.

[28] 杨丹，贾德民. 氯化聚乙烯的研究与应用. 合成树脂及塑料，2005，20（3）：80-83.

[29] 王亚丽，张斌，王秀绘等. 线型低密度聚乙烯催化剂研究进展. 工业催化，2007，15（11）：16-19.

[30] 徐兆瑜. 茂金属催化剂及烯烃高分子材料研究新进展. 化学推进剂与高分子材料，2005，3（4）：

19-24.

[31]　王晔，刘重为，张维，赵坤. 国内外聚乙烯生产现状及市场分析. 弹性体，2006，16（2）：73-78.

[32]　傅强，沈九四，王贵恒. 碳酸钙刚性粒子增韧 HDPE 的影响因素. 高分子材料科学与工程，1992，8（1）：107-112.

[33]　杨帆，吕振波，赵瑛祁. 茂金属催化剂及烯烃齐聚物研究进展. 当代化工，2014，43（6）：973-976.

[34]　李红明，张明革，袁苑等. 双峰分子量分布 PE 的研发进展. 高分子通报，2012，（4）：1-9.

[35]　刘显圣，吕崇福，孙颖等. 聚乙烯催化剂研究进展. 精细石油化工进展，2013，14（6）：44-48.

第10章 ▶▶ 聚丙烯

10.1 发展简史

聚丙烯（polypropylene，PP）是以丙烯为单体，经多种工艺方法生产的一类通用型热塑性树脂，于 20 世纪 50 年代开发成功和实现工业化生产。由于丙烯资源丰富、价廉易得，PP 性能优异、用途广泛，所以 PP 成为发展最快的通用树脂品种之一，也是聚烯烃（PO）家族中的第二个重要成员，产量居世界第二位。

1953 年德国化学家齐格勒（Ziegler）采用 TiCl$_4$ 和金属烷基化合物作为聚烯烃聚合的催化剂，1954 年意大利纳塔在此基础上，将 TiCl$_4$ 改为 TiCl$_3$，与 Al(C$_2$H$_5$)$_2$Cl 组成络合催化剂，成功地合成了高结晶性、立构规整的 PP，并创立了新的定向聚合理论，具有划时代的意义。1957 年意大利蒙特卡蒂尼（Montecatini）公司在费拉拉（Ferrara）建成了世界上第一套生产能力为 6kt/a 的间歇式 PP 生产装置，此后德国、英国、法国、日本等国也先后建成了 PP 生产装置。20 世纪 50 年代末至 60 年代初期，PP 工业得到快速发展，这一时期生产工艺均为溶剂法（也称浆液法或淤浆法）。1963 年美国 Phillips 公司首先在阿科聚合物公司（Arco Polymer）实现了本体法聚合工艺工业化生产。1969 年 BASF 和 Shell 合资的 Row 公司在德国 Wesseling 采用立式搅拌床反应器建成世界上第一套 2.5 万吨/年气相聚丙烯工业装置（Novolen 工艺），实现了气相法生产 PP 工业化生产。1979 年美国阿莫科（Amoco，现 BP 公司）公司开发出新的气相聚合工艺。1983 年意大利蒙特埃迪生（Montedison）公司开发了 Spheripol 本体聚合新工艺。同年该公司与美国的赫格里斯公司合并，改称为海蒙特（Himont）。80 年代初日本三井油化公司开发出 Hypol 新工艺，并于 1984 年建成投产。1983 年美国 UCC 公司与壳牌（Shell）公司共同开发了 Unipol PP 气相流化床聚合新工艺，并于 1985 年建成投产。

目前 PP 生产工艺主要为溶液法、溶剂法、本体法和气相法 4 种。发展分为三代，低活性、中等规度的第一代（溶液法、浆液法），高活性、无脱灰的第二代（浆液法、本体法），超高活性无脱灰、无脱无规物的第三代（气相法）。

中国在 20 世纪 50 年代末辽宁省化工设计研究院首先开展了 PP 的试验研究。1962 年北京化工研究院进行了系统的研究，并于 1965 年建成了 60t/a 溶剂法聚合中试装置。原北京石油化工总厂（现燕山石化公司）部分采用北京化工研究院开发的技术，并于 1973 建成我国自己设计研究的 5kt/a 溶剂法 PP 生产装置。

由于中国众多石油炼制厂均有一定量的丙烯资源，因此，在 20 世纪 70~80 年代，先后开发出三釜连续聚合工艺和间歇式液相本体丙烯聚合工艺，1978 年原江苏丹阳化肥厂（现江苏丹化集团公司石油化工厂）利用重油裂解分离出的丙烯为原料，在我国首先建成 1kt/a 的间歇液相本体法 PP 生产装置，实现了工业化生产，此后在 20 世纪 80~90 年代，建成了 100 多套工业生产装置，大多采用炼油厂的丙烯为原料，此项技术完全是由我国自主开发。1991 年，采用我国独立完成的全部设计，使用独特的液相本体-气相法连续聚合工艺，在大连石化建成并投产 4 万吨/年的 PP 生产装置，这是我国第一套国产化连续法聚丙烯装置。从 1996 年至 1999 年采用中石化国产化第 1 代环管法 PP 工艺技术，建成了 7 套 7 万吨/年和 1 套 10 万吨/年的 PP 装置。1999 年又开发出 20 万吨/年规模，能够生产双峰分布产品、高性能抗冲共聚物，具有国外新一代 Spheripol 工艺技术水平的第二代国产化环管聚丙烯成套工业技术。采用该技术的上海石化于 2002 年建成投产，标志着我国的聚丙烯工艺技术经过多年的引进国外技术之后，国产化技术已经达到了国外先进水平，具有里程碑式的意义。

与此同时，我国也大量引进了国外的先进 PP 生产技术和装置。1964 年兰州石化公司从英国维克斯-吉玛公司引进了我国第一套 5kt/a 溶剂法 PP 生产装置，于 1970 年投产。1973 年北京燕山石化公司从日本三井油化公司引进一套 80kt/a 溶剂法 PP 生产装置，于 1976 年投产，该装置能生产均聚、无规和嵌段共聚物，从此中国有了抗冲共聚产品。1976 年辽阳石油化纤公司从美国阿莫科（Amoco）公司引进一套 35kt/a 生产装置，于 1979 年投产。上述三套装置均采用第一代催化剂，溶剂法生产工艺。从 80 年代起，先后引进了众多 PP 生产装置，在大规模引进和在消化吸收的基础上依靠自有技术建设的装置，基本上涵盖了目前世界所有的 PP 生产工艺，形成引进与国产技术并存的格局。在聚烯烃核心技术——PP 催化剂国产化技术的开发也领先于其他树脂，PP 催化剂已全部实现国产化。

进入新世纪中国对 PP 的需求极其旺盛，PP 装置的建设进入新的浪潮，新建装置中，绝大多数超过 30 万吨级，达到世界级规模。目前中国已成为世界 PP 树脂产量和消费量最大的国家。2007 年 PP 的产量和表观消费量分别为 712.7 万吨和 1016.5 万吨，产量首次超过 PE，仅次于 PVC，成为中国产量位居第二位的合成树脂。

10.2 等规聚丙烯

10.2.1 反应机理

聚丙烯是采用齐格勒-纳塔催化剂，丙烯在较低温度和压力下聚合而得到的一种聚合物，可以是丙烯均聚或者与乙烯及其他 α-烯烃（丁烯、己烯、辛烯、4-甲基-1-戊烯）共聚。其聚合机理是按配位阴离子聚合机理进行，与 HDPE 聚合机理类似，目前 Natta 的双金属中心机理和 Cossee-Arlman 的单金属机理最具代表性。聚合反应经历链引发、链增长、链转移和链终止等阶段，具体反应从略。

10.2.2 生产工艺

PP 的生产工艺主要有溶液法、溶剂法、液相本体法、气相本体法和液相本体-气相法联合等工艺，长期以来多种工艺并存。

（1）溶剂法 即浆液法、淤浆法，最早由意大利蒙埃公司于 1957 年实现工业化生产。20 世纪 90 年代以后受到液相本体和气相本体环管工艺的挑战，逐渐处于被淘汰的行列。

（2）液相本体法 于 1964 年实现工业化生产，经过多年发展生产工艺已比较成熟。液相本体法聚合反应是在较高压力下，丙烯处在液态时进行反应，也分为间歇式和连续聚合工艺两种。反应器可为釜式（如 Exxon、达特、三井东压和住友公司的工艺）、环管式［如 Montell、Hoechst、Phillips 和 Solvay（苏威）等公司］。与溶剂法相比，无溶剂，生产工艺简单、设备少、生产成本基本无"三废"、经济效益显著。间歇式生产工艺在我国获得广泛应用。在我国自主开发的液相本体 PP 生产工艺中，采用单釜间歇式生产，树脂等规指数在95%～98%。该工艺无脱灰、脱无规物和溶剂工序，工艺流程短。

（3）气相本体法　有 BP-Amoco［现 Ineos（英力士）公司］的 Innovene 工艺、BASF 公司（现 NTH 公司）的 Novolen 工艺、Dow/UCC 公司的 Unipol、住友化学公司的 Sumitomo 工艺、Basell 公司的 Spherizone 工艺、Chisso（窒素、智索）公司的 Chisso 工艺、中国石化的 ST 工艺（即环管反应器工艺）等，反应器有环管、流化床、搅拌釜等。气相本体法无溶剂、流程简短、设备少、生产安全、生产成本低。

从技术上看，本体聚合也是一种浆液聚合，但工业上对任何用单体丙烯作溶剂（或称稀释剂）的工艺使用"本体"术语，而将用非丙烯作稀释剂的工艺称之为浆液聚合。

（4）液相本体-气相法联合工艺　海蒙特（Himont）公司是世界上最大的 PP 生产厂商，所开发的 Spheripol 工艺（现属 Basell 所有）是世界 PP 生产工艺中最先进和成熟的工艺之一，也是目前世界上采用最多的工艺，还有三井油化 Hypol 工艺等，我国有众多石化公司引进 Himont 公司的 Spheripol 工艺技术。

20 世纪 80 年代以来，由于本体-气相法联合工艺和气相本体工艺优势明显，世界各地在建和新建的 PP 装置基本上采用这两种工艺，特别是气相本体工艺。

目前 PP 新型催化剂已得到广泛使用，使生产工艺简化，生产水平提高，人们预想的无溶剂、无脱灰、无脱无规物和无造粒等目标均已实现。PP 用 Ziegler-Natta 催化剂自问世已发展到第 5 代茂金属催化剂。催化剂的活性已由最初的几十倍提高到几万倍，若按过渡金属计已达到几百万倍。PP 的等规度已高达 98% 以上，这都得益于催化剂的发展。

10.2.3　结构与性能

10.2.3.1　结构

PP 的化学结构通式为 $+CH_2-CH+_n$，由于 α-碳原子上连有 4 个不同基团，因此它是手
$\qquad\qquad\qquad\qquad\qquad\qquad\quad CH_3$

性碳原子（C^*），结构单元存在两种旋光异构体，可形成三种构型的 PP，即全同立构、间规立构和无规立构，分别称为等规 PP（isotactic polypropylene，iPP）、间规 PP（syndiotactic polypropylene，sPP）和无规 PP（atactic polypropylene，aPP），分子链在空间上呈螺旋形构象。iPP 主链全部由一种旋光异构体构成，每个不对称碳原子的构型都相同，如图 10-1。正是由于甲基的存在，使 PP 具有不同的构型和等规度，导致与 PE 性能产生很大的不同。

PP 有均聚和共聚物之分，均聚 PP 实际生产和应用以等规 PP 为主。共聚物又分无规共聚物和嵌段共聚物。工业上主要是乙烯与丙烯共聚。无规共聚中，随着乙烯含量的增加，共聚物的无规性增大，最终成为具有弹性行为的乙丙橡胶。嵌段共聚物是 PP、PE 和末端共聚物的混合物。

10.2.3.2　性能

基本特点：等规 PP 是无嗅、无味、无毒的白色粉末或颗粒，外观呈乳白色。力学性能、耐热性能良好、热变形温度高、易成型加工；化学稳定性好，与大多数化学药品不发生作用，不溶于水，吸水性极低；电绝缘性优良。缺点是耐光、热老化性差，低温冲击强度很低、对缺口敏感、不耐磨、成型收缩率大等。基本性能见表 10-1。

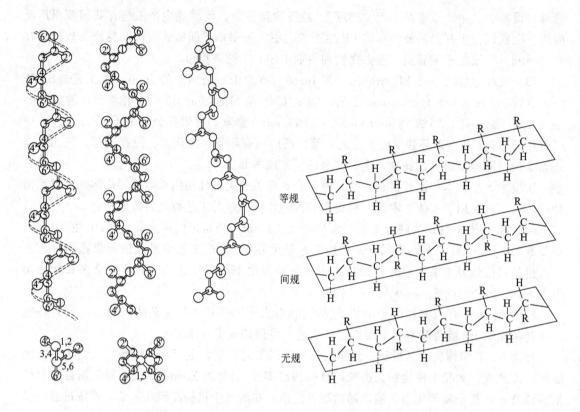

(a) PP分子螺旋形构象　　　　　　　　(b) PP三种构型

图 10-1　PP 链的立体结构

表 10-1　PP 基本性能

性　能	数　值	性　能	数　值
密度/(g/cm³)	0.900~0.905	体积电阻率/Ω·cm	$\geqslant 10^{16}$
熔体指数/(g/10min)	0.2~50	介电常数(均聚)	
拉伸强度/MPa	30~41	(60Hz)	2.2~2.6
拉伸屈服强度/MPa	29~39	(10^3 Hz)	2.2~2.6
拉伸模量/MPa	1100~1600	(10^6 Hz)	2.2~2.6
断裂伸长率/%	200~700	介电常数(共聚)	
缺口冲击强度/(kJ/m²)	2.0~6.4	(60Hz)	2.25~2.3
弯曲强度/MPa	42~56	(10^3 Hz)	2.2~2.3
弯曲模量/GPa	1.1~1.3	(10^6 Hz)	2.2~2.3
压缩强度/MPa	39~56	介电损耗角正切(均聚)	
洛氏硬度(C 标度)	55~60	(60Hz)	<0.0005
熔点/℃	160~170	(10^3 Hz)	0.0005~0.0018
热变形温度(1.86MPa)/℃	57~64	(10^6 Hz)	0.0005~0.0018
脆化温度/℃	-8~8	介电损耗角正切(共聚)	
维卡软化点/℃	>150	(60Hz)	0.0001~0.0005
透明性	半透明~不透明	(10^3 Hz)	0.0001~0.0005
吸水性(24h 浸泡)/%	0.01	(10^6 Hz)	0.0001~0.0018
成型收缩率/%	1.0~2.5	介电强度/(kV/mm)	20~26
热导率/[W/(m·K)]	0.12~0.24	比热容/[kJ/(kg·K)]	1.80~1.93
线膨胀系数/(×10⁻⁵/℃)	6~10	熔融潜热/(J/g)	0.12~0.24

（1）结晶性能 等规分子结构简单，分子链排列规整，极容易结晶。等规 PP 的晶体形态有 α、β、γ、δ 和拟六方晶态 5 种，它们是在不同条件下形成的，其中以 α 晶型和 β 晶型较为常见。

α 晶型属单斜晶系，是单斜晶系中最普通和最稳定的形态，在 PP 中最为常见和热稳定性最好。商品化 PP 中主要为 α 晶型。而其他晶型在一定条件下会向 α 晶型转变，如拟六方晶型在 70℃以上热处理时即转变为 α 晶型。PP 在 130℃以上结晶时，或加入山梨醇类成核剂主要生成 α 晶型，其熔点为 176℃，密度为 $0.936g/cm^3$。

β 晶型属六方晶系，只有在特定的结晶条件下或在 β 晶型成核剂诱发下才能获得。PP 在 190～230℃熔融后，急冷至 100～120℃时，可得到 β 晶型；或者加入喹吖啶酮红颜料、庚二酸金属皂和某些芳基羧酸二酰胺及其衍生物等 β 晶型成核剂生成。其熔点为 147℃，密度为 $0.922g/cm^3$。

γ 晶型属三斜晶系，更难形成。只有在非常特殊的条件下才能得到，高压下熔融结晶或低分子分离物经溶剂蒸发法和熔融结晶法等。如在高压力可以发生 α 晶型向 γ 晶型的转变，在压力为 35MPa 时出现这种转变，在压力为 500MPa 时几乎全部转变为 γ 晶型。其熔点约为 150℃，密度为 $0.946g/cm^3$。

δ 晶型由间规 PP 生成，正交晶系，结晶密度 $0.936g/cm^3$，对其研究还很少。

拟六方晶型一种特殊的晶体结构，也称为 Smettica 晶体，它是一种准结晶状态，是一种热力学上不稳定的晶体结构。这种结构是在 PP 淬火或冷拉时产生，密度为 $0.88g/cm^3$。当 PP 具有 Smettica 结构时，一方面保持原 PP 的机械强度；另一方面又具有无定形聚合物那样的透明性。

上述晶型中 γ 晶型分子链有序程度最高，其次为 α 晶型和 β 晶型，拟六方晶型最低。

PP 从熔融状态下缓慢冷却时一般都生成球晶。由于球晶尺寸较大，在偏光显微镜下，呈现出特有的黑十字图像（Maltese cross）光学特征，是球晶对称性和双折射性质的反映，见图 10-2。根据 PP 球晶所产生的光学双折射大小和正负号，把球晶分为 5 类，它们由不同晶型构成，详细见表 10-2。

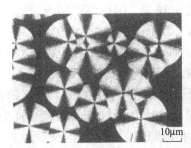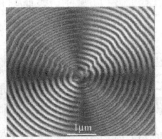

图 10-2 在偏光显微镜下 PP 球晶呈现黑十字消光图像和交替同心圆

表 10-2 PP 球晶种类和光学特性

种类	晶型	晶系	特性
I	α	单斜	正双折射
II	α	单斜	负双折射
混合型	α	单斜	混合双折射
III	β	六方	强度负双折射
IV	β	六方	负双折射

等规 PP 分子链结构简单、规整，结晶能力很强，结晶极快，一般条件下无法得到完全无定形形态的 PP。PP 结晶度为 50%～70%；经拉伸取向和热定型处理可提高

到75％～85％。

根据结晶过程条件不同，可形成尺寸大小和形态不同的球晶，结晶温度越高，球晶越大，结晶温度越低，球晶越小。不同的球晶尺寸对PP的力学、光学、热学等性能产生明显不同的影响。球晶尺寸较小时，屈服应力、冲击强度高，透明性好。

PP结晶速率与等规度和分子量密切相关，等规度越高，越易结晶，结晶度也高。分子量越大，结晶速率越小，结晶度也降低。结晶度同样对PP的各种性能产生明显影响。

（2）分子量和分子量分布　PP具有分子量大、分子量分布宽的特点。数均分子量M_n为7.5万～20万，重均分子量M_w为30万～80万，M_w/M_n为2～12，通常为3～7。使用高效催化剂生产的等规PP的等规度在95％以上。

PP分子量和分子量分布对其加工、结晶和物理力学性能影响很大。与分子量直接相关的性能有熔体流动指数、比浓黏度、软化温度、热变形温度和密度。分子量分布对PP拉伸强度、冲击强度、弯曲强度及流动性产生明显的影响。与其他聚合物一样，随着分子量的增加，熔体黏度和拉伸强度增加，而屈服强度、硬度、刚性、熔体温度和脆化温度却有所降低，这与一般聚合物的变化规律相反。这主要是高分子量PP比低分子量PP结晶困难所致。

（3）物理力学性能　PP密度0.900～0.905g/cm³，是商品树脂中最轻的。PP力学性能优良，其拉伸强度和拉伸屈服强度均高于HDPE，但低温冲击强度明显低于HDPE。PP的力学性能与分子量和分子量分布、结晶度、熔体流动指数、等规度和共聚有关。等规、间规和无规PP力学性能上存在很大不同，三者应力-应变曲线如图10-3。

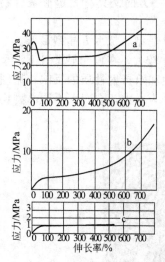

图10-3　3种构型PP的
应力-应变曲线
a—等规PP；b—间规PP；
c—无规PP

PP分子量和分子量分布对PP物理力学性能的影响有一定特殊之处。分子量的增加，拉伸强度增大；在等规指数不变的情况下，分子量增大、分子量分布变窄时，拉伸屈服强度下降，这与HDPE拉伸强度提高的规律正好相反。分子量减小，屈服强度、弯曲强度、硬度、刚性等则增大，这是由于分子量小，结晶度增大之故。当分子量相同或相近时，分子量分布变宽时，PP的拉伸强度、冲击强度和断裂伸长率减小，脆性增大，熔体强度会有所增加。在较高分子量时，PE比PP具有更高的冲击强度，而分子量低时则相反。在低温时PP的冲击强度明显低于HDPE。不同晶体结构的PP具有不同的冲击性能，β晶型的PP具有较高的冲击强度。

PP的分子量与熔体流动速率（melt mass-flow rate，MFR，即MI）密切相关，因此MFR对PP力学性能影响很大。等规度相同时，MFR高，屈服强度也高，这也是由于等规度高和分子量低的PP结晶度高之故；而MFR对拉伸强度和断裂伸长率的影响与屈服强度相反，MFR高，拉伸强度和断裂伸长率低。在MFR较高（≥5g/10min）时，冲击强度随等规度的增大而下降；当MFR较低（＜1g/10min）时，冲击强度与等规度变化关系不大。MFR在两者之间，冲击强度随等度的增加逐渐下降。随着等规度和MFR的增加，PP的表面硬度和光泽均提高，这也是由于结晶度增大的缘故。

总之，分子量和分布、MFR对力学性能的影响，实际上要考虑结晶度的变化，是三者共同的影响。

结晶度对 PP 力学性能的影响与其他聚合物相似，随着结晶度的增加，拉伸强度、屈服强度、弯曲强度、刚度、硬度、抗蠕变、密度均增加，而冲击强度则下降。

等规度实质上影响 PP 的结晶度，等规度越高，结晶度越大，与结晶度有关的物理力学性能都会发生变化。因此，影响结晶度的因素，也就影响性能。

PP 具有突出的抗弯曲疲劳性能。如 1mm 试样，在曲挠角度 270°、1.5kg 负荷下，测试曲挠性能，曲挠次数可达 10 万次以上。PP 抗蠕变性能也很突出，结晶度对抗蠕性能影响显著，PP 在经过改性后，可达到工程塑料的抗蠕变能力。PP 抗弯曲疲劳和抗蠕变性能均优于 HDPE，表面硬度、刚度也高于 HDPE。

（4）抗应力开裂性能　PP 具有良好的耐应力开裂性，而 HDPE 极易出现应力开裂。分子量越大，耐应力开裂性越好。MFR 越小的 PP，耐应力开裂性能越好。共聚 PP 的耐应力开裂性更好。

（5）化学性能　PP 与 HDPE 一样具有优异的化学稳定性，而且随着结晶度的增加化学稳定性增大。对溶剂、油脂以及大多数化学药品都比较稳定，加之它具有良好的耐热变形性，在化学工业中得到了非常广泛的应用。PP 与 HDPE 一样在室温下不溶于有机溶剂中，但在非极性的脂肪烃、芳烃中能逐渐软化或溶胀，提高温度，溶胀增加明显。PP 对极性有机溶剂十分稳定，在醇、酚、醛和大多数羧酸中都不会溶胀，但在卤代烃中的溶胀能力较强，甚至超过非极性溶剂。PP 耐水，在水中 24h 的吸水率仅为 0.01%。

无机酸、碱、盐的溶液，除具有强氧化性的以外，在 100℃ 以下对 PP 几乎无破坏作用。由于 PP 存在叔碳原子，因此，一些强氧化性的酸、碱、盐对其有一定破坏作用。在室温下 PP 在发烟硫酸、浓硝酸和氯磺酸中不稳定，对次氯酸盐、过氧化氢等只有在浓度和温度较低时，才稳定。

（6）耐老化性能　由于 PP 主链上存在叔碳原子，因而对热、光、氧的稳定性比 PE 要差。在真空环境中，PP 的热稳定性比 PE 差；PP 在热、光、氧的作用下极易发生氧化降解，首先生成氢过氧化物，然后分解成羰基，导致主链断裂，生成低分子化合物，使得 PP 的机械强度大幅度下降，随着降解程度的增加，PP 最终可以变成粉末状。生成的羰基化合物能加速 PP 降解，是由于它强烈地吸收紫外线。波长为 290～400nm 的紫外线对 PP 的破坏作用最强，其中 290～325nm 波段对羰基最敏感，而阳光中的紫外线正好是 290nm，因此，PP 抵御阳光的能力很弱，在阳光下放置半个月即出现脆性，使用中必须加入抗氧剂和紫外线吸收剂。

PP 在氧化过程中可生成甲酸、乙酸、丙酮、甲醛、乙醛、酯类、水、二氧化碳、一氧化碳等。PP 的氧化过程与 PE 相比存在不同，PE 氧化过程可能发生交联，而 PP 一般只发生降解。

结晶度越高，氧化降解速率越低。这是由于氧化反应与氧气的浓度有关，氧化反应首先发生在非晶区域，结晶度高氧气不易扩散到 PP 中。PP 中若存在双键，双键往往成为氧化反应的开始点。而通常 PP 或多或少都存在双键。

在 PP 中存在二价或二价以上的金属离子能加速氧化过程，这主要是由于金属离子能与大分子过氧化物反应生成自由基，机理如下：

$$M^{n+1} + ROOH \longrightarrow M^{(n+1)+} + RO\cdot + OH^-$$
$$M^{(n+1)+} + ROOH \longrightarrow ROO\cdot + H^+ + M^{n+}$$

不同金属离子对 PP 氧化活性不同，强弱次序如下：

$$Cu^{2+}>Mn^{2+}>Mn^{3+}>Fe^{2+}>Ni^{2+}>Co^{2+}$$

铜离子对 PP 氧化作用影响最大，在铜离子存在下 PP 氧化速度显著增长，即使抗氧剂存在下也无法消除铜离子的影响。残留催化剂对 PP 氧化产生不利影响，因此，所有的商品级聚丙烯都含有稳定剂，以便在加工时防止降解。

（7）电性能　PP 为非极性树脂，与 PE 一样具有优良的电绝缘性。介电系数和介电损耗小，具有优良的高频特性，共聚 PP 介电损耗更小（见表 10-1）。PP 不吸水，电绝缘性能不会受环境湿度的影响，加之 PP 耐热性能优良，因此适合于制作电线电缆绝缘、电器外壳等产品，在电气工业中得到广泛应用。

（8）耐热性能和低温性能　PP 的熔点为 160～170℃，可耐沸水温度，长期使用温度可达 100～120℃；在没有外部压力作用下，在 150℃时也不变形，具有良好的耐热性，因而可用作热水管道、医疗器具的蒸煮消毒。

PP 的维卡软化点和热变形温度随等规度和熔体流动指数的增加而增加。相比之下，熔体流动指数的变化对热变形温度的影响比对维卡软化点的影响要大，而等规度的变化对维卡软化点的影响比对热变形温度的影响要大，等规度增加可使维卡软化点显著提高。

PP 由于存在侧基—甲基，使分子链柔顺性下降，其玻璃化转变温度比 PE 高许多，在 10～35℃，脆化温度为 −8～8℃，也比 PE 高许多。因而 PP 的低温性能不好，不如 PE，易出现脆性断裂，均聚 PP 不能在 0℃以下使用，含有 5%～7% 乙烯的共聚 PP 可在 −10℃下使用。随着 PP 熔体流动指数和等规度增加，脆化温度也增加，而熔体流动指数的影响更大，当 MFR 增加时，PP 的脆化温度显著上升。在相同 MFR 时，高等规度的脆化温度比低等规度的高。

（9）加工性能　PP 熔融温度较高，熔融范围窄，而熔体黏度低，是一种比较容易加工的树脂。

PP 熔体呈假塑性流体，其非牛顿性比 PE 更显著，表观黏度随剪切应力的增加而迅速降低。PP 熔体黏度对温度的敏感性不强。

PP 熔体强度较低，拉伸黏度随拉伸应力的增加而下降，例如，当拉伸应力从 1kPa 增至 1MPa 时，拉伸黏度下降 5 倍。因此，PP 挤出吹塑成型制造中空容器比较困难。

由于 PP 热氧化特性，在高温下对氧的作用非常敏感，不加抗氧剂时加工，PP 的分子量明显降低，熔体流动指数增大，因此，在熔融加工时加入抗氧剂，防止氧化降解十分必要。

由于 PP 分子链柔软，熔融加工时表现出很高的熔体弹性效应，与 HDPE 一样其挤出胀大比 B 可达 3.0～4.5。

PP 熔体与铜接触会导致降解，应尽量避免 PP 与铜接触。

（10）其他性能　PP 与 PE 一样表面惰性，印刷性差。

10.2.4　加工和应用

10.2.4.1　加工

PP 为热塑性树脂，与 PE 一样可用热塑性塑料的所有加工方法进行加工，可采用挤出、注塑、吹塑、层压、流延、双轴拉伸、粉末喷涂、发泡成型等。挤出、注塑、吹塑是最常采用成型方法。

（1）挤出　挤出成型用 PP 的 MFR 比较低，通过挤出成型可制成薄膜、管材、棒材、板材、型材、单丝、扁丝、电线电缆包覆层等制品。

（2）注塑　PP 制品中约有一半是采用注塑方法生产的，以高抗冲击强度和低脆化温度的共聚 PP 居多。制造形状复杂和薄壁制品宜采用高熔体流动指数的 PP。

（3）吹塑　吹塑成型包括注射成型和挤出成型，区别在于制造型坯的方式不同，吹塑过程是相同的。吹塑成型主要用于生产薄膜和中空容器。一般使用低 MFR 树脂。

10.2.4.2　应用

PP 由于综合性能优良，容易加工，价格低廉，同时通过共聚、共混、填充、拉伸、发泡、交联等方法改性，因此，PP 成为目前研究应用最为活跃的树脂，应用特点是范围宽、领域多。

（1）纤维产品　无纺布：无纺布是新兴的纺织品，也称为非织造物。在世界范围内得到迅速发展和广泛应用。丙纶无纺布自 20 世纪 70 年代中期进入市场以来，需求量急剧增长，在无纺布中丙纶已占据第一位置，目前产量已超过涤纶成为合成纤维第一大品种。

丙纶无纺布品种繁多，其制造方法有干法、湿法、纺黏法、熔喷法、喷水成布法等。无纺布类型有干法成网、湿法成网、针刺、纺黏法、熔喷、喷水成网及挤压-缝编成网等。

产品应用于室内装饰品（桌布、台布、窗帘、床垫、床罩等）；医疗卫生用品（妇女卫生巾、婴儿"尿不湿"、手术衣、口罩、绷带、床单、被套等）；工业用土工布；汽车内装饰布、地毯等。

扁丝：PP 扁丝料在我国一直占有相当大的比重，主要用于制造编织袋，目前仍是国内聚丙烯的第一大消费领域。主要用于包装化肥、水泥、粮食、糖、盐、蔬菜及其他工业产品包装。

单丝：用于绳索、渔网。

（2）注塑制品　PP 注塑制品品种繁多，为聚丙烯的第二大消费领域。日用品通常采用普通 PP，汽车配件采用增强或增韧 PP，其他用途制品往往以高抗冲和低脆化温度的 PP-C 为原料。

汽车：在汽车中使用的塑料品种多样，其中 PP 的使用量占第一位，80%～85% 为注塑制品。内装件：加速器踏板、门内衬、车门装饰件、仪表盘、方向盘、座位带牵引器、座椅靠背、暖气/空调管、行李架等；外装件：保险杠、散热器格栅、灯罩、挡泥板、窗框、工具箱、备胎架、发动机罩、散热器叶片、空气滤清器外壳、蓄电池槽、水箱罩、喇叭、取暖系统和通风系统的零件等。

日用品：家居（衣架、桶类、盆类、花盆、书架、收纳架）；文体（玩具、文具、旅行箱、办公用品）；家具（凳子、椅子、桌子）；餐具（杯、盘、碟、吸管）。

包装：硬包装，如大型容器、周转箱、货箱、托盘和瓶盖等。周转箱主要由共聚 PP 和 HDPE 生产，具有良好的刚性、硬度、尺寸稳定性、耐化学品性。采用 PP 制造包装运输 500kg 和 1500kg 货物的大型包装箱。

家用电器：如洗衣机筒内桶和水波轮、电视机壳、电扇叶、电冰箱内衬和抽屉、电话外壳以及空调机、收录机、吸尘器、电风扇、加湿器、电热水器等各种小家电的机壳及零部件。

电子行业：制造电器设备、电器仪表配件、变电器线圈骨架、电子计算机外壳、各种印刷电路板、集成电路板、绝缘板、照相机、钟表元件等。

医疗领域：获得广泛应用，如一次性注射器、输液管、输液瓶、输液袋等。

（3）薄膜制品　PP 与 PE 相比，具有较低密度，较高的刚性和硬度，较好的耐龟裂性和热稳定性，加工容易，PP 薄膜的透明性、光泽、耐热性、刚性和耐针刺性均比 PE 薄膜强，广泛用于食品、烟草、纺织品、医疗用品、运输各种包装上。因此，PP 薄膜成为聚丙烯的第三大消费领域。

PP 薄膜主要用于包装，其生产方法是最多的树脂之一，主要有：流延薄膜（CPP）、吹塑薄膜（IPP）和双向拉伸薄膜（BOPP）3 种，其中 BOPP 薄膜产量最大、用途最广。BOPP 膜由于分子链发生取向，结晶度增加，性能比未拉伸的薄膜明显改善，例如比 CPP薄膜拉伸强度提高 2～6 倍，冲击强度提高 10 倍多，对气体和蒸汽的渗透率降低，耐热性和耐寒性改善。见表 10-3。

表 10-3　PP 几种薄膜性能比较

性　　能		IPP		CPP	BOPP
		FA8014	FA6312	FL8013	FS20111
厚度/μm		30	30	30	30
拉伸强度/MPa	（纵）	50	52	52	120
	（横）	40	44	29	260
撕裂强度/MPa	（纵）	1.5	1.5	1.0	0.4
	（横）	3.0	3.5	3.5	0.2
弹性模量/MPa	（纵）	600	350	750	1900
	（横）	600	350	750	3900
落锤冲击强度/(kJ/m)		4.0	6.0	15	158
雾度/%		3.0	3.0	3.5	0.5
光泽度/%		120	130	120	165

注：PP 树脂为新加坡聚烯烃私营公司生产。

BOPP 广泛应用于食品、糖果、香烟、茶叶、果汁、牛奶、纺织品等的包装，有"包装皇后"的美称，以及印刷、涂布、真空镀铝、电容器、胶黏带等方面。BOPP 薄膜应用之广、污染之低，使其成为比纸张和聚氯乙烯更受欢迎的包装材料；制造工艺简易可靠、价格便宜又使它成为比双向拉伸聚酯（BOPET）薄膜和双向拉伸尼龙（BOPA）薄膜更为普遍使用的包装材料。

BOPP 薄膜可分为平膜、热封膜、消光膜、珠光膜等。通过镀金属膜、多层复合、共挤出、涂覆、粘合等技术制造 PP 复合薄膜，使 PP 薄膜性能更高，应用更进一步扩大。

（4）挤出制品　管材：聚丙烯管材主要应用于建筑物内冷热水输送系统、采暖系统、工业排水系统和化工管道系统以及农田输水系统等，是一种绿色环保型产品。聚丙烯管材按 PP 结构分为无规共聚管（PP-R）和嵌段共聚管（PP-B）两大类。PP-R 管主要用于散热器采暖等热水输送，PP-B 管则主要用于温度相对较低的地板采暖、冷水输送以及化工和农用管道等。

板材：制造模板、汽车的挡泥板、汽车坐椅、马达和泵的壳体等。

（5）其他制品　吹塑制品，如瓶、盒、罐用于食品、清洁剂、洗发水、药品等包装。此外，打包带和捆扎绳也是快速发展的产品，用于代替棉、麻和纸绳。

10.3　茂金属聚丙烯

采用茂金属催化剂可以合成出许多 Z-N 催化剂难以合成的新型丙烯共聚物，如丙烯-苯乙烯的无规和嵌段共聚物，丙烯与长链烯烃、环烯烃及二烯烃的共聚物等。可以制备共聚单体含量很高的无规共聚物，有潜力开发出高性能的低温热封材料。

利用茂金属催化剂技术可生产高性能 iPP、sPP、抗冲共聚 PP、无规 PP 或均聚 PP 弹性体（EHPP）。茂金属聚丙烯（Metallocene Polypropylene，mPP）的工业化生产始于 20 世纪 90 年代中期。1995 年 Exxon 化学公司将其 Exxpol 茂金属催化剂技术与 PP 工艺相结合，生产出全同 mPP。德国 BASF 和 Hoechst 合资公司 Targor 公司 1997 年推出欧洲第一个全同 mPP——Metocene X50081 和 X5019。BASF 公司将茂金属催化剂与 Novolene 气相工艺相结合生产 Novolene 全同 mPP。聚烯烃生产巨头 Basell 公司采用 Spheripol 工艺的 PP 装置生产 mPP。

相比 PE，目前 mPP 生产量在 PP 产量中占据较小比重。这是由于其价格较高，以及 Z-N 催化剂的不断研发和改进，性能明显提高。但 mPP 的开发也同样受到各大公司的重视。目前工业化生产 mPP 的公司及其工艺有 Atofina（阿托菲纳）公司的 Atofina 技术、Exxon Mobil 公司的 Exxpol/Unipol 技术、Borealis 公司的 Borecene 技术、Dow 化学公司的 Insite/Spheripol 技术、日本 JPC/三菱化学公司的 JPC 技术、三井化学公司的三井技术、Basell 公司的 Metocene 和 Spheripol 技术等。

1994 年中国石油化工研究院开始了 sPP 研究，1995 年开发出高活性、高间规选择性的茂金属催化剂 $Ph_2C(Cp)(Flu)ZrCl_2 \cdot EtOLiCl$。

10.3.1　结构与性能

茂金属催化剂能生产出具有很高立构选择性的等规 PP（iPP）、透明度高和耐辐射的 sPP。mPP 主要特点是改善了韧性/刚性之间的平衡，提高了透明性，易于成型大型制品。mPP 具有分子量分布窄、结晶低、晶粒较小、透明性和光泽度优良、抗冲击性能和韧性优异等特点。表 10-4 为 BASF Novolene nx50081 均聚 mPP 与无规共聚 mPP 的性能对比。

表 10-4　均聚 mPP 与共聚 mPP 的性能

性　　能	Novolene NX50081	共聚 mPP	性　　能	Novolene NX50081	共聚 mPP
熔体指数/(g/10min)	60	48	Charpy 冲击强度/(kJ/m²)	100	180
拉伸屈服强度/MPa	35	29	二甲苯溶解度/%	0.4	4.8
拉伸模量/MPa	1700	1150	光泽度(20℃)/%	100	100
断裂伸长率/%	>100	>100	透光率/%	93	96

10.3.2　加工与应用

由表可见，mPP 具有高的透明度、流动性、模量和屈服强度以及良好的耐溶剂性，同时 mPP 还具有良好的加工性能。

首先，mPP 的一个重要用途是用于纺织品，其窄 MWD 使聚合物具有很好的均一性，从而提高了抽丝速度，改善了生产较细长丝纱时的抽丝稳定性。

注塑产品是 mPP 的重要应用领域。与普通 PP 相比，mPP 由于窄的 MWD 和熔融温度范围，在注塑阶段具有良好的加工性，易于脱模，塑化时间减少约 10%，注射压力可降低 50%，且外观质量高，成品部件的壁厚分布非常均匀。此外，mPP 还具有良好的光学性能和高硬度。mPP 正逐渐用于注拉吹塑（ISEM）生产容器。与 PET 相比，mPP 具有较高的热挠曲温度，因此可用于热填充，其密度较低且无需预先烘干，所以在无需良好阻隔性的领域，可成为 PET 竞争对手。

mPP 具有高透明性，可与其他高透明树脂相竞争。

与普通 PP 相比，mPP 还具有耐辐射、绝缘性能好、与其他树脂的相容性较好等优点。这使 mPP 超出了传统 PP 的应用范畴，可用于家电部件、包装材料、低温热封材料、高透明制品、汽车部件等领域，以取代 PS、PVC、PET、ABS、HDPE 等材料。

10.4 无规聚丙烯

10.4.1　生产工艺

无规聚丙烯（APP）一直是溶剂法生产 PP 的副产物，在溶剂法生产中 APP 约占 25%～30%，其他生产方法也有 5%～7% 的 APP，而随着高效催化剂的广泛使用，PP 的等规指数可达 96%～98%，无规 PP 的含量越来越少。

采用新型催化剂可专门生产 APP，如海蒙特（Himont）公司、伊斯曼（Eastman）公司都有 APP 专门生产厂。我国北京燕山石化公司和辽阳化纤公司溶剂法生产 PP 时都有 APPA 副产。北京燕山石化公司研究院开发了 APP 生产技术。

10.4.2　结构与性能

APP 主链由两种旋光异构体完全无规地构成，失去了分子链的立构规整性，失去结晶能力，因此，室温下是一种非结晶的略微带有黏性和弹性的蜡状固体，外观呈白色。APP 分子量一般比等规 PP 低得多，在 3000～10000 范围内，有时可达 1 万～20 万，分子量分布也很宽。密度为 0.86g/cm^3，软化点小于 100℃，50℃ 以上就会变成黏稠状液体，脆化温度 $-15～-6$℃，加热到 200℃ 时即开始降解。

APP 机械强度和耐热性很差，不能单独作为塑料使用。APP 可溶于烷烃、芳烃等。APP 具有优良的疏水性、耐化学品性、电绝缘性、黏结性及与其他橡胶、塑料、无机填料的良好相容性，主要用作改性剂，与其他聚合物共混用于制造热熔胶黏剂、密封材料、增稠剂、乳化剂、沥青改性剂、无机填料表面改性剂、电缆填充剂等。

10.5 共聚聚丙烯树脂

PP 与 PE 一样原料来源丰富、产量巨大、价格低廉，与其他通用树脂相比存在自己的性能优势，如密度最小，拉伸、屈服和压缩等机械强度比较高，弹性模量大，耐应力开裂性、耐磨性、化学稳定性、电性能等均良好，但其主要缺点是冲击强度低、低温脆性、成型收缩率大、易老化、热变形温度不高、熔体强度低、易燃、不易染色等，为了克服这些缺点，采用共聚、共混、接枝、交联、填充等方法对其进行改性。下面各节将分别进行介绍。

PP 共聚改性品种较多，一般在聚合釜内的 PP 均聚物中催化剂仍具有活性时，加入第二、第三单体，主要为 α-烯烃（乙烯、丁烯、己烯、辛烯等）。这样得到的共聚物结构特殊，性能与塑料合金相近。产品结构有无规共聚物、交替共聚物、嵌段共聚物以及接枝共聚物等，这些共聚物的综合性能是单一的丙烯单体聚合物难以达到，成为目前 PP 发展趋势之一。

10.5.1 丙烯-乙烯无规共聚物

丙烯与乙烯共聚物是以丙烯为基础的最主要的共聚物品种，在 PP 中所占比例越来越大。丙烯-乙烯共聚物包括无规、嵌段和接枝共聚物，前两种是通过共聚反应制得的共聚物，接枝共聚物更多的是采用 PP 化学接枝其他单体形成的共聚物。无规、嵌段生产方法和工艺与 iPP 相同，许多工艺在同一装置上即可生产均聚 PP，又可生产共聚 PP。气相法可生产高乙烯量（如 12%）的无规共聚物。

(1) 结构　使丙烯和乙烯混合气体进行共聚合，可得到主链无规则排列的丙烯和乙烯无规共聚物（propylene-ethylene random copolymer，PERC）。化学结构式为：

$$-(CH_2-CH_2-CH-CH_2)_{\overline{x}}(CH_2-CH_2)_{\overline{y}}(CH-CH_2)_{\overline{z}}-$$
$$\qquad\qquad\underset{CH_3}{|}\qquad\qquad\qquad\underset{CH_3}{|}$$

PERC 中乙烯含量一般为 1%～3%（质量），也可高达 5%～10%（质量），高抗冲 PP 中乙烯含量达 20%。

(2) 性能　与等规 PP 相比，PERC 化学结构发生明显变化，性能也产生变化。乙烯的引入首先影响了 PP 的结晶性能，由于乙烯的引入，PP 无规性增加，使 PP 的结晶度降低，在乙烯含量为 20% 时，结晶变得困难，含量达到 30% 时，基本上失去结晶能力，变成完全无定形的。PERC 中结晶度下降，由此带来一系列性能的变化，具体表现为，熔点降低，韧性、冲击强度提高，特别是低温冲击韧性得到提高，在温度低于 0℃ 时，仍具有良好的韧性，低温使用温度可达 -20℃，其脆化温度随着乙烯含量的增加而降低，一般为 -10～15℃，透明性和柔软性增加。但 PERC 的刚性、硬度、熔点、耐蠕变等与结晶度有关的性能则降低，T_g 也较低，一般，无规共聚物中乙烯结合量提高 1%，熔点降低 5℃。

PERC 的具有良好的耐酸、碱、醇和许多无机化学品，与表面活性剂和醇类物质接触时不易发生环境应力开裂，但不耐液态烃、含氯的有机化合物和氧化性强酸。

PERC 与均聚 PP 一样具有非常低的透水蒸气性，气体渗透作用适中。

近年来茂金属用于 PP 的共聚物的制备取得明显成效。Exxon 公司利用开发的 Exxpol 茂金属催化剂使丙烯与 1-己烯、1-辛烯、4-甲基-1-戊烯进行共聚，这种与 α-高碳烯烃（HAO）的共聚物 HAO/PP 的各项性能都优于乙烯/丙烯共聚物。

(3) 加工和应用　PERC 具有良好的加工性能，可以采用通常的挤出、注塑、吹塑等方法加工。加工温度一般比 PP 低 5～10℃。

由于 PERC 韧性好、透明性高，因此主要用于生产包装薄膜、薄膜密封层、中空吹塑和注塑的容器、盒、瓶等包装制品。丙烯与高碳 α-烯烃的无规共聚物以及三元无规共聚物（如丙烯/乙烯/ 1-丁烯三元无规共聚物）可用于食品等快速包装的低温热封薄膜。

PERC 可以制作管材、棒材、型材、注塑制品，用于文体、日用品等领域。其中乙丙无规共聚物（PPR）管材于 20 世纪 80 年代末兴起于欧洲，由于其优良的物理力学性能、成型加工性能及良好的化学稳定性、耐热性、抗蠕变性等，使这一新型塑料管道产品在短时间内得到迅速发展，广泛应用于各类建筑物的冷热水系统。PPR 管材在我国建筑中也获得广泛应用。

10.5.2 丙烯-乙烯嵌段共聚物

丙烯-乙烯嵌段共聚物（propylene-ethylene block copolymer，PEBC）1962 年由美国 Eastman 公司首先工业化生产。20 世纪 70 年代以后不少国家利用等规 PP 生产设备生产出 PEBC。

（1）结构 化学结构式为：

$$-(CH_2-CH)_m(CH_2-CH_2)_n-$$
$$|$$
$$CH_3$$

PEBC 中的嵌段结构有多种形式，如有嵌段无规共聚物、分嵌段共聚物、末端嵌段共聚物，性能与等规和无规共聚物不同。目前工业化生产的主要是末端嵌段共聚物及其与 PE、PP 的混合物。PEBC 中乙烯含量一般为 5%～20%（质量）。

（2）性能 丙烯-乙烯嵌段共聚物具有等规和 HDPE 相似的高结晶度，性能取决于乙烯含量、嵌段结构、分子量及分布。丙烯均聚后再进行共聚，可获得聚丙烯、乙丙橡胶和聚乙烯组成的嵌段共聚物，其中乙丙橡胶在聚丙烯和聚乙烯相间起着相容剂的作用。调控三相比例，可获得刚性、抗冲击性均衡的共聚物。

与无规共聚物相比，乙烯在嵌段中的改性作用远比在无规中突出。相比 PERC，PEBC 具有更高的熔点和刚性，冲击强度也高于 PERC，透明性不如 PERC。在相同乙烯含量下，耐寒性也优于 PERC，PEBC 的脆化温度更低；与等规 PP 相比 PEBC 耐低温、耐冲击性能均有了明显改善。PEBC 耐热、耐应力开裂、表面硬度均比 HDPE 高，抗蠕变性也优于 HDPE。

（3）加工和应用 PEBC 具有良好的加工性能，可以采用通常的挤出、注塑、吹塑等方法加工。加工温度一般比等规 PP 低 5～8℃。

PEBC 用途与等规 PP 相比，耐寒性能得到很大改善。适合于制作低温下使用的制品。PEBC 耐热性能也较高，可耐高温蒸煮，性能蒸煮后基本不变。

PEBC 可以制作汽车和机械零件管材、家用电器、棒材、型材、电线电缆包覆层、周转箱，生产薄膜、中空吹塑容器等。

10.6 聚丙烯改性

10.6.1 化学改性

10.6.1.1 接枝改性

与无规、嵌段 PP 共聚物不同，PP 接枝共聚物一般都是通过 PP 化学接枝改性来实现的，主要目的为：PP 是非极性聚合物，限制了在许多领域的应用，为此，长期以来人们对 PP 进行了大量的改性研究，其中接枝改性是一种有效的方法，在不影响 PP 原有性能的前提下，引入极性基团，赋予 PP 极性，从而改进 PP 的亲水性、粘接性、涂饰性、油墨印刷性、染色性和与其他极性聚合物或无机填料的相容性，大大拓宽了其应用领域。

PP 接枝生产始于 20 世纪 60 年代，70 年代得到快速发展。PP 接枝反应、接枝单体和生产方法与 PE 基本相同。常用的接枝单体也比较多，见表 10-5。

表 10-5 用于 PP 接枝改性的接枝单体

类 型	品 名	官能团
酸酐及其类似物	马来酸酐(MAH)、衣康酸酐、乙烯基丁二酸酐	双键、酸酐基
不饱和一元酸(酯)、丙酸酯类	丙烯酸(AA)、丙烯酸甲酯(MA)、甲基丙烯酸(MAA)、甲基丙烯酸甲酯(MMA)、甲基丙烯酸缩水甘油酯(GMA)、甲基丙烯酸 β-羟乙酯(HEMA)	双键、羟基、羧基、酯基 环氧

类 型	品 名	官能团
不饱和二元酸(酯)	衣康酸、富马酸、马来酸、马来酸二丁酯	双键、羟基、羧基、酯基
含环氧基化合物	甲基丙烯酸环氧丙酯	环氧基、羟基、双键
含噁唑啉基化合物	异丙烯基噁唑啉、蓖麻醇噁唑啉羟基二丁酯	噁唑啉基、双键、酯基
胺类、异氰酸酯类、St	马来酰亚胺(MI)	双键、亚胺

通过各种接枝的方法，将这些含有羧基、羟基、环氧、酸酐、异氰酸酯等官能团的极性单体接枝到 PP 分子链上，赋予聚丙烯反应活性、功能性和极性。其中，采用 MAH 为接枝单体和熔融接枝法为最常见和成熟的方法。

接枝反应的基本机理为：与 PE 接枝类似，首先是引发剂反热分解自由基，与 PP 上 α-氢反应生成大分子自由基，然后与接枝单体反应形成 PP 接枝物，再进行链转移反应而终止。

(1) 制备方法

① 溶液法。溶液法是 20 世纪 60 年代发展起来的一种方法，是应用最早的一种。在甲苯、二甲苯、苯等溶剂，在 $100\sim140℃$ 下使 PP 完全溶解后，加入接枝单体，采用自由基、氧化或辐射等手段引发接枝反应。溶液法反应温度较低，反应温和，PP 的降解程度低，接枝率高。但缺点是使用溶剂，回收困难，不利环境保护，生产成本高，工业生产中基本不使用。

② 悬浮法。悬浮法接枝 PP 是在不使用或只使用少量有机溶剂的条件下，将 PP 粉末、薄膜或纤维与接枝单体一起在水相中引发剂引发自由基接枝的方法。该法不但继承了溶液法反应温度低、PP 降解程度低、反应易控制、接枝率较高等优点，而且没有溶剂回收的问题，有利于保护环境。

③ 熔融法。熔融法接枝是在 PP 熔融状态下（$190\sim230℃$）加入单体与引发剂，在混合设备中接枝反应和产物生成一次加工完成。市场上供应的 PP 接枝改性产品多采用该方法。该法优点是工艺简单、连续生产、生产效率高、无溶剂等，主要缺点一是反应在高温下进行，PP 降解严重；二是未反应的单体和引发剂残留在产物中，影响质量。

PP 接枝反应中易发生降解，降解与大分子自由基发生 β 键断链有关，为了抑制降解反应需要加入交联助剂。这类助剂有酰胺类化合物（如己内酰胺、二甲基甲酰胺等）和磷酸酯类化合物（如磷酸三苯基壬酯等）。为避免 PP 接枝过程中副反应的发生，后来又发展起来了多单体接枝技术。该技术通常是对两种或两种以上单体进行的接枝反应，发现加入第二单体可以抑制 PP 的降解并提高接枝率，第二单体一般为电子给予体，如苯乙烯。该技术最早主要是针对传统的熔融接枝法存在严重的降解现象而开发的，由于该技术具有独特的优点而逐渐应用于其他接枝方法。

④ 固相法。固相接枝是 20 世纪 90 年代新发展的方法，实质是粉末接枝，以接枝 PP 为主。该法一般是在 N_2 保护下将 PP 固体与适量的单体、引发剂、界面活性剂在反应器中混合，在 $100\sim130℃$，PP 软化点以下，常压下引发接枝聚合。固体 PP 可以是薄膜、纤维和粉末，但常用粉末 PP。固相接枝与其他接枝方法相比有许多显著的优点：反应温度低（$100\sim130℃$），PP 降解少、生产成本低、接枝效率高；仅使用少量溶剂作为界面活性剂，溶剂被聚合物表面吸收，不用回收。

⑤ 超临界 CO_2 协助固相接枝。超临界 CO_2（临界温度 31.3℃、临界压力 7.38MPa）流体具有黏度小、扩散系数大、密度随压力变化、无毒、不燃、化学惰性和不污染环境等独特优点，成

为一种用于高分子合成和改性的介质。由于超临界 CO_2 兼有液体和气体的双重特性，同时超临界 CO_2 为非极性物质，在反应结束后产物极易分离。利用超临界 CO_2 流体技术改性聚合物可分为使用超临界 CO_2 作溶胀剂和界面剂，或在超临界 CO_2 中直接进行聚丙烯接枝反应两种。前者，超临界 CO_2 主要是作为溶胀剂和界面剂，使单体渗透入基体中，然后卸压转移，进行固相接枝反应；后者是使用超临界 CO_2 进行溶胀，然后升温，直接发生聚丙烯接枝反应，反应结束后再卸压。但无论采用哪种途径都必须经过溶胀过程。

超临界 CO_2 与传统溶胀方法相比，具有一系列特点，解决了常规溶胀方法无法解决的诸多问题。接枝的单体与其他方法类似，有 MAH、甲基丙烯酸缩水甘油酯（GMA）和苯乙烯（St）等，MAH 仍是使用较多的单体。

此外 PP 接枝方法还有辐射、光照法等方法。PP 接枝改性方法比较见表 10-6。

表 10-6　PP 接枝改性方法的比较

接枝方法	溶液法	熔融法	固相法	超临界 CO_2 法
PP 形状	粉末	粉末	粉末/薄膜	粉末/薄膜
引发剂	过氧化物	过氧化物	过氧化物	过氧化物/偶氮类
溶剂	大量	否	少量	少量
反应温度/℃	100～140	190～220	100～120	<100
反应时间	长	短	长	短
副反应程度	轻微	严重	较少	轻微
生产方式	间歇	连续	间歇	连续/间歇
生产成本	高	低	低	低

（2）结构　接枝 PP 的结构通式如下：

$$\text{-(CH-CH}_2\text{)}_n\text{-C-CH}_2\text{-}$$

式中，R＝H，R′＝H 或 CH_3，R″＝C_6H_5、COOR、COOH、$CONH_2$、CH_2COOH；R′＝H，R，R″＝COOH 或 —COOOC— 等。

（3）性能　接枝 PP 无色、无味、无毒，透明性好。接枝后，一是提高 PP 的拉伸、冲击强度和低温性能，改善表面性能，如黏结、染色、印刷、浸润性能等；二是接枝上极性基团，使得 PP 在极性和非极性物质都有良好的相容性。

接枝 PP 的性能与 PP 种类、接枝链段的种类及长度、接枝率等因素有关。接枝对 PP 的结晶行为、结晶度、晶型没有明显改变。如果在 PP 分子链接枝的是柔性链段，则可以提高 PP 的冲击强度和低温性能；如果接枝的是极性基团，则可以改善 PP 的黏结性、染色性、抗静电性等性能，提高耐热性。接枝物的热分解温度高于纯 PP，并随接枝率的增大而提高。

（4）加工和应用　接枝 PP 接枝可采一般树脂的加工方法加工，如挤出、注塑、吹塑等。

PP 接枝极性基团后大大拓宽了它的应用领域，但很少单独作为原料加工使用，主要用途之一是作为 PP 与其他聚合物共混或无机材料复合时的相容剂。由于 PP 与大多数聚合物相容性差，在制备高分子共混物时，为改善两相的界面黏结性能，常加入接枝 PP 作为相容剂，若共混组分中有可与接枝 PP 上接枝基团反应的官能团，则可形成反应性增容。表 10-7 总结了用接枝改性 PP 进行反应性增容的部分体系。

表 10-7 用接枝改性 PP 进行反应性增容的部分体系

共混体系	反应基团	增容效果
PP-*g*-GMA、MAH/PA6	酸酐,胺基	分散相粒径细小均匀
PP-*g*-GMA/NBR	环氧,羧酸	冲击强度大幅度提高
PP-*g*-GMA、MAH/PBT、PET	环氧,羧酸或羟基	冲击强度大幅度提高
PP-*g*-MAH/PC、PC/ABS	酸酐,胺基	冲击强度大幅度提高
PP-*g*-十七烯噁唑啉顺丁烯酯(OXA)/PBT	唑啉,羧酸	分散相粒径细小均匀
PP-*g*-OXA/NBR	唑啉,羧酸	冲击强度大幅度提高

以 PP-*g*-MAH（MPP）为例，它广泛地应用在共混合金中作增容剂。如 PP/聚酰胺（PA6、PA66、PA1010）、PP/PBT、PP/PC、PP/ EVA、环氧树脂/聚酯粉末涂料等体系中。在 PP/聚酰胺（PA）共混体系中加入 PP-*g*-MAH 后，在熔融共混时，酸酐基团与 PA 上的端胺基发生化学反应生成新的共聚物 PA-*co*-MPP，从而起到了反应性增容的作用，促进体系精细分散，改善力学性能，这是 PP 接枝物作为反应增容的代表。

在无机粒子填充 PP 复合材料中，PP 与无机粒子的界面黏结差，加入具有极性基团的 PP 接枝物，作为大分子偶联剂，可明显改善复合材料的力学性能。与低分子量偶联剂不同，PP 接枝改性产物由于活性基团的引入，除与无机填料表面官能团起化学键极性相互作用外，还可与复合材料中基体树脂 PP 分子链产生长链缠结和共结晶起交联点作用，这是低分子偶联剂所不具备的特性。在 PP/CaCO₃、PP/云母体系中加入 PP-*g*-AA 或 PP-*g*-MAH 均可使体系的拉伸、弯曲、伸长率和热变形温度明显提高，提高幅度高于使用钛酸酯偶联剂。

接枝改善 PP 的染色性、吸湿性、黏结性和抗静电性，以此可作为黏合层制造 PP 与铝箔等金属或以高分子制作的网状材料的层压材料，使得这层压材料具有耐温、无毒、强度高的特点。利用接枝 PP 与 PA、纸、布、铝箔、其他塑料薄膜有良好的黏结性，采用涂布复合的方法生产复合薄膜。PP 接枝改性产物还可经压膜、磺化、碱洗等工艺制得离子交换膜，这种膜具有容量大、高洗脱率、高再生率的特征。PP 接枝改性产物中由于活性基团的引入，使得亲水性大大提高，以此可制得的农用薄膜因其表面可形成亲水层而具有永久防雾滴性。PP 接枝改性后，其表面的水接触角可降低 59%，使染色程度增加 24 倍多，这对增强 PP 染色性和可印刷性都是十分有益的。

10.6.1.2 交联改性

PP 交联的目的是为了改善其耐蠕变性，提高力学和熔体强度、耐热性，缩短成型周期。交联改性 PP 早已在工业上应用，但由于 PP 结构的原因，与 PE 相比交联比较困难。PP 交联的方法也有化学交联和辐射交联，但 PP 辐射交联引起的降解十分严重，所以常采用化学交联。

（1）辐射交联 Dow 化学公司首先发明了适用于 PP 交联的方法，是在二乙烯基苯等多官能团单体的存在下，照射放射线。用低射线量可以交联 PP，老化也少，可以得到综合性能良好的 PP。作为 PP 辐射交联的交联助剂主要有丙烯酸系单体、氯苯、氯化聚乙烯、芳香基碳酸酯、1,4-聚丁二烯及 1,2-聚丁二烯等不饱和烯烃橡胶、丙烯-乙烯无规共聚物等。辐射交联的工艺特点在于使薄制品交联。实用的例子有日本东丽公司的 PP 交联发泡板。

由于辐射交联所用的设备复杂昂贵，有效交联厚度受到电子线穿透能力的限制，照射时的残余电荷因产生气体而发泡。因此，辐射交联的应用场合受到限制。

（2）化学交联 化学交联包括有机过氧化物和硅烷交联，反应机理与 PE 交联相似。过氧化物交联一种方法是交联 PP，改善 PP 熔体强度，提高耐热性。另一种方法是动态硫化方法制备 PP 热塑性弹性体，详见下节介绍。

交联 PP 采用有机过氧化物交联时，由于 PP 交联过程中，易发生断键降解反应，必须同是加入交联助剂，交联助剂为含不饱和键的单体或齐聚物，如苯乙烯、对醌二肟、对二苯甲酰苯醌二肟、甲基丙烯酸甲酯、二甲基丙烯酸乙二醇酯等。PP 的交联方法主要有两种。一是将 PP 与过氧化物及交联助剂混合及其他助剂（抗氧剂、紫外线吸收剂、润滑剂），在密炼机、单螺杆或双螺杆挤出机中混合，并发生交联反应，使 PP 交联一次完成；二是交联工艺分成混炼、成型和交联三步。混炼时温度不能太高，使 PP 树脂部分交联，先制得交联度很低的可交联型 PP，然后在更高的温度下成型，并发生交联反应得到交联 PP 制品。PP 的交联制备过程与 PE 十分类似。

1985 年日本三菱油化公司首次采用硅烷交联技术实现了交联 PP 工业化生产。PP 硅烷交联与 PE 硅烷交联制备方法、原理类似。制备工艺也有一步和二步工艺。二步法工艺，即 Sioplase 技术是在挤出机中在过氧化物引发下，将硅烷化合物接枝到 PP 上，并在催化剂的存在下，经水处理，在所接枝的分子之间进行缩合反应达到交联。由于此方法是在常压下，在后期水解中完成交联反应，不存在成型时发生早期过分交联的问题，因而应用较广泛。一步法工艺是通过特制的精密计量系统，将原料一次性进入专门设计的反应挤出机中，一步完成接枝和成型工艺。乙烯基硅氧烷和烯丙基硅氧烷是主要使用的两种硅烷。

（3）性能　交联 PP 与一般 PP 相比性能有了明显改善，以三菱油化研制的硅烷交联 PP 为例，其耐热性提高 30～50℃，拉伸强度、刚性和抗冲强度提高 1.5～5 倍，耐蠕变性提高 1000～100000 倍，耐油、耐磨、收缩率也大有改善，耐疲劳性优于工程塑料尼龙。

（4）加工和应用　交联 PP 应用研究相比交联 PE 少一些，过氧化物交联 PP 主要用于制造 PP 发泡材料，如板材、型材。硅烷交联 PP 可作为工程塑料用于制造齿轮、轴承、管材、管件、电线被覆、收缩薄膜、发泡材料、耐磨材料等。

10.6.2　共混改性

共混改性是提高 PP 性能最常用的方法之一，这种方法投资少、见效快。通过对 PP 进行共混改性，可以克服其低温脆性、易老化、耐候性差等缺点，大大提高其综合性能，具备了工程塑料的特性，形成了独具特色的 PP 共混比较庞大的家族，也成为当前聚合物共混改性活跃的领域之一。

PP 共混改性始于 20 世纪 60 年代末 70 年代初，经历几个重要的发展阶段有：1951 年发展了 PP/PE 共混物；1969 年开发出 PP/EPDM 共混物；1972 年尤尼罗伊尔（Uniroyal）公司研制出部分交联的 PP/EPDM 热塑性弹性体；1976 年 PP/EPDM 合金（Motedsion）用于汽车保险杠；1981 年美国孟山都（Monsanto）公司开发成功全交联 PP/EPDM 动态硫化热塑性弹性体；1988 年 Himont 公司反应器合金 Catalloy 开发成功；1991 年美国 Quantum 化学公司研制成功反应器合金 USI PetrotheneTPO's。

PP 共混改性按体系相容性可分为以下 3 种：①相容体系的直接共混。常用乙丙橡胶（EPR）与 PP 直接共混，也可采用 SBS，但改性效果不如 EPR；②添加相容剂共混。对 PP/聚合物相容性差的体系加入相容剂来改善相容性，提高共混物的力学性能；③反应性共混。向共混物中加入反应性相容剂，由于组分间发生化学反应改善了两相间的相容性，制得冲击韧性高而强度下降少的 PP。如果按聚合物分类，与工程塑料共混增强，与橡胶共混增韧是最主要的共混体系。

上述②和③实际上涉及了两类增容方式。由于相容性对于聚合物共混体系是头等重要的，是制备性能良好的聚合物共混物普遍遇到和需要解决的问题，所以，在此予以简单介绍。

共混体系的性能受许多因素影响，如相容性、共混物组成、组分极性、基团种类和含量、共混物制备方法和工艺条件等，其中相容性是最主要的影响因素，是决定共混物性能的关键所在。众所周知，大多数聚合物共混体系都是热力学不相容的，对热力学不相容的体系，简单混合，聚合物之间很容易产生相分离，导致合金性能很差，因此，为了改善共混物各组分之间的相容性，增加各组分之间的界面结合力，通常可采用以下方法：①加入增容剂（也称相容剂）。增容剂的分子一般由两部分组成，分别能与不相容共混物的两组分相容，它分散在共混物的相界面之间。增容剂的作用有两个，一是增加组分之间的亲和力，使应力能够有效地传递；二是降低界面张力，增大分散相的分散能力，使分散相的相区（粒径）尺寸减小。②强迫相容。一般使用互穿聚合物网络法，即 INP 法，就是使两种交联的聚合物相互贯穿而形成宏观交织网络。③在两组分之间引入特殊相互作用。多组分聚合物体系研究中一项引人注目的成果就是逐步阐明了分子间的特殊相互作用（氢键、离子-离子、电荷转移络合物等）对相容性的影响。最常用也最方便的方法就是在共混体系中加入相容剂。目前使用的相容剂，按照结构和性能可分为两类。

① 非反应型相容剂。非反应型相容剂是应用较多，较早开发出的一类相容剂，它们都是一类共聚物，品种较多。若以 A、B 分别代表组成合金的两种聚合物，则有对应的 4 类相容剂，分别如下所述。

A-B 型：由聚合物 A 及聚合物 B 构成的嵌段或接枝聚合物。

A-C 型：聚合物 A 及能与聚合物 B 相容的聚合物 C 构成的嵌段或接枝共聚物。

C-D 型：非 A 非 B，但分别能与 A、B 相容的 C 及 D 构成的嵌段或接枝共聚物。

E 型：能与聚合物 A 及 B 相容的无规共聚物。

② 反应型相容剂。反应型相容剂是一种非极性高分子主链连有可反应性官能团（如，羧基、羟基、环氧基等）构成的聚合物，一般多为接枝共聚物。由于它的非极性高分子主链能与共混物中的非极性聚合物相容，而极性可反应基团又能与共混物中的极性聚合物的活性基团反应，因此，是增容效果最突出的一类相容剂，其增容效果明显优于非反应型相容剂。

使用上述两种相容剂，对于不相容聚合物共混体系来讲，就产生了两种增容方式：即非反应性增容和反应性增容。非反应性增容：不难理解就是相容剂处在二相界面，与共混体系中的不同聚合物组分之间是通过物理相互作用来提高相容性的，非反应型相容剂的作用主要降低分散相尺寸和二相界面张力，在二相界面处起到类似乳化剂的"乳化"作用，如图 10-4 所示。聚合物共混物的物理性能与分散相的粒径有关。如分散相/连续相的熔融黏度比（η_d/η_m）随分散相尺寸变小而下降，而缺口冲击强度则在分散相尺寸小于一定值后明显增高。反应性增容：是反应性增容剂与共混组分之间发生化学反应而增容。一般情况下共混体系中一个组分带有可反应性官能团（或通称为亲核或亲电官能团），而相容剂则带另外一个可反应性官能团（亲电或亲核官能团），通过官能团（亲核与亲电官能团）之间的化学反应"原位"生成接枝或嵌段共聚物，而成为共混体系的相容剂。最常用的反应性增容的化学反应是含有羧基的羧酸或酸酐与胺基或环氧基团的反应，以及氨基与环氧基团的反应，如：在 PP/PA、PP/PC 体系中加入 PP-g-MAH 或 PP-g-GMA 就可以发生这些反应，而成为典型的反应性增容体系。

二种增容体系的如图 10-4、图 10-5 所示。

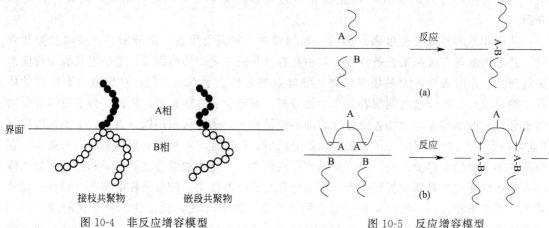

图 10-4　非反应增容模型　　　　　　　　图 10-5　反应增容模型

在界面处，带有官能团 A 和官能团 B 的聚合物
通过化学反应形成嵌段（a）和接枝共聚物（b）

增容剂加入后由于体系相容性增加，各项性能均得到一定程度的改善，改善程度与增容剂的种类、数量和接枝率等因素密切相关。

10.6.2.1　PP 与 PE 共混

与 PE 共混是 PP 常见的共混体系，虽然二者均为非极性，结构相近，但 PP 与 PE 相容性差，一般加入乙烯-丙烯嵌段共聚物或 EVA 可改善体系相容性。与 PE 共混主要是为了提高 PP 冲击强度和耐寒性，但 PE 加入使 PP 拉伸强度降低。如果使用50％以下的 LLDPE 可以挤出吹膜或流涎，薄膜具有良好的热封性。PP/PE 牌号较多，在包装领域应用广泛。

10.6.2.2　PP 与 EVA 共混

PP 与 EVA 共混能有效提高冲击性能、断裂伸长率和 MI，制品表面光泽也有所提高。所用 EVA 的 VAc（乙酸乙烯）含量为 $14\%\sim18\%$，此时 EVA 为极性较低的非结晶性材料，对 PP 有明显的增韧作用。随着 EVA 用量的增加，其缺口冲击强度提高，断裂伸长率显著增大，而弯曲强度、拉伸强度、热变形温度有所下降。EVA 的加入，使共混体系的 MI 变大，有利于成型加工和共混体系中各组分的均匀分散。PP 与 EVA 共混还可明显改善 PP 的耐环境开裂性和印刷性。

将 PP 均聚物与 PP 共聚物共混，再加入 PE、EVA 之类改性剂，使共混体系保持较高抗冲强度、拉伸强度，模量变化不大，体系流动性好。

10.6.2.3　PP 与 PA 共混

PP 可与许多工程塑料共混，与工程塑料共混是 PP 工程化的一条重要途径。工程塑料包括尼龙 6（PA6）、PET、聚对苯二甲酸丁二酯（PBT）、液晶聚酯（LCP）、聚苯醚（PPO）、聚碳酸酯（PC）等。

聚酰胺（PA）具有较高的拉伸强度、抗冲强度、模量、耐磨性和抗疲劳性，与 PP 进行共混改性，可以克服两者固有的缺点，制备的合金具有良好的综合性能，已成为开发热点。PP/PA 共混体系中 PA 包括 PA6、PA66、PA11、PA12、PA1010 等诸多共混体系，研究较多的是 PP/PA6 体系。

PA 是极性聚合物，PP 与 PA 等常用工程塑料都是不相容的，因此，制备性能良好的 PP/工程塑料的关键是采用合适的增容技术。在 PP/PA 共混体系中加入增容剂，即各种接枝聚合物，如 PP-g-MAH、PP-g-GMA、PP-g-AA、EPDM-g-MAH、SEBS-g-MAH、EPR-g-MAH 以及离子交联聚合物等。

PP-g-MAH 作为反应性增容剂，酸酐与 PA 端基的 NH_2 反应生成酰胺键（CONH）。PP-g-BMA（丙烯酸丁酯）增容体系中也发生类似反应，同时 PP 上的—COOBu 侧基还可能与 PA 表面的 NH_2 基形成氢键，从而提高两相的亲和力。

共混比决定着共混物的形态结构。哪一种聚合物会形成连续相取决于聚合物的相对含量和黏度，一般来说，黏度较高的聚合物往往形成分散相。当 PP 含量较大时为"海（PP 相）岛（PA 相）"结构；当 PA 含量较大时，则相反；当 PP 与 PA 的量接近时，此时难以区分两相形态，倾向于互锁（interlock）结构。

PP 与 PA 共混两者在性能上取长补短，大大提高了 PP 的拉伸强度、冲击强度、耐磨性和染色性，改善尺寸和形状的稳定性及加工性能，也改善了 PA 的耐水性，使得 PP 可作为为工程塑料使用。1976 年杜邦公司推出 Zytel-ST 系列，PP/PA 合金成为为数不多的与工程塑料共混而工业化的合金。

10.6.2.4 PP 与 PET 和 PBT 共混

PET 和 PBT 具有耐磨、耐热、电绝缘性好及耐化学药品等优良性能，是重要的工程塑料。与 PP 共混后能提高 PP 的强度、模量、耐热性及表面硬度；而 PP 则能提高 PET、PBT 的耐水、加工、冲击、耐环境应力开裂和阻隔等性能。

PET、PBT 是极性结晶聚合物，PP 是非极性结晶聚合物，二者溶度参数相差较大，PET、PBT 和 PP 溶解度参数分别为 $21.89(J/cm^3)^{1/2}$、$20.99(J/cm^3)^{1/2}$ 和 $16.8(J/cm^3)^{1/2}$，因而 PP 与 PET、PBT 不相容，共混体系必须进行增容。常采用的增容剂有两类：一类是 PP 接枝共聚物，如 PP 接枝 MAH、马来酸酸酐的衍生物、丙烯酸（酯）类、MI 类等，如 PP-g-MAH、PP-g-GMA、PP-g-AA、PP-g-MI 等，甚至是将 PP 和 PET 直接反应生成的接枝共聚物；另一类是其他接枝共聚物，主要有 SEBS-g-MAH，LLDPE-g-MAH，SEBS-g-GMA，SEP-g-GMA，EPDM-g-GMA，POE-g-MAH 等。

增容后的共混物形态虽然仍是两相结构，但增容剂的加入提高了两者之间的相容性，并且一些增容剂的官能团能与 PET 的端基反应生成 PP 和 PET 接枝共聚物，进一步增加了两者的相容性，使 PP/PET 共混物的界面相互作用增强，分散相尺寸减小，PP 的尺寸可以达到微米级以下。在 PP/PET、PBT 合金中，若加入 1% 左右的 PP-g-MAH 就可使聚酯的颗粒半径由 $17\sim18\mu m$ 下降至 $2.5\mu m$。

增容后力学性能增加较大，尤其是增韧效果明显。如 PP-g-GMA 能使 PP/PET（30/70 或 10/90）由脆性断裂变为韧性断裂，拉伸强度增加 10%，断裂伸长率是原来的 $10\sim20$ 倍。而在双轴拉伸 PP/PET（20/80）薄膜中，加入 SEBS-g-MAH 后的弹性模量是原来的 3 倍。加入 5% 的 SEBS 可以起到稳定分散相和改善冲击性能的作用，但远不及功能化的 SEBS 接枝物。对于 PP/PET（10/90）的共混物，加入 SEBS-g-MAH 后可使分散相的尺寸降低 3.4 倍。PET 为连续相，SEBS-g-GMA 为增容剂的共混物具有高韧性和相当高的刚性。常用的几种增容剂对 PP/PET 共混体系的增容效果按下列顺序排列：SEBS-g-MAH≈PP-g-MAH+

TPO≥LLDPE-*g*-MA≥PP-*g*-MAH。

当 PP/PET 质量比为 20/80、40/60 时，PET 基体是连续相，PP 组分呈球形液滴分散；当 PP/PET 为 80/20 时，PET 是分散相，PP 是连续相；而当 PP/PET 为 50/50 时，两相具有一定程度的连续结构与"海-岛"结构共存的相形态。

PP-*g*-GMA 在 PP/PBT 中可使合金冲击强度大幅度提高。PP 接枝噁唑啉基化合物作为相容剂也可用于 PP/PBT 中，它不但使合金的相容性极好，并且使制得的合金刚韧均衡，性能优良。

研究发现在 PP/PET 共混体系中，两相界面或 PP 组分对 PET 没有明显的异相成核效应，但会降低 PET 结晶的完整性；当 PP 为连续相时，已结晶的极性 PET 颗粒对 PP 组分的异相成核作用较为明显；当 PP 为分散相时，已经结晶为固态的 PET 组分在一定程度上阻碍了 PP 分子链的运动，PP 组分只能在分散的本体相中规整堆砌，均相成核趋势加大。

一般用 PET 改性 PP 时 PET 的含量不超过 30%。PET 分散形态和相界面间的作用力大小是影响和控制性能的关键。改性 PP 时，PET 以粒子、短纤维、原位微纤 3 种分散形态。PET 微纤是在加工过程中原位形成的，称为原位微纤复合材料或微纤增强复合材料。

高分子原位微纤复合材料（ISC）或称微纤增强复合材料（MFC）最初是在热致液晶聚合物（TLCP）/热塑性聚合物（TP）体系中研究发现的。后来人们将其扩展到柔性链的 TP/TP 原位微纤化共混，这种共混物克服了宏观纤维增强的一些缺点（如加工性能差等），同时较 TLCP/TP 原位复合材料价格便宜，易后期加工。原位微纤增强复合材料目前有两种制备方法：一种是将两种热塑性塑料熔体共混后进行固态拉伸，在两组分的熔点之间退火；另一种是熔体共混后通过狭缝口模挤出拉伸，淬冷固化后在两组分熔点之间的温度下成型（压制成型或注射成型）。通过"熔融共混-微纤化-无规化"三步来实现对聚合物形态的控制。

分散相 PET 微纤的长径比大，直径在几百纳米至几微米。随 PET 含量增加，纤维数量增多，而直径和分散性先减小后增大，但最小直径基本保持不变。增容剂等的加入会使纤维与基体间的作用增强，有利于微纤的形成，分散均匀性变好，但使纤维变短。在 PP/PET 微纤复合增强材料中，分散相 PET 的成纤对基体 PP 的结晶形态产生了影响。在远离 PET 纤维区域，PP 以球晶的形式存在；而在邻近 PET 纤维区域，PP 以 PET 纤维为核垂直于纤维方向生成横晶（transcrystalline），形成了"shish-kebab"结构。PET 微纤及横晶对 PP 起着增强及增韧作用。

PO/PET 共混物中可加入各种填料、GF，合金用于制造耐冲击的制品，如汽车零件、电气零件、壳体等。

PP 除了与上述工程塑料共混外，还可以与 PC 共混制备高性能 PP。

10.6.2.5　PP 与橡胶共混

（1）与橡胶共混　为改善 PP 的冲击性能和低温脆性，与橡胶进行共混进行增韧改性最有效和最常用的方法。弹性体增韧受多种因素的影响，与材料有关的因素主要有弹性体的种类、结构、粒径大小及其分布，以及粒子与 PP 的界面黏结等。常用的橡胶有 EPR、EPDM、BR、SBR、及热塑性弹性体 SBS、SEBS 等。特别是 EPDM 与聚丙烯结构相似，相容性较好，共混物的冲击强度可提高 7 倍以上，具有优良的耐热、耐低温及耐老化性能，增韧效果最为理想；EPR 增韧效果虽不如 EPDM，但共混材料具有较好的耐老化性能；SBS

增韧效果虽稍差些，但也完全能满足一般使用要求，最大优点是共混材料在常温下有较好的刚性及硬度。

PP 与乙丙橡胶，溶度参数相近，它们之间应具有较好的相容性。由于乙丙橡胶具有高弹性和良好的低温性能，因此与 PP 共混可改善 PP 的冲击性能和低温脆性。

PP 与 BR 共混，BR 也具有明显的增韧效果。如以国产 PP 粉料与国产 BR 按 100/15（质量比）共混，常温悬臂梁冲击强度比 PP 提高 6 倍，脆化温度由 31℃降至 8℃。同时 PP/BR 共混物的挤出膨胀比比 PP 及 PP/LDPE、PP/EVA、PP/SBS 等共混物都小，表明 PP/BR 共混物产品成型后尺寸稳定性好。

SBS 类热塑性弹性体增韧 PP 早已使用。SBS 与 PP 共混能显著提高 PP 高低温冲击强度。随着 SBS 含量的增加，共混物的冲击强度、断裂伸长率提高，拉伸强度、弯曲模量和硬度下降。

由于橡胶品种不同，对 PP 的增韧效果存在明显不同，研究表明当橡胶含量为 40% 时，改性效果次序为：EPDM＝EPR＞BR＝SBS＞SBR；当橡胶含量为 10% 时，改性效果次序为：EPR＞EPDM＞SBS＞BR＝SBR。弹性体加入量在 10%～15% 为宜，向 PP/EPDM 中加入 5%～10%HDPE，能使共混体系保持较高抗冲强度，拉伸强度及模量变化不大，体系流动性好。三元共混体系也是 PP 共混改性常见的方法。一般三元体系以 PP/PE/橡胶为多，其设计自由度大，较好的体系是 PP/HDPE/EPDM、PP/HDPE/EPR、PP/HDPE/SBS、PP/LDPE/EPR、PP/PE/EVA。

在 PP 共混增韧体系中，使 PP 球晶细化是获得优越冲击性能的重要前提之一。由于在 PP/HDPE 体系中，HDPE 对 PP 的球晶具有分割和细化的作用，对提高 PP 的冲击韧性非常重要。PP/HDPE/弹性体三元共混体系具有优良的常低温冲击强度，其他力学性能也较好，并可利用 PP/HDPE 的比例变化调节力学性能。PP/HDPE/BR 共混物已工业生产和应用，制备农用喷灌用管材，具有较高的拉伸强度和挠曲强度。PP/HDPE/SBS 与 PP/SBS 二元共混物相比，PP 球晶尺寸变小、分散更均匀，冲击强度明显提高。添加滑石粉的 PP/PE/EPR（EPR 粒径≤1μm）共混材料的刚性、低温冲击强度、尺寸稳定性均达最佳。EPR、EPDM 的 PP 合金作为热塑性聚烯烃弹性体（TPO）已经商品化。

EPDM 改性 PP 在汽车工业中主要用作保险杠，此外 PP 增韧还可制造各种汽车零部件，如防护板、反光镜、缓冲器、仪表板、蓄电池外壳、密封件等。

（2）动态硫化法制备 PP 热塑性弹性体　热塑性弹性体（TPE）是在常温下显示橡胶弹性，而高温条件下又能塑化成型的聚合物，兼有橡胶和塑料的特性。发展历程中 TPE 制备采用两条路线。①由单体合成，包括嵌段共聚物、接枝共聚物、络合离子键型聚合物、可逆共价键型聚合物等。②共混方法制备，共混法又经历了 3 个阶段：简单机械共混、部分动态硫化共混和完全动态硫化共混。

第一阶段 20 世纪 70 年代初美国杜邦公司和古德里奇（Goodrich）公司（现为 Noveon 公司）将 PP 与乙丙橡胶简单共混制备热塑性弹性体，也称热塑性聚烯烃（TPO）。特点是密度小、抗强度高，低温脆性较好，但当橡胶含量较高时，共混物流动性大大下降，硬度上升。

第二阶段是部分动态硫化的乙丙橡胶与 PP 共混。所谓动态硫化（dynamic vulcanization）是橡胶与树脂高温熔融共混时，交联剂引发橡胶交联，并在强烈机械剪切作用下，交联的橡胶被剪切成微小颗粒分散在树脂中的过程。动态硫化法于 1962 年 Gesseler A M 提出，1973

年 Fischer W K 研究开发成功，采用动态硫化法部分硫化 EPDM 与 PP 共混制备 TPE。美国 Uniroyal 公司不久建厂生产，商品名为 TPR。特点是由于橡胶部分交联，共混物的强度、压缩永久变形、耐热、耐溶剂有很大提高。

第三阶段 70 年代末美国孟山都（Monsanto）公司 Coran A Y 用动态硫化法制备全硫化 EPDM 与 PP 共混物，即全硫化的聚烯烃热塑性弹性体，又称为热塑性硫化胶（TPV）。相态上是完全交联的 EPDM 颗粒分散在 PP 中。特点是共混物的强度、压缩永久变形、耐热、弹性、耐溶剂、耐疲劳比前两者有很大提高。1981 年美国 Monsanto 公司用动态全硫化技术成功研制出硫化 EPDM/PP 热塑性弹性体，1982 年建成第一条商品名为"Santoprene"的生产线，垄断着世界市场长达 20 年，之后意大利 Montepolymeri 公司也进行生产。由热塑性 PP 发展成为 TPV 是制备热塑性弹性体的开创性方法，其影响深远，由该方法相继发展出其他橡胶/树脂 TPV。

基本制备工艺是将 PP、EPDM、过氧化物及其他助剂用密炼机、单或双螺杆挤出机熔融混合，这一过程中 EPDM 发生硫化反应交联，并在机械剪切作用下交联橡胶被剪切成微小的颗粒分散在 PP 基体中。PP 连续相高温时熔化提供热塑性，EPDM 橡胶颗粒在常温下提供弹性，使得共混物具有橡胶的弹性和塑料的熔融可加工性，成为新型的热塑性弹性体材料。

PP/EPDM 热塑性弹性体具有橡胶的弹性和塑料熔融加工性，这是它最突出的特性。由于橡胶组分已被充分交联，所以材料的强度、弹性、耐热性和抗压缩变形等性能有很大提高，且耐疲劳、耐化学品及加工稳定性也明显改善，对酸、碱、醇、醚等有机化合物稳定，耐油性良好，其耐油性与 CR 相似，它还具有良好的耐候性和耐臭氧性，如 Santoprene201-87 经 2000h 暴露老化，拉伸强度保持率为 74%，断裂伸长率为 74.5%。

PP/EPDM 热塑性弹性体可采用挤出、注塑、模压、吹塑和压延等加工方法成型。

动态硫化制备的 PP/EPDM 热塑性弹性体早已应用在汽车行业，成为制造汽车保险杠的最主要材料，还可制造汽车内饰件、手刹护套、安全气囊、密封条、密封件、防尘罩及通风管等。由于 PP/EPDM 热塑性弹性体具有优良的耐候性，可制造防水卷材。

（3）茂金属聚烯烃弹性体增韧　新型的可用于增韧的 POE、POP 是茂金属催化的乙烯-辛烯或乙烯-丁烯共聚物，这些弹性体的特点是分子量分布窄、密度低、各项性能均衡、易于加工，可赋予制品高韧性、高透明性和高流动性。与 EPDM 相比，POE 的内聚能低，无不饱和双键，耐候性更好，其表观切变黏度对温度的依赖性更接近 PP，故相容性较好，加工温度范围较宽。

由于 POE 既具有橡胶的弹性又具有塑料的刚性，与 PP 共混时更易得到较小的弹性体粒径和较窄的粒径分布，增韧 PP 的同时能保持较高的模量、拉伸强度及良好的加工流动性，因而增韧效果更好。与 PP/EPDM 共混物相比，PP/POE 共混物的冲击强度更高，即使 POE 用量很少，也能使 PP 的增韧效果显著。

10.6.3 填充改性

在 PP 中加入一定量的无机矿物，如滑石粉、碳酸钙、二氧化钛、云母，可提高刚性，改善耐热性与光泽性；填加玻璃纤维、碳纤维、硼纤维等可提高拉伸强度；填加阻燃剂可提高阻燃性能；填加抗静电剂、着色剂、分散剂等可分别提高抗静电性、着色性及流动性等；填加成核剂，可加快结晶速率，提高结晶温度，形成更多更小的球晶体，从而提高透明性和冲击强度。因此，填充剂对提高塑料制品的性能、改善塑料的成型加工性、降低成本有显著的效果，而且制备简单、操作容易，也成为 PP 改性的重要方法之一。

PP 常用的填料与 PE 类似，有无机填料和有机填料。为了得到性能优良的填充改性 PP，填料种类、尺寸、填料在 PP 中的分散性、填料和 PP 之间的界面作用等均要考虑的因素。

(1) 无机填充改性 无机矿物对 PP 性能的影响规律与填充 PE 类似（见 9.9.3 节）。以 $CaCO_3$ 填充 PP 为例，可增加 PP 的刚度、硬度、耐热性、尺寸稳定性，并降低成本和制品收缩率，但其光泽、韧性和断裂伸长率有明显降低，即 PP 变硬变脆。用量一般为 30%～40%。同样无机填料与 PP 之间缺乏相容性，对 $CaCO_3$ 表面改性起到至关重要的作用，如先用丙烯酸处理 $CaCO_3$，在其表面引入活性双键基团后，再通过固相包覆反应将聚丙烯蜡（PPW）固定在 $CaCO_3$ 表面。将如此改性的 $CaCO_3$ 填充 PP 后，PP 的冲击性能及拉伸性能均有明显的提高，当 $CaCO_3$ 的填充量为 15 份时，缺口冲击强度达到最大值，为基体树脂的 1.68 倍；当 $CaCO_3$ 的填充量为 10 份时拉伸强度为同等添加量的未改性 $CaCO_3$ 的 1.22 倍。如图 10-6、图 10-7 所示。

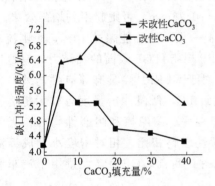

图 10-6　$CaCO_3$ 填充量对缺口冲击强度的影响

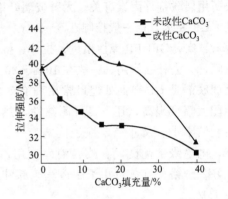

图 10-7　$CaCO_3$ 填充量对拉伸强度的影响

滑石粉填充 PP 有两个作用，一种是填充量为 30%～40%，与 $CaCO_3$ 填充作用相似，以提高刚度、硬度、弯曲模量和热变形温度；另一种是填充量为 10%～20%，可提高表面光洁度。滑石粉的片状结构，使得改性效果优于 $CaCO_3$。

云母增强 PP 效果远优于 $CaCO_3$，不仅 PP 的力学性能、热性能、电绝缘性能有较大提高，并且弹性模量高，尺寸稳定性好，某些场合下可代替 ABS。

无机填料对 PP 的刚性和拉伸强度改善有利，但对韧性改善不利，而橡胶或弹性体虽可显著增加 PP 的韧性，但同时降低了共混物的刚性、拉伸强度和热变形温度。对 PP 进行单组分增韧改性往往顾此失彼，难以取得均衡的改性效果，因此，多组分（元）复合改性越来越引起人们重视。其中 $CaCO_3$（或滑石粉）与弹性体协同增韧 PP 是增韧新技术。它既能发挥刚性粒子填充基体的增强作用，又能有效提高材料韧性，显示出独特的优越性。其中对 $CaCO_3$ 的表面改性尤其重要。

在 PP/EPDM 共混体系中加入 $CaCO_3$，结果表明，在 EPDM 为 15%，$CaCO_3$ 的粒径、粒径分布和含量相同，未经偶联剂处理的 $CaCO_3$ 增韧材料的缺口冲击强度只有 21.2J/m²，增韧效果不佳；当采用偶联剂对 $CaCO_3$ 进行处理后，缺口冲击强度提高到 66.8J/m²，有显著提高；而用偶联剂与助偶联剂复合处理 $CaCO_3$ 后，缺口冲击强度进一步提高，从 66.8J/m²

增至 88.3J/m² 。这是因为经偶联剂处理的 $CaCO_3$ 与 EPDM 有良好的界面黏结作用，形成了以 $CaCO_3$ 为核、EPDM 为壳的"核-壳"分散相结构。在 PP/EPDM/滑石粉三元体系，PP/EPDM/硅灰石三元体系等具有同样的规律。

（2）有机填充改性 植物纤维具有廉价、可反复加工、可生物降解、密度低和较高的长径比等特性，用植物纤维和 PP 复合不但可降低成本，还可减少污染。使用的植物纤维有剑麻纤维、苎麻亚麻纤维、黄麻纤维与木纤维等。另外也可使用蛋白质纤维，如蚕丝等。

木塑复合材料（wood-plastics composites）就是采用木质纤维和热塑性塑料，经混炼加工制成的材料。PP 和木粉共混生产的木塑板材因可在多种场合替代木材使用，近年来发展尤为迅速。用于制造地板、家具、包装箱，特别是大型集装箱的托盘。

（3）增强改性

① 纤维增强改性增强改性 PP 在许多场合下可以取代工程塑料。所采用的纤维材料有玻璃纤维、碳纤维、石棉纤维等以及单晶纤维——晶须。玻璃纤维是最常用的增强材料。

玻璃纤维（GF）增强 PP（GFRPP）的性能与玻璃纤维的性能、直径、长度、含量以及所用偶联剂等因素有关。无碱玻璃纤维的增强效果较含碱纤维好。GF 分为长纤维和短纤维。GF 要求直径一般控制在 $6\sim9\mu m$，长度为 $0.25\sim0.76mm$，否则起不到增强效果。GF 含量越高，GFRPP 弹性模量、拉伸、抗弯强度也越高。但一般不能超过 40%，否则流动性下降，失去补强作用，一般在 10%～30%。为提高 PP 树脂和 GF 表面的黏结力，有机硅烷类偶联剂是 GF 表面处理最常用和有效的偶联剂。对于 GFRPP 除具有原有性能外，力学性能大幅度提高，还有良好耐热性，热变形温度接近 PC，低温冲击强度有较大提高；制品收缩率小、尺寸稳定性、抗蠕变性、抗弯曲疲劳性好、耐摩擦和耐磨性均好；吸水性小，电绝缘性优良，有减震消声作用。与其他热塑性塑料相比，相对密度小，成型流动性好，价格便宜。可用于制造汽车部件和承载结构件。目前，GFRPP 大量用于汽车和机械工业。

用碳纤维（CF）增强 PP 具有在湿态下力学性能保持率好、热导率大、导电性大、蠕变小、耐磨性好等优点，为此用 CF 增强 PP 正在不断地被探索着。

晶须也是一类增强材料，采用晶须增强聚烯烃可得到性能优异的复合材料。晶须增强塑料在国外 20 世纪 60 年代就已出现，由于当时晶须生产工艺复杂，价格昂贵，使其应用限制。直到 80 年代价廉的钛酸钾晶须在日本问世，才使晶须的应用开发得到快速发展。常用的晶须材料有多种，如钛酸钾、硫酸钙、镁盐、碳化硼、碳化硅等，主要为无机盐类。我国 20 世纪 90 年代开始研究开发晶须材料，先后研制出钛酸钾、硫酸钙、镁盐等晶须，使我国晶须的应用得到发展。

采用质优价廉的新型晶须——镁盐晶须填充 PP，可明显提高 PP 拉伸强度、弹性体模量，还使 PP 具有良好的热稳定性、冲击性能、流动性和优异的外观，同时还可赋予 PP 阻燃性能。这是由于镁盐晶须是一种纤维状的无机单晶材料，晶体结构完整，拉伸强度接近理论值，具有较高的长径比（$L/D20\sim80$），类似短纤维，因此可起到明显的增强作用；镁盐晶须基本成分为 $MgSO_4\cdot5Mg(OH)_2\cdot3H_2O$ 本身是一种优良的无机阻燃材料，因此，与 PP 复合使其也具有了阻燃性。加之，镁盐晶须材料尺寸微小，对 PP 的流动性不会产生影响，因此，复合材料加工容易，特别适合制作复杂结构的制品，而且制品表面和外观性能优异。

增强 PP 在国内外得到广泛的应用，主要用于制作注塑制品。

② 自增强改性。此方法是通过特殊的加工成型方法和特殊的模具使聚合物的形态结构发生改变。自增强聚丙烯复合材料（self-reinforced PP composite，简称 SR-PP）是由高定向性的聚丙烯纤维和各向同性的聚丙烯基材经特定的热压实工艺加工而成的 100％聚丙烯片材。由于生成的热压实片材由同一种聚合物材料组成，物相之间分子的连续性使片材中纤维/基材间有着优异的黏合性。此外，每条定向带表面膜层的熔融效应不存在传统热塑性复合材料中增强纤维需要浸润处理的问题，从而达到增强的目的。研究表明，SR-PP 片材的弹性模量为 5GPa 左右，拉伸强度为 l80GPa，缺口冲击强度在 20℃为 4750J/m，在－4D℃高达7500J/m，并具有较高的抗耐磨性。

10.6.4　聚丙烯纳米复合材料

纳米粒子具有独特的表面效应、体积效应、隧道效应和量子效应，与聚合物复合可以表现出与常规无机填料填充聚合物制备的复合材料所不同的结构和不同力学、热学、电、磁和光学性能，被称为 21 世纪最有前途的材料之一。自 1987 年由日本丰田中央研究院 Okada 首先报道采用插层聚合法制备了尼龙 6/黏土纳米复合材料以来，以其独特的形态、优异的性能立刻在世界范围内得到广泛重视，掀起了研究开发热潮，为高分子材料的发展注入了强大的活力，详细介绍见 14.5.7 节。

10.6.4.1　制备方法

聚合物基 NC 制备方法多种多样，归纳起来可分为五大类：①插层复合法。包括单体插层聚合法（又包括插层缩聚和插层加聚）和聚合物插层法（又包括聚合物溶液插层和聚合物熔融插层）；②原位复合法。包括就地原位填充物法（溶胶-凝胶法）和原位聚合法；③超微粒子直接分散法，包括溶液共混、乳液共混、熔融共混和机械共混；④分子复合法；⑤其他方法。目前插层复合法研究最多，是最早实现工业化生产的方法，也是最主要的工业生产方法。

PE、PP 作为当今世界上产量最大的两种合成树脂，应用广泛。但是通用聚烯烃树脂普遍存在强度低、耐热性差、韧性不足、阻隔性不高等缺点。如果将填料以纳米尺度分散于聚烯烃基体中，可以充分发挥纳米粒子的纳米效应和聚烯烃的特性，制备出性能优异的聚烯烃纳米复合材料。

10.6.4.2　表面改性

用不同的无机纳米粒子对 PE、PP 改性体系相当多。根据所用无机纳米粒子种类可将 PP/无机纳米复合材料的填料种类分为两大类：一类是层状结构填料，主要是具有层状结构的硅酸盐矿物，如蒙脱土（MMT）、蛭石、水辉石、海泡石、云母、滑石、绿土、高岭土等以及石墨、金属氧化物（MoO_3、V_2O_5 等）、金属二硫化物（TiS_2、MOS_2）等，研究最多的是 2∶1 型层状硅酸盐矿物，如蒙脱土；另一类是无机刚性粒子，填料包括 $CaCO_3$、SiO_2、ZnO、TiO_2、Al_2O_3、SiC、Si_3N_4 等，还可用碳纳米管、石墨烯改性 PP 制备 PP/碳纳米管、PP/石墨烯 NC。$CaCO_3$ 原料廉价、生产技术相对成熟，已经成为纳米粉体材料市场主导产品。纳米 SiO_2、ZnO、TiO_2、Al_2O_3、SiC、Si_3N_4 等产品制备工艺和市场应用也逐步走向成熟，也已成为纳米粉体市场的重要组成部分。

对于 PE、PP/无机刚性粒子纳米复合材料，由于无机纳米颗粒具有极高的表面能，有很强的团聚趋势，用传统的共混技术难以获得纳米尺度上的均匀分散，得到的往往是纳米颗粒团聚成几百纳米甚至微米尺度的复合材料，这与常见的无机矿物填充体系并无区别，丧失了纳米颗粒的特有功能和作用。因此无机颗粒如何获得纳米级分散是聚合物基无机纳米复合材料的技术难点和研究重点。

以研究最多的纳米级的 $CaCO_3$ 为例。$CaCO_3$ 是塑料工业中应用最广泛的填料，由于其长径比小，长期以来被用作增量剂使用。随着刚性增韧聚合物概念的提出和纳米技术的发展，纳米 $CaCO_3$ 在塑料中得到了广泛的应用。由于纳米 $CaCO_3$ 具有光泽度高、磨损率低、表面改性及疏油性等特性，可填充在 PP、PVC、酚醛树脂等许多塑料。①纳米级的 $CaCO_3$ 粒子表面能高，处于热力学非稳定状态，极易聚集成团；②纳米级的 $CaCO_3$ 作为一种无机填料，粒子表面的性质是亲水疏油的，在聚合物中难以均匀分散，并且它与聚合物基体之间界面结合力比较低；③还存在由于吸附的水分等引起的液体桥架力导致的硬团聚，因此，纳米 $CaCO_3$ 在高聚物中的分散相当的困难。要提高 $CaCO_3$ 纳米粒子的分散能力，可以从两个方面来考虑：①对纳米粒子的表面进行改性，降低表面能态，增加纳米材料与聚合物的界面粘接力；②采用合理的分散方法，促进纳米粒子在聚合物中均匀分散，并且是纳米尺度的分散，否则就不能称为纳米复合材料。

由于纳米粒子的特性，纳米粒子在聚合物基体中的分散状况是成功制备 NC 的关键。单一表面改性方法往往难以奏效，经常多种方法联用，即使如此，解决纳米粒子分散问题仍然是一难题。

PE、PP/层状硅酸盐 NC 对黏土不是进行表面改性，而是对黏土层间进行改性，制备有机化改性蒙脱土（OMMT）。采用插层剂与蒙脱土层间阳离子进行交换，插层剂进入层间，使得层间距增大，层间微观环境发生变化，黏土亲油性增加，从而有利于单体或聚合物分子插入生成聚合物/黏土 NC，因此插层剂的选择是制备聚合物基 NC 的关键步骤之一。常用的插层剂有烷基铵盐、季铵盐、吡啶类衍生物和其他阳离子型表面活性剂等。

10.6.4.3　性能

聚合物基 NC，与传统复合材料相比，结构性能均存在很大不同，已不能用原有的概念进行理解。性能变化大致有如下特点，见表 10-8 所列。

表 10-8　聚合物基纳米复合材料性能变化

性　能	变　化	与聚合物相比	性　能	变　化	与聚合物相比
拉伸强度	提高	约 20% 以上	气体透过率	减少	1/2～1/5
断裂伸长率	显著降低	从约 100% 降低至 10%	熔融流动性	提高	
弯曲强度	提高	约 50%	成型收缩率	不变或减少	可减少到 20%
拉伸、弯曲模量	提高	约 1.6～2.0 倍	密度	基本不变	增加 1%～2%
冲击强度	稍有减少	大多数减少 20%	透明性	提高	PA6 提高 10%～40%
磨耗性	上升	是 PA66 磨耗性的一半	吸水性	提高	吸水速度减慢 50%
热变形温度	提高	结晶性聚合物提高 80%～90%	稳定性	提高	尺寸变化率减少 1/3～1/4
不蒸汽透率	减少	1/2～1/5			

传统增韧 PP 的改性方法是用橡胶，但是橡胶增韧往往伴随刚度、模量和热性能的降低，因而对 PP（包括对其他树脂）同时增韧、增强一直是追求的目标。PP 纳米复合材料的出现为实现 PP 的增韧、增强改性提供了一条新途径。

填料的种类、填充量、粒径、表面处理剂及制备方法等将影响 PP 纳米复合材料的力学性能。对 PP/$CaCO_3$ 纳米复合材料研究发现，拉伸模量提高了 85%，缺口冲击强度提高了近 300％，断裂韧性提高了 500％。纳米 $CaCO_3$ 粒子可充当应力集中点，有利于断裂韧性的提高，而微米级 $CaCO_3$ 对材料的拉伸强度无明显的增强作用。

作为聚合基 NC 的典型代表聚合物/MMT 纳米复合材料，价廉易得，当它与聚合物以纳米尺寸相复合时，由于纳米粒子效应、强界面相互作用，表现出常规无机矿物填充聚合物所无法比拟的一系列优异性能。以黏土填充聚烯烃有如下优点：①黏土的含量一般仅为 3％～5％，却能使材料的物理力学性能有很大提高，而传统的增强填料如 SiO_2、炭黑等的填充量高达 20％～60％；②黏土粒子具有各向异性的片状形态及高度一致的结构，从而提高了塑料制品的溶剂和气体分子阻隔性；③低应力条件下能提高塑料制品的尺寸稳定性；④较高的热变形温度；⑤蒙脱土/热塑性聚烯烃纳米复合材料容易再生利用；⑥具有胶体性质的黏土微粒表面易化学修饰，能成功地应用于染色、印刷和粘合等；⑦具有抗静电性和阻燃性；⑧填料颗粒小，塑料制品的表面光洁。表 10-9 为 PP/MMT 纳米复合材料的力学性能。从表中可以看出 PP/MMT 纳米复合材料的力学性能明显优于纯 PP 和 PP/滑石粉的性能。在提高拉伸强度的同时，冲击强度也得到很大提高，其他性能也明显改善，因此，PP 纳米复合材料的研究飞速发展，已工业化生产，并得到广泛应用。

表 10-9　PP、PP/滑石粉、PP/蒙脱土的性能

性　能	PP	PP/滑石粉	PP/蒙脱土
密度/(g/cm³)	0.91	0.92	0.93
拉伸强度/MPa	31	35	39
弯曲强度/MPa	38	45	53
弯曲模量/GPa	1.5	1.9	2.1
Izod 冲击强度/(kJ/m²)	2.0	2.1	3.4
热变形温度/℃	120	—	130

注：无机物含量为 3％（质量）。

10.6.4.4　应用

汽车是 PP 纳米复合材料的主要应用领域。车用塑料最基本的要求是性能好、重量轻，这正是纳米复合材料最突出的特点。

1991 年日本丰田汽车工业公司与三菱化学公司共同开发成功 PP/EPR/滑石粉纳米复合材料。该纳米复合材料克服了以往 PP 改性材料韧性增加而断裂伸长率下降的缺点，兼具有高流动性、高刚性和耐冲击性，用于制造汽车的前、后保险杠，被称为"丰田超级烯烃聚合物"。

在 2001 年 8 月 GM 公司展示了第 1 个纳米聚烯烃汽车生产部件（2002 年 Astro/Safari 车的脚踏板）。这种仅含 2％～3％纳米黏土的纳米复合材料可代替 20％～30％云母填充的树脂。从而使重量降低 20％，收缩率仅为 0.4％，而刚性仍保持在 1.0～1.2GPa，延展温度可降到−30℃，而云母填充的 PP 为−10℃。虽然这种踏板并不是十分重要，但对高分子 NC 的发展具有里程碑意义。

利用 PP/MMT 纳米塑料的阻隔性，可用于食品保鲜包装，延长食品保质期。作为食品包装材料已由 Clariant 公司率先推出工业化产品。由于刚性高，还可以用作薄壁复杂结构制品，降低重量和成本，具有阻燃性，是替代含卤阻燃剂的理想产品。

聚合物基 NC 近年来尽管取得飞速发展，但它还是一个新兴的多学科交叉的研究领域，涉及无机、有机、材料、物理、生物等许多学科，仍是研究的热点。

10.6.5 透明改性

10.6.5.1 简介

PP 是结晶聚合物，由于球晶尺寸较大，对光线产生阻挡、散射，以及光线在晶区界面上产生折射，从而导致 PP 制品透明性和光泽性较差，外观缺乏美感，限制了 PP 在包装、医疗器具、日用品等领域的扩大应用，因此，对其进行透明改性。透明改性可采用双向拉伸、共混、共聚、加入成核剂的方法，而加入成核剂来改变 PP 的结晶行为和形态，可明显提高其透明性，继而改善 PP 的力学和加工应用性能，生产简单、容易实施、效果明显，获得广泛应用。

早在 20 世纪 60 年代 Shell 公司率先开发成功有机成核剂——芳香族羧酸金属盐对特丁基苯甲酸铝（PTBBA），但由于当时所用成核剂主要是无机盐和少数芳香酸盐，相容性和成核效果差，在工业上应用不多。70 年代中期，日本 Hamada 发现在 PP 中添加二亚苄基山梨醇（DBS）可以提高 PP 透明性、光泽、热变形温度、刚性及屈服强度，使结晶速率加快，加工周期缩短，从此这一新技术在世界范围内得到推广，并于 80 年代初实现透明 PP 的商业化生产。

我国直到 20 世纪 90 年代初以山西省化工研究所、兰州化学工业公司研究院为代表的科研单位才着手进行 DBS 类成核剂的开发和研究工作。

按结构 PP 用成核剂可分为三大类：无机、有机和高分子成核剂。无机成核剂对透明性能改善不明显，很少作为高性能成核剂使用。有机类成核剂为低分子有机化合物，主要有脂肪羧酸及其金属盐类、芳香族羧酸金属盐类、山梨醇亚苄基衍生物、有机磷酸盐类、松香类等。有机成核剂可明显提高 PP 的结晶温度、结晶速率、结晶度，使晶粒尺寸微细化，因而明显提高了 PP 的透明性、表面光泽度、耐热性和刚性，缩短了加工时间，成为国内外开发和应用的重点。

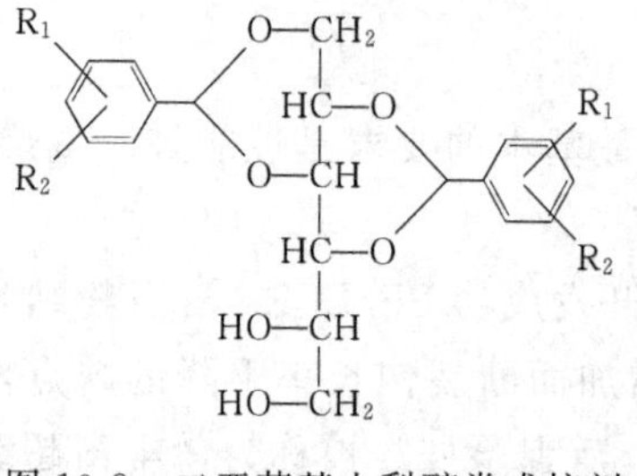

图 10-8 二亚苄基山梨醇类成核剂

在有机成核剂中二亚苄基山梨醇衍生物和有机磷酸盐类成核剂，为市场上的主要品种，而前者为当今世界上应用最多的聚烯烃成核剂，已经发展到第三代，其通式如图 10-8 所示。

PP 成核剂有 α 晶型成核剂和 β 晶型成核剂。α 晶型成核剂是研究和应用最多的一种成核剂。山梨醇类成核剂就属于 α 晶型成核剂。

10.6.5.2 性能

（1）增加 PP 的透明性 α 晶型成核剂中尤以 DBS 类成核剂的透明改性效果最为显著。代表性品种如 DBS、MDBS、EDBS、CDBS 和 DMDBS。DBS 属第一代 DBS 类成核剂，特点是成本较低，气味较大，透明改性效果一般；MDBS、EDBS 和 CDBS 为第二代 DBS 类成核剂，成核效果好，透明性佳，存在一定的气味；DMDBS 是 20 世纪 90 年代出现的第三代 DBS 类成核剂，气味小，透明改性效果好，成本较高，代表品种有美利肯（Milliken）公司的 Millad 3988。最新一代成核剂 Millad NX8000 制造的 PP 包装瓶，其透明度可与玻璃媲美。

成核剂的添加量一般为 0.01%～3%。

（2）改进 PP 制品表面光泽度 α 晶型成核剂对 PP 还具有增光改性效果，通过成核剂改性，可使 PP 注塑制品的表面光泽与 ABS 等媲美。

（3）改进 PP 力学性能 加入成核剂时，可控制球晶的生长，使晶核增多，结晶更完善、结晶度提高，因此可以增加 PP 的屈服强度、冲击强度，显著增加 PP 的刚性，提高 PP 的力学性能。

（4）耐热性 在 PP 中加入成核剂后，促进 PP 结晶均匀化，结晶更完善、结晶度提高，因而有利于耐热性的提高。如有机磷酸盐 NA11 可使热变形温度从 112℃提高到 137℃。

（5）缩短 PP 成型周期 由于在 PP 中加入成核剂而提高了结晶温度、增加了晶核密度，促使结晶速率加快，因而在较短的时间内即完成了结晶过程，明显地缩短了成型周期。

图 10-9 为 α 晶型成核剂对 PP 球晶尺寸大小的影响。由图可见，加入成核剂使得 PP 球晶尺寸明显变小，一般加入量为 $0.2\%\sim0.3\%$ 时晶粒完全细化而且均匀。

 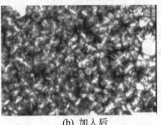

(a) 加入前　　　　　　　　　(b) 加入后

图 10-9 α 晶型成核剂对 PP 球晶尺寸大小的影响

10.6.5.3 应用

透明 PP 主要应用在包装材料、微波用具、医疗器具等领域。可制作牛奶、糖浆、化妆品和药品用的小型包装瓶、小型器具部件、注塑成型和热成型食品容器以及高级文件夹等文具。由于加入成核剂不但使 PP 透明，而且使 PP 热变形温度达到 110℃以上，可用于要求耐热的微波炉和电磁灶用炊具、奶瓶、一次性餐饮具，特别是要求热灌装的小型饮料包装瓶及在高温下消毒的医疗器具，PP 具有明显的性能价格优势，因此，透明的 PP 将在包装市场上与 PVC、PET、PS、PC、ABS 等传统高透明树脂相竞争，特别是在中空容器——饮料瓶包装行业将与 PET 相竞争。

参 考 文 献

[1] 龚云表，王安富. 合成树脂及塑料手册. 上海：上海科学技术出版社，1993.

[2] 洪定一. 塑料工业手册，聚烯烃. 北京：化学工业出版社，1999.

[3] 吴培熙，张留成. 聚合物共混改性. 北京：中国轻工业出版社，1996.

[4] 周祥兴. 合成树脂新资料手册. 北京：中国物资出版社，2002.

[5] 刘英俊，刘伯元. 塑料填充改性. 北京：中国轻工业出版社，1998.

[6] 黄棋尤. 塑料包装薄膜. 北京：机械工业出版社，2003.

[7] 耿孝正. 塑料机械的作用与维护. 北京：中国轻工业出版社，1998.

[8] 潘祖仁. 高分子化学. 北京：化学工业出版社，1997.

[9] 许健南. 塑料材料. 北京：中国轻工业出版社，1999.

[10] 陈乐怡，张从容，雷燕湘等. 常用合成树脂的性能和应用手册. 北京：化学工业出版社，2002.

[11] 艾娇艳，刘朋生．茂金属催化剂的发展及工业化．弹性体，2003，06，25，13 (3)：48-52.

[12] 李焉．茂金属聚烯烃的特性和应用．塑料，1999，28 (3)：1-7.

[13] Okada A，et al. Synthesis and characterization of a Nylon-6/clay hybrid, Polym. Prepr. 1987, 28：447.

[14] Alexadre M，Dubois P. Polymer-layered silicate nanocomposites：preparation，properties and uses of a new class of materials, Mater. Sci. Eng. 2000，28：1-63.

[15] 李小明，张雪珍．聚烯烃纳米复合材料研究新进展．当代石油石化，2002，10 (8)：26-29.

[16] 吴六六，顾燕芳，王正东．纳米 $CaCO_3$/聚烯烃类复合材料研究进展．化学世界，2002，(8)：441-444.

[17] 郭存悦，柳忠阳，徐德民等．黏土/聚烯烃纳米复合材料研究进展．应用化学，2001，18 (5)：351-356.

[18] 徐炽焕．聚合物合金和纳米复合材料．化工新型材料，2000，26 (11)：18-22.

[19] 魏运方，陈百军．聚酰胺胺工程塑料的发展趋势．国际化工信息，2001，(9)：10-13.

[20] 崔红跃．聚丙烯的化学改性，石化技术，2002，9 (2)：118-122.

[21] 徐蒲，史铁钧，吴德峰等．聚丙烯的接枝改性及其进展．现代塑料加工应用，2002，14 (5)：57-60.

[22] 晋日亚，王培霞聚丙烯改性研究进展．中国塑料，2001，15 (2)：20-23.

[23] 余坚，何嘉松．聚烯烃的化学接枝改性．高分子通报，2000，(1)：66-72.

[24] 顾书英，马广华，马来酸酐改性聚丙烯与尼龙 66 共混物的性能．塑料科技，2000，138 (4)：1.

[25] 刘卫平．聚丙烯接枝改性及应用．塑料科技，2001，(2)：29-32.

[26] 惠雪梅，张炜，王晓洁．聚丙烯增韧改性研究进展．化工新型材料，2003，31 (8)：6-10.

[27] 廖明义，隗学礼．镁盐晶须增强 PP 性能的研究．工程塑料应用，2000，28 (1)：12-14.

[28] 钟明强，刘俊华，胡华峰，益小苏．聚丙烯共混改性研究进展．中国塑料，1999，13 (9)：9-19.

[29] D R 保罗，C B 巴克纳尔．聚合物共混物．北京：科学出版社，2004.

[30] 廖明义、张宜鹏．瓶用透明 PP 专用料的研制．中国塑料，2004，18 (12)：52-54.

[31] 生瑜，朱德钦，王剑峰，张丽珍，朱振榕．$CaCO_3$ 表面包覆改性及其对填充 PP 力学性能的影响．高分子学报，2008，(8)：813-817.

[32] 姜建，邹妨，林琳，刘晓平等．PP/EPDM 型动态全硫化热塑性弹性体在汽车制件上的应用．工程塑料应用，2008，36 (11)：50-52.

[33] 柳峰，刘琼琼，徐冬梅，丛后罗．PET/PP 共混改性研究进展．塑料科技，2008，36 (1)：88-91.

[34] 徐兆瑜．茂金属催化剂及烯烃高分子材料研究新进展．化学推进剂与高分子材料，2005，3 (4)：19-24.

[35] 张晓秋，曹胜先．茂金属催化剂聚烯烃生产工艺新进展．中外能源，2008，13 (6)：62-66.

[36] 王登飞，王鉴，郭丽，杜威．超临界 CO_2 协助多单体接枝改性聚丙烯的研究进展，石油化工，2008，37 (4)：412-416.

[37] 吴长江，陈伟．反应器内生产抗冲改性聚丙烯的工艺进展．合成树脂及塑料，2006，23 (3)：71-73.

[38] 欧宝立，李笃信．聚丙烯/无机纳米复合材料研究进展．材料导报，2008，22 (3)：32-35.

[39] 殷锦捷，屈晓莉，王之涛，徐翠丽．丙烯改性的研究进展．上海塑料，2006 (4)：9-13.

[40] 杨小红，刘艳霞等．茂金属聚丙烯国内外技术进展及应用．合成树及塑料，2015，32 (6)：78-81.

[41] 高春雨．我国聚烯烃生产工艺现状及发展．合成树脂及塑料，2012，29 (1)：1-5.

第11章 ▶▶ 聚氯乙烯

11.1 发展简史

聚氯乙烯（polyvinyl chloride，PVC）是以氯乙烯（VCM）为单体，经多种聚合方式生产的热塑性树脂，是五大热塑性通用树脂中较早实现工业化生产的品种，其产量仅次于 PE，位居世界第三位。1872 年 Baumann 合成了聚氯乙烯。1928 年，美国联合碳化物（UCC）公司将氯乙烯与醋酸乙烯用液态本体法共聚成功，使其具有内增塑性质，能被加工了，并用作真漆和硬模塑制品，从而为 PVC 的应用开辟了共聚改性这一途径，为 30 年代的工业发展铺平了道路。但均聚 PVC 直到 1931 年德国法本公司（I. G. Farben，现 BASF 公司）采用乳液聚合方法才首次实现了 PVC 小规模工业化生产，时间过去了将近 100 年。1933 年美国碳化学公司采用溶液方法进行了生产。1937 年美国古德里奇公司（Goodrich）开始乳液聚合法工业化生产。早期德国和美国均采用乳液法和溶液法生产 PVC。1941 年美国古德里奇公司和美国联合碳化物公司几乎同时开发了悬浮聚合方法生产 PVC，并实现了工业化生产，由于悬浮法生产的 PVC 质量好、性能优良、后处理简单，产品性能和工艺明显优于乳液法，因而迅速发展成为 PVC 的主要生产方法。1942 年德国布纳（Bunna）化学公司开发了乳液连续聚合工业化生产。1950 年美国古德里奇开发了微悬浮聚合工艺第一代生产工艺。1956 年法国圣戈班（Saint Gobain）公司开发了聚氯乙烯本体法工业化生产，得到的 PVC 杂质含量低、纯度高、加工性能良好。此后在乳液聚合和悬浮聚合基础上又开发了许多新的生产工艺，目前 PVC 的生产工艺仍在不断研究创新，使得 PVC 成为通用树脂中生产工艺最多的一种树脂。

最初 PVC 使用的原料氯乙烯是以电石乙炔为原料合成，因此，PVC 的生产与氯碱工业密切相关，成为主要的耗氯产品，但电石法工艺对环境污染严重，产生大量电石渣、废水、废汞催化剂和废气，生产成本高。20 世纪 60 年代以后采用比较比较便宜的石油资源，特别是乙烯氧氯法制氯乙烯实现工业化生产，单体纯度高，成本低，以乙烯为原料生产氯乙烯的工厂越来越多，PVC 生产发生了重大的工艺变革，产量得以大幅度增长。乙烯氧氯法制氯乙烯由美国 Goodrich 公司开发成功，以后被世界各国普遍采用，电石乙炔工艺在国外被迅速淘汰。美国在 1969 年基本全部采用以乙烯为原料生产氯乙烯，仅保留一套电石乙炔法。日本从 1965 年开始引进美国 Stauffer 公司（固定床氧氯化法）和古德里奇公司（沸腾床氧氯化法）的生产技术，并由东洋曹达公司和吴羽化学公司分别自主开发了固定床氧氯化法和石脑油裂解烯炔法，到 1971 年也基本淘汰了电石乙炔法工艺路线。

在第二次世界大战前 PVC 主要应用于软质产品，战后 50～60 年代随着树脂质量提高，新型稳定剂和加工机械的出现，使硬质 PVC 的应用得以发展，PVC 迅速成为用途广泛的合成树脂。

PVC 也是我国最早开发的热塑性塑料。1955 年锦西化工厂进行了中试试验。1958 年锦西化工厂建成投产我国第一套 3kt/a PVC 悬浮聚合法生产装置，以后又扩建为 6kt/a，成为标准生产工艺推广到全国。1962 年武汉建汉化工厂（葛化集团）和上海天原化工厂分别中试试验成功乳液法生产 PVC 生产，并扩建为 500t/a 生产装置。国内 1970～1979 年又建设一批 PVC 小型氯碱和电石乙炔法生产 PVC 装置。在 20 世纪 70 年代以前，我国 PVC 原料的生产均采用电石法工艺。1977 年北京化工二厂首次引进国外技术氧氯化制备氯乙烯，建成 80kt/a PVC 悬浮法生产装置。20 世纪 80 年代以后相继从美国、德国、法国、日本等国数十家公司引进数十套生产装置和技术，生产工艺有悬浮聚合法、微悬浮聚合法、乳液种子聚合法、乳液连续聚合法、混合法和本体聚合法，世界上常用的 PVC 生产工艺中国均有生产厂家。

经过多年的发展，中国 PVC 工业取得了长足的发展，尤其是进入 21 世纪，发展十分迅速。从 2004 年起，中国 PVC 产量超过 PE 和 PP，跃升为第一位，而从 2006 年，中国 PVC 产能和产量均居世界第一位，是世界 PVC 产量和消费量最大的国家。但与国外先进生产技术相比，还存在较大差距，如我国目前主要还采用电石法工艺。

总之，PVC 树脂在通用树脂中工业化生产早，生产相对容易、成本较低、产品品种多、性能优良、应用极为广泛。相比聚烯烃生产工艺，形成众多生产厂家、多种多样的生产工艺、极多的品种牌号，这一比较特有的局面。完全叙述清楚是比较困难的，因此本书只能介绍基本的原理和品种。

11.2 反应机理

PVC 是采用自由基聚合反应制备的，基本反应步骤与 LDPE 相似，由链引发、链增长、链转移和链终止等基元反应组成，但 VCM 的聚合历程比较复杂，在不同的聚合工艺中存在一定的差别。具体反应从略。

11.3 生产工艺

不论什么样的生产工艺，工业生产的 PVC 都是通过自由基聚合机理制得的，根据 PVC 树脂的应用领域不同，工业生产上实施聚合的方法主要有 4 种：悬浮法、乳液法（包括微悬浮法）、本体法（包括气相聚合）和溶液法。悬浮法为主，乳液法和微悬浮法次之。每种聚合方法实际上还存在不同的工艺，代表着不同的公司，不像生产聚烯烃那样仅有几家大公司形成自己的工艺技术。PVC 研究开发早，工业生产历史长，明显存在工艺的多样性和过程的复杂性。

11.3.1 悬浮聚合生产工艺

11.3.1.1 悬浮聚合生产工艺

悬浮聚合工艺是生产 PVC 的最主要的工艺，世界 PVC 生产中约 80%～90% 采用悬浮聚合工艺生产，其品种之多，用量之大是其他工艺所无法相比的。悬浮聚合工艺广泛应用于制造一般通用型树脂，也有特殊用途的专用树脂，如球型树脂，掺混用树脂；聚合度除一般聚合度的树脂外，还有特高、特低聚合度的树脂，如聚合度高的达到 9000 左右，具有橡胶特性，低的只有 400～500；既有疏松型树脂，也有紧密型树脂等。

PVC悬浮工艺经过几十年的发展，相继开发了各具特色的聚合工艺。有美国Geon公司（原B.F Goodrichg公司）工艺、欧洲乙烯公司（EVC）工艺和日本信越公司工艺等。采用悬浮聚合工艺的公司众多，各有所长。

悬浮聚合基本组分由单体、水、油溶剂引发剂和分散剂四部分组成。单体VCM在分散剂和强烈的搅拌作用下分散成细小的液滴（小于$50\mu m$），悬浮在水相中，每个小液滴相当于一个小本体聚合单元，单体液滴中溶有引发剂，在引发剂作用下进行VCM聚合生成PVC颗粒的过程。分散剂的作用是一方面降低单体与水之间的界面张力，使单体在水相中良好分散；另一方面，单体液滴聚合生成聚合物固体粒子过程中，经过聚合物单体黏性粒子阶段，粒子互相容易黏结，而分散剂吸附在粒子表面形成保护膜，起到保护作用，防止粒子的聚集。

悬浮聚合机理有均相聚合和沉淀聚合之分，单体氯乙烯的悬浮聚合属于沉淀聚合。聚合初始阶段，在强烈搅拌和分散剂作用下，VCM单体液滴在水相中形成分散与合并的动态平衡的稳定分散液。PVC不溶于水（<0.1%），聚合开始后PVC一经形成就会单体中沉淀出来，转化率在70%以前，反应均是在两相中进行，这一特点决定了VCM悬浮聚合属于沉淀聚合生成粉末颗粒。聚合物的粒径为$0.01\sim5mm$，一般为$0.05\sim2mm$，粒径大小与分散剂种类、用量和搅拌强度有关。

PVC悬浮聚合过程中要加入许多助剂。首先是分散剂，分为有机和无机两大类。一般有机分散剂采用聚乙烯醇、纤维素醚类［如甲基纤维素（MC）、羟丙基甲基纤维素（HPMC）、羟乙基纤维素（HEC）］、明胶等。单一种分散剂很难同时具有降低界面张力和保胶能力，因此多采用复合分散剂，使用最多的复合体系是聚乙烯醇和纤维素。

其次为引发剂，选用油溶性引发剂，即有机类引发剂。有机类引发剂又分为过氧化物类和偶氮类化合物。常用引发剂有过氧酰类（如过氧化二苯甲酰、过氧化十二酰）、过氧酯类（如过氧化特戊酸特丁酯）、过氧化二碳酸酯类（如过氧化二碳酸二异丙酯、过氧化二碳酸二环己酯）、偶氮类（如ABIN、偶氮二异庚腈）。单一引发剂难以实现多种要求，所以多采用复合体系，一般包含有2种以上的引发剂。

第三是链转移剂，为了调节PVC分子量和降低聚合反应温度。在常用聚合温度（45～65℃）范围内，无链转移时，PVC的分子量仅取决于温度，而与引发剂浓度、转化率无关，因此，在60℃以下聚合时调节聚合温度是改变PVC分子量的主要参数。在60℃以上聚合时，除适当改变温度外，还加入少量链转移剂来控制分子量。使用的链转移剂主要有含硫化合物、不饱和或饱和卤代烃、醛类、缩醛类等。巯基乙醇是常用的链转移剂。

第四为链终止剂。当聚合转化率达到80%以后，大分子之间的歧化终止反应增加，易生成支链结构，这将影响产品的热稳定性和加工性能，因此，在聚合反应后期，为终止聚合反应或急剧减慢聚合反应要加入终止剂，以控制聚合反应。链终止剂可分为自由基型和分子型两类。分子型又可分为有机类和无机类。在PVC生产中常用的是具有捕捉自由基和链自由基功能的苯酚类化合物作为终止剂。20世纪70～80年代较多使用$2,2'$-双二羟基二苯基丙烷（双酚A），90年代后丙酮缩氨基硫脲（ATSG）逐渐取代双酚A。除此之外，还需要加入防黏剂；为了制备高聚合度的PVC树脂，还需要加入扩链剂。

悬浮聚合工艺简单、聚合热容易除去、温度也容易控制、生产成本低、经济效益好，适合于大规模生产；树脂品种多、颗粒尺寸较大、产品纯度高于乳液聚合法、应用领域广，因此，是最主要的生产工艺。缺点是不容易连续化生产，产品纯净度不如本体聚合法。

11.3.1.2 PVC 成粒过程

与其他聚合物相比，颗粒特性对于 PVC 树脂特别重要，它直接影响 PVC 的使用性能和加工性能，因此，VCM 悬浮聚合过程中成粒控制和颗粒特性成为重要的环节。无论什么样的聚合实施方法，都是围绕着这一要求进行工作，因此，探讨 PVC 成粒过程具有重要的意义。

（1）PVC 颗粒结构术语　长期以来人们对 PVC 的颗粒形态进行大量研究，对其形成机理和结构特征也基本清楚，但文献中描述 PVC 颗粒结构的术语很多，往往混淆不清。在 1976 年第二次 PVC 国际会议以后，Geil P. H. 总结后提出了统一的命名，得到了 IUPAC 和研究者的承认和采用。其术语和命名见表 11-1。

表 11-1　PVC 颗粒结构术语

术语	尺寸/μm		说明
	范围	平均	
颗粒(grain)	50～250	130	自由流动粉体中可辨认的组分，由 1 个以上的单体液滴组成
亚颗粒(sub-grain)	10～150	40	由单体液滴聚合而成
聚结体(agglomerate)	2～10	5	聚合初期由初级粒子(1～2μm)聚并而成
初级粒子(primary particle)	0.6～0.8	0.7	由初级粒子核长大而成。在低转化率阶段(<2%)先由原始微粒聚并成核，然后随转化率的增加而长大
初级粒子核(domain)	0.1～0.2	约 0.2	含有约 10^3 个原始微粒，只在低转化率阶段(<2%)形成，该术语只用于描述 0.1μm 物种。一经长大就成为初级粒子
原始微粒(micro-domain)	0.01～0.02	约 0.02	目前能够鉴别出来的最小物种，约由 50 个大分子链聚而成

颗粒（grain）有粗粒之意，在成粒过程叙述中经常出现与"聚集"相似的术语。聚集（aggregate）意义比较广泛；聚结（agglomerate）有熔结之意；聚并（coalescenece）与聚结意义相近，经常混用。还有絮凝（flocculate）、凝聚（coagulate）等词。这些词都由许多小粒子聚集在一起、熔结或合并成大颗粒、甚至整块的意思。

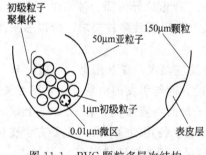

图 11-1　PVC 颗粒多层次结构

根据肉眼、光学和电子显微镜所能辨认的程度，悬浮法聚合所得 PVC 颗粒结构大致可分为 3 个层次，其模型如图 11-1 所示。

① 亚微观级为 0.1μm 以下，包括 0.01μm 原始微粒和初核。

② 微观级为 0.1～10μm，包括 1μm 初级粒子及其聚集体。

③ 宏观级为 10μm 以上，包括 50μm 亚粒子或初级粒子团聚体和最终产品粒径 150μm 的颗粒。

（2）PVC 成粒过程　长期以来，对 PVC 悬浮聚合过程中颗粒形成机理、颗粒形态和结构、影响因素及其规律和控制方法都进行了大量研究，提出了许多理论和工艺实施方法。Allospp 提出的观点受到普遍接收。

在悬浮聚合制备 PVC 的过程中，聚合反应在小液滴中进行，成粒过程反映在两个方面：一是在单体液滴中形成亚微观和微观层次的各种粒子；二是单体液滴或颗粒间进行聚并。首先从亚微观和微观粒子的形成开始，形成亚微观（<0.1μm）、微观层次（0.1～10μm），最

后形成宏观层次的颗粒（＞10μm）3个结构层次。在 PVC 成粒过程中，成粒、粒子生长和聚集多种进程同时进行，是一个十分复杂的过程，并无明显的区分界限。这三种层次的结构形态决定了 PVC 树脂的颗粒特性和产品质量、加工和使用性能。

① 亚微观和微观层次成粒过程。VCM 液滴内亚微观和微观成粒过程如图 11-2 所示。

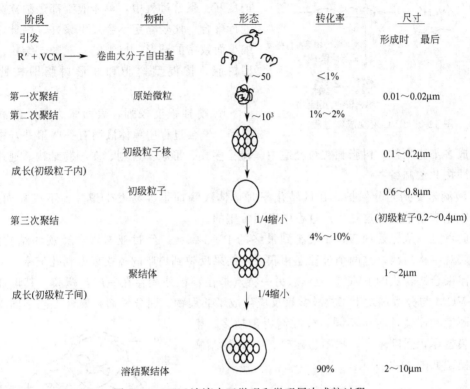

图 11-2　VCM 液滴内亚微观和微观层次成粒过程

由图可见，在聚合过程中，PVC 不溶于单体 VCM，在转化率为 0.1%～1% 很低的情况下（聚合度约为 10～30）就有出现沉淀的趋势。约有 50 个大分子链缠绕在形成最原始的相分离物种，出现第一次聚结，尺寸约为 0.01～0.02μm，这是能够识别出来的最小物种，成为原始微粒。原始微粒不能单独成核，也不稳定，约由 1000 个原始微粒进行第二次聚结，形成尺寸约为 0.1～0.2μm 的初级粒子核。

初级粒子核研究证明是一种真正的结构物种。在原始微粒和初级粒子形成后，进入微观成粒阶段。这一阶段包括：初级粒子核成长为初级粒子、初级粒子聚结和初级粒子的长大，是成粒过程中最重要的阶段。可以说亚微观和微观结构层次的成粒过程是不同尺寸的粒子成长和聚结的结果。

初级粒子核形成后即开始成长，不再形成新的初级粒子核，初级粒子数也不再增加，初级粒子稳定地分散在体系中。当转化率达到 4%～10% 时，长大到一定程度的初级粒子开始了第三次聚结，形成 1～2μm 的聚结体。这一过程是颗粒粒径形成阶段，颗粒之间聚并行为状态对最终颗粒形态影响很大。当转化率达到 85%～90% 时，聚合结束，初级粒子可长大到 0.5～0.15μm，聚结体可达 2～10μm。

② 宏观成粒过程。这一过程是 VCM 液滴间相互聚并的成粒过程。主要受分散剂和搅拌的影响，Allsopp 考虑到搅拌和分散剂的共同作用下提出的比较完善的机理模型。宏观成

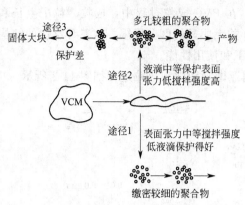

图 11-3　PVC 宏观成粒过程

粒过程如图 11-3 所示。

该模型考虑到搅拌强度和分散剂，进行不同的组合，提出了以下几种的宏观成粒过程。

a. 搅拌强度较弱，表面张力中等，液滴保护良好。聚合过程中，单体液滴都是独立分散和进行聚合，比较稳定不会发生聚并。因此，生成细小而致密的球形、单细胞、亚颗粒结构。紧密型树脂、掺混型树脂和球形树脂即按此方法成粒。

b. 搅拌强度较强，表面张力低，液滴保护中等。聚合过程中单体液滴有一些聚并，由亚颗粒聚集成多细胞颗粒，树脂颗粒粒径适中、疏松多孔、形状不规则、多细胞结构。通用疏松型树脂即按此法制备。

c. 液滴未受到充分保护。在低转化率时单体液滴即很容易发生聚并，不成粒而成块，最后可能充满整个釜，这是生产过程中所不希望的。

由此可见，从原始的 VCM 液滴到最终的 PVC 颗粒，经过亚微观和微观的结构层次，发展到宏观结构层次，这两个过程互相联系，结果反映到树脂的疏松程度和孔隙率上。

悬浮聚合法合成的 PVC 颗粒形态另一特点是在颗粒外还存在一层包覆膜，其形成原因是单体 VCM 与分散剂发生了接枝共聚反应生成了共聚物。因分散剂和聚合工艺不同皮膜的厚度、硬度和连续性有所不同，分散剂用量越多，生成的皮膜越厚，强度越高，越不易破碎。PVC 树脂颗粒结构模型如图 11-4 所示。

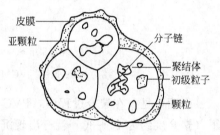

图 11-4　悬浮 PVC 树脂颗粒结构模型

11.3.1.3　颗粒形态影响因素

PVC 颗粒的形成受许多因素的影响，主要有工艺条件和配方。工艺条件如搅拌、温度、转化率等；配方如水单体比、分散剂品种和用量、引发剂种类和其他助剂等。下面分别进行简述。

（1）搅拌　PVC 悬浮聚合是在强烈搅拌下进行，搅拌对 PVC 粒径和分布、孔隙率和增塑剂吸收率等均有显著影响。搅拌从宏观和微观两个层次上影响 PVC 的颗粒结构和形态。

搅拌强度对 PVC 粒径的影响并不是线性关系，随着搅拌速度的增加，粒径呈现出 U 形变化方式，存在一临界转速，即搅拌速度过大和过小粒子直径都大。搅拌强度过大使 VCM 液滴变小，同时液滴碰撞概率增加，颗粒反而大。搅拌强度如果过低，VCM 液滴不能形成稳定的动平衡分散，相互聚集在一起，也就无颗粒尺寸而言。低于临界转速时，随着转速的增加粒子平均粒径变细，分散起主要作用，粒子宏观形态一般为单细胞或多细胞；高于临界转速时，粒径随转速的增加而增加，因为粒子聚集容易，最终粒径变大，宏观呈多细胞。

（2）分散剂　搅拌和分散剂是 PVC 悬浮聚合过程中最重要的两个影响因素，两者共同作用形成具有一定结构和形态特性的 PVC 颗粒，所以应综合考虑。

在搅拌一定的条件下，分散剂品种、性质和用量成为控制 PVC 树脂颗粒特性的主要因素。分散剂也将从微观和宏观两个层次上影响 PVC 的颗粒结构和形态。其影响比较复杂，一方面，降低单体与水之间的表面张力，使 VCM 在水中分散。随着分散剂用量的增加，VCM 液滴分散越细，树脂颗粒变小；另一方面，是保护液滴和颗粒，使液滴之间减少聚结，在生成聚合物颗粒时防止粒子黏结在一起。分散剂保护能力越强，PVC 树脂颗粒越紧密，孔隙率越小，粒子互相聚结较难，易形成单细胞树脂。经常使用复合分散就是为了同时满足上述两个要求，一种分散剂起分散作用，另一种起保胶作用。还可以填加辅助助剂，如表面活性剂，在深层次上改善树脂颗粒特性。

分散剂在 PVC 颗粒上形成皮膜，聚合初期水相中的分散剂迅速吸附在液滴表面，而水相中浓度相应降低，最后形成皮膜。随着分散剂不同，皮膜的连续性、强度、厚度不同。

（3）转化率　转化率也从宏观和微观两个层次对 PVC 颗粒特性产生影响，伴随着转化率的变化，PVC 颗粒尺寸经历了微观和宏观变化阶段（如图 11-2）。

在低转化率为 5%～15% 时，聚合反应在两相中进行，存在着单体液滴的分散——合并动平衡，液滴倾向于合并，而分散剂可防止合并；在转化率高于 15% 时，单体液滴中溶有一定量的聚合物，开始变得发粘，有聚并的倾向，分散剂在液滴表面形成保护膜，皮膜的强度、刚度增加，可防止粒子聚集。微观层次上粒径随着聚合进行而增长，因此，宏观上最终树脂粒径随着转化率的增加而增大。

随着聚合的进行，单体 VCM 转变为 PVC，液滴体积收缩，总收缩率可达 39%。采用不同的分散剂，保胶能力和收缩特点不同，保胶能力强的，如明胶，使颗粒均匀收缩，最后形成孔隙率很低的实心球，即紧密型树脂；保胶能力适中的，初级粒子聚结形成开孔结构的比较疏松的聚结体，类似海绵结构。达到一定转化率后海绵结构变得牢固，其强度足以抵制收缩力，最后形成疏松型树脂。

在转化率低于 70% 时，聚合体系中存在单体 VCM 和 PVC 两相，聚合在两相中进行，存在一定的动平衡。当转化率大于 70% 后，单体相消失，大部分溶胀在 PVC 中的 VCM 继续聚合，单体液滴都转变为固体颗粒，不易黏结在一起，使树脂结构致密，孔隙率降低。如果转化率继续增加，单体越来越少，外压大于内压，导致树脂颗粒塌陷，表面皱折、破裂，新形成的 PVC 逐步充满颗粒内和表面孔隙，使孔隙率下降，因此，要得到疏松型树脂，转化率也需要控制，一般在 80%～85% 以下。

（4）聚合温度　在常用聚合温度（45～65℃）范围内，无链转移时，PVC 的聚合度仅取决于温度。温度对孔隙率有影响，在较高温度下聚合，树脂粒径增长变慢，最终平均粒径变小，孔隙率较低。聚合温度对 PVC 颗粒结构的影响深入到初级粒子层次。一般随着温度的增加，初级粒子变小，熔结程度加深，粒子呈球形；而温度较低时，易形成不规则的聚结体，从而使孔隙率增加。

（5）水油比　水的作用是作为单体 VCM 的分散介质和聚合热量的传热介质。水油比大小影响单体分散液体滴的数量和大小，从而影响聚合体系的分散、合并速度直到宏观成粒过程。

水油比 1.6～2.0 较高，可得到疏松型树脂，1.2 时较低，可得到紧密型树脂。

11.3.1.4　悬浮聚合法生产的 PVC 树脂品种

悬浮聚合法是世界范围内生产 PVC 树脂的主要方法，由这一工艺生产的 PVC 树脂品种众多，主要有紧密型、疏松型、掺混型、球型、无皮型等。它们的生产工艺略有不同，简述如下。

(1) 紧密型　紧密型是在搅拌强度较弱、表面张力中等、液滴保护良好的条件下形成的（按第 1 种宏观成粒机理成粒）。

(2) 疏松型　疏松型是在搅拌强度较强、表面张力低、液滴保护中等的条件下形成（按第 2 种宏观成粒机理成粒）。

(3) 球型　球型是针对大口径管材、板材和型材直接作粉料挤出生产而开发的。要求 PVC 树脂具有一定分子量，颗粒形态紧密规整，高的表观密度和孔隙率。美国 Goodrich 在 1985 年研制成功，1986 年投产。此后，日本电气化学公司、钟渊公司、三菱化成公司、信越化学公司和东压化学公司，德国的瓦克布那公司也先后开发成功这种树脂，现已广泛应用于大口径管材、型材和板材。

我国由锦西化工研究院、北京化工大学、浙江大学、江苏北方氯碱集团公司和张家口树脂厂等单位承担了国家"七五"、"八五"大口径管材专用 PVC 树脂和球形树脂攻关项目，于 1991 年投入工业化生产。

(4) 无皮型　由于分散剂 VCM 可以发生聚合反应，因此，在颗粒表面均有一层皮膜，厚度为 $0.01\sim0.02\mu m$。皮膜的存在对于聚合反应过程中是有利的，可提高分散效果、防止粒子聚并，阻碍颗粒内单体向外扩散。但对加工是不利的，皮膜的存在阻碍了树脂吸收增塑剂的速度和能力，影响树脂颗粒的熔融速度，增加塑化时间，易造成树脂熔融不均匀，降低生产效率。因此，减少或消除皮膜成为研究开发的一个重要方向。本体聚合法生产的 PVC 树脂也是无皮型的。

美国 Dow 化学公司最早开始研究，采用相转变方法制备。1987 年美国 Goodrich 公司开发成功无皮 PVC 的工业化生产。

(5) 掺混型　PVC 糊用掺混树脂主要用于 PVC 加工时掺混用的树脂，最主要的作用是降低增塑糊的黏度，还可降低成本。

1960 年美国 Broden、古德里奇、德国瓦克（Wacker）公司相继开发成功掺混用 PVC 树脂及其共聚物。共聚物有氯乙烯-乙酸乙烯、氯乙烯-偏氯乙烯、氯乙烯-马来酸酯等。

我国于 20 世纪 70 年代末开始研究和应用 PVC 掺混树脂，国内许多厂家都具备生产均聚 PVC 掺混树脂的能力，产品质量也达到国外先进水平，但是，共聚 PVC 掺混树脂生产厂家还较少。

PVC 糊用掺混树脂生产方法较多，可以采用悬浮聚合、乳液聚合、本体聚合法。不同生产方法生产的 PVC 糊用掺混树脂性能有所差别。悬浮法生产掺混树脂可应用原生产通用型 PVC 树脂的悬浮聚合装置。悬浮法生产的掺混树脂平均粒径为 $20\sim40\mu m$，颗粒基本为球形、制品透明性、耐水性和加工热稳定性均良好，是目前采用较多的方法。乳液法粒径较小，树脂纯度不高，加工热稳定性、制品透明性和耐水性较差。本体法可用原有本体法装置，只需对原有本体聚合配方稍加改变就可生产出掺混树脂。本体法是法国阿托（Ato）公司独有的专利技术，生产的树脂颗粒较大，平均为 $60\mu m$，为球形外观，树脂中杂质少，熔融性和耐水性好，但热稳定性不好，透明性一般。

(6) 高聚合度　高聚合度 PVC（HP-PVC）是指聚合度在 $1700\sim4000$ 的 PVC 树脂，还有分子量超过 4000 的所谓超高分子量树脂。

HP-PVC 首先由日本三菱化成于 1967 年开发成功。1978 年住友公司开发成功具有微交联结构的 HP-PVC。20 世纪 80 年代中期在西欧得到了发展，1988 年美国和加拿大的公司也开发了该树脂，并且实现了工业化。目前世界上已有许多国家生产，日本仍然是主要生产国。

我国于 20 世纪 80 年代后期开始研究 HP-PVC，1990 年北京化工二厂首先开始生产聚合度为 2500 和 4000 的 HP-PVC，1992 年河南新乡树脂厂采用扩链剂异氰脲酸三烯丙酯生产 P-2500PVC 树脂，此后国内许多公司等均有生产。

HP-PVC 采用悬浮聚合工艺生产，有低温和通过添加扩链剂方法，或两法并用的方法生产。低温工艺是在 45℃以下，一般为 35~45℃，其他与通用型 PVC 相似，而且聚合度越高，聚合温度就越低，低温法聚合时间长，生产效率大大降低。扩链剂法是在通常的温度下（30~50℃）加入少量扩链剂，通过与单体 VCM 共聚达到增加分子量的目的。常见扩链剂主要有两种类型，丙烯酸烷基醇酯类和烯丙基酯类。如邻苯二甲酸二烯丙酯、异氰尿酸三烯丙酯、马来酸二丙烯酸酯、二乙烯基苯、二甲基丙烯酸丁二酯、乙二醇二丙烯酸酯、1,2-聚丁二烯、1,6-己二醇二乙烯酯等。扩链剂法提高了生产效率和聚合体系的安全稳定性。

11.3.2 乳液聚合生产工艺

乳液聚合工艺生产 PVC 始于 20 世纪 30 年代，是实现 PVC 工业化生产的最早方法。1931 年德国法本开始小规模工业化生产，1937 年实现工业化生产。1933 年赛姆公司获得制造专利，1944 年产品大量应用制造船用电缆。50 年代初古德里奇公司开发了微悬浮技术，Monsanto 公司开发了乳液种子法。日本 40 年代末开始生产糊树脂，最早是引进美国乳液种子法的三菱孟山都公司，60 年代开发了新型微悬浮法，70 年代曹达公司引进法国 MSP-3 法。

我国从 20 世纪 80 年代先后从国外引进乳液聚合法生产装置和技术，如西安化工厂从德国布纳化工厂引进。

乳液聚合工艺包括微悬浮聚合法主要用于糊树脂的生产，目前产量不多，仍是 PVC 第二种主要生产方法。乳液聚合法也是生产 PVC 通用树脂的一种主要方法，产量仅次于悬浮法。

乳液聚合实施方法有多种，如：种子乳液聚合法、乳液连续聚合法、微悬浮聚合法（MSP-1）、种子微悬浮聚合法（或称混合法，MSP-2 和 MSP-3）、溶胀聚合法、微乳液聚合法等，每一种方法都有各自的特点，主要是合成不同乳胶粒径和分布的 PVC 以满足糊树脂加工要求。每种聚合方法所对应的产品见表 11-2。

表 11-2　PVC 生产方法、工艺和应用

聚 合 方 法	聚 合 工 艺	产 品 用 途
乳液聚合	乳液聚合工艺	注塑、糊制品
	种子乳液聚合工艺	糊制品
	乳液连续聚合工艺	糊制品
微悬浮聚合方法	微悬浮聚合工艺	糊制品
	种子微悬浮聚合工艺	糊制品
	混合微悬浮聚合工艺	糊制品
	溶胀聚合工艺	糊制品

11.3.2.1　乳液聚合工艺

乳液聚合基本组分由单体、水、水溶性引发剂和乳化剂四部分组成。将液态 VCM 单体在乳化剂存在下分散在水中成为乳状液，引发剂在水相中产生自由基，VCM 通过水层扩散到胶粒中，在引发剂的引发下 VCM 聚合生成 PVC。常用的乳化剂为烷基硫酸盐（十二烷基硫酸钠）、高级醇酸盐类（十二烷基醇硫酸钠）、烷基磺酸盐（十二烷基苯磺酸钠）、非离子型表面活性剂等，引发剂都是水溶性的，如过氧化氢、过硫酸钾（钠）、过硫酸铵等。PVC 乳液聚合工艺有间歇式和连续式之分。

第一套乳液连续聚合工艺是 1942 年德国布纳（Bunna）公司投产的，目前以德国的许尔斯（Hüls）公司、赫斯特（Hoechst）公司、瓦克（Wacker）公司等为代表。一些设备即可用来生产乳液聚合 PVC，又可用于悬浮聚合工艺。实际上大多数生产厂家在设计时就已经使聚合设备都具有生产两种树脂的能力。

连续聚合对粒径的控制是在乳液聚合过程中粒径形成的基础上，对聚合工艺条件进行改变（如搅拌条件），这与种子乳液聚合过程通过加入乳化剂用量来控制调节一代种子粒径，调整种子用量和乳化剂用量来控制粒径大小及分布不同。

聚合后的胶乳进行必要的后处理，有利于改善乳胶和树脂的性能。添加 pH 调节剂提高乳胶机械稳定性，添加热稳定剂可以改善树脂热稳定性，添加无机盐类可提高树脂的发泡性，添加表面活性剂可提高乳胶的稳定性。

乳液聚合工艺创建早，优点是可以连续生产、温度易控制、热量易除去、体系黏度低、树脂颗粒细、分子量高；缺点是工艺流程长，特别是种子乳液聚合，除了先制备种子外，聚合过程单体、乳化剂需要连续添加；后处理较复杂、助剂多、生产成本高、树脂纯度低（乳化剂难以完全除去），应用领域受到限制。随着研究深入和应用的拓展，如壁纸、地板革、化学防水布及汽车内装饰布等，使 PVC 糊树脂需求量增加，相继开发出一些新的生产方法，使乳液聚合工艺得到发展。

乳液聚合与悬浮聚合的差异主要在于：在悬浮聚合过程中使用的引发剂与单体是互溶的，在搅拌和分散作用下，这一互溶体系以液滴形式均匀地悬浮在水相中，液滴大小、数量以及最终 PVC 颗粒形态和粒径分布，与搅拌强度、分散剂性质和用量有关。每个小液滴相当于一个小本体聚合单元，在引发剂作用下 VCM 进行聚合生成 PVC 颗粒。随着聚合的进行经过亚微观、微观和宏观阶段形成内部多孔的 PVC 树脂颗粒，一般平均粒径为 $150\mu m$。而在乳液聚合过程中，使用的乳化剂是用来保持水相中的单体呈小液滴，使用的是水溶性引发剂，只溶解在水相中，引发剂分解后产生的自由基通过扩散的方式进入到胶束中，引发 VCM 聚合生成 PVC 颗粒，因此，胶束的数量和大小分布由乳化剂决定的，与搅拌情况无关。乳液聚合形成的胶乳粒径一般为 $0.1\sim1\mu m$，比悬浮聚合 PVC 颗粒小得多，经喷雾干燥后胶乳颗粒凝聚颗粒尺寸增大到 $20\sim50\mu m$。

11.3.2.2　种子乳液聚合工艺

一般乳液聚合所得到的乳胶粒在 $0.2\mu m$ 以下，为了达到增大乳胶粒径的目的，工业上发展了种子乳液聚合方式，使乳胶粒径增大到 $1.0\mu m$ 以上。PVC 种子乳液聚合法研究较早、技术较成熟、生产方法和产量较多，使用该法生产糊树脂占 PVC 糊树脂的一半左右。该技术以美国的古德里奇公司、日本的三菱孟山都公司、英国 ICI 公司为代表。

种子乳液聚合法也分为间歇和连续聚合工艺。主要为间歇式聚合工艺。种子乳液生产方法除了增加种子聚合工序外，其他与乳液聚合相似。首先制备种了胶乳，然后用此种子再加入 VCM、水和引发剂制备乳胶。

种子胶乳粒径大小及其分布与成品糊树脂性能密切相关，因此，种子粒径分布要窄。种子粒径大，成品胶乳粒径也大，则糊性能好，相反，粒径小成品胶乳粒径也小，性能不好。因此，有些工艺利用种子胶乳再继续做第二代种子，然后将第一代和第二代种子同时加入制备胶乳。

种子乳液聚合可生产比较大粒径的乳液树脂，可制备颗粒达 $2\sim3\mu m$。由于种子的加入，单体在种子表面再形成聚合，重叠生成聚合层，使得种子乳液聚合生产的树脂颗粒比用其他乳液聚合技术生产的聚合物颗粒都要大。而且种子乳液聚合法可生产双峰分布的糊树脂。

11.3.2.3 PVC 乳胶粒子的形成过程

乳液于 20 世纪 30 年代就已工业化，但理论研究从 40 年代初期才开始。Harkins 提出了乳液聚合的定性理论，以后 Smith 和 Ewart 在此基础上提出了定量理论，这些理论成为经典的乳液聚合理论，被广泛接受。

乳液聚合过程中乳胶粒的形成经历了 3 个阶段：乳胶粒生成、乳胶粒生长和乳液聚合完成阶段。

(1) 乳胶粒的生成阶段　这一阶段从分散、引发聚合到胶束消失。

在乳胶粒的生成阶段还包括分散阶段，即单体、乳化剂、水和引发剂在搅拌的条件下在聚合体系中形成水相、胶束（包括增容胶束）、单体液滴，它们之间建立了动态平衡。胶束和增溶胶束的直径分别为 $4\sim5nm$、$6\sim10nm$。

引发剂在水相中分解成自由基，当自由基扩散进入到增溶胶束内后引发聚合，聚合反应就在胶束内进行，这一过程是胶束成核过程。聚合反应主要发生在乳胶粒中，这一阶段随着聚合反应的进行，成核乳胶粒不断增多，乳胶粒也不断增大。当转化率仅为 $2\%\sim3\%$ 时，乳胶粒可以长大到 $20\sim40nm$。当转化率达到 15% 时，胶束全部消失，不再形成新的乳胶粒，胶粒数量从此固定下来；单体液滴数量不变，只是体积不断减小。与原来的胶束相比，只有极小部分胶束成核转变为乳胶粒。胶束全部消失是第一阶段结束的标志，如图 11-5 所示。

(2) 乳胶粒的生长阶段　自胶束消失后，聚合反应完全在乳胶粒中进行，进入第二阶段——乳粒生长阶段，这一阶段只有乳胶粒和液滴两种粒子。随着聚合反应的进行，乳胶粒继续增大，直到单体液滴消失。当转化率达到 70% 左右时，单体液滴消失，乳胶粒直径为 $50\sim200nm$，聚合反应进入到第三阶段。单体液滴消失是第二阶段结束的标志。

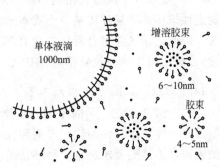

图 11-5　乳液聚合体系三相示意

(3) 乳胶粒的生成阶段　在第三阶段，体系无单体液滴，只有乳胶粒一种粒子。乳胶内的聚合反应已无单体进行补充，只能依靠残余单体继续聚合。聚合速率将随单体浓度的降低而降低，完成了单体-聚合物乳胶粒向聚合物乳胶粒的转变过程。转化率一般在 $85\%\sim$

90％，乳胶粒子尺寸为100～200nm，整个成粒过程如图11-6。

胶束————→增容胶束————→乳胶粒生成————→乳胶粒生长————→聚合完成

尺寸：4～5nm　　6～10nm　　　20～40nm　　　　　50～200nm　　　　　100～200nm

转化率：　　　　　　　　　　　2%～3%　　　　　　70%　　　　　　　85%～90%

图11-6　氯乙烯乳液聚合乳胶粒子尺寸变化过程

对于种子聚合机理，还没有统一的看法。定性的理论仍然采用Harkins理论，但与一般乳液聚合不同，种子乳液聚合越过VCM乳液聚合第一阶段，而直接进入第二阶段即乳胶粒生长阶段。在已生成的PVC颗粒存在下，单体在颗粒上"滚雪球"式聚合，使粒子长得更大。

11.3.3　微悬浮聚合法工艺

PVC糊树脂除了采用乳液聚合方法外，微悬浮聚合方法也是一种重要方法，微悬浮聚合法是在悬浮聚合和乳液聚合工艺基础上发展起来的新的聚合工艺，该方法最早由美国古德里奇公司于1950年开发成功，它是将所有物料一次均化分散的技术，属于第一代技术。1966年法国罗纳-普朗克公司［Rhone-Poulenc，现阿托化学（Atochem）］开发了微悬浮聚合法制备糊树脂第二代技术，将种子聚合方法引入到微悬浮聚合中，得到的产品质量好、生产效率高，成为生产专用糊树脂的方法之一。1985年美国西方化学公司开发了混合微悬浮工艺，称为Hybrid工艺，取消了均化工序。因此，微悬浮聚合发展到目前主要有3种实施方法：微悬浮聚合法、种子微悬浮聚合法和混合微悬浮聚合法。微悬浮聚合法生产技术的代表是美国的古德里奇公司、日本吉昂公司（Zeon）和钟渊公司。种子微悬浮聚合法代表是法国阿托化学公司，于1975年开发了MSP-3，是世界上的先进生产工艺。

我国从20世纪80年代先后引进了一批国外微悬浮聚合法和种子微悬浮聚合法生产装置和技术，如天津化工厂和上海天原化工厂从日本三菱孟山都公司引进，牡丹江树脂厂从日本吉昂公司引进，沈阳化工厂从日本钟渊公司引进，合肥化工厂从法国阿托化学公司引进等。

微悬浮聚合法与悬浮聚合不同之处是不用保护胶而用乳化剂将单体分散在水中，它与乳液聚合不同之处是采用油溶性引发剂而不用水溶性引发剂，并且反应设备中增加了均化器。VCM在一定条件下通过乳化剂和均化器形成具有一定粒径和分布的微液滴分散在水中，得到稳定性极佳的微悬浮体系。小液滴的粒径和分布决定了所生产的PVC的颗粒大小和粒度分布，因此，微悬浮聚合所生产的PVC颗粒的大小、分布和形态是可预测和控制的。生产的PVC树脂可以像一般悬浮聚合PVC一样加工，也可生产糊用树脂。

11.3.3.1　微悬浮法生产工艺

（1）MSP-1工艺　是简单的一步微悬浮聚合法，可分两个阶段：均化和聚合阶段。均化阶段将单体、水、油溶性引发剂和乳化剂等物料进行机械搅拌均化，使VCM乳化成合适的微液滴，为达到要求通常要循环几次；这是悬浮聚合最早的工艺，比较成熟，称为MSP-1工艺，生成的粒径为0.2～2.0μm。这种工艺特点是：一次均化，使用油溶性引发剂，不同于乳液聚合，糊流变性能好，但操作要求严格、胶粒分布宽、无双峰分布、糊黏度靠均化控制。缺点是：操作时间长、耗能大、生产效率低、固含量低，小于40％。

（2）MSP-2工艺　在MSP-1工艺基础上改进出现了MSP-2工艺和MSP-3工艺，它们是将种子聚合方法引入到微悬浮聚合中，成为种子微悬浮聚合法。MSP-2工艺分为3个阶段：均化、种子胶乳制备和胶乳聚合阶段。首先同样采用机械均化法制备微液滴；第二步制备种子，通常采用微悬浮聚合制备，粒径约为 $0.5\mu m$；第三步是微悬浮聚合，聚合过程中，种子胶乳只占 5%，其余为 VCM，不再加引发剂。全部引发剂在第二步加入，全部 PVC 粒子均在此步生成，粒径为 $1.0\sim2.0\mu m$ 之后的聚合无新粒子生成。特点是：可用种子加入量调节最终 PVC 的粒径，转化率高达 92%，胶乳粒子双峰分布，糊黏度由种子来调节。缺点是全部物料一次投入并均化（除种子外），处理量大，时间长，消耗能量多，聚合时间长。

（3）MSP-3 工艺　MSP-3 工艺是对 MSP-2 工艺的改进，同样分为 3 个阶段，同样采用机械均化法制备一小部分微液滴（<5%）；种子胶乳制备采用两种方法：一种是用微悬浮聚合，粒径约 $0.2\sim0.6\mu m$；一种是用乳液聚合法，粒径约 $0.1\sim0.6\mu m$；聚合时加入两种聚合方法制备的种子，引发剂均在微悬浮种子中，在一定温度和压力下进行聚合反应，过程及设备情况同 MSP-2。该工艺特点是：均化物料少、固含量高，可达 55%～60%（MSP-2 为 43%）、乳胶可不经处理直接进行喷雾干燥，能耗低、粒子分布为双峰、糊黏度低，但工艺复杂，生成的粒径为 $0.2\sim3.0\mu m$。是国际上比较先进的工艺。

微悬浮聚合中采用的乳化剂与一般乳液聚合类似，首选阴离子型，引发剂采用油溶性有偶氮类和过氧化物类，根据需要也可采用复合引发剂。

（4）混合微悬浮聚合工艺　该工艺物料不用均化处理，采用微乳液法中微液滴法，制备较大的液滴，然后与乳液种子混合而成，所以称为混合微悬浮法。引发剂为氧化还原体系，如硫酸铜，过氧化型引发剂，还原剂为甲醛化次硫酸钠。该工艺特点是：物料一次投入不用均化、工艺简单、生产能力高；采用氧化还原体系，一种组分不加，体系不会聚合，聚合是安全可控制的；能耗低、助剂使用品种少；胶乳粒子是双峰分布、糊树脂性能好。从微悬浮聚合发展过程来看，是从复杂到简单，即由物料均化、少量均化到不均化的发展过程。

11.3.3.2　成粒过程

微悬浮聚合与悬浮聚合和乳液聚合对比可见，微悬浮聚合主要特点就是：第一，要使单体液滴均化成小液滴，第二，要使这些液滴稳定，并进行聚合成为乳胶粒子，第三，在聚合过程中也要保持颗粒的稳定，不能发生凝聚。

微悬浮聚合中首先要制备微小液滴，其制备方法有两种：均化法和溶胀法，也叫物理和化学方法。物理方法：非化学反应制备微液滴；化学方法：通过化学反应形成络合物再形成微液滴的方法。

为了制备粒径为 $0.1\sim2\mu m$ 的微小液滴，除了选择合适的乳化剂之外，必须使用机械装置进行强烈的剪切搅拌细化分散，这种作用即为均化。均化设备有高速泵、胶体磨和均化器。

溶胀法是采用低水溶性的有机化合物，它能与乳化剂形成络合物（化学反应），即形成微小液滴，粒径约为 500nm，比胶束大得多。生成的微小液滴能够吸收单体形成溶胀的液滴，这时与单体相溶解的引发剂也溶解在溶胀的液滴中，经引发聚合，形成微小的胶乳粒子。低水溶性有机化合物通常是多碳醇，如十六醇或它们的混合物；有机酸，如硬脂酸。

因此，微悬浮聚合颗粒的形成过程是在机械均化和乳化剂的作用下形成的微小液滴，经引发聚合生成乳胶颗粒，聚合过程胶粒的形成是一次成粒过程，不可能出现如悬浮聚合那样两次以上的成粒过程。成粒过程如图 11-7 所示。

微悬浮聚合 PVC 树脂二次颗粒获得与乳液聚合法一样，是经喷雾或离心干燥等后处理

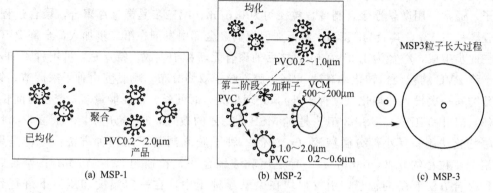

图 11-7　不同工艺成粒过程

完成的，得到的 PVC 糊树脂直径为 $15\sim70\mu m$，研磨后为 $5\sim25\mu m$。

由上述可见，微悬浮聚合法与悬浮聚合法和乳液聚合法之间存在明显不同，主要差别如下所述。

① 微悬浮聚合法中单体液滴分散（液滴大小和分布）是靠机械均化形成的，然后由乳化剂及其他助剂保护、隔离和悬浮，因此对聚合釜和搅拌有特殊要求。这与传统的乳液聚合不同，不是靠乳化剂产生的胶束形成。粒径大小可控制，并可得到均匀和较大的粒子。

② 在微悬浮聚合体系中，使用乳化剂也是为了降低界面张力，达到分散的目的，助乳化剂是起保护和悬浮作用。微悬浮聚合也不会发生乳液聚合，这是由于在微悬浮聚合中，所加入的乳化剂量较少，一般 $\leqslant2.5\%$，乳液法乳化剂量在 $5\%\sim6\%$。因此，在微悬浮聚合中乳化剂用量在临界胶束浓度以下，分散阶段不能形成胶束，也就不可能发生乳液聚合反应，即使发生了乳液聚合，生成的聚合粒子由于没有多余的乳化剂存在，是不稳定的，也只能沉积在其他大颗粒上。

③ 与悬浮聚合一样采用油溶性引发剂和相同的聚合机理，在单体液滴内直接引发聚合，而与传统的乳液聚合使用水溶性引发剂，引发剂通过扩散到单体液滴内引发聚合明显不同，因此，两者聚合过程存在差别。由于引发剂溶解在单体中，直接引发就地聚合，而乳液聚合引发剂通过扩散方式进入到单体液滴中，因此，微悬浮聚合速率快得多。

④ 微悬浮聚合与悬浮聚合有相似之处，如采用相同的引发剂和聚合反应均在液滴内进行，但也有不同之处。由于在微悬浮聚合中单体液滴小，生成的颗粒小，生成的聚合物在液滴内不能形成沉析物，因此，不能形成二次粒子。

⑤ 颗粒大小不同。悬浮聚合的 PVC 颗粒约为 $50\sim200\mu m$，乳液聚合胶乳颗粒约为 $0.1\sim0.5\mu m$，而微悬浮聚合的胶乳颗粒一般为 $0.1\sim2\mu m$，比悬浮聚合小得多，这也是称为微悬浮聚合的原因。

11.3.4　本体法生产工艺

PVC 本体聚合方法工业化技术的发展比较晚，1956 年法国圣戈班（Saint Gobain）公司建成投产，采用一步法工艺，1962 年该公司（与其他公司合并组建 PSG，后成为阿托公司）发展了二步法工艺，于 70 年代发展成熟，成为典型的二步本体聚合工艺。

一步法工艺，聚合反应在单釜内进行，显然此工艺黏度大、聚合热难以除去，处理品粒径和分子量分布宽，质量较差，使用得不多。

二步法工艺，聚合反应分两步进行，第一步为预聚合，加入单体总量的 1/2～1/3 和相应的引发剂，聚合转化率控制在 8%～12%；第二步为聚合，加入其余单体和引发剂，聚合总转化率为 70%～85%。二步法解决了传热、粘釜、自动控制、树脂质量等一系列问题，发展很快，已有许多国家采用。1995 年我国宜宾天原化工厂引进国内第一套法国 Atochem 公司的 20kt/a 本体 PVC 生产装置。

本体聚合法制备 PVC 反应机理，所用引发剂类型均与悬浮聚合法相同。由于反应过程中不加水，因此，颗粒的形成过程与悬浮聚合稍有不同。没有分散剂，粒子的形成是在搅拌下，单体液滴聚合转变成聚合物颗粒，并不断进行聚集最终形成 PVC 树脂颗粒。成粒过程主要经历了两个阶段：预聚阶段和聚合阶段。

预聚阶段是液相成粒过程，此阶段一直保持初级粒子的状态，转化率控制在 8%～12%。在此阶段由于 PVC 大分子不溶于 VCM 中，一经生成便沉析出来，生成直径为 200～300nm 的分子粒子，这种微小的粒子分散在 VCM 中，比表面极大，不稳定，很容易聚集成 0.02～0.05μm 的微区，发生第一次聚集。随着转化率的提高，这些微区继续进行第二次聚集成 0.5～0.7μm 的初级粒子。初级粒子实为在 PVC 大分子所形成的网状结构中充满了 VCM 单体，形成胶态。这一过程中介质由透明逐渐变成不透明，最后成为乳白色。如果搅拌良好，当 VCM 转化率为 2% 时，就不再有新的微粒生成。

在预聚阶段，粒子小、比表面积大、表面能高，搅拌速度是决定颗粒大小的重要参数。聚合阶段为颗粒增长过程，随着聚合转化率的增加，液相单体逐渐被 PVC 颗粒吸收，单体不断减少。当转化率达到约 20% 时，自由单体消失，全部为胶态粒子，体系黏度快速上升，初级粒子发生三次聚集，生成 105～130μm 的树脂颗粒。当转化率达到 30%～40% 时，胶态结构全部消失，体系转变成粉末状态，未反应的单体吸附近在树脂粉末上，直到聚合反应结束。本体聚合法成粒过程如图 11-8 所示。

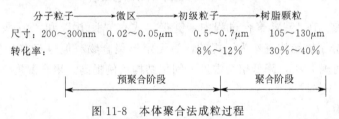

图 11-8 本体聚合法成粒过程

本体法生产工艺在无水、无分散剂，只加入引发剂的条件下进行聚合，不需要后处理设备，工艺简单、节能、成本低。PVC 颗粒尺寸均匀、孔隙度均一、没有包覆膜。用本体法 PVC 树脂生产的制品透明度高、电绝缘性好、易加工，用来加工悬浮法树脂的设备均可用于加工本体法树脂。缺点是反应体系黏度很大，热量不易排除，温度不易控制，分子量分布宽。

11.4 结构和性能

11.4.1 化学结构

PVC 的化学结构通式为 $-\!\!\!\begin{array}{c} CH_2-CH \\ | \\ Cl \end{array}\!\!\!-_n$ 。虽然上述 PVC 制备工艺方法很多，但聚合机理都是通过自由基引发氯乙烯聚合成 PVC，差别只是聚合实施方法和工艺不同。

在自由基聚合过程中，由于活性大分子自由基会向大分子链、单体发生链转移反应，以及双基偶合终止反应，导致 PVC 结构十分复杂，缺陷较多，如头-头结构、氯甲基结构、1,2-二氯乙基短支链结构及烯丙基氯端基结构等，部分结构缺陷如图 11-9 所示。聚合工艺不同导致 PVC 树脂化学结构、颗粒结构和形态、尺寸大小和分布差别明显，因此，PVC 树脂化学结构和颗粒结构与聚烯烃相比要复杂得多。

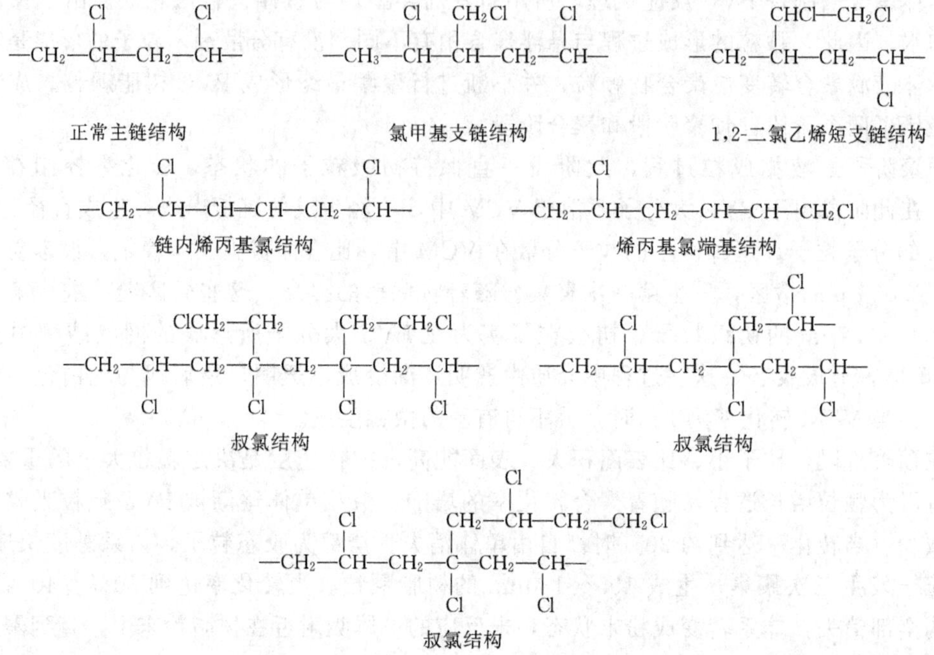

正常主链结构　　氯甲基支链结构　　1,2-二氯乙烯短支链结构

链内烯丙基氯结构　　烯丙基氯端基结构

叔氯结构　　叔氯结构

叔氯结构

图 11-9　常见的 PVC 结构缺陷

（1）主链结构　在 VCM 聚合过程中，键接方式有"头-尾"和"头-头"，以"头-尾"为主，约占 86%；分子链结构基本为无规的，为无定形聚合物。但也存在少量结晶结构，一般认为是生成少量间规 PVC，降低聚合温度，间规结构比例提高。聚合温度为 0℃时，间规结构比例高达 60%。

（2）化学结构

① 支化。支化产生的原因有几种。一是大分子自由基以"头-头"方式加成，然后氯原子转移，出现支链；二是大分子自由基向聚合物进行链转移，或大分子自由基发生分子内链转移，形成的大分子自由基发生终止反应均可形成支链结构，这种支链一般较长。PVC 中还存在少量短支链，主要是氯甲基（—CH₂Cl），形成机理如下：

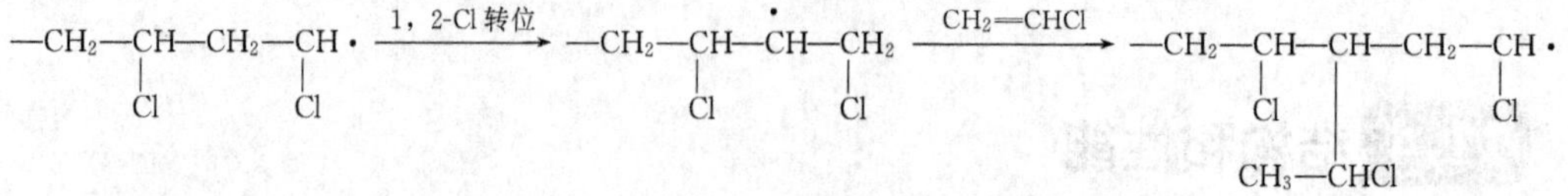

对于聚合度为 700~1400 的 PVC，每个分子链上约含有 10~20 个支链。支化是导致 PVC 不稳定的因素之一。

② 双键。在 PVC 中存在一定量的双键，双键可在分子链中，也可在端基，不饱和键产生的方式也较多。各种可能的链终止反应能够导致各种类型的端基。歧化终止生成—CH =CHCl 和—CH₂—CH₂Cl 端基，偶合终止形成—CH =CHCl、—CCl =CH₂、—CH =CH₂ 端基。研究表

明在上述端基中，不饱和 β-氯代基团是主要的，即在 PVC 树脂中，约有一半以上的端基含有双键。向单体的链转移也能产生端基不饱和键。

聚合物与自由基之间发生反应，可导致脱氯化氢形成双键。聚合体系中若存在炔烃或丁二烯（Bd），PVC 的双键数会增加，链的次末端也会出现不饱和键。双键的存在也是 PVC 热稳定性差的重要原因之一。

③ "头-头" 结构。"头-头" 是通过 "头-头" 加成或大分子自由基偶合终止得到。"头-头" 结构是脱氯化氢的引发点，这也是降低 PVC 热稳定性的原因之一。

④ 不稳定氯。烯丙基氯原子（—CH＝CH—CHCl—）和叔氯原子是不稳定氯的根源。链内烯丙基氯结构是自由基向大分子转移的结果；叔氯结构则是自由基分子内回咬、自由基分子间氢抽提的结果。

⑤ 含氧基团。在聚合过程中或聚合物加工过程中如果有氧存在，可与氧发生反应，在 PVC 中出现不稳定点，生成各种含氧化合物（如羰基化合物、不饱和酮基团）或双键。

⑥ 引发剂残基。在聚合反应过程中，引发剂的残基还能与大分子链的自由基反应，成为分子链的端基，由于引发剂不同，那么反应能力等方面有一定的差异，最终形成的大分子链上具有 R—CH$_2$—CHCl、R—COOCH$_2$—CHCl、HSO$_4$—CH$_2$—CHCl— 等形式。

正是由于 PVC 结构中存在上述较多的缺陷，成为 PVC 易发生降解、热稳定性差的根本原因。

11.4.2 颗粒结构和形态

PVC 树脂的颗粒结构和形态具有特殊的意义，它直接影响树脂的性能，因此，从上述介绍中可以看到，各种聚合方法中都围绕着各种树脂颗粒的形成进行工作。

对于悬浮聚合、乳液聚合、本体聚合和溶液聚合制备的 PVC 树脂，原始微粒的结构基本相同，初级粒子也相似，但由于聚合工艺不同最终形成的 PVC 颗粒结构与形态则有很大的差别。由于悬浮聚合法在目前 PVC 树脂的生产中占有主要地位，因此，将重点进行介绍。

PVC 树脂颗粒评价指标众多，有粒径和分布、结构和形态、孔径和分布、孔隙率、比表面积、密度分布等；还有表观密度、堆积密度、干流性、粉末混合性、增塑剂吸收性、残留单体含量等。按树脂结构可分为紧密型、疏松型以及掺混、球形和无皮型等专用树脂，下面分别简述。

11.4.2.1 悬浮聚合 PVC 树脂颗粒结构和形态

悬浮聚合生产 PVC 成粒过程中，由于分散体系和搅拌条件的不同，可产生不同内部结构、外观形态和尺寸大小的颗粒，形成了不同树脂品种、性能各异的树脂。

(1) 紧密型 粒径为 $30\sim100\mu m$，粒径分布较宽。树脂内部由初级粒子紧密堆积，孔隙率很少。表面形态光滑，基本是单细胞颗粒，没有聚集结构；外观类似玻璃球或乒乓球状。球状表面有厚而致密的表皮，根本看不到内部结构。皮膜厚度约为 $0.01\sim1\mu m$。乒乓球状皮膜较薄，可看到内部结构。紧密型 PVC 树脂是悬浮法生产 PVC 的早期品种，由于颗粒结构存在缺陷，目前逐渐被疏松型所取代。

(2) 疏松型 粒径略大于紧密型，平均为 $150\mu m$，粒径分布较窄。树脂内部由初级粒子疏松堆积，孔隙率较多，孔隙率为 $20\%\sim30\%$。表面形态粗糙，是由许多亚颗粒聚集而成的不规则的多细胞颗粒，外观类似棉花，颗粒外表由皮膜包覆，皮膜较薄、不完整，约为

$0.02\sim0.09\mu m$，易破裂。从颗粒表面可以看到初级粒子和附聚体等内部结构。

由于疏松型 PVC 树脂颗粒孔隙率多，因此增塑剂吸收率明显提高，在 $13\%\sim30\%$，而表观密度较小为 $0.4\sim0.55g/cm^3$，堆积密度 $0.36\sim0.50g/cm^3$。单体容易脱除，残留单体含量低。成为通用型品种。紧密与疏松型 PVC 树脂内外颗粒形态如图 11-10。

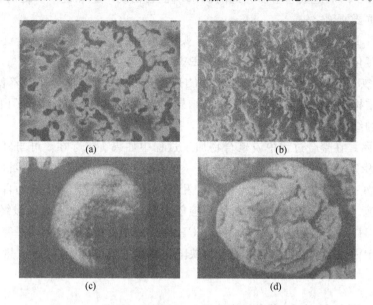

图 11-10　紧密与疏松型 PVC 单个颗粒形态 SEM 照片

(a)，(c) 紧密型 PVC 单个颗粒内部和外部形貌；(b)，(d) 疏松型 PVC 单个颗粒内部和外部形貌

（3）球型　粒径平均在 $105\mu m$ 以上，最大可达 $1000\mu m$，形状因数大于 0.95，基本无亚粒子存在，粒径分布较宽。树脂内部由初级粒子疏松堆积，疏松程度与通用疏松型相当。表面形态光滑，颗粒形态规整，绝大多数是球形，皮膜较厚，树脂流动性好，易于加工。球形 PVC 树脂内外颗粒形态如图 11-11 所示，模型如图 11-12 所示。

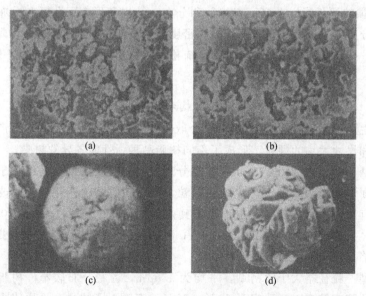

图 11-11　球形 PVC（国产 1515）和通用型 PVC 单个颗粒形态 SEM 照片

(a)，(c) 球型 PVC 颗粒内部和外部形貌；(b)，(d) 通用型 PVC 颗粒内部和外部形貌

球型树脂的主要特点是：①从形态来看，它既具有紧密型树脂较高表观密度高，又具有疏松型树脂的较多的孔隙，是介于紧密型和疏松型之间的新型树脂；吸油率适当，在加工时，具有迅速吸收各种助剂的优点。②由于在树脂生产中采用了新工艺，树脂颗粒规整，多为球形，树脂中 93% 以上的颗粒为球形；基本消除了 $50\mu m$ 以下的亚细粒子，树脂具有较好的流动性，易于加工，并提高了热稳定性。③该树脂多用于挤塑制品，也可用压延法加工；

图 11-12　球形 PVC 颗粒结构模型

不但可用于生产硬制品，如管材、型材、护墙板等，还可用于生产软制品。一般生产硬制品的树脂表现密度做到 $0.58\sim0.62g/mL$，软制品树脂表观密度做到 $0.50g/mL$ 以上；水银孔隙率 $0.05\sim0.5cm^3/g$。

（4）无皮型　粒径与疏松型相近，平均为 $150\mu m$，粒径分布较窄。树脂内部由初级粒子疏松堆积，孔隙率较多，约为 $0.5cm^3/g$。表面皮膜少，不连续，也可以无包覆。是由许多亚颗粒聚集而成的不规则的多细胞颗粒，由于皮膜少，不连续，或无包覆，故可以看到初级粒子或粒子聚集体。

（5）糊用掺混型　糊树脂的颗粒一般分为二次粒子型和初级粒子型两大类。悬浮聚合生产的掺混型树脂粒径比紧密型小，比乳液法大，平均为 $20\sim40\mu m$，粒径分布较窄，都呈单峰峰分布。树脂内部由初级粒子紧密堆积，孔隙率较小。基本是单细胞颗粒组成，表面也有皮膜包覆，皮膜有厚、薄、光滑、多孔和半孔之争。外观形态多样，有透明细碎粒子、球形粒子和不规整形态。PVC 糊树脂颗粒形态如图 11-13 所示。增塑剂吸收率较低，在 10% 以下，而表观密度较大，一般大于 $0.6g/mL$。

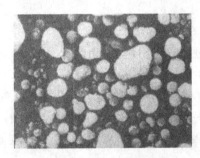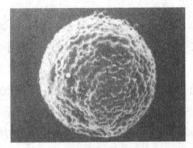

(a) 次级粒子形态群体　　　　　　　(b) 单个次级粒子形态

图 11-13　国产乳液法 PVC 糊树脂颗粒群体和单个颗粒形态 SEM 照片

（6）高聚合度　粒径平均在 $105\mu m$ 以上，最大可达 $1000\mu m$，与通用树脂颗粒相比，HP-PVC 树脂颗粒均是由许多亚颗粒、聚集体、初级粒子等聚集而成的不规则的多细胞颗粒。颗粒内部孔隙多，孔隙尺寸大小不等。以国产 P-2500 为例，P-2500 树脂颗粒均由亚颗粒及少量聚集体堆砌而成，初级粒子很少，颗粒内部孔隙多，结构比较疏松。HP-PVC 树脂颗粒形态如图 11-14 所示。

11.4.2.2　乳液法聚合 PVC 树脂颗粒结构和形态

乳液聚合 PVC 成粒机理与悬浮聚合明显不同，因此，形成的树脂颗粒结构和形态与悬浮聚合法相比，存在着差别。乳液聚合中制备的 PVC 主要用于糊树脂，树脂中的颗粒是由

(a) 颗粒内部形态　　　　　　　　(b) 单个颗粒外部形态

图 11-14　国产 P-2500 HP-PVC 颗粒内部和外部形态 SEM 照片

乳胶粒聚集而成。乳胶粒是由胶束或水中成核，经引发聚合生成并逐渐长大，乳胶粒平均粒径为 $0.1\sim2\mu m$，存在一定分布，外观为光滑实心圆球。PVC 糊树脂的颗粒形态可分为初级粒子型和次级粒子型。初级粒子能聚集成次级的，称为次级粒子型；以离散的初级粒子状态存在的称为初级粒子型。

糊树脂中的初级粒子是由许多个乳胶粒子组成（由几个到 1000 个以上），一般粒径为 $15\sim90\mu m$ 的白色粉末，初级粒尺寸也存在着一定分布，决定着糊树脂性能。多数初级粒子内部是空的，内部有气泡，周围呈多孔状。其形成是乳液干燥过程中，由于水分的汽化而形成气泡，又由于在干燥过程中，颗粒被热气推动不断翻滚，所以形成的气泡一般是椭圆形的；许多圆形乳胶粒聚集在一起，必然形成空隙，因此，外观呈多孔状，无皮膜，孔隙率较高为 $15\%\sim30\%$，结构疏松，而表观密度为 $0.5\sim0.62g/cm^3$，堆积密度 $0.4\sim0.60g/cm^3$。

11.4.2.3　微悬浮法聚合 PVC 树脂颗粒结构和形态

微悬浮法生产 PVC 过程中一次乳胶粒子是在聚合过程中由均化、乳化剂的分散和稳定一次形成的，这与悬浮聚合法不同。不同的生产工艺一次乳胶粒径不同，MSP-1 工艺一次乳胶粒径为 $0.2\sim2.0\mu m$；MSP-2 工艺加入一种乳胶种子，生成的乳胶粒径为 $1.0\sim2.0\mu m$。MSP-3 工艺由两不同的聚合方法制备乳胶种子，制成后的乳胶粒子为 $0.2\sim3.0\mu m$。微悬浮聚合法生产的 PVC 树脂中初级粒均呈离散状态，粒径分布较宽。

11.4.2.4　本体法聚合 PVC 树脂颗粒结构和形态

本体法聚合制备的 PVC 树脂的颗粒形态与悬浮聚合法不同，颗粒外部似有茸毛，无皮膜，可清楚看到内部结构，均由直径为 $0.1\sim0.5\mu m$ 的圆球状初级粒子组成，初级粒子间均有大小不等的孔隙；结构比较疏松，树脂颗粒直径为 $10\sim60\mu m$，为白色粉末。粒径分布比悬浮法窄，堆积密度、孔隙率、增塑剂吸收能力均较高。孔隙率为 $30\%\sim50\%$，表观密度较小为 $0.2\sim0.50g/cm^3$，堆积密度 $0.2\sim0.45g/cm^3$。

11.4.3　性能

基本特点：PVC 树脂是无嗅、无味的白色粉末。与聚烯烃树脂相比，PVC 性能有许多比较特殊的地方。PVC 结构也是线型的，由于 PVC 分子链中含有氯原子，使 PVC 具有极性，导致其机械强度、刚性、硬度比 PE、PP 大，介电常数和介电损耗高，氯原子的存在使

PVC具有阻燃性。基本性能见表11-3。

表 11-3 PVC 基本性能

性　　能	软　质	硬　质	性　　能	软　质	硬　质
密度/(g/cm³)	1.2～1.4	1.4～1.6	成型收缩率/%	1～5	0.1～0.4
拉伸强度/MPa	10～21	35～63	折射率/%	—	1.52～1.55
拉伸模量/MPa	1.5～15	2500～4200	氧指数	45～49	
断裂伸长率/%	100～500	2～80	燃烧性	自熄	自熄
缺口冲击强度/(kJ/m²)	随增塑剂量不同而异	22～108	吸水性(24h浸泡)/%	0.25～0.5	0.05～0.4
弯曲强度/MPa	—	80～100	体积电阻率/Ω·cm	10^{11}～10^{13}	10^{12}～10^{16}
弯曲模量/MPa	—	3000	介电常数		
压缩强度/MPa	2～12	55～90	(60Hz)	5.0～9.0	3.2～3.6
维卡软化点/℃	65～75	72～80	(10^6Hz)	3.3～4.5	2.8～3.1
玻璃化转变温度/℃	—	70～85	介电损耗角正切		
脆化温度/℃	−60	−50	(60Hz)	0.08～0.15	0.007～0.02
比热容/[J/(g·℃)]			(10^6Hz)	0.04～0.14	0.006～0.019
(23℃)	1.54(50份DOP)	0.92	介电强度(20℃)/(kV/mm)	14.7～29.5	9.85～35.0
(50℃)	1.67(50份DOP)	1.05	热导率/[kW/(m·K)]	1.3～1.7	1.5～2.1
(80℃)	1.75(50份DOP)	1.45	线膨胀系数/($\times 10^{-5}$/K)	7～25	5～10
(120℃)	1.88(50份DOP)	1.63	邵氏硬度	A50～95	D75～85

11.4.3.1 物理力学性能

PVC在空气中受热降解，常用的熔体指数不能用来表征聚合物的分子量。实际中用相对黏度 K 值表示，即通过稀释的聚合物溶液与纯溶液的黏度之比测得。K 值随着分子量的增加而增加，工业生产的PVC的 K 值一般为50～70。

PVC由于分子中含有大量强极性的氯原子，使分子间的作用力增大，所以相比聚烯烃具有更高的机械强度和硬度。机械强度与分子量、增塑剂品种和数量、外界条件等有关。一般随分子量的增加，拉伸强度和断裂伸长率增加，当分子量达到一定数值后，增加不明显。若加入增塑剂，PVC的力学性能可以在很宽的范围内变化。根据加入量将PVC分为硬质和软质，一般硬质PVC增塑剂含量在5份以下，软质PVC含量25份以上。硬质PVC的拉伸强度高，断裂伸长率和冲击强度很低，表明韧性较差，因此，增韧是改性PVC的一项重要课题，而软质PVC具有较低的拉伸强度和较高的断裂伸长率，表明韧性较高，具有弹性体的性质。硬质和软质PVC的硬度差别很大，硬质常用洛氏，软质常用邵氏。增塑剂对PVC力学性能的影响见表11-4。

表 11-4 增塑剂对 PVC 力学性能的影响

增塑剂量/质量份	拉伸强度/MPa	断裂伸长率/%	拉伸模量/MPa	增塑剂量/质量份	拉伸强度/MPa	断裂伸长率/%	拉伸模量/MPa
30	25.3	218	21.5	75	15.1	315	6.19
50	21.2	280	13.9	100	10.6	390	2.88

PVC 是脆性材料，具有较大的缺口敏感性，冲击强度强烈地依赖于温度，低温下韧性差。

11.4.3.2 结晶性能

PVC 基本是无定形聚合物，但仔细研究发现，PVC 中存在少量结晶结构，结晶度在 5%～10%。晶区为片状，是 PVC 分子中间规立构体链段规整排列而成。PVC 结晶度随着聚合温度的降低而提高。有报道，−50℃时，结晶度为 20%、−60℃时为 25%、−75℃时为 27%。PVC 中这些少量结晶对其性能有很大影响，特别是对软质 PVC，由于结晶的存在，使得软质 PVC 性能类似皮革状，具有弹性体的性质，这正是结晶起到类似交联点作用所致。

11.4.3.3 化学性能

PVC 能耐大多数无机酸（除发烟硫酸和浓硝酸）、碱、许多有机溶剂和无机盐溶液等，适合于制作防腐材料。PVC 在芳烃（苯、二甲苯）、酯、酮及大多数卤代烃（二氯乙烷、四氯化碳、氯乙烯）中则易被溶解或溶胀。PVC 的良溶剂是四氢呋喃和环己酮；对水、汽油和酒精稳定。

11.4.3.4 热性能

PVC 的玻璃化转变温度 T_g 为 70～85℃，170～175℃以上开始熔融流动，黏流温度较高，与分解温度接近，使加工成型困难。PVC 在 100℃时就可能开始脱 HCl 分解，超过 150～200℃分解速率加快，树脂降解变色。加入增塑剂后，T_g、T_f 均明显降低，并与加入量成正比，见表 11-5。

表 11-5 增塑剂加入量对 PVC T_g 的影响

DOP/%	0	10	20	30	40	45
T_g/℃	81	50	29	3	−16	−30

PVC 与其他通用塑料相比，最不同之处就是热稳定性很差。PVC 工业化生产很早，但由于热稳定性差，不易流动，加工过程中很容易降解，所以早期并没有获得广泛应用，在热稳定性和加工问题得到解决之后，才获得快速发展和应用。

如前所述，PVC 分子链中存在许多缺陷，如双键（可在端部、内部）、支化、叔氯原子、引发剂残基、含氧基团、"头-头"键接等，这些缺陷是导致 PVC 热稳定性差的根本原因。PVC 在热、光、机械力和氧的作用下，很容易产生热降解、光降解，如有氧气存在，还容易发生热氧化降解和光氧化降解。

PVC 的热降解分为两个阶段，第一阶段为强烈的脱氯化氢过程；第二阶段为聚合物大分子中含有的多烯结构的裂解。脱氯化氢后伴随着交联反应。

PVC 的光化学降解中，主要发生脱氯化氢和生色基团的反应，同时还有少量烷烃、烯烃、乙炔、苯、氢及氯代烷烃，比 PVC 热解复杂，也与 PVC 热解产物不同。

PVC 在机械力的作用下，碳-碳键发生断裂，生成自由基，从而引发分子链的断裂、异构化、脱氯化氢、氧化等。在加工中经常存在热和力的共同作用，使 PVC 的降解很容易发生，降解速率也大大加快。

研究表明，PVC 分子链中烯丙基氯是最不稳定、最易被取代的，依次是叔氯、末端的烯丙基氯、仲氯。PVC 降解就是从脱除 HCl 开始，引发点是分子上含有或相邻于叔氯原子，或烯丙基氯上碳原子开始的，HCl 脱除后，在分子链上形成一个新的双键，使相邻的氯原子又被活化，又进行脱除 HCl 反应，这样反复进行，生成多烯结构，使PVC 降解，这一过程中，PVC 树脂颜色变化十分明显，由无→淡黄→黄→褐色→红棕→红黑→黑色，同时化学性能和力学性能明显下降。这正是分子链上发生一系列反应的结果。

PVC 的降解过程比较复杂，热降解机理主要有自由基型和离子型两种。具体机理可表示如下。

(1) 自由基机理

$$
\begin{aligned}
&R\cdot + R{-}CH_2{-}\underset{Cl}{CH}{-}CH_2{-}\underset{Cl}{CH}{-}R \longrightarrow R{-}\overset{\cdot}{CH}{-}CH{-}CH_2{-}\underset{Cl}{CH}{-}R + RH \\
&\qquad\qquad\qquad\qquad\qquad\qquad\downarrow \\
&\qquad\qquad R{-}CH{=}CH{-}CH_2{-}\underset{Cl}{CH}{-}R + Cl\cdot \\
&\qquad\qquad\qquad\qquad\qquad\qquad\downarrow \\
&\qquad\qquad R{-}CH{=}CH{-}\overset{\cdot}{CH}{-}\underset{Cl}{CH}{-}R + HCl \\
&\qquad\qquad\qquad\qquad\qquad\qquad\downarrow \\
&\qquad\qquad R{-}CH{=}CH{-}CH{=}CH{-}R + Cl\cdot
\end{aligned}
$$

$$
\begin{aligned}
&{\leftarrow}CH{=}CH{)_{\pi}}{-}CH_2{-}\underset{Cl}{CH}{-}R + Cl\cdot \longrightarrow {\leftarrow}CH{=}CH{)_{\pi}}{-}\overset{\cdot}{CH}{-}\underset{Cl}{CH}{-}R + HCl
\end{aligned}
$$

$$
{\leftarrow}CH{=}CH{)_{\pi}}\overset{\cdot}{CH}{-}\underset{Cl}{CH}{-}R \longrightarrow {\leftarrow}CH{=}CH{)_{\pi{+}1}} + Cl\cdot
$$

自由基 R· 可以是大分子自由基、残留引发剂分解的自由基，夺取 PVC 分子中的亚甲基上的氢原子，使大分子产生自由基，大分子自由基随后发生脱除 HCl，产生双键，这样发生众所周知的链式反应，不断除去 HCl，形成有色的长链共轭双键多烯烃结构，即：

$$
{\sim}CH{=}CH{-}CH{=}CH{-}CH{=}C{-}X{\sim}
$$

如果降解从含有双键的分子链端开始，同样发生脱除 HCl 反应，反应过程如下：

$$
\begin{aligned}
&CH_2{=}C{-}CH_2{-}CH{-}CH_2{-}CH{-}R + R\cdot \\
&\quad\overset{\cdot}{}\ \ \underset{Cl}{}\quad\ \underset{Cl}{}\qquad\qquad\downarrow \\
&CH_2{=}C{-}CH{-}CH{-}CH_2{-}CH{-}R + RH \\
&\qquad\ \underset{Cl}{}\quad\ \underset{Cl}{}\qquad\qquad\downarrow \\
&CH_2{=}C{-}CH{=}CH{-}CH_2{-}CH{-}R + Cl\cdot \\
&\qquad\qquad\qquad\qquad\ \underset{Cl}{}\qquad\downarrow \\
&CH_2{=}C{-}CH{=}CH{-}\overset{\cdot}{CH}{-}CH{-}R + HCl\cdot \\
&\qquad\qquad\qquad\qquad\ \underset{Cl}{}\qquad\downarrow \\
&CH_2{=}C{-}CH{=}CH{-}CH{=}CH{-}R + Cl\cdot
\end{aligned}
$$

同样形成链式反应，持续脱除 HCl，生成共轭双键结构。

PVC 在光和氧的作用下，通过光氧降解，使大分子先生成羰基，进一步反应生成共轭双键。这种情况在加工和使用过程中经常出现，反应过程如下：

$$R-CH_2-CH-CH_2-CH-CH_2-CH-R + O_2$$
$$\underset{Cl}{|}\quad\underset{Cl}{|}\quad\underset{Cl}{|}$$

$$\downarrow$$

$$R-CH_2-\overset{OOH}{\underset{Cl}{\overset{|}{C}}}-CH_2-\underset{Cl}{\overset{|}{CH}}-CH_2-\underset{Cl}{\overset{|}{CH}}-R$$

$$\downarrow$$

$$R-CH_2-\overset{O\cdot}{\underset{Cl}{\overset{|}{C}}}-CH_2-\underset{Cl}{\overset{|}{CH}}-CH_2-\underset{Cl}{\overset{|}{CH}}-R + \cdot OH$$

$$\downarrow$$

$$R-CH_2-\overset{O}{\overset{\|}{C}}\cdot-CH_2-\underset{Cl}{\overset{|}{CH}}-CH_2-\underset{Cl}{\overset{|}{CH}}-R + HCl$$

$$\downarrow$$

$$R-CH_2-\overset{O}{\overset{\|}{C}}-CH=CH-CH_2-\underset{Cl}{\overset{|}{CH}}-R + Cl\cdot$$

（2）离子型机理

$$R-CH_2-\underset{Cl}{\overset{|}{CH}}-\overset{H}{\underset{}{CH}}-CHCl-CH_2-CHCl-R \longrightarrow R-CH_2-\underset{Cl}{\overset{\delta^+}{CH}}-\overset{\delta^-}{\underset{\delta^+}{CH}}-CHCl-CH_2-CHCl-R$$

$$R-CH_2-\underset{\underset{\delta^+}{Cl}}{\overset{\delta^+}{CH}}-\overset{\delta^-}{\underset{\delta^+}{CH}}-CHCl-CH_2-CHCl-R \longrightarrow R-CH_2-\overset{+}{\underset{Cl}{CH}}\cdots\overset{\delta^-}{\underset{\delta^+}{\overset{H}{CH}}}-CHCl-CH_2-CH_2Cl-R$$

$$R-CH_2-\overset{+}{\underset{Cl}{CH}}\cdots\overset{\delta^-}{\underset{\delta^+}{\overset{H}{CH}}}-CHCl-CH_2-CH_2Cl-R \longrightarrow R-CH_2-CH=CH-CHCl-CH_2-CHCl-R + HCl$$

由于氯原子的强电负性，使共价键上的电子向氯原子转移，并形成双键，使烯丙基氯上的电子云密度增大，上述反应可以重复进行。生成的 HCl 能强化 PVC 分子中的 C—Cl 极性，对降解产生催化加速作用。

PVC 的热氧老化主要从活泼的羰基烯丙基氯开始，而光氧化过程中，光能使羰基双键及碳-碳双键分解为自由基，高活性的自由基再与其他大分子或氧反应，引发一系列反应。因此，PVC 在加工成型过程中，为了提高其稳定性，必须加入稳定剂，必要时还应加入抗氧剂和光稳定剂。

PVC 耐热性能也不高，维卡软化点通常低于 80℃。PVC 的使用温度下限一般不能低于 -15℃。

11.4.3.5　电性能

PVC 具有比较良好的电性能，但由于 PVC 大分子中含有极性氯原子，与聚烯烃相比，电性能有所下降，介电损耗较大，介电强度和体积电阻较高。随着频率的增加，电性能变坏，体积电阻率下降，介电损耗增大；随着温度的增加，电绝缘性能降低。PVC 的电性能还与加入的增塑剂、稳定剂的品种和加入量、聚合物中残留助剂有关。由于 PVC 易降解，如果加工过程因降解产生氯离子，会使电绝缘性降低，悬浮聚合法生产的 PVC 纯净度比乳液聚合法高，其电性能也好些。PVC 一般仅适合用于低频绝缘材料。

11.4.3.6　加工性能

PVC 熔融温度比其分解温度高，这使其加工易分解，加工过程中必须加入热稳定剂，以防止热降解发生；PVC熔体黏度比较高，加工时要加入加工助剂，因此，PVC加工性能明显不如聚烯烃。

PVC熔体为假塑性流体，表观黏度随剪切应力的增加而降低。硬质PVC比软质PVC的表观黏度大，这使得硬质PVC比软质PVC加工性能差。由于PVC熔体黏度随着剪切速率和温度的增加均下降，但增加温度改变黏度，会带来降解的危险，因此，提高剪切速率更加安全和实用。

PVC同样具有明显的弹性效应，硬质PVC比软质PVC表现出更明显的弹性效应。这种弹性行为主要端末效应和不稳定流动。

11.4.4 加工和应用

11.4.4.1 加工

PVC可采用多种方法加工。PVC加工特点如下所述。

① PVC吸水性较低，加工时一般不需要预先进行干燥处理，如果物料存放时间过长，也会吸收一定量水分，成型前最好干燥。

②PVC热稳定性很差，极易分解，在加工过程中在热、光、机械力和氧作用下很容易发生降解，与钢、铜接触更易分解。所以加工过程中必须加入热稳定剂。PVC成型加工时温度范围也窄。

③ 由于PVC结构的特点，决定了PVC加工过程与一般通用塑料存在明显不同，物料组成要复杂得多，一方面是为了加工需要，如热稳定剂、增塑剂、润滑剂；另一方面，是为了赋予不同的性能，如增韧剂、填料、色料等。

④ PVC为无定形聚合物，熔体冷却过程中没有相态变化，成型收缩率不大，硬质为0.1%～0.4%，软质为1%～5%。

⑤ 由于PVC具有腐蚀性和流动性特点，最好采用专用设备和模具。

不论什么样的PVC树脂和加工方法，PVC几乎都经过复配加入各种添加剂方可使用。与聚烯烃明显不同的是必须加入热稳定剂，以防止PVC高温下分解。而PVC加工热稳定剂种类较多，按化学组成可分为四类：铅盐类、金属皂类、有机锡类和硫醇类型。碱式（俗称盐基性）铅盐，如三碱式硫酸铅、二碱式亚磷酸铅；金属皂，如硬脂酸钙、硬脂酸钡、硬脂酸镉；有机锡，如二月桂酸二丁基锡等。它们的作用机理不同，主要是针对PVC降解过程机理，中和氯化氢、取代不稳定的氯原子、钝化杂质、屏蔽紫外线等。

稀土热稳定剂作为新型环境友好的稳定剂，得到快速发展。工业上使用的稳定剂，多是铅，镉、钡、锌、钙、锡及锑的金属化合物，它们不仅污染环境而且危害人体健康。早在20世纪70年代，国外就开始了新型稀土热稳定剂的研究工作。国内在20世纪80年代才开始将稀土化合物用于PVC热稳定剂的研究工作，作为世界稀土大国，我国已研制出了一系列稀土热稳定剂，可取代通用热稳定剂及有机锡热稳定剂。稀土热稳定剂主要分为稀土有机化合物和稀土无机化合物两大类：稀土有机化合物热稳定剂包括硬脂酸稀土、环氧脂肪酸稀土、马来酸单酯稀土、水杨酸稀土、柠檬酸稀土、月桂酸稀土、辛酸稀土、邻苯二甲酸单酯稀土、硫醇盐稀土以及硫醇酯基稀土等，而有关稀土无机化合物对PVC热稳定作用的研究还处于探索阶段。从形态上分有固态和液态；从稀土品种上分有混合稀土和单一稀土；从制品应用上有普通制品、化学建材、透明类制品、半透明和不透明制品等。大量研究表明，稀土化合物不仅具有热稳定剂的作用，而且还表现出偶联剂、加工改性、增亮增艳等功能，具有较高的性能价格比，因而成功地取代了铅盐及钡-镉稳定剂成为化学建材环境友好化的重要手段。

对于软制品要加入大量增塑剂，增塑剂品种也较多，主要以邻苯二甲酸酯类为多，如邻苯二甲酸二辛酯（DOP）、邻苯二甲酸二丁酯（DBP）、邻苯二甲酸二庚酯（DHP）等。在加工过程为改善制品表面性能，防止加工中出现粘着，促进熔融，常加入润滑剂和加工助剂，如金属皂类（硬脂酸钙、硬脂酸钡、硬脂酸镉），常用的加工助剂为丙烯酸酯类聚合物。

PVC 树脂由于品种繁多，形态各异，其加工方法很多，有些是特有的针对 PVC 树脂使用的。硬质和软质 PVC 常用的加工方法为挤出、注塑、压延、吹塑、发泡、真空成型等。糊树脂加工方法有涂布法、浸渍法、搪塑及旋转成型等。

(1) 挤出 挤出成型是 PVC 树脂生产量最大的一类产品。硬质 PVC 通过挤出成型可制成管材、棒材、板材、片材、各种异型材和薄膜等制品。软质 PVC 因加入增塑剂，故熔体黏度低，成型温度范围较宽。软质 PVC 用于生产软管、热收缩管、电线电缆等。

由于 PVC 本身加工特性，成型用挤出机也与一般聚烯烃成型挤出机有所不同，是专门用于 PVC 加工生产的。

(2) 注塑 硬质 PVC 由于易分解，熔体黏度高，是一种不易注塑成型的树脂。但由于加工机械和技术的进步，使得硬质 PVC 完全可以像其他热塑性树脂一样进行注塑成型。可进行普通注塑和特种注塑，如注塑-吹塑、注塑-发泡、多层注塑等成型方法。

(3) 吹塑 PVC 用于吹塑成型较早，挤出吹塑、注塑吹塑、拉伸吹塑成型 PVC 瓶等包装容器和包装膜。用于包装日用品、化妆品、食品、药品、饮料、香烟等。

(4) 压延 压延成型主要用于软质 PVC 的生产，也用于生产硬质 PVC 片材。该成型方法用于生产薄膜和片材。产品有农用和民用薄膜、人造革、地板革、壁纸、防水卷材等。

(5) 热成型 采用硬片材加热成型。PVC 可以模制成有尖锐棱角或有凹穴的制品。

PVC 糊树脂加工工艺简便，加工过程中不需要经过加热和强剪切混合。PVC 糊树脂与硬和软质 PVC 一样可进行增塑，与稳定剂及其他加工助剂混合；增塑糊是均质分散液，可通过各种加工方法在基材上或模具中成型，但加工方法不同，糊树脂是先成型，然后加热熔融冷却成制品。

11.4.4.2 应用

PVC 有硬质、软质和糊树脂之分，不同生产工艺得到的 PVC 树脂加工方法和应用领域也不同，表 11-6 为悬浮聚合和乳液聚合法生产的 PVC 树脂成型方法和应用产品。

表 11-6 PVC 树脂成型方法和应用

项目		悬浮聚合法树脂		乳液聚合法树脂
成型方法		挤出、注塑、压延、发泡、层合、注吹、喷涂、真空成型、印刷、表面装饰		搪塑、蘸塑、喷涂、涂布、浸渍、发泡、黏结、层合
用途	挤出产品	薄膜、管材、异型材、棒材、电线电缆及护套、单丝、网具、条带、软管、热收缩管	搪塑产品	高筒靴、玩具、气球、汽车座手靠、仪表板、头枕
	压延产品	薄膜、板材、房屋披叠板、波纹板、唱片、硬、软片、透明片、人造革、地板革、壁纸、防水卷材	蘸塑产品	窗纱、工具手柄、手套、鞋靴、铁丝架、栅栏、汽车零件
	注塑产品	管件、阀门、接头、日用品	喷涂产品	电器仪表外壳、食品罐头涂层、桶槽内衬

项目		悬浮聚合法树脂		乳液聚合法树脂
用途	吹塑产品	瓶、容器、玩具、薄膜	发泡产品	运动垫、汽车坐垫、鞋内底、发泡地板革、救生器、发泡壁纸、船舶防撞器
	发泡产品	合成木材、垫片、绝热隔音防震材料	涂布产品	服装及外衣、手套、雨衣、汽车等交通工具内装饰布、座垫、头套、壁纸、行李袋、帐篷、苫布、桌布、充气房屋及救生器、鞋衬里、鞋垫、靴子、书封皮基材如地板革、壁纸、地板衬里、地毯、纸张涂布、电器仪表外壳、冰箱、洗衣机、排油烟机外壳等材料的基料
			铸塑产品	玩具、瓶盖内衬、下水管衬垫、图章
			旋转成型产品	玩具、玩偶、人造水果、路障、自行车垫、气球、汽车仪表盘
			胶黏剂	轿车底部防锈及密封黏结剂、地毯黏剂、风管及管帽黏结、金属家具及用具的黏结,PVC与织物、金属、木材的粘合

PVC制品五花八门,品种繁多,应用广泛,难以计数,主要有以下领域。

(1)建筑领域　是PVC的最主要的应用领域。管材是PVC最重要的应用,有下水管、市政排污管、雨水管、通风管、波纹管、电线套管、农用灌溉管、化工用管等。门窗目前采用的聚合物只有PVC,使用量巨大。板材也是重要的应用,有墙板、装饰扣板等。地板材料也是PVC的一大应用,如地板、踢脚板等。此外在建筑领域PVC还用来制造楼梯扶手、窗帘、壁纸、百叶窗等。

(2)中空包装和薄膜　包装容器用于化妆品、食品、饮料瓶;包装薄膜用于食品、海产品、蔬菜包装,制造雨衣、桌布、窗帘、充气玩具等。薄膜制品还应用于农用棚膜,日用品和工业品的包装。

(3)电器和电气产品　家用电器、如收录机、电视机、电话机等的外壳;电绝缘胶带、插座、插头、接线盒、机壳、罩、盖、箱等。电线电缆绝缘和护套,用于电话线、电力分配线等。

(4)汽车工业　PVC也是汽车中主要使用的塑料,主要是织物涂层、人造革。用于制造汽车内部装饰品,如内衬、座椅套、地板革、软垫、仪表板、旋或按钮、车窗密封条、电线电缆等。

(5)日用品　日用品繁多,软质PVC可制造地板革、人造革、窗帘、塑料鞋、软管、垫片、桌布、皮夹克等;经发泡成型法可制成泡沫塑料,用做拖鞋、凉鞋、鞋垫、坐垫等,低发泡硬质板材,可代替木材作为建筑材料。硬质PVC用于制造玩具、唱片、箱包、体育器材等。

(6)糊树脂　糊树脂广泛应用于人造革、地板革、浸渍手套、壁纸、胶黏剂、汽车密封料、钢板涂层、涂料、高级鞋靴等。在汽车领域制作汽车座手晕、仪表板表皮、方向盘表皮等等汽车内装饰件。滴塑棉制品,这种通过滴塑工艺制成的棉塑制品是以各种针织棉布及各种混纺基布为原料,在其表面上滴有白色或彩色的PVC小颗粒,这些小颗粒成半球形在布面上按梅花形均匀分布,然后塑化成制品。制成的手套是各种针织、尼龙、帆布和劳保手套的换代产品。

11.5 共聚聚氯乙烯树脂

PVC通过改变增塑剂加入量，制成硬质、半硬质和软质PVC，但PVC的缺点也十分明显，主要有：热稳定性极差，易分解，放出HCl；耐热性也差，硬质PVC的维卡软化点不高80℃，硬质PVC韧性低，耐冲击性能差，呈脆性，而且在低温下PVC更脆，无法使用；PVC熔体黏度高，流动性差，不易加工。为了减少或消除上述缺点，扩大PVC应用领域，对PVC进行改性成为重要的手段。目前PVC改性产品品种众多，已成为PVC家族中的重要成员。

化学改性包括共聚、氯化和交联，物理改性包括：共混、填充和增强。以下各节将分别介绍。

PVC共聚物中主要是无规和接枝共聚物，而无规共聚最为常见，均是采自由基聚合机理进行合成，聚合工艺可以采用悬浮聚合、乳液聚合、本体聚合和溶液聚合，其中悬浮聚合为主。为了改进PVC加工性能，采用乙酸乙酯、乙烯、丙烯、丙烯酸酯、乙烯基醚等单体与氯乙烯共聚，得到内增塑型的共聚物，可改善PVC加工性能。为了改善PVC的耐热性能，采用N-取代马来酰亚胺与氯乙烯共聚，在大分子链中引进刚性基团以及对PVC进行氯化等方法制备耐热PVC。虽然能与氯乙烯单体反应的共聚单体很多，但目前有实用价值的不多。本节只介绍其中有工业产品的PVC无规共聚物。

11.5.1 氯乙烯/乙酸乙烯酯共聚物

氯乙烯/乙酸乙烯酯共聚物（VC/VAc）是开发最早、产量最大、应用最广的PVC共聚物，俗称氯醋树脂。共聚物中VAc含量一般为3%～15%，高的也有20%～40%。

VC/VAc共聚物先于均聚PVC实现工业生产，于1928年由美国UCC首先少量生产，50年代开始在世界范围内推广应用。目前美国、日本、欧洲等国有数十家公司生产。我国于20世纪60年代开始研究开发，1965年实现中试生产，目前上海天原化工厂、徐州电化厂、杭州电化厂等均有生产。

VC/VAc共聚物聚合实施方法较多，有悬浮聚合法、乳液聚合法、微悬浮聚合法、溶液聚合法和本体聚合法。其中悬浮聚合法使用最多。树脂品种有悬浮树脂和溶液、糊树脂。

VC/VAc共聚物悬浮聚合法与PVC均聚物悬浮聚合法相似。

VC/VAc共聚物为白色无臭、无味的粉末，具有透明性好、韧性高、附着力强等特点。

VC/VAc共聚物中VAc起内增塑作用，因此，降低了共聚物的T_g、T_f、熔体黏度，改善了加工性能。VC/VAc共聚物的拉伸强度和弯曲强度与PVC相差不大，硬度和软化点下降，黏结性能增加。热稳定性与PVC相似，热分解温度为135℃。可溶胀于丙酮、四氢呋喃、醋酸丁酯等溶剂中，在芳烃中溶解度较低。随着共聚物中VAc含量的增加，共聚物的T_g、软化温度和熔体黏度均下降；拉伸强度和弯曲强度比PVC有所提高，尺寸稳定性、柔软性较好；在酮类、酯类溶剂中的溶解度增加，耐化学药品性变差。

VC/VAc共聚物可采用PVC相类似的加工方法进行加工，如挤出、注塑、压延，糊树脂可采用糊树脂加工方法，比PVC易加工。

VC/VAc共聚树脂主要用于制造地板和唱片，也可制造板材、管材、包装膜、农用膜、油漆、油墨等。在包装领域可用作瓶盖、包装袋及泡鼓包装上铝箔的热密封涂料，还可用作铝箔/塑料复合材料薄膜的层压胶黏剂等。糊树脂和溶液法树脂主要用作涂料和胶黏剂，在涂料行业中已得到普遍应用。

11.5.2 氯乙烯/偏二氯乙烯共聚物

氯乙烯/偏二氯乙烯共聚物（VC/VDC）也是 PVC 共聚物中的较大品种。VDC 含量较少（<20%），性能接近 PVC，加工性能有所改善；VDC 含量中等（30%~55%），加工流动性好，在有机溶剂中的溶解性提高，可用于制作涂料和油漆；VDC 含量较高（75%~90%），VC 含量少，为 VC 改性 PVDC 树脂，具有 PVDC 的性能，如优良的阻隔性能，大量用于制造薄膜和纤维，是目前产量较大的品种。

美国 Dow 在 1940 年实现工业化生产。目前欧美日等国有十几家公司生产。我国 VC/VDC 树脂开始于 20 世纪 60 年代，目前已有工业化生产，如南通树脂厂、上海天原化工厂、锦西化工厂、天津化工厂等，以涂料用树脂为主。

VC/VDC 聚合方法有悬浮聚合和乳液聚合法两种，悬浮聚合法用于生产硬制品和薄膜产品。乳液聚合法用于生产涂料和黏合剂。VC/VDC 悬浮聚合法与 PVC 均聚物悬浮聚合法相似。

PVDC 分子对称，易结晶，具有很高的结晶度，VC/VDC 共聚物破坏了其结晶性。VC/VDC 共聚物热稳定性不如 PVC，透明性、韧性和冲击强度比 PVC 好。高含量的 VC/VDC 共聚物具有高阻隔性。VC/VDC 共聚物为白色、无嗅、无味的粉末。

VC/VDC 共聚物最大的特点是具有高阻隔性，其阻隔性不受湿度的影响。VC/VDC 共聚物的热封性、印刷性好，密度、韧性和冲击强度比 PVC 高。对绝大多数有机溶剂稳定，耐油，不耐含氯溶剂、四氢呋喃、芳香酮、脂肪醚类及浓硫酸、硝酸。

悬浮聚合法 VC/VDC 共聚物可采用 PVC 相类似的加工方法进行加工，如挤出、注塑、压延，糊树脂可采用糊树脂加工方法。

乳液聚合法 VC/VDC 共聚物可制作涂布材料和涂料。

VC/VDC 由于具有优良的阻隔性，用于共挤出复合膜中阻隔层。最主要的应用领域是生产包装薄膜，用于食品保鲜、药品和化妆品的包装。也可制造板材、管材和型材。

11.5.3 氯乙烯/丙烯酸酯共聚物

氯乙烯/丙烯酸酯共聚物（VC/AC）是 VCM 单体与丙烯酸甲酯（MA）、丙烯酸丁酯（BA）、丙烯酸-2-乙基己酯（EHA）、甲基丙烯酸甲酯（MMA）的共聚物。丙烯酯含量一般为 5%~10%。

VC/AC 共聚物在第二次世界大战前由德国 I. G. Farben 工业生产，1960 年日本吴羽公司生产了 VC/丙烯酸烷基酯共聚物，目前日本东亚合成化学、德国 BASF、比利时 Solvay 公司也生产。我国上海天原化工厂生产 VC/BA 共聚树脂，天津化工厂开发了 VC/丙烯酸辛酯共聚物（OA）。

VC/AC 共聚物共聚物采用悬浮聚合和乳液聚合法生产，与均聚 PVC 生产基本相似。

VC/AC 共聚物也是内增塑型 PVC，随着丙酸酯的醇碳链长度和含量的增加，共聚物柔性提高，软化温度和熔体黏度下降。VC/AC 透明性好，冲击强度和耐寒性均比 PVC 好，共聚物加工性良好，可采用 PVC 相类似的加工方法进行加工。VC/AC 共聚物是无定形热塑性树脂。

硬质 VC/AC 树脂可制造仪表盘、车用窗框等，也可作为 PVC 抗冲改性剂。乳液聚合制得的氯乙烯/丙烯酸酯树脂用作涂料和胶黏剂。

11.5.4 氯乙烯/马来酰亚胺共聚物

N-取代马来酰亚胺（RMI）是 20 世纪 80 年代发展起来一类重要的树脂改性单体，由于其具有刚性五元环的结构，能显著提高聚合物的玻璃化转变温度和热分解温度，改善材料的工艺性和力学性能。从 20 世纪 80 年代开始美国 Rohm & Hass 公司（路姆-哈斯）、Monsonto 公司和日本的吴羽、油脂、钟渊化学、三菱人造丝、触媒化学工业、合成橡胶等公司都开发出 PVC 耐热改性剂产品。

RMI 的各种不同的单体因 N-取代基的不同而相互区别。酰亚胺环是一个五元平面环，嵌入高分子链将完全阻止侧链绕大分子主链的旋转，分子链因而有很好的刚性和韧性，赋予材料高的氧化稳定。研究较多的共聚单体为 N-环己基马来酰亚胺（CMI）、N-苯基马来酰亚胺（PMI）。

早在 20 世纪 60 年代，就已有氯乙烯与 CHMI 共聚制备耐热 PVC 的专利报道，但因热稳定性、机械强度和聚合温度过低的原因而未得到重视。RMI 和氯乙烯竞聚率的差别较大，在共聚过程中共聚物组成会发生不均匀变化，共聚物组成随转化率变化显著。随着活性大的 RMI 用量的增加，共聚物组成随转化率的变化依赖性降低；共聚物中 RMI 含量增加，共聚物的维卡软化点、刚性和玻璃化转变温度增大，耐热性能提高，并且在玻璃化转变前后动态储能模量（E'）的下降幅度减小。

氯乙烯与 RMI 共聚可采用悬浮、乳液、本体、溶液等聚合法合成。常用悬浮聚合法和乳液聚合法。悬浮聚合法具有工艺简单、传热容易等优点，可以直接得到粉状树脂，这对耐热改性剂与 PVC 等树脂共混是有利的。由于 RMI 的影响，悬浮体系的分散稳定性使 PVC 树脂的粒子变粗，形成皮膜，影响粉料的干燥和加工。可以采用在聚合体系中加入氨基酸和酰胺酸类化合物来提高单体的液滴均质化和高分散性。还可改进分散剂配方，如不同水解度、聚合度、表面张力的聚乙烯醇和纤维素复合有良好的效果。

改性后的 PVC 维卡软化点超过 100℃。加入第三单体，还可改善其他性能，如耐热 PVC 中加入部分的 MMA 结构单元，使得树脂的透光性能较好，白度也大大提高，同时改进了树脂的加工流动性。

改善 PVC 硬制品的冲击性能也一重要任务。为使耐热性和冲击性能得到同时改善，可在氯乙烯与 RMI 共聚体系中加入柔性的第三组分，如 EPDM、EVA 等，调整 RMI 与弹性体在共聚物中的比例，可平衡两种性能。PVC 树脂与 RMI 在有机溶剂（如 MMA）中接枝共聚，也可得到耐热、抗冲击、易加工的树脂。

11.6 聚氯乙烯化学改性

11.6.1 氯化聚氯乙烯

氯化聚氯乙烯（CPVC），又称过氯乙烯，1931 年德国 Farben 公司首先采用溶液法生产。1961 年美国 Goodrich 公司采用水相悬浮法工业生产。

根据氯化分散介质的不同，CPVC 的生产工艺有三种：溶剂法、固相法、水相悬浮法。溶剂法生产 CPVC 需使用溶剂，由于溶剂毒性大、污染严重、回收复杂、能耗较高及生产的 CPVC 耐热性差，在国内外已基本淘汰；固相法控制难度大、产品质量不高，很少采用；水相悬浮法是 PVC 与氯气在水中进行氯化，因这种方法污染小、生产出的 CPVC 综合性能好等原因,逐渐成为主要生产方法。

我国于 20 世纪 60 年代开始锦化化工有限责任公司和上海氯碱化工股份有限公司研制溶剂法合成 CPVC。70 年代中期安徽省化工研究院用水相悬浮法生产 CPVC 取得成功,并在 60t/a 的中试规模的基础上又进行了 500t/a 的设计。1985 年无锡化工集团股份有限公司开始研究液相悬浮氯化法生产 CPVC,并在 1987 年建成 100t/a 的 CPVC 生产线。2011 年上海氯碱采用自主研发的水相悬浮法氯化技术建成投产 CPVC 生产装置。生产厂家有上海氯碱公司、山东潍坊金山化工有限公司、潍坊天瑞化工有限公司、江苏天腾化工集团公司、吉林化学工业公司等。

(1) 生产方法

① 溶剂法。也叫溶液法,是最早生产 CPVC 的方法。将一定量 PVC 加入到含氯溶剂中,在一定温度下,在引发剂或光引发条件下,通入氯气,控制反应时间和氯气流量,可得到不同含氯量的 CPVC,经沉淀、过滤、中和、水洗、干燥得到 CPVC 粉末。

该法 CPVC 氯化均匀、溶解性好,但需回收溶剂、成本高,环境不友好。CPVC 热稳定性、耐热性、力学性能较差。

② 水相悬浮法。20 世纪 40 年代,英国 ICI 公司开发出水相法 CPVC 树脂生产技术,美国 Goodrich 公司于 20 世纪 60 年代初首先采用水相悬浮法生产 CPVC,随后,俄罗斯、德国、日本、英国和法国也相继研究和采用了水相法生产 CPVC。是将粉状 PVC 树脂悬浮于水中或盐酸介质中,在助剂的存在下通氯反应,分为光引发和热引发两种方式,氯化反应按自由基反应机理进行。悬浮氯化法工艺简单、成本低,但工艺流程长,后处理繁杂。制得的 CPVC 耐热性较高,是目前主要生产方法。

③ 固相法。原西德劳伦尔公司 1958 年首先报道了气相氯化法之后,东亚合成株式会社、日本的碳化物公司、原东德的 VEB 公司等都对此法进行过研究。该法是将 PVC 树脂粉末在常压、干燥状态下,经紫外线照射引发反应,在流化床反应器中氯化,制得非均质 CPVC 树脂。该法工艺流程短,污染小,但 CPVC 氯化均匀性差,目前仍在开发阶段,只有法国阿科玛公司 1974 年建成首套该工艺生产装置。

(2) CPVC 的性能　CPVC 呈白色或浅黄色粉末。一般 PVC 的含氯量为 56% 左右,经过氯化后,一般达到 61%～69%。氯化后性质发生了很大变化,具备良好的耐化学腐蚀性、耐热变形性、可溶性、耐老化性、高阻燃性等特点。基本性能见表 11-7。

表 11-7　CPVC 基本性能

性　能	数　值	性　能	数　值
密度/(g/cm³)	1.48～1.58	邵氏硬度(D)	95
拉伸强度/MPa　(20℃)	60～70	热变形温度/℃(1.82MPa)	100～120
（100℃)	18.6～19.0	维卡软化点/℃	90～125
冲击强度/(kJ/m²)　(20℃)	>40	长期使用温度/℃	100
（100℃)	25～60	热导率/[kW/(m·K)]	0.105～0.138
弯曲强度/MPa	116～125	线膨胀系数/(×10⁻⁵/K)	7～8
弯曲模量/MPa	2620	吸水性/%	0.05

氯化使 PVC 结构不规整性增大,结晶度下降,分子链极性增强,因而,CPVC 明显的优点是耐热性增加。其 T_g 为 115～135℃,热变形温度为 82～103℃,远高于 PVC,维卡耐热温度的增加与含氯量成线性关系。CPVC 的连续使用温度可达 93～105℃,而一般的 PVC 使用温度约为 65℃,提高了 30～40℃。

由于含氯量增加使 CPVC 的拉伸强度、抗弯强度、模量、密度、熔体黏度和尺寸稳定性均比 PVC 高，但冲击强度下降，加工性能变差。

CPVC 还具有良好的疏水性和耐化学腐蚀性，能抗酸、碱、盐、脂肪酸盐、氧化剂及卤素等的化学腐蚀，但在丙酮、氯苯等溶剂中溶解性增加。CPVC 具有良好的电绝缘性，耐老化也优于 PVC。与其他高分子材料相比，CPVC 具有优异的耐老化性、耐腐蚀性和高阻燃性等特点。但 CPVC 随氯化度提高分子极性增加，在维卡软化点提高的同时，熔融黏度也提高，所以成型加工困难。另外，较高的含氯量会使 CPVC 对加工设备的腐蚀比 PVC 严重。

（3）加工和应用　CPVC 采用通用塑料常用的加工方法，如挤出、注塑、热压或层压。

由不同方法生产的 CPVC 树脂在结构、性能上有较大的差异，其应用领域也不尽相同。采用溶剂法制得的是均质氯化物，主要用于生产油漆、纤维、涂料、油墨和黏合剂等；采用悬浮法制得的是非均质氯化物，其热稳定性高，主要用于制造管材和板材。

CPVC 广泛用于建筑行业、化工、冶金、造船、电器、纺织等领域。①用作耐热、耐腐蚀材料。可用作热化学试剂输送管、化工厂的热污管、湿氯气输送管、高温气体洗涤塔、冷却塔填料等。注塑件可用于冷水和热水管线分布系统配件、过滤材料、脱水机部件等。用于电镀生产线电镀溶液管道、电解槽、电镀槽和过滤装置；用于制造耐腐蚀的化工设备。CPVC 热压或层压产品有层压建筑板材、地板、消光板材、高级磨砂透明消光片材和消光人造皮革等。应用于汽车和航空工业，如汽车内部零件、汽车冷凝回流管线和防水盘、飞机机舱内隔热材料、包装容器等。可用于生产电缆、电线、电气电子零件。②用作复合材料。CPVC 和某些无机或有机纤维所构成的 CPVC 复合材料，可制成板材、管材、波纹管等，各种深色户外用品，如机器外壳，电气通讯、器具部件等。③用作涂料和胶黏剂。可制成不同用途的胶黏剂和涂料。④用作发泡材料。CPVC 发泡体可用作热水管、蒸汽管道的保温材料。⑤CPVC 树脂可用于氯纤维的性能改进。⑥用作塑料的改性剂。

11.6.2　PVC 交联

PVC 交联可能提高 PVC 的拉伸强度、耐热性、耐溶剂性、耐磨性、回弹性、硬度和尺寸稳定性等，伸长率和冲击强度下降。交联改性也是提高 PVC 耐热性的有效方法。

PVC 交联方法与 PE、PP 一样有多种，交联可以在合成过程中进行，也可以在加工过程中进行。交联方法有化学交联和辐射交联。化学交联试剂为过氧化物、二元胺、二元硫醇和硅烷。过氧化物和辐射交联是早期的交联方法，缺点是加剧 PVC 的热分解，影响制品的外观和产品性能，应用领域受限制。为了减轻 PVC 交联的热分解，此后开发出新交联方法，如硅烷、二巯基-三嗪交联等。

（1）辐射交联　是最早实施的 PVC 交联方法之一，也是使用最广泛的交联方法。常采用[60]Co-γ 射线或高能电子（EB）射线为作为辐射源。PVC 辐射交联能力较弱，需较大的辐射剂量才能交联，PVC 的降解也会加剧。1959 年 Pinner 与 Miller 首先发现，加入多官能团不饱和单体敏化 PVC 的辐射交联，可在较低辐射剂量下实现 PVC 交联，控制 PVC 在辐射过程中降解。

发达国家在 20 世纪 90 年代开始研究辐射交联技术，目前仅有美国、日本等少数工业发达国家能够生产高性能辐射交联 PVC 树脂。2003 年上海氯碱公司技术中心开发成功"高性能辐射交联 PVC 树脂"。其性能达到国际先进水平，产品主要应用在高科技领域。

PVC 辐射改性材料应用广泛，主要应用领域如下。①电线电缆。广泛应用在电线、电缆的绝缘与护套。经辐射交联后，电缆耐温等级可提高到 105℃以上。②热收缩材料。用作热收缩包装薄膜、热收缩套管等。通过加入反应型不饱和增塑剂及透明加工助剂，可以制得无毒的透明热收缩包装材料，用于食品及高档商品包装。③医用材料。采用辐射交联法只对辐射产品的某些部位进行辐射，以满足不同部分的性能需求。④建筑材料。适用于做高级地板、墙纸等建筑装潢材料。

（2）过氧化物交联　过氧化物交联 PVC 也存在 PVC 严重降解的问题。加入含多官能团单体可提高交联效率。交联机理与辐射交联相似。过氧化物交联体系研究较多的引发剂是过氧化二异丙苯（DCP），而交联助剂则是丙烯酸酯类，如三羟甲基丙烷三甲基丙烯酸酯（TMPTMA）等。

20 世纪 70 年代，日本窒素化学、信越化学和电气化学等公司开始进行化学交联 PVC 树脂合成研究，并先后在 70～80 年代实现了工业化生产，树脂主要用于消光 PVC 制品和 PVC 热塑性弹性体的生产。美国 Oxychem、欧洲 EVC 公司、韩国 LG 也有交联 PVC 树脂研究。

我国北京化工二厂和浙江大学在"八五"期间联合攻关，进行化学交联 PVC 树脂研究，开发了凝胶含量为 55％、溶胶聚合度为 1000 及凝胶含量为 30％、溶胶含量为 2100 的两种交联 PVC 树脂。其后，天津化工厂和上海氯碱公司等也先后进行了交联 PVC 树脂的开发和生产，产品主要用于信用卡膜等消光制品的生产。

PVC 的有机过氧化物交联，相对在工业上应用较少，主要原因是 PVC 的热稳定性差，分解温度与熔融温度非常接近，加工处理非常困难，而且加工时脱 HCl 反应产生多烯烃结构使制品着色。

（3）硅烷交联　硅烷交联 PE 已得到广泛的工业应用，而用硅烷交联 PVC 在 20 世纪 90 年代以来得到了广泛的研究，已是工业生产中比较成熟的技术。PVC 交联使用的硅烷一般为氨基或巯基硅烷。分子结构通式 [R-Si-(OR′)$_3$]，R 为含巯基或氨基的烷基，R′ 一般为甲基或乙基。R 的结构是影响接枝和交联反应的主要因素，当 R 基团所含官能团或烷链长度不同时，交联效果也不同。常用的硅烷，如巯基丙基三甲氧基硅烷（MTMS）、5-巯基丙基三乙氧基硅烷（MTES）、7-氨基丙基三乙氧基硅烷（ATES）、7-二氨基丙基三甲氧基硅烷（ATMS）。

氨基硅烷和巯基硅烷交联 PVC 按离子反应和水解缩合反应机理进行，即分两步法，接枝物的合成和接枝物的水解交联。首先通过氨基或巯基的亲核取代反应，脱除 PVC 分子中的—Cl，将硅烷接枝到 PVC 上。接枝在 PVC 上的硅烷的烷氧基团在催化剂（如二丁基锡二月桂酸酯）和水的存在下，水解成羟基，PVC 分子链经羟基脱水形成醚键，得到交联 PVC，硅烷用量一般为 1.5～8.0 份。以氨基硅烷交联 PVC 为例，其交联机理如图 11-15 所示。

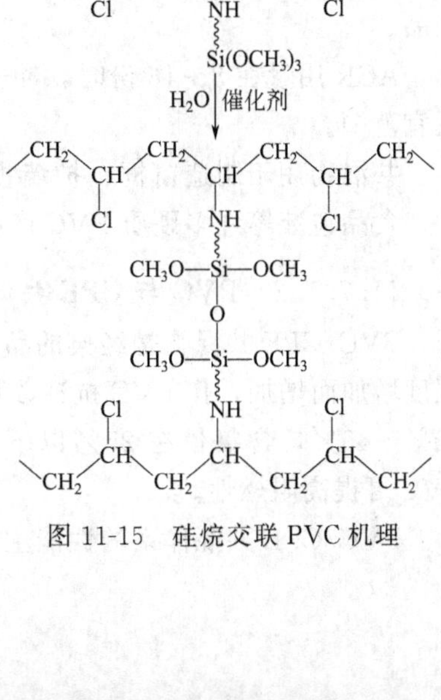

影响 PVC 硅烷交联速率和交联 PVC 结构的因素为：①PVC 的配方，包括硅烷的结构和用量、稳定剂种类和用量、增塑剂含量和水解催化剂含量等。②加工（接枝）条件，包括加工温度、加工时间等。③水解交联条件，包括水解交联环境、时间和温度等。硅烷的结构和用量是影响 PVC 交联的主要因素。

硅烷交联 PE 作为高温电缆于 1970 年成功商品化应用。硅烷交联 PVC 电缆料使用温度比普通电缆料使用温度可提高 20℃。

图 11-15　硅烷交联 PVC 机理

11.7 PVC 共混改性

采用共混同样可以克服 PVC 的缺点，改善 PVC 的韧性、耐热、耐磨、阻燃、阻烟、低温脆变、加工等性能，而且物理共混改性更加方便灵活，也是常用采用的方法，并由此产生了 PVC 合金材料。

PVC 共混改性体系种类很多。与 PVC 共混的聚合物主要为分子链中含有极性基团的均聚物或共聚物，这些聚合物与 PVC 之间具有良好的相容性，能形成稳定的共混体系，克服 PVC 存在的缺点。改性的主要方面有以下几类：增韧改性，这是目前共混改性最多的体系，加工成型和耐热改性，以及改善 PVC 阻燃、阻烟、阻隔、耐候性、低温脆性等性能。下面分别做一简单介绍。

11.7.1　增韧改性

硬质 PVC 性脆，加工性能差，这使其应用领域受到限制，因此，改善韧性、提高冲击性能一直是国内外研究开发的热点，这些改性剂除了改善韧性之外，在其他性能方面也有所改善，如加工性能。PVC 增韧改性剂有弹性体，如 ACR、CPE、NBR、P83、EPDM、SBS等，有树脂，如 EVA、ABS、MBS、ASA、AS 等，随着研究的深入，新型改性剂不断出现，如有机刚性粒子增韧。

11.7.1.1　PVC 与 ACR 树脂共混

ACR 树脂即是 PVC 优良的增韧改性剂，又是 PVC 加工改性剂。增韧改性剂为"核-壳"型结构，是甲基丙酸甲酯接枝在丙烯酸烷基酯（如乙酯、丁酯）弹性体上的接枝共聚物，聚丙烯酸酯为核，甲基丙烯酸甲酯为壳，轻度交联。加工改性剂是甲基丙酸甲酯与丙烯酸酯的共聚物，无明显的壳层。

ACR 具有较高的冲击强度、拉伸强度、模量、热变形温度，优良的光稳定性、耐候性、耐热性、低的热膨胀性等优点，并兼有加工助剂的性能。加之与 PVC 有很好的相容性，因此，不仅在室温和低温下提高 PVC 的冲击性能，而且使 PVC/ACR 共混物具有优异的耐候性、高抗冲击强度，较好的耐热性、光稳定性、透明性和尺寸稳定性，还能改善 PVC 加工性能，也是 MBS 后最成功的一种 PVC 透明改性剂，ACR 已成为 PVC 抗冲击改性剂的主导产品。

ACR 用量在 8～16 份时，冲击强度提高明显，再添加 ACR 增加效果不再明显，有一个适宜范围。

共混物用于制造窗框、护墙板、百叶窗、管材和异型材、电子仪表外壳、飞机机舱部件、食品包装等许多硬质 PVC 产品。

11.7.1.2　PVC 与 CPE 共混

PVC/CPE 共混物是经典的品种。CPE 结构与 PVC 相似，两者相容性随着 CPE 的氯化程度增加而增加，作 PVC 抗冲改性剂的 CPE 必须在室温下处于高弹态，此时含氯量一般为30%～45%，含氯量在 25% 以下的 CPE 与 PVC 相容性很差。使用高氯含量 40%～68% PVC 可提高阻燃性。

PVC/CPE 共混体系的性能主要与 CPE 中氯含量、CPE 用量和 CPE 制备条件有很大关系。已发现氯含量为 36% 的 CPE 是综合性能最好的 PVC 改性剂。当 CPE 用量在 7～15 份时，增韧效果突出。将 CPE 进行接枝改性，可取得更好的增韧效果。有文献报道，将 CPE-g-VC 用于 PVC 的共混改性，共混体系冲击强度比纯 CPE 改性的 PVC 体系高 1～2 倍。

多元共混体系也可以促进 PVC 韧性的提高。用 CPE/ACR、CPE/MBS、CPE/SAN、CPE/PMMA 等体系复合增韧硬质 PVC，发现在一定的组成和适当条件下，CPE 与 ACR、MBS、SAN、PMMA 等对硬质 PVC 有协同增韧作用，促进了 CPE 网络结构的形成和细微均匀化，协同效应是 CPE 网络增韧和 MBS 或 ACR、SAN、PMMA 增韧同时起作用的结果。

PVC/CPE 共混物在冲击强度得到明显提高的同时，还具有优良的耐燃性、耐候性、耐化学腐蚀性和耐油性，加工性能优于 PVC。由于柔性分子链的引入，耐寒性也得到改善。共混物主要用于制造抗冲、耐候、耐用腐蚀制品，如室外用的管材、护墙板、门窗、薄膜等，根据不同使用目的，CPE 加入量在 1～20 份。

11.7.1.3 PVC 与 NBR 共混

PVC/NBR 共混物也是经典的品种，研究和生产由来已久。丁腈橡胶（NBR）是由 AN 与丁二烯共聚而成的橡胶。NBR 与 PVC 的相容性随着 AN 含量的增加而增加，当 AN 含量在 8% 以下时，NBR 在 PVC 中以孤立状态存在；15%～30% 时以网状形式分散，40% 时则呈完全相容状态。当 AN 含量在 10%～26% 时，PVC/NBR 体系冲击强度最大，同时改善了 PVC 的加工性能。表 11-8 为 NBR 中 AN 含量对 PVC/NBR 共混体系冲击强度的影响

表 11-8 NBR 中 AN 含量对 PVC/NBR 共混体系冲击强度的影响

AN 含量/%	5	10	20.5	27	37
缺口冲击强度/(kJ/m²)	10.6	18	92.1	15.4	10.6

由表 11-8 可见，在 AN 含量为 20% 左右时，冲击强度最大。PVC/NBR 共混物的拉伸强度随 NBR 中 AN 含量的变化规律有所不同，随 NBR 中 AN 含量的增加而增加，在 AN 含量低于 50% 的范围内两者呈线性关系。

由于 NBR 中含有双键，易氧化或在紫外光照射下断裂，所以 PVC/NBR 共混材料主要应用于汽车内装材料、室内装饰材料、密封条及鞋底等。

NBR 为块状不容易与 PVC 混合，为此，美国固特异（Goodyear）首先推出粉末 NBR，使用最多的是 P83，其次为 P8B-A、P612-A、P615-D 和羧基丁腈橡胶，对 PVC 具有更好的改性作用。P83 为松散的粉末状，立体结构特殊，表面经过 PVC 乳液处理并进行轻度交联，AN 含量约为 33%。P83 与 PVC 相容性好，能全面改善 PVC 的性能，如改善加工性、热稳定性、耐磨性、柔软性、耐油、耐溶剂和耐低温性，并使拉伸强度有所提高。制品具有良好的手感，用于制造人造革、鞋底、密封条等。

11.7.1.4 PVC 与 CR 共混

氯丁橡胶（CR）与 PVC 溶解度参数较为接近，但由于 CR 具有结晶性，所以其相容性远不如 PVC/NBR。不过 PVC/CR TPE 也有较好的应用价值，如耐臭氧性、耐油性、耐化学品性、耐候、耐老化等，并且有自熄阻燃性，它多用于对强度等机械性能要求不高的材料或制品，如输油胶管、储油容器、耐油胶布和阻燃电线的绝缘层等，而且特别适用于制造阻燃输送带。

11.7.1.5 PVC与EVA共混

上述增韧改性剂均是弹性体，而一些树脂也可以作PVC的增韧剂。这类树脂都是共聚物，兼有良好的刚性和韧性，也是PVC的常用的增韧剂。

随着VAc含量的增加，EVA变得柔软，而有弹性，性能类似橡胶，因此，选用EVA作改性剂时，VAc的含量很重要。EVA与PVC的相容性随着VAc含量的增加而增加，在VAc含量为30%～50%时，具有一定的相容性；在含量达到65%～70%时，两者基本相容。用作PVC抗冲改性剂一般采用VAc含量为30%～50%的EVA。

根据EVA加入量的多少，可制作硬质和软质PVC共混物。对于抗冲改性，存在EVA和VAc最佳含量，一般分别为5%～15%和28%～60%，共混物的流动性和热稳定性随着EVA中VAc含量的增加而增大，而模量、拉伸强度和热变形温度则降低。PVC/EVA突出的一个优点是柔韧性。

软质PVC/EVA共混物软化度相当于加入40份或60份增塑剂的软PVC，但却比软质PVC具有更低的脆化温度，如加入60份DOP的PVC脆化温度为-40℃，而相应的共混物为-70℃；增塑效果稳定，不存在增塑剂挥发、抽出和迁移的问题。

EVA本身具有良好的耐低温性、耐用光性、抗老化性，因此，PVC/EVA具有抗冲击、耐候性能优良，适合于用于制造户外制品。PVC/EVA共混物应用广泛，可制造硬质和软质制品，如板材、型材、管材、各种注塑件；人造革、软片、电缆等。

11.7.1.6 PVC与ABS共混

PVC/ABS共混物的性能受多种因素的影响，详见13.5.2.1节。

PVC/ABS共混物具有很高的冲击强度。用ABS树脂对PVC进行增韧改进，PVC/ABS共混物的冲击强度与组成存在以下关系：①共混物的冲击强度高于单独PVC和ABS；②当ABS的含量在8%～40%范围内，随着ABS含量的增加冲击强度迅速增至最大值，进一步增加含量时，冲击韧性则逐渐降低。如在PVC/ABS（质量比）=70/30时，悬臂梁冲击强度达377.4J/m，与PVC基体的43.1J/m相比较，提高了将近10倍。

共混物冲击强度的大小与树脂种类和加工工艺条件有关，而ABS中不同的PB橡胶含量对共混物冲击强度的影响较大。用含胶量高的ABS共混时，PVC/ABS共混物的冲击强度出现协同作用，冲击强度较高，显示出橡胶的增韧作用；而选用橡胶含量低的ABS时，共混物的冲击强度随着ABS含量的减少而降低。当采用溶液共混浇铸薄膜或共沉降法制备PVC/SAN共混物时，在一定AN含量范围内共混物只有一个T_g值，相反，采用熔融共混法制备的PVC/SAN共混物却有两个T_g值。

PVC/ABS共混物的拉伸强度、拉伸模量和硬度一般比PVC小，这与ABS中橡胶含量有关。当含25.0%橡胶的ABS在共混物中含量为10%和20%时，共混物的拉伸强度下降；当ABS含量为30%和40%时，共混物的拉伸强度比PVC的高，显示出协同效应；而当含胶量为30.0%和36.5%时，共混物的拉伸强度随ABS含量的增加而下降。实践证明，ABS的含量以不超过40%（质量分数）为佳。否则，会引起共混物的综合性能下降。

ABS作为冲击改性剂加入到PVC中，在某种程度上还起到加工助剂的作用，改善了PVC的加工性能。主要是由于由于摩擦热较大，凝胶化时间提前，易于获得均匀的熔融物。因此加速了共混物的熔化降低了熔体的强度，使加工过程更加稳定。

　　总之，PVC/ABS 共混物综合了 ABS 耐冲击、耐低温、易于成型加工以及 PVC 的阻燃、刚性强、耐腐蚀、价格低等优点，成为 PVC 合金的重要品种。

11.7.1.7　PVC 与 MBS 共混

　　PVC 与 ABS、CPE、NBR 共混在提高冲击强度的同时，却使透光性大大降低，而 MBS 结构特殊，是典型的核-壳结构。MBS 树脂是由甲基丙烯酸甲酯（MMA）、丁二烯（Bd）及苯乙烯（St）采用乳液接枝聚合法制备的一种三元共聚物。在亚微观形态上具有典型的核-壳结构，内核是一个直径为 $10\sim100nm$ 的橡胶相球状物，外壳是由 St 和 MMA 组成的。由于其溶度参数、折光指数与 PVC 相近，因此用 MBS 作 PVC 抗冲改性剂不会影响 PVC 的透明性。MBS 是改进 PVC 冲击性能、制造透明制品的最佳材料，几乎所有的透明 PVC 制品都用 MBS 作为增韧改性剂，可同时获得高韧性和透明性，如 PVC 透明瓶、透明片材和板材、软质透明薄膜等，所以 MBS 称为 PVC 的透明抗冲改性剂。当 PVC 中加入 $5\%\sim10\%$ 的 MBS 树脂时，可使其制品的抗冲击强度提高 $4\sim15$ 倍，同时还可以改善制品的耐寒性和加工流动性。因此，MBS 作为 PVC 增韧改性剂得到广泛应用。

　　MBS 与 PVC 的溶解度参数分别为 $9.4\sim9.5(cal\cdot cm^{-3})^{1/2}$ 和 $9.5\sim9.7(cal\cdot cm^{-3})^{1/2}$，十分相近，与 ABS 类似，MBS 与 PVC 相容性较好，BR 橡胶核存在对 PVC 起到增韧作用。SEM 观察发现，在该体系中，MBS 相中的 MS 链段与 PVC 相形成相容性很好的"连续相"，而橡胶链段则分散在连续相中呈微观的"分散相"。在受到冲击时，分散相橡胶能形成裂纹吸收和转移冲击能量。

　　MMA、St 在 MBS 中的含量会影响 PVC/MBS 体系的力学性能，可通过调节 MMA 与 St 的比例得到不同类型的 MBS，从而得到性能不同性能的 PVC/MBS 共混物。共混物的冲击强度随着 MBS 用量的增加而增加，并在达到最大值后减少。MBS 含量在 $10\%\sim20\%$ 时，共混物体系具有较高的拉伸强度、冲击强度和模量。

　　PVC/MBS 体系具有好的冲击性能和加工性能，而且透明性好，所以多用于透明、耐冲击制品，如透明板、管材、仪表壳、室内装饰板、软质制品和日用品。不足之处是 MBS 耐候性不佳，光、热氧稳定性较差。

　　为了适应市场对 MBS 的各种不同要求，各种性能的 MBS 牌号在市场上不断出现。MBS 的另一个发展方向是复合，如 MBS/EVA、MBS/SBS、MBS/ACR 等，这种方法是将不同的改性剂进行共混，得到以 MBS 为主的复合改性剂。另一种是以 MBS 为主体与 AN 接枝共聚，以丁苯胶为主体，与 AN、MMA 接枝共聚得到 AMBS 改性剂。这些共混物和接枝共聚物可大大提高 PVC 的抗冲击强度并改善加工条件。

11.7.1.8　PVC 与热塑性聚氨酯共混

　　热塑性聚氨酯（TPU）分子中即含有柔性链段又含有刚性链段，故其兼有塑料和橡胶的特性。在较宽的硬度范围内具有较高的力学性能、很好的弹性、耐磨、耐油、耐溶剂、耐寒、耐辐射、耐臭氧、介电性能等优点。TPU 可以与很多聚合物进行共混改性，与 PVC 共混能有效地降低 TPU 的成本，提高阻燃性；同时提高 PVC 的热稳定性和耐低温性，两者共混能相互弥补一些缺陷。

　　PVC/TPU 体系中，PVC 与 TPU 的溶解度参数分别为 $19.4\sim20.5(J/cm^{-3})^{1/2}$、$19.2\sim21.8(J/cm^{-3})^{1/2}$，两者非常接近，应有较好的相容性。PVC 分子链中大量的极性氯原子可以和 TPU 分子结构中氨基中氢原子形成氢键，使二者之间具有很强的结合力，提高共混物的相容。普遍认为，只有聚酯型 TPU 与 PVC 相容，聚醚型 TPU 与 PVC 相容性较差。

加入少量的 TPU 可以提高 PVC 的冲击强度和低温柔韧性，且不影响 PVC 的其他物性，这一点对分子量高的硬聚 PVC 表现更明显，例如：软段含量高的 PU80A 改性 PVC，可以使 PVC 的缺口冲击强度从 $5.1kJ/m^2$ 提高到 $106kJ/m^2$。加 40 份 TPU90 改性增塑的 PVC，冲击强度从原来的 $20kJ/m^2$ 左右提高到 $80kJ/m^2$ 以上。当 TPU 用量为 8～10 份时，体系的韧性提高幅度较大，含量为 10 份时达到最大值，大于 10 份时，冲击强度则呈现下降趋势。

TPU 为 30% 的共混物性能与商业化增塑的 PVC 性能完全相同，但其耐磨性和柔韧性大大提高，共混物耐油性也很好，该混合物在 ASTM3$^\#$ 油中浸泡 7 天对溶胀体积影响也很小，撕裂强度也没有下降。共混物的热稳定性随着 TPU 含量的增加而增加，模量下降。

PVC 为主要组分能有效地提高聚氨酯的阻燃性，增塑的 PVC（40 份 DOP）与 TPU 比为 50/50 时，共混物的阻燃性，如（OI）值仍然大于 21（含 40 份 DOP 增塑剂增塑的 PVC 的 OI 值为 25）。

TPU 的加入能改善 PVC 共混物的流动性，这主要是由于 TPU 对 PVC 的增塑作用，TPU 软段为聚酯时，聚酯对 PVC 有增塑作用。

TPU 的加入能有效地改善 PVC 的耐低温性。加入 15% 的 TPU，共混物在 $-29℃$ 下 Ross 耐挠曲性提高一倍。TPU 加入能提高 PVC 的耐老化性能，虽然老化后断裂伸长率下降，但拉伸强度却提高。

PVC/TPU 合金可作为有特色的 PVC 管件，也可用于汽车、电气、电线和电缆工业。在制鞋工业也获得成功应用，其性能优于增塑的 PVC。聚氨酯（PU）改性 PVC 在医疗领域也有广泛应用。增塑 PVC 用于制造医疗用品已有很长时间，但由于低分子量的增塑剂存在迁移问题，污染血液和药品，其他加工助剂，如热稳定剂、润滑剂等也会产生影响。而采用 PU 改性 PVC 可解决增塑剂迁移问题，又保持 PVC 良好的性能。共混物可制作医用软管、输血软管、血液储存袋、透析附件、医用手套等。PVC/PU 体系相容性较差，加入接枝 VCM/PU 以改善相容性。

11.7.1.9　增韧改性机理

在弹性体增韧 PVC 的机理中，网络增韧机理和剪切屈服-银纹化机理的研究较为成熟，也获得了广泛认可。

（1）网络增韧机理　弹性体的增韧作用有两种形式：①弹性体和 PVC 构成双连续相，在材料中共同构成互穿网络结构（IPN），在外力作用下，网络结构发生大形变，消耗能量，起到增韧作用；②弹性体形成连续网络结构将 PVC 初级粒子包围在中央，在外力作用下弹性体网络起到能量的传递、分散、缓冲和吸收作用，从而避免局部应力集中产生裂缝。同时，弹性体形变时具有高的断裂延伸率，可产生银纹和剪切带吸收大量能量，使材料抗冲击性能大幅度提高。属于网络增韧的弹性体有：EVA、NBR、PUR、SBS、CPE 等。

（2）剪切屈服-银纹化机理　该机理也称为"海-岛"增韧机理。弹性体以颗粒形式均匀地分散于 PVC 连续相中形成宏观均相、微观分相（海-岛相结构）结构。弹性体颗粒的第一个重要作用就是充当应力集中点。当材料受到冲击时，弹性体粒子成为应力集中点，诱发基体产生大量的剪切带和银纹。剪切带和银纹在产生和发展过程中吸收大量的能量，从而明显提高材料的冲击强度。银纹和剪切带所占的比例与基体性质有关，基体的韧性大，以诱发剪切带为主；基体的韧性差，以诱发银纹为主。第二个重要作用就是控制银纹的发展并使银纹终止而不致发展成破坏性的裂缝，即显著吸收这一过程的能量。此外，剪切带也可阻滞、转向并终止银纹或小裂纹的进一步发展，促使基体发生脆-韧转变，从而提高材料的韧性，属于这一类的弹性体有：MBS、ABS、AMC等。当然第二种机理应用更加普遍，也大量应用于橡胶增韧PVC体系。从下面例子中可以看到。

NBR增韧改性PVC，由于二者其相容好，NBR相易形成包覆有PVC的细胞状结构，并分散于PVC连续相中形成"海-岛"结构。连续的PVC相保持PVC原有的力学性能，分散于PVC相中的细胞状NBR相形成应力集中点。当材料受到冲击时，应力集中于NBR橡胶相周围，从而诱发产生银纹和剪切带并吸收能量，银纹的发展遇到下一个橡胶粒子时终止，从而防止银纹发展成破坏性的裂缝。细胞状橡胶相的形成，进一步提高了NBR的作用，因而用NBR增韧改性PVC效果明显。

11.7.1.10　PVC/有机刚性粒子

如前所述，传统的增韧材料一直采用弹性体。弹性体提高抗冲击改性效果十分明显，但在增韧的同时，往往以牺牲材料的强度、刚度、尺寸稳定性、耐热性及可加工性，而1984年发展起来的刚性粒子代替橡胶增韧聚合物，可以同时进行增韧和增强，是一种两全其美的改性方法。刚性粒子分为有机刚性粒子（rigid organic filler，ROF）和无机刚性粒子（rigid inorganic filler，RIF），尺寸上有微米和纳米粒子之分。本节将介绍ROF增韧改性PVC，RIF将在后面介绍，详见14.5.5节。

PVC增韧改性中常用的ROF有PMMA、PS、MMA/S（甲基丙烯酸甲酯/苯乙烯共聚物）、SAN（苯乙烯-丙烯腈共聚物）等，其中改性效果最好是MMA/S共聚物，其次是PMMA。有机刚性粒子具有同时增韧与增强的双重功能。一般情况下，随着填充量的增加，冲击强度和拉伸强度都逐渐增大，当加入量达到3%～35%时，冲击强度与拉伸强度将出现最大值，再增加用量时，冲击强度与拉伸强度反而下降。但总体来看如果只用ROF对PVC进行增韧，其增韧效果仍然有限，因此，在ROF对PVC进行增韧改性时，通常先用弹性体将PVC复合体系的韧性调至脆韧转变附近，再用刚性粒子增韧会更有效，实际上是PVC/弹性体/ROF三元复合共混改性。

经大量研究刚性有机粒子（如SAN、PS、PMMA）对PVC增韧体系（如PVC/ABS、PVC/MBS、PVC/CPE等二元共混物）的改性效果及影响因素，发现添加少量的有机粒子能提高基体的冲击韧性，并保持基体拉伸强度不受损害或同时得到提高。不同粒子对PVC的改性效果不同，PS的增韧效果最好，但若同时考虑增韧增强效果，则以PMMA为佳。研究结果得知，刚性有机粒子不是在所有的基体中都可以达到很好的增韧效果，实现ROF增韧的必要条件是：粒子与被增韧基体间的良好相容性，界面粘接性良好，这样才会使应力传递到ROF粒子，从而引发塑性变形。粒子与基体间还要有恰当的脆-韧比，并要求基体本身要有足够的强度和韧性。

刚性粒子增韧之所以区别于传统的弹性体增韧，主要是机理的不同。刚性粒子增韧概念和机理是1984年日本Kuranchi和Ohta首先提出的。目前对有机刚性粒子增韧较为满意的解释是"冷拉机理"（cold drawing），该机理认为：含有分散粒子的聚合物在拉伸过程中，由于分散粒子和基体之间的杨氏模量及泊松比之间存在较大的差别，使得在分散相的赤道面上产生较高的静压强，在ROF粒子与基体界面黏合良好的前提下，当作用在刚性粒子赤道面上的静压强大于刚性粒子形变所需临界静压强时，ROF 相粒子容易屈服而产生大的塑性变形（伸长），同时周围的基体也产生同样大的形变，发生像玻璃态聚合物那样的在大形变下所谓"冷拉"现象，这一过程中吸收了大量的冲击能量，从而使 PVC 的韧性明显提高。

根据增韧机理，开始随着有机粒子填充量的增加，体系内"冷拉伸"增多，吸收因冲击产生的塑性形变能增加，冲击强度增大。当加入量达到一定程度（3%～5%）后，再增加填充量，则因刚性粒子相互接近，彼此间的距离逐渐减小，不但不利于"冷拉"作用的发挥，相反还会产生副作用，冲击强度与拉伸强度下降。

还有空穴增韧机理，对于相容性较差的体系，分散相 ROF 与基体之间有明显的界面，甚至可能在 ROF 周围存在空穴。受冲击时，两相界面易脱粘而形成微小空穴而吸收能量，也可引发银纹吸收能量，提高 PVC 的断裂韧性。

11.7.2　耐热改性

PVC 耐热不足也是其主要缺点，维卡软化温度只有 80℃（50N 负荷）左右，使用温度只有 65℃，使其应用受到限制。如前所述，耐热改性可采用 VCM 与耐热单体共聚合（如 11.5.4 VCM/MI 共聚物），氯化 PVC（11.6.1 节）和交联 PVC（11.6.2 节）也可提高 PVC 耐热性能。本节介绍共混方式提高 PVC 耐热性。采用共混改性的方法提高 PVC 耐热性已有较长的历史，主要改性剂有 CPVC、SMA 和 MI 共聚物，相比增韧改性剂少得多。

11.7.2.1　PVC 与 CPVC 共混

采用 CPVC 改善 PVC 的耐热性，是比较早的方法。CPVC 是 PVC 进一步氯化的产物，其氯含量可由 56.7% 增加至 74%，一般为 61%～69%。CPVC 同 PVC 共混可以提高 PVC 的热变形温度。CPVC 与 PVC 相容性好，可以任意比例共混。随着 CPVC 中含氯量和加入量的增加，共聚物的软化点和热变形温度提高。但氯含量太高，熔体黏度高、加工成型困难，相容性反而不好，从而影响性能的改善，使用的 CPVC 以含氯量 65% 左右的比较好。

PVC/CPVC 可用于制造热水管等。

11.7.2.2　PVC 与苯乙烯/马来酸酐（SMA）共聚物共混

SMA 树脂是由苯乙烯与 MAH 共聚而得的无规共聚物，最大的优点是耐热性优良，其耐热性随 MAH 的含量增加而增加，作为 PVC 耐热改性剂受到重视。

SMA 改性剂的最大特点是改进了 PVC 的耐热性，还能提高抗冲性。一般在 PVC 中 SMA 加入 30%～50%，不超过 50%，共混物显示良好的耐热和阻燃性。随着 SMA 含量的增加，共混物的耐热性增强，热变形温度达 85℃ 以上，比硬质 PVC 的耐热变形温度提高 5～8℃，维卡软化点提高 12℃，使用温度最高可提高 30℃，同时降低了熔融黏度，流动性变好，加工性得到改善。与 CPVC 相比，在耐化学品和高负荷下耐热性能基本相同。

一般来讲，SMA 的热性能取决于合成方法，采用本体法聚合可得到具有最佳热性能和高分子质量的 SMA。SMA 的聚合方式主要有溶液聚合和本体聚合及本体-悬浮聚合法 3 种。

PVC/SMA 合金加工方法可采用 PVC 加工方法。在需要耐热、阻燃和冲击性能的场合，

PVC/SMA 共混物可与高性能工程塑料相竞争，由于具有成本优势，在一些领域可以代替昂贵的工程塑料。

PVC/SMA 合金广泛应用于电器机壳、窗框、办公器械、汽车零件和热水管，可取代通用级 ABS 及阻燃级 ABS，用作耐热抗冲击大型管材和电线电缆保护护套。

11.7.2.3　PVC 与马来酰亚胺共聚物共混

各种 RMI 除了前述可与 VCM 共聚外，本身都可以自聚，其均聚物是一种耐热高分子材料，开始热失重温度为 $220 \sim 400℃$，T_g 一般大于 $200℃$，但是不溶、不熔、加工困难，一般不单独用作耐热改性剂，因此常与其他单体共聚，如 St、α-甲基苯乙烯、AN、MMA、丙烯酸等共聚，一方面降低 T_g，另一方面调节溶解度参数，来增加与基体树脂的相容性。N-取代马来酰亚胺中 PhMI 和 ChMI 与其他单体的共聚物是两种重要的树脂耐热改性剂。因此，采用 RMI 共聚物通过共混改性 PVC 耐热性，是常用的改性方法。

以 RMI 的共聚物改性 PVC，具有提高软化温度和热变形温度等耐热性能，又与 PVC、ABS 等塑料相容性好等优点，因而与 PVC 共混具有良好的效果，在 PVC 和 ABS 的耐热改性中已得到大量应用。

用耐热 ABS 改善 PVC 的耐热性也是最早使用的方法。1979 年日本钟渊公司首先开发出 PVC 耐热改性用 ABS，与 PVC 共混可以改善 PVC 的耐热性，并可以与 MBS、EVA、CPE 并用。日本油脂化学公司开发了一系列的 PhMI 接技共聚型 ABS 耐热改性剂，用量 $10\% \sim 20\%$ 即可使 PVC 树脂的软化温度和热变形温度提高 $10℃$ 以上，同时改善了加工性。日本积水化学工业和触媒化学工业公司联合研究开发的 MMA/St/PhMI 三元共聚物是性能优异的 PVC 树脂改性剂。由 100 份氯化 PVC 树脂、20 份 MMA/St/PhMI 共聚物、15 份 MBS 树脂共混物可挤塑成型，制品的维卡软化温度是 $145℃$。对 PVC 进行交联改性也是提高其耐热性的一种方法，已在前面介绍。

11.8 聚氯乙烯填充改性

与其他热塑性树脂一样，PVC 在加工过程中，根据使用不同常加入数量不等的填充剂。这些填充剂多为无机矿物，一般在树脂中只起到增量作用，即为惰性填料，如果表面处理有效，也可起到活化填料的作用。常用的填料与 PE、PP 类似，有无机填料和有机填料，详见 9.9.3 节。

无机粉体填充改性 PVC 中使用量最大的是碳酸钙。碳酸钙为惰性填料，对 PVC 的强伸性能没有正面影响，一般使 PVC 的硬度、刚性提高，成本下降。由于云母具有一定的长径比，填充可增加 PVC 的拉伸强度、拉伸模量和弯曲模量，是一种增强填料。滑石粉填充 PVC 可提高制品的硬度、尺寸稳定性、电绝缘性和耐蠕变性，制品手感好。

11.9 聚氯乙烯纳米复合材料

用无机纳米粒子改性 PVC 是一项新技术。在聚合物中应用较多的无机纳米粒子主要是无机刚性粒子，如 $CaCO_3$、SiO_2 和层状硅酸盐，如黏土两类（详见 10.6.4 节和 14.5.7 节）。

以 PVC/无机纳米复合材料为例，常用的纳米无机填料主要有纳米 $CaCO_3$ 和 SiO_2。作为最大量使用的无机填料 $CaCO_3$ 填充 PVC 也由来已久，由最初的普通及微米级 $CaCO_3$ 逐渐发展到今天的纳米 $CaCO_3$ 粒子增韧 PVC。用纳米级 $CaCO_3$ 粒子改性 PVC 可取得增强、增韧的双重功效。研究表明，PVC 纳米塑料的拉伸强度、缺口冲击强度均随纳米 $CaCO_3$ 含量的增加而增大，在 $CaCO_3$ 纳米粒子用量为 10％时均达到最大值，拉伸强度为 58MPa，为纯 PVC（47MPa）的 123％，缺口冲击强度为 $16.3kJ/m^2$，为纯 PVC（$5.2kJ/m^2$）的 313％。

PVC/弹性体/RIF 三元复合改性是发展的方向。目前，PVC/弹性体/RIF 三元共混体系研究所用的无机刚性粒子主要为 $CaCO_3$，包括纳米 $CaCO_3$ 和微米 $CaCO_3$。研究结果表明：$CaCO_3$ 粒子与弹性体粒子（如 CPE、ABS、ACR）混杂填充，具有协同改性效应，使复合体系综合性能得到改善，除冲击韧性大幅度提高外，拉伸强度下降的趋势也得到抑制，体系熔融塑化行为变佳，且纳米 $CaCO_3$ 对复合材料的改性效果比微米 $CaCO_3$ 好得多。对于 PVC/CPE 体系，$CaCO_3$ 纳米粒子对 PVC/CPE 体系有显著的增韧作用。当 $CaCO_3$ 含量为 8％～10％时，体系缺口冲击强度达 $30kJ/m^2$ 以上。而未加 $CaCO_3$ 纳米粒子的 PVC/CPE 体系缺口冲击强度只有 $22kJ/m^2$。对于 PVC/ABS 体系，$CaCO_3$ 含量为 15％时，韧性大幅度提高，比 PVC/ABS 二元体系提高 2～3 倍。对于 PVC/ACR 体系，当纳米 $CaCO_3$ 含量为 10％时，断裂伸长率达到最大值，拉伸强度也达到最大值（48MPa），为 PVC/ACR 体系（26MPa）的 184％；而纳米 $CaCO_3$ 含量为 5％时，冲击强度达到最大值（$24kJ/m^2$），为 PVC/ACR 体系（$13kJ/m^2$）的 185％。

纳米 SiO_2 对树脂不仅能起补强作用，而且具有许多新的特性。利用它透光、粒度小的特性，可使塑料变得更加致密，使塑料薄膜的透明度、强度、韧性和防水性能大大提高。在普通 PVC 树脂中加少量纳米 SiO_2 后，生产出来的塑钢门窗硬度、光洁度和抗老化性能均大幅度提高。

图 11-16 为在填充量为 0～8％（质量）不同表面性质纳米 SiO_2 颗粒增韧 PVC 复合材料的力学性能的实例。

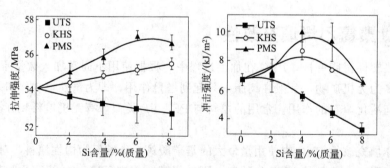

图 11-16　纳米二氧化硅颗粒表面处理剂和填充量对 PVC 复合材料拉伸和冲击强度的影响
UTS—未处理纳米 SiO_2；KHS—偶联剂 KH570 处理的纳米 SiO_2；PMS—PMMA 接枝改性的 SiO_2

由图可见，未经表面处理的纳米 SiO_2 对 PVC 基本上没有增韧和增强作用；经过表面处理以后的纳米 SiO_2，可以同时实现对 PVC 复合材料的增韧增强，而且经表面接枝 PMMA 后的纳米 SiO_2 可以使 PVC 复合材料具有更高的拉伸和冲击强度。在纳米 SiO_2 填充量较少时，经过表面接枝处理后的纳米 SiO_2 可以较好地分散在 PVC 基体中，而且大部分分散体尺度可以达到纳米级。在纳米 SiO_2 填充量到了 4％～6％（质量）时，PVC 复合材料的冲击强度达到最大值。在 SiO_2 填充量大于 6％（质量）时，颗粒聚集体发生了大范围的"团聚"。

大的团聚体不能有效终止银纹扩散成裂纹，导致复合材料的冲击强度下降。经过偶联剂 KH570 以及聚合物 PMMA 接枝改性的纳米 SiO_2 颗粒表面都是 $[O=C—O]$ 基团，因此两种改性方法对 PVC 冲击强度的影响规律相似。

PVC/无机纳米复合材料的制备目前采用较多的是共混法，解决纳米粒子在聚合物基体中的分散是一难题。原位聚合法不同于传统的物理混合方法，这一方法将经过处理的纳米粒子分散于 VCM 单体中，经引发 VCM 单体聚合，制备 PVC/无机纳米复合材料。它实现了纳米相在聚合物基体中的原生态分布，制备性能优越的 PVC 纳米复合材料。但是由于纳米粒子效应，具有表面不饱和键态的纳米材料会对反应和成粒过程产生影响。

原位聚合法制备 PVC 纳米复合材料在我国取得重大进展，并已实现工业化生产。由杭州华纳化工有限公司开发的纳米 $CaCO_3$ 微乳化法原位聚合 PVC 树脂，于 2001 年在太原化工股份有限公司建成首套 2.5 万吨/年工业化装置并投产。制备的 PVC 纳米复合树脂颗粒内部微观相结构组装特征有微胶囊型、崩解型和三维网架结点型 3 种组装结构，如图 11-17。

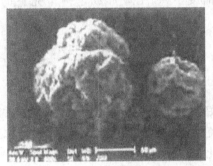
(a) 单细胞粒子

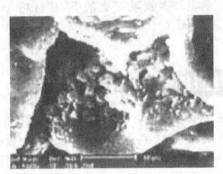
(b) 表皮及初级粒子

(c) 树脂颗粒

图 11-17 纳米 $CaCO_3$/PVC 单细胞粒子、表皮及初级粒子和树脂颗粒

采用该项技术所生产的纳米原位聚合 PVC 树脂的力学等性能有较大幅度提高，见表 11-9。

表 11-9 纳米 PVC 树脂性能检测数据

性能指标	普通 PVC 树脂	$CaCO_3$ 含量/%（质量）		试验标准
		3	4.5	
冲击强度/(kJ/m^2)	15.5	38.5	68.9	GB 1043-79
拉伸强度/MPa	61.9	69.2	74.8	GB 1040-92
维卡软化点/℃	79.0	81.0	85.0	GB 1633-79

由表可见，拉伸、冲击强度和软化点均比普通 PVC 明显提高，特别是冲击强度提高 4 倍以上。

测试表明，纳米材料复合 PVC 树脂制成的板材，抗冲击强度比普通 PVC 提高 2～4 倍，纳米 PVC 管材（硬质）的抗拉伸屈服强度提高 76.9%，芯层发泡管材单管长使用树脂重量降低 7%～8%。

纳米粒子增韧聚合物的增韧机理的解释，与刚性无机粒子增韧机理没有多大区别。只是纳米粒子尺寸达到纳米级，导致纳米粒子的增韧效果远远好于无机刚性粒子的增韧效果，这正是因为纳米粒子的表面缺陷少，非配对原子多，比表面积大，与聚合物发生各种物理或化学结合的可能性增大，粒子与基体间的界面黏结可以承受更大的力，也能较好地传递力，从而达到既增强又增韧的目的。纳米粒子增韧复合材料的制备方法不同，其增韧效果也不相同，增韧机理也有不同的模型解释，还在不断地发展中。

总之，利用本章所讲述的共聚、氯化、交联、共混和填充等手段，可以得到众多性能优良，满足许多领域需要的 PVC 材料，从而使 PVC 工业形成了一个完整的庞大的"家族"。

11.10 聚氯乙烯加工改性

PVC 熔体黏度高，流动性差，加工性能不好，加工改性也是改善 PVC 性能的重要内容。加入改性剂就是为了促进 PVC 塑化、提高流动性和熔体强度、改善制品表面光滑性能和光泽性。主要有两类，一类是促进 PVC 凝胶化（塑化）并赋予其橡胶弹性型，一类是具有润滑功能型。第一类以 MMA 为主要成分并与 PVC 有很好相容性的聚合物，分子量较高；第二类也是以 MMA 为组分，另有与 PVC 不相容的组分构成，分子量较低。

赋予橡胶弹性型加工助剂的主要作用是：促进塑化，提高制品的光泽；提高成型时的熔体破裂强度；在注塑、吹塑、压延、挤出成型加工时，改善成型性；促进填料的分散和改善制品外观。

赋予润滑功能型主要作用有：延迟塑化、降低成型负荷；降低熔体对加工设备的黏附性；减少滞留料；不引起透明性、耐热性的下降。

使用最多的加工改性剂是 ACR。ACR 改善加工性的基本原理是，由于 ACR 与 PVC 相容性好，在共混加热时 ACR 颗粒首先熔化，并与 PVC 树脂颗粒黏结在一起，相互摩擦产生较大的内摩擦力，使 PVC 粒子更易破碎和熔融，促进了 PVC 的塑化，缩短了 PVC 的塑化时间，并使熔融转矩提高。对加工性能的影响见表 11-10。

表 11-10　ACR 对 PVC 加工性能的影响

ACR 用量/质量份	塑化时间/min	最低转矩/N·m	最高转矩/N·m	平衡转矩/N·m
0	8.3	19.6	40.0	37.4
3	2.9	26.4	41.0	41.0
5	2.7	32.2	46.0	41.0
7	2.1	35.2	48.0	43.0
10	1.7	44.5	51.0	44.0

可见，ACR 树脂作为加工改性剂，只加入 1%～5% 就可起到明显的作用，不会影响 PVC 的物理力学性能，共混物综合性能优良，因而在世界范围内成为主要改性剂。

11.11 聚氯乙烯热塑性弹性体

热塑性弹性体（TPE）自 1958 年德国 Bayer（拜尔）公司研制成功第一个热塑性弹性体聚氨酯后，发展十分迅速，形成不同门类、不同品种，成为新一代高分子材料。PVC 热塑性弹性体（TPVC）只是其中的一类，首先由日本三菱化成于 1967 年开发成功，欧美等国也相继推出 HP-PVC 品种。目前在世界上日本仍是 TPVC 最主要的生产国与消费国，其产量占 TPE 产量的第一位。我国 20 世纪 80 年代开始研究共混型 TPVC，90 年代初投产 HP-PVC。

TPVC 制备方法有：合成高聚合度 PVC，聚合度在 1700 以上；化学和离子交联；与橡胶进行共混改性。共混法包括简单机械共混、部分动态硫化共混和完全动态硫化共混。共混可明显改善 PVC 的性能，而且工艺简单实用，是制备 TPVC 的主要手段。各种方法的特点及应用领域详见表 11-11。

表 11-11 聚氯乙烯类热塑性弹性体的制备方法及性能

改性方法	采用的技术	特 点	需进一步改进之处	用 途
共混	多与极性橡胶（NBR、CR、CPE）共混，较少与非极性橡胶共混改性	与极性橡胶共混时综合性能非常好、应用非常广；与非极性橡胶共混时其产品的用途很小	与非极性橡胶共混时的相容性低	广泛应用于各行业，并根据具体的要求而有不同的配方与工艺
交联	多采用辐射交联，也有用交联剂交联	显著提高耐热性、抗热收缩性、机械强度	易着色、可回收利用性低	用于电线电缆、包装材料等使用周期长或要求低污染的产品
HPVC	可直接用作热塑性弹性体，但通常与橡胶共混后使用，配方与 PVC 类似	显著提高 PVC 的使用性能；如：耐疲劳、耐磨、耐候、耐油、尺寸稳定等	加工困难，成本较高	用于建筑材料等对强度要求较高的产品

11.11.1 HP-PVC

HP-PVC 制备方法前面已做了介绍。通常是指聚合度在 1700 以上或分子间具有轻微交联结构的 PVC 树脂，其中聚合度为 2500 的最为常见。HP-PVC 由于分子量增加，一方面，分子中结晶相含量增加，特别是低温聚合制备的 HP-PVC 结晶度较高；另一方面，分子链长度增加，分子链之间形成缠结点增多，这种结构将对分子链运动的约束能力增加，防止产生塑性形变，从而提高了 PVC 的弹性。这两种结构特点使 HP-PVC 显示出橡胶的弹性和耐蠕变性。

为了提高 PVC 的弹性，在聚合过程中，专门加入含有双乙烯基的多官能团单体进行共聚，以生成部分凝胶，可以明显提高弹性，减少塑性形变，其影响比单纯提高聚合度对弹性的影响要大。

HP-PVC 在保留普通 PVC 多种优异性能的基础上，其拉伸性能、耐疲劳性、耐磨耗性、耐候性、耐油性、耐寒性、耐臭氧性、耐热性、耐溶剂性、尺寸稳定性、消光性等均有很大提高。基本性能见表 11-12。

表 11-12　北京化工二厂 HP-PVC 基本性能

性　能	数值	性　能	数值
黏数/(cm³/g)	200	邵氏硬度(A)	66
拉伸强度/MPa	17.2	脆化点/℃	−46
100%定伸强度/MPa	5.98	压缩永久变形/%	59
断裂伸长率/%	392	负荷变形/%	17
撕裂强度/(kN/m)	44	磨耗/[cm³(1.61/km)]	0.05
冲击回弹/%	17	体积电阻率/Ω·cm	1.18×10^{12}

注：基本配方为 PVC100 份、DOP80 份、CaCO₃20 份、稳定剂 2 份。

　　HP-PVC 的成型技术原则上与普通 PVC 无大的区别，同样可以使用挤出、注塑、中空、压延等工艺成型。HP-PVC 在分子结构上具有聚合度高、存在一定交联（物理和化学）等特点，所以与普通 PVC 相比，熔温度上升，流动性变差，加工更困难。因而 HP-PVC 的成型温度比普通 PVC 高 10～20℃，通常选择高效剪切的混炼方式。

　　HP-PVC 用途主要为车辆、建筑材料两大领域，其他为电线电缆及电器、软管及管材等。

11.11.2　共混型 TPVC

　　共混型 TPVC 是以 PVC（或 HP-PVC）为基体，与橡胶进行共混制备。采用的橡胶由早期的含有极性基团的 NBR、CBR、CPE、AR、PU，到目前采用非极性橡胶 BR、SBR 通过增容技术也能制备性能良好的 TPVC。PVC/NBR 是世界上第一个实现工业化生产的 TPVC，由于相容性好、性能良好，成本较低，仍然大量使用。

　　共混型 TPVC 的制备方法主要采用机械混合和动态硫化技术，一般为多步混合。动态硫化技术对提高 TPVC 的弹性性能十分有利，其制备方法和工艺与 PP 动态硫化法相同。

　　日本瑞翁公司于 1985 年将离子交联的 NBR 与 PVC 共混，开发了新型的热塑性弹性体 Elastar，PVC/NBR 共混物具有离子交联结构和 NBR 分散相，性能得到很大改善，具有高温变形小、弹性高、耐臭氧性、耐候性、耐介质性能优越，硬度选择范围宽等特点。

11.11.3　TPVC 加工和应用

　　TPVC 可采用 PVC 相类似的加工方法加工，如挤出、注塑、压延、中空成型。

　　TPVC 已获得广泛应用，主要应用领域如下。①汽车：可用于制作防尘罩、密封垫、内衬、扶手、方向盘、底座、靠背、踏板垫子、行李架、方向盘、油封环、垫片、密封条、轮缘带等。②建筑领域：防水卷材、人造成革、门窗密封条、密封垫、装饰材料。③电线电缆及电子电器：各种电线电缆护套、螺旋软线、软线接头、电器零件、插座插头、洗衣机和脱水机的密封件、吸尘器除尘器的尘箱隔声壁等。④管材：耐寒软管、耐油软管、压力喷水管、温水器软管、园艺软管等。⑤其他：登山鞋、运动鞋等鞋类；儿童玩具；用于包覆金属器件，延长其寿命，如工具手柄。

参 考 文 献

[1]　龚云表，王安富．合成树脂及塑料手册．上海：上海科学技术出版社，1993.

[2]　潘祖仁，邱文豹，王贵恒．塑料工业手册．聚氯乙烯．北京：化学工业出版社，1999.

[3]　严福英．聚氯乙烯工艺学．北京：化学工业出版社，1990.

[4]　许健南．塑料材料．北京：中国轻工业出版社，1999.

[5] 周祥兴.合成树脂新资料手册.北京：中国物资出版社，2002.

[6] 刘英俊，刘伯元.塑料填充改性.北京：中国轻工业出版社，1998.

[7] 吴培熙，张留成.聚合物共混改性.北京：中国轻工业出版社，1996.

[8] 潘祖仁.高分子化学.北京：化学工业出版社，1997.

[9] 陈乐怡，张从容，雷燕湘等.常用合成树脂的性能和应用手册.北京：化学工业出版社，2002.

[10] 蓝凤祥，柯竹天，苏明耀等.聚氯乙烯生产与加工应用手册.北京：化学工业出版社，1996.

[11] 郝五棉，赵季芝，弓永青.国内外PVC工业现状及发展趋势.氯碱工业，2002 (7)：5-8.

[12] 陈杰.国内外聚氯乙烯工业生产技术进展.当代石油石化，2002，10 (3)：17-22.

[13] 李淑杰，景强.悬浮法PVC专用树脂技术进展.聚氯乙烯，2001 (2)：1-6.

[14] 王娟娟，马晓燕，王颖，冯立起.聚氯乙烯共混改性研究进展.绝缘材料2003 (3)：40-45.

[15] 付东升，朱光明.PVC的共混改性研究进展.现代塑料加工应用，2003，15 (1)：43-47.

[16] 王桂梅，张学东，李爱英.PVC/ABS共混改性的研究进展.华北工学院学报，1998，19 (4)：333-336.

[17] 张宇东，金日光.聚氯乙烯增韧与加工流动性的改善.塑料，1994 (2)：35-39.

[18] 包永忠，黄志明，翁志学.聚氯乙烯塑料的耐热改性.聚氯乙烯，2004 (1)：4-6.

[19] 管延彬.聚氯乙烯耐热改性技术进展.聚氯乙烯，2000 (3)：1-7.

[20] 叶成兵，张军.热塑性聚氨酯与聚氯乙烯共混研究进展.中国塑料，2003，17 (10)：1-7.

[21] 李恩军，章长明.聚氯乙烯辐射交联改性及应用.现代塑料加工应用，2003，15 (1)：60-64.

[22] 郑丽凤，徐丽.浅谈氯化聚氯乙烯的生产现状和发展.中国氯碱，2002 (4)：14-15.

[23] 李慧君，吕海金，刘光辉，张哲.水相悬浮法生产氯化聚氯乙烯树脂.聚氯乙烯2002 (3)：18-20.

[24] 廖明义，Shershnev V A.有机过氧化物动态硫化HPVC/SBR共混体系力学性能的研究，橡胶工业，1999，46 (8)：461-463.

[25] 廖明义，舒文森等. HPVC/SBR动态硫化共混物的力学性能的研究，橡胶工业，1999，46 (5)：259.

[26] 隋世剑，宋国君等.聚氯乙烯类热塑性弹性体的研究进展.特种橡胶制品，2003，24 (2)：54-59.

[27] 周凯梁，张美珍，韩燕蓓.聚氯乙烯类热塑性弹性体.现代塑料加工应用，1994，6 (4)：57-61.

[28] 王光辉，张玲.PVC/黏土纳米复合材料的研究进展.聚氯乙烯，2003 (5)：2-10.

[29] 朱新生，石小丽，周正华，蒋雪璋.PVC化学改性研究进展.氯乙烯，2008，36 (6)：1-9.

[30] 杨华，王月欣，陈炜，康彦芳.聚氯乙烯耐热改性的研究进展.氯乙烯，2006，(11)：1-5.

[31] 司小燕，郑水蓉，王熙.聚氯乙烯增韧改性的研究进展.合成材料老化与应用，2007，36 (3)：37-41.

[32] 周建.ABS合金材料的研究进展.炼油与化工，2008，19 (2)：15-17.

[33] 金栋.PVC稀土热稳定剂的研究和应用进展（上）.上海化工，2008，133 (12)：4-26.

[34] 金栋.PVC稀土热稳定剂的研究和应用进展（下）.上海化工，2009，134 (1)：24-25.

[35] 孙水升，李春忠，张玲等.纳米二氧化硅颗粒表面设计及其填充聚氯乙烯复合材料的性能.高校化学工程学报，2006，20 (5)：798-803.

[36] 韩和良，吴刚，夏陆岳，周猛飞.纳米PVC树脂结构性能与流变学特征.聚氯乙烯，2003 (4)：13-16.

[37] 郝五棉，王耀斌，辛经萍.工业化生产纳米碳酸钙原位聚合聚氯乙烯树脂.聚氯乙烯，2002 (3)：15-17.

[38] 郑宁来.PVC抗冲改性剂及其研究.精细石油化工进展，2007，8 (1)：40-46.

[39] 白海丹.中国氯化聚氯乙烯生产应用现状及前景展望.精细与专用化学品，2013 (5)：1-4.

[40] 孙丽朋，袁辉志，王晶，张学明.氯化聚氯乙烯树脂的生产现状及发展前景.齐鲁石油化工，2014，42 (4)：336-340.

第12章 ▶▶ 聚苯乙烯

12.1 发展简史

聚苯乙烯类树脂是以苯乙烯（St）为单体均聚或与其他单体共聚而得到的一系列热塑性树脂，是五大通用合成树脂品种之一。聚苯乙烯类树脂中最重要的品种是聚苯乙烯（Polystyrene，PS）。

PS 是通用树脂品种中最早实现工业化生产的品种，1930 年由德国 I. G. Farben 公司首先以连续本体聚合法试生产，1935 年正式工业化，装置年产能力大约 300t。1937 年美国 Dow 化学公司也开始生产，美国于 1938 年开发了 St 釜式本体聚合工业生产技术。在 20 世纪 50 年代初 Dow 化学公司推出高抗冲聚苯乙烯商品，随后英国、法国、意大利、日本等国在 40 至 50 年代也开始了工业化生产。随着 20 世纪 50 年代石油化工的发展，提供了大量质优价廉的 St 单体，使得 PS 得以大规模生产。

1960 年我国自行设计建造了第一套悬浮法生产 GPPS 装置上海高桥化工厂投产，开创了我国 PS 的生产历史。1965 年该公司又新建 2kt/a 生产装置投产。20 世纪 70 年代北京燕山石化公司、常州化工厂、南京塑料厂、岳化总厂等相继建成一批 PS 生产装置，使我国 PS 生产初具规模。我国 PS 生产工艺技术的发展可分为 3 个阶段：一是 20 世纪 80 年代初的探索阶段，技术以小本体法和悬浮法为主，较为落后，装置规模均在万吨以下；二是 20 世纪 80 年代末期到 90 年代中期的发展阶段，其技术以引进技术为主，所引进的技术均采用当时世界上较先进的连续本体聚合工艺；三是 20 世纪 90 年代中后期进入规模化发展阶段。

我国 PS 引进技术和装置从 1961 年开始，兰州化学工业公司引进苏联本体聚合工艺，1962 年建成投产。20 世纪 80 年代后我国开始引进大型生产装置，1982 年兰州化学工业公司又从日本东洋工程公司-日本三井东压（TEC-MTC）公司引进连续本体法 HIPS 生产装置，1984 年投产，同类装置国内还有吉林化学工业公司和齐鲁石化公司。抚顺石油化工公司引进美国科斯登（Cosden）公司（现为 Fina 公司）连续本体法工艺 PS 生产装置于 1989 建成投产。1986 年北京燕山石化公司引进美国 Dow 化学公司连续本体法聚合工艺生产 HIPS，于 1989 年投产。扬子巴斯夫苯乙烯系列有限公司引进 BASF 公司工艺，生产能力为 12 万吨 GPPS 和 HIPS，于 1998 年投产。大庆石化总厂引进美国 Huntsman（哈兹曼）公司连续本体聚合工艺技术，于 1996 年投产。还有其他公司引进众多生产装置。除一些小型 GPPS 和 EPS 装置外，大型 PS 生产型装置和 ABS/SAN 装置都是从国外引进的。与聚烯烃、PVC 通用合成树脂一样，经过多年发展，特别是进入 21 世纪后，我国 PS 产量增长迅猛。

PS 类树脂品种比较多，最早生产的是均聚物，通用聚苯乙烯（general purpose polystyrene，GPPS），GPPS 机械强度不高、性脆、耐热性差、易燃，随后开发出高抗冲聚苯乙烯（high impact polystyrene，HIPS）、可发性聚苯乙烯（expandable polystyrene，EPS）、间规聚苯乙烯（syndiotactic polystyrene，sPS）以及共聚物系列品种：丙烯腈-苯乙烯（AS）、丙烯腈-丁二烯-苯乙烯（ABS）、丙烯腈-丙烯酸酯（AAS）、甲基丙酸甲酯-丁二烯-苯乙烯（MBS）等，每个品种中又有许多品级。

12.2 通用聚苯乙烯

12.2.1 反应机理

工业生产中通用聚苯乙烯（GPPS）的聚合主要采用自由基聚合反应进行，基本反应步骤与 LDPE 和 PVC 相似，为链引发、链增长、链转移和链终止四个基元反应构成，具体反应从略。

12.2.2 生产工艺

GPPS 的生产方法主要有两种，即本体聚合和悬浮聚合工艺，而乳液聚合工艺已基本被淘汰。本体法经过多年的发展已较成熟，相对于悬浮法具有工艺流程简单、易操作、能耗低、污染少和产品质量好等优点。因此，目前除少数厂家仍采用悬浮法外，绝大多数厂家均采用连续本体法。

12.2.2.1 本体聚合工艺

本体聚合法无反应介质，主要通过热引发而进行的聚合反应。生产工艺有多种，差别主要在聚合引发方式、聚合反应器的配置及结构、聚合反应热的排放方式、脱挥的方式、循环液中低聚物的去除和工艺配方、设备材质等方面。按反应器可分为搅拌槽型反应器（STR）、柱塞流型反应器（PFR）和全混型连续搅拌反应器（CSTR）三类。由这些反应器组成不同的工艺流程，现世界上较有代表性的 PS 本体生产技术有美国的 Dow、Fina（原 Consden）、Chervon（原 Gulf Oil）和 Huntsman（原 Monsanto，现并入 Nova 公司）、德国 BASF 和日本 TEC-MTC 等工艺。上述工艺在国内均已被采用或引进。

本体法工艺有高转化率和低转化率之分，单体单程收率分别为95%以上和70～80%。由于本体聚合过程中基本不加入辅助原料，因此，所得产品纯度高，电绝缘性好，透明度特别优良。加之普遍采用特殊结构的反应器和搅拌器，增大了传热面积，解决了传热问题。通过提高预聚率，采用乙苯或甲苯为稀释剂及强化脱除挥发物等到办法，解决了散热控制、沟流现象和单体残留问题，使本体法工艺在大型装置上得到更加普遍的采用。在生产高聚合度和 EPS 时不如悬浮法容易。目前世界上绝大多数 PS 和 HIPS 采用连续本体法生产。

12.2.2.2 悬浮聚合工艺

悬浮聚合工艺是 PS 的第二种生产方法，是间歇式操作，按温度不同可分为低温和高温聚合。悬浮法聚合工艺中，基本组分为 St、水、引发剂、分散剂和其他添加剂。水为分散介质，常加入磷酸三钙 $[Ca_3(PO_4)_2]$ 为主分散剂，以其他表面活性剂为辅助分散剂，用以改善单体在水相中的分散状态。分散剂除磷酸三钙外，还常用两类分散剂：水溶性高分子化合物，如聚乙烯醇、环氧乙烷纤维素醚类、聚甲基丙烯酸、顺丁烯二酸酐与苯乙烯共聚的钠盐；不溶于水的无机盐，如碳酸镁、硅酸钠、硅藻土、滑石粉等。助分散剂为表面活性剂，如十二烷基苯磺酸钠（CABS）、石油磺酸钙（CPS）、石油磺酸钠（SPS）等。反应时采用混合引发剂，如 BPO 和过氧化叔丁基苯甲酸酯（CP-02）。

与本体法相比，悬浮法生产的 PS 透明度和纯度不如本体法。生产装置一般小于本体工艺，生产成本较高，有大量污水排放，间歇生产，质量稳定性差。但操作简便，体系黏度小，可生产 GPPS、HIPS、EPS 以及苯乙烯共聚物，对于某些高耐热和高分子量的 PS 只有用间歇悬浮聚合法生产。但目前悬浮法主要用于生产 EPS，GPPS 和 HIPS 一般已经被本体法代替。

12.2.3 结构与性能

12.2.3.1 结构

PS 的化学结构为 $\left(CH_2-CH\right)_n$（苯基），存在手性碳原子（C^*），因此，存在两种旋光异构体，可形成三种构型的 PS。自由基聚合得到的 PS 基本为线型结构，存在少量支链，空间构型为无规立构，失去了分子链的立构规整性，因此，聚集态结构为无定形的非晶态结构。

12.2.3.2 性能

基本特点：GPPS 无色、透明、无味、无毒，是质硬而脆的热塑性树脂，易染色、易加工，吸水率低、尺寸稳定、绝缘性优良，透光率和折射率高，是苯乙烯系列中最基本的品种。其缺点是质脆、冲击强度低、耐磨、耐热性低、不耐沸水、耐油性较差，基本性能见表 12-1。

表 12-1 PS 基本性能

性　能	数　值	性　能	数　值
密度/(g/cm³)	1.04～1.09	平均分子量	20 万～30 万
拉伸强度/MPa	45～60	体积电阻率/Ω·cm	10^{17}～10^{19}
断裂伸长率/%	1～2.5	介电常数(50～10^6 Hz)	2.05～2.65
冲击强度/(kJ/m²)	12～20	介电损耗角正切(50～10^6 Hz)	0.0001～0.0002
弯曲强度/MPa	68～105	介电强度/(kV/mm)	20～28
洛氏硬度(M)	65～80	吸水性/%	0.1～0.03
维卡软化点/℃	80～100	成型收缩率/%	0.3～0.6
热变形温度/℃	70～100	透光率/%	＞85
脆化温度/℃	－30	雾度/%	0.1～3.0
长期使用温度/℃	60～80	折射率	1.59～1.60
热分解分解温度/℃	300	线膨胀系数/(10^{-5}/℃)	8

（1）力学性能　由于 PS 结构中存在较大体积的苯基，使得分子运动时空间位阻效应明显提高，分子链刚性增加，导致 PS 质硬性脆，似玻璃状，断裂伸长率很低，无延展性，在拉伸时无屈服现象。当温度升高，拉伸强度、弯曲强度、压缩强度和冲击强度均下降。

（2）光学性能　由于 GPPS 为非晶态聚合物，因此具有极好的透明性，其透光率达88%～92%，折射率为 1.59～1.60，还具有良好的光泽，其透明性仅次于丙烯酸类聚合物。PS 的光学性能影响因素较多，分子中局部定向、杂质、含硫的阻聚剂等都会影响 PS 的透明性，使其发黄、混浊。

（3）热性能和电性能　GPPS 耐热性较低，熔融温度 88～105℃，耐热 PS 为 104～

110℃。长期使用温度为 60~80℃，热分解温度 300℃；成型收缩率不高，如果经退火处理可减少内应力，提高机械强度和热变形温度。

虽然 GPPS 的耐热性较低，但它具有一系列优良的电绝缘性能，比较高的体积电阻和表面电阻，接近于 0 的功率因数，且不受湿度的变化和电晕放电的影响，成为电子和电器设备上常用的一种材料。GPPS 表面电阻大、不吸水，在高湿度条件下也能耐表面击穿，但也因此容易产生静电，此外它还具有优良的耐电弧性和耐辐射性；耐候性差，在日光下易变色降解。

（4）化学性能　GPPS 耐化学品性能不如 PE、PP。可耐某些矿物油、有机酸、碱、盐、低级醇及它们的水溶液。吸水低，在潮湿环境下仍能保持力学性能和尺寸稳定性，不耐沸水。但由于是非晶态结构，能溶解在许多有机溶剂中，如芳烃类的苯、甲苯、乙苯、苯乙烯；氯代烃类的四氯化碳、氯仿、二氯甲烷、氯苯；酯类的乙酸甲酯、乙酸乙酯、乙酸丁酯，以及酮类（除丙酮），如甲乙酮、某些植物油等。

12.2.4　加工和应用

12.2.4.1　加工

GPPS 是通用树脂中容易加工的品种之一，其加工基本特性如下所述。

（1）GPPS 为无定形聚合物，熔融温度范围宽，在约 95℃时开始软化，在 120~180℃呈黏流态，300℃以上开始分解，因此，成型温度与分解温度相差较大。

（2）GPPS 为假塑性流体，熔体黏度均随剪切速率和温度的增加而降低，但对剪切速率较敏感。

（3）GPPS 吸水性极低，加工时不需要预先进行干燥处理。

（4）GPPS 比热容是塑料中比较低的一种，其随温度的变化明显，因而，加热和冷却固化速率都很快，易于成型、模塑周期短。

（5）由于 GPPS 分子链呈刚性，在加工成型时易产生内应力，导致制品出现裂纹和应力开裂，因此需要选择合适的加工条件和改进模具结构，同时进行适当热处理。

GPPS 可以采用通用塑料的各种加工方法，如注塑、挤出、吹塑、发泡、压延、涂覆成型等，其中常用的方法是注塑成型。

12.2.4.2　应用

GPPS 广泛应用于一次性餐具、玩具、包装盒等日用品，办公用品、室内外装饰品；仪器仪表外壳、灯具罩；光学零件、电讯器材；绝缘材料，如电工电笔套、工具手柄套等。

12.3 可发性聚苯乙烯（EPS）

EPS 于 1945 年由美国 Dow 化学公司首先投产。是苯乙烯系列树脂中重要的品种之一，在世界泡沫塑料中产量占第二位，仅次于聚氨酯泡沫塑料。

12.3.1　生产原理和工艺

EPS 生产方法有两种：一种方法称为泡沫珠热合法，简称热合珠法。这种方法是 St 单体经悬浮聚合得到圆珠状的 PS，再加入低沸点碳氢化合物或卤代烃化合物作为发泡剂，在加温加压条件下，发泡剂渗透到 PS 中，冷却后发泡剂留在 PS 中，即成为 EPS。EPS 的另一种加工方法是挤出法。它是将 PS 与添加剂在挤出机中混合，然后在熔融状态下压入烷烃或氟化烃等发泡剂，经挤出发泡剂在机头模腔中泄压冷却，发泡剂的气化与 PS 的固化同时进行，从而制得膨胀发泡制品。

无论哪种方法一般都采用物理发泡，所使用的发泡剂为挥发性有机化合物，当受热后，发泡剂迅速气化膨胀，PS 被发泡生成空心的颗粒，经模塑后制得模塑体。

12.3.1.1 泡沫珠热合法

热合法的关键是制备 EPS 珠粒。1944 年英国发表了第一篇有关 EPS 的专利，发泡剂为石油醚。1953 年美国和西德开发了用戊烷浸渍 PS 珠粒制备 EPS 的技术，使 EPS 制造工艺得到明显改善，成为目前工业生产的基础。

EPS 珠粒制备采用悬浮聚合法，工艺有一步浸渍法（简称一步法）和二步浸渍法（简称二步法）。

一步法基本工艺是将苯乙单体、引发剂、分散剂、水、发泡剂和其他助剂一同加入聚合釜中，St/水比约为 1:1，然后在 80~90℃ 条件下进行聚合反应。当聚合反应转化率达到 85%~90% 时加入发泡剂，继续聚合反应。聚合完毕后，经脱水、洗涤、干燥，得到含有发泡剂的 PS 珠粒。浸渍条件为 90~120℃，4~7h。因此，一步法生产工艺是将悬浮聚合与发泡剂浸渍在同一生产过程中完成。得到的 EPS 需在 15℃ 条件下放置 3~5 天，使发泡剂在分子内和分子间充分扩散均匀，成为许多微小的发泡核后才可以加工使用。

在一步法中不可能得到粒径完全一样的 EPS 珠粒，小粒径的颗粒总是存在的，因此，这些小的颗粒成为生产中的废料需要进行合理运用。一种是除去发泡剂后作为不透明的 GPPS 使用。一种方法是将小颗粒 PS 再返回聚合釜中进行聚合循环。

二步法是将 EPS 的聚合和浸渍分成两个独立的过程。聚合工序与一步法一样；浸渍工序根据粒径大小不同确定浸渍条件，一般压力为 0.98MPa，温度 70~90℃，浸渍时间 4~12h，在 15℃ 条件下放置约 15 天，发泡剂含量为 5.5%~7.5%。

一步法与二步法相比，前者工艺简单、流程短、能耗低、成本低，后者流程长、能耗大、成本高。但一步法聚合与浸渍同时进行，总会产生含有发泡剂的粉末状 PS，成为处理的一个难题，而二步法事先对 PS 珠粒进行分级，然后再根据不同粒径按不同工艺浸渍，避免了对小颗粒 PS 进行浸渍后，又对其进行筛分脱除发泡剂处理的麻烦，所得 EPS 质量好。由于一步法技术经济的优势，目前世界上较大规模的 EPS 装置多数采用一步法（如德国 BASF 公司、美国 Arco 公司、日本钟渊、日立化成和昭和电工等公司），但二步法生产工艺仍然具有一定的优点，仍有少数生产厂家采用。

EPS 生产过程的关键问题之一是聚合得到粒径均一的 PS 珠粒，颗粒粒径分布越窄越好。EPS 在使用过程中，要求 PS 珠粒粒径为 0.4~2.5mm，针对不同的使用目的所需 EPS 的珠粒粒径不同。0.8~2.5mm 的 EPS 可用于制备较大尺寸的泡沫制品，如板材、块材等；粒径在 0.4~0.8mm 范围的 EPS 适用于制造制造包装材料。大于 2.5mm 和小于 0.4mm 的 EPS 不适宜用作制造泡沫材料。

为了得到粒径分布较窄的 EPS，悬浮聚合过程的控制是非常重要的。聚合物颗粒的尺寸大小与分散体系、搅拌设备和工艺条件密切相关。

EPS 的发泡原理是其内含有的蒸发型发泡剂（也叫物理发泡剂）。这些低沸点的液体发泡剂在生产过程中被渗透在 PS 中珠粒中，经加热达到发泡剂沸点，在软化的 PS 珠粒中膨胀发泡。一般采用低沸点的烷烃及其混合物或卤代烃，如丙烷、正丁烷、异丁烷、正戊烷、异戊烷、新戊烷、正己烷、异己烷、正庚烷、异庚烷、石油醚、二氯甲烷和氟里昂等。实际生产时发泡剂均使用混合物。国内 EPS 生产时也经常使用液化石油气，因为这种发泡剂来源广泛、价格低廉。

12.3.1.2 挤出法

挤出法发泡生产工艺制得的 FS 是一种整体泡沫发泡聚苯乙烯（Foamed PS，FS）。泡沫制造原理为：首先 PS 与成核剂和其他添加剂混合，然后加入到挤出机中，在挤出机中的塑化段在 180～240℃温度下熔融，发泡剂在挤出机的混合段中加入，在挤出机螺杆的强烈剪切作用下充分混合均匀，形成流动的凝胶体。然后在低温低压段进行发泡，由于压力急剧降低，熔融 PS 中的发泡剂立刻气化膨胀，并以成核剂为中心形成互不贯通的气泡。由于此时加工温度迅速降低，发泡剂急速气化也带走大量热量，PS 树脂温度也迅速降低，熔融黏度提高，发泡体开始凝固。这一阶段 PS 固化越明显、越快速，气泡壁越不易被破坏，这样即保护所形成的气泡膜，又保证了通过塑模后 PS 中气体不至于逸出，因此，精确地控制低温低压段的工艺条件至关重要。

挤出法发泡生产工艺中使用的发泡剂一般也采用蒸发型，这种发泡剂室温下为气体，受压后易液化为液体，如烷烃或氟化烃等。对于制造高发泡的材料，选择气化热较大的发泡剂。当发泡剂膨胀时，能吸收更多的热量，树脂冷却快速，发泡结构不易破坏。相比之下，氟化烃热导率低于空气，所以可得到绝热性能良好的发泡材料。

加入成核剂是为促使气泡核心的形成。发泡材料制造过程中，气泡核的形成及大小，是由树脂表面张力和发泡剂蒸气压之差所决定的。因此，发泡核的生成需要克服树脂的表面张力，形成众多均匀的气泡核心，而成核剂就是提供这种功能。加入的成核剂诱发产生发泡中心，常用的成核剂剂一般为无机成核剂，如滑石粉、碳酸钙等，加入量为 0.2%～0.5%（质量）。

直接挤出法生产工艺简便、经济，但只适合于制造发泡板材和片材。

我国在 20 世纪 60 年代开始生产 EPS，采用二步法工艺。以 PVA 为分散剂，聚合温度 85℃。1977 年上海高桥化工厂采用羟乙基纤维素作分散剂获得成功，克服了粘釜现象，缩短了生产周期，增加了生产能力，该工艺至今仍为国内较多厂家采用。80 年代后期，引进了两套一步法生产工艺。90 年代又先后建成了一批较大规模（5kt/a 级）的 EPS 工厂，使中国的 EPS 产能迅速增加。

12.3.2 结构与性能

12.3.2.1 泡沫结构

EPS 由于制备方法不同，所得制品的泡孔结构存在较大差异。如 PS 挤出泡沫板具有闭空式结构，由均厚的蜂窝壁紧密相连，并且壁间没有空隙。其泡孔直径平均约 0.2mm。如图 12-1 所示。EPS 加入成核剂后能形成大量气泡核，提高 EPS 的发泡性能，使发泡孔细密均匀，发泡倍率明显提高，图 12-2 所示。成核剂即可在合成时加入，也可在挤出发泡时加入。

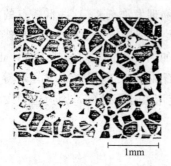

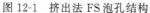

1mm

图 12-1 挤出法 FS 泡孔结构

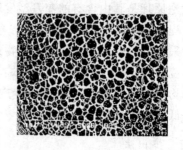

图 12-2 放大 25 倍，添加成核剂的 EPS 泡孔结构

12.3.2.2 性能

EPS 为无色或白色透明珠粒，可任意着色。含有发泡剂的 EPS 基本性能见表12-2。

表 12-2 EPS 珠粒一般性能

性 能	数 值	性 能	数 值
粒度/目	10～40	水分(不超过)/%	0.1
表观密度/(g/cm³)	0.61	残留单体(最大)/%	0.13
密度/(g/cm³)		比黏度(1%甲苯溶液,30℃)	1.9～2.1
珠粒	1.05	发泡剂含量/%	5～7
发泡制品(最小)	0.013～0.025	挥发物含量/%	6～8

EPS 珠粒可制得 40～60 倍的发泡材料，其至可以制得 100 倍以上的高发泡材料，而挤出发泡一般只能制得 30 倍左右的发泡板材和片材。EPS 的基本性能见表12-3。

表 12-3 EPS 的基本性能

性 能	密度/(kg/m³)			
	15	20	25	30
热变形温度/℃				
5kg 长期负荷	85	85	85	85
10kg 长期负荷	75～80	80～85	80～85	80～85
拉伸强度/kPa	156.9～225.6	245.2～304.0	304.0～392.3	353.0～500.1
压缩强度/kPa	58.8～98.1	98.1～137.3	137.3～196.1	176.5～245.2
最大持续压强/kPa	11.8～24.5	19.6～33.3	26.5～48.1	34.3～59.8
弯曲强度/kPa	156.9～205.9	245.2～284.4	304.0～382.5	402.1～480.5
热导率(10℃)/[W/(m·K)]	0.033～0.036	0.031～0.036	0.030～0.035	0.029～0.035
吸水率(1 年)/%	3～5	—	—	1.5～3.5

挤出泡沫板质量轻，密度 33～42 kg/m³，还具有一定的机械强度。

两种方法制造的 FS 共同特点是：①具有硬质独立的气泡结构，质轻；②热导率低，绝热性能良好；③吸水率低，透湿性小，耐用水性优越；④电气绝缘性好；⑤冲击性能良好，特别是热合珠法 EPS；⑥加工容易，价格低廉。缺点是冲击强度较低，耐热性和耐化学药品性较低。

两种 FS 的性能也有差别。随着表观密度的增加，FS 的拉伸强度、弯曲强度、压缩强度、冲击强度均增加。在相同表观密度条件下，挤出法生产的 FS 的力学性能，如拉伸强度、压缩强度、弯曲强度，均高于热合珠法。热合珠法生产的 FS 的吸水率一般也大于挤出法生产的 FS。

FS的耐热性能与发泡PE、发泡PVC等塑料相似。使用温度在70～80℃。为了提高FS的耐热性，通常采用St与其他单体的共聚物，如St/马来酸酐共聚物（SMA）、St/丙腈共聚物（AS）、St/甲基丙酸共聚物、St/甲基丙酸甲酯共聚物等，这些共聚物均具有比较高的耐热温度。

FS具有良好的耐弱酸性和耐碱性，但耐强酸、溶剂的能力和耐候性比较差。FS易燃，开发阻燃FS是一个发展方向。阻燃FS的生产方法是在生产EPS时加入阻燃剂。阻燃剂为含卤素的有机化合物，如六溴丁烯、六溴环十二烷、四溴环辛烷等。阻燃剂可在悬浮聚合分阶段加入到单体中，在悬浮聚合阶段加入时一般在聚转化率达到92%～95%时加入，过早加入会导致转化率降低，因为阻燃剂也是一种链转移剂，也可在PS珠粒浸渍发泡剂阶段加入，还可在制造挤出发泡材料时加入到挤出机中。通常还需要加入增效剂。增效剂一般为有机过氧化物，如过氧化二异丙苯、二叔丁基过苯甲酸酯、二烃基马来酸锡、二烃基富马酸锡等。在制造挤出FS时，采用熔点不低于140℃的石蜡或卤化石蜡效果更好。由于卤素阻燃剂有毒，采用无卤阻燃剂是发展趋势。

PS挤出泡沫板与EPS、喷涂式聚氨酯、泡沫玻璃等相比，挤塑泡沫板具有较低的密度，较好的抗压强度、弯曲强度、尺寸稳定性、较低的吸水性、较好的水蒸气透过性、热阻，吸水后热导率仅下降为原来的83%，优于上述3种材料，适用于作民用保温材料，见表12-4。

表12-4　几种保温材料的物理性能

性　能	挤塑泡沫板	EPS	喷涂式聚氨酯	泡沫玻璃
适用温度/℃	−54～74	−54～74	−30～107	−268～427
25mm 厚热阻/(km^3/W)	0.88	0.55～0.74	1.10	0.51
吸水性 V_0/%	<0.3	2.0～4.0	5.0	0.5
水蒸气透过性/$[ng/(Pa \cdot s \cdot m^2)]$	63	115～287	114～176	17～57

12.3.3　加工和应用

12.3.3.1　加工

EPS的加工成型主要有以下几个步骤：预发泡、筛分、熟化和成型。

预发泡：预发泡的目的是保证成型后的制品达到规定的容量和结构均匀，是制造发泡制品的重要环节。预发泡一般采用蒸气加热，也有采用热空气和真空预发泡。当加热到80℃以上时，珠粒开始软化，其内部含有的发泡剂也受热气化膨胀，在珠粒中形成互不贯通的泡孔。软化的PS体积膨胀，被拉伸呈橡胶状，熔体强度能够抵抗内部的压力，这即为预发泡过程。在采用蒸气发泡时，蒸气也会渗透到泡孔内参与预发泡。经预发泡的物料仍为颗粒状、但其体积比原来大数十倍，通称作预胀物。制造密度0.1g/cm³以上的泡沫制品，可用珠状物直接模塑，而不必经过预发泡与熟化两阶段。

预发泡有间歇与连续两种方法。

EPS的预发泡率可在20～100倍之间调节。温度95～105℃，预发时间为1～3min。生产工艺有间歇式和连续式。连续式适合于大规模工业化生产。实际在工业上，大多采用连续法。

筛分：筛分是将预发泡后粒子中的小粒子和结块粒子去掉，并根据制品不同筛分不同尺寸的颗粒。如：板材、块材，筛孔直径15～20mm；大型制品，筛孔直径8～9mm；小型制品，筛孔直径6mm；杯子等，筛孔直径1.4～1.6mm。

熟化：将预发泡和筛分的 PS 颗粒送至熟化器中放置，以使空气进入到颗粒的泡孔中，解除预发泡后颗粒泡孔中因冷凝而造成的负压和真空状态，使颗粒内外压力达到平衡，避免加工成型时因受热而出现收缩现象，这就是熟化过程。熟化时间一般为 12~72h，与颗粒尺寸大小和环境温度有关。

成型：熟化后的 PS 颗粒被送入到模具中，加热 20~60s。聚合物受热软化，已熟化的颗粒泡孔中的空气也受热膨胀，压力迅速增加，由于加热时间短暂，泡孔内的空气来不及逸出，膨胀的颗粒互相挤压黏结在一起，形成与模具形状相同的泡沫塑料制品，通水冷却后定型。

成型时温度和时间是成型过程中的重要影响因素，控制不当，或者珠粒之间不黏结，或者泡孔破裂使制品收缩，无法成型。一般成型温度为 100~105℃，成型时间为 2~6min。

EPS 加工时，在预发泡阶段颗粒会产生静电，还会结团，使输送困难，影响产品的质量。为了防止颗粒产生静电和团聚，一般加入表面活性剂，如脂肪酸酯、脂肪酸盐、脂肪酸酰胺等，常用的有硬脂酸酰胺、十二酸二乙醇酰胺、脂肪酸二元酰胺、乙烯基二硬脂酰胺、不饱和聚酯、三羟甲基丙烷、聚甲基苯基硅氧烷、单硬脂酸甘油酯以及脂肪酸二酰胺与无机胺盐的复合物，如乙烯基二硬脂酸酰胺/$(NH_4)_2SO_4$/K_2SO_4/葵二酸二丁酯等，加入量一般为 0.1%~1.0%。

EPS 成型加工中趋向于连续成型，并可节省能源。如两副模具在连续的加热和冷却交替使用过程中，生产周期可缩短 75%~80%，蒸汽减少 80%~90%，节电 75%~85%，效益明显。

挤出加工成型对于板材和剖面制品可分为挤出、接收和截断、熟化、精整和回收等工序；对于片材的生产，可分为挤出、分片成卷、熟化、相容成型、冲截和回收等工序。无论是何种产品，熟化过程是必需的，经过一段时间的熟化，泡孔内外压力达到平衡，使制品保持尺寸稳定。

与 EPS 热合法制造泡沫材料相比，挤出法 FS 具有较高的表观密度，轻质泡沫材料的表观密度小于 $100kg/m^3$，重质大于 $100kg/m^3$，为原料聚合物密度的 2%~50%。在挤出法中需要加入较多的发泡剂，一般为 10%~15%（质量），而 EPS 珠料中发泡剂含量只有 3%~8%（质量）。挤出法 FS 一般发泡率较低，适宜制作制作低发泡材料。

12.3.3.2　应用

FS 最主要的应用领域是包装，其次是建筑材料。包装材料应用十分广泛，可应用在电子、机械、通信、家电、灯具、日用品、家具、玩具、礼品、食品、快餐、农产品、水产品等。

FS 具有质量轻、隔热、隔声、防震、抗湿、保温等性能，广泛地应用在建筑领域，作为各种建筑板材，如保温板、隔声、隔热板、防潮板、轻体墙板等。

FS 品种众多。有标准级、阻燃级、低水耐油级、高分子量级、着色级等，再根据粒径大小每个品级又可分为若干级。

12.4 高抗冲聚苯乙烯（HIPS）

12.4.1　生产工艺

GPPS 最大的缺点是质硬而脆，这极大地限制了其使用范围。为了降低脆性、提高冲击性能，与橡胶复合是最有效的方法，由此产生了高抗冲聚苯乙烯（HIPS），而且发展十分迅速。HIPS 于 1942 年首先由德国 BASF 公司生产，20 世纪 50 年代初期，美国的 Dow 化学公司和 Monsanto 公司也实现了工业化生产。HIPS 的生产方法有两种：一种是机械共混法；另一种是接枝聚合法。

12.4.1.1 机械共混法

机械共混方法是将 PS 与橡胶在混炼设备中进行机械混合，制备聚合物共混物。将橡胶的韧性赋予 PS，可明显增加 PS 的韧性。使用的橡胶有 NR、BR 和 SBR 等，也可采用热塑性弹性体，如 SBS。由于 SBR 与 PS 具有相似的化学结构，两者相容性较好，因此，共混物性能优于前两者。

共混物的力学性能符合橡胶/塑料共混物的一般规律。共混物冲击性能随着橡胶含量的增加而增加，但拉伸强度、弯曲强度、硬度等性能均下降，加工性能也变差，橡胶的加入量要适度。

机械混合方法除了冲击强度有所提高外，其余性能基本未有改善。因此，机械共混方法已较少采用，取而代之的是接枝聚合方法。

12.4.1.2 接枝聚合

接枝聚合是以橡胶为主链、PS 为支链，通过自由基引发 St 单体发生接枝聚合反应接枝到橡胶主链上，得到高抗冲 PS（HIPS）。生产工艺可分为本体法、本体-悬浮法和乳液法等，其中本体法使用最为广泛，而乳液法由于橡胶粒径太小，对提高冲击性能效果很小，故已极少使用。本体法和本体-悬浮法基本工艺流程如下。

本体法：

$$橡胶+苯乙烯 \xrightarrow[\text{引发剂}]{\text{溶解}} 本体预聚 \longrightarrow 本体聚合物 \longrightarrow 挤出造粒得产品$$

本体-悬浮法：

$$橡胶+苯乙烯 \xrightarrow[\text{引发剂}]{\text{溶解}} 本体预聚 \xrightarrow{\text{水、分散剂}} 悬浮聚合 \longrightarrow 干燥挤出造粒 \longrightarrow 产品$$

（1）本体法工艺　本体法 HIPS 的生产工艺和流程基本与 GPPS 相同，不同之处是在聚合前有一个橡胶溶解工序，因此，很多生产 GPPS 的厂家与生产 HIPS 使用一条生产装置，在生产 HIPS 装置上增加一套橡胶粉碎和溶解设备，即可以生产 GPPS，又可以生产 HIPS。

本体法 HIPS 的生产工艺于 1948 年首先由美国 Dow 化学公司研制开发成功并投产，采用连续釜式生产工艺，到目前为止各公司基本沿用了这一工艺，有改进的地方是加设一个预聚釜。

生产 GPPS 的 4 种本体工艺均能生产 HIPS。HIPS 基本生产工艺为：首先将橡胶溶解在 St 单体中，为了加快溶解速率，橡胶被粉碎成 2～3cm 的小块，并进一步捣碎。溶解的胶液进入到反应器中在引发剂、热和搅拌的作用下依次在不同反应器中进行本体聚合，最终单体转化率达到 80%～85%，脱去未反应的单体和稀释剂，聚合物直接造粒得成品。由于橡胶的加入，使物料的黏度增大，因此，通过各种方法增加传热，如热交换、单体补加、变速搅拌等，而填加少量溶剂乙苯或甲苯以增加传热的方法被普遍采用。此外，物料黏度大，对设备和物料的输送技术要求也高。

HIPS 中橡胶的加入量为 5%～8%，最多不应超过 12%，橡胶一般为顺丁橡胶。橡胶的溶解工序表面看比较简单，但实际上是 HIPS 整个流程中，效率最低，最慢的工序，溶解过程需要时间。

(2) **本体-悬浮法工艺** 本体-悬浮法发展较晚。基本生产工艺为：同样首先将粉碎的橡胶溶解在 St 单体中，橡胶用量为 5%～10%，溶解后的胶液在反应器中进行本体预聚合，预聚合时加入引发剂（如 DCP、BPO），内部润滑剂（如液体石蜡）和链转移剂（如硫醇类叔-十二烷硫醇），加热搅拌，预聚合温度 90～110℃，当转化率达到 30% 左右时，将胶液转移到悬浮聚合釜中，釜内加有分散剂和水，分散成珠粒悬浮于水中，再补加引发剂，在 90～135℃下进行悬浮聚。珠状聚合物经洗涤、干燥，加入各种助剂挤出造粒得产品。

本体-悬浮法特点是把本体法和悬浮法的优点结合起来，可以较好地控制橡胶颗粒的大小，生产过程中易于变换产品品种，产品质量纯净、外观良好。

比较两种工艺可见，本体法流程短、能耗低、无溶剂，本体-悬浮法流程长、工序较多，能耗高，因此，本体法在操作、能耗和环境保护方面明显占有优势，成为 HIPS 生产的主要方法。

我国从 20 世纪 60 年代起就已开始采用机械共混方法生产 HIPS，由于产品质量差，劳动强度大，不久即告淘汰。70 年代开发过本体-悬浮聚合工艺，但由于种种原因并未实现工业化生产。

1982 年兰州化学工业公司从日本 TEC-MTC 公司引进连续本体法 HIPS 生产装置，1984 年投产，之后吉林化学工业公司、齐鲁石化公司、抚顺石化公司、北京燕山石化公司、大庆石化公司总厂等相继引一批 HIPS 生产装置。生产工艺有多种：日本 TEC-MTC、Fina、Dow、Shell 和 BASF 等。

12.4.2 结构与性能

12.4.2.1 结构

HIPS 的化学结构以橡胶为主链、PS 为支链的接枝共聚物，结构十分复杂，简单表示为：

$$\text{+CH}_2\text{—CH=CH—CH}_2\text{+}_m\text{+CH}_2\text{—CH+}_n$$

HIPS 在生产过程中，相结构变化是比较复杂的。少量橡胶溶解在 St 单体中形成的胶液为均相体系，随着聚合的进行，当 St 转化率达到 6%～10%，形成了两相结构，橡胶-St 作为连续相，PS 量较少作为分散相；随着反应的进行，PS 的数量不断增加，当达到一定量时，发生相转变，即此时 PS 为连续相，橡胶及其包藏的 PS 为分散相。发生相转变时单体转化率一般在 20%～30%，形成了新的相结构，这是 HIPS 具有优异的冲击性能的原因所在。相态结构与转化率的关系如图 12-3。

作为分散相的橡胶颗粒形态多种多样，一般在 HIPS 相转变发生后橡胶的颗粒形态结构不再进一步改变，颗粒结构的形成取决于溶液黏度、剪切强度、接枝反应情况等因素，这些因素不同橡胶颗粒结构可以有多种多样，如图 12-4。

HIPS 相态结构比较复杂，显微研究表明，HIPS 相态结构是一种两相的"海-岛结构"，橡胶作为分散相分布在连续的 PS 之中，而橡胶相中还包藏 PS 树脂相。两相结构存在的体系中，相容性成为性能改善的关键，按照现代相溶理论，接枝 PS 的橡胶作为共聚物实际上起到相容剂的作用，促进了 PS 相与橡胶相的相容和均匀地分散，提高两相界面的黏结强

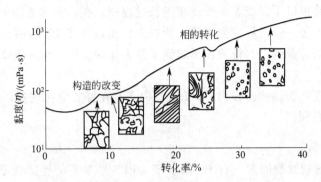

图 12-3　单体转化率与体系黏度和相结构的关系

度，体系的相溶性显然要比机械共混体系好得多，因而，性能改善突出。HIPS 相结构如图 12-5。

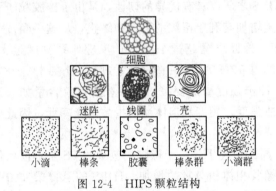

图 12-4　HIPS 颗粒结构

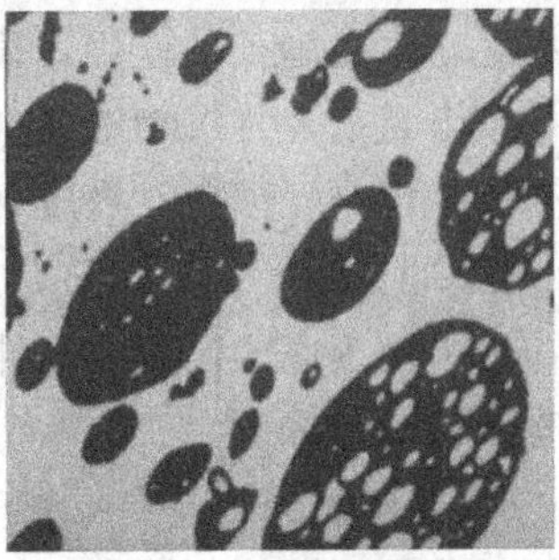

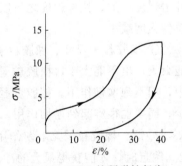

图 12-5　HIPS 的电子显微镜照片（3000×）

（白色部分为 PS、黑色部分为 PB）

12.4.2.2　增韧机理

HIPS 是典型的多重银纹增韧机理。该机理由 Bucknall 和 Smith 于 1956 年提出来的，是 Merz 微裂纹理论的发展。其主要不同点是将应力发白归因于银纹（craze）而不是裂缝（crack）。银纹是由裂纹体内高度取向的分子链束构成的微纤和空洞组成的，是造成 HIPS 硬弹性行为的原因。如图 12-6 所示，HIPS 的拉伸曲线和回复曲线形成较大滞后围、弹性回复率达到 90% 以上。这种行为在 PP 中也被观察到，所不同的是 PP 的硬弹性来源于晶片的弹性弯曲，而 HIPS 则是由于形成了分子链束构成的微纤。

该理论的基本观点是在 HIPS 体系中，存在两相结构，

图 12-6　HIPS 的硬弹性行为

PS 相为连续相，橡胶颗粒以分散相分布在 PS 相之中，同时又有大量 PS 被埋藏在橡胶粒子中，形成所谓细胞结构（如图 12-5）。PS 与橡胶宏观上不发生相分离，微观上处于两相分离状态，相界面上有良好的黏结作用。当受到外力（冲击或拉伸）作用时，分散在 PS 中的橡胶颗粒起到应力集中的作用，引发银纹，一般是在橡胶粒子的赤道附近，然后沿最大主应变平面向外增长，并在粒子周围支化，表现出应力发白现象，从而吸收大量能量；同时橡胶粒子又能阻止银纹的增长，这是由于大量银纹之间的应力场相互干扰，使银纹尖端的应力集中

降至银纹增长的临界值以下，或者是银纹在增长过程中，在其前端遇到了一个较大的橡胶粒子时，阻碍了银纹的进一步发展成为裂缝，所以大大地增加了 PS 的韧性。由此可见，银纹生成的越多，吸收的能量越多。橡胶粒子起到了两方面的作用：引发银纹的生成和阻止银纹的发展。

进一步研究发现在受到冲击作用时，HIPS 中还存在橡胶空化现象，这也是耗散能量的一种形式，对增韧有利。

12.4.2.3　性能

（1）影响 HIPS 韧性的因素　HIPS 区别于 GPPS 最显著的性能就是具有优异的韧性，影响其韧性的因素很多，如橡胶含量、橡胶颗粒尺寸、粒径分布、分散状态、橡胶相的体积及包裹物含量、橡胶种类和分子量、橡胶与 PS 之间界面黏结性能、PS 分子量和分子量分布等，下面简要叙述。

① 橡胶含量。从上面机理分析可见，HIPS 之所以具有优异的韧性，是由于橡胶粒子引发银纹和终止银纹增长的作用，显然橡胶含量增加有利于银纹的引发和终止，从这一角度来看增加橡胶含量有利于韧性的提高。一方面，橡胶含量超过 15％时，反应体系黏度过大，使相转变发生困难，因此，橡胶含量很少有超过 12％的；另一方面，橡胶含量在 6％～8％（质量）时，冲击强度提高明显，超过 8％，冲击强度增加变缓，应该看到橡胶含量如果过大，在冲击强度提高的同时，拉伸强度、弯曲强度、硬度和熔体流动指数都会降低，因此橡胶含量有一定的范围。

② 橡胶相体积分数。在橡胶质量分数相同的情况下，由于橡胶中包藏的 PS 量不同而使橡胶相体积分数不同。在一定限度内，随着橡胶相体积分数的增加，HIPS 的悬臂梁冲击强度线性增加，而拉伸强度却随其线性减弱。因而可通过改变橡胶相体积分数，使 HIPS 的拉伸强度和冲击强度达到较好的匹配。橡胶相体积分数为 22％时，HIPS 的冲击性能最好。一般认为，橡胶质量分数一定时，橡胶相体积分数小的 HIPS 在受到冲击时，不会产生像橡胶相体积分数大的 HIPS 那样多的银纹，而银纹在形成和成长时期会吸收大量的能量，从而使冲击强度增加。拉伸强度之所以会减小，是因为橡胶相体积分数增加，软组分含量增多，故拉伸强度减小。

③ 橡胶粒子尺寸。橡胶粒子尺寸对韧性影响也很大。许多研究证明，橡胶粒子尺寸不能太大，也不能太小，橡胶粒子的直径不能小于裂纹的宽度，否则橡胶粒子将被埋入裂纹中，起不到增韧作用。橡胶粒径过大，数目减少，则诱发银纹和阻止银纹增长的概率将减少，同样也很难起到增韧作用。因此，存在一橡胶粒子直径临界值 R_c 和一最佳值 R_{opt}。当 $R < R_c$ 时，橡胶粒子无增韧作用，当 $R > R_{opt}$ 时，随着粒径的增加韧性下降，只有当 R 在 R_{opt} 附近时，才能获得最大的冲击强度，在 HIPS 中，橡胶粒子尺寸要求 $\geqslant 1 \sim 2\mu m$，在 $1 \sim 5\mu m$ 之间。

④ 橡胶粒径分布。增大橡胶粒径分布和粒径之间的差别，有利于韧性的提高。这是由于不同橡胶尺寸的粒子起到不同的作用所致。小粒径橡胶粒子能够有效抑制银纹发展，而大粒径橡胶粒子能够吸收能量，诱发银纹，对终止银纹也有利。

⑤ 橡胶颗粒结构。在 HIPS 中存在大量 PS 被包藏于橡胶粒子中，形成所谓的细胞结构（cell structure），使橡胶的体积增大 10％～40％。橡胶中包藏的 PS 对橡胶起到增强作用，而这种增强的橡胶颗粒又对脆性的 PS 基体起到增韧作用。包藏结构的存在使橡胶的体积增

大，在同样效果下，减少了橡胶的使用量，其他性能的改善十分有利。在橡胶橡胶含量相同的情况下，橡胶相体积越大，增韧效果越好。一般包藏在橡胶颗粒中的 PS 量为橡胶量的 2 倍左右为宜。

⑥ 橡胶种类。橡胶种类对 HIPS 的冲击性能也有影响。适用于 PS 增韧的橡胶的 T_g 越低越好。T_g 越低，越容易产生松弛形变，柔顺性越大，越有利于银纹的引发、增长和终止，增韧效果也越好。聚丁二烯（PB）橡胶的 T_g 为 -80℃，其增韧效果就好于丁苯橡胶（T_g 为 $-60\sim-50$℃），目前多采用。

⑦ 界面黏结性能。橡胶增韧塑料作为两相体系，橡胶与基体之间的界面黏结强度是橡胶增韧塑料体系获得高冲击强度的前提条件。较弱的界面黏结强度无疑等同于无机填料，对韧性的提高无明显作用，应力集中很容易引起宏观相分离。

⑧ 接枝率。接枝率明显影响 HIPS 的韧性。影响接枝反应的因素有橡胶类型、引发剂品种、聚合条件等。

如前所述，橡胶与 PS 两相热力学上是不相容的，单纯地机械共混很难制备性能优良的共混物就是由于两相之间缺乏良好的相容性，而通过接枝共聚反应制备的 HIPS 中，PS 以化学键与橡胶生成接枝共聚物，支链 PS 与基体 PS 化学性质相同，完全相容，因此，接枝共聚物起到了相容剂的作用，大大地促进了两相之间的相容性，提高了界面黏结强度。接枝度同样存在一最佳值，接枝率太高超过饱和状态，对提高体系相容性没有作用，太低起不到相容剂作用。

⑨ 其他因素。橡胶和 PS 的分子量和分子量分布对增韧效果也有影响。橡胶分子量太高不利于加工，太低橡胶强度下降；分子量分布过窄也不利于加工，因此，橡胶分子也存在一个适宜的范围。基体 PS 的分子量增加，冲击强度和拉伸强度也增加，低分子量的 PS 存在会极大地降低 HIPS 的冲击性能。PS 重均分子量和数均分子量分别为 250000 和 70000 左右比较合适。橡胶的交联度也要适当，以防止加工时颗粒被过度粉碎。

（2）性能　基本特点：HIPS 为乳白色不透明珠粒，具有 GPPS 的大多数优点，如刚性好、易染色和易加工。最主要特点是具有较高冲击强度，冲击强度比 GPPS 大幅度增加。由于橡胶的引入，使其拉伸强度、硬度、耐光和耐热性能比 GPPS 有所下降，并且透明性下降。表 12-5 为我国吉化公司生产的 HIPS 基本性能。

表 12-5　吉化公司生产的 HIPS 基本性能

性　能	标准级	板材级	耐高热级	耐高热高冲级
丁二烯含量/%（质量）	7.5	8.0	7.5	8.0
熔体指数(200℃)/(g/10min)	12	3.5	5	3.5
密度/(g/cm³)	1.05	1.05	1.05	1.05
拉伸强度/MPa	20.6	26.5	29.4	32.3
断裂伸长率/%	50	50	40	40
拉伸模量/GPa	1.4	1.4	1.3	1.4
缺口冲击强度/(J/m)	68.65	78.45	73.55	78.45
热变形温度(1.82MPa)/℃	70	74	78	78
成型收缩率/%	0.4~0.8	0.4	0.8	0.4
体积电阻率/Ω·cm	$>10^{16}$	$>10^{16}$	$>10^{16}$	$>10^{16}$
介电常数(10^6 Hz)	2.6	2.6	2.6	2.6
介电损耗角正切(10^6 Hz)	0.0005~0.002	0.0003~0.002	0.0003~0.001	0.0003~0.001
击穿电压/U	>450	>450	>450	>450

HIPS 根据橡胶含量的不同，一般可分为中抗冲击型、高抗冲击型和超高抗冲击型。HIPS 易加工成型，还具有良好的尺寸稳定性和电绝缘性。不足之处是易燃，耐热、耐光、耐油、耐化学品、透氧气性较差。为此开发出阻燃、耐热、高光泽等品种，新的品种还不断出现。

12.4.3 加工和应用

HIPS 采用与 GPPS 同样的加工方法。HIPS 应用广泛，占 PS 总产量的一半以上。其用途主要有两个。一是作包装材料，广泛应用于食品、化妆品、日用品、机械仪表和办公用品的包装；二是用在家用电器领域。由于 HIPS 具有较高冲击强度，故大量使用在电视机、空调器、收录机、电话、吸尘器等家用电器以及仪器仪表外壳。此外 HIPS 还可以制成发泡材料，用于包装、家具、建筑材料等领域。

12.5 间规聚苯乙烯

由于聚合方法不同，St 聚合可得到无规聚苯乙烯（aPS）、全同立构聚苯乙烯（iPS）和间规聚苯乙烯（sPS）。GPPS 采用自由基聚合得到的，是 aPS，不能结晶，耐热性能较差。iPS 和 sPS 均为结晶性的 PS。iPS 早在 1955 年意大利 Montedison 公司采用 Ziegler-Natta 催化剂在低温下（−65～−55℃）首先合成，虽然熔点很高（240℃），但由于结晶度不高、结晶速率慢，因而，难以工业化生产和应用。直到 1985 年日本出光兴产（Idemitsu Kosan）化学公司的 Ishihara 等第一次用茂金属催化剂在 60℃合成了高间规度、高结晶的 sPS，才使等规 PS 加快了工业化生产的进程。与传统的 Ziegler-Natta 催化剂相比，茂金属催化剂催化活性高，生产的 sPS 间规度大于 98%，熔点高达 270℃，比通常的 iPS 高 40℃，与尼龙-66 相近。日本出光石化公司和 Dow 化学公司已分别推出了 Xarec 和 Quesra 系列产品，有普通、耐冲击、阻燃、增强型等。目前 sPS 在我国还处在研究开发阶段，未有工业化生产。

12.5.1 生产工艺

1985 年日本出光石油化学公司首先研制成功 sPS，1988 年又与 Dow 化学公司联合开发 sPS 工业技术。1990 年和 1991 年两公司分别建成小规模工业生产装置。1996 年秋出光公司在千叶建成 5kt/a 的 sPS 工业装置，1997 年正式投产。Dow 化学公司在德国 Schkopau（施科保）建成 36 kt/a 的 sPS 工业装置。sPS 生产工艺有 3 种，即连续流化床工艺、连续自洁净反应釜工艺和连续搅拌槽反应釜工艺。这 3 种生产工艺在原料预处理和产品精制上基本相同，只是在反应釜上各有其特点。

这 3 种生产工艺除了催化剂、MAO 外，都加入了三异丁基铝（TIBA），在原料精制、催化剂制备和聚合工段都必须采用 N_2 进行保护。聚合过程中反应体系的黏度随转化率的增加而急剧上升，一般转化率超过 10% 时会形成固液相混合物，进一步反应将在固液两相中进行。

12.5.2 结构与性能

12.5.2.1 结构

PS 具有三种空间构型，分别为 aPS、iPS 和 sPS。PS 空间如图 12-7。

sPS 是由一种构型构成的空间立构规整性聚合物，分子中苯环在分子主链两侧交替有序排列，正是这种规则构型使得 sPS 具有较强的结晶能力成为结晶性 PS。

12.5.2.2 性能

（1）结晶性能 sPS 具有较强的结晶能力，结晶速率比 iPS 高两个数量级，结晶度约为 50%，熔点高达 270℃。由于 sPS 较高的结晶度和较快的结晶速率，使其比 aPS 有着更高的耐热性、耐化学品性、尺寸稳定性及优良的电气性能等特点，从而步入了工程塑料行列。

sPS 的结晶性能具有非常复杂的同质多晶现象。结晶过程中形成何种晶型可通过热、力、溶剂等因素来控制。具有平面锯齿形构象的 α 晶型和 β 晶型可通过热和应变导致的结

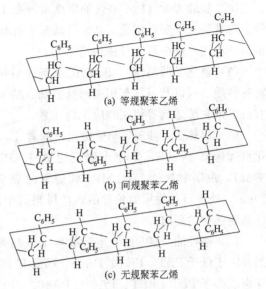

图 12-7 PS 立体构型等规聚苯乙烯、间规聚苯乙烯和无规聚苯乙烯

晶过程而形成，而具有螺旋型构象的 δ 晶型和 γ 晶型则可通过溶剂的作用来形成。晶型 α 为六方晶型，晶胞尺寸为 $a = 2.63$nm，β 晶型为斜方晶系，晶型尺寸为 $a = 0.881$nm，$b = 2.882$nm；δ 晶型和 γ 晶型为单斜晶系。

sPS 由于等规度高，结晶度高，因此具有高弹性模量，低密度，良好的电性能、尺寸稳定性、耐水解性、耐化学药品性等优异性能。基本性能见表 12-6。

表 12-6 sPS 基本性能

性 能	出光石化公司 Xarec					Dow 化学公司 Questra		
	S100	C132（标准级）	C832	S931	S932（高流动）			
GF 含量/%（质量）	0	30	30	30	30	0	30	40
密度/(g/cm³)	1.01	1.25	1.39	1.44	1.44	1.05	1.25	1.32
拉伸强度/MPa	35	105	110	105	105	41.3	121.3	132.3
断裂伸长率/%	20.0	2.3	2.3	1.9	2.1	1.0	1.5	1.5
Izod 缺口冲击强度/(kJ/m²)	10	10	7	6	7	10.68	9.61	11.21
弯曲强度/MPa	65	165	170	160	165	70.97	28.94	184.65
弯曲模量/GPa	2.5	8.1	9.8	9.8	9.5	3.93	9.65	10.47
洛氏硬度(M)	60							
吸水性(24h)/%	0.04	0.05	0.07	0.07	0.07	—	—	—
成型收缩率/%	1.70	0.35	0.30	0.30	0.30	—	—	—
热变形温度/℃(1.80MPa)	95	245	245	235	245	99	249	249
(0.45MPa)	110	270	265	265	265	104	>260	>260
线膨胀系数/(×10⁻⁵/℃)	9.2	3.0	2.5	2.5	2.5			
体积电阻率/Ω·cm	>1×10¹⁶	>1×10¹⁶	>1×10¹⁶	>1×10¹⁶	>1×10¹⁶			
介电常数(1MHz)	2.6	2.9	3.0	3.0	3.0			
介电损耗角正切(1MHz)	<0.001	<0.001	<0.002	<0.002	<0.002			
介电强度/(kV/mm)	66	45	35	35	35			
耐电弧性/s	91	120	120	90	120			
耐漏电性/V	>600	550	400	550	400			

（2）物理力学性能 sPS的密度范围在 $1.01\sim1.44g/cm^3$，是工程塑料中密度最低的品种。与其他工程塑料相比，sPS的低密度有利于制品的轻量化和低成本化，使其在某些成本很高的应用领域中具有很强的竞争力。

（3）耐化学药品性 sPS的耐水解性明显优于聚酯和尼龙树脂，与聚苯硫醚相当。sPS对各种酸、碱以及与汽车相关的高温油、防冻液和熔雪剂等具有优异的耐久性。但是对一些有机溶剂和洗涤剂等使用时应予以注意。

（4）耐热性 sPS与aPs相比，两者 T_g 基本相同，但由于立体构型不同，sPS维卡软化点远远高于aPS，热变形温度也高于aPS。sPS的长期耐热性为 130℃（Xarec S131、S931），短期耐热性（1.8MPa 载荷下的热变形温度）为 $245\sim250℃$，优于PET、PBT、PA66，处于目前使用的各种耐热性树脂的中间位置，能够满足电子电器领域的软熔焊接部件高耐热性的要求。

（5）电性能 sPS的介电常数与aPS基本相同。与其他工程塑料相比，sPS介电常数的损耗因子低于PBT、PET、PA66、PPS和PC，在工程塑料中仅次于氟树脂。sPS的绝缘击穿强度高于PBT、PET、PA66、PA46、PPS，耐漏电性在400V以上。

（6）电镀特性 sPS在ABS树脂用的电镀生产线上增加调整工序，赋予极性即可进行电镀。甚至对薄壁制品的电镀，仍可获得足够的强度，并且在电镀面上还可直接焊接。

sPS与aPS一样缺点是脆性大，因此主要改性是增韧和增强。适合的增强材料有GF、矿物填料和高强纤维。改性后的sPS密度低，韧性、耐热性和电性能良好，吸水率低，可与其他热塑性工程塑料竞争。此外，为了进一步提高sPS的耐化学药品性和耐热性，降低吸水率和尺寸稳定性，可通过sPS与其他树脂，如PS、PE、ABS、SAN、PA、PPO的共混改性达到。见表12-7。

表 12-7 GF 增强 sPS 与其他工程塑料性能比较

性 能	sPS	PBT	PET	PA66	PPS
GF/%（质量）	30	30	30	30	40
密度/(g/cm³)	1.25	1.35	1.55	1.37	1.67
拉伸强度/MPa	118	138	152	177	147
断裂伸长率/%	2.5	3.1	2.5	3.5	1.5
Izod 缺口冲击强度/(kJ/m²)	11	9	8	10	9
弯曲强度/MPa	185	215	196	255	206
弯曲模量/GPa	9.02	9.5	9.8	8.3	13.7
热变形温度/℃(1.80MPa)	251	210	245	250	260
（0.45MPa)	269	225	250	262	260
吸水性(24h)/%	0.05	0.06	0.10	0.60	0.20
成型收缩率/%	0.35	0.35	0.30	0.35	0.20
线膨胀系数/(×10⁻⁵/℃)	2.5	4.5	3.0	3.5	2.2
介电常数(1MHz)	2.9	3.6	3.5	3.3	3.9
介电损耗角正切(1MHz)	<0.001	0.003	0.007	0.009	0.001
介电强度/(kV/mm)	48	21	26	20	16

12.5.3 加工和应用

sPS呈剪切变稀的流变性，可利用现有的成型机和模具进行注塑、挤出等成型加工。制品的翘度、变形较小，尺寸稳定性优异。

几乎 PBT、PET、PA、PPS 等所有工程塑料的应用领域都可以使用 sPS。sPS 的主要用途有 3 种。①电子电器元件。可用作微波炉旋转盘的转动环、转动支架、滤波器外壳、电热壶部件、吸尘器马达的鼓风导管、绝缘子、垃圾处理机的内部部件、饭堡内底线圈底座、PCI 端子、AGP 端子、PGA 端子、D-SUB 端子、USB 端子、IEEE1394 端子、CPU 端子、游戏机端子、移动电话机的电池固定架和开关、电源和接合器用的变压器线圈架、BS 和 CS 广播的调谐器和测量仪器的端子、移动电话机内部天线和高速公路自动收费系统零部件。②汽车零部件。可用作排气阀螺线管、速度传感器、控制器、刮水器、空调元件、点火器元件、通风罩、保险杠、插接件等。③包装和薄膜。可用作食品包装容器、工业用膜、包装膜、相纸用薄膜、磁带、电绝缘膜等。

12.6 共聚聚苯乙烯树脂

PS 透明、加工、介电等性能优良，但其脆性高、耐热、耐化学品、耐候等性能较低，影响了其应用，因此通过改性使 PS 性能得到改善，其中共聚是十分有效的方法。通过 St 与其他单体共聚可制备许多性能优良的新型苯乙烯共聚树脂。克服 PS 性能的不足，扩展了苯乙烯类树脂的应用领域，苯乙烯类共聚树脂品种众多，下面对一些工业化品种做一简要介绍。

12.6.1 丙烯腈/苯乙烯共聚物

丙烯腈/苯乙烯共聚物（AS 或 SAN），由 AN 与 St 共聚制得，是苯乙烯系树脂中重要品种之一。

12.6.1.1 反应机理

AS 生产方法通过自由基引发或热引发进行共聚合，但由于两种单体的竞聚率相差很大，如 St 为 $r_1=0.4$，AN 为 $r_2=0.04$，St 的聚合速率比 AN 快得多，随着共聚反应的进行，St 单体消耗速率快，比 AN 单体先消耗完。在聚合后期生成的是丙烯腈均聚物，因此，共聚物组成与单体投料比不同，共聚物组成随着共聚转化率的提高不断变化，共聚物是不同组成聚合物的混合物。根据 AS 转化率曲线关系实际上只要控制较低的聚合转化率（50%～60%），是可以得到组成均匀的 AS 的。

12.6.1.2 生产工艺

AS 聚合工艺有连续本体法、悬浮法和乳液法。乳液法由于生产成本高，产品纯度不高，一般不作为商品生产，主要用于制备 ABS 树脂供掺混时使用。

（1）连续本体法工艺　本体聚合工艺无水相介质，采用恒比配料组成，控制适当转化率，即可得到组成均匀的共聚物。本体聚合工艺主要问题是反应热量的除去，否则会影响生产正常进行，通常除了设备上进行改进之外，加入少量溶剂吸收热量已获得广泛使用。主要生产工艺有日本 TEC-MTC 公司、美国 Cosden 公司、美国 Monsanto 公司、Dow 化学公司、德国 Bayer 公司等，各公司生产工艺和反应器差别较大。

（2）悬浮法法工艺　AS 悬浮法生产工艺类似，彼此之间相差较小，与制造 GPPS 的工艺和设备也基本相同，差别之处只是生产条件的不同，在此不再赘述。

悬浮法生产 AS 主要问题是制备组成均一的共聚物不如本体法容易，要采用一些措施。这主要是由于悬浮聚合过程中，AN 在水相中的溶解度较大，随着聚合反应的进行 AN 在水相和油相中的浓度不断发生变化，油相中的 AN 不断减少，水相中的 AN 便向油相中转移，这样溶解平衡被破坏，聚合产物是由不同组成的共聚物组成。同时两种单体聚合速率相差很大，St 单体消耗快，为了保持单体配比稳定，采用连续补加单体的方法，不断补加 St，保持组成的均一。

（3）乳液法工艺 乳液法生产 AS 是在乳化剂的作用下在水相中形成乳液。生产工艺简单、温度容易控制、操作简便，可进行连续化工业生产。因也用水作分散介质，悬浮法中 AN 在水中溶解而产生的问题在乳液法同样存在。同时由于乳液法工艺中加入乳化剂、凝聚剂等助剂，无法完全除净，因此产品的透明性、热稳定性和其他性能不如本体法生产的 AS。

乳液法生产的 AS 基本不单独用于商品出售，只用于 ABS 生产所用掺混 AS 的生产。

我国早在 20 世纪 60 年代就开发研制 AS 树脂，在 70 年代采用悬浮聚合工艺还有少量生产，但由于技术不成熟、产品质量差，始终未形成规模。1984 年年底上海高桥石化公司从日本 TEC-MTC 公司引进一套 5kt/a 的连续本体法生产 AS 装置，1988 年投产，开始了我国 AS 的大规模工业化生产的历史。同年兰州化学工业公司也从该公司引进一套 15kt/a 的生产装置，于 1991 年开始生产。

12.6.1.3 结构与性能

AS 的化学结构为：

$$\text{+CH}_2\text{—CH+}_m\text{CH}_2\text{—CH+}_n$$

AS 是无臭、无味，高透明的无定形聚合物，综合性能优良。由于含有极性的 AN 使得 AS 具有优良的力学性能、较高的刚性、硬度和尺寸稳定性，其力学性能优于 GPPS，特别是冲击强度明显提高，但不如 ABS；高度的耐化学品稳定性，耐水、酸碱类溶液、洗涤剂、氯化烃类溶剂；对非极性化学品如汽油、油类和芳香化合物稳定性较高，但能被某些溶剂溶胀，能溶解在酮类溶剂中。

AS 还具有优良的透明性，透明性可达 88%；具有较高的长期耐光性和耐热性，耐应力开裂性也优于 GPPS。

12.6.1.4 加工与应用

AS 树脂与 GPPS 一样可用注塑、挤出和吹塑等方法加工成型。AS 树脂有较高吸水性（储存时吸水率为 0.6%），加工前需要在 75～85℃温度下干燥 2～4h。

主要应用在家用电器，如制造洗衣机、电视机、收录机、空调机、干燥器、电话等零件；食品机械如果汁、奶油、咖啡混合容器、杯、盘、餐具等包装瓶和容器等；汽车制造，如蓄电池槽、信号灯、车灯架、仪表盘、内部装饰件、物品箱等；日月品，如保温杯、饮料杯、挂钩、各种物品架、装饰品等；以及其他产品，如照相机零件、玩具、办公用品等。

12.6.2 丙烯酸酯/丙烯腈/苯乙烯共聚物

丙烯酸酯/丙烯腈/苯乙烯共聚物（AAS）也称 ASA，是 St、丙烯酸酯和 AN 的三元共聚物。1968年由德国BASF公司首先生产。1970年日本日立化成公司生产，还有美国Monsanto、日本合成橡胶等公司生产。

我国在20世纪70年代开始研制AAS，研制单位有上海珊瑚化工厂、上海塑料制品十五厂、南京永丰化工厂、苏州人民化工厂等，并于1974年开发成功并在上海珊瑚化工厂投产。

AAS树脂是以丙烯酸酯橡胶为骨架，与AN-St（AS）接枝共聚而得。聚合工艺有本体、悬浮和乳液法。常用的生产工艺是乳液聚合工艺，该工艺与ABS乳液法工艺相似。聚丙烯酸酯含量一般为30%。

AAS与ABS性能相似，也是硬而韧的树脂，不透明、无定形。由于采用丙烯酸酯橡胶代替PB橡胶，消除了聚合物主链中的易反应的双键，因此，AAS与ABS相比，最大的特点是其耐候性、紫外线和热老化性能有了大幅度提高，如AAS在室外暴露15个月，冲击强度和断裂伸长率几乎没有下降，颜色变化也极小，而ABS冲击强度则下降了60%。使用温度范围也很宽，可在-20～70℃下长期使用。

AAS具有较高的硬度和刚性，能够承受长期的静或动负荷，耐热性能优良，在85～100℃中不变形；耐蠕变性能也较好，耐环境应力开裂性优良。

AAS介电性能优良，由于良好的耐水性，能在湿润的环境中长期使用仍能保持良好的抗静电性。

AAS的耐化学品性能与ABS相似，能耐无机酸、碱、去污剂、油脂等，但不耐有机溶剂，在苯、氯仿、丙酮、二甲基甲酰胺、乙酸乙酯等溶剂中易软化变形。

AAS具有良好的印刷性，不需要表面处理就可直接印刷和真空镀铝金属化。

AAS具有优良的耐候性和耐老化性，因此，可用在室内和室外制品，如汽车零件、道路路标、仪表壳、灯罩、电器罩、电信器材、办公用品等。可与PVC、PC制成合金产品。

AAS具有良好的加工性能。能够采用挤出、注塑、吹塑、压延及进行二次加工成型，还可以采用其他方法，如真空成型、化学镀、真空蒸镀和黏结等。由于AAS有一定的吸水性，加工前应在干燥。

12.6.3 丙烯腈/乙烯-丙烯-二烯烃三元乙丙橡胶/苯乙烯共聚物

丙烯腈/乙烯-丙烯-二烯烃三元乙丙橡胶/苯乙烯共聚物（AES），也称EPSAN，是由St、AN接枝到乙烯-丙烯-二烯烃三元乙丙橡胶（EPDM）上的共聚物。1970年由美国共聚橡胶化学公司（Copolymer rubber and chemical co.）投入生产。随后日本三井东压和合成橡胶公司也相继投入生产。

由于EPDM上所含双键极少，不能用乳液法接枝聚合，EPDM也不溶于AN单体，故也不能采用本体-悬浮方法共聚合，只能采用溶液法进行接枝共聚合。基本工艺为：首先把切碎的EPDM溶解在己烷和氯苯的混合溶剂中，加入St和AN单体，在引发剂过氧化二异丙苯引发下聚合制备。

由于AES中引入橡胶EPDM，而EPDM中含有的双键极少，因此，最明显的性能是耐候性，其耐候性比ABS高4～8倍；冲击性能和热稳定性也优于ABS。吸水率也很低。

AES具有良好的加工性能，可采用通用塑料的加工成型方法。由于热稳定性良好，加工时不像ABS那样易变黄。

AES具有优良的耐候性，因此，适合于用在室外制品，如汽车零件、广告牌、仪表壳、容器旅行箱、包装箱、盒及日用品等。

12.6.4　丙烯腈/氯化聚乙烯/苯乙烯共聚物

丙烯腈/氯化聚乙烯/苯乙烯共聚物（ACS）是由St、AN接枝到CPE上的三元共聚物。首先由日本昭和电工公司于1969年开发成功，并于由1971年投产。目前世界上主要生产技术和生产厂家为该公司，采用本体-悬浮法或本体法生产。美国Biddle Sawyer公司也生产。

我国在1973年上海高桥石化公司、广州电器科学研究所等单位也试制成功ACS。国内已有杭州科利化工有限公司等企业生产。

ACS生产方法多种多样，有掺混法、辐射法、溶液法、悬浮法、本体法和乳液法等。其组成氯化聚乙烯（C）占20%～70%，丙烯腈（A）和St占30%～80%。接枝法利用CPE十分容易溶解在AN和St中，可采用本体-悬浮、本体法或溶液聚合制备接枝型ACS。

掺混型是将AS树脂与CPE通过机械方式共混，共混设备主要是螺杆挤出机。目前ACS产品中，掺混型ACS合金所占比例越来越大，如以MMA取代AN，可以制得抗冲击、耐候、阻燃和透明的新型树脂品种MCS。与PVC共混可改善阻燃性。按照使用品种可分为：通用级、阻燃级、透明级、高冲击级、高刚性级、耐热级和易流动级等。ACS中由于采用没有双键的CPE代替PB，使其耐候性显著提高，大大优于ABS，也优于AAS，暴露半年以上才老化，而ABS一个月就老化。其耐候性与CPE含量成比例，CPE含量越高，耐候性越好。同时CPE含有氯元素，因而又赋予了ACS优良的阻燃性。ACS冲击强度也随CPE含量的增加而增加，拉伸强度却下降。

ACS是无定形聚合物，成型收缩率较小，尺寸稳定性好。ACS溶于甲苯、二氯乙烷、乙酸乙酯、丁酮。ACS本身有抗静电能力。尽管ACS具有优良的耐候性、阻燃性和耐寒性，但也存在一些不足，表现在：ACS加工性能不佳，与PVC一样，热稳定性较差，加工温度范围较窄，限制在170～220℃，成型加工温度要低，也不能停留时间过长，否则极易分解，为避免产生降解，应加入热稳定剂。制品表面光滑和光泽较差，外观较粗糙，不像一般苯乙烯类树脂具有明亮和华丽的外观。

ACS主要采用挤出和注塑方法加工。利用其优良的耐候性，可用于制造室外用产品以及家用电器（如电视机、收录机、录像机、电子计算机等）零件、电气设备外壳、汽车零部件、灯具、广告牌、路标、办公文化用品等。

12.6.5　甲基丙烯酸甲酯/苯乙烯共聚物

甲基丙烯酸甲酯//苯乙烯共聚物（MS）是由MMA与St共聚而得。MMA与St的竞聚率相近，St为$r_1=0.50～0.54$，MMA为$r_2=0.44～0.49$，共聚物中MMA的恒比组成为46%（质量）。MS生产工艺有本体法、悬浮法和乳液法。

我国生产MS的历史较长，生产厂家有上海制笔化工厂、苏州人民化工厂等。

MMA的引入使得MA兼有PS的良好加工性、低吸湿性和PMMA的耐候性、优良的光学性能。增加了PS的韧性，提高了其耐候性，力学性能优于GPPS。MS具有与PMMA相似的透明性。

MS 加工性能良好，可以挤出、注塑、吹塑成型，还可以粘结、焊接、机械加工等二次加工成型。成型条件与 PS 和 PMMA 相似。

MS 主要应用于要求透明的零件制造，如仪器仪表零件、灯具、光学镜片、广告牌、办公用品及其他日用品，如牙刷、开关、标尺等。

12.6.6 甲基丙烯酸甲酯/丁二烯/苯乙烯共聚物

早在 1957 年，美国路姆-哈斯 (Rohm & Haas) 公司为了改进 PVC 的冲击强度又不影响其透明度，研究开发了甲基丙烯酸甲酯/丁二烯/苯乙烯共聚物 (MBS)，并于 1962 年开始出售商品名为 Paraloid KM 的产品。1964 年意大利 Mazzuchelli 公司投入生产。其后，日本钟渊公司和吴羽公司也于 1963 年、1966 年分别开发了商品名为 Kane Ace B 和 Kureha BTA 的 MBS 产品，1970 年美国马邦 (Marbon) 公司也开始生产。

MBS 生产工艺与 ABS 基本相同，可采用乳液制备工艺，将苯乙烯和 MMA 与丁苯胶乳在引发剂作用下进行乳液接枝聚合制得。为提高橡胶相的折射率，宜使用丁苯橡胶，为保证透明性，橡胶粒径应控制在 0.2μm 左右，太大会影响透明性，太小会影响冲击强度。St 含量大于 50%。

也可采用本体-悬浮聚合工艺，将丁苯橡胶溶于苯乙烯和 MMA 单体中，然后进行本体预聚，当转化率达到 20%～40% 时，再进行悬浮聚合至反应结束。

我国于 1969～1971 年锦西化工研究院，1981 年上海高桥化工厂开始研制 MBS。1996 年齐鲁石化公司建成了 1.5kt/a 的生产装置，2003 年扩建到 3kt/a。

MBS 中由于引入了 MMA，使树脂的折射率下降，与橡胶相的折射率相近，达到提高透明度的要求，弥补了 ABS 树脂不透明的缺陷，所以 MBS 也称为透明 ABS。其透光率可达 85%～90%，折射率为 1.538，可任意着色成为透明、半透明、不透明制品。

MBS 力学性能优良，是一种韧性良好的塑料。在 85～90℃ 范围内可保持足够的刚性，在 −40℃ 时仍具有良好的韧性。MBS 耐弱酸、碱和油脂，不耐酮类、芳香烃、脂肪烃和氯代烃等溶剂；耐紫外线能力也较好。MBS 流动性与 ABS 相似。

MBS 可采挤出成型方法制造型材、片材、管、膜，也可采用注塑、吹塑方法成型。

MBS 主要需要一定冲击强度的透明制品，如电视机、收录机、电子计算机等各种家用电器外壳，仪器仪表盘、罩、电信器材零件，玩具、日用品等，在许多场合下可以替代ABS。MBS 另一重要应用领域是用作 PVC 的抗冲改性剂。加入 MBS 可使 PVC 的冲击强度提高 6～15 倍，还改善了 PVC 的抗老化、耐寒性和加工性能。

12.6.7 苯乙烯/马来酸酐共聚物

苯乙烯/马来酸酐共聚物 (SMA) 是由 St 与 MAH 共聚而得。1974 年由美国 Acro 化学公司首先开发成功，商品名 Dylark，20 世纪 80 年代又开发出系列合金：SMA/ABS、SMA/PVC、SMA/PBT 等；1976 年 Dow 化学公司合成了三元共聚物 (苯乙烯-丁二烯-马来酸酐)，商品名为 XP527。之后美国 Monsanto 公司、荷兰 DSM 公司、德国 BASF、Bayer、日本积水化成公司公司相继研制 SMA 成功投产。我国中石化上海石油化工研究院在"七五"期间开始了 SMA 合成工艺开发。2001 年成功地将已有的 SMA 中试工艺技术应用于引进的千吨级工业装置，达到生产能力 3kt/a，填补了空白。

SMA 生产工艺主要有溶液法、本体法和本体-悬浮，不采用乳液和悬浮聚合法，这是由于 MAH 在水中极易水解。MAH 本身不能自聚，却很容易与 St 共聚。

SMA 是具有水晶般透明的无定形树脂。SMA 最大的优点是耐热性优良，由于 SMA 分子主链中存在五元环，增大了高分子链的刚性，使 SMA 的 T_g 和热变形温度均明显提高，并随 MAH 的含量增加而增加，MAH 含量每增加 1%，T_g 提高 3℃。热变形温度在 96～120℃（1.82MPa 负荷）范围，比 PS 高出 40～50℃。SMA 中 MAH 含量不能太高，过高加工过程中易发生分解。SMA 性脆，较难与其他聚合物共混。

SMA 具有突出的刚性和尺寸稳定性，这也是由于 SMA 分子主链中存在五元环，增大了高分子链的刚性。SMA 可溶于碱液、酮类、醇类和酯类中，不溶胀于水、己烷及甲苯中。

SMA 可采用挤出、注塑方式加工。主要应用在汽车零件，如内装饰件、仪表板、前板、门框等，以及家用电器零件；也可用于制造各种电子仪器零件、食品容器、办公用品等。

SMA 与其他塑料共混，主要改善它们的耐热性，制成的合金用途十分广泛。如 SMA 与 PVC、ABS、PC、PBT 共混等。SMA/ABS 的热变形温度比普通 ABS 提高约 20℃，也超过了耐 ABS 的热变形温度，而且加工性能良好。SMA/PC 合金的冲击强度、耐应力开裂性和加工性能均优于 PC。

12.6.8　苯乙烯/马来酰亚胺共聚物

苯乙烯/马来酰亚胺共聚物（SMI）是 St 与马来酰亚胺（MI）的共聚物，其中 MI 一般包括 N-苯基马来酰亚胺（NPMI）、N-甲基马来酰亚胺、N-环己基马来酰亚胺、双马来酰亚胺及无取代的 MI 等。1983 年日本三菱 Monsanto 化学公司首先开发成功 S/NPMI 共聚物，1985 年投产，商品名"Superex"，以后日本东丽、触媒、日立化成、JSR、旭道、电气化学工业公司和美国 Arco 公司相继开发成功。

SMI 聚合工艺有一步法和二步法。一步法合成是 MI 与 St 单体直接共聚。所用 MI 通式为：

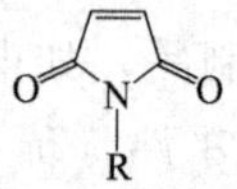

式中 R 可为 H，或含有 1～20 个碳原子的烷烃基、烯基和芳基等。反应工艺可采用本体、溶液、悬浮和乳液等聚合方法。引发剂为过氧化物类和偶氮类化合物。

二步法先用 MAH 与 St 单体反应，聚合得到 SMA，然后在叔胺类催化剂和 130℃ 条件下，再用氨或胺进行酰亚胺化反应数小时，用甲醇沉淀也可得到 SMI。

SMI 主链中含有马来酰亚胺环，MI 基上形成 C—N—O 共振结构，限制了大分子的自由运动，使 SMI 具有较大的刚性，也比 SMA 具有更高的耐热性。SMA 在 210℃ 开始分解，而 SMI 在 320℃ 才开始分解。SMI 耐热性与 MI 中氮原子上所连取代基结构密切相关。若用 NPMI 为单体时，耐热性提高比 MI 更加明显，并随着 NPMI 含量的增加而增加。

SMI 具有高 T_g、高强度、高热稳定性、高透明性、高黏结性能及低结晶度等优越的性能，在塑料、橡胶工业、光学和电学等领域中有着广泛的应用。

SMI 主要缺点是抗冲击性能不高，可通过与其他树脂共混的方式加以改进。SMI 常与其他树脂进行共混。如与 BR、ABS、PC、PMMA、PET、PPS、PVC 等制成各种合金。

SMI 作为热塑性塑料，可采用挤出、注塑、发泡等方法进行加工。制品可作为工程塑料使用，制造汽车零件、仪表盘、计算机、机壳、办公用品、薄膜等。

12.6.9　K 树脂

K 树脂，也称为丁苯透明抗冲树脂，是由 Bd、St 共聚而得透明树脂。由美国 Philiphs 公司于 1972 年开发成功并投产，商品名为 K-Resin，俗称 K 树脂，也是目前世界上主要的生产厂家。由于 K 树脂独特的性能和巨大的市场需求，其他发达国家也纷纷开展研究。1983 年以后出现了其他 K 树脂制造商，如德国的 BASF 公司、比利时的 Petrofina 公司、日本的住友和旭化成公司等。

我国从 20 世纪 80 年代初期有大连理工大学、北京燕山石化公司研究院、兰州石化研究院开始研发 K 树脂，因难度较大，进展缓慢。2002 年抚顺石化公司采用兰州石化公司技术建设了国内首套 5kt/a 的 K 树脂工业生产装置。2004 年广东众合化塑有限公司引进江苏圣杰实业有限公司生产技术建成 20kt/a 的 K 树脂工业生产装置，并实现了稳定运行，标志着中国已掌握 K 树脂工业生产技术，打破了国外产品的垄断局面。

典型的 K 树脂是由 75％的 St 和 25％的 Bd 组成，根据不同的物性需要可以轻微改变两种组分的比例。共聚物链结构为梯度排列或无规排列的嵌段，还可以通过偶联形成星形结构。

K 树脂是采用阴离子溶液聚合。以正丁基锂为催化剂，环己烷作溶剂，在 $50 \sim 110℃$ 温度下使 St 聚合生成活性的 PS 基，然后与 Bd 聚合生成活性的二嵌段聚合物，或再加入多官能团偶联剂四氯化硅（$SiCl_4$），偶联生成四臂的星形嵌段共聚物，也可以生产线型多嵌段聚合物。

K 树脂是无臭、无味、无毒、高透明的树脂，同时它具有良好的抗冲击性、密度小、易加工和易着色等优点。表 12-8 为美国 Philiphs 公司 K 树脂基本性能。

表 12-8　K 树脂基本性能

性　　能	KR01	KR03、KR04、KR05
密度/(g/cm³)	1.01	1.01
拉伸强度/MPa	28	24
断裂伸长率/%	10	100
拉伸强度模量/GPa	1.24	1.38
缺口冲击强度(23℃)/(J/m)	16	21
弯曲模量/GPa	1.62	1.62
维卡软化点/℃	93	93
热变形温度(1.8MPa)/℃	76	71
吸水性(24h)/%	0.08	0.09
透光率/%	90～95	90～95
雾度/%	1～5	1～5

在 K 树脂 PS 连续相中引入了粒径小于 30nm 的弹性分散体，St 与 Bd 通过化学键相连，使两相界面具有很高的结合力，大幅度提高了材料的冲击强度，克服了 GPPS 脆性大的缺

点，提高了耐环境应力开裂性。它既保持了 GPPS 的高透明性，又具备了 HIPS 的冲击强度。

K 树脂性能与 GPPS 相近，但冲击性能、抗环境应力开裂性高于 GPPS。

K 树脂透明性也非常突出，透光率可达 $80\%\sim90\%$，接近 GPPS，比增韧 PS 高得多。透明性通过控制 Bd 嵌段长度和 PB 结构，使 PB 橡胶相尺寸比可见光波长小。

K 树脂热变形温度低于其他苯乙烯类树脂。

K 树脂耐化学品性能与 PS 相似，它溶于大部分有机溶剂或在溶剂中溶胀，如易溶于甲苯、甲乙酮、醋酸乙酯、氯甲烷等，但不受甲醇、乙醇及其水溶液的影响。

K 树脂除了可单独生产各种制品外，也可以与其他塑料共混。它可与 GPPS、HIPS、PP、PE、ABS、SAN 等共混。K 树脂与 GPPS 有良好的相容性。

K 树脂是部分结晶聚合物，加工性能良好，加工前不需要干燥。可采用塑料常用的加工手段，如注射、挤出、吹膜、流延、中空吹塑等方法成型。制品外观平滑、光泽好、透明度高。

由于 K 树脂具有良好的透明性和冲击性能，符合美国 FDA 规定，主要用于包装材料。大量用于食品、水果、蔬菜、肉类的包装，也可应用于医用透析器、滤血器、变温器、一次性药用注射器、吊瓶输液器、穿刺针接头、血浆袋等器具，磁带盒、洗涤剂包装瓶、化妆品盒、高档日用塑料制品、高档玩具、高档服装衣架等。

除了上述苯乙烯共聚物之外，还有一些 St 的共聚物，如 MABS 是由 MMA、AN、Bd、St 四元共聚而得，是为了克服 MBS 力学性能方面的不足而研制的。它具有优良的力学性能和透明性，透光率达 85%，冲击强度、低温冲击强度、弯曲强度、硬度都比 MBS 好。也称为透明 ABS。

12.7 聚苯乙烯共混改性

PS 树脂主要通过共聚改性，而采用共混改性的品种不多，产量较小，这主要是由于 PS 与许多聚合物相容性较差，加之 PS 脆性大，不易与其他聚合物共混。共混改性的目的与共聚改性的一样，主要也是改善 PS 的冲击强度，主要品种如下所述。

12.7.1 PS 与 PPO 共混

PPO（2,6-二甲基对聚苯氧，聚苯醚）具有良好的力学性能、电性能、尺寸稳定性和耐热性，但熔体黏度高，加工困难。制品易产生应力开裂。因此，PPO 基本不单独使用，都是与其他塑料共混，其中共混品种中最著名的就是与 PS 共混，是由美国 GE 公司于 1966 年开发成功的，商品名为 Noryl，它既保持了 PPO 树脂优良的电气、力学、耐热和尺寸稳定等性能，又改善了成型加工性。PS 与 PPO 相容非常好，达到热力学相容的水平，共混物的物理性能具有线性加和性。通过共混改善了 PS 的耐热性、抗冲击性能、耐环境开裂性和尺寸稳定性。

1979 年日本旭化成工业公司用 GPPS 与 PPO 接枝改性开发出 GPPS/PPO 合金，牌号为 Xyron，之后，日本三菱瓦斯化学公司、德国 BASF 公司、美国 Borg-Warner 化学公司等也生产。PS/PPO 合金发展迅速，其应用量远远超过 PPO，已进入五大工程塑料行列。

PS/PPO 共混物广泛应用于制造汽车零件、电气电子元件、家用电器、办公设备等领域。

12.7.2 PS 与 PO 共混

PS 与 PO（聚烯烃，主要为 PE、PP）不相容，直接共混效果很差，加入相容剂是得到性能良好 PS/PO 共混物的关键。相容剂一般为 PS 与聚烯烃的接枝共聚物，如 PE-g-PS、PP-g-PS、EP-g-PS、EPDM-g-PS 以及嵌段共聚物。

1987 年 BASF 公司、Atohem 公司、Montedlene 公司完成了几种 PS/PO 合金的工业性开发。1989 年联邦德国展出了新型 PS/PE（50/50）合金，具有渗水性低，耐应力开裂和耐磨性的特点，如 HIPS/HDPE＝47.5/47.5，加入星形丁苯嵌段共聚物 5 份，试祥拉伸强度 25MPa，扯断伸长率 18%，弹性模量 1220MPa，维卡软化点 107℃，渗水性 $20g/(m^2 \cdot d)$。

PE 和 PS 的反应挤出有两种方法，其一是在熔融剪切过程中加入过氧化物和偶联剂，使两高分子通过与低分子化合物反应而相连接；其二是 PE、PS 主链上各自带有能相互作用的官能团，而使两者直接反应，得到高分子合金，运用 RPS 的方法就属此类。

PE/PS 合金既具有 PS 的加工成型性能，又具有 PE 的耐划痕性和水蒸气透过性小的特点，其刚性、耐油脂、耐低温和耐化学品等性能优良，主要用于包装材料、含油脂高的食品容器及冷冻装置。

12.7.3 其他共混改性

PS 与 ABS 共混改性：PS 与 ABS 同为苯乙烯烯系列聚合物，两者相容性好，共混物体现出明显的 ABS 性能，具有良好的冲击性能。PS 与 PA6 的共混改性：二者共混取长补短可以期望获得较好性能的共混物。PS 与 PA 共混早在 1977 年 PS/PA 合金就已由美国 Thermofil 公司生产，系填充 30%GF 增强材料，材料的断裂拉伸强度略低于尼龙 66，但大大高于未增强苯乙烯系列树脂中强度最高的 AS。该材料已在汽车制造和电工技术得到应用。

参 考 文 献

[1] 龚云表，王安富. 合成树脂及塑料手册. 上海：上海科学技术出版社，1993.
[2] 吴培熙，张留成. 聚合物共混改性. 北京：中国轻工业出版社，1996.
[3] 周祥兴. 合成树脂新资料手册. 北京：中国物资出版社，2002.
[4] 程曾越. 通用树脂实用技术手册. 北京：中国石化出版社，1999.
[5] 刘英俊，刘伯元. 塑料填充改性. 北京：中国轻工业出版社，1998.
[6] 潘祖仁. 高分子化学. 北京：化学工业出版社，1997.
[7] 许健南. 塑料材料. 北京：中国轻工业出版社，1999.
[8] 陈乐怡，张从容，雷燕湘等. 常用合成树脂的性能和应用手册. 北京：化学工业出版社，2002.
[9] 陈朝阳，陈利保. 国内聚苯乙烯生产工艺述评. 合成树脂及塑料，2003，20（3）：39-43.
[10] 何宏武. PS 挤塑泡沫板综述. 化工时刊，2002，（6）：11-13.
[11] 谭智勇. 添加成核剂，提高要发聚苯乙烯的发泡质量. 广东化工，2001，（3）：39-41.
[12] 邰传厚等. 影响高抗冲聚苯乙烯力学性能的因素. 合成橡胶工业，2002，25（3）：186-189.
[13] 杨军，刘万军，刘景江. 高抗冲聚苯乙烯的增韧机理. 高分子通报，1997，（1）：43-48.

[14] 陈循军等 . 合成间规聚苯乙烯用茂金属催化剂的研究进展 . 精细石油化工进展，2003，4（1）：30-33.

[15] 焦宁宁 . 茂金属间规聚苯乙烯 . 塑料科技，2001，(5)：1-8.

[16] 浦鸿汀，沈志刚，周文乐等 . 间规聚苯乙烯的应用研究进展 . 中国塑料，2000，14（12）：1-6.

[17] 朱景芬 . 国内外聚苯乙烯新品种的生产和发展 . 合成橡胶工业，1995，18（5）：311-316.

[18] 陈苏，潘恩黎 . PE/PS 合金的研究进展 . 南京化工大学学报，1997，19（4）：101-106.

[19] 徐世爱，江明等 . PS/LDPE 共混体系相结构的 TEM 研究 . 高等学校化学学报，1995，2（16）：315-316.

[20] 丁雪佳，唐斌，薛海蛟等 . PS/PA6 共混体系的研究进展，化工进展，2008，27（5）：697-701.

[21] 陈英林，刘青 . 国产高抗冲、透明丁苯树脂的性能、加工工艺及应用和发展前景 . 中国塑料，2008，22（1）：1-6.

第13章 ▶▶ ABS树脂

13.1 发展简史

ABS 树脂是苯乙烯系列三元共聚物，它是由苯乙烯（St）、丙烯腈（AN）和丁二烯（Bd）单体通过接枝共聚和共混而成的一种结构复杂的热塑性树脂。由于性能优异、应用广泛、发展迅速，加之技术进步、生产成本下降，使其产量大增，而通用塑料也由于多年的研制开发，性能提高很快，趋向"工程化"，因此，已将 ABS 由原来归类为工程塑料，而改变归类为通用塑料，成为通用塑料家族中的第五个成员。

ABS 于 1946 年由美国橡胶公司（US Rubber co）采用掺混方法生产，由丁腈橡胶（NBR）与 SAN 共混制备，从那时起，已有 70 年的发展历程，无论是生产技术工艺，还是生产规模都发生了巨大的变化，成为采用共聚方法综合不同聚合物优点的典型代表性树脂之一。1954 年美国博格-瓦尔纳公司（Borg-Warner）的子公司 Marbon 公司将 AN 和 St 接枝到聚丁二烯（PB）上成功开发了乳液接枝聚合法，并实现工业生产，为 ABS 树脂的发展奠定了基础。之后德国、法国、英国和日本等国纷纷引进技术，相继建厂生产。20 世纪 70 年代是 ABS 树脂生产技术大发展时期，开发了一系列新的生产技术。1968 年日本东丽（Toray）公司开发了 ABS 乳液-本体聚合工艺，于 1977 年实现工业化生产。1977 年英国国际合成橡胶（ISR）公司开发成功了 Bd 乳液聚合和接枝连续聚合工艺。1984 年日本三井东压化学公司在 HIPS 生产基础上开发成功 ABS 连续本体聚合工艺，成为世界先进的生产工艺。乳液接枝-掺混工艺也是较早工业化的技术，它是在乳液接枝工艺的基础上发展起来的，是国内外广泛使用的技术。这些生产技术的进步使 ABS 的生产得到迅速发展，成为使用最为广泛的一种通用塑料。

我国 ABS 树脂的研制始于 1960 年，当时的兰州化学工业公司合成橡胶厂中试室（现兰州石化公司石化研究院）就开始了此项研制。1970 年首先在兰州化学工业公司合成橡胶厂建成我国第一套乳液接枝法 ABS 生产装置，1975 年投入运转，生产能力 2kt/a。1978 年上海高桥化工厂自主研制开发成功乳液接枝-乳液掺混 SAN 生产工艺，建成生产能力 2kt/a 的生产装置并投产。但由于 ABS 树脂生产工艺复杂，工序配套难度大，两公司所开发的两套装置均未能形成生产能力。从 20 世纪 80 年代起我国 ABS 开始大规模引进国外先进生产技术和装置。1982 年兰化公司合成橡胶厂引进日本三菱人造丝公司（ABS 技术）和瑞翁公司（PB 胶乳技术）规模为 10kt/a 的 ABS 成套技术和生产装置，采用乳液接枝-悬浮 SAN 掺混工艺，于 1984 年投产。1983 年上海高桥化工厂购买美国钢铁公司（USS）一套 ABS 旧的生产装置，生产能力 10kt/a，采用乳液接枝-乳液 SAN 掺混工艺，1987 年建成投产，1992 年扩建为 20kt/a。1986 年吉林化学工业公司引进日本 TEC-MTC 公司一套生产能力 10kt/a 的连续本体法 ABS 生产装置，于 1989 年投产。大庆石油化工总厂在 1993 年引进韩国韩南（Hannam）化学公司一套乳液接枝-本体 SAN 掺混工艺的 ABS 生产装置，生产能力为 50kt/a。1996 年盘锦乙烯工业公司引进韩国新湖油化专利技术，建成生产能力 50kt/a，采用乳液接枝-悬浮 SAN 掺合法生产工艺。2007 上海高桥石化公司引进的中国第一套美国 Dow 化学公司 20 万吨/年 ABS 连续本体生产工艺，建成投产。之后我国又引进和建设了一批 ABS 生产装置。

近年来，我国在 ABS 生产技术和产品开发方面也取得显著进展。2004 年大庆石化总厂自主开发了小粒径 PB 聚合工艺、附聚技术和高胶接枝技术，使装置的产能翻了一番。2005 年吉林石化公司采用本体聚合技术生产出高分子量 SAN 树脂，利用乳液接枝-本体法完成了板材级 ABS 树脂的中试技术研究。2006 年兰州石化研究中心开发了透明 ABS 树脂（MABS）中试技术，同时开发了的透明 ABS 树脂专用 EBR 胶乳的制备技术。2003 年上海华谊本体聚合技术开发有限公司经成功试生产出本体法 ABS 产品，形成了自主知识产权的工业生产技术。

长期以来我国 ABS 树脂产量很小，主要依靠进口，是合成树脂中进口量最大的品种之一。经过这几十年的发展，特别是进入 21 世纪，中国 ABS 树脂生产取得了显著进步，产量和表观消费量迅猛增长，自给率明显增加。中国已经成为世界 ABS 树脂生产能力和消费量最大的国家。

13.2 反应机理

ABS 树脂是复杂的多元单体接枝共聚物，以橡胶为主链，树脂为支链。可以采用多种橡胶为主链，接枝上不同种类的树脂，因此，可以得到众多不同结构的 ABS 树脂。但目前工业生产上主要采用 PB（或丁苯橡胶）橡胶为主链，接枝 AN 和 St，制成含有 3 种组分的接枝共聚物。采用自由基聚合反应，在引发剂的作用下，自由基与主链上的双键或攻击双键一端的 σ-氢进行接枝聚合反应。反应也按一般的自由基反应经历的步骤，如链引发、链增长、链转移和链终止，只是期间既有接枝聚合，AN 和 St 之间共聚合生成 SAN，又有两种单体各自均聚合，因此，反应过程十分复杂，得到的是 PB 与 St、AN 接枝共聚物和 SAN 的混合物，反应机理简述如下。

（1）胶乳反应　以 PB 胶乳为例，PB 胶乳按自由基乳液聚合机理进行，反应如下。

$$n\,CH_2{=}CH{-}CH{=}CH_2 \longrightarrow \text{—}[CH_2{-}CH{=}CH{-}CH_2]_n\text{—}$$

（2）接枝反应　也是按自由基聚合机理进行，主要有以下反应。与双键反应如下。

① 与 1,4-PB 反应。

② 与 1,2-PB 反应。

$$\{CH_2—CH\}_n \quad + \quad CH_2=CH_2 \quad + \quad CH_2=CH—CN \longrightarrow \{CH_2—CH\}_n$$

与双键的反应是主要反应,研究也证明了这一点,在反应前后双键含量明显下降。

(3) 攻击 σ-氢 攻击 σ-氢可能性也是存在的。

$$R· + \{CH_2—CH=CH—CH_2\}_n \longrightarrow \overset{·}{\{C}H—CH=CH—CH_2\}_n + HR$$

$$\{\overset{·}{C}H—CH=CH—CH_2\}_n + CH_2=CH_2 + CH_2=CH—CN \longrightarrow \{\overset{·}{C}H—CH=CH—CH_2\}_n$$

在 ABS 的反应中,发生 St 和 AN 单体接枝到 PB 主链的共聚合只是很少一部分,大部分单体进行共聚反应,生成 SAN,也可能少量单体进行均聚。

(4) SAN 反应 SAN 是按自由基聚合机理合成,同样经历引发、链增长、链终止等步骤

13.3 生产工艺

13.3.1 ABS 生产工艺分类

经过几十年的发展,研制的 ABS 生产工艺很多,主要可分为:掺混法、化学接枝法、乳液接枝-掺混法和联合法四大类,每类中又存在不同的生产方法,详细分类见表 13-1。

表 13-1 ABS 树脂生产工艺分类

分类		工艺简述	工业生产现状
大类	小类		
掺混法	胶乳掺混法	橡胶胶乳与 SAN 乳液混合,混合物均一	早期生产技术
	固体掺混法	固体橡胶与 SAN 熔融混合,生产成本较低	早期生产技术
化学接枝法	乳液法	苯乙烯和丙烯腈单体在橡胶胶乳中进行乳液接枝共聚合和 SAN 的共聚合,橡胶含量可较大,后处理麻烦	有工业装置,落后工艺
	连续本体法	工艺与 HIPS 类似,先将橡胶溶解在苯乙烯和丙烯腈单体中,预聚至相转变,然后继续进行本体聚合,体系中黏度大,要加入少量溶剂	有工业装置,尚不完善,前景广阔
	本体-悬浮聚合法	先将橡胶溶解在苯乙烯和丙烯腈单体中,进行本体预聚至相转变,然后预聚物在另一聚合釜中转变为悬浮聚合至反应结束。此法回收后处理容易	有工业装置,较少采用
	乳液-悬浮聚合法	苯乙烯和丙烯腈单体在橡胶胶乳中进行乳液接枝共聚合和 SAN 的共聚合,再加入悬浮剂和电解质转向悬浮聚合,此法凝聚和回收后处理简单	有专利
	乳液-本体聚合法	在乳液接枝聚合过程中,加入单体和破乳剂,聚合物和单体被析出,分离水相后,得到溶解在单体中的聚合物溶液,继续进行本体聚合制得产品,此法生产成本较低	有工业装置,使用不多

续表

分类			工艺简述	工业生产现状
大类	小类			
乳液接枝-掺混法	乳液掺混法	乳液接枝-乳液 SAN 掺混	用部分苯乙烯和丙烯腈单体在橡胶胶乳中进行乳液接枝共聚合，再与 SAN 乳液掺混，此法后处理麻烦	有工业装置,落后工艺
	树脂掺混法	乳液接枝-悬浮 SAN 掺混	用部分苯乙烯和丙烯腈单体在橡胶胶乳中进行乳液接枝共聚合，干燥后再与悬浮 SAN 掺混,此法比乳液 SAN 掺混质量好,成本也低,但需两工艺,后处理也麻烦	有工业装置,有发展空间
		乳液接枝-本体 SAN 掺混	用部分苯乙烯和丙烯腈单体在橡胶胶乳中乳液接枝共聚合,干燥后再与本体 SAN 掺混,此法比悬浮 SAN 掺混质量更好,成本更低	有工业装置,广泛采用
联合法	乳液接枝与本体-悬浮聚合联用法		此法是将乳液接枝与本体-悬浮聚合制得的 ABS 进行掺混,由于两种方法制得的 ABS 中橡胶粒径不同,通过掺混达到协同效应,改善 ABS 的性能	有工业装置,发展中

下面根据表 13-1 简述一下各种工艺。

（1）掺混法 掺混法是比较原始的工艺，有两种方法，一种是将 SAN 树脂与 NBR 或 SBR 进行机械混合，为固态混合；另一种是将 SAN 乳液与橡胶乳液进行混合，为液态混合。已基本淘汰。

（2）化学接枝法 接枝法是通过化学反应将 St 和 AN 接枝到橡胶主链上，提高了两相界面的黏结强度，从根本上解决了机械混合相容性差的问题。接枝法发展到目前产生了多种生产工艺。

① 乳液法。乳液法是制备 ABS 最早的方法。将 St 和 AN 单体在橡胶胶乳中直接进行乳液接枝共聚合。该法聚合设备简单、聚合热易除去、橡胶加入量范围宽，适宜制造高抗冲品种，可连续化生产。不足之处是加入乳化剂和凝聚剂对产品的纯度和热稳定性有影响；后处理工序复杂，较少数使用。

② 本体法。与 HIPS 类似，先将橡胶溶解在 St 和 AN 单体中，预聚至相转变，然后继续进行本体聚合。与乳液聚合法相比，工艺简化，无需后处理，不含乳化剂和其他助剂，产品纯净度高。主要问题是体系中黏度大、体系散热、橡胶颗粒尺寸和形态控制不易，橡胶用量较低等。但是由于该工艺在经济指标和环境保护方面的明显优势，前景十分诱人，详见 13.3.3 节。

③ 本体-悬浮聚合法。该法是采用两种聚合方式制备 ABS。先将橡胶（BR 或 SBR）溶解在 St 和 AN 单体中，进行本体预聚至相转变，然后再将预聚物在另一聚合釜中转变为悬浮聚合至反应结束。此法橡胶利用率高、产品纯净、后处理简单。主要问题仍然是在本体聚合阶段存在黏度高、温度不易控制，对设备和操作要求高；橡胶用量不高，因此难以制造高抗冲产品。

④ 乳液-悬浮聚合法。该法也是采用两种聚合方式制备 ABS，但与本体-悬浮聚合法不同，两种聚合方式连续进行。St 和 AN 单体首先在橡胶胶乳中进行乳液接枝共聚合，然后加入电解质破乳，加入悬浮剂形成悬浮液而转为悬浮聚合。此法设备简单、温度容易控制、橡胶用量范围宽，后处理也比较简单。主要问题是对工艺条件控制要求十分严格，实施难度大。

⑤ 乳液-本体聚合法。该法也是采用两种聚合方式制备ABS，St和AN单体首先在橡胶胶乳中进行乳液接枝共聚合，然后加入单体和破乳剂，聚合物和单体被析出，分离水相后，得到溶解在单体中的聚合物溶液，继续进行本体聚合制得产品。

（3）乳液接枝-掺混法　接枝-掺混法是在乳液接枝法基础上发展起来的新的生产工艺。其生产工艺实际上是化学接枝（乳聚接枝）和物理共混相结合的方法，即分为两部分：第一部分为St和AN单体与乳液聚合所得的PB胶乳（PBL）或丁苯胶乳（SBRL）接枝共聚制备接枝ABS基料，与一般乳液接枝共聚类似；第二部分为St和AN单体共聚制备SAN树脂；然后将SAN树脂与接枝共聚物共混而成。不同工艺差别主要在第二部分SAN的合成。St、AN通过乳液、悬浮或本体聚合制得。ABS基料和SAN共混方法有3种：乳液SAN掺混、悬浮SAN掺混和本体SAN掺混工艺。

乳液接枝-掺混法是国内外实际生产中使用最为广泛的一种工艺。3种工艺中乳聚接枝胶乳-乳液SAN胶乳掺混工艺成本高，能耗高，在经济性和环境保护方面已经落后，已无大的发展；乳聚接枝粉料-悬浮SAN共混是当前广泛采用的工艺，适用于中小装置；乳聚接枝粉料-本体SAN共混工艺，SAN生产的污水少、成本低、产量大、质量好，有利于大型化，经济性和环境保护最为合理，是先进的成熟生产工艺，是主要发展方向，详见13.3.2节。

接枝-掺混法结合了乳液聚合法的优点，如聚合设备简单、温度容易控制、橡胶用量范围宽、接枝率易控制、可生产高抗冲产品等；同时又具有自身的特点，如可自由调节St和AN单体对橡胶的比例；SAN树脂与接枝共聚物的混合比例，SAN树脂本身的分子量、单体比例、单体种类等均可调节，因此，产品种类多，产品质量稳定性好。

（4）联合法　联合法是将乳液接枝法与本体-悬浮聚合法制得的ABS进行掺混，由于两种方法制得的ABS中橡胶粒径不同，乳液接枝制得的橡胶颗粒较小，本体-悬浮聚合制得的橡胶颗粒较大，通过掺混不同橡胶粒径的ABS达到协同效应，全面改善ABS的性能。主要问题是需要两套生产装置，成本很高。

13.3.2　乳液接枝-掺混生产工艺

乳液接枝-掺混法包括：接枝用胶乳（主干胶）合成、主干胶与St和AN接枝共聚、SAN共聚物合成、接枝共聚物与SAN共混得ABS树脂。关键技术是PBL的合成和ABS接枝技术，其技术含量高，难度大。基本工艺流程如图13-1所示。

图13-1　乳液接枝-掺混法工艺流程

13.3.2.1　聚丁二烯胶乳的合成

接枝主干胶有多种，如PBL、SBR、丁腈胶乳等，PBL是最常用的胶乳。乳液接枝-掺混工艺制备ABS的关键是合成较大粒径的胶乳液和适宜的接枝工艺。因为接枝橡胶颗粒的数量、大小及颗粒结构对ABS的性能有很大的影响。大的橡胶颗粒（0.5μm）有利于改善树脂的冲击强度和加工性能，而且合成大粒径橡胶乳液，接枝率易控制，操作范围宽，工业生产易实施。小粒径虽然也可以制备高冲击强度的产品，但接枝率必须控制在较窄的范围内，工业生产操作十分困难。

橡胶乳液接枝制备的基本原理是将 Bd 单体（有时加入 St 单体）、水、乳化剂和自由基引发剂等加入到聚合釜中，通过自由基聚合机理合成橡胶胶乳。一般乳液聚合得到的胶乳粒子粒径为 $0.05\sim0.1\mu m$，而制备 ABS 树脂所需的胶乳粒径为 $0.2\sim0.3\mu m$，甚至更大（$>1\mu m$），因此，合成粒径较大的橡胶颗粒，成为重要的工作，分为直接法和间接法，也称一步法和二步法。后者又分为化学和物理附聚两类。

（1）直接法　直接法顾名思义是直接乳液聚合得到大粒径的胶乳，它是通过调节反应条件和添加剂的方法来实现。随着技术的进步，直接法生产技术已比较成熟，聚合时间已从 40h 以上（生产 $0.3\mu m$ 粒径时）缩短至 20h，成为普遍采用的方法。

提高粒径的方法有：连续补皂法、补加单体法、加入溶剂法、种子聚合法、聚合后期自聚法、中和部分皂或降低 pH 值法等。关键是加入乳化剂、溶剂、单体、种子等的数量、时机和次数。

（2）间接法　间接法是先合成出小粒径的胶乳，然后再用各种方法将小粒径的胶乳增大。二步法有多种，如冷冻附聚法、压力附聚、机械搅拌附聚、化学附聚、高分子胶乳附聚等。

冷冻附聚法 1952 年由美国古德里奇公司工业化。该法简单易行、产品纯净、反应周期短，但能耗高，只能制备中等粒径的胶乳，是比较早期的方法，已较少使用。

压力附聚是将小粒径胶乳在高于 7MPa 的压力下，通过均化器的一个小收缩孔实现附聚的。附聚后胶乳组成不变，缺点是粒径分布宽，附聚后还有未附聚的初级粒子。

机械搅拌附聚通过提高搅拌强度来增大粒径的方法。反应在 $45\sim60℃$ 下进行，转化率为 $40\%\sim50\%$ 时，增加搅拌强度 1h，反应转化率 65%，粒径 $0.44\mu m$ 以下的粒子占 74.5%。

化学附聚是通过加入盐、醋酸酐、有机溶剂，如丙酮、苯、甲苯、苯-醇混合物及亲水性聚合物 PVA、聚氧乙烯、PU、聚乙二醇、甲基纤维素和聚乙烯醇缩醛等作为添加剂增大胶乳粒径，实质上是对胶乳部分破乳，达到小胶乳颗粒兼并增大。该法缺点是对操作要求高，温度、时间影响大，较难控制，不易重复。

高分子胶乳附聚是新方法，它是以聚合物乳液为附聚剂。胶乳主要有两种：非离子型乳化剂和 α、β-不饱和羧酸共聚胶乳，加入该附聚剂可制成粒径为 $0.5\mu m$ 左右的大粒径胶乳。

13.3.2.2 乳液接枝工艺

适宜的接枝工艺也是关键。通过接枝工艺制备适宜的接枝率和橡胶含量的接枝共聚物，为下一步掺混提供基料。

乳液接枝工艺是单体 St、AN 与 PBL 胶乳发生接枝共聚反应，生成 ABS 接枝共聚物，为掺混提供基料，也是采用乳液聚合。

乳液接枝工艺是制备含胶量较高的、具有一定接枝度的接枝 ABS 基料。基本工艺为将一定粒径分布凝胶含量的胶乳加入到反应器中，加入单体 St、AN 和引发剂、乳化剂、分子量调节剂，进行接枝聚合反应，制得橡胶接枝 SAN，胶含量为 $50\%\sim60\%$ 的 ABS 接枝基料。

制备关键是接枝反应，影响接枝聚合的因素众多，有 PB 的微观结构（顺 1,4-、反 1,4- 和 1,2-结构）和粒径、PB 和单体浓度、引发剂种类和用量、乳化剂种类、聚合条件（温度、搅拌）、物料加入方式等。

13.3.2.3 掺混用 SAN 制备工艺

用于掺混的 SAN 树脂与商品用 SAN 树脂不同，对其分子量和分子量分布、共聚物组成和序列分布有特别要求，SAN 的组成与接枝料 ABS 中的 SAN 组成要求基本一致，差别小，以保证两者具有良好的相容性。

SAN 树脂合成工艺有本体、悬浮和乳液聚合 3 种方法，详见 12.6.1 节。

13.3.2.4　掺混和造粒工艺

ABS 树脂掺混方法根据生产工艺和物料形态分为干法和湿法两种。干法是接枝 ABS 粉料和 SAN 均以干态形式进行混合。除此之外是湿法混合，如 ABS 接枝胶乳与乳液聚合或悬浮聚合 SAN 共凝聚，ABS 接枝湿料与本体或悬浮 SAN 共混。

干法掺混对设备要求不高，操作简便，应用较广，所用设备常用为单双螺杆挤出机；湿法掺混需要特殊设备，如湿粉挤压机。物料经挤出混合后直接进行造粒，最终得到 ABS 粒料产品。

在乳液接枝-掺混生产工艺中，SAN 树脂与 ABS 接枝粉料共混制得 ABS 树脂。ABS 中橡胶作为分散相，SAN 作为连续相，SAN 对 ABS 树脂的力学、耐热和加工性能起着重要作用。因此，SAN、PBL 胶乳和 ABS 接枝粉料的合成构成了 ABS 树脂的三大合成技术。

目前，世界各地新建的 ABS 树脂工厂较多采用乳液接枝-本体 SAN 掺混法及连续本体接枝聚合法。原因：①乳液接枝 ABS 基料与本体 SAN 掺混法日渐成熟；②连续本体接枝聚合法逐步完善并生产出新产品。该法由于近年的工艺改进改善了产品的光泽度，且投资省、环保好，已经确立了其为 ABS 主要生产工艺的地位。然而，乳液接枝-本体 SAN 掺混法至今仍是广为采用的技术，因为它生产的产品范围宽，特别是含橡胶量高的高抗冲 ABS 树脂，工艺成熟，适应性强，而一般通用型的 ABS 树脂及含胶小于 15% 的抗冲 ABS 树脂采用连续本体接枝法十分合适。

13.3.3　连续本体法

ABS 连续本体工艺是继乳液法之后发展起来的生产工艺，首先由日本三井东压公司率先开发成功，并于 1984 年建成工业生产装置。ABS 树脂的本体工艺与 HIPS 的本体工艺十分相似，主要区别在于多了另外一种单体——AN。

工艺主要包括溶胶、预聚合、聚合、脱挥和造粒 5 个步骤。大部分都采用 3～5 个连续反应器串联的反应器体系，反应器可以是活塞流式、搅拌槽式、柱塞式、塔式、管式或组合式。该法先将 5%～10% 的橡胶溶解于 St 和 AN 单体及少量溶剂中进行接枝反应。由于橡胶的溶解和预聚时黏度大，因而橡胶的加入量受一定限制（一般在 15% 以内）。在接枝反应初期单体转化率较低时 SAN 相不连续。随着生成 SAN 的增多，转化率增加，发生相转变，形成了溶解于单体中的接枝橡胶和 SAN 两个独立液相溶液。在相转变后，橡胶相分散在连续的 SAN 中。一般在 St 和 AN 的转化率为 12%～15% 时发生相转变，这取决于反应体系中橡胶的含量。进一步聚合达到一定转化率后，聚合物经后处理制得 ABS 树脂。生产中都要使用稀释剂或溶剂以降低反应体系的黏度，使聚合反应操作容易控制，尤其是在转化率达到 60% 以上的情况下。常用的稀释剂是乙苯、甲苯和甲基乙基酮。

与乳液接枝掺混工艺一样，在连续本体聚合工艺中也可以用 α-甲基苯乙烯代替 St 生产耐热型 ABS 改性树脂，然而，在 St 类单体的总量中应包括 15%～20% 的 St 单体，以确保产品具有良好的抗冲性和拉伸强度。

本体法合成 ABS 的三个关键环节是：相转变前橡胶分子链上的接枝；相转变期间橡胶粒子的形成；聚合完成后橡胶粒子的适度交联。

影响本体法 ABS 的工艺因素主要有：橡胶种类及用量、橡胶粒径及其分布的调控、橡胶接枝和相转变工艺、搅拌剪切强度和混合程度、调聚剂（链转移剂）及硅油改善两相界面张力等。

橡胶粒径的大小受搅拌强度、两相黏度比和两相界面张力的影响。在相转变阶段橡胶被充分接枝，橡胶粒子稳定地分散在 SAN 中，并且在以后的整个聚合反应过程中都保持其粒子的大小和形态。在单体转化率达到 70%～75% 以后停止反应。

ABS 树脂的抗冲击性能与橡胶品种和含量密切相关。随本体技术的不断进步，橡胶可以选用低顺式 BR（LCBR）、高顺式 BR（HCBR）、SBR、NBR、CR、SBS 等，橡胶的形状上可以是块状橡胶、粉末橡胶、液体橡胶。首选由 1,3-丁二烯聚合而成的立规结构的 PB 烯橡胶，以低顺胶居多。选用 SBS 容易获得高冲击强度的 ABS 树脂。另外，也可以选择两种橡胶合成本体 ABS 树脂。若产品中橡胶含量低于 10%，难以获得高抗冲击性能的 ABS 树脂。当产品橡胶含量达到 13% 后，提高橡胶含量可以提高 ABS 树脂的抗冲击性能。然而橡胶在 St、乙苯和丙烯腈中的溶解度存在上限，因此，本体聚合工艺中橡胶含量受到限制，通常将橡胶含量控制在 15% 以内，最多不超过 20%，那么在本体法聚合工艺中重点转移到使橡胶粒子包含更多的 SAN 共聚物，增加 ABS 中表观橡胶含量，增大橡胶粒子的体积，这样可以最少的橡胶量得到最大的橡胶表面体积，从而提高了橡胶的利用率，橡胶体积百分数与质量百分数之比可高达 5，使 ABS 树脂具有优异的性能。

连续本体聚合工艺具有突出优点：①橡胶颗粒在树脂中分散较好，颗粒也较大，一般为 $1～10\mu m$，无需增大粒径的工艺步骤，所以当含胶量不太高时，产物就具有较高的抗冲击性；②助剂用量少，产品比乳液法纯净、染色性好；③反应仅在单体及少量溶剂中进行，环保性好、后处理简化、生产连续化、工艺流程短、成本低，其生产工艺还能够与 HIPS、GPPS 和 SAN 等产品切换生产。

缺点：由于技术原因，ABS 连续本体工艺还无法提供胶含量在 20% 以上的树脂；橡胶粒径控制难度较大，很难实现乳液接枝-本体 SAN 掺混法所达到的高光泽度，这些导致产品类型少、限制了其应用。但本体工艺在成本和环保方面优势突出，其发展前景是很好的。

目前 ABS 树脂的连续本体法聚合工艺形成了以 Dow 化学、GE、Bayer、日本三井东压为代表的工艺。世界上仅有 Dow 化学、GE 等少数公司实现本体法工业化生产 ABS 树脂。我国 2007 年中石化上海高桥公司最先引进 Dow 化学公司 200kt/a 本体 ABS 装置建成投产。2011 年辽宁华锦集团引进的 Dow 化学公司 140kt/a 本体 ABS 装置竣工。2003 年上海华谊本体聚合技术开发有限公司建成了 500t/a 的试验装置，成为国内第一家利用自有技术生产 ABS 树脂的公司。

乳液接枝-本体 SAN 掺混法和连续本体聚合法生产 ABS 树脂的优缺点比较见表 13-2。

表 13-2　乳液接枝-本体 SAN 掺混法和连续本体聚合法生产 ABS 树脂的优缺点

比较项目	乳液接枝-本体 SAN 掺混法	连续本体聚合法
橡胶含量	高	低
橡胶形态	交联、粒度和分散良好	无凝胶、粒度和分散不理想
橡胶粒径	一般较小（$d=0.1～0.4\mu m$）	一般较大（$d=0.6～10.0\mu m$）
残余单体回收方式	汽提	真空高温脱挥
聚合物得到方式	复杂，需凝聚、干燥、造粒	简单，单体回收后直接造粒
环境影响	大量废水、废气产生	无三废
产品牌号	易实现多样化	多样化方面有局限性

13.4 结构与性能

13.4.1 结构

ABS 化学结构可简单地表示为：

$$\{CH_2-CH\}_x\{CH_2-CH=CH-CH_2\}_y\{CH_2-CH\}_z$$

此结构式只简单表示 ABS 为三元共聚物，并不代表实际化学结构和链结构。实际上 ABS 是复杂的聚合物共混体系。橡胶相约占 10%～30%，SAN 树脂相约占 70%～90%，因此，为二相结构，树脂相为连续相，橡胶相为分散相，构成所谓"海-岛"结构，树脂相和橡胶相的界面是接枝层。这种结构使树脂的性能发生了明显的变化，尤其是冲击性能。

13.4.2 增韧机理

ABS 与前述橡胶增韧 PVC 和 HIPS 的增韧机理有相同之处，又有不同之处，相同之处是多重银纹增韧机理。实际上，这 3 种聚合物代表了 3 种不同的增韧机理。

ABS 是一种两相结构，橡胶颗粒以分散相形式分布在 SAN 连续相之中，橡胶相中也存在大量包藏结构。橡胶粒子作为应力集中点既能引发银纹又能抑制其增长。在拉伸应力下，银纹引发于最大主应变点，一般是在橡胶粒子的赤道附近，然后沿最大主应变平面向外增长；银纹的终止是由于其尖端的应力集中降至银纹增长的临界值或者银纹前端遇到一个大的橡胶粒子。拉伸和冲击试验中所吸收的大量能量正是基材中大量多重银纹造成的，使 ABS 具有较高的冲击强度。

不同之处是 ABS 还存在剪切屈服机理。该理论是 Newman 和 Strella 提出的。其主要观点是橡胶粒子的应力集中所引起基材的剪切屈服。剪切屈服是一种没有明显体积变化的形状扭转，ABS 在外力作用下，可形成剪切带，剪切带是聚合物内部产生的剪切形变。剪切带一般发生在与拉伸或压缩方向成 45°角的截面上，剪切形变的数值一般为 1.0～2.2，并且具有明显的双折射现象，表明在剪切带中分子链是高度取向的。剪切屈服是能量耗散的有效途径，剪切屈服机理存在，会使材料的韧性大幅度上升，这正是 ABS 具有很高冲击强度的原因所在。研究表明，ABS 在外力作用下，形变初期产生剪切形变，后期才呈现出裂纹屈服。大颗粒橡胶主要起着引发银纹的作用，而小颗粒主要起着引发剪切形变的作用，由于这两种形变的作用使 ABS 中的橡胶颗粒发挥出最大的增韧作用。

因此，ABS 既存在银纹机理，又存在剪切屈服机理，增韧机理是剪切带和银纹共存机理。其基本原理为：银纹和剪切带是材料在冲击过程中同时存在的消耗能量的两种方式，只是由于材料以及条件的差异而表现出不同的形式。以 HIPS 和 ABS 为例，在 HIPS 中银纹化起主导作用，剪切屈服贡献极小，所以宏观表现出应力发白；而在 ABS 中，两者的比例相当，于是 ABS 在破坏过程中同时存在应力发白和细颈现象。Jang 认为银纹化和剪切屈服是两个相互竞争的机制。当银纹引发应力 σ_{cr} 小于剪切屈服引发应力 σ_{sh} 时，断裂方式以银纹为主呈脆性；当 $\sigma_{cr} > \sigma_{sh}$ 时，剪切屈服为主要的形变方式，材料韧性断裂；当 $\sigma_{cr} = \sigma_{sh}$ 时，发生脆韧转变。

13.4.3 性能

(1) 影响 ABS 性能的因素 ABS 由于制备过程复杂，组分多，形成的相态结构也十分复杂，影响其性能的因素很多，各种因素之间往往互相制约，一方面，表明 ABS 的性能可以表现多样性，可在宽广的范围内调节；另一方面，也说明 ABS 的性能是多种因素共同作用的结果，只有调整好各因素的平衡，才获得性能良好的 ABS。影响因素与 HIPS 有相同之处，概括起来如下。①橡胶相：橡胶相的组成、分子量、交联度、含量、粒径、粒径分布、颗粒形态、分散状态、胶粒包藏树脂数量等。②树脂相：SAN 树脂的组成、分子量、分子量分布等。③接枝共聚物：接枝共聚物主链和支链的组成、排列方式、接枝率、接枝层厚度等。下面分别进行简述。

① 橡胶含量。橡胶是赋予材料韧性的基础，因此，增加橡胶含量（准确地说是橡胶粒子在 ABS 中所占体积分数），有利于韧性的提高，见表 13-3。

表 13-3 橡胶含量与 ABS 力学性能的关系

橡胶含量/%	0	15	20	30	50
缺口冲击强度/(J/m)	27	165	272	400	352
拉伸强度/MPa	80	43	41	33	11
剪切强度/MPa	11	25	22	17	6

由表 13-3 可见，随着橡胶含量的增加，冲击强度明显增加，当橡胶含量达到 30% 以上时，冲击强度不再增加，一般含量为 10%～30%。同 HIPS 树脂一样，在橡胶含量增加，冲击强度提高的同时，拉伸强度、弯曲强度、屈服强度、模量、硬度和熔体流动指数都会降低。因此，使用较少橡胶，即可达到提高冲击强度的目的，又可最低程度影响其他性能，是最理想的目标。

② 橡胶粒子尺寸。橡胶粒子尺寸对 ABS 韧性影响很大。橡胶粒子尺寸不能太小，橡胶粒子的直径不能小于裂纹的宽度，否则橡胶粒子将被埋入裂纹中，起不到增韧作用。橡胶粒径过大，同样也很难起到增韧作用。因此，与 HIPS 同样道理，橡胶粒子直径存在一临界值 R_c 和一最佳值 R_{opt}。当 $R < R_c$ 时，橡胶粒子无增韧作用，当 $R > R_{opt}$ 时，随着粒径的增加韧性下降，只有当 R 在 R_{opt} 附近时，才能获得最大的冲击强度。橡胶含量在 14%～18%，粒径在 $0.25～0.4\mu m$ 时，ABS 树脂冲击强度达到 $180～300J/m$，即高抗冲击强度。超高抗冲击强度的 ABS 树脂中，橡胶含量大多在 18% 以上。与 HIPS 相比，ABS 中所用橡胶的颗粒尺寸要小得多，只有其尺寸的 1/10，这也是 ABS 树脂生产中多采用乳液法生产工艺的原因之一，因它容易合成较小粒径橡胶粒子。影响橡胶颗粒尺寸大小的因素很多，主要有以下几点。

a. 助剂的影响。如乳化剂、悬浮剂、引发剂。采用过氧化二月桂酰（LPO）、AIPN 引发橡胶接枝反应时，制得的橡胶颗粒粒径较大，为 $5～25\mu m$。而采用 BPO、DCP、二叔丁基过氧化物（DTBP）时，制得的橡胶颗粒粒径较小，为 $0.25～5\mu m$。

b. 接枝共聚物的数量。接枝共聚物具有界面活性剂的作用，它分布在两相界面上，因此，对橡胶颗粒的大小起到很重要的作用。

c. 发生相转变时橡胶相与树脂相的黏度比。

d. 工艺条件。如搅拌形式和搅拌速度，对橡胶颗粒的大小影响很大，特别是在转化率达到 25%～30%以前，搅拌条件对粒径大小影响较大。

③ 橡胶粒径分布。增大橡胶粒径分布和粒径之间的差别，有利韧性和制品性能的提高。小粒径橡胶粒子能够有效抑制银纹发展，诱发剪切带产生，而大粒径橡胶粒子能够吸收能量，诱发银纹产生。

对于 ABS 树脂较大的橡胶颗粒（0.5μm）有利于改善树脂的冲击强度和加工性能。这是由于橡胶颗粒大，内部易产生包藏树脂结构，使橡胶的有效体积和吸收能量的效率大大增加，在较低橡胶用量下可以提高冲击强度，但却导致模塑制品表面光泽下降。而含有较小橡胶颗粒的 ABS 树脂具有较高的表面光泽，但冲击强度却比相同含胶量的大粒径颗粒 ABS 树脂低。为了使 ABS 树脂既具有高的冲击强度、表面光泽，又有高的刚性，橡胶颗粒要求具备两种（双峰）粒径分布，通常采用 0.2～0.65μm 范围的不同尺寸颗粒以适当比例混合可获得上述两方面性能平衡的树脂。橡胶粒径分布对 ABS 树脂冲击强度的影响见表 13-4 和图 13-2。

表 13-4　橡胶粒径分布对 ABS 树脂冲击强度的影响

粒径差/μm	1.22	0.72	0.34	0.15	0.05
冲击强度/(J/m)	184.4	171.6	116.7	86.3	79.4

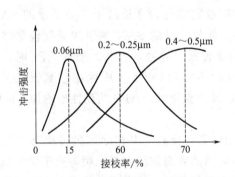

图 13-2　橡胶粒与冲击强度的关系

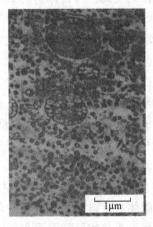

图 13-3　ABS 的 TEM 照片

④ 橡胶颗粒结构。ABS 制备过程中，实际上存在大量橡胶颗粒内包藏 SAN 树脂的结构。由于 SAN 被包藏在橡胶颗粒中，使橡胶的体积增大 10%～40%。橡胶中包藏的 SAN 对橡胶起到增强作用，而这种增强的橡胶颗粒对阻止银纹或裂缝更加有效，ABS 形态结构见图 13-3。同样包藏 SAN 树脂不能太多，太多橡胶颗粒表现出刚性颗粒，也就失去了增韧作用，所以适量的包藏 SAN 树脂是关键。一般认为包藏 SAN 树脂的量为橡胶量的 2 倍为宜。

⑤ 橡胶种类。橡胶种类对 ABS 的冲击性能也有影响。同样适用于 ABS 树脂增韧的橡胶的 T_g 越低，增韧效果越好。如 BR 的 T_g 为 $-80℃$，SBR 的为 $-60\sim-50℃$，NBR 的为 $-40\sim-23℃$，由 BR 制得的 ABS 具有最佳的增韧效果，而且耐寒，是最常用的胶种；NBR 制备的 ABS 使用温度大幅度提高，不耐寒性，而耐油；使用 SBR 可提高 ABS 树脂流动性。

⑥ 橡胶的分子量和分子量分布。橡胶的分子量和分子量分布对增韧效果也有影响。随着橡胶分子量的增大，橡胶的弹性和强度增大。但橡胶分子量太高不利于加工，太低橡胶强度下降；分子量分布过窄也不利于加工，因此，采用较平均的分子量和高分散的橡胶对提高ABS的冲击强度有利。一般分子量为 150000~200000。

⑦ 橡胶交联度。增韧用的橡胶还必须有一定交联度，没有交联或交联度太小，对增韧均没有明显作用，这主要是未交联或交联度低的橡胶，在加工过程中易变形或破裂，导致基体出现的裂纹易发展成为裂缝。交联度也要适当，太低无增韧效果，太高橡胶颗粒不易变形，引发银纹和剪切带的效率不高，交联度过高还使橡胶的 T_g 变高，材料耐寒性下降，性能变脆，制品表面光泽降低。

不同品种ABS树脂对胶乳凝胶含量要求不同，用于乳液接枝掺混法制备ABS时，要求PBL胶乳的凝胶含量在 30%~80%；耐低温级、挤出级ABS凝胶含量低；耐热级，凝胶含量高达 90%；制备中低胶含量的接枝共聚物，用凝胶含量高橡胶；制备高胶含量的接枝共聚物，用低凝胶含量橡胶。本体聚合法制备ABS时，要求PBL凝胶含量为零，以便溶解在溶剂中进行接枝反应。

⑧ SAN树脂。基体SAN树脂对ABS树脂各种性能都产生影响。对于整个材料主要影响因素是其分子量和含量。从分子量和分子量分布角度来看，增加分子量和降低分子量分布有利于韧性的提高。这是因为导致裂纹扩展成裂缝的时间增加，低分子量同系物有助于裂缝的产生，而高分子量的同系物有助于防止裂纹的发展。SAN分子量增加，ABS的强度、耐化学品性增加，流动性变差。一般要求SAN分子量＞25000，重均分子量＞70000。

较低分子量的SAN有利于增加橡胶颗粒的包藏结构，这是由于低分子量的SAN更易溶解在橡胶中，但低分子量的SAN不能太多，低分子量的SAN在增加橡胶包藏结构的同时，也容易生成细小的橡胶颗粒，这对性能的改善没有好处，因此，制备ABS时，希望采用较高分子量的SAN，可添加少量低分子量的SAN，以利于形成橡胶包藏颗粒。一般在ABS树脂中SAN含量为 25%~35%，随着SAN含量增加，ABS的韧性也增加，同时ABS强度、耐化学品性、刚性也增加。

⑨ 界面黏结性能。橡胶增韧树脂作为两相体系，橡胶与基体之间的界面黏结强度是橡胶增韧树脂体系获得高冲击强度的前提条件。较弱的界面黏结强度无疑等同于无机填料，对韧性的提高无明显作用，应力集中很容易引起宏观相分离。只有两相界面产生良好的黏结作用时，才能诱发产生大量银纹，而橡胶接枝共聚合就是为了生成接枝共聚物来改善橡胶相与SAN树脂相之间的相容性，提高两相界面黏结强度，否则由于PB橡胶与SAN树脂之间热力学上是不相容的，两相之间的界面黏结力很弱，得到的ABS性能很差。

对于接枝-掺混法制备ABS，接枝橡胶的SAN，在与SAN树脂混合时由于两者化学性质相同，相容性好，显然，为了使两组分结合得牢固，SAN化学性质要求尽量一致，组成也应当一致，差异越小越好，理论上要求接枝SAN与掺混SAN的组成（腈基含量）差异小于 4%。

⑩ 接枝度。如前所述，橡胶与SAN两相热力学上是不相容的，通过接枝共聚反应制备的橡胶接枝共聚物中，SAN以化学键接枝到橡胶主链上，支链SAN与基体SAN化学性质相同，完全相容，因此，接枝共聚物起到了相容剂的作用，大大地促进了两相之间的相容性，促进了橡胶的分散，提高了界面黏结强度。接枝度同样存在一最佳值，接枝率太高超过饱和状态，对提高体系相容性没有作用，相反太低起不到相容剂作用，出现相分离，树脂性

能变差。

接枝度对 ABS 冲击强度的影响与橡胶颗粒大小有很大依赖关系。大颗粒橡胶胶乳接枝度较大，制备的 ABS 冲击强度也高。小颗粒橡胶胶乳接枝度只能在较窄的范围内变动，否则制备的 ABS 性能很差。一般大粒径的橡胶要求接枝率高些，小粒径要求低些。上述影响因素和 ABS 树脂结构与性能之间的关系见表 13-5。

表 13-5　ABS 树脂结构与性能之间的关系

性　　质	增加橡胶含量	增大橡胶交联度	增大橡胶粒径	橡胶粒径分布窄	SAN 分子量大	SAN 分子量分布窄	增加 SAN 量高	接枝树脂形态	包藏结构	纤维增强
耐冲击	↗	↗	↗	↑	↘	↗	↓	↗	↗	→
易流动性	↙	↑	↗	↑	↘	↗	↑	?	?	→
耐热变形性	↓	→	→	→	↗	→	↗	→	→	↗
拉伸强度	↙	→	→	→	↗	→	↗	→	→	↗
耐热变色性	↓	→	→	→	↗	→	↘	→	→	→
耐化学品性	↙	→	→	→	↗	→	↗	→	→	→
耐候性	↙	→	→	→	→	→	→	→	→	→
刚性	↙	→	→	→	↗	→	↗	→	→	→
表面加工性	↓	↑	↙	→	↙	→	↘	→	→	↘
镀金属性	↑	→	→	→	→	→	↘	?	?	↘

注：↑ 表示变好；↓ 表示恶化；→ 表示几乎不变（斜体箭头表示变化显著）；↗↘ 表示适当位置有峰值；? 表示估计重要，但未深入研究。

（2）性能　基本特点：ABS 由 3 种成分组成，一般 St 含量为 50％以上，AN 为 25％～35％和适量的 Bd，因此，它综合了 3 种组分的性能特点。如 PB 为柔软的橡胶赋予了 ABS 优良的韧性、耐冲击和耐寒性，PS 赋予 ABS 优良的刚性、光泽、电性能和加工性能，而 PAN 使 ABS 具有较高的硬度、耐油和耐化学药品性。使得 ABS 具有优良的综合性能，如图 13-4。

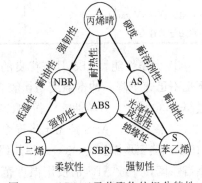

图 13-4　ABS 三元共聚物的组分特性

调整 3 种成分的比例，可得到各种性能、品种众多的 ABS，如通用型、中抗冲、高抗冲、超抗冲、高刚性、高流动、耐热、超耐热、耐候、耐寒、高光泽、透明、阻燃、电镀、抗静电、抗电磁屏蔽、抗振动阻尼、抗气体阻隔，加之 ABS 合金，形成了种类繁多的 ABS 庞大的家族。

ABS 无毒、无嗅、不透明，呈白色或淡黄色，兼有硬、刚和韧性，是一种非结晶性的综合性能优异的通用塑料，其基本性能见表 13-6。

表 13-6　ABS 树脂基本性能

性　　能	超 高 冲	高 冲	中 冲
密度/(g/cm³)	1.05	1.03～1.05	1.05～1.07
拉伸强度/MPa	35	35～44	42～62
拉伸模量/MPa	1800	1600～3300	2300～3000
断裂伸长率/％		5～60	5～25
Izod 冲击强度/(J/m)			
（23℃）	362～461	284～333	186～216
（0℃）	254～353	88～265	59～167

性　　能	超　高　冲	高　　冲	中　　冲
（－20℃）	147～235	118～147	69～78
（－40℃）	118～157	98～118	39～59
弯曲强度/MPa	62	52～81	69～92
弯曲模量/GPa	1.8	1760～2500	2100～3100
压缩强度/MPa	—	49～64	73～88
压缩模量/GPa		1200～1400	1900
洛氏硬度（R）	100	65～109	108～118
热变形温度（1.86MPa）/℃	87	93～103	93～107
热变形温度（0.46MPa）/℃		96～107	99～110
线膨胀系数/（×10⁻⁵/K）	10.0	9.5～10.5	5～8.5
吸水性/%		0.2～0.45	
熔融温度/℃		160～190	
维卡软化点/℃		＞90	
成型收缩率/%		0.3～0.8	
体积电阻率/Ω·cm		(1.05～3.60)×10¹⁶	
介电常数（23℃）			
（60Hz）		3.73～4.01	
（10³Hz）		2.75～2.96	
（10⁶Hz）		2.44～2.85	
介电损耗角正切（23℃）			
（60Hz）		0.004～0.007	
（10³Hz）		0.006～0.008	
（10⁶Hz）		0.008～0.010	
介电强度/（kV/mm）		14～20	
耐用电弧性/s		66～82	

① 力学性能。ABS 具有优良的力学性能，最突出的是冲击性能，而且冲击强度在低温下也不迅速下降。冲击强度与橡胶含量、橡胶颗粒大小、接枝率和橡胶形态有关。在橡胶含量超过 30％时，力学性能（拉伸、冲击、剪切等强度）均迅速下降，见表 13-3。

② 热性能。ABS 是无定形聚合物，无明显熔点，熔融范围为 160～190℃；T_g 一般为 115℃；热变形温度为 93℃，耐热级可达 115℃，脆化温度为 -70℃，一般在 -40℃时仍有相当强度，一般 ABS 的使用温度范围为 -40～100℃。ABS 是热塑性树脂中线膨胀系数较小的一种。ABS 的热稳定性较差，在 250℃时即能分解；ABS 易燃，无自熄性。

③ 化学性能。水、无机盐、碱及酸类、油脂对 ABS 几乎没有影响，不溶于大多数醇类和烃类溶剂，与烃类溶剂长期接触时可产生软化与溶胀。ABS 能溶于酮、醛、酯和氯代烃类溶剂，ABS 表面受冰醋酸、植物油等侵蚀时会引起应力开裂。

④ 电性能。ABS 具有良好的电性能，且很少受温度、湿度的影响，能在很宽的范围内保持稳定。

⑤ 耐候性。ABS 耐候性较差，这主要是由于 ABS 分子中存在 PB 双键，在紫外线作用下，容易氧化降解。

⑥ 加工性能。ABS 为假塑性流体，表观黏度随剪切应力和温度的增加而降低，属于对剪切速率敏感的塑料。因此，在加工中采用提高剪切速率来降低黏度，改善加工性能。

ABS 熔体黏度适中，流动性比 PE、PS 要差，但比硬 PVC、PC 要好，与 HIPS 相当，熔体冷却固化速率较快。

⑦ 其他性能。ABS具有良好的抗蠕变性和耐磨性。

13.4.4 加工和应用

13.4.4.1 加工

ABS是一种性能优良的热塑性树脂，可采用多种方法加工，ABS加工特点如下所述。

① ABS由于存在AN基，有一定的吸水性，含水量在0.3%～0.8%，大于PS，因此成型前要进行干燥，一般情况下干燥温度为80～85℃，干燥时间为2～4h。

② 成型收缩率比较低，为0.4%～0.5%。

③ ABS制品内应力较小，很少出现应力开裂，一般无需进行后处理。

④ ABS加工温度范围在160～250℃，一般在250℃时会出现变色现象。

⑤ ABS熔融温度范围宽，为160～190℃，故易加工。

ABS可采用注塑、挤出、压延、真空、中空和电镀、焊接、黏结、机械加工等二次成型。

① 注塑。ABS注塑产品应用广泛，可采用螺杆式或柱塞式注塑机加工。注塑温度对于柱塞式一般为160～230℃，对于螺杆式为160～220℃。

② 挤出。ABS挤出成型可制造管材、板材、薄片和型材。成型条件根据不同机器和不同制品要求确定。加工温度为160～195℃。

③ ABS也可用吹塑成型方法，用于制造容器、瓶子等。吹塑成型常采用挤出-吹塑成型法，挤出温度为200～230℃。

④ 由于ABS熔体强度较高，适用于真空成型制造各种形状的制品。真空成型以ABS板材为基础，根据制品要求选择不同尺寸、厚度和形状的板材。加工温度为140～180℃。

⑤ ABS制品表面非常容易进行电镀处理，成为具有金属镀层的制品，表面可镀铜、铬、镍等金属。电镀层与ABS的结合力比一般塑料高许多（10～100倍），使塑料表面美观、并增加了表面硬度、提高了耐热、耐腐蚀、耐老化、耐磨等性能。

13.4.4.2 应用

ABS由于具有工程塑料的一些性能，其品种繁多，因此应用领域广泛，适宜于制造机械强度要求较高的制品。世界范围内最大应用领域在汽车、电子电器和各种设备零件。

（1）汽车工业 是ABS主要应用领域之一，用于制造仪表板、刻度盘、挡泥板、面板、内装饰板、隔音板、扶手、车门按钮、门衬里、空调节器管道、加热器、储油箱、空气导油管、前散热器护栅、支架、开关、烟灰缸、工具箱等。以及用于摩托车、游艇等交通工具零部件的制造。

（2）电子电器领域 用于制造冰箱内胆、冷冻框、果盘、顶盖、拉手、定位板、电路盒、温控器盒；电视机外壳、后盖、旋钮、天线插座、线圈骨架、接线板等零件；洗衣机内胆、外壳、装饰板、开关、旋钮、排水阀等；空调外壳、底板、控制板、风机外壳、叶片、隔板、排气管、接线盒、旋钮等。其他家用电器，摄像机、录像机、电饭煲、微波炉、干燥器、电风扇、加湿器、除湿机、果汁机、吸尘器、电话机、电子琴等壳体和零部件，以及电脑、复印机、传真机、打印机、扫描仪等办公设备的机壳和零件等。在家电领域面临着改性聚丙烯和HIPS的竞争。

（3）机械和仪表工业 用于制造齿轮、叶轮泵、轴承、管道、电机外壳、仪表盘、仪表箱、把手、扶手、支架等。

（4）其他方面 可以制造各种规格用途的管材，用于化学工业气体、油类、化工物料及农业喷灌等；制造包装容器、乐器、文具、玩具、手提箱、自行车、体育用品、活动房屋等。

13.5 ABS 改性

尽管 ABS 树脂本身具有良好的综合性能，但其在阻燃性、耐热性、耐候变色性、润滑性、光泽性以及导电性等方面仍然存在不足，也妨碍了 ABS 树脂的应用，开发高性能的 ABS 是扩大应用的有效途径。改性的方法主要有化学、物理共混、填充等方法。下面分别介绍其中的一些内容。

13.5.1 化学改性

13.5.1.1 耐热改性

化学改性在改善 ABS 耐热性方面取得明显效果，主要通过与耐热单体共聚的方法提高 ABS 的耐热性，采用的方法主要有下面两种。

① 采用 α-甲基苯乙烯作为共聚单体代替 St，这是提高 ABS 的耐热性是一种典型的方法。由美国 Borg-Warner 公司首先开发成功。ABS 树脂的热变形温度随加入的 α-甲基苯乙烯比例的增加，可以从 84℃ 提高到 116℃。Monsanto 公司开发了类似的 ABS 树脂，名称为 Lustran Elite1655，它的热变形温度由 85℃ 提高到 98.9℃，并已用于制作汽车内装饰件，如仪表盘。我国利用 α-甲基苯乙烯来改善 ABS 的耐热性由兰州化学工业公开发成功。

② 加入 NPMI 来改善 ABS 的耐热性。α-甲基苯乙烯改善 ABS 树脂的耐热性提高幅度不大，因此寻找其他改性剂来进一步提高 ABS 树脂的耐热性，而选用 NPMI 作为改性剂可以大幅度地提高 ABS 树脂的热变形温度和热降解温度，使材料易于成型加工，优于耐热性不稳定的取代苯乙烯类树脂。文献报道，在材料中每增加 1% 的 NPMI，材料的热变形温度可提高 2～3℃。

日本触媒化学公司在 20 世纪 80 年代初期就发现采用 NPMI 改性的 ABS 树脂不仅耐热性好，而且加工性、相容性、耐冲击性能都比较突出。在 ABS 中加入 1% 的苯基马来酰亚胺，可以使 ABS 树脂的热变形温度提高 2℃，如果加入 10% 苯基马来酰亚胺可以生产出其他性能均保持不变的高耐热（125～130℃）级 ABS 树脂。NPMI 可作为第四单体加入到 ABS 中进行乳液接枝共聚，或与 AN、St、MAH 共聚生成四元共聚物。连续本体聚合生成的 AN/MAH/NPMI/St（60～80/5～10/5～15/1～10）四元共聚物的 T_g 为 129～140℃。与此同时美国、德国等发达国家也开发了采用 NPMI 生产耐热 ABS 树脂。

国内耐热 ABS 树脂的研究始于 20 世纪 70 年代，兰州石化公司较早开展了这项工作。开始时用 α-甲基苯乙烯取代部分 St 生产耐热 ABS 树脂，后来开发成功 NPMI 系来生产耐热 ABS 树脂，牌号为 N-Ⅰ型和 N-Ⅱ型两个型号。其性能与国外耐热 ABS 对比见表 13-7。80 年代后期，上海高桥石化公司化工厂也开发成功以 α-甲基苯乙烯为原料的耐热性 ABS 树脂。吉化公司生产的耐热 ABS 树脂也是通过在聚合过程中加入 α-甲基苯乙烯来改善 ABS 树脂的耐热性。

表 13-7　兰化公司耐热 ABS 与日本瑞翁-三菱人造丝公司耐热 ABS 性能对比

项目	性能	维卡软化点/℃	缺口冲击强度/(J/m)	弯曲强度/MPa	熔体指数/(g/10min)
兰化公司	N-Ⅰ	≥113	≥160	≥70	≥0.3
	N-Ⅱ	≥120	≥160	≥70	≥0.4
日本瑞翁-三菱	TM-15	107	235	62.8	10.0
人造丝公司	TM-20	112	196	63.7	6.5
	TM-25	117	176	65.7	4.5
	TM-30	122	157	70.6	4.0

13.5.1.2　透明改性

普通 ABS 不透明，透明 ABS 是在通用 ABS 树脂基础上发展起来的，是通过选择适当的接枝主干和接枝单体制得的。广义上讲透明 ABS 树脂分为两类，一类为 MBS，是由 MMA、Bd 和 St 三种单体共聚而得；另一类为 MABS，是由 MMA、AN、Bd 和 St 四单体共聚而得，它具有优良的透明性和力学性能。

透明 ABS（MABS）是由日本合成树脂公司于 1962 年工业化生产的。20 世纪 80 年代引起了各国的重视，获得了迅速发展。目前有日本合成橡胶、东洋人造丝、宇部兴产、BASF、Bayer、Dow 化学以及中国台湾奇美等公司生产。兰州石化分公司研究院于 2006 年开发完成 MABS 中试技术。兰州石化公司和吉林石化公司开发了 MABS 生产技术，取得了一定成果。

我们知道，当光线照射到高分子材料表面上时，一部分光线被材料表面反射，另一部分光进入材料内部，发生散射、吸收，剩余的光线透过。所以光线通过高分子材料的损失主要由反射、散射、吸收造成的，只要减少光线的反射、散射、吸收，就能提高材料的透光性。

普通 ABS 两相结构，即由 BR 接枝共聚物相和 SAN 树脂相所组成，两相之间明显不同的折射率造成光散射效应，使 ABS 丧失了透明性。接枝橡胶粒径大小和两相折射率的差值决定了 ABS 的透明性。如果粒径足够小，小到可与可见波长相比，则可认为两相在光学上是均一的，表现为半透明。如果折射率完全相等，则产品表现为全透明。

根据上述原理，为了使 ABS 树脂透明，需要从两方面着手：第一，合成小粒径胶乳；第二，使树脂相与橡胶相的折射率尽量接近。可采取 3 种方法。①使橡胶相的粒子粒径小于 200nm，以不影响光线透过。②选用折射率高的橡胶相，使两相的折光指数更接近。一般选用折射率较高的 SBR，并且其 St 含量应为 20%～45%。③为了使树脂相折射率降下来，引入单体 MMA。选择小粒径接枝主干胶乳，降低树脂相折射率，提高橡胶相折射率，最终使两相的折射率之差小于 0.005～0.009，从而使 MABS 具有较好的透明性。

橡胶粒径大小影响透明性，还影响韧性，粒径太小，增韧效果是不明显的。为了提高 MABS 冲击强度，必须增大橡胶粒径，但大粒子会产生光散射，降低树脂的透明性，甚至失去透明性。为解决透明性和抗冲击强度之间的矛盾，将小粒径 SBR 附聚成簇状结构的次级粒子，小粒子之间通过支链互相连接起来。这种化学结构使树脂经高温混炼其橡胶相簇状粒子也不会散开。簇状结构粒子不影响光线通过，光线可以从小粒子之间穿绕过去，使 MABS 兼具透明性和抗冲击性。

透明 ABS 合成方法主要有乳液接枝聚合法和本体聚合法。

MABS 具有良好的透明性，其透光率可达 85% 以上，其机械强度超过同样透明的 MBS 树脂，还具有通用 ABS 树脂的力学性能，如很高的抗弯曲强度、扭曲刚性和表面硬度，较高的冲击韧性，其至低温抗冲性能也很好，而且与其他透明树脂相比（如 PC 的流动性、PMMA 的化学稳定性、SAN 的抗冲击性），MABS 也占有一定的优势。

13.5.2　共混改性

ABS 的共混改性历史较长，1948 年美国 Nougata 公司首先研制出 ABS 塑料合金，但直到 20 世纪 80 年代才真正进入大规模实用化阶段。ABS 树脂中含有苯基、氰基和不饱和双键，这为 ABS 的共混性提供了有利的条件。ABS 与许多聚合物都有比较好的相容性，共混改性或提高 ABS 的冲击强度、耐热性、耐化学腐蚀性，或提高其阻燃性、抗静电性，或降低成本。到目前为止，已经开发或者研究了几乎所有品种热塑性聚合物与 ABS 的共混物，种类已达几十种，产品众多，许多已经工业化，共混合金材料已形成很大的规模，主要共混物有 ABS/PC、ABS/PVC，其他有 ABS/PA、ABS/PBT、ABS/TPU、ABS/PMMA、ABS/SMA 等，并且向三元、多元化方向发展。下面做一简要介绍。

13.5.2.1　ABS/PVC 共混物

ABS/PVC 是 ABS 系列中产量最大，工业化生产最早的品种。1954 年美国 Marbon 公司首先实现工业化生产。20 世纪 60 年代，美国、日本、西欧等有关公司先后推出了各种 ABS/PVC 合金，以美国 Borg-Warner 公司最著名。目前世界有众多公司生产，品种有硬质、半硬质、挤出、注射、阻燃等各种品级。我国已有工业生产，如上海高桥石化公司以及其他较多企业生产。

ABS/PVC 共混体系的性能影响因素众多，其中两种树脂的相容性及组成是关键因素。由于 ABS 生产中使用的原料种类、工艺条件、生产方法的多样化，ABS 树脂组成千差万别。选择不同牌号的 ABS 树脂与 PVC 共混得到的 PVC/ABS 共混物性能各不相同，这主要是由 PVC/ABS 共混物的相结构决定的。相结构不仅依赖于 PB 橡胶粒子的粒径、交联度和 SAN 共聚物的接枝率，而且还取决于接枝 SAN 与 PVC 树脂之间的相容性。ABS 树脂具有十分复杂的两相结构，SAN 树脂相为连续相，PB 橡胶作为分散相分散在 SAN 中。根据溶解度参数判断，SAN 的 δ 为 $19.0 \sim 20.1 (\text{J/cm}^{-3})^{1/2}$，PVC 为 $19.4 \sim 20.5 (\text{J/cm}^{-3})^{1/2}$，而 PB 为 $17.3 (\text{J/cm}^{-3})^{1/2}$，可见 SAN 与 PVC 二者的 δ 相近，PVC 与 ABS 树脂中的连续相 SAN 具有良好的相容性，而与分散相 PB 不相容，因此，PVC/ABS 合金属于"半相容"体系，这对共混改性十分有利。ABS 树脂从形态来看，是一种具有核-壳结构的接枝共聚物，其核为 PB 橡胶粒子，起增韧作用；壳为接枝在 PB 粒子表面的 SAN，改善了核与基体树脂之间的界面结合力。因此，在该体系中 PVC 与 SAN 之间界面状况是影响相容性的重要因素。PVC 与 SAN 的相容性又受到 SAN 中 AN 含量的影响，AN 含量过多或者过少均导致相容性降低，SAN 中 AN 含量为 12%～26% 时与 PVC 相容良好。当 PVC 与 ABS 混合良好时，体系内也具有与 ABS 树脂一样的海岛结构，PVC 与 SAN 为连续相，PB 为分散相，从而使共混物冲击强度得到较大提高。

对 ABS/PVC 共混体系而言，在 ABS 三组分中，AN 含量降低能提高流动性，降低热变形温度和相对断裂伸长率；Bd 含量的降低则能提高硬度和强度，但冲击韧性和耐低温性能也减弱；St 含量降低则有利于提高热变形温度、相对断裂伸长率和冲击韧性，但也降低其加工性能。PVC 树脂用量增加可使共混体系的拉伸强度、弯曲强度、伸长率增加，但热稳定性下降。同时 PVC 树脂摩尔质量分布宽，有利于提高熔体的剪切敏感性，改善加工性能，但又使冲击性能下降。选用不同牌号的 ABS 与 PVC 共混可能得出不同的结果。因此，共混体系与组分的关系有两个特点：①在一定区域内共混体系性能出现极大值；②极值随ABS、PVC 类型不同，出现位置不同。

ABS/PVC 合金的性能与共混物的组成和相容性密切相关，产品性能可以在宽广的范围内调整。但无论是以 PVC 为主，还是以 ABS 为主，共混物都是具有较高冲击强度和良好加工性能的材料。若改性 ABS，PVC 加入提高了 ABS 树脂的阻燃性、耐撕裂性、耐腐蚀性、耐化学品性和拉伸强度。若改性 PVC，对硬质 PVC，ABS 加入改善了 PVC 冲击性能和耐热性能，对软质 PVC，改善了 PVC 热成型，降低了成型收缩率。

在 ABS/PVC 共混物的力学性能中，冲击强度是研究的重点。冲击强度主要由共混物的组成和基体性质所决定。当 ABS 的含量在 8%～40%，随着 ABS 含量增加，冲击强度迅速增至最大值，具体出现极值组成与 ABS 和 PVC 品种有关。进一步增加含量时，冲击韧性则逐渐降低。共混物断裂伸长率、维卡软化点增加，拉伸强度、硬度和透光率则随着 ABS 含量的增加而下降。

ABS/PVC 合金具有优良的冲击性能、阻燃和加工性能，其拉伸、弯曲、耐化学品、抗撕裂等性能也比 ABS 有所提高，性价比是其他树脂难以比拟的，因此成为 ABS 共混改性中最主要的品种。

ABS/PVC 的热稳定性能较差。虽然 ABS 树脂的加工性能好，热稳定性能也优良，但ABS/PVC 共混物在成型加工过程中，其稳定性却比两个单组分的都低，并且随着 ABS 含量的增加，热稳定效果降低，原因是在共混物中橡胶相含量较大，熔体的摩擦热也大，致使熔体温度升高，很快达到共混物的开始降解点。共混物中 ABS 与热稳定剂的相容性远大于PVC，使一部分热稳定剂包覆于 ABS 中，降低稳定效果，使共混物热稳定性较差。

ABS 是可燃性树脂，ABS/PVC 共混物的阻燃性也是合金的最大特点之一。PVC 含量越高，阻燃效果越好。当 ABS/PVC 合金中 PVC 含量超过 20% 时，就具有阻燃性，但对阻燃性能要求较高时，还需添加阻燃剂，如无机、有机阻燃剂 Sb_2O_3 和卤素阻燃剂。但阻燃剂对 PVC/ABS 体系的冲击强度不利，要控制加入量。不同配比的 ABS/PVC 共混物的阻燃性见表 13-8。

表 13-8 不同配比的 ABS/PVC 塑料合金的氧指数

ABS/PVC 配比	100/0	80/20	60/40	40/60	20/80	0/100
氧指数（OI）	18.9	21.2	24.3	26.8	33.1	42.4

ABS/PVC 共混物性能也存在不足，如弯曲强度不太高、热变形温度低、外观不够理想、加工流动性差、熔体黏度高等，限制了其应用，因此对 ABS/PVC 共混物进一步进行改性，以提高其综合性能，方法主要有：①对 ABS/PVC 合金的配方比进行优化；②生产有特殊性能的 ABS 树脂，用来制造 ABS/PVC 合金；③引入第三组分作为相容剂，改善两者之间的相容性。如 CPE、ACR、SAN、MBS、PMMA、EVA、NBR 等，它们可以降低 ABS和 PVC 的界面张力，提高界面黏结力；以及引入一些补强的组分，如 GF、纳米碳酸钙等，全面提高 ABS/PVC 合金的性能。

ABS/PVC 共混物可采用塑料的加工方法成型，如注射、挤出、压延等。

ABS/PVC 共混物应用广泛，在汽车和家用电器领域获得重要应用。在汽车中用于制造仪表板总成、车顶内饰嵌条、前柱内饰总成、仪表板蒙皮及垫板、杂物箱、门外表皮。在电器中用于制造家用电器、电脑外壳。在仪表、建材、医疗、纺织、轻工等领域也有许多应用。由于 ABS 中含有双键，不宜户外使用。

13.5.2.2 ABS/PA 共混物

ABS/PA 共混物于 1985 年由美国 Borg-Warner 公司首先实现工业化生产，商品名为 Elemid 系列。1986 年 Monsanto 公司也开发了 ABS/PA 合金，商品名为 Triax，此后德国 Bayer 公司、日本三菱人造丝、JSR 公司、荷兰 DSM 等众多公司也开发出 ABS/PA 合金。

从溶解度参数来看，$\delta_{PA6} = 26.0$、$\delta_{PA66} = 27.8 (J/cm^{-3})^{1/2}$，$\delta_{ABS} = 19.66 \sim 20.49$ $(cJ/cm^{-3})^{1/2}$，两者相差较大，ABS 与 PA 是不相容的，因而为了改善相容性，必须加入相容剂。既可以采用共聚物增容剂，也可以采用反应性增容剂和离子型增容剂。

反应性增容剂大致可以分为以下几个类型：MAH 型、羧酸及其衍生物型、氨基型、羟基型、环氧杂环型及离聚物型等。这些增容剂与 PA 的端氨基和端羧基熔融共混时，在界面层发生反应，形成化学键发生反应增容，从而提高共混物的综合性能。以 MAH 型增容剂为例，将含有 2%SMA（MAH 含量 25%）的 ABS 与 PA6 共混制备共混物，其冲击强度比未加 SMA 的共混物提高约 37%。而用（苯乙烯/丙烯腈/马来酸酐）共聚物 SANMAH 增容的 PA6/ABS 共混物，由于 SANMAH 既能与 ABS 中的 SAN 相容，又能与 PA 的端氨基反应，因此取得很好的共混效果，可得到缺口冲击强度为 820J/m 的超韧材料。

ABS 与 PA 这类工程塑料共混，其增韧机理主要是 1984 年 Kuranchi 和 Ohta 提出 ROF 增韧塑料的概念，用"冷拉机理"解释了共混物韧性提高的原因。详细理论见 11.7.1.10 节。

ABS/PA 合金综合了 PA 的耐热、耐化学品和 ABS 的韧性、刚性，具有极高的冲击强度和优良的综合性能。ABS/PA 合金是广泛应用的工程塑料中抗冲击强度最高的品种之一。由于 PA 是结晶性的，它的加入使 ABS 的冲击强度明显提高，但使 ABS 的吸水率、吸湿性明显增大，弹性模量降低。吸湿性是该共混物的主要问题，虽然 ABS/PA 共混物对潮湿环境的敏感度较 PA 下降，但仍然十分敏感，特别是拉伸模量和屈服强度，吸湿可使其性能降低 25%~50%。

ABS/PA 共混物可应用在电子电气、汽车、家电、体育用品等，也用于机械工具的外装部件、车辆内外装饰部件等。

13.5.2.3 ABS/PC 共混物

ABS/PC 合金工业化早，目前已经形成了 PC/ABS 系列合金。详见 15.6.2.2 节。

我国"七五"期间，高桥石化公司与复旦大学开发了耐热 ABS/PC 合金。兰州化学工业公司开发了系列 ABS/PC 合金，有通用 I 和 II、耐热型和增强型，目前还有其他企业生产。

ABS/PC 合金的微观结构非常复杂，其性能与基体的品种、配比、共混方式和条件、成型方法和条件、后处理等因素有关。在 ABS 中加入少量的 PC 可使 ABS 的耐热性、冲击强度大幅度提高；在 PC 中加入少量 ABS 可大幅度改善 PC 加工性能和缺口敏感性，降低价格；当 PC、ABS 皆为连续相时，则形成高阻尼和低冲击性能。

为了得到性能良好的 ABS/PC 合金，增加两者的相容性是开发的重点，有效的办法是在共混体系中加入增容剂。SMA 被认为是有效的相容剂，加入 0.5%（质量）使 ABS/PC（15/85）共混物的室温和低温缺口冲击强度分别提高 1.24 倍和 1.95 倍。PMMA 也是有效的相容剂，在 ABS 占主要组分的 ABS/PC 合金中，PMMA 可以提高 Izod 缺口冲击强度和拉伸强度。如果用 ABS 接枝物作为相容剂，效果更好，如采用 ABS-*g*-MAH，可使 ABS/PC 合金冲击强度较 PC 和 ABS 有大幅度提高，缺口冲击强度提高到 PC 的 7 倍，断裂能远远高于 PC 的值（75.62kJ/m），提高为 124.56 kJ/m，这是由于 ABS-*g*-MAH 的酸酐基因与 PC 末端的羟基发生酯化反应，进行反应增容，从而提高 ABS/PC 合金的界面相互作用。

加入环氧乙烷/环氧丙烷嵌段共聚物、MMA/St 共聚物等可改善 ABS/PC 共混物流动性；加入丁基橡胶可提高共混物的低温冲击性能；加入 St/MMA/MAH 共聚物能提高其冲击强度和耐热性；加入 PE 能改善其加工性、降低成本，加入 LLDPE 可改善其焊接强度。总之，ABS/PC 共混物的性能介于 ABS 和 PC 之间，既具有较高的冲击强度、挠曲性、刚性和耐热性，同时又具有良好的加工性能，并改善了耐化学品性及低温韧性，其中热变形温度可比 ABS 提高 10～30℃，吸湿性低于 ABS，同时价格适中。

ABS/PC 合金可挤出、注塑成型，以注塑成型产品为主。产品应用在汽车、电子电气、家用电器、办公用品、机械零件、盔帽等领域。在汽车中用于制造仪表盘、内部表皮、喇叭、轮罩、机器外壳、散热器格栅、灯罩和耐温电器壳等。

13.5.2.4 ABS/PBT 共混物

ABS/PBT 也是 ABS 合金家族中的重要品种之一，合金充分利用了 PBT 的结晶性和 ABS 的非结晶性特征，材料具有优良的拉伸性能、耐热性、成型性、尺寸稳定性、耐油性和耐药品性，缺口冲击强度较 PBT 大大提高，因而新产品层出不穷，分为普通、阻燃、增强、阻燃增强等级别。详见 16.2.6.2 节。

我国上海锦湖日丽塑料有限公司生产 ABS/PBT 系列合金，产品等级分为普通、阻燃、增强等。

ABS/PBT 合金具有优良的加工流动性和极高的冲击强度，在汽车行业得到广泛应用，用于制造汽车保险杠及保险杠骨架、尾翼、脚踏板、开关、接插件、燃料桶等汽车零部件。还可制造电子电器部件、电脑风扇、复印机、办公用品外壳、空调压缩机、空调电路板、家电机架及内装配件、照相机器材、化妆品容器、除草机机架等。

13.5.2.5 ABS/SMA、NPMI 共混物

SMA 具有较高的耐热性和良好的加工性，并与多种聚合物有一定相容性而受到重视。SMA 的耐热性与 MA 含量有关，热变形温度在 92～122℃（1.82MPa 负荷）。我国 SMA 及其合金开发为"七五"科研项目，SMA/ABS、SMA/PC、SMA/PVC 等合金已开发成功。

SMA 分子中存在五元环，增大了高分子链的刚性，使 SMA 具有良好的耐热性，因而 ABS/SMA 合金具有较好的耐热性、冲击性能和加工性能。

SMI 具有热稳定性优良、与各种树脂相容性好，是较理想的耐热改性剂。

13.5.2.6 ABS/TPU 共混物

ABS/TPU 合金是 ABS 与少量的热塑性聚氨酯（TPU）共混所制得，是 20 世纪 70 年代初期实现工业化生产的，主要有 Dow 化学公司、Borg-Warne 公司、Goodrich 公司等生产。

一般 ABS 树脂及其共混物的流动性和冲击强度相互矛盾，橡胶含量高，ABS 具有较高的冲击性能，但流动不佳，而高流动性的 ABS 则冲击性能不佳。TPU 既有橡胶的弹性，又有良好的流动性，将其与 ABS 共混可较好地解决这一矛盾，可以产生协同作用。由于 ABS 与 TPU 的相容性非常好，使得 ABS/TPU 共混物具有优异的耐磨性、低温韧性、耐冲击

性、耐化学药品性以及良好的流动性。

ABS/TPU 合金与 TPU 相比，材料的密度、伸长率下降，撕裂强度、模量增加，耐臭氧性能及加工性能得到改善，成本下降；与 ABS 相比，材料的耐磨性、韧性、低温性能得到提高，同时材料的涂饰性能、耐化学性能及耐油性有明显改善。

ABS/TPU 共混物的性能与组成有关，TPU 含量高，共混物韧性突出；ABS 含量高，弹性降低，但韧性、强度和尺寸稳定性较高。一般随着 TPU 含量的增加，拉伸强度下降，缺口冲击强度增加到最大值后下降。在 TPU 含量为 20％～50％时，ABS/TPU 共混具有良好的综合性能，兼有 ABS 的刚性、加工性，TPU 的韧性、耐磨性、耐低温性、耐冲击性和耐化学品性，特别是冲击强度和耐磨性得到明显改善。

ABS/TPU 可用于制造汽车保险杠、纺织机械纬纱管、计算机外壳、电子器件等。

13.5.2.7　硅油改性

由于硅油的 Si—O 键键能较大，而且硅油分子中无双键，不易被氧化；另外硅油主链由于受 Si—O 键离子性的影响而不易受到其他分子的进攻，因此，硅油具有良好的耐热性、耐候性、润滑性和阻燃性等特性。通过物理共混方法将硅油引入 ABS 树脂中，硅油分子穿插在 ABS 树脂分子中，改变了 ABS 树脂的分子结构及聚集状态，使其显现出硅油所具有的一些性能，对 ABS 树脂中所存在的双键进行了部分屏蔽，可以提高 ABS 树脂的耐热性、耐候性，并使 ABS 具有耐磨性、流动性、脱模性、耐寒性、内应力缓冲性和阻燃性等性能。

由于 ABS 树脂带有极性，而硅油为非极性，因而 ABS 树脂和硅油的相容性很差，通过简单机械共混的方法不可能获得性能优异的 ABS/硅油共混物，必须加入适宜的增容剂，增容剂最好是 ABS/硅油的嵌段共聚物或接枝共聚物，然后利用化学改性、交联改性和共混改性并用的方法，将硅油引入 ABS 树脂之中制得 ABS/硅油共混合金。

德国、日本、美国等国家已研制开发出 ABS/硅油共混合金并已应用到汽车、家用电器、建筑材料等领域。

13.5.2.8　ABS 与其他聚合物共混

ABS 还可以与 PP、PE、PS、PMMA、PVDC、CPE、PPO、PSF（聚砜）等许多聚合物共混，以改善 ABS 树脂的耐热性、耐候性、耐低冲击性、光泽性、润滑性等，拓宽 ABS 树脂的应用领域。

13.6 ABS 填充改性

ABS 填充改性也是提高 ABS 树脂性能的有效手段，获得广泛应用。与聚烯烃类似，ABS 树脂可用碳酸钙、硫酸钙、滑石粉等无机填料及 GF、CF 等纤维材料填充，还可填充其他功能性填加剂，可明显提高 ABS 的机械强度、耐热性、耐候性、耐化学药品性以及赋予 ABS 功能性。

ABS 树脂与具有阻燃性的聚合物（PVC、CPVC、CPE）共混或与阻燃剂添加剂混合，制备具有阻燃性能的 ABS 专用料，以适应电子电器对阻燃的要求。

ABS 树脂与着色剂混合也是填充改性的一类，在此对 ABS 色母料进行简单介绍。由于树脂基本都是无色的，着色是为了使树脂色彩多样化，满足市场对色彩的需求，同时提高树脂的附加值。

ABS 树脂着色是以染料、颜料为主要成分，加上分散剂、抗氧剂和其他助剂进行加工而得。着色方法分为内部着色和外部着色。外部着色指涂层、电镀和印刷等二次加工。内部着色使用着色剂，用于塑料的着色剂（染料、颜料）种类繁多，按加工情况分为生染、颜料、干染、颜料、糊颜料和液体颜料；按化学组成可分为有机和无机。染料和颜料存在很大区别，在着色过程中染料一般是以分子形态溶解在被着色物质中，而颜料是以粒子形态分散在树脂中，因此，颜料加入着色的同时，会使树脂的透明性下降，而染料不会影响树脂的透明性。

色母料是着色剂在树脂中经混合形成的高浓度的分散体，使用时稀释成最终浓度的色粒子。加工方法采用树脂混合设备，将一定量（比最终使用浓度高）的着色剂、抗氧剂和加工助剂混合，然后在熔融状态下混炼造粒。混合过程中要对颜色进行调定，使颜料分散均匀，以免产生色斑。色母料方便生产，一次混合可以制备浓度很高的母料，使用时只要稀释到所需浓度即可。

在 ABS 中添加抗菌剂可制备出抗菌型 ABS 塑料制品。目前常用抗菌剂主要有银离子抗菌剂、光触媒抗菌材料等。抗菌 ABS 也是广泛生产使用的新型材料，满足了人们对健康、卫生的要求。

参 考 文 献

[1] 龚云表，王安富. 合成树脂及塑料手册. 上海：上海科学技术出版社，1993.
[2] 吴培熙，张留成. 聚合物共混改性. 北京：中国轻工业出版社，1996.
[3] 周祥兴. 合成树脂新资料手册. 北京：中国物资出版社，2002.
[4] 程曾越. 通用树脂实用技术手册. 北京：中国石化出版社，1999.
[5] 刘英俊，刘伯元. 塑料填充改性. 北京：中国轻工业出版社，1998.
[6] 耿孝正. 塑料机械的作用与维护. 北京：中国轻工业出版社，1998.
[7] 许健南. 塑料材料. 北京：中国轻工业出版社，1999.
[8] 陈乐怡，张从容，雷燕湘等. 常用合成树脂的性能和应用手册. 北京：化学工业出版社，2002.
[9] 黄立本，张立基，赵旭涛. ABS 树脂及其应用. 北京：化学工业出版社，2001.
[10] 崔小明. 国内外 ABS 树脂生产现状及发展预测. 产业论坛，2003，(8)：21-28.
[11] 薛祖源. ABS 树脂生产技术及对我国 ABS 树脂发展的建议. 化工设计，1999，9 (2)：5-12.
[12] 焦宁宁. ABS 树脂生产技术进展. 弹性体，2000，10 (2)：36-47.
[13] 焦宁宁. ABS 树脂应用技术进展. 现代塑料加工应用，2001，13 (4)：58-61.
[14] 黄素芹. ABS 树脂耐热性的研究进展. 弹性体，1999，9 (3)：37-40.
[15] 洪重奎. ABS/PVC 合金最新研究进展. 弹性体，1999，9 (2)：53-59.
[16] 王桂梅，张学东，李爱英. PVC/ABS 共混改性的研究进展. 华北工学院学报，1998，19 (4)：333-336.
[17] 申屠宝卿. α-SAN 对 ABS/PVC 共混物性能的影响. 中国塑料，1997，11 (1)：31-34.
[18] 林振青. 塑料在汽车上的应用及对我国发展汽车用塑料的建议. 塑料工业，1991，(1)：7-11.
[19] 张金柱，陈弦官青. 电视机壳用塑料合金. 塑料科技，1995，109 (5)：1-5.
[20] 裴怿明，吴其晔，赵永芸等. PS，SAN 和 AAS 对 PVC/ABS 体系增韧改性的研究. 塑料工业，1992，(6)：43-46.
[21] 刘建芳，闻荻江. PC/ABS 合金研究进展. 苏州大学学报（工科版），2002，22 (2)：1-6.
[22] 金敏善，李中宇，沙中英，宋利忠. ABS/PC 合金最新开发进展. 弹性体，1999，9 (4)：44-48.

[23] 吴培熙. 聚酰胺共混改性的新进展. 塑料科技，1996，(4)：52-57.

[24] 刘卫平. 国外聚碳酸酯合金的现状与发展. 现代塑料加工应用，1999，11 (3)：48-51.

[25] 朱伟平，韩强. ABS 树脂及其共混合金研究进展及在汽车上的应用. 弹性体，1998，8 (2)：57-67.

[26] 杨金明，谢文炳，曹牧. R-SMA 共混合金的研究进展. 现代塑料加工应用，1996，8 (2)：48-53.

[27] 徐学林，李素云. PC/ABS 共混物的结构和性能. 合成树脂及塑料，1993，10 (4)：62-66.

[28] 辛敏琦. ABS/PBT 合金的研究进展及其在汽车领域的应用. 上海塑料，2003，(4)：32-37.

[29] 张传贤. 兰州石化公司 ABS 树脂研究开发历程. 石化技术与应用，2003，21 (1)：29-36.

[30] 陈际帆，周少奇. ABS/PVC 合金国内研究进展. 塑料工业，2008，36 (12)：1-4.

[31] 许长军. 本体聚合 ABS 树脂技术进展. 合成树脂及塑料，2006，23 (1)：74-77.

[32] 李明，伍小明. ABS 树脂的生产及国内外市场前景. 化工技术经济，2006，24 (9)：25-32.

[33] 谭凡，柳文杰，潘晓磊. 透明 ABS 树脂的研究与开发. 炼油与化工，2007，18 (2) 12-14.

[34] 杜起，李忠辉，吴秋芳等. ABS 连续本体聚合技术的研究进展. 塑料工业，2013，41 (5)：1-6.

第14章 ▶▶ 聚酰胺

聚酰胺（Polyamide，PA）通常称为尼龙（Nylon），它是在聚合物大分子链中含有重复
结构单元酰胺 $—\overset{O}{\overset{\|}{C}}—NH—$ 基团的聚合物总称，主要由二元酸与二元胺或氨基酸内酰胺经缩聚
或自聚而得，是开发最早、使用量最大的热塑性工程塑料。

PA品种较多，按主链结构可分为脂肪族聚酰胺、半芳香族聚酰胺、全芳香族聚酰胺、
含杂环芳香族聚酰胺和脂环族聚酰胺。PA第一个品种是PA66，1939年由美国Du Pont公
司首先实现工业生产，最初作为纤维使用，50年代开始作为工程塑料。PA工程塑料大致经
历了两个发展阶段：20世纪70年代初以前，以开发新品种为主，品种有PA6、PA66、
PA11、PA12、PA610、PA612、PA1010、PA1212、全芳香族PA等；70年代至今是以改
性为主的阶段。

用作塑料的主要为脂肪族聚酰胺，由于使用的二元酸和二元胺不同，可聚合得到不同结
构的聚酰胺，但工业化品种PA6、PA66占绝对主导地位，其次是PA11、PA12、PA610、
PA612、PA1010和小品种PA46、PA7、PA9、PA13等，以及新品种PA6I、PA6T、
PA9T，特殊品种MXD6（阻隔性树脂）等十多个品种。主要生产厂家有欧洲的BASF、Ba-
yer、Rhodia（罗帝亚）、DSM、Honeywell（霍尼韦尔）、EMS-Chemie；美国的Du Pont、
GE塑料；日本的宇部兴产、旭化成、东丽等公司。

PA以其优异的性能一直位居世界五大通用工程塑料（聚酰胺、聚碳酸酯、聚甲醛、改
性聚苯醚、热塑性聚酯）的产量和消费量之首。在PA中PA6和PAA66占绝大多数，本章
主要介绍这两种聚酰胺，其他品种只作简单介绍。

14.1 聚酰胺6

14.1.1 发展简史

聚酰胺6化学名称为聚己内酰胺（Polycaproamide，Polycaprolactam PA6），又称尼龙6
（Nylon 6），俗称卡普隆，于1938年首先由德国I. G. Farben公司的P. Schlack用己内酰胺
开环聚合制取。1939年，该公司将聚合熔体经抽丝所得PA6商品命名为Perluran，并于
1941年建成聚合纺丝工厂，产品用于飞机轮胎与降落伞的制造，在第二次世界大战中发挥
了重要作用。第二次世界大战结束后，I. G. Farben公司的技术被公开，各国相继开发聚己
内酰胺生产技术及其后加工装置。20世纪40~50年代是尼龙纤维产品的发展和天之骄子时
间，狂潮席卷世界，人们从头到脚穿上了尼龙织物，尼龙成了时代象征。

聚己内酰胺，根据聚合后分子量的大小，即相对黏度 η_r 的大小，分为民用和工业用。
工业用PA6要求强度要高，因此相对黏度 η_r 要大，一般 $\eta_r \geqslant 3.0$ 才能用来制造工程塑料和
高强度工业丝，20世纪50年代以后PA6才用于工程塑料，是一种性能优异的热塑性塑料，

是工程塑料开发最早的品种。

己内酰胺聚合需在高温下及有引发剂（水）存在下才能进行。己内酰胺聚合可以采用 3 种不同的聚合方法：即水解聚合、阴离子聚合（因使用碱性催化剂，又称碱聚合）和固相聚合。目前水解聚合工艺占绝对优势，民用纤维级 PA6 的工业生产尤其如此。

我国 PA 生产从 PA6 开始，也是最早开始研制与生产的化纤产品。1957 年，我国从前民主德国引进 380t/a PA6 熔栅法纺丝装置，建成北京合成纤维实验厂，同年 11 月，我国自行设计的 PA6 生产装置在上海建成合成纤维实验厂（后更名为上海第九化纤厂），该两套装置均于 1959 年投产。1958 年，化工部设计院设计了一套 1kt/a 以苯酚法和环己烷氧化法制造己内酰胺生产装置，并在锦西化工厂建成投产，这是我国第一套 PA6 单体工业化生产装置。其后十余年间又分别在南京、锦西、岳阳、太原等企业兴建了 2000～5000t/a 己内酰胺生产装置。从 20 世纪 70 年代中期到 1985 年间，先后建起了一批中小型聚合纺丝企业，使生产有了较大增长。从 1985 年开始全国从国外大规模引进先进生产技术和生产装置。通过引进技术装置，使我国 PA6 生产技术达到世界先进水平。

14.1.2 反应机理

14.1.2.1 PA6 水解聚合

反应分三阶段进行。

（1）开环反应（水解作用） 以水为引发剂，水解先生成氨基己酸。

$$\underset{\text{己内酰胺}}{\overset{\displaystyle C=O}{(CH_2)_5\diagdown_{NH}}} + H_2O \longrightarrow \underset{\text{氨基己酸}}{H_2N-(CH_2)_5COOH}$$

反应时吸热，比较缓慢，可增加水压和温度来加快反应。

（2）加聚反应 己内酰胺和已生成的氨基己酸发生亲核加成反应，使分子链增长。

$$\overline{HN(CH_2)_5CO} + H_2N(CH_2)_5COOH \longrightarrow H_2N(CH_2)_5CONH(CH_2)_5COOH$$

$$\overline{HN(CH_2)_5CO} + HOOC-R-NH_2 \Longleftrightarrow HOOC-R-NHCO(CH_2)_5NH_2$$

加聚是一个放热反应，进行速度较缩聚快。

（3）缩聚反应

$$H_2N(CH_2)_5[CONH(CH_2)_5]_{m-1}COOH + H_2N(CH_2)_5[CONH(CH_2)_5]_{n-1}COOH$$
$$\longrightarrow H_2N(CH_2)_5[CONH(CH_2)_5]_{m+n-1}COOH + H_2O$$

（4）链交换反应 包括聚合物链之间交换反应，聚合物分子链与另一聚合物氨端基之间的交换反应，以及聚合物分子链与另一聚合物羧端基间的交换反应。以第一情况为例反应如下：

$$\begin{array}{ccc} R_1-CO-HN-R_2 & R_1-CO & NH-R_2 \\ + & \Longleftrightarrow & + \\ R_3-HN-CO-R_4 & R_3-NH & CO-R_4 \end{array}$$

（5）封端反应

$$HOOC-R-NH_2 + CH_3CHOOH \Longleftrightarrow HOOC-R-NHCOCH_3 + H_2O$$

此阶段同时进行链交换、缩聚和水解等反应，最后根据反应条件（温度、水分和分子量稳定剂的加入量）达到一定的动态平衡，使聚合物分子量达到一定值。由于聚合过程是一个可逆平衡过程，链交换、缩聚和水解反应同时进行，因此，最终产物中大约含有90%聚合物和10%低聚物。

14.1.2.2 阴离子聚合

阴离子生产工艺是在阴离子引发剂引发下使己内酰胺聚合制备PA6。阴离子聚合引发剂多种多样，有以下几类。①强碱，如NaOH。典型的尼龙MC就是采用NaOH催化制得的。②碱土金属和有机碱盐。通式为RMe，ROMe，RMeX，R为烷基、脂环基和芳基，Me为碱金属和碱土金属，常用的为Na、Mg、K，X为卤素。在己内酰胺聚合中通常用己内酰胺碱盐和卤素金属化合物。有机碱盐、碱土金属盐与己内酰胺反应生成己内酰胺盐，起引发聚合作用。③碱金属。如Li、Na、K、Rb、Cs等。使用最多的是Na。一般将Na溶在有机溶剂THF、苯和甲苯中，以得到均相催化剂。④络合碱。经Al制得，如NaAlR$_4$、NaAlR$_2$(OCH$_2$CH$_2$OCH$_3$)$_2$、Na[(MeOCH$_2$CH$_2$O)$_2$]AlR$_2$，R为烷基。⑤重金属盐。如SnCl$_2$、CuCl$_2$、CuSO$_4$、Cu(NO$_3$)$_2$、Cu(OAc)$_2$、ZnCl$_2$等。⑥格式化合物，通式为RMX。格氏化合物非常活泼。

强碱催化剂引发反应速率快，反应温度低；碱金属催化剂反应速率是碱土金属的3倍；络合碱结构复杂，引发速率慢，但它可溶于烃类溶剂。

除了催化剂外，还要加入辅助催化剂，辅助催化剂种类也较多，一类是含有酰胺键基团或易生成酰胺键基团的化合物，如乙酰基己内酰胺、2,4或2,6-甲苯二异氰酸酯（TDI）、己二异氰酸酯（HDI）、二苯甲烷二异氰酸酯（MDI）、多亚甲基多苯基多异酸酯（PAPI）、碳酸二苯酯（DPC）；另一类是有机酯，如乙酸甲酯、乙酸戊酯、丙酸乙酯、丁酸乙酯等，还有其他种类。以碱为催化剂反应式如下。

（1）阴离子形成 OC$-$(CH$_2$)$_5-$NH + NaOH$\longrightarrow$ OC$-$(CH$_2$)$_5-$N$-$Na + H$_2$O

（2）链增长 阴离子攻击己内酰胺上的羰基。

OC$-$(CH$_2$)$_5-$N$^-$$\cdot$Na$^+$ + n OC$-$(CH$_2$)$_5-$NH $\xrightarrow{\text{助催化剂}}$ OC$-$(CH$_2$)$_5-$N$-$C$-$(CH$_2$)$_5-$NH$\rightarrow_m$

（3）平衡反应与结晶 聚合后期分子量增长，同时伴随聚合物结晶。

14.1.3 生产工艺

14.1.3.1 PA6水解生产工艺

PA6水解聚合法是将己内酰胺与水混合，在220～280℃进行聚合，由开环、加聚、缩聚三个反应组成，聚合工艺有多种，一段聚合法主要用于生产民用丝，二段和固相聚合法为生产高黏度PA6。一段聚合法间歇式生产工艺已较少采用，现国内外大多数均采用连续聚合。连续生产工艺具有产品质量稳定，原料单耗，能耗均低，适宜大规模化工业生产等特点。

（1）一段聚合法 以水为引发剂，上述三种反应在一个常压VK管（Vereinfacht Kontinuerlicn）内进行。开环与加聚反应在VK管上部进行，缩聚和均衡阶段在VK管较低部位进行。其反应接近均衡，黏度范围在2.4～2.7调节，取决于聚合物的含水量，聚合时间一般为18～20h。

己内酰胺的水解开环聚合连续聚合工艺中关键设备是聚合反应管——VK 管。VK 管向大型化发展，管直径从原来的 250mm 发展到 2000mm。德国 Zimmer（吉玛）、Kart·Fischer 公司、瑞士 Inventa（伊文达）、意大利 Noy（诺意）等公司连续聚合工艺基本相同，但 VK 管结构不同，各具特色。

随着技术的进步普遍采用常压 VK 管水解连续聚合法。Noy 公司、Inventa 公司、Zimmer 公司、Kart·Fischer 公司均有常压连续聚合法技术；Inventa 公司间歇高压釜聚合法可生产 PA6、PA66，适用于小批量塑料的生产，其中 Noy 公司常压连续法为典型生产工艺。我国岳阳石化总厂引进 Noy 公司 5kt/a 的常压连续聚合装置。

（2）二段聚合法 对于工业用丝和树脂用 PA6 相对黏度要求在 2.8～3.5，采用一般的常压聚合方法无法达到，因此，国外相继开发了二段聚合方法。二段聚合法又分为前聚合加压、后聚合减压；前聚合高压、后聚合常压；前、后聚合均为常压 3 种方法。从聚合时间及产物中含单体和低聚体含量等比较，则以加压、减压聚合法最好（但设备投资大，操作费用最高），高压、常压次之，前、后聚合均为常压最差（但设备投资最省，操作费用最低）。因而，二段聚合法又包括加压-减压连续聚合法、高-常压连续聚合法和常-减压连续聚合法，其中以高-常压连续聚合法最为常见。

① 加压-减压连续聚合法。该生产技术代表公司为德国 Zimmer 公司。我国巴陵石化公司鹰山石油化工厂从德国 Zimmer 公司引进的 14.6kt/a PA6 聚合生产装置就是这种生产工艺。聚合在加压聚合和减压聚合二个阶段进行。

② 高-常压连续聚合法。美国 Allied Chemical 公司采取多段聚合法用此法生产高黏度的帘子线。聚合在高压聚合和常压聚合二个阶段进行。

③ 常-减压连续聚合法。该法也是分两步进行。日本宇部和 Zimmer 公司有此生产工艺。

14.1.3.2 固相聚合法

对于聚酰胺和聚酯，生产高黏度和高分子量产品的方法主要有 3 种：延长熔融缩聚反应时间、化学链接法和固相缩聚（SSP，solid state polycondensation）。其中固相聚合得到普遍重视，是制备高质量、高性能、高分子量聚酰胺、聚酯切片的有效方法。

固相聚合法分两步进行，第一步是常规聚合方法得到的低黏度切片，第二步用低黏度切片在后缩聚设备中通过固相后缩聚制备高黏度切片。固相缩聚反应在常压、较窄的温度范围（190～205℃）进行。

固相聚合工艺分为连续固相聚合和间歇固相聚合两种，它又可在 3 种方式下操作：真空间歇反应器（真空转鼓反应器或蒸发器）、惰性气体保护下固定床反应器和流化床反应器。后两者是一连续过程，热干燥气体既可与聚合物粒子并流操作，也可逆流操作，过程能耗高。与真空和固定床操作相比，流化床反应器设备复杂。真空间歇操作灵活，产量可大可小，聚合物料质量均匀（如颜色和分子量），且允许物料连续搅拌；它也可以将结晶、干燥、塑化在同一过程下进行，也可在固相聚合的同时添加其他改进剂，以改善操作性能。

国外大多数均采用连续聚合。如德国 Zimmer 公司和瑞士 Inventa 公司连续固相聚合技术。

固相聚合有如下特点：①固相聚合温度一般在预聚体熔点温度以下 5～40℃，聚合温度降低，热降解和副反应明显降低，大大提高聚合物的质量。②聚合物分子量明显提高，从而使其机械、力学性能得到明显改善。工业 PA6 切片在真空固相聚合时，低分子量化合物含量可从 12％降到 1％～2％。③能耗降低。固相聚合温度降低，且避免了高黏熔体的搅拌，使整个聚合过程能耗降低。④固相聚合无需使用溶剂，是一个环境友好的聚合过程。⑤聚合工艺简单、灵活。聚合方式既可连续操作，也可间歇操作；聚合工艺既可使预结晶、干燥、固相聚合在同一设备中进行，也可分开进行。聚合设备既可是聚合反应器，也可为干燥器。⑥固相聚合过程存在着反应动平衡。它一般经历三阶段：聚合物粒子内可逆化学反应，缩聚副产物小分子，如水从粒子内部向粒子表面的扩散和从粒子表面向空间惰性保护气体的扩散；其反应速率受化学反应速率和副产物小分子扩散速率的双重影响；对同样大小粒子，高温下为扩散控制，低温下为化学反应控制。聚合物结晶度随固相聚合过程的进行不断增加。

14.1.3.3 阴离子生产工艺

由于管式聚合反应器水解连续聚合法能耗大，生产效率低，除了上述生产工艺技术和聚合方法之外，国外还开展了采用催化剂阴离子开环聚合和反应挤出法等新工艺的研究开发。

阴离子聚合法能使己内酰胺很快聚合，单体己内酰胺在模具中聚合成型，可以节省能源，提高效率，因此越来越受到重视，所生产的品种目前仅限于单体浇铸尼龙（尼龙 MC）。美国 Polymer 公司和日本东洋しょソ公司研制成功并投产。我国科学院化学所最早进行 MC 尼龙的研制，也应用于生产。MC 尼龙生产工艺根据脱水形式不同，分为真空法和氮气法。

(1) 真空法　将单体己内酰胺在反应器中加热熔融并抽真空，加入 NaOH，继续抽真空，在 130～140℃保持 10～15min。加入助催化剂，迅速搅拌均匀浇铸到 150～160℃的模具中，经约 15～20min 聚合完成。缓慢冷却，取出产品，再经沸水热处理 1h 即得产品。

(2) 氮气法　将己内酰胺单体加热到 110℃，加入 NaOH，在搅拌下通往氮气脱水约 30min，再升温至 140℃，加入助催化剂，加速通氮气搅拌 15min，然后浇铸到 160℃的模具中聚合，经约 20～30min 聚合完成。后处理工艺同上。

14.1.3.4 反应挤出生产工艺

PA6 阴离子聚合工艺还有反应挤出、反应注塑成型和滚塑成型等方法。

反应挤出是利用挤出机为反应器，通过己内酰胺阴离子开环聚合反应生产 PA6 的一种新工艺。早在 1969 年 Illing 就已经在同向旋转啮合型双螺杆挤出机中进行过试验。这种聚合工艺反应速率快，生产周期短、效率高、设备简单、能耗低，能生产高分子量 PA（黏均分子量大于 25000）产品，同时还可进行改性和与后加工设备相连直接生产制品。目前还未大规模工业化生产。

14.2 聚酰胺 66

14.2.1 发展简史

聚酰胺 66 化学名称为聚己二酰己二胺（Polyhexamethylene adipamide，PA66），又称尼龙 66（Nylon 66）。早在 1889 年 Gabriel 和 Maas 就已合成，1929 年美国 Du Pont 公司聘请 W. H. Carothers 经系统长期的研究，于 1939 年首先实现工业化生产，生产装置为 4000t/a，

是世界上最早的合成纤维，20 世纪 50 年代美国 Du Pont 公司将其用于工程塑料，现是重要的工程塑料品种。此后该技术转让给 Monsanto、ICI 和 Rhone-Poulenc 公司。

PA66 生产包含两步反应。首先是己二酸与己二胺反应得 PA66 盐，然后以此作为中间体经缩聚而得 PA66。其生产工艺经历多次演变，主要体现在己二酸和己二胺单体生产工艺上。单体原料制备工艺繁多，大致经历了农产品、煤化学和石油化学三次大的变化。第一阶段，Du Pont 公司从农业废物中提取糠醛为原料合成 PA66，并实现了工业化。第二阶段，Du Pont 公司开发了用煤焦油的苯酚为原料生产 PA66，技术成熟，世界各国均采用此技术。第三阶段，是在 40 年代以后，以苯为原料，经氢化、二步氧化为己二酸制造 PA66。60 年代以后美国 Celanese 公司和日本东丽公司开发了以己二醇和己内酰胺为原料制造 PA66 的工艺。80 年代初 Du Pont 公司开发了以 Bd 直接氢氰化制取己二腈的新工艺。

目前世界上 PA6 和 PA66 占 PA 产量的绝大多数，世界范围内 PA6 与 PA66 之比为 3：2。PA 的生产主要集中在 Du Pont、Monsanto、Allied-Signal、BASF、Bayer、Dow、宇部兴产、东丽、旭化成等几家大公司。

我国对 PA66 的研制开发也始于 20 世纪 50 年代。当时有三四十个单位进行 PA66 的小试和中试研究，最后实现工业化的只有上海天原化工厂，于 1964 年建成了以苯酚为原料第一个千吨级的 PA66 生产厂。1975 年辽阳石油化纤公司引进法国 Rhone-Poulenc 公司技术和装置，4.5 万吨/年的 PA66 盐于 1979 年建成投产，以后又扩建了 5 万吨/年 PA66 盐，总产量达 10 万吨/年，成为当时国内最大的 PAA6 盐生产厂。1994 年中国神马集团引进日本旭化成公司 PA66 盐生产技术和意大利 Noy 公司 PA66 切片生产工艺，1998 年投产，经多次扩建建成中国目前最大的 PA66 盐生产厂，产量达 30 万吨/年。此后又有其他企业引进国外先进生产技术。

20 世纪 90 年代以前国内 PA 树脂的生产大多采用间歇法聚合，产品质量不稳定，分子量不均也不高，反应周期长，能耗大，一般相对黏度大都在 2.8 左右，只有少数几家企业生产相对黏度可达 3.0 左右的 PA。上海塑料十八厂、上海赛璐珞厂、黑龙江尼龙厂采用国产技术已将 PA6 间歇聚合改为连续聚合，PA66 间歇聚合也已改为连续聚合。1994 年江苏海安尼龙厂建成二套国产 PA66 连续聚合装置，使分子量提高到 15000 以上。辽化公司引进法国 Rhone-Poulenc 公司和美国 Du Pont 公司技术，也实现了 PA66 连续聚合生产。成都有机硅研究中心开发成功了 500t/a 高黏度 PA6 连续聚合新工艺，用自己研制的高效复合催化剂，树脂相对黏度大于 3.2。由于生产技术的进步，国内 PA6 和 PA66 产品质量已有较大提高，主要生产工艺为连续聚合法。

20 世纪 90 年代以来，我国 PA 生产能力和技术水平增长很快，如 2008 年中国石化"十条龙"攻关项目之一的"14 万吨/年己内酰胺成套新技术开发"项目，在巴陵石化通过中国石化组织的技术鉴定，标志着中国石化在己内酰胺生产领域具备了核心竞争力。但当前我国 PA 行业与国外发达国家相比，纤维生产企业多，树脂生产企业少。

14.2.2 反应机理

（1）己二酸和己二胺反应中和成盐

$$\text{HOOC(CH}_2)_4\text{COOH} + \text{H}_2\text{N(CH}_2)_6\text{NH}_2 \xrightarrow{60℃} {}^-\text{OOC(CH}_2)_4\text{COO}^- \cdot {}^+\text{NH}_3(\text{CH}_2)_6\text{NH}_3^+$$

己二酸　　　　　　己二胺　　　　　　　　　　己二酸己二胺盐

（2）PA66 盐在 200～250℃下，进行缩聚

$$n^{-}OOC(CH_2)_4COO^{-} \cdot {}^{+}NH_3(CH_2)_6NH_3^{+} \xrightarrow{200\sim250℃} HO\text{—}[\overset{O}{\underset{\parallel}{C}}\text{—}(CH_2)_4\overset{O}{\underset{\parallel}{C}}\text{—}N\text{—}(CH_2)_6NH]_n\text{—}H + (2n-1)H_2O$$

聚己二酸己二胺

14.2.3 生产工艺

PA66 生产工艺也包括间歇式和连续式两种，间歇式成熟，连续式适宜大规模生产，现多采用。

（1）间歇法 P66A 盐和聚合度调节剂加入到浓缩槽中，在加压下加热到 150℃，使 PA66 盐浓缩至 80%；再把浓缩液加入到聚合釜中，加热至 220～250℃，压力 1.5～2.0MPa，保持 2h，进行初步预缩聚；然后降压至常压，温度提高到 270～280℃，并抽真空，真空度达到 0.093～0.100MPa，聚合 45min 结束。聚合物被压出、冷却、造粒、干燥得成品。

（2）连续法 PA66 包含两步反应。

① 第一步，是己二酸与己二胺以等物质的量之比反应生成聚酰胺盐。聚酰胺盐生产方法有水溶液法和溶剂结晶法。

水溶液法：将精制的己二胺配成 30% 水溶液，加入等当量的己二酸，于 40～50℃下进行中和反应生成 PA66 盐，再配成 50% 水溶液，加入 0.5% 乙酸的黏性稳定剂，用 0.5～1.0% 活性炭脱色，或将此溶液进行蒸发、浓缩、结晶、干燥制成固体。

溶剂结晶法：以甲醇或乙醇为溶剂，己二酸/醇＝1/4，己二胺/醇＝1/1，己二酸与己二胺当量之比为 1。在 50～60℃下搅拌溶解，于 75～80℃下中和反应，然后冷却结晶至 20℃得到固体 PA66 盐。

② 第二步，进行预聚、缩聚制备 PA66。

如果己二酸或己二胺过量，则聚合生成的 PA66 链长就会受到影响，分子量低，因此，要得到高分子量的 PA66，应使己二酸和己二胺的量达到平衡。溶剂的选择取决于原料己二酸和己二胺的纯度，如果纯度高，选水为溶剂，反之选择甲醇为溶剂。由于工艺进步原料纯度相应提高，选用水为溶剂占多数。后缩聚过程中使水分迅速降至 1% 以下，聚合物分子量可提高到 17000 以上；如果加入增黏剂，分子量可提高到 20000 以上，用于制造工程塑料。

14.3 结构与性能

14.3.1 结构

PA6 和 PA66 实质上是异构体，PA6 和 PA66 化学结构式分别为：

$$\text{—}[NH(CH_2)_5\overset{O}{\underset{\parallel}{C}}]_n\text{—} \qquad\qquad \text{—}[NH(CH_2)_6NHC(CH_2)_4\overset{O}{\underset{\parallel}{C}}]_n\text{—}$$

两者具有相同的分子式（$C_6\text{-}H_{11}ON$）$_n$，它们之间的主要区别在于聚合物长链中胺基的空间位置和方向不同。由图 14-1 可见，在 PA66 中碳酰胺基团沿聚合物长链交错排列，其

空间位置呈现“6-4-6-4”重复排列模式，这样每个官能团都能在没有分子变形的情况下形成氢键，而在 PA6 中，所有胺基被 5 个亚甲基单元隔开，两个碳酰胺基团仅形成一个氢键。正因为这种不同的分子结构导致了聚合物性能上的差异。PA66 的熔点比 PA6 高，而吸水性则比 PA6 低，熔融温度和结晶行为也有所不同。

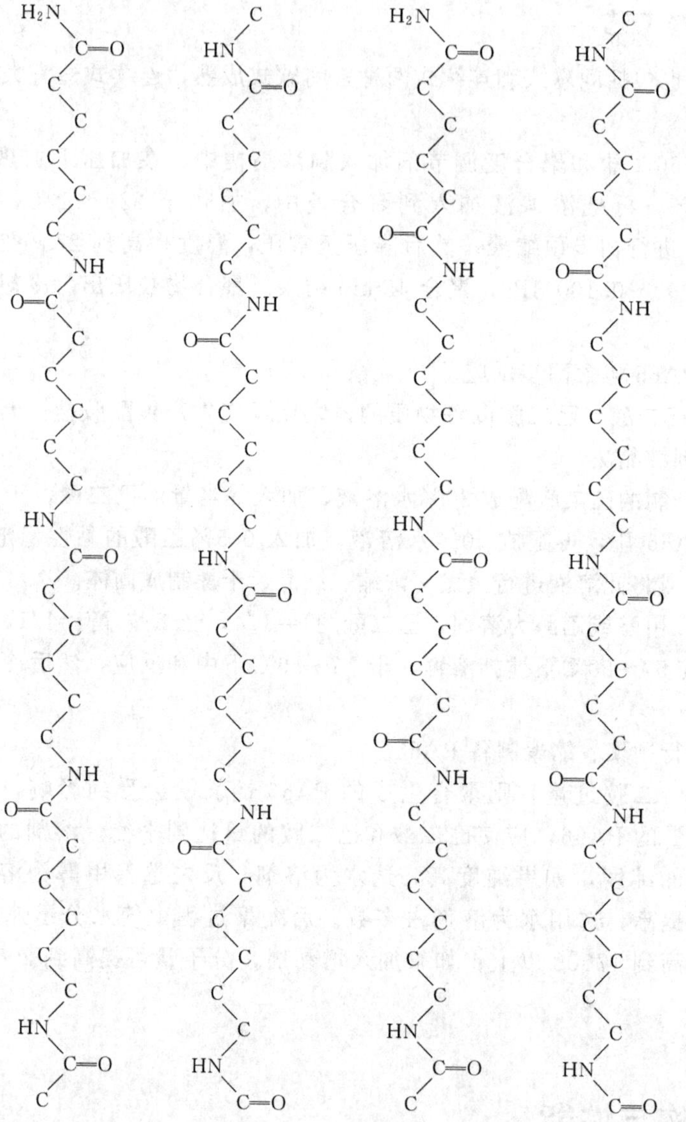

PA6　　　　PA66

图 14-1　PA6 和 PA66 结构

PA6 和 PA66 用途为合成纤维、薄膜和工程塑料。用途不同对黏度要求也不同，对 PA6 不同用途所需相对黏度如图 14-2。

PA 熔体黏度可反映出分子量大小，黏度与分子量之间的关系见表 14-1。

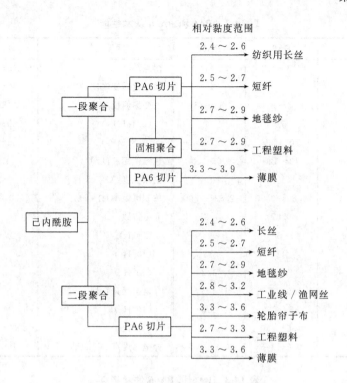

图 14-2 PA6 黏度范围与应用领域

表 14-1 PA 黏度与分子量之间的关系

类型	溶剂	$K/\times 10^3$	A	$M/\times 10^4$
PA6	甲酚	240	0.610	1.4～5.0
	甲酸(90%体积)	35.3	0.786	0.6～6.5
	硫酸(90%体积)	115	0.67	1.4～5.0
	氯酚	168	0.62	1.4～5.0
PA6	甲酸(85%)	22.6	0.82	0.6～12
	硫酸(40%)	59.2	0.69	0.3～1.3
PA12	硫酸(96%)	69.4	0.64	1.0～13
	甲酚	46.3	0.75	1.0～13
PA610	甲酚	13.5	0.96	0.8～2.4

14.3.2 性能

基本特点：PA6 树脂为半透明或不透明的乳白结晶形聚合物，具有优良的韧性、强度、耐磨、耐冲击、耐低温、耐化学品、耐油性、耐细菌，熔点高、摩擦系数小、自润滑性好、延伸率高、易于加工且生产成本低，能慢燃，离火慢熄，有滴落、起泡现象。缺点：较大的吸水性、干态和低温冲击强度低、耐强酸强碱性差。

PA66 的性能及应用与 PA6 相仿。为半透明或不透明的乳白色结晶聚合物，受紫外光照射会发紫白色或蓝白色光。机械强度较高，耐应力开裂性好，是耐磨性最好的 PA；自润滑性优良，仅次于聚四氟乙烯和聚甲醛。表 14-2 为 PA6 和 PA66 基本性能。表 14-3 为 PA6 和 PA66 性能特点。

表 14-2　PA6 和 PA66 基本性能

性　能	PA6	PA66	性　能	PA6	PA66
相对密度	1.13~1.15	1.14	熔点/℃	215~228	250~265
拉伸强度/MPa			玻璃化转变温度/℃	40~50	50~57
（干态）	54~81	80~83	热变形温度/℃	85	224
（湿态）	51	77	（0.46MPa）	155~188	190~235
断裂伸长率/%	70~250	60	（1.82MPa）	63~70	70~75
弯曲强度/MPa	70~120	60~100	连续使用温度/℃	105	105
弯曲模量/GPa			耐寒温度/℃	−30	−30
（干态）	2.60~2.90	2.83~3.00	体积电阻率/Ω·cm	$7.0×10^{14}$	$5.0×10^{14}$
（湿态）	0.97	1.21	介电常数		
缺口冲击强度/(J/m)			（60Hz）		4.0
（干态）	43	53	（10^3 Hz）		3.9
（湿态）	160	112	（10^6 Hz）	3.4	3.3~3.6
压缩强度/MPa	60~90	105	介电损耗角正切		
洛氏硬度（R）	85~114	118	（10^3 Hz）		0.02
吸水性/%	1.6~2.0	1.2~1.3	（10^6 Hz）	0.02~0.03	0.02~0.03
成型收缩率/%	0.6~1.6	0.8~1.5	介电强度/(kV/mm)	16~18	15~16

表 14-3　PA6 和 PA66 性能特点

优点	耐热、耐化学品、耐磨、耐疲劳、电性能、摩擦系数低、韧性高
缺点	吸水、收缩、翘曲、尺寸稳定性不高、缺口敏感

（1）结晶性能　PA 有两种稳定的晶型结构，即 α 型和 γ 型，PA 化学结构不同晶体结构也不同。

PA6 和 PA66 都是线型大分子，化学结构规整性比较高，分子主链上没有支链，因此，可以结晶，酰胺基极性基团的存在，大分子链排列堆砌规整，一般呈伸展平面锯齿形结构；氢键使结晶更加稳定，并连接成片，因此，PA6 和 PA66 具有较高的熔点。

PA6 的晶型结构已经得到广泛研究，它主要有 3 种晶型：两种热力学稳定的晶型 α 和 γ 晶型，为单斜晶系，以及中间稳态的 β 晶型。PA66 也有 α 和 γ 两种晶型，为三斜晶系。

① α 结构。偶数尼龙通常也以 α 结构结晶。PA6 的 α 型结晶单元结构如图 14-3 所示。

PA6 的 α 结构中，分子链呈锯齿型构象，形成一个平面，即氢键平面 [图 14-3(a)]，氢键平面在同一方向非常有规律的排列，最终的结果是 4 个重复结构单元构成一个单元晶格，即每个晶胞中有 4 个重复单元，形成单斜晶体而不是三斜晶体。

偶-偶尼龙（PA66 和 PA610）的结构中，与 PA6 相似，α 晶型中分子链完全按平面锯齿形排列，形成氢键的平面层，相互重叠。其结构为三斜晶系，每一个晶胞含一个化学重复单元。偶-偶尼龙的分子链没有定向性，平行链和反向平行链是相等的。大部分偶-偶尼龙的结晶为三斜晶系，不同的是其 c 轴尺寸，不同的尼龙其重复单元中亚甲基的长度比例不同。

PA66 的 α 型结晶单元结构图 14-4。尽管沿 c 轴有 4 条链，但每一个晶胞只含有一个重复结构单元，即—NH—(CH₂)₆—NH—CO—(CH₂)₄—CO—。这是因为在四条边上的四条链被四个晶胞均分。分子间在晶胞的 a-c 面上形成氢键 [图 14-4(a)]，氢键沿着 a-c 面进一步扩展。

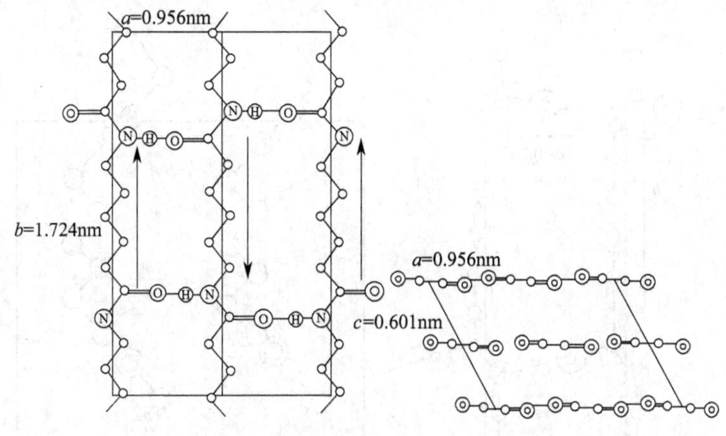

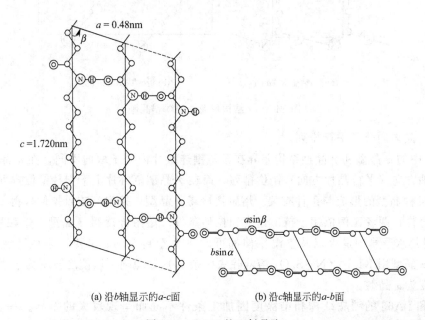

(a) 沿c轴显示的a-b面   (b) 沿b轴显示的a-c面

图 14-3   α 结构尼龙 6 的单斜晶胞

(a) 沿b轴显示的a-c面   (b) 沿c轴显示的a-b面

图 14-4   PA66 的三斜晶胞

② γ 结构。尼龙中被发现的第二种稳定的晶体结构是 γ 型，γ 晶型也属于单斜晶系，每个晶胞中有 4 个重复结构单元。所有多于 7 个碳原子的偶数尼龙（如 PA612），和奇数尼龙、奇-偶尼龙、奇-奇尼龙，结晶主要形成 γ 结构。PA6 的 γ 结构如图 14-5。和 α 晶型相比，γ型中酰胺键这一短链与主轴形成 30°倾斜角，这一倾斜角的存在，使其所有的氢键形成时不变形，氢键形成在扭曲且平行的链之间。尼龙的 γ 型是不可运动的，亚甲基串以平面锯齿形结构存在，因此，γ 晶型结构是假六面体。另外，由于分子链的扭曲使得 γ 型的单元晶轴比α 晶型约短 2%。

除了上面所述的 3 种晶型，PA6 还存在其他处于介稳态的晶型（d 晶型、δ 晶型等），由于影响聚合物结晶的因素很多，人们对 PA6 这些晶型的研究结果还没有统一。

PA6 中的 α 晶型和 γ 晶型结构差异在于氢键连接片内分子取向不同，α 晶型内分子反向

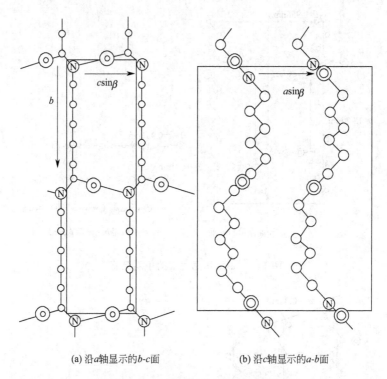

(a) 沿 *a* 轴显示的 *b-c* 面　　　　　(b) 沿 *c* 轴显示的 *a-b* 面

图 14-5　γ 结构尼龙 6 的单斜晶胞

平行,而 γ 晶体内分子平行排列。

PA66 中的 α 晶型和 γ 晶型结构差异在于氢键连接片内分子取向不同,在 α 晶型中,氢键片沿 *c* 轴方向(平行晶片方向)错位排列,而在 γ 晶型氢键片上下交替错位排列。

PA6 各种晶型的形成与条件有关。熔融慢冷得 α 晶型,挤出(或再拉伸)得 α 晶型和 γ 晶型的混合物,两者比例依赖于挤出速度和拉伸条件,熔融淬冷得 β 晶型。熔融后再结晶,在 160℃过热水蒸气中退火以及室温拉伸都可以使 γ 型转变为 α 晶型,且该转变是一级相变;而对 α 晶型用 KI/I_2($Na_2S_2O_3$ 溶液除去残余 I_2)处理则可以使之转变为 γ 型。β 晶型退火则转变为 α 晶型。

PA6 和 PA66 的结晶结构和结晶度因加工条件不同而呈现较大的差异。一般 PA6 和 PA66 的结晶度 40%~50%。对 PA6 缓慢冷却,然后退火,结晶度可达 50%~60%,形成尺寸较大的球晶形态。

结晶度取决于许多因素,其中包括结晶温度、聚合物分子量和熔融条件。按球晶增长速率表明 PA6 比 PA66 的结晶速率慢得多。常见的 PA 的结晶结构和参数见表 14-4。

表 14-4　常见 PA 的结晶结构和参数

PA	晶系	晶胞参数							链构象	结晶密度 /(g/cm³)
		长度/nm			角度/(°)					
		a	*b*	*c*	*α*	*β*	*γ*	*N*		
PA6	α 单斜	0.956	0.801	1.724	90	90	67.5	8	PZ	1.23
	γ 单斜	0.935	1.660	0.481		120		4		1.165
	β 斜方	0.478	1.640	0.824		121		4		1.17

续表

PA	晶系	晶胞参数							链构象	结晶密度/(g/cm³)
		长度/nm			角度/(°)					
		a	b	c	α	β	γ	N		
PA7	三斜	0.980	1.000	0.980	56	90	69	4	PZ	1.19
PA9	三斜	0.970	0.970	1.260	64	90	67	4	PZ	1.07
PA11	三斜	0.950	1.000	1.500	60	90	67	4	PZ	1.09
PA12	α 单斜	0.479	3.190	0.958	90	120	90	4	PZ	
PA66	α 三斜	0.490	0.540	1.720	48	77	63.5	1	PZ	1.24
PA610	α 三斜	0.495	0.540	2.240	49	76.5	63.5	1	PZ	1.16
PA1010	三斜	0.490	0.540	2.560	49	77	63.5	1	PZ	1.135

注：N 表示晶胞中所含的单元重复次数。PZ表示平面锯齿形。

有关PA的结晶结构的数据报道很多，各种报道之间存在一定的差别。表14-5只是作为参考。

（2）熔点 PA的熔点随着重复单元的长度的增加逐渐接近PE的熔点。这是由于随着重复单元长度的增加，主链上的酰胺等极性基团的含量逐渐减少，使链的结构逐渐接近PE的链结构，分子间相互作用力和分子堆砌情况均与PE相似，因而熔点的变化趋向PE逐渐降低。如图14-6。同时PA熔点的变化还呈现出一种锯齿形变化的特征，这与分子链上氢键的密度有关。在PA分子链上的酰胺基团形成氢键的概率与结构单元中的碳原子数的奇偶数有关，当分子链中的亚甲基含量为偶数时，PA的熔点较亚甲基为奇数时的熔点高。产生这种差别的原因是：①含有偶数亚甲基的PA分子间形成的氢键密度大；②含有偶数亚甲基的PA与含有奇数亚甲基的PA所形成的晶体结构不同。如图14-6和表14-5。

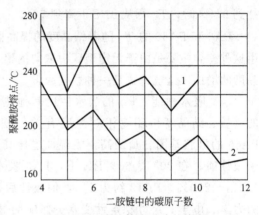

图14-6 脂肪簇聚酰胺的熔点
1—用己二酸合成的聚酰胺；2—用癸二酸合成的聚酰胺

表14-5 聚酰胺链间氢键与重复单元中碳原子奇偶数的关系

聚酰胺分子间氢键结构

续表

碳原子数	偶数的氨基酸	奇数的氨基酸	偶酸偶胺	偶酸奇胺
形成氢键数	半数	全部	全部	半数
熔点	低	高	高	低

（3）玻璃化转变温度 PA6 和 PA66 的 T_g 大小与许多因素有关，如试样的含湿量、残余单体、低聚物、结晶度和聚合物长链的取向度等。

聚酰胺的 T_g 显著地受到水分的影响，因水会起到增塑作用。有人用动态力学法测量了含湿量对 PA6 和 PA66 T_g 的影响。同样表明：两种聚合物的 T_g 均受存在的水的影响。当尼龙 6 的含水率从 0 上升到 10％时，其 T_g 从 95℃下降到 3℃。对于尼龙 66，含水率从 0 增加到 6.4％时，T_g 则从 97℃下降到 7℃。

PA6 和 PA66 的 T_g 随着结晶度的提高而提高。取向也使 PA6 和 PA66 的 T_g 增加。产生这种差异主要是由于无定型区中取向的聚合物链的活动性受到限制；当然，取向也可使结晶度的增加，这也许也是一种影响因素。

（4）吸水性能 PA 的吸水性比其他热塑性塑料大得多。其吸湿性与 PA 的酰胺基团的含量、结晶度和环境相对湿度有关。酰胺基团密度高，吸湿性高。在 PA 中 PA6 和 PA66 的酰胺基团含量最高，吸湿性也比其他 PA 高，其中 PA6 的吸水性是 PA 中最强的。未改性前，在 20℃、65％RH 下，PA6 吸水率约 3.5％，PA66 为 2.5％左右，PA610 为 1.5％～2.0％，PA12 约为 1％，但改性后，PA 的吸水率非常小。由于吸水性强使得 PA 的力学、电学、尺寸稳定性受水分影响明显。PA6 和 PA66 具有一定吸湿性是它们共同的缺点，因此，在对吸湿性要求严格的场合受到限制。

（5）力学性能 由于 PA 可结晶，分子间存在氢键，导致分子间作用力增强，使得 PA 类聚合物具有高强度的特点。在 PA 中 PA6 和 PA66 的酰胺基团含量最高，使得它们在干燥时具有优异的机械强度、硬度和韧性，在 PA 中 PA66 的硬度、刚性最高，但韧性最差。PA 随着温度和吸水性增加，拉伸强度急剧下降，而冲击强度则明显提高。这是由于水分与无定形部的酰胺基结合形成氢键，从而取代了原 PA 链中酰胺—酰胺间的氢键，导致性能下降，酰胺基含量越高越明显。PA 品种不同，强度受温度和湿度的影响也不同，随着亚甲基数量的增加，对温度和湿度的敏感性下降。GF 增强后受温度和湿度的影响大大减小。由于 PA6 的吸湿性在 PA 中也最大，因此，在湿润的环境中其力学性能、电性能和尺寸稳定性的变化也最大。

（6）抗蠕变性能 PA 具有良好的抗蠕变性能，这种性能与应力、温度及吸水性等因素有关。PA 抗蠕变性能随着所加应力和吸水性的增加而下降。玻璃纤维增强 PA 的抗蠕变能力明显增强。

（7）热性能 PA 是半结晶性聚合物，具有明显的熔点和玻璃化转变温度。PA6、PA66 在 PA 中的熔点、玻璃化转变温度和热变形温度均比较高。PA66 比 PA6 熔点高。PA66 短时间的使用温度可超过 200℃，耐热 PA 连续使用温度可达 130℃以上。PA6、PA66 加入玻璃纤维增强后，可大幅度提高热变形温度。PA 的燃烧性相比其他热塑性弹性体塑料是比较小的，绝大多数尼龙符合 UL94 V-2 级。PA 各种转变温度见表 14-6 所列。

表 14-6 PA 的转变温度和热变形温度

PA	T_g/℃	T_m/℃	热变形温度/℃	
			0.46MPa	1.82MPa
PA6	50	228	155	70
PA66	57	265	190	75
PA10	43	192		
PA11	46	194	145	50
PA610	50	228	150	50

(8) 耐化学品性 由于 PA 结晶和存在氢键，在室温下，一般情况下 PA 不溶于普通的有机溶剂，尤其耐油性极佳，温度升高 PA 溶解性能增强。PA 能溶解于甲酸、酚类、水合氯醛、无机酸、氟化醇类，如甲酸、苯酚、2-甲基苯酚、4-甲基苯酚或间苯二酚，六氟异丙醇 (HFIP) 和三氟代乙醇 (TFE) 都是 PA 的良溶剂。不同浓度的无机酸、碱或盐均可导致 PA 的溶胀、溶解或水解。PA6 和 PA66 浸泡在 20℃、20～50g/L 浓度的盐酸中，几个月后就出现裂纹。

(9) 电性能 PA 电性能优良，但当温度和湿度增加时，绝缘性能恶化。随着吸水率增加，PA 的体积电阻率、介电性能、介电强度均下降。由于 PA6 的吸水性最强，它的电性能受水的影响也最大。

(10) 耐老化性能 PA 在加工和室外环境下易发生降解。在热的作用下，PA 会发生氧化降解，使力学性能大幅度下降，随着温度的提高热氧化加剧。

PA 在直接的阳光作用下，很快就会变脆。60℃以上时，PA 不在空气中暴露也可引起制品表面变色，冲击强度下降，在 100℃使用时，模塑制品的有效寿命仅有 4～6 周。

(11) 加工性能 熔融温度较高，熔体黏度也比较高，熔体为假塑性流体，熔体黏度对温度的敏感性较小，而对剪切速率的敏感性较大，因此，通过调节剪切速率降低熔体黏度比调节温度有效。

(12) 其他性能 PA 具有良好的耐疲劳性、耐磨性和低的摩擦系数，GF 增强后耐疲劳性能提高。PA 是生物惰性的，可用于食品和药品的接触材料使用。

14.4 加工和应用

14.4.1 加工

PA6 和 PA66 可采用多种方法加工，如注塑、挤出、浇铸、吹塑、吹制模塑、回转模塑、反应注射模塑 (RIM) 与烧结等各种方法成型加工，其中以注射成型为主，特别是PA66 注射成型占 90%以上。PA6 和 PA66 加工特点如下。

① PA 易吸水，加工前需要预先进行干燥处理，使水含量在 0.1%以下，同时 PA 高温时易氧化，干燥时采用真空干燥 (100～110℃，10～12h)。

② PA 为结晶性树脂，加工温度范围较窄，PA6 成型温度为 220～300℃、PA66 为260～320℃。

③ PA 结晶度较高，成型收缩率大。加入玻璃纤维后成型收缩率降低。

④ PA 熔体黏度具有较高的温度敏感性和剪切速率敏感性，熔体黏度为 10～10^2Pa·s。

⑤ PA6 加工性能优于 PA66，在 GF 增强材料中，PA66 熔体结晶很快，使得成型制品表面质量差且有蠕变现象，这种现象可用共 PA 以及适当的添加剂来减轻。而 PA6 因其凝固缓慢，在没有任何添加剂的情况下，成型制品表面质量好且无蠕变。在 PA 加工过程中，腐蚀与磨损应引起注意。PA66 的磨损通常比 PA6 严重，另外，磨损程度还取决于 GF 含量。

14.4.2　应用

PA6 和 PA66 综合性能优异，产量居工程塑料之首，应用领域十分广泛。主要有以下应用领域。

（1）汽车制造　在世界范围内 PA 所有消费中，汽车工业的消费比例最大，特别是改性 PA。PA6 占有绝对优势，PA6（包括改性产品）制作的部件有：空气滤清器外壳、滤油器、风扇、车轮罩、导流板、车门拉手、排档手柄、冷凝保护栅支架、加速踏板限位器、操纵杆、垫圈、储水器盖、线卡、电线束连接器、车内电气接插件、齿轮类、夹持器类等。PA66 比 PA6 熔点高，耐热性优良，弹性模量较高，吸水率低，适合于制作汽车发动机周围的机体部件和容易受热的电子电气的部件，如制造散热器水箱、汽缸盖、齿轮类和罐类等，尤其是作为散热器水箱是 PA66 最大的用途。

PA 在汽车发动机方面的应用开发引人注目，自 20 世纪 80 年代欧洲率先利用"失芯"成型技术制造进气管取代铸铝件以来，发动机进气管已成为世界上 PA 单一应用的最大项目之一。PA6 和 PA66 已被应用到汽车进排气管中。

（2）电子电气　电子电气行业是 PA 的消费第二领域，是应用开发较早的领域。PA6 经过 GF 增强、阻燃、增韧处理后，可以完全满足此领域对材料的强度、阻燃性、电绝缘、耐漏电起痕及外观等性能的要求，所以在此领域中 PA6 工程塑料有着不可替代的优势。PA6 生产的电气部件有：小型变压器线圈骨架、低压电控柜中的接线座、固定夹、交流接触器座、电磁线圈、机床电器行程开关、低压电器的联锁接头、开关、保险盒、电器接线端子、导线夹、高压电路的绝缘轴、撑架、支架以及各种电动工具外壳、内部构件、电子电器绝缘件、中小型油浸变压器分接开关、精密机械零件等。

（3）机械工业　机械工业也是 PA 应用的主要领域。许多大型部件，如轴套、底板、大型车床挡板、大口径管道连接件是 PA6 的专有领域。机床电器保护开关的按钮、骨架、挡块等，低压电控柜中接线座、电路开关等，电钻和电锤外壳、空心钻轴套、电锤外壳侧手柄、变速箱部件、建筑射钉枪受力构件、中间盘端板、电刷柄、煤气表连杆、柴油机风扇、柴油机油盖、联轴器内齿套、隔膜阀、齿轮、轴承保持架、弹性垫圈、阀座、密封圈、滤清器、叶轮、卷闸门滑轮、泵壳、拉钩、传动机构护罩、夹纱器和纺织梭子、矿山选矿用脱水筛板、农机马达护罩等。

（4）办公和家用电器　用于制造打印机、复印机、计算机、办公设备的零件。家用电器电视机、录像机、摄像机、冰箱、洗衣机、微波炉、空调、电熨斗等电器的零件。如洗衣机甩干桶刹车片、吸尘器内部构件和空调压缩机接线端子护盖等。电工照明用具、装饰灯的灯头、灯座。

（5）包装工业　包装工业使用 PA 是一个热门领域。消费品市场中需求最大的是 PA6 薄膜。PA 薄膜的气体阻透性好，氧气透过率低，透明性高，且耐油、耐高温、耐蒸煮、抗刺穿性能强，非常适合各种肉制品、海产品和乳制品的冷冻包装。PA6 的成膜性能优于

PA66，所以薄膜市场中 PA6 占有优势。双向拉伸 PA6 膜（BOPA）由于其耐破裂性良好，而且具有抗冲击、耐刺穿以及柔顺性、耐温性和对气体的阻透性等优势，它作为高档、耐蒸煮食品包装材料得到越来越广泛的应用。

（6）交通运输　铁路上铁轨绝缘垫板、轨撑、弧形板座、辙叉扣板座等许多非金属部件都可以用改性 PA 制作，列车车厢内的部分小型结构部件也可使用 PA6。用于船舶上的 PA 制品有螺旋桨轴、螺旋推进器等。此外在自行车制造行业也用 PA 制造一些较小的结构件。

14.5 聚酰胺改性

由于尼龙中存在酰胺基，与水分子之间能够形成氢键，因此和聚烯烃等疏水性聚合物相比，具有较大的吸水性，影响电性能，造成产品尺寸稳定性差，干态或低温下冲击强度低、抗蠕变性及耐热性也有待提高、不透明等，为此，对 PA 进行改性，克服缺点，提高性能，以适应市场要求。

PA 树脂的改性主要有两个方面：①化学改性方法，即通过共聚、接枝、交联等化学方法改善性能；②物理改性方法，即通过纤维增强、无机填料填充、与其他聚合物或不同品种 PA 之间共混、分子复合以及加入各种助剂等方法来提高和改进 PA 的综合性能，同时还包括纳米级复合材料，由此可制得增强、增韧、阻燃、透明、耐热等众多品种，明显地改善了 PA 的性能，满足市场需求。不同添加剂对 PA 的改性效果见表 14-7。

表 14-7　不同添加剂对 PA 的改性效果

性　　能	润滑剂	成核剂	增塑剂	增韧剂	无机物填充	玻璃纤维
拉伸强度	—	↑	↓	↓	↓	↑
伸长率	↓①	↓	↑	—	↓	↑
弯曲模量	—	↑	↓	↑	↑	↑
Izod 冲击强度	—	↓	↑	↑	↓	↑
剪切强度	—	↑	↓	↓	—	↑
蠕变	—	↓	↑	↑	—	↓
热变形温度	—	↑	↓	↓	↑	↑
硬度	—	↑	↓	↓	↑	↑
熔体流动性	↑①	↓	↑	↑	↓	↓
成型周期	↑①	↓	↑	↑	↓	↓

① 取决于润滑剂类型。

14.5.1　共聚改性

将两种以上聚酰胺单体进行共缩聚，根据所得共聚物的结构，可得到无规共聚、嵌段/短嵌段共聚、接枝共聚以及交替共聚等。通过改变共聚物组分配比，可以制得从高软化点、坚硬、不易溶解到低软化点、柔软、易溶解、透明的一系列具有特殊性能的共聚酰胺，以下简单介绍几种。

14.5.1.1　PA66/PA6 共聚

PA66/PA6 共聚是共聚改性中的常见品种。反应机理如下。

（1）反应机理　我国神马集团 PA66 盐有限责任公司开发研制了共聚 PA66/PA6，牌号为 FYR25BCL、FYR25T03CL、EPR2703、C2710710 等产品。反应机理如下。

PA66 盐与己内酰胺共缩聚形成共聚物：

$$—NH{-}(CH_2)_5CONH{-}(CH_2){-}_6NHOC{-}(CH_2){-}_4CO—$$

这种结构使其分子量及其分子量分布更加趋于合理，破坏 PA66 分子链排列的规整性，增加了端胺基含量，从而降低了聚合物的熔点，改善了流动性和染色性，提高了产品的韧性。

（2）性能　表 14-8 为不同牌号共聚 PA66/PA6 树脂的性能。由表可见，随着己内酰胺含量的增加，共聚物的拉伸强度、弯曲强度、熔点、热变形温度均有下降，而冲击强度上升，C2710 产品的熔点已降到 250℃ 以下。但由于该产品的己内酰胺含量过高（达到 10%），其拉伸强度、弯曲强度、热变形温度下降过多，产品已丧失了 PA66 产品所具有的优势，因此一般己内酰胺含量在 2%～5% 时，共聚产品能够保持 PA66 的基本特性，熔点降低，韧性增加，共聚效果最佳。

表 14-8　不同牌号共聚 PA66/PA6 树脂的性能比较

牌号	黏度 （95.6%硫酸）	灰分/%	热变形温度 （1.8MPa）/℃	拉伸强度 /MPa	弯曲强度 /MPa	冲击强度 /（J/m）	熔点/℃
A25B	2.53	—	81.2	90.8	111	26.2	265
A25M30	2.51	0.30	88.9	96	107	26.9	266
FYE25T03CL	2.56	0.29	74.6	81.8	106	27.6	255
EPR2703	2.68	—	73.7	78.4	98.8	28.0	253
C2710	2.71	—	57.1	74.3	94.4	28.8	246

14.5.1.2　热熔型胶黏剂用共聚酰胺

热熔型胶黏剂用共聚酰胺为熔点为 100℃ 左右的 PA，是三元、四元或五元以上的共聚酰胺。国外大多采用 PA6/PA66/PA12 三元共聚，其熔点一般在 120～130℃。在希望胶黏剂用聚合物的熔点更低时，可制备 PA6/PA66/PA11/PA12 和 PA6/PA66/PA69/PA12 等共聚酰胺。

国内一般采用 PA6/PA66/PA610，PA6/PA66/PA612，PA6/PA66/PA1010 三元共聚。特别是以 PA1010 为组分的共聚酰胺具有我国的独特之处，其热熔胶级 PA6/PA66/PA1010 三元共聚物热熔型胶黏剂性能接近国外 PA6/PA66/PA12 三元共聚热熔型胶黏剂的性能。

热熔型胶黏剂用共聚酰胺因具有很高的附加值，近年来市场的需求量越来越大，现已广泛应用于制鞋、服装等行业。

14.5.1.3　透明型共聚酰胺

透明共聚酰胺，亦称为非结晶性聚酰胺，是一种几乎不结晶或者结晶速率非常慢的特殊聚酰胺。它拥有热变形温度高，吸水率低以及对气体阻隔性能优异等性能。透明共聚酰胺的力学性能、电性能、机械强度和刚性与 PC 和聚砜几乎属于同一水平。

透明共聚酰胺最早在 20 世纪 60 年代由诺贝尔炸药公司（Dynamit Nobel）开发成功，之后在日本，美国和瑞士等国也相继进行了研制和生产。瑞士 EMS 公司研制开发的 Grivory G21G 含有芳香基共聚单体的非晶性透明 PA6 树脂，与均聚 PA6 相比，吸水率降低 30%，具有优良的耐溶剂性和尺寸稳定性。法国和日本分别利用无规共聚合成工艺开发出了聚(庚二胺 3-叔丁基己二酸) 及聚(间苯二酸 2,5-二甲基己二胺) 等透明共聚酰胺。

用直链脂肪族单体共聚合成非晶性透明共聚酰胺,可大大降低成本。但直链脂肪族单体共聚对序列规整性的破坏很有限,而聚酰胺结晶速率较快,工艺条件的控制非常重要。透明共聚酰胺的优异的机械强度、抗冲击性、耐磨性、耐溶剂性、尺寸稳定性和绝缘性等性质,使其在精密光学仪器、观察镜、仪表盘及体育器材等诸多领域得到广泛应用。

除此之外,共聚酰胺新品种不断被开发出,如耐油型共聚酰胺、荧光型共聚酰胺、可生物降解聚酯酰胺、热致液晶性聚酯酰胺等。

14.5.2 共混改性

共混改性是目前使用最多、最简便的制备 PA 合金的方法,主要以 PA6 和 PA66 为基体。制备主要有三大类:①PA 与 PO、弹性体共混,提高 PA 在低温和干态下冲击强度;②PA 与其他工程塑料共混,改善综合性能;③不同品种 PA 之间共混,均衡 PA 性能,提高性能价格比。本节主要介绍 PA 与树脂之间的共混改性,而与弹性体的共混改性,作为增韧改性在下一节单独介绍。

由于 PA 与其他聚合物共混多为不相容体系,界面黏结力低,易发生宏观相分离,因此,制备 PA 共混物的关键是提高相容性。增容方式可分为反应性增容和增容剂增容两大类,表 14-9 和表 14-10 分别为 PA 共混增容的方法总结和反应性增容与非反应性增容效果比较。

表 14-9 PA 共混增容方法

增 容 方 法		适 用 体 系
反应性增容	接枝改性增容	PA/PP-g-MAH、PE-g-MAH、EPDM-g-MAH、SEBS-g-MAH
	共聚改性增容	PA/SMA
	辐射增容	PA/HDPE
	离聚体增容	PA/磺化 PS
相容剂增容	接枝共聚物增容	PA/PP/PP-g-MAH、PP-g-GMA、PP-g-BA、PP-g-AA; PA/PP/SEBS-g-MAH、EPR-g-MAH; PA/PE/PE-g-MAH;PA/EPDM/EPDM-g-MAH
	嵌段共聚物增容	PA/ABS/SMA、PA/PC/SMA、PA/PBT/SMA、PA/苯乙烯树脂/噁唑啉改性 PS、PA/PBT/PCL-s-GMA、PA/PO/核壳丙烯酸酰亚胺聚合物

表 14-10 反应性增容与非反应性增容效果比较

项目	反应性增容	非反应性增容
优点	添加量少、效果明显,对不相容的共混体系尤佳	易混炼,不易因副反应使共混物的物理性能下降
缺点	有可能发生副反应而引起共混物加工性能降低;混炼成型条件受限制;价格较高	添加量大

由表可见,反应性增容剂优点明显,改善性能突出,但非反应性增容技术加工简便、易操作、成本低等特点,也是 PA 合金化的主要方法。近年来,离聚体相容剂增容效果更为有效,得到重视。

14.5.2.1 与 PO 共混

PO 是 PA 的常用增韧剂,PO 主要是 PE、PP。20 世纪 80 年代中期,PA/PP 合金在国外已商品化，90 年代得到了飞速的发展，其技术不断成熟，性能不断完善。DuPont、Solvery 公司首先开发出 PA/PP 合金系列产品，后来日本昭和重工、东し（东丽）、旭化成、宇部兴产公司、Dexter、Bayer、BASF 等公司相继开发出。近年来的研究主要是开发高性能、多功能 PA/PP 合金。

PA 和 PO 是热力学不相容体系，必须加入相容剂，这一直是 PA6/PO 研究开发的重点。目前已被研究的增容剂众多，主要是含有酸酐、羧基、酯基和 N-羟甲基酰胺基等的共聚物。分类如下：①PP、PE 接枝 MAH、马来酸二丁酯、丙烯酸、丙烯酸丁酯、衣糠酸或叠氮磺酰苯酸；②弹性体乙丙橡胶（EPR）、乙丙三元橡胶（EPDM）或苯乙烯系聚合物接枝 MAH，如 SBS、SEBS 接枝 MAH；③EVA 接枝 MAH；④SMA；⑤PP、PE 与 N-羟甲基丙烯酰胺的接枝共聚物。其中以 PP-g-MAH、PE-g-MAH 研究得最多。

在诸多 PA/聚烯烃中，PA/PP 合金是性能/价格比优良的一类工程塑料，是 PA 共合金中研究和产量最大的一种。主要有 PA6/PP、PA66/PP、PA11/PP、PA12/PP、PA1010/PP，以及三元共混体系 PA6/PP/EPDM、PA66/PP/EPDM、PA6/PP/SEBS 等，其中 PA6/PP 体系研究最多。研究表明在熔融共混过程中，PP-g-MAH 与 PA6 的端胺基发生反应，生成 PP-co-PA6 接枝共聚物，为反应性增容，因而提高了两相界面粘接力，这是改善体系相容性的主要作用。

增容剂 PP-g-MAH 对于 PA6/PP 体系分散状态的影响从 SEM 可以看出，不加增容剂时，PP 粒子呈球状分散在 PA6 基体中，并且分布不均匀，粒子粒度大，粒度分布宽，界面粘接不良；当体系中加入增容剂后，PP 粒子均匀地分散在 PA6 基体中，粒度变小（1～3μm），粒径分布窄，PA6 与 PP 两相界面无明显分相，说明增容剂降低了 PP 与 PA6 的界面张力，增加了两相的相容性。在 PA6/PP 体系中分散相尺寸有一最佳值，平均粒度为 1～2μm 时，共混物的拉伸强度和 Izod 冲击强度均提高，特别是当数均粒度在 1μm 时，两者提高更明显。如果分散相粒度太小，粒子周围可产生的应力白化程度（银纹）或塑性区域小，吸收冲击力弱；分散相粒子太大，粒子周围的应力高度集中，裂纹首先在粒子周围发生。此外，随着共混物中增容剂量的增加，相容性增加，当只加入接枝 PP 增容剂时，共混物 PA6/PP-g-MAH 几乎不分相。

PA6 和 PP 均为半结晶聚合物，前者强度大，后者强度小，因此，随着共混中 PA 含量的增加，共混物拉伸强度、弹性模量也增加，拉伸应变出现最低值，并且增容体系高于未增容体系，但是无协同效应；而增容体系冲击强度在 PA6 含量为 80% 左右出现极大值，是由于此时体系中分散相粒子小，数量最多，分散均匀。从拉伸强度来说，PA6 与 PP 共混后，拉伸强度降低，拉伸过程中不出现细颈。加入相容剂后，共混物的拉伸屈服强度提高，而且也像纯 PA6 那样出现了细颈现象，这表明加入相容剂，改善了材料的拉伸强度。这些变化规律也适用于其他 PA/PP 体系。

同样在 PE 分子链上接枝 MAH 后再与 PA6 熔融共混，活性基团 MAH 可与 PA6 末端的氨基实现反应增容，提高两相界面粘接力，改善共混性能。研究较多的是 PA/HDPE。PE-g-MAH 对 HDPE/PA6 体系的反应挤出共混结果表明，PE-g-MAH 对不同配比的共混体系均有明显的增容作用，向 HDPE/PA6/MAH/DCP（85/15/0.1/0.05）体系中加入 2～3 份的 EVA-23 能使体系的缺口冲击强度比纯 PA6 提高 6 倍。图 14-7 显示了增容剂对 LDPE/PA6 共混物力学性能的影响。

由图 14-7 可见，不论是干态还是低温时，只有使用接枝 PE 的 PA 共混体系，性能才可

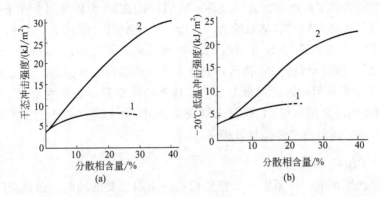

图 14-7 增容剂对 PA6/LDPE 共混物力学性能的影响
(a) PA6/LDPE-*g*-MAH 共混物的干态冲击强度；1—PA6/LDPE；2—PA6/LDPE-*g*-MAH
(b) PA6/LDPE-*g*-MAH 共混物的低温冲击强度；1—PA6/LDPE；2—PA6/LDPE-*g*-MAH

得到明显的提高。

PA 与 PP、PE 共混，可使 PA 的吸水性大大降低，从而提高 PA 的尺寸稳定性、冲击强度和流动性，同时减小 PA 的相对密度，并降低成本。对于 PA/PP 共混体系，吸水性在加入 PP-*g*-MAH 后大大降低，PA 含量小于 70 质量份时，随着 PA 的含量的增加吸水性增加很小。PA/PE 共混体系，以 PA/HDPE 共混体系为多，目的是利用 PA 阻隔性能，开发阻隔材料，同时可提高 PA 的流动性、耐磨性以及在低温或干态下的耐冲击性能。

PA6/PO 合金主要用于汽车、电子电气、机械、家用电器等行业来制造零部件。可为汽车制作空调风扇、车轮盖、线束卡等，也可用作摩托车防护部件。DuPont 公司 SelarRB-PA/HDPE 共混物用于制造汽车油箱的阻隔层。

我国岳阳石化总厂和扬子石化公司共同开发了阻隔型塑料汽车油箱专用料 PA/HDPE 合金，该专用料是由阻透性 PA、高分子增容剂和 HDPE 共混而成，对燃油具有良好的阻透性能。PA/HDPE 也可作为肉类包装用肠衣。

14.5.2.2　PA 与 ABS 共混

在 PA/ABS 合金中，影响因素较多，ABS 作为抗冲改性剂的改性效果受本身含量、流变性能、橡胶相性质（如粒子大小、分散度和交联度）、SAN 接枝率、AN 的含量和 SAN 的分子量等因素影响。

PA6/ABS 合金是典型的结晶性塑料与非结晶性塑料的复合体系，该体系是热力学不相容的，相容剂的选择是至关重要的。详见 13.5.2.2 节。

PA/ABS 合金典型产品有 Bayer 公司的 Triax 系列、日本 Monsanto 公司的モンカロイ NX45、NX50 PA6/ABS 合金，具有极高的冲击强度和优良的综合力学性能。

PA/ABS 合金具有良好的低温抗冲性、刚性、韧性、耐化学药品性、耐溶剂性、耐热性和流动性，且外观光滑等性能，主要应用于电子电气、通讯工具、办公设备、园艺机械、体育器材、箱包滚轮、汽车及摩托车外装壳板等。如制造汽车车身壁板、连接器及机罩下的部件。

14.5.2.3　PA 与 PC 共混

由于 PC 是强度、韧性、透光性、尺寸稳定性极好的工程塑料，与 PA6 共混可提高 PA6 强度、韧性及尺寸稳定性。PA6 与 PC 也是不相容体系，其相容剂推出的有 SEBS 接枝酸酐型、酰亚胺改性丙烯酸型等。以 SEBS-g-MAH 和 SEBS 为相容剂改性 PA6/PC 体系为例。相容剂能显著提高 PA6/PC 体系的力学性能。当 PA6/PC 配比为 75/25、SEBS 含量为 20 份时，体系冲击强度和应力-应变试验时断裂伸长率显著增加；当 SEBS/SEBS-g-MAH 比值增加，SEBS 不能完全包封 PC 微区，故体系力学性能进一步提高。通过 SEM 研究拉伸试样和 Izod 冲击试样的形变区，发现 PA6/PC 体系的两相界面易产生空洞，因为 SEBS-g-MAH 和未改性 SEBS 并用，使 PC 微区未被完全包封，所以基体能分散拉伸和冲击能，使剪切屈服强度增加，体系力学性能显著提高。

14.5.2.4　PA 与 PPS 共混

在 PA66 与 PPS 的共混体系中，相容性仍是一个很重要的问题。虽然 PPS 和 PA66 的溶解度参数分别为 $12.5(J/cm^{-3})^{1/2}$ 和 $13.6(J/cm^{-3})^{1/2}$，相差不大，但它们的结构相差较大，因此，仍需要加入相容剂。在相容剂的作用下，PA66/PPS 合金的综合性能提高，特别是可显著提高缺口冲击，改善其脆性。在保持原有性能不变的基础上，可在 170℃ 下长期工作，比单纯用 GF 增强 PA66 的使用温度提高了 60℃，还使 PA66 的吸水率大大下降，提高了产品的尺寸稳定性，材料同样具有较好的结晶性及熔融流动性。从表面看来，PPS 与 PA66 的熔融温度和热分解温度相差悬殊，实现良好的共熔有困难，但实际情况正好相反，两者在高温下表现出特殊的作用而呈现很好的工程上的相容性，这与它们的溶解度参数相近，有一定的热力学相容性有关。

14.5.2.5　PA 与 PPO（聚苯醚）共混

PS/PPO 合金于 1966 年由 GE 公司开发成功，随后又开发出了 PA/PPO 合金。但这种合金由于相容性较差，为宏观相分离的脆性材料，综合性能并不理想，因而无实际应用价值。直到 1983 年 GE 公司采用相容剂技术，使 PPO 在 PA/PPO 共混物中作为分散相的相畴微细化、稳定化，开发出第二代 PA/PPO，商品名 Noryl GTX 系列，并成功地应用于轿车的车身板后，逐渐引起人们的关注，Noryl GTX 成为改性 PPO 非常著名的产品。其他主要生产厂家有 Allied signal 公司的 Dimension，日本东丽公司的 PPA 系列、住友公司 X、Y 系列、旭化成サイロン・ライネックスA 及德国 BASF 公司。

结晶性的 PA 与非结晶性的 PPO 是不相容的，相容剂有 SMA、SEBS 接枝 MAH、PPO 接枝 MAH 等，或使 PPO 预先官能化，如用丙烯酸或环氧基化合物改性的方法，可提高两者的相容性。SMA 是 PA6/PPO 体系的高效相容剂。在熔融初期，SMA 溶于 PPO 相，并能在两相界面处与 PA6 反应形成 SMA-g-PA6 共聚物，就地形成的 SMA-g-PA6 分布在界面上能减小界面张力，形成更细的相畴。

PA6、PA66/PPO 合金综合了 PA 和 PPO 的性能，成为工程塑料中最重要、最具有代表性的合金品种。既有 PA6、PA66 优异的力学性能、耐溶剂性，又有 PPO 耐疲劳、耐热性、耐冲击性、阻燃性、低吸水率和尺寸稳定性好等优点，是一类热变形温度高、机械强度好、电气绝缘好、刚韧兼备、尺寸稳定性高、耐化学药品性好、易加工，且可喷涂，综合性能优良的合金，发展很快，品种除通用级外，还有增强级、阻燃级等。

此类材料广泛地应用于汽车工业、机械工业、电子电气、影视设备、家用电器、通讯设备气等领域。在汽车工业制造车轮盖、挡泥板、整体保险杠、阻流板、后侧板、缓冲垫、散热器格栅、车轮护盖、前后挡板、车尾门、柱罩、反射镜外壳、可伸缩头灯盖、燃油箱盖、进气管、摇板、电动机罩等。机械工业制造化工泵体、阀门、齿轮、高压容器。电子电气工业制造摄影机外壳、集成电路箱壳、无声齿轮、电路保护器、插座、连接器、电磁开关、程序控制器等。以及制造放映机、复印机、微波炉、通讯设备、电话交换机等精密机械内部零件。

14.5.2.6　PA 与热致液晶聚合物共混

与 PA 共混的高聚物大多数拉伸强度都小于 PA6，从而不可避免地使 PA 合金的拉伸强度有所下降。为了保持和提高拉伸强度，通常在 PA 中加入 GF，但随之而来的是加工困难、机械磨损大和冲击强度下降，同时由于 PA 熔体黏度大，GF 不可能加得太多。但是由于液晶聚合物的出现和 1987 年 G.Kiss 首先提出"原位复合材料"的概念以来，为解决这一问题提供了可能。

"原位复合材料"是继高性能的热致型液晶聚合物（TCLP）发展之后出现的一类新型材料。TCLP 本身具有多种优良的物理、化学、力学性能，利用它作为塑料改性增强剂是 20 世纪 80 年代发展起来的，被称为"原位复合"的新技术，改变了原有的填充、增强和共混改性的传统观念，被认为是 20 世纪末塑料改性的重大进展之一。原位复合材料中起增强作用的 TCLP 微纤以及材料最终的各向异性结构，都是在挤出、注射加工过程中形成的。由于微纤直径小、比表面大、易于与基体相接触，所以材料性能提高显著。

PA6/TLCP 中液晶高分子熔融黏度小，少量 TLCP 可使 PA 熔体黏度明显降低，并能提高加工性能；TLCP 为刚性分子结构，熔融加工时显示出高度有序性，形成微纤结构，可作为增强单元"原位"增强，提高拉伸和冲击强度。但是由于 TLCP 与 PA 是不相容的，界面粘合力很差，使得共混物韧性很差，为提高共混物的韧性，广泛采用的是加入增容剂。PP-g-MAH 可作为 PA6/TLCP 相容剂，因其能与 TLCP 形成"氢键"而有增容作用，随 TLCP 含量增加，体系拉伸强度和模量也增加，因为在较大配比范围内，PA6/ TLCP 共混体系内有 TLCP 微纤形成。

14.5.2.7　PA 与热塑性聚酯共混

PA6/PET 合金是一类强韧、耐热、耐锡焊、低成本的合金，详见 16.1.6.2 节和 16.2.6.2 节。

14.5.2.8　PA 与其他聚合物共混

PA6 合金品种还有 PA6/PAR（聚芳酯）、PA6/PVOF（聚偏二氟乙烯）、PA6/PVOH（聚乙醇）、PA/PSU（聚砜）、PA/丙烯酸酯共聚物、PA/PTFE 等。

PA6/PAR 共混物中 PAR，如双酚 A 型多芳基聚合物、间苯二酚/对苯二酚（1∶1）非晶态共聚物等都是重要工程塑料，综合性能优良。该合金具有刚性大、耐热性高，同时兼有好的冲击韧性的特点。

PA6/PVOF 具有强度高、耐蠕变、耐臭氧、耐老化及耐紫外线等优良性能。

PA6/PVOH 是一类综合性能良好的合金，共混物只有一个 T_g，是一相容体系。

PSU 是典型的无定形多芳基醚，具有很高的热变形温度，良好的尺寸稳定性，优异的力学性能。将 PSU 与 PA 基体共混，能够提高共混物的韧性，同时共混物的强度也下降不大，即所谓的刚性粒子增韧。

PA/PTFE 兼有低摩擦系数和耐高温等性能。

14.5.2.9　不同品种 PA 之间共混

不同品种 PA 因化学结构相近，相容性好，生成的共混物兼有两种 PA 的特点，可以平衡各种 PA 的特性，拓展其应用领域，这也是改性 PA 性能的比较通用的方法。如 PA6/PA66 共混物热变形温度接近 PA66，制品外观与 PA6 相近，并可缩短成型周期，提高生产率。在 PA 家族中，PA11 和 PA12 的是由单一长链单体缩聚而成的高聚物，其韧性极高，常温下缺口冲击不断，但是价格较高，因此，是将不同 PA 共混制得高性能合金，以获得性能/价格比适宜的产品。

14.5.3 增韧改性

相比通用树脂，PA 力学性能很高，本身就是强韧性材料的代表，其韧性在合成树脂中也位居前列，但 PA，尤其是 PA6 和 PA66 存在低温和干态冲击性能差、吸水率大等弱点，限制了其在一些领域的应用，而增韧改性就是为了克服低温和干态冲击性能差这一明显缺点。各种 PA 按韧性大小排序为：PA12＞PA11＞PA610＞PA6＞PA66。增韧改性后 PA 韧性继续得到显著提高，提高幅度可高达 10 倍以上，因此称这为"超韧尼龙"。

超韧尼龙最早也是由 DuPont 公司开发的。1976 年，美国 DuPont 公司以 EPDM 为增韧剂，PA66 为基体，采用反应挤出技术开发出具有划时代意义的超韧性尼龙 Zytel ST 系列。PA6/弹性体合金是继 DuPont 公司超韧 PA66 后开发出的又一类高抗冲 PA6。于 1976 年率先开发的以 EPDM-g-MAH 作为增容剂的超韧 PA6，其冲击强度是纯 PA6 的 3 倍。之后美国、西欧和日本其他公司先后开发了各种牌号的高抗冲击性 PA6 合金（超韧尼龙）。

这些 PA6 合金的常温缺口冲击强度值一般为 800～1000J/m，使 PA6 真正具备了超韧性。

增韧 PA6 自 20 世纪 70 年代以来一直热度不减。PA 使用的增韧剂主要有以下几类：聚烯烃类、弹性体类、高性能工程塑料、有机低分子化合物等。其中，弹性体类（包括橡胶、热塑性弹性体类和"壳-核"型乳液聚合物）是制备超韧 PA6 最有效的增韧剂之一。PA6/弹性体也是研究最为全面、最为深入，应用最多的共混物合金之一。

弹性体增韧 PA6：弹性体是韧性材料，具有特别低的 T_g，能赋予尼龙优良的抗低温脆性，增韧 PA 的弹性体品种主要有 EPR、EPDM、乙烯/辛烯共聚物（POE）等。为了获得良好的增韧效果，共混体系中，弹性体分散相与 PA6 应具有良好的界面相容性。由于 PA 与这些弹性体热力学是不相容的，简单共混性能很差，因此，必须加入相容剂才能得到韧性优良的共混材料。常用接枝聚合物作用相容剂，弹性体接枝 MAH 是最常用的相容剂，如 EPDM-g-MAH、EPR-g-MAH 等，较新的相容剂是环氧化的 EPDM。这些弹性体上接枝的 MAH 官能团在与 PA6 熔融共混时很容易与 PA6 上的端氨基反应形成化学键，进行反应性增容，提高了界面相容性，从而大大提高了 PA6 的韧性，其室温下缺口冲击强度较 PA6 提高十几倍甚至二十倍、−40℃ 冲击强度也提高了数倍。

Zytel ST 系列第一个牌号 801 是 PA66 母体树脂中加入 EPDM 接枝 MAH 弹性体，属于通用抗冲击牌号，使 PA66 冲击强度超过 PC，并保持 PA 的耐化学性、挠曲性和耐磨性。后来又相继开发了 ST801 BK101（含分散很好的炭黑），除高冲击强度外，耐候性极好。ST901 内含无定型树脂、除有极高冲击强度外，成型收缩率小，在较宽的温度和湿度范围内均仍能保持良好的性能，是最引人注目的牌号。Zytel ST 系列合金的 Izod 缺口冲击强度可达 880J/m，比 PA6（43J/m）提高了 20 倍以上。

大量研究表明，采用 EPDM-*g*-MAH、EPR-*g*-MAH 来改善弹性体与 PA6 的界面黏结性是十分有效的，所制备的合金冲击强度基本在 1000J/m 左右，达到超韧目的。

前面已经介绍"壳-核"聚合物对 PVC 具有明显的增韧作用，由于这种聚合物的特殊结构和明显的韧性作用也逐渐应用到工程塑料的增韧改性。

热塑性弹性体作增韧剂的主要品种为 SBS 和 SBS 经氢化后的 SEBS。为改善增韧体系相容性，也要加入相容性，如、SBS-*g*-MAH、SEBS-*g*-MAH。

乙烯-辛烯（POE）共聚物是使用茂金属催化剂聚合而成的一种聚烯烃，具有良好的韧性。POE 与 PA6 也是不相容体系，需要加入相容性，如 POE-*g*-PA6，同样 POE 上接枝的马来酸酐与 PA6 发生化学反应，起到反应性增容的作用，共混合金的缺口冲击强度是 PA6 的 12 倍。

PA6/弹性体的高韧性特征适合高级汽车保险杠、体育运动器材及防护件，如滑雪板、保龄球、头盔、护板等，也适合于交通运输工具配件制造。

随着汽车、电子电器、机械等领域的快速发展，超韧 PA6 应用范围会越来越广。

14.5.4 增强改性

纤维增强和无机填充 PA 技术比较成熟，是改善 PA 性能最常用的两种方法。PA 主要的增强和填充剂为：①GF，PA66、PA6 中一般最多可加 50%，PA6、P411、PA12 中最高加入量为 30%；②玻璃微珠，PA66，PA12 中可加 50%；③CF 和石墨纤维，PA6 中可加 20%，PA66、PA11、PA12 中可加 40%，炭黑和石墨添加量一般不超过 5%；④金属粉末（铝、铁、锌、铜），可提高树脂热变形温度和导电性；⑤二氧化硅和硅酸盐，最多可加 40%；⑥液晶聚合物，最高加入量为 30%。

目前所用纤维主要是 GF，其次为 CF 和芳纶纤维（如 Kevlar）。GF 的比强度和杨氏模量比 PA 大 10～20 倍，线膨胀系数约为 PA 的 1/20，吸水率接近于零，具有耐热和耐化学药品性好的特点，从 1955 年开始，它就用于热塑性塑料的增强改性领域。通常主要使用的是无碱 GF。

纤维增强体系的性能一是受纤维与聚合物之间结合力的控制。提高结合力的关键一是表面进行处理，GF 表面处理广泛采用硅烷偶联剂；二是纤维的长度。短纤维增强 PA 在混合过程中被剪碎，长度一般为 0.2～0.4mm。长 GF 比短 GF 具有更强的增强效果、更高的刚性、抗破裂性、抗蠕变性和缺口冲击强度；三是纤维加入量。一般纤维的添加量为 20%～40%，当 GF 含量大于 40% 时，熔体黏度增大，给成型带来困难。但高含量 GF 增强的 PA 具有突出的强度和刚性，仍然广为使用，在合适的成型工艺条件下，加入量一般为短纤维只能达到 40%～50%，长纤维可达 60%～70%。增强和填充改性后工程塑料的变化趋势见表 14-11。

表 14-11 PA 工程塑料增强改性性能变化趋势

性　　能	玻璃纤维	碳纤维	无机物填充
拉伸强度	√	√	√
断裂伸长率	×	×	×
弯曲模量	√	√	√
悬梁冲击强度	√	√	√
磨耗	×	×	

续表

性　能	玻璃纤维	碳纤维	无机物填充
热性能			
热变形温度(1.82MPa)/℃	√	√	√
线膨胀系数	√减少	√减少	√减少
电性能			
体积电阻率	○	○减少	○
介电常数	○	○	○
介电强度	○	○	○
其他性能			
密度	×增加	×增加	×增加
吸水性	√减少	√减少	√减少
成型收缩率	√减少	√减少	√减少
各向异性	×增加	×增加	√减少

注：√表示增加或向好的方向发展；○表示没有变化或变化不定；×表示变差或向不好的方向发展。

表 14-12　玻璃纤维增强各种 PA 的性能

性　能	PA6	PA66	PA46	MXD6	改性 PA6T	PA9T	PA6/6T	PA66/6T
玻璃纤维质量分数/%	30	30	30	30	30	33	35	30
密度/(g/cm³)	1.37	1.37	1.41	1.45	1.42		1.44	
拉伸强度/MPa								
（干态）	155	175	206	206	160		224	180
（65%RH）	100	130	140	161	140		204	
断裂伸长率/%								
（干态）	4	7	4	2	2		3	5
（65%RH）	5	7	20	2.4	2		3	
弯曲强度/MPa	225	225	280	261	250	216		280
弯曲模量/GPa								
（干态）	8.0	8.3	8.7	11.8	9.5		12.2	12.3
（65%RH）	4.5	5.8	6.5	10.0	9.0	10.0	12.2	12.7
缺口冲击强度/(J/m)	90	95	110	84	80	88	133	100
热变形温度(1.82MPa)/℃	215	229	285	232	295		255	290
吸水率(23℃,24h)/%	1.0	1.5	0.2	0.3	0.09			0.2
成型收缩率/%								
（流动方向）	0.6	0.3	0.4	0.4	0.4		0.3	
（厚度方向）	1.1	1.0		0.6	0.9		0.4	

表 14-13　长短玻璃纤维增强 PA6 的性能

性　能	数值			
玻璃纤维长度/mm	4	7	10	13
拉伸强度/MPa	154.7	157	160.2	164.4
弯曲强度/MPa	195.4	225	222.8	242.8
弯曲模量/GPa	8.91	10.22	10.82	11.22
缺口冲击强度/(kJ/m²)	13.7	15	16.1	17.5

由表 14-12 可见，GF 可大幅度地增加 PA 的拉伸、弯曲和冲击强度，提高耐热性、降低吸水性，尺寸稳定性和抗蠕变性也明显提高。表 14-13 表明，长纤维增强效果明显优于短纤维，这是由于一方面，长纤维在复合材料中是相互交织一起的无序排列，不同于短纤维在复合材料中是沿流动方向排列；另一方面，纤维长度的增加，纤维与 PA 接触面积增大，破

坏过程中从基体中抽出的阻力增大，从而提高了抵抗拉伸力的能力。

CF 具有质轻、拉伸强度高、耐磨损、耐腐蚀、抗蠕变、导电、传热等特点，与 GF 相比，模量高 3～5 倍，因而是一种获得高刚性和高强度 PA 树脂的优良增强材料。根据 CF 长度、表面处理方式及用量不同，还可以制备综合性能优异、导电性能各异的导电材料，如抗静电材料、电磁屏蔽材料、面状发热体材料、电极材料等。CF 增强的 PA66，具有高强度、高热稳定性和尺寸稳定性、高温蠕变小、耐磨、阻尼性能优良等特性。亦有许多国外公司开发和生产。

与国外相比，我国生产 PA66 的厂家虽然较多，但大都集中在通用产品，开发高增强 PA66 的较少。芳纶纤维（Kevkar）增强 PA 具有良好的综合性能。其特点是翘曲小、摩擦和磨损特性好、热膨胀系数小，特别是力学性能与方向无关。与 GF 增强的 PA 相比，具有优异的各向同性，模塑收缩和热膨胀几乎与流动性无关，但机械强度不及 GF 和 CF 增强的 PA。

增强 PA66 用途广泛，特别是 GF 增强 PA66，在汽车制造是其最大的应用领域。如 GF 增强增韧 PA66 具有耐磨、耐溶剂、耐油性、耐热、耐寒、易成型、自润滑、高的电绝缘性、尺寸稳定性、抗蠕变性极佳等优点，广泛用于汽车内外装饰和结构部件，如仪表、汽车车身壁板、连接的拉杆、汽车车盖、发动机罩等；还可以替代金属用于生产从车体到轴承，齿轮螺丝等各零部件的结构材料。在机械工业 GF 增强 PA 用于制造电钻和电机外壳、螺旋桨、泵叶轮、轴承、齿轮、轴套、滑轮、螺母、螺帽、手柄、拨叉、绝缘块、工具把手、开关等，也可加工成管、棒等型材。在电子电器行业中，可生产电子电器绝缘件，精密电子仪器部件，接线柱以及电工照明器具等。在高速铁路要求铁路轨道结构具备较高刚性，稳定性及适宜的弹性，实现高质量，少维修。发展增强增韧改性的复合材料是一大趋势，而高增强增韧 PA66 在这一行业也显示了较大的优越性。它可作为钢轨绝缘件，如槽、管、轨端、岔轨的塑料套，挡板座以及车辆心盘衬垫等。在其他行业中，增强 PA66 可用于制造飞机零件；高增强 PA66 可以代替铝合金制造导弹发动机部件；生产越野比赛中的自行车轮，自行车踏板以及雪橇、滑板、高尔夫球棒等体育用品和办公用品。

14.5.5 填充改性

在 PA 中填充无机矿物增强是常用的简便有效的方法。常用的填充剂与聚烯烃类似，如碳酸钙、滑石粉、云母、硅灰石、粉煤灰、稀土矿物等。填充量为 10%～30%，也可高达 40%～60%。为了达到增强改性效果，对填充剂都要进行表面改性，常采用偶联剂，详见 9.9.3 节。

无机粒子除了具有增强效果之外，还有一定的增韧能力，虽然无机粒子增韧能力不及弹性体，但它在增韧 PA 的同时也改善了拉伸强度等性能。

无机刚性粒子的增韧机理相比 ROF 增韧机理的研究起步比较晚，理论还不成熟。目前 RIF 粒子的增韧机理主要有"空穴增韧"和"银纹-剪切"两种理论。

"空穴增韧"是把 RIF 粒子看作球状颗粒，形变发生时基体对颗粒的作用力在两极为拉应力，赤道附近位置为压应力。当无机粒子与聚合物之间的界面结合力较弱时，由于两极拉应力的作用，会在两极首先发生界面脱黏，使颗粒周围形成一个空穴，依据对空穴的应力分析，在空穴赤道面上的应力为本体应力的 3 倍，因此在本体应力尚未达到基体屈服应力时，局部已开始产生屈服，转变为韧性破坏而使材料韧性提高。

"银纹-剪切"理论认为 RIF 均匀分布在基体中，当基体受到冲击时，由于 RIF 粒子的存在产生应力集中效应，易激发周围树脂产生银纹，同时粒子之间的基体也产生屈服，发生塑性变形，吸收冲击能，促进了基体树脂脆韧转变，达到增韧效果，而且 RIF 的存在使基体树脂裂纹扩展受阻和钝化，阻止裂纹发展为裂缝。随着粒子粒度变细，粒子的比表面积增大，粒子与基体之间接触界面增大，在受冲击时，会产生更多的银纹和塑性变形，从而吸收更多的冲击能，增韧效果提高。无机纳米粒子增强增韧机理还在研究中。表 14-14 为 PA6 填充纳米 SiO_2 的性能。

表 14-14　PA6 填充纳米 SiO_2 的性能

SiO_2 质量分数据/%	缺口冲击强度/(kJ/m²)	拉伸强度/MPa	断裂伸长率/%
0	10.2	65.0	52
0.03	9.8	65.2	54
0.05	18.6	64.6	180
0.1	22.8	67.2	242
0.2	23.2	66.8	228
0.5	22.6	64.2	231
5	8.8	92.0	30

以矿物填料与 GF 掺混使用来增强改性塑料也是一种有效手段。如果单独加入 GF，由于 GF 本身的各向异性，成型时易发生流动取向，导致制品收缩变形，表面粗糙，而与矿物填料掺混可以克服这一缺点，同时无机矿物价格低廉，加入后有利于降低成本。以一种无机物作为增强剂，有可能由于自聚影响增强效果；若用两种增强剂，则通过不同增强剂之间的作用力而相对削弱同种增强剂的聚集力，掺混过程中易于进行力和能量的传递而形成良好的分散，充分发挥不同增强剂的各自优势，体现良好的堆砌作用，使材料的宏观力学性能得到提高。

14.5.6　阻燃改性

随着人们对环境保护和使用安全的要求日益增高，汽车、电子电器、机械仪表、家用电器、办公室和通信设备等领域对阻燃的要求越来越严格。而 PA 较易燃，燃烧时容易滴落、起泡，限制了其应用，因此，阻燃改性也是 PA 改性的重要方法之一。

PA 的阻燃主要通过两种途径实现：①添加阻燃剂，实质上是填充改性的一种，通过机械共混方法，将阻燃剂和 PA 混合在一起，使其获得阻燃性；②使用反应型阻燃剂，阻燃剂是作为一种反应单体参加反应，并结合到 PA 大分子的主链或侧链上去，使 PA 本身含有阻燃成分，不需要阻燃处理即具有本质阻燃性。由于阻燃成分与 PA 分子链通过化学键相连，所以不存在填充阻燃剂体系中存在的阻燃剂挥发、溶出、迁移和渗出等问题，是一种较为理想的方法，但加工工艺复杂，成本也比较高，适用于具有高附加值 PA 的阻燃。

PA66 如不加阻燃剂，其阻燃性属 UL94 V-2 级，只有加入阻燃剂后才能达到 UL94 V-0 级。

阻燃剂品种繁多，分类方法各异，如可分为无机和有机类，含卤素和无卤类。常用的阻燃剂有卤系、磷系、氮系、硅系、膨胀型等有机阻燃体系以及 $Mg(OH)_2$、$Al(OH)_3$、锑系等无机阻燃剂，每个系列还可以分类，如磷系分有机和无机磷系，各系列有众多的品种。可以添加单一组分阻燃剂，也可以多种阻燃剂复合使用。阻燃剂不同，阻燃机理也不同。

卤素类阻燃剂在燃烧过程中伴随着有毒和腐蚀性气体的产生，对生命带来严重伤害，对环境造成严重污染，欧洲从 2006 年起禁止使用多溴二苯醚和多溴化苯之类溴化物作阻燃剂，逐步淘汰和禁用卤系阻燃剂，特别是用溴代二苯醚类阻燃剂制备的阻燃 PA，燃烧时产生致癌物二噁英和溴代二苯并呋喃。无卤阻燃剂由于无毒、低发烟性、高效、无污染等特性，成为大力发展的品种，也是阻燃聚合物发展的方向。

14.5.7 聚酰胺纳米复合材料

14.5.7.1 PA/黏土纳米复合材料

纳米复合材料（nanocomposites，NC）这一概念在 1984 年由 Roy 首次提出，是指复合体系的分散相至少有一个相的一维尺寸达到纳米级（1～100nm）的材料，它适用于以陶瓷、金属和高分子材料为基体的复合材料。由于纳米分散相大的比表面和强的界面相互作用，NC 表现出不同于一般宏观复合材料的力学、热学、电、磁和光学性能，成为新一代复合材料。NC 的分类如下。

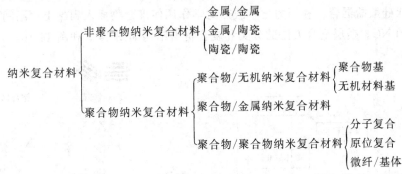

世界上首次制备的聚合物基 NC 于 1987 年由日本丰田中央研究院的 Okada 公开报道，他采用插层聚合法制备了 PA6/黏土 NC，黏土是具有层状结构的硅酸盐，当它与聚合物以纳米尺度相复合时，由于纳米级相分散、强界面相互作用以及独特的结构和形态，使得聚合物/黏土 NC 具有常规聚合物/无机填料体系所不具备的一系列优异的性能。因此，聚合物/黏土 NC 成为目前研究最多、最早实现工业化的新一代高性能聚合物基复合材料，在世界范围内得到了广泛的重视，已取得明显进展，新产品不断问世和应用。BASF、Solu、Tia、荷兰 TNO 以及美国 Eastman、LNP 和 Du Pont 等公司也都分别推出了工业化生产的 PA 系列 NC。

1994 年中科院化学所在国内率先报道了 PA6/蒙脱土 NC，并发明了"一步法"制备 PA6/蒙脱土 NC，也获得了应用。此后有许多单位开展了此类研究开发。

（1）黏土结构和改性　聚合物/黏土 NC 中使用较多的是黏土，黏土为层状 2：1 型硅酸盐，如钠蒙脱土（sodiummont-morillonite）、锂蒙脱土（hectorite）和海泡石（sepiolite）等。蒙脱土（MMT）是研究最多的一种。其基本结构单元是由一层铝氧八面体夹在两层硅氧四面体之间靠共用氧原子而形成的层状结构，层内原子以强的共价键结合为主，而层之间则以弱的范德瓦耳斯力或静电引力相互作用为主，每个结构单元厚约为 1nm、长宽均为 100nm 的片层，层间有可交换的 Na^+、Ca^{2+}、Mg^{2+} 等阳离子。蒙脱土（MMT）的结构如

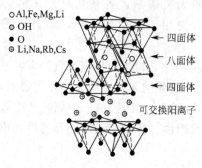

○Al,Fe,Mg,Li
◎ OH
● O
⊕ Li,Na,Rb,Cs

← 四面体
← 八面体
← 四面体

可交换阳离子

图 14-8　蒙脱土的晶体结构示意

图 14-8 所示。

　　研究表明，只有当聚合物分子插入到黏土片层之间，才能得到聚合物/黏土 NC。由于黏土具有明显的亲水性，未经改性的黏土，单体或聚合物分子难以插入到层间形成 NC，因此，对黏土进行有机化改性是必需的。常采用插层剂与蒙脱土层间阳离子进行交换，插层剂进入层间，使得层间距增大，层间微观环境发生变化，黏土亲油性增加，从而有利于单体或聚合物分子插入生成聚合物/黏土 NC，因此插层剂的选择是制备聚合物基 NC 的关键步骤之一。常用的插层剂有烷基铵盐、季铵盐、吡啶类衍生物和其他阳离子型表面活性剂等。

　　(2) 制备方法　插层复合法 (intercalation compounding) 是制备聚合物/黏土 NC 的重要方法。插层复合法又分为两大类。①插层聚合法 (intercalation polymerization)，即先将聚合物单体分散、插层进入黏土片层中，然后原位聚合，利用聚合时放出的热量，克服硅酸盐片层间的库仑力，使其剥离 (exfoliate)，从而使硅酸盐片层与聚合物基体间以纳米尺度相复合，形成剥离型结构的 NC。②聚合物插层 (polymer intercalation)，即将聚合物熔体或溶液与层状硅酸盐混合，利用力化学或热力学作用使聚合物插入到黏土片层间，一般形成插层型结构的 NC。插层复合方法的分类和复合材料结构如图 14-9 和图 14-10。

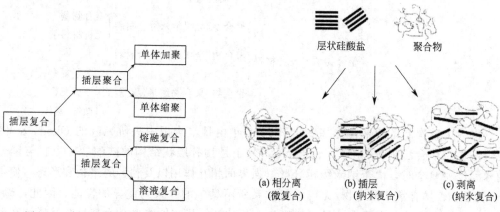

图 14-9　插层复合方法示意

图 14-10　聚合物/黏土 NC 结构示意

　　根据制备方法不同，可得到不同结构的聚合物基 NC。用一般的共混方法只能制得图 14-10(a) 结构的复合材料，聚合物分子链没有插入黏土片层间，分散相没有达到纳米尺寸分散，其性能与传统复合材料没有差别。第二种结构 [图 14-10(b)] 为插层型结构，聚合物分子链进入黏土片层之间，由于聚合物链的体积效应使片层间距增大，相互作用面积显著增加，但近程仍然保持层状结构（一般由 10～20 层组成），层与层之间基本保持平行排列，而远程则是无序的。第三结构 [图 14-10(c)] 为剥离型，黏土片层结构完全被聚合物链破坏，层状硅酸盐全部被解离为厚为 1nm 左右，宽为 100nm 左右的片层结构，单元片层以纳米尺度均匀地分散在聚合物基体中，从而实现聚合物与无机层状材料在纳米尺度上的复合，形成聚合物 NC，这种结构对改善聚合物性能极为有利，是研究的重点。

　　(3) 性能　以 PA6 为基体的 NC 的性能区别于传统无机填充材料，体现了一系列特点和优点。①填充量少，质轻。只需很少质量分数（一般不超过 10%）即可得到高强度、高模量、高耐热性及韧性，而常规纤维、矿物填充的复合材料需要高得多的填充量（20%～30%），且各项性能指标不能兼顾。②具有优良的热稳定性及尺寸稳定性。材料的力学性能和尺寸稳定性随温度变化小。③在低剪切速率下具有较高的非牛顿流体熔融黏度，具有优异的低毛边（Burr）特性。黏土含量低（一般<10%），不会改变聚合物流动性和加工性，制品表面光洁。④因结晶速率快，成型时加工周期较短。⑤使用白度较高的层状硅酸盐，材料具有优越的色调和外观特性。⑥具有大的径厚比的硅酸盐片层均匀地分散在 PA 中，对于气体或液体小分子等是不可渗透的，使得它们在聚合物中的扩散运动须绕过这些片层，增加了气体、液体分子扩散的有效路径，因此，提高了对气体和液体的阻隔性能。同样道理，还可以提高复合材料的耐溶剂性能。⑦由于黏土与聚合物之间强的相互作用，及黏土本身的特性，NC 提高了阻燃性。表 14-15 为日本 Unitika（尤尼奇卡）株式会社制备的 PA6/MMT NC 的基本性能；表 14-16 为纳米 PA 与其他 PA 性能比较。

表 14-15　日本 Unitika 株式会社制备的 PA6 NC 与通用 PA6 力学性能的比较

性能	PA6-NC		PA6	PA6(无机物填充 35%)	PA66
牌号	M1030D	M1030DG20	A1030JR	A3130	A1253
相对密度	1.15	1.29	1.14	1.42	1.14
拉伸强度/MPa	93	113	87	86	81
断裂伸长率/%	4	4	100	4	55
弯曲强度/MPa	158		108	137	113
弯曲模量/GPa	4.5	8.2	2.9	6.1	2.9
缺口冲击强度/(J/m)	45	49	49	39	55
热变形温度/℃					
1.8MPa	152	195	70	172	100
0.45MPa	193	212	175	208	235

由表 14-16 可以看出，PA6 NC 中蒙脱土含量仅为 5%时，拉伸强度及模量比 PA6 有了较大提高，尤其是热变形温度提高了 1 倍以上。

表 14-16　纳米 PA 与其他 PA 性能比较

性能	PA 纳米复合材料	填充 40%的 PA6	填充 15%GF PA6	纯 PA6
密度/(g/cm³)	1.26	1.51	1.25	1.14
拉伸强度/MPa	97	95	117	77
断裂伸长率/%	5	4	5	200
弯曲强度/MPa	132	155	166	105
弯曲模量/GPa	6.3	6.3	5.3	2.8
比刚性/GPa	5.0	4.2	4.2	2.5
悬臂缺口冲击强度/(J/m)	53	40	74	40
热变形温度/℃				
(0.45MPa)	201	197	210	188
(1.8MPa)	150	150	175	77
成型收缩率%	0.5	0.8	0.5	1.6

优异的力学性能是 PA/黏土 NC 的一大优势。黏土的加入能够显著提高 PA 的力学性能，纳米尺寸的层状黏土片层具有巨大的表面积，表面的原子非常活泼，与 PA 具有较强的

相互作用。此外 PA 也会与黏土片层形成氢键或发生静电作用，起到物理交联点的作用，该物理交联点与 PA 分子链"钉锚"在一起，当体系受到外力作用时，这些物理交联点受到破坏，吸收能量，使材料的冲击性能和弯曲性能得到改善。NC 中黏土片层的离散程度越大，或片层间距越大，PA 分子链与黏土片层的结合概率也就越大，"物理交联点"也越多，因此力学性能提高就越明显。

（4）加工和应用　由于黏土加入少，不影响聚合物的流动性，因此，可以采用原有的加工方法进行成型加工。

聚合物/黏土 NC 成为实际工业生产最主要的聚合基 NC 品种。作为其中代表，PA6/蒙脱土 NC 已在 20 世纪 90 年代实现工业生产，成为第一类工业化的聚合物 NC。分别为 1990 年日本丰田中央研究所/宇部兴产公司的 UBEナイロン，1995 年ユニチカ公司的 M1030Dシステマ。此后已有众多国内外厂家生产，如 Bayer、Nancor、Montell、Honeywell、Estman 和 GE 等公司。

聚合物/层状硅酸盐 NC 的优良性能使其在航空、汽车、家电、电子、包装等领域具有广阔的应用前景。丰田、GM 等汽车公司已成功地将 PA6/黏土应用于汽车上制造零部件。

14.5.7.2　PA/碳纳米管纳米复合材料

碳纳米管（carbon nanotubes，CNTs）是由日本的 Iijima 在 1991 年发现的。CNTs 的发现又打开了人们认识碳材料世界的一扇大门，带来了一种新兴的材料——聚合物基/CNTs 复合材料。CNTs 分为多壁和单壁 CNTs。

（1）碳纳米管的结构和形态　CNTs 是由单层或多层石墨烯片围绕中心按一定的螺旋角卷曲而成的无缝纳米级管，含有一层石墨烯片层的称为单壁碳纳米管（Single walled carbon nanotubes，SWCNTs），多层的则称为多壁碳纳米管（Multiwalled carbon nanotubes，MWCNTs）。SWNTs：典型的直径和长度分别为 $0.75 \sim 3nm$ 和 $1 \sim 50 \mu m$。因 SWNT 的最小直径与富勒烯分子类似，故又称富勒管（Fullerenes tubes）或巴基管（Bucky tube）。MWNTs：形状像个同轴电缆。其层数从 $2 \sim 50$ 或者上百，层间距为 $0.34 \pm 0.01nm$，与石墨层间距（0.34nm）相当。典型直径和长度分别为 $2 \sim 30nm$ 和 $0.1 \sim 50 \mu m$。根据构成 SWNTs 的石墨层片的螺旋性，可以将 SWNTs 分为非手性型（对称）和手性型（不对称）。非手性型是指 SWNTs 的镜像图像同它本身一致。有两种非手性型管：扶手椅型（armchair）和锯齿型（zig-zag），形象地反映了每种类型 CNTs 的横截面碳环的形状。手性型管（chiral）则具有一定的螺旋性，它的镜像图像无法同自身重合，如图 14-11 所示。CNTs 长径比特别大，从 $100 \sim 1000$，最高可达 $1000 \sim 10000$，完全可以认为是准一维的量子线，由此产生量子物理效应。

（2）碳纳米管的性能　CNTs 具有超级的力学性能，在 CNTs 中，碳原子之间存在着三种基本的原子力，包括：强的 δ 键合，C—C 键之间的 π 键以及多壁 CNTs 层与层之间的相互作用力，研究显示 CNTs 具有相当高的弹性模量，可达 1TPa，强度是钢的 $10 \sim 100$ 倍；MWCNTs 的轴向杨氏模量为 $200G \sim 4000GPa$、抗拉强度达到 $50 \sim 200GPa$、轴向弯曲强度为 14GPa、轴向压缩强度为 100GPa，并且具有超高的韧性，理论最大延伸率可达 20%，密度却只有钢的 1/6。CNTs 无论是强度还是韧性，都远远超过任何纤维，可以认为是一种"超级纤维"。假设用 CNTs 做成绳索，是迄今唯一可从月球挂到地球而不会被自身重量拉断的绳索。

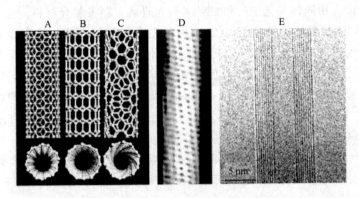

图 14-11 碳纳米管结构示意

A—非手性扶手椅形 SWNT；B—非手性 Z 字形 SWNT；

C—手性 SWNT；D—螺旋状 CNT；E—MWNTs 截面图

它耐强酸、强碱、耐热冲击、有优异的热和电性能；高温强度高、有生物相容性和自润滑性。在真空中 2800℃ 不氧化，在空气中 700℃ 基本不氧化。对于导电性，根据 CNTs 螺旋性及直径的不同，CNTs 可以是导电的，导电性和铜一样，也可以是半导体性的，甚至在同一根碳纳米管上的不同部位，由于结构的变化，也可以呈现出不同的导电性。CNTs 具有很高的热导率，热传导是金刚石的两倍。多壁碳纳米管的基本性能见表 14-17。

表 14-17 多壁碳纳米管的基本性能

项 目	指 标	项 目	指 标
弹性模量/TPa	约 1(单壁管)	真实比重/(g/mL)	2
杨氏模量/TPa	约 1.8(多壁管)	体积比重/(g/mL)	0.1
杨氏模量/GPa	200～4000(多壁管)	吸水率/(mL/100g)	450
抗拉强度/GPa	50～200	比表面积/(m³/g)	250
弯曲强度/GPa	14(多壁管)	最大电流密度/(A/m²)	1013(单壁管)
压缩强度/GPa	100(多壁管)	热导率/[W/(m·K)]	2000(单壁管)

（3）修饰 CNTs 比表面积很大，极易团聚，很难分散，为了使其在聚合物基体中起到良好的增强作用，需要对 CNTs 表面进行修饰和功能化，使其表面接枝羰基、羟基、羧基等官能团，增加与聚合物的相容性，促进分散，并可参与聚合反应。修饰的方法主要有物理包覆，化学改性和高能改性。

物理包覆：采用低分子有机化合物或高聚物对 CNTs 表面进行包覆。

化学改性：在碳纳米管上接枝不同的功能基团，是目前改性方法中最有效和常用的方法，有以下几种：①浓硫酸和浓硝酸纯化修饰可以打断碳纳米管，并使 CNTs 出现活性管端和侧壁活性，在管壁上和管端连接上—COOH 和—OH；②用浓硫酸和过氧化氢（30%）（4∶1）混合液可在 CNTs 表面接枝上羧基和羟基；③前面①的修饰可进一步反应，如在室温下用亚硫酰氯酰化，羟基与甲醛反应形成—CH₂OH 基团。

高能改性：利用高能电晕放电、紫外线、等离子体等对 CNTs 进行表面改性，如用等离子体可把—CHO、—NH₂ 接枝到 CNTs 表面；用臭氧氧化法可把羧基、芳基、酯基等接枝到 CNTs。

（4）PA/碳纳米管复合材料的制备方法

①原位聚合法。原位聚合法是利用 CNTs 表面的官能团参与聚合，或打开碳纳米管的 π 键参与聚合反应原位制备纳米复合材料。②熔融共混法。CNTs 与聚合物通过熔融方式混合

而得。③其他方法。用固体磨把 PA 和 CNTs 一起研磨，制备复合材料。

（5）PA/CNTs 复合材料的性能　PA/CNTs 复合材料的性能与许多因素有关，目前仍然在研究中。特别注意的是，CNTs 极高的长径比使其性能易受到排列的影响，这类似于传统的纤维增强聚合物。因此，PA/CNTs 复合材料的力学、电学、光学、热学等性能与CNTs 在聚合物基体中的排列密切相关。CNTs 在聚合物基体中的有序排列将会使纳米复合材料（NC）产生各向异性的力学、电学、热学等性能。能够控制 CNTs 在聚合物中均匀分散和有序排列是制备包括 PA 在内聚合物基 CNTs 复合材料的理想境地。

① 力学性能。CNTs 本身具有优异的力学性能，与聚合物复合会大大提高了材料的强度和模量。采用原位法制备的 PA6/CNTs 复合材料，其力学性能见表 14-18 所列。

表 14-18　原位法制备的 PA6/CNTs 复合材料的力学性能

试样编号	CNT 质量分数/%	拉伸强度/MPa	冲击强度/(kJ/m^2)	断裂伸长率/%
自制 PA6	0.0	54.7	12.40	330
商品 PA6	0.0	64.5	9.50	400
1	1.0	78.0	10.78	250
2	2.0	86.3	10.01	210
3	5.0	105.4	8.67	76
4	9.0	119.7	5.53	57
5	12.0	128.3	4.42	33
6	15.0	130.0	4.03	31
7	18.0	97.3	3.78	28

可以看出，在保持较高的冲击韧性和延伸率的前提下，PA6/CNTs 复合材料的拉伸强度有较大幅度的提高。其中 CNTs 加入量为 15.0% 时，复合材料的拉伸强度最大提高了2 倍。

② 热性能。研究表明，碳纳米管的存在显著提高了复合材料在空气中的热稳定性。纯化的 PA6/多壁 CNTs 复合材料在空气和氮气气氛下都显示两步降解，而纯 PA6 和 PA6/胺化的多壁碳纳米管复合材料却仅在空气气氛下表现两步降解。

③ 电和电化学性能。将 CNTs 添加到聚合物基体中可以使复合材料的电导率增加几个数量级，同时可以保持复合材料的力学和透明性等性能，特别是长径比高达 1000 的 CNTs可以极大地降低复合材料的渗滤阈值，这是其他填料无法达到的。CNTs 复合材料的第一个商业应用就是它的导电性能。

（6）PA/CNTs 复合材料的应用现状　主要用于静电喷涂和静电消除材料，同时由于CNTs 复合材料具有良好的导电性能，因此是用于静电消除、芯片加工、磁盘制造及洁净空间等领域的理想材料。聚合物/CNTs 复合材料主要用在汽车的燃料系统：燃料管线、密封环、过滤器、泵舱等。还可用做汽车的外壳部分，比如挡板、镜架、门把手等塑料面板的在线喷涂，可以在同一条生产线上，同时喷涂金属部件和塑料部件，两部件颜色匹配良好。

14.6 其他聚酰胺

14.6.1 聚酰胺 1010

聚酰胺 1010 化学名称为聚癸二酰癸二胺〔poly（decamethylene sebacamide），

PA1010]，也称尼龙 1010（Nylon1010）。PA1010 是我国独创的品种，于 1958 年上海赛璐珞厂（原上海长红塑料厂）研制成功，1959 年实现工业化生产的。此后吉林、江苏、山东、四川、湖北、北京等地相继建厂生产。2013 年法国 Arkema（阿科玛）公司以蓖麻油为原料生产出尼龙 1010 新产品。

14.6.1.1 反应原理和生产工艺

（1）反应原理 PA1010 由癸二胺与癸二酸缩聚而成，反应方程式如下：

① PA 盐 1010。

$$H_2N(CH_2)_{10}NH_2 + HOOC(CH_2)_8COOH \longrightarrow H_3^+N(CH_2)_{10}NH_3^+ \ O^-OC(CH_2)_8COO^-$$

② 缩聚反应生成 PA1010。

$$nH_3^+N(CH_2)_{10}NH_3^+ \ O^-OC(CH_2)_8COO^- \longrightarrow \left[CO(CH_2)_8CONH(CH_2)_{10}NH\right]_n + (2n-1)H_2O$$

（2）生产工艺 PA1010 分两步，以农作物蓖麻油为原料，制得癸二酸和癸二胺。第一步，二酸和二胺中和生成 PA1010 盐；第二步，PA1010 盐经缩聚得到 PA1010。

首先癸二酸和癸二胺分别溶解在乙醇中，以等物质的量之比在中和釜中进行反应制得 PA1010 盐。反应温度 75～77℃。

PA1010 盐缩聚反应有间歇和连续工艺，目前采用间歇式较多。物料在聚合釜中进行，反应温度 240～260℃，压力 1.2～2.5MPa。加入少量癸二酸调节分子量，反应结束后用 CO_2 将熔融的 PA1010 排出，经冷却、造粒得成品。

14.6.1.2 结构与性能

（1）结构 化学结构式为：

$$\left[\underset{\overset{\|}{O}}{C}(CH_2)_4\underset{\overset{\|}{O}}{C}-N-(CH_2)_{10}NH \right]_n$$

PA1010 的晶体结构。按同质类晶规律，PA1010 与 PA66 同为偶-偶尼龙，结构重复单元相似，PA1010 的 WAXD 曲线与 PA66 的 α 晶型相似，属三斜晶系。

（2）性能 基本特点：为白色或微黄色、半透明的高结晶性聚合物。质轻且坚硬，不但具有 PA 的机械强度高、表面硬度大、耐磨性好、摩擦系数小等一般优点，还具有相对密度小，吸水率低，电性能优良，消音性、自润滑、尺寸稳定性、电气绝缘性和流动性优良。在 $-40℃$ 下仍保持一定韧性。对大部分非极性溶剂稳定，如烃类、酯类、低级醇类等，但易溶于极性溶剂，如苯酚、甲酚、浓硫酸等。耐霉菌、细菌和虫蛀，是一种极优良的工程塑料。基本性能见表 14-19。

表 14-19 PA1010 的基本性能

性 能	数 值	性 能	数 值
相对密度	1.03～1.07	连续使用温度/℃	80
拉伸强度/MPa	50～60	体积电阻率/$\Omega\cdot cm$	$\geqslant 10^{14}$
断裂伸长率/%	250	介电常数(10^6Hz)	3.6
缺口冲击强度/(J/m)	40～50	介电损耗角正切(60Hz)	0.03
弯曲强度/MPa	70～80	介电强度/(kV/mm)	10～15
弯曲模量/MPa	1300	吸水性(24h)/%	0.39
耐寒温度/℃	-60	成型收缩率/%	1.0～1.5

与 PA6、PA6 相比，PA1010 具有更好的尺寸稳定性、自润滑性和较低的密度和吸水率等性能，但缺口冲击强度却远低于 PA6 和 PA66。PA1010 的布氏硬度和 PA6 相近，抗蠕变性能较 PA66 差，抗冲击性也不如 PA6、PA66，综合性能一般。

PA1010 熔体流动性好，易于成型加工，但熔体温度范围较窄，高于 100℃ 时长期与氧接触会逐渐呈现黄褐色，且机械强度下降，熔融时与氧接触极易引起热氧化降解。

14.6.1.3 加工与应用

PA1010 可采用常用的热塑性塑料的加工方法，以注射、挤出成型为主。尼龙 1010 的熔点为 205℃，熔融温度范围较窄（约 10℃）；熔体的流动性大、热稳定性差，而且容易降解，成型收缩率较大。因此在成型工艺条件时应注意以上特点。

PA1010 应用广泛，曾经是我国 PA 的主导品种。广泛应用于航天航空、造船、汽车、纺织、仪表、电气、通信、医疗器械等领域。经注射成型可生产齿轮、轴承、活塞、叶轮、衬套、密封圈及其他电子电器零件等。增强后可用作泵的叶轮、自动打字机的凸轮、各种高负荷的机械零件、工具把手、电器开关、设备建筑结构件、汽车、船舶的加油孔盖轴承、齿轮等。

14.6.1.4 改性

为提高性能、扩大应用，对 PA1010 的改性已做了大量工作，主要改性方法有共聚、共混、填充、增强与交联等。

（1）共聚 无规、嵌段共聚已用于 PA1010 的改性。主要有 PA1010/PA66 和 PA1010/PA6 的无规共聚物。PA1010/PA6 的无规共聚物性能与组成的关系如图 14-12 和图 14-13。

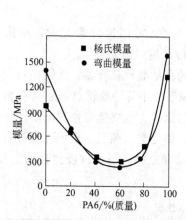

图 14-12 PA1010/PA6 共聚物拉伸和弯曲模量与组成关系

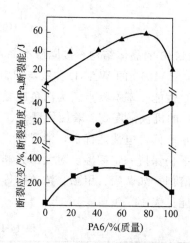

图 14-13 PA1010/PA6 共聚物断裂强度、伸长率和断裂能与组成关系

由图可见，纯 PA1010 和 PA6 的杨氏模量比较高，随共聚成分 PA6 的增加，共聚物杨氏模量逐步下降，PA6 含量为 60％ 时，模量最小，为 310MPa，随组成改变，弯曲模量与杨氏模量有相似的变化趋势。共聚物的拉伸强度均低于纯聚合物，为负效应，断裂伸长率和断裂能高于线性加和线。

屈服应力和屈服应变在拉伸速率为 10mm/min 下，随共聚组分 PA6 含量的增加，链段运动的活化能降低，屈服强度下降，屈服应变增加，均存在极值。

（2）共混　PA1010 主要与通用高分子材料的共混。如与 PE 和 CPE 的共混增韧。CPE 对 PE/PA 不相容体系起界面活性剂作用，氯磺化 PP 对 PA1010/PP 以及尼龙 1010/NBR 共混体系也起增容作用。另一类是与液晶材料共混增强 PA1010。如聚对苯二甲酰对苯二酯（PPTA）/PA1010 复合体系。

与 PA6、PA66 相似，对于 PA1010/PO 共混物，PE-g-MAH、PP-g-MAH 作为相容剂广泛使用，接枝单体还有 GMA、MAA 等。图 14-14、图 14-15 为尼龙 1010/PP 共混的力学性能与组成的变化关系。

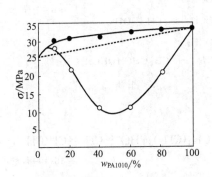

图 14-14　共混物 PP/PA1010 屈服强度组成曲线
○ 未加 PP-g-GMA；● 加入 10％PP-g-GMA

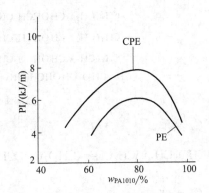

图 14-15　共混物 PA1010/LLDPE-g-MAA 缺口冲击强度与组成关系

从图 14-14 可以看出，无论 PP/PA1010 共混物组成如何，加入熔融接枝共聚物 PP-g-GMA 后，共混物的屈服强度均高于两者的线性加和值，表现出正的协同效应。与未加入 PP-g-GMA 的共混物相比屈服强度有大幅度的提高。表明，由于熔融接枝共聚物 PP-g-GMA 的加入，明显地改善了 PP/PA1010 共混体系的相容性，使力学性能明显提高。由图 14-15 可见缺口冲击强度在 PE 或 GPE 比例为 20％时呈极大值。此时 PA1010/PE 合金和 PA1010/GPE 合金缺口冲击强度比纯 PA1010 分别提高了 55％和 100％，增容剂 PE-g-MAA-PA1010 有效地提高了合金的冲击强度。

科研人员对 PA1010 的填充和增强也进行了较多开发研究，选用的填料有石墨、硅灰石、$CaCO_3$ 等。各种纤维增强 PA1010 已有较系统的研究，如碳纤维、玻璃纤维、混杂纤维增强等。

14.6.2　聚酰胺 11

14.6.2.1　反应原理和生产工艺

在尼龙树脂系列中，PA11、PA12 是仅次于 PA6 和 PA66 的品种。聚酰胺 11 化学名称为聚十一内酰胺（polyundecanoylamide，PA11），又称尼龙 11（nylon11）。1944 年由法国 Socicte Organico 公司开发成功，1955 年由法国 Atochem 公司首先实现工业化生产。最初的用途是制作合成纤维，20 世纪 70 年代以后用于制造工程塑料产品。它是以蓖麻油为原料合成的长碳链柔软尼龙。PA11 的生产技术长期被 Atochem 公司垄断，直到 1991 年专利到期。目前世界上 PA11 较大的生产公司有法国的 Atochem 公司、瑞士 Ems-Grivory 公司以及日本宇部兴产等公司。

我国对 PA11 的研究开始于 20 世纪 50 年代，郑州大学、哈尔滨第二工业局技术研究所、温州化纤研究所等单位进行过小试研究，70 年代中断。改革开放以后北京化工研究院、长春应用化学研究所、山西华北工学院等单位进行了 PA11 树脂的合成研究。北京化工研究院于 1992 年完成了 PA11 小试和 10 吨规模扩试试验，并于 1993 年与江西樟树化工厂一起进行了百吨中试。华北工学院与河北长城化工厂合作进行过中试生产。

（1）反应原理　PA11 均采用蓖麻油为原料，经裂解、溴加成、氨取代、缩聚等多步反应进行工业化生产。化学反应式如下：

① 酯交换。

$$
\begin{array}{l}
CH_3(CH_2)_5CHOHCH_2CH\!\!=\!\!(CH_2)_7COOCH_2 \\
CH_3(CH_2)_5CHOHCH_2CH\!\!=\!\!(CH_2)_7COOCH \quad + \quad CH_3\!-\!OH \longrightarrow \\
CH_3(CH_2)_5CHOHCH_2CH\!\!=\!\!(CH_2)_7COOCH_2 \\
CH_3(CH_2)_5CHOHCH_2CH\!\!=\!\!(CH_2)_7COOCH_3 \quad + \quad CH_2OHCHOHCH_2OH
\end{array}
$$

蓖麻油酸甲酯　　　　　　　甘油

② 裂解。

$$CH_3(CH_2)_5CHOHCH_2CH\!\!=\!\!(CH_2)_7COOCH_3 \xrightarrow{\text{高温裂解}} CH_3(CH_2)_5CHO + CH_2\!\!=\!\!CH(CH_2)_8COOCH_3$$

10-十一烯酸甲酯

③ 水解。

$$CH_2\!\!=\!\!CH(CH_2)_8COOCH_3 + NaOH \longrightarrow CH_2\!\!=\!\!CH(CH_2)_8COONa + CH_3\!-\!OH$$
$$CH_2\!\!=\!\!CH(CH_2)_8COONa + H_2SO_4 \longrightarrow CH_2\!\!=\!\!CH(CH_2)_8COOH + Na_2SO_4$$

十一烯酸

④ 溴化。

$$CH_2\!\!=\!\!CH(CH_2)_8COOH + HBr \longrightarrow Br(CH_2)_{10}COOH$$

溴代十一酸

⑤ 氨解。

$$Br(CH_2)_{10}COOH + NH_3 \longrightarrow NH_2(CH_2)_{10}COOH + NH_4Br$$

氨基十一酸

⑥ 聚合。

$$n NH_2(CH_2)_{10}COOH \longrightarrow H[NH(CH_2)_{10}CO]_n OH + (n-1)H_2O$$

PA11

（2）生产工艺　PA11 的生产已实现连续化、大型化和自动化，采用 VK 管式聚合。合成方法主要有两类：①利用氨基十一酸可以在大于 100℃的水中溶解，将含水氨基十一酸在反应釜中加热、加压，温度升至氨基十一酸熔点以上后，再泄压放出水蒸气，然后在常压或真空下完成缩聚反应；②直接加热，常压熔融缩聚。

14.6.2.2　结构与性能

（1）结构　化学结构式为：$\left[\!\!\begin{array}{c} O \\ \| \\ C \end{array}\!\!-\!(CH_2)_{10}\!-\!NH\right]_n$

用 FTIR 及 X 射线衍射法证明 PA11 至少存在 3 种晶型和一种亚稳态，分别为 α 晶型（三斜晶系）、δ 晶型（单斜晶系）、γ 晶型（准六方晶系）、δ' 晶型（准六方晶系）。且发现其晶型依赖于样品的热历史和测试温度。不同晶型的 PA11 之间存在晶型转变，温度和压力对

PA11的晶型转变有明显影响。拉伸诱导也可使PA11产生晶型转变。

(2) 性能 PA11分子链中的亚甲基链较长，酰胺基密度低，兼有PA66和聚烯烃的性质，是一种综合性能优良的工程塑料。

基本特点：白色、半透明结晶型聚合物。具有相对密度小，熔点低，耐油、耐化学腐蚀、吸水性低、耐高低温、耐磨、耐压，尺寸稳定性好，耐曲折，低温冲击性好，介电性能优良，成型温度范围宽，成纤亦好，染色性差。与其他尼龙相比，具有密度小、强度高、耐耐磨、耐腐蚀、尺寸稳定性好、化学性能稳定、电绝缘性能优良等优点，基本性能详见表14-20。

表 14-20　PA11 基本性能

性　能	PA11	性　能	PA11
密度/(g/cm³)	1.03～1.05	体积电阻率/Ω·cm	$6×10^{13}$
拉伸强度/MPa	55～57	介电常数	3.7
断裂伸长率/%	300	介电损耗	0.04
弯曲强度/MPa	70	介电强度/(kV/mm)	16.7
弯曲模量/MPa	1000	熔融温度/℃	191～194
缺口冲击强度/(J/m)(20℃)	43	T_g/℃	43
（40℃）	37	热变形温度/℃(1.82MPa)	52～55
洛氏硬度	108	（0.45MPa）	149
吸水率(23℃水中24h)/%	0.3～1.8	成型收缩率/%	1.2

① 密度。PA11是白色半透明固体，与一般的结晶性高聚物一样，随着结晶度的变化密度也发生变化。25℃时非结晶体密度为1.01，结晶体密度为1.12，一般制品的实际结晶度在50%以下，密度为1.03～1.05，是所有PA树脂中最轻的。

② 力学性能。PA11的力学性能优良，具有较高的冲击强度，良好的耐应力开裂性和动态疲劳性能，尤其是其低温性能优异，PA11在工程塑料中挠曲性最好，在−40～100℃范围内保持良好的抗冲击、抗应力性能及柔软性能，抗弯模量也很低。−40℃时它的抗弯模量仍与PA1010、PA12室温时的抗弯模量相近。

③ 热性能。PA11的亚甲基链较长，柔性较好导致熔融温度和玻璃化转变温度较低。其玻璃化转变温度为43℃，热传导率为1.05kJ/(m·h·℃)，线膨胀系数为$15×10^{-5}$/℃，最大连续使用温度为60℃。其脆化温度是−70℃，具有良好的耐低温冲击性能，可在−40℃条件下保持原有性能不变。

④ 电性能。PA11具有十分优良的介电、热电和铁电性能。由于吸水率低，其电性能很少受潮湿环境的影响。

⑤ 化学性能。PA11的化学稳定性优良，对碱、醇、酮、芳香烃、盐溶液、油脂类都有很好的抗腐蚀性，对酸的抗腐蚀性则根据酸的种类及浓度和温度而定，酚类及甲酸是PA11的良溶剂。

⑥ 吸水性。由于PA11中酰胺基密度低，其吸水率低。20℃RH65%时，平衡吸水率为1.1%；20℃浸入水中24h后平衡吸水率为1.9%，由于吸水率低，显示出优异的尺寸稳定性，制品精度高。20℃、RH50%时PA11的尺寸变形率仅为0.12%，而PA6的尺寸变形率为0.7%。

⑦ 其他性能。PA11的耐候性中等，可加入适当的颜料和紫外线吸收剂提高其耐候性。

PA11耐应力开裂性好，可以嵌入金属部件而不易开裂；具有弹性记忆效应，当除去外力时，PA11可恢复至原来的形状。PA11还具有抗白蚁蛀蚀，表面非常光滑，不受霉菌侵蚀，对人体无毒，易于成型加工等突出性能。

14.6.2.3 加工与应用

（1）加工 PA11材料的品级可由软到硬，PA11加工性能优良，易加工成型，可采用树脂加工方法，如注射、挤出、吹塑等方法。能满足多种熔融黏度范围的注射及挤出加工，是在可使用的尼龙材料中物理和化学性质最稳定的。

（2）应用 由于尼龙11具有优良的性能，特别是吸水性低，低温性能优异，化学稳定性好，使其在汽车、电子电器、军工等领域得到了广泛的应用。

① 汽车工业。PA11已成为汽车制造的理想材料，也是最大的应用领域。PA11可用于制作各种汽车抗震耐磨输油管、软管，汽车刹车系统软管和蛇形管、空压管、水管、真空管、气闸螺旋管等。PA11管路内壁光滑、阻力小、密封性好、不易疲劳开裂，而且质轻、耐用、易于安装与维修。还可制造汽车的电路接合器、刮雨器、汽油过滤网、仪表盘、保险杠等数十种零部件。我国PA11也主要用于制造汽车输油管等管道。用PA11、PA12制造车用油管是在国内汽车行业中广泛采用的品种，因为这两种材料不仅能承受高、低温，且在使用温度范围内仍非常柔软，耐油及各类油脂化学品的腐蚀，且力学性能较为优良。

② 电子电器工业。可用于制造各种插接件、高压断路装置连接杆、限位开关、继电器、线圈骨架、变速齿轮等电子电器零部件。又由于PA11不受白蚁危害、不受电弧渗透电流及电解腐蚀的影响，用作电线电缆防护套可提高电缆的可靠性并延长其使用寿命。

③ 军械工业。尼龙11是军事装备的理想新材料，制作的军事器材能耐潮湿、干旱、严寒、酷暑、尘土、海水或含盐分的空气以及各种碰撞等考验，可用作导弹和发射装置的零部件、枪托、握把、训练弹、军用水壶、油壶、通信设施、军用直升机油箱、降落伞盖、弹射装置等飞机零件。

④ 其他。PA11树脂无毒，有良好的耐低温性能可应用于食品工业，制作速冻食品的容器、各种包装材料、牛奶等液体食品的传输道等。PA11质轻、耐潮湿、耐虫蛀、耐腐蚀，应用于城市煤气管道施工方便，使用寿命长。PA11粉末涂料涂覆于金属材料表面既可保护材料的结构性能又保持了耐环境的性能。PA11、PA12还可用于通用介入导管、透析用管等。PA11还可用于制造各种机械零件、体育用品等。

⑤ 改性复合材料。PA11与硫氰酸镁共混可作为高冲击PA11复合材料，PA11与云母、GF共混可提高拉伸强度和耐磨性，尺寸稳定且表面性能优异，PA11与阻燃性材料复合作为汽车燃料管和高压水管使用可有效防止渗漏。与PA6、PA66共聚利用其耐化学品特性，制造服装用热熔胶。

14.6.3 聚酰胺12

聚酰胺12化学名称为聚十二内酰胺、聚月桂内酰胺（polylaurylamid，PA12），又称PA12（Nylon12）。PA12是一种性能优良的工程塑料，1966年以丁二烯为原料由德国 Hüls

公司首先投入工业化生产。此后意大利的 Snia 公司、法国 Ato 公司、日本的宇部兴产公司等也实现了工业生产。

我国 20 世纪 70 年代上海市市合成树脂研究所和江苏清江化工研究所联合进行了 PA12 的研制，以丁二烯为原料，1978 年完成小试，此后清江化工研究所进行了中试，并进行试生产。1985 年巴陵石油化研究院采用环己酮为原料合成 PA12。此外郑州大学、淮阴化工研究院也曾研制过 PA12，在淮阴还建有 100t/a 中试装置。

14.6.3.1 反应原理和生产工艺

PA12 以丁二烯为原料，生产工艺有 Hüls 公司的氧化肟化法和 Atochem 公司的光亚硝化法。氧化肟法易于工业化生产，被广泛采用。

(1) 反应原理 氧化肟化法：反应先由丁二烯环化成的环十二烷三烯加氢，生成环十二烷。

环十二烷再在硼酸存在下，经空气氧化成环十二醇和环十二酮（俗称 KA 油）。

生成的环十二醇脱氢成环十二酮，与羟胺反应，生成环十二酮肟，在酸的作用下，经贝克曼重排，成十二内酰胺，再经缩聚得 PA12。

(2) 生产工艺 氧化肟化法生产工艺为：原料丁二烯在齐格勒-纳塔催化剂催化下，经环化生成十二烷三烯；在温度 200℃，压力 13.5MPa 条件下液相加氢生成环十二烷。环十二烷在 5%~10% 稀硼酸的存在下，150℃ 条件下通入空气，经空气氧化生成环十二醇和环十二酮。环十二醇在温度 200℃ 和低于常压下，在载有铜和铝的催化剂作用下，液相脱氢生成环十二酮；环十二酮与硫酸羟胺反应生成环十二酮胺，在温度 110℃ 下环十二酮胺分子经贝克曼重排生成十二内酰胺。在温度为 250℃ 条件下，通氮气，加热 2.5h 缩聚后得 PA12。

14.6.3.2 结构与性能

(1) 结构 尼 12 的化学结构式为：

(2) 性能 基本特点：PA12 与 PA11 性能相似，相对密度小，吸水率低，尺寸稳定性好；耐低温性优良，可达 −70℃；熔点低，成型加工容易，成型温度范围较宽；柔软性、化学稳定性、耐油性、耐磨性均较好，且属自熄性材料。长期使用温度为 80℃（经热处理后可达 90℃)，在油中可于 100℃下长期工作，惰性气体中可长期工作温度为 110℃。表 14-21 为常用 PA6、PA66、PA11 和 PA12 的基本性能对比。

表 14-21　常用 PA6、PA66、PA11 和 PA12 的基本性能对比

性　能	PA6	PA66	PA11	PA12
密度/(g/cm³)	1.14	1.14	1.04	1.02
拉伸强度/MPa	74	80	50	50
断裂伸长率/%	200	60	300	300
弯曲强度/MPa	125	130	69	74
缺口冲击强度/(J/m)	56	40	40	50
吸水率(23℃水中24h)/%	1.8	1.3	0.3	0.25
熔点/℃	220	260	186	178
热变形温度/℃	65	75	55	55
成型收缩率/%	0.6~1.6	0.8~1.5	1.2	0.3~1.5
体积电阻率/Ω·cm	10^{12}	10^{14}	10^{13}	10^{14}
介电常数	3.4	3.6	3.7	3.1
介电损耗	0.03	0.03	0.04	0.03

PA12 有如下特性。

① 在所有尼龙中，PA12 的密度和吸水率最低，由于吸水率低，因而尺寸稳定性好、精度高、产品质轻。

② 连续耐热温度范围大，耐热及耐低温性能良好，适宜高寒地区使用。

③ 在耐油、耐腐蚀、耐化学药品等方面优于 PA6 和 PA66。

④ 耐冲击、耐摩擦、耐磨耗及润滑性好。

⑤ 抗挠曲性在所有工程塑料中最好。

⑥ 熔点在 PA 中最低，易于加工成型。

⑦ 柔性好，适于制造柔软性制品。

⑧ 与金属黏接性好，非常适于金属表面涂层。

14.6.3.3　应用

PA12 的用途广泛，并在某些特殊用途，如光导纤维护套、磁带录音机、录像机和立体声传动装置、汽车油箱、光学和柔软制品有许多其他工程塑料无法比拟的优点，但其最大的消费市场是汽车和电子电器行业。

(1) 汽车工业　PA12 可作为铜、钢、橡胶的代用品，制造抗震耐磨的刹车管、油管、离合器软管等。欧洲汽车中大部分软管用 PA12 制造。世界各国都在致力于研究具有优良的防止燃料透过性管材的开发。此外，PA12 还可以用于汽车上的许多零部件，如轴承、齿轮、密封件、滑轮、衬套、仪表盘、挡泥板、油门踏板等。

(2) 电子电器工业　它可以作防水、耐低温、防白蚁、防腐蚀的光导纤维、电线电缆护套、绝缘涂层及精密元件等。PA12 经改性，用于制各电热毯的感温元件和电线电缆光纤涂层。近年来，要求电气零件运转的噪声低，用 PA12 制成的各种元件能消音，用于录音机和钟表齿轮。

(3) 军事工业　用于制造生产枪托、训练弹、军用油壶、飞机油箱、钢盔内衬、降落伞盖等。

(4) 其他　PA12 可用于薄膜材料。与 PE 共挤出薄膜用于食品包装。具有保香、耐蒸煮和低温性能。PA12 广泛用于纤维、皮革、木材、纸张的粘接，特别适用于金属的粘接。

14.6.4 聚酰胺 46

聚酰胺 46 化学名称为聚己二酰丁二胺（polytetramethylene adipamide，PA46），又称尼龙 46（Nylon46）。最早于 1950 年由美国 Carothevs 开发成功，1985 年荷兰 DSM 和尤尼卡公司实现了工业化生产，商品名为 Stanyl46。PA46 是采用固相聚合得到以丁二胺和己二酸为原料合成的 PA46 是一个很重要的品种。

14.6.4.1 反应原理和生产工艺

（1）反应原理 PA46 由丁二酸和己二酸缩聚而得，反应如下：

$$n\,H_2N(CH_2)_4NH_2 + n\,HOOC(CH_2)_6COOH \longrightarrow [(CH_2)_4NHCO(CH_2)_4CO]_n + 2(n-1)H_2O$$

（2）生产工艺 丁二胺与等摩尔的己二酸在甲醇存在下反应，再与过量的丁二胺制成 PA46 盐；然后将 PA46 盐溶于 N-甲基吡咯烷酮内，于 200℃下进行缩聚 2~6h，再将预聚体粉碎成粒，于 250℃反应 10h 得 PA46。反应过程中，可以使 PA46 低聚物在丁二胺过量的情况下，在氮气下进行热处理，再次进行缩聚，从而大大提高聚合度，生成高分子量的 PA46，大大提高机械强度。

14.6.4.2 PA46 的结构和性能

（1）结构 PA46 的化学结构为：

$$\left[\!NH\!-\!(CH_2)_4\!-\!NH\!-\!\overset{O}{\overset{\|}{C}}\!-\!(CH_2)_4\!-\!\overset{O}{\overset{\|}{C}}\right]_n$$

（2）性能 PA46 具有优异的抗高温蠕变能力，机械强度高、弹性模量小、耐疲劳性优良、易加工，其力学和耐热性能都胜过 PA6、PA66 及其他工程塑料。基本性能见表 14-22。

表 14-22 PA46 基本性能

性 能	普通 PA46	30％增强	性 能	普通 PA46	30％增强
密度/(g/cm³)	1.16		弯曲模量/GPa	1.10	9.0
拉伸强度/MPa	102	200	缺口冲击强度/(J/m)	80	90
断裂伸长率/％	80	5	吸水率(25℃水中24h)	0.6	
弯曲强度/MPa	146	380	体积电阻率/(Ω·cm)	1000	

① 耐热性。PA46 的突出性能是耐热性，在 PA 中的耐热性最为优良。PA46 熔点高达 295℃，比 PA66 高 30℃，具有较高的结晶性和结晶速率，分别为 PA66 的 4 倍，PA6 的 10 倍。非增强的 PA46 可耐 160℃高温，30％增强耐热温度达到 290℃，其 HDT 比 GF 增强的聚苯醚（PPS）还高 30％，GF 增强的 PA46 在 170℃下能持续 5000h，拉伸强度下降 50％。此外 PA46 耐燃性在 PA 中也是最好的。

② 高温蠕变性。PA46 高温蠕变性小，高结晶度的 PA46 在 100℃以上仍有能保持刚度，优于大多数工程塑料的耐热材料。PA46 最高应用温度较 PA66 高约 30℃。

③ 力学性能。PA46 结晶度高，熔点高，在接近熔点时仍能保持刚性，在要求较高刚度条件下，其安全性优于 PA6 和 PA66。由于刚度高，可节省原材料，制备薄壁制品。GF 增强 PA46 可生产薄壁制品，比其他工程塑料制品薄 10％~15％，特别适用于汽车和机械工业。

PA46 抗拉性能好、抗冲击性能高，在低温条件下仍能保持较高的冲击强度。非增强型 PA46 较其他工程塑料的冲击强度高。GF 增强悬臂梁冲击强度更高。PA46 比其他工程塑料使用周期长、耐疲劳性能好、耐磨耗，表面光滑坚固，相对密度低，可替代金属。

④ 耐化学品。PA46 的耐油、耐化学药品性较 PA66 好，耐腐蚀和抗氧化性好。在较高的温度下耐油和油脂性极佳，使用安全。是汽车工业中制造齿轮和轴承的极好材料，耐腐蚀性能优于 PA66。但与其他 PA 材料一样易被强酸腐蚀。

⑤ 电性能。PA46 电气性能优良，具有高的表面和体积电阻、绝缘强度。在高温下仍能保持高水平。加上本身的耐热和高韧性适用于电子电器材料。

⑥ 成型性。PA46 的热容量比 PA66 小，热传导率大于 PA66，成型周期较 PA66 短 20%。

14.6.4.3　应用

PA46 树脂可以进行阻燃、增强、与其他聚合物共混改性。如与 ABS、PC、PPS、PP、橡胶等共混。

PA46 主要用于汽车、电子电气和机械工业。可用于制造汽车上的电气电子仪表的接线柱、连接杆、线圈架、齿轮、发动机罩和水泵箱等。GF 增强的 PA46 可制造汽车散热器隔栅、反光镜壳罩、引擎盖、燃料过滤器、汽缸盖、进和排气管、卡式接头。电子电气工业用于制造接线柱、连接件、结圈架、耐热用继电器屏蔽罩、风扇叶片、绕线管。

14.6.5　聚酰胺 610、612

聚酰胺 610 化学名称为聚癸二酰己二胺（polyhexamethylene sebacamide，PA610），又称尼龙 610（nylon610），PA610 的化学结构式为：$-[NH(CH_2)_6NHCO(CH_2)_8CO]_n-$；聚酰胺 612 化学名称为聚十二酰己二胺（polyhexamethylene dodecanamide，PA612），又称尼龙 612（nylon612），PA612 化学结构式为：$-[NH(CH_2)_6NHCO(CH_2)_{10}CO]_n-$。

美国 DuPont 公司 1941 年开发出 PA610 工程塑料，20 世纪 60 年代投产。德国 BASF、英国 ICI 公司也生产。国外生产 PA610 的厂家主要有 Du Pont、BASF、东丽等公司。国内生产 PA610 的厂家主要有神马尼龙工程塑料公司、江苏建湖县兴隆尼龙有限公司、山东东辰工程塑料有限公司和浙江慈溪洁达公司等企业。

PA612 也由美国 DuPont 公司于 1970 年投入生产，该公司已有多种牌号，如 Zytel 系列。我国上海合成树脂研究所 70 年代进行研制开发尼龙 612，上海赛璐珞厂、山东东辰工程塑料有限公司、无锡市兴达尼龙有限公司等也进行过尼龙 612 的研究。目前有神马尼龙工程塑料工程、山东东辰工程塑料有限公司生产。

（1）生产工艺　PA612、PA610 的生产工艺基本相似。PA610 主要原料采用己二胺与来源于蓖麻油的癸二酸，PA612 主要原料为己二胺和十二烷二酸，来源于石油化学工业。因此，PA612 的原料来源比 PA610 广泛且价格低廉。

PA610 由己二胺和癸二酸缩聚而得。生产工艺与 PA66 相似，先生成 PA 盐，然后再缩聚。

PA612 由己二胺和十二酸缩聚而得。生产工艺也分为成盐和缩聚两步。

（2）性能 PA610、PA612 由于具有较长的碳链和较低的酰胺基密度，克服了短碳链 PA（如 PA6、PA66）吸水率高、尺寸稳定性不好等方面的不足，除具有一般尼龙的通性外，还表现出不同的性能。

基本特点：PA610 为半透明、乳白色结晶型热塑性聚合物，性能介于 PA6 和 PA66 之间，但相对密度小，具有较好的机械强度和韧性；吸水性小，因而尺寸稳定性好；耐强碱，比 PA6 和 PA66 更耐弱酸；属于自熄性材料。PA612 还具有相对密度小、吸水性低、尺寸稳定性好的优点，有较高的拉伸强度和冲击强度。

① 结晶。PA610、PA612 是具有偶数亚甲基的二胺、二羧酸型尼龙，可结晶形成 α 型结晶。

② 物理力学性能。PA610 和 PA612 两者性能相近。PA612 的一个显著特点是吸湿性较其他 PA 低，其湿态刚度为干态刚度的 75%，而 PA610 仅有 60%。PA612 的分子链较长，相对来讲酰胺基含量低。因此，吸湿性较低，故对其某些性能的影响略好于 PA610。PA612 还具有更好的低温韧性、回弹性和耐磨性。

③ 化学性能。PA610 耐有机溶剂，但也溶于酚类和甲酸中；PA612 耐氯化物类溶剂，如四氯化碳、三氯甲烷、三氯乙烯等；石油烃类，如汽油、苯、萘、二甲苯、煤油等；乙酸乙酯、淀粉酸丁酯等酯类溶剂；肥皂、磷酸三钠及磷酸三钠与纯碱的混合物等。甲醇、乙醇可使尼龙 612 变软，但一旦挥发后则又恢复其原有刚性，其他醇类对 PA612 仅有轻微影响或者根本不影响。PA612 比其他尼龙更为耐酸，但酸能导致聚合物降解，要看酸的性质、浓度和使用条件。PA612 易受苯酚及有关化合物的侵蚀。

④ 其他性能。PA612 能抗咬蚀、昆虫、霉菌等的侵蚀，因此，可以长期存放而不致损坏。PA610、PA612 尺寸稳定性和介电性好。PA612 在吸水性、刚性等方面优于 PA610，在低温性能、冲击强度等方面优于 PA1010；PA610、PA612 具有自熄性。与 PA66 相比，它们的熔点低、柔软、耐磨、成型加工容易，PA610、PA612 基本性能见表 14-23。

表 14-23 PA610、PA612 基本性能

性　　能	PA610	PA612	性　　能	PA610	PA612
相对密度	1.09	1.07	热变形温度(1.82MPa)/℃	57	60
拉伸强度/MPa	60	62	洛氏硬度(R)	116	114
拉伸模量/GPa	2.0	2.0	吸水率(24h)	0.5	0.4
断裂伸长率/%	200	200	成型收缩率/%	1.2	1.1
弯曲强度/MPa	90	83	体积电阻率/Ω·cm	4.0×10^{14}	1.0×10^{14}
弯曲模量/GPa	2.2	2.0	介电常数(10^6Hz)	3.1	2.62
缺口冲击强度/(J/m)	56	54	介电损耗角正切(10^6Hz)	0.02	0.03
熔点/℃	213～220	210			

PA612 可采用常规的注射、挤出成型加工，熔融温度为 246～271℃。

PA610、PA612 用途与 PA6、PA66 大体相仿，常用于力学性能和尺寸稳定性要求高的制品中。如生产齿轮、滑轮等耐磨耗部件、精密件、电子电器中的电绝缘制品、储油容器。PA612 有一定的刚性，因此，适用于制薄壁制品。其典型应用是线圈成型部件、循环连接管、工具架套、枪托、弹药箱、汽车部件、电线、电缆涂层等。由于其优于 PA6、PA66 的低吸湿性和在高、低温条件下的柔顺性，使得其主要被应用于气动管线及润滑油管线。同时，由于其优越的抗应力破坏能力，它亦应用于油路的进出口管线。

14.6.6　单体浇铸聚酰胺6

单体浇铸聚酰胺6，也称MC尼龙（monomer casting polyamide 6，MCPA6）。它是己内酰胺单体直接在模具中通过阴离子开环聚合快速成型制备。

MC尼龙始于1941年，以Joyce和Ritter发表的以碱金属和碱土金属为催化剂在240～250℃聚合的专利为标志。在对己内酰胺碱性催化开环聚合进行了长期讨论后，活化剂乙酰基己内酰胺的发现为MCPA6的诞生奠定了基础。它能使己内酰胺聚合反应活化能大大降低，聚合反应速率成百倍增加，从而使己内酰胺开环聚合反应能在PA6的熔点以下进行。1956年MC产品开始进入应用领域。

MC尼龙的分子量比普通的PA6高一倍左右，达3.5万～7.0万，因此力学性能高于普通PA6。吸水率也低于普通PA6。具有质量轻、力学性能好、自润滑、耐磨、减振吸音、耐油、耐弱酸弱碱及有机溶剂等优良的综合性能。其基本性能见表14-24。

表 14-24　MC尼龙的基本性能

性　能	数　值	性　能	数　值
相对密度	1.10～1.20	熔点/℃	218～220
拉伸强度/MPa	77～91	热变形温度(1.85MPa)/℃	94
拉伸模量/GPa	3.6	线膨胀系数/($\times 10^{-5}$/℃)	7～8
断裂伸长率/%	20～30	吸水性(24h)/%	0.31～0.35
弯曲强度/MPa	150～170	介电常数(60Hz)	3.7
冲击强度(20℃)/(kJ/m²)		介电损耗角正切(60Hz)	0.02
（无缺口）	520～624	介电强度/(kV/mm)	19.1
（缺口）	2.7～4.5		

MC尼龙除了采用传统的浇铸成型外，还出现了一些新的成型工艺，如：反应挤出、反应注塑成型、滚塑成型、离心浇铸成型等。

由于MC尼龙生产工艺简单、性能优异、成本低，可以直接浇铸成型，而且制品尺寸不受限制，制品性能均匀，无方向性，特别适于生产大型制件和多品种、小批量的制品，单件可以重达几吨。因此，MC尼龙在工业生产中大量替代钢、铜、铝等金属材料，制作轴瓦、轴套、齿轮、齿条、蜗轮、滑轮等各种机械工业的滑动、传动部件，卫星地面接收装置上用的罩壳，潜水艇上用的推进器机壳，火车上用的挡板，石油钻机上用的大型管座、井架座、阀座等。织机梭子、螺旋桨、各种密封圈等机械零部件。

当然，纯的MC尼龙也存在一些不足，如低温抗冲击性能较差、易吸水；在高负荷条件下使用的零件，其耐磨性、自润滑性欠佳，磨损率较大；尺寸稳定性和热稳定性不是很好，常造成机械配合偏差，磨损加重，这些都限制了其更广泛的应用。因此，对MC尼龙改性也成为必然，其中的研究集中在无机和有机改性两大类。无机填充改性容易，研究得比较多。常用无机填充物有：阻燃剂、红磷、滑石粉、炭黑、稀土、玻璃微珠和纳米粒子等。在添加之前要对无机填充物进行表面处理，以改善与MC基体的相容性和结合力。有机改性是引入新的单体与己内酰胺共聚合或引入聚合物来改善MC尼龙的性能，下面对此作一简单介绍。

（1）共聚改性　最早采用的是己内酰胺与内酰胺的共聚合，内酰胺如吡咯烷酮、辛内酰胺以及十二内酰胺等，其中，己内酰胺与十二内酰胺的共聚合最引人关注，也是早期MC尼龙化学改性主要手段之一。这是由于它们同属于酰胺类，互溶性好。与MC尼龙相比，大分子排列规整性降低，十二内酰胺的引入阻碍了聚己内酰胺的结晶行为，降低其结晶度和熔融温度，共聚物具有明显的热塑性弹性体特征,导致改性 MC 尼龙冲击强度的增加,耐磨性和抗龟裂性均有所改善,吸水率减小,其他性能也较纯 MC 尼龙优异很多。但是,十二内酰胺对 MC 尼龙冲击性能的改善效果有限,随着催化剂、活化剂的突破性进展,MC 尼龙本身韧性得到改善,已经不再很脆,用十二内酰胺共聚改善的韧性更加不明显。因此,从经济和技术两方面分析,十二内酰胺无规共聚改性技术存在明显的局限性。

由于上述原因,目前发展较快则是进行嵌段共聚合,以改变链段的分子结构,达到化学改性的目的。如引入聚烯烃、聚醚或聚酯等的预聚物作为软链段生成 MC 尼龙嵌段共聚物。

研究发现,随着上述预聚物用量的增加,共聚物材料的拉伸强度呈直线下降,断裂伸长率明显增加,缺口冲击逐渐提高,直至不断,共聚物逐渐向尼龙弹性体转化。预聚物的分子量增加,缺口冲击强度反而下降。不同的预聚物对共聚物的影响不同,如:聚丁二烯预聚物的影响更大些;聚四氢呋喃含量变化,共聚物的韧性变化不明显,甚至有些下降。

(2) 添加聚合物改性 加入不同种类的 PA 改性 MCPA6。利用己内酰胺原位阴离子聚合法成功地制备了几种不同的 PA/MC 尼龙复合物,如 PA66/MCPA6、PA1010/MCPA6、PA1212/MCPA6 等。不同种 PA 之间同样能保持较强的氢键相互作用,通过有效破坏 MCPA6 原有氢键形成的有序结构,从而能改变 MCPA6 的结晶形态结构,有效改善了 MCPA6 复合物的其他性能,性能测试结果表明,PA66/MCPA6 体系的缺口冲击性能由纯 MCPA6 的 42J/m 大幅度提高到 343J/m,同时能较好地保持很好的拉伸性能。随着不同种类 PA 的含量增加,PA/MCPA6 复合物的玻璃化转变温度逐渐降低。

(3) 增强改性 与前述 PP 增强改性类似,通过填加增强剂来提高 PA 的性能以满足对 PA 性能日益增长的要求。广泛使用的增强剂主要是纤维材料,如 GF、CF、芳纶等,GF 是最常用的增强材料,CF 使用量也较多。

纤维增强 MC 尼龙可显著提高其力学性能,并提高耐热性、尺寸稳定性、抗蠕变性、耐磨性等。

14.6.7 透明聚酰胺

普通尼龙为结晶性聚合物,呈乳白色,不透明,要得到透明的尼龙,必须使结晶度降低,生成非结晶性尼龙,通过引入侧基可达到此目的。1966 年瑞士 Emserwerke 公司开始研制,德国 Dynamit Nobel 公司首先实现工业化生产,商品名为 Trogamid-T。透明尼龙 Trogamid-T 就是通过引入带有支链的单体进行共聚生产的,它是以三甲基己二胺和对苯二甲酸为原料缩聚制得的。其化学名称为聚对苯二甲酰三甲基己二胺 (polytrimethyl hexamethylene terephthalamide),又称透明尼龙。

Trogamid-T 透明尼龙结构式为:

$$\left[C \left\langle \bigcirc \right\rangle C - NH - CH_2 - \underset{CH_3}{\overset{CH_3}{C}} - CH_2 - CH - CH_2 - CH_2 - NH \right]_n$$

Trogamid-T 无味、无毒,透光率高达 $90\% \sim 92\%$,接近有机玻璃。热变形温度 160℃ 左右,耐水煮,冲击韧性和刚性较好,吸水率低,比普通 PA 低,且吸水性不影响其力学和电性能。耐老化性好,电绝缘性好,优良的耐稀酸、碱、烃类、酯类、油脂,不耐醇类,基本性能见表 14-25。

表 14-25　透明尼龙基本性能

性　能	数　值	性　能	数　值
密度/(g/cm³)	1.12	冲击强度(20℃)/(kJ/m²),	
透光率/%	85～90	（无缺口）	不断
折射率 n_d^{20}	1.566	（缺口）	10～15
拉伸强度/MPa	60～84	马丁耐热/℃	100
拉伸模量/MPa	2900	成型收缩率/%	0.5
断裂伸长率/%	70	维卡软化点/℃	145
弯曲强度/MPa	126	长期使用温度/℃	90
弯曲模量/GPa	2.9	体积电阻率/Ω·cm	$5.0×10^{14}$
压缩强度/MPa	120	表面电阻率/Ω	$>5.0×10^{13}$
吸水性/%	0.41	介电强度/(kV/mm)	25

　　Trogamid-T 透明尼龙可采用挤出、注塑和吹塑等方法成型。成型前物料需要干燥。成型温度为 250～320℃。比 PA66 容易加工。

　　透明尼龙可用作冬季体育用品，如滑雪靴、流量计、仪表盘罩、厨房和浴室的水龙头、喷嘴、观察镜等；眼镜架以及要求耐酒精、透明和韧性的工业产品；同药品、食品接触的容器、包装薄膜。其他用途还有汽车零件、过滤器等。

参 考 文 献

[1]　龚云表，王安富．合成树脂及塑料手册．上海：上海科学技术出版社，1993.

[2]　福本修．聚酰胺树脂手册．施祖培，杨维榕，唐立春译．北京：中国石化出版社，1994.

[3]　吴培熙，张留成．聚合物共混改性．北京：中国轻工业出版社，1996.

[4]　周祥兴．合成树脂新资料手册．北京：中国物资出版社，2002.

[5]　黄棋尤．塑料包装薄膜．北京：机械工业出版社，2003.

[6]　耿孝正．塑料机械的作用与维护．北京：中国轻工业出版社，1998.

[7]　许健南．塑料材料．北京：中国轻工业出版社，1999.

[8]　陈乐怡，张从容，雷燕湘等．常用合成树脂的性能和应用手册．北京：化学工业出版社，2002.

[9]　朱芝培．中国聚酰胺生产、科研和市场概况．化工新型材料，2000，6：3.

[10]　周莺．聚酰胺工程塑料发展．现状化学工业与工程技术，2000，21（4）：31-39.

[11]　程雪坚，谢建军．尼龙6固相聚合研究进展，合成纤维工业，2001，24（4）：42-45.

[12]　唐伟家，吴汾．聚酰胺改性技术进展．塑料科技，2002（2）：38-42.

[13]　李献忠，魏运芳，邓如生．聚酰胺工程塑料的现状与发展趋势．工程塑料应用，2000，28（7）：40-44.

[14]　刘长生．尼龙6/聚丙烯共混体系研究进展．湖北化工，2001，（2）：1-4.

[15]　刘东水，尼龙6合金及应用．塑料科技，2000，（6）：43-46

[16]　林少全．PP/PA共混物及其相容剂的研究进展．现代塑料加工应用，1999，11（1）：62-64.

[17]　张吉鲁，何杰，李学，王喜梅．改性尼龙66开发现状及应用研究．工程塑料应用，2000，28（5）：19-21.

[18]　吴培熙．聚酰胺共混改性的新进展．塑料科技，1996，（4）：52-57.

[19]　黄艳梅，张立平，齐立强等．PA66的研究和应用开发．中国塑料，2001，15（5）：19-22.

[20]　张士华，熊党生，崔崇．国内尼龙6增强改性研究进展．塑料科技，2003，（4）：57-63.

[21]　魏运方，陈百军．聚酰胺胺工程塑料的发展趋势．国际化工信息，2001，（9）：10-13.

[22]　Okada A. et al. Synthesis and characterization of a Nylon6/clay hybrid, Polym. Prepr. 1987, 28：447.

[23] Alexadre M, Dubois P. Polymer-layered silicate nanocomposites: preparation, properties and uses of a new class of materials, Mater. Sci. Eng. 2000, 28: 1-63.

[24] 舒中俊，刘晓辉，漆宗能. 聚合物/黏土纳米复合材料研究. 中国塑料，2000，14（3）：12.

[25] 陈光明，李强，漆宗能. 聚合物/层状硅酸盐纳米复合材料研究进展. 高分子通报，1999，（4）：1-10.

[26] 赵竹第等. 尼龙6/蒙脱土纳米复合材料的制备、结构与力学性能研究. 高分子学报，1997，（5）：519-523.

[27] 朱诚身. 尼龙1010结构与性能研究进展. 高分子通报（上），1994，（1）：40-44.

[28] 朱诚身. 尼龙1010结构与性能研究进展. 高分子通报（下），1994，（2）：109-112.

[29] 宋清焕，宋伟强，罗继泉. 尼龙1010/6力学性能与组成关系研究. 河南科学，1999，17（3）：258-261.

[30] 陈红兵，陈长江. 聚烯烃弹性体接枝率对其增韧PA1010的影响. 工程塑料应用，1999，27（11）：5-8.

[31] 林志勇. PE-g-MAA在PA1010/PE合金中的增容作用研究. 华侨大学学报，1996，17（3）：248-251.

[32] 郝永莉，胡国胜，尼龙11的性能. 合成及应用. 化工科技，2003，11（6）：54-58.

[33] 张庆新，莫志深. 尼龙11结构与性能的研究进展. 高分子通报，2001，（6）：27-37.

[34] 汪多仁. 尼龙12的开发与应用. 四川化工，1997，（2）：60-62.

[35] 汪多仁. 尼龙46的合成与应用. 高科技纤维与应用，2000，25（2）：19-24.

[36] 侯连龙，杨桂生. 改性浇铸尼龙的研究进展. 高分子通报，2007，（6）15-22.

[37] 程晓敏，李万里. 聚酰胺的共聚改性研究进展. 化工时刊，2007，21（3）：41-45.

[38] 方秀苇，李小红，徐翔民等. 聚酰胺纳米杂化材料的研究进展. 工程塑料应用，2007，35（3）67-70.

[39] 孙晓刚，曾效舒，程国安. 碳纳米管的生产及应用. 人工晶体学报，2001，30（4）：398-402.

[40] 李中原，刘文涛，许书珍等. 尼龙/碳纳米管复合材料研究进展，高分子通报，2008（4）：50-56.

[41] 贾志杰，王正元，徐才录等. 原位法制取碳纳米管/尼龙6复合材料. 清华大学学报（自然科学版），2000，40（4）：14-16.

[42] 杨红钧，宋波. 尼龙6超韧化研究进展. 国外塑料，2008，26（9）：60-63.

[43] 陆红波. 尼龙1010的分子链运动、局部态分布与结构的关系. 博士论文，中国科技大学，2006.

第15章 ▶▶ 聚碳酸酯

15.1 发展简史

聚碳酸酯（PC）是分子主链中含有 $\{O\!-\!R\!-\!O\!-\!CO\}$ 链节的热塑性树脂，通式为 $\{OR\!-\!O\!-\!\overset{\text{O}}{\underset{\|}{C}}\}_n$。根据酯基结构可分为脂肪族、芳香族、脂肪族-芳香族等多种类型，但因制品性能、加工性能及经济因素等原因，目前仅有双酚A（BPA）型芳香族PC是目前产量最大、用途最广的一种PC，也是发展最快的工程塑料之一，在工程塑料中的用量仅次于聚PA，位居第2位。

PC研究工作已有100多年的历史了，历史上有多位研究者合成出PC，如1898年Einhorn通过二羟基苯（分别用对苯二酚和间苯二酚）在吡啶溶液中进行光气化反应合成成功，但长期未得到重视。直到1953年由德国Bayer公司首先研制成功酯交换法制造PC，于1958年实现工业化生产，商品名为Makrolon。1955年美国GE公司研制成功PC光气法工艺，并于1960年投入工业化生产，商品名为Lexan。日本出光石化公司（1960年）、帝人化成（1961年）和三菱瓦斯化学（原名"三菱江户川化学"）公司（1961年）均用自己开发的光气化溶液法工艺技术，分别投产了PC。1967年苏联也开发了熔融法和溶剂法PC。进入70年代以后，尤其是1975年以后，随着PC应用的日趋广泛，美国GE、德国Bayer和日本的出光石化等国际大型PC生产公司大多将生产装置的规模迅速发展到万吨级，并在世界各地建厂，世界PC产业呈现出一派兴旺的景象。

PC发展至今已有50多年历史，制造工艺有多种，主要有溶液光气法、熔融酯交换法、界面缩聚光气法和非光气法。PC的早期工业化生产方法有传统的熔融酯交换法和溶液光气法两种，这两种工艺现在基本不再使用。世界绝大多数PC采用界面缩聚光气法工艺生产，但由于光气毒性大，同时二氯甲烷和副产品氯化钠对环境污染严重，故20世纪90年代以来非光气法工艺发展迅速，1993年GE公司第一套非光气法装置投产。非光气路线无论是树脂的合成或碳酸二苯酯（DPC）的合成，均不以光气为原料，避免使用二氯甲烷这种毒性较强的化学物质，有利于环境保护，非光气化法工艺是PC生产工艺的一大突破，已成为今后PC生产工艺的发展方向。

PC是一种价格比较贵的工程塑料，早期其生产和应用领域有限，自20世纪80年代以来随着经济的发展，PC优异的性能得到重视，应用迅速扩展，产量剧增。PC生产高度集中，世界上只有为数不多的国家和地区生产PC。

我国的PC开发研究工作始于20世纪50年代末，几乎与世界同步，光气法和非光气法两种工艺路线都做过研究。在1958年沈阳化工研究院采用酯交换法。进行开发并获得初步成功，1965年大连塑料四厂建成了年产100t的生产装置。1971年五矿集团常州合成化工厂采用光气法生产PC，生产能力3kt/a。1973上海申聚化工厂（原上海中联化工厂）采用酯交换法建成PC装置并投产，生产能力1600t/a。1979年重庆长风化工厂酯交换法PC生产装置投产，生产能力 1kt/a。20 世纪 80 年代以前采用国内技术土法上马的生产企业先后多达 20 余家，生产能力到 1989 年达 3400t/a。但共同的特点是装置规模小、工艺技术落后、设备简陋、产品质量低，大多数企业已停产。从 20 世纪 90 年代开始引进国外生产技术和装置。1999 年 11 月，Bayer 公司与上海华谊集团氯碱化工公司合资建设一期 10 万吨/年 PC 生产装置，于 2006 年投产。日本帝人公司是继 Bayer 公司之后在中国建设 PC 装置的第二家跨国公司，2005 年日本帝人公司在嘉兴建设的一期 5 万吨/年 PC 装置投产，2006 年二期 5 万吨/年投产，总产能达 10 万吨/年。此后大量引进和扩建，使我国 PC 生产能力和产量明显提高。

我国 PC 合成技术经过半个多世纪的发展，虽然整体水平低于发达国家，仍未形成自己的大规模 PC 生产装置，但是已经具备了开发建设的各方面的条件。

15.2 反应原理

15.2.1 光气界面缩聚法

界面缩聚光气法法合成是在常温常压下，由双酚 A 钠盐与光气进行界面缩聚得到 PC，化学反应式为：

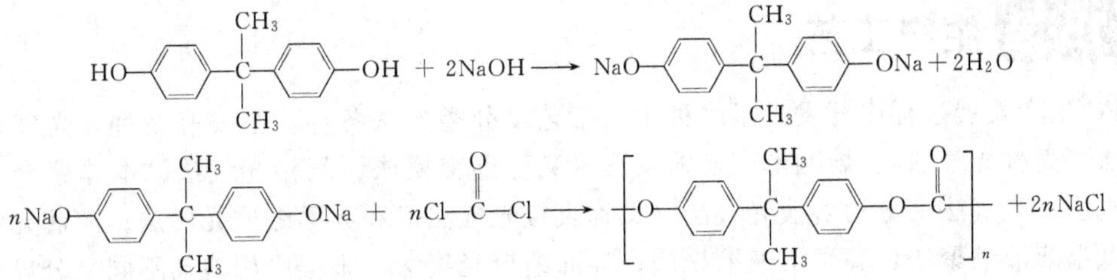

15.2.2 熔融酯交换法

这里熔融酯交换法工艺为传统的熔融酯交换工艺，是以苯酚和光气为原料，经界面光气化反应制备碳酸二苯酯（DPC），DPC 再在催化剂（如卤化锂、氢氧化锂、卤化铝锂及氢氧化硼等）、添加剂等存在下与 BPA 进行酯交换反应得到低聚物，进一步缩聚得到 PC 产品。化学反应方程式为：

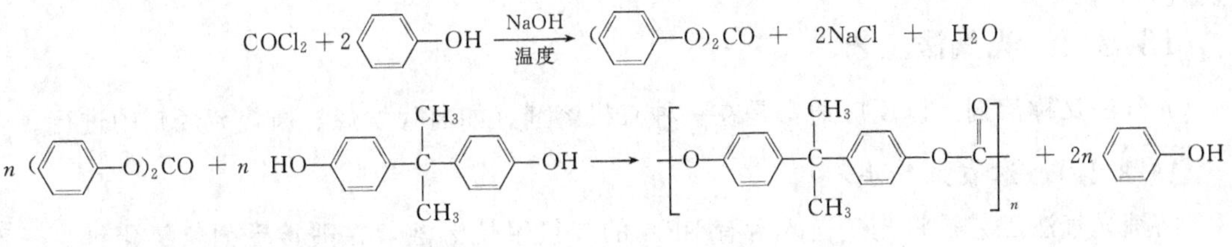

15.2.3 非光气酯交换法

非光气酯交换法又称非光气熔融法，参与反应的两种单体分别为 BPA 和 DPC，其反应过程可分为酯交换阶段和缩聚阶段。DPC 是由碳酸二甲酯（DMC）和苯酚进行酯交换反应生成，在碱性催化剂（碱金属或碱土金属盐类）存在下，DPC 再和 BPA 缩聚得到低聚物，进一步缩聚得到 PC。化学反应方程式为：

$$(CH_3O)_2CO + 2n \bigcirc\!\!-OH \xrightarrow[\text{温度}]{\text{Cat}} (\bigcirc\!\!-O)_2CO + 2CH_3OH$$

$$(n+1)\,\bigcirc\!\!-O-\overset{O}{\underset{}{C}}-O-\bigcirc + n\, HO-\bigcirc\!\!-\overset{CH_3}{\underset{CH_3}{C}}-\bigcirc\!\!-OH \longrightarrow$$

在上述酯交换反应和缩聚反应中，其反应过程均为可逆平衡反应。为获得预期分子量的聚碳酸酯，必须不间断并尽可能多地从反应物系中移出反应生成的低分子产物苯酚或碳酸二苯酯。

15.3 生产工艺

PC 生产发展过程中开发出了多种生产工艺，分类方法各异。主要有 3 种：光气化界面缩聚法（简称光气法）、熔融酯交换缩聚法（又称酯交换法、间接光气法、本体聚合法）和非光气法。光气法又分为溶液光气法（又称直接光气法）和界面缩聚光气法；溶液光气法又分为低温溶液缩聚法、高温溶液缩聚法；界面缩聚光气法，根据所用溶剂不同又分界面缩聚（碱水溶液）法和溶液缩聚（吡啶、部分吡啶）法。熔融酯交换法分为传统熔融酯交换工艺和非光气熔融酯交换工艺。为提高 PC 分子量又开发了固相缩聚法等。非光气法有二氧化碳-甲醇法、液相和气相甲醇羰基化法等。

20 世纪 60 年代，溶液光气法、界面光气法和传统熔融酯交换法是 3 个主要工艺路线。但目前，工业化生产 PC 工艺主要为界面缩聚光气和非光气熔融酯交换两种工艺，而界面缩聚光气法工艺是绝大多数工业化装置采取的工艺。

15.3.1 光气法工艺

光气法又称溶剂法。反应通常是在一种有机溶剂（如卤代烷烃、卤代芳烃）中进行。

15.3.1.1 溶液光气法

溶液光气法工艺是将光气通入含有 BPA 的二氯甲烷溶液，在酸接受剂氢氧化钙、三乙胺和对叔丁基酚（PTJ）存在下发生缩聚反应生成 PC，然后，将得到的胶液经洗涤、沉淀、干燥、挤出造粒等工序制得。由于它的经济性无法和界面缩聚工艺相竞争，且存在环保问题而被淘汰。

15.3.1.2 界面缩聚光气法

该方法是一种界面缩聚的方法，是工业上生产 PC 的最主要的工艺，采用的是界面缩聚

（碱水溶液）法。吡啶法由于溶液价格高，工艺复杂已很少采用。

界面缩聚工艺分为3个阶段：光气化、缩聚和后处理。

（1）光气化 将BPA和烧碱溶液配制成BPA钠盐水溶液，然后送入光气反应器内，加入二氯甲烷或二氯乙烷，在搅拌和常温下，通入光气进行光气化反应，单体在界面上聚合，生成低分子量预聚物。反应液pH值降至7～8时，停止通光气，反应结束。

（2）缩聚 将反应液送到缩聚反应器内，加入催化剂三乙胺和烧碱溶液，溶解于有机相二氯甲烷中的光气与溶解于水相中的BPA钠盐在两相界面再进行缩聚反应，得到高分子量的PC胶液。产物PC进入有机相并被溶解，副产物氯化钠溶于水相。反应在常温常压下进行，反应时间3～4h。当反应液变黏稠并分离出水层后，缩聚反应结束。为了提高反应速率和光气的利用率，催化剂的选择是一个重要内容。GE公司在缩聚阶段以四丁基溴化铵或甲基三丁基氯化铵和有机叔胺作为催化剂合成出了平均分子量在30000左右的PC。

（3）后处理 缩聚反应后，对有机相进行洗涤、脱盐、脱溶剂、干燥，最后成粒就得到PC成品。分离的物料、离心母液、二氯甲烷及盐酸等均需回收利用。

传统的光气界面缩聚法为二步法工艺，即在反应开始时先将部分BPA钠盐水溶液与二氯甲烷、光气混合，使其先生成齐聚物，然后再补加剩余部分的BPA钠盐水溶液及催化剂，完成缩聚反应。整个过程分为光气化和后缩聚两步，其缺点是光气化阶段需时较长，而齐聚物的后缩聚过程也因反应速率问题耗时较多。同时还存在BPA钠盐在碱性条件下的氧化分解等问题。

作为对二步法工艺的改进开发了一步法工艺。一步法工艺则是将BPA以固体形态悬浮于水溶液中，同时将所需溶剂及添加剂加入，搅拌下逐步加入氢氧化钠溶液并通入光气。其特点为：光气化反应结束时，缩聚反应也同时结束。该过程降低了原料消耗，同时也避免了BPA钠盐在碱性介质中的氧化分解现象，从而使产品质量得到了提高。除上述一步法改进工艺外，光气化界面缩聚法近年来的主要改进体现在环状齐聚物的开环聚合和后处理工艺方面。

界面缩聚光气工艺PC转化率高，一般均在90%以上，分子量可达15万～20万。与其他工艺相比，该工艺技术成熟，不脱除溶剂，成本较低，适于规模生产和连续生产，产品纯净、易加工、分子量高，能满足各种用途，因此，长期占据PC生产的主导地位。缺点是，使用剧毒光气，反应中要用二氯甲烷溶液和生成副产氯化钠需要分离，对环境有污染，而副产物HCl对设备有腐蚀，产品不能直接压片成型，因此，目前该工艺也处于被限制发展的状况。

15.3.2 熔融酯交换法工艺

这是传统的熔融酯交换工艺，是一种间接光气法。反应在高温高真空下进行，对设备的密封要求高，产物的分子量不如光气法的高。过去由Bayer和帝人公司采用。整个过程也可以分为三步。首先苯酚和光气经界面光气法反应生成DPC，然后在催化剂（如卤化锂、氢氧化锂、卤化铝锂及氢氧化硼等）和添加剂存在下与BPA在高温、高真空条件下进行一系列酯交换反应，生成低聚物，再进一步缩聚得到PC。

熔融酯交换法的主要优点：生产工艺流程较短、无溶剂、无污染、全封闭，生产成本比直接光气法低，造成的环境污染较少。但同样也存在一些缺点：透明度差，催化剂容易污染环境，副产品苯酚也难以完全除去，因此很难获得高级别的PC，还存在传热、搅拌等问题的限制，虽然生产工艺得到较大改进，但难以进行大规模工业生产。

15.3.3　非光气酯交换法工艺

由于光气法毒性大、污染严重，1993 年 GE 公司建成世界上第一套非光气酯交换法 PC 的工业装置，这是 PC 工业生产的一大突破。与传统的熔融酯交换法不同之处仅在于原料 DPC 的制取工艺不同。在非光气熔融法工艺中，DPC 由 DMC 和苯酚进行酯交换制得，反应过程中，不再使用剧毒的光气生产 DPC，其后的酯交换及缩聚工艺两者相同。关键是 DMC 的制备，DMC 的制备方法有多种：二氧化碳-甲醇法、液相甲醇羰基氧化法、气甲醇羰基氧化法、还有其他正在研制中的方法。各大公司的非光气酯交换法制备 PC 采用基本相同的路径，即 DPC 与 BPA 的酯交换反应制得，区别在于采用不同方法制取 DPC 和 DMC。采用非光气法生产 PC 主要有沙特 Sabic（沙比克）创新塑料、Bayer、台湾旭美化成和俄罗斯卡赞等公司。下面简单介绍一下 DMC 制备方法。

（1）甲醇氧化羰基法　甲醇氧化羰基法制 DMC 是以 CH_3OH、CO 和 O_2 为原料。主要有液相、气相和常压非均相法 3 种。该法原料价廉易得，成本低，理论上甲醇全部转化为 DMC，无其他有机物的生成，符合环保要求，是研究开发和采用较多的方法。

① Enichem 公司液相氧化羰基法。该技术是 Romano 等在长期研究羰基化基础上于 1979 年开发成功的，1983 年由意大利 Enichem Synthesis（埃尼）公司首次在 Ravenna 实现工业化。除 Enichem 外，世界上其他几大化学公司，如 ICI、Texaco、Dow 化学公司等也竞相开发此技术。

液相工艺以意大利 Enichem 公司为代表，原料有苯酚、甲醇、CO 和 O_2，以氯化亚铜为催化剂。首先甲醇、氧气和氯化亚铜反应生成甲氧基氯化亚铜，再与 CO 反应生成 DMC。DMC 再与苯酚反应生成 DPC，DPC 再与 BPA 熔融聚合制备出 PC。反应方程式如下。

制备 DMC 反应：

$$2CuCl + 2CH_3OH + 1/2 O_2 \longrightarrow 2Cu(OCH_3)Cl + H_2O$$

$$2Cu(OCH_3)Cl + CO \longrightarrow (CH_3O)C{=}O + 2CuCl$$

制备 DPC 反应：

熔融聚合反应：

1993 年 GE 公司（现为沙特 Sabic 创新塑料）实现了非光气法生产 PC 的工业化，就是采用 Enichem 公司液相氧化羰基法技术。

该法基本无光气，原料消耗定额低、能耗低、比光气法投资费用低、副产物少、PC 纯度高、性能好、透明性好，是绿色工艺，是成熟的工业化非光气法生产的代表性技术。存在的问题是催化剂 CuCl 对设备腐蚀严重，导致设备投资大，装置投资高于其他工艺。

② Bayer 公司气相氧化羰化法。原料为甲醇、NO，经氧化羰基化先制备出 DMC，DMC 再与苯酚酯交换合成 DPC，DPC 再与 BPA 熔融聚合制备出 PC。反应方程式如下。

制备 DMC 反应：

$$2NO + 2CH_3OH + 1/2O_2 \longrightarrow 2CH_3ONO + H_2O$$
$$2CH_3ONO + CO \longrightarrow (CH_3O)_2C=O + 2NO$$

制备 DPC 反应和熔融聚合过程与 GE 公司一样。

气相氧化羰化法技术路线成熟，避免了液相法的催化剂对设备的腐蚀、产品分离、溶剂回收的液相反应的缺点，原料消耗定额低，能耗较液相氧化羰化法高，但设备投资低，气相甲醇羰基氧化法无光气，是绿色工艺，但成熟的工业化装置生产规模小。该方法也可以乙醇为原料出发。

（2）酯交换法　酯交换法也称二氧化碳-甲醇法，是以环氧乙（丙）烷与 CO_2 合成碳酸乙（丙）烯酯，碳酸乙（丙）烯酯再与甲醇酯交换反应生成 DMC，同时联产乙（丙）二醇。该方法是以 CO_2 和甲醇为原料，环氧乙（丙）烷在过程中是一种载体，同时转化为乙（丙）二醇，因为甲醇与二氧化碳合成 DMC 在热力学上是不能直接进行的，所以以环氧乙（丙）烷为耦合剂。

旭化成公司 CO_2-环氧乙烷（EO)-甲醇法。原料为 CO_2、EO 和 BPA。先用 CO_2、EO 制备出碳酸乙烯酯（EC），催化剂为四元铵盐，如四乙基铵溴化物，EC 再与甲醇酯交换制备出 DMC，DMC 再与苯酚反应生成 DPC，然后 DPC 与 BPA 聚合反应制备高纯度、高性能的 PC。反应方程式如下。

制备 DMC 反应：

制备 DPC 反应和熔融聚合过程与 GE 公司一样。

EO 高选择性、高转化率地转化为 EG。甲醇可转化为 DMC，不必增加原材料费用。整个工艺既不使用光气，也不使用二氯甲烷，产生很少的废物，仅消耗 EO、CO_2 和 BPA，是绿色环保技术，基本无污染，是新技术发展方向。

该工艺存在的问题：在此反应条件下，聚合物倾向于重排，并生成支链芳基酮，会导致产品流变性差；后期熔融缩聚时体系黏度逐渐增大，导致体系中小分子物质排放困难；生产流程长、设备复杂、工艺操作要求高。该法生产的 PC 纯度高、性能好、透明性好，而且投资比光气法节省。

（3）此外，还有 Dow 化学公司气相氧化羰基法、UBE 常压非均相法、三菱瓦斯公司尿素-甲醇法。

非光气酯交换法工艺中酯交换也有间歇和连续两种生产方式，但不论哪种方法，都是先合成分子量 4000～18000 的低聚物，然后在相对较高的温度和高真空下完成缩聚。

非光气工艺的最大优点是：不使用光气和二氯甲烷等有毒原料，有利于环保；不使用溶剂，不需要洗涤、溶剂回收和干燥等后处理工序，减少了投资；甲醇和苯酚可循环使用，降低了原料成本，操作比界面工艺简单，无副产物，产品纯度较高、光学性能好、透明度高、产品可以直接压片，更适合于高附加值的光盘等产品。高温、高真空及反应后期体系的高黏度也是其显著特点。但最明显的优点还是不使用剧毒的光气，极大地改善生产环境，称之为"绿色工艺"，故 20 世纪 90 年代以来非光气法工艺发展迅速，已成为 PC 生产工艺技术的发展方向。

非光气工艺存在的不足之处是：在反应条件下聚合物倾向于重排，并生成支链的芳基酮类。这种支链物质在 PC 内的浓度高达 2500～3000ppm（1ppm＝10^{-6}），致使产品延度降低，流变性变差。最大难点是在反应后期，随着分子量的增大，反应物系黏度明显增大，使得传热、传质状况恶化，由于高熔融黏度引起聚合物分子量分布范围较宽，在某些范围内限制了其最终用途。

15.3.4　其他非光气酯交换法工艺

非光气法制备 PC 中关键是采用非光气法合成 DPC，经多年的发展，除了上述 DMC 不同的制备工艺外，还开发出不同的 DPC 制备工艺，非光气法制备 PC 的几个技术路线可归纳为：

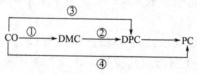

式中，①——甲醇氧化羰基化法合成 DMC；
②——DMC 酯交换法合成 DPC；
③——苯酚氧化羰基化法合成 DPC；
④——BPA 氧化羰基化法合成 PC。

上图中①和②合成技术已实现工业化。各大公司正在研究方法③和方法④具有广阔前景的热点技术。

（1）苯酚氧化羰基化法合成 DPC　此工艺直接用苯酚、CO 及空气（O_2）一步法氧化羰基化反应生成 DPC，其反应方程式如下：

$$2\bigcirc\!\!-OH + CO + 1/2O_2 \xrightarrow[\text{T.P.}]{\text{催化剂}} (\bigcirc\!\!-O)_2CO + H_2O$$

该法原料来源广泛、价廉，不用光气、三废少，是 DPC 合成技术的发展方向。国外从 20 世纪 70 年代至今对其一直进行研究。美国 GE、Bayer、三菱、帝人等公司等都把研究焦点集中于苯酚氧化羰基化法。在国外的许多专利中，该反应的工艺条件要求较高，必须在高压反应釜中进行。反应的关键在于选择高活性催化剂。在催化剂、工艺条件等技术问题上尚有待于进一步研究。

（2）BPA 氧化羰基化法合成 PC　与其他方法相比，羰基化法直接合成 PC 更具有吸引力。该法用 BPA、CO 和 O_2 直接进行氧化羰基化反应制得 PC。选择第ⅧB 族金属（如钯）或其化合物为主催化剂，配合无机（如 Se、Co 等）和有机（如三联吡啶、喹啉、醌等）助催化剂，并加入提高选择性的有机稀释剂，在一定温度和压力下，通入 CO 和 O_2 进行羰基化反应而制得 PC。BPA 碳基化法直接合成 PC 工艺具有毒性小、无污染、产品质量高、工艺流程短等优点。

15.4 结构和性能

15.4.1 PC 结构

PC 结构比较复杂，芳香族化学结构通式如下：

$$-\left[O-\!\!\!\left\langle\bigcirc\right\rangle\!\!-R-\!\!\left\langle\bigcirc\right\rangle\!\!-O-\overset{\displaystyle O}{\overset{\|}{C}}\right]_n$$

式中，R 基团可以是各种不同的基团，n 值为 100～500。PC 因结构不同可分为脂肪族、芳香族和脂肪族-芳香族 3 种。脂肪族 PC 熔点低，溶解度高，亲水、热稳定性差、机械强度低，不能作工程塑料使用。脂肪族-芳香族 PC 结晶性较强，性脆、机械强度差，实用价值也不大。真正有实用价值的是芳香族 PC，其中主要是含有 BPA 型。分子结构不同影响分子链的柔性和分子间相互作用力。目前工业化生产的 PC 主要为 BPA 型，结构为：

$$-\left[O-\!\!\left\langle\bigcirc\right\rangle\!\!-\overset{\displaystyle CH_3}{\underset{\displaystyle CH_3}{\overset{\displaystyle |}{\underset{|}{C}}}}-\!\!\left\langle\bigcirc\right\rangle\!\!-O-\overset{\displaystyle O}{\overset{\|}{C}}\right]_n$$

由于在其结构中包含了柔性的碳酸酯链与刚性的苯环，从而使其具有许多其他工程塑料所不具备的特殊性能，并因此得到了广泛的应用。

15.4.2 性能

基本特点：PC 是一种综合性能优良的非晶型热塑性工程塑料。无味、无嗅、无毒、透明。具有优良的力学性能，尤其是冲击性能和透明性优异，在热塑性树脂中名列前茅，是五大工程塑料中唯一的透明产品。耐蠕变性也很突出，尺寸稳定，在低温下仍保持较高的机械强度。缺点是耐疲劳强度较低，容易产生应力开裂，缺口敏感性高，耐磨性较差。其基本性能见表 15-1。

15.4.2.1 分子量与性能的关系

分子量及其分布对 PC 性能的影响表现在多个方面。PC 的分子量大小与合成方法有关。其重均分子量为 13000～200000，一般在 24000～80000 之间。当 n 为 40 时，是 PC 性能发生突变的分水岭，$n>40$ 时，低聚物转变为高弹态，并随着 n 值的增大，PC 的 T_g、熔融温度 T_m 提高，同时 T_g、T_m 的范围均随分子量分布的增加而变宽。

表 15-1　通用 PC 基本性能

性　　能	数值	性　　能	数值
密度/(g/cm³)	1.2	T_g/℃	140～150
熔体指数/(g/10min)	4～22	热变形温度(1.82MPa)/℃	125～132
拉伸强度/MPa	60～70	比热容/[J/(kg·K)]	1172
拉伸模量/MPa	2130	热导率/[W/(m·K)]	0.19
断裂伸长率/%	80～130	线膨胀系数/(×10⁻⁵/K)	5～7
冲击强度/(J/cm)		最高使用温度/℃	135
缺口	7.46～9.6	热分解温度/℃	＞300
无缺口	不断	脆化温度/℃	－100
弯曲强度/MPa	100～110	成型收缩率/%	0.5～0.8
弯曲模量/MPa	2100～2440	可燃性	自熄
压缩强度/MPa	75～85	雾度/%	0.7～1.5
压缩模量/MPa	2100～2230	透光性/%	87～91
布氏硬度	150～160	氧指数	26
吸水性/%	0.15	阻燃性(UL-94)	V-2

PC 的机械强度、断裂伸长率、冲击韧性均随分子量的增大而增大。当聚合度达到 100 时机械强度趋于稳定。冲击强度随分子量的增加而增加，在分子量为 2.8 万～3 万时，达到最大值，随后随分子量的增加而略有下降，在分子量低于 2 万时冲击强度很低。断裂伸长率也随分子量的增加而增加，同样增加到一定程度，变化不大。分子量分布变宽对力学性能影响不利。PC 易应力开裂，增加分子量有利于缠结点数，提高抗应力开裂能力，而分子量分布加宽，低分子级分增多，容易形成微观撕裂，造成应力集中，导致制品开裂。

低分子量的 PC 可以结晶，当 n 值大于 800 时，PC 失去结晶能力。

15.4.2.2　力学性能

PC 力学性能优良，尤其是冲击性能优异，在低温下仍能保持较高的机械强度，是一种强韧性材料。在很宽的范围内能保持较好的尺寸稳定性。

PC 的冲击强度是目前使用的热塑性通用和工程塑料中最高的。PC 的冲击强度比 PA、POM 高 3 倍以上，与 GF 增强酚醛和聚酯玻璃钢相当。

PC 的拉伸应力-应变曲线属于硬而韧的类型，在拉伸过程中产生明显的屈服点，强度很高，断裂伸长率较大，如图 15-1 所示。

PC 的抗蠕变性优于 PA、POM，尺寸稳定性高。PC 的硬度和耐磨性不高。耐磨性不如 PO、PA、PTFE 等，比聚砜、ABS、PMMA 好。

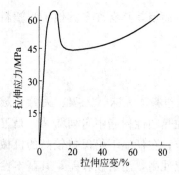

图 15-1　PC 拉伸应力-应变曲线

15.4.2.3　光学性能

PC 无色透明，透光性高，透光率大于 87%，最高可达 90% 以上。PC 的折射率随温度的变化呈直线关系。在室温时为 1.5872；－20℃时，为 1.5914，140℃时这 1.5745。由于折射率高，韧性高适宜制作精密光学仪器。

15.4.2.4　抗应力开裂性能

PC 不耐应力开裂，主要是 PC 熔体黏度大，成型时易产生内应力，内应力使分子间力和链的缠结数减少，在外力作用下，承受点减少，导致容易断裂。增加分子量有利于改善应力开裂性能。

15.4.2.5　化学性能

PC 具有的一定的耐化学品性，对有机枝、稀无机酸、盐类、油、脂肪烃及醇都比较稳定，但不耐稀碱、浓酸、王水、氯烃、胺、酮、酯、芳烃及糠醛等。酯基存在使 PC 较容易溶于极性有机溶剂。常用的溶剂是二氯烷、三氯甲烷和四氯乙烷。

15.4.2.6　稳定性

PC 加工温度高（300℃或更高），在存在水、铁或残余碱等杂质存在下，树脂易变黄，分子量降低。碱的存在会引起变黄、支化和交联。

PC 吸水性高于聚烯烃，但不影响尺寸稳定性。PC 吸水率为 0.15%，25℃时吸水率为 0.34%，100℃时为 0.48%。能耐 60℃热水，在更高温度水中易开裂。树脂中杂质可以与水反应，降低力学性能。

15.4.2.7　热性能

PC 具有很高的耐热性能和耐寒性。长期使用温度可在 -100~130℃范围内。分子量为 18000~38000 的树脂的 T_g 为 140~155℃，因此，热变形温度也较高，在分子量为 26000~38000 的 PC 树脂，1.82MPa 负荷下，热变形温度为 132~138℃，维卡软化点为 154~158℃。脆化温度在 -100℃以下，甚至在 -180℃的低温下，仍具有一定韧性。PC 没有明显的熔点，在 220~230℃呈熔融状态，比通用塑料的熔点高得多。PC 在 320℃以下很少降解，330~340℃出现降氧和热降解。

15.4.2.8　耐老化性能

PC 耐候性较好，对热、空气、臭氧稳定性很好。制品在室外暴露 1 年，力学性能基本不变。但在较长时间暴露在紫外光时，由于光氧化反应 PC 会发黄，降解，变脆，因此 PC 在室外作用时要加入光稳定剂。

15.4.2.9　电性能

PC 呈极性，酯基存在使 PC 的电绝缘性也比非极性的聚合物差。但在较宽的温度范围和潮湿条件下，仍可保持较优异的电性能。如介电常数和介电损耗角正切在室温至 125℃范围内几乎不变；在 120℃加热后，电性能也基本保持不变；在 -120~-40℃的低温下，体积电阻率仅比常温下稍有降低；在电场电压为 2kV/mm 内，体积电阻率与电压无关，受湿度影响很小。

15.4.2.10　加工性能

PC 的熔体黏度很高，达 10^3~10^4Pa·s，比通用树脂高得多。其熔体黏度与分子量、温度和剪切速率有关。

PC 的熔体黏度对温度的敏感性较大，随着温度的增加，熔体黏度降低。PC 的熔体流动性与其他聚合物不相同，在很宽的剪切范围内，熔体黏度基本不变，具有牛顿流体的性质。在高剪切速率下剪切黏度转变为假塑性流体。转变所对应的剪切速率称为临界剪切速率，临界剪切速率随分子量的增加而降低。因此，对于 PC 成型加工过程中，通过调节温度改善流动性比改变剪切速率更有效。

15.5 加工和应用

15.5.1 加工

PC 成型加工却比较困难，主要是因为其熔融黏度较高。PC 作为热塑性树脂可采用多种方法加工，如注塑、挤出、吹塑、压延、热成型、印刷、粘接、涂覆和机加工等。注塑是其主要的成型方法。PC 挤出成型产品一般是板、片、膜、棒、管材等，PC 可以与其他塑料共挤出生产多层片材、型材。PC 吹塑成型生产容器、桶，如市场上使用的盛装纯净水的 PC 塑料桶。PC 还进行打孔、辊压、其他机及加工进行冷成型。PC 还可进行对接、涂布、装饰、超声波焊接、黏结、真空和化学镀、印刷等二次加工。PC 加工特点如下所述。

① PC 吸水性较低，吸水后性能变化也不大，但是在高温成型过程中对水非常敏感，易发生反应使 PC 水解，制品出现银丝、气泡、裂纹等，性能下降，因此，加工前必须进行干燥处理，使水含量在 0.02% 以下，干燥温度低于 135℃。

② PC 是非晶态聚合物，成型收缩率低，一般为 0.5%～0.8%。

③ PC 加工温度高，注塑和挤出机要具有良好的温度调控装置和较高注射压力。

④ PC 熔体黏度高，流动性小，冷却速率快，制品易存内应力，因此成型后立即进行热处理，热处理温度为 110～120℃。

15.5.2 应用

PC 应用领域非常广泛，已应用于汽车、电子电气、建筑材料、机械零件、办公设备、运动器械、医疗保健、家庭用品、包装以及航空航天、电子计算机、光盘等领域。

(1) 光学材料　PC 以高透光率、高折射率、高抗冲性、尺寸稳定性及易加工成型等特点，在光学领域占有极其重要的位置，是 PC 主要消费领域。

① 光盘。PC 广泛应用于光盘制造业。光学级 PC 树脂具有优异的尺寸稳定性和力学性能，对激光有较高的传送能力、高纯度及较好的熔融流动性，这些都是准确的进行数据复制所必需的。

数字影像光盘（DVD），被称作数字万用光盘，它能储存的数据是标准 CD 的 30 倍。PC 树脂的优异性能使它能够解决高密度刻录（较少刻痕长度和轨道间距）的问题，还能降低光盘的厚度，减少读取数据的时间。随着云储存、平板电脑等技术的发展，该市场下降迅速。

② 镜片。采用光学级 PC 制作的摄像器材镜头及其他光学透镜，无论是抗冲击性能，还是成型加工性能，都是传统的无机玻璃制光学镜头所无法比拟的。PC 透镜的优点是抗冲击强度高，安全性好，折射指数高，可使用较薄的镜片，相对密度较低，可减轻镜片的质量，而且对紫外光具有高屏蔽性。PC 可注塑成型，镜片生产效率较高。

③ 照明。主要用于室外和商厦灯具。PC 也用于透镜散射器、舞台用灯和机场跑道标识等。

(2) 电子电气　也是 PC 主要领域之一。由于 PC 在较宽的温、湿度范围内具有良好而恒定的电绝缘性，是优良的 E 级（120℃）绝缘材料，同时，良好的难燃性和尺寸稳定性使 PC 被用作接线盒、插座、重载插头及套管、垫片、电闸盒、配电盘元件、继电器外壳。还可制造连接器、中心开头柜组件、调制解调器外壳、终端接线柱和光纤电缆缓冲管等。

近年来在对于零件精度要求较高的计算机、视频录像机和彩色电视机中的重要零部件方面，PC材料显示出了极高的使用价值，尤其是电视机中载有高电压的回扫变压器及室外变压器中的大型线圈框架等具有特殊要求的部件。

PC大量用于制造办公设备、通信设施和电子电器设备的外壳。如制造计算机、打印机、复印机等办公设备的外壳，手机、电话总机外壳、电话线路支架下通信电缆的连接件；电力工具、仪器仪表的外壳；草坪和园艺机器等外部零件。

PC可做低载荷零件，用于家用电器电动机、真空吸尘器，洗头器、咖啡机、烤面包机、动力工具的手柄，各种齿轮、蜗轮、轴套、导轨、冰箱内搁架。

（3）建筑　PC板材也是PC主要领域之一。PC所显示出的高透光性和优异的性能，使其比传统无机玻璃具有明显的优势。PC玻璃抗冲强度比普通玻璃高250多倍，比有机玻璃高30多倍，具有优良的抗碎性能和抗磨性能，抗热变形性能优于有机玻璃，透光板材可作为玻璃替代品生产各种安全窗、招牌、自动售货机、柜台展示牌、商店室外标识等。

PC板材的隔热性能也较无机玻璃提高了25%，质量仅为无机玻璃的1/2。因而，阳光板是目前国际上普遍采用的一种集新型高强度、透光、隔音、节能材料，集质轻、耐腐蚀、防水、耐寒、高透光率于一体，隔热、隔音更胜一筹的材料，是当今建筑装饰行业的首选材料，也被称为第四代温室覆盖材料。在各种形状的大面积采光屋顶、楼梯护栏及高层建筑采光设施等方面得到了广泛的应用，如厂房、花卉温室、种植和养殖大棚、体育场馆、看台、游泳馆，商场、市场，阳光休闲房、隔段，过街天桥通廊、公交站棚、收费站、广告灯箱、标志牌等。阳光板已经渗透到我们生活的每个领域。

（4）汽车　用途主要集中在照明系统、仪表板、加热板、除霜器、离合器系统及PC合金制的保险杠等。尤其在汽车照明系统中，现代汽车头灯要求造型美观、形状复杂多样，车灯玻璃要有很高的弯曲率，使用传统玻璃制造头灯在工艺技术上一直相当困难，而用PC代替玻璃之后，就大大降低了加工难度。采用耐冲击性和透光性良好的PC材料，并且充分利用其易成型加工的特性，将车灯头部、连接片、灯体等全部模塑在透镜中。PC设计灵活性大，便于加工，是无机玻璃无法替代的。PC以其独有的透光、耐冲击、耐候、抗紫外线辐射等优点，成为首选的理想替代品。需求增速最快的将是汽车玻璃、挡风玻璃、车窗以及天窗等领域。

（5）包装　PC在包装领域主要是制造20L左右的大水瓶。由于质量轻、抗冲击和透明性好，用热水和腐蚀性溶液洗涤处理时不变形且保持透明，除个别高消费市场外，PC瓶已取代玻璃瓶。PC制造的非一次性饮用水桶等容器增长很快。

（6）航空航天　在航空、航天领域，PC最初只是用于飞机的座舱罩和挡风玻璃的制作。随着航空、航天技术的发展，对飞机和航天器中各部件的要求不断提高，使得PC在该领域的应用日趋增加。

（7）医疗器械　PC树脂无毒，而且具有良好韧性、刚性、透明性，同时耐热、耐辐射，被广泛应用在医疗领域，特别是在透明医疗保健制品，PC几乎独家占有。PC制造的医疗器械，可经受高能辐射（γ射线和电子束）、蒸汽、干热和环氧乙烷等消毒处理。PC主要用于制造人工肾血液透析设备、血液采集器、高压注射器、外科手术面罩、人工心肺容器及其他需要在透明、直观条件下操作并需反复消毒的医疗设备中。

（8）其他　PC 薄膜常用于既要耐热、有高冲击强度、又要透明性好、可印刷的场合，PC 薄膜可用于诸如汽车和工业仪表的表盘，薄膜开关，投影片，各种标牌、铭牌。PC 医用包装薄膜的优点在于可用多种方法进行灭菌处理。

15.6 聚碳酸酯改性

PC 是综合性能优良的工程塑料，但也存在一些不足，如对缺口敏感，易产生应力开裂、耐磨性欠佳以及流动性差，因而使其应用范围受到了限制。通过改性克服这些缺点，改善性能。改性的方法主要是通过共聚、共混、填充、增强、复合等来提高 PC 的性能，得到适用于不同场合的 PC。

15.6.1　共聚改性

聚酯碳酸酯（Polyestercarbonate）于 1979 年由美国 GE 公司开发成功，目前除 GE 公司外，美国 UCC、德国 Bayer、日本三菱化成公司都有生产。

（1）合成方法　聚酯碳酸酯采用光气法合成，基本工艺品为：将光气通入 BPA 和对苯二甲酸的吡啶溶液中，可制得高分子量的 BPA 型 PC 和对苯二甲酸 BPA 酯。

采用 BPA 与对苯二甲酰氯反应制得端羟基聚酯低聚物，然后与光气反应，制得低分子量的聚酯，并含有 Cl—O—C—端基，后者再与 BPA 和 NaOH 进行缩聚反应，可得到聚酯碳酸酯。

（2）结构

（3）性能　聚酯碳酸酯耐热性、耐蠕变性、耐老化性均好于 PC。T_g 为 183～212℃，熔点≥375℃，热分解温度为 400℃。

（4）加工和应用　聚酯碳酸酯熔点高，且与分解温度相差较小，加工比较困难，可加入橡胶改性剂，以降低熔点和提高冲击强度。

聚酯碳酸酯主要应用在汽车和电子等行业，用于制造汽车前灯、尾灯、连接器、插头、插座、耐热电子元器件等。

15.6.2　共混改性

从 20 世纪 70 年代起，世界主要 PC 生产厂家即开始对 PC 进行改性，其中 PC 的合金化已成为 PC 改性中最重要的途径之一。国内外的研究开发非常活跃，并取得了显著成效。PC 可与许多聚合物共混，如 PE、PP、ABS、AS、PBT、PET、PMMA、PA、POM、PTFE、NBR 等，以下简单介绍。

15.6.2.1　不同类型的 PC 共混

以各种双酚（BPA 除外）或其衍生物为单体所制得的各种聚碳酸酯，由于比 BPA 型 PC 具有更高的使用温度、韧性或难燃性而颇受重视。若将这些新型 PC 与 BPA 型 PC 共混，性能可以互补，获得良好的改性效果。例如：4-溴代双酚 A（TBBPA）或 4-氯代双酚 A（TCBPA）和 BPA 一起与光气反应可以制取共缩聚 PC。此种共缩聚产物耐燃性优良，与

BPA 型 PC 共混可以改善 PC 的阻燃性。共缩聚物中 TBBPA：BPA＝(40～30)：(60～70)，共混物中共缩聚物含量一般以 10%～30% 为宜，当超过 30% 后，使冲击强度下降，以致不能作为工程塑料应用。

15.6.2.2 PC/ABS 共混物

PC/ABS 合金是一种异质多相体系，综合了 ABS 和 PC 两者的优良性能，是一种性能全面的聚合物合金。一方面可提高 ABS 的耐热性、抗冲击性和拉伸性能，使 ABS 应用于高性能领域；另一方面可降低 PC 的成本和熔体黏度，提高流动性，改善其加工性能，减少制品内应力和冲击强度，使 PC 可用于薄壁长流程的制品加工。

PC/ABS 共混物也是世界上研究较多和生产量较大的共混体系。1963 年美国 Borg-Warner 公司开发成功第一个 PC/ABS 合金，商品牌号 "Cycoloy800"。1976 年美国 Boay 公司、1977 年德国 Bayer 公司等相继生产 PC/ABS 合金。此后美国、欧洲、日本各大公司相继研究出了不同品牌的 PC/ABS 合金，已经形成了 PC/ABS 系列合金，有阻燃级、电镀级、耐紫外级、抗静电系列和高流动级等。国际上有众多公司生产，其中具有代表性的有德国 Bayer 公司的 Bayblend 系列；美国 GE 公司的 Cycoloy 系列；Dow 化学公司的 Emerge 和 Celex 系列；日本帝人化成公司的マルチロンT-2000、T-3000 系列等。PC/ABS 合金已成为世界上产量最大的 PC 共混品种。

我国 PC/ABS 合金的研究工作起步较晚，已开发出产品并投入生产，如上海杰事杰新材料股份有限公司、中科院长春应用化学研究所等研制的 PC/ABS 合金，已用于汽车上。

PC/ABS 共混体系是部分相容体系，这从溶解度参数可以看到，PC、ABS 和 SAN 的溶解度参数分别为 $\delta_{pc}=19.47～20.05(\mathrm{J/cm^{-3}})^{1/2}$，$\delta_{ABS}=19.66～20.49(\mathrm{J/cm^{-3}})^{1/2}$，$\delta_{SAN}=19.0～20.1(\mathrm{J/cm^{-3}})^{1/2}$，三者较为接近。如果只从溶解度参数来考虑，理论上存在较好的相容性。PC/ABS 合金实际是由 PC、SAN 及接枝橡胶相 PB 三部分组成，如图 15-2 所示。

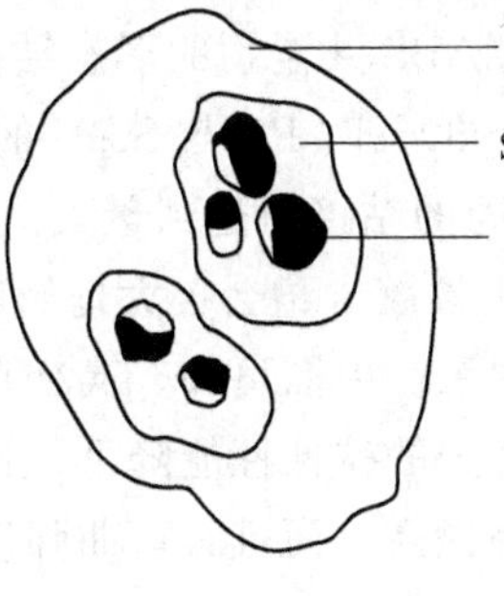

图 15-2 PC 为连续相时 PC/ABS 共混体系形态示意

在 PC 为连续相，PC 包围 SAN，SAN 又包围着接枝橡胶相 PB，即 PC 相和接枝橡胶相 PB 之间隔着 SAN 相。橡胶相 PB 也是复相结构，其中又包含着 SAN 粒子。PC/SAN 的溶解度参数差 $\Delta\delta$ 为 $0.84(\mathrm{J/cm^3})^{1/2}$，而 PC/PB 的 $\Delta\delta$ 为 $7.45(\mathrm{J/cm^3})^{1/2}$，这说明 PC 与 ABS 中的 SAN 存在一定的相容性，而与 PB 橡胶相不相容。因此当 ABS 中 PB 含量较高时，两者相容性较差，相分离严重，当 ABS 中 PB 含量较低时，PC 与 ABS 相容性较好。而 PC 与 SAN 的相互作用还受 SAN 中 AN 含量的影响。当 SAN 中的 AN 含量在 15%～30% 时 PC 与 SAN 的相容性较好。

为提高 PC/ABS 共混物的相容性，需要加入增容剂，增容剂一般有三大类：聚合物型增容剂、低分子量反应性增容剂及多组分增容剂。第一类增容剂在 PC/ABS 合金中应用最多，其中最常见的包括 ABS 接枝物、St/马来酸酐共聚物、PE 接枝物、MMA/Bd/St 共聚物等。第三类增容剂也有较为广泛地应用。有关增容剂在前面章节也有论及，各类增容剂的增容原理存在不同，特点如下所述。

① 在 ABS 链上接枝反应性官能团，该官能团在熔融共混时与 PC 端羟基或端羧基反应，

形成 PC-g-ABS 接枝物，成为反应性增容，改善了共混物的相容性，使得共混物的力学性能（冲击、弯曲强度）明显提高。常见的 ABS 接枝增容剂有：ABS-g-MAH、ABS 接枝甲基丙烯酸羟乙酯（ABS-g-HEMA）等。

② 采用马来酸酐-苯乙烯共聚物（SMA）作增容剂，其酸酐官能团能与 PC 的端羟基或端羧基反应，形成 PC-g-SMA 接枝物。由于 SMA 中苯乙烯链段与 ABS 有良好的相容性，从而能改善 PC/ABS 共混物的相容性，降低了两相的界面张力，使体系分散相颗粒细化，提高共混物的力学性能。此类增容剂可使 PC/ABS 合金的冲击强度提高 2 倍以上，断裂伸长率增加 3 倍以上。

③ PE 接枝物也可增容 PC/ABS 共混体系。如 LLDPE-g-MAH 可明显提高 PC/ABS 共混物的耐热性，改善了体系的相容性，且冲击强度、拉伸强度和断裂伸长率均有明显的提高。

④ MBS 也可作为第三组分增容 PC/ABS 合金。在 PC/ABS/MBS 三者的共混比为 70/10/20 时合金的冲击强度，远高于 PC 的冲击强度，同时三元合金的测试样条呈象牙白色、质地均匀、手感较好。

⑤ 双组分增容剂对 PC/ABS 共混体系的增容效果比单一增容剂好。PP-g-MAH 和一种环氧树脂 NPES-909 共同增容 PC/ABS（70/30）共混物时，体系的屈服强度、拉伸模量和冲击强度均优于单一 PP-g-MAH 增容体系。

PC/ABS 合金的微观结构非常复杂，其性能不但与微观结构有密切的关系，而且与树脂的型号、树脂中弹性体的化学结构和 SAN 接枝橡胶的粒子尺寸、共混配比、共混方式和条件、成型方法、后处理等许多因素有关。

从 PC/ABS 共混物的形态结构分析，发现 PB 包含在 SAN 母体中。当 SAN 中的 AN 含量在 15%～30% 时 PC 与 SAN 的相容性较好；当 SAN 质量分数在 25%～75% 变化时，PC 与 ABS 之间的粘接力达到最大。

ABS 中橡胶含量会极大地影响 PC/ABS 合金的性能。图 15-3 为橡胶含量与冲击强度之间的对应关系。由图可知，高橡胶含量提高了 PC/ABS 体系的冲击强度，但大大损害了相容性，使合金的拉伸性能降低。因此，选用适当橡胶含量的 ABS，不但可以使共混物的冲击强度获得提高，而且其弯曲强度还会出现协同增强。

PC/ABS 合金的性能与 ABS 的含量呈线性关系，近似服从加和性，其整体性能介于 PC 与 ABS 之间，冲击强度随配比有超加和效应（即上述协同效应）和对抗效应，且随着配比的变化，极值点的位置亦不同。当 PC 含量较高时，PC 呈连续相，共混物制品具有较高的力学性能；当 PC、ABS 皆为连续相时，则形成高阻尼和低冲击性能；而当 ABS 为连续相时，主要体现 ABS 的性能。一般 ABS 含量不要大于 40%，否则，PC/ABS 合金的冲击强度显著下降，如图 15-4，表 15-2 为日本帝人化成公司的 PC/ABS 主要性能。

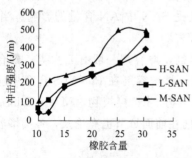

图 15-3　橡胶含量与冲击强度关系

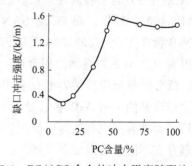

图 15-4　PC/ABS 合金的冲击强度随配比变化

表 15-2　日本帝人化成公司的 PC/ABS 主要性能

项　　目	T-2711	T-3011(高冲击)	TN-3811BX(高刚性)	TN-3811BY(消光高流动)
密度/(g/cm³)	1.14	1.14	1.25	1.19
拉伸强度/MPa	53	57	44	49
伸长率/%	120	110	30	120
弯曲强度/MPa	81	90	90	91
弯曲模量/MPa	2156	2340	3970	3140
缺口冲击强度/(J/m)				685
（3.2mm）	637	540	145	295
（6.4mm）	539	245	120	145
热变形温度/℃	120	117	92	92
阻燃性(UL94)			V-0	V-0

此外，在 PC/ABS 合金加入苯并噻唑、聚酰亚胺可提高合金的耐热性和热稳定性；环氧乙烷/环氧丙烷的嵌段共聚物、MMA/St 共聚物可改善体系的加工流动性；PMMA、烯烃-烷基丙烯酸酯共聚物、丙烯酸酯和甲基丙烯酸酯、乙烯-丙烯酸酯-醋酸乙烯酯共聚物、PC-乙烯类嵌段或接枝共聚物、丙烯酸弹性体、SAN、SBR 均可明显地改善其接缝强度。

特别应当指出的是，1984 年日本 Kuranchi 和 Ohta 正是在研究 PC/ABS 和 PC/SAN 合金时，首次提出刚性粒子增韧新概念和机理。在 PC 与 ABS 这类刚性有机粒子共混，ABS 起到了增韧的作用，明显提高 PC 的性能。按此理论解释了许多增韧体系。详见 11.7.1.10 PVC/有机刚性粒子。

PC/ABS 主要应用在汽车、机械等行业，目前已扩展到计算机、通信工具、办公设备等行业。在汽车领域最大的消费是制造仪表盘，其次制造门板、轮罩、送风机、尾部排气格栅、蓄电池组等；在电子电气领域用于制造办公设备，笔记本式电脑、打印机、传真机、移动电话、摄像机等外壳，CD-ROM 驱动盘、连接器、通信工具等。

15.6.2.3　PC/PBT、PET 共混物

PC/PBT 和 PC/PET 的开发基点是为了改善 PC 的耐化学药品性，即解决 PC 在汽油等化学介质环境中产生溶剂龟裂和应力开裂的弊端。又可降低 PC 的成本，因而具有优良的综合性能。

PC/PBT、PC/PET 合金属于典型的非晶/结晶共混体系。PC/PBT 合金中，PC、PBT 同属线型芳香族聚酯，它们的化学结构相近，因此相容性较好，可以任何比例掺混，所得合金克服了 PC 的耐化学品性差、成型加工性差和耐磨性欠佳的不足，同时弥补了 PBT 耐热性差、耐冲击性低、缺口冲击强度不高的缺点。使得 PC/PBT 合金比 PC 耐药品性、加工性好，比 PBT 尺寸稳定性、耐冲击性、成型性提高。PC/PET 也显示类似的性质。

随着 PBT 含量的增加，PC/PBT 共混物的耐药品性提高，而热变形温度和冲击强度下降。这些性能在 PC 含量为 70%～80%时发生急剧变化，PC/PET 也有类似变化，因此，兼顾耐热性、耐药品性等各种性能，PBT 含量为 20%～30%为宜。

PC 与 PBT 熔融混合时发生酯交换反应生成无规共聚物，反应如下所示：

PBT　　　　　　　　　　　　PC

与 PC/PET 相比，PC/PBT 合金制造时发生的酯交换反应较激烈，引起分解、发泡和着色，因此，抑制酯交换反应是制备的关键技术。可加入含酰胺基的聚合物、有机磷化合物和接枝 PB 等来防止。

PC/PBT 合金在国外也已系列化，首先由美国 GE 公司研制成功，商品名为 Xenoy 系列，随后有 Bayer 公司的 Makroblend（包括 PC/PBT、PC/PET）、BASF 公司的 Ultrablend、日本帝人化成公司的ベソティト、日本三菱瓦斯化学公司のユーピロン、日本三菱人造丝公司のディャライト TP。

PBT 和 PC 的相容性与组成有关，当 PC 含量为 0%～25%时，两者部分相容；PC 含量增大时，呈 PBT、PC 和 PBT/PC 混合相的三相；PC 含量达到 30%～40%时，则完全相容。单用 PC 共混时，虽然可以提高 PBT 的热变形温度和高温刚性，但对耐冲击性的改进效果不大。因此，为提高 PBT/PC 合金的耐冲击性能，适当加入第三组分，以进一步提高性能，如丁二烯类接枝共聚物、丙烯酸酯类橡胶、聚氨弹性体、EVA、乙烯/丙烯酸丁酯/甲基丙烯酸缩水甘油酯共聚物、PS 接枝橡胶、离聚体等。同时，由于 PC 的结晶性低，所以对改善 PBT 的翘曲性能也可取得较好的效果。

添加弹性体作为冲击改性剂，可改善 PC/PBT 共混物的冲击强度，良好的冲击改性剂是核-壳结构的弹性体，参见 16.1.6.2 节。

PC/PBT 合金具有低温高冲击、耐汽油、尺寸稳定、低成型收缩、高耐蠕变、低的吸水性、低热膨胀系数、表面光泽度高等特性，绝大多数应用在汽车制造，如制造车身板、保险杠、仪表板和散热器罩。目前 PC/PBT 和 PC/PET 应用拓展到其他汽车部件和办公设备及精密机械（如照相机、钟表）等领域，如汽车后挡板、镜罩、汽车门把手、汽车车身侧板、托架、发动机罩和行李箱；电气电子设备部件，也用于制造草坪和花园设备等。

15.6.2.4 PC/PA 共混物

在 PC 中加入 PA 可以改善 PC 的耐油性、耐化学药品性、耐应力开裂性及加工性能，降低 PC 的成本，还具有优良的低吸湿性、耐磨性和涂装性，PC/PA 合金是综合性能优良的工程塑料。

PC 与 PA 的溶解度参数相差较大，为热力学不相容体系，若直接共混，会有明显的分层现象，并产生气泡，难以得到具有实用价值的稳定的合金。通过加入增容剂和改性剂，可改善和控制 PC/PA 合金的相容性，较好地抑制了官能团之间的交换反应，获得高性能的PC/PA 合金。

美国 Dexter 公司是较早开发 PC/PA 的公司，为 Dexcarb 系列，该系列产品最显著的特点是力学性能中突出的抗冲性，其缺口冲击强度可达到或接近 1kJ/m 的超韧级水准。

PC/PA 合金以其优良的性能已在汽车、电子电气等行业得到广泛应用。用于制造前后挡板、柱罩、车轮盖、仪表罩，在电子电器行业用于制造电动工具外壳、配线器械、继电器等，及制造要求高耐油性和高强度的机械、电气和办公设备部件等。

15.6.2.5 PC/PO 共混物

PC/PO 合金包括 PC/PE 合金和 PC/PP 合金。PO 产量巨大，加工性能良好，价格低廉，PC 与 PO 共混可提高 PC 的冲击性能，改善 PC 的加工流动性，降低制品的内应力，并降低成本。

PO 是非极性高度结晶聚合物，而 PC 是极性无定形聚合物，彼此形态、结构、溶解度参数等差异很大，所以 PC 与 PO 体系属不相容体系，为了制备性能良好的合金，必须进行增容。主要采用两类反应性增容方式。①直接反应性增容。是使用接枝 PO 与 PC 共混，利用 PO 上接枝的易与 PC 反应的官能团，在熔融混合过程中发生化学反应直接生成相容剂，使体系的相容性得到大大改善。②反应性相容剂增容。是填加反应性相容剂，相容剂分别与共混体系中的一个组分相容，并且可与 PC 分子中官能团反应，提高增容效果。以 PE 为例，常用 PE 接枝聚合物作为相容剂，如：PE-g-MAH、PE-g-GMA、PE-g-DBAE（烯基双酚 A 醚）、PE-g-DABPAE（烯丙基双酚 A 醚）、PE-g-DABPA（二烯丙基双酚 A），可见，与前面章节中 PE 接枝共聚物不同，在 PC/PE 共混体系中，较多使用 PE 接枝醚类化合物。这些相容剂都具有极性可反应的官能团，如 GMA 分子中含有较高的反应活性的环氧基团，能与 PC 的端羟基、端羧基反应，形成相应的接枝共聚物，提高体系相容性。

在 PC/PE 共混物中，可以从 PC 的酯基发生酯交换反应入手，寻找合适的增容剂去提高 PC/PE 体系的相容性。

用于增容 PC/PE 共混体系还有其他共聚物：如 St/Bd 共聚物、St/乙烯/丁烯嵌段共聚物、St/乙烯/丁二烯嵌段共聚物等；丙烯酸类共聚物，如乙烯/甲基丙烯酸共聚物（E/MA）、乙烯/丙烯酸共聚物（E/AA）等；乙烯/乙酸乙烯酯共聚物（E/VAC）；含环氧官能团的共聚物；共聚物离聚体；双增容剂等。

对于 E/MA 增容 PC/PE 共混体系，PC 为基体，PE 为分散相，只需添加适量的增容剂，共混物的冲击性能和加工性能将得到明显改善，热性能和耐化学药品性能基本不变。对于 E/AA 反应增容 PE/PC 体系，E/AA 的主链是乙烯基，因为结构上相似，它们都能与聚烯烃良好相容，又由于 E/AA 支链上的羧酸基团能与 PC 上的酯基发生酯交换反应，使 PC 分子链接枝在 E/AA 上，从而可以实现 PE、PC 两相相容性的提高。

一般 PE 的含量不超过 30%，PE 为分散相，这种共混体系的冲击强度可为 PC 的 3~4 倍，耐沸水性、耐热老化性、耐候性均优于纯 PC，而且加工流动性好，降低了成本。

PC/PO 合金已有商品化产品，如美国 GE 公司和日本的帝人化成公司分别开发了各自的 PC/PE 合金 Lexan 和 Panlite。产品的冲击强度高，尤其是悬臂梁冲击强度比 PC 高 4 倍，且能耐高温消毒、耐沸水、流动性好、易加工、耐应力开裂，适用于制作餐具、容器、机械零件、电器零件以及安全帽等防护用品。

15.6.2.6 PC/PS 共混物

PC/PS 的开发相对 PC/ABS 等要迟一些。少量的 PS 与 PC 共混可明显改善 PC 的加工流动性，从而提高 PC 的成型性，也可减小 PC 的双折射率；PS 在 PC 中还可以起到刚性有机填料的作用，提高 PC 的硬度，同时提高了 PC 的耐水性和耐热性；PS 价格便宜，加入 PC 还可降低成本。因此可以说 PC/PS 合金是一种性能高而又经济的高分子材料。

由于 PC 和 PS 化学结构有较大差异，两者的相容性也较前几种合金差，需添加入增容剂来提高两相的相容性，这是制备 PC/PS 合金的关键技术。如法国 Atochem 公司、日本 Daicel Chemmical 公司和出光公司均有产品。

15.6.2.7 其他 PC 共混物

PC 与氟树脂（如 PTFE）共混，既保持 PC 优良的耐热性、尺寸稳定性以及注射成型性，又提高了 PC 的耐磨性，并降低了摩擦系数，如加入微细的 PTFE 粉末可使 PC 的耐磨性提高 5 倍。PC 与氟树脂的共混物可适用于制造各种齿轮、凸轮、轴、轴承以及套筒等。

PC 与丙烯酸酯类树脂的共混物因具有美丽的珍珠光泽或金属光泽而引人注目。而用这种共混物生产的珠光塑料制品不像加入珠光颜料的制品有毒性，而且耐热老化性、耐沸水性以及耐应力开裂性均比纯 PC 有所提高，所以特别适宜制造食品和化妆品的容器，也可以制造人造珍珠作为装饰品。

PC/PMMA 合金为两种透明材料的组合，二者均为层状结构，但互不相容。其合金则为多层结构，由于二者的折射率不同，入射光在反射时会产生光的干涉，所以该合金不透明，但具有珠光色彩，可制得具有珍珠般光泽的制品。

PC/TPU 合金具有优异的低温冲击强度和良好的耐化学性及耐磨性，其弹性模量低于热塑性共混物，仅为 400～1000MPa。它是一种质地较软、有较好的弹性和冲击韧性的共混物，主要用于制造有冲击和碰撞危险的外装件，如制造有弹性的保险杠和侧面护板。

PC/POM 合金具有优良的力学性能、耐溶剂性和显著的耐应力开裂性，它的耐热性较高，热变形温度可达 145℃。

此外，PC 还可以与其他的合成树脂共混，如聚二甲基硅氧烷，聚己内酯（PCL）、EVA、SMA、聚醚酰亚胺（PEI）、PAR、PPS、PSF 等聚合物共混，同时进行多元共混，如三元共混可制备综合性能更优越的 PC 合金。

参 考 文 献

[1] 龚云表，王安富. 合成树脂及塑料手册. 上海：上海科学技术出版社，1993.

[2] 吴培熙，张留成. 聚合物共混改性. 北京：中国轻工业出版社，1996.

[3] 周祥兴. 合成树脂新资料手册. 北京：中国物资出版社，2002.

[4] 刘英俊，刘伯元. 塑料填充改性. 北京：中国轻工业出版社，1998.

[5] 许健南. 塑料材料. 北京：中国轻工业出版社，1999.

[6] 陈乐怡，张从容，雷燕湘. 常用合成树脂的性能和应用手册，北京：化学工业出版社，2002.

[7] 房梅华等. 我国聚碳酸酯工业发展概况. 塑料工业，1999，27（3）：46-47.

[8] 夏明芳，刘定华. 聚碳酸酯合成技术进展. 化学工业与工程技术，2000，21（6）：18-20.

[9] 刘卫平. 国外聚碳酸酯合金的现状与发展. 现代塑料加工应用，1999，11（3）：48-51.

[10] 刘建芳，闻荻江. PC/ABS 合金研究进展. 苏州大学学报：工科版，2002，22（2）：1-6.

[11] 杨其，郑一泉，冯强，李光宪. PC/ABS 共混体系的研究进展. 塑料科技，2003，（6）：58-61.

[12] 曹文鑫. PC/ABS 合金的开发和应用现状. 化工新型材料，2001，29（8）：37-39.

[13] 周海骏，王久芬. 聚碳酸酯树脂及其合金的研究进展. 华北工学院学报，2000，21（4）：334-338.

[14] 黄汉生. 日本 PC/PBT 合金的生产与应用动向. 化工新型材料，1995，23（6）：15-17.

[15] 吴爱民，吉法祥等. PC/PE 共混体系中增容剂最佳用量的确定. 江苏化工，1994，22（1）：22-24.

[16] 蔡琼英等. PC/PS 共混体系的相容性与性能. 高分子材料科学与工程，1990，6（3）：71-75.

[17] 安立佳，马荣堂等. PC/PMMA 共混体系的研究. 高分子材料科学与工程，1994，10（2）：53-56.

[18] 叶锦镛，骆惠雄. SMA 与 PC 共混体系的研究. 应用科学学报，1991，9（2）：109-116.

[19] 张智芳.碳酸二甲酯合成方法的研究进展.榆林学院学报，2007，17（4）：52-54.
[20] 贾玉珍，周春艳.聚碳酸酯技术现状及发展趋势.化工文献，2007，（2）：46-46.
[21] 赫妮娜，刘俊龙.聚碳酸酯合金研究进展.工程塑料应用，2006，35（1）：69-72.
[22] 赵印，尹波，杨鸣波.聚碳酸酯与聚乙烯的增容研究进展.工程塑料应用，2006，34（3）：62-64.
[23] 李金玲，张文武，董长河等.聚碳酸酯的市场前景及技术进展.弹性体，2013，23（3）：89-92.
[24] 徐振发，肖刚.聚碳酸酯的技术与市场现状及发展趋势.合成树脂及塑料，2011，28（2）：76-80.

第16章 ▶▶ 热塑性聚酯

16.1 聚对苯二甲酸乙二醇酯

16.1.1 发展简史

热塑性聚酯为聚对苯二甲酸乙二醇酯 [poly (ethylene terephthalate)，PET] 和聚对苯二甲酸丁二醇酯 [poly (butylene terephthalate)，PBT] 的总称。1941 年英国的 J. R. Whenfield，J. T. Dikson 采用乙二醇（EG）与对苯二甲酸（PTA）酯化缩聚制得 PET，1946 年 ICI 公司发表了第一个制备 PET 的专利，并于 1949 年完成了中试，以 Telerron 纤维投入生产。1951 年美国 Du Pont 公司购买了 ICI 公司的专利首次实现工业化生产，以 Dacron 纤维投入生产。PET 最初是用作制备纤维的原料，即俗称的涤纶纤维。1953 年和 1954 年 ICI 公司和 Du Pont 公司分别开发出 PET 薄膜。1966 年日本帝人公司首次推出 GF 增强 PET，从此 PET 开始进入工程塑料领域，但 PET 快速发展是在 20 世纪 60 年代以后，1976 年 Du Pont 公司开始用其生产饮料瓶，随后用量迅速增加。20 世纪 80 年代，PET 作为工程塑料有了突破性的进展，已成为继尼龙、聚碳酸酯、聚甲醛、聚苯醚之后的第五大工程塑料。

PET 生产工艺主要有两种，即对苯二甲酸二甲酯（DMT）工艺和 PTA 工艺。DMT 法（酯交换法）采用 DMT 与 EG 进行酯交换反应，然后缩聚制成 PET。PTA 法（直接酯化法）采用 PTA 与 EG 直接酯化，连续缩聚制成 PET。PET 最初工业化时，采用的单体是已工业化生产的 DMT，当时 PTA 由于精制难度大，还未实现工业化生产，在 20 世纪 60 年代以前一直采用 DMT 为生产 PET 主要原料的工艺方法。1963 年 PTA 法生产 PET 实现工业化生产，20 世纪 80 年代以来美国 Amoco（阿莫科）、Mobil（美孚）等公司开发的催化加氢工艺生产高纯度 PTA 工艺成熟，使得 PTA 法得到迅速发展。由于 PTA 法比 DMT 法存在许多优点，如原料消耗低、反应时间短等优势，20 世纪 70 年代后已成为聚酯的主要生产工艺。掌握 PTA 法的公司很多，如美国杜邦、德国 Zimmer（吉玛）和 Lurgi（鲁奇）、瑞士的 Inventa（伊文达）、日本东洋纺织和钟纺株式会社、法国 Rhone-Poulenc（罗纳-普朗克）等公司。此外，还有环氧乙烷工艺，是 PTA 与环氧乙烷反应制取对苯二甲酸乙二醇酯（BHET）的方法，也称 EO 法，但使用的公司不多。

PET 生产工艺分为间歇和连续工艺。20 世纪 60 年代以前 PET 生产以间歇式为主。60 年代以后西欧各国、日本继美国之后，都成功地开发出了连续生产技术。由于连续生产技术产量大、质量好、可直接纺丝、产品成本低，因此，PTA 直接酯化、连续缩聚的聚酯生产工艺逐渐取代 DMT 为原料的酯交换法而处于主导地位。现大型单品种装置多采用连续技术，间歇工艺适用于中小型多品种生产装置。为了兼容间歇和连续两种工艺的优点，发展了半连续工艺；为了解决大型连续装置生产多品种问题，开发了柔性生产线。DMT 法连续工艺主要有法国 Rhone-Poulenc 和日本帝人公司。PTA 法连续工艺主要有德国 Zimmer 公司、美国 Du Pont 公司、瑞士 Inventa 公司和日本钟纺（Konebo）公司等。为了生产工业用丝和瓶用 PET，在 20 世纪 70 年代中期又开发出了 PET 固相缩聚增黏技术，其工艺也有间歇和连续之分。1999 年 Du Pont 公司推出了"新一代"PET 聚合物生产技术，或简称 NG3，专门用于生产瓶用高分子量的 PET 树脂。

PET 按用途分为纤维和非纤维两大类。聚酯工业生产初期主要用于合成纤维，由于 PET 纺丝性能极佳，用量很快超过尼龙纤维。非纤维应用包括薄膜、容器和工程塑料。由于 PET 结晶速率慢而造成了结晶不完善和不均匀，使得模塑周期长、制品易粘在模具上，并且产生翘曲、表面粗糙无光泽、耐冲击性和耐湿热性差等缺点。因此，在很长时间内人认为 PET 不适宜做工程塑料使用。1966 年日本帝人公司开发出 GF 增强 PET，使 PET 成为工程塑料成为可能。由于 PET 工程塑料力学性能和耐热性能都优于 PBT，价格比 PBT、PC、PA 等工程塑料都低，因此，PET 成为工程塑料重要品种之一。国外各大公司都有产品生产，如美国 Du Pont、Ticona、伊斯曼公司，日本东洋纺、东丽、钟渊化学公司，德国 BASF、BTE 公司，法国诺索拉公司，英国 ICI 公司，荷兰 Shell 公司。

PET 工程塑料的发展过程大致可划分为四个阶段，分别称为四代 PET，各时代发展时间和特点如下。

第一阶段（1966~1978 年）：PET 玻璃纤维（GF）增强，进行注塑成型，模具温度 130℃以上。1966 年日本帝人公司首先实现 GF 增强 PET 工业化，牌号为"FR-PET"，还有荷兰 AKZO（阿克苏）公司的"Arnite"牌号。

第二阶段（1979~1985 年）：PET 的 GF 增强，并加入成核剂，使模具温度降至 90℃，易成型的 PET 工程塑料研制成功。1978 年，美国 Du Pont 公司首先研制出低温快速结晶技术，并推出了 Rynite 系列产品。1979 年东洋纺织公司也实现低温增强 PET 工业化，此后三菱化成、旭化成、可乐丽等公司产品相继上市。

第三阶段（1986~1987 年）：发明了结晶促进剂，加入结晶促进剂使模具温度降至 70℃左右，与 PBT 具有同等加工性能的 PET 工程塑料研制成功，1986 年东洋纺织公司研制出 PET 工程塑料バイロベット系列产品。

第四阶段（1988~1997 年）：PET 合金的开发，使 PET 的强度、耐冲击进一步提高及阻燃 PET 工程塑料的出现。1988 年 Du Pont 公司开发出超韧 PET Rynite SST。

我国于 1958 年开始研究开发聚酯生产技术，20 世纪 70 年代开始形成上海、天津、辽阳等生产基地，80 年代国产间歇式、半连续的小聚酯生产装置建设较多，据统计已有 110 家以上。但目前我国规模较大的 PET 生产装置基本为引进。20 世纪 70 年代初引进 3 套 PET 生产装置，分别建在上海、天津和辽阳，都采用 DMT 法。80 年代后引进的大型装置全部是 PTA 连续法，我国自行研制的 DMT 法装置到 1977 年全部停产。目前世界上主要的生产工艺技术和装置我国都有引进，引进较多的为德国 Zimmer、美国杜邦公司、瑞士 Inventa 公司和日本钟纺公司等公司的生产技术和装置。

经过大规模的引进，使我国 PET 生产技术达到较高水平，PTA 连续生产工艺处于主导地位，PET 产量快速增长，成为聚酯生产大国，生产能力占世界一半以上。我国聚酯工业技术和装备自主研发也取得重大进展。中国石化集团公司"十条龙"攻关项目——仪征化纤股份公司 10 万吨/年聚酯成套技术于 2001 年 11 月底出龙。2004 年采用中国纺织科学研究院与上海石化限公司合作开发的平推流少釜连续聚合柔性生产技术 15 万吨/年连续聚酯装置首次应用。中国石化上海石油化工研究院、天津分院、上海石化、天津石化、仪征化纤等从 2007 年起探索研究采用钛系催化剂用于连续化 PTA 法的 PET 生产取得显著的成效。2010

年上海石化实现了无重金属 PET 切片的连续化批量生产，商品名称为 NEP（Non-heavy metal Ecological Polyester），成为国内首家批量生产不含重金属 PET 的企业。

我国 PET 工程塑料研究起步较晚，从事研究开发的单位很多，但品种和牌号相对还不多。

16.1.2 反应机理

PET 分别采用单体 DMT 或 PTA 与 EG 按缩聚反应机理进行聚合反应，首先生成对苯二甲酸双羟乙酯（BHET），然后再由 BHET 进一步缩聚反应生成 PET。反应机理主要有酯交换法和直接酯化法；聚合反应为熔融缩聚。

（1）酯交换法

$$H_3COOC\!-\!\!\bigcirc\!\!-\!COOCH_3 + 2HOCH_2CH_2OH \underset{k_2}{\overset{k_1}{\rightleftharpoons}} HOCH_2CH_2OOC\!-\!\!\bigcirc\!\!-\!COOCH_2CH_2OH + 2CH_3OH$$

（BHET）

（2）直接酯化法　精 PTA 和 EG 在催化剂（三氧化二锑和亚磷酸三苯酯）作用下直接酯化 BHET，再经高温（260～290℃）熔融、高真空缩聚，得到 PET，其反应如下。

① 酯化反应。

$$HOOC\!-\!\!\bigcirc\!\!-\!COOH + 2HOCH_2CH_2OH \underset{k_2}{\overset{k_1}{\rightleftharpoons}} HOCH_2CH_2OOC\!-\!\!\bigcirc\!\!-\!COOCH_2CH_2OH + 2H_2O$$

（BHET）

② 酯化缩聚反应。

$$HOOC\!-\!\!\bigcirc\!\!-\!COOH + HOCH_2CH_2OOC\!-\!\!\bigcirc\!\!-\!COOCH_2CH_2OH \underset{k_4}{\overset{k_3}{\rightleftharpoons}}$$

$$HOOC\!-\!\!\bigcirc\!\!-\!COOCH_2CH_2OOC\!-\!\!\bigcirc\!\!-\!COOCH_2CH_2OH$$

③ 缩聚反应。

$$n\,HOCH_2CH_2OOC\!-\!\!\bigcirc\!\!-\!COOCH_2CH_2OH \underset{k_6}{\overset{k_5}{\rightleftharpoons}}$$

$$HOCH_2CH_2O\!\!\left[\!OC\!-\!\!\bigcirc\!\!-\!COOCH_2CH_2O\!\right]_{\!n}\!\!H + (n-1)HO(CH_2)_2OH$$

（3）固相缩聚　固相聚合酯化部分相同，只是继续缩聚增大分子量和结晶。理论上，由于高聚物无定形态与熔融态的连续性，熔融缩聚阶段所发生的反应都能在固相缩聚阶段发生。但是，由于固相缩聚的操作温度比熔融缩聚低，此时的聚合物仍处于固态（固相缩聚因而得名），大分子整链被固定，而端基却有足够活性通过扩散互相靠近到足够发生有效碰撞，从而使缩聚反应得到继续，树脂分子质量提高。

PET 在固相的缩聚很复杂，完全了解很困难。固相缩聚反应发生在部分结晶的切片的分子链终端，主要存在两种类型的反应：

$$2\;\bigcirc\!\!-\!COOCH_2CH_2OH \rightleftharpoons \bigcirc\!\!-\!COOCH_2CH_2OOC\!-\!\!\bigcirc + HOCH_2CH_2OH$$

$$2\;\bigcirc\!\!-\!CHOOH + HOCH_2CH_2OH \rightleftharpoons \bigcirc\!\!-\!COOCH_2CH_2OOC\!-\!\!\bigcirc + 2H_2O$$

在固相缩聚过程中，酯化和酯交换两个主要化学反应同时发生。

16.1.3 生产工艺

PET 树脂有很多专利生产技术，无论是酯化和缩聚过程（熔融相），还是生产较高黏度瓶用树脂的固相聚都有很多不同的工艺。其中熔融聚合方法的主要代表公司有 Zimmer 公司、帝人公司、钟纺公司、Ems-Inventa 公司、John Brown Deutsche 公司、Du Pont 公司以及 Sunkyong 公司等；固相缩聚方法的主要代表公司有 Zimmer 公司、Bepex 公司、Hosokawa 公司、卡尔菲休公司、Sinco 公司、布勒（Buhler）公司以及 Sunkyong 公司等。

16.1.3.1 酯交换法

在初期，由于 PTA 纯化技术未能达到生产聚酯纯度的要求，因此开发了先把 PTA 酯化为 DMT，精制后再经酯交换反应合成聚酯，此法称为酯交换法（DMT 法）。在酯交换反应的同时进行预缩聚反应，生成对苯二甲酸双 β-羟乙酯的低聚物。酯交换法采用的单体为 DMT 和 EG，特点为反应温和、副反应少，但反应速率低、反应时间长、设备庞大、流程长、能耗高，逐渐被 PTA 法替代。

16.1.3.2 直接酯化法

自 20 世纪 60 年代美国 Aramco 公司开发了对二甲苯空气氧化并精制得到高纯度的 PTA 工艺以后，直接酯化法得到迅速发展，成为与酯交换法相竞争的重要方法。此法应用 PTA 与 EG 直接酯化为低聚体，再进行缩聚反应生产 PET，即为直接酯化法（PTA 法）。

PTA 法分为间歇和连续工艺两种，连续生产工艺由于优势明显已占主导地位。连续工艺又分为五釜流程、三釜流程和新的二釜流程。五釜与三釜生产工艺各有自己的特点，两者缩聚工艺基本相同，区别在于酯化工艺。二釜工艺由意大利 Noy 公司推出，由一个预反应釜和一个终聚釜组成。该工艺流程短、设备少、节能、占地小，但反应器之间完全刚性连接，没有缓冲余地，生产柔性小，目前使用还不多。传统聚酯工艺流程已从六釜、五釜向三釜、二釜流程演进。

PET 生产中不论是 DMT 法，还是 PTA 法所用催化剂 90% 以上为锑类催化剂，其他还有锗和钛类催化剂。DMT 法酯化阶段用锰类催化剂，缩聚用锑、钛或锗类催化剂；而 PTA 法只在缩聚阶段加入锑类催化剂，经常与其他催化剂一起使用，目前普遍采用的三氧化二锑和乙酸锑是最常用的种类，它们在缩聚反应的高温下有效（275~290℃），并不受亚磷酸类稳定剂的影响，这些催化剂可同酯化反应催化剂一起在反应初始时加入，也可在酯化反应后加入反应器中。锗类催化剂主要是日本公司使用，用锗类催化剂制备高质量、高黏度的 PET。欧盟和美国均将锑列为优先关注的污染物，其他国家也纷纷对锑制订了严格的环境标准。因此，采用高效、环保的非重金属催化剂取代锑系催化剂已成为当今聚酯产业可持续发展的关键。已实现产业化采用钛系催化剂生产 PET 的大型生产企业包括 Eastman（伊士曼化工）、Wellman（威尔曼，现归属于 DAK Americas 公司）及日本的帝人公司等。

由于 PET 在高温下易发生氧化裂解反应，为防止和减少这些氧化裂解反应，聚合反应过程中需要加入稳定剂，如亚磷酸三苯酯、磷酸三苯酯等。

PTA 法与 DMT 法相比存在许多优点：原料消耗低、EG 回收流程简单，无副产甲醇，工艺流程短，生产安全性高，反应速率平稳，生产易控制，运行成本低等；新的 PTA 法 EG 循环使用，省去了 EG 精制工艺；PTA 法可以利用 PTA 中的 H^+ 自催化作用，因此一般不使用专门的酯化催化剂。

16.1.3.3 固相缩聚法

高分子量的 PET 树脂广泛应用于碳酸饮料瓶、矿泉水瓶、热灌装饮料瓶等容器包装、食品和非食品包装材料及工业丝（高强纤维）。瓶用 PET 的基本要求是特性黏度要达到

$0.80\sim0.88$，较纤维级的 0.65 左右为高。要生产特性黏度为 0.80 以上的 PET 一般有 3 种方法。①延长聚酯熔融聚合过程。该法需要较长的缩聚时间，随着分子量的增长，熔体黏度呈指数增高，而且长时间反应和 270℃ 以上的高温，聚合物降解的概率增加，易引起各种副反应，产品质量变差，乙醛含量增高（$50\sim150$ppm），但该法生产成本较低，适合单一品种、大型化、连续化生产过程。②使用扩链剂。该法具有工艺流程短、设备投资少、反应速率快、时间短、生产效率高、适用性强、操作方便等优点，但扩链剂一般热稳定性差，也会引起副反应或产生副产物。③固相缩聚法。是将分子质量较低的切片加热到玻璃化转变温度与熔点之间，在真空或惰性气体（N_2、CO_2 等）下带走低分子产物。由于固相缩聚所采用的温度较熔融缩聚低得多，降解及其他副反应大为降低，使得产品具有热稳定性好，色泽佳等优点，特别适用于生产工业丝和各种聚酯瓶等产品，因而是目前主要使用的方法。

1968 年美国 Du Pont 公司首先发表了聚酯固相缩聚生产专利，并于 1976 年首先开始工业生产。1979 年美国 Bepex 公司发表了连续固相聚合过程专利，推动了固相缩聚的工业化进程。

固相缩聚的实施工艺有间歇和连续两种。连续式生产效率高，有利于自动化控制，适合大规模现代化生产，产品品质稳定。早期曾有 PET 固相缩聚企业采用间歇法实施 SSP，绝大部分被淘汰，而采用连续 SSP 工艺技术。

（1）间歇法固相缩聚法　间歇法工艺设备简化、投资少，适合中小装置，间歇法的预结晶和固相缩聚都在真空下进行，故又称真空法。主要包括预结晶、固相缩聚和冷却等工序。

（2）连续固相缩聚法　连续法固相缩聚过程通常是在惰性气体（氮气）中进行，故又称惰性气体法。连续固相缩聚生产工艺有多种，一般过程包括以下工序：原料切片预结晶和结晶、预热切片、固相缩聚、产物冷却和循环氮气净化。固相缩聚工艺有固定床生产工艺、连续式流动床生产工艺和间歇式真空法生产工艺。连续固相缩聚工艺的特点是停留时间较长，产品持有量较大。这是因为与熔体相比，其处理温度和切粒的表观密度均较低。

16.1.3.4　连续固相缩聚 NG3 工艺

瓶用 PET 生产技术不断改进和优化，最著名的是 1999 年 Du Pont 公司推出了一种新的PET 生产专利技术，被称为杜邦"新一代"PET 技术，简称 NG3。

NG3 是第一种专门生产高黏度 PET 的工艺。在 NG3 工艺中酯化反应不变，缩聚不是在减压下进行，而是在常压下进行。NG3 工艺先制得较低黏度（特性黏度为 0.28，聚合度为 $25\sim30$）的中间体，送至回旋式颗粒成形机制成半圆粒状颗粒——"锭剂"（pastilles），接着以带沟槽的传送带输出。切片在输送过程中，已经过预结晶，具有足够强度，可直接送往结晶器和 SSP 反应器，固态下进行聚合制得特性黏度在 0.80 以上的瓶片。

在此之前，很多聚酯生产厂家都曾尝试过这种工艺，但都失败了，主要原因是都未能将低分子量的聚合物制成颗粒——"锭剂"；Du Pont 公司则实现了将低分子量聚合物制成锭的过程。

同传统的高黏度聚合工艺相比 NG3 工艺具有以下特点。①反应停留时间缩短 $50\%\sim65\%$，从而大大减少产品的降解，提高产品的质量。②实现了将低分子量聚合物制成"锭剂"过程。这种微粒生成技术使得 PET 球具有独特的晶体结构，从而使材料具有一定强度，以便进行后续的固相聚合。这是 NG3 技术核心，减少了在进行固相聚合前的结晶时间。③工艺简化、生产和投资成本降低。NG3 只采用二釜连续聚合，取消许多工序，使新装置的投资大幅度降低。④NG3 工艺生产的树脂质量可以达到或超过其他技术生产的树脂。⑤NG3 树脂用于下游生产时，有以下优势：反应速率/产率高、模塑加工周期短、生产能力/产量可提高 3%～6%，极好的透明性和光泽性，反应中的环三聚物和其他一些低聚物含量比其他工艺降低了 50%，因此 NG3 树脂非常适于生产热灌装瓶。

固相缩聚可以得到更高分子量的 PET，而这在熔融缩聚中是无法实现的。固相缩聚与熔融缩聚相比的主要优点如下。①在固相缩聚中解决了对黏稠熔体搅拌的问题。在熔融缩聚中，随着产能和分子量的提高（如 19000 以上），搅拌困难。②连续 SSP 工艺无需熔体缩聚的高温和高真空，因而投资及操作成本较低。③由于 SSP 采用较低的温度，因而降解和副反应减少。瓶用 PET 降解和副反应的产物——乙醛，很小的含量也可能影响碳酸饮料和矿泉水的口味。SSP 工艺是制备具有合格乙醛含量的瓶级 PET 的最好途径。

事实上，SSP 工艺的重要性直接与 PET 瓶的应用有关。PET 是在 20 世纪 70 年代中期进入饮料瓶应用领域的，SSP 工艺被用来在提高分子量的同时把乙醛含量降到低于熔融缩聚产物中的含量。经 SSP 工艺生产的与食品接触的各种聚酯瓶及容器完全符合欧洲 ILSI 标准以及美国 FDA 的标准。

16.1.4 结构和性能

16.1.4.1 结构

PET 化学结构为：

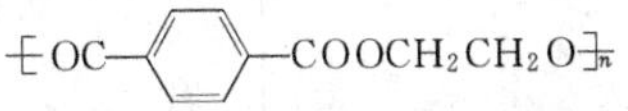

$$\left[OC-\!\!\!\!\bigcirc\!\!\!\!-COOCH_2CH_2O \right]_n$$

含有刚性的苯环和极性酯基，同时酯基和苯环之间形成共轭体系，使得 PET 大分子刚性强。

PET 为线型大分子，主链上没有支链，对称性也比较好，因此，易于取向和结晶；PET 中 EG 有两种构象，即顺式和反式，如图 16-1。

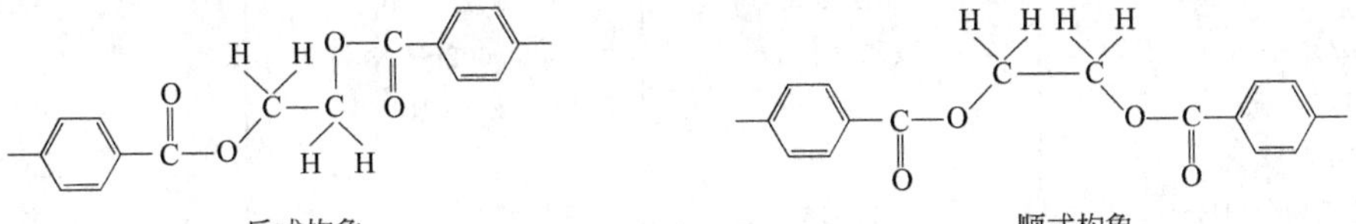

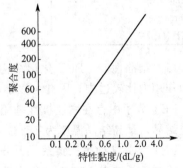

反式构象　　　　　　　　顺式构象

图 16-1　PET 的构象

分子量和特性黏度是聚酯的重要结构参数，两者之间呈线性关系。PET 特性黏度和聚合度之间的关系见图 16-2。

PET 主要用途为合成纤维、聚酯薄膜和聚酯包装瓶。用途不同对特性黏度要求也不同，常规 PET 特性黏度为 0.66～0.68dL/g，瓶用为 0.75～0.95dL/g，高强纤维为 0.90～1.5dL/g，工程塑料为 0.8～1.05dL/g。新开发的超高分子量 PET 纤维特性黏度达 2～3dL/g。详见表 16-1。

图 16-2　PET 特性黏度和聚合度之间的关系

表 16-1 不同用途对 PET 树脂要求

用途	分子量	特性黏度/(dL/g)
纤维	19000～22000	0.62～0.72
薄膜	22000～24000	0.63～0.68
瓶	26000～36000	0.75～0.95
工程塑料	≥25000	0.8～1.05
高弹纤维	110000～200000	2～3

16.1.4.2 性能

基本特点：PET 为乳白色或无色颗粒，表面平滑而有光泽，作为一种热塑性工程塑料，PET 具有高强度、高刚性、优良的耐蠕变、耐疲劳、耐摩擦、耐磨、耐热、尺寸稳定、耐化学药品、电绝缘和热稳定等性能，同时较低的吸湿率低、收缩率波动小、表面硬度高，结晶速率得到提高以后，PET 工程塑料发展很快。经过改性后，其综合性能已超过 PBT，基本性能见表 16-2。

表 16-2 PET 基本性能

性　能	无填料	30％GF 填充	45％GF 填充
密度/(g/cm³)	1.30～1.41	1.50～1.60	1.69
拉伸强度/MPa	55～75	166	197
断裂伸长率/％	50	3	2.1
弯曲强度/MPa	85～100	245	310
弯曲模量/GPa	2.5～3.0	9.66	14.5
缺口冲击强度/(kJ/m²)	4	5	
Izod 缺口冲击强度/(J/m)	<53	80.1	130
吸水性/％	0.4	0.04	0.04
熔点/℃	225～265		254
玻璃化转变温度/℃	70～81		
热变形温度(1.85MPa)/℃	85	224	226
软化点/℃	240	0.2～1.0	0.2～1.0
成型收缩率/％	0.2～1.8	0.002～0.3	
体积电阻率/Ω·cm	10¹⁸	3.0×10¹⁵	10¹⁵
介电常数(10⁶Hz)	3.00	3.3	3.9
介电损耗角正切(10⁶Hz)	0.016		0.01
介电强度/(kV/mm)	400～600		
(5.2mm)		565	540
(1.6mm)		904	631
阻燃性(UL94)	V		HB

（1）结晶性能　PET 化学结构规整性比较高，对称性也比较好，分子中没有支链，分子间作用力比较适中，因此可以结晶，它的结晶结构因加工条件不同而呈现较大的差异。

PET 分子中存在刚性极性基团，与 PE、PP 相比，结晶速率慢得多，只有在 80℃以上才能结晶，最高结晶温度为 182℃，在 190℃时结晶速率最快，一般条件下形成球晶。

PET 结晶结构属三斜系，大分子采取反式构象。在温度大于 80℃时，才发生顺式构象向反式构象的转变。PET 晶体中分子链排列紧密，是由于一个分子中突出部分恰好嵌入到另一个分子的凹陷部分中。PET 结晶适中，一般在 40％～60％，与 LDPE 相当，是高结晶性的热塑性树脂。PET 的结晶结构和结晶度对 PET 的力学、气体阻隔、光学、加工等性能有着密切关系。

取向可以改变 PET 的结构，明显改变 PET 的力学、热学、光学等性能。PET 在使用过程中经常处于取向状态，如纤维、薄膜和饮料瓶等。

（2）力学性能　PET 由于分子中存在极性的酯基，使得分子间作用力增强，因而，PET 具有良好的机械强度、韧性，特别是韧性突出，在热塑性塑料中是最强韧的之一。PET 可取向，取向的 PET 的力学性能发生明显变化，见表 16-3。

表 16-3　取向 PET 薄膜的性能

性　能	平衡膜	强化膜
特性黏度	0.6～0.7	0.6～0.7
相对密度(25℃)	1.38～1.40	1.38～1.38
结晶度/%	40～50	40～50
拉伸强度/MPa		
（横向）	152～172	117～131
（纵向）	152～172	262～276
断裂伸长率/%	120	120
使用温度/℃	−60～150	−60～150

（3）热性能　PET 树脂的熔点为 225～265℃（与结晶度有关），一般为 249℃，高度结晶的 PET 的熔点可达 271℃；长期使用温度达 120℃，PET 的脆化温度为 −70℃，所以在 −40℃ 时仍具有韧性。热变形温度和长期使用温度在热塑性通用工程塑料中也是突出的。

PET 热稳定性比较好，但在水存在下，在高温时极易降解，使 PET 分子量下降，特性黏度降低，由于 PET 中含有极性的酯基和羰基，使得 PET 树脂有一定的亲水性，能够吸收空气中的水分。

（4）光学性能　PET 光学性能优良，其熔体只需要用水冷却时，即可得到完全无定形的 PET，其透光率达 90%。

（5）气体阻隔性　PET 具有非常好的气体阻隔性，因此，作为食品的包装材料。表 16-4、表 16-5 分别为 PET 对各种气体的阻隔性能和与其他树脂气体阻隔性能的比较。

表 16-4　各种气体对 PET 薄膜的渗透性能

气体	水蒸气	氧气	氮气	二氧化碳
渗透性能/[g/(100m² · h)]	110	0.7	0.15	0.32

表 16-5　PET 与其他树脂的气体阻隔性能比较

单位：cm³ · mm/(m² · 24h · 0.1MPa)

树脂	O_2	CO_2	H_2O	树脂	O_2	CO_2	H_2O
PET(未拉伸)	5.0	12.0	1.0	PP(未拉伸)	83	280	0.30
PET(双向拉伸)	2.0	6.0	0.62	PP(双向拉伸)	40	130	0.12
HDPE(未拉伸)	72	210	0.41				

（6）耐化学品性　PET 耐化学品性能较好，主要表现在耐油性、耐有机溶剂和耐弱酸性，有一定的耐碱性；与浓酸和碱会发生作用；对有机溶剂如丙酮、苯、甲苯、三氯乙烷、四氯化碳等在室温下无明显作用；对一些酚类，如苯酚、邻氯苯酚及一些混合溶剂如苯/氯

苯、苯酚/三氯甲烷等在室温下可溶胀，在提高温度下（70～100℃）能溶解，不耐热水浸泡。

（7）电性能 PET 虽然是极性的聚合物，但在干燥的条件下具有良好的电绝缘性能，因而常作绝缘材料。

（8）吸水性 PET 分子中存在极性基团酯基，具有一定的吸水性和水解性，但与其他酯类树脂相比，吸水性较低。在 25℃，相对湿度 65％的大气中放置 1 周，吸水率为 0.4％；浸泡 1 周为 0.8％。

（9）加工性能 PET 熔融温度较高，熔体黏度也比较高。PET 熔体为假塑性流体，熔体黏度对温度的敏感性较小，而对剪切速率的敏感性较大。

此外，由于生产 PET 所用 EG 比生产 PBT 所用 BG 的价格几乎便宜一半，所以 PET 树脂和增强 PET 是工程塑料中价格是最低的，具有很高的性价比。

16.1.5 加工和应用

16.1.5.1 加工

PET 可采用多种方法加工，如注塑、挤出、吹塑。PET 加工特点如下所述。

① PET 有一定的吸水性，在高温加工时，对水的敏感性增加，可导致 PET 水解，分子量降低，制品变色发脆，性能明显下降。因此，加工前需要预先进行干燥处理，使水含量在 0.01％以下。

② PET 为结晶性树脂，加工温度范围较窄，分解温度为 300℃。成型温度高于 295℃时，制品发黑，形成交联状态。分解后放出 CO、CO_2、乙醛、PTA 等。

③ PET 结晶度较高，成型收缩率大，一般为 1.8％，加入 GF 后可降至 0.2％～1.0％。

④ PET 取向成型后容易存在残留内应力，需要进行后处理。

⑤ PET 结晶速率慢，为促进结晶，采用高模温。提高模温 PET 的结晶度、制品密度和收缩率均提高。

⑥ PTE 为化学惰性材料，印刷性能不好，在印刷前一般对其表面进行处理，如电晕处理，涂上特种漆或加入有机化合物进行改性等。

PET 注塑主要用于 PET 及 GF 增强 PET 制品的生产；挤出用于制造薄膜、透明片材等；吹塑包括拉-吹、注-吹、注-拉-吹等工艺，用于制造中空制品。

16.1.5.2 应用

PET 综合性能优良，应用广泛。非纤维用途主要有薄膜、工程塑料和制造包装瓶。工程塑料广泛用于机械设备、电子电气、仪器仪表、汽车制造、家用电器、包装容器和消费品。

（1）薄膜 PET 作为薄膜使用由来已久。PET 薄膜与其他薄膜相比，具有拉伸强度高（为 PE 膜的 9 倍）、透气性小、极好的尺寸稳定性、优良的电气性能、耐热性、耐磨性、耐化学药品性，透明度优秀可达 90％等特点。PET 膜可进行单轴和双轴拉伸。主要应用领域如下。

① 感光膜（片材）。这是 PET 最大的应用领域。用于制造电影胶片片基、X 射线胶片、缩微胶片、各种照相胶片膜（航空、远红外线、工程测绘、一次成像）等。

② 磁带膜。录音带、录像带、电脑软磁盘、摄像机磁带等。

③ 包装材料。食品（是肉类和黄油主要的包装，然后是其他糖果、零售等包装）、药品、咖啡、香烟等及纺织品、精密仪器、电器元件等包装。还可与其他树脂 PE、PP 或金属铝膜复合制成复合膜，耐蒸煮和冷冻，适用于冷冻和高温耐热处理食品的包装。

④ 电气材料。用于制造电气绝缘材料、电线和电缆护套、电容器、光敏电阻、发动机和发电机绝缘、绝缘胶带、薄膜开关、柔性印刷电路板等。

⑤ 办公用品。如复印胶片（包括投影和无光原图，主要有工程图、描图、制图）、投影胶片、复写膜、书封面、标签、相册、地图覆面等。

（2）PET 瓶　PET 瓶已成为 PET 包装领域中应用最多的品种，在瓶装水中 PET 瓶占压倒多数，碳酸饮料中 PET 瓶占主导，果汁和茶饮料用热灌装 PET 瓶已有较多应用。

PET 中空容器可由非晶态瓶坯拉伸吹塑（通过快速冷却很容易得到非晶态、高透明、易拉伸的 PET），也可直接挤出或吹塑成非拉伸中空容器，但由于拉伸吹塑成型的瓶子充分发挥了 PET 的优势，特别适合于制造几十毫升至 2L 的瓶子。与其他树脂包装材料（PE、PP、PVC、PS）相比，PET 强度高、透明性好、阻隔性好、无色无味、无毒、耐酸碱、卫生性好、价格低廉，优势明显。

PET 瓶主要用于食品包装，饮料包装是最主要的包装应用，如碳酸饮料、矿泉水、纯净水瓶。是碳酸饮料中唯一使用的塑料容器。

PET 瓶在非食品领域用于包装农药、药品和日用品包装。农药瓶已广泛应用，在医药领域也得到广泛应用；在日用品中用于包装化妆品、洗涤剂、香水瓶等。

啤酒瓶和香水瓶属于高阻隔性包装，尽管 PET 瓶本身阻隔性远高于 PE、PP、PS 等塑料，PET 瓶与玻璃瓶相比，具有重量轻、安全性高、运输方便等优点，已得到了大家的一致认可。但对于啤酒、白酒、香水等要求阻隔性极高的产品仍然不能满足要求。新开发的技术，如多层复合（与阻隔性优良的树脂 PVDC、EVOH、PEN 等复合）、等离子涂层（内涂 0.21mm 的碳层）和共混（与 PEN 共混）改性等均可满足要求，制备阻隔性能优良的 PET 瓶。

（3）PET 工程塑料　PET 工程塑料已成为继薄膜、瓶用聚酯以外在非纤领域中增长最快的品种。PET 作为工程塑料使用时，一般都加入 5%～40% 的 GF，增强后的 PET 力学性能和热性能得到较大提高，在电子电气、汽车、机械、轻工、建筑、国防及日常生活等领域得到广泛应用。

电子电气是 PET 塑料主要应用领域之一，用于制造各种线圈骨架、高压变压器线轴和外壳、发电机小型电闸和转子、TV 连接器、集成电路外壳、电容器外壳、调制器、开关、继电器等。在汽车领域用于制造汽车灯座、灯罩、风挡、后视镜、铰链、汽车前灯框、火花塞接线端、配电盘罩等。在机械领域用于制造齿轮、凸轮、发电设备、泵壳体、电动机架等。

（4）PET 片材　非结晶性的 PET 片材（APET）是 PET 经 T 形模头挤出制得，熔融的 PET 经过急冷定型成片，PET 分子来不及结晶，形成无定形状态，使得 PET 片材具有极好的透明性、光泽性和原有的优点。

APET 用于制造热成型容器，用于食品，如食用油、醋、酱油及其他调味品的包装。用于非食品，如洗涤剂、洗发香波、化妆品等包装。

结晶性片材（CPET）是在 PET 中加入成核剂后，用 T 形模头挤出后制得。CPET 的特点是使用温度范围宽，可在 -40～240℃ 范围内使用。

发泡 PET：首先挤出成片材，然后进行二次加工，并控制结晶度，可得到耐热 150～220℃ 的制品。发泡 PET 具有质轻，拉伸强度、断裂强度、弯曲强度均较大，较高的热绝缘性，加之 PET 本身耐油、耐化学品、易回收等性能，因此，在食品包装、微波容器、保温层、屋顶绝热层、电线绝缘、汽车等领域将会获得应用。

16.1.6　PET 改性

PET 尽管具有许多优异的性能，但 PET 也存在一些不足，如冲击性能差、结晶速率慢、结晶结构不均匀，易吸水、成型制品的收缩率大、制品表面粗糙、性脆、光泽度差等，限制了它的应用。自 20 世纪 70 年代以来，通过各种途径对 PET 进行改进。改性研究首先提高 PET 的结晶速率，通过加入结晶成核剂实现。加入结晶促进剂降低 PET 的 T_g 以降低模塑温度。加入 GF 增强，以及通过共聚、共混、增韧等方法来改善 PET 性能，满足市场需求，下面做一简单介绍。

16.1.6.1　共聚改性

通过共聚改性可以影响 PET 的许多性能。除了特性黏度主要是由操作条件，温度、压力和反应时间来决定外，其他性能力学、流变加工、耐化学品、熔点、透明性及结晶性等均可通过共聚改变。PET 共聚改性有两种基本方式：采用其他单体取代 PTA 或 EG。如间苯二甲酸和 1,4-环己二甲醇（CHDM）、丙二醇等。

间苯二甲酸和 CHDM 共聚单体得到 FDA 的批准。赫斯特、壳牌、Wellman 等公司均生产间苯二甲酸共聚，CHDM 共聚物由 Eastman 生产。

由脂肪族二元醇——丙二醇与 PTA 缩聚而得的聚对苯二甲酸丙二醇酯（简称 PTT）是一种新型的工业化聚酯，它具有 PET 的高使用性能和 PBT 的易成型加工性能。1995 年由美国 Shell 化学公司采用环氧乙烷加氢甲酰化路线制造出低成本的 1,3-丙二醇（PDO），并实现 PTT 工业化生产，商品名为 "Coterra"，1997 年 6 月，在日本塑料展览会上，Shell 化学公司展出了 PTT，给通用工程塑料市场带来了相当大的冲击。Du Pont 公司也致力于 PTT 开发和生产，以玉米淀粉为原料，采用生物发酵方法制造 PDO 也取得成功，于 2000 推出商品名为 "Sorona" 的 PTT 树脂。

（1）反应机理　PTT 由脂肪族二元醇丙二醇（三甲撑二醇）与 PTA 缩聚而得，反应式如下：

对苯二甲酸　　　　三亚甲基二醇（丙二醇 1.3）　　　　PET（聚对苯二甲酸丙二醇酯）

（2）生产工艺　PTT 的合成工艺与 PET 相似也有两种，一是以脂肪族二元醇和 PTA 为原料的直接酯化法，另一个是以脂肪族二元醇和 DMT 为原料的酯交换路线。由于 PTA 法的生产成本比 DMT 法低，且不产生副产毒性较大的甲醇，既节约投资、减少污染，又有利于安全生产。另外，用 PTA 法生产 PTT 所产生的醚（氧杂环丁烷）也较生产 PBT 时所产生的四氢呋喃少得多，因此，目前工业化生产 PTT 工艺路线均以 1,3-丙二醇和 PTA 为原料的 PTA 法合成。

（3）性能　PTT 也是一种半结晶状的热塑性聚酯，兼具 PET 的高性能和 BTT 的易加工性，且价格较低，是一种性价比较高的新型工程塑料，表 16-6 和表 16-7 分别列出了常用几种工程塑料及其 GF 增强品级的性能。

表 16-6 常用几种工程塑料的性能

性能	PTT	PET	PBT	PA66	PC
密度/(g/cm³)	1.35	1.40	1.34	1.14	1.20
熔点/℃	225	265	228	265	—
拉伸强度/MPa	67.6	72.5	56.5	82.8	65.0
弯曲模量/GPa	2.76	3.11	2.34	2.83	2.35
缺口冲击强度/(J/m)	48	37	53	53	640
热变形温度(1.8MPa)/℃	59	65	54	90	129
玻璃化转变温度/℃	45~75	80	25	50~90	150
成型收缩率/%	2.0	3.0	2.0	1.5	0.7
体积电阻率/Ω·cm	1×10^{16}	10^{15}	1×10^{16}	1×10^{15}	8.2×10^{16}
介电常数(1MHz)	3.0	3.0	3.1	3.6	3.0
介电损耗角正切(1MHz)	0.015	0.02	0.02	0.02	0.01
介电强度/(MV/m)	21	22	16	24	15

表 16-7 常用几种玻璃纤维增强品级的性能

性能	PTT	PET	PBT	PA66	PC
GF 含量/%	30	28	30	33	30
密度/(g/cm³)	1.55	1.56	1.53	1.39	1.43
拉伸强度/MPa	159	159	115	172	131
弯曲模量/GPa	10.35	8.97	7.60	9.00	7.59
缺口冲击强度/(J/m)	107	101	85	107	107
热变形温度(1.8MPa)/℃	216	224	207	252	146
成型收缩率/%	0.20	0.20	0.20	0.20	0.25

从表 16-6 可以看出，PTT 的各项电性能指标均属优良。在这 5 种工程塑料中，PTT 的拉伸强度、弯曲弹性模量和热变形温度均比 PBT 高，仅缺口冲击强度比 PBT 低。PTT 的 T_g 为 45~75℃，也比 PBT 的 T_g（22~25C）高，接近于 PET 的 T_g（69~80℃），而 PTT 的熔点为 225℃，与 PBT 相当（225~228℃），比 PET（265℃）低，其结晶速率较 PET 快。PTT 的热变形温度为 59℃，在 5 种工程塑料中较低。PET 的拉伸强度、弯曲弹性模量和热变形温度均高于 PTT，仅缺口冲击性低于 PTT。PC 的耐冲击性和耐热性最高，但其刚性较 PTT 差；PA66 的各项性能指标则都较 PTT 好，而 PTT 的弯曲模量（2.76GPa）高于 PA6（2.2~2.7GPa），PA6 吸水后的模量较 PTT 的模量更低，且 PA6 吸水后尺寸变化较大，而 PTT 吸水量低，制品的尺寸稳定性较 PA6 大幅度提高。

在薄膜领域 PTT 的耐热性虽然较 PET 稍差，但 PTT 的成型加工性能好于 PET，采用 PTT 制造薄膜，可望降低薄膜的生产成本。

从表 16-7 还可以看出，经 GF 增强后，PTT 的机械强度和耐热性得到大幅提高，特别是其弯曲弹性模量，在这 5 种 GF 增强工程塑料中是最高的，其缺口冲击强度亦与 PA66 和 PC 并列最高。此外，在这 5 种 GF 增强工程塑料中，PTT 的拉伸强度仅次于 PA66，与 PET 相同，比 PBT 和 PC 高得多；热变形温度则是 PA66 最高，而 PC 却与未填充增强时的情形恰好相反，从最高变为最低，只有 146℃，PTT 介于 PET 和 PBT 之间，从未填充增强时的 59℃ 提高到 216℃。

由上述性能比较可以发现，无论是纯树脂品级、还是 GF 增强品级，PTT 的综合性能均优于 PBT。PTT 与 PET 的综合性能对比显示，前者在 GF 增强品级上略胜于后者、在纯树脂品级上则不如后者，但由于 PET 存在着结晶速率慢、加工性能差的缺陷，其纯树脂不适宜作工程塑料。与 PC 相比，虽然 PTT 纯树脂品级的综合性能比它差，但其 GF 增强品级的综合性能却比它好得多，而且 PTT 没有 PC 易产生应力开裂这样的弱点。PA66 的综合性能比 PTT 好，但其吸湿性大、尺寸稳定性差的缺点亦很明显。由此可见，PTT 完全可以与 PET、PBT、PA66 和 PC 等其他品种的工程塑料相媲美，特别是 GF 增强 PTT，综合性能优良，竞争力更强，更有发展前途。

（4）应用　除了 PTT 工程塑料的优良性能，与 PBT、PA66、PC 等相比，PTT 还具有较大的价格优势。在性能、价格方面，PTT 都胜过 PBT，因而 PTT 可完全取代 PBT 在工程塑料领域的应用。不仅如此，PTT 工程塑料还可部分取代 PET、PA6、PA66 等其他工程塑料。

PTT 工程塑料可应用于电子电气、汽车、包装等领域。在电子电气领域制造电气和电子接插件、线圈骨架、插头、插座、灯座、开关、设备和电动工具零件。在汽车领域制造汽车灯座、电线扎带、点火线圈、汽车顶棚、刮水片、行李架和格栅。在薄膜领域，PTT 可以进行单向拉伸或者双向拉伸，像 PET 那样用于纤维及薄膜类制品。

16.1.6.2 共混改性

PET 合金多种多样，与其共混的聚合物有如下。①聚酯和聚酰胺，如 PBT、PC、聚酯聚醚、PA6、PA66 等；②改性聚烯烃和烯烃共聚物，如 MAH、MMA、GMA 接枝 PE、乙丙共聚物等；③不饱和烯烃共聚物，如（甲基）丙烯酸酯共聚物、乙烯-（甲基）丙烯酸酯共聚物；④其他聚合物。如 ABS 及弹性体 SBS、SEBS、EPR。这些聚合物也可与 PET 进行多元共混。除了极少数聚合物（如聚酯）与 PET 有一定的相容性外，与其他聚合物的相容性都很差。因此必须进行增容，常用的增容方法与前面各章节所述相同，有增加极性法、反应性增容法和加入离聚体法。增加聚合物的极性，常用的方法就是接枝极性单体，如丙烯酸酯、甲基丙烯酸酯、丙烯酸等。反应性增容法对 PET 共混体系是非常有效的方法，PET 分子链含有羧基、羟基、酯基，因此含有羧酸、酸酐、环氧、酯基的接枝或嵌段共聚物在熔融共混时可以和 PET 发生反应形成反应性增容。用含 MAH 接枝聚合物与 PET 反应是最经典的增容方法。加入离聚体法的离聚体是指离子含量少于 10% 的聚合物。如乙烯-丙烯酸共聚物的金属盐、磺化 PS 的金属盐等。

（1）与 PBT 共混　PET 与 PBT 共混是最早出现的品种，在 20 世纪 70 年代获得快速发展。PET 与 PBT 化学结构相似，相容性好，共混物是结晶相不相容，而非结晶相相容的比较特殊的共混物。在无定型状态下共混物只有一个 T_g。共混物在冷却的过程中，两个组分会同时结晶，每一组分的结晶相互独立，不受另一组分存在的干扰，甚至它们的结晶速率还有所提高，即在 PET/PBT 混合物中可以观察到结晶的协同效应。在某些组成（一般 PBT 含量较低时）下，可得到两个熔点。

PBT 的力学性能优于 PET，耐热性也比 PET 高 30℃，并具有良好的韧性、电性能和耐化学品性。PBT 的结晶速率远大于 PET，因此易于成型。PET/PBT 共混物兼有两者优点，一般力学性能均优于 PET，具有优良的韧性、强度、刚性、化学稳定性、热稳定性和耐磨耗性，其制品具有良好的光泽、收缩率低、尺寸稳定性好，可模塑成型，而且价格低于 PBT，但其流动性，耐热性均不如 PET。PET/PBT 共混物力学性能提高的原因就是它们的无定型部分相容。

PET 与 PBT 共混时，极易发生酯交换反应，先生成嵌段共聚物，然后生成无规共聚物，失去了共混物的特征，因此，应避免发生酯交换反应是制备性能良好的 PET/PBT 共混物的关键。不要使共混温度过高，混合时间过长，减少缩聚时添加的催化剂，或加入胺类化合物都可防止酯交换反应。

PET/PBT 共混物单独使用不多，一般还要加入成核剂、GF、填充剂，或加入 PC、橡胶及其他聚合物组成多元共混体系，可提高冲击强度，改善加工性能。有许多公司生产 PET/PBT 共混物，如 GE 公司的 Valox 系列，Celanex 公司的 Celanex 系列及 GAF 公司的 Gafite 系列。

PET/PBT 共混物已在电子电器上和汽车上获得广泛使用。用于制造电视机和收录机的各种零件、计算机键盘、机箱、开关插件、光学仪器部件等。

（2）与 PC 共混　PET 与 PC 共混可提高 PET 的抗冲击性、耐热性、减轻翘曲变形，是研究较多的体系，参见 7.6.2.2 节。

PET/PC 共混物中，少量的 PC 起到成核剂的作用，随着 PC 含量的增加，PET 结晶的完整性被破坏，晶粒变小，结晶度下降，熔点降低。PET/PC 共混体系中，一般加入其他改性剂才能获得性能良好的共混物。Dow 化学公司、Uniroyal 化学公司、Mobil 公司、Polysar 公司、日本帝人化成公司等均有 PET/PC 共混物产品。Dow 化学公司的 PET/PC 合金 Sabre 具有优良的性能。

在 PET/PC 共混物中加入少量弹性体得到的合金，具有优良的冲击强度。加入少量 PE-g-MAH 也可获得性能良好的共混物。

PET/PC 共混物已在汽车、电子电器和日用品中得到应用。可用于制造汽车侧面护板、门拉手和挡泥板等。

（3）与聚酯聚醚共混　PET 与聚酯聚醚共混主要改善冲击强度，在 PET 与 10% 的聚烯烃共混物中加入仅 3% 的聚酯聚醚，就可明显地改善冲击和加工性能。

PET 与 SMA 共混可明显提高热变形温度，但冲击性能下降，加入 10% 的聚酯聚醚可使冲击强度提高 1 倍。

（4）与 PA 共混　PET 和 PA 均为重要的工程塑料，两者各有其优点和使用范围，通过共混可改善 PET 的结晶性、阻隔性和力学性能等。

PET 与 PA 热力学上是不相容的。当共混物进行热加工时，如成型或热老化处理，其分散相的尺寸会发生聚集而增大，会导致制品脱层、脆化或表面老化等现象。PET 和 PA 均属结晶高聚物，结晶高聚物共混体系的主要特征之一是结晶相分离，共混后 PET 和 PA 趋向于严重相分离，结果共混物的化学和力学性能大大地降低，甚至低于单组分的性能，因此，在 PET 和 PA 的共混体系中，需加入相容剂使分散相颗粒粒径均匀、稳定，改善界面性能，继而改善物理性能。

① PET 与 PA6 共混。早在 1969 年 Buckley 和 Phillips 就将 PET 与 PA6 共混纺制纤维。由于 PET 与 PA6 不相容，研究表明，PET/PA6 共混体系是各自结晶的，结晶相是分离的。不同条件下，结晶相分离的过程和形成的结晶态不同。共混体系相对结晶度低于纯组分的算术加和，说明共混体系的结晶相分离过程中，由于存在相互干扰，使结晶度下降。当 PA6 组分的质量分数<0.1 时，它被 PET 阻隔而不再结晶，因两者形成部分氢键，聚酯对 PA6 结晶产生影响，PA6/PET 共混体系中 PA6 的熔融峰温度随组成比的变化呈现波浪形

曲线。

PET/PA6 共混体系中有效的增容剂有偏苯三酸酐（TMA）和双噁唑啉、离聚物 Surlyn、低分子量双酚 A 环氧树脂和含有磺酸基的聚酯。离聚物 Surlyn 是由 Du Pont 公司开发的乙烯-甲基丙烯酸共聚物的羧酸盐，是应用较广泛的离聚体。

如使用扩链剂 TMA 和双噁唑啉在 PA6/PET 的共混物中产生 PA6 和 PET 的嵌段共聚物，该嵌段共聚物存在于 PA6/PET 共聚物的相界面间，这样共混物的相态结构趋于稳定，分散颗粒趋于均匀。PA6 和 PET 嵌段共聚物的生成反应如下。

COOH 官能化反应：PA 分子中氨基的活泼氢与 TMA 反应生成活性 PA。

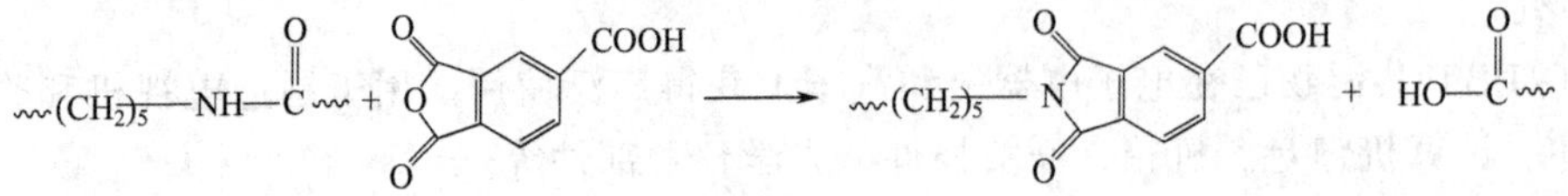

酯交换反应：活性 PA 再与 PET 进行酯交换反应，生成 PET 和 PEA。

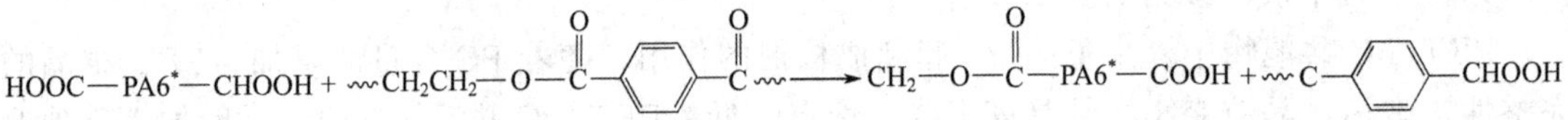

扩链反应：

PA6 、PEA、PET 与噁唑啉反应：

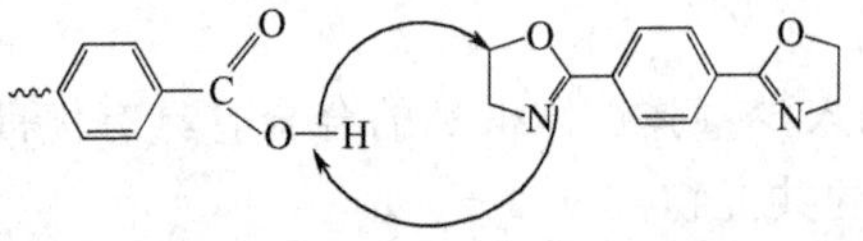

日本东丽公司先用 PP-*g*-MAH 对 PA6 进行改性，生成 PP-*g*-MAH-PA6 共聚物，再与 PET 共混，制得抗冲击型的 PA6/PET 合金，该合金综合性能优良。PA/聚酯共混体系在熔融共混后再进行固相聚合，可明显增加相容性，力学性能显著提高。

② PET 与 PA66 共混。PET/PA66 也是热力学上不相容性体系，在 PET/PA66 制备过程中，用质量分数为 0.2% 的对甲基苯磺酸（TSA）作为反应的催化剂，PA 的胺端基与 PET 链的酯发生反应，制成了 PA66-PET 嵌段共聚物，反应增容促进了体系的相容性，提高体系分散性和分散度。反应方程式如下：

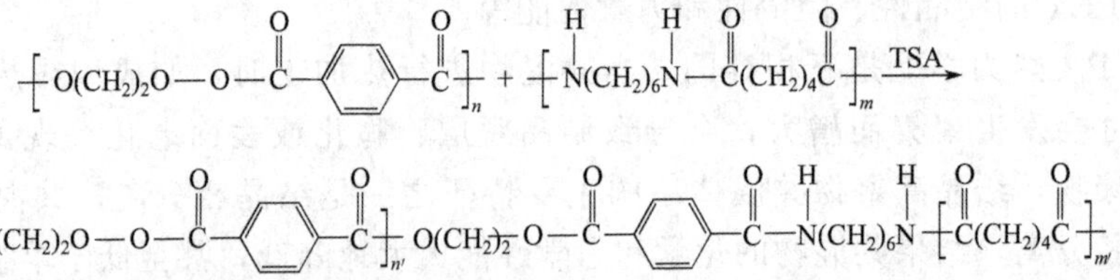

PET/PA66 共混体系除了在 TSA 催化下生成的 PA66-PET 嵌段共聚物外，液晶共聚酯酰胺 LC30 以及 St 和 1% 的 2-乙烯-2-噁唑啉的共聚物也是有效的增容剂。

（5）与 ABS 共混　PET/ABS 共混物不仅具有良好的韧性，而且具有比 HIPS 更优的综合性能。将 ABS 与 PET 共混可使 PET 冲击强度提高，如 40 份 PET 与 20 份 ABS（粒径 0.4μm）共混，产物的冲击强度可提高 3 倍以上。

PET 和 ABS 是不相容的，相态结构复杂，包含有四相：SAN、接枝 PB、无定型 PET 和少量的结晶 PET。但以 SAN 和无定型 PET 相为主。随着 PET 含量的提高，共混体系的模量、弯曲强度和断裂强度也相应提高。在 PET 含量为 50% 时，体系冲击强度出现极大值。共混物中 PET 的分子量对加工温度非常敏感，PET 链的水解和热、机械力降解与 ABS 中的残余催化剂杂质有关。PET 分子量的降低则会导致极限伸长率与冲击性能的巨大损失，但对弯曲强度和模量没有影响。

（6）与 PO 共混　PET、PBT 与 PO 共混不仅可以降低成本，而且可以改善性能上的不足。PET 与 HDPE 共混主要是为了改善 PET 抗冲击性能、吸水性能和加工性能，还可增加 PET 熔体强度。PET 与 HDPE 由于化学结构和极性明显差异是不相容的，简单共混，拉伸和冲击性能较 PET 和 HDPE 都差。因此，为了得到性能良好的共混物，必须通过增容手段提高两者的相容性。

PET 与 HDPE 均为结晶性聚合物，增容剂一般为含有乙烯的聚合物，可分为 3 类。①嵌段共聚物、无规共聚物和反应性共聚物；②嵌段共聚物，如 PBT-b-PE、SEBS；无规共聚物，如 EVA、EPR、HNBR（氢化 NBR）；③反应性增容剂，如 HDPE-g-MAH、PP-g-MAH、EVA-g-MAH、SEBS-g-MAH 等。上述接枝共聚物增容效果存在以下顺序：PBT-b-PE≈SEBS-g-MAH≈HDPE-g-MAH≫EVA-g-MAH＞PP-g-MAH≫EVA≫HNBR＞SEBS＞EPR。

HDPE-g-MAH 加入可改善 PET 和 HDPE 的相容性，使 HDPE 较均匀地分散在 PET 基体中，分散粒尺寸降低，增强了 PET/HDPE 界面黏结，显著地提高了共混物的抗冲击性。SEBS-g-MAH 为最有效的增容剂，加入到 PET/HDPE 中形成连续的相态，一部分取向的 PET 相分散到 HDPE、PET 和所形成的多微区网状基体中。PET/HDPE/SEBS-g-MAH（50/50/20）体系的断裂伸长率达到 600%，分别比纯 PET 和 HDPE 提高了 6 倍和 2 倍（纯 PET 和 HDPE 分别为 90% 和 300%）。

PET/PP 共混形成的合金兼具两者之长，详见 10.6.2.4 节。

（7）与弹性体共混　通常在极性 PET 和非极性的弹性体之间一般都有不相容，为了获得良好分散相形态，提高基体与弹性体的界面黏附力，须采用适当的方法增容。PET 和 SBR 简单共混力学性能非常差，但是将 SBR 与 MAH 接枝处理后，再与 PET 共混就能使冲击性能大大提高。100 份 PET 中掺混 15 份接枝率为 0.6% 的 SBR-g-MAH，使复合物的冲击强度比纯 PET 提高了 2.5 倍。该共混物可填充无机填料、GF，可采用注塑方法成型，制品冲击性能优良。

PET 与 NBR 共混，冲击强度得到很大改进。NBR 中 AN 含量至少 6%，但不超过 10%。共混物中可加入各种填料，如 GF。得到的共混物可用通用的塑料加工方法成型，制品具有非常高的冲击强度，Izod 缺口冲击强度大于 795J/m，在试验时，试样许多情况下不断裂。

PET 与 EPR 共混也是增韧 PET 的常用体系。有效的增韧方法是先将乙丙橡胶（EPR）与少量乙烯-环氧丙基甲基丙烯酸甲酯（E-GMA）预混合，然后再均匀分散在 PET 中。当分散相含量超过 30% 时，三元复合体系 PET/EPR/E-g-GMA 的冲击强度提高了 15 倍。

对于 PET/橡胶增韧体系，SEBS-g-MAH 仍然是有效的相容剂。采用 SEBS-g-MAH 可降低共混体系内的界面张力，减少分散相粒子的团聚趋势，提高相间的黏附力。在 PET/EPDM 中加入 1% 的 SEBS-g-MAH 就使其断裂伸长率提高 10 倍。

采用核-壳结构的弹性体来增韧 PET 是新型增韧技术。虽然传统的 PET 共混增韧可以取得很好的效果，但是这些增韧效果受加工条件的影响，共混物的性能，特别是力学性能不稳定，重复性差。核-壳粒子增韧技术就是为了满足这种要求而产生的。所谓核壳-结构的弹性体就是以橡胶为核，通常有二到四层交替变化的橡胶层和塑料层，核-壳粒子的最外层是在橡胶上接枝的玻璃态壳（树脂层），橡胶核可提供良好的抗冲击性，而外面所接枝的塑料壳在较宽的加工条件下仍然具有刚性，从而保持了粒子的尺寸和形状，并能使应力由基体传递到粒子中。根据增韧理论，只要有一定的界面黏结力，选用尺寸小于临界值的适当粒子，我们就可以使核壳粒子增韧的聚合物达到最佳的增韧效果，从而实现了对基体性能、配方、形态结构、分散相尺寸的独立控制，这非常有利于提高共混增韧效果的重现性。橡胶核是BR、SBR 或丙烯酸系橡胶，塑料壳一般是硬的丙烯酸聚合物，如 MMA。

　　现在已经出现了专门用于 PET、PBT 增韧的商品化的核壳粒子，如 Rohm&Haas 公司的 Paraloid EXL3600 系列。但总的来说核壳粒子的品种还不丰富，还需进一步的开发研究。

16.1.6.3　PET 纳米复合材料

　　有关聚合物基纳米复合材料（NC）在前面有关章节中进行了介绍。同样纳米技术在 PET 树脂中也获得应用，取得了很好的结果，其中，仍以 PET/黏土纳米复合材料研究的最多，制备方法如前所述。而对于 PET 这种缩聚反应合成的树脂，原位插层聚合制备 PET/黏土 NC 材料是适宜的方法，可以制得性能优异的复合材料。PET/黏土 NC 材料与 PET 的性能比较见表 16-8。

表 16-8　中科院化学所开发的 PET/Clay 纳米复合材料与 PET 的性能比较

性　　能	PET	NPETG 10	NPETG 20	NPETG 30
熔点/℃	259~261	250~260	250~260	250~260
拉伸强度/MPa		90	121	140
拉伸模量/GPa	70	5.5	7.2	8.1
断裂延伸率/%	15	5.6	3	1.7
Izod 缺口冲击强度/(J/m)	35~42	54	69	75
抗弯强度/MPa	108	158	180	200
弯曲模量/GPa	1.7	5.1	7.5	10.2
热变形温度/℃(1.82MPa)	76~85	190	210	218
热分解温度/℃(失重 2.5%)	410~415	469	453	448
阻燃性(UL94)		V-0	V-0	V-0

　　由表可见，PET/黏土 NC 材料的热变形温度、机械强度均得到大幅度提高。由于纳米分散的硅酸盐片层有强烈成核作用，使 PET 结晶速率提高了 4~5 倍，扩大了聚酯塑料的应用范围。

　　由于层状硅酸盐是以纳米尺度分散于聚合物中，可以成膜、吹瓶、抽丝。在成膜和吹瓶过程中，硅酸盐片层取向形成阻挡层，因此，这种材料应用于包装和保鲜具有显著的优点。由于层状硅酸盐有很高的远红外反射系数 R（$R>85\%$，$\lambda=5000\sim23000nm$），是开发啤酒瓶及饮料瓶的理想材料。试验表明，含 4% 黏土能使 PET 瓶对氧阻隔性提高 3~5 倍，含 10% 能使阻隔性提高 6~11 倍。

　　PET/黏土 NC 材料在国外已有工业生产，美国 Eastman 化学公司和 Nanocor 公司已成功制造出可用于啤酒包装的纳米 PET 瓶，他们采用了三层夹心的结构，瓶壁两侧为 PET，中心是一层 PA6/蒙脱土 NC 材料，这样的结构可以提高瓶子对气液小分子物质的阻隔能力。

16.1.6.4 其他改性

(1) 结晶改性 与其他结晶聚合物如 PE、PP、PBT 相比，PET 工程塑料主要缺点是结晶速率非常慢、T_g 高，注塑时需要较高的模具温度，致使成型周期长。为了改进 PET 成型加工性能，通常在 PET 中加入结晶成核剂或促进剂，或采用共聚、共混的方法来提高 PET 的结晶速率，缩短成型周期，降低模具温度。加入成核剂是常用的方法。

据报道 PE 的最大球晶增长速率为 $5000\mu m/min$，而 PET 仅为 $10\mu m/min$，PET 结晶温度也非常高，其注塑模温达到 $120 \sim 140℃$，使它的生产周期太长，经济性差。因此，研究 PET 的结晶动力学，寻找有效的成核剂，提高结晶速率，改善结晶性能是 PET 改性研究的又一重点。

用于提高 PET 结晶速率的成核剂种类很多，一般可分为均相成核剂和异相成核剂。异相成核剂主要包括非离子型高分子化合物和低分子无机化合物（如滑石粉、$CaCO_3$、Na_2CO_3、$NaHCO_3$）；均相成核剂主要有低分子有机羧酸盐和大分子羧酸盐（如乙烯-丙烯酸共聚物的金属盐、磺化 PS 的金属盐等）两大类。PET 最常用的异相成核剂是滑石粉，现已工业化。

异相成核剂能成为应力集中点引发裂纹，导致 PET 冲击强度的降低。为了克服这个缺点，外加成核剂的 PET 都要用玻璃纤维或其他材料增强。而均相成核剂就无此缺点，越来越受到重视。

加入乙烯-丙烯酸共聚物的金属盐、磺化 PS 的金属盐等离聚体。离聚体既能做成核剂，又能起增韧作用。与小分子成核剂相比，离聚体这类高分子成核剂不仅具有小分子成核剂的特点，同时分散性能突出，可以与其他高分子形成横穿晶区。Surlyn 系列离聚物对 PET 具有较好的加速成核效果，因为这种聚合物分子链上的 Zn^{2+} 可与酯基发生配位，同时还可自成一相，在促进结晶的同时，还可起到增容、增韧的作用。利用这种成核剂，Du Pont 公司将模具温度降到了 $70℃$ 以下，开发了 Rynite 系列 PET 工程塑料，在全球首先实现了 PET 工程塑料的工业化。

(2) 玻璃纤维增强改性 （Reinforced PET，RPET） GF 增强是热塑性聚合物作为工程塑料应用的一种重要途径，1966 年，日本帝人公司首先开发 GF 增强的 PET 工程塑料，此后，美国 Du Pont 公司也进行了 GF 增强 PET 的研究并取得了成功，开发了著名的 Rynite 系列产品。目前国外有许多公司生产，如 Estman、GE、Hochst Celanesre、Mobay 公司等。

在 20 世纪 70 年代 RPET 采用滑石粉为成核剂，首先在注塑成型上被广泛采用，但由于注塑周期长、注塑温度和模具温度高，应用有限，70 年代后期和 80 年代早期，新的结晶工艺采用，使得 RPET 作为工程塑料广泛使用。

用 GF 增强 PET 时，重要的是对 GF 进行表面处理以加强与 PET 树脂间的粘接。在 PET 中加入 GF 使 PET 具有超高强度、刚性、韧性和良好的尺寸稳定性、优异的耐化学品性、耐热性及固有的电性能。RPET 中有各种级别，GF 填充量一般在 $15\% \sim 55\%$，随着 GF 含量的增加，强度和韧性提高，其他许多性能得到改善。

RPET 可采用通常的树脂加工方法加工。应用领域主要为汽车、电子电气、日用品等。特别是在汽车领域应用，用于制造汽车结构件，如行李架、门窗开关把手、门窗框架、电机壳体、断电器和传感器盒等；电子电气元件的点火元件、线圈盖、继电器座、齿轮、各种泵壳、真空清洁器部件、储藏设备部件、螺管插座、螺管壳、压缩机罩、温度传感器罩、骨架、阳极线轴、点火线圈传递元件、夹具、传递元件、螺旋桨；外壳部件、结构罩壳骨架、水利灌溉部件电器元件等。

（3）阻燃改性　随着社会的发展，对材料燃烧及安全性要求越来越严格，因此，提高阻燃性能是 PET 工程塑料最基本的要求之一，参见 14.5.6 节。

16.2　聚对苯二甲酸丁二醇酯

16.2.1　发展简史

聚对苯二甲酸丁二醇酯（PBT）是由 DMT 与 1,4-丁二醇（1,4-BG）酯交换反应缩聚或 PTA 与 BG 酯化反应制得，是一种热塑性结晶性树脂，于 1942 年 P. Schlack 用 PTA 与 BG 首先制得。由于 PET 结晶速率低，加工周期长，模具温度高，成型不易，因此，国外一些公司开始研制开发可注塑加工的 PBT。1967 年美国 Celanese 公司进行工业开发，并以 Celanex 商品名上市，于 1970 年以 30% GF 增强塑料投放市场，商品名为 X-917。此后美国 GE、GAF，德国 BASF、Bayer，日本三菱化成、帝人等公司都相继投产。由于 PBT 具有优良的综合性能，故其用途广泛生产工艺成熟，原料供应充足，再加上可用生产 PET 的现有设备进行生产，因此发展很快，迅速成为世界五大工程塑料之一。

PBT 树脂生产也分为 DMT 法和 PTA 法。DMT 法是由 DMT 与 BG 进行酯交换反应，生成对苯二甲酸双羟丁酯（BHBT）和副产物甲醇，然后缩聚制成 PBT，副产物为四氢呋喃（THF）。PTA 法是由 PTA 与 BG 直接酯化反应得到 BHBT，然后缩聚得到 PBT，副产也是 THF。

生产工艺过程有间歇法和连续法。由于 1,4-BG 在高温条件下容易环化生成 THF，所以以前 PBT 树脂的工业化生产一般均采用 DMT 法。但到了 20 世纪 90 年代初，随着 Zimmer 公司直接酯化-缩聚生产工艺的开发成功，PBT 树脂的工业化生产也开始使用 PTA 法。20 世纪 90 年代以来，随着 PTA 的生产工艺日渐成熟，PTA 法已经成为 PBT 的主要生产方式。在此基础上，国外公司又研制出 PTA 直接酯化连续法，进一步提高了 PBT 生产效率。

为了满足许多领域（如电缆、光缆包覆材料）对高分子量 PBT 树脂（特性黏度 $[\eta] \geqslant 1.0 \mathrm{dL/g}$）的需求，通常的生产方法难以得到（一般只 $[\eta] < 1.0 \mathrm{dL/g}$）。同 PET 类似，常用化学扩链和固相缩聚方法。

我国 PBT 产业的发展经历了三个阶段。第一阶段为 1973～1996 年的起步阶段。1973 年上海涤纶厂首先开始研制 PBT 工程塑料，1979 年通过鉴定，随后北京市化工研究院、晨光化工研究院、蓝星集团南通化工新材料基地等也相继研究开发 PBT。80 年代初上海树脂所与吴淞化工厂协作的 50t/a 中试，以及后来北京市化工研究院的 400t/a 中试成功。经产品开发、中试、工艺改进，终于在 90 年代初期相继建成近 20kt/a 间歇式酯交换法和 5kt/a 连续酯交换法 PBT 树脂生产装置，实现了我国 PBT 树脂的工业化生产。1993 年南通合成材料厂 5kt/a 连续式 DMT 路线 PBT 树脂生产装置建成投产，成为亚洲第一套连续酯交换法 PBT 树脂生产装置。这一阶段主要采用 DMT 生产工艺，为百吨级至千吨级的小型装置，存在工艺规模小、成本高、副产品多和质量不稳定等方面的问题。

　　第二阶段为 1996～2006 年的发展阶段。1996 年仪征化纤公司工程塑料厂引进德国 Zimmer 公司连续酯化缩聚工艺及关键设备，建成 20kt/a 的 PTA 法 PBT 装置，成为世界上第一套工业化的连续 PTA 法 PBT 树脂生产装置。这一阶段我国 PBT 生产企业主要引进德国 Zimmer 公司连续酯化法生产工艺和设备，开始大规模生产 PBT 树脂。但是由于 PBT 树脂的主要原料之一 BG 国内供应严重不足，限制了 PBT 产业的正常良性发展，国内 PBT 树脂价格昂贵且供给不足，主要依赖进口。

　　第三阶段为 2006 年至今的快速发展阶段。2006 年江阴和时利工程塑料有限公司在吸收国外先进 PBT 生产工艺和装置的基础上，率先国产化了连续直接酯化法 PBT 生产工艺和装置，并实现了从纤维级 PBT 切片到 PBT 纤维的完整产业链。

　　我国对 PBT 产品应用开发始于 20 世纪 80 年代初，当时主要集中在 GF 增强和 GF 增强阻燃品级上。到了 90 年代，新开发的 PBT 品级不断增多，除了上述通用品级外，还有用无机物填充增强的品级、耐电弧、低翘曲、高流动性、高抗冲强度、高尺寸稳定、高弯曲模量等品级，而且还开发出 PBT/PC、PBT/PET、PBT/ABS 等合金品级。

16.2.2 反应机理

　　PBT 采用单体 DMT 或 PTA 与 BG 按缩聚反应机理进行聚合反应，首先生成 BHBT，然后进一步缩聚反应生成 PBT。反应机理主要有酯交换法和直接酯化法；聚合反应为熔融缩聚。

16.2.2.1 酯交换法

$$H_3COOC-\bigcirc-COOCH_3 + 2HO(CH_2)_4OH \underset{k_2}{\overset{k_1}{\rightleftharpoons}} HO(CH_2)_4OOC-\bigcirc-COO(CH_2)_4OH + 2CH_3OH$$
（BHBT）

16.2.2.2 直接酯化法

（1）酯化反应

$$HOOC-\bigcirc-COOH + 2HO(CH_2)_4OH \underset{k_2}{\overset{k_1}{\rightleftharpoons}} HO(CH_2)_4OOC-\bigcirc-COO(CH_2)_4OH + 2H_2O$$
（BHBT）

（2）酯化缩聚反应

$$HOOC-\bigcirc-COOH + HO(CH_2)_4OOC-\bigcirc-COO(CH_2)_4OH \underset{k_4}{\overset{k_3}{\rightleftharpoons}}$$

$$HOOC-\bigcirc-COO(CH_2)_4OOC-\bigcirc-COO(CH_2)_4OH$$

（3）缩聚反应

$$n\ HO(CH_2)_4OOC-\bigcirc-COO(CH_2)_4OH \underset{k_6}{\overset{k_5}{\rightleftharpoons}}$$

$$HO(CH_2)_4O\left[OC-\bigcirc-COO(CH_2)_4O\right]_m + (n-1)HO(CH_2)_4OH$$

16.2.2.3 固相缩聚

PBT 固相缩聚阶段发生的反应主要有以下几个：

① $P_n-COO(CH_2)_4OH + HO(CH_2)_4OOC-P_m \rightleftharpoons P_n-COO(CH_2)_4OOC-P_m + HO(CH_2)_4OH$

② $P_n-COO(CH_2)_4OH + HOOC-P_m \rightleftharpoons P_n-COO(CH_2)_4OOC-P_m + H_2O$

③ $P_n-COOH + HO(CH_2)_4OH \rightleftharpoons P_n-COO(CH_2)_4OH$

④ P_n—COO(CH$_2$)$_4$OOC—P_m ⇌ P_n—COOH+P_m—COOH+ CH$_2$=CH—CH=CH$_2$

⑤ P_n—COO(CH$_2$)$_4$OH ⇌ P_n—COOH+THF

⑥ P_n—COO(CH$_2$)$_4$OOC—P_m+HOOCH—P_r ⇌ HOOCH—P_m+P_n—COO(CH$_2$)$_4$OOC—P_r

⑦ P_n—COO(CH$_2$)$_4$OOC—P_m+HO(CH$_2$)$_4$OOC—P_r ⇌ HO(CH$_2$)$_4$OOC—P_m+ P_n—COO(CH$_2$)$_4$OOC—P_r

其中，①式是酯交换即通常所指的缩聚反应，它是对羟端基浓度的二级反应。由于目前PBT主要是从DMT出发经酯交换-缩聚法制得，以羟端基为主，因此该反应被普遍认为是固相缩聚阶段最主要的反应。但熔融缩聚生产PBT预聚体的过程中，随着反应的进行，羟端基不断被消耗，其浓度最终将下降到与羧端基同一数量级，且副反应⑤使羟端基转变为羧端基，裂解反应④也不断生成羧端基，因而酯化反应②和③也十分重要。⑥式是酸解反应，⑦式则是醇解反应，如果不考虑低聚物被脱除，这两个反应只改变分子量的分布，对分子量的提高没有贡献。

16.2.3　生产工艺

PBT生产与PET生产技术和工艺相似，只是用1,4-BG代替了EG。分为两步进行，第一步DMT与1,4-BG进行酯交换反应或高纯度PTA与1,4-BG直接进行酯化反应制得BHBT。第二步BHBT缩聚生成PBT。工业化生产有酯交换法和直接酯化法。

16.2.3.1　酯交换法（DMT法）

酯交换法也有间歇和和连续工艺之分。酯交换和缩聚反应中使用的催化剂为钛酸四丁酯或四辛酯、三丁基锡及三氧化二锑，最好的催化剂是有机钛或有机锡化合物，其中以钛酸四辛酯和四丁酯最好。

间歇工艺比较简单，只用一个酯交换釜和一个缩聚釜，可生产低、中黏度的PBT树脂，适用于小规模工业生产。连续工艺的酯交换反应采用多釜串联或管式反应器，缩聚反应采用薄膜反应器和双螺杆反应器。连续法可生产低、中和高黏度的PBT树脂，适用于大规模工业生产。目前PBT树脂产生主要采用连续工艺DMT生产。

16.2.3.2　直接酯化法（PTA法）

直接酯法是以PTA代替DMT与BG直接酯化生成BHBT，然后进行缩聚制得PBT。生产过程与DMT法大致相同。酯化反应所用催化剂也适用于缩聚反应。

PTA法与DMT法相比存在许多优点。①生产成本低。酯交换法BG的消耗量虽然低于酯化法，但产生甲醇和THF不能回收利用，而酯化法副产物四氢呋喃可全部回收。②工艺流程少、能耗低。酯化法缩聚过程中不产生甲醇，不需要相应的配套设备。但目前国内外采用酯交换法为主，这是由于酯化法生产工艺还不成熟，但由于酯化法优点明显，发展趋势是代替酯交换法。

PBT的PTA法生产也有间歇式和连续式。连续式与间歇式相比，生产工艺条件稳定、容易控制；工艺流程短、自动化程度、生产效率高；传热传质好，反应时间短，因此，产品分子量较高，分子量分布窄，热稳定好。随着技术的进步，20世纪90年代初，随着Zimmer公司直接酯化-缩聚生产工艺的开发成功，使得连续PTA法成为未来发展方向。

16.2.3.3　连续固相缩聚

PBT连续固相缩聚与PET相似，可以生产高分子量的PBT树脂。固相缩聚工艺是在熔融聚合后，将 PBT 加工成微粒（约 $0.03cm^3$），然后在 $180\sim220℃$、小于 $133.3Pa$ 压力下进行固相聚合，可得到黏度大于 1.2 的 PBT 树脂。

16.2.4 结构和性能

16.2.4.1 PBT 化学结构

$$-OC-\!\!\!\!\bigcirc\!\!\!\!-COO-(CH_2)_4-$$

与 PET 结构类似，分子中含有刚性的苯环和极性酯基，分子主链为线型结构，并且酯基重复单元亚甲基的数量增加为 4 个，这意味着柔性链长度增加，刚性链所占比重下降，PBT 的分子链柔顺性增加，因此，PBT 的刚性、硬度、T_g 和熔点都比 PET 低，韧性比 PET 高，结晶速率也比 PET 快。

16.2.4.2 性能

基本特点：外观呈乳白色或淡黄色。PBT 具有与 PET 相似的优异综合性能，具有较高的力学性能、优良的耐摩擦、耐磨、耐候性、耐化学品、耐高温、阻燃、阻隔、介电等性能，由于 PBT 的结晶速率快、流动性好、加工温度低、成型加工比 PET 和许多工程塑料容易得多，因而在工程塑料领域应用比 PET 多。缺点：韧性较差，不耐热水和强碱，基本性能见表 16-9。

表 16-9　PBT 基本性能

性能	PBT	30%玻璃纤维填充	性能	PBT	30%玻璃纤维填充
密度/(g/cm³)	1.31～1.55	1.52	熔点/℃	225	225
拉伸强度/MPa	50～60	135～145	玻璃化转变温度/℃	52	
断裂伸长率/%	50～200	3	热变形温度/℃		
弹性模量/MPa			(1.82MPa)	55	210
(平行流动方向)	2700	9500	(0.45MPa)	177	
(垂直流动方向)	2700	5600	成型收缩率/%		
弯曲强度/MPa			(平行流动方向)	1.9	0.3
弯曲模量/GPa			(垂直流动方向)	1.9	1.4
无缺口冲击强度/(kJ/m²)	130	60	体积电阻率/Ω·cm	$5\times10^{15}\sim10^{16}$	10^{14}
缺口冲击强度/(kJ/m²)	2.5～5	10	介电常数/(10³Hz)	3.1	3.6
洛氏硬度(R)	100	116	介电损耗角正切(10³Hz)	0.024	0.026
吸水性/%	0.08	0.1	介电强度/(kV/mm)	20～39	25

（1）结晶性能　PBT 化学结构规整性比较高，对称性也比较好，分子中没有支链，分子链比较柔顺，因此可以结晶，它的结晶速率比 PET 快得多，因此，加工性能优于 PET，可以在模具温度为 $80℃$ 时注塑，不需要加入成核剂。PBT 结晶度一般为 35%，通过长时间退火可提高到 $40\%\sim45\%$。

PBT 结晶结构属三斜系，与 PET 相似，分子构象呈平面锯齿形，而晶片为平行四边形。

（2）力学性能　PBT 的机械强度较高，在玻璃纤维增强后，拉伸强度和弯曲强度明显提高。但在 GF 含量较高时，强度不再变化，一般最高含量在 $30\%\sim50\%$，30% 含量是最常用的，GF 含量太高，加工性能也变坏。

PBT 刚性（弹性模量 2700MPa）与 PP、PC 相当，同样加入 GF 后弹性模量一般随着

GF 含量的增加而增加。

PBT 韧性较差，比较脆，纯 PBT 的 Izod 冲击强度小于 53J/m，在加入抗冲改性剂后，冲击强度达到 960J/m，即使在 −29℃ 时仍能保持这样高的冲击强度。GF 增强后，无缺口冲击强度降低，有缺口冲击强度提高，Izod 冲击强度为 80~130J/m。

PBT 的屈服强度为 54MPa，屈服伸长率为 5%，比绝大多数无定形树脂的伸长率都低。GF 增强 PBT 的耐蠕变性明显增强。

（3）热性能 PBT 熔点为 225℃，玻璃化转变温度 40℃，因而在通常的加工成型条件下，甚至在低至 30℃ 左右的模温下，也能达到很高的结晶度，而且结晶速率比 PET 快得多。

PBT 的热稳定性比较好，但在高温和高湿度的条件下，对 PBT 树脂的性能会造成很严重的影响。水会攻击 PBT 树脂的酯键，引起水解，使力学性能劣化。水解的速度受温度影响很大，低于 40℃ 时，PBT 几乎不受水的影响，但在高温时水解速率明显加快。如冲击强度降低到初始值的 50% 时，在 60℃ 时可能需要几年，但 120℃ 时，只需要几天。GF 增强后，可以在 140℃ 条件下长期使用。

（4）耐化学品性 PBT 是半结晶性树脂，耐化学品性优良，可耐绝大多数溶液。在室温下，PBT 不受水、弱酸、弱酸碱以及脂肪烃、油脂、汽油、醇和氯化烃类等有机溶剂的影响，但在强酸、强碱和强的氧化剂环境中耐受能力下降。PBT 树脂特别能耐汽油、机油、刹车液、焊接油等。即使在较高温度下，也可耐受不少化学品的侵蚀，包括大多数汽车液体。60℃ 以上易受芳烃和酮的侵蚀。PBT 不适宜反复地承受水蒸气热压锅中的蒸煮。

（5）耐候性 PBT 易吸收紫外线，特别是波长 30nm 以下的紫外线。长时间暴露会导致发黄和表面缺陷，会降低其耐化学品性，但总体来讲，PBT 和 PET 树脂的抗紫外线能力高于聚烯烃。

（6）电性能 PBT 电性能优良，并对湿度变化不敏感，在 150℃ 高温下电性能仍然保持不变。

（7）阻燃性能 PBT 的氧指数为 20~23，在 UL-94 分类中属于 HB，比 PC（25）和 PA（29）低。为了提高阻燃性能，一般填加阻燃剂。目前 PBT 树脂所阻燃剂多为含溴的有机化合物与无机化合物三氧化二锑组成。含溴有机化合物为十溴双酚、聚三溴苯乙烯、亚乙基双四溴邻苯二甲酰亚胺和 St 等。填加阻燃剂后，PBT 的阻燃效果可达 UL94V-0 级。

（8）加工性能 PBT 加工性能明显优于 PET。PBT 熔体为假塑性流体，在高剪切速率下出现剪力变稀现象。PBT 成型加工性能优良，模具温度在 30~40℃ 范围内都可得到结晶性能良好的制品，成型周期短、制品表面光亮，宜于注塑成型各种薄壁和形状复杂的制品。

最后将本书所讲解的通用工程塑料特性进行比较（POM、PPO 也列出，供参考），见表 16-10。

表 16-10 通用工程塑料特性比较

项　目	PA6 PA66	PC	PBT PET	POM	m-PPO
轻量化	○	○	△	×	●
成型性	○	△	○	○	△
成型收缩率	○	●	○	×	●
吸水性	×	●	●	○	●

续表

项　　目	PA6 PA66	PC	PBT PET	POM	m-PPO
耐热水性	△	○	×	○	○
冲击强度	●	●	○	○	○
尺寸稳定性	△	●	○	●	●
耐溶剂性	●	×	●	●	△
耐候性	●	○	○	×	○
耐燃性	○	●	△	×	●
介电性	○	●	●	○	●
耐磨耗性	●	△	○	●	△

注：●表示优异；○表示良；△表示普通；×表示差。

16.2.5　加工和应用

16.2.5.1　加工

PBT 与 PET 一样可采用多种方法加工，如注塑、挤出、压塑、发泡等。PET 加工特点如下。

① PBT 有一定的吸水性，加工前需要预先进行干燥处理，使水含量在 0.03% 以下，否则制品性能可能下降，变脆。烘箱干燥温度在 130℃，干燥时间为 2～4h。

② PBT 热分解温度为 271℃，比 PET 低，停留时间过长更易分解。

③ PBT 结晶度较高，成型收缩率大，一般为 1.9% 或更高。加入 GF 后可降至 0.3%～1.5%。

④ PBT 绝大多数是采用注塑方法成型的。注塑机以螺杆式为佳，注塑温度一般为 230～260℃，模具温度在 40～120℃ 内均可成型，在 60～70℃ 最易成型。PBT 流动性好，一般不需要特别高的压力，一般为 60～100kg/cm²，加入 GF 增强及阻燃后，注塑压力要增加。

⑤ PBT 成型周期短，一般薄壁为 10s 多，厚壁为 60s。PBT 边角料干燥可加回收再利用。

⑥ PBT 可进行焊接、黏合、喷涂和灌封等加工。

16.2.5.2　应用

PBT 是一种综合性能优良的工程塑料，在某些方面有无可替代的优越性。同 PET 一样，PBT 很少单独使用，一般都要经过改性后使用。在电子电气、汽车工业、家用电器、仪器仪表、通信和各种机械制造领域中获得了广泛的应用。

(1) 电子电气　PBT 优良的力学和电性能，吸湿性低、加工性能好，在高湿度环境下，也不会影响其电性能，因此，PBT 特别适用于制造电子电气零件，如连接器、插座、插头、线圈骨架、继电器、变压器、负载断路和微动按钮开关、电机和电容器外壳、集成电路插座、发光管显示器、系列端子板、显像管座、保险丝盒、电刷柄、电源适配器、荧光灯座等。

(2) 汽车工业　由于 PBT 具有十分优良的耐化学品性和耐汽车油性能，适合于制造各种汽车零件。汽车内部装置：仪表零件、门窗手柄、把手、排气处理装置、齿轮、齿轮箱、烟灰缸、加速器、离合器踏板、吸入空气格栅、空气过滤器、安全带组件、仪表板支架、加热器、分配器、汽化器泵外壳阀、格子窗开度保持架。汽车外部装置：保险杠、尾部托手、马达刷把、后视镜外壳、灯罩、雨刷柄和支撑、扰流板、挡泥板、转弯信号灯。汽车、电器与机械系统：连接器、插头、插座、传感器、开关、电动机、点火系统电子组件、火花塞端子板、机罩下（盖）零部件，燃料油过滤器、燃料油泵、化油器组件、保险丝盒、配电器、振荡器箱、照明零件、电压调整器等。

（3）电机电工 转子、连接器、传感器、插座、线圈（旋管）、配电器盖（罩）、点火线圈架、接线板（盒）开关（转换器）、变压器、保险丝盒、电缆管道、输送管（导管）、电动机支架、链条零件、传动变速器零件、空气压力开关、动力工具外壳等。

（4）工业配件 电话机零部件、声频设备、CD 加载器。纺织机零件、气量计、摇柄、热空气喷枪、胶水喷枪。化学泵、导管、化学废水处理设备配件、轴承套、钟表零件、照相机零件、农机零件、建筑用供水管材、管接头、压力容器等。各种设备和用具外壳等。

（5）其他 室内外照明用反射器及外壳。卤素灯与集光灯、开关、真空吸尘器、电吹风组件、电熨斗、卷发器、咖啡壶烘箱格子、混频器、烤面包器、把柄与旋钮、办公设备零件等。

16.2.6 改性

PBT 性能优良，但也存在一些缺点，如缺口十分敏感、缺口冲击强度低、阻燃性不高、热变形温度较低、高温下尺寸稳定性差、具有各向异性，GF 增强的 PBT 在熔体流动方向与垂直方向上的成型收缩率相差 3～4 倍以上，使得制品易产生翘曲。与 PET 一样，可以通过共聚、共混、纤维增强、无机材料填充、阻燃等改性方法加以克服。下面做一简要介绍。

16.2.6.1 共聚改性

共聚属于化学改性，是通过接枝或嵌段共聚的方法改变 PBT 的分子结构，在 PBT 分子中引入柔性链段以起到改性作用。引入第三种单体进行共缩聚是 PBT 增韧改性的有效手段之一。将其他二羧酸或二醇类结合到 PBT 的高分子链上，可以改善其柔韧性、坚韧性、缺口冲击强度和透明性。

美国 Du Pont 公司和 GE 公司生产的牌号分别为 Hytrc、Lomod 的聚酯，是在 DMT 和 BG 中再加入聚四氢呋喃（PTHF）制成的热塑性聚酯弹性体。当改变 DMT、BG 和 PTHF 三者用量时，可获得不同硬度的弹性体。再用此弹性体对 PBT 进行增韧改性，可提高其冲击强度。也有公司在合成 PBT 时加入适量聚丁二醇或丁烯二醇进行缩聚，以改善 PBT 的热稳定性和缺口敏感性。

16.2.6.2 共混改性

PBT 与其他聚合物共混主要是为了提高缺口冲击强度、耐热水性能，改善成型加工收缩而造成的翘曲变形等。其中 PBT 增韧改性是主要的改性目的，前面各章节所述的塑料增韧方法都可以用来增韧改性 PBT。国内外在这方面进行了许多工作，研制出较多的共混体系。已经工业化生产的合金有 PBT/ABS、PBT/聚烯烃、PBT/PET、PBT/PET/ASA、PBT/SMA、PBT/ASA、PBT/PC、PBT/BR、PBT/PPO/弹性体、PBT/EPDM 等。

（1）与弹性体共混 PBT 与弹性体共混最主要的是为了提高 PBT 冲击强度、降低缺口敏感，即提高 PBT 的韧性。用于改进 PBT 耐冲击性的橡胶，有丁基橡胶、EPDM、聚异丁烯、烯丙基丙烯酸橡胶、丙烯酸缩水甘油酯橡胶、乙烯基硅氧烷改性橡胶、聚丁二烯橡胶、氰基改性橡胶、PC 和丙烯酸橡胶的混合物等。PBT 通过和橡胶共混可以明显提高其耐冲击性能，但用量过多可引起维卡软化温度和机械强度下降。

采用带有极性可反应官能团的弹性体与 PBT 共混，通过弹性体上的官能团与 PBT 上的官能团之间相互作用或发生化学反应，使得增韧效果更加明显。这类带有可反应极性官能团的弹性体主要是接枝弹性体，如 EPDM-*g*-MAH、POE-*g*-MAH、SBS-*g*-MAH 等。

PBT/BR 合金具有低温冲击性能高、热变形温度高、耐化学性好、易流动、表面光泽好等特点。用于制造汽车保险杠。PBT/EPDM 合金具有高抗冲击强度、良好的抗应力开裂、耐磨、减震、吸声等性能，用于制造汽车减震套管、散热管支撑系统、驱动和传动杆、电动活塞、减震轴承等。

（2）与 ABS 共混　通过将 ABS 与 PBT 共混，能大幅度提高 PBT 的室温冲击强度，降低其脆韧转变温度，同时使共混物保持良好的拉伸性能和热性能、耐化学品性能。对 PBT/ABS 共混物进行反应增容后，不仅能进一步改善其力学性能，而且克服了由二元共混物相形态结构不稳定带来的共混物性能对加工条件依赖程度较大的缺点，改善了共混物的加工性能。

影响 PBT/ABS 共混体系性能的因素很多，如 ABS 的加入量、ABS 中橡胶相含量、橡胶颗粒的大小、分布、形态结构及 SAN 的含量，SAN 对橡胶粒子的接枝率，PBT 的分子量及共混体系的形态结构等，但 ABS 的加入量及 ABS 中橡胶相的含量为主要因素。

ABS 显著改善 PBT 的室温缺口冲击性能。纯 PBT 的缺口冲击强度仅为 50J/m，加入 ABS 后共混物的冲击强度大幅度提高。当 ABS 用量超过 30% 后，共混物冲击强度提高至 600J/m。随着 ABS 用量进一步增加，共混物的冲击强度增加不明显。ABS 中橡胶相含量越高超有利于改善共混物的冲击强度。ABS 加入能显著改善 PBT 的低温冲击性能。纯 PBT 的玻璃化转变温度在 60℃ 以上才具有较高的冲击强度，加入 ABS 后共混物的脆韧转变温度大幅度降低，在 −20℃ 甚至更低温度下材料仍具有较高的冲击强度。ABS 用量超过 30% 后对共混物的脆韧转变温度影响很小。ABS 中橡胶含量越高，共混物的脆韧转变温度下降幅度越大。ABS 用量和品种对共混物性能的影响见表 16-11。

表 16-11　ABS 用量和品种对共混物性能的影响

共混物	组成（质量比）	拉伸模量/GPa	屈服强度/GPa	断裂伸长率/%	热结晶峰温度/℃	PBT 结晶率/%	冷结晶峰温度/℃
PBT/ABS-38	100/0	2.4	48	165	223	28	186
	80/20	2.1	41	48	223	27	181
	70/30	2.1	39	59			
	60/40	1.7	36	114	222	28	183
	50/50	1.7	34	35	222	29	179
PBT/ABS-45	80/20	1.9	39	76	222	29	187
	70/30	1.7	36	110			
	60/40	1.5	31	300	222	26	181
	50/50	1.3	28	248	222	27	180

注：ABS-38 表示 ABS 中橡胶相含量为 38%，ABS-45 表示 ABS 中橡胶相含量为 45%。

从表 16-11 可以看出，随着 ABS 用量的增加，共混物拉伸模量和屈服强度同时呈下降趋势。断裂伸长率在 ABS 含量较低时随 ABS 用量的增加呈下降趋势，ABS 含量较高时呈明显上升趋势。ABS 中橡胶相含量越高，共混物的拉伸模量、屈服强度越低，断裂伸长率上升。

　　ABS 对 PBT 的熔融峰温度影响很小。与纯 PBT 比，共混物冷却过程中结晶峰温度有所下降，说明 ABS 对 PBT 结晶有延缓作用，但不会抑制 PBT 的结晶。

　　PBT/ABS 体系是不相容的。ABS 是非结晶型树脂，PBT 是结晶型聚酯，PBT 结晶时加剧了与 ABS 的相分离。将 ABS 与 PBT 直接共混容易出现分层、起皮现象，形态结构不稳定，材料性能较差，因此研制 ABS/PBT 合金的关键之一是增容。选用丙烯酸酯类共聚物可改善 ABS/PBT 的相容性。由于环氧基团能与 PBT 中的羧端基和羟端基发生反应，因此，含环氧官能团的聚合物能有效增容 PBT/ABS 共混体系，不仅使共混物的性能得到大幅度提高，而且相分散更均匀，共混物形态结构更稳定，加工窗口更宽，更有利于得到性能稳定的共混物。目前使用最多的增容剂是 MMA-GMA-丙烯酸乙酯（EA）三元共聚物（MGE），其中 GMA 提供反应增容的环氧官能团，少量的 EA 是为了防止开链，不影响共聚物与 ABS 中 SAN 的相容性。MGE 的加入显著提高 ABS/PBT 合金的室温冲击性能，脆韧转变温度降低，对拉伸强度的影响较小，但黏度也有较大幅度的增加。

　　在该体系中 PBT 为连续相，由 SAN 连续相和 SAN 接枝的交联丁二烯橡胶粒子组成的 ABS 构成了体系的分散相。反应增容剂 MGE 中的 MMA 与 ABS 中的 SAN 相容，同时在两相界面上增容剂中的环氧基团与 PBT 的羧基或羟基发生反应生成了 PBT-g-MGE 接枝共聚物。这种接枝共聚物增强了界面黏结强度，减小了界面张力，阻止了 ABS 分散相粒子的相互碰撞，进而抑制了相合并的发生，稳定了相态结构，从而改善了共混物的加工性能，使加工范围变宽，减小了共混物性能对加工条件的依赖程度，并进一步改善了其性能。加入增容剂后 PBT/ABS 共混物的性能见表 16-12。

表 16-12　加入增容剂后 PBT/ABS 共混物的性能（PBT/ABS/MGE＝70/30/X）

ABS	缺口冲击强度（室温）/(J/m)		脆韧转变温度/℃	
	$X=0$	$X=5$	$X=0$	$X=5$
ABS-38	596	670	18	−47
ABS-45	760	500	−10	−64
ABS-50	711	550	18	−45

　　可以看出，MGE 的加入使 PBT/ABS 共混物的室温冲击强度提高了 $100\sim200\text{J/m}$，脆韧转变温度降低了 $20\sim40℃$。

　　其他还有一些增容剂也对 PBT/ABS 共混物的性能起到改善作用，如 St-丙烯酸酯-甲基丙烯酸缩水甘油酯（SAG）、SMA、MAH 接枝聚合物都是反应性增容剂。但发现用含 MAH 单元的聚合物对 PBT/ABS 共混物进行反应增容的效果不如含环氧单元的聚合物。

　　PBT/ABS 合金的性能不仅依赖于组分的相对比例及分布，还依赖于 ABS 接枝橡胶粉中橡胶相的粒径、形态结构、分子量及其中 AN 的含量。使用高分子量的 ABS 接枝橡胶粉与 PBT 共混，在橡胶含量相同时，其热变形温度更高，冲击强度更大。

　　PBT/ABS 合金具有低温冲击强度高、尺寸稳定性和成型好、成本低等特点，主要用于制造汽车内装饰件、家用电器外壳盖及管件、电子电气和仪器仪表零件等。LG 化学公司的 LUMAX 系列，GE 公司 Cytra 系列及日本帝人、住友诺格达克公司均有工业化产品。

　　（3）与 PC 共混　PBT/PC 合金综合性能优良，详见 15.6.2.3 节。

　　（4）与 PA 共混　虽然 PBT 和 PA6 相容性不好，但将 PBT/PA6 的共混物进行固相聚合时，通过聚合物之间相互反应，可制得具有优异机械强度的 PBT/PA 合金。

对于不相容 PA6 和 PBT 树脂，多官能团的环氧树脂是一种良好的反应性增容剂。该反应过程中环氧树脂不仅能作为一种有效的增容剂降低分散相微粒的大小，同时大大提高了 PA6/PBT 共混体的力学性能。

(5) 与 PO 共混 由于 PO 和 PBT 的化学结构和极性不同，溶解度参数差别大，共混体系是不相容的，简单共混不能得到理想的共混效果，解决二者的相容性是共混改性效果的关键。对 PBT 这类含有官能团的聚合物改性，采用反应性增容剂成为最有效的增容方式。

PBT/PO 共混物常用的反应性增容剂主要有 3 种：①PE-*g*-MAH、PP-*g*-MAH；②端基含有环氧基团的改性 PO、EPDM，如 PP-*g*-GMA、EPDM-*g*-GMA、POE-*g*-MAH；③含有噁唑啉杂环的 PO。

PBT 还可与 PO 的共聚物共混，如 EVA、POE、乙烯-甲基丙烯酸缩水甘油酯共聚物等。

在改性 PBT/PO 共混物耐冲击性能时，要将弹性体均匀分散在树脂中形成两相结构，且合金要有良好的界面黏结。POE-*g*-MAH 也是有效的增容剂，其增韧 PBT 的缺口冲击冲击强度如图 16-3 所示。

由于 POE 与 PBT 相容性差，纯 POE 的加入只能稍微增加材料的冲击强度，POE 接枝 MAH 后，它与 PBT 形成的合金材料的冲击强度明显得到提高，这与 MAH 基团在挤出的高温条件下与 PBT 分子链中少量的端羟基或端羧基反应有关，同时 POE 分子链上接枝 MAH 后极性有所增加，也有利于降低界面张力。随 MAH 在 POE 中接枝

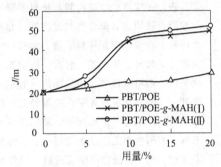

图 16-3 PBT/POE 及 PBT/POE-*g*-MAH 共混合金的冲击强度与 POE-*g*-MAH 含量的关系 [（Ⅰ）及（Ⅱ）] 中 MAH 基团含量分别为 0.05％和 0.68％

率增加材料的冲击强度增加不多，这与 PBT 分子中含的活性端基较少（0.05eq/kg）有关，高的接枝率对于增加分子之间的反应并不是很有效。

此外，PBT 还可以与液晶、核-壳聚合物共混。采用液晶高分子对 PBT 改性，可改善 PBT 的加工性能，提高样品的强度和模量。采用核-壳聚合物显著改善 PBT 的低温冲击性能。

16.2.6.3 其他改性

(1) 玻璃增强改性 (reinforced PBT) 在 PBT 中加入 20％～40％的 GF 后，不仅保持了 PBT 树脂的耐化学品性和加工性，而且拉伸强度和弯曲强度提高 1～1.5 倍，弹性模量提高 2 倍，并克服了 PBT 树脂的缺口敏感性，耐热性也大大提高，可在 150℃空气中长期使用，耐电弧性达到 120s，耐蠕变性、耐疲劳性优良，成型收缩率低、尺寸稳定性好，但 GF 增强容易造成各向异性，引起制品翘曲变形，解决这一问题的方法是采用无机矿物与 GF 复合改性，或者加入其他聚合物改性，可降低翘曲变形。由于 GF 增强 PBT 性能优良，已成为最主要的 PBT 产品。GF 一般为短纤维，直径为 10～14μm，长度为 4～6mm，混合后纤维长度降低，为 0.2～0.4mm。

(2) 填充改性 无机材料填充改性为了改善 PBT 树脂的流动性、产品翘曲性、表面性质等，在 PBT 树脂中加入部分含量的 GF，不仅保持了 PBT 树脂的耐化学性等固有优点，而且提高了制品的拉伸和弯曲强度及其弹性模量，并克服了 PBT 缺口敏感性。为了解决普

通 GF 增强的 PBT 材料在成型过程中会产生各向异性现象而引起制品翘曲变形，可采用矿物改性、矿物与 GF 复合改性，或者在 GF 增强 PBT 中加入其他聚合物共混改性。广泛用于机械、电子电气、汽车工业及家用电器等领域。

（3）阻燃改性 PBT 是结晶性芳香族聚酯，如不加入阻燃剂，其阻燃性均属 UL94HB 级，只有加入阻燃剂后，才能达到 UL94V-0 级。目前 PBT 树脂阻燃等级占多数，也容易制备。常用的阻燃剂有溴化物、Sb_2O_3、磷化物及氯化物等。同样无卤阻燃是发展方向。本产品主要应用于电器与电子行业。

参 考 文 献

[1] 龚云表，王安富. 合成树脂及塑料手册. 上海：上海科学技术出版社，1993.

[2] 吴培熙，张留成. 聚合物共混改性. 北京：中国轻工业出版社，1996.

[3] 周祥兴. 合成树脂新资料手册. 北京：中国物资出版社，2002.

[4] 黄棋尤. 塑料包装薄膜. 北京：机械工业出版社，2003.

[5] 耿孝正. 塑料机械的作用与维护. 北京：中国轻工业出版社，1998.

[6] 许健南. 塑料材料. 北京：中国轻工业出版社，1999.

[7] 陈乐怡，张从容，雷燕湘等. 常用合成树脂的性能和应用手册. 北京：化学工业出版社，2002.

[8] 王琳. 聚酯生产工艺发展述评. 金山油化纤，2002，21（4）：40-43.

[9] 宋学智. PET 掺混物的研究进展. 国外塑料，1995，（4）：14-21.

[10] 严旭明，卞少卿，胡庆国等. PET 生产工艺与反应器的讨论. 聚酯工业，1998，11（4）：6-10.

[11] 洪英. 连续固相缩聚生产瓶级聚酯技术的综合比较. 聚酯工业，2002，15（5）：7-10.

[12] 陈昌杰. 新型热塑性聚酯——聚对苯二甲酸丙二醇酯（PTT）. 上海塑料，1999，（1）：23-28.

[13] 钱芝龙. PTT 工程塑料的开发和应用. 工程塑料应用，2003，31（7）：31-34.

[14] 陈俊，刘正英，黄锐等. PET 改性研究进展. 中国塑料. 2003，17（6）：20-25.

[15] 任华，张勇，张隐西. PBT/ABS 共混体系研究进展，中国塑料，2001，15，（11）：6-9.

[16] 钟世云，王小冬. PET 与 PA 共混研究的进展. 中国塑料，2002，16（11）：7-12.

[17] 胡红嫣. PET 共混增韧及其研究进展. 合成树脂及塑料，1999，16（1）：50-54.

[18] 台会文，金日光，张留成. PBT/POB 共混合金的力学性能及形态结构研究. 河北工业大学学报，1999，28（2）：29-35.

[19] 陈光明，李强等. 聚合物/层状硅酸盐纳米复合材料研究进展. 高分子通报，1999，（4）：1-10.

[20] 焦宁宁. 插层复合法纳米塑料研究进展. 化工科技，2001，9（4）：59-63.

[21] 任强，周亚斌，史铁钧. 层状结构改进塑料阻隔性技术研究进展. 现代塑料加工应用，2003，15（5）：47-51.

[22] 王睦铿. 我国 PBT 工业的现状和发展前景. 现代化工，1998，（12）：5-7.

[23] 刘生鹏等. 聚对苯二甲酸丁二醇酯的改性方法及其进展，武汉化工学院学报，2002，24（3）：40-43.

[24] 陈玉君，杨始堃，游飞越等. 双噁唑啉化合物偶联聚酯的研究. 聚酯工业，1996，（3）：15-19.

[25] 魏刚，余燕，黄锐. PBT 的增韧改性研究进展，工程塑料应用，2006，33（5）：70-72.

[26] 金离尘. PET 固相缩聚生产技术的新进展，聚酯工业，2009，22（1）：1-6.

[27] 聚酯合成技术的发展. 纺织导报，2015，（2）：19-22.

[28] 达君，杨克斌，刘光耀. 我国 PBT 市场应用现状. 工程塑料应用，2012，40（7）：93-96.

[29] 臧国强. 我国 PBT 的发展现状及展望. 聚酯工业，28（6）：1-4.